国家电网有限公司
技术标准体系表

2025 版

国家电网有限公司科技创新部　组编

内 容 提 要

企业技术标准体系表是指导企业标准化工作的重要文件，是实现技术标准工作科学管理的重要基础。作为国家电网有限公司制定中长期技术标准规划以及在生产、经营、管理中实施技术标准的主要依据，以及促进各单位积极规范采用国内、国外先进标准的重要措施，技术标准体系表在公司电网发展中发挥了非常重要的作用。为适应能源转型和国家标准化发展新要求，强化技术标准体系对新型电力系统建设的支撑作用，国家电网有限公司科技创新部组织对公司技术标准体系表进行再修订，形成《国家电网有限公司技术标准体系表（2025版）》。

本技术标准体系表可供国家电网有限公司规划、建设、生产、营销等各环节技术及管理人员阅读使用，也可供电力系统相关人员查询参考。

图书在版编目（CIP）数据

国家电网有限公司技术标准体系表：2025版 / 国家电网有限公司科技创新部组编. -- 北京：中国电力出版社，2025.7（2025.12重印）. -- ISBN 978-7-5239-0151-9

Ⅰ. TM7-65

中国国家版本馆CIP数据核字第2025MB3176号

国家电网有限公司技术标准体系表（2025版）

出版发行：中国电力出版社
地　　址：北京市东城区北京站西街19号　邮政编码：100005
网　　址：http://www.cepp.sgcc.com.cn
责任编辑：张　瑶（010-63412503）
责任校对：黄　蓓　朱丽芳　李　楠　马　宁　张晨荻
装帧设计：张俊霞
责任印制：石　雷

印　　刷：北京锦鸿盛世印刷科技有限公司
版　　次：2025年7月第一版
印　　次：2025年12月北京第二次印刷
开　　本：880毫米×1230毫米　横16开本
印　　张：45.5
字　　数：1980千字
定　　价：218.00元

编 委 会

主　　编　许海清

副 主 编　赵海翔　李　刚

编写人员　张　翼　郭艳霞　龙　磊　刘　宇　赵瑞娜　金　焱

周　晖　刘鸿斌　荆岫岩　于海玉　冯自霞　是艳杰

潘　抒　吴立远　丁　芃　缪思薇　高群策　宋　毅

程永锋　李劲松　毕建刚　陈　昊　朱朝阳　王红晋

编 制 说 明

标准是经济活动和社会发展的重要支撑，是国家治理体系和治理能力现代化的基础性制度。从企业发展的角度看，标准同样是企业文明程度和进步水平的重要标志。国际知名企业，无一不是将科技创新和标准化作为企业的立足之本。

企业技术标准体系表是指导企业标准化工作的重要文件，是实现技术标准工作科学管理的重要基础。为全面提升国家电网有限公司（简称公司）技术标准管理水平，公司于成立之初，即充分结合技术标准化管理的实际情况，按照突出重点、分步实施的原则，组织研究建立了公司技术标准体系，颁布《国家电网有限公司技术标准体系表》并逐年滚动修订。作为公司制定中长期技术标准规划以及在生产、经营、管理中实施技术标准的主要依据，以及促进各单位积极规范采用国内、国外先进标准的重要措施，技术标准体系表在公司电网发展中发挥了非常重要的作用。

为适应能源转型和国家标准化发展新要求，强化技术标准体系对新型电力系统建设的支撑作用，公司科技创新部组织对公司技术标准体系表进行再修订，形成《国家电网有限公司技术标准体系表（2025 版）》。

此次修订，主要对 2024 年所发布的公司企业标准、团体标准、行业标准、国家标准、国际标准和国外先进标准进行筛选、梳理和分类，对技术标准体系表内作废标准信息进行更新代替。本次修订后，技术标准体系表共收录公司企业标准 2686 项、团体标准 408 项、行业标准 4800 项、国家标准 4889 项和国际标准 646 项。

一、编制思路与原则

（一）编制思路

（1）严格遵循国家有关规定。编制公司技术标准体系按照《中华人民共和国标准化法》《企业标准化促进办法》、GB/T 15496—2017《企业标准体系要求》、GB/T 15497—2017《企业标准体系　技术标准体系》和 DL/T 485—2018《电力企业标准体系表编制导则》等指导方针开展编制。业务相关强制性标准应全面纳入并严格执行。

（2）技术专业分类法和生产流程分类法相结合。在充分吸收国际、国家、行业和地方标准、规范与规程的基础上，结合自身实际需求，以生产流程为基础建立企业技术标准体系。技术专业标准的分类方法重点参考 IEC 和行业技术标准的分类方法，生产流程重点考虑电网企业生产特点。

（3）结合公司发展的现状和趋势，突出电网的特点和需求，提出具有自身特点的技术标准体系。

（4）体现公司的管理理念，与公司管理体系相适应。

（5）侧重电网、兼顾电源。公司虽然以电网业务为主营业务，但同时承担着电力规划研究、电源接入系统和并网及调度等业务。因此，发电侧有关业务的技术标准仍然是公司技术标准的组成部分。

（二）主要原则

统一性：公司技术标准坚持统一规划、归口管理、分工负责、统一审定、统一发布。技术标准体系应体现统一性的要求，技术标准体系表应成为实现统一性的措施和平台。

协调性：充分考虑公司主营业务之间的协调及不同层级、不同类别标准之间的协调，使标准体系保持相对平衡和稳定。

完整性：根据对电网规划、建设、生产运行等生产全过程的综合分析，力求形成门类齐全、全面、成套的技术标准体系。

系统性：以整体最优为目标，按照标准对象的内在联系，重点考虑技术标准的适用范围、本身的特点来划分类目，避免技术标准的重复制定。

可扩展性：考虑公司的业务范围和科技发展的趋势，设计的技术标准体系表具有可扩展性，以及时有效适应新的需求和变化。

二、国家电网有限公司技术标准体系表的说明

按照上述思路与原则，设计了公司技术标准体系表。

（一）总体框架

技术标准体系采用了分层结构，主要由两个层次组成（国家电网有限公司技术标准体系框图见图 1）。第一层是技术基础标准，第二层是以生产过程为排

列顺序的技术专业标准。

第一层技术基础标准在一定范围内是其他标准的基础，并普遍使用，具有广泛的指导意义，包括 7 个分支：

（1）标准化工作导则。

（2）通用技术语言标准（术语、符号、代号、代码、标志、技术制图）。

（3）量和单位。

（4）数值与数据。

（5）互换性与精确度标准及实现系列化标准。

（6）环境保护、安全通用标准。

（7）各专业的技术指导通则或导则。

第二层技术专业标准包括 12 个分支：

（1）规划设计，包括基础综合、系统规划、变电站规划设计、换流站规划设计、线路规划设计、配电网规划设计、通信规划设计、火电、水电、核电等分支。

（2）工程建设，包括基础综合、变电站、换流站、架空线路、电缆、火电、水电、通信工程实施、技术经济等分支。

（3）设备材料，包括基础综合、特高压电力设备、高压电力设备、中压电力设备、低压电力设备、架空线路、电缆、继电保护及安自装置、电力电子、监测装置及仪表、机械及零部件、电气材料、火电、水电、通信设备材料、验收等分支。

（4）调度与交易，包括基础综合、稳定及方式、调度计划、无功控制、网源协调、水电及新能源调度、调度运行、继电保护、调度自动化、配网运行、电力交易、通信等分支。

（5）运行检修，包括基础综合、变电站、换流站、架空线路、电缆、火电、水电、工器具等分支。

（6）试验与计量，包括基础综合、高压电力设备、中压电力设备、架空线路、电缆、保护与自动化、电力电子、监测装置及仪表、电测计量、化学检测、火电、水电、信息通信等分支。

（7）安全与环保，包括基础综合、作业安全、劳动保护、职业卫生、环境保护、应急机制、消防等分支。

（8）技术监督，包括基础综合、电能质量、电气设备性能、电测技术、热工技术、金属技术、化学技术、节能与环保技术、保护与控制系统、信息通信及自动化等分支。

（9）数字化，包括基础综合、数字基础设施、人工智能通用技术与服务、数字化平台及应用、数据管理及应用、网络安全、信息运行等分支。

（10）售电市场与营销，包括基础综合、电能计量、营业管理、节能、售电市场、需求侧管理、用电安全等分支。

（11）新能源与储能，包括并网设计、工程建设、设备材料、运行控制、试验检测等分支。

（12）供应链，包括基础综合、计划与采购、质量监督、供应履约、废旧处置、合规与运营等分支。

（二）技术标准体系表的信息组成

在技术标准体系表中，每一个标准都含有以下信息：

（1）在技术标准体系表中的序号。

（2）标准号：标准本身的编号，即按照国家关于企业标准编号的规定确定的流水编号，如 Q/GDW 10397—2023。

（3）中文名称：标准中文名称。

（4）发布日期。

（5）实施日期。

（三）技术标准体系表的编排方式说明

按照上述技术标准总体框架结构和信息组成，本体系表收集了公司正在执行的 13429 项技术标准（包括已有标准及拟制定标准），并进行了初步分类，形成技术标准体系表。体系表中各表名按图 1 中所示顺序编排。

三、分支技术标准体系表的编制原则

为了便于各业务部门和所属各单位使用、管理标准，从用户角度出发可以参照国家电网有限公司技术标准体系表建立以部门职能、专业、主题等为主线的分支技术标准体系表。分支技术标准体系应与公司技术标准体系有效衔接，在层级结构、分类方式等方面保持协调、一致。

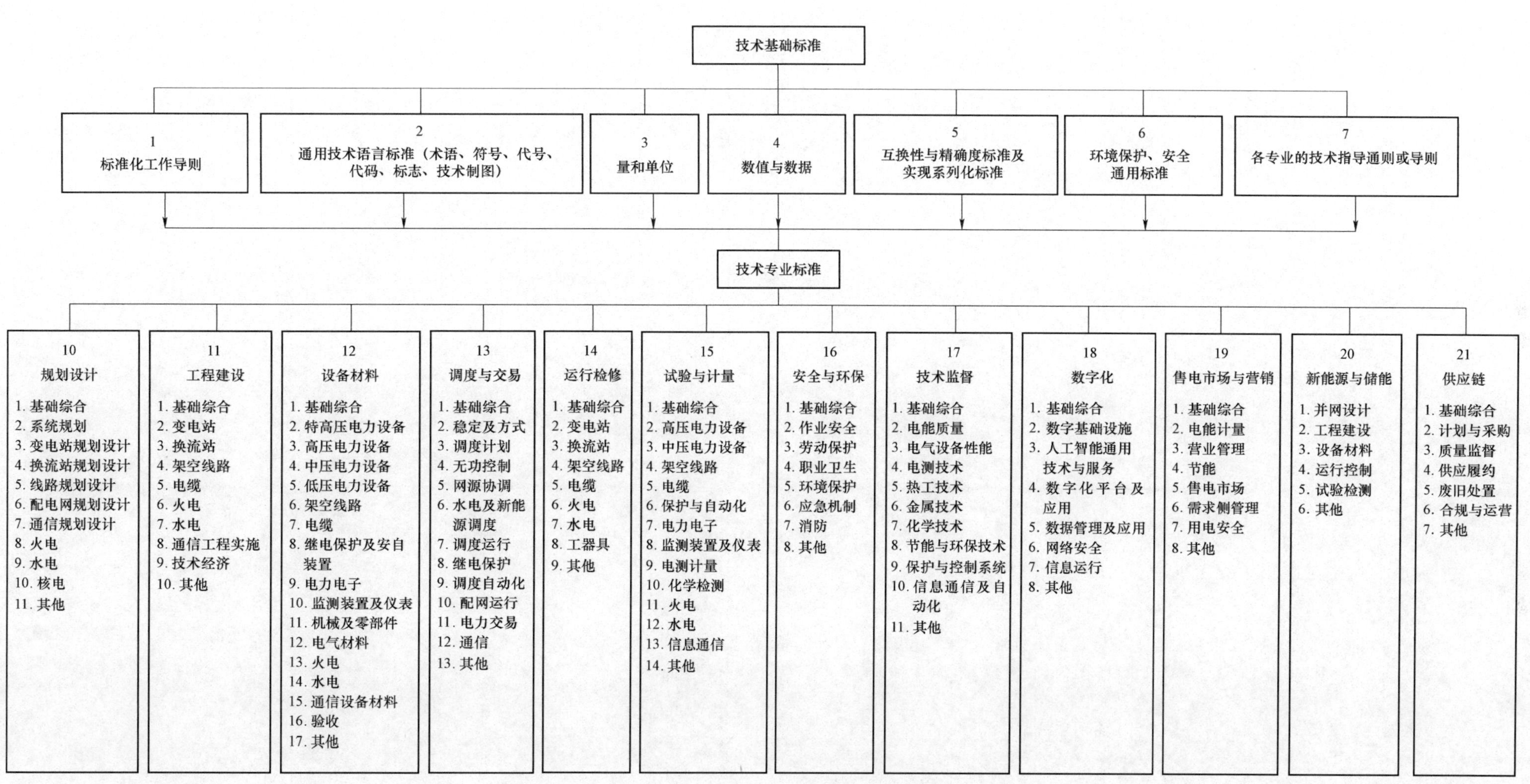

图 1　国家电网有限公司技术标准体系框图

目　　录

国家电网有限公司技术标准体系表层次图

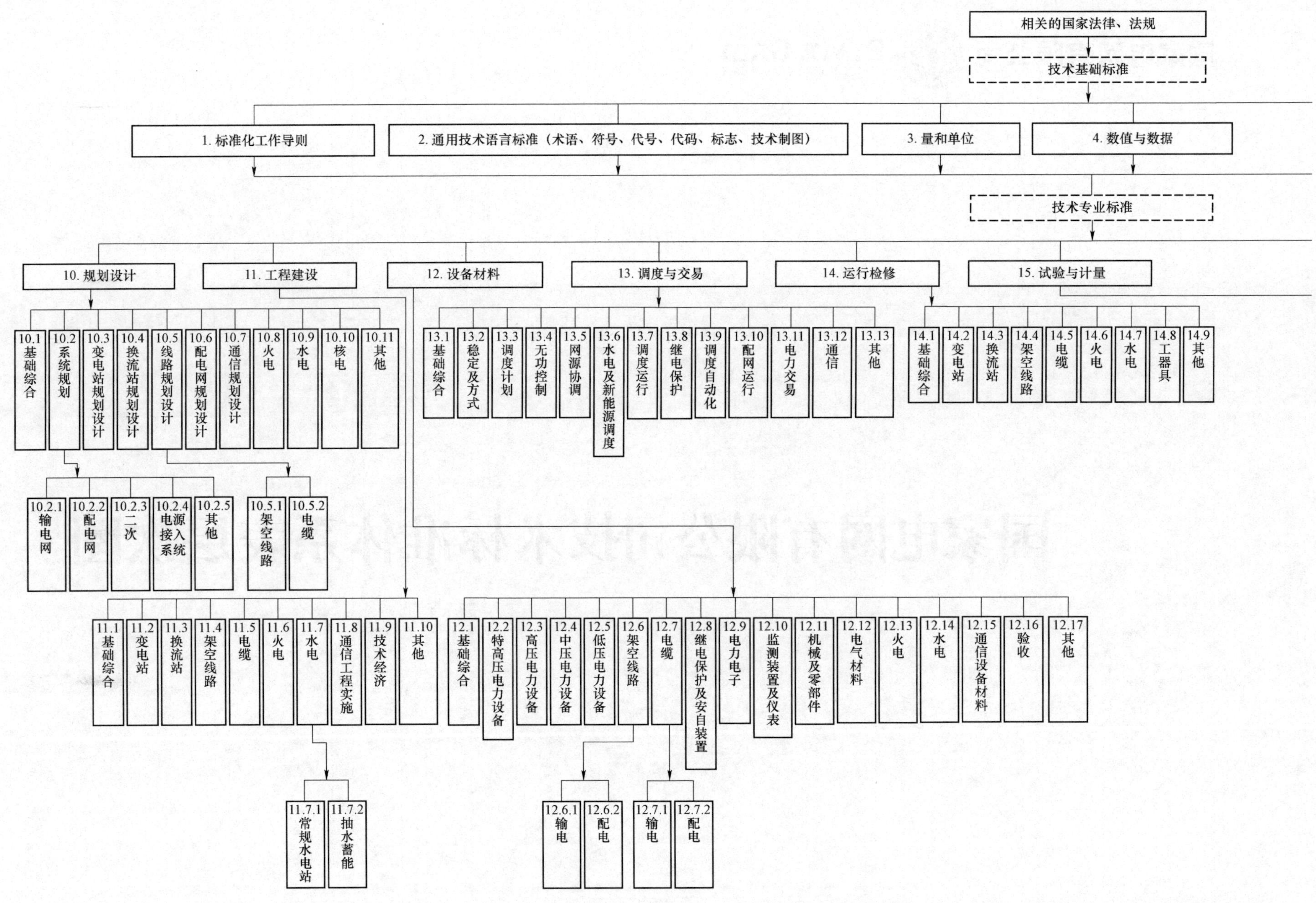

相关的国家法律、法规
技术基础标准
1. 标准化工作导则
2. 通用技术语言标准（术语、符号、代号、代码、标志、技术制图）
3. 量和单位
4. 数值与数据
技术专业标准
10. 规划设计
11. 工程建设
12. 设备材料
13. 调度与交易
14. 运行检修
15. 试验与计量
10.1 基础综合
10.2 系统规划
10.3 变电站规划设计
10.4 换流站规划设计
10.5 线路规划设计
10.6 配电网规划设计
10.7 通信规划设计
10.8 火电
10.9 水电
10.10 核电
10.11 其他
10.2.1 输电网
10.2.2 配电网
10.2.3 二次
10.2.4 电源接入系统
10.2.5 其他
10.5.1 架空线路
10.5.2 电缆
13.1 基础综合
13.2 稳定及方式
13.3 调度计划
13.4 无功控制
13.5 网源协调
13.6 水电及新能源调度
13.7 调度运行
13.8 继电保护
13.9 调度自动化
13.10 配网运行
13.11 电力交易
13.12 通信
13.13 其他
14.1 基础综合
14.2 变电站
14.3 换流站
14.4 架空线路
14.5 电缆
14.6 火电
14.7 水电
14.8 工器具
14.9 其他
11.1 基础综合
11.2 变电站
11.3 换流站
11.4 架空线路
11.5 电缆
11.6 火电
11.7 水电
11.8 通信工程实施
11.9 技术经济
11.10 其他
11.7.1 常规水电站
11.7.2 抽水蓄能
12.1 基础综合
12.2 特高压电力设备
12.3 高压电力设备
12.4 中压电力设备
12.5 低压电力设备
12.6 架空线路
12.7 电缆
12.8 继电保护及安自装置
12.9 电力电子
12.10 监测装置及仪表
12.11 机械及零部件
12.12 电气材料
12.13 火电
12.14 水电
12.15 通信设备材料
12.16 验收
12.17 其他
12.6.1 输电
12.6.2 配电
12.7.1 输电
12.7.2 配电

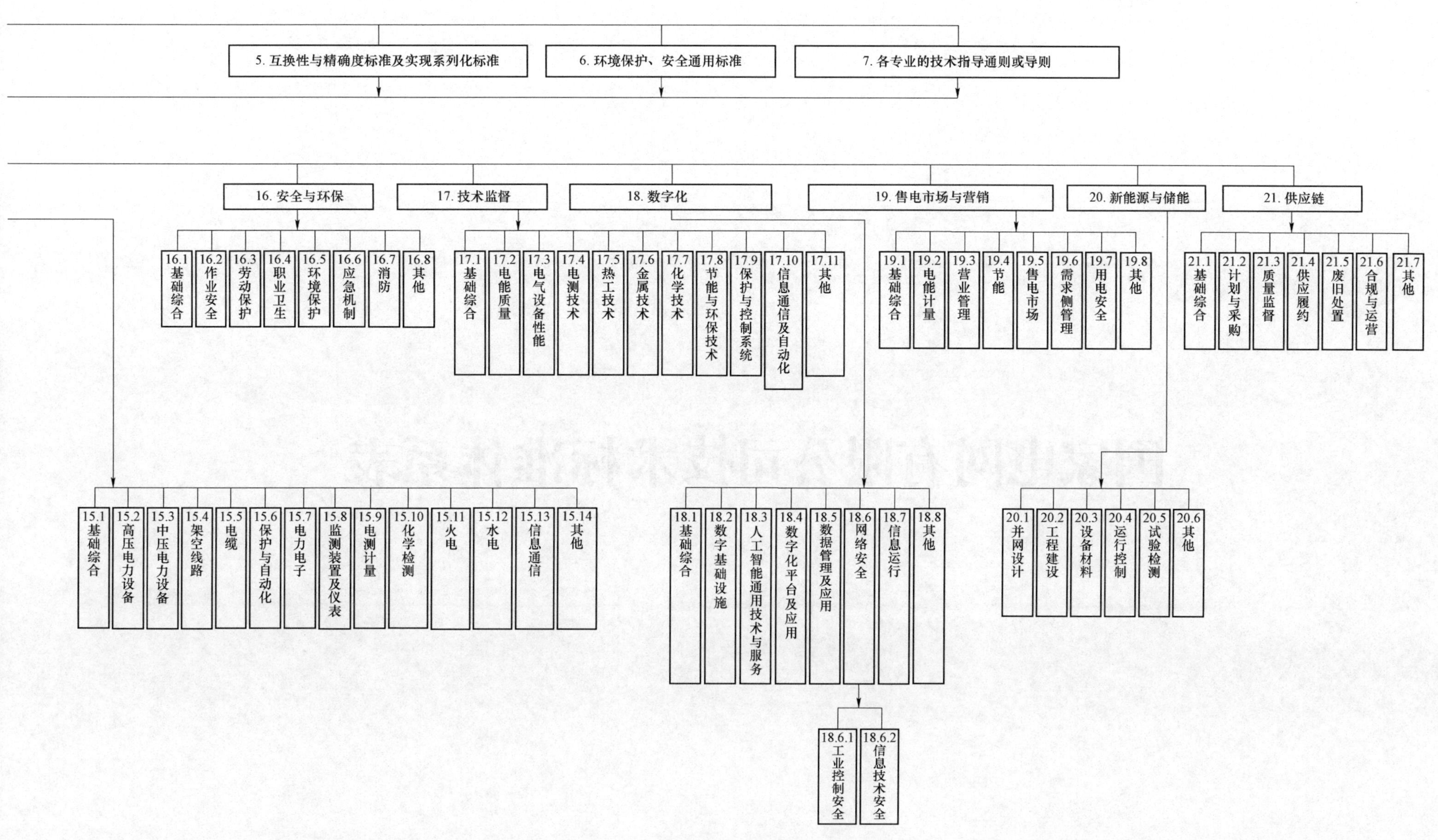

5. 互换性与精确度标准及实现系列化标准
6. 环境保护、安全通用标准
7. 各专业的技术指导通则或导则
16. 安全与环保
17. 技术监督
18. 数字化
19. 售电市场与营销
20. 新能源与储能
21. 供应链
16.1 基础综合
16.2 作业安全
16.3 劳动保护
16.4 职业卫生
16.5 环境保护
16.6 应急机制
16.7 消防
16.8 其他
17.1 基础综合
17.2 电能质量
17.3 电气设备性能
17.4 电测技术
17.5 热工技术
17.6 金属技术
17.7 化学技术
17.8 节能与环保技术
17.9 保护与控制系统
17.10 信息通信及自动化
17.11 其他
19.1 基础综合
19.2 电能计量
19.3 营业管理
19.4 节能
19.5 售电市场
19.6 需求侧管理
19.7 用电安全
19.8 其他
21.1 基础综合
21.2 计划与采购
21.3 质量监督
21.4 供应履约
21.5 废旧处置
21.6 合规与运营
21.7 其他
15.1 基础综合
15.2 高压电力设备
15.3 中压电力设备
15.4 架空线路
15.5 电缆
15.6 保护与自动化
15.7 电力电子
15.8 监测装置及仪表
15.9 电测计量
15.10 化学检测
15.11 火电
15.12 水电
15.13 信息通信
15.14 其他
18.1 基础综合
18.2 数字基础设施
18.3 人工智能通用技术与服务
18.4 数字化平台及应用
18.5 数据管理及应用
18.6 网络安全
18.7 信息运行
18.8 其他
18.6.1 工业控制安全
18.6.2 信息技术安全
20.1 并网设计
20.2 工程建设
20.3 设备材料
20.4 运行控制
20.5 试验检测
20.6 其他

国家电网有限公司 STATE GRID CORPORATION OF CHINA

国家电网有限公司技术标准体系表

技术基础标准

1 标准化工作导则

序号	GW 分类	ICS 分类	GB 分类	标准号	中文名称	代替标准	采用关系	发布日期	实施日期
1-3-1	1	01.120	A00	GB/T 1.1—2020	标准化工作导则　第 1 部分：标准化文件的结构和起草规则	GB/T 1.1—2009	ISO/IEC Directives，Part 2：2018，NEQ	2020/3/31	2020/10/1
1-3-2	1	01.020	A22	GB/T 10112—2019	术语工作　原则与方法	GB/T 10112—1999	ISO 704：2009，IDT	2019/8/30	2020/3/1
1-3-3	1	01.120	A00	GB/T 12366—2009	综合标准化工作指南	GB/T 12366.1～12366.3—1990；GB/T 12366.4—1991		2009/5/6	2009/11/1
1-3-4	1	01.120	A00	GB/T 13016—2018	标准体系构建原则和要求	GB/T 13016—2009		2018/2/6	2018/9/1
1-3-5	1	01.120	A00	GB/T 13017—2018	企业标准体系表编制指南	GB/T 13017—2008		2018/2/6	2018/9/1
1-3-6	1	01.120	A00	GB/T 15496—2017	企业标准体系　要求	GB/T 15496—2003		2017/12/29	2018/7/1
1-3-7	1	01.120	A00	GB/T 15497—2017	企业标准体系　产品实现	GB/T 15497—2003		2017/12/29	2018/7/1
1-3-8	1	01.120	A00	GB/T 15498—2017	企业标准体系　基础保障	GB/T 15498—2003		2017/12/29	2018/7/1
1-3-9	1	03.080	A12	GB/T 15624—2011	服务标准化工作指南	GB/T 15624.1—2003		2011/12/30	2012/4/1
1-3-10	1	01.120	A01	GB/T 19273—2017	企业标准化工作　评价与改进	GB/T 19273—2003		2017/12/29	2018/7/1
1-3-11	1	01.120	A00	GB/T 20000.1—2014	标准化工作指南　第 1 部分：标准化和相关活动的通用术语	GB/T 20000.1—2002	ISO/IEC Guide 2：2004，MOD	2014/12/31	2015/6/1
1-3-12	1	01.120	A00	GB/T 20000.3—2014	标准化工作指南　第 3 部分：引用文件	GB/T 20000.3—2003		2014/12/31	2015/6/1
1-3-13	1	01.120	A00	GB/T 20000.6—2024	标准化活动规则　第 6 部分：良好实践指南	GB/T 20000.6—2006		2024/3/15	2024/10/1
1-3-14	1	01.120	A00	GB/T 20000.7—2006	标准化工作指南　第 7 部分：管理体系标准的论证和制定		ISO Guide 72：2001，MOD	2006/9/4	2006/12/1
1-3-15	1	01.120	A00	GB/T 20000.8—2014	标准化工作指南　第 8 部分：阶段代码系统的使用原则和指南		ISO Guide 69：1999，MOD	2014/12/31	2015/6/1
1-3-16	1	01.040	A00	GB/T 20000.10—2016	标准化工作指南　第 10 部分：国家标准的英文译本翻译通则			2016/8/29	2017/3/1
1-3-17	1	01.040	A00	GB/T 20000.11—2016	标准化工作指南　第 11 部分：国家标准的英文译本通用表述			2016/8/29	2017/3/1
1-3-18	1	01.120	A00	GB/T 20001.1—2024	标准起草规则　第 1 部分：术语	GB/T 20001.1—2001		2024/3/15	2024/10/1
1-3-19	1	01.120	A00	GB/T 20001.2—2015	标准编写规则　第 2 部分：符号标准	GB/T 20001.2—2001		2015/9/11	2016/1/1
1-3-20	1	01.120	A00	GB/T 20001.3—2015	标准编写规则　第 3 部分：分类标准	GB/T 20001.3—2001		2015/9/11	2016/1/1
1-3-21	1	01.120	A00	GB/T 20001.4—2015	标准编写规则　第 4 部分：试验方法标准	GB/T 20001.4—2001		2015/9/11	2016/1/1

续表

序号	GW 分类	ICS 分类	GB 分类	标准号	中 文 名 称	代替标准	采用关系	发布日期	实施日期
1-3-22	1	01.120	A00	GB/T 20001.5—2017	标准编写规则　第 5 部分：规范标准			2017/12/29	2018/4/1
1-3-23	1	01.120	A00	GB/T 20001.6—2017	标准编写规则　第 6 部分：规程标准			2017/12/29	2018/4/1
1-3-24	1	01.120	A00	GB/T 20001.7—2017	标准编写规则　第 7 部分：指南标准			2017/12/29	2018/4/1
1-3-25	1	01.120	A00	GB/T 20001.8—2023	标准起草规则　第 8 部分：评价标准			2023/11/27	2024/6/1
1-3-26	1	01.120	A00	GB/T 20001.10—2014	标准编写规则　第 10 部分：产品标准			2014/12/31	2015/6/1
1-3-27	1	01.120	A00	GB/T 20002.3—2014	标准中特定内容的起草　第 3 部分：产品标准中涉及环境的内容	GB/T 20000.5—2004	ISO Guide 64：2008，MOD	2014/12/31	2015/6/1
1-3-28	1	01.120	A00	GB/T 20002.4—2015	标准中特定内容的起草　第 4 部分：标准中涉及安全的内容	GB/T 20000.4—2003	ISO/IEC Guide 51：2014，MOD	2015/9/11	2016/1/1
1-3-29	1	01.120	A00	GB/T 20003.1—2014	标准制定的特殊程序　第 1 部分：涉及专利的标准			2014/4/28	2014/5/1
1-3-30	1	01.120	A00	GB/T 20004.2—2018	团体标准化　第 2 部分：良好行为评价指南			2018/7/13	2019/2/1
1-3-31	1	01.140.20	A14	GB/T 26162—2021	信息与文献　文件（档案）管理　概念与原则	GB/T 26162.1—2010	ISO 15489-1：2016，IDT	2021/12/31	2022/7/1
1-3-32	1	03.100.01	A02	GB/T 26317—2010	公司治理风险管理指南			2011/1/14	2011/5/1
1-3-33	1	03.120.20	A00	GB/T 27021.2—2021	合格评定　管理体系审核认证机构要求　第 2 部分：环境管理体系审核认证能力要求	GB/T 27021.2—2017	ISO/IEC 17021-2：2016，IDT	2021/5/21	2021/12/1
1-3-34	1	03.120.20	A00	GB/T 27067—2017	合格评定　产品认证基础和产品认证方案指南	GB/T 27067—2006	ISO/IEC 17067：2013，IDT	2017/12/29	2018/7/1
1-3-35	1	35.110	L79	GB/Z 33750—2017	物联网　标准化工作指南			2017/5/12	2017/12/1
1-3-36	1	01.120	A00	GB/T 34654—2017	电工术语标准编写规则		ISO/IEC 2012-05，NEQ；ISO/IEC 60050，NEQ	2017/9/29	2018/4/1
1-3-37	1	01.120	A00	GB/T 3533.1—2017	标准化效益评价　第 1 部分：经济效益评价通则	GB/T 3533.1—2009		2017/5/12	2017/12/1
1-3-38	1	01.120	A00	GB/T 35778—2017	企业标准化工作　指南			2017/12/29	2018/7/1
1-3-39	1			JJF 1002—2010	国家计量检定规程编写规则	JJF 1002—1998		2010/9/6	2011/1/1
1-4-40	1	27.010	F00	DL/T 485—2018	电力企业标准体系表编制导则	DL/T 485—2012		2018/4/3	2018/7/1
1-4-41	1	27.010	F00	DL/T 800—2018	电力企业标准编写导则	DL/T 800—2012		2018/4/3	2018/7/1
1-4-42	1			ZC 0006—2003	专利申请号标准			2003/7/14	2003/10/1
1-6-43	1	01.120	A01	T/CEC 181—2018	电力企业标准化工作　评价与改进			2018/7/3	2018/9/1

2 通用技术语言标准（术语、符号、代号、代码、标志、技术制图）

序号	GW 分类	ICS 分类	GB 分类	标准号	中 文 名 称	代替标准	采用关系	发布日期	实施日期
2-2-1	2	29.240		Q/GDW 10727—2016	智能电网知识描述语言规范	Q/GDW 727—2012		2016/12/28	2016/12/28
2-2-2	2	29.020		Q/GDW 11705—2017	国家电网公司科技项目成果分类与代码			2018/2/12	2018/2/12
2-2-3	2	35.040		Q/GDW 215—2008	电力系统数据标记语言—E 语言规范			2008/12/31	2008/12/31
2-2-4	2	29.240		Q/GDW 442—2010	会计科目代码			2010/5/20	2010/5/20
2-2-5	2	29.240		Q/GDW 443—2010	SAP 专用会计科目代码			2010/5/20	2010/5/20
2-2-6	2	29.240		Q/GDW 444—2010	预算科目代码			2010/5/20	2010/5/20
2-2-7	2	29.240		Q/GDW 624—2011	电力系统图形描述规范			2011/7/27	2011/7/27
2-2-8	2	29.240		Q/GDW 719—2012	审计综合管理系统编码规范			2012/2/28	2012/2/28
2-3-9	2	01.120	A00	GB/T 1.2—2020	标准化工作导则　第 2 部分：以 ISO/IEC 标准化文件为基础的标准化文件起草规则	GB/T 20000.2—2009；GB/T 20000.9—2014	ISO/IEC Guide 21：2005，NEQ	2020/11/19	2021/6/1
2-3-10	2	01.080.10	A22	GB/T 10001.1—2023	公共信息图形符号　第 1 部分：通用符号	GB/T 10001.1—2012		2023/9/7	2024/1/1
2-3-11	2	01.080.10	A22	GB/T 10001.2—2021	公共信息图形符号　第 2 部分：旅游休闲符号	GB/T 10001.2—2006		2021/3/9	2021/10/1
2-3-12	2	35.040	A24	GB/T 10113—2003	分类与编码通用术语	GB/T 10113—1988		2003/7/25	2003/12/1
2-3-13	2	35.040	A24	GB/T 10114—2003	县级以下行政区划代码编制规则	GB/T 10114—1988		2003/7/25	2003/12/1
2-3-14	2	77.060	H25	GB/T 10123—2022	金属和合金的腐蚀　术语	GB/T 10123—2001	ISO 8044：2020，IDT	2022/4/15	2022/11/1
2-3-15	2	01.100.01	J04	GB/T 10609.1—2008	技术制图　标题栏	GB/T 10609.1—1989		2008/6/26	2009/1/1
2-3-16	2	01.100.01	J04	GB/T 10609.2—2009	技术制图　明细栏	GB/T 10609.2—1989	ISO 7573：1983，IDT	2009/11/30	2010/9/1
2-3-17	2	01.100.01	J04	GB/T 10609.3—2009	技术制图　复制图的折叠方法	GB/T 10609.3—1989		2009/11/30	2010/9/1
2-3-18	2	01.100.01	J04	GB/T 10609.4—2009	技术制图　对缩微复制原件的要求	GB/T 10609.4—1989	ISO 6428：1982，IDT	2009/11/30	2010/9/1
2-3-19	2	77.040.10	H22	GB/T 10623—2008	金属材料　力学性能试验术语	GB/T 10623—1989	ISO 23718：2007，MOD	2008/5/13	2008/11/1
2-3-20	2	35.080	L77	GB/T 11457—2006	信息技术　软件工程术语	GB/T 11457—1995		2006/3/14	2006/7/1
2-3-21	2	17.220	L85	GB/T 11464—2013	电子测量仪器术语	GB/T 11464—1989		2013/12/31	2014/7/15
2-3-22	2	35.040	A24	GB 11643—1999	公民身份号码	GB 11643—1989		1999/1/19	1999/7/1
2-3-23	2	35.040	A24	GB 11714—1997	全国组织机构代码编制规则	GB/T 11714—1995		1997/12/29	1998/1/1
2-3-24	2	19.040	K04	GB/T 11804—2005	电工电子产品环境条件　术语	GB/T 11804—1989		2005/3/3	2005/8/1

序号	GW 分类	ICS 分类	GB 分类	标准号	中文名称	代替标准	采用关系	发布日期	实施日期
2-3-25	2	27.060；01.100	J98	GB/T 11943—2008	锅炉制图	GB/T 11943—1989		2008/1/31	2008/7/1
2-3-26	2	01.100	J04	GB/T 12212—2012	技术制图　焊缝符号的尺寸、比例及简化表示法	GB/T 12212—1990		2012/5/11	2012/12/1
2-3-27	2	23.060.01	J16	GB/T 12250—2023	蒸汽疏水阀　标志	GB/T 12250—2005		2023/12/28	2024/7/1
2-3-28	2	35.040	A24	GB/T 12402—2000	经济类型分类与代码	GB/T 12402—1990		2000/7/14	2001/3/1
2-3-29	2	35.040	A24	GB/T 12404—1997	单位隶属关系代码	GB 12404—1990		1997/5/26	1998/3/1
2-3-30	2	35.040	A24	GB/T 12405—2008	单位增员减员代码	GB/T 12405—1990		2008/8/19	2009/1/1
2-3-31	2	03.060	A11	GB/T 12406—2022	表示货币和资金的代码	GB/T 12406—2008	ISO 4217：2015，MOD	2022/12/30	2022/12/30
2-3-32	2	35.040	A24	GB/T 12407—2008	职务级别代码	GB/T 12407—1990		2008/8/6	2009/1/1
2-3-33	2	07.040；35.240.70	A75	GB/T 12409—2009	地理格网	GB 12409—1990		2009/2/6	2009/6/1
2-3-34	2	13.340.01	C73	GB/T 12903—2008	个体防护装备术语	GB/T 12903—1991		2008/12/11	2009/10/1
2-3-35	2	35.040	A24	GB/T 12905—2019	条码术语	GB/T 12905—2000		2019/3/25	2019/10/1
2-3-36	2	27.160	F12	GB/T 12936—2007	太阳能热利用术语	GB/T 12936.1—1991；GB/T 12936.2—1991	ISO 9488：1999，NEQ	2007/4/16	2007/10/1
2-3-37	2	17.040.20	J04	GB/T 131—2006	产品几何技术规范（GPS）技术产品文件中表面结构的表示法	GB/T 131—1993	ISO 1302：2002，IDT	2006/7/19	2007/2/1
2-3-38	2	21.010	J29	GB/T 13306—2011	标牌	GB/T 13306—1991		2011/5/12	2011/10/1
2-3-39	2	25.180.10	K60	GB/T 13324—2006	热处理设备术语	GB/T 13324—1991		2006/11/8	2007/4/1
2-3-40	2	01.100	J04	GB/T 13361—2012	技术制图　通用术语	GB/T 13361—1992		2012/5/11	2012/12/1
2-3-41	2	07.020	A41	GB/T 13400.1—2012	网络计划技术　第 1 部分：常用术语	GB/T 13400.1—1992		2012/12/31	2013/6/1
2-3-42	2	29.200	K46	GB/T 13498—2017	高压直流输电术语	GB/T 13498—2007	IEC 60633：2015，MOD	2017/12/29	2018/7/1
2-3-43	2	29.020	K04	GB/T 13534—2009	颜色标志的代码	GB/T 13534—1992	IEC 60757：1983，IDT	2009/5/6	2009/11/1
2-3-44	2	33.060.01	M04	GB/T 13622—2012	无线电管理术语	GB/T 13622—1992		2012/6/29	2012/10/1
2-3-45	2	35.040	A24	GB/T 13745—2009	学科分类与代码	GB/T 13745—1992		2009/5/6	2009/11/1
2-3-46	2	35.040	A24	GB/T 13861—2022	生产过程危险和有害因素分类与代码	GB/T 13861—2009		2022/3/9	2022/10/1

序号	GW 分类	ICS 分类	GB 分类	标准号	中 文 名 称	代替标准	采用关系	发布日期	实施日期
2-3-47	2	07.040	A75	GB/T 13923—2022	基础地理信息要素分类与代码	GB/T 13923—2006		2022/4/15	2022/4/15
2-3-48	2	17.020	N05	GB/T 13965—2010	仪表元器件术语	GB/T 13965—1992		2010/12/1	2011/5/1
2-3-49	2	17.020	N04	GB/T 13983—1992	仪器仪表基本术语			1992/12/17	1993/7/1
2-3-50	2	07.040	A79	GB/T 13989—2012	国家基本比例尺地形图分幅和编号	GB/T 13989—1992		2012/6/29	2012/10/1
2-3-51	2	03.100.30	A02	GB/T 14002—2008	劳动定员定额术语	GB/T 14002—1992		2008/4/23	2008/7/1
2-3-52	2	07.060	D14	GB/T 14157—2023	水文地质术语	GB/T 14157—1993		2023/11/27	2024/3/1
2-3-53	2	03.100.30	C76	GB/T 14163—2009	工时消耗分类、代号和标准工时构成	GB/T 14163—1993		2009/3/9	2009/9/1
2-3-54	2	621.395.6.01	M30	GB/T 1418—1995	电信设备通用文字符号	GB 1418—1978		1995/4/6	1995/12/1
2-3-55	2	07.040	A75	GB/T 14268—2008	国家基本比例尺地形图更新规范	GB/T 14268—1993		2008/6/20	2008/12/1
2-3-56	2	01.040.29	K09	GB/T 14286—2021	带电作业工具设备术语	GB/T 14286—2008	IEC 60743：2001，MOD	2021/8/20	2022/3/1
2-3-57	2	29.240	F21	GB/Z 14429—2005	远动设备及系统　第 1-3 部分：总则　术语	GB/T 14429—1993	IEC TR3 60870-1-3：1997，IDT	2005/2/6	2005/12/1
2-3-58	2	550.81	D04	GB/T 14498—1993	工程地质术语			1993/6/19	1994/3/1
2-3-59	2	01.100.20	J04	GB/T 14665—2012	机械工程 CAD 制图规则	GB/T 14665—1998		2012/5/11	2012/12/1
2-3-60	2	71.040.01	G04	GB/T 14666—2003	分析化学术语	GB/T 14666—1993		2003/10/11	2004/5/1
2-3-61	2	91.100.50	Q24	GB/T 14682—2006	建筑密封材料术语	GB/T 14682—1993	ISO 6927：1981，NEQ	2006/7/18	2006/12/1
2-3-62	2	01.100.01	J04	GB/T 14689—2008	技术制图　图纸幅面和格式	GB/T 14689—1993	ISO 5457：1999，MOD	2008/6/26	2009/1/1
2-3-63	2	621.71；744.4	J04	GB/T 14690—1993	技术制图　比例	GB 4457.2—1984	ISO 5455：1979，EQV	1993/11/9	1994/7/1
2-3-64	2	621.71；744.4	J04	GB/T 14691—1993	技术制图　字体	GB 4457.3—1984	ISO 3098/1：1974，EQV；ISO 3098/2：1984，EQV	1993/11/9	1994/7/1
2-3-65	2	19.100	J04	GB/T 14693—2008	无损检测　符号表示法	GB/T 14693—1993		2008/2/28	2008/7/1
2-3-66	2	33.120.40	M50	GB/T 14733.10—2024	电信术语　天线	GB/T 14733.10—2008		2024/8/23	2024/12/1
2-3-67	2	33.040.01	M10	GB/T 14733.11—2008	电信术语　传输	GB/T 14733.11—1993	IEC 60050-704：1993，IDT	2008/8/6	2009/3/1

序号	GW 分类	ICS 分类	GB 分类	标准号	中 文 名 称	代替标准	采用关系	发布日期	实施日期
2-3-68	2	33.120.01	M30	GB/T 14733.12—2008	电信术语　光纤通信	GB/T 14733.12—1993	IEC 60050-731：1991，IDT	2008/8/6	2009/3/1
2-3-69	2	33.120.01	M30	GB/T 14733.2—2008	电信术语　传输线和波导	GB/T 14733.2—1993	IEC 60050-726：1982，IDT	2008/8/6	2009/3/1
2-3-70	2	33.020	M04	GB/T 14733.6—2005	电信术语　空间无线电通信	GB/T 14733.6—1993	IEC 60050-725：1994，IDT	2005/10/10	2006/6/1
2-3-71	2	27.060.30	J75	GB/T 14811—2008	热管术语	GB/T 14811—1993		2008/6/26	2009/1/1
2-3-72	2	35.040	A24	GB/T 14885—2022	固定资产分类与代码	GB/T 14885—2010		2022/12/30	2022/12/30
2-3-73	2	29.120.50	K43	GB/T 15166.1—2019	高压交流熔断器　第 1 部分：术语	GB/T 15166.1—1994	IEC 60050-441：1984，MOD	2019/6/4	2020/1/1
2-3-74	2	13.100	C65	GB/T 15236—2008	职业安全卫生术语	GB/T 15236—1994		2008/12/15	2009/10/1
2-3-75	2	01.020	C65	GB/T 15463—2018	静电安全术语	GB/T 15463—2008		2018/6/7	2019/1/1
2-3-76	2	01.080.01	A22	GB/T 15565—2020	图形符号　术语	GB/T 15565.1—2008；GB/T 15565.2—2008		2020/3/31	2020/10/1
2-3-77	2	01.080.01	A22	GB/T 15566.1—2020	公共信息导向系统设置原则与要求　第 1 部分：总则	GB/T 15566.1—2007		2020/3/31	2020/10/1
2-3-78	2	01.100.20	J04	GB/T 15754—1995	技术制图　圆锥的尺寸和公差注法	GB/T 4458.4—1984	ISO 3040-1990，EQV	1995/11/23	1996/7/1
2-3-79	2	01.140.10	A19	GB/T 15834—2011	标点符号用法	GB/T 15834—1995		2011/12/30	2012/6/1
2-3-80	2	07.040	A79	GB/T 15968—2008	遥感影象平面图制作规范	GB 15968—1995		2008/6/20	2008/12/1
2-3-81	2	01.080.20	A22	GB/T 16273.1—2008	设备用图形符号　第 1 部分：通用符号	GB/T 16273.1—1996	ISO 7000：2004，NEQ	2008/7/16	2009/1/1
2-3-82	2	01.080.20	A22	GB/T 16273.2—1996	设备用图形符号　机床通用符号		ISO 7000，IDT	1996/4/10	1996/10/1
2-3-83	2	01.080.20	A22	GB/T 16273.3—1999	设备用图形符号　电焊设备通用符号		ISO 7000：1989，ITD	1999/5/8	1999/9/1
2-3-84	2	01.080.20	A22	GB/T 16273.4—2010	设备用图形符号　第 4 部分：带有箭头的符号	GB/T 16273.4—2001		2011/1/10	2011/7/1
2-3-85	2	01.080.20	A22	GB/T 16273.5—2002	设备用图形符号　第 5 部分：塑料机械通用符号		ISO 7000：1989，NEQ	2002/8/5	2003/4/1
2-3-86	2	01.080.20	A22	GB/T 16273.6—2003	设备用图形符号　第 6 部分：运输、车辆检测及装载机械通用符号		ISO 7000：1989，NEQ	2003/5/26	2003/9/1
2-3-87	2	01.080.20	A22	GB/T 16273.8—2010	设备用图形符号　第 8 部分：办公设备通用符号			2011/1/10	2011/5/1

续表

序号	GW 分类	ICS 分类	GB 分类	标准号	中文名称	代替标准	采用关系	发布日期	实施日期
2-3-88	2	35.040	A24	GB/T 16502—2009	用人单位用人形式分类与代码	GB/T 16502—1996		2009/5/6	2009/11/1
2-3-89	2	01.100	J04	GB/T 16675.1—2012	技术制图　简化表示法　第 1 部分：图样画法	GB/T 16675.1—1996		2012/5/11	2012/12/1
2-3-90	2	01.100	J04	GB/T 16675.2—2012	技术制图　简化表示法　第 2 部分：尺寸注法	GB/T 16675.2—1996		2012/5/11	2012/12/1
2-3-91	2	35.040	Z04	GB/T 16705—1996	环境污染类别代码			1996/12/20	1997/7/1
2-3-92	2	35.040	Z04	GB/T 16706—1996	环境污染源类别代码			1996/12/20	1997/7/1
2-3-93	2	01.120	A00	GB/T 16733—1997	国家标准制定程序的阶段划分及代码			1997/1/27	1997/4/1
2-3-94	2	35.040	D21	GB/T 16772—1997	中国煤炭编码系统			1997/4/17	1997/10/1
2-3-95	2	01.020	A22	GB/T 16785—2012	术语工作　概念和术语的协调	GB/T 16785—1997	ISO 860：2007，MOD	2012/12/31	2013/6/1
2-3-96	2	35.040	A24	GB/T 16835—1997	高等学校本科、专科专业名称代码			1997/5/26	1998/3/1
2-3-97	2	13.030.40	J88	GB/T 16845—2017	除尘器　术语	GB/T 16845—2008		2017/5/12	2017/12/1
2-3-98	2	01.080.01	A22	GB/T 16900—2008	图形符号表示规则　总则	GB/T 16900—1997		2008/7/16	2009/1/1
2-3-99	2	01.080.01	A22	GB/T 16901.1—2008	技术文件用图形符号表示规则　第 1 部分：基本规则	GB/T 16901.1—1997	ISO 81714-1：1999，MOD	2008/7/16	2009/1/1
2-3-100	2	01.080.01	A22	GB/T 16901.2—2013	技术文件用图形符号表示规则　第 2 部分：图形符号（包括基准符号库中的图形符号）的计算机电子文件格式规范及其交换要求	GB/T 16901.2—2000	IEC 81714-2：2006，MOD	2013/12/17	2014/4/9
2-3-101	2	01.080.01	A22	GB/T 16902.1—2017	设备用图形符号表示规则　第 1 部分：符号原图的设计原则	GB/T 16902.1—2004		2017/7/31	2018/2/1
2-3-102	2	01.080.01	A22	GB/T 16902.2—2008	设备用图形符号表示规则　第 2 部分：箭头的形式和使用	GB/T 1252—1989	ISO 80416-2：2001，MOD	2008/7/16	2009/1/1
2-3-103	2	01.080.01	A22	GB/T 16902.4—2017	设备用图形符号表示规则　第 4 部分：图形符号用作图标的重绘指南	GB/T 16902.4—2010		2017/7/31	2018/2/1
2-3-104	2	01.040.21	J04	GB/T 16948—1997	技术产品文件词汇投影法术语	GB/T 14692—1993 部分	ISO 10209-2：1993，EQV	1997/8/26	1998/5/1
2-3-105	2	35.240.60	A24	GB/T 16963—2010	国际贸易合同代码编制规则	GB/T 16963—1997		2010/12/1	2011/5/1
2-3-106	2	07.040	A77	GB/T 17158—2008	摄影测量数字测图记录格式	GB/T 17158—1997		2008/6/20	2008/12/1
2-3-107	2	25.040.01	N10	GB/T 17212—1998	工业过程测量和控制　术语和定义	ZB Y 247—1984	IEC 902：1987，IDT	1998/1/21	1998/10/1
2-3-108	2	17.220.20	N22	GB/T 17215.101—2010	电测量　抄表、费率和负荷控制的数据交换　术语　第 1 部分：与使用 DLMS/COSEM 的测量设备交换数据相关的术语		IEC TR 62051-1：2004，IDT	2011/1/14	2011/6/1

续表

序号	GW 分类	ICS 分类	GB 分类	标准号	中 文 名 称	代替标准	采用关系	发布日期	实施日期
2-3-109	2	07.040	A79	GB/T 17278—2009	数字地形图产品基本要求	GB/T 17278—1998；GB/T 18315—2001		2009/5/6	2009/10/1
2-3-110	2	35.040	A24	GB/T 17295—2008	国际贸易计量单位代码	GB/T 17295—1998		2008/6/18	2008/11/1
2-3-111	2	35.040	A24	GB/T 17296—2009	中国土壤分类与代码	GB/T 17296—2000		2009/5/6	2009/11/1
2-3-112	2	35.040	A24	GB/T 17297—1998	中国气候区划名称与代码气候带和气候大区			1998/3/27	1998/10/1
2-3-113	2	01.100.20	J04	GB/T 17450—1998	技术制图　图线		ISO 128-20：1996，IDT	1998/8/12	1999/7/1
2-3-114	2	01.100.20	J04	GB/T 17451—1998	技术制图　图样画法视图		ISO/DIS 11947-1：1995 NEQ	1998/8/12	1999/7/1
2-3-115	2	01.100.20	J04	GB/T 17452—1998	技术制图　图样画法剖视图和断面图		ISO/DIS 11947-2：1995 EQV	1998/8/12	1999/7/1
2-3-116	2	01.100.01	J04	GB/T 17453—2005	技术制图　图样画法剖面域的表示法	GB/T 17453—1998	ISO 128-50：2001，IDT	2005/7/1	2005/12/1
2-3-117	2	01.040.01	A22	GB/T 17532—2005	术语工作　计算机应用　词汇	GB/T 17532—1998	ISO 1087-2:2000，MOD	2005/7/15	2005/12/1
2-3-118	2	33.100	L06	GB/T 17624.1—1998	电磁兼容综述电磁兼容基本术语和定义的应用与解释		IEC 61000-1-1：1992，IDT	1998/12/14	1999/12/1
2-3-119	2	03.100.20	A10	GB/T 17629—2010	国际贸易用电子数据交换协议样本	GB/T 17629—1998	UN/CEFACT Recommendation No.26，MOD	2010/12/1	2011/5/1
2-3-120	2	07.040	A75	GB/T 17694—2023	地理信息　术语	GB/T 17694—2009		2023/9/7	2023/9/7
2-3-121	2	01.080.10	A22	GB/T 17695—2006	印刷品用公共信息图形标志	GB/T 17695—1999		2006/8/4	2006/11/1
2-3-122	2	01.020	A22	GB/T 17933—2012	电子出版物　术语	GB/T 17933—1999		2012/12/31	2013/6/1
2-3-123	2	03.120.30	A41	GB/T 17989.2—2020	常规控制图	GB/T 4091—2001	ISO 7870-2:2013，MOD	2020/3/6	2020/10/1
2-3-124	2	07.040	A75	GB/T 18317—2009	专题地图信息分类与代码	GB/T 18317—2001		2009/5/6	2009/10/1
2-3-125	2	01.140.30	A13	GB/T 18811—2012	电子商务基本术语	GB/T 18811—2002	UN/CEFACT Core Component Technical Specification Version 3.0，IDT	2012/7/31	2012/11/1
2-3-126	2	03.120.10	A00	GB/T 19000—2016	质量管理体系基础和术语	GB/T 19000—2008	ISO 9000：2015，IDT	2016/12/30	2017/7/1
2-3-127	2	13.300	A80	GB 190—2009	危险货物包装标志	GB 190—1990		2009/6/21	2010/5/1
2-3-128	2	01.020	A22	GB/T 19099—2003	术语标准化项目管理指南		ISO 15188：2001，MOD	2003/5/14	2003/12/1
2-3-129	2	55.020	A80	GB/T 191—2008	包装储运图示标志	GB/T 191—2000	ISO 780：1997，MOD	2008/4/1	2008/10/1

续表

序号	GW 分类	ICS 分类	GB 分类	标准号	中 文 名 称	代替标准	采用关系	发布日期	实施日期
2-3-130	2	43.020	T04	GB/T 19596—2017	电动汽车术语	GB/T 19596—2004		2017/10/14	2018/5/1
2-3-131	2	01.080	J04	GB/T 20063.1—2006	简图用图形符号　第 1 部分：通用信息与索引		ISO 14617-1：2002，IDT	2006/2/5	2006/9/1
2-3-132	2	01.080	J04	GB/T 20063.2—2006	简图用图形符号　第 2 部分：符号的一般应用		ISO 14617-2：2002，IDT	2006/2/5	2006/9/1
2-3-133	2	01.080	J04	GB/T 20063.3—2006	简图用图形符号　第 3 部分：连接件与有关装置		ISO 14617-3：2002，IDT	2006/2/5	2006/9/1
2-3-134	2	01.080	J04	GB/T 20063.4—2006	简图用图形符号　第 4 部分：调节器及其相关设备		ISO 14617-4：2002，IDT	2006/2/5	2006/9/1
2-3-135	2	01.080	J04	GB/T 20063.5—2006	简图用图形符号　第 5 部分：测量与控制装置		ISO 14617-5：2002，IDT	2006/2/5	2006/9/1
2-3-136	2	01.080	J04	GB/T 20063.6—2006	简图用图形符号　第 6 部分：测量与控制功能		ISO 14617-6：2002，IDT	2006/2/5	2006/9/1
2-3-137	2	01.080	J04	GB/T 20063.7—2006	简图用图形符号　第 7 部分：基本机械构件		ISO 14617-7：2002，IDT	2006/2/5	2006/9/1
2-3-138	2	01.080	J04	GB/T 20063.8—2006	简图用图形符号　第 8 部分：阀与阻尼器		ISO 14617-8：2002，IDT	2006/2/5	2006/9/1
2-3-139	2	01.080	J04	GB/T 20063.9—2006	简图用图形符号　第 9 部分：泵、压缩机与鼓风机		ISO 14617-9：2002，IDT	2006/2/5	2006/9/1
2-3-140	2	01.080	J04	GB/T 20063.10—2006	简图用图形符号　第 10 部分：流动功率转换器		ISO 14617-10：2002，IDT	2006/2/5	2006/9/1
2-3-141	2	01.080	J04	GB/T 20063.11—2006	简图用图形符号　第 11 部分：热交换器和热发动机器件		ISO 14617-11：2002，IDT	2006/2/5	2006/9/1
2-3-142	2	01.080.30	A79	GB/T 20257.1—2017	国家基本比例尺地图图式　第 1 部分：1:500　1:1000　1:2000 地形图图式	GB/T 20257.1—2007		2017/10/14	2018/5/1
2-3-143	2	07.040	A79	GB/T 20257.3—2017	国家基本比例尺地图图式　第 3 部分：1:25000　1:50000　1:100000 地形图图式	GB/T 20257.3—2006		2017/10/14	2018/5/1
2-3-144	2	07.040	A79	GB/T 20257.4—2017	国家基本比例尺地图图式　第 4 部分：1:250000　1:500000　1:1000000 地形图图式	GB/T 20257.4—2007		2017/10/14	2018/5/1
2-3-145	2	83.080.01	G31	GB/T 2035—2024	塑料　术语	GB/T 2035—2008		2024/5/28	2024/12/1
2-3-146	2	13.020	P57	GB/T 20465—2006	水土保持术语			2006/8/15	2006/11/1
2-3-147	2	01.040.29	K04	GB/T 20625—2024	特殊环境条件　术语	GB/T 20625—2006		2024/3/15	2024/10/1
2-3-148	2	25.040.40	L67	GB/T 20719.13—2010	工业自动化系统与集成　过程规范语言　第 13 部分：时序理论		ISO 18629-13：2006，IDT	2010/9/2	2010/12/1
2-3-149	2	25.040.40	L67	GB/T 20719.44—2010	工业自动化系统与集成　过程规范语言　第 44 部分：定义性扩展资源扩展		ISO 18629-44：2006，IDT	2010/9/2	2010/12/1

续表

序号	GW 分类	ICS 分类	GB 分类	标准号	中 文 名 称	代替标准	采用关系	发布日期	实施日期
2-3-150	2	03.220.20	R04	GB/T 20839—2007	智能运输系统　通用术语			2007/3/19	2007/5/1
2-3-151	2	07.040	A75	GB 21139—2007	基础地理信息标准数据基础规定			2007/8/30	2008/3/1
2-3-152	2	29.020	K09	GB/T 21654—2008	顺序功能表图用 GRAFCET 规范语言	GB/T 6988.6—1993	IEC 60848：2002，IDT	2008/3/24	2008/11/1
2-3-153	2	07.040	A75	GB/T 21740—2008	基础地理信息城市数据库建设规范			2008/5/7	2008/12/1
2-3-154	2	35.20	L70	GB/T 22033—2017	信息技术　嵌入式系统术语	GB/T 22033—2008		2017/5/31	2017/12/1
2-3-155	2	35.040	A24	GB/T 2260—2007	中华人民共和国行政区划代码	GB/T 2260—2002		2007/11/14	2008/2/1
2-3-156	2	35.040	A24	GB/T 2261.1—2003	个人基本信息分类与代码　第 1 部分：人的性别代码	GB/T 2261—1981		2003/7/25	2003/12/1
2-3-157	2	35.040	A24	GB/T 2261.2—2003	个人基本信息分类与代码　第 2 部分：婚姻状况代码	GB/T 4766—1984		2003/7/25	2003/12/1
2-3-158	2	35.040	A24	GB/T 2261.3—2003	个人基本信息分类与代码　第 3 部分：健康状况代码	GB/T 4767—1984		2003/7/25	2003/12/1
2-3-159	2	35.040	A24	GB/T 2261.4—2003	个人基本信息分类与代码　第 4 部分：从业状况（个人身份）代码			2003/7/25	2003/12/1
2-3-160	2	35.040	A24	GB/T 2261.5—2003	个人基本信息分类与代码　第 5 部分：港澳台侨属代码			2003/7/25	2003/12/1
2-3-161	2	35.040	A24	GB/T 2261.6—2003	个人基本信息分类与代码　第 6 部分：人大代表、政协委员代码			2003/7/25	2003/12/1
2-3-162	2	35.040	A24	GB/T 2261.7—2003	个人基本信息分类与代码　第 7 部分：院士代码			2003/7/25	2003/12/1
2-3-163	2	17.160	J04	GB/T 2298—2010	机械振动、冲击与状态监测　词汇	GB/T 2298—1991	ISO 2041：2009，IDT	2010/12/23	2011/6/1
2-3-164	2	35.040	L71	GB/T 2311—2000	信息技术　字符代码结构与扩充技术	GB/T 2311—1990	ISO/IEC 2022：1994，IDT	2000/7/14	2001/3/1
2-3-165	2	01.080.30	K04	GB/T 23371.1—2013	电气设备用图形符号基本规则　第 1 部分：注册用图形符号的生成	GB/T 5465.11—2007	IEC 80416-1：2008，IDT	2013/12/17	2014/4/9
2-3-166	2	01.080	K04	GB/T 23371.3—2009	电气设备用图形符号基本规则　第 3 部分：应用导则		IEC 80416-3：2002，IDT	2009/3/13	2009/11/1
2-3-167	2	13.020.01	Z00	GB/T 23384—2009	产品及零部件可回收利用标识			2009/4/8	2009/12/1
2-3-168	2	01.040.03	A22	GB/T 23694—2013	风险管理　术语	GB/T 23694—2009	ISO Guide 73：2009，IDT	2013/12/31	2014/7/1

续表

序号	GW 分类	ICS 分类	GB 分类	标准号	中文名称	代替标准	采用关系	发布日期	实施日期
2-3-169	2	01.140.20	A14	GB/T 23732—2009	中国标准文本编码			2009/5/6	2009/11/1
2-3-170	2	01.040.13	Z00	GB/T 24050—2004	环境管理　术语	GB/T 24050—2000	ISO 14050：2002，IDT	2004/4/30	2004/10/1
2-3-171	2	19.020	A21	GB/T 2422—2012	环境试验试验方法编写导则术语和定义	GB/T 2422—1995	IEC 60068-5-2：1990，IDT	2012/11/5	2013/2/1
2-3-172	2	29.020	J04	GB/T 24340—2009	工业机械电气图用图形符号			2009/9/30	2010/2/1
2-3-173	2	01.100.25	J04	GB/T 24341—2009	工业机械电气设备电气图、图解和表的绘制			2009/9/30	2010/2/1
2-3-174	2	43.020	T04	GB/T 24548—2009	燃料电池电动汽车　术语			2009/10/30	2010/7/1
2-3-175	2	17.040.10	J04	GB/Z 24636.1—2009	产品几何技术规范（GPS）统计公差　第 1 部分：术语、定义和基本概念			2009/11/15	2010/9/1
2-3-176	2	01.100.01	J04	GB/T 24734.1—2009	技术产品文件　数字化产品定义数据通则　第 1 部分：术语和定义		ISO 16792：2006，NEQ	2009/11/30	2010/9/1
2-3-177	2	25.060.20	J40	GB/T 24736.1—2009	工艺装备设计管理导则　第 1 部分：术语			2009/11/30	2010/9/1
2-3-178	2	01.100.01	J04	GB/T 24744—2009	产品几何规范（GPS）技术产品文件（TPD）中模制件的表示法		ISO 10135：2007，IDT	2009/11/30	2010/9/1
2-3-179	2	01.100.01	J04	GB/T 24745—2009	技术产品文件　词汇　图样注语			2009/11/30	2010/9/1
2-3-180	2	01.140.30	A14	GB/T 2659.1—2022	世界各国和地区及其行政区划名称代码　第 1 部分：国家和地区代码	GB/T 2659—2000		2022/12/30	2023/7/1
2-3-181	2	29.020	K04	GB/T 26853.1—2011	成套设备、系统和设备文件的分类和代号　第 1 部分：规则和分类表		IEC 61355-1：2008，IDT	2011/7/29	2011/12/1
2-3-182	2	01.040.29	F22	GB/T 26863—2022	火电站监控系统术语	GB/T 26863—2011		2022/12/30	2023/7/1
2-3-183	2	03.080	A16	GB/T 28921—2012	自然灾害分类与代码			2012/10/12	2013/2/1
2-3-184	2	01.040.29	K04	GB/T 2900.1—2008	电工术语　基本术语	GB/T 2900.1—1992		2008/6/18	2009/5/1
2-3-185	2	29.120.99	K14	GB/T 2900.4—2008	电工术语　电工合金	GB/T 2900.4—1994		2008/6/18	2009/5/1
2-3-186	2	01.040.29	K04	GB/T 2900.5—2013	电工术语　绝缘固体、液体和气体	GB/T 2900.5—2002	IEC 60050-212：2010，IDT	2013/12/17	2014/4/9
2-3-187	2	01.040.29；29.080.10	K04	GB/T 2900.8—2009	电工术语　绝缘子	GB/T 2900.8—1995	IEC 60050-471：2007，IDT	2009/3/13	2009/11/1
2-3-188	2			GB/T 2900.9—1994	电工术语　火花塞	GB 2900.9—83		1994/5/19	1995/5/1
2-3-189	2	01.040.29	K04	GB/T 2900.10—2013	电工术语　电缆	GB/T 2900.10—2001	IEC 60050-461：2008，IDT	2013/12/17	2014/4/9

序号	GW 分类	ICS 分类	GB 分类	标准号	中　文　名　称	代替标准	采用关系	发布日期	实施日期
2-3-190	2	29.080.99	K49	GB/T 2900.12—2008	电工术语　避雷器、低压电涌保护器及元件	GB/T 2900.12—1989		2008/1/22	2008/9/1
2-3-191	2	29.020	K04	GB/T 2900.16—1996	电工术语　电力电容器	GB 2900.16—83	IEC 50-436：1990，NEQ	1996/6/17	1997/7/1
2-3-192	2	01.040.29	K04	GB/T 2900.17—2024	电工术语　量度继电器和保护设备	GB/T 2900.17—2009		2024/4/25	2024/4/25
2-3-193	2	29.020；29.120.50	K30	GB/T 2900.18—2008	电工术语　低压电器	GB/T 2900.18—1992		2008/5/20	2009/1/1
2-3-194	2	01.040.29；29.020	K04	GB/T 2900.19—2022	电工术语　高电压试验技术和绝缘配合	GB/T 2900.19—1994		2022/10/12	2023/5/1
2-3-195	2	29.130.10	K43	GB/T 2900.20—2016	电工术语　高压开关设备和控制设备	GB/T 2900.20—1994	IEC 60050-441：1984，MOD	2016/2/24	2016/9/1
2-3-196	2	29.020	K04	GB/T 2900.22—2005	电工名词　术语　电焊机	GB/T 2900.22—1985		2005/8/26	2006/4/1
2-3-197	2	01.040.29；25.180.10	K61	GB/T 2900.23—2008	电工术语　工业电热装置	GB/T 2900.23—1995	IEC 60050-841：2004，IDT	2008/6/18	2009/5/1
2-3-198	2	29.160.01	K20	GB/T 2900.25—2008	电工术语　旋转电机	GB/T 2900.25—1994	IEC 60050-411：1996，IDT	2008/5/28	2009/1/1
2-3-199	2	29.160.30	K24	GB/T 2900.26—2008	电工术语　控制电机	GB/T 2900.26—1994		2008/6/30	2009/4/1
2-3-200	2	01.040.29	K04	GB/T 2900.27—2008	电工术语　小功率电动机	GB/T 2900.27—1995		2008/5/20	2009/1/1
2-3-201	2	01.040.29	K64	GB/T 2900.28—2007	电工术语　电动工具	GB/T 2900.28—1994		2007/1/30	2007/9/1
2-3-202	2	621.382.213：001.4	K04	GB/T 2900.32—1994	电工术语　电力半导体器件	GB 2900.32—1982		1994/5/16	1995/1/1
2-3-203	2	29.020	K04	GB/T 2900.33—2004	电工术语　电力电子技术	GB/T 2900.33—1993	IEC 60050-551：1998，IDT；IEC 60050-551-20：2001，IDT	2004/5/10	2004/12/1
2-3-204	2	01.040.29	K04	GB/T 2900.35—2023	电工术语　爆炸性环境	GB/T 2900.35—2008		2023/5/23	2023/12/1
2-3-205	2	01.040.29	K04	GB/T 2900.36—2021	电工术语　电力牵引	GB/T 2900.36—2003	IEC 60050-811：2017，IDT	2021/4/30	2021/11/1
2-3-206	2	29.100.01	K97	GB/T 2900.39—2009	电工术语　电机、变压器专用设备	GB/T 2900.39—1994		2009/3/13	2009/11/1
2-3-207	2			GB/T 2900.40—1985	电工名词术语　电线电缆专用设备			1985/5/9	1986/2/1
2-3-208	2	01.040.29；29.220.10；29.220.20	K04	GB/T 2900.41—2008	电工术语　原电池和蓄电池	GB/T 2900.11—1988；GB/T 2900.62—2003	IEC 60050-482：2003，IDT	2008/6/18	2009/5/1

续表

序号	GW 分类	ICS 分类	GB 分类	标准号	中 文 名 称	代替标准	采用关系	发布日期	实施日期
2-3-209	2	27.140	K55	GB/T 2900.45—2006	电工术语　水电站水力机械设备	GB/T 2900.45—1996	IEC/TR 61364：1999，MOD	2006/11/8	2007/5/1
2-3-210	2	01.040.29	K04	GB/T 2900.46—1983	电工名词术语　汽轮机及其附属装置			1983/10/28	1984/6/1
2-3-211	2	27.060.30；01.040.23	J98	GB/T 2900.48—2008	电工名词术语　锅炉	GB/T 2900.48—1983		2008/1/31	2008/7/1
2-3-212	2	29.120.50；01.040.29	K04	GB/T 2900.49—2004	电工术语　电力系统保护	GB/T 2900.49—1994	IEC 60050-448：1995，IDT	2004/5/10	2004/12/1
2-3-213	2	01.040.29	K04	GB/T 2900.50—2008	电工术语　发电、输电及配电　通用术语	GB/T 2900.50—1998	IEC 60050-601：1985，MOD	2008/6/18	2009/5/1
2-3-214	2	29.240.20	K47	GB/T 2900.51—1998	电工术语　架空线路		IEC 60050-466：1990，IDT	1998/8/13	1999/6/1
2-3-215	2	01.040.29	K04	GB/T 2900.52—2008	电工术语　发电、输电及配电发电	GB/T 2900.52—2000	IEC 60050-602：1983，MOD	2008/6/18	2009/5/1
2-3-216	2	27.180	F11	GB/T 2900.53—2001	电工术语　风力发电机组		IEC 60050-415：1999，IDT	2001/9/15	2002/4/1
2-3-217	2	01.040.29	F20	GB/T 2900.55—2016	电工术语　带电作业	GB/T 2900.55—2002	IEC 60050-651：2014，IDT	2016/4/25	2016/11/1
2-3-218	2	01.040.25；25.040.40	K04	GB/T 2900.56—2008	电工术语　控制技术	GB/T 2900.56—2002	IEC 60050-351：2006，IDT	2008/6/18	2009/5/1
2-3-219	2	01.040.29	K04	GB/T 2900.57—2008	电工术语　发电、输电及配电运行	GB/T 2900.57—2002	IEC 60050-604：1987，MOD	2008/6/18	2009/5/1
2-3-220	2	01.040.29	K04	GB/T 2900.58—2008	电工术语　发电、输电及配电电力系统规划和管理	GB/T 2900.58—2002	IEC 60050-603：1986，MOD	2008/6/18	2009/5/1
2-3-221	2	01.040.29	K04	GB/T 2900.59—2008	电工术语　发电、输电及配电变电站	GB/T 2900.59—2002	IEC 60050-605：1983，MOD	2008/6/18	2009/5/1
2-3-222	2	01.040.29	K04	GB/T 2900.63—2003	电工术语　基础继电器		IEC 60050-444：2002，IDT	2003/1/17	2003/6/1
2-3-223	2	01.040.29	K04	GB/T 2900.64—2013	电工术语　时间继电器	GB/T 2900.64—2003	IEC 60050-445：2010，IDT	2013/12/17	2014/4/9
2-3-224	2	01.040.33	M71	GB/T 2900.67—2004	电工术语　非广播用摄像机		IEC 60050-808：2002，IDT	2004/5/13	2004/12/1
2-3-225	2	01.040.33	M04	GB/T 2900.68—2005	电工术语　电信网、电信业务和运行		IEC 60050-715：1996，IDT	2005/10/10	2006/6/1

续表

序号	GW 分类	ICS 分类	GB 分类	标准号	中 文 名 称	代替标准	采用关系	发布日期	实施日期
2-3-226	2	33.080	M04	GB/T 2900.69—2005	电工术语 综合业务数字网（ISDN） 第 1 部分：总则		IEC 60050（716-1）：1955，IDT	2005/10/10	2006/6/1
2-3-227	2	29.120.01；01.040.29	K04	GB/T 2900.70—2008	电工术语 电器附件		IEC 60050-442：1998，IDT	2008/1/22	2008/9/1
2-3-228	2	01.040.29	K04	GB/T 2900.71—2008	电工术语 电气装置		IEC 60050-826：2004，IDT	2008/3/25	2008/10/1
2-3-229	2	01.040.29	K04	GB/T 2900.72—2008	电工术语 多相系统与多相电路		IEC 60050-141：2004，IDT	2008/5/28	2009/1/1
2-3-230	2	01.040.29	K04	GB/T 2900.73—2008	电工术语 接地与电击防护		IEC 60050-195：1998，MOD	2008/5/28	2009/1/1
2-3-231	2	01.040.29	K04	GB/T 2900.74—2008	电工术语 电路理论		IEC 60050-131：2002，MOD	2008/5/28	2009/1/1
2-3-232	2	01.040.33；33.160.01	M70	GB/T 2900.75—2008	电工术语 数字录音和录像	GB/T 4013—1995	IEC 60050-807：1998，MOD	2008/6/18	2009/5/1
2-3-233	2	01.040.17；17.220.20	L85	GB/T 2900.77—2008	电工术语 电工电子测量和仪器仪表 第 1 部分：测量的通用术语		IEC 60050（300-311）：2001，IDT	2008/6/18	2009/5/1
2-3-234	2	01.040.17；17.220.20	L85	GB/T 2900.79—2008	电工术语 电工电子测量和仪器仪表 第 3 部分：电测量仪器仪表的类型		IEC 60050（300-313）：2001，IDT	2008/6/18	2009/5/1
2-3-235	2	01.040.29；29.020；29.100	K04	GB/T 2900.83—2008	电工术语 电的和磁的器件		IEC 60050-151：2001，IDT	2008/6/18	2009/5/1
2-3-236	2	01.040.29	K04	GB/T 2900.84—2009	电工术语 电价		IEC 60050-691：1973，MOD	2009/3/13	2009/11/1
2-3-237	2	01.040.07；07.020	K04	GB/T 2900.85—2009	电工术语 数学一般概念和线性代数		IEC 60050-102：2007，IDT	2009/3/13	2009/11/1
2-3-238	2	01.040.17	K04	GB/T 2900.86—2009	电工术语 声学和电声学		IEC 60050-801：1994，IDT	2009/3/13	2009/11/1
2-3-239	2	01.040.029	K04	GB/T 2900.87—2011	电工术语 电力市场		IEC 60050-617：2009，IDT	2011/7/29	2011/12/1
2-3-240	2	01.040.17	K04	GB/T 2900.88—2011	电工术语 超声学		IEC 60050-802：2010，IDT	2011/7/29	2011/12/1
2-3-241	2	01.040.17	L85	GB/T 2900.89—2012	电工术语 电工电子测量和仪器仪表 第 2 部分：电测量的通用术语		IEC 60050-300：2001，IDT	2012/6/29	2012/9/1

续表

序号	GW 分类	ICS 分类	GB 分类	标准号	中 文 名 称	代替标准	采用关系	发布日期	实施日期
2-3-242	2	01.040.17	L85	GB/T 2900.90—2012	电工术语　电工电子测量和仪器仪表　第 4 部分：各类仪表的特殊术语		IEC 60050-300：2001，IDT	2012/6/29	2012/9/1
2-3-243	2	01.040.07	K04	GB/T 2900.91—2015	电工术语　量和单位		IEC 60050-112：2010，IDT	2015/9/11	2016/4/1
2-3-244	2	01.040.07	K04	GB/T 2900.92—2015	电工术语　数学函数		IEC 60050-103：2009，IDT	2015/9/11	2016/4/1
2-3-245	2	01.040.07	K04	GB/T 2900.93—2015	电工术语　电物理学		IEC 60050-113：2011，IDT	2015/9/11	2016/4/1
2-3-246	2	01.040.31	K41	GB/T 2900.94—2015	电工术语　互感器		IEC 60050-321：1986，NEQ	2015/9/11	2016/4/1
2-3-247	2	01.040.31	K41	GB/T 2900.95—2015	电工术语　变压器、调压器和电抗器		IEC 60050-421：1990，NEQ	2015/9/11	2016/4/1
2-3-248	2	01.040.35	M07	GB/T 2900.96—2015	电工术语　计算机网络技术		IEC 60050-732：2010，IDT	2015/9/11	2016/4/1
2-3-249	2	01.040.29	K04	GB/T 2900.98—2016	电工术语　电化学		IEC 60050-114：2014，IDT	2016/4/25	2016/11/1
2-3-250	2	01.040.17；21.020；29.020	K04	GB/T 2900.99—2016	电工术语　可信性	部分代替 GB/T 2900.13—2008	IEC 60050-192：2015，IDT	2016/12/13	2017/7/1
2-3-251	2	01.040.29	K04	GB/T 2900.100—2017	电工术语　超导电性	GB/T 13811—2003	IEC 60050-815：2015，IDT	2017/11/1	2018/5/1
2-3-252	2	01.040.29	K04	GB/T 2900.101—2017	电工术语　风险评估		IEC 60050-903：2013，IDT	2017/11/1	2018/5/1
2-3-253	2	01.040.29	K04	GB/T 2900.103—2020	电工术语　发电、输电及配电　电力系统可信性及服务质量		IEC 60050-692：2017，IDT	2020/6/2	2020/12/1
2-3-254	2	01.020	A22	GB/T 29181—2024	术语工作　计算机应用　术语信息置标框架	GB/T 29181—2012		2024/7/24	2025/2/1
2-3-255	2	35.100.05	L79	GB/T 29262—2012	信息技术　面向服务的体系结构（SOA）术语			2012/12/31	2013/6/1
2-3-256	2	35.040；27.010	A24	GB/T 29870—2013	能源分类与代码			2013/11/12	2014/4/15
2-3-257	2	13.300	A80	GB 30000.1—2024	化学品分类和标签规范　第 1 部分：通则	GB 13690—2009		2024/7/24	2025/8/1
2-3-258	2	01.080.20	N61	GB/T 30096—2013	实验室仪器和设备常用文字符号			2013/12/17	2014/5/1
2-3-259	2	35.240.30	A14	GB/T 30534—2014	科技报告保密等级代码与标识			2014/5/6	2014/11/1

续表

序号	GW 分类	ICS 分类	GB 分类	标准号	中 文 名 称	代替标准	采用关系	发布日期	实施日期
2-3-260	2	21.060.10	J13	GB/T 3099.1—2008	紧固件术语　螺纹紧固件、销及垫圈	GB/T 3099.1—1982		2008/8/25	2009/2/1
2-3-261	2	27.140	K55	GB/T 31066—2014	电工术语　水轮机控制系统			2014/12/22	2015/6/1
2-3-262	2	07.060	A47	GB/T 31163—2014	太阳能资源术语			2014/9/3	2015/1/1
2-3-263	2	23.160	J78	GB/T 3164—2007	真空技术　图形符号	GB/T 3164—1993	ISO 14617-8：2002，NEQ；ISO 14617-9：2002，NEQ	2007/12/2	2008/6/1
2-3-264	2	07.060	A47	GB/T 31724—2015	风能资源术语			2015/6/2	2016/1/1
2-3-265	2	03.080；35.240	A00	GB/T 31779—2015	科技服务产品数据描述规范			2015/7/3	2016/2/1
2-3-266	2	01.140.20	A14	GB/Z 32002—2015	信息与文献　文件管理工作过程分析		ISO/TR 26122：2008，IDT	2015/9/11	2016/4/1
2-3-267	2	35.100.05	L79	GB/T 32400—2015	信息技术　云计算　概览与词汇		ISO/IEC 17788：2014，IDT	2015/12/31	2017/1/1
2-3-268	2	01.040.35；35.020	L70	GB/T 32410—2015	信息技术　维吾尔文常用术语			2015/12/31	2016/8/1
2-3-269	2	25.160.01	J33	GB/T 324—2008	焊缝符号表示法	GB/T 324—1988	ISO 2553：1992，MOD	2008/6/26	2009/1/1
2-3-270	2	29.020	K04	GB/T 32507—2016	电能质量　术语			2016/2/24	2016/9/1
2-3-271	2	25.220.99	A29	GB/T 33373—2016	防腐蚀　电化学保护　术语			2016/12/30	2017/7/1
2-3-272	2	01.020	A20	GB/T 33450—2016	科技成果转化为标准指南			2016/12/30	2017/7/1
2-3-273	2	35.110	L79	GB/T 33745—2017	物联网　术语			2017/5/12	2017/12/1
2-3-274	2	621.79：001.4	J33	GB/T 3375—1994	焊接术语	GB 3375—1982		1994/6/20	1995/5/1
2-3-275	2	29.200	K46	GB/T 33984—2017	电动机软起动装置　术语			2017/7/12	2018/2/1
2-3-276	2	35.240.60	A10	GB/T 33992—2017	电子商务产品质量信息规范			2017/7/12	2018/2/1
2-3-277	2	35.040	A24	GB/T 33993—2017	商品二维码			2017/7/12	2018/2/1
2-3-278	2	35.240.30	A14	GB/T 33994—2017	信息和文献 WARC 文件格式		ISO 28500：2009，IDT	2017/7/12	2018/2/1
2-3-279	2	35.240.60	A10	GB/T 33995—2017	电子商务交易产品信息描述　家居产品			2017/7/12	2018/2/1
2-3-280	2	35.060	L71	GB/T 34043—2017	物联网智能家居　图形符号			2017/7/31	2018/2/1

续表

序号	GW 分类	ICS 分类	GB 分类	标准号	中 文 名 称	代替标准	采用关系	发布日期	实施日期
2-3-281	2	35.040	A90	GB/T 34062—2017	防伪溯源编码技术条件			2017/7/31	2018/2/1
2-3-282	2	25.040.40	N10	GB/T 34064—2017	通用自动化设备 行规导则		IEC/TR 62390：2005，IDT	2017/7/31	2018/2/1
2-3-283	2	35.040	A14	GB/T 34110—2017	信息与文献 文件管理体系 基础与术语		ISO 30300：2011，IDT	2017/7/31	2017/11/1
2-3-284	2	01.140.20	A14	GB/T 34112—2022	信息与文献 文件（档案）管理体系 要求	GB/T 34112—2017	ISO 30301：2019，IDT	2022/7/11	2023/2/1
2-3-285	2	77.040.10	H20	GB/T 34558—2017	金属基复合材料术语			2017/10/14	2018/9/1
2-3-286	2	35.020	L72	GB/T 35304—2017	统一内容标签格式规范			2017/12/29	2018/4/1
2-3-287	2	01.040.01	A00	GB/T 35415—2017	产品标准技术指标索引分类与代码			2017/12/29	2018/4/1
2-3-288	2	35.040	A24	GB/T 35416—2017	无形资产分类与代码			2017/12/29	2018/4/1
2-3-289	2	01.080.01	A22	GB/T 35417—2017	设备用图形符号 计算机用图标			2017/12/29	2018/4/1
2-3-290	2	35.240.01	A24	GB/T 35429—2017	质量技术服务分类与代码			2017/12/29	2018/4/1
2-3-291	2	01.140.20	A14	GB/T 35430—2017	信息与文献 期刊描述型元数据元素集			2017/12/29	2018/4/1
2-3-292	2	03.080.99	A00	GB/T 35431—2017	信用标准体系总体架构			2017/12/29	2018/4/1
2-3-293	2	35.240.01	A24	GB/T 35432—2017	检测技术服务分类与代码			2017/12/29	2018/4/1
2-3-294	2	07.040	A79	GB/T 35631—2017	地图符号 XML 描述规范			2017/12/29	2018/7/1
2-3-295	2	07.040	A76	GB/T 35632—2017	测绘地理信息数据数字版权标识			2017/12/29	2018/7/1
2-3-296	2	07.040	A75	GB/T 35634—2017	公共服务电子地图瓦片数据规范			2017/12/29	2018/7/1
2-3-297	2	07.040	A77	GB/T 35636—2017	城市地下空间测绘规范			2017/12/29	2018/7/1
2-3-298	2	07.040	A77	GB/T 35637—2017	城市测绘基本技术要求			2017/12/29	2018/7/1
2-3-299	2	01.040.35；07.040；35.240.70	A75；A22	GB/T 35638—2017	地理信息 位置服务 术语			2017/12/29	2018/7/1
2-3-300	2	07.040；35.240.70	A75	GB/T 35639—2017	地址模型			2017/12/29	2018/7/1
2-3-301	2	07.040	A75	GB/T 35641—2017	工程测绘基本技术要求			2017/12/29	2018/7/1
2-3-302	2	07.040	A77	GB/T 35642—2017	1:25000 1:50000 光学遥感测绘卫星影像产品			2017/12/29	2018/7/1
2-3-303	2	07.40	A75	GB/T 35644—2017	地下管线数据获取规程			2017/12/29	2018/7/1

序号	GW 分类	ICS 分类	GB 分类	标准号	中　文　名　称	代替标准	采用关系	发布日期	实施日期
2-3-304	2	07.040	A76	GB/T 35645—2017	导航电子地图框架数据交换格式			2017/12/29	2018/7/1
2-3-305	2	07.040	A76	GB/T 35646—2017	导航电子地图增量更新基本要求			2017/12/29	2018/7/1
2-3-306	2	07.040；35.240.70	A75	GB/T 35647—2017	地理信息　概念模式语言		ISO 19103：2015，IDT	2017/12/29	2018/7/1
2-3-307	2	07.040；35.240.70	A75	GB/T 35648—2017	地理信息兴趣点分类与编码			2017/12/29	2018/7/1
2-3-308	2	07.040	A75	GB 35650—2017	国家基本比例尺地图测绘基本技术规定			2017/12/29	2018/7/1
2-3-309	2	07.040	A75	GB/T 35652—2017	瓦片地图服务			2017/12/29	2018/7/1
2-3-310	2	07.060	A47	GB/T 35663—2017	天气预报基本术语			2017/12/29	2018/7/1
2-3-311	2	27.140	P55	GB/T 36550—2018	抽水蓄能电站基本名词术语			2018/7/13	2019/2/1
2-3-312	2	73.040	D20	GB/T 3715—2022	煤质及煤分析有关术语	GB/T 3715—2007	ISO 1213-2：2016，NEQ	2022/7/11	2022/11/1
2-3-313	2	17.140.50	A59	GB/T 3769—2010	电声学　绘制频率特性图和极坐标图的标度和尺寸	GB/T 3769—1983	IEC 60263：1982，IDT	2010/12/1	2011/5/1
2-3-314	2	21.120.20	J19	GB/T 3931—2010	联轴器　术语	GB/T 3931—1997		2011/1/10	2011/10/1
2-3-315	2	17.180.20	A26	GB/T 3977—2008	颜色的表示方法	GB/T 3977—1997		2008/5/26	2008/11/1
2-3-316	2	29.020	K09	GB/T 4026—2019	人机界面标志标识的基本和安全规则　设备端子、导体终端和导体的标识	GB/T 4026—2010；GB/T 7947—2010	IEC 60445：2017，IDT	2019/6/4	2020/1/1
2-3-317	2	27.140	F04	GB/T 40582—2021	水电站基本术语			2021/10/11	2022/5/1
2-3-318	2	13.260	K09	GB/T 4208—2017	外壳防护等级（IP 代码）	GB/T 4208—2008	IEC 60529：2013，IDT	2017/7/31	2018/2/1
2-3-319	2	01.040.31	L04	GB/T 4210—2015	电工术语　电子设备用机电元件	GB/T 4210—2001	IEC 60050-581：2008，IDT	2015/9/11	2016/4/1
2-3-320	2	27.180	F19	GB/T 42313—2023	电力储能系统术语			2023/3/17	2023/10/1
2-3-321	2	01.040.35	A22	GB/T 42565—2023	量子计算　术语和定义			2023/5/23	2023/12/1
2-3-322	2	01.080.20	F04	GB/T 4270—1999	技术文件用热工图形符号与文字代号			1999/11/23	2000/5/1
2-3-323	2	13.220.10	C80	GB/T 4327—2008	消防技术文件用消防设备图形符号	GB/T 4327—1993	ISO 6790：1986，MOD	2008/10/8	2009/5/1
2-3-324	2	33.100	L06	GB/T 4365—2003	电工术语　电磁兼容	GB/T 4365—1995	IEC 60050-161：1990，IDT	2003/1/17	2003/5/1
2-3-325	2	35.040	A24	GB/T 4657—2021	中央党政机关、人民团体及其他机构代码	GB/T 4657—2009		2021/12/31	2022/7/1

续表

序号	GW 分类	ICS 分类	GB 分类	标准号	中 文 名 称	代替标准	采用关系	发布日期	实施日期
2-3-326	2	35.040	A24	GB/T 4658—2006	学历代码	GB/T 4658—1984		2006/10/9	2007/3/1
2-3-327	2	29.020	K04	GB/T 4728.6—2022	电气简图用图形符号　第 6 部分：电能的发生与转换	GB/T 4728.6—2008	IEC 60617 database，MOD	2022/10/12	2023/5/1
2-3-328	2	29.020	K04	GB/T 4728.7—2022	电气简图用图形符号　第 7 部分：开关、控制和保护器件	GB/T 4728.7—2008	IEC 60617 database，MOD	2022/10/12	2023/5/1
2-3-329	2	29.020	K04	GB/T 4728.8—2022	电气简图用图形符号　第 8 部分：测量仪表、灯和信号器件	GB/T 4728.8—2008	IEC 60617 database，MOD	2022/10/12	2023/5/1
2-3-330	2	29.020	K04	GB/T 4728.9—2022	电气简图用图形符号　第 9 部分：电信交换和外围设备	GB/T 4728.9—2008	IEC 60617 database，MOD	2022/10/12	2023/5/1
2-3-331	2	29.020	K04	GB/T 4728.10—2022	电气简图用图形符号　第 10 部分：电信传输	GB/T 4728.10—2008	IEC 60617 database，MOD	2022/10/12	2023/5/1
2-3-332	2	29.020	K04	GB/T 4728.11—2022	电气简图用图形符号　第 11 部分：建筑安装平面布置图	GB/T 4728.11—2008	IEC 60617 database，MOD	2022/10/12	2023/5/1
2-3-333	2	29.020	K04	GB/T 4728.12—2022	电气简图用图形符号　第 12 部分：二进制逻辑元件	GB/T 4728.12—2008	IEC 60617 database，MOD	2022/10/12	2023/5/1
2-3-334	2	29.020	K04	GB/T 4728.13—2022	电气简图用图形符号　第 13 部分：模拟元件	GB/T 4728.13—2008	IEC 60617 database，MOD	2022/10/12	2023/5/1
2-3-335	2	35.040	A24	GB/T 4754—2017	国民经济行业分类	GB/T 4754—2011		2017/6/30	2017/10/1
2-3-336	2			GB/T 4762—1984	政治面貌代码			1984/11/26	1985/10/1
2-3-337	2	35.040	A24	GB/T 4763—2008	党、派代码	GB/T 4763—1984		2008/8/6	2009/1/1
2-3-338	2	01.020	K04	GB/T 4776—2017	电气安全术语	GB/T 4776—2008		2017/7/31	2018/2/1
2-3-339	2	01.140.20	A24	GB/T 4880.1—2005	语种名称代码　第 1 部分：2 字母代码	GB/T 4880—1991	ISO 639-1：2002，MOD	2005/7/15	2005/12/1
2-3-340	2	01.140.20	A24	GB/T 4880.2—2000	语种名称代码　第 2 部分：3 字母代码		ISO 639-2：1998，EQV	2000/10/17	2001/5/1
2-3-341	2			GB/T 4881—1985	中国语种代码			1985/1/29	1985/10/1
2-3-342	2			GB/T 4884—1985	绝缘导线的标记			1985/2/4	1985/9/1
2-3-343	2	03.120.30	A41	GB/T 4888—2009	故障树名词术语和符号	GB/T 4888—1985		2009/10/15	2009/12/1
2-3-344	2	01.140.20	A14	GB/T 4894—2009	信息与文献　术语	GB/T 4894—1985；GB/T 13143—1991	ISO 5127：2001，MOD	2009/9/30	2010/2/1
2-3-345	2			GB/T 50001—2017	房屋建筑制图统一标准	GB/T 50001—2010		2017/9/27	2018/5/1

续表

序号	GW 分类	ICS 分类	GB 分类	标准号	中 文 名 称	代替标准	采用关系	发布日期	实施日期
2-3-346	2			GB/T 50083—2014	工程结构设计基本术语标准	GB/T 50083—1997		2014/7/13	2015/5/1
2-3-347	2			GB/T 50103—2010	总图制图标准	GB/T 50103—2001		2010/8/18	2011/3/1
2-3-348	2			GB/T 50104—2010	建筑制图标准	GB/T 50104—2001		2010/8/18	2011/3/1
2-3-349	2			GB/T 50105—2010	建筑结构制图标准	GB/T 50105—2001		2010/8/18	2011/3/1
2-3-350	2			GB/T 50106—2010	建筑给水排水制图标准	GB/T 50106—2001		2010/8/18	2011/3/1
2-3-351	2			GB/T 50114—2010	暖通空调制图标准	GB/T 50114—2001		2010/8/18	2011/3/1
2-3-352	2			GB/T 50125—2010	给水排水工程基本术语标准	GBJ 125—1989		2010/5/31	2010/12/1
2-3-353	2			GB/T 50132—2014	工程结构设计通用符号标准	GBJ 132—1990		2014/7/13	2015/5/1
2-3-354	2			GB/T 50228—2011	工程测量基本术语标准	GB/T 50228—1996		2011/7/26	2012/6/1
2-3-355	2			GB/T 50279—2014	岩土工程基本术语标准	GB/T 50279—1998		2014/12/2	2015/8/1
2-3-356	2			GB/T 50549—2020	电厂标识系统编码标准	GB/T 50549—2010		2020/6/9	2021/3/1
2-3-357	2			GB/T 50670—2011	机械设备安装工程术语标准			2011/2/18	2011/10/1
2-3-358	2			GB/T 50878—2013	绿色工业建筑评价标准			2013/8/8	2014/3/1
2-3-359	2			GB/T 50908—2013	绿色办公建筑评价标准			2013/9/6	2014/5/1
2-3-360	2	01.080；29.020	K04	GB/T 5094.1—2018	工业系统、装置与设备以及工业产品结构原则与参照代号　第1部分：基本规则	GB/T 5094.1—2002	IEC 81346-1：2009，IDT	2018/7/13	2019/2/1
2-3-361	2			GB/T 51061—2014	电网工程标识系统编码规范			2014/12/11	2015/8/1
2-3-362	2			GB/T 51140—2015	建筑节能基本术语标准			2015/12/3	2016/8/1
2-3-363	2	25.160.10	J33	GB/T 5185—2005	焊接及相关工艺方法代号	GB/T 5185—1985	ISO 4063：1998，IDT	2005/8/10	2006/4/1
2-3-364	2	01.080	K04	GB/T 5465.1—2009	电气设备用图形符号　第1部分：概述与分类		IEC 60417 Database：2007-01，MOD	2009/3/13	2009/11/1
2-3-365	2	01.080.10	A22	GB/T 5465.2—2023	电气设备用图形符号　第2部分：图形符号	GB/T 5465.2—2008		2023/12/28	2024/7/1
2-3-366	2	17.180.20	A26	GB/T 5698—2001	颜色术语	GB 5698—1985		2001/6/12	2001/12/1
2-3-367	2	73.040	D20	GB/T 5751—2009	中国煤炭分类	GB 5751—1986		2009/6/1	2010/1/1
2-3-368	2	01.140.20	A14	GB/T 5795—2006	中国标准书号	GB/T 5795—2002	ISO 2108：2005，MOD	2006/10/18	2007/1/1
2-3-369	2	13.220.01	C80	GB/T 5907.2—2015	消防词汇　第2部分：火灾预防			2015/5/15	2015/8/1

续表

序号	GW 分类	ICS 分类	GB 分类	标准号	中文名称	代替标准	采用关系	发布日期	实施日期
2-3-370	2	13.220.01	C80	GB/T 5907.4—2015	消防词汇　第 4 部分：火灾调查			2015/5/15	2015/8/1
2-3-371	2	13.220.01	C80	GB/T 5907.5—2015	消防词汇　第 5 部分：消防产品	GB/T 16283—1996；GB/T 4718—2006		2015/5/15	2015/8/1
2-3-372	2			GB/T 6388—1986	运输包装收发货标志			1986/5/13	1987/4/1
2-3-373	2	01.100.01	J04	GB/T 6567.1—2008	技术制图　管路系统的图形符号　基本原则	GB/T 6567.1—1986		2008/6/26	2009/1/1
2-3-374	2	01.100.01	J04	GB/T 6567.2—2008	技术制图　管路系统的图形符号　管路	GB/T 6567.2—1986		2008/6/26	2009/1/1
2-3-375	2	01.100.01	J04	GB/T 6567.3—2008	技术制图　管路系统的图形符号　管件	GB/T 6567.3—1986		2008/6/26	2009/1/1
2-3-376	2	01.100.01	J04	GB/T 6567.4—2008	技术制图　管路系统的图形符号　阀门和控制元件	GB/T 6567.4—1986		2008/6/26	2009/1/1
2-3-377	2	01.100.01	J04	GB/T 6567.5—2008	技术制图　管路系统的图形符号　管路、管件和阀门等图形符号的轴测图画法	GB/T 6567.5—2003		2008/6/26	2009/1/1
2-3-378	2	77.120.50	H64	GB/T 6611—2008	钛及钛合金术语和金相图谱	GB/T 6611—1986；GB/T 8755—1988		2008/6/9	2008/12/1
2-3-379	2	35.040	A24	GB/T 6864—2003	中华人民共和国学位代码	GB/T 6864—1986		2003/7/25	2003/12/1
2-3-380	2	35.040	A24	GB/T 6865—2009	语种熟练程度和外语考试等级代码	GB/T 6865—1986		2009/10/15	2009/12/1
2-3-381	2	29.020	K09	GB/T 6988.1—2008	电气技术用文件的编制　第 1 部分：规则	GB/T 6988.1～6988.3—1997；GB/T 6988.4—2002	IEC 61082-1：2006，IDT	2008/3/24	2008/11/1
2-3-382	2	29.060.20	K13	GB/T 6995.1—2008	电线电缆识别标志方法　第 1 部分：一般规定	GB 6995.1—1986		2008/6/18	2009/3/1
2-3-383	2	29.060.20	K13	GB/T 6995.2—2008	电线电缆识别标志方法　第 2 部分：标准颜色	GB 6995.2—1986		2008/6/18	2009/3/1
2-3-384	2	29.060.20	K13	GB/T 6995.3—2008	电线电缆识别标志方法　第 3 部分：电线电缆识别标志	GB 6995.3—1986		2008/6/18	2009/3/1
2-3-385	2	29.060.20	K13	GB/T 6995.4—2008	电线电缆识别标志方法　第 4 部分：电气装备电线电缆绝缘线芯识别标志	GB 6995.4—1986		2008/6/18	2009/3/1
2-3-386	2	29.060.20	K13	GB/T 6995.5—2008	电线电缆识别标志方法　第 5 部分：电力电缆绝缘线芯识别标志	GB 6995.5—1986		2008/6/18	2009/3/1
2-3-387	2	23.080	J71	GB/T 7021—2019	离心泵名词术语	GB/T 7021—1986		2019/10/18	2020/5/1
2-3-388	2	35.040	A24	GB/T 7156—2003	文献保密等级代码与标识	GB/T 7156—1987		2003/7/25	2003/12/1
2-3-389	2	13.100	C65	GB 7231—2003	工业管道的基本识别色、识别符号和安全标识	GB 7231—1987		2003/3/13	2003/10/1

续表

序号	GW 分类	ICS 分类	GB 分类	标准号	中 文 名 称	代替标准	采用关系	发布日期	实施日期
2-3-390	2	25.200	J36	GB/T 7232—2012	金属热处理工艺　术语	GB/T 7232—1999		2012/9/3	2013/3/1
2-3-391	2	35.040	A24	GB/T 7635.1—2002	全国主要产品分类与代码　第 1 部分：可运输产品	GB/T 7635—1987	UNSD：Central Product Classification，Version 1.0，NEQ	2002/8/9	2003/4/1
2-3-392	2	01.140.20	A14	GB/T 7714—2015	信息与文献　参考文献著录规则	GB/T 7714—2005	ISO 690：2010，NEQ	2015/5/15	2015/12/1
2-3-393	2	23.100.01；01.080.30	J20	GB/T 786.1—2021	流体传动系统及元件图形符号和回路图　第 1 部分：用于常规用途和数据处理的图形符号	GB/T 786.1—2009	ISO 1219-1：2012，IDT	2021/5/21	2021/12/1
2-3-394	2	01.040.91；91.220	P97	GB/T 7920.4—2016	混凝土机械术语	GB/T 7920.4—2005		2016/2/24	2016/7/1
2-3-395	2	01.040.53；53.100	P97	GB/T 7920.6—2005	建筑施工机械与设备　打桩设备　术语和商业规格	部分代替 GB/T 7920.6—1987		2005/7/1	2006/1/1
2-3-396	2	91.100.30	Q12	GB/T 8075—2017	混凝土外加剂术语	GB/T 8075—2005		2017/12/29	2018/11/1
2-3-397	2	25.200	J36	GB/T 8121—2012	热处理工艺材料　术语	GB/T 8121—2002		2012/9/3	2013/3/1
2-3-398	2	13.180	A26	GB/T 8417—2003	灯光信号颜色	GB/T 8417—1987		2003/1/10	2003/6/1
2-3-399	2	35.040	A24	GB/T 8561—2001	专业技术职务代码	GB/T 8561—1988		2001/4/9	2001/10/1
2-3-400	2	35.040	A24	GB/T 8563.1—2021	奖励、纪律处分信息分类与代码　第 1 部分：奖励代码	GB/T 8563.1—2005；GB/T 8563.2—2005		2021/12/31	2022/7/1
2-3-401	2	35.040	A24	GB/T 8563.3—2021	奖励、纪律处分信息分类与代码　第 3 部分：纪律处分代码	GB/T 8563.3—2005		2021/12/31	2022/7/1
2-3-402	2	31.240	K05	GB/T 8582—2008	电工电子设备机械结构术语	GB/T 8582—2000		2008/6/19	2009/4/1
2-3-403	2	77.040.65	H49	GB/T 8706—2017	钢丝绳　术语、标记和分类	GB/T 8706—2006	ISO 17893：2004，MOD	2017/12/29	2018/9/1
2-3-404	2	33.160.01	M70	GB/T 9002—2017	音频、视频和视听设备及系统词汇	GB/T 9002—1996		2017/5/31	2017/12/1
2-3-405	2	29.020	K31	GB/T 9089.1—2021	户外严酷条件下的电气设施　第 1 部分：范围和定义	GB/T 9089.1—2008		2021/10/11	2022/5/1
2-3-406	2	01.040.29	K04	GB/T 9637—2001	电工术语　磁性材料与元件	GB/T 9637—1988	IEC 60050-221：1990，EQV	2001/11/16	2002/8/1
2-3-407	2	01.110	A12	GB/T 9969—2008	工业产品使用说明书　总则	GB 9969.1—1998		2008/11/13	2009/5/1
2-3-408	2			JJF 1001—2011	通用计量术语及定义			2011/11/30	2012/3/1
2-3-409	2			JJF 1007—2007	温度计量名词术语及定义	JJF 1007—1987		2007/11/21	2008/5/21

续表

序号	GW 分类	ICS 分类	GB 分类	标准号	中 文 名 称	代替标准	采用关系	发布日期	实施日期
2-3-410	2			JJF 1008—2008	压力计量名词术语及定义	JJF 1008—1987		2008/3/25	2008/9/25
2-3-411	2			JJF 1009—2006	容量计量术语及定义	JJF 1009—1987		2006/12/8	2007/3/8
2-3-412	2			JJF 1011—2006	力值与硬度计量术语及定义	JJF 1011—1987		2006/12/8	2007/3/8
2-4-413	2	35.240	A02	CH/T 1007—2001	基础地理信息数字产品元数据			2001/3/5	2001/4/1
2-4-414	2	07.040	A79	CH/T 1012—2005	基础地理信息数字产品　土地覆盖图			2005/12/7	2006/1/1
2-4-415	2	07.040	A79	CH/T 1013—2005	基础地理信息数字产品　数字影像地形图			2005/12/7	2006/1/1
2-4-416	2	35.240	A75	CH/T 1014—2006	基础地理信息数据档案管理与保护规范			2006/8/21	2006/10/1
2-4-417	2	07.040	A75	CH/T 1015.1—2007	基础地理信息数字产品　1:10000　1:50000 生产技术规程　第 1 部分：数字线划图（DLG）			2007/5/21	2007/7/1
2-4-418	2	35.240	A75	CH/T 1015.2—2007	基础地理信息数字产品　1:10000　1:50000 生产技术规程　第 2 部分：数字高程模型（DEM）			2007/5/21	2007/7/1
2-4-419	2	07.040	A75	CH/T 1015.3—2007	基础地理信息数字产品　1:10000　1:50000 生产技术规程　第 3 部分：数字正射影像图（DOM）			2007/5/21	2007/7/1
2-4-420	2	07.040	A75	CH/T 1015.4—2007	基础地理信息数字产品　1:10000　1:50000 生产技术规程　第 4 部分：数字栅格地图（DRG）			2007/5/21	2007/7/1
2-4-421	2	35.240	A75	CH/T 9006—2010	1:5000　1:10000 基础地理信息数字产品更新规范			2010/3/31	2010/5/1
2-4-422	2	07.040	A75	CH/T 9008.1—2010	基础地理信息数字成果　1:500　1:1000　1:2000　数字线划图			2010/6/7	2010/7/1
2-4-423	2	07.040	A75	CH/T 9008.2—2010	基础地理信息数字成果　1:500　1:1000　1:2000　数字高程模型			2010/6/7	2010/7/1
2-4-424	2	07.040	A75	CH/T 9008.3—2010	基础地理信息数字成果　1:500　1:1000　1:2000　数字正射影像图			2010/6/7	2010/7/1
2-4-425	2	35.240	A75	CH/T 9008.4—2010	基础地理信息数字成果　1:500　1:1000　1:2000　数字格栅地图			2010/6/7	2010/7/1
2-4-426	2	35.240	A75	CH/T 9009.1—2013	基础地理信息数字成果　1:5000　1:10000　1:25000　1:50000　1:100000　第 1 部分：数字线划图	CH/T 101—2005		2013/12/20	2014/1/1
2-4-427	2	35.240	A75	CH/T 9009.2—2010	基础地理信息数字成果　1:5000　1:10000　1:25000　1:50000　1:100000　数字高程模型	CH/T 1008—2001		2010/6/7	2010/7/1

续表

序号	GW 分类	ICS 分类	GB 分类	标准号	中 文 名 称	代替标准	采用关系	发布日期	实施日期
2-4-428	2	07.040	A75	CH/T 9009.3—2010	基础地理信息数字成果 1:5000 1:10000 1:25000 1:50000 1:100000 数字正射影像图	CH/T 1009—2001		2010/6/7	2010/7/1
2-4-429	2	35.240	A75	CH/T 9009.4—2010	基础地理信息数字成果 1:5000 1:10000 1:25000 1:50000 1:100000 数字栅格地图	CH/T 1010—2001		2010/6/7	2010/7/1
2-4-430	2	35.240	A75	CH/Z 9010—2011	地理信息公共服务平台 地理实体与地名地址数据规范			2011/11/15	2012/1/1
2-4-431	2	35.240	A75	CH/Z 9011—2011	地理信息公共服务平台 电子地图数据规范			2011/11/15	2012/1/1
2-4-432	2			CJJ/T 55—2011	供热术语标准	CJJ 55—1993		2011/7/13	2012/3/1
2-4-433	2	29.020	K04	DL/T 1033.1—2016	电力行业词汇 第 1 部分：动力工程	DL/T 1033.1—2006		2016/8/16	2016/12/1
2-4-434	2	01.120	F00	DL/T 1033.2—2006	电力行业词汇 第 2 部分：电力系统			2006/12/17	2007/5/1
2-4-435	2	29.020	K01	DL/T 1033.3—2014	电力行业词汇 第 3 部分：发电厂、水力发电	DL/T 1033.3—2006		2014/10/15	2015/3/1
2-4-436	2	29.020	K04	DL/T 1033.4—2016	电力行业词汇 第 4 部分：火力发电	DL/T 1033.4—2006		2016/8/16	2016/12/1
2-4-437	2	29.020	K01	DL/T 1033.5—2014	电力行业词汇 第 5 部分：核能发电	DL/T 1033.5—2006		2014/10/15	2015/3/1
2-4-438	2	29.020	K01	DL/T 1033.6—2014	电力行业词汇 第 6 部分：新能源发电	DL/T 1033.6—2006		2014/10/15	2015/3/1
2-4-439	2	01.120	F00	DL/T 1033.7—2006	电力行业词汇 第 7 部分：输电系统			2006/12/17	2007/5/1
2-4-440	2	01.120	F00	DL/T 1033.8—2006	电力行业词汇 第 8 部分：供电和用电			2006/12/17	2007/5/1
2-4-441	2	01.120	F00	DL/T 1033.9—2006	电力行业词汇 第 9 部分：电网调度			2006/12/17	2007/5/1
2-4-442	2	29.020	K04	DL/T 1033.10—2016	电力行业词汇 第 10 部分：电力设备	DL/T 1033.10—2006		2016/8/16	2016/12/1
2-4-443	2	29.020	K01	DL/T 1033.11—2014	电力行业词汇 第 11 部分：事故、保护、安全和可靠性	DL/T 1033.11—2006		2014/10/15	2015/3/1
2-4-444	2	01.120	F00	DL/T 1033.12—2006	电力行业词汇 第 12 部分：电力市场			2006/12/17	2007/5/1
2-4-445	2	27.100	F00	DL/T 1108—2023	电力工程项目编号及产品文件管理规定	DL/T 1108—2009；DL/T 503—2009		2023/10/11	2024/4/11
2-4-446	2	29.020	K04	DL/T 1193—2012	柔性输电术语			2012/8/23	2012/12/1
2-4-447	2	27.100	F21	DL/T 1230—2016	电力系统图形描述规范	DL/T 1230—2013		2016/12/5	2017/5/1
2-4-448	2	27.100	F24	DL/T 1252—2013	输电杆塔命名规则			2013/11/28	2014/4/1
2-4-449	2	27.100	F20	DL/T 1365—2014	名词术语 电力节能			2014/10/15	2015/3/1

续表

序号	GW 分类	ICS 分类	GB 分类	标准号	中 文 名 称	代替标准	采用关系	发布日期	实施日期
2-4-450	2	29.020	K01	DL/T 1382—2023	涉电力领域市场主体信用评价指标体系分类及代码	DL/T 1382—2014		2023/5/26	2023/11/26
2-4-451	2	29.020	K01	DL/T 1384—2023	电力行业供应商信用评价指标体系分类及代码	DL/T 1384—2014		2023/5/26	2023/11/26
2-4-452	2	27.180	F19	DL/T 1816—2018	电化学储能电站标识系统编码导则			2018/4/3	2018/7/1
2-4-453	2	27.180	F19	DL/T 2528—2022	电力储能基本术语			2022/11/4	2023/5/4
2-4-454	2	29.020	K04	DL/T 396—2010	电压等级代码			2010/5/24	2010/10/1
2-4-455	2	01.040.27	A22	DL/T 419—2015	电力用油名词术语	DL/T 419—1991		2015/4/2	2015/9/1
2-4-456	2	03.100.01	F02	DL/T 495—2012	电力行业单位类别代码	DL/T 495—1992		2012/1/4	2012/3/1
2-4-457	2	27.100	P60	DL/T 5028.1—2015	电力工程制图标准　第 1 部分：一般规则部分	DL 5028—1993		2015/7/1	2015/12/1
2-4-458	2	27.100	P60	DL/T 5028.2—2015	电力工程制图标准　第 2 部分：机械部分	DL 5028—1993		2015/7/1	2015/12/1
2-4-459	2	27.100	P60	DL/T 5028.3—2015	电力工程制图标准　第 3 部分：电气、仪表与控制部分	DL 5028—1993		2015/7/1	2015/12/1
2-4-460	2	27.100	P60	DL/T 5028.4—2015	电力工程制图标准　第 4 部分：土建部分	DL 5028—1993		2015/7/1	2015/12/1
2-4-461	2	03.100.50	F01	DL/T 510—2010	全国电网名称代码	DL 510—1993		2010/5/24	2010/10/1
2-4-462	2	93.020	P11	DL/T 5156.1—2015	电力工程勘测制图标准　第 1 部分：测量	DL/T 5156.1—2002		2015/4/2	2015/9/1
2-4-463	2	93.020	P13	DL/T 5156.2—2015	电力工程勘测制图标准　第 2 部分：岩土工程	DL/T 5156.2—2002		2015/4/2	2015/9/1
2-4-464	2	93.020	P12	DL/T 5156.3—2015	电力工程勘测制图标准　第 3 部分：水文气象	DL/T 5156.3—2002		2015/4/2	2015/9/1
2-4-465	2	93.020	P13	DL/T 5156.4—2015	电力工程勘测制图标准　第 4 部分：水文地质	DL/T 5156.4—2002		2015/4/2	2015/9/1
2-4-466	2	93.020	P14	DL/T 5156.5—2015	电力工程勘测制图标准　第 5 部分：物探	DL/T 5156.5—2002		2015/4/2	2015/9/1
2-4-467	2	13.180	A25	DL/T 575.1—2022	电力调度控制大厅设计导则　第 1 部分：术语	DL/T 575.1—1999		2022/11/4	2023/5/4
2-4-468	2	27.100	K47	DL/T 683—2010	电力金具产品型号命名方法	DL/T 683—1999		2011/1/9	2011/5/1
2-4-469	2	27.100	F20	DL/T 701—2022	火力发电厂热工自动化术语	DL/T 701—2012		2022/5/13	2022/11/13
2-4-470	2	01.040.27	F23	DL/T 882—2022	火力发电厂金属专业名词术语	DL/T 882—2004		2022/11/4	2023/5/4
2-4-471	2	01.040.01	F20	DL/T 893—2021	电站汽轮机名词术语	DL/T 893—2004		2021/12/22	2022/3/22
2-4-472	2	27.100	F20	DL/T 958—2014	名词术语　电力燃料	DL/T 958—2005		2014/3/18	2014/8/1
2-4-473	2			DLGJ 136—1997	送电线路铁塔制图和构造规定			1997/9/4	1997/11/1

续表

序号	GW 分类	ICS 分类	GB 分类	标准号	中 文 名 称	代替标准	采用关系	发布日期	实施日期
2-4-474	2	35.040	A90	GA/T 2000.156—2016	公安信息代码　第 156 部分：常用证件代码	GA/T 517—2004		2016/12/16	2016/12/16
2-4-475	2	13.310	A91	GA/T 74—2017	安全防范系统通用图形符号	GA/T 74—2000		2017/6/23	2017/6/23
2-4-476	2	29.080.10	K48	JB/T 10587—2006	电工术语　电瓷专用设备			2006/7/27	2006/10/11
2-4-477	2	29.240.30	K45	JB/T 2626—2004	电力系统继电器、保护及自动化装置常用电气技术的文字符号	JB/T 2626—1992		2004/10/20	2005/4/1
2-4-478	2	23.120	J72	JB/T 2977—2005	工业通风机、透平鼓风机和压缩机　名词术语	JB/T 2977—1992		2005/5/18	2005/11/1
2-4-479	2		K40	JB/T 5872—1991	高压开关设备电气图形及文字符号			1991/10/24	1992/10/1
2-4-480	2		K48	JB/T 5896—1991	常用绝缘子　术语			1991/10/24	1992/10/1
2-4-481	2	29.160.01	K20	JB/T 7073—2006	电机和水轮机图样简化规定	JB/T 7073—1993		2006/9/14	2007/3/1
2-4-482	2	27.100	K52	JB/T 8194—2020	内燃机电站　术语	JB/T 8194—2001		2020/4/16	2021/1/1
2-4-483	2	25.240.30	J28	JB/T 8430—2014	机器人分类及型号编制方法	JB/T 8430—1996		2014/7/9	2014/11/1
2-4-484	2			JGJ/T 97—2011	工程抗震术语标准	JGJ/T 97—1995		2011/1/28	2011/8/1
2-4-485	2			NB/T 10883.1—2023	水电工程制图标准　第 1 部分：基础制图	DL/T 5347—2006		2023/5/26	2023/11/26
2-4-486	2	27.140	P59	NB/T 10883.2—2023	水电工程制图标准　第 2 部分：水工建筑	DL/T 5348—2006		2023/5/26	2023/11/26
2-4-487	2			NB/T 10883.3—2023	水电工程制图标准　第 3 部分：金属结构			2023/5/26	2023/11/26
2-4-488	2	27.140	P59	NB/T 10883.4—2021	水电工程制图标准　第 4 部分：水力机械	DL/T 5349—2006		2021/12/22	2022/6/22
2-4-489	2	27.140	P59	NB/T 10883.7—2023	水电工程制图标准　第 7 部分：水土保持			2023/5/26	2023/11/26
2-4-490	2	29.200	K81	NB/T 33028—2018	电动汽车充放电设施术语			2018/4/3	2018/7/1
2-4-491	2	31.020	L10	SJ/T 11468—2014	电子电气产品有害物质限制使用术语			2014/10/14	2015/4/1
2-4-492	2	35.040	P55	SL 213—2020	水利工程代码编制规范	SL 213—2012		2020/7/27	2020/10/27
2-4-493	2	27.140	P55	SL 26—2012	水利水电工程技术术语	SL 26—1992		2012/1/20	2012/4/20
2-4-494	2	35.040	L71	SL 330—2011	水情信息编码	SL 330—2005		2011/4/12	2011/7/12
2-4-495	2			SL/Z 347—2006	水利公文主题词表			2006/10/23	2006/12/1
2-4-496	2	01.100	A01	SL 73.2—2013	水利水电工程制图标准　水工建筑图	SL 73.2—1995		2013/1/14	2013/4/14
2-4-497	2	01.100	A01	SL 73.3—2013	水利水电工程制图标准　勘测图	SL 73.3—1995		2013/1/14	2013/4/14
2-4-498	2	01.100	A01	SL 73.4—2013	水利水电工程制图标准　水力机械图	SL 73.4—1995		2013/1/14	2013/4/14

序号	GW 分类	ICS 分类	GB 分类	标准号	中 文 名 称	代替标准	采用关系	发布日期	实施日期
2-4-499	2	01.100	A01	SL 73.5—2013	水利水电工程制图标准 电气图	SL 73.5—1995		2013/1/14	2013/4/14
2-4-500	2	01.100	A01	SL 73.6—2015	水利水电工程制图标准 水土保持图	SL 73.6—2001		2015/10/28	2016/1/28
2-4-501	2	33.040.50	M10	YD/T 1034—2013	接入网名词术语	YD/T 1034—2000		2013/10/17	2014/1/1
2-4-502	2	01.040.33	M04	YD/T 2258—2011	移动通信网安全术语集			2011/5/18	2011/6/1
2-4-503	2	33.040	M16	YD/T 2673—2013	面向舆情分析的互联网数据采集与交换格式定义			2013/10/17	2014/1/1
2-4-504	2			YD/T 5015—2015	通信工程制图与图形符号规定	YD/T 5015—2007		2015/10/10	2016/1/1
2-5-505	2	01.060；01.075；27.010；29.020	K04	IEC 60027-7：2010	电气技术用文字符号 第 7 部分：发电、传输和分配	IEC 25/391/CDV：2008		2010/5/11	2010/5/11
2-5-506	2	01.040.01；01.040.29；01.060；29.020	K04	IEC 60050-112：2010	国际电工词汇表（IEV） 第 112 部分：量和单位	IEC 60050-111：1996；IEC 1/2080/FDIS：2008		2010/1/27	2010/1/27
2-5-507	2			IEC 60050-113：2011/AMD1：2014	国际电工词汇表（IEV） 第 113 部分：电工学用物理现象 第 1 次修订			2014/8/13	2014/8/13
2-5-508	2			IEC 60050-114：2014	国际电工词汇表（IEV） 第 114 部分：电化学			2014/3/25	2014/3/25
2-5-509	2			IEC 60050-151：2001/AMD1：2013	国际电工词汇表（IEV） 第 151 部分：电气和磁性器件 第 1 次修订			2013/8/1	2013/8/1
2-5-510	2			IEC 60050-151：2001/AMD2：2014	国际电工词汇表（IEV） 第 151 部分：电气和磁性器件 第 2 次修订			2014/8/1	2014/8/1
2-5-511	2			IEC 60050-161：1990/AMD1：1997	国际电工词汇表（IEV） 第 161 部分：电磁兼容性 第 1 次修订	IEC 60050-161/AMD 1：1997		2014/2/1	2014/2/1
2-5-512	2			IEC 60050-161：1990/AMD3：2014	国际电工词汇表（IEV） 第 161 部分：电磁兼容性 第 3 次修订			2014/2/1	2014/2/1
2-5-513	2			IEC 60050-161：1990/AMD4：2014	国际电工词汇表（IEV） 第 161 部分：电磁兼容性 第 4 次修订			2014/8/1	2014/8/1
2-5-514	2			IEC 60050-161：1990/AMD5：2015	国际电工词汇表（IEV） 第 161 部分：电磁兼容性 第 5 次修订			2015/2/1	2015/2/1

续表

序号	GW 分类	ICS 分类	GB 分类	标准号	中　文　名　称	代替标准	采用关系	发布日期	实施日期
2-5-515	2			IEC 60050-192：2015	国际电工词汇表（IEV）　第 192 部分：可靠性			2015/2/26	2015/2/26
2-5-516	2			IEC 60050-212/AMD1：2015	国际电工词汇表（IEV）　第 212 部分：电绝缘固体、液体和气体　第 1 次修订			2015/2/1	2015/2/1
2-5-517	2	01.040.29；29.035.01；29.040.01	K15；K04	IEC 60050-212：2010	国际电工词汇表（IEV）　第 212 部分：电绝缘固体、液体和气体	IEC 60050-212：1990；IEC 1/2094/FDIS：2009		2010/6/1	2010/6/1
2-5-518	2			IEC 60050-300：2001/AMD1：2015	国际电工词汇表（IEV）　第 312 部分：电气和电子测量及测量仪器　第 1 次修订			2015/2/25	2015/2/25
2-5-519	2			IEC 60050-351：2013	国际电工词汇表（IEV）　第 351 部分：控制技术			2013/11/25	2013/11/25
2-5-520	2			IEC 60050-442：1998/AMD1：2015	国际电工词汇表（IEV）　第 442 部分：电气附件　第 1 次修订			2015/2/25	2015/2/25
2-5-521	2	01.040.29；29.120.70	K04	IEC 60050-445：2010	国际电工词汇表（IEV）　第 445 部分：时间继电器	IEC 60050：445-2002；IEC 1/2106/FDIS：2010		2010/10/13	2010/10/13
2-5-522	2			IEC 60050-447：2020	国际电工词汇表（IEV）　第 447 部分：测量继电器			2020/5/26	2020/5/26
2-5-523	2	01.040.29；29.060.20	K04；K13	IEC 60050-461：2008	国际电工词汇表（IEV）　第 461 部分：电缆	IEC 60050-461：1984；IEC 60050-461/AMD 1—1993；IEC 60050-461/AMD 2：1999；IEC 1/2020/FDIS：2007		2008/6/11	2008/6/11
2-5-524	2			IEC 60050-471：2007/AMD1：2015	国际电工词汇表（IEV）　第 471 部分：绝缘子　第 1 次修订			2015/2/25	2015/2/25
2-5-525	2	01.040.31；29.020；31.140		IEC 60050-561：2014	国际电工词汇表（IEV）　第 561 部分：频率控制、选择和检测用压电、电介质和静电设备以及相关材料			2014/11/7	2014/11/7
2-5-526	2	01.040.27；01.040.29；27.020；29.020	K04	IEC 60050-617：2009	国际电工词汇表（IEV）　第 617 部分：电力机构/电力市场	IEC 1/2063/FDIS：2008		2009/3/24	2009/3/24

续表

序号	GW 分类	ICS 分类	GB 分类	标准号	中 文 名 称	代替标准	采用关系	发布日期	实施日期
2-5-527	2	01.040.29; 13.260; 29.020		IEC 60050-651：2014	国际电工词汇表（IEV） 第 651 部分：带电作业			2014/4/4	2014/4/4
2-5-528	2	01.040.29; 29.020		IEC 60050-705：1995/ AMD1：2015	国际电工词汇表（IEV） 第 705 章：无线电波传播			2015/2/25	2015/2/25
2-5-529	2	01.040.01; 35.020		IEC 60050-732/ AMD1：2014	国际电工词汇表（IEV） 第 732 部分：计算机网络技术 第 1 次修订			2014/2/14	2014/2/14
2-5-530	2	01.040.29; 01.040.35; 29.020; 35.110	K04	IEC 60050-732：2010	国际电工词汇表（IEV） 第 732 部分：计算机网络技术	IEC PAS 60050-732：2007; IEC 1/2087/FDIS：2009		2010/6/1	2010/6/1
2-5-531	2	01.040.01; 01.040.17; 01.040.29; 17.140.50; 29.020; 35.020	K04	IEC 60050-802：2011	国际电工词汇表（IEV） 第 802 部分：超声波学	IEC 1/2108/FDIS：2010		2011/1/1	2011/1/1
2-5-532	2	01.040.01; 33.100; 33.040		IEC 60050-851/ AMD1：2014	国际电工词汇表（IEV） 第 851 部分：电焊 第 1 次修订			2014/2/1	2014/2/1
2-5-533	2	01.040.01; 01.120		IEC 60050-901：2013	国际电工词汇表（IEV） 第 901 部分：标准化			2013/11/28	2013/11/28
2-5-534	2	01.040.29; 03.120.20		IEC 60050-902：2013	国际电工词汇表（IEV） 第 902 部分：合格评定			2013/11/28	2013/11/28
2-5-535	2	01.040.29		IEC 60050-903：2013/ AMD1：2014	国际电工词汇表（IEV） 第 903 部分：风险评估 第 1 次修订			2014/8/13	2014/8/13
2-5-536	2			IEC 60529：1989/ Cor1：2013	附件提供的防护度（IP 代码） 勘误表 1			2013/10/1	2013/10/1
2-5-537	2			IEC 60529：1989/ AMD1：1999/ AMD2：2013 CSV	外壳防护等级（IP 代码）			2013/8/29	2013/8/29
2-5-538	2			IEC 60633：2019	高电压直流输电（HVDC）术语 第 1 次修订			2019/4/25	2019/4/25
2-5-539	2	29.200		IEC 60633：2019/ Cor1：2020	高压直流（HVDC）传输 词汇	IEC 60633：1998/ AMD2：2015		2020/2/26	2020/2/26

续表

序号	GW 分类	ICS 分类	GB 分类	标准号	中 文 名 称	代替标准	采用关系	发布日期	实施日期
-5-540	2	29.020	L74	IEC 60848：2013	顺序功能表图用 GRAFCET 规范语言	IEC 60848：2002；IEC 3/1135/FDIS：2012		2013/2/27	2013/2/27
2-5-541	2	29.120.01		IEC TR 61916：2017	电工器件　一般规则的协调			2017/3/28	2017/3/28
2-5-542	2	27.070	K82	IEC TS 62282-1：2013	燃料电池技术　第 1 部分：术语	IEC TS 62282-1：2010；IEC 105/450/DTS：2013		2013/11/1	2013/11/1
2-5-543	2	01.080.20；29.020	K04；J04	IEC 80416-3：2002/AMD1：2011 CSV	设备所用图形符号的基本原则　第 3 部分：图形符号应用指南	IEC 80416-3：2002		2011/10/18	2011/10/18

2

3

3 量和单位

序号	GW 分类	ICS 分类	GB 分类	标准号	中 文 名 称	代替标准	采用关系	发布日期	实施日期
3-3-1	3	53.081	A51	GB/T 14559—1993	变化量的符号和单位			1993/8/19	1994/2/1
3-3-2	3		A51	GB 3100—1993	国际单位制及其应用	GB 3100—1986	ISO 1000：1992，IDT	1993/12/27	1994/7/1
3-3-3	3			GB/T 3101—1993	有关量、单位和符号的一般原则	GB 3101—1986	ISO 31-0：1992，IDT	1993/12/27	1994/7/1
3-3-4	3			GB/T 3102.1—1993	空间和时间的量和单位	GB 3102.1—1986	ISO 31-1：1992，IDT	1993/12/27	1994/7/1
3-3-5	3	53.081	A51	GB/T 3102.3—1993	力学的量和单位	GB 3102.3—1986	ISO 31-3：1992，IDT	1993/12/27	1994/7/1
3-3-6	3	53.081	A51	GB/T 3102.4—1993	热学的量和单位	GB 3102.4—1986	ISO 31-4：1992，IDT	1993/12/27	1994/7/1
3-3-7	3	53.081	A51	GB/T 3102.5—1993	电学和磁学的量和单位	GB 3102.5—1986	ISO 31-5：1992，IDT	1993/12/27	1994/7/1
3-3-8	3	53.081	A51	GB/T 3102.6—1993	光及有关电磁辐射的量和单位	GB 3102.6—1986	ISO 31-6：1992，IDT	1993/12/27	1994/7/1
3-3-9	3	53.081	A51	GB/T 3102.7—1993	声学的量和单位	GB 3102.7—1986	ISO 31-7：1992，IDT	1993/12/27	1994/7/1
3-3-10	3	53.081	A51	GB/T 3102.8—1993	物理化学和分子物理学的量和单位	GB 3102.8—1986	ISO 31-8：1992，IDT	1993/12/27	1994/7/1
3-3-11	3	53.081	A51	GB/T 3102.9—1993	原子物理学和核物理学的量和单位	GB 3102.9—1986	ISO 31-9：1992，IDT	1993/12/27	1994/7/1
3-3-12	3	01.075	A51	GB/T 3102.10—1993	核反应和电离辐射的量和单位	GB 3102.10—1986	ISO 31-10：1992，IDT	1993/12/27	1994/7/1
3-3-13	3	29.020	K04	GB/T 3926—2007	中频设备额定电压	GB/T 3926—1983		2007/4/30	2008/3/1
3-3-14	3	77.140.50	H46	GB/T 708—2019	冷轧钢板和钢带的尺寸、外形、重量及允许偏差	GB/T 708—2006		2019/3/25	2020/2/1
3-3-15	3	77.140.50	H46	GB/T 709—2019	热轧钢板和钢带的尺寸、外形、重量及允许偏差	GB/T 709—2006		2019/3/25	2020/2/1
3-3-16	3	29.020	K04	GB/T 762—2002	标准电流等级	GB/T 762—1996	IEC 60059：1999，EQV	2002/3/26	2002/12/1
3-4-17	3	03.120.01	A00	SL 2—2014	水利水电量和单位	SL 2.1～2.3—1998		2014/10/30	2015/1/30

4 数值与数据

序号	GW 分类	ICS 分类	GB 分类	标准号	中文名称	代替标准	采用关系	发布日期	实施日期
4-3-1	4	03.120.30	A41	GB/T 10092—2009	数据的统计处理和解释测试结果的多重比较	GB/T 10092—1988		2009/10/15	2009/12/1
4-3-2	4	29.020	K04	GB/T 156—2017	标准电压	GB/T 156—2007	IEC 60193：2019，IDT	2017/11/1	2018/5/1
4-3-3	4	35.240.50	L67	GB/T 18784.2—2005	CAD/CAM 数据质量保证方法			2005/9/9	2006/4/1
4-3-4	4	17.020	A20	GB/T 2822—2005	标准尺寸	GB/T 2822—1981		2005/5/16	2005/12/1
4-3-5	4	03.120.30	A41	GB/T 3359—2009	数据的统计处理和解释统计容忍区间的确定	GB/T 3359—1982	ISO 16269-6: 2005，IDT	2009/10/15	2009/12/1
4-3-6	4	03.120.30	A41	GB/T 4087—2009	数据的统计处理和解释二项分布可靠度单侧置信下限	GB/T 4087.3—1985		2009/10/15	2009/12/1
4-3-7	4	03.120.30	A41	GB/T 8055—2009	数据的统计处理和解释 Γ 分布（皮尔逊Ⅲ型分布）的参数估计	GB/T 8055—1987		2009/10/15	2009/12/1
4-3-8	4	03.120.30	A41	GB/T 8170—2008	数值修约规则与极限数值的表示和判定	GB/T 8170—1987； GB/T 1250—1989		2008/7/16	2009/1/1
4-4-9	4			CJJ/T 186—2012	城市地理编码技术规范			2012/11/2	2013/3/1
4-5-10	4	29.020	K04	IEC 60038：2009	IEC 标准电压	IEC 60038：1983； IEC 60038/ AMD 1：1994； IEC 60038/ AMD 2：1997； IEC 60038：2002； IEC 8/1260/FDIS：2009		2009/6/17	2009/6/17
4-5-11	4	17.220.01	K04	IEC 60059：1999	IEC 标准电流额定值	IEC 60059—1938； IEC 8/1171/CDV：1998		1999/6/1	1999/6/1
4-5-12	4	17.220.01；29.020	K04	IEC 60059：1999/AMD1：2009	IEC 标准电流额定值第 1 次修订	IEC 8/1261/FDIS：2009		2009/6/16	2009/6/16

5 互换性与精确度标准及实现系列化标准

序号	GW 分类	ICS 分类	GB 分类	标准号	中 文 名 称	代替标准	采用关系	发布日期	实施日期
5-3-1	5	17.040.10	J04	GB/T 1031—2009	产品几何技术规范（GPS）表面结构 轮廓法表面粗糙度参数及其数值	GB/T 1031—1995		2009/3/16	2009/11/1
5-3-2	5	17.040.10	J04	GB/T 1800.1—2020	产品几何技术规范（GPS） 线性尺寸公差 ISO 代号体系 第 1 部分：公差、偏差和配合的基础	GB/T 1800.1—2009；GB/T 1801—2009	ISO 286-1：2010，MOD	2020/4/28	2020/11/1
5-3-3	5	17.040.10	J04	GB/T 1800.2—2020	产品几何技术规范（GPS） 极限与配合 第 2 部分：标准公差等级和孔、轴极限偏差表	GB/T 1800.2—2009	ISO 286-2：2010，MOD	2020/4/28	2020/11/1
5-3-4	5	03.120.30	A41	GB/T 2828.1—2012	计数抽样检验程序 第 1 部分：按接收质量限（AQL）检索的逐批检验抽样计划	GB/T 2828.1—2003	ISO 2859-1：1999，IDT	2012/11/5	2013/2/15
5-3-5	5	03.120.30	A41	GB/T 2828.2—2008	计数抽样检验程序 第 2 部分：按极限质量（LQ）检索的孤立批检验抽样方案	GB/T 15239—1994	ISO 2859-2：1985，NEQ	2008/7/28	2009/1/1
5-3-6	5	03.120.30	A41	GB/T 2828.10—2010	计数抽样检验程序 第 10 部分：GB/T 2828 计数抽样检验系列标准导则		ISO 2859-10：2006，MOD	2010/9/2	2011/4/1
5-3-7	5	17.020	A20	GB/T 321—2005	优先数和优先数系	GB/T 321—1980	ISO 3：1973，IDT	2005/5/16	2005/12/1
5-3-8	5	25.040.40	N10	GB/T 32855.1—2016	先进自动化技术及其应用制造业企业过程互操作性建立要求 第 1 部分：企业互操作性框架		ISO 11354-1: 2011，IDT	2016/8/29	2017/3/1
5-3-9	5			JJF 1059.1—2012	测量不确定度评定与表示	JJF 1059—1999		2012/12/3	2013/6/3

6 环境保护、安全通用标准

序号	GW 分类	ICS 分类	GB 分类	标准号	中 文 名 称	代替标准	采用关系	发布日期	实施日期
6-3-1	6			GB 10070—1988	城市区域环境振动标准			1988/12/10	1989/7/1
6-3-2	6			GB 12348—2008	工业企业厂界环境噪声排放标准	GB 12348—1990；GB 12349—1990		2008/8/19	2008/10/1
6-3-3	6	13.320	C69	GB 12358—2006	作业场所环境气体检测报警仪通用技术要求	GB 12358—1990		2006/6/22	2006/12/1
6-3-4	6	13.100	C65	GB/T 12801—2008	生产过程安全卫生要求总则	GB 12801—1991		2008/12/15	2009/10/1
6-3-5	6	29.020	K09	GB/T 13869—2017	用电安全导则	GB/T 13869—2008		2017/12/29	2018/7/1
6-3-6	6	13.060	Z50	GB/T 14848—2017	地下水质量标准	GB/T 14848—1993		2017/10/14	2018/5/1
6-3-7	6	13.140	Z60	GB/T 15190—2014	声环境功能区划分技术规范	GB/T 15190—1994		2014/12/2	2015/1/1
6-3-8	6	614.71；543.062	Z15	GB/T 15264—1994	环境空气　铅的测定火焰原子吸收分光光度法			1994/11/2	1995/6/1
6-3-9	6	13.040.20	Z15	GB/T 15265—1994	环境空气　降尘的测定重量法			1994/10/26	1995/6/1
6-3-10	6	628.512；543.062	Z15	GB/T 15432—1995	环境空气　总悬浮颗粒物的测定　重量法			1995/3/25	1995/8/1
6-3-11	6	614.8.051.06	C75	GB/T 15499—1995	事故伤害损失工作日标准			1995/3/10	1995/10/1
6-3-12	6	13.030	Z11	GB/T 16157—1996	固定污染源排气中颗粒物测定与气态污染物采样方法	GB 9078—1988		1996/3/6	1996/3/6
6-3-13	6	29.020	K00	GB/T 16499—2017	电工电子安全出版物的编写及基础安全出版物和多专业共用安全出版物的应用导则	GB/T 16499—2008	IEC Guide 104：2010，NEQ	2017/7/12	2018/2/1
6-3-14	6	33.100.20	L06	GB/Z 17799.6—2017	电磁兼容　通用标准　发电厂和变电站环境中的抗扰度		IEC/TS 61000-6-5：2001，NEQ	2017/7/12	2018/2/1
6-3-15	6	13.300	A80	GB 18218—2018	危险化学品重大危险源辨识	GB 18218—2009		2018/11/19	2019/3/1
6-3-16	6	13.040.01	C51	GB/T 18883—2022	室内空气质量标准	GB/T 18883—2002		2022/7/11	2023/2/1
6-3-17	6	29.020	K09	GB 19517—2023	国家电气设备安全技术规范	GB 19517—2009		2023/5/23	2024/6/1
6-3-18	6			GB 20426—2006	煤炭工业污染物排放标准	部分代替：GB 16297—1996；GB 8978—1996		2006/9/1	2006/10/1
6-3-19	6	29.020	K04	GB/T 20877—2016	电子电气产品标准中引入环境因素的指南	GB/T 20877—2007	IEC Guide 109：2012，MOD	2016/8/29	2017/3/1
6-3-20	6	13.020	Z00	GB/T 24001—2016	环境管理体系　要求及使用指南	GB/T 24001—2004	ISO 14001：2015，IDT	2016/10/13	2017/5/1

6

续表

序号	GW 分类	ICS 分类	GB 分类	标准号	中　文　名　称	代替标准	采用关系	发布日期	实施日期
6-3-21	6	13.020	Z00	GB/T 24004—2017	环境管理体系　通用实施指南	GB/T 24004—2004	ISO 14004：2016，IDT	2017/12/29	2018/7/1
6-3-22	6	13.020	Z00	GB/T 24020—2000	环境管理环境标志和声明　通用原则		ISO 14020：1998，IDT	2000/2/1	2000/10/1
6-3-23	6	01.040.01	A22	GB/T 26376—2010	自然灾害管理基本术语			2011/1/14	2011/6/1
6-3-24	6	01.080.10	A22	GB/T 2893.1—2013	图形符号　安全色和安全标志　第 1 部分：安全标志和安全标记的设计原则	GB/T 2893.1—2004	ISO 3864-1: 2011，MOD	2013/7/19	2013/11/30
6-3-25	6	01.080.10	A22	GB/T 2893.3—2010	图形符号　安全色和安全标志　第 3 部分：安全标志用图形符号设计原则		ISO 3864-3: 2006，MOD	2011/1/10	2011/7/1
6-3-26	6	01.080.10	A22	GB/T 2893.4—2013	图形符号　安全色和安全标志　第 4 部分：安全标志材料的色度属性和光度属性		ISO 3864-4: 2011，MOD	2013/7/19	2013/11/30
6-3-27	6	01.080.01	A26	GB 2893—2008	安全色	GB 2893—2001	ISO 3864-1: 2002，MOD	2008/12/11	2009/10/1
6-3-28	6	13.020	C65	GB 2894—2008	安全标志及其使用导则	GB 16179—1996； GB 2894—1996； GB 18217—2000		2008/12/11	2009/10/1
6-3-29	6	29.020	K09	GB/T 29481—2013	电气安全标志			2013/2/7	2013/12/1
6-3-30	6	13.140	Z52	GB 3096—2008	声环境质量标准	GB/T 14623—1993； GB 3096—1993		2008/8/19	2008/10/1
6-3-31	6	13.060	P40	GB/T 31962—2015	污水排入城镇下水道水质标准			2015/9/11	2016/8/1
6-3-32	6	17.140	A59	GB/T 3222.1—2022	声学环境噪声的描述、测量与评价　第 1 部分：基本参量与评价方法	GB/T 3222.1—2006	ISO 1996-1：2016，IDT	2022/3/9	2022/10/1
6-3-33	6	29.020	K09	GB/T 33980—2017	电工产品使用说明书中包含电气安全信息的导则			2017/7/12	2018/2/1
6-3-34	6	29.020	K09	GB/T 33985—2017	电工产品标准中包括安全方面的导则　引入风险评估的因素			2017/7/12	2018/2/1
6-3-35	6	71.100.20	G86	GB/T 34525—2017	气瓶搬运、装卸、储存和使用安全规定			2017/10/14	2018/5/1
6-3-36	6	13.110	J09	GB/T 35076—2018	机械安全　生产设备安全通则			2018/5/14	2018/12/1
6-3-37	6	13.110	J09	GB/T 35077—2018	机械安全　局部排气通风系统　安全要求			2018/5/14	2018/12/1
6-3-38	6	13.200	A90	GB/T 35561—2017	突发事件分类与编码			2017/12/29	2018/7/1
6-3-39	6	13.100	C75	GB/T 3608—2008	高处作业分级	GB/T 3608—1993		2008/10/30	2009/6/1
6-3-40	6	13.060	Z50	GB 3838—2002	地表水环境质量标准	GB 3838—1988； GHZB 1—1999		2002/4/28	2002/6/1

续表

序号	GW 分类	ICS 分类	GB 分类	标准号	中文名称	代替标准	采用关系	发布日期	实施日期
6-3-41	6		Z05	GB/T 3839—1983	制订地方水污染物排放标准的技术原则与方法			1983/9/14	1984/4/1
6-3-42	6		Z04	GB/T 3840—1991	制定地方大气污染物排放标准的技术方法			1991/8/31	1992/6/1
6-3-43	6			GB/T 50121—2005	建筑隔声评价标准	GBJ 121—1988		2005/7/15	2005/10/1
6-3-44	6			GB 50194—2014	建设工程施工现场供用电安全规范	GB 50194—1993		2014/4/15	2015/1/1
6-3-45	6			GB 50201—2014	防洪标准	GB 50201—1994		2014/6/23	2015/5/1
6-3-46	6	13.110	C68	GB 5083—2023	生产设备安全卫生设计总则	GB 5083—1999		2023/12/28	2025/1/1
6-3-47	6	13.040.99	Z50	GB 5084—2021	农田灌溉水质标准	GB 5084—2005； GB 22573—2008； GB 22574—2008		2021/1/20	2021/7/1
6-3-48	6	13.100	C73	GB 5725—2009	安全网	GB 16909—1997； GB 5725—1997		2009/4/1	2009/12/1
6-3-49	6	13.060	C51	GB 5749—2022	生活饮用水卫生标准	GB 5749—2006		2022/3/15	2023/4/1
6-3-50	6	13.340.99	C73	GB 6095—2021	坠落防护　安全带	GB 6095—2009		2021/8/10	2022/9/1
6-3-51	6	13.200	C75	GB/T 6721—1986	企业职工伤亡事故经济损失统计标准			1986/8/22	1987/5/1
6-3-52	6	13.100	C72	GB 6722—2014/XG1—2016	爆破安全规程　第 1 号修改单	GB 6722—2014		2016/1/3	2016/1/3
6-3-53	6	19.020	A21	GB/T 6999—2010	环境试验用相对湿度查算表	GB/T 6999—1986		2010/11/10	2011/5/1
6-3-54	6	27.040	K54	GB/T 7441—2008	汽轮机及被驱动机械发出的空间噪声的测量	GB/T 7441—1987	IEC 61063：1991，IDT	2008/7/16	2009/4/1
6-3-55	6	13.030.20	Z60	GB 8978—1996	污水综合排放标准	GB 8978—1988； GBJ 48—1983； GB 3545—1983； GB 3546—1983； GB 3547—1983； GB 3548—1983； GB 3549—1983； GB 3550—1983； GB 3551—1983； GB 3553—1983； GB 4280—1984； GB 4281—1984； GB 4282—1984； GB 4283—1984； GB 4912—1985； GB 4913—1985； GB 4916—1985； GB 5469—1985		1996/10/4	1998/1/1

6

续表

序号	GW 分类	ICS 分类	GB 分类	标准号	中文名称	代替标准	采用关系	发布日期	实施日期
6-3-56	6	13.040.20	Z15	GB/T 9801—1988	空气质量　一氧化碳的测定　非分散红外法			1988/8/15	1988/12/1
6-4-57	6	29.260.20	K35	AQ 3009—2007	危险场所电气防爆安全规范			2007/10/22	2008/1/1
6-4-58	6	27.180	F11	DL/T 1084—2021	风电场噪声限值及测量方法	DL/T 1084—2008		2021/1/7	2021/1/7
6-4-59	6	29.240	K45	DL/T 2533—2022	发电厂继电保护和安全自动装置现场工作安全措施规范			2022/11/4	2023/5/4
6-4-60	6	27.100	F20	DL/T 692—2018	电力行业紧急救护技术规范	DL/T 692—2008		2018/4/3	2018/7/1
6-4-61	6	13.320	A91	GA 1800.1—2021	电力系统治安反恐防范要求　第1部分：电网企业			2021/4/25	2021/8/1
6-4-62	6			HJ/T 13—1996	火电厂建设项目环境影响报告书编制规范			1996/4/2	1996/6/1
6-4-63	6			HJ 2.1—2016	建设项目环境影响评价技术导则　总纲	HJ 2.1—2011		2016/12/8	2017/1/1
6-4-64	6			HJ/T 2.3—1993	环境影响评价技术导则地面水环境			1993/9/18	1994/4/1
6-4-65	6	01.040.11	Z32	HJ 2.4—2021	环境影响评价技术导则　声环境	HJ 2.4—2009		2021/12/24	2022/7/1
6-4-66	6			HJ 24—2020	环境影响评价技术导则　输变电	HJ 24—2014		2020/12/14	2021/3/1
6-4-67	6			HJ 479—2009	环境空气　氮氧化物（一氧化氮和二氧化氮）的测定　盐酸萘乙二胺分光光度法	GB 8969—1988；GB/T 15436—1995		2009/9/27	2009/11/1
6-4-68	6			HJ 482—2009	环境空气　二氧化硫的测定　甲醛吸收-副玫瑰苯胺分光光度法	GB/T 15262—1994		2009/9/27	2009/11/1
6-4-69	6			HJ 483—2009	环境空气　二氧化硫的测定　四氯汞盐吸收-副玫瑰苯胺分光光度法	GB 8970—1988		2009/9/27	2009/11/1
6-4-70	6			HJ 492—2009	空气质量　词汇	GB 6919—1986		2009/9/27	2009/11/1
6-4-71	6			HJ 493—2009	水质　样品的保存和管理技术规定	GB 12999—1991		2009/9/27	2009/11/1
6-4-72	6			HJ 494—2009	水质　采样技术指导	GB 12998—1991		2009/9/27	2009/11/1
6-4-73	6			HJ 495—2009	水质　采样方案设计技术规定	GB 12997—1991		2009/9/27	2009/11/1
6-4-74	6			HJ 618—2011	环境空气 PM10 和 PM2.5 的测定重量法	GB 6921—1986		2011/9/8	2011/11/1
6-4-75	6			HJ 675—2013	固定污染源排气　氮氧化物的测定　酸碱滴定法	GB/T 13906—1992		2013/11/21	2014/2/1
6-4-76	6			HJ 706—2014	环境噪声监测技术规范　噪声测量值修正			2014/10/30	2015/1/1
6-4-77	6			HJ 707—2014	环境噪声监测技术规范　结构传播固定设备噪声			2014/10/30	2015/1/1

续表

序号	GW 分类	ICS 分类	GB 分类	标准号	中 文 名 称	代替标准	采用关系	发布日期	实施日期
6-4-78	6			HJ 91.1—2019	污水监测技术规范	部分代替 HJ/T 91—2002		2019/12/24	2020/3/24
6-4-79	6			JGJ/T 77—2010	施工企业安全生产评价标准	JGJ/T 77—2003		2010/5/18	2010/11/1
6-4-80	6	13.100	C71	LD 80—1995	噪声作业分级			1995/7/13	1996/6/1
6-4-81	6	27.140	P59	NB/T 10347—2019	水利水电工程环境影响评价规范	SDJ 302—1988		2019/12/30	2020/7/1
6-4-82	6		P57	SL 204—1998	开发建设项目水土保持方案技术规范			1998/2/5	1998/5/1
6-4-83	6	27.140	P59	SL 214—2015	水闸安全评价导则	SL 214—1998		2015/1/21	2015/4/21
6-4-84	6	13.060.01	G10	SL 219—2013	水环境监测规范	SL 219—1998		2013/12/16	2014/3/16
6-5-85	6	03.100.70；13.020.10		ISO 14001：2015	环境管理体系　要求及使用指南	ISO 14001：2004		2015/9/14	2015/9/14

7 各专业的技术指导或导则

序号	GW 分类	ICS 分类	GB 分类	标准号	中 文 名 称	代替标准	采用关系	发布日期	实施日期
7-2-1	7			Q/GDW 10246—2023	国家电网有限公司供电企业岗位分类标准	Q/GDW 246—2008		2023/12/29	2023/12/29
7-2-2	7	35.040		Q/GDW 11014—2013	人力资源基础信息分类与代码			2013/12/19	2013/12/19
7-2-3	7			Q/GDW 11070—2023	国家电网有限公司供电企业组织机构分类标准	Q/GDW 11070—2013		2023/12/29	2023/12/29
7-2-4	7	29.240		Q/GDW 11180—2014	国家电网公司统一统计指标体系规范			2014/7/1	2014/7/1
7-2-5	7	29.240		Q/GDW 11270—2014	国家电网公司直属单位组织机构规范			2014/12/31	2014/12/31
7-2-6	7	29.240		Q/GDW 11372.1—2015	国家电网公司技能人员岗位能力培训规范 第1部分：调控运行值班（市公司）			2015/7/27	2015/7/27
7-2-7	7	29.240		Q/GDW 11372.2—2015	国家电网公司技能人员岗位能力培训规范 第2部分：调控运行值班（县公司）			2015/7/27	2015/7/27
7-2-8	7	29.240		Q/GDW 11372.3—2015	国家电网公司技能人员岗位能力培训规范 第3部分：自动化运维			2015/7/27	2015/7/27
7-2-9	7	29.240		Q/GDW 11372.4—2015	国家电网公司技能人员岗位能力培训规范 第4部分：输电线路运检（330kV 及以上）			2015/7/27	2015/7/27
7-2-10	7	29.240		Q/GDW 11372.5—2015	国家电网公司技能人员岗位能力培训规范 第5部分：输电线路运检（220kV 及以下）			2015/7/27	2015/7/27
7-2-11	7	29.240		Q/GDW 11372.6—2015	国家电网公司技能人员岗位能力培训规范 第6部分：输电电缆运检			2015/7/27	2015/7/27
7-2-12	7	29.240		Q/GDW 11372.7—2015	国家电网公司技能人员岗位能力培训规范 第7部分：输电带电作业			2015/7/27	2015/7/27
7-2-13	7	29.240		Q/GDW 11372.8—2015	国家电网公司技能人员岗位能力培训规范 第8部分：变电运维（330kV 及以上）			2015/7/27	2015/7/27
7-2-14	7	29.240		Q/GDW 11372.9—2015	国家电网公司技能人员岗位能力培训规范 第9部分：变电运维（220kV 及以下）			2015/7/27	2015/7/27
7-2-15	7	29.240		Q/GDW 11372.10—2015	国家电网公司技能人员岗位能力培训规范 第10部分：换流站运维			2015/7/27	2015/7/27
7-2-16	7	29.240		Q/GDW 11372.11—2015	国家电网公司技能人员岗位能力培训规范 第11部分：继电保护及自控装置运维（330kV 及以上）			2015/7/27	2015/7/27

续表

序号	GW 分类	ICS 分类	GB 分类	标准号	中 文 名 称	代替标准	采用关系	发布日期	实施日期
7-2-17	7	29.240		Q/GDW 11372.12—2015	国家电网公司技能人员岗位能力培训规范　第 12 部分：继电保护及自控装置运维（220kV 及以下）			2015/7/27	2015/7/27
7-2-18	7	29.240		Q/GDW 11372.13—2015	国家电网公司技能人员岗位能力培训规范　第 13 部分：电气试验/化验			2015/7/27	2015/7/27
7-2-19	7	29.240		Q/GDW 11372.14—2015	国家电网公司技能人员岗位能力培训规范　第 14 部分：变电设备检修（330kV 及以上）			2015/7/27	2015/7/27
7-2-20	7	29.240		Q/GDW 11372.15—2015	国家电网公司技能人员岗位能力培训规范　第 15 部分：变电设备检修（220kV 及以下）			2015/7/27	2015/7/27
7-2-21	7	29.240		Q/GDW 11372.16—2015	国家电网公司技能人员岗位能力培训规范　第 16 部分：换流站直流设备检修			2015/7/27	2015/7/27
7-2-22	7	29.240		Q/GDW 11372.17—2015	国家电网公司技能人员岗位能力培训规范　第 17 部分：配电线路及设备运检			2015/7/27	2015/7/27
7-2-23	7	29.240		Q/GDW 11372.18—2015	国家电网公司技能人员岗位能力培训规范　第 18 部分：配网自动化运维			2015/7/27	2015/7/27
7-2-24	7	29.240		Q/GDW 11372.19—2015	国家电网公司技能人员岗位能力培训规范　第 19 部分：配电电缆运检			2015/7/27	2015/7/27
7-2-25	7	29.240		Q/GDW 11372.20—2015	国家电网公司技能人员岗位能力培训规范　第 20 部分：市场开拓与业扩报装			2015/7/27	2015/7/27
7-2-26	7	29.240		Q/GDW 11372.21—2015	国家电网公司技能人员岗位能力培训规范　第 21 部分：客户代表			2015/7/27	2015/7/27
7-2-27	7	29.240		Q/GDW 11372.22—2015	国家电网公司技能人员岗位能力培训规范　第 22 部分：95598 服务			2015/7/27	2015/7/27
7-2-28	7	29.240		Q/GDW 11372.23—2015	国家电网公司技能人员岗位能力培训规范　第 23 部分：智能用电运营			2015/7/27	2015/7/27
7-2-29	7	29.240		Q/GDW 11372.24—2015	国家电网公司技能人员岗位能力培训规范　第 24 部分：用电检查			2015/7/27	2015/7/27
7-2-30	7	29.240		Q/GDW 11372.25—2015	国家电网公司技能人员岗位能力培训规范　第 25 部分：抄表催费			2015/7/27	2015/7/27
7-2-31	7	29.240		Q/GDW 11372.26—2015	国家电网公司技能人员岗位能力培训规范　第 26 部分：电费核算与账务			2015/7/27	2015/7/27
7-2-32	7	29.240		Q/GDW 11372.27—2015	国家电网公司技能人员岗位能力培训规范　第 27 部分：装表接电			2015/7/27	2015/7/27

续表

序号	GW 分类	ICS 分类	GB 分类	标准号	中 文 名 称	代替标准	采用关系	发布日期	实施日期
7-2-33	7	29.240		Q/GDW 11372.28—2015	国家电网公司技能人员岗位能力培训规范 第28部分：计量检验检测			2015/7/27	2015/7/27
7-2-34	7	29.240		Q/GDW 11372.29—2015	国家电网公司技能人员岗位能力培训规范 第29部分：电能信息采集与监控			2015/7/27	2015/7/27
7-2-35	7	29.240		Q/GDW 11372.30—2015	国家电网公司技能人员岗位能力培训规范 第30部分：稽查业务与监控分析			2015/7/27	2015/7/27
7-2-36	7	29.240		Q/GDW 11372.31—2015	国家电网公司技能人员岗位能力培训规范 第31部分：电动汽车服务			2015/7/27	2015/7/27
7-2-37	7	29.240		Q/GDW 11372.32—2015	国家电网公司技能人员岗位能力培训规范 第32部分：节能服务			2015/7/27	2015/7/27
7-2-38	7	29.240		Q/GDW 11372.33—2015	国家电网公司技能人员岗位能力培训规范 第33部分：农网运行维护与检修			2015/7/27	2015/7/27
7-2-39	7	29.240		Q/GDW 11372.34—2015	国家电网公司技能人员岗位能力培训规范 第34部分：农网营销服务			2015/7/27	2015/7/27
7-2-40	7	29.240		Q/GDW 11372.35—2015	国家电网公司技能人员岗位能力培训规范 第35部分：农网电费核算与账务			2015/7/27	2015/7/27
7-2-41	7	29.240		Q/GDW 11372.36—2015	国家电网公司技能人员岗位能力培训规范 第36部分：供电所综合业务			2015/7/27	2015/7/27
7-2-42	7	29.240		Q/GDW 11372.37—2015	国家电网公司技能人员岗位能力培训规范 第37部分：通信运维检修			2015/7/27	2015/7/27
7-2-43	7	29.240		Q/GDW 11372.38—2015	国家电网公司技能人员岗位能力培训规范 第38部分：信息通信工程建设			2015/7/27	2015/7/27
7-2-44	7	29.240		Q/GDW 11372.39—2015	国家电网公司技能人员岗位能力培训规范 第39部分：信息系统检修维护			2015/7/27	2015/7/27
7-2-45	7	29.240		Q/GDW 11372.40—2015	国家电网公司技能人员岗位能力培训规范 第40部分：信息通信监控调度			2015/7/27	2015/7/27
7-2-46	7	29.240		Q/GDW 11372.41—2015	国家电网公司技能人员岗位能力培训规范 第41部分：送电线路架设			2015/7/27	2015/7/27
7-2-47	7	29.240		Q/GDW 11372.42—2015	国家电网公司技能人员岗位能力培训规范 第42部分：变电一次安装			2015/7/27	2015/7/27
7-2-48	7	29.240		Q/GDW 11372.43—2015	国家电网公司技能人员岗位能力培训规范 第43部分：设备调试			2015/7/27	2015/7/27

续表

序号	GW 分类	ICS 分类	GB 分类	标准号	中 文 名 称	代替标准	采用关系	发布日期	实施日期
7-2-49	7	29.240		Q/GDW 11372.44—2015	国家电网公司技能人员岗位能力培训规范 第 44 部分：土建施工			2015/7/27	2015/7/27
7-2-50	7	29.240		Q/GDW 11372.45—2015	国家电网公司技能人员岗位能力培训规范 第 45 部分：机具修理			2015/7/27	2015/7/27
7-2-51	7	29.240		Q/GDW 11372.46—2015	国家电网公司技能人员岗位能力培训规范 第 46 部分：变电二次安装			2015/7/27	2015/7/27
7-2-52	7	29.240		Q/GDW 11372.47—2015	国家电网公司技能人员岗位能力培训规范 第 47 部分：起重设备操作			2015/7/27	2015/7/27
7-2-53	7	29.240		Q/GDW 11372.48—2015	国家电网公司技能人员岗位能力培训规范 第 48 部分：牵张机操作			2015/7/27	2015/7/27
7-2-54	7	29.240		Q/GDW 11372.49—2015	国家电网公司技能人员岗位能力培训规范 第 49 部分：水轮发电机组运行			2015/7/27	2015/7/27
7-2-55	7	29.240		Q/GDW 11372.50—2015	国家电网公司技能人员岗位能力培训规范 第 50 部分：水轮发电机机械检修			2015/7/27	2015/7/27
7-2-56	7	29.240		Q/GDW 11372.51—2015	国家电网公司技能人员岗位能力培训规范 第 51 部分：水轮机检修			2015/7/27	2015/7/27
7-2-57	7	29.240		Q/GDW 11372.52—2015	国家电网公司技能人员岗位能力培训规范 第 52 部分：水轮机调速器机械检修			2015/7/27	2015/7/27
7-2-58	7	29.240		Q/GDW 11372.53—2015	国家电网公司技能人员岗位能力培训规范 第 53 部分：水电自动装置检修			2015/7/27	2015/7/27
7-2-59	7	29.240		Q/GDW 11372.54—2015	国家电网公司技能人员岗位能力培训规范 第 54 部分：水电厂继电保护			2015/7/27	2015/7/27
7-2-60	7	29.240		Q/GDW 11372.55—2015	国家电网公司技能人员岗位能力培训规范 第 55 部分：水电起重工			2015/7/27	2015/7/27
7-2-61	7	29.240		Q/GDW 11372.56—2015	国家电网公司技能人员岗位能力培训规范 第 56 部分：水工监测			2015/7/27	2015/7/27
7-2-62	7	29.240		Q/GDW 11372.57—2015	国家电网公司技能人员岗位能力培训规范 第 57 部分：水库调度			2015/7/27	2015/7/27
7-2-63	7	29.240		Q/GDW 11372.58—2015	国家电网公司技能人员岗位能力培训规范 第 58 部分：配电带电作业			2015/7/27	2015/7/27
7-2-64	7	29.240		Q/GDW 11450—2015	重要输电通道风险评估导则			2016/7/29	2016/7/29

续表

序号	GW 分类	ICS 分类	GB 分类	标准号	中文名称	代替标准	采用关系	发布日期	实施日期
7-2-65	7			Q/GDW 11769—2017	电网投资项目协同管理数据维护规范			2018/8/15	2018/8/15
7-2-66	7			Q/GDW 11770—2017	项目可研设计、评审及批复文件编制规范			2018/8/15	2018/8/15
7-2-67	7			Q/GDW 11771—2017	项目命名及编码规范			2018/8/15	2018/8/15
7-2-68	7	29.240		Q/GDW 11855—2020	国家电网有限公司录音录像档案数字化技术规范			2020/12/31	2020/12/31
7-2-69	7	03.080.20	A16	Q/GDW 11904.1—2024	管理类培训项目实施指南　第 1 部分：实施管理者能力			2024/10/30	2024/10/30
7-2-70	7	03.080.20	A16	Q/GDW 11904.2—2024	管理类培训项目实施指南　第 2 部分　培训项目方案设计	Q/GDW/Z 11904—2018		2024/10/30	2024/10/30
7-2-71	7	03.080.20	A16	Q/GDW 11904.3—2024	管理类培训项目实施指南　第 3 部分：教学活动			2024/10/30	2024/10/30
7-2-72	7	03.080.20	A16	Q/GDW 11904.4—2024	管理类培训项目实施指南　第 4 部分：培训项目效果评估			2024/10/30	2024/10/30
7-2-73	7	29.240		Q/GDW 11967.1—2019	国家电网有限公司后勤保障　第 1 部分：重大活动保电			2020/7/22	2020/7/22
7-2-74	7	29.240		Q/GDW 11967.2—2019	国家电网有限公司后勤保障　第 2 部分：重点工程建设			2020/7/22	2020/7/22
7-2-75	7	29.240		Q/GDW 11967.3—2019	国家电网有限公司后勤保障　第 3 部分：突发事件应急			2020/7/22	2020/7/22
7-2-76	7	01.140.20		Q/GDW 11968—2019	科技查新技术规范			2020/8/24	2020/8/24
7-2-77	7	27.140		Q/GDW 12062—2020	科技期刊审读规程			2021/5/12	2021/5/12
7-2-78	7	29.240		Q/GDW/Z 12159.1—2021	国家电网有限公司网络培训资源开发技术规范　第 1 部分：岗位能力体系开发			2021/9/17	2021/9/17
7-2-79	7	29.240		Q/GDW/Z 12159.2—2021	国家电网有限公司网络培训资源开发技术规范　第 2 部分：教材开发			2021/9/17	2021/9/17
7-2-80	7	03.080.20	A16	Q/GDW 12159.3—2024	网络培训资源开发技术规范　第 3 部分：案例开发	Q/GDW/Z 12159.3—2021		2024/10/30	2024/10/30
7-2-81	7	29.240		Q/GDW/Z 12159.4—2021	国家电网有限公司网络培训资源开发技术规范　第 4 部分：题库开发			2021/9/17	2021/9/17
7-2-82	7	03.080.20	A16	Q/GDW 12159.5—2024	网络培训资源开发技术规范　第 5 部分：课程开发	Q/GDW/Z 12159.5—2021		2024/10/30	2024/10/30

续表

序号	GW 分类	ICS 分类	GB 分类	标准号	中 文 名 称	代替标准	采用关系	发布日期	实施日期
7-2-83	7	03.100		Q/GDW 12182—2021	国家电网有限公司战略管理工作导则			2021/11/18	2021/11/18
7-2-84	7			Q/GDW 12393—2023	国家电网有限公司信用信息归集与使用规范			2023/11/7	2023/11/7
7-2-85	7	01.140.20		Q/GDW 12421—2024	档案库房建设规范			2024/2/5	2024/2/5
7-2-86	7	03.060	A11	Q/GDW 12475—2024	绿色金融支持产业分类指南			2024/7/19	2024/7/19
7-2-87	7	03.060	A11	Q/GDW 12476—2024	碳金融支持企业认证标准			2024/7/19	2024/7/19
7-3-88	7	17.120.01	F04	GB/T 12452—2022	企业水平衡测试通则	GB/T 12452—2008		2022/7/11	2022/11/1
7-3-89	7	01.140.20	A14	GB/T 13417—2009	期刊目次表	GB/T 13417—1992	ISO 18：1981，MOD	2009/9/30	2010/2/1
7-3-90	7	29.280	S35	GB/T 1402—2010	轨道交通牵引供电系统电压	GB 1402—1998	IEC 60850：2007，MOD	2011/1/10	2011/6/1
7-3-91	7	27.010	F01	GB/T 15587—2023	能源管理体系　分阶段实施指南	GB/T 15587—2008		2023/9/7	2024/1/1
7-3-92	7	29.020	K04	GB/T 16679.1—2024	工业系统、装置与设备以及工业产品　信号代号　第 1 部分：基本规则	GB/T 16679—2009	IEC 61175-1: 2015，IDT	2024/8/23	2025/3/1
7-3-93	7	27.010	F01	GB/T 17166—2019	能源审计技术通则	GB/T 17166—1997	ISO 50002：2014，NEQ	2019/10/18	2020/5/1
7-3-94	7	03.120.10	A00	GB/T 19001—2016	质量管理体系要求	GB/T 19001—2008	ISO 9001：2015，IDT	2016/12/30	2017/7/1
7-3-95	7	03.120.10	A00	GB/T 19002—2018	质量管理体系 GB/T 19001—2016 应用指南		ISO/TS 9002: 2016，IDT	2018/12/28	2019/7/1
7-3-96	7	03.120.10	A00	GB/T 19011—2021	管理体系审核指南	GB/T 19011—2013	ISO 19011：2018，IDT	2021/8/20	2021/12/1
7-3-97	7	33.020	M40	GB/T 21545—2008	通信设备过电压过电流保护导则		ITU-T K.11：1993，IDT	2008/3/31	2008/11/1
7-3-98	7	13.260	K09	GB/T 21714.1—2015	雷电防护　第 1 部分：总则	GB/T 21714.1—2008	IEC 62305-1: 2010，IDT	2015/9/11	2016/4/1
7-3-99	7	13.260	K09	GB/T 21714.3—2015	雷电防护　第 3 部分：建筑物的物理损坏和生命危险	GB/T 21714.3—2008	IEC 62305-3: 2010，IDT	2015/9/11	2016/4/1
7-3-100	7	13.260	K09	GB/T 21714.4—2015	雷电防护　第 4 部分：建筑物内电气和电子系统	GB/T 21714.4—2008	IEC 62305-4: 2010，IDT	2015/9/11	2016/4/1
7-3-101	7	35.240.50	L67	GB/T 25109.4—2010	企业资源计划　第 4 部分：ERP 系统体系结构			2011/1/14	2011/6/1
7-3-102	7	03.080.99	A20	GB/T 25124—2019	高级人才寻访服务规范	GB/T 25124—2010		2019/12/31	2020/1/1
7-3-103	7	13.040.35	C70	GB/T 25915.1—2021	洁净室及相关受控环境　第 1 部分：空气洁净度等级	GB/T 25915.1—2010		2021/8/20	2022/3/1
7-3-104	7	13.040.35	C70	GB/T 25915.2—2021	洁净室及相关受控环境　第 2 部分：证明持续符合 GB/T 25915.1 的检测与监测技术条件	GB/T 25915.2—2010		2021/8/20	2022/3/1

7

续表

序号	GW 分类	ICS 分类	GB 分类	标准号	中 文 名 称	代替标准	采用关系	发布日期	实施日期
7-3-105	7	13.040.35	C70	GB/T 25915.3—2024	洁净室及相关受控环境　第 3 部分：检测方法	GB/T 25915.3—2010		2024/3/15	2024/10/1
7-3-106	7	13.040.35	C70	GB/T 25915.4—2010	洁净室及相关受控环境　第 4 部分：设计、建造、启动		IS0 14644-4：2001，IDT	2011/1/14	2011/6/1
7-3-107	7	13.040.35	C70	GB/T 25915.5—2010	洁净室及相关受控环境　第 5 部分：运行		IS0 14644-5：2004，IDT	2011/1/14	2011/5/1
7-3-108	7	01.040.13；13.040.35	C70	GB/T 25915.6—2010	洁净室及相关受控环境　第 6 部分：词汇		IS0 14644-6：2007，IDT	2011/1/14	2011/5/1
7-3-109	7	13.040.35	C70	GB/T 25915.7—2010	洁净室及相关受控环境　第 7 部分：隔离装置（洁净风罩、手套箱、隔离器、微环境）		IS0 14644-7：2004，IDT	2011/1/14	2011/6/1
7-3-110	7	13.040.35	C70	GB/T 25915.8—2021	洁净室及相关受控环境　第 8 部分：空气分子污染分级	GB/T 25915.8—2010		2021/8/20	2022/3/1
7-3-111	7	33.020	M30	GB/T 26262—2010	通信产品节能分级导则			2011/1/14	2011/6/1
7-3-112	7	35.240.50	L67	GB/Z 26337.1—2010	供应链管理　第 1 部分：综述与基本原理			2011/1/14	2011/6/1
7-3-113	7	35.240.50	L67	GB/T 26789—2011	产品生命周期管理服务规范			2011/7/29	2011/12/1
7-3-114	7	29.020	K04	GB/Z 26854—2011	电特性的标准化		IEC/TR 62510：2008，IDT	2011/7/29	2011/12/1
7-3-115	7	03.180	A12	GB/T 26997—2011	非正规教育与培训的学习服务　术语			2011/9/29	2011/11/1
7-3-116	7	03.120.20	A00	GB/T 27021.1—2017	合格评定　管理体系审核认证机构要求　第 1 部分：要求	GB/T 27021—2007	ISO/IEC 17021-1：2015，IDT	2017/11/1	2018/5/1
7-3-117	7	03.120.20	A00	GB/T 27022—2017	合格评定　管理体系第三方审核报告内容要求和建议		ISO/IEC TS 17022：2012，IDT	2017/9/29	2018/4/1
7-3-118	7	03.120.20	A00	GB/T 27068—2006	合格评定　结果的承认和接受协议		ISO/IEC Guide 68：2002，IDT	2006/12/20	2007/6/1
7-3-119	7	03.120.20	A00	GB/T 27204—2017	合格评定　确定管理体系认证审核时间指南		ISO/IEC TS 17023：2013，IDT	2017/11/1	2018/5/1
7-3-120	7	03.120.20	A00	GB/T 27417—2017	合格评定　化学分析方法确认和验证指南			2017/9/7	2018/4/1
7-3-121	7	27.010	F01	GB/T 30260—2013	公共机构能源资源管理绩效评价导则			2013/12/18	2014/7/1
7-3-122	7	29.020	K40	GB/T 311.1—2012	绝缘配合　第 1 部分：定义、原则和规则	GB 311.1—1997	IEC 60071-1：2006，MOD	2012/6/29	2013/5/1
7-3-123	7	29.080.30	K40	GB/T 311.2—2013	绝缘配合　第 2 部分：使用导则	GB/T 311.2—2002	IEC 60071-2：1996，MOD	2013/2/7	2013/7/1

序号	GW 分类	ICS 分类	GB 分类	标准号	中 文 名 称	代替标准	采用关系	发布日期	实施日期
7-3-124	7	27.100	F22	GB/T 31461—2024	火力发电机组快速减负荷控制技术导则	GB/T 31461—2015		2024/7/24	2024/7/24
7-3-125	7	01.140.20	A14	GB/T 3179—2009	期刊编排格式	GB/T 3179—1992	ISO 8：1977，MOD	2009/9/30	2010/2/1
7-3-126	7	01.140.20	A14	GB/T 32003—2015	科技查新技术规范			2015/9/11	2016/4/1
7-3-127	7	29.240.20	P62	GB/T 32673—2016	架空输电线路故障巡视技术导则			2016/4/25	2016/11/1
7-3-128	7	27.160	F12	GB/T 32826—2016	光伏发电系统建模导则			2016/8/29	2017/3/1
7-3-129	7	03.100.01	A02	GB/T 33455—2016	公共事务活动风险管理指南			2016/12/30	2017/7/1
7-3-130	7	71.040.10	N53	GB/T 34042—2017	在线分析仪器系统通用规范			2017/9/7	2018/4/1
7-3-131	7	03.080	A12	GB/T 34416—2017	技术产权交易信息披露规范			2017/10/14	2018/5/1
7-3-132	7	03.080	A12	GB/T 34417—2017	服务信息公开规范			2017/10/14	2018/5/1
7-3-133	7	03.080	A16	GB/T 34670—2017	技术转移服务规范			2017/9/29	2018/1/1
7-3-134	7			GB/T 50297—2018	电力工程基本术语标准	GB/T 50297—2006		2018/12/26	2019/6/1
7-3-135	7			GB/T 50562—2019	煤炭矿井工程基本术语标准	GB/T 50562—2010		2019/2/13	2019/10/1
7-3-136	7	35.240.30	A14	GB/T 7713.1—2006	学位论文编写规则	部分代替 GB/T 7713—1987	ISO 7144：1986，NEQ	2006/12/5	2007/5/1
7-4-137	7			DL/T 1320—2024	电力企业能源管理体系实施指南	DL/T 1320—2014		2024/5/24	2024/11/24
7-4-138	7	29.020	K01	DL/T 1381—2023	涉电力领域市场主体信用评价规范	DL/T 1381—2014		2023/5/26	2023/11/26
7-4-139	7	29.020	K01	DL/T 1383—2023	电力行业供应商信用评价规范	DL/T 1383—2014		2023/5/26	2023/11/26
7-4-140	7			DLGJ 133—1997	电力勘测设计管理标准体系表			1997/3/19	1997/3/19
7-4-141	7			HJ 2000—2010	大气污染治理工程技术导则			2010/12/17	2011/3/1
7-4-142	7			HJ 2001—2018	氨法烟气脱硫工程通用技术规范			2018/1/15	2018/5/1
7-4-143	7			LD/T 46—2016	电力行业供电劳动定员			2016/7/5	2016/10/1
7-4-144	7	35.080	L77	SJ/T 11623—2016	信息技术　服务从业人员能力规范			2016/1/15	2016/6/1
7-4-145	7	33.040.01	M10	YD/T 2219—2011	通信网络运行维护企业一般要求			2011/5/18	2011/6/1
7-5-146	7	91.140.01		ANSI/NFPA 900—2010	建筑物能源法规	ANSI NFPA 900—2004		2009/10/27	2009/12/5
7-5-147	7			DIN 19752—2019	水电站　规划、执行和运营	DIN 19752—1986		2019/2/1	2019/2/1
7-5-148	7			IEC 60071-1：2019	绝缘配合　第 1 部分：定义、原理和规则			2019/8/8	2019/8/8

续表

序号	GW 分类	ICS 分类	GB 分类	标准号	中 文 名 称	代替标准	采用关系	发布日期	实施日期
7-5-149	7	29.020；91.120.40	K49	IEC 62305-1：2010	雷电防护　第 1 部分：一般原则	IEC 62305-1：2006；IEC 81/370/FDIS：2010		2010/12/1	2010/12/1
7-5-150	7	29.020；91.120.40	K49	IEC 62305-2：2010	雷电防护　第 2 部分：风险管理	IEC 62305-2：2006；IEC 81/371/FDIS：2010		2010/12/1	2010/12/1
7-5-151	7	29.020；91.120.40	K49	IEC 62305-3：2010	雷电防护　第 3 部分：建筑物的物理损害和生命危险	IEC 62305-3：2006；IEC 81/372/FDIS：2010		2010/12/1	2010/12/1
7-5-152	7	29.020；91.120.40	K49	IEC 62305-4：2010	雷电防护　第 4 部分：建筑物中电气和电子系统	IEC 62305-4：2006；IEC 81/373/FDIS：2010		2010/12/1	2010/12/1
7-5-153	7	27.140		ISO IWA 33-1：2019	小型水力发电厂开发技术准则　第 1 部分：词汇　第 1 版			2019/12/10	2019/12/10
7-6-154	7	29.240.01	F10	T/CEC 101.1—2016	能源互联网　第 1 部分：总则			2016/10/21	2017/1/1
7-6-155	7	27.010	F04	T/CEC 104—2016	电力企业能源管理系统设计导则			2016/10/21	2017/1/1
7-6-156	7	27.010	F04	T/CEC 105—2016	电力企业能源管理系统验收规范			2016/10/21	2017/1/1
7-6-157	7	03.100.01		T/CEC 369—2020	电力企业合规管理体系规范			2020/6/30	2020/10/1

技术专业标准

10 规划设计

10.1 规划设计-基础综合

序号	GW 分类	ICS 分类	GB 分类	标准号	中文名称	代替标准	采用关系	发布日期	实施日期
10.1-2-1	10.1	29.240		Q/GDW 1152.1—2014	电力系统污区分级与外绝缘选择标准 第1部分：交流系统	Q/GDW 152—2006		2015/2/26	2015/2/26
10.1-2-2	10.1	29.240		Q/GDW 1152.2—2014	电力系统污区分级与外绝缘选择标准 第2部分：直流系统	Q/GDW 152—2006		2015/2/26	2015/2/26
10.1-2-3	10.1	29.240		Q/GDW 11721—2022	国家电网有限公司差异化规划设计导则	Q/GDW 11721—2017		2023/2/20	2023/2/20
10.1-2-4	10.1	27.010		Q/GDW 12215—2022	绿色电力评价规范			2022/2/11	2022/2/11
10.1-2-5	10.1	29.020		Q/GDW 12216—2022	输配电网线损理论计算数据规范			2022/2/11	2022/2/11
10.1-2-6	10.1	29.240		Q/GDW 12283—2022	电网基建项目全生命周期信息自动投资统计技术规范			2022/12/20	2022/12/20
10.1-2-7	10.1	29.240	F20	Q/GDW 12413—2024	混合级联直流系统术语			2024/2/5	2024/2/5
10.1-2-8	10.1			Q/GDW 156—2006	城市电力网规划设计导则			2006/12/28	2006/12/28
10.1-3-9	10.1	07.040	A76	GB/T 12898—2009	国家三、四等水准测量规范	GB 12898—1991		2009/5/6	2009/10/1
10.1-3-10	10.1	07.040	A77	GB/T 12979—2024	近景摄影测量规范	GB/T 12979—2008		2024/8/23	2025/3/1
10.1-3-11	10.1	07.040	A77	GB/T 13977—2012	1:5000 1:10000 地形图航空摄影测量外业规范	GB/T 13977—1992		2012/6/29	2012/10/1
10.1-3-12	10.1	07.040	A77	GB/T 13990—2012	1:5000 1:10000 地形图航空摄影测量内业规范	GB/T 13990—1992		2012/6/29	2012/10/1
10.1-3-13	10.1	07.040	A75	GB/T 14912—2017	1:500 1:1000 1:2000 外业数字测图规程	GB/T 14912—2005		2017/12/29	2018/7/1
10.1-3-14	10.1	07.040	A77	GB/T 15661—2008	1:5000 1:10000 1:25000 1:50000 1:100000 地形图航空摄影规范	GB/T 15661—1995		2008/6/20	2008/12/1
10.1-3-15	10.1	07.040	A77	GB/T 15967—2024	1:500 1:1000 1:2000 地形图数字航空摄影测量测图规范	GB/T 15967—2008		2024/5/28	2024/9/1
10.1-3-16	10.1	07.040	A76	GB/T 16789—2019	比长基线测量规范	GB 16789—1997		2019/3/25	2019/10/1
10.1-3-17	10.1	07.040	A76	GB/T 16818—2008	中、短程光电测距规范	GB/T 16818—1997		2008/6/20	2008/12/1
10.1-3-18	10.1	07.040	A79	GB/T 17160—2008	1:500 1:1000 1:2000 地形图数字化规范	GB/T 17160—1997		2008/6/20	2008/12/1
10.1-3-19	10.1	13.060.20	C51	GB/T 17219—1998	生活饮用水输配水设备及防护材料的安全性评价标准			1998/1/21	1998/10/1

续表

序号	GW 分类	ICS 分类	GB 分类	标准号	中 文 名 称	代替标准	采用关系	发布日期	实施日期
10.1-3-20	10.1	07.040	A76	GB/T 17942—2000	国家三角测量规范			2000/1/3	2000/8/1
10.1-3-21	10.1	07.040	A78	GB/T 17986.1—2000	房产测量规范　第 1 单元：房产测量规定			2000/2/22	2000/8/1
10.1-3-22	10.1	07.040	A78	GB/T 17986.2—2000	房产测量规范　第 2 单元：房产图图式			2000/2/22	2000/8/1
10.1-3-23	10.1	91.120.25	P15	GB 18306—2015	中国地震动参数区划图	GB 18306—2001		2015/5/15	2016/6/1
10.1-3-24	10.1	07.040	A76	GB 22021—2008	国家大地测量基本技术规定			2008/6/20	2008/12/1
10.1-3-25	10.1	91.060.01	Q70	GB/T 23483—2009	建筑物围护结构传热系数及采暖供热量检测方法		ISO 9869：1994，NEQ	2009/4/13	2009/12/1
10.1-3-26	10.1	07.040	A76	GB/T 23709—2009	区域似大地水准面精化基本技术规定			2009/5/6	2009/10/1
10.1-3-27	10.1	07.060	P10	GB/T 24105—2009	岩土工程仪器基本环境试验条件及方法			2009/6/12	2009/12/1
10.1-3-28	10.1	91.060	P32	GB/T 31433—2015	建筑幕墙、门窗通用技术条件			2015/4/22	2015/12/1
10.1-3-29	10.1	29.240.01	F21	GB/T 35692—2017	高压直流输电工程系统规划导则			2017/12/29	2018/7/1
10.1-3-30	10.1	29.020	F21	GB/T 38969—2020	电力系统技术导则			2020/6/2	2020/7/1
10.1-3-31	10.1	29.020	F21	GB/T 40865—2021	柔性直流输电术语			2021/10/11	2022/5/1
10.1-3-32	10.1	29.240	F19	GB/T 42731—2023	微电网技术要求			2023/5/23	2024/6/1
10.1-3-33	10.1		P34	GB/T 50006—2010	厂房建筑模数协调标准	GBJ 6—1986		2010/11/3	2011/10/1
10.1-3-34	10.1			GB 50025—2018	湿陷性黄土地区建筑规范	GB 50025—2004		2018/12/26	2019/8/1
10.1-3-35	10.1	91.140.01	P15	GB 50032—2003	室外给水排水和燃气热力工程抗震设计规范	TJ 32—1978		2003/4/25	2003/9/1
10.1-3-36	10.1			GB 50037—2013	建筑地面设计规范	GB 50037—1996		2013/9/6	2014/5/1
10.1-3-37	10.1			GB 50058—2014	爆炸危险环境电力装置设计规范	GB 50058—1992		2014/1/29	2014/10/1
10.1-3-38	10.1	91.140.01	P40	GB 50069—2002	给水排水工程构筑物结构设计规范	GBJ 69—1984		2002/11/26	2003/3/1
10.1-3-39	10.1			GB/T 50087—2013	工业企业噪声控制设计规范	GBJ 87—1985		2013/11/29	2014/6/1
10.1-3-40	10.1			GB 50112—2013	膨胀土地区建筑技术规范	GBJ 112—1987		2012/12/25	2013/5/1
10.1-3-41	10.1			GB 50117—2014	构筑物抗震鉴定标准	GBJ 117—1988		2014/5/16	2015/2/1
10.1-3-42	10.1			GB 50135—2019	高耸结构设计标准	GB 50135—2006		2019/5/24	2019/12/1
10.1-3-43	10.1			GB 50137—2011	城市用地分类与规划建设用地标准			2010/12/24	2012/2/1
10.1-3-44	10.1	91.010.01	P04	GB/T 50145—2007	土的工程分类标准	GBJ 145—1990		2007/12/24	2008/6/1

续表

序号	GW 分类	ICS 分类	GB 分类	标准号	中 文 名 称	代替标准	采用关系	发布日期	实施日期
10.1-3-45	10.1			GB 50153—2008	工程结构可靠性设计统一标准	GB 50153—1992		2008/11/12	2009/7/1
10.1-3-46	10.1			GB 50167—2014	工程摄影测量规范	GB 50167—1992		2014/7/13	2015/5/1
10.1-3-47	10.1			GB/T 50218—2014	工程岩体分级标准	GB/T 50218—1994		2014/8/27	2015/5/1
10.1-3-48	10.1	91.120.25	P15	GB 50223—2008	建筑工程抗震设防分类标准	GB 50223—2004		2008/7/30	2008/7/30
10.1-3-49	10.1			GB 50296—2014	管井技术规范	GB 50296—1999		2014/6/23	2015/4/1
10.1-3-50	10.1	91.140.01	P40	GB 50332—2002	给水排水工程管道结构设计规范	GBJ 69—1984		2002/11/26	2003/3/1
10.1-3-51	10.1			GB 50352—2019	民用建筑设计统一标准	GB 50352—2005		2019/3/13	2019/10/1
10.1-3-52	10.1			GB/T 50668—2011	节能建筑评价标准			2011/4/2	2012/5/1
10.1-3-53	10.1			GB 50736—2012	民用建筑供暖通风与空气调节设计规范			2012/1/21	2012/10/1
10.1-3-54	10.1		P22	GB/T 50783—2012	复合地基技术规范			2012/10/11	2012/12/1
10.1-3-55	10.1			GB/T 50942—2014	盐渍土地区建筑技术规范			2014/5/16	2015/2/1
10.1-3-56	10.1			GB 51022—2015	门式刚架轻型房屋钢结构技术规范			2015/12/3	2016/8/1
10.1-3-57	10.1			GB/T 51188—2016	建筑与工业给水排水系统安全评价标准			2016/8/18	2017/4/1
10.1-3-58	10.1			GB 51249—2017	建筑钢结构防火技术标准			2017/7/31	2018/4/1
10.1-3-59	10.1			GB 51251—2017	建筑防烟排烟系统技术标准			2017/11/20	2018/8/1
10.1-3-60	10.1			GB/T 51446—2021	钢管混凝土混合结构技术标准			2021/9/8	2021/12/1
10.1-3-61	10.1			GB 55008—2021	混凝土结构通用规范			2021/9/8	2022/4/1
10.1-3-62	10.1	13.080.40	P10/14	GB 55017—2021	工程勘察通用规范			2021/9/8	2022/4/1
10.1-3-63	10.1			GB 55018—2021	工程测量通用规范			2021/9/8	2022/4/1
10.1-3-64	10.1	07.040	A77	GB/T 7930—2008	1:500 1:1000 1:2000 地形图航空摄影测量内业规范	GB 7930—1987		2008/6/20	2008/12/1
10.1-3-65	10.1	07.040	A77	GB/T 7931—2008	1:500 1:1000 1:2000 地形图航空摄影测量外业规范	GB 7931—1987		2008/6/20	2008/12/1
10.1-4-66	10.1			10J301	地下建筑防水构造	02J301		2010/1/6	2010/3/1
10.1-4-67	10.1			14J936	变形缝建筑构造			2014/8/21	2014/9/1
10.1-4-68	10.1			14J938	抗爆、泄爆门窗及屋盖、墙体建筑构造			2014/8/21	2014/9/1

续表

序号	GW 分类	ICS 分类	GB 分类	标准号	中 文 名 称	代替标准	采用关系	发布日期	实施日期
10.1-4-69	10.1			16J914—1	公用建筑卫生间	02J915		2016/5/6	2016/6/1
10.1-4-70	10.1			CJJ/T 73—2019	卫星定位城市测量技术标准	CJJ/T 73—2010		2019/4/19	2019/11/1
10.1-4-71	10.1	29.240	K49	DL/T 381—2010	电子设备防雷技术导则			2010/5/24	2010/10/1
10.1-4-72	10.1	93.020	P13	DL/T 5160—2015	电力工程岩土描述技术规程	DL/T 5160—2002		2015/4/2	2015/9/1
10.1-4-73	10.1	27.100	F21	DL/T 5429—2009	电力系统设计技术规程	SDJ 161—1985		2009/7/22	2009/12/1
10.1-4-74	10.1	27.100	P62	DL/T 5523—2017	输变电工程项目后评价导则			2017/3/28	2017/8/1
10.1-4-75	10.1	29.240	F21	DL/T 5553—2019	电力系统电气计算设计规程			2019/6/4	2019/10/1
10.1-4-76	10.1	27.100	P60	DL/T 5607—2021	电力系统规划设计名词规范			2021/4/26	2021/10/26
10.1-4-77	10.1	29.240	P62	DL/T 5616—2021	柔性直流换流站工程项目划分导则			2021/11/16	2022/2/16
10.1-4-78	10.1	27.100	P60	DL/T 5619—2021	调相机工程项目划分导则			2021/11/16	2022/2/16
10.1-4-79	10.1	29.240	P62	DL/T 5630—2021	输变电工程防灾减灾设计规程			2021/12/22	2022/6/22
10.1-4-80	10.1			JCJ/T 141—2017	通风管道技术规程			2017/3/23	2017/9/1
10.1-4-81	10.1			JGJ 118—2011	冻土地区建筑地基基础设计规范	JGJ 118—1998		2011/8/29	2012/3/10
10.1-4-82	10.1			JGJ 1—2014	装配式混凝土结构技术规程	JGJ 1—1991		2014/2/10	2014/10/1
10.1-4-83	10.1			JGJ/T 12—2019	轻骨料混凝土应用技术标准	JGJ 12—2006; JGJ 51—2002		2019/7/30	2020/1/1
10.1-4-84	10.1			JGJ 138—2016	组合结构设计规范	JGJ 138—2001		2016/6/14	2016/12/1
10.1-4-85	10.1			JGJ/T 17—2020	蒸压加气混凝土制品应用技术标准			2020/4/16	2020/10/1
10.1-4-86	10.1			JGJ 7—2010	空间网格结构技术规程	JGJ 7—1991; JGJ 61—2003		2010/7/20	2011/3/1
10.1-4-87	10.1			JGJ 83—2011	软土地区岩土工程勘察规程	JGJ 83—1991		2011/4/22	2011/12/1
10.1-4-88	10.1	27.140	P59	NB/T 11011—2022	水工混凝土结构设计规范	DL/T 5057—2009		2022/11/4	2023/5/4
10.1-4-89	10.1	17.120	P12	SL 474—2010	河流泥沙公报编制规程			2010/6/24	2010/9/24
10.1-4-90	10.1	13.020.30	Z04	SL/Z 479—2010	河湖生态需水评估导则（试行）			2010/10/11	2011/1/1
10.1-4-91	10.1	17.120	P12	SL 732—2015	感潮水文测验规范			2015/12/14	2016/3/14

续表

序号	GW 分类	ICS 分类	GB 分类	标准号	中 文 名 称	代替标准	采用关系	发布日期	实施日期
10.1-5-92	10.1			IEC TR 63127：2019/AMD1：2024，CSV	带线路换向换流器的 HVDC 换流站系统设计指南			2024/4/11	2024/4/11

10.2 规划设计-系统规划

10.2.1 规划设计-系统规划-输电网

序号	GW 分类	ICS 分类	GB 分类	标准号	中 文 名 称	代替标准	采用关系	发布日期	实施日期
10.2.1-2-1	10.2.1	29.240		Q/GDW 10268—2018	输电网规划设计内容深度规定	Q/GDW 268—2009		2020/1/6	2020/1/6
10.2.1-2-2	10.2.1	29.240		Q/GDW 10269—2022	330 千伏及以上输变电工程可行性研究内容深度规定			2023/2/20	2023/2/20
10.2.1-2-3	10.2.1	29.240		Q/GDW 10270—2017	220kV 及 110（66）kV 输变电工程可行性研究内容深度规定	Q/GDW 270—2009		2018/5/18	2018/5/18
10.2.1-2-4	10.2.1	29.240.10	F21	Q/GDW 11674.4—2024	高压直流工程成套设计规程　第 4 部分：过电压与绝缘配合	Q/GDW 11909—2018		2024/12/31	2024/12/31
10.2.1-2-5	10.2.1	29.240.01		Q/GDW 11998—2019	330 千伏及以上输变电工程预可行性研究内容深度规定			2020/8/24	2020/8/24
10.2.1-3-6	10.2.1	29.240.01	F21	GB/T 35711—2017	高压直流输电系统直流侧谐波分析、抑制与测量导则		IEEE Std 1124：2003，MOD	2017/12/29	2018/7/1
10.2.1-3-7	10.2.1	29.020	K04	GB/Z 35728—2017	互联电力系统设计导则		IEC TR 62511：2014，MOD	2017/12/29	2018/7/1
10.2.1-3-8	10.2.1	29.240.01	F21	GB/T 37015.1—2018	柔性直流输电系统性能　第 1 部分：稳态			2018/12/28	2019/7/1
10.2.1-3-9	10.2.1	29.240.01	F21	GB/T 37015.2—2018	柔性直流输电系统性能　第 2 部分：暂态			2018/12/28	2019/7/1
10.2.1-4-10	10.2.1	29.240.01	F23	DL/T 2044—2019	输电系统谐波引发谐振过电压计算导则			2019/6/4	2019/10/1
10.2.1-4-11	10.2.1	27.100	P60	DL/T 5444—2010	电力系统设计内容深度规定			2010/8/27	2010/12/15
10.2.1-4-12	10.2.1	27.100	P62	DL/T 5448—2012	输变电工程可行性研究内容深度规定			2012/1/4	2012/3/1
10.2.1-4-13	10.2.1	27.100	F21	DL/T 5529—2017	电力系统串联电容补偿系统设计规程			2017/8/2	2017/12/1
10.2.1-4-14	10.2.1	29.240	F21	DL/T 5554—2019	电力系统无功补偿及调压设计技术导则			2019/6/4	2019/10/1
10.2.1-4-15	10.2.1	29.240	P62	DL/T 5610—2021	输电网规划设计规程			2021/4/26	2021/10/26

10

续表

序号	GW 分类	ICS 分类	GB 分类	标准号	中 文 名 称	代替标准	采用关系	发布日期	实施日期
10.2.1-4-16	10.2.1	29.240	P62	DL/T 5631—2021	输电网规划设计内容深度规定			2021/12/22	2022/6/22
10.2.1-5-17	10.2.1			IEC TR 62511：2014	互联电力系统的设计指南			2014/9/25	2014/9/25

10.2.2 规划设计-系统规划-配电网

序号	GW 分类	ICS 分类	GB 分类	标准号	中 文 名 称	代替标准	采用关系	发布日期	实施日期
10.2.2-2-1	10.2.2	29.240		Q/GDW 10370—2016	配电网技术导则	Q/GDW 370—2009		2017/3/24	2017/3/24
10.2.2-2-2	10.2.2	29.240.30		Q/GDW 10738—2020	配电网规划设计技术导则	Q/GDW 1738—2012		2020/12/31	2020/12/31
10.2.2-2-3	10.2.2	29.240		Q/GDW 10865—2017	国家电网公司配电网规划内容深度规定	Q/GDW 1865—2012		2018/1/2	2018/1/2
10.2.2-2-4	10.2.2	29.240		Q/GDW 11019—2013	农网 35kV 配电化技术导则			2014/3/1	2014/3/1
10.2.2-2-5	10.2.2	29.240		Q/GDW 11374—2015	10 千伏及以下电网工程可行性研究内容深度规定			2016/3/31	2016/3/31
10.2.2-2-6	10.2.2	29.240		Q/GDW 11375—2015	配电网规划计算分析数据规范			2016/3/31	2016/3/31
10.2.2-2-7	10.2.2	29.240		Q/GDW 11542—2016	配电网规划计算分析功能规范			2016/12/28	2016/12/28
10.2.2-2-8	10.2.2	29.240		Q/GDW 11546—2016	统一潮流控制器工程可行性研究内容深度规定			2017/2/28	2017/2/28
10.2.2-2-9	10.2.2	29.240		Q/GDW 11615—2017	配电网发展规划评价技术规范			2018/5/18	2018/5/18
10.2.2-2-10	10.2.2	29.240		Q/GDW 11616—2017	配电网规划标准化图纸绘制规范			2018/5/18	2018/5/18
10.2.2-2-11	10.2.2	29.240		Q/GDW 11617—2017	配电网规划项目技术经济比选导则			2018/5/18	2018/5/18
10.2.2-2-12	10.2.2	29.240		Q/GDW 11722—2017	交直流混合配电网规划设计指导原则			2018/5/18	2018/5/18
10.2.2-2-13	10.2.2	29.240		Q/GDW 11723—2017	交直流混合配电网综合评价指导原则			2018/5/18	2018/5/18
10.2.2-2-14	10.2.2	29.240		Q/GDW 11724—2017	配电网规划后评价技术导则			2018/5/18	2018/5/18
10.2.2-2-15	10.2.2			Q/GDW 11786—2017	配电网多元化负荷消纳能力评估导则			2018/9/7	2018/9/7
10.2.2-2-16	10.2.2	29.240		Q/GDW 11857—2018	配电网接纳分布式电源能力评估导则			2020/1/6	2020/1/6
10.2.2-2-17	10.2.2	29.240.01		Q/GDW 11990—2019	配电网规划电力负荷预测技术规范			2020/8/24	2020/8/24
10.2.2-2-18	10.2.2	29.240.01		Q/GDW 11992—2019	配电网网格化规划内容深度规定			2020/8/24	2020/8/24

续表

序号	GW 分类	ICS 分类	GB 分类	标准号	中 文 名 称	代替标准	采用关系	发布日期	实施日期
10.2.2-2-19	10.2.2	29.240.01		Q/GDW 11993—2019	增量配电试点项目可行性研究报告内容深度规定			2020/8/24	2020/8/24
10.2.2-2-20	10.2.2	29.240		Q/GDW 435—2010	农村电网无功优化补偿技术导则			2010/3/18	2010/3/18
10.2.2-3-21	10.2.2			GB 50613—2010	城市配电网规划设计规范			2010/7/15	2011/2/1
10.2.2-4-22	10.2.2	29.240.01	F24	DL/T 2432—2021	交直流混合配电网综合评价导则			2021/12/22	2022/3/22
10.2.2-4-23	10.2.2	29.240.01	F20/29	DL/T 2433—2021	交直流混合中压配电网技术导则			2021/12/22	2022/3/22
10.2.2-4-24	10.2.2	27.010	F09	DL/T 256—2012	城市电网供电安全标准			2012/4/6	2012/7/1
10.2.2-4-25	10.2.2	29.240.01	F21	DL/T 2584—2022	增量配电网接入电力系统技术规定			2022/11/4	2023/5/4
10.2.2-4-26	10.2.2	29.240	F21	DL/T 5118—2010	农村电力网规划设计导则	DL/T 5118—2000		2011/1/9	2011/5/1
10.2.2-4-27	10.2.2	29.240.01	F24	DL/T 5131—2015	农村电网建设与改造技术导则	DL/T 5131—2001		2015/4/2	2015/9/1
10.2.2-4-28	10.2.2	29.240	P62	DL/T 5534—2017	配电网可行性研究报告内容深度规定			2017/11/15	2018/3/1
10.2.2-4-29	10.2.2	29.240	P62	DL/T 5542—2018	配电网规划设计规程			2018/4/3	2018/7/1
10.2.2-4-30	10.2.2	29.240	P62	DL/T 5552—2018	配电网规划研究报告内容深度规定			2018/12/25	2019/5/1
10.2.2-4-31	10.2.2	29.240.30	K51	DL/T 5729—2023	配电网规划设计技术导则	DL/T 5729—2016		2023/12/28	2024/6/28
10.2.2-4-32	10.2.2	29.240	F20	DL/T 5771—2018	农村电网 35kV 配电化技术导则			2018/6/6	2018/10/1
10.2.2-5-33	10.2.2	29.240.01		IEC TS 62898-1：2017	微电网　第 1 部分：微电网项目规划和规范指南			2017/5/1	2017/5/1
10.2.2-5-34	10.2.2			IEEE 2030.9：2019	IEEE 微电网规划和设计推荐实践			2019/7/3	2019/7/3
10.2.2-6-35	10.2.2	29.240.01	F21	T/CEC 103—2016	新型城镇化配电网发展评估规范			2016/10/21	2017/1/1
10.2.2-6-36	10.2.2	29.240.01	F20	T/CEC 106—2016	微电网规划设计评价导则			2016/10/21	2017/1/1
10.2.2-6-37	10.2.2	29.240.01	F20	T/CEC 132—2017	新型城镇化配电网建设改造成效评价技术规范			2017/5/15	2017/8/1
10.2.2-6-38	10.2.2	29.240.01	F21	T/CEC 166—2018	中压直流配电网典型网架结构及供电方案技术导则			2018/1/24	2018/4/1
10.2.2-6-39	10.2.2	29.240	F21	T/CEC 274—2019	配电网供电能力计算导则			2019/11/21	2020/1/1
10.2.2-6-40	10.2.2	29.240.30	F21	T/CEC 300—2020	配电网发展水平综合评价导则			2020/6/30	2020/10/1

序号	GW 分类	ICS 分类	GB 分类	标准号	中 文 名 称	代替标准	采用关系	发布日期	实施日期
10.2.2-6-41	10.2.2	29.240.01		T/CEC 5014—2019	园区电力专项规划内容深度规定			2019/11/21	2020/1/1
10.2.2-6-42	10.2.2	27.180		T/CEC 5015—2019	配电网网格化规划设计技术导则			2019/11/21	2020/1/1
10.2.2-6-43	10.2.2	29.240.01	F21	T/CEC 5027—2020	智能园区配电网规划设计技术导则			2020/6/30	2020/10/1

10.2.3 规划设计-系统规划-二次

序号	GW 分类	ICS 分类	GB 分类	标准号	中 文 名 称	代替标准	采用关系	发布日期	实施日期
10.2.3-2-1	10.2.3	29.240		Q/GDW 11184—2014	配电自动化规划设计技术导则			2014/7/1	2014/7/1
10.2.3-2-2	10.2.3	29.240		Q/GDW 11185—2014	配电自动化规划内容深度规定			2014/7/1	2014/7/1
10.2.3-2-3	10.2.3	29.240	F20	Q/GDW 11360—2024	调度自动化规划设计技术导则	Q/GDW 11360—2014		2024/9/11	2024/9/11
10.2.3-2-4	10.2.3	29.240		Q/GDW 11435.1—2016	电网独立二次项目可行性研究内容深度规定 第 1 部分：光缆通信工程			2017/7/31	2017/7/31
10.2.3-2-5	10.2.3	29.240	F20	Q/GDW 11435.2—2024	电网独立二次项目可行性研究内容深度规定 第 2 部分：光通信系统工程	Q/GDW 11435.2—2016；Q/GDW 11435.3—2016		2024/9/11	2024/9/11
10.2.3-2-6	10.2.3	29.240		Q/GDW 11435.4—2016	电网独立二次项目可行性研究内容深度规定 第 4 部分：电力数据通信网工程			2017/7/31	2017/7/31
10.2.3-2-7	10.2.3	29.240		Q/GDW 11435.5—2016	电网独立二次项目可行性研究内容深度规定 第 5 部分：电力调度交换网工程			2017/7/31	2017/7/31
10.2.3-2-8	10.2.3	29.240		Q/GDW 11435.6—2016	电网独立二次项目可行性研究内容深度规定 第 6 部分：电力调度数据网工程			2017/7/31	2017/7/31
10.2.3-2-9	10.2.3	29.240.01	F21	Q/GDW 11435.7—2024	电网独立二次项目可行性研究内容深度规定 第 7 部分：电网调度控制系统	Q/GDW 11435.7—2016；Q/GDW 11435.8—2016		2024/9/11	2024/9/11
10.2.3-2-10	10.2.3	29.240		Q/GDW 11435.9—2016	电网独立二次项目可行性研究内容深度规定 第 9 部分：配电自动化项目			2017/7/31	2017/7/31
10.2.3-4-11	10.2.3	29.020	F21	DL/T 2193—2020	电力系统安全稳定控制系统设计及应用技术规范			2020/10/23	2021/2/1
10.2.3-4-12	10.2.3	27.240	P62	DL/T 2765—2024	输变电工程逻辑模型规范			2024/5/24	2024/11/24
10.2.3-4-13	10.2.3	29.240.01	P62	DL/T 390—2016	县域配电自动化技术导则	DL/T 390—2010		2016/1/7	2016/6/1

10

序号	GW 分类	ICS 分类	GB 分类	标准号	中 文 名 称	代替标准	采用关系	发布日期	实施日期
10.2.3-4-14	10.2.3	29.240	F21	DL/T 5002—2021	地区电网调度自动化设计规程	DL/T 5002—2005		2021/4/26	2021/10/26
10.2.3-4-15	10.2.3	27.100	P62	DL/T 5506—2015	电力系统继电保护设计技术规范			2015/7/1	2015/12/1
10.2.3-4-16	10.2.3	29.240	F21	DL/T 5588—2021	电力系统视频监控系统设计规程			2021/1/7	2021/7/1
10.2.3-4-17	10.2.3	27.100	F20	DL/T 5709—2014	配电自动化规划设计导则			2014/10/15	2015/3/1
10.2.3-6-18	10.2.3	29.240.01		T/CEC 248—2019	直流配电系统保护技术导则			2019/11/21	2020/1/1

10.2.4 规划设计-系统规划-电源接入系统

序号	GW 分类	ICS 分类	GB 分类	标准号	中 文 名 称	代替标准	采用关系	发布日期	实施日期
10.2.4-2-1	10.2.4	29.240		Q/GDW 10271—2022	大型电源项目输电系统规划设计内容深度规定			2022/12/20	2022/12/20
10.2.4-2-2	10.2.4	29.240		Q/GDW 10272—2018	大型电厂接入系统设计内容深度规定	Q/GDW 272—2009		2020/1/6	2020/1/6
10.2.4-2-3	10.2.4	29.240		Q/GDW 11147—2017	分布式电源接入配电网设计规范	Q/GDW 11147—2013		2018/5/18	2018/5/18
10.2.4-2-4	10.2.4	29.240		Q/GDW 11148—2013	分布式电源接入系统设计内容深度规定			2014/2/20	2014/2/20
10.2.4-2-5	10.2.4	29.240		Q/GDW 11149—2017	分布式电源接入配电网经济评估导则	Q/GDW 11149—2013		2018/5/18	2018/5/18
10.2.4-2-6	10.2.4	29.240		Q/GDW 11376—2015	储能系统接入配电网设计规范			2016/3/31	2016/3/31
10.2.4-2-7	10.2.4	27.180		Q/GDW 11411—2015	海上风电场接入系统设计技术规范			2016/12/14	2016/12/14
10.2.4-2-8	10.2.4	29.240		Q/GDW 11618—2017	光伏发电站接入系统设计内容深度规定			2018/5/18	2018/5/18
10.2.4-2-9	10.2.4	29.240		Q/GDW 11619—2017	分布式电源接入电网评价导则			2018/5/18	2018/5/18
10.2.4-2-10	10.2.4	29.240		Q/GDW 11725—2017	储能系统接入配电网设计内容深度规定			2018/5/18	2018/5/18
10.2.4-2-11	10.2.4	29.240.01		Q/GDW 11986—2019	大型风电基地输电系统规划设计内容深度规定			2020/8/24	2020/8/24
10.2.4-2-12	10.2.4	29.240.01		Q/GDW 11987—2019	大型光伏发电基地输电系统规划设计内容深度规定			2020/8/24	2020/8/24
10.2.4-2-13	10.2.4	27.180		Q/GDW 11994—2019	电化学储能规划技术导则			2020/8/24	2020/8/24
10.2.4-2-14	10.2.4	29.240.01		Q/GDW 11995—2019	电化学储能电站接入系统设计内容深度规定			2020/8/24	2020/8/24
10.2.4-2-15	10.2.4	29.240		Q/GDW 12051—2020	电化学储能系统接入电力系统技术规定			2021/3/17	2021/3/17
10.2.4-2-16	10.2.4	29.240		Q/GDW 12072—2020	分布式电源即插即用并网接口设备接入配电网技术规范			2021/4/30	2021/4/30
10.2.4-2-17	10.2.4	29.240		Q/GDW 12194—2021	电力系统配置储能分析计算导则			2022/1/24	2022/1/24
10.2.4-2-18	10.2.4	27.180		Q/GDW 12282—2022	海上风电场接入系统电气计算规范			2022/12/20	2022/12/20

序号	GW 分类	ICS 分类	GB 分类	标准号	中 文 名 称	代替标准	采用关系	发布日期	实施日期
10.2.4-3-19	10.2.4	27.180	F15	GB/T 19962—2016	地热电站接入电力系统技术规定	GB/T 19962—2005		2016/8/29	2017/3/1
10.2.4-3-20	10.2.4	29.020	F12	GB/T 33589—2017	微电网接入电力系统技术规定			2017/5/12	2017/12/1
10.2.4-3-21	10.2.4	27.180	F19	GB/T 36547—2024	电化学储能电站接入电网技术规定	GB/T 36547—2018		2024/5/28	2024/12/1
10.2.4-3-22	10.2.4	27.180	F19	GB/T 44134—2024	电力系统配置电化学储能电站规划导则			2024/5/28	2024/12/1
10.2.4-3-23	10.2.4			GB/T 50865—2013	光伏发电接入配电网设计规范			2013/9/6	2014/5/1
10.2.4-4-24	10.2.4	29.160.20	K21	DL/T 331—2010	发电机与电网规划设计关键参数配合导则			2011/1/9	2011/5/1
10.2.4-4-25	10.2.4		P60	DL/T 5439—2021	电源接入系统设计报告内容深度规定	DL/T 5439—2009		2021/4/26	2021/10/26
10.2.4-4-26	10.2.4	29.240	F21	DL/T 5601—2021	分布式电源接入及微电网设计规程			2021/4/26	2021/10/26
10.2.4-4-27	10.2.4	29.240	P60	DL/T 5608—2021	电源规划设计规程			2021/4/26	2021/10/26
10.2.4-4-28	10.2.4	29.240	P60	DL/T 5611—2021	电源接入系统设计规程			2021/4/26	2021/10/26
10.2.4-4-29	10.2.4	27.180	F19	DL/T 5810—2020	电化学储能电站接入电网设计规范			2020/10/23	2021/2/1
10.2.4-4-30	10.2.4	27.180	F19	DL/T 5816—2020	分布式电化学储能系统接入配电网设计规范			2020/10/23	2021/2/1
10.2.4-4-31	10.2.4	27.180	F11	NB/T 10313—2019	风电场接入电力系统设计内容深度规定			2019/11/4	2020/5/1
10.2.4-4-32	10.2.4	27.160	F12	NB/T 10911—2021	分散式风电接入配电网技术规定			2021/12/31	2022/3/22
10.2.4-4-33	10.2.4			NB/T 11194—2023	新能源基地送电配置新型储能规划技术导则			2023/5/26	2023/11/26
10.2.4-4-34	10.2.4	27.160	F12	NB/T 32015—2013	分布式电源接入配电网技术规定			2013/11/28	2014/4/1
10.2.4-4-35	10.2.4	27.100	F29	NB/T 33015—2014	电化学储能系统接入配电网技术规定			2014/10/15	2015/3/1
10.2.4-5-36	10.2.4			IEC TR 63411：2025	通过 VSC-HVDC 系统实现海上风电的并网			2025/1/14	2025/1/14
10.2.4-6-37	10.2.4	29.240	F20	T/CEC 173—2018	分布式储能系统接入配电网设计规范			2018/1/24	2018/4/1
10.2.4-6-38	10.2.4	27.160	F12	T/CEC 333—2020	户用光伏发电系统并网技术要求			2020/6/30	2020/10/1
10.2.4-6-39	10.2.4	27.180	P19	T/CEC 5006—2018	微电网接入系统设计规范			2018/1/24	2018/4/1

10.2.5 规划设计-系统规划-其他

序号	GW 分类	ICS 分类	GB 分类	标准号	中 文 名 称	代替标准	采用关系	发布日期	实施日期
10.2.5-2-1	10.2.5	29.240		Q/GDW 11178—2022	电动汽车充换电设施接入配电网技术规范	Q/GDW 11178—2013		2022/12/20	2022/12/20
10.2.5-2-2	10.2.5	29.240		Q/GDW 11396—2021	电网设施布局规划内容深度规定	Q/GDW 11396—2015		2021/11/22	2021/11/22

续表

序号	GW 分类	ICS 分类	GB 分类	标准号	中 文 名 称	代替标准	采用关系	发布日期	实施日期
10.2.5-2-3	10.2.5	29.240		Q/GDW 11622—2017	110（66）kV～750kV 交流输变电工程后评价内容深度规定			2018/5/18	2018/5/18
10.2.5-2-4	10.2.5	29.240		Q/GDW 11623—2017	电气化铁路牵引站接入电网导则			2018/5/18	2018/5/18
10.2.5-2-5	10.2.5	29.240		Q/GDW 11726—2017	电动汽车充换电设施接入配电网评价导则			2018/5/18	2018/5/18
10.2.5-2-6	10.2.5	29.240		Q/GDW 11727—2017	特高压直流输电工程后评价内容深度规定			2018/5/18	2018/5/18
10.2.5-2-7	10.2.5	29.240		Q/GDW 11856—2018	电动汽车充换电设施接入配电网设计规范			2020/1/6	2020/1/6
10.2.5-2-8	10.2.5	29.240		Q/GDW 11858—2018	特高压交流输变电工程后评价内容深度规定			2020/1/6	2020/1/6
10.2.5-2-9	10.2.5	29.240		Q/GDW 12284—2022	分布式调相机接入电力系统技术规定			2022/12/20	2022/12/20
10.2.5-2-10	10.2.5	29.240		Q/GDW 12285—2022	分布式调相机接入系统设计内容深度规定			2022/12/20	2022/12/20
10.2.5-2-11	10.2.5	29.240	E21	Q/GDW 12496—2024	电力系统规划供需平衡分析技术规范			2024/9/11	2024/9/11
10.2.5-3-12	10.2.5	91.140.50	K09	GB 14050—2008	系统接地的型式及安全技术要求	GB 14050—1993		2008/9/24	2009/8/1
10.2.5-3-13	10.2.5	29.240.20	F20	GB/T 15544.1—2023	三相交流系统短路电流计算　第 1 部分：电流计算	GB/T 15544.1—2013		2023/3/17	2023/10/1
10.2.5-3-14	10.2.5	29.240.20	F20	GB/T 15544.2—2017	三相交流系统短路电流计算　第 2 部分：短路电流计算应用的系数		IEC TR 60909-1：2002；IEC 60909-0，IDT	2017/12/29	2018/7/1
10.2.5-3-15	10.2.5	29.240.20	F20	GB/T 15544.3—2017	三相交流系统短路电流计算　第 3 部分：电气设备数据		IEC TR 60909-2：2008，IDT	2017/12/29	2018/7/1
10.2.5-3-16	10.2.5	29.240.20	F20	GB/T 15544.4—2017	三相交流系统短路电流计算　第 4 部分：同时发生两个独立单相接地故障时的电流以及流过大地的电流		IEC 60909-3：2009，IDT	2017/12/29	2018/7/1
10.2.5-3-17	10.2.5	29.240.20	F20	GB/T 15544.5—2017	三相交流系统短路电流计算　第 5 部分：算例		IEC/TR 60909-4：2000，IDT	2017/12/29	2018/7/1
10.2.5-3-18	10.2.5	29.020	K09	GB/T 18891—2024	三相交流系统相位差的钟时序数标识	GB/T 18891—2009		2024/4/25	2024/11/1
10.2.5-3-19	10.2.5	29.080.01	K48	GB/T 311.4—2010	绝缘配合　第 4 部分：电网绝缘配合及其模拟的计算导则		IEC 60071-4：2004，MOD	2010/11/10	2011/5/1
10.2.5-3-20	10.2.5	17.220.01	F20	GB/T 35698.1—2017	短路电流效应计算　第 1 部分：定义和计算方法		IEC 60865-1：2011，IDT	2017/12/29	2018/7/1
10.2.5-3-21	10.2.5	17.220.01	F20	GB/T 35698.2—2019	短路电流效应计算　第 2 部分：算例		IEC TR 60865-2：2015，IDT	2019/6/4	2020/1/1

续表

序号	GW 分类	ICS 分类	GB 分类	标准号	中文名称	代替标准	采用关系	发布日期	实施日期
10.2.5-3-22	10.2.5	91.140.50	P63	GB/T 36040—2018	居民住宅小区电力配置规范			2018/3/15	2018/10/1
10.2.5-3-23	10.2.5			GB/T 50293—2014	城市电力规划规范	GB 50293—1999		2014/8/27	2015/5/1
10.2.5-4-24	10.2.5			CJJ/T 199—2013	城市规划数据标准			2013/10/11	2014/4/1
10.2.5-4-25	10.2.5	29.240	F20	DL/T 1957—2018	电网直流偏磁风险评估与防御导则			2018/12/25	2019/5/1
10.2.5-4-26	10.2.5	29.240	P62	DL/T 5438—2019	输变电工程经济评价导则	DL/T 5438—2009		2019/6/4	2019/10/1
10.2.5-4-27	10.2.5	27.100	P60	DL/T 5446—2012	电力系统调度自动化工程可行性研究报告内容深度规定			2012/1/4	2012/3/1
10.2.5-4-28	10.2.5	29.240	P62	DL/T 5564—2019	输变电工程接入系统设计规程			2019/6/4	2019/10/1
10.2.5-4-29	10.2.5	29.240	F21	DL/T 5567—2019	电力规划研究报告内容深度规定			2019/11/4	2020/5/1
10.2.5-6-30	10.2.5	27.010		T/CEC 390—2020	能源互联网　系统评估			2020/10/28	2021/2/1

10

10.3　规划设计-变电站规划设计

序号	GW 分类	ICS 分类	GB 分类	标准号	中文名称	代替标准	采用关系	发布日期	实施日期
10.3-2-1	10.3			Q/GDW 10166.2—2017	国家电网有限公司输变电工程初步设计内容深度规定　第 2 部分：110（66）kV 智能变电站	Q/GDW 1166.2—2013		2018/7/11	2018/7/11
10.3-2-2	10.3			Q/GDW 10166.8—2017	国家电网有限公司输变电工程初步设计内容深度规定　第 8 部分：220kV 智能变电站	Q/GDW 1166.8—2013		2018/7/11	2018/7/11
10.3-2-3	10.3			Q/GDW 10166.9—2017	国家电网有限公司输变电工程初步设计内容深度规定　第 9 部分：330kV～750kV 智能变电站	Q/GDW 1166.9—2013		2018/7/11	2018/7/11
10.3-2-4	10.3	29.240		Q/GDW 10231—2016	无人值守变电站技术导则	Q/GDW 231—2008		2017/3/24	2017/3/24
10.3-2-5	10.3	29.240		Q/GDW 10278—2021	变电站接地网技术规范	Q/GDW 278—2009		2021/12/6	2021/12/6
10.3-2-6	10.3	29.240		Q/GDW 10318—2016	1000kV 特高压交流输变电工程过电压和绝缘配合	Q/GDW 318—2009；Q/GDW 319—2009		2016/12/22	2016/12/22
10.3-2-7	10.3	29.240	F20	Q/GDW 10381.1—2024	输变电工程施工图设计内容深度规定　第 1 部分：110（66）kV 变电站	Q/GDW 10381.1—2017		2024/8/2	2024/8/2
10.3-2-8	10.3	29.240	F20	Q/GDW 10381.5—2024	输变电工程施工图设计内容深度规定　第 5 部分：220kV 变电站	Q/GDW 10381.5—2017		2024/8/2	2024/8/2
10.3-2-9	10.3	29.240	F20	Q/GDW 10381.10—2024	输变电工程施工图设计内容深度规定　第 10 部分：35kV 变电站	Q/GDW 11605—2016		2024/8/2	2024/8/2

续表

序号	GW 分类	ICS 分类	GB 分类	标准号	中文名称	代替标准	采用关系	发布日期	实施日期
10.3-2-10	10.3	29.240	P62	Q/GDW 10393.1—2024	变电站设计规范　第 1 部分：35kV 变电站	Q/GDW 11603—2016		2024/8/2	2024/8/2
10.3-2-11	10.3	29.240		Q/GDW 10394—2016	330kV～750kV 智能变电站设计规范	Q/GDW 394—2009		2016/12/22	2016/12/22
10.3-2-12	10.3	29.240	F20	Q/GDW 10640—2024	110（66）kV 变电站智能化改造工程设计规范	Q/GDW 640—2011		2024/10/25	2024/10/25
10.3-2-13	10.3	29.240	F20	Q/GDW 10688—2024	变电站辅助监控系统设计规范	Q/GDW 688—2012		2024/8/2	2024/8/2
10.3-2-14	10.3	29.240		Q/GDW 10783—2022	地下变电站设计规范	Q/GDW 1783—2013		2022/10/14	2022/10/14
10.3-2-15	10.3	29.240		Q/GDW 11125—2013	220kV～750kV 变电站噪声控制设计技术导则			2014/4/15	2014/4/15
10.3-2-16	10.3	29.240		Q/GDW 11126—2021	35kV～750kV 变电站站用电设计规范	Q/GDW 11126—2013		2021/7/9	2021/7/9
10.3-2-17	10.3	29.240		Q/GDW 11216—2014	1000kV 变电站初步设计内容深度规定			2014/10/15	2014/10/15
10.3-2-18	10.3	29.240		Q/GDW 11217—2014	1000kV 变电站施工图设计内容深度规定			2014/10/15	2014/10/15
10.3-2-19	10.3	29.240		Q/GDW 11276—2022	户内变电站设计规范	Q/GDW 11276—2014		2022/10/14	2022/10/14
10.3-2-20	10.3	29.240		Q/GDW 11406—2015	严寒地区变电站建筑节能设计技术导则			2016/11/15	2016/11/15
10.3-2-21	10.3	29.240		Q/GDW 11502.1—2016	特高压输变电工程设计成果数字化移交技术导则　第 1 部分：变电部分			2016/12/22	2016/12/22
10.3-2-22	10.3	29.240		Q/GDW 11595—2016	电气设备隔震设计技术规程件			2017/6/16	2017/6/16
10.3-2-23	10.3	29.240		Q/GDW 11600.1—2016	输变电工程数字化设计编码应用导则　第 1 部分：变电工程			2017/6/16	2017/6/16
10.3-2-24	10.3	29.240		Q/GDW 11604—2016	35kV 智能变电站初步设计内容深度规定			2017/6/16	2017/6/16
10.3-2-25	10.3			Q/GDW 11736—2017	城市变电站降噪模块化设计规范			2018/7/11	2018/7/11
10.3-2-26	10.3			Q/GDW 11794—2017	智能变电站二次光纤回路及虚回路设计软件技术规范			2018/10/25	2018/10/25
10.3-2-27	10.3	13.020		Q/GDW 11974—2019	110kV～750kV 变电站环境保护设计技术规范			2020/8/24	2020/8/24
10.3-2-28	10.3	29.240		Q/GDW 11991.1—2019	中压柔性变电站　第 1 部分：总则（试行）			2020/8/24	2020/8/24
10.3-2-29	10.3	01.040.29		Q/GDW 12160—2021	电力变压器承受短路能力校核计算规范			2021/12/6	2021/12/6
10.3-2-30	10.3	29.240		Q/GDW 12187—2021	快速动态响应同步调相机工程二次系统设计技术导则			2022/1/24	2022/1/24
10.3-2-31	10.3	29.240		Q/GDW 12209—2022	高压设备二次回路标准化设计规范			2022/1/29	2022/1/29
10.3-2-32	10.3	29.020	F20	Q/GDW/Z 12437.1—2024	智慧变电站技术规范　第 1 部分：总则			2024/12/31	2024/12/31

续表

序号	GW 分类	ICS 分类	GB 分类	标准号	中 文 名 称	代替标准	采用关系	发布日期	实施日期
10.3-2-33	10.3	29.020	F20	Q/GDW/Z 12437.2—2024	智慧变电站技术规范　第 2 部分：智能高压设备			2024/12/31	2024/12/31
10.3-2-34	10.3	29.240	F21	Q/GDW/Z 12437.3—2024	智慧变电站技术规范　第 3 部分：辅助设备监控系统			2024/12/31	2024/12/31
10.3-2-35	10.3	29.020	F20	Q/GDW/Z 12437.4—2024	智慧变电站技术规范　第 4 部分：数字化远传表计			2024/12/31	2024/12/31
10.3-2-36	10.3	29.020	F21	Q/GDW/Z 12437.5—2024	智慧变电站技术规范　第 5 部分：智能交直流电源监控系统			2024/12/31	2024/12/31
10.3-2-37	10.3	29.240	P60	Q/GDW 12548—2024	快速动态响应同步调相机工程设计规程			2024/12/31	2024/12/31
10.3-2-38	10.3			Q/GDW 1782—2013	地下变电站初步设计内容深度规定			2013/4/12	2013/4/12
10.3-2-39	10.3			Q/GDW 1786—2013	1000kV 变电站设计技术规范	Q/GDW 294—2009		2013/4/12	2013/4/12
10.3-2-40	10.3			Q/GDW 1917—2013	220kV～1000kV 串补站设计技术规定			2014/5/1	2014/5/1
10.3-2-41	10.3	29.020		Q/GDW 641—2011	220kV 变电站智能化改造工程标准化设计规范			2011/9/3	2011/9/3
10.3-2-42	10.3	29.020		Q/GDW 642—2011	330kV～750kV 变电站智能化改造工程标准化设计规范			2011/9/3	2011/9/3
10.3-2-43	10.3	29.240	F29	Q/GDW 11812.1—2025	输变电工程三维设计成果移交技术导则　第 1 部分：变电站	Q/GDW 11812.1—2018		2025/1/31	2025/1/31
10.3-3-44	10.3	29.130.10	K40	GB/T 13540—2009	高压开关设备和控制设备的抗震要求	GB/T 13540—1992	IEC 62271-2：2003，MOD	2009/11/30	2010/4/1
10.3-3-45	10.3	27.010	F01	GB 19576—2019	单元式空气调节机能效限定值及能效等级	GB 19576—2004		2019/4/4	2020/5/1
10.3-3-46	10.3	29.240	F20	GB/T 24842—2018	1000kV 特高压交流输变电工程过电压和绝缘配合	GB/Z 24842—2009		2018/7/13	2019/2/1
10.3-3-47	10.3	29.240	F20	GB/T 24847—2021	1000kV 交流系统电压和无功电力技术导则	GB/Z 24847—2009		2021/3/9	2021/10/1
10.3-3-48	10.3	29.080.99	K49	GB/T 28547—2023	交流金属氧化物避雷器选择和使用导则	GB/T 28547—2012		2023/12/28	2024/4/1
10.3-3-49	10.3	29.240.10	F20	GB/T 30155—2013	智能变电站技术导则			2013/12/17	2014/8/1
10.3-3-50	10.3	29.240	K45	GB/T 36283—2018	智能变电站二次舱通用技术条件			2018/6/7	2019/1/1
10.3-3-51	10.3	91.180	P32	GB/T 39126—2020	室内绿色装饰装修选材评价体系			2020/10/11	2021/9/1
10.3-3-52	10.3	91.140.60	P41	GB 50013—2018	室外给水设计标准	GB 50013—2006		2018/12/26	2019/8/1

续表

序号	GW 分类	ICS 分类	GB 分类	标准号	中文名称	代替标准	采用关系	发布日期	实施日期
10.3-3-53	10.3	91.140.80	P41	GB 50014—2021	室外排水设计标准	GB 50014—2006		2021/4/9	2021/10/1
10.3-3-54	10.3			GB 50059—2011	35kV～110kV 变电站设计规范	GB 50059—1992		2011/9/16	2012/8/1
10.3-3-55	10.3			GB/T 50062—2008	电力装置的继电保护和自动装置设计规范	GB 50062—1992		2008/12/15	2009/6/1
10.3-3-56	10.3			GB/T 50064—2014	交流电气装置的过电压保护和绝缘配合设计规范	GBJ 64—1983		2014/3/31	2014/12/1
10.3-3-57	10.3			GB/T 50065—2011	交流电气装置的接地设计规范	GBJ 65—1983		2011/12/5	2012/6/1
10.3-3-58	10.3			GB 50187—2012	工业企业总平面设计规范	GB 50187—1993		2012/3/30	2012/8/1
10.3-3-59	10.3			GB 50227—2017	并联电容器装置设计规范	GB 50227—2008		2017/3/3	2017/11/1
10.3-3-60	10.3			GB 50229—2019	火力发电厂与变电站设计防火标准	GB 50229—2006		2019/2/13	2019/8/1
10.3-3-61	10.3			GB 50697—2011	1000kV 变电站设计规范			2011/2/18	2012/3/1
10.3-3-62	10.3			GB/T 50703—2011	电力系统安全自动装置设计规范			2011/7/26	2012/6/1
10.3-3-63	10.3			GB/T 51071—2014	330kV～750kV 智能变电站设计规范			2014/12/2	2015/8/1
10.3-3-64	10.3			GB/T 51072—2014	110（66）kV～220kV 智能变电站设计规范			2014/12/2	2015/8/1
10.3-3-65	10.3			GB 55011—2021	城市道路交通工程项目规范	GB 51286—2018		2021/4/9	2022/1/1
10.3-4-66	10.3	29.240.01	K42	DL/T 1219—2013	串联电容器补偿装置设计导则			2013/3/7	2013/8/1
10.3-4-67	10.3	29.020	F21	DL/T 1661—2016	智能变电站监控数据与接口技术规范			2016/12/5	2017/5/1
10.3-4-68	10.3	29.020	F29	DL/T 1682—2016	交流变电站接地安全导则			2016/12/5	2017/5/1
10.3-4-69	10.3	29.240.01	F21	DL/T 1907.1—2018	变电站视频监控图像质量评价　第 1 部分：技术要求			2018/12/25	2019/5/1
10.3-4-70	10.3	29.240.10	F20/29	DL/T 2449—2021	柔性变电站技术导则			2021/12/22	2022/6/22
10.3-4-71	10.3	27.100	P62	DL/T 5014—2010	330kV～750kV 变电站无功补偿装置设计技术规定	DL 5014—1992		2010/8/27	2010/12/15
10.3-4-72	10.3	27.100	P60	DL/T 5044—2014	电力工程直流电源系统设计技术规程	DL/T 5044—2004； DL/T 5120—2000		2014/10/15	2015/3/1
10.3-4-73	10.3	29.240	P62	DL/T 5056—2024	变电工程总布置设计规程	DL/T 5056—2007		2024/5/24	2024/11/24
10.3-4-74	10.3	29.240	P62	DL/T 5103—2012	35kV～220kV 无人值班变电站设计技术规程	DL/T 5103—1999		2012/1/4	2012/3/1
10.3-4-75	10.3	27.100	P60	DL/T 5136—2012	火力发电厂、变电站二次接线设计技术规程	DL/T 5136—2001		2012/11/9	2013/3/1

10

续表

序号	GW 分类	ICS 分类	GB 分类	标准号	中 文 名 称	代替标准	采用关系	发布日期	实施日期
10.3-4-76	10.3	29.240	P62	DL/T 5143—2018	变电站和换流站给水排水设计规程	DL/T 5143—2002		2018/12/25	2019/5/1
10.3-4-77	10.3	29.240	P62	DL/T 5149—2020	变电站监控系统设计规程	DL/T 5149—2001		2020/10/23	2021/2/1
10.3-4-78	10.3	27.100	P62	DL/T 5155—2016	220kV～1000kV 变电站站用电设计技术规程	DL/T 5155—2002		2016/8/16	2016/12/1
10.3-4-79	10.3	93.020	P13	DL/T 5170—2015	变电站岩土工程勘测技术规程	DL/T 5170—2002		2015/4/2	2015/9/1
10.3-4-80	10.3	27.100	P62	DL/T 5216—2017	35kV～220kV 城市地下变电站设计规程	DL/T 5216—2005		2017/11/15	2018/3/1
10.3-4-81	10.3	29.240	P62	DL/T 5218—2012	220kV～750kV 变电站设计技术规程	DL/T 5218—2005		2012/8/23	2012/12/1
10.3-4-82	10.3	27.100	P62	DL/T 5225—2016	220kV～1000kV 变电站通信设计规程	DL/T 5225—2005		2016/12/5	2017/5/1
10.3-4-83	10.3	29.240.10	K44	DL/T 5242—2010	35kV～220kV 变电站无功补偿装置设计技术规定			2010/5/24	2010/10/1
10.3-4-84	10.3	27.100	P60	DL/T 5352—2018	高压配电装置设计规范	DL/T 5352—2006		2018/4/3	2018/7/1
10.3-4-85	10.3	29.240	P62	DL/T 5430—2023	无人值班变电站远方监控中心设计规程	DL/T 5430—2009		2023/10/11	2024/4/11
10.3-4-86	10.3	27.100	P62	DL/T 5452—2012	变电工程初步设计内容深度规定			2012/1/4	2012/3/1
10.3-4-87	10.3	29.240	P62	DL/T 5453—2020	串补站设计技术规程	DL/T 5453—2012		2020/10/23	2021/2/1
10.3-4-88	10.3	91.080	P20	DL/T 5457—2012	变电站建筑结构设计技术规程			2012/8/23	2012/12/1
10.3-4-89	10.3	29.240	P62	DL/T 5458—2012	变电工程施工图设计内容深度规定			2012/11/9	2013/3/1
10.3-4-90	10.3	27.100	P60	DL/T 5491—2014	电力工程交流不间断电源系统设计技术规程			2014/10/15	2015/3/1
10.3-4-91	10.3	27.100	P62	DL/T 5495—2015	35kV～110kV 户内变电站设计规程			2015/4/2	2015/9/1
10.3-4-92	10.3	27.100	P62	DL/T 5496—2015	220kV～500kV 户内变电站设计规程			2015/4/2	2015/9/1
10.3-4-93	10.3	27.100	P62	DL/T 5498—2015	330kV～500kV 无人值班变电站设计技术规程			2015/4/2	2015/9/1
10.3-4-94	10.3	27.100	P62	DL/T 5502—2015	串补站初步设计文件内容深度规定			2015/7/1	2015/12/1
10.3-4-95	10.3	29.240	P62	DL/T 5510—2016	智能变电站设计技术规定			2016/1/7	2016/6/1
10.3-4-96	10.3	27.100	P62	DL/T 5517—2016	串补站施工图设计文件内容深度规定			2016/8/16	2016/12/1
10.3-4-97	10.3	29.240	P62	DL/T 5548—2018	变电工程技术经济指标编制导则			2018/6/6	2018/10/1
10.3-4-98	10.3	29.240	P62	DL/T 5576—2020	变电站信息采集及交互设计规范			2020/10/23	2021/2/1
10.3-4-99	10.3	29.240	P62	DL/T 5602—2021	户内变电站建筑结构设计规程			2021/4/26	2021/10/26
10.3-4-100	10.3	29.240	P62	DL/T 5625—2021	智能变电站监控系统设计规程			2021/11/16	2022/5/16

续表

序号	GW 分类	ICS 分类	GB 分类	标准号	中文名称	代替标准	采用关系	发布日期	实施日期
10.3-4-101	10.3	27.100	F24	DL/T 728—2013	气体绝缘金属封闭开关设备选用导则	DL/T 728—2000		2013/11/28	2014/4/1
10.3-4-102	10.3			JTGB 01—2014	公路工程技术标准	JTG B01—2003		2014/9/30	2015/1/1
10.3-4-103	10.3	29.240	P62	NB/T 11315—2023	变电站辅助控制系统设计规程			2023/10/11	2024/4/11
10.3-4-104	10.3			NB/T 11513—2024	高海拔变电站设计技术规程			2024/5/24	2024/11/24
10.3-4-105	10.3	27.140	P59	NB/T 35108—2018	气体绝缘金属封闭开关设备配电装置设计规范	DL/T 5139—2001		2018/4/3	2018/7/1
10.3-4-106	10.3	29.020	K04	NB/T 42155—2018	高原用交流 40.5kV 金属封闭开关设备最小安全距离			2018/6/6	2018/10/1
10.3-5-107	10.3	27.160		IEC TS 63042-201:2018	特高压交流输电系统　第 201 部分：特高压交流变电站设计			2018/12/1	2018/12/1
10.3-6-108	10.3	27.100	P62	T/CSEE 0010—2016	1000kV 变电站抗震设计规范			2017/2/28	2017/5/1

10

10.4　规划设计-换流站规划设计

序号	GW 分类	ICS 分类	GB 分类	标准号	中文名称	代替标准	采用关系	发布日期	实施日期
10.4-2-1	10.4	29.240	F20	Q/GDW 10166.11—2024	输变电工程初步设计内容深度规定　第 11 部分：高压直流换流站	Q/GDW 10166.13—2017		2024/12/31	2024/12/31
10.4-2-2	10.4	29.240	F20	Q/GDW 10381.9—2024	输变电工程施工图设计内容深度规定　第 9 部分：高压直流换流站	Q/GDW 10381.9—2017		2024/12/31	2024/12/31
10.4-2-3	10.4	13.220	P62	Q/GDW 11403—2024	高压直流换流站消防设计规程	Q/GDW 11403—2015		2024/12/31	2024/12/31
10.4-2-4	10.4	29.240.10	P62	Q/GDW 11408—2024	高压直流换流站阀厅设计规程	Q/GDW 11408—2015		2024/12/31	2024/12/31
10.4-2-5	10.4	29.240		Q/GDW 11502.3—2016	特高压输变电工程设计成果数字化移交技术导则　第 3 部分：换流站			2017/6/16	2017/6/16
10.4-2-6	10.4	29.240		Q/GDW 11602—2016	柔性直流换流站设计技术规定			2017/6/16	2017/6/16
10.4-2-7	10.4	29.240.10	F21	Q/GDW 11674.1—2024	高压直流工程成套设计规程　第 1 部分：总则	Q/GDW 1850—2012		2024/12/31	2024/12/31
10.4-2-8	10.4	29.240.10	F21	Q/GDW 11674.2—2024	高压直流工程成套设计规程　第 2 部分：主接线设计与主回路计算			2024/12/31	2024/12/31
10.4-2-9	10.4	29.240.10	F21	Q/GDW 11674.5—2024	高压直流工程成套设计规程　第 5 部分：直流滤波器设计	Q/GDW 11756—2017		2024/12/31	2024/12/31
10.4-2-10	10.4	29.240.10	F21	Q/GDW 11674.6—2024	高压直流工程成套设计规程　第 6 部分：背景谐波电压计算	Q/GDW 12420—2024		2024/12/31	2024/12/31

续表

序号	GW 分类	ICS 分类	GB 分类	标准号	中　文　名　称	代替标准	采用关系	发布日期	实施日期
10.4-2-11	10.4	29.240.10	F21	Q/GDW 11674.7—2024	高压直流工程成套设计规程　第 7 部分：交流滤波器设计			2024/12/31	2024/12/31
10.4-2-12	10.4	29.240	P62	Q/GDW 11678—2024	高压直流换流站设计规程	Q/GDW 11678—2017		2024/12/31	2024/12/31
10.4-2-13	10.4	29.240	F20	Q/GDW 12384—2024/AMD1：2024	高压直流换流站防灾减灾差异化设计规程	Q/GDW 12384—2024		2024/12/31	2024/12/31
10.4-2-14	10.4	13.220		Q/GDW 12385—2024	特高压站消防设计规范			2024/2/29	2024/2/29
10.4-2-15	10.4	29.240	F20	Q/GDW 12412.1—2024	混合级联直流系统技术规范　第 1 部分：成套设计			2024/2/5	2024/2/5
10.4-2-16	10.4	29.240	F20	Q/GDW 12412.2—2024	混合级联直流系统技术规范　第 2 部分：主回路设计			2024/2/5	2024/2/5
10.4-2-17	10.4	29.240	F20	Q/GDW 12412.3—2024	混合级联直流系统技术规范　第 3 部分：绝缘配合			2024/2/5	2024/2/5
10.4-2-18	10.4	29.240	F20	Q/GDW 12412.4—2024	混合级联直流系统技术规范　第 4 部分：暂态电流计算			2024/2/5	2024/2/5
10.4-2-19	10.4	29.240	F20	Q/GDW 12412.5—2024	混合级联直流系统技术规范　第 5 部分：启动方式			2024/2/5	2024/2/5
10.4-2-20	10.4	29.240	F20	Q/GDW 12412.6—2024	混合级联直流系统技术规范　第 6 部分：故障穿越			2024/2/5	2024/2/5
10.4-2-21	10.4	29.240	F20	Q/GDW 12412.7—2024	混合级联直流系统技术规范　第 7 部分：性能			2024/2/5	2024/2/5
10.4-2-22	10.4	29.240	F20	Q/GDW 12412.8—2024	混合级联直流系统技术规范　第 8 部分：可靠性评价			2024/2/5	2024/2/5
10.4-2-23	10.4	29.240	F20	Q/GDW 12412.9—2024	混合级联直流系统技术规范　第 9 部分：损耗计算			2024/2/5	2024/2/5
10.4-2-24	10.4	29.240	F20	Q/GDW 12412.10—2024	混合级联直流系统技术规范　第 10 部分：直流控制系统			2024/2/5	2024/2/5
10.4-2-25	10.4	29.240	F20	Q/GDW 12412.12—2024	混合级联直流系统技术规范　第 12 部分：二次系统联调试验			2024/2/5	2024/2/5
10.4-2-26	10.4	29.240	F20	Q/GDW 12412.14—2024	混合级联直流系统技术规范　第 14 部分：监控系统			2024/2/5	2024/2/5
10.4-2-27	10.4	29.240	F20	Q/GDW 12412.15—2024	混合级联直流系统技术规范　第 15 部分：换流站设计			2024/2/5	2024/2/5

续表

序号	GW 分类	ICS 分类	GB 分类	标准号	中 文 名 称	代替标准	采用关系	发布日期	实施日期
10.4-2-28	10.4	29.240	F20	Q/GDW 12414.11—2024	海上风电柔性直流技术规范　第 1-1 部分：成套设计			2024/2/5	2024/2/5
10.4-2-29	10.4	29.240		Q/GDW 12414.12—2024	海上风电柔性直流技术规范　第 1-2 部分：主接线与主回路设计			2024/2/5	2024/2/5
10.4-2-30	10.4	29.240	F20	Q/GDW 12414.13—2024	海上风电柔性直流技术规范　第 1-3 部分：绝缘配合			2024/2/5	2024/2/5
10.4-2-31	10.4	29.240	F20	Q/GDW 12414.41—2024	海上风电柔性直流技术规范　第 4-1 部分：系统调试			2024/2/5	2024/2/5
10.4-2-32	10.4	29.240	F20	Q/GDW 12414.113—2024	海上风电柔性直流技术规范　第 1-13 部分：海上换流站设计			2024/2/5	2024/2/5
10.4-2-33	10.4	29.240	P62	Q/GDW 12549.1—2024	高压直流换流站配电装置设计规程　第 1 部分：换流区			2024/12/31	2024/12/31
10.4-2-34	10.4	29.240		Q/GDW 12549.2—2024	高压直流换流站配电装置设计规程　第 2 部分：直流场			2024/12/31	2024/12/31
10.4-2-35	10.4	29.240	P62	Q/GDW 12549.3—2024	高压直流换流站配电装置设计规程　第 3 部分：交流场及交流滤波器场			2024/12/31	2024/12/31
10.4-2-36	10.4	29.240	P62	Q/GDW 12550—2024	高压直流换流站导体和电器选择设计规程			2024/12/31	2024/12/31
10.4-2-37	10.4	29.240	P62	Q/GDW 12551—2024	高压直流换流站站用电设计规程			2024/12/31	2024/12/31
10.4-2-38	10.4	29.240	P60	Q/GDW 12552—2024	高压直流换流站二次系统设计规程			2024/12/31	2024/12/31
10.4-2-39	10.4	29.240	P62	Q/GDW 12553—2024	高压直流换流站辅助监控系统设计规程			2024/12/31	2024/12/31
10.4-2-40	10.4	29.240	F20	Q/GDW 12554—2024	高压直流换流站总布置设计规程			2024/12/31	2024/12/31
10.4-2-41	10.4	29.140.10	P62	Q/GDW 12555—2024	高压直流换流站建筑结构设计规程			2024/12/31	2024/12/31
10.4-2-42	10.4	91.100	P62	Q/GDW 12556—2024	高压直流换流站建筑金属围护系统技术规范			2024/12/31	2024/12/31
10.4-2-43	10.4	29.240.10	P62	Q/GDW 12557—2024	高压直流换流站土方平衡计算设计导则			2024/12/31	2024/12/31
10.4-2-44	10.4	29.240	F20	Q/GDW 12558—2024	高压直流换流站给排水系统设计规程			2024/12/31	2024/12/31
10.4-2-45	10.4	27.200	P62	Q/GDW 12559—2024	高压直流换流站阀冷却系统设计规程			2024/12/31	2024/12/31
10.4-2-46	10.4	91.140.30	P62	Q/GDW 12560—2024	高压直流换流站暖通及防排烟系统设计规程			2024/12/31	2024/12/31
10.4-3-47	10.4	29.200	K46	GB/T 30553—2023	基于电压源换流器的高压直流输电	GB/T 30553—2014		2023/11/27	2024/6/1
10.4-3-48	10.4	29.240.01	F21	GB/T 31460—2015	高压直流换流站无功补偿与配置技术导则			2015/5/15	2015/12/1

续表

序号	GW 分类	ICS 分类	GB 分类	标准号	中 文 名 称	代替标准	采用关系	发布日期	实施日期
10.4-3-49	10.4	29.200	K46	GB/T 35703—2017	柔性直流输电系统成套设计规范			2017/12/29	2018/7/1
10.4-3-50	10.4	29.240.01	K40	GB/T 36498—2018	柔性直流换流站绝缘配合导则			2018/9/17	2019/4/1
10.4-3-51	10.4	29.200	K46	GB/T 43534—2023	高压直流输电用电压源换流器交流侧阻抗设计及测试方法			2023/12/28	2024/7/1
10.4-3-52	10.4			GB/T 50789—2012	±800kV 直流换流站设计规范			2012/10/11	2012/12/1
10.4-3-53	10.4			GB/T 51200—2016	高压直流换流站设计规范			2016/10/25	2017/7/1
10.4-4-54	10.4	29.180	K41	DL/T 1945—2018	高压直流输电系统换流变压器标准化接口规范			2018/12/25	2019/5/1
10.4-4-55	10.4	33.100	L04	DL/T 2084—2020	直流换流站阀厅电磁兼容导则			2020/10/23	2021/2/1
10.4-4-56	10.4	29.080.30	K40	DL/T 2088—2020	直流接地极线路绝缘配合技术导则			2020/10/23	2021/2/1
10.4-4-57	10.4	29.240.30	K40	DL/T 2779—2024	柔性直流输电换流器控制保护系统与换流阀控制接口技术要求			2024/5/24	2024/11/24
10.4-4-58	10.4	29.240	P62	DL/T 5043—2023	换流站初步设计内容深度规定	DL/T 5043—2010		2023/12/28	2024/6/28
10.4-4-59	10.4	29.240	P62	DL/T 5393—2023	高压直流换流站接入系统设计内容深度规定	DL/T 5393—2007		2023/2/6	2023/8/6
10.4-4-60	10.4	29.240	K44	DL/T 5426—2020	±800kV 高压直流输电系统成套设计规程	DL/T 5426—2009		2020/10/23	2021/2/1
10.4-4-61	10.4	29.240	P62	DL/T 5459—2012	换流站建筑结构设计技术规程			2012/11/9	2013/3/1
10.4-4-62	10.4	29.240	P62	DL/T 5460—2012	换流站站用电设计技术规定			2012/11/9	2013/3/1
10.4-4-63	10.4	27.100	P62	DL/T 5499—2015	换流站二次系统设计技术规程			2015/4/2	2015/9/1
10.4-4-64	10.4	27.100	P62	DL/T 5503—2015	直流换流站施工图设计内容深度规定			2015/7/1	2015/12/1
10.4-4-65	10.4	29.240	P62	DL/T 5511—2016	直流融冰系统设计技术规程			2016/1/7	2016/6/1
10.4-4-66	10.4	29.240	P62	DL/T 5526—2017	换流站噪声控制设计规程			2017/3/28	2017/8/1
10.4-4-67	10.4	27.100	P62	DL/T 5541—2018	换流站接地极工程建设预算项目划分导则			2018/4/3	2018/7/1
10.4-4-68	10.4	29.240	P62	DL/T 5561—2019	换流站接地极设计文件内容深度规定			2019/6/4	2019/10/1
10.4-4-69	10.4	29.240	P62	DL/T 5562—2019	换流站阀冷却系统设计技术规程			2019/6/4	2019/10/1
10.4-4-70	10.4	29.240	P62	DL/T 5563—2019	换流站监控系统设计规程			2019/6/4	2019/10/1
10.4-4-71	10.4	29.240	P62	DL/T 5583—2020	换流站直流场配电装置设计规程			2020/10/23	2021/2/1
10.4-4-72	10.4	29.240	P62	DL/T 5584—2020	换流站导体和电器选择设计规程			2020/10/23	2021/2/1

续表

序号	GW 分类	ICS 分类	GB 分类	标准号	中 文 名 称	代替标准	采用关系	发布日期	实施日期
10.4-4-73	10.4	29.240	P62	DL/T 5586—2020	换流站辅助控制系统设计规程			2020/10/23	2021/2/1
10.4-6-74	10.4	29.200		T/CSEE 0207—2021	±800kV 高压直流输电系统单极故障引发接地极线路过电压计算导则			2021/3/11	2021/5/1

10.5 规划设计-线路规划设计

10.5.1 规划设计-线路规划设计-架空线路

序号	GW 分类	ICS 分类	GB 分类	标准号	中 文 名 称	代替标准	采用关系	发布日期	实施日期
10.5.1-2-1	10.5.1	29.240		Q/GDW 10166.1—2017	输变电工程初步设计内容深度规定 第 1 部分：110（66）kV 架空输电线路	Q/GDW 166.1—2010		2018/2/12	2018/2/12
10.5.1-2-2	10.5.1	29.240		Q/GDW 10166.6—2016	输变电工程初步设计内容深度规定 第 6 部分：220kV 架空输电线路	Q/GDW 166.6—2010		2017/6/16	2017/6/16
10.5.1-2-3	10.5.1	29.240		Q/GDW 10166.7—2016	输变电工程初步设计内容深度规定 第 7 部分：330kV～1100kV 交直流架空输电线路	Q/GDW 166.7—2010		2017/6/16	2017/6/16
10.5.1-2-4	10.5.1	29.240	P62	Q/GDW 10166.10—2024	输变电工程初步设计内容深度规定 第 10 部分：特高压及直流架空输电线路			2024/12/31	2024/12/31
10.5.1-2-5	10.5.1	29.240		Q/GDW 10178—2024	1000kV 交流架空输电线路设计技术规定	Q/GDW 10178—2017		2024/2/29	2024/2/29
10.5.1-2-6	10.5.1	29.240		Q/GDW 10180—2017	66kV 及以下架空电力线路设计技术规定	Q/GDW 180—2008		2018/2/13	2018/2/13
10.5.1-2-7	10.5.1	29.240		Q/GDW 10181—2017	±500kV、±660kV 直流架空输电线路设计技术规定	Q/GDW 181—2008		2018/2/12	2018/2/12
10.5.1-2-8	10.5.1	29.240	F20	Q/GDW 10182—2024	中重冰区架空输电线路设计技术规定	Q/GDW 10182—2017		2024/8/2	2024/8/2
10.5.1-2-9	10.5.1	29.240		Q/GDW 10296—2024	±800kV 直流架空输电线路设计技术规定	Q/GDW 1296—2015		2024/2/29	2024/2/29
10.5.1-2-10	10.5.1	29.240	F20	Q/GDW 10381.4—2024	输变电工程施工图设计内容深度规定 第 4 部分：110（66）kV 架空输电线路	Q/GDW 10381.4—2017		2024/8/2	2024/8/2
10.5.1-2-11	10.5.1	29.240	F20	Q/GDW 10381.7—2024	输变电工程施工图设计内容深度规定 第 7 部分：220kV 架空输电线路	Q/GDW 10381.7—2017		2024/8/2	2024/8/2
10.5.1-2-12	10.5.1	29.240	F20	Q/GDW 10381.8—2024	输变电工程施工图设计内容深度规定 第 8 部分：330kV～750kV 交流架空输电线路	Q/GDW 10381.8—2017		2024/8/2	2024/8/2
10.5.1-2-13	10.5.1	29.240	P62	Q/GDW 10381.11—2024	输变电工程施工图设计内容深度规定 第 11 部分：特高压及直流架空输电线路	Q/GDW 10381.8—2017		2024/12/31	2024/12/31
10.5.1-2-14	10.5.1	29.240.20		Q/GDW 10584—2022	架空输电线路螺旋锚基础设计规范	Q/GDW 10584—2018		2022/1/30	2022/1/30

续表

序号	GW 分类	ICS 分类	GB 分类	标准号	中 文 名 称	代替标准	采用关系	发布日期	实施日期
10.5.1-2-15	10.5.1	29.240		Q/GDW 10829—2021	架空输电线路防舞设计规范	Q/GDW 1829—2012		2021/5/12	2021/5/12
10.5.1-2-16	10.5.1	29.240		Q/GDW 10841—2022	架空输电线路基础设计规范	Q/GDW 1841—2012；Q/GDW 11133—2013；Q/GDW 11330—2014；Q/GDW 11333—2021；Q/GDW 11392—2015		2022/10/14	2022/10/14
10.5.1-2-17	10.5.1	29.240.20	F20	Q/GDW 10863—2024	架空输电线路微型桩基础设计规范	Q/GDW 1863—2012		2024/8/2	2024/8/2
10.5.1-2-18	10.5.1	29.240		Q/GDW 1110—2015	500kV 紧凑型架空输电线路设计技术规定	Q/GDW 110—2003		2016/11/15	2016/11/15
10.5.1-2-19	10.5.1	29.240	F20	Q/GDW 11266—2024	架空输电线路特殊地基基础设计规范	Q/GDW 11266—2014；Q/GDW 1792—2013；Q/GDW 11597—2016；Q/GDW 1777—2013 等		2024/8/2	2024/8/2
10.5.1-2-20	10.5.1	29.240		Q/GDW 11407—2015	±800kV 直流架空输电线路勘测技术规程			2016/11/15	2016/11/15
10.5.1-2-21	10.5.1	29.240		Q/GDW 11502.2—2016	特高压输变电工程设计成果数字化移交技术导则 第 2 部分：线路部分			2016/12/22	2016/12/22
10.5.1-2-22	10.5.1	33.180		Q/GDW 11590—2016	电力架空光缆缆路设计技术规定			2017/5/25	2017/5/25
10.5.1-2-23	10.5.1	29.240		Q/GDW 11600.2—2016	输变电工程数字化设计编码应用导则 第 2 部分：线路工程			2017/6/16	2017/6/16
10.5.1-2-24	10.5.1	29.240	F20	Q/GDW 11654—2024	架空输电线路杆塔结构设计规范	Q/GDW 11654—2017		2024/8/2	2024/8/2
10.5.1-2-25	10.5.1	29.240.10	P62	Q/GDW 11667—2024	高压直流工程接地极设计规程	Q/GDW 11667—2017		2024/12/31	2024/12/31
10.5.1-2-26	10.5.1	29.240		Q/GDW 11675—2017	±1100kV 直流架空输电线路设计规范			2018/1/18	2018/1/18
10.5.1-2-27	10.5.1			Q/GDW 11796—2017	智能架空输电线路技术导则			2018/10/25	2018/10/25
10.5.1-2-28	10.5.1	29.240		Q/GDW 11961—2019	架空输电线路耐候钢杆塔设计和施工验收规范			2020/7/31	2020/7/31
10.5.1-2-29	10.5.1	29.240		Q/GDW 12065—2020	110（66）kV～500kV 交流架空输电线路绝缘子并联间隙应用导则			2021/4/30	2021/4/30

续表

序号	GW 分类	ICS 分类	GB 分类	标准号	中 文 名 称	代替标准	采用关系	发布日期	实施日期
10.5.1-2-30	10.5.1	29.240	F20	Q/GDW 12423—2024	架空输电线路共享杆塔技术规范			2024/12/31	2024/12/31
10.5.1-2-31	10.5.1	29.240	P62	Q/GDW 12561—2024	特高压及直流架空输电线路防灾减灾差异化设计规程			2024/12/31	2024/12/31
10.5.1-2-32	10.5.1	29.240	P62	Q/GDW 12563—2024	接地极架空线路设计技术规程			2024/12/31	2024/12/31
10.5.1-2-33	10.5.1	29.240		Q/GDW 1391—2015	输电线路钢管塔构造设计规定	Q/GDW 391—2009		2016/11/15	2016/11/15
10.5.1-2-34	10.5.1			Q/GDW 1949—2013	输电线路跨越（钻越）高速铁路设计技术导则			2013/11/12	2013/11/12
10.5.1-2-35	10.5.1	29.020		Q/GDW 577—2010	高强度角钢塔设计规程			2011/3/11	2011/3/11
10.5.1-2-36	10.5.1	29.240	P62	Q/GDW 11526—2025	架空输电线路在线监测设计导则	Q/GDW 11526—2016		2025/1/31	2025/1/31
10.5.1-2-37	10.5.1	29.240	F29	Q/GDW 11812.2—2025	输变电工程三维设计成果移交技术导则 第2部分：架空输电线路	Q/GDW 11812.2—2018		2025/1/31	2025/1/31
10.5.1-3-38	10.5.1	91.100.30	Q14	GB/T 13476—2023	先张法预应力混凝土管桩	GB/T 13476—2009		2023/8/6	2024/3/1
10.5.1-3-39	10.5.1			GB 50061—2010	66kV 及以下架空电力线路设计规范	GB 50061—1997		2010/1/18	2010/7/1
10.5.1-3-40	10.5.1			GB 50545—2010	110kV～750kV 架空输电线路设计规范			2010/1/18	2010/7/1
10.5.1-3-41	10.5.1			GB/T 50548—2018	330kV～75OkV 架空输电线路勘测标准	GB 50548—2010		2018/9/11	2019/3/1
10.5.1-3-42	10.5.1			GB 50665—2011	1000kV 架空输电线路设计规范			2011/4/2	2012/5/1
10.5.1-3-43	10.5.1			GB 50741—2012	1000kV 架空输电线路勘测规范			2012/6/11	2013/1/1
10.5.1-3-44	10.5.1			GB 50790—2013	±800kV 直流架空输电线路设计规范			2012/12/25	2013/5/1
10.5.1-3-45	10.5.1			GB 51302—2018	架空绝缘配电线路设计标准			2018/11/8	2019/5/1
10.5.1-3-46	10.5.1	33.040.50	M04	GB 6830—1986	电信线路遭受强电线路危险影响的容许值			1986/9/2	1987/10/1
10.5.1-4-47	10.5.1	33.100	F20	DL/T 1088—2020	±800kV 特高压直流线路电磁环境参数限值	DL/T 1088—2008		2020/10/23	2021/2/1
10.5.1-4-48	10.5.1	29.240.20	F21	DL/T 1481—2015	架空输电线路故障风险计算导则			2015/7/1	2015/12/1
10.5.1-4-49	10.5.1	29.240.20	K47	DL/T 1508—2016	架空输电线路导地线覆冰监测装置			2016/1/7	2016/6/1
10.5.1-4-50	10.5.1	29.240.01	K40	DL/T 1519—2016	交流输电线路架空地线接地技术导则			2016/1/7	2016/6/1
10.5.1-4-51	10.5.1	29.240.20	F24	DL/T 1570—2016	架空输电线路涉鸟故障风险分级及分布图绘制			2016/2/5	2016/7/1
10.5.1-4-52	10.5.1	29.240.99	K49	DL/T 1676—2016	交流输电线路用避雷器选用导则			2016/12/5	2017/5/1

10

续表

序号	GW 分类	ICS 分类	GB 分类	标准号	中　文　名　称	代替标准	采用关系	发布日期	实施日期
10.5.1-4-53	10.5.1	29.240	F20	DL/T 1840—2018	交流高压架空输电线路对短波无线电测向台（站）保护间距要求			2018/4/3	2018/7/1
10.5.1-4-54	10.5.1	29.240	F20	DL/T 1841—2018	交流高压架空输电线路与对空情报雷达站防护距离要求			2018/4/3	2018/7/1
10.5.1-4-55	10.5.1	29.240.01	F21	DL/T 2108—2020	高压直流输电系统主回路参数计算导则			2020/10/23	2021/2/1
10.5.1-4-56	10.5.1	29.080.10	K48	DL/T 2389—2021	覆冰地区架空输电线路绝缘子选用导则			2021/12/22	2022/3/22
10.5.1-4-57	10.5.1	07.040	A77	DL/T 2435.1—2021	架空输电线路机载激光雷达测量技术规程　第 1 部分：数据采集与处理			2021/12/22	2022/3/22
10.5.1-4-58	10.5.1	07.040	A77	DL/T 2435.3—2021	架空输电线路机载激光雷达测量技术规程　第 3 部分：基建验收			2021/12/22	2022/3/22
10.5.1-4-59	10.5.1	29.080.10	K48	DL/T 368—2010	输电线路用绝缘子污秽外绝缘的高海拔修正			2010/5/24	2010/10/1
10.5.1-4-60	10.5.1	29.240	F23	DL/T 436—2021	高压直流架空送电线路技术导则	DL/T 436—2005		2021/1/7	2021/7/1
10.5.1-4-61	10.5.1	29.240	F21	DL/T 437—2012	高压直流接地极技术导则	DL/T 437—1991		2012/1/4	2012/3/1
10.5.1-4-62	10.5.1	29.020	P62	DL/T 5033—2023	交流架空输电线路对电信线路危险和干扰影响防护设计规程	DL/T 5033—2006		2023/10/11	2024/4/11
10.5.1-4-63	10.5.1	29.240	P62	DL/T 5040—2017	交流架空输电线路对无线电台影响防护设计规范	DL/T 5040—2006		2017/8/2	2017/12/1
10.5.1-4-64	10.5.1	29.240	P62	DL/T 5076—2023	220kV 及以下架空送电线路勘测技术规程	DL/T 5076—2008		2023/10/11	2024/4/11
10.5.1-4-65	10.5.1		P62	DL/T 5122—2000	500kV 架空送电线路勘测技术规程	SDGJ 68—1987		2000/11/3	2001/1/1
10.5.1-4-66	10.5.1	29.240	P62	DL/T 5154—2012	架空输电线路杆塔结构设计技术规定	DL/T 5154—2002		2012/11/9	2013/3/1
10.5.1-4-67	10.5.1	29.240	P62	DL/T 5217—2013	220kV～500kV 紧凑型架空输电线路设计技术规程	DL/T 5217—2005		2013/11/28	2014/4/1
10.5.1-4-68	10.5.1	29.240	P62	DL/T 5219—2023	架空输电线路基础设计规程	DL/T 5219—2014		2023/2/6	2023/8/6
10.5.1-4-69	10.5.1	29.240	P62	DL/T 5224—2014	高压直流输电大地返回系统设计技术规程	DL/T 5224—2005		2014/6/29	2014/11/1
10.5.1-4-70	10.5.1	29.240	P62	DL/T 5340—2015	直流架空输电线路对电信线路危险和干扰影响防护设计技术规程	DL/T 5340—2006		2015/7/1	2015/12/1
10.5.1-4-71	10.5.1	29.240	P62	DL/T 5440—2020	重覆冰架空输电线路设计技术规程	DL/T 5440—2009		2020/10/23	2021/2/1
10.5.1-4-72	10.5.1	29.240	P62	DL/T 5442—2020	输电线路铁塔制图和构造规定	DL/T 5442—2010		2020/10/23	2021/2/1
10.5.1-4-73	10.5.1	29.240.20	P62	DL/T 5451—2024	架空输电线路工程初步设计内容深度规定	DL/T 5451—2012		2024/5/24	2024/11/24

续表

序号	GW 分类	ICS 分类	GB 分类	标准号	中 文 名 称	代替标准	采用关系	发布日期	实施日期
10.5.1-4-74	10.5.1	29.240.20	P62	DL/T 5463—2024	架空输电线路工程施工图设计内容深度规定	DL/T 5463—2012		2024/5/24	2024/11/24
10.5.1-4-75	10.5.1	29.240	P62	DL/T 5485—2013	110kV～750kV 架空输电线路大跨越设计技术规程			2013/11/28	2014/4/1
10.5.1-4-76	10.5.1	29.240	P62	DL/T 5486—2020	架空输电线路杆塔结构设计技术规程	DL/T 5486—2013； DL/T 5254—2010； DL/T 5130—2001		2020/10/23	2021/2/1
10.5.1-4-77	10.5.1	29.240	P62	DL 5497—2015	高压直流架空输电线路设计技术规程			2015/4/2	2015/9/1
10.5.1-4-78	10.5.1	29.240	P62	DL/T 5501—2015	冻土地区架空输电线路基础设计技术规程			2015/4/2	2015/9/1
10.5.1-4-79	10.5.1	29.240	P62	DL/T 5504—2015	特高压架空输电线路大跨越设计技术规定			2015/7/1	2015/12/1
10.5.1-4-80	10.5.1	29.240	P62	DL/T 5509—2015	架空输电线路覆冰勘测规程		IEC 60826：2003，IDT	2015/7/1	2015/12/1
10.5.1-4-81	10.5.1	29.240	P62	DL/T 5536—2017	直流架空输电线路对无线电台影响防护设计规范			2017/11/15	2018/3/1
10.5.1-4-82	10.5.1	29.240	P62	DL/T 5539—2018	采动影响区架空输电线路设计规范			2018/4/3	2018/7/1
10.5.1-4-83	10.5.1	29.240	P62	DL/T 5544—2018	架空输电线路锚杆基础设计规程			2018/6/6	2018/10/1
10.5.1-4-84	10.5.1	29.240	P62	DL/T 5549—2018	输电工程（架空线路）技术经济指标编制导则			2018/6/6	2018/10/1
10.5.1-4-85	10.5.1	29.240	P62	DL/T 5551—2018	架空输电线路荷载规范			2018/12/25	2019/5/1
10.5.1-4-86	10.5.1	29.240	P62	DL/T 5555—2019	海上架空输电线路设计技术规程			2019/6/4	2019/10/1
10.5.1-4-87	10.5.1	29.240	P62	DL/T 5579—2020	架空输电线路复合横担杆塔设计规程			2020/10/23	2021/2/1
10.5.1-4-88	10.5.1	27.100	P60/64	DL/T 5582—2020	架空输电线路电气设计规程			2020/10/23	2021/2/1
10.5.1-4-89	10.5.1	29.240	P62	DL/T 5629—2021	架空输电线路钢骨钢管混凝土结构设计技术规程			2021/12/22	2022/6/22
10.5.1-4-90	10.5.1	29.240	P62	DL/T 5845—2021	输电线路岩石地基挖孔基础工程技术规范			2021/12/22	2022/3/22
10.5.1-4-91	10.5.1	29.240	F20	DL/T 691—2019	高压架空输电线路无线电干扰计算方法	DL/T 691—1999		2019/6/4	2019/10/1
10.5.1-4-92	10.5.1	29.130.10	K43	DL/T 978—2018	气体绝缘金属封闭输电线路技术条件	DL/T 978—2005	IEC 62271-204：2011，MOD	2018/12/25	2019/5/1
10.5.1-4-93	10.5.1	29.020	K04	JB/T 12065—2014	高海拔覆冰地区盘形悬式绝缘子片数选择导则			2014/7/9	2014/11/1
10.5.1-4-94	10.5.1	29.020	K04	JB/T 12066—2014	高海拔污秽地区盘形悬式绝缘子片数选择导则			2014/7/9	2014/11/1

续表

序号	GW 分类	ICS 分类	GB 分类	标准号	中文名称	代替标准	采用关系	发布日期	实施日期
10.5.1-4-95	10.5.1	29.060.20	K13	JB/T 13795—2020	额定电压 20kV 及以下中强度铝合金导体架空绝缘电缆			2020/4/16	2021/1/1
10.5.1-4-96	10.5.1			JGJ/T 402—2017	现浇 X 形桩复合地基技术规程			2017/2/20	2017/9/1
10.5.1-4-97	10.5.1	29.240	P62	NB/T 11165—2023	架空输电线路防舞设计规程			2023/2/6	2023/8/6
10.5.1-4-98	10.5.1	29.240	P62	NB/T 11311—2023	环形截面混凝土电杆结构设计规程			2023/10/11	2024/4/11
10.5.1-4-99	10.5.1	29.240	P62	NB/T 11312—2023	高海拔架空输电线路设计技术规程			2023/10/11	2024/4/11
10.5.1-4-100	10.5.1	29.240	P62	NB/T 11313—2023	35kV 重覆冰架空输电线路设计规程			2023/10/11	2024/4/11
10.5.1-4-101	10.5.1	29.240	P62	NB/T 11314—2023	输电线路共享铁塔设计规程			2023/10/11	2024/4/11
10.5.1-5-102	10.5.1	29.080.01		BSI PD IEC TR 60071-4：2004	绝缘配合　第 4 部分：绝缘配合的计算指南和电子网络模拟			2004/8/17	2004/8/17
10.5.1-5-103	10.5.1	29.240.20		IEC 60826：2017	架空输电线路设计准则	IEC 60826—2003		2017/2/13	2017/2/13
10.5.1-5-104	10.5.1			IEEE 1863：2024	IEEE 架空交流（AC） 输电线路设计指南			2024/5/8	2024/5/8
10.5.1-6-105	10.5.1	33.100	M50	T/CEC 327—2020	特高压交、直流线路同走廊对雷达影响设计规范			2020/6/30	2020/10/1
10.5.1-6-106	10.5.1			T/CEC 5013—2019	直流输电线路设计规范			2019/11/21	2020/1/1
10.5.1-6-107	10.5.1			T/CEC 5095—2023	架空输电线路抢修塔结构设计技术规程			2023/12/13	2024/4/1
10.5.1-6-108	10.5.1			T/CEC 674—2022	薄壁离心复合电杆			2022/6/23	2022/10/1
10.5.1-6-109	10.5.1	29.100.01		T/CEC 688—2022	超特高压架空输电线路交直流混合电场设计控制值			2022/10/26	2023/2/1
10.5.1-6-110	10.5.1			T/CEC 789—2023	架空输电线路三维地理信息模型构建规范			2023/12/13	2024/4/1
10.5.1-6-111	10.5.1			T/CEC 934—2024	高压交流架空输电线路起晕场强计算方法			2024/10/18	2025/3/1

10.5.2　规划设计-线路规划设计-电缆

序号	GW 分类	ICS 分类	GB 分类	标准号	中文名称	代替标准	采用关系	发布日期	实施日期
10.5.2-2-1	10.5.2	29.240		Q/GDW 10166.3—2016	输变电工程初步设计内容深度规定　第 3 部分：电力电缆线路	Q/GDW 166.3—2010		2017/6/16	2017/6/16
10.5.2-2-2	10.5.2	29.240	F20	Q/GDW 10381.2—2024	输变电工程施工图设计内容深度规定　第 2 部分：电力电缆线路	Q/GDW 10381.2—2016		2024/8/2	2024/8/2

续表

序号	GW 分类	ICS 分类	GB 分类	标准号	中 文 名 称	代替标准	采用关系	发布日期	实施日期
10.5.2-2-3	10.5.2	29.240		Q/GDW 10864—2022	电缆通道设计导则	Q/GDW 1864—2012		2022/10/14	2022/10/14
10.5.2-2-4	10.5.2	29.240		Q/GDW 11686—2017	海底电力电缆输电工程勘测技术规程			2018/2/12	2018/2/12
10.5.2-2-5	10.5.2	29.240		Q/GDW 11690—2017	综合管廊电力舱设计技术导则			2018/2/12	2018/2/12
10.5.2-2-6	10.5.2			Q/GDW 11790—2017	电力电缆及通道标志技术规范			2018/9/30	2018/9/30
10.5.2-2-7	10.5.2	29.240		Q/GDW 11798.3—2018	输变电工程三维设计技术导则　第 3 部分：电缆线路			2019/10/23	2019/10/23
10.5.2-2-8	10.5.2	29.240		Q/GDW 11810.3—2018	输变电工程三维设计建模规范　第 3 部分：电缆线路			2019/10/23	2019/10/23
10.5.2-2-9	10.5.2	29.240		Q/GDW 11812.3—2018	输变电工程数字化移交技术导则　第 3 部分：电缆线路			2019/10/23	2019/10/23
10.5.2-2-10	10.5.2	01.040.27		Q/GDW 11996—2019	10（20）千伏-500 千伏电缆线路工程可行性研究内容深度规定			2020/8/24	2020/8/24
10.5.2-2-11	10.5.2	29.080.20		Q/GDW 12066—2020	隧道内电力电缆本体及环境监测配置技术原则			2021/4/30	2021/4/30
10.5.2-2-12	10.5.2	29.240		Q/GDW 12067—2020	高压电缆及通道防火技术规范			2021/4/30	2021/4/30
10.5.2-2-13	10.5.2	29.240		Q/GDW 12080—2021	电力电缆隧道监测及通信系统设计技术导则			2021/5/12	2021/5/12
10.5.2-3-14	10.5.2			GB/T 51190—2016	海底电力电缆输电工程设计规范			2016/10/25	2017/7/1
10.5.2-3-15	10.5.2			GB/T 51438—2021	盾构隧道工程设计标准			2021/9/8	2022/2/1
10.5.2-4-16	10.5.2			CJJ/T 269—2017	城市综合地下管线信息系统技术规范			2017/2/20	2017/9/1
10.5.2-4-17	10.5.2	27.100	P62	DL/T 5221—2016	城市电力电缆线路设计技术规定	DL/T 5221—2005		2016/8/16	2016/12/1
10.5.2-4-18	10.5.2	29.240	P62	DL/T 5405—2021	城市电力电缆线路初步设计内容深度规定	DL/T 5405—2008		2021/4/26	2021/10/26
10.5.2-4-19	10.5.2	29.240	P62	DL/T 5484—2013	电力电缆隧道设计规程			2013/11/28	2014/4/1
10.5.2-4-20	10.5.2	29.240	P62	DL/T 5490—2014	500kV 交流海底电缆线路设计技术规程			2014/6/29	2014/11/1
10.5.2-4-21	10.5.2	27.100	P62	DL/T 5514—2016	城市电力电缆线路施工图设计文件内容深度规定			2016/8/16	2016/12/1
10.5.2-4-22	10.5.2	29.240	P62	DL/T 5598—2021	海底电缆工程初步设计文件内容深度规定			2021/1/7	2021/7/1
10.5.2-4-23	10.5.2	29.240	P62	DL/T 5617—2021	电缆输电线路工程技术经济指标编制导则			2021/11/16	2022/2/16

续表

序号	GW 分类	ICS 分类	GB 分类	标准号	中 文 名 称	代替标准	采用关系	发布日期	实施日期
10.5.2-4-24	10.5.2			DL/T 5624—2021	海底电缆工程施工图设计文件内容深度规定			2021/11/16	2022/5/16
10.5.2-4-25	10.5.2	29.060.20	K13	JB/T 10181.11—2014	电缆载流量计算 第 11 部分：载流量公式（100%负荷因数）和损耗计算一般规定	JB/T 10181.1—2000	IEC 60287-1-1：2006，IDT	2014/5/6	2014/10/1
10.5.2-4-26	10.5.2	29.060.20	K13	JB/T 10181.12—2014	电缆载流量计算 第 12 部分：载流量公式（100%负荷因数）和损耗计算 双回路平面排列电缆金属套涡流损耗因数	JB/T 10181.2—2000	IEC 60287-1-2：1993，IDT	2014/5/6	2014/10/1
10.5.2-4-27	10.5.2	29.060.20	K13	JB/T 10181.21—2014	电缆载流量计算 第 21 部分：热阻热阻的计算	JB/T 10181.3—2000	IEC 60287-2-1：2006，IDT	2014/5/6	2014/10/1
10.5.2-4-28	10.5.2	29.060.20	K13	JB/T 10181.22—2014	电缆载流量计算 第 22 部分：热阻自由空气中不受到日光直接照射的电缆群载流量降低因数的计算	JB/T 10181.4—2000	IEC 60287-2-2：1995，IDT	2014/5/6	2014/10/1
10.5.2-4-29	10.5.2	29.060.20	K13	JB/T 10181.31—2014	电缆载流量计算 第 31 部分：运行条件相关 基准运行条件和电缆选型	JB/T 10181.5—2000	IEC 60287-3-1：1999，IDT	2014/5/6	2014/10/1
10.5.2-4-30	10.5.2	29.060.20	K13	JB/T 10181.32—2014	电缆载流量计算 第 32 部分：运行条件相关电力电缆截面的经济优化选择	JB/T 10181.6—2000	IEC 60287-3-2：1995，IDT	2014/5/6	2014/10/1
10.5.2-4-31	10.5.2	29.060.20	K13	JB/T 8996—2014	高压电缆选择导则	JB/T 8996—1999	IEC 60183：1984，NEQ	2014/5/6	2014/10/1
10.5.2-4-32	10.5.2			NB/T 11514—2024	35kV 及以下交流超导电力电缆线路设计规程			2024/5/24	2024/11/24
10.5.2-5-33	10.5.2	29.060.20	K00/09	IEC 60287-1-1：2014	电缆额定电流的计算 第 1-1 部分：额定电流方程（100%负载因数）和损耗计算 总则			2014/11/1	2014/11/1
10.5.2-5-34	10.5.2			IEC 60287-2-1：2015	电缆额定电流的计算 第 2-1 部分：热阻 热阻计算			2015/4/9	2015/4/9
10.5.2-6-35	10.5.2	29.060.20	K10/19	T/CSEE 0083—2018	交流 500kV 交联聚乙烯海底电缆及附件技术规范			2018/12/25	2019/3/1

10.6 规划设计-配电网规划设计

序号	GW 分类	ICS 分类	GB 分类	标准号	中 文 名 称	代替标准	采用关系	发布日期	实施日期
10.6-2-1	10.6	29.240		Q/GDW 10176—2017	架空平行集束绝缘导线低压配电线路设计规程	Q/GDW 176—2008		2018/3/10	2018/3/10
10.6-2-2	10.6	29.240		Q/GDW 10784.1—2017	配电网工程初步设计内容深度规定 第 1 部分：配电	Q/GDW 1784.1—2013		2018/3/10	2018/3/10

续表

序号	GW 分类	ICS 分类	GB 分类	标准号	中文名称	代替标准	采用关系	发布日期	实施日期
10.6-2-3	10.6	29.240		Q/GDW 10784.2—2017	配电网工程初步设计内容深度规定 第 2 部分：配网电缆线路	Q/GDW 1784.2—2013		2018/3/10	2018/3/10
10.6-2-4	10.6	29.240		Q/GDW 10784.3—2017	配电网工程初步设计内容深度规定 第 3 部分：配网架空线路	Q/GDW 1784.3—2013		2018/3/10	2018/3/10
10.6-2-5	10.6	29.240		Q/GDW 10785.1—2017	配电网工程施工图设计内容深度规定 第 1 部分：配电	Q/GDW 1785.1—2013		2018/3/10	2018/3/10
10.6-2-6	10.6	29.240		Q/GDW 10785.2—2017	配电网工程施工图设计内容深度规定 第 2 部分：配网电缆线路	Q/GDW 1785.2—2013		2018/3/10	2018/3/10
10.6-2-7	10.6	29.240		Q/GDW 10785.3—2017	配电网工程施工图设计内容深度规定 第 3 部分：配网架空线路	Q/GDW 1785.3—2013		2018/3/10	2018/3/10
10.6-2-8	10.6	29.240		Q/GDW 11020—2013	农村低压电网剩余电流动作保护器配置导则			2014/3/1	2014/3/1
10.6-2-9	10.6	29.240		Q/GDW 11720—2017	城市居民区 10kV 配电室噪声控制技术规范			2018/4/13	2018/4/13
10.6-2-10	10.6	29.240		Q/GDW 12070—2020	配电网工程标准化设计图元规范			2021/4/30	2021/4/30
10.6-2-11	10.6	29.240		Q/GDW 1625—2013	配电自动化建设与改造标准化设计技术规定	Q/GDW 625—2011		2014/9/1	2014/9/1
10.6-2-12	10.6	29.240		Q/GDW 166.10—2011	国家电网公司输变电工程初步设计内容深度规定 第 10 部分：电动汽车电池更换站			2011/12/16	2011/12/16
10.6-2-13	10.6	29.240		Q/GDW 166.11—2011	国家电网公司输变电工程初步设计内容深度规定 第 11 部分：电动汽车电池配送中心			2011/12/16	2011/12/16
10.6-2-14	10.6	29.240		Q/GDW 166.12—2011	国家电网公司输变电工程初步设计内容深度规定 第 12 部分：电动汽车电池配送站			2011/12/16	2011/12/16
10.6-3-15	10.6	91.120.40	K04	GB/T 21697—2022	低压配电线路和电子系统中雷电过电压的绝缘配合	GB/T 21697—2008		2022/7/11	2023/2/1
10.6-3-16	10.6	29.020	K04	GB/T 24975—2023	低压电器环境意识设计导则	GB/T 24975.1—2010；GB/T 24975.2—2010；GB/T 24975.3—2010；GB/T 24975.4—2010；GB/T 24975.5—2010；GB/T 24975.6—2010；GB/T 24975.7—2010		2023/9/7	2024/4/1
10.6-3-17	10.6	29.020	K04	GB/T 24976.4—2010	电器附件环境设计导则 第 4 部分：工业用插头插座和耦合器			2010/8/9	2011/2/1

10

续表

序号	GW 分类	ICS 分类	GB 分类	标准号	中 文 名 称	代替标准	采用关系	发布日期	实施日期
10.6-3-18	10.6	29.020	K04	GB/T 24976—2023	电器附件环境意识设计导则	GB/T 24976.1—2010; GB/T 24976.2—2010; GB/T 24976.3—2010; GB/T 24976.4—2010; GB/T 24976.5—2010; GB/T 24976.6—2010; GB/T 24976.7—2010; GB/T 24976.8—2010		2023/9/7	2024/4/1
10.6-3-19	10.6	29.020	K04	GB/T 35727—2017	中低压直流配电电压导则			2017/12/29	2018/7/1
10.6-3-20	10.6	91.100.30	Q14	GB/T 4623—2014	环形混凝土电杆	GB/T 4623—2006		2014/12/5	2015/12/1
10.6-3-21	10.6			GB 50052—2009	供配电系统设计规范	GB 50052—1995		2009/11/11	2010/7/1
10.6-3-22	10.6			GB 50053—2013	20kV 及以下变电所设计规范	GB 50053—1994		2013/12/19	2014/7/1
10.6-3-23	10.6			GB 50054—2011	低压配电设计规范	GB 50054—1995		2011/7/26	2012/6/1
10.6-3-24	10.6			GB 50055—2011	通用用电设备配电设计规范	GB 50055—1993		2011/7/26	2012/6/1
10.6-3-25	10.6			GB 50060—2008	3kV～110kV 高压配电装置设计规范	GB 50060—1992		2008/12/15	2009/6/1
10.6-3-26	10.6			GB 50966—2014	电动汽车充电站设计规范			2014/1/29	2014/10/1
10.6-3-27	10.6			GB/T 51341—2018	微电网工程设计标准			2018/12/26	2019/6/1
10.6-4-28	10.6	29.080.01	K15	DL/T 1531—2016	20kV 配电网过电压保护与绝缘配合			2016/1/7	2016/6/1
10.6-4-29	10.6	29.240.01	F21	DL/T 1910—2018	配电网分布式馈线自动化技术规范			2018/12/25	2019/5/1
10.6-4-30	10.6	29.060.01	F20	DL/T 2128—2020	配电网电线电缆节能评价技术规范			2020/10/23	2021/2/1
10.6-4-31	10.6	29.240.01	F20	DL/T 2470—2021	10kV 台架变压器防雷技术导则			2021/12/22	2022/6/22
10.6-4-32	10.6			DL/T 2806—2024	智能配电台区技术导则			2024/9/24	2025/3/24
10.6-4-33	10.6	29.240	P60/64	DL/T 5119—2021	农村变电站设计技术规程	DL/T 5119—2000		2021/4/26	2021/10/26
10.6-4-34	10.6	29.240	P62	DL/T 5220—2021	10kV 及以下架空配电线路设计规范	DL/T 5220—2005		2021/1/7	2021/7/1
10.6-4-35	10.6	29.240	P62	DL 5449—2012	20kV 配电设计技术规定			2012/1/4	2012/3/1
10.6-4-36	10.6	29.240	P62	DL/T 5568—2020	配电网初步设计文件内容深度规定			2020/10/23	2021/2/1
10.6-4-37	10.6	29.240	P62	DL/T 5569—2020	配电网施工图设计文件内容深度规定			2020/10/23	2021/2/1
10.6-4-38	10.6	29.240	P62	DL/T 5587—2021	配电自动化系统设计规程			2021/1/7	2021/7/1

续表

序号	GW 分类	ICS 分类	GB 分类	标准号	中 文 名 称	代替标准	采用关系	发布日期	实施日期
10.6-4-39	10.6	29.240	P62	DL/T 5782—2018	20kV 及以下配电网工程后评价导则			2018/12/25	2019/5/1
10.6-4-40	10.6	29.240	P63	DL/T 599—2016	中低压配电网改造技术导则	DL/T 599—2005		2016/1/7	2016/6/1

10.7 规划设计-通信规划设计

序号	GW 分类	ICS 分类	GB 分类	标准号	中 文 名 称	代替标准	采用关系	发布日期	实施日期
10.7-2-1	10.7	29.240		Q/GDW 10381.3—2017	国家电网公司输变电工程施工图设计内容深度规定 第 3 部分：电力系统光纤通信	Q/GDW 381.3—2010		2018/2/13	2018/2/13
10.7-2-2	10.7	29.240	F21	Q/GDW 10757—2023	电力通信超长站距光传输工程设计技术规范	Q/GDW 757—2012		2023/12/29	2023/12/29
10.7-2-3	10.7	29.240		Q/GDW 10872.1—2020	通信管理系统规划设计 第 1 部分：数据互联	Q/GDW 1872.1—2013		2020/12/31	2020/12/31
10.7-2-4	10.7	29.240		Q/GDW 10872.6—2020	国家电网通信管理系统规划设计 第 6 部分：设备网管北向接口—SDH 部分	Q/GDW 1872.6—2013		2020/12/31	2020/12/31
10.7-2-5	10.7	29.240		Q/GDW 10872.7—2020	国家电网通信管理系统规划设计 第 7 部分：设备网管北向接口—OTN 部分	Q/GDW 1872.7—2014		2020/12/31	2020/12/31
10.7-2-6	10.7	29.240		Q/GDW 10872.15—2020	国家电网通信管理系统规划设计 第 15 部分：设备网管北向接口—数据通信网部分	Q/GDW 1872.15—2014		2020/12/31	2020/12/31
10.7-2-7	10.7	29.240		Q/GDW 10872.17—2020	国家电网通信管理系统规划设计 第 17 部分：设备网管北向接口 IMS 部分			2020/12/31	2020/12/31
10.7-2-8	10.7	29.240		Q/GDW 10872.18—2018	国家电网通信管理系统规划设计 第 18 部分：设备网管北向接口—动力环境监控			2019/7/26	2019/7/26
10.7-2-9	10.7	29.240		Q/GDW 10872.19—2020	国家电网通信管理系统规划设计 第 19 部分：设备网管北向接口—调度交换部分			2020/12/31	2020/12/31
10.7-2-10	10.7	29.240		Q/GDW 11049—2013	县域电力通信网建设技术导则			2014/3/1	2014/3/1
10.7-2-11	10.7	29.240		Q/GDW 11358—2019	电力通信网规划设计技术导则	Q/GDW 11358—2014		2020/1/6	2020/1/6
10.7-2-12	10.7	29.240		Q/GDW 11359—2014	电力通信网规划内容深度规定			2015/3/12	2015/3/12
10.7-2-13	10.7	29.240		Q/GDW 11373—2015	光传送网（OTN）设计规范			2015/9/7	2015/9/7
10.7-2-14	10.7	29.240		Q/GDW 11395.1—2015	IMS 行政交换网系统规范 第 1 部分：总体技术要求			2015/8/5	2015/8/5
10.7-2-15	10.7	29.240		Q/GDW 11439—2015	IMS 行政交换网工程设计深度要求			2016/7/26	2016/7/26
10.7-2-16	10.7	29.240		Q/GDW 11638—2016	独立通信机房设计与验收规范			2017/7/12	2017/7/12

续表

序号	GW 分类	ICS 分类	GB 分类	标准号	中 文 名 称	代替标准	采用关系	发布日期	实施日期
10.7-2-17	10.7	29.240		Q/GDW 11639—2016	国家电网公司数据通信网专业网管系统功能设计规范			2017/7/12	2017/7/12
10.7-2-18	10.7	29.240		Q/GDW 11640—2016	频率同步网网络设计及验收要求			2017/7/12	2017/7/12
10.7-2-19	10.7	29.240		Q/GDW 11664—2017	电力无线专网规划设计技术导则			2017/11/22	2017/11/22
10.7-2-20	10.7	29.240		Q/GDW 11665—2017	电力无线专网可行性研究内容深度规定			2017/11/22	2017/11/22
10.7-2-21	10.7	29.240		Q/GDW 11949.1—2018	终端通信接入网设备网管北向接口及检测规范　第 1 部分：PON 部分	Q/GDW 1872.9—2015		2020/4/8	2020/4/8
10.7-2-22	10.7	29.240		Q/GDW 11949.2—2018	终端通信接入网设备网管北向接口及检测规范　第 2 部分：无线专网部分			2020/4/8	2020/4/8
10.7-2-23	10.7	29.240		Q/GDW 11949.3—2018	终端通信接入网设备网管北向接口及检测规范　第 3 部分：工业以太网部分			2020/4/8	2020/4/8
10.7-2-24	10.7	29.240		Q/GDW 11949.4—2018	终端通信接入网设备网管北向接口及检测规范　第 4 部分：电力线载波部分			2020/4/8	2020/4/8
10.7-2-25	10.7	29.240		Q/GDW 12167—2021	沟（管）道光缆工程典型设计规范			2021/9/24	2021/9/24
10.7-2-26	10.7	29.240		Q/GDW 166.4—2010	国家电网公司输变电工程初步设计内容深度规定　第 4 部分：电力系统光纤通信	Q/GDW 166.4—2007		2011/1/4	2011/1/4
10.7-2-27	10.7	29.240		Q/GDW 1807—2012	终端通信接入网工程典型设计规范			2014/1/15	2014/1/15
10.7-2-28	10.7	29.240		Q/GDW 1872.2—2013	国家电网通信管理系统规划设计　第 2 部分：功能规范			2014/2/10	2014/2/10
10.7-2-29	10.7	29.240		Q/GDW 1872.4—2014	国家电网通信管理系统规划设计　第 4 部分：告警标准化及处理			2014/9/1	2014/9/1
10.7-2-30	10.7	29.240		Q/GDW 1872.5—2013	国家电网通信管理系统规划设计　第 5 部分：平台规范			2014/2/10	2014/2/10
10.7-2-31	10.7	29.240		Q/GDW 1872.10—2013	国家电网通信管理系统规划设计　第 10 部分：终端通信接入网			2014/2/10	2014/2/10
10.7-2-32	10.7	29.240		Q/GDW 1872.11—2013	国家电网通信管理系统规划设计　第 11 部分：动力环境监控			2014/2/10	2014/2/10
10.7-2-33	10.7	29.240		Q/GDW 1872.13—2014	国家电网通信管理系统规划设计　第 13 部分：互联接口—OMS			2014/9/1	2014/9/1
10.7-2-34	10.7	29.240		Q/GDW 1872.16—2015	国家电网通信管理系统规划设计　第 16 部分：通信设备接入规范			2016/3/31	2016/3/31

续表

序号	GW 分类	ICS 分类	GB 分类	标准号	中 文 名 称	代替标准	采用关系	发布日期	实施日期
10.7-3-35	10.7	33.040.40	M33	GB/T 15941—2008	同步数字体系（SDH）光缆线路系统进网要求	GB/T 15941—1995		2008/4/10	2008/11/1
10.7-3-36	10.7	07.060	A45	GB/T 17502—2009	海底电缆管道路由勘察规范	GB 17502—1998		2009/10/30	2010/4/1
10.7-3-37	10.7	33.040.50	M42	GB/T 19856.1—2005	雷电防护通信线路 第 1 部分：光缆		IEC 61663-1：1999，IDT	2005/7/29	2006/4/1
10.7-3-38	10.7	33.040.50	M42	GB/T 19856.2—2005	雷电防护通信线路 第 2 部分：金属导线		IEC 61663-2：2001，IDT	2005/7/29	2006/4/1
10.7-3-39	10.7	33.020	P76	GB 50373—2019	通信管道与通道工程设计标准	GB 50373—2006		2019/9/25	2020/1/1
10.7-3-40	10.7			GB 50635—2010	会议电视会场系统工程设计规范			2010/11/3	2011/10/1
10.7-3-41	10.7			GB 50689—2011	通信局（站）防雷与接地工程设计规范			2011/4/2	2012/5/1
10.7-3-42	10.7			GB/T 50980—2014	电力调度通信中心工程设计规范			2014/3/31	2014/12/1
10.7-3-43	10.7			GB 51158—2015	通信线路工程设计规范			2015/11/12	2016/6/1
10.7-3-44	10.7			GB 51194—2016	通信电源设备安装工程设计规范			2016/8/26	2017/4/1
10.7-3-45	10.7			GB 51215—2017	通信高压直流电源设备工程设计规范			2017/1/21	2017/7/1
10.7-3-46	10.7			GB/T 51242—2017	同步数字体系（SDH）光纤传输系统工程设计规范			2017/5/27	2018/1/1
10.7-4-47	10.7	29.240.01	F21	DL/T 2053—2019	电力系统 IP 多媒体子系统行政交换网组网技术规范			2019/11/4	2020/5/1
10.7-4-48	10.7	29.240	F20	DL/T 395—2010	低压电力线通信宽带接入系统技术要求			2010/5/24	2010/10/1
10.7-4-49	10.7	29.100	P61	DL/T 5041—2023	火力发电厂厂内通信设计技术规定	DL/T 5041—2012		2023/2/6	2023/8/6
10.7-4-50	10.7	27.100	P62	DL/T 5157—2012	电力系统调度通信交换网设计技术规程	DL/T 5157—2002		2012/11/9	2013/3/1
10.7-4-51	10.7	29.240	P62	DL/T 5365—2018	电力数据通信网络工程初步设计文件内容深度规定	DL/T 5365—2006		2018/12/25	2019/5/1
10.7-4-52	10.7	29.240.30	F21	DL/T 5392—2007	电力系统数字同步网工程设计规范			2007/7/20	2007/12/1
10.7-4-53	10.7	29.240.30	F21	DL/T 5404—2007	电力系统同步数字系列（SDH）光缆通信工程设计技术规定			2007/12/3	2008/6/1
10.7-4-54	10.7	27.100	P60	DL/T 5447—2012	电力系统通信系统设计内容深度规定			2012/1/4	2012/3/1
10.7-4-55	10.7	29.240	F23	DL/T 548—2012	电力系统通信站过电压防护规程	DL/T 548—1994		2012/1/4	2012/3/1
10.7-4-56	10.7	27.100	P62	DL/T 5505—2015	电力应急通信设计技术规程			2015/7/1	2015/12/1
10.7-4-57	10.7	27.100	P60	DL/T 5518—2016	电力工程厂站内通信光缆设计规程			2016/12/5	2017/5/1

续表

序号	GW 分类	ICS 分类	GB 分类	标准号	中文名称	代替标准	采用关系	发布日期	实施日期
10.7-4-58	10.7	29.240	F21	DL/T 5524—2017	电力系统光传送网（OTN）设计规程			2017/3/28	2017/8/1
10.7-4-59	10.7	29.240	F21	DL/T 5557—2019	电力系统会议电视系统设计规程			2019/6/4	2019/10/1
10.7-4-60	10.7	29.240	F21	DL/T 5558—2019	电力系统调度自动化工程初步设计文件内容深度规定			2019/6/4	2019/10/1
10.7-4-61	10.7	29.240	F21	DL/T 5560—2019	电力调度数据网络工程设计规程			2019/6/4	2019/10/1
10.7-4-62	10.7	29.240	F21	DL/T 5571—2020	电力系统光通信工程初步设计文件内容深度规定			2020/10/23	2021/2/1
10.7-4-63	10.7	29.240	F21	DL/T 5599—2021	电力系统通信设计导则			2021/1/7	2021/7/1
10.7-4-64	10.7	29.240	F21	DL/T 5612—2021	电力系统光通信工程可行性研究报告内容深度规定			2021/4/26	2021/10/26
10.7-4-65	10.7	29.240.20	P62	DL/T 5734—2016	电力通信超长站距光传输工程设计技术规程			2016/2/5	2016/7/1
10.7-4-66	10.7	33.040.01	F21	DL/T 888—2004	电力调度交换机电力 DTMF 信令规范			2004/10/20	2005/4/1
10.7-4-67	10.7	27.140	P59	NB/T 10132—2019	水电工程通信设计内容和深度规定	DL/T 5184—2004		2019/6/4	2019/10/1
10.7-4-68	10.7	27.140	P59	NB/T 10232—2019	梯级水电站集中控制通信设计规范			2019/11/4	2020/5/1
10.7-4-69	10.7	27.140	P59	NB/T 35042—2024	水力发电厂通信设计规范	NB/T 35042—2014		2024/5/24	2024/11/24
10.7-4-70	10.7			YD 5003—2014	通信建筑工程设计规范			2014/5/6	2014/7/1
10.7-4-71	10.7			YD 5092—2014	波分复用（WDM）光纤传输系统工程设计规范	YD/T 5092—2005；YD/T 5166—2009		2014/5/6	2014/7/1
10.7-4-72	10.7			YD 5095—2014	同步数字体系（SDH）光纤传输系统工程设计规范	YD/T 5095—2005；YD/T 5024—2005；YD/T 5119—2005		2014/5/6	2014/7/1
10.7-4-73	10.7			YD 5148—2007	架空光（电）缆通信杆路工程设计规范			2007/10/25	2007/12/1
10.7-4-74	10.7	29.200	M41	YD/T 1051—2018	通信局（站）电源系统总技术要求	YD/T 1051—2010		2018/12/21	2019/4/1
10.7-4-75	10.7		M41	YD/T 1363.1—2023	通信局（站）电源、空调及环境集中监控管理系统　第 1 部分：系统技术要求	YD/T 1363.1—2014		2023/12/29	2024/4/1
10.7-4-76	10.7	29.200	M41	YD/T 1363.2—2014	通信局（站）电源、空调及环境集中监控管理系统　第 2 部分：互联协议	YD/T 1363.2—2005		2014/10/14	2014/10/14
10.7-4-77	10.7		M41	YD/T 1363.3—2023	通信局（站）电源、空调及环境集中监控管理系统　第 3 部分：前端智能设备协议	YD/T 1363.3—2014		2023/12/29	2024/4/1

续表

序号	GW 分类	ICS 分类	GB 分类	标准号	中 文 名 称	代替标准	采用关系	发布日期	实施日期
10.7-4-78	10.7	29.200	M41	YD/T 1363.4—2014	通信局（站）电源、空调及环境集中监控管理系统　第 4 部分：测试方法	YD/T 1363.4—2005		2014/10/14	2014/10/14
10.7-4-79	10.7	29.200	M41	YD/T 1363.5—2014	通信局（站）电源、空调及环境集中监控管理系统　第 5 部分：门禁集中监控系统	YD/T 1622—2007		2014/10/14	2014/10/14
10.7-4-80	10.7	33.180.20	M33	YD/T 1624.1—2015	通信系统用户外机房　第 1 部分：固定独立式机房	YD/T 1624—2007		2015/10/10	2016/1/1
10.7-4-81	10.7	33.180.20	M33	YD/T 1624.2—2015	通信系统用户外机房　第 2 部分：一体式固定塔房			2015/10/14	2016/1/1
10.7-4-82	10.7			YD/T 1631—2007	同步数字体系（SDH）虚级联及链路容量调整方案技术要求			2007/4/16	2007/10/1
10.7-4-83	10.7	33.030	M21	YD/T 2014—2009	统一通信业务需求			2009/12/11	2010/1/1
10.7-4-84	10.7	33.040.99	M40	YD/T 2831—2015	通信用风/光供电系统防雷技术条件			2015/4/30	2015/7/1
10.7-4-85	10.7			YD/T 5054—2019	通信建筑抗震设防分类标准	YD 5054—2010		2019/11/11	2020/1/1
10.7-4-86	10.7			YD/T 5060—2019	通信设备安装抗震设计图集	YD 5060—2010		2019/11/11	2020/1/1
10.7-4-87	10.7			YD/T 5066—2017	光缆线路自动监测系统工程设计规范	YD/T 5066—2005		2017/11/7	2018/1/1
10.7-4-88	10.7			YD/T 5114—2015	移动通信应急车载系统工程设计规范	YD/T 5114—2005		2015/10/10	2016/1/1
10.7-4-89	10.7			YD/T 5120—2015	无线通信室内覆盖系统工程设计规范	YD/T 5120—2005		2015/10/10	2016/1/1
10.7-4-90	10.7			YD/T 5151—2007	光缆进线室设计规定			2007/10/25	2007/12/1
10.7-4-91	10.7	33	P76	YD/T 5185—2021	IP 多媒体子系统（IMS）工程设计规范	YD/T 5185—2010		2021/3/5	2021/4/1
10.7-4-92	10.7			YD/T 5186—2021	通信系统用室外机柜安装设计规定	YD/T 5186—2010		2021/12/2	2022/4/1
10.7-4-93	10.7			YD/T 5211—2014	通信工程设计文件编制规定			2014/5/6	2014/7/1
10.7-5-94	10.7	33.180.01	M33	IEC TR 61282-10：2013	光纤通信系统设计指南　第 10 部分：使用误差矢量幅度表征光矢量调制信号的质量　版本 1.0			2013/4/1	2013/4/1
10.7-6-95	10.7	29.240.20	F21	T/CSEE 0011—2016	电力通信机房设计规范			2017/2/28	2017/5/1

10.8　规划设计-火电

序号	GW 分类	ICS 分类	GB 分类	标准号	中 文 名 称	代替标准	采用关系	发布日期	实施日期
10.8-3-1	10.8			GB/T 50050—2017	工业循环冷却水处理设计规范	GB 50050—2007		2017/5/27	2018/1/1

续表

序号	GW 分类	ICS 分类	GB 分类	标准号	中 文 名 称	代替标准	采用关系	发布日期	实施日期
10.8-4-2	10.8	91.140.30	P48	DL/T 5035—2016	发电厂供暖通风与空气调节设计规范	DL/T 5035—2004		2016/8/16	2016/12/1
10.8-4-3	10.8	27.100	P60	DL/T 5226—2013	发电厂电力网络计算机监控系统设计技术规程	DL/T 5226—2005		2013/11/28	2014/4/1
10.8-4-4	10.8	27.100	P60	DL/T 5427—2009	火力发电厂初步设计文件内容深度规定	DLGJ9—1992		2009/7/22	2009/12/1
10.8-4-5	10.8	27.1	P61	DL/T 5428—2023	火力发电厂热工保护系统设计规程	DL/T 5428—2009		2023/2/6	2023/8/6

10.9 规划设计-水电

序号	GW 分类	ICS 分类	GB 分类	标准号	中 文 名 称	代替标准	采用关系	发布日期	实施日期
10.9-2-1	10.9	29.240		Q/GDW 11427—2015	抽水蓄能电站总平面布置设计导则			2016/3/1	2016/3/1
10.9-2-2	10.9	29.240		Q/GDW 11428—2015	抽水蓄能电站交通道路工程设计导则			2016/3/1	2016/3/1
10.9-2-3	10.9	29.240		Q/GDW 11429—2015	抽水蓄能电站施工供电设计导则			2016/3/1	2016/3/1
10.9-2-4	10.9	29.240		Q/GDW 11430—2015	抽水蓄能电站工程施工供水设计导则			2016/3/1	2016/3/1
10.9-2-5	10.9	27.140		Q/GDW 11582—2016	抽水蓄能电站工程工艺设计导则			2017/5/18	2017/5/18
10.9-2-6	10.9	27.140		Q/GDW 11860—2018	抽水蓄能电站项目后评价技术标准			2020/1/6	2020/1/6
10.9-2-7	10.9	29.240		Q/GDW 11965—2019	水电厂物防技防配置导则			2020/7/31	2020/7/31
10.9-2-8	10.9	27.140		Q/GDW 12146—2021	智能抽水蓄能电站技术导则			2021/9/17	2021/9/17
10.9-2-9	10.9	27.140		Q/GDW 12253—2022	水电站厂用电系统接地方式技术导则			2022/9/30	2022/9/30
10.9-2-10	10.9	27.140		Q/GDW 12254—2022	抽水蓄能电站生态环境规划导则			2022/9/30	2022/9/30
10.9-2-11	10.9	27.140		Q/GDW 12255—2022	抽水蓄能电站预可行性研究报告内容深度规定			2022/9/30	2022/9/30
10.9-2-12	10.9	27.140		Q/GDW 12256—2022	抽水蓄能电站可行性研究报告内容深度规定			2022/9/30	2022/9/30
10.9-2-13	10.9	29.160.40	F29	Q/GDW 12355—2024	抽水蓄能机组静止整流励磁系统技术条件			2024/4/25	2024/4/25
10.9-2-14	10.9	27.140	P59	Q/GDW 12356—2024	水电机组振动保护装置技术条件			2024/4/25	2024/4/25
10.9-2-15	10.9	91.140.50	P60/64	Q/GDW 12362—2024	抽水蓄能电站建设必要性论证内容深度规定			2024/4/25	2024/4/25
10.9-2-16	10.9	27.140	F20/29	Q/GDW 12363—2024	抽水蓄能机组主进水阀监控技术规范			2024/4/25	2024/4/25
10.9-2-17	10.9	27.140	F20/29	Q/GDW 12364—2024	抽水蓄能机组尾水事故闸门监控技术规范			2024/4/25	2024/4/25
10.9-3-18	10.9	27.140	P55	GB/T 32510—2016	抽水蓄能电厂标识系统（KKS）编码导则			2016/2/24	2016/9/1

10

续表

序号	GW 分类	ICS 分类	GB 分类	标准号	中 文 名 称	代替标准	采用关系	发布日期	实施日期
10.9-3-19	10.9	91.140.50	P63	GB/T 32594—2016	抽水蓄能电站保安电源技术导则			2016/4/25	2016/11/1
10.9-3-20	10.9			GB 50287—2016	水力发电工程地质勘察规范	GB 50287—2006		2016/8/18	2017/4/1
10.9-3-21	10.9			GB 50396—2007	出入口控制系统工程设计规范			2007/3/21	2007/8/1
10.9-3-22	10.9			GB 50487—2008	水利水电工程地质勘察规范			2008/12/15	2009/8/1
10.9-3-23	10.9			GB/T 50587—2010	水库调度设计规范			2010/5/31	2010/12/1
10.9-3-24	10.9			GB/T 50649—2011	水利水电工程节能设计规范（2023 年版）			2010/12/24	2011/12/1
10.9-3-25	10.9			GB/T 50662—2011	水工建筑物抗冰冻设计规范			2011/2/18	2012/3/1
10.9-3-26	10.9			GB 50706—2011	水利水电工程劳动安全与工业卫生设计规范			2011/7/26	2012/6/1
10.9-3-27	10.9			GB 50872—2014	水电工程设计防火规范			2014/1/9	2014/8/1
10.9-4-28	10.9	77.140.85	J32	JB/T 14360—2023	大型水轮机模压叶片技术规范			2023/8/16	2024/2/1
10.9-4-29	10.9	27.140	P59	NB/T 10073—2018	抽水蓄能电站工程地质勘察规程			2018/10/29	2019/3/1
10.9-4-30	10.9			NB/T 10073—2018/XG1—2021	抽水蓄能电站工程地质勘察规程 第 1 号修改单			2021/11/26	2021/11/26
10.9-4-31	10.9	27.140	P59	NB/T 10076—2018	水电工程项目档案验收工作导则			2018/10/29	2019/3/1
10.9-4-32	10.9	27.140	P59	NB/T 10108—2018	水电工程阶段性蓄水移民安置实施方案专题报告编制规程			2018/12/25	2019/5/1
10.9-4-33	10.9	27.140	P59	NB/T 10131—2019	水电工程水库区工程地质勘察规程	DL/T 5336—2006		2019/6/4	2019/10/1
10.9-4-34	10.9	27.140	P59	NB/T 10224—2019	水电工程电法勘探技术规程			2019/11/4	2020/5/1
10.9-4-35	10.9	27.140	P59	NB/T 10333—2019	水电工程场内交通道路设计规范	DL/T 5134—2001		2019/12/30	2020/7/1
10.9-4-36	10.9	27.140	P59	NB/T 10336—2019	中小型水力发电工程地质勘察规范	DL/T 5410—2009		2019/12/30	2020/7/1
10.9-4-37	10.9	27.140	P59	NB/T 10337—2019	水电工程预可行性研究报告编制规程	DL/T 5206—2005		2019/12/30	2020/7/1
10.9-4-38	10.9	27.140	P59	NB/T 10338—2019	水电工程建设征地处理范围界定规范	DL/T 5376—2007		2019/12/30	2020/7/1
10.9-4-39	10.9	27.140	P59	NB/T 10339—2019	水电工程坝址工程地质勘察规程	DL/T 5414—2009		2019/12/30	2020/7/1
10.9-4-40	10.9	27.140	P59	NB/T 10340—2019	水电工程坑探规程	DL/T 5050—2010		2019/12/30	2020/7/1
10.9-4-41	10.9	27.140	P26	NB/T 10341.1—2019	水电工程启闭机设计规范 第 1 部分：固定卷扬式启闭机设计规范	DL/T 5167—2002		2019/12/30	2020/7/1

10

续表

序号	GW 分类	ICS 分类	GB 分类	标准号	中 文 名 称	代替标准	采用关系	发布日期	实施日期
10.9-4-42	10.9	27.140	P26	NB/T 10341.2—2019	水电工程启闭机设计规范　第 2 部分：移动式启闭机设计规范	DL/T 5167—2002		2019/12/30	2020/7/1
10.9-4-43	10.9	27.140	P26	NB/T 10341.3—2019	水电工程启闭机设计规范　第 3 部分：螺杆式启闭机设计规范	DL/T 5167—2002； SD 297—1988； SD 298—1988		2019/12/30	2020/7/1
10.9-4-44	10.9	27.140	P26	NB/T 10341.4—2023	水电工程启闭机设计规范　第 4 部分：液压启闭机设计规范	NB/T 35020—2013		2023/12/28	2024/6/28
10.9-4-45	10.9	27.140	P59	NB/T 10342—2019	水电站调节保证设计导则			2019/12/30	2020/7/1
10.9-4-46	10.9	27.140	P59	NB/T 10343—2019	水电工程软弱土地基处理技术规范			2019/12/30	2020/7/1
10.9-4-47	10.9	27.140	P59	NB/T 10344—2019	水电工程水土保持设计规范			2019/12/30	2020/7/1
10.9-4-48	10.9	27.140	P59	NB/T 10345—2019	水力发电厂高压电气设备选择及布置设计规范	DL/T 5396—2007		2019/12/30	2020/7/1
10.9-4-49	10.9	27.140	P59	NB/T 10390—2020	水电工程沉沙池设计规范	DL/T 5107—1999		2020/10/23	2021/2/1
10.9-4-50	10.9	27.140	P59	NB/T 10391—2020	水工隧洞设计规范	DL/T 5195—2004		2020/10/23	2021/2/1
10.9-4-51	10.9	27.140	P59	NB/T 10392—2020	水电工程泄水建筑物消能防冲设计导则			2020/10/23	2021/2/1
10.9-4-52	10.9	27.140	P59	NB/T 10484—2021	水电工程建设征地移民安置综合设计规范			2021/1/7	2021/7/1
10.9-4-53	10.9	27.140	P59	NB/T 10488—2021	水电工程砂石加工系统设计规范	DL/T 5098—2010		2021/1/7	2021/7/1
10.9-4-54	10.9	27.140	P59	NB/T 10491—2021	水电工程施工组织设计规范	DL/T 5397—2007； DL/T 5201—2004		2021/1/7	2021/7/1
10.9-4-55	10.9	27.140	P59	NB/T 10498—2021	水力发电厂交流 110kV～500kV 电力电缆工程设计规范	DL/T 5228—2005		2021/1/7	2021/7/1
10.9-4-56	10.9	27.140	P59	NB/T 10499—2021	水电站桥式起重机选型设计规范			2021/1/7	2021/7/1
10.9-4-57	10.9	27.140	P59	NB/T 10506—2021	水电工程水土保持监测技术规程			2021/1/7	2021/7/1
10.9-4-58	10.9	27.140	P59	NB/T 10510—2021	水电工程水土保持生态修复技术规范			2021/1/7	2021/7/1
10.9-4-59	10.9	27.140	P59	NB/T 10512—2021	水电工程边坡设计规范	DL/T 5353—2006		2021/1/7	2021/7/1
10.9-4-60	10.9	27.140	P59	NB/T 10513—2021	水电工程边坡工程地质勘察规程	DL/T 5337—2006		2021/1/7	2021/7/1
10.9-4-61	10.9	27.140	P26	NB/T 10514—2021	水电工程升船机设计规范	DL/T 5399—2007		2021/1/7	2021/7/1
10.9-4-62	10.9	27.140	P59	NB/T 10605—2021	水电工程建设征地企业处理规划设计规范			2021/4/26	2021/10/26

续表

序号	GW 分类	ICS 分类	GB 分类	标准号	中 文 名 称	代替标准	采用关系	发布日期	实施日期
10.9-4-63	10.9	27.140	P59	NB/T 10606—2021	水力发电厂直流电源系统设计规范			2021/4/26	2021/10/26
10.9-4-64	10.9	27.140	P59	NB/T 10607—2021	水力发电厂门禁系统设计导则			2021/4/26	2021/10/26
10.9-4-65	10.9	27.140	P26	NB/T 10609—2021	水电工程拦漂排设计规范			2021/4/26	2021/10/26
10.9-4-66	10.9	27.140	P59	NB/T 10798—2021	水电工程建设征地移民安置技术通则			2021/11/16	2022/5/16
10.9-4-67	10.9	27.140	P59	NB/T 10799—2021	水电工程地质勘察资料整编规程	DL/T 5351—2006；SDJ 19—1978		2021/11/16	2022/5/16
10.9-4-68	10.9	27.140	P59	NB/T 10800—2021	水电工程建设征地移民安置实施技术导则			2021/11/16	2022/5/16
10.9-4-69	10.9	27.140	P59	NB/T 10801—2021	水电工程建设征地移民安置专业项目规划设计规范	DL/T 5379—2007		2021/11/16	2022/5/16
10.9-4-70	10.9	27.140	P59	NB/T 10857—2021	水电工程合理使用年限及耐久性设计规范			2021/12/22	2022/6/22
10.9-4-71	10.9	27.140	P59	NB/T 10864—2021	水电工程移民安置城镇迁建规划设计规范	DL/T 5380—2007		2021/12/22	2022/6/22
10.9-4-72	10.9	27.140	P59	NB/T 10876—2021	水电工程建设征地移民安置规划设计规范	DL/T 5064—2007		2021/12/22	2022/6/22
10.9-4-73	10.9	27.140	P59	NB/T 10877—2021	水电工程建设征地移民安置补偿费用概（估）算编制规范	DL/T 5382—2007		2021/12/22	2022/6/22
10.9-4-74	10.9	27.140	P59	NB/T 11003—2022	水电站桥式起重机基本技术条件			2022/11/4	2023/5/4
10.9-4-75	10.9	27.140	P26	NB/T 11007—2022	水电工程钢闸门技术条件			2022/11/4	2023/5/4
10.9-4-76	10.9	27.140	P26	NB/T 11008—2022	水电工程清污机技术条件			2022/11/4	2023/5/4
10.9-4-77	10.9	27.140	P59	NB/T 11012—2022	水电工程等级划分及洪水标准	DL/T 5180—2003		2022/11/4	2023/5/4
10.9-4-78	10.9	27.140	P59	NB/T 11013—2022	水电工程可行性研究报告编制规程	DL/T 5020—2007		2022/11/4	2023/5/4
10.9-4-79	10.9	27.140	P59	NB/T 11014—2022	水电工程混凝土预冷和预热系统设计规范	DL/T 5179—2003；DL/T 5386—2007		2022/11/4	2023/5/4
10.9-4-80	10.9	27.140	P59	NB/T 11015—2022	土石坝沥青混凝土面板和心墙设计规范	DL/T 5411—2009		2022/11/4	2023/5/4
10.9-4-81	10.9	27.140	P59	NB/T 11088—2023	水电工程招标设计报告编制规程	DL/T 5212—2005		2023/2/6	2023/8/6
10.9-4-82	10.9	27.140	P59	NB/T 11089—2023	水工挡土墙设计规范			2023/2/6	2023/8/6
10.9-4-83	10.9			NB/T 11090—2023	水电站引水渠道及前池设计规范	DL/T 5079—2007		2023/2/6	2023/8/6
10.9-4-84	10.9	27.140	P59	NB/T 11092—2023	水电工程深埋隧洞技术规范			2023/2/6	2023/8/6
10.9-4-85	10.9	27.140	P59	NB/T 11093—2023	胶凝砂砾石围堰设计规范			2023/2/6	2023/8/6

续表

序号	GW 分类	ICS 分类	GB 分类	标准号	中 文 名 称	代替标准	采用关系	发布日期	实施日期
10.9-4-86	10.9	27.140	P59	NB/T 11094—2023	水下自护混凝土技术导则			2023/2/6	2023/8/6
10.9-4-87	10.9			NB/T 11173—2023	抽水蓄能电站建设征地移民安置规划设计规范			2023/5/26	2023/11/26
10.9-4-88	10.9			NB/T 11174—2023	梯级水库泥沙调度设计规程			2023/5/26	2023/11/26
10.9-4-89	10.9	27.140	P59	NB/T 11175—2023	抽水蓄能电站经济评价规范			2023/5/26	2023/11/26
10.9-4-90	10.9			NB/T 11178—2023	水电工程后评价技术导则			2023/5/26	2023/11/26
10.9-4-91	10.9	27.140	P59	NB/T 11180—2023	水电工程建设征地移民安置后评价导则			2023/5/26	2023/11/26
10.9-4-92	10.9	27.140	P59	NB/T 11190—2023	水电工程专用水文测站技术规范			2023/5/26	2023/11/26
10.9-4-93	10.9			NB/T 11219—2023	小型灯泡贯流式水轮发电机基本技术条件			2023/5/26	2023/11/26
10.9-4-94	10.9			NB/T 11220—2023	小型灯泡贯流式水轮机基本技术条件			2023/5/26	2023/11/26
10.9-4-95	10.9	27.140	P59	NB/T 11318—2023	水电工程应急设计规范			2023/10/11	2024/4/11
10.9-4-96	10.9	27.140	P59	NB/T 11319—2023	水电工程项目质量管理规程			2023/10/11	2024/4/11
10.9-4-97	10.9	27.140	P26	NB/T 11320—2023	水电工程清污机设计规范			2023/10/11	2024/4/11
10.9-4-98	10.9	27.140	P59	NB/T 11321—2023	水电工程建设征地移民安置总体规划编制规程			2023/10/11	2024/4/11
10.9-4-99	10.9	27.140	P02	NB/T 11323—2023	水电工程完工总结算报告编制导则			2023/10/11	2024/4/11
10.9-4-100	10.9	27.140	K55	NB/T 11484—2024	小水电机组油系统、气系统和水系统设计技术规范			2024/5/24	2024/11/24
10.9-4-101	10.9	27.140	K55	NB/T 11485—2024	管道一体式水轮发电机组技术规范			2024/5/24	2024/11/24
10.9-4-102	10.9	27.140	P59	NB/T 11555—2024	抽水蓄能电站正常蓄水位选择专题报告编制规程			2024/5/24	2024/11/24
10.9-4-103	10.9	27.140	P59	NB/T 11556—2024	水电工程表土资源保护与利用技术规范			2024/5/24	2024/11/24
10.9-4-104	10.9	27.140	P59	NB/T 11557—2024	水电工程机电设备更新改造设计导则			2024/5/24	2024/11/24
10.9-4-105	10.9	27.140	K55	NB/T 11558—2024	水轮发电机组推力轴承、导轴承安装调试运行维护导则	SD 288—1988		2024/5/24	2024/11/24
10.9-4-106	10.9	27.140	P59	NB/T 11559.2—2024	水电工程有限元数值分析导则　第 2 部分：土石坝			2024/5/24	2024/11/24
10.9-4-107	10.9	27.140	P59	NB/T 11560—2024	水电工程多波束地形测绘技术规范			2024/5/24	2024/11/24

10

续表

序号	GW 分类	ICS 分类	GB 分类	标准号	中 文 名 称	代替标准	采用关系	发布日期	实施日期
10.9-4-108	10.9	27.140	P59	NB/T 11561—2024	水电工程智能建造技术通则			2024/5/24	2024/11/24
10.9-4-109	10.9	27.140	P26	NB/T 11562—2024	水电工程压力钢管智能化组焊施工技术规程			2024/5/24	2024/11/24
10.9-4-110	10.9	27.140	P59	NB/T 11563—2024	水电工程信息分类与编码通则			2024/5/24	2024/11/24
10.9-4-111	10.9	27.140	P59	NB/T 11564.1—2024	水电工程信息分类与编码　第 1 部分：水文泥沙			2024/5/24	2024/11/24
10.9-4-112	10.9	27.140	P59	NB/T 11564.2—2024	水电工程信息分类与编码　第 2 部分：规划			2024/5/24	2024/11/24
10.9-4-113	10.9	27.140	P59	NB/T 11564.3—2024	水电工程信息分类与编码　第 3 部分：勘察			2024/5/24	2024/11/24
10.9-4-114	10.9	27.140	P59	NB/T 11564.6—2024	水电工程信息分类与编码　第 6 部分：金属结构			2024/5/24	2024/11/24
10.9-4-115	10.9	27.140	P59	NB/T 11564.8—2024	水电工程信息分类与编码　第 8 部分：建设征地移民安置			2024/5/24	2024/11/24
10.9-4-116	10.9	27.140	P59	NB/T 11564.9—2024	水电工程信息分类与编码　第 9 部分：环境保护			2024/5/24	2024/11/24
10.9-4-117	10.9	27.140	P59	NB/T 35003—2023	水电工程水情自动测报系统技术规范	NB/T 35003—2013		2023/5/26	2023/11/26
10.9-4-118	10.9	27.140	P59	NB/T 35004—2013	水力发电厂自动化设计技术规范	DL/T 5081—1997		2013/6/8	2013/10/1
10.9-4-119	10.9	27.140	P59	NB/T 35005—2021	水电工程混凝土生产系统设计规范	NB/T 35005—2013		2021/1/7	2021/7/1
10.9-4-120	10.9	27.140	P59	NB/T 35008—2023	水力发电厂照明设计规范	NB/T 35008—2013		2023/12/28	2024/6/28
10.9-4-121	10.9	27.140	P59	NB/T 35009—2024	抽水蓄能电站选点规划编制规范	NB/T 35009—2013		2024/5/24	2024/11/24
10.9-4-122	10.9	27.140	P61	NB/T 35010—2013	水力发电厂继电保护设计规范	DL/T 5177—2003		2013/6/8	2013/10/1
10.9-4-123	10.9	27.140	P59	NB/T 35029—2023	水电工程测量规范	NB/T 35029—2014		2023/10/11	2024/4/11
10.9-4-124	10.9	27.140	P59	NB/T 35040—2014	水力发电厂供暖通风与空气调节设计规范	DL/T 5165—2002		2014/10/15	2015/3/1
10.9-4-125	10.9	27.140	P59	NB/T 35043—2014	水电工程三相交流系统短路电流计算导则	DL/T 5163—2002		2014/10/15	2015/3/1
10.9-4-126	10.9	27.140	P59	NB/T 35044—2023	水力发电厂厂用电设计规范	NB/T 35044—2014		2023/12/28	2024/6/28
10.9-4-127	10.9	27.140	P59	NB/T 35050—2023	水力发电厂接地设计技术规范	NB/T 35050—2015		2023/12/28	2024/6/28
10.9-4-128	10.9	27.140	P59	NB/T 35067—2015	水力发电厂过电压保护和绝缘配合设计技术导则	DL/T 5090—1999		2015/10/27	2016/3/1
10.9-4-129	10.9	27.140	P59	NB/T 35069—2024	水电工程移民安置规划大纲编制规程	NB/T 35069—2015		2024/5/24	2024/11/24

序号	GW 分类	ICS 分类	GB 分类	标准号	中文名称	代替标准	采用关系	发布日期	实施日期
10.9-4-130	10.9	27.140	P59	NB/T 35070—2024	水电工程移民安置规划编制规程	NB/T 35070—2015		2024/5/24	2024/11/24
10.9-4-131	10.9	27.140	P59	NB/T 35071—2015	抽水蓄能电站水能规划设计规范			2015/10/27	2016/3/1
10.9-4-132	10.9	27.140	P59	NB/T 35076—2016	水力发电厂二次接线设计规范	DL/T 5132—2001		2016/1/7	2016/6/1
10.9-4-133	10.9	27.140	P02	NB/T 35106—2017	水电工程分标概算编制规定			2017/11/15	2018/3/1
10.9-4-134	10.9	27.140	P02	NB/T 35107—2017	水电工程招标设计概算编制规定			2017/11/15	2018/3/1
10.9-4-135	10.9	27.140	K55	NB/T 42034—2014	孤网运行的小水电机组设计导则			2014/6/29	2014/11/1
10.9-4-136	10.9	27.140	K55	NB/T 42162—2018	小水电机组选型设计规范			2018/6/6	2018/10/1
10.9-4-137	10.9	93.160	P55	SL 438—2008	水利水电工程二次接线设计规范			2008/12/16	2009/3/16
10.9-4-138	10.9	27.140	P59	SL 455—2010	水利水电工程继电保护设计规范			2010/3/1	2010/6/1
10.9-4-139	10.9	27.140	P55	SL 585—2012	水利水电工程三相交流系统短路电流计算导则			2012/9/19	2012/12/19
10.9-4-140	10.9	27.140	P55	SL 587—2012	水利水电工程接地设计规范			2012/9/19	2012/12/19
10.9-5-141	10.9	27.140		ISO IWA 33—2：2019	小型水力发电厂开发技术准则　第 2 部分：选址规划　第 1 版			2019/12/10	2019/12/10
10.9-6-142	10.9	27.140		T/CEC 5011—2019	抽水蓄能电站计算机监控系统设计规范			2019/4/24	2019/7/1
10.9-6-143	10.9			T/CEC 5071—2022	抽水蓄能电站施工总布置规划专题报告编制规程			2022/10/26	2023/2/1
10.9-6-144	10.9			T/CEC 5072—2022	抽水蓄能电站高压压水试验规程			2022/10/26	2023/2/1
10.9-6-145	10.9			T/CEC 5074—2022	抽水蓄能电站工程施工总进度编制导则			2022/10/26	2023/2/1
10.9-6-146	10.9			T/CEC 5075—2022	抽水蓄能电站施工导流与度汛设计导则			2022/10/26	2023/2/1
10.9-6-147	10.9			T/CEC 5076—2022	抽水蓄能电站钢筋混凝土岔管设计导则			2022/10/26	2023/2/1
10.9-6-148	10.9			T/CEC 5084—2023	抽水蓄能电站输水发电系统水力激振预控导则			2023/8/21	2023/11/21
10.9-6-149	10.9			T/CEC 5085—2023	抽水蓄能电站渣场技术规范			2023/8/21	2023/11/21

10.10 规划设计-核电

序号	GW 分类	ICS 分类	GB 分类	标准号	中文名称	代替标准	采用关系	发布日期	实施日期
10.10-3-1	10.10	27.120.20	F83	GB/T 12788—2021	核电厂安全级电力系统准则	GB/T 12788—2008		2021/8/20	2022/3/1

续表

序号	GW 分类	ICS 分类	GB 分类	标准号	中 文 名 称	代替标准	采用关系	发布日期	实施日期
10.10-4-2	10.10	27.120.10	F60	NB/T 20033—2010	核电厂初步可行性研究报告内容深度规定			2010/5/1	2010/10/1
10.10-4-3	10.10	27.120.10	F60	NB/T 20034—2010	核电厂可行性研究报告内容深度规定			2010/5/1	2010/10/1

10.11 规划设计-其他

序号	GW 分类	ICS 分类	GB 分类	标准号	中 文 名 称	代替标准	采用关系	发布日期	实施日期
10.11-2-1	10.11	29.240		Q/GDW 11728—2017	配电网项目后评价内容深度规定			2018/5/18	2018/5/18
10.11-2-2	10.11			Q/GDW 11735—2017	输变电工程物探技术规程			2018/7/11	2018/7/11
10.11-2-3	10.11	29.240		Q/GDW 11811—2018	输变电工程三维设计软件基本功能规范			2019/2/15	2019/2/15
10.11-2-4	10.11	29.240		Q/GDW 11859—2018	国家电网有限公司生产统计规范			2020/1/6	2020/1/6
10.11-2-5	10.11	29.240		Q/GDW 11913—2018	±1100kV 直流输电系统可靠性评价规程			2020/1/12	2020/1/12
10.11-2-6	10.11	29.240		Q/GDW 11972—2019	生态脆弱区输变电工程环境保护设计导则			2020/8/24	2020/8/24
10.11-2-7	10.11	29.240.01		Q/GDW 11989—2019	国家电网有限公司电网发展诊断分析内容深度规定			2020/8/24	2020/8/24
10.11-2-8	10.11	35.240		Q/GDW 12169—2021	新能源云应用功能与接口规范			2021/11/22	2021/11/22
10.11-3-9	10.11	13.220.50	C82	GB 12955—2008	防火门	GB 12955—1991； GB 14101—1993		2008/4/22	2009/1/1
10.11-3-10	10.11	13.220.50	C82	GB 14102.1—2024	防火卷帘　第 1 部分：通用技术条件	GB 14102—2005		2024/4/29	2025/5/1
10.11-3-11	10.11	91.140.30	p48	GB/T 14295—2019	空气过滤器	GB/T 14295—2008		2019/6/4	2020/5/1
10.11-3-12	10.11	23.120	p48	GB/T 14296—2008	空气冷却器与空气加热器	GB/T 14296—1993		2008/11/4	2009/6/1
10.11-3-13	10.11	23.120	Y61	GB/T 14806—2017	家用和类似用途的交流换气扇及其调速器	GB/T 14806—2003		2017/12/29	2018/7/1
10.11-3-14	10.11	13.220.50	C82	GB 16809—2008	防火窗	GB 16809—1997		2008/4/22	2009/1/1
10.11-3-15	10.11	27.200	J73	GB/T 17758—2023	单元式空气调节机	GB/T 17758—2010		2023/11/27	2024/6/1
10.11-3-16	10.11	07.040	A75	GB/T 17941—2008	数字测绘成果质量要求	GB/T 17941.1—2000		2008/6/20	2008/12/1
10.11-3-17	10.11	07.040	A75	GB/T 18316—2008	数字测绘成果质量检查与验收	GB/T 18316—2001		2008/7/2	2008/12/1
10.11-3-18	10.11	27.2	J73	GB/T 18837—2015	多联式空调（热泵）机组	GB/T 18837—2002		2015/12/10	2016/7/1
10.11-3-19	10.11	07.040.01	A15	GB/T 19294—2003	航空摄影技术设计规范			2003/9/29	2004/4/1

续表

序号	GW 分类	ICS 分类	GB 分类	标准号	中文名称	代替标准	采用关系	发布日期	实施日期
10.11-3-20	10.11	27.010	F01	GB 21455—2019	房间空气调节器能效限定值及能效等级	GB 12021.3—2010；GB 21455—2013		2019/12/31	2020/7/1
10.11-3-21	10.11	07.040	A77	GB/T 23236—2024	数字航空摄影测量　空中三角测量规范	GB/T 23236—2009		2024/5/28	2024/12/1
10.11-3-22	10.11	91.120.25	P15	GB/T 24335—2009	建（构）筑物地震破坏等级划分			2009/9/30	2009/12/1
10.11-3-23	10.11	07.040	A75	GB/T 24356—2023	测绘成果质量检查与验收	GB/T 24356—2009		2023/5/23	2023/5/23
10.11-3-24	10.11	27.010	F01	GB/T 25329—2010	企业节能规划编制通则			2010/11/10	2011/2/1
10.11-3-25	10.11	91.060.50	P32	GB/T 29734.2—2013	建筑用节能门窗　第 2 部分：铝塑复合门窗			2013/11/27	2014/8/1
10.11-3-26	10.11	23.12	J72	GB/T 3235—2008	通风机基本型式、尺寸参数及性能曲线	GB/T 3235—1999		2008/7/9	2009/2/1
10.11-3-27	10.11	91.120.40	M04	GB/T 36963—2018	光伏建筑一体化系统防雷技术规范			2018/12/28	2019/7/1
10.11-3-28	10.11	07.060	A47	GB/T 38957—2020	海上风电场热带气旋影响评估技术规范			2020/7/21	2020/7/21
10.11-3-29	10.11	29.020	K04	GB/T 4728.1—2018	电气简图用图形符号　第 1 部分：一般要求	GB/T 4728.1—2005	IEC 60617 database，MOD	2018/7/13	2019/2/1
10.11-3-30	10.11	29.020	K04	GB/T 4728.2—2018	电气简图用图形符号　第 2 部分：符号要素、限定符号和其他常用符号	GB/T 4728.2—2005	IEC 60617 database，IDT	2018/7/13	2019/2/1
10.11-3-31	10.11	29.020	K04	GB/T 4728.3—2018	电气简图用图形符号　第 3 部分：导体和连接件	GB/T 4728.3—2005	IEC 60617 database，IDT	2018/7/13	2019/2/1
10.11-3-32	10.11	29.020	K04	GB/T 4728.4—2018	电气简图用图形符号　第 4 部分：基本无源元件	GB/T 4728.4—2005	IEC 60617 database，IDT	2018/7/13	2019/2/1
10.11-3-33	10.11	29.020	K04	GB/T 4728.5—2018	电气简图用图形符号　第 5 部分：半导体管和电子管	GB/T 4728.5—2005	IEC 60617 database，IDT	2018/7/13	2019/2/1
10.11-3-34	10.11			GB 50003—2011	砌体结构设计规范	GB 50003—2001		2011/7/26	2012/8/1
10.11-3-35	10.11			GB 50007—2011	建筑地基基础设计规范	GB 50007—2002		2011/7/26	2012/8/1
10.11-3-36	10.11			GB 50010—2010	混凝土结构设计规范	GB 50010—2002		2010/8/18	2011/7/1
10.11-3-37	10.11			GB 50011—2010	建筑抗震设计规范	GB 50011—2001		2010/5/31	2010/12/1
10.11-3-38	10.11	91.080.10	P26	GB 50017—2017	钢结构设计标准	GB 50017—2003		2017/12/12	2018/7/1
10.11-3-39	10.11	91.140.30	P45	GB 50019—2015	工业建筑供暖通风与空气调节设计规范	GB 50019—2003		2015/5/11	2016/2/1
10.11-3-40	10.11			GB 50021—2009	岩土工程勘察规范	GB 50021—1994		2009/5/19	2009/7/1
10.11-3-41	10.11			GB 50034—2013	建筑照明设计标准			2013/11/29	2014/6/1

续表

序号	GW 分类	ICS 分类	GB 分类	标准号	中 文 名 称	代替标准	采用关系	发布日期	实施日期
10.11-3-42	10.11			GB 50057—2010	建筑物防雷设计规范	GB 50057—1994		2010/11/3	2011/10/1
10.11-3-43	10.11			GB/T 50109—2014	工业用水软化除盐设计规范	GB/T 50109—2006		2014/12/2	2015/8/1
10.11-3-44	10.11			GB 50116—2013	火灾自动报警系统设计规范	GB 50116—1998		2013/9/6	2014/5/1
10.11-3-45	10.11			GB 50188—2007	镇规划标准	GB 50188—2006		2007/1/16	2007/5/1
10.11-3-46	10.11			GB 50189—2015	公共建筑节能设计标准			2015/2/2	2015/10/1
10.11-3-47	10.11			GB 50191—2012	构筑物抗震设计规范	GB 50191—1993		2012/5/28	2012/10/1
10.11-3-48	10.11			GB 50260—2013	电力设施抗震设计规范	GB 50260—1996		2013/1/28	2013/9/1
10.11-3-49	10.11			GB 50264—2013	工业设备及管道绝热工程设计规范	GB 50264—1997		2013/3/14	2013/10/1
10.11-3-50	10.11			GB 50314—2015	智能建筑设计标准	GB/T 50314—2006		2015/3/8	2015/11/1
10.11-3-51	10.11			GB 50324—2014	冻土工程地质勘察规范			2014/12/2	2015/8/1
10.11-3-52	10.11			GB 50330—2013	建筑边坡工程技术规范			2013/11/1	2014/6/1
10.11-3-53	10.11			GB 50367—2013	混凝土结构加固设计规范	GB 50367—2006		2013/11/1	2014/6/1
10.11-3-54	10.11			GB 50394—2007	入侵报警系统工程设计规范			2007/3/21	2007/8/1
10.11-3-55	10.11			GB 50395—2007	视频安防监控系统工程设计规范			2007/3/21	2007/8/1
10.11-3-56	10.11			GB 50413—2007	城市抗震防灾规划标准			2007/4/13	2007/11/1
10.11-3-57	10.11			GB 50463—2019	工程隔振设计标准	GB 50463—2008		2019/11/22	2020/6/1
10.11-3-58	10.11			GB/T 50476—2019	混凝土结构耐久性设计标准	GB/T 50476—2008		2019/6/19	2019/12/1
10.11-3-59	10.11			GB/T 50502—2009	建筑施工组织设计规范			2009/5/13	2009/10/1
10.11-3-60	10.11			GB 50515—2010	导（防）静电地面设计规范			2010/5/31	2010/12/1
10.11-3-61	10.11			GB/T 50531—2009	建设工程计价设备材料划分标准			2009/9/3	2009/12/1
10.11-3-62	10.11			GB 50556—2010	工业企业电气设备抗震设计规范			2010/5/31	2010/12/1
10.11-3-63	10.11			GB 50611—2010	电子工程防静电设计规范			2010/7/15	2011/2/1
10.11-3-64	10.11			GB/T 50719—2011	电磁屏蔽室工程技术规范			2011/7/26	2012/6/1
10.11-3-65	10.11			GB 50762—2012	秸秆发电厂设计规范			2012/5/28	2012/10/1
10.11-3-66	10.11			GB/T 50786—2012	建筑电气制图标准			2012/5/28	2012/10/1

续表

序号	GW 分类	ICS 分类	GB 分类	标准号	中 文 名 称	代替标准	采用关系	发布日期	实施日期
10.11-3-67	10.11			GB 50981—2014	建筑机电工程抗震设计规范			2014/10/9	2015/8/1
10.11-3-68	10.11			GB 51018—2014	水土保持工程设计规范			2014/12/2	2015/8/1
10.11-3-69	10.11			GB/T 51082—2015	工业建筑涂装设计规范			2015/1/21	2015/9/1
10.11-3-70	10.11			GB 51245—2017	工业建筑节能设计统一标准			2017/5/27	2018/1/1
10.11-3-71	10.11			GB/T 51358—2019	城市地下空间规划标准			2019/3/13	2019/10/1
10.11-3-72	10.11			GB 55021—2021	既有建筑鉴定与加固通用规范			2021/9/8	2022/4/1
10.11-3-73	10.11	91.140.30	Y61	GB/T 7725—2022	房间空气调节器	GB/T 7725—2004		2022/10/12	2023/5/1
10.11-3-74	10.11			GB 8702—2014	电磁环境控制限值	GB 8702—1988; GB 9175—1988		2014/9/23	2015/1/1
10.11-4-75	10.11	07.040	A75	CH/T 1001—2005	测绘技术总结编写规定	CH 1001—1991		2005/12/7	2006/1/1
10.11-4-76	10.11	07.040	A77	CH/Z 1002—2009	可量测实景影像			2009/6/9	2009/7/1
10.11-4-77	10.11	07.040	A75	CH/T 1004—2005	测绘技术设计规定	CH/T 1004—1999		2005/12/7	2006/1/1
10.11-4-78	10.11	07.040	A75	CH/T 1018—2009	测绘成果质量监督抽查与数据认定规定			2009/6/9	2009/7/1
10.11-4-79	10.11	07.040	A75	CH/T 1020—2010	1:500 1:1000 1:2000 地形图质量检验技术规程			2010/11/26	2011/1/1
10.11-4-80	10.11	07.040	A75	CH/T 1023—2011	1:5000 1:10000 1:25000 1:50000 1:100000 地形图质量检验技术规程			2011/11/15	2012/1/1
10.11-4-81	10.11	07.040	A75	CH/T 1024—2011	影像控制测量成果质量检验技术规程			2011/11/15	2012/1/1
10.11-4-82	10.11	07.040	A75	CH/T 1025—2011	数字线划图（DLG）质量检验技术规程			2011/11/15	2012/1/1
10.11-4-83	10.11	07.040	A76	CH/T 2007—2001	三、四等导线测量规范			2001/3/5	2001/4/1
10.11-4-84	10.11	07.040	A75	CH/T 2009—2010	全球定位系统实时动态测量（RTK）技术规范			2010/3/31	2010/5/1
10.11-4-85	10.11	07.040	A76	CH/T 2010—2011	海岛（礁）大地控制测量外业技术规程			2011/11/15	2012/1/1
10.11-4-86	10.11	17.040	A77	CH/T 3006—2011	数字航空摄影测量 控制测量规范			2011/11/15	2012/1/1
10.11-4-87	10.11	07.040	A77	CH/T 3007.1—2011	数字航空摄影测量 测图规范 第 1 部分：1:500 1:1000 1:2000 数字高程模型 数字正射影像图 数字线划图			2011/11/15	2012/1/1
10.11-4-88	10.11	07.040	A77	CH/T 3007.2—2011	数字航空摄影测量 测图规范 第 2 部分：1:5000 1:10000 数字高程模型 数字正射影像图 数字线划图			2011/11/15	2012/1/1

10

续表

序号	GW 分类	ICS 分类	GB 分类	标准号	中 文 名 称	代替标准	采用关系	发布日期	实施日期
10.11-4-89	10.11	07.040	A77	CH/T 3007.3—2011	数字航空摄影测量　测图规范　第 3 部分：1:25000　1:50000　1:100000 数字高程模型　数字正射影像图　数字线划图			2011/11/15	2012/1/1
10.11-4-90	10.11	07.040	A77	CH/T 3008—2011	1:5000　1:10000 地形图航空摄影测量解析测图规范			2011/11/15	2012/1/1
10.11-4-91	10.11	07.060	B00/09	CH/T 4015—2001	地图符号库建立的基本规定			2001/3/5	2001/4/1
10.11-4-92	10.11	07.040	A77	CH/T 7001—1999	1:5000　1:10000　1:25000 海岸带地形图测绘规范			1999/10/18	2000/1/1
10.11-4-93	10.11	75.200	A76	CH/T 8020—2009	因瓦条码水准标尺检定规程			2009/6/9	2009/7/1
10.11-4-94	10.11	07.040	A76	CH/T 8021—2010	数字航摄仪检定规程			2010/8/24	2010/10/1
10.11-4-95	10.11	17.100	A77	CH/T 8023—2011	机载激光雷达数据处理技术规范			2011/11/15	2012/1/1
10.11-4-96	10.11	07.040	A77	CH/T 8024—2011	机载激光雷达数据获取技术规范			2011/11/15	2012/1/1
10.11-4-97	10.11	13.060	P40	CJ/T 164—2014	节水型生活用水器具	CJ 164—2002		2014/4/9	2014/8/1
10.11-4-98	10.11			CJJ 142—2014	建筑屋面雨水排水系统技术规程			2014/3/27	2014/9/1
10.11-4-99	10.11	29.020	K01	DL/T 1344—2014	干扰性用户接入电力系统技术规范			2014/10/15	2015/3/1
10.11-4-100	10.11	29.020	K04	DL/T 1533—2016	电力系统雷区分布图绘制方法			2016/1/7	2016/6/1
10.11-4-101	10.11	29.240.99	F21	DL/T 1981.2—2020	统一潮流控制器　第 2 部分：系统设计导则			2020/10/23	2021/2/1
10.11-4-102	10.11	29.040	P62	DL/T 2333—2021	输变电工程地面三维激光扫描测量技术规程			2021/12/22	2022/3/22
10.11-4-103	10.11	07.040	P11	DL/T 5034—2023	电力工程水文地质勘测技术规程	DL/T 5034—2006		2023/10/11	2024/4/11
10.11-4-104	10.11	27.100	P60	DL/T 5085—2021	钢-混凝土组合结构设计规程	DL/T 5085—1999		2021/4/26	2021/10/26
10.11-4-105	10.11	93.020	P10	DL/T 5093—2016	电力岩土工程勘测资料整编技术规程	DL/T 5093—1999		2016/1/7	2016/6/1
10.11-4-106	10.11	93.020	P10	DL/T 5104—2016	电力工程工程地质测绘技术规程	DL/T 5104—1999		2016/1/7	2016/6/1
10.11-4-107	10.11	93.020	P11	DL/T 5138—2014	电力工程数字摄影测量规程	DL/T 5138—2001		2014/10/15	2015/3/1
10.11-4-108	10.11	27.100	P60	DL/T 5159—2012	电力工程物探技术规程	DL/T 5159—2002		2012/8/23	2012/12/1
10.11-4-109	10.11	27.100	F25	DL/T 5334—2016	电力工程勘测安全规程	DL 5334—2006		2016/8/16	2016/12/1
10.11-4-110	10.11	27.100	P60	DL/T 5390—2014	发电厂和变电站照明设计技术规定	DL/T 5390—2007		2014/10/15	2015/3/1
10.11-4-111	10.11	29.240	P62	DL/T 5467—2021	输变电工程初步设计概算编制导则	DL/T 5467—2013		2021/4/26	2021/10/26

10

续表

序号	GW 分类	ICS 分类	GB 分类	标准号	中文名称	代替标准	采用关系	发布日期	实施日期
10.11-4-112	10.11	93.020	P14	DL/T 5492—2014	电力工程遥感调查技术规程			2014/10/15	2015/3/1
10.11-4-113	10.11	29.240	P62	DL/T 5522—2017	特高压输变电工程压覆矿产资源调查内容深度规定			2017/3/28	2017/8/1
10.11-4-114	10.11	29.240	P62	DL/T 5530—2017	特高压输变电工程水土保持方案内容深度规定			2017/8/2	2017/12/1
10.11-4-115	10.11	93.020	P11	DL/T 5533—2017	电力工程测量精度标准			2017/8/2	2017/12/1
10.11-4-116	10.11	27.100	F21	DL/T 5538—2017	电力系统安全稳定控制工程建设预算项目划分导则			2017/11/15	2018/3/1
10.11-4-117	10.11	29.240	P62	DL/T 5543—2018	特高压输变电工程环境影响评价内容深度规定			2018/6/6	2018/10/1
10.11-4-118	10.11	29.240	F20	DL/T 686—2018	电力网电能损耗计算导则	DL/T 686—1999		2018/12/25	2019/5/1
10.11-4-119	10.11			HG/T 20718—2020	基坑减压双排帷幕支护结构设计规范			2020/12/9	2021/4/1
10.11-4-120	10.11	23.120	J72	JB/T 10562—2006	一般用途轴流通风机　技术条件	GB/T 13274—1991		2006/7/27	2006/10/11
10.11-4-121	10.11	91.140.30	P48	JG/T 447—2014	模块式空调机房设备			2014/7/14	2014/12/1
10.11-4-122	10.11			JGJ 174—2010	多联式空调系统工程技术规程			2010/3/31	2010/9/1
10.11-4-123	10.11	91.060.30	Q70	JGJ/T 558—2018	楼梯栏杆及扶手	JGJ/T 3002.3—1992		2018/4/26	2018/12/1
10.11-4-124	10.11			JGJ/T 84—2015	岩土工程勘察术语标准			2015/1/9	2015/9/1
10.11-4-125	10.11	27.180	P61	NB/T 10101—2018	风电场工程等级划分及设计安全标准			2018/12/25	2019/5/1
10.11-4-126	10.11	35.040	A24	NB/T 33030—2018	国民经济行业用电分类			2018/6/6	2018/10/1
10.11-4-127	10.11	91.080.40	P70	NB/T 51079—2017	气膜钢筋混凝土结构设计规范			2017/12/27	2018/6/1
10.11-5-128	10.11	03.100.40；29.020	K04	IEC 61160：2005	设计评审	IEC 61160：1992；IEC 61160/AMD 1：1994；IEC 61160：2005；IEC 56/1044/FDIS：2005		2005/9/27	2005/9/27
10.11-5-129	10.11	13.020.01		IEC 62430：2019	环保设计（ECD）原则、要求和指南	IEC 62430—2009		2019/10/22	2019/10/22
10.11-5-130	10.11	27.100	F21	IEEE 1547.4：2011	带电力系统的分布式资源孤岛系统的设计、操作和集成指南			2011/7/20	2011/7/20

10

11 工程建设

11.1 工程建设-基础综合

序号	GW 分类	ICS 分类	GB 分类	标准号	中 文 名 称	代替标准	采用关系	发布日期	实施日期
11.1-2-1	11.1	29.240		Q/GDW 10250—2021	输变电工程建设安全文明施工规程	Q/GDW 250—2009		2021/7/9	2021/7/9
11.1-2-2	11.1	29.240		Q/GDW 10284—2018	1000kV 交流输变电工程系统调试规程	Q/GDW 10284—2014		2020/1/12	2020/1/12
11.1-2-3	11.1	29.240	F25	Q/GDW 10798—2024	高压直流工程启动及竣工验收规程	Q/GDW 1798—2013		2024/12/31	2024/12/31
11.1-2-4	11.1	29.240		Q/GDW 11382.1—2015	国家电网公司小型基建项目建设标准 第 1 部分：调度生产管理用房			2015/7/13	2015/7/13
11.1-2-5	11.1	29.240		Q/GDW 11382.2—2015	国家电网公司小型基建项目建设标准 第 2 部分：乡镇供电所生产营业用房			2015/7/13	2015/7/13
11.1-2-6	11.1	29.240		Q/GDW 11382.3—2015	国家电网公司小型基建项目建设标准 第 3 部分：运维检修生产用房			2015/7/13	2015/7/13
11.1-2-7	11.1	29.240		Q/GDW 11382.4—2015	国家电网公司小型基建项目建设标准 第 4 部分：营销服务用房			2015/7/13	2015/7/13
11.1-2-8	11.1	29.240		Q/GDW 11382.5—2015	国家电网公司小型基建项目建设标准 第 5 部分：物资仓库			2015/7/13	2015/7/13
11.1-2-9	11.1	29.240		Q/GDW 11390—2015	清水混凝土防火墙组合大钢模板技术导则			2015/7/17	2015/7/17
11.1-2-10	11.1	29.240		Q/GDW 11527—2016	输变电工程地质灾害防治技术导则			2016/12/22	2016/12/22
11.1-2-11	11.1	03.100		Q/GDW 11562—2016	国家电网公司非生产性技改项目技术规范			2017/10/30	2017/10/30
11.1-2-12	11.1	03.100		Q/GDW 11563—2016	国家电网公司非生产性大修项目技术规范			2017/10/30	2017/10/30
11.1-2-13	11.1	29.240		Q/GDW 11653—2017	输变电工程地基基础检测规范			2018/2/13	2018/2/13
11.1-2-14	11.1	29.240		Q/GDW 11738—2022	500kV 及以上输变电工程基建停电施工工期管理导则	Q/GDW 11738—2017		2022/1/30	2022/1/30
11.1-2-15	11.1	29.240		Q/GDW 11809—2023	输变电工程三维设计模型交互规范	Q/GDW 11809—2018		2023/11/30	2023/11/30
11.1-2-16	11.1	29.240.20		Q/GDW 11842—2018	输变电工程选址选线卫星遥感影像应用技术导则			2019/8/30	2019/8/30
11.1-2-17	11.1	29.240		Q/GDW 11843—2018	电网小型基建项目初步设计内容深度规定			2019/8/26	2019/8/26
11.1-2-18	11.1	29.020		Q/GDW 11959—2019	快速动态响应同步调相机工程调试技术规范			2020/7/31	2020/7/31
11.1-2-19	11.1	29.240		Q/GDW 12079—2021	多旋翼无人机输变电工程安全质量检查技术导则			2021/5/12	2021/5/12

续表

序号	GW 分类	ICS 分类	GB 分类	标准号	中 文 名 称	代替标准	采用关系	发布日期	实施日期
11.1-2-20	11.1	29.240		Q/GDW 12081—2021	输变电项目全过程工程咨询导则			2021/5/12	2021/5/12
11.1-2-21	11.1	29.140		Q/GDW 12152—2021	输变电工程建设施工安全风险管理规程			2021/7/9	2021/7/9
11.1-2-22	11.1	29.240		Q/GDW 12257.1—2022	输变电工程项目部标准化管理规程 第 1 部分：业主项目部			2022/10/14	2022/10/14
11.1-2-23	11.1	29.240		Q/GDW 12257.2—2022	输变电工程项目部标准化管理规程 第 2 部分：监理项目部			2022/10/14	2022/10/14
11.1-2-24	11.1	29.240		Q/GDW 12257.3—2022	输变电工程项目部标准化管理规程 第 3 部分：施工项目部			2022/10/14	2022/10/14
11.1-2-25	11.1	29.240		Q/GDW 12288.1—2023	输变电工程环境保护和水土保持专项设计内容深度规定 第 1 部分：初步设计			2023/8/24	2023/8/24
11.1-2-26	11.1	29.240		Q/GDW 12288.2—2023	输变电工程环境保护和水土保持专项设计内容深度规定 第 2 部分：施工图设计			2023/8/24	2023/8/24
11.1-2-27	11.1			Q/GDW 12328—2023	输变电工程建设现场感知技术应用规范			2023/11/17	2023/11/17
11.1-2-28	11.1			Q/GDW 12329—2023	输变电工程建设现场组网技术应用规范			2023/11/17	2023/11/17
11.1-2-29	11.1			Q/GDW 12330—2023	输变电工程施工停电及过渡方案内容深度规定			2023/11/17	2023/11/17
11.1-2-30	11.1	29.240	F21	Q/GDW/Z 12341.1—2023	35kV～750kV 输变电工程合理工期管理导则 第 1 部分：工程前期			2023/6/19	2023/6/19
11.1-2-31	11.1	29.240	F21	Q/GDW/Z 12341.2—2023	35kV～750kV 输变电工程合理工期管理导则 第 2 部分：工程建设			2023/6/19	2023/6/19
11.1-2-32	11.1			Q/GDW 12367—2023	输变电工程启动送电前准备工作导则			2023/11/24	2023/11/24
11.1-2-33	11.1			Q/GDW 12371—2023	输变电工程达标投产质量验收规程			2023/11/24	2023/11/24
11.1-2-34	11.1			Q/GDW 12372—2023	输变电工程绿色建造导则			2023/11/24	2023/11/24
11.1-2-35	11.1			Q/GDW 12373—2023	输变电工程三维设计造价数据内容规范			2023/11/24	2023/11/24
11.1-2-36	11.1			Q/GDW 12374—2023	输变电工程施工技术管理规程			2023/11/24	2023/11/24
11.1-2-37	11.1	29.240	F20	Q/GDW 12427—2024	电网生产技术改造项目技术经济指标编制规定			2024/12/31	2024/12/31
11.1-2-38	11.1	29.240	F20	Q/GDW 12438—2024	输变电工程施工 BIM 应用导则			2024/8/2	2024/8/2
11.1-2-39	11.1	29.240	F20	Q/GDW 12439—2024	输变电工程全过程业务场景结构化描述方法			2024/8/2	2024/8/2

11

续表

序号	GW 分类	ICS 分类	GB 分类	标准号	中 文 名 称	代替标准	采用关系	发布日期	实施日期
11.1-2-40	11.1	29.240	F20	Q/GDW 12447—2024	输变电工程初步设计概算编制导则			2024/4/30	2024/4/30
11.1-2-41	11.1	29.240	P60	Q/GDW 12448—2024	输变电工程分部结算编制与审核规定			2024/4/30	2024/4/30
11.1-3-42	11.1	25.160.20	J33	GB/T 10045—2018	非合金钢及细晶粒钢药芯焊丝	GB/T 10045—2001	ISO 17632：2015，MOD	2018/5/14	2018/12/1
11.1-3-43	11.1	23.040.60	J15	GB/T 1048—2019	管道元件　公称压力的定义和选用	GB/T 1048—2005	ISO 7268：1983，NEQ	2019/5/10	2019/12/1
11.1-3-44	11.1	83.100	G32	GB/T 10801.2—2018	绝热用挤塑聚苯乙烯泡沫塑料（XPS）	GB/T 10801.2—2002		2018/12/28	2019/7/1
11.1-3-45	11.1	07.060	N93	GB/T 11826.2—2012	流速流量仪器　第 2 部分：声学流速仪			2012/9/3	2013/2/1
11.1-3-46	11.1	07.060	N93	GB/T 11828.4—2011	水位测量仪器　第 4 部分：超声波水位计			2011/12/30	2012/6/1
11.1-3-47	11.1	91.100.30	Q14	GB/T 11836—2023	混凝土和钢筋混凝土排水管	GB/T 11836—2009		2023/3/17	2023/10/1
11.1-3-48	11.1	91.100.30	Q15	GB/T 11945—2019	蒸压灰砂实心砖和实心砌块	GB/T 11945—1999		2019/10/18	2020/9/1
11.1-3-49	11.1	91.100.30	Q14	GB/T 11968—2020	蒸压加气混凝土砌块	GB/T 11968—2006		2020/9/29	2021/8/1
11.1-3-50	11.1	21.060.10	J13	GB/T 1228—2006	钢结构用高强度大六角头螺栓	GB/T 1228—1991	ISO 7412：1984，NEQ	2006/3/27	2006/11/1
11.1-3-51	11.1	25.160.20	J33	GB/T 12470—2018	埋弧焊用热强钢实心焊丝、药芯焊丝和焊丝-焊剂组合分类要求	GB/T 12470—2003	ISO 24598：2012，MOD	2018/3/15	2018/10/1
11.1-3-52	11.1	77.140.50	H46	GB/T 12755—2008	建筑用压型钢板	GB/T 12755—1991		2008/12/6	2009/6/1
11.1-3-53	11.1	07.060	A45	GB/T 12763.1—2007	海洋调查规范　第 1 部分：总则	GB/T 12763.1—1991		2007/8/13	2008/2/1
11.1-3-54	11.1	07.060	A45	GB/T 12763.2—2007	海洋调查规范　第 2 部分：海洋水文观测	GB/T 12763.2—1991		2007/8/13	2008/2/1
11.1-3-55	11.1	07.060	A45	GB/T 12763.3—2020	海洋调查规范　第 3 部分：海洋气象观测	GB/T 12763.3—2007		2020/12/14	2021/7/1
11.1-3-56	11.1	07.060	A75	GB/T 12763.4—2007	海洋调查规范　第 4 部分：海水化学要素调查	GB/T 12763.4—1991		2007/8/13	2008/2/1
11.1-3-57	11.1	07.060	A45	GB/T 12763.6—2007	海洋调查规范　第 6 部分：海洋生物调查	GB/T 12763.6—1991		2007/8/13	2008/2/1
11.1-3-58	11.1	07.060	A45	GB/T 12763.7—2007	海洋调查规范　第 7 部分：海洋调查资料交换	GB/T 12763.7—1991		2007/8/13	2008/2/1
11.1-3-59	11.1	91.120.30	Q17	GB 12952—2011	聚氯乙烯（PVC）防水卷材	GB 12952—2003	ASTM D4434，NEQ	2011/12/30	2012/12/1
11.1-3-60	11.1	91.060.30	Q17	GB 12953—2003	氯化聚乙烯防水卷材	GB 12953—1991	DIN 16736-1986，NEQ；DIN 16737-1986，NEQ	2003/2/11	2003/10/1
11.1-3-61	11.1	83.140.30	G33	GB/T 13663.1—2017	给水用聚乙烯（PE）管道系统　第 1 部分：总则	GB/T 13663—2000	ISO 4427-1: 2007，MOD	2017/12/29	2018/7/1
11.1-3-62	11.1	83.140.30	G33	GB/T 13663.2—2018	给水用聚乙烯（PE）管道系统　第 2 部分：管材	GB/T 13663—2000		2018/3/15	2018/10/1

续表

序号	GW 分类	ICS 分类	GB 分类	标准号	中 文 名 称	代替标准	采用关系	发布日期	实施日期
11.1-3-63	11.1	83.140.30	G33	GB/T 13663.3—2018	给水用聚乙烯（PE）管道系统　第 3 部分：管件	GB/T 13663.2—2005	ISO 4427-3：2007，MOD	2018/3/15	2018/10/1
11.1-3-64	11.1	91.100.50	Q24	GB/T 14683—2017	硅酮和改性硅酮建筑密封胶	GB/T 14683—2003		2017/9/7	2018/8/1
11.1-3-65	11.1	07.060	A45	GB/T 14914.2—2019	海洋观测规范　第 2 部分：海滨观测	GB/T 14914—2006		2019/3/25	2019/10/1
11.1-3-66	11.1	91.100.30	Q15	GB/T 15229—2011	轻集料混凝土小型空心砌块	GB/T 15229—2002		2011/12/30	2012/8/1
11.1-3-67	11.1	81.040.20	Q33	GB 15763.1—2009	建筑用安全玻璃　第 1 部分：防火玻璃	GB 15763.1—2001		2009/3/28	2010/3/1
11.1-3-68	11.1	07.060	N93	GB/T 15966—2017	水文仪器基本参数及通用技术条件	GB/T 15966—2007； GB/T 18522.1—2003； GB/T 18522.2—2002； GB/T 18522.3—2001； GB/T 18522.4—2002； GB/T 18522.6—2007； GB/T 27993—2011		2017/11/1	2018/5/1
11.1-3-69	11.1	25.160.07	J33	GB/T 16672—1996	焊缝—工作位置—倾角和转角的定义		ISO 6947：1990，IDT	1996/12/18	1997/7/1
11.1-3-70	11.1	91.100.50	Q27	GB 16776—2005	建筑用硅酮结构密封胶	GB 16776—1997	ASTM C1184：2000，MOD	2005/9/28	2006/5/1
11.1-3-71	11.1	91.100.10	Q11	GB/T 17671—2021	水泥胶砂强度检验方法（ISO 法）	GB/T 17671—1999		2021/12/31	2022/7/1
11.1-3-72	11.1	91.120.25	P15	GB/T 17742—2020	中国地震烈度表	GB/T 17742—2008		2020/7/21	2021/2/1
11.1-3-73	11.1	07.060	N93	GB/T 18185—2014	水文仪器可靠性技术要求	GB/T 18185—2000		2014/7/8	2015/1/10
11.1-3-74	11.1	91.120.30	Q17	GB 18242—2008	弹性体改性沥青防水卷材	GB 18242—2000	EN 13707：2004，NEQ	2008/9/18	2009/9/1
11.1-3-75	11.1	91.120.30	Q17	GB 18243—2008	塑性体改性沥青防水卷材	GB 18243—2000	EN 13707：2004，NEQ	2008/9/18	2009/9/1
11.1-3-76	11.1	83.140.30	G33	GB/T 18477.1—2007	埋地排水用硬聚氯乙烯（PVC-U）结构壁管道系统　第 1 部分：双壁波纹管材	GB/T 18477—2001		2007/12/5	2008/9/1
11.1-3-77	11.1	83.140.30	G33	GB/T 18477.2—2011	埋地排水用硬聚氯乙烯（PVC-U）结构壁管道系统　第 2 部分：加筋管材			2011/12/30	2012/7/1
11.1-3-78	11.1	83.140.30	G33	GB/T 18742.1—2017	冷热水用聚丙烯管道系统　第 1 部分：总则	GB/T 18742.1—2002		2017/10/14	2018/5/1
11.1-3-79	11.1	83.140.30	G33	GB/T 18742.2—2017	冷热水用聚丙烯管道系统　第 2 部分：管材	GB/T 18742.2—2002		2017/10/14	2018/5/1
11.1-3-80	11.1	83.140.30	G33	GB/T 18742.3—2017	冷热水用聚丙烯管道系统　第 3 部分：管件	GB/T 18742.3—2002		2017/10/14	2018/5/1
11.1-3-81	11.1	91.120.30	Q17	GB 18967—2009	改性沥青聚乙烯胎防水卷材	GB 18967—2003	UNE 104-242：1989，NEQ	2009/3/25	2010/3/1

序号	GW 分类	ICS 分类	GB 分类	标准号	中 文 名 称	代替标准	采用关系	发布日期	实施日期
11.1-3-82	11.1	91.120.30	Q17	GB/T 19250—2013	聚氨酯防水涂料	GB/T 19250—2003		2013/9/27	2014/8/1
11.1-3-83	11.1	91.040	Q21	GB/T 19766—2016	天然大理石建筑板材	GB/T 19766—2005		2016/8/29	2017/7/1
11.1-3-84	11.1	25.160.10	J33	GB/T 19804—2005	焊接结构的一般尺寸公差和形位公差		ISO 13920：1996，IDT	2005/6/8	2005/12/1
11.1-3-85	11.1	25.160.10	J33	GB/T 19867.1—2005	电弧焊焊接工艺规程		ISO 15609-1：2004，IDT	2005/8/10	2006/4/1
11.1-3-86	11.1	91.100.10	Q11	GB/T 208—2014	水泥密度测定方法	GB/T 208—1994		2014/6/9	2014/12/1
11.1-3-87	11.1	91.060.50	P32	GB/T 20909—2017	钢门窗	GB/T 20909—2007		2017/10/14	2018/5/1
11.1-3-88	11.1	87.040	G51	GB/T 21090—2007	可调色乳胶基础漆			2007/9/11	2008/4/1
11.1-3-89	11.1	91.100.30	Q14	GB/T 21144—2023	混凝土实心砖	GB/T 21144—2007		2023/3/17	2023/10/1
11.1-3-90	11.1	83.100	G30	GB/T 21558—2008	建筑绝热用硬质聚氨酯泡沫塑料			2008/3/24	2008/10/1
11.1-3-91	11.1	13.080	B11	GB/T 22490—2008	开发建设项目水土保持设施验收技术规程			2008/11/14	2009/2/1
11.1-3-92	11.1	91.120.30	Q17	GB/T 23260—2009	带自粘层的防水卷材			2009/3/9	2009/11/5
11.1-3-93	11.1	91.120.30	Q17	GB 23441—2009	自粘聚合物改性沥青防水卷材		ASTM D1970-2001，NEQ	2009/3/25	2010/3/1
11.1-3-94	11.1	91.120.30	Q17	GB/T 23445—2009	聚合物水泥防水涂料		JIS A 6021：2000，NEQ	2009/3/25	2010/1/1
11.1-3-95	11.1	91.100.10	Q27	GB/T 23455—2009	外墙柔性腻子			2009/3/25	2010/1/1
11.1-3-96	11.1	91.100.50	Q24	GB/T 24267—2009	建筑用阻燃密封胶		ISO 11600：2002，NEQ	2009/7/17	2010/2/1
11.1-3-97	11.1	91.100.30	Q14	GB/T 24492—2009	非承重混凝土空心砖			2009/10/30	2010/4/1
11.1-3-98	11.1	87.040	G51	GB/T 25264—2010	溶剂型丙烯酸树脂涂料			2010/9/26	2011/8/1
11.1-3-99	11.1	91.100.30	Q14	GB/T 25779—2010	承重混凝土多孔砖		ASTM C55-06，NEQ	2010/12/23	2011/11/1
11.1-3-100	11.1	91.100.60	Q25	GB/T 25975—2018	建筑外墙外保温用岩棉制品	GB/T 25975—2010		2018/7/13	2019/6/1
11.1-3-101	11.1	03.080.99	A20	GB/T 26429—2022	设备工程监理规范	GB/T 26429—2010		2022/4/15	2022/8/1
11.1-3-102	11.1	91.100.25	Q32	GB/T 26539—2011	防静电陶瓷砖			2011/6/16	2012/4/1
11.1-3-103	11.1	25.160.40	J33	GB/T 26951—2011	焊缝无损检测　磁粉检测		ISO 17638：2003，MOD	2011/9/29	2012/3/1
11.1-3-104	11.1	25.160.40	J33	GB/T 26952—2011	焊缝无损检测　焊缝磁粉检测　验收等级		ISO 23278：2006，MOD	2011/9/29	2012/3/1
11.1-3-105	11.1	25.160.40	J33	GB/T 26953—2011	焊缝无损检测　焊缝渗透检测　验收等级		ISO 23277：2006，MOD	2011/9/29	2012/3/1

续表

序号	GW 分类	ICS 分类	GB 分类	标准号	中文名称	代替标准	采用关系	发布日期	实施日期
11.1-3-106	11.1	25.160.40	J33	GB/T 26954—2024	焊缝无损检测　基于复平面分析的焊缝涡流检测	GB/T 26954—2011		2024/3/15	2024/3/15
11.1-3-107	11.1	07.060	N93	GB/T 27991—2011	河流泥沙测验及颗粒分析仪器基本技术条件			2011/12/30	2012/6/1
11.1-3-108	11.1	07.060	N93	GB/T 27994—2011	水文自动测报系统设备通用技术条件			2011/12/30	2012/6/1
11.1-3-109	11.1	77.140.60	H40	GB/T 3077—2015	合金结构钢	GB/T 3077—1999		2015/12/10	2016/11/1
11.1-3-110	11.1	07.060	N93	GB/T 30954—2014	水文自动测报系统　通用设备			2014/7/8	2015/1/10
11.1-3-111	11.1	91.100.01	Q10	GB/T 31389—2015	建筑外墙及屋面用热反射材料技术条件及评价方法			2015/2/4	2015/11/1
11.1-3-112	11.1	91.100.60	Q25	GB/T 31435—2015	外墙外保温系统材料安全性评价方法			2015/5/15	2015/12/1
11.1-3-113	11.1	83.140.30	G33	GB/T 32439—2015	给水用钢丝网增强聚乙烯复合管道			2015/12/31	2016/7/1
11.1-3-114	11.1	25.160.20	J33	GB/T 32533—2016	高强钢焊条			2016/2/24	2016/9/1
11.1-3-115	11.1	91.100.15	Q21	GB/T 32834—2016	干挂饰面石材			2016/8/29	2017/7/1
11.1-3-116	11.1	25.160.50	J33	GB/T 33148—2016	钎焊术语		ISO 857-2：2005，MOD	2016/10/13	2017/5/1
11.1-3-117	11.1	91.120.10	P31	GB/T 34010—2017	建筑物气密性测定方法　风扇压力法		ISO 9972：2006，IDT	2017/7/12	2018/6/1
11.1-3-118	11.1	07.060	A47	GB/T 35562—2017	气温评价等级			2017/12/29	2018/7/1
11.1-3-119	11.1	27.140	P56	GB/T 35580—2017	建设项目水资源论证导则			2017/12/29	2018/4/1
11.1-3-120	11.1	03.100.99	A01	GB/T 37181—2018	钢筋混凝土腐蚀控制工程全生命周期　通用要求			2018/12/28	2019/11/1
11.1-3-121	11.1	01.040.77	H40	GB/T 38937—2020	钢筋混凝土用钢术语		ISO 16020：2005，MOD	2020/6/2	2020/12/1
11.1-3-122	11.1	13.280	F73	GB 39220—2020	直流输电工程合成电场限值及其监测方法			2020/10/11	2020/12/1
11.1-3-123	11.1	07.060	P13	GB/T 40112—2021	地质灾害危险性评估规范			2021/5/21	2021/12/1
11.1-3-124	11.1	77.140.50	H46	GB/T 4171—2008	耐候结构钢	GB/T 18982—2003； GB/T 4171—2000； GB/T 4172—2000		2008/10/10	2009/5/1
11.1-3-125	11.1	75.140	E43	GB/T 494—2010	建筑石油沥青	GB/T 494—1998	ASTM D 312-2000（2006 年确认），MOD	2011/1/10	2011/5/1
11.1-3-126	11.1			GB 50009—2012	建筑结构荷载规范	GB 50009—2001		2012/5/28	2012/10/1
11.1-3-127	11.1			GB 50023—2009	建筑抗震鉴定标准	GB 50023—1995		2009/6/5	2009/7/1

11

续表

序号	GW 分类	ICS 分类	GB 分类	标准号	中 文 名 称	代替标准	采用关系	发布日期	实施日期
11.1-3-128	11.1	93.020	P11	GB 50026—2020	工程测量标准	GB 50026—2007		2020/11/10	2021/6/1
11.1-3-129	11.1			GB/T 50046—2018	工业建筑防腐蚀设计标准	GB 50046—2008		2018/9/11	2019/3/1
11.1-3-130	11.1			GB 50068—2018	建筑结构可靠性设计统一标准	GB 50068—2001		2018/11/1	2019/4/1
11.1-3-131	11.1			GB 50089—2018	民用爆炸物品工程设计安全标准	GB 50089—2007		2018/7/10	2019/3/1
11.1-3-132	11.1	93.080.01	P66	GB 50092—1996	沥青路面施工及验收规范	GBJ 92—1986		1996/9/27	1997/5/1
11.1-3-133	11.1			GB/T 50107—2010	混凝土强度检验评定标准			2010/5/31	2010/12/1
11.1-3-134	11.1			GB 50108—2008	地下工程防水技术规范	GB 50108—2001		2008/11/27	2009/4/1
11.1-3-135	11.1			GB 50119—2013	混凝土外加剂应用技术规范	GB 50119—2003		2013/8/8	2014/3/1
11.1-3-136	11.1	91.040.01	P30	GB 50126—2008	工业设备及管道绝热工程施工规范	GBJ 126—1989		2008/3/10	2008/8/1
11.1-3-137	11.1		P12	GB/T 50138—2010	水位观测标准	GBJ/T 138—1990; GBJ 138—1990		2010/5/31	2010/12/1
11.1-3-138	11.1			GB 50139—2014	内河通航标准	GB 50139—2004		2014/4/15	2015/1/1
11.1-3-139	11.1	91.140.01	P40	GB 50141—2008	给水排水构筑物工程施工及验收规范	GBJ 141—1990		2008/10/15	2009/5/1
11.1-3-140	11.1			GB 50143—2018	架空电力线路、变电站（所）对电视差转台、转播台无线电干扰防护间距标准	GBJ 143—1990		2018/9/11	2019/3/1
11.1-3-141	11.1			GB 50144—2019	工业建筑可靠性鉴定标准	GB 50144—2008		2019/6/19	2019/12/1
11.1-3-142	11.1			GB/T 50159—2015	河流悬移质泥沙测验规范	GB/T 50159—1992		2015/6/26	2016/3/1
11.1-3-143	11.1			GB 50164—2011	混凝土质量控制标准			2011/4/2	2012/5/1
11.1-3-144	11.1			GB 50166—2019	火灾自动报警系统施工及验收标准	GB 50166—2007		2019/11/22	2020/3/1
11.1-3-145	11.1			GB 50179—2015	河流流量测验规范	GB 50179—1993		2015/8/27	2016/5/1
11.1-3-146	11.1			GB 50184—2011	工业金属管道工程施工质量验收规范	GB 50184—1993		2010/12/24	2011/12/1
11.1-3-147	11.1		P94	GB/T 50185—2019	工业设备及管道绝热工程施工质量验收标准	GB 50185—2010		2019/11/22	2020/3/1
11.1-3-148	11.1			GB 50204—2015	混凝土结构工程施工质量验收规范			2014/12/31	2015/9/1
11.1-3-149	11.1			GB 50207—2012	屋面工程质量验收规范	GB 50207—2002		2012/5/28	2012/10/1
11.1-3-150	11.1			GB 50208—2011	地下防水工程质量验收规范	GB 50208—2002		2011/4/2	2012/10/1
11.1-3-151	11.1			GB 50209—2010	建筑地面工程施工质量验收规范	GB 50209—2002		2010/5/31	2010/12/1
11.1-3-152	11.1			GB 50210—2018	建筑装饰装修工程质量验收标准	GB 50210—2001		2018/2/8	2018/9/1

续表

序号	GW分类	ICS分类	GB分类	标准号	中 文 名 称	代替标准	采用关系	发布日期	实施日期
11.1-3-153	11.1			GB 50212—2014	建筑防腐蚀工程施工规范	GB 50212—2002		2014/4/15	2015/1/1
11.1-3-154	11.1			GB 50235—2010	工业金属管道工程施工规范	GB 50235—1997		2010/8/18	2011/6/1
11.1-3-155	11.1			GB 50236—2011	现场设备、工业管道焊接工程施工规范	GB 50236—1998		2011/2/18	2011/10/1
11.1-3-156	11.1	91.140.01		GB 50242—2002	建筑给水排水及采暖工程施工质量验收规范	GBJ 242—1982； GBJ 302—1988		2002/3/15	2002/4/1
11.1-3-157	11.1			GB 50243—2016	通风与空调工程施工质量验收规范	GB 50243—2002		2016/10/25	2017/7/1
11.1-3-158	11.1			GB/T 50252—2018	工业安装工程施工质量验收统一标准	GB 50252—2010		2018/9/11	2019/3/1
11.1-3-159	11.1			GB/T 50266—2013	工程岩体试验方法标准	GB/T 50266—1999		2013/1/28	2013/9/1
11.1-3-160	11.1	91.140.01	P40	GB 50268—2008	给水排水管道工程施工及验收规范	GB 50268—1997； CJJ 3—1990		2008/10/15	2009/5/1
11.1-3-161	11.1			GB/T 50269—2015	地基动力特性测试规范	GB/T 50269—1997		2015/8/27	2016/5/1
11.1-3-162	11.1			GB 50300—2013	建筑工程施工质量验收统一标准	GB 50300—2001		2013/11/1	2014/6/1
11.1-3-163	11.1			GB/T 50312—2016	综合布线系统工程验收规范	GB 50312—2007		2016/8/26	2017/4/1
11.1-3-164	11.1			GB/T 50315—2011	砌体工程现场检测技术标准	GB/T 50315—2000		2011/7/29	2012/3/1
11.1-3-165	11.1			GB/T 50319—2013	建设工程监理规范	GB 50319—2000		2013/5/13	2014/3/1
11.1-3-166	11.1			GB/T 50326—2017	建设工程项目管理规范	GB/T 50326—2006		2017/5/4	2018/1/1
11.1-3-167	11.1			GB/T 50328—2014	建设工程文件归档规范（2019年版）			2014/7/13	2015/5/1
11.1-3-168	11.1			GB 50339—2013	智能建筑工程质量验收规范	GB 50339—2003		2013/6/26	2014/2/1
11.1-3-169	11.1			GB 50345—2012	屋面工程技术规范	GB 50345—2004		2012/5/28	2012/10/1
11.1-3-170	11.1			GB 50348—2018	安全防范工程技术标准	GB 50348—2004		2018/5/14	2018/12/1
11.1-3-171	11.1			GB/T 50353—2013	建筑工程建筑面积计算规范	GB/T 50353—2005		2013/12/19	2014/7/1
11.1-3-172	11.1			GB/T 50358—2017	建设项目工程总承包管理规范	GB/T 50358—2005		2017/5/4	2018/1/1
11.1-3-173	11.1			GB/T 50375—2016	建筑工程施工质量评价标准	GB/T 50375—2006		2016/8/18	2017/4/1
11.1-3-174	11.1			GB 50401—2007	消防通信指挥系统施工及验收规范			2007/2/27	2007/7/1
11.1-3-175	11.1	91.010.01	P32	GB 50411—2019	建筑节能工程施工质量验收规范	GB 50411—2007		2019/5/24	2019/12/1
11.1-3-176	11.1			GB/T 50434—2018	生产建设项目水土流失防治标准	GB 50434—2008		2018/11/1	2019/4/1
11.1-3-177	11.1			GB 50496—2018	大体积混凝土施工标准	GB 50496—2009		2018/4/25	2018/12/1

续表

序号	GW 分类	ICS 分类	GB 分类	标准号	中 文 名 称	代替标准	采用关系	发布日期	实施日期
11.1-3-178	11.1			GB 50497—2019	建筑基坑工程监测技术标准	GB 50497—2009		2019/11/22	2020/6/1
11.1-3-179	11.1			GB 50550—2010	建筑结构加固工程施工质量验收规范			2010/7/15	2011/2/1
11.1-3-180	11.1			GB 50575—2010	1kV 及以下配线工程施工与验收规范			2010/5/31	2010/12/1
11.1-3-181	11.1			GB/T 50585—2019	岩土工程勘察安全标准	GB 50585—2010		2019/2/13	2019/8/1
11.1-3-182	11.1			GB/T 50589—2010	环氧树脂自流平地面工程技术规范			2010/5/31	2010/12/1
11.1-3-183	11.1			GB 50601—2010	建筑物防雷工程施工与质量验收规范			2010/7/15	2011/2/1
11.1-3-184	11.1			GB 50606—2010	智能建筑工程施工规范			2010/7/15	2011/2/1
11.1-3-185	11.1			GB 50617—2010	建筑电气照明装置施工与验收规范			2010/8/18	2011/6/1
11.1-3-186	11.1			GB 50628—2010	钢管混凝土工程施工质量验收规范			2010/11/3	2011/10/1
11.1-3-187	11.1			GB 50661—2011	钢结构焊接规范			2011/12/5	2012/8/1
11.1-3-188	11.1			GB 50666—2011	混凝土结构工程施工规范			2011/7/29	2012/8/1
11.1-3-189	11.1			GB 50683—2011	现场设备、工业管道焊接工程施工质量验收规范			2011/2/18	2012/5/1
11.1-3-190	11.1			GB 50693—2011	坡屋面工程技术规范			2011/5/12	2012/5/1
11.1-3-191	11.1			GB 50738—2011	通风与空调工程施工规范			2011/9/16	2012/5/1
11.1-3-192	11.1			GB 50755—2012	钢结构工程施工规范			2012/1/21	2012/8/1
11.1-3-193	11.1			GB/T 50841—2013	建设工程分类标准			2012/12/25	2013/5/1
11.1-3-194	11.1			GB 50870—2013	建筑施工安全技术统一规范			2013/5/13	2014/3/1
11.1-3-195	11.1			GB 50877—2014	防火卷帘、防火门、防火窗施工及验收规范			2014/1/9	2014/8/1
11.1-3-196	11.1			GB/T 50905—2014	建筑工程绿色施工规范			2014/1/29	2014/10/1
11.1-3-197	11.1			GB 50924—2014	砌体结构工程施工规范			2014/1/29	2014/10/1
11.1-3-198	11.1			GB 50944—2013	防静电工程施工与质量验收规范			2013/11/29	2014/6/1
11.1-3-199	11.1			GB 51004—2015	建筑地基基础工程施工规范			2015/3/8	2015/11/1
11.1-3-200	11.1			GB/T 51129—2017	装配式建筑评价标准			2017/12/12	2018/2/1
11.1-3-201	11.1			GB/T 51130—2016	沉井与气压沉箱施工规范			2016/4/15	2016/12/1
11.1-3-202	11.1			GB/T 51231—2016	装配式混凝土建筑技术标准			2017/1/10	2017/6/1

续表

序号	GW 分类	ICS 分类	GB 分类	标准号	中 文 名 称	代替标准	采用关系	发布日期	实施日期
11.1-3-203	11.1			GB/T 51232—2016	装配式钢结构建筑技术标准			2017/1/10	2017/6/1
11.1-3-204	11.1			GB/T 51238—2018	岩溶地区建筑地基基础技术标准			2018/11/1	2019/4/1
11.1-3-205	11.1			GB/T 51240—2018	生产建设项目水土保持监测与评价标准			2018/11/1	2019/4/1
11.1-3-206	11.1			GB/T 51297—2018	水土保持工程调查与勘测标准			2018/11/1	2019/4/1
11.1-3-207	11.1			GB/T 51336—2018	地下结构抗震设计标准			2018/11/1	2019/4/1
11.1-3-208	11.1			GB/T 51351—2019	建筑边坡工程施工质量验收标准			2019/1/24	2019/9/1
11.1-3-209	11.1			GB/T 51355—2019	既有混凝土结构耐久性评定标准			2019/2/13	2019/8/1
11.1-3-210	11.1	21.060.10	J13	GB/T 5277—1985	紧固件　螺栓和螺钉通孔	GB 152—1976 有关部分	ISO 273：1979，EQV	1985/8/1	1986/6/1
11.1-3-211	11.1	77.140.50	H46	GB/T 5313—2023	厚度方向性能钢板	GB/T 5313—2010		2023/9/7	2024/4/1
11.1-3-212	11.1			GB 55001—2021	工程结构通用规范			2021/4/9	2022/1/1
11.1-3-213	11.1			GB 55006—2021	钢结构通用规范			2021/4/9	2022/1/1
11.1-3-214	11.1			GB 55007—2021	砌体结构通用规范			2021/4/9	2022/1/1
11.1-3-215	11.1			GB 55024—2022	建筑电气与智能化通用规范			2022/3/10	2022/10/1
11.1-3-216	11.1			GB 55037—2022	建筑防火通用规范			2022/12/27	2023/6/1
11.1-3-217	11.1	21.060.10	J13	GB/T 5782—2016	六角头螺栓	GB/T 5782—2000	ISO 4014：2011，MOD	2016/2/24	2016/6/1
11.1-3-218	11.1	21.060.01	J13	GB/T 90.1—2023	紧固件　验收检查	GB/T 90.1—2002		2023/5/23	2023/12/1
11.1-3-219	11.1	91.060.50	P32	GB/T 9158—2015	建筑门窗力学性能检测方法	GB/T 9158—1988		2015/10/9	2016/9/1
11.1-3-220	11.1	25.160.01	J33	GB 9448—1999	焊接与切割安全	GB 9448—1988		1999/9/3	2000/5/1
11.1-3-221	11.1	25.160.01	J33	GB/T 985.2—2008	埋弧焊的推荐坡口	GB/T 986—1988	ISO 9692-2：1998，MOD	2008/3/31	2008/9/1
11.1-4-222	11.1			13J104	蒸压加气混凝土砌块、板材构造	03J104		2013/12/25	2014/1/1
11.1-4-223	11.1	07.040	A77	CH/T 3020—2018	实景三维地理信息数据激光雷达测量技术规程			2018/8/17	2019/1/1
11.1-4-224	11.1	13.030.40	Z71	CJJ/T 134—2019	建筑垃圾处理技术标准	CJJ 134—2009		2019/3/29	2019/11/1
11.1-4-225	11.1			CJJ/T 29—2010	建筑排水塑料管道工程技术规程	CJJ/T 29—1998		2010/12/10	2011/10/1
11.1-4-226	11.1			CJJ 61—2017	城市地下管线探测技术规程	CJJ 61—2003		2017/6/20	2017/12/1
11.1-4-227	11.1	27.100	F20	DL/T 1362—2014	输变电工程项目质量管理规程			2014/10/15	2015/3/1

续表

序号	GW 分类	ICS 分类	GB 分类	标准号	中文名称	代替标准	采用关系	发布日期	实施日期
11.1-4-228	11.1	27.100	F20	DL/T 1363—2014	电网建设项目文件归档与档案整理规范			2014/10/15	2015/3/1
11.1-4-229	11.1	27.020	F21	DL/T 2030—2019	输变电回路可靠性评价规程			2019/6/4	2019/10/1
11.1-4-230	11.1	29.020	K04	DL/T 2197—2020	电力工程信息模型应用统一标准			2020/10/23	2021/2/1
11.1-4-231	11.1	25.220.40	K47	DL/T 2312—2021	输变电工程钢构件热浸镀锌铝镁稀土合金镀层技术条件			2021/4/26	2021/10/26
11.1-4-232	11.1	29.020	P10	DL/T 2334—2021	电网工程建设遥感动态监控技术规程			2021/12/22	2022/3/22
11.1-4-233	11.1	07.040	A75/79	DL/T 2626—2023	输变电工程合成孔径雷达监测技术规程			2023/5/26	2023/11/26
11.1-4-234	11.1	35.080	M50	DL/T 2724—2023	架空输电线路三维地理信息系统技术规范			2023/12/28	2024/6/28
11.1-4-235	11.1	93.020	P10	DL/T 5024—2020	电力工程地基处理技术规程	DL/T 5024—2005		2020/10/23	2021/2/1
11.1-4-236	11.1	17.120	P12	DL/T 5084—2021	电力工程水文技术规程	DL/T 5084—2012		2021/11/16	2022/2/16
11.1-4-237	11.1	29.240.10	P13	DL/T 5096—2008	电力工程钻探技术规程	DL/T 5096—1999； DL/T 5171—2002		2008/6/4	2008/11/1
11.1-4-238	11.1	93.020	P10	DL/T 5158—2021	电力工程气象勘测技术规程	DL/T 5158—2012		2021/11/16	2022/2/16
11.1-4-239	11.1	29.240	F20	DL/T 5161.1—2018	电气装置安装工程质量检验及评定规程 第1部分：通则	DL/T 5161.1—2002		2018/12/25	2019/5/1
11.1-4-240	11.1	29.240	F20	DL/T 5161.2—2018	电气装置安装工程质量检验及评定规程 第2部分：高压电器施工质量检验	DL/T 5161.2—2002		2018/12/25	2019/5/1
11.1-4-241	11.1	29.240	F20	DL/T 5161.3—2018	电气装置安装工程质量检验及评定规程 第3部分：电力变压器、油浸电抗器、互感器施工质量检验	DL/T 5161.3—2002		2018/12/25	2019/5/1
11.1-4-242	11.1	29.240	F20	DL/T 5161.4—2018	电气装置安装工程质量检验及评定规程 第4部分：母线装置施工质量检验	DL/T 5161.4—2002		2018/12/25	2019/5/1
11.1-4-243	11.1	29.240	F20	DL/T 5161.6—2018	电气装置安装工程质量检验及评定规程 第6部分：接地装置施工质量检验	DL/T 5161.6—2002		2018/12/25	2019/5/1
11.1-4-244	11.1	29.240	F20	DL/T 5161.7—2018	电气装置安装工程质量检验及评定规程 第7部分：旋转电机施工质量检验	DL/T 5161.7—2002		2018/12/25	2019/5/1
11.1-4-245	11.1	29.240	F20	DL/T 5161.8—2018	电气装置安装工程质量检验及评定规程 第8部分：盘、柜及二次回路接线施工质量检验	DL/T 5161.8—2002		2018/12/25	2019/5/1
11.1-4-246	11.1	29.240	F20	DL/T 5161.9—2018	电气装置安装工程质量检验及评定规程 第9部分：蓄电池施工质量检验	DL/T 5161.9—2002		2018/12/25	2019/5/1

续表

序号	GW 分类	ICS 分类	GB 分类	标准号	中 文 名 称	代替标准	采用关系	发布日期	实施日期
11.1-4-247	11.1	29.240	F20	DL/T 5161.10—2018	电气装置安装工程质量检验及评定规程　第10部分：66kV及以下架空电力线路施工质量检验	DL/T 5161.10—2002		2018/12/25	2019/5/1
11.1-4-248	11.1	29.240	F20	DL/T 5161.12—2018	电气装置安装工程质量检验及评定规程　第12部分：低压电器施工质量检验	DL/T 5161.12—2002		2018/12/25	2019/5/1
11.1-4-249	11.1	29.240	F20	DL/T 5161.13—2018	电气装置安装工程质量检验及评定规程　第13部分：电力变流设备施工质量检验	DL/T 5161.13—2002		2018/12/25	2019/5/1
11.1-4-250	11.1	29.240	F20	DL/T 5161.14—2018	电气装置安装工程质量检验及评定规程　第14部分：起重机电气装置施工质量检验	DL/T 5161.14—2002		2018/12/25	2019/5/1
11.1-4-251	11.1	29.240	F20	DL/T 5161.15—2018	电气装置安装工程质量检验及评定规程　第15部分：爆炸及火灾危险环境电气装置施工质量检验	DL/T 5161.15—2002		2018/12/25	2019/5/1
11.1-4-252	11.1	29.240	F20	DL/T 5161.16—2018	电气装置安装工程质量检验及评定规程　第16部分：1kV及以下配线工程施工质量检验	DL/T 5161.16—2002		2018/12/25	2019/5/1
11.1-4-253	11.1	29.240	F20	DL/T 5161.17—2018	电气装置安装工程质量检验及评定规程　第17部分：电气照明装置施工质量检验	DL/T 5161.17—2002		2018/12/25	2019/5/1
11.1-4-254	11.1	27.100	P61	DL/T 5190.1—2022	电力建设施工技术规范　第1部分：土建结构工程	DL 5190.1—2012		2022/5/13	2022/11/13
11.1-4-255	11.1	27.100	P61	DL 5190.5—2019	电力建设施工技术规范　第5部分：管道及系统	DL 5190.5—2012		2019/6/4	2019/10/1
11.1-4-256	11.1	01.040.27	F20/29	DL/T 5190.9—2022	电力建设施工技术规范　第9部分：水工结构工程	DL 5190.9—2012		2022/5/13	2022/11/13
11.1-4-257	11.1	27.140	P59	DL/T 5193—2021	环氧树脂砂浆技术规程	DL/T 5193—2004		2021/4/26	2021/10/26
11.1-4-258	11.1	27.100	P60	DL/T 5210.1—2021	电力建设施工质量验收规程　第1部分：土建工程	DL/T 5210.1—2012		2021/1/7	2021/7/1
11.1-4-259	11.1	27.100	F20	DL/T 5210.5—2018	电力建设施工质量验收规程　第5部分：焊接	DL/T 5210.7—2010		2018/12/25	2019/5/1
11.1-4-260	11.1	27.100	P60	DL/T 5229—2016	电力工程竣工图文件编制规定	DL/T 5229—2005		2016/1/7	2016/6/1
11.1-4-261	11.1	29.240.01	P62	DL 5279—2012	输变电工程达标投产验收规程			2012/4/6	2012/7/1
11.1-4-262	11.1	27.100	P60	DL/T 5394—2021	电力工程地下金属构筑物防腐技术导则	DL/T 5394—2007		2021/1/7	2021/7/1
11.1-4-263	11.1	29.020	K09	DL/T 5408—2009	发电厂、变电站电子信息系统220/380V电源电涌保护配置、安装及验收规程			2009/7/22	2009/12/1

11

续表

序号	GW 分类	ICS 分类	GB 分类	标准号	中文名称	代替标准	采用关系	发布日期	实施日期
11.1-4-264	11.1	27.140	P59	DL/T 5425—2018	深层搅拌法地基处理技术规范	DL/T 5425—2009		2018/12/25	2019/5/1
11.1-4-265	11.1	29.020	K01	DL/T 5434—2021	电力建设工程监理规范	DL/T 5434—2009		2021/1/7	2021/7/1
11.1-4-266	11.1	93.020	P10	DL/T 5481—2013	电力岩土工程监理规程			2013/11/28	2014/4/1
11.1-4-267	11.1	27.100	P62	DL/T 5528—2017	输变电工程结算审核报告编制导则			2017/3/28	2017/8/1
11.1-4-268	11.1	29.240	P62	DL/T 5574—2020	输变电工程调试项目计价办法			2020/10/23	2021/2/1
11.1-4-269	11.1	93.020	P10	DL/T 5578—2020	电力工程施工测量标准	DL/T 5445—2010		2020/10/23	2021/2/1
11.1-4-270	11.1	91.140.50	P63	DL/T 5700—2014	城市居住区供配电设施建设规范			2014/10/15	2015/3/1
11.1-4-271	11.1		F20/29	DL/T 5710—2023	电力建设土建工程施工技术检验检测规范	DL/T 5710—2014		2023/12/28	2024/6/28
11.1-4-272	11.1	29.240.01	F22	DL/T 5759—2017	配电系统电气装置安装工程施工及验收规范			2017/12/27	2018/6/1
11.1-4-273	11.1	27.140	P59	DL/T 5794—2019	灌浆记录仪检验规程			2019/11/4	2020/5/1
11.1-4-274	11.1	13.030.01	Z04	DL/T 5814—2020	变电站、换流站土建工程施工质量验收规程			2020/10/23	2021/2/1
11.1-4-275	11.1	29.240.01	P62	DL/T 5880—2024	输变电工程三维协同设计规范			2024/5/24	2024/11/24
11.1-4-276	11.1	29.140.01	P62	DL/T 5881—2024	输变电工程三维地质建模技术导则			2024/5/24	2024/11/24
11.1-4-277	11.1	29.020	K90	DL/T 646—2021	输变电钢管结构制造技术条件	DL/T 646—2012		2021/1/7	2021/7/1
11.1-4-278	11.1	25.160.01	J33	DL/T 678—2023	电力钢结构焊接通用技术条件	DL/T 678—2013		2023/10/11	2024/4/11
11.1-4-279	11.1	25.166.10	J33	DL/T 754—2013	母线焊接技术规程	DL/T 754—2001		2013/3/7	2013/8/1
11.1-4-280	11.1	17.220.20	N22	DL/T 825—2021	电能计量装置安装接线规则	DL/T 825—2002		2021/1/7	2021/7/1
11.1-4-281	11.1	27.100	P61	DL/T 868—2014	焊接工艺评定规程	DL/T 868—2004		2014/3/18	2014/8/1
11.1-4-282	11.1			HG/T 20691—2017	高压喷射注浆施工技术规范	HG/T 20691—2006		2017/7/7	2018/1/1
11.1-4-283	11.1	87.04	G51	HG/T 5176—2017	钢结构用水性防腐涂料			2017/11/7	2018/4/1
11.1-4-284	11.1	01.040.13		HJ 1113—2020	输变电建设项目环境保护技术要求			2020/2/27	2020/2/27
11.1-4-285	11.1			HJ 705—2020	建设项目竣工环境保护验收技术规范　输变电	HJ 705—2014		2020/1/16	2020/8/1
11.1-4-286	11.1	91.100.50	Q24	JC/T 207—2011	建筑防水沥青嵌缝油膏	JC/T 207—1996		2011/12/20	2012/7/1
11.1-4-287	11.1	91.060.10	Q72	JC/T 2085—2011	纤维增强水泥外墙装饰挂板			2011/12/20	2012/7/1
11.1-4-288	11.1	91.100.99	Q18	JC/T 2561—2020	建筑装饰用不燃级金属复合板			2020/4/16	2020/10/1

续表

序号	GW 分类	ICS 分类	GB 分类	标准号	中　文　名　称	代替标准	采用关系	发布日期	实施日期
11.1-4-289	11.1	91.100.99	Q18	JC/T 2605—2021	建筑装饰用氟碳覆膜金属板			2021/3/5	2021/7/1
11.1-4-290	11.1	91.100.40	Q14	JC/T 412.1—2018	无石棉纤维水泥平板	JC/T 412.1—2006	ISO 8336：2009，MOD；ISO 390：1993，IDT	2018/4/30	2018/9/1
11.1-4-291	11.1	91.100.30	Q14	JC/T 890—2017	蒸压加气混凝土墙体专用砂浆	JC/T 890—2001		2017/4/12	2017/10/1
11.1-4-292	11.1	91.100.99	Q10	JG/T 157—2009	建筑外墙用腻子	JG/T 157—2004		2009/5/18	2009/12/1
11.1-4-293	11.1	91.060.99	P32	JG/T 224—2007	建筑用钢结构防腐涂料			2007/8/21	2008/1/1
11.1-4-294	11.1	91.060.10	P32	JG/T 287—2013	保温装饰外墙外保温系统材料			2013/3/12	2013/6/1
11.1-4-295	11.1	87.04	Q13	JG/T 298—2010	建筑室内用腻子	JG/T 3049—1998		2010/12/10	2011/8/1
11.1-4-296	11.1	91.060	Q73	JG/T 334—2012	建筑外墙用铝蜂窝复合板			2012/10/29	2013/1/1
11.1-4-297	11.1	91.120.30	P32	JG/T 375—2012	金属屋面丙烯酸高弹防水涂料			2012/3/15	2012/8/1
11.1-4-298	11.1	91.060.10	Q15	JG/T 396—2012	外墙用非承重纤维增强水泥板			2012/11/1	2013/1/1
11.1-4-299	11.1	91.060.20	Q73	JG/T 402—2013	热反射金属屋面板			2013/1/14	2013/5/1
11.1-4-300	11.1	91.120.10	P32	JG/T 512—2017	建筑外墙涂料通用技术要求			2017/3/20	2017/9/1
11.1-4-301	11.1			JGJ/T 10—2011	混凝土泵送施工技术规程	JGJ/T 10—1995		2011/7/13	2012/3/1
11.1-4-302	11.1			JGJ 106—2014	建筑基桩检测技术规范	JGJ 106—2003		2014/6/12	2014/12/1
11.1-4-303	11.1			JGJ 107—2016	钢筋机械连接技术规程	JGJ 107—2010		2016/2/22	2016/8/1
11.1-4-304	11.1			JGJ 120—2012	建筑基坑支护技术规程	JGJ 120—1999		2012/4/5	2012/10/1
11.1-4-305	11.1			JGJ 126—2015	外墙饰面砖工程施工及验收规程			2015/1/9	2015/9/1
11.1-4-306	11.1			JGJ 144—2019	外墙外保温工程技术标准			2019/3/29	2019/11/1
11.1-4-307	11.1			JGJ 155—2013	种植屋面工程技术规程			2013/6/9	2013/12/1
11.1-4-308	11.1			JGJ/T 157—2014	建筑轻质条板隔墙技术规程	JGJ/T 157—2008		2014/6/5	2014/12/1
11.1-4-309	11.1			JGJ 168—2009	建筑外墙清洗维护技术规程			2009/3/4	2009/6/1
11.1-4-310	11.1			JGJ/T 175—2018	自流平地面工程技术标准			2018/2/14	2018/10/1
11.1-4-311	11.1			JGJ 180—2009	建筑施工土石方工程安全技术规范			2009/6/18	2009/12/1
11.1-4-312	11.1			JGJ 18—2012	钢筋焊接及验收规程	JGJ 18—2003		2012/3/1	2012/8/1
11.1-4-313	11.1			JGJ/T 213—2010	现浇混凝土大直径管桩复合地基技术规程			2010/7/23	2011/3/1

续表

序号	GW 分类	ICS 分类	GB 分类	标准号	中 文 名 称	代替标准	采用关系	发布日期	实施日期
11.1-4-314	11.1			JGJ/T 225—2010	大直径扩底灌注桩技术规程			2010/11/4	2011/8/1
11.1-4-315	11.1			JGJ 230—2010	倒置式屋面工程技术规程			2010/11/17	2011/10/1
11.1-4-316	11.1			JGJ/T 235—2011	建筑外墙防水工程技术规程			2011/1/28	2011/12/1
11.1-4-317	11.1			JGJ 255—2012	采光顶与金属屋面技术规程			2012/4/5	2012/10/1
11.1-4-318	11.1			JGJ/T 277—2012	红外热像法检测建筑外墙饰面粘结质量技术规程			2012/1/6	2012/5/1
11.1-4-319	11.1			JGJ 289—2012	建筑外墙外保温防火隔离带技术规程			2012/11/1	2013/3/1
11.1-4-320	11.1			JGJ/T 29—2015	建筑涂饰工程施工及验收规程			2015/3/13	2015/11/1
11.1-4-321	11.1			JGJ/T 316—2013	单层防水卷材屋面工程技术规程			2013/11/8	2014/6/1
11.1-4-322	11.1			JGJ 321—2014	点挂外墙板装饰工程技术规程			2014/6/24	2015/3/1
11.1-4-323	11.1			JGJ 340—2015	建筑地基检测技术规范			2015/3/30	2015/12/1
11.1-4-324	11.1			JGJ 376—2015	建筑外墙外保温系统修缮标准			2015/11/30	2016/5/1
11.1-4-325	11.1			JGJ/T 401—2017	锚杆检测与监测技术规程			2017/2/20	2017/9/1
11.1-4-326	11.1			JGJ/T 419—2018	长螺旋钻孔压灌桩技术标准			2018/12/6	2019/6/1
11.1-4-327	11.1			JGJ 8—2016	建筑变形测量规范	JGJ 8—2007		2016/7/9	2016/12/1
11.1-4-328	11.1	93.020	P22	JGJ 94—2008	建筑桩基技术规范	JGJ 94—1994		2008/4/22	2008/10/1
11.1-4-329	11.1			JGJ/T 98—2010	砌筑砂浆配合比设计规程	JGJ 98—2000		2010/11/4	2011/8/1
11.1-4-330	11.1			JTG/T F30—2014	公路水泥混凝土路面施工技术细则			2014/1/10	2014/4/1
11.1-4-331	11.1			JTS 120—1—2018	跨越和穿越航道工程航道通航条件影响评价报告编制规定	JTS 110-9—2012		2018/4/27	2018/6/1
11.1-4-332	11.1			JTS 120—3—2018	临河临湖临海工程航道通航条件影响评价报告编制规定			2018/4/27	2018/6/1
11.1-4-333	11.1			JTS 145—2015	港口与航道水文规范	JTS 145-1—2011; JTS 145-2—2013		2015/8/21	2016/1/1
11.1-4-334	11.1			JTS 180—3—2018	海轮航道通航标准	JTJ 311—1997		2018/2/22	2018/5/1
11.1-4-335	11.1	27.100	K46	NB/T 10096—2018	电力建设工程施工安全管理导则			2018/10/29	2019/3/1
11.1-4-336	11.1	19.040	K40	NB/T 10189—2019	输变电设备　大气环境条件　监测方法			2019/6/4	2019/10/1

续表

序号	GW 分类	ICS 分类	GB 分类	标准号	中 文 名 称	代替标准	采用关系	发布日期	实施日期
11.1-4-337	11.1	29.240.01	K45	NB/T 10191—2019	继电保护光纤回路标识编制方法			2019/6/4	2019/10/1
11.1-4-338	11.1	29.020	K40	NB/T 10279—2019	输变电设备　湿热环境条件			2019/11/4	2020/5/1
11.1-4-339	11.1	29.240	P62	NB/T 11197—2023	输变电工程三维设计技术导则			2023/5/26	2023/11/26
11.1-4-340	11.1	29.240	P62	NB/T 11198—2023	输变电工程三维设计模型分类与编码规则			2023/5/26	2023/11/26
11.1-4-341	11.1	29.240	P62	NB/T 11199—2023	输变电工程三维设计模型交互及建模规范			2023/5/26	2023/11/26
11.1-4-342	11.1			NB/T 11550—2024	地下工程约束混凝土支护规范			2024/5/24	2024/11/24
11.1-4-343	11.1	23.040.60	J15	NB/T 47023—2012	长颈对焊法兰	JB/T 4703—2000		2012/11/9	2013/3/1
11.1-4-344	11.1			SL 187—1996	水质采样技术规程			1997/2/13	1997/5/1
11.1-4-345	11.1	27	P56	SL 195—2015	水文巡测规范	SL 195—1997		2015/12/31	2016/3/31
11.1-4-346	11.1	27.14	P55	SL 196—2015	水文调查规范	SL 196—1997		2015/2/5	2015/5/5
11.1-4-347	11.1	17.120	P12	SL 383—2007	河道演变勘测调查规范			2007/7/14	2007/10/14
11.1-4-348	11.1	13.06	P58	SL 520—2014	洪水影响评价报告编制导则			2014/3/28	2014/6/28
11.1-4-349	11.1	17.120.01	P12	SL 58—2014	水文测量规范	SL 58—1993		2014/9/10	2014/12/10
11.1-4-350	11.1	29.24	P55	SL 640—2013	输变电项目水土保持技术规范			2013/12/11	2014/3/11
11.1-4-351	11.1	13.080.40	B11	SL 773—2018	生产建设项目土壤流失量测算导则			2018/10/23	2018/10/23
11.1-4-352	11.1	17.120	P12	SL/T 247—2020	水文资料整编规范	SL 247—2012		2020/11/2	2021/2/2
11.1-4-353	11.1	13.02	P76	YD/T 5251—2019	智能管道工程技术规范			2019/11/11	2020/1/1
11.1-4-354	11.1	77.150.10	H61	YS/T 730—2018	建筑用铝合金木纹型材	YS/T 730—2010		2018/4/30	2018/9/1
11.1-5-355	11.1			ASME B18.2.6—2019	结构应用中使用的紧固件	ASME B 18.2.6—2006		2019/3/1	2019/3/1
11.1-5-356	11.1			ASME B30.10—2019	索道、起重机、井架、葫芦、吊钩、千斤顶和吊索的安全标准	ASME B 30.10—2014		2019/11/21	2019/11/21
11.1-5-357	11.1			ASME B30.27—2019	索道、起重机、井架、起重机、吊钩、千斤顶和吊索的物料放置系统安全标准	ASME B 30.27—2014		2020/2/7	2020/2/7
11.1-5-358	11.1			ASME B30.30—2019	索道、起重机、井架、提升机、挂钩、千斤顶和吊索的安全标准			2019/3/4	2019/3/4
11.1-5-359	11.1	93.020; 13.080.99;		EN 16907—2：2018	土方工程　材料分类			2018/12/5	2018/12/5

11

续表

序号	GW 分类	ICS 分类	GB 分类	标准号	中 文 名 称	代替标准	采用关系	发布日期	实施日期
11.1-5-360	11.1	13.020.10		ISO 13315—6：2019	混凝土和混凝土结构的环境管理　第 6 部分：混凝土结构的使用　第 1 版			2019/9/1	2019/9/1
11.1-5-361	11.1	13.020.10		ISO 13315—8：2019	混凝土和混凝土结构的环境管理　第 8 部分：环境标志和声明　第 1 版			2019/1/1	2019/1/1
11.1-5-362	11.1	93.020		ISO 14689：2017	岩土工程勘察和试验　岩石的识别、描述和分类　第 1 版	ISO 14689-1：2003		2017/12/12	2017/12/12
11.1-5-363	11.1			ISO 15630—3：2019	用于混凝土的钢筋和预应力的钢—试验方法　第 3 部分：预应力钢—CORR：2019 年 10 月 31 日			2019/2/7	2019/2/7
11.1-5-364	11.1	77.140.15		ISO 15835-1：2018	混凝土加固用钢　钢筋机械接头用钢筋耦合器　第 1 部分：要求	ISO 15835-1：2009		2018/10/12	2018/10/12
11.1-5-365	11.1	77.140.15		ISO 15835-2：2018	混凝土加固用钢　钢筋机械接头用钢筋耦合器　第 2 部分：测试方法	ISO 15835-2：2009		2018/10/12	2018/10/12
11.1-5-366	11.1	77.140.15		ISO 15835-3：2018	混凝土加固用钢　钢筋机械接头用钢筋耦合器　第 3 部分：合格评定方案			2018/8/28	2018/8/28
11.1-5-367	11.1			ISO 17636-2：2022	焊缝的无损检测　放射线检验　第 2 部分：带数字探测器的 X 射线和 γ 射线技术			2022/9/1	2022/9/1
11.1-5-368	11.1			ISO 18674-5：2019	岩土工程的研究和测试　通过现场仪器进行的岩土工程的监测　第 5 部分：通过总压力传感器（TPC）进行应力变化测量			2019/10/10	2019/10/10
11.1-5-369	11.1	91.100.30		ISO 1920-3：2019	混凝土测试　第 3 部分：试样的制作和固化　第 2 版	ISO 1920-3：2004		2019/11/20	2019/11/20
11.1-5-370	11.1	91.100.30		ISO 1920-6：2019	混凝土测试　第 6 部分：混凝土芯材的取样、准备和测试	ISO 1920-6：2004		2019/10/11	2019/10/11
11.1-5-371	11.1	91.100.30		ISO 1920-14：2019	混凝土测试　第 14 部分：通过抗渗透性设定混凝土混合物的时间			2019/11/13	2019/11/13
11.1-5-372	11.1	01.080.10		ISO 19427：2019	钢丝绳　悬索桥主缆预制平行钢绞线　规范　第 1 版			2019/1/14	2019/1/14
11.1-5-373	11.1	93.020		ISO 22476-6：2018	土工调查和试验　现场试验　第 6 部分：自钻式压力计试验　第 1 版			2018/9/20	2018/9/20
11.1-5-374	11.1	93.020		ISO 22476-8：2018	土工调查和试验　现场试验　第 8 部分：全排量压力计试验　第 1 版			2018/9/20	2018/9/20

续表

序号	GW 分类	ICS 分类	GB 分类	标准号	中 文 名 称	代替标准	采用关系	发布日期	实施日期
11.1-5-375	11.1	93.020		ISO 22476-10：2017	土工调查和试验　现场试验　第 10 部分：重量测试　第 1 版			2017/10/9	2017/10/9
11.1-5-376	11.1	93.020		ISO 22476-11：2017	土工调查和试验　现场试验　第 11 部分：扁平膨胀计试验　第 1 版			2017/4/20	2017/4/20
11.1-5-377	11.1	93.020		ISO 22477-1：2018	岩土工程勘察和试验　岩土结构试验　第 1 部分：桩的试验：静态压缩载荷试验　第 1 版			2018/10/31	2018/10/31
11.1-5-378	11.1	93.020		ISO 22477-4：2018	岩土工程勘察和试验　岩土结构试验　第 4 部分：桩动态载荷试验　第 1 版			2018/3/16	2018/3/16
11.1-5-379	11.1	93.020		ISO 22477-5：2018	岩土工程勘察和试验　岩土结构试验　第 5 部分：灌浆锚的试验　第 1 版			2018/8/13	2018/8/13
11.1-5-380	11.1			ISO 3010：2017	结构设计基础　结构的地震作用　第 3 版	ISO 3010：2001		2017/3/30	2017/3/30
11.1-5-381	11.1	25.160.40	J33	ISO 6520-2：2013	焊接和相关工艺　金属材料中几何缺陷的分类　第 2 部分：压力焊接	ISO 6520-2：2001；ISO FDIS 6520-2：2012		2013/7/24	2013/7/24
11.1-5-382	11.1			ISO 6707-1：2020	建筑物和土木工程　词汇　第 1 部分：通用术语　第 5 版			2020/8/10	2020/8/10
11.1-5-383	11.1	93.010；01.040.91		ISO 6707-2：2017	建筑物和土木工程　词汇　第 2 部分：合同和通信术语	ISO 6707-2：2014		2017/11/6	2017/11/6
11.1-5-384	11.1			ISO 6707-3：2022	建筑物和土木工程　词汇　第 3 部分：可持续性条款　第 1 版			2022/11/30	2022/11/30
11.1-5-385	11.1	29.240.01；91.140.50	P91	NF C13-200—2009	高压电气安装　生产场地和工业、商业和农业安装的附加规范	NF C 13-200—1987；NF C 13-200 A 1—1989		2009/9/1	2009/9/5
11.1-6-386	11.1		H48	CECS 280—2010	钢管结构技术规程			2010/9/7	2010/12/1
11.1-6-387	11.1			CECS 343—2013	钢结构防腐蚀涂装技术规程			2013/7/25	2013/10/1
11.1-6-388	11.1	91.080.40	P25	CECS 38—2004	纤维混凝土结构技术规程	CECS 38—1992		2004/7/30	2004/11/1
11.1-6-389	11.1	19.04		T/CEC 401—2020	输变电金属材料及镀层的盐雾-盐溶液周浸加速腐蚀试验方法			2020/10/28	2021/2/1
11.1-6-390	11.1	07.040		T/CEC 5018—2020	输变电工程激光雷达测量技术应用导则			2020/6/30	2020/10/1
11.1-6-391	11.1	07.040		T/CEC 5019—2020	输变电工程卫星影像测量技术导则			2020/6/30	2020/10/1

序号	GW 分类	ICS 分类	GB 分类	标准号	中 文 名 称	代替标准	采用关系	发布日期	实施日期
11.1-6-392	11.1	07.040		T/CEC 5020—2020	输变电工程无人机航空摄影测量技术应用导则			2020/6/30	2020/10/1
11.1-6-393	11.1			T/CEC 5089—2023	电网工程监理导则			2023/8/21	2023/11/21

11.2 工程建设-变电站

序号	GW 分类	ICS 分类	GB 分类	标准号	中 文 名 称	代替标准	采用关系	发布日期	实施日期
11.2-2-1	11.2	29.240.10		Q/GDW 10119—2019	750kV 变电站构支架制作安装及验收规范	Q/GDW 119—2005		2020/7/31	2020/7/31
11.2-2-2	11.2	29.240.20		Q/GDW 10120—2019	750kV 变电站电气设备施工质量检验及评定规程	Q/GDW 120—2005		2020/7/31	2020/7/31
11.2-2-3	11.2	29.240.10		Q/GDW 10123—2019	750kV 高压电器（GIS、HGIS、隔离开关、避雷器）施工及验收规范	Q/GDW 123—2005		2020/7/31	2020/7/31
11.2-2-4	11.2	29.240		Q/GDW 10183—2021	变电（换流）站土建工程施工质量验收规范	Q/GDW 1183—2012		2021/7/9	2021/7/9
11.2-2-5	11.2			Q/GDW 10189—2017	1000kV 变电站电气设备施工质量检验及评定规程	Q/GDW 189—2008		2018/7/11	2018/7/11
11.2-2-6	11.2	29.240		Q/GDW 10197—2016	1000kV 母线装置施工工艺导则	Q/GDW 197—2008		2017/5/25	2017/5/25
11.2-2-7	11.2	29.240	F20	Q/GDW 10274—2024	变电工程落地式钢管脚手架施工安全技术规范	Q/GDW 1274—2015		2024/8/2	2024/8/2
11.2-2-8	11.2	29.240	F20	Q/GDW 10381.6—2024	输变电工程施工图设计内容深度规定　第 6 部分：330kV～750kV 变电站	Q/GDW 10381.6—2017		2024/8/2	2024/8/2
11.2-2-9	11.2	29.240		Q/GDW 10431—2016	智能变电站自动化系统现场调试导则	Q/GDW 431—2010		2016/12/22	2016/12/22
11.2-2-10	11.2	29.240	F20	Q/GDW 10576.5—2024	站用交直流电源系统技术规范　第 5 部分：交直流一体化电源系统	Q/GDW 576—2010		2024/12/31	2024/12/31
11.2-2-11	11.2	29.240		Q/GDW 10875—2018	智能变电站一体化监控系统测试规范	Q/GDW 1875—2013		2020/4/8	2020/4/8
11.2-2-12	11.2	29.240		Q/GDW 11129—2013	1000kV 变电站 A 型柱钢管构架安装施工工艺导则			2014/4/15	2014/4/15
11.2-2-13	11.2	29.240		Q/GDW 11130—2013	1000kV 变电站 A 型柱钢管构架安装施工及验收规范			2014/4/15	2014/4/15
11.2-2-14	11.2	29.240		Q/GDW 11131—2013	1000kV 变电站 A 型柱钢管构架安装施工质量检验及评定规程			2014/4/15	2014/4/15
11.2-2-15	11.2	29.240		Q/GDW 11144—2013	变电站地源热泵系统设计导则			2014/4/15	2014/4/15

续表

序号	GW 分类	ICS 分类	GB 分类	标准号	中 文 名 称	代替标准	采用关系	发布日期	实施日期
11.2-2-16	11.2	29.240		Q/GDW 11145—2014	智能变电站二次系统标准化现场调试规范			2014/12/31	2014/12/31
11.2-2-17	11.2	29.240	F20	Q/GDW 11152—2024	变电站模块化建设技术导则	Q/GDW 11152—2014		2024/8/2	2024/8/2
11.2-2-18	11.2	29.240		Q/GDW 11154—2014	智能变电站预制电缆技术规范			2014/12/31	2014/12/31
11.2-2-19	11.2	29.240		Q/GDW 11156—2014	智能变电站二次系统信息模型校验规范			2014/12/31	2014/12/31
11.2-2-20	11.2	29.240		Q/GDW 11157—2017	预制舱式二次组合设备技术规范	Q/GDW 11157—2014		2018/12/14	2018/12/14
11.2-2-21	11.2	29.240	F20	Q/GDW 11309—2024	变电站安全防范电子系统技术规范	Q/GDW 11309—2014		2024/10/25	2024/10/25
11.2-2-22	11.2	29.240		Q/GDW 11327—2014	变电站地源热泵空调施工工艺导则			2015/1/31	2015/1/31
11.2-2-23	11.2	29.240		Q/GDW 11329—2014	变压器短路法加热施工工艺导则			2015/1/31	2015/1/31
11.2-2-24	11.2	29.240	F21	Q/GDW 11509—2024	变电站辅助设备监控系统技术及接口规范	Q/GDW 11509—2015		2024/10/25	2024/10/25
11.2-2-25	11.2	29.240		Q/GDW 11547—2016	统一潮流控制器工程设计导则			2017/2/28	2017/2/28
11.2-2-26	11.2	29.240		Q/GDW 11548—2016	统一潮流控制器工程分系统调试规范			2017/2/28	2017/2/28
11.2-2-27	11.2	29.240		Q/GDW 11549—2016	统一潮流控制器系统调试规范			2017/2/28	2017/2/28
11.2-2-28	11.2	29.240		Q/GDW 11550—2016	统一潮流控制器电气装置施工及验收规范			2017/2/28	2017/2/28
11.2-2-29	11.2	29.240		Q/GDW 11551—2016	统一潮流控制器用 220kV 油浸式串联变压器技术规范			2017/2/28	2017/2/28
11.2-2-30	11.2	29.240		Q/GDW 11589—2016	1000kV 解体运输式电力变压器安装工艺导则			2017/5/25	2017/5/25
11.2-2-31	11.2	29.240		Q/GDW 1165—2014	1000kV 交流变电站构支架组立施工工艺导则	Q/GDW 165—2007		2015/2/6	2015/2/6
11.2-2-32	11.2	29.240		Q/GDW 11687—2023	变电站装配式钢结构建筑设计规范	Q/GDW 11687—2017		2023/11/24	2023/11/24
11.2-2-33	11.2	29.240		Q/GDW 11688—2023	变电站装配式钢结构建筑施工验收规范	Q/GDW 11688—2017		2023/11/24	2023/11/24
11.2-2-34	11.2	29.240		Q/GDW 11798.1—2023	输变电工程三维设计技术导则　第 1 部分：变电站	Q/GDW 11798.1—2017		2023/11/24	2023/11/24
11.2-2-35	11.2	29.240		Q/GDW 11810.1—2023	输变电工程三维设计建模规范　第 1 部分：变电站（换流站）	Q/GDW 11810.1—2018		2023/11/30	2023/11/30
11.2-2-36	11.2	29.240		Q/GDW 11881.1—2018	35kV～220kV 输变电工程初步设计与施工图设计阶段勘测报告内容深度规定　第 1 部分：变电站			2019/10/23	2019/10/23
11.2-2-37	11.2	29.240		Q/GDW 11906—2018	1000kV 电力变压器关键部件施工工艺导则			2020/1/12	2020/1/12

11

序号	GW 分类	ICS 分类	GB 分类	标准号	中 文 名 称	代替标准	采用关系	发布日期	实施日期
11.2-2-38	11.2	29.240.10		Q/GDW 11962—2019	变电站构筑物可靠性鉴定及加固技术规程			2020/7/31	2020/7/31
11.2-2-39	11.2	29.240.10		Q/GDW 12150—2021	35kV～750kV 变电站地基处理技术规程			2021/7/9	2021/7/9
11.2-2-40	11.2			Q/GDW 12331—2023	气体绝缘金属封闭开关设备无尘化安装通用规范			2023/11/17	2023/11/17
11.2-2-41	11.2			Q/GDW 12365—2023	预制舱式临时建筑技术规范			2023/11/24	2023/11/24
11.2-2-42	11.2			Q/GDW 1852—2012	1000kV 及以下串联电容器补偿装置施工质量检验及评定规程			2014/5/1	2014/5/1
11.2-2-43	11.2			Q/GDW 1854—2012	1000kV 及以下串联电容器补偿装置安装施工工艺导则			2014/5/1	2014/5/1
11.2-2-44	11.2			Q/GDW 1861—2012	特高压工程重大件设备运输监督规范			2013/6/28	2013/6/28
11.2-2-45	11.2	29.240		Q/GDW 190—2008	1000kV 变电站二次接线施工工艺导则			2008/12/8	2008/12/8
11.2-2-46	11.2	29.240		Q/GDW 193—2008	1000kV 电力变压器、油浸电抗器施工工艺导则			2008/12/8	2008/12/8
11.2-2-47	11.2	29.240		Q/GDW 194—2008	1000kV 电容式电压互感器、避雷器、支柱绝缘子施工工艺导则			2008/12/8	2008/12/8
11.2-2-48	11.2			Q/GDW 1947—2013	500kV 无人值班变电站系统调试技术规范			2014/5/1	2014/5/1
11.2-2-49	11.2	29.240		Q/GDW 196—2008	1000kV 隔离开关施工工艺导则			2008/12/8	2008/12/8
11.2-2-50	11.2	29.240		Q/GDW 414—2011	变电站智能化改造技术规范	Q/GDW/Z 414—2010		2011/8/4	2011/8/4
11.2-2-51	11.2	29.240		Q/GDW 551—2010	变电站控制电晕噪声技术导则（导体金具类）			2010/12/14	2010/12/14
11.2-2-52	11.2	29.240	F20	Q/GDW 10856—2025	变电（换流）站土建工程施工质量评价规程	Q/GDW 1856—2012		2025/1/31	2025/1/31
11.2-3-53	11.2	91.120.10	Q25	GB/T 20311—2021	建筑构件和建筑单元　热阻和传热系数　计算方法	GB/T 20311—2006		2021/8/20	2022/3/1
11.2-3-54	11.2	27.100	F23	GB/T 25737—2010	1000kV 变电站监控系统验收规范			2010/12/23	2011/5/1
11.2-3-55	11.2	35.240.50	L67	GB/T 28847.5—2021	建筑自动化和控制系统　第 5 部分：数据通信协议		ISO 16484-5：2012，NEQ	2021/3/9	2021/10/1
11.2-3-56	11.2	91.060.10	P32	GB/T 39526—2020	建筑幕墙空气声隔声性能分级及检测方法			2020/12/14	2021/11/1
11.2-3-57	11.2	91.060.10	P32	GB/T 39528—2020	建筑幕墙面板抗地震脱落检测方法			2020/12/14	2021/11/1
11.2-3-58	11.2	01.040.91	P04	GB/T 39531—2020	建筑构配件术语			2020/12/14	2021/11/1

续表

序号	GW 分类	ICS 分类	GB 分类	标准号	中文名称	代替标准	采用关系	发布日期	实施日期
11.2-3-59	11.2	91.220	P97	GB/T 39757—2021	建筑施工机械与设备　混凝土泵和泵车安全使用规程			2021/3/9	2022/2/1
11.2-3-60	11.2	91.220	P97	GB/T 39981—2021	建筑施工机械与设备　便携、手持、内燃机式切割机　安全要求		ISO 19432：2012，MOD	2021/5/21	2021/12/1
11.2-3-61	11.2	81.040.01	Q33	GB/T 40415—2021	建筑用光伏玻璃组件透光率测试方法			2021/8/20	2022/3/1
11.2-3-62	11.2			GB 50015—2019	建筑给水排水设计标准	GB 50015—2009		2019/6/19	2020/3/1
11.2-3-63	11.2			GB 50303—2015	建筑电气工程施工质量验收规范	GB 50303—2002		2015/12/3	2016/8/1
11.2-3-64	11.2			GB/T 50344—2019	建筑结构检测技术标准	GB/T 50344—2004		2019/11/22	2020/6/1
11.2-3-65	11.2			GB 50836—2013	1000kV 高压电器（GIS、HGIS、隔离开关、避雷器）施工及验收规范			2012/12/25	2013/5/1
11.2-3-66	11.2			GB 50993—2014	1000kV 输变电工程竣工验收规范			2014/5/29	2015/3/1
11.2-3-67	11.2			GB 51049—2014	电气装置安装工程　串联电容器补偿装置施工及验收规范			2014/12/2	2015/8/1
11.2-3-68	11.2			GB/T 51235—2017	建筑信息模型施工应用标准			2017/5/4	2018/1/1
11.2-3-69	11.2			GB/T 51301—2018	建筑信息模型设计交付标准			2018/12/26	2019/6/1
11.2-3-70	11.2			GB/T 51408—2021	建筑隔震设计标准			2021/4/27	2021/9/1
11.2-3-71	11.2			GB/T 51420—2020	智能变电站工程调试及验收标准			2020/1/16	2020/10/1
11.2-3-72	11.2			GB/T 51422—2021	建筑金属板围护系统检测鉴定及加固技术标准			2021/4/9	2021/10/1
11.2-3-73	11.2			GB 55002—2021	建筑与市政工程抗震通用规范			2021/4/9	2022/1/1
11.2-3-74	11.2			GB 55003—2021	建筑与市政地基基础通用规范			2021/4/9	2022/1/1
11.2-4-75	11.2			DL/T 1146—2021	DL/T 860 实施技术规范	DL/T 1146—2009		2021/12/22	2021/12/22
11.2-4-76	11.2	27.100	F24	DL/T 1518—2016	变电站噪声控制技术导则			2016/1/7	2016/6/1
11.2-4-77	11.2	29.180	K41	DL/T 1560—2016	解体运输电力变压器现场组装与试验导则			2016/1/7	2016/6/1
11.2-4-78	11.2	33.180.10	M49	DL/T 1623—2016	智能变电站预制光缆技术规范			2016/8/16	2016/12/1
11.2-4-79	11.2	29.240.01	F21	DL/T 1879—2018	智能变电站监控系统验收规范			2018/12/25	2019/5/1
11.2-4-80	11.2	29.240.01	F21	DL/T 1893—2018	变电站辅助监控系统技术及接口规范			2018/12/25	2019/5/1
11.2-4-81	11.2	29.240	F20	DL/T 2037—2019	变电站厂界环境噪声执行标准申请原则			2019/6/4	2019/10/1

序号	GW 分类	ICS 分类	GB 分类	标准号	中 文 名 称	代替标准	采用关系	发布日期	实施日期
11.2-4-82	11.2	33.100	L06	DL/T 2120—2020	GIS 变电站开关操作瞬态电磁骚扰抗扰度试验			2020/10/23	2021/2/1
11.2-4-83	11.2	29.020	K80	DL/T 2688—2023	电力用直流电源系统验收规范			2023/12/28	2024/6/28
11.2-4-84	11.2	29.240.10	K40	DL/T 358—2010	7.2kV～12kV 预装式户外开关站安装与验收规程			2011/1/9	2011/5/1
11.2-4-85	11.2	29.100.99	P61	DL/T 5312—2013	1000kV 变电站电气装置安装工程施工质量检验及评定规程			2013/11/28	2014/4/1
11.2-4-86	11.2	29.240.10	P62	DL/T 5725—2015	35kV 及以下电力用户变电所建设规范			2015/7/1	2015/12/1
11.2-4-87	11.2	29.240.99	K42	DL/T 5726—2015	1000kV 串联电容器补偿装置施工工艺导则			2015/7/1	2015/12/1
11.2-4-88	11.2	29.240.10	P62	DL/T 5740—2016	智能变电站施工技术规范			2016/8/16	2016/12/1
11.2-4-89	11.2	29.240.01	F20	DL/T 5754—2017	智能变电站工程调试质量检验评定规程			2017/11/15	2018/3/1
11.2-4-90	11.2	29.240.01	F21	DL/T 5780—2018	智能变电站监控系统建设规范			2018/12/25	2019/5/1
11.2-4-91	11.2	29.240.20	P60	DL/T 5789—2019	绝缘管型母线施工工艺导则			2019/6/4	2019/10/1
11.2-4-92	11.2			DL/T 5890—2024	电气装置安装工程旋转电机施工及验收规范			2024/9/24	2025/3/24
11.2-4-93	11.2	29.080.99	K49	JB/T 9671—2006	避雷器安装尺寸与接线端子尺寸			2006/5/6	2006/10/1
11.2-4-94	11.2			JGJ 79—2012	建筑地基处理技术规范	JGJ 79—2002		2012/8/23	2013/6/1
11.2-4-95	11.2	29.240.01	K45	NB/T 11480—2024	智能变电站户外控制柜环境控制系统技术规范			2024/5/24	2024/11/24
11.2-4-96	11.2	29.240.01	K45	NB/T 42167—2018	预制舱式二次组合设备技术要求			2018/6/6	2018/10/1
11.2-5-97	11.2			IEEE 1268：2016	移动变电所设备安全安装指南	IEEE 1268：2005		2016/4/7	2016/4/7
11.2-6-98	11.2	29.240.10		T/CEC 392—2020	变电站机器人巡检系统施工技术规范			2020/10/28	2021/2/1
11.2-6-99	11.2	93.020		T/CEC 5016—2020	变电站场地勘测技术规程			2020/6/30	2020/10/1
11.2-6-100	11.2			T/CEC 694—2022	变电站二次系统数字化设计编码规范			2022/10/26	2023/2/1

11.3 工程建设-换流站

序号	GW 分类	ICS 分类	GB 分类	标准号	中 文 名 称	代替标准	采用关系	发布日期	实施日期
11.3-2-1	11.3	29.240	F20	Q/GDW 10217.1—2024	高压直流换流站施工质量检验规程 第 1 部分：通则	Q/GDW 10217.1—2017		2024/12/31	2024/12/31

续表

序号	GW 分类	ICS 分类	GB 分类	标准号	中　文　名　称	代替标准	采用关系	发布日期	实施日期
11.3-2-2	11.3	29.240	F20	Q/GDW 10217.2—2024	高压直流换流站施工质量检验规程　第 2 部分：换流变压器	Q/GDW 10217.3—2017		2024/12/31	2024/12/31
11.3-2-3	11.3	29.240	F20	Q/GDW 10217.3—2024	高压直流换流站施工质量检验规程　第 3 部分：换流阀	Q/GDW 10217.2—2017		2024/12/31	2024/12/31
11.3-2-4	11.3	29.240	F20	Q/GDW 10217.4—2024	高压直流换流站施工质量检验规程　第 4 部分：直流高压电器	Q/GDW 10217.4—2017		2024/12/31	2024/12/31
11.3-2-5	11.3	29.240	F20	Q/GDW 10217.5—2024	高压直流换流站施工质量检验规程　第 5 部分：交流滤波器	Q/GDW 10217.5—2017		2024/12/31	2024/12/31
11.3-2-6	11.3	29.240	F20	Q/GDW 10217.6—2024	高压直流换流站施工质量检验规程　第 6 部分：母线装置	Q/GDW 10217.6—2017		2024/12/31	2024/12/31
11.3-2-7	11.3	29.240	F20	Q/GDW 10217.7—2024	高压直流换流站施工质量检验规程　第 7 部分：屏、柜及二次回路接线	Q/GDW 10217.7—2017		2024/12/31	2024/12/31
11.3-2-8	11.3	29.240	F20	Q/GDW 10222—2024	高压直流换流站交流滤波器施工及验收规范	Q/GDW 1222—2014		2024/12/31	2024/12/31
11.3-2-9	11.3	29.240	F20	Q/GDW 10223—2024	高压直流换流站母线装置施工及验收规范	Q/GDW 1223—2014		2024/12/31	2024/12/31
11.3-2-10	11.3	29.240	F20	Q/GDW 10224—2024	高压直流换流站屏、柜及二次回路接线施工及验收规范	Q/GDW 1224—2014		2024/12/31	2024/12/31
11.3-2-11	11.3	29.240		Q/GDW 11501—2016	±800kV 特高压直流换流站阀厅红外测温系统技术规范			2016/12/22	2016/12/22
11.3-2-12	11.3	29.240	P62	Q/GDW 11601—2024	高压直流换流站建筑物电磁屏蔽技术规范	Q/GDW 11601—2016		2024/12/31	2024/12/31
11.3-2-13	11.3	29.240		Q/GDW 11733—2022	柔性直流输电工程系统试验规程	Q/GDW 11733—2017		2022/7/16	2022/7/16
11.3-2-14	11.3	29.240	P62	Q/GDW 11745—2024	高压直流工程换流站阀厅施工及验收规范	Q/GDW 11745—2017		2024/12/31	2024/12/31
11.3-2-15	11.3	29.240	P62	Q/GDW 11746—2024	高压直流工程换流站户内直流场建筑钢结构施工及验收规范	Q/GDW 11746—2017		2024/12/31	2024/12/31
11.3-2-16	11.3	29.240	F20	Q/GDW 11747—2024	高压直流换流站直流高压电器施工及验收规范	Q/GDW 1219—2014		2024/12/31	2024/12/31
11.3-2-17	11.3	29.240	F20	Q/GDW 11748—2024	高压直流换流站换流阀施工及验收规范	Q/GDW 1221—2014		2024/12/31	2024/12/31
11.3-2-18	11.3	29.240	F20	Q/GDW 11750.1—2024	高压直流换流站分系统调试规范　第 1 部分：通则	Q/GDW 11750.1—2017		2024/12/31	2024/12/31
11.3-2-19	11.3	29.240	F20	Q/GDW 11750.2—2024	高压直流换流站分系统调试规范　第 2 部分：换流阀	Q/GDW 11750.2—2017		2024/12/31	2024/12/31

11

续表

序号	GW 分类	ICS 分类	GB 分类	标准号	中 文 名 称	代替标准	采用关系	发布日期	实施日期
11.3-2-20	11.3	29.240	F20	Q/GDW 11750.3—2024	高压直流换流站分系统调试规范 第 3 部分：换流变	Q/GDW 11750.3—2017		2024/12/31	2024/12/31
11.3-2-21	11.3	29.240	F20	Q/GDW 11750.4—2024	高压直流换流站分系统调试规范 第 4 部分：交流场	Q/GDW 11750.4—2017		2024/12/31	2024/12/31
11.3-2-22	11.3	29.240	F20	Q/GDW 11750.5—2024	高压直流换流站分系统调试规范 第 5 部分：交流滤波器场	Q/GDW 11750.5—2017		2024/12/31	2024/12/31
11.3-2-23	11.3	29.240	F20	Q/GDW 11750.6—2024	高压直流换流站分系统调试规范 第 6 部分：直流场	Q/GDW 11750.6—2017		2024/12/31	2024/12/31
11.3-2-24	11.3	29.240	F20	Q/GDW 11750.7—2024	高压直流换流站分系统调试规范 第 7 部分：站用电	Q/GDW 11750.7—2017		2024/12/31	2024/12/31
11.3-2-25	11.3	29.240	F20	Q/GDW 11750.8—2024	高压直流换流站分系统调试规范 第 8 部分：辅助系统及其他	Q/GDW 11750.8—2017		2024/12/31	2024/12/31
11.3-2-26	11.3	29.240	F20	Q/GDW 11750.9—2024	高压直流换流站分系统调试规范 第 9 部分：控制保护设备	Q/GDW 11750.9—2017		2024/12/31	2024/12/31
11.3-2-27	11.3	29.240	F22	Q/GDW 11751—2024	高压直流换流站换流变压器施工及验收规范	Q/GDW 1220—2014		2024/12/31	2024/12/31
11.3-2-28	11.3	29.240		Q/GDW 11797—2017	柔性直流输电换流站电气安装工程施工及验收规范			2018/11/9	2018/11/9
11.3-2-29	11.3	29.240	k40	Q/GDW 11870—2018	±1100kV 换流站电气设备施工技术监督导则			2019/10/23	2019/10/23
11.3-2-30	11.3	29.240.10		Q/GDW 11953.1—2019	柔性直流换流站交接验收规程 第 1 部分：通则			2020/7/3	2020/7/3
11.3-2-31	11.3	29.240.10		Q/GDW 11953.2—2019	柔性直流换流站交接验收规程 第 2 部分：换流阀			2020/7/3	2020/7/3
11.3-2-32	11.3	29.240.10		Q/GDW 11953.3—2019	柔性直流换流站交接验收规程 第 3 部分：换流（联接）变压器			2020/7/3	2020/7/3
11.3-2-33	11.3	29.240.10		Q/GDW 11953.4—2019	柔性直流换流站交接验收规程 第 4 部分：启动回路			2020/7/3	2020/7/3
11.3-2-34	11.3	29.240.10		Q/GDW 11953.5—2019	柔性直流换流站交接验收规程 第 5 部分：直流高压电器			2020/7/3	2020/7/3
11.3-2-35	11.3	29.240.10		Q/GDW 11953.6—2019	柔性直流换流站交接验收规程 第 6 部分：交流耗能装置			2020/7/3	2020/7/3

续表

序号	GW 分类	ICS 分类	GB 分类	标准号	中 文 名 称	代替标准	采用关系	发布日期	实施日期
11.3-2-36	11.3	29.240.10		Q/GDW 11953.7—2019	柔性直流换流站交接验收规程　第 7 部分：母线装置			2020/7/3	2020/7/3
11.3-2-37	11.3	29.240.10		Q/GDW 11953.8—2019	柔性直流换流站交接验收规程　第 8 部分：屏、柜及二次回路接线			2020/7/3	2020/7/3
11.3-2-38	11.3			Q/GDW 12035—2024	高压直流换流站施工质量评价规程	Q/GDW 12035—2020		2024/12/31	2024/12/31
11.3-2-39	11.3	29.240		Q/GDW 12205—2022	高压柔性直流输电系统控制保护联调试验技术规范			2022/1/29	2022/1/29
11.3-2-40	11.3	29.240		Q/GDW 255—2009	±800kV 换流站大型设备安装工艺导则			2009/5/25	2009/5/25
11.3-2-41	11.3	29.240		Q/GDW 256—2009	±800kV 换流站构支架组立施工工艺导则			2009/5/25	2009/5/25
11.3-2-42	11.3	29.240		Q/GDW 257—2009	±800kV 换流站母线、跳线施工工艺导则			2009/5/25	2009/5/25
11.3-3-43	11.3	29.080	K40	GB/T 311.3—2017	绝缘配合　第 3 部分：高压直流换流站绝缘配合程序	GB/T 311.3—2007	IEC 60071-5：2014，MOD	2017/9/29	2018/4/1
11.3-3-44	11.3	29.080.01	K40	GB/T 311.14—2024	绝缘配合　第 14 部分：高压直流系统 AC/DC 滤波器绝缘配合			2024/3/15	2024/10/1
11.3-3-45	11.3			GB 50729—2012	±800kV 及以下直流换流站土建工程施工质量验收规范			2012/5/28	2012/10/1
11.3-3-46	11.3			GB 50774—2012	±800kV 及以下换流站干式平波电抗器施工及验收规范			2012/5/28	2012/12/1
11.3-3-47	11.3			GB/T 50775—2012	±800kV 及以下换流站换流阀施工及验收规范			2012/5/28	2012/12/1
11.3-3-48	11.3			GB 50776—2012	±800kV 及以下换流站换流变压器施工及验收规范			2012/5/28	2012/12/1
11.3-3-49	11.3			GB 50777—2012	±800kV 及以下换流站构支架施工及验收规范			2012/5/28	2012/12/1
11.3-4-50	11.3	29.020	F24	DL/T 1526—2016	柔性直流输电工程系统试验规程			2016/1/7	2016/6/1
11.3-4-51	11.3			DL/T 2792—2024	柔性直流输电换流阀模块现场测试设备技术规范			2024/9/24	2025/3/24
11.3-4-52	11.3	29.240.10	P62	DL/T 5232—2019	直流换流站电气装置安装工程施工及验收规范	DL/T 5232—2010；DL/T 5231—2010		2019/11/4	2020/5/1
11.3-4-53	11.3	29.240.10	P62	DL/T 5233—2019	直流换流站电气装置施工质量检验及评定规程	DL/T 5233—2010；DL/T 5275—2012		2019/11/4	2020/5/1

续表

序号	GW 分类	ICS 分类	GB 分类	标准号	中 文 名 称	代替标准	采用关系	发布日期	实施日期
11.3-4-54	11.3	29.240.01	F22	DL/T 5234—2010	±800kV 及以下直流输电工程启动及竣工验收规程			2010/5/24	2010/10/1
11.3-4-55	11.3	27.100	F29	DL/T 5276—2012	±800kV 及以下换流站母线、跳线施工工艺导则			2012/4/6	2012/7/1
11.3-4-56	11.3	29.240.99	F22	DL/T 5753—2017	±200kV 及以下柔性直流换流站换流阀施工工艺导则			2017/11/15	2018/3/1
11.3-4-57	11.3	29.130.10	K43	JB/T 14878—2024	柔性直流换流阀子模块旁路开关			2024/4/10	2024/10/1
11.3-4-58	11.3			NB/T 11388—2023	柔性直流输电换流阀用直流支撑电容器			2023/12/28	2024/6/28
11.3-5-59	11.3			IEC TS 63336：2024	VSC HVDC 系统的调试			2024/7/16	2024/7/16
11.3-6-60	11.3	01.040.29		T/CSEE 0195—2021	高压直流控制保护电磁暂态封装建模技术规范			2021/3/11	2021/5/1

11

11.4 工程建设-架空线路

序号	GW 分类	ICS 分类	GB 分类	标准号	中 文 名 称	代替标准	采用关系	发布日期	实施日期
11.4-2-1	11.4	29.060.10		Q/GDW 10115—2022	110kV～1000kV 架空输电线路施工及验收规范	Q/GDW 1153—2012；Q/GDW 10225—2018；Q/GDW 10115—2019；Q/GDW 1569—2015		2022/10/14	2022/10/14
11.4-2-2	11.4	29.240		Q/GDW 10121—2022	110kV～1000kV 架空输电线路工程施工质量验收规程	Q/GDW 570—2010；Q/GDW 1226—2014；Q/GDW 10163—2017；Q/GDW 10121—2019		2022/10/14	2022/10/14
11.4-2-3	11.4	29.240		Q/GDW 10154.1—2021	架空输电线路张力架线施工工艺导则 第 1 部分：放线	Q/GDW 10154—2017；Q/GDW 113—2004；Q/GDW 568—2010；Q/GDW 1389—2014 等		2022/1/24	2022/1/24

续表

序号	GW 分类	ICS 分类	GB 分类	标准号	中 文 名 称	代替标准	采用关系	发布日期	实施日期
11.4-2-4	11.4	29.240		Q/GDW 10154.2—2021	架空输电线路张力架线施工工艺导则 第 2 部分：紧线	Q/GDW 10154—2017；Q/GDW 113—2004；Q/GDW 568—2010；Q/GDW 1389—2014 等		2022/1/24	2022/1/24
11.4-2-5	11.4	29.240		Q/GDW 10154.3—2021	架空输电线路张力架线施工工艺导则 第 3 部分：附件安装	Q/GDW 10154—2017；Q/GDW 113—2004；Q/GDW 568—2010；Q/GDW 1389—2014 等		2022/1/24	2022/1/24
11.4-2-6	11.4			Q/GDW 10179—2023	35kV～750kV 架空电力线路设计技术规定	Q/GDW 10179—2017		2023/11/24	2023/11/24
11.4-2-7	11.4	29.240		Q/GDW 10297—2016	1000kV 交流架空输电线路铁塔结构设计技术规定	Q/GDW 297—2009		2016/12/22	2016/12/22
11.4-2-8	11.4	29.240		Q/GDW 10351—2016	架空输电线路钢管塔运输施工工艺导则	Q/GDW 351—2009		2016/12/22	2016/12/22
11.4-2-9	11.4	29.240		Q/GDW 10384—2023	输电线路钢管塔加工技术规程	Q/GDW 1384—2015		2023/11/17	2023/11/17
11.4-2-10	11.4	29.240		Q/GDW 10550—2018	110kV～750kV 架空输电线路可听噪声控制设计建设导则	Q/GDW 550—2010		2019/8/30	2019/8/30
11.4-2-11	11.4	29.240	F20	Q/GDW 10571—2024	大截面导线压接工艺导则	Q/GDW 10571—2018		2024/12/31	2024/12/31
11.4-2-12	11.4	29.240		Q/GDW 10585—2022	架空输电线路螺旋锚基础施工及质量验收规范	Q/GDW 585—2011		2022/10/14	2022/10/14
11.4-2-13	11.4	29.240		Q/GDW 10705—2018	输电线路钢管塔用法兰	Q/GDW 705—2012		2019/10/23	2019/10/23
11.4-2-14	11.4	77.140.70		Q/GDW 10706—2018	输电线路铁塔用热轧大规格角钢	Q/GDW 706—2012		2019/10/23	2019/10/23
11.4-2-15	11.4	29.240		Q/GDW 10708—2021	输电杆塔与变电构支架高强钢焊接及热加工技术规程	Q/GDW 708—2012		2022/1/24	2022/1/24
11.4-2-16	11.4	29.240		Q/GDW 10816—2018	中强度铝合金绞线	Q/GDW 1816—2012		2019/10/23	2019/10/23
11.4-2-17	11.4	29.240		Q/GDW 10860—2021	架空输电线路铁塔分解组立施工工艺导则	Q/GDW 1112—2015；Q/GDW 10860—2018；Q/GDW 10346—2016		2022/1/24	2022/1/24

11

续表

序号	GW 分类	ICS 分类	GB 分类	标准号	中 文 名 称	代替标准	采用关系	发布日期	实施日期
11.4-2-18	11.4	29.240		Q/GDW 11124.3—2013	750kV 架空输电线路杆塔复合横担技术规定 第3部分：试验技术			2014/4/15	2014/4/15
11.4-2-19	11.4	29.240		Q/GDW 11124.4—2013	750kV 架空输电线路杆塔复合横担技术规定 第4部分：安装工艺			2014/4/15	2014/4/15
11.4-2-20	11.4	29.240		Q/GDW 11141—2013	双平臂落地抱杆安装及验收规范			2014/4/15	2014/4/15
11.4-2-21	11.4	29.240		Q/GDW 11189—2018	架空输电线路施工专用货运索道	Q/GDW 11189—2014		2019/10/23	2019/10/23
11.4-2-22	11.4	29.240		Q/GDW 11268—2014	架空输电线路多轮装配式放线滑车			2015/1/31	2015/1/31
11.4-2-23	11.4	29.240		Q/GDW 11331—2014	输电线路岩石锚杆基础施工工艺导则			2015/1/31	2015/1/31
11.4-2-24	11.4	29.240		Q/GDW 11332—2023	输电线路掏挖基础机械化施工工艺导则	Q/GDW 11332—2014		2023/11/17	2023/11/17
11.4-2-25	11.4	29.240		Q/GDW 11334—2014	输电线路挤扩支盘桩基础机械化施工导则			2015/1/31	2015/1/31
11.4-2-26	11.4	29.240		Q/GDW 11335—2014	输电线路灌注桩基础机械化施工工艺导则			2015/1/31	2015/1/31
11.4-2-27	11.4	29.240		Q/GDW 11336—2014	输电线路接地网非开挖施工工艺导则			2015/1/31	2015/1/31
11.4-2-28	11.4	29.240		Q/GDW 11402—2023	输电线路组塔落地抱杆	Q/GDW 11402—2015		2023/11/24	2023/11/24
11.4-2-29	11.4	29.240		Q/GDW 11404—2015	全封堵玻璃钢模板杆塔基础施工工艺导则			2016/11/15	2016/11/15
11.4-2-30	11.4	29.240		Q/GDW 11405—2023	架空输电线路通道清理技术规定	Q/GDW 11405—2015		2023/11/17	2023/11/17
11.4-2-31	11.4	29.240		Q/GDW 11499—2016	直升机吊挂运输输电线路物资施工导则			2016/12/22	2016/12/22
11.4-2-32	11.4	29.240.20		Q/GDW 11529—2016	特高压钢管塔锻造法兰涡流检测导则			2016/12/22	2016/12/22
11.4-2-33	11.4	29.240.20		Q/GDW 11530—2016	特高压钢管塔用 Q345 钢对接接头焊接工艺导则			2016/12/22	2016/12/22
11.4-2-34	11.4	29.240		Q/GDW 11598—2016	架空输电线路机械化施工技术导则			2017/6/16	2017/6/16
11.4-2-35	11.4	29.240		Q/GDW 11649—2016	架空输电线路标识热转印技术规范			2017/10/17	2017/10/17
11.4-2-36	11.4			Q/GDW 11729—2017	架空输电线路混凝土预制管桩基础技术规定			2018/7/11	2018/7/11
11.4-2-37	11.4			Q/GDW 11749—2017	±1100kV 特高压直流输电线路施工及验收规范			2018/9/12	2018/9/12
11.4-2-38	11.4	29.240		Q/GDW 11798.2—2023	输变电工程三维设计技术导则 第2部分：架空线路	Q/GDW 11798.2—2018		2023/11/24	2023/11/24
11.4-2-39	11.4	29.240		Q/GDW 11810.2—2023	输变电工程三维设计建模规范 第2部分：架空输电线路	Q/GDW 11810.2—2018		2023/11/30	2023/11/30

续表

序号	GW 分类	ICS 分类	GB 分类	标准号	中 文 名 称	代替标准	采用关系	发布日期	实施日期
11.4-2-40	11.4	29.240		Q/GDW 11841—2018	输电线路特大型钢管塔加工技术规范			2019/8/30	2019/8/30
11.4-2-41	11.4	29.080.99		Q/GDW 11864—2018	±1100kV 直流输电线路用复合外套无间隙金属氧化物避雷器			2019/10/23	2019/10/23
11.4-2-42	11.4	29.240		Q/GDW 11875—2018	架空输电线路复合绝缘横担设计技术规范			2019/10/23	2019/10/23
11.4-2-43	11.4	29.035		Q/GDW 11876—2018	架空输电线路复合绝缘横担用材料技术规范			2019/10/23	2019/10/23
11.4-2-44	11.4	29.240		Q/GDW 11877—2018	架空输电线路复合材料杆塔施工及验收规范			2019/10/23	2019/10/23
11.4-2-45	11.4	29.240		Q/GDW 11878—2018	架空输电线路杆塔用耐候结构钢			2019/10/23	2019/10/23
11.4-2-46	11.4	29.035		Q/GDW 11879—2018	架空输电线路复合材料杆塔试验技术规范			2019/10/23	2019/10/23
11.4-2-47	11.4	29.240		Q/GDW 11880—2018	架空输电线路地基基础工程基本术语			2019/10/23	2019/10/23
11.4-2-48	11.4	29.240		Q/GDW 11881.2—2018	35kV～220kV 输变电工程初步设计与施工图设计阶段勘测报告内容深度规定　第 2 部分：架空线路			2019/10/23	2019/10/23
11.4-2-49	11.4	29.020		Q/GDW 11908—2018	220kV 及以上交流输电线路潜供电流计算及抑制措施选取导则			2020/1/12	2020/1/12
11.4-2-50	11.4	33.180		Q/GDW 11948—2018	分段绝缘光纤复合架空地线（OPGW）线路工程技术规范			2020/4/8	2020/4/8
11.4-2-51	11.4	29.240		Q/GDW 11960—2019	架空输电线路耐候钢杆塔加工技术规程			2020/7/31	2020/7/31
11.4-2-52	11.4	29.240		Q/GDW 12151—2021	采用对接装置的输电线路流动式起重机组塔施工工艺导则			2021/7/9	2021/7/9
11.4-2-53	11.4			Q/GDW 12369—2023	架空输电线路超高杆塔结构设计规程			2023/11/24	2023/11/24
11.4-2-54	11.4			Q/GDW 12375—2023	架空输电线路施工用格构式跨越架			2023/11/24	2023/11/24
11.4-2-55	11.4	29.240	F20	Q/GDW 12564—2024	特高压及直流线路工程基础施工工艺导则			2024/12/31	2024/12/31
11.4-2-56	11.4	29.240		Q/GDW 1465—2014	输电杆塔高强钢焊接质量检验技术条件	Q/GDW 465—2010		2014/10/15	2014/10/15
11.4-2-57	11.4			Q/GDW 1789—2013	特高压交流工程用棒形悬式复合绝缘子现场交接验收规程			2013/4/12	2013/4/12
11.4-2-58	11.4	29.240		Q/GDW 1833—2012	多年冻土地区输电线路杆塔基础施工工艺导则			2013/6/28	2013/6/28
11.4-2-59	11.4			Q/GDW 1834—2012	输电线路预制装配式混凝土基础加工与安装工艺导则			2013/6/28	2013/6/28

续表

序号	GW 分类	ICS 分类	GB 分类	标准号	中文名称	代替标准	采用关系	发布日期	实施日期
11.4-2-60	11.4	29.240		Q/GDW 317—2009	特高压光纤复合架空地线（OPGW）工程施工及竣工验收技术规范			2009/5/25	2009/5/25
11.4-2-61	11.4	29.240	F20	Q/GDW 10418—2025	架空输电线路施工专用货运索道施工工艺导则	Q/GDW 1418—2014		2025/1/31	2025/1/31
11.4-2-62	11.4	29.240.20	F20	Q/GDW 10831.1—2025	飞行器展放初级导引绳施工工艺导则　第 1 部分：多旋翼无人机	Q/GDW 1831—2012		2025/1/31	2025/1/31
11.4-2-63	11.4	29.240.20	F20	Q/GDW 10831.2—2025	飞行器展放初级导引绳施工工艺导则　第 2 部分：载人直升机	Q/GDW 10839—2016		2025/1/31	2025/1/31
11.4-2-64	11.4	27.100	K47	Q/GDW 10838—2025	输电线路杆塔用紧固件技术条件	Q/GDW 1838—2012		2025/1/31	2025/1/31
11.4-3-65	11.4	29.080.10	K48	GB/T 21421.2—2014	标称电压高于 1000V 的架空线路用复合绝缘子串元件　第 2 部分：尺寸与特性	GB/T 20876.2—2007	IEC 61466-2：2002，MOD	2014/7/24	2015/1/22
11.4-3-66	11.4	53.020.20	J80	GB/T 26471—2023	塔式起重机　安装、拆卸与爬升规则	GB/T 26471—2011		2023/3/17	2023/10/1
11.4-3-67	11.4	29.060.10	K11	GB/T 32502—2016	复合材料芯架空导线			2016/2/24	2016/9/1
11.4-3-68	11.4	77.140.60	H44	GB/T 33964—2017	耐候钢实心焊丝用钢盘条			2017/7/12	2018/4/1
11.4-3-69	11.4	93.110	P52	GB 50127—2020	架空索道工程技术标准	GB 50127—2007		2020/1/16	2020/8/1
11.4-3-70	11.4			GB 50173—2014	电气装置安装工程 66kV 及以下架空电力线路施工及验收规范	GB 50173—1992		2014/4/15	2015/1/1
11.4-3-71	11.4			GB 50233—2014	110kV～750kV 架空输电线路施工及验收规范	GB 50233—2005；GB 50389—2006		2014/10/9	2015/8/1
11.4-3-72	11.4			GB 50586—2010	铝母线焊接工程施工及验收规范			2010/5/31	2010/12/1
11.4-3-73	11.4	29.240.20	K47	GB/T 5075—2016	电力金具名词术语	GB/T 5075—2001		2016/4/25	2016/11/1
11.4-3-74	11.4	21.060.10	J13	GB/T 799—2020	地脚螺栓	GB/T 799—1988		2020/11/19	2021/6/1
11.4-4-75	11.4	29.240.20	K47	DL/T 1007—2006	架空输电线路带电安装导则及作业工具设备		IEC 61328：2003，IDT	2006/9/14	2007/3/1
11.4-4-76	11.4	29.240.20	K47	DL/T 1098—2016	间隔棒技术条件和试验方法	DL/T 1098—2009		2016/1/7	2016/6/1
11.4-4-77	11.4	29.240.20	F20	DL/T 1109—2019	输电线路张力架线用张力机通用技术条件	DL/T 1109—2009		2019/11/4	2020/5/1
11.4-4-78	11.4	29.240.20	K44	DL/T 1179—2021	1000kV 交流架空输电线路工频参数测量导则	DL/T 1179—2012		2021/12/22	2021/12/22
11.4-4-79	11.4	29.120.20	L24	DL/T 1192—2020	架空输电线路接续管保护装置	DL/T 1192—2012		2020/10/23	2021/2/1
11.4-4-80	11.4	27.100	F24	DL/T 1236—2021	输电杆塔用地脚螺栓与螺母	DL/T 1236—2013		2021/4/26	2021/10/26

续表

序号	GW 分类	ICS 分类	GB 分类	标准号	中文名称	代替标准	采用关系	发布日期	实施日期
11.4-4-81	11.4	27.100	F24	DL/T 1289—2013	可拆卸式全钢瓦楞结构架空导线交货盘			2013/11/28	2014/4/1
11.4-4-82	11.4	27.100	F23	DL/T 1372—2014	架空输电线路跳线技术条件			2014/10/15	2015/3/1
11.4-4-83	11.4	29.020	K47	DL/T 1453—2015	输电线路铁塔防腐蚀保护涂装			2015/4/2	2015/9/1
11.4-4-84	11.4	29.080.10	K48	DL/T 1470—2015	交流系统用盘形悬式复合瓷或玻璃绝缘子串元件			2015/7/1	2015/12/1
11.4-4-85	11.4	29.240.01	F25	DL/T 1578—2021	架空电力线路多旋翼无人机巡检系统	DL/T 1179—2016		2021/12/22	2022/3/22
11.4-4-86	11.4	29.080.10	K48	DL/T 1580—2021	交、直流复合绝缘子用芯体技术条件	DL/T 1580—2016		2021/12/22	2022/6/22
11.4-4-87	11.4	27.100	F29	DL/T 1583—2016	交流输电线路工频电气参数测量导则			2016/2/5	2016/7/1
11.4-4-88	11.4	29.240.20	K47	DL/T 1632—2016	输电线路钢管塔用法兰技术要求			2016/12/5	2017/5/1
11.4-4-89	11.4	29.240	P60	DL/T 1727—2017	110kV～750kV 交流架空输电线路可听噪声控制技术导则			2017/8/2	2017/12/1
11.4-4-90	11.4	29.240	K47	DL/T 1889—2018	输电杆塔用紧固件横向振动试验方法			2018/12/25	2019/5/1
11.4-4-91	11.4	29.080.10	K48	DL/T 1897—2018	交、直流架空线路用长棒形瓷绝缘子串元件使用导则			2018/12/25	2019/5/1
11.4-4-92	11.4	29.240	K48	DL/T 1902—2018	高压交、直流空心复合绝缘子施工、运行和维护管理规范			2018/12/25	2019/5/1
11.4-4-93	11.4	27.100	F21	DL/T 2095—2020	输电线路杆塔石墨基柔性接地体技术条件			2020/10/23	2021/2/1
11.4-4-94	11.4	13.260	F23	DL/T 2111—2020	架空输电线路感应电防护技术导则			2020/10/23	2021/2/1
11.4-4-95	11.4	29.240.01	F25	DL/T 2119—2020	架空电力线路多旋翼无人机飞行控制系统通用技术规范			2020/10/23	2021/2/1
11.4-4-96	11.4	29.240.20	F20	DL/T 2131—2020	架空输电线路施工卡线器			2020/10/23	2021/2/1
11.4-4-97	11.4	29.240.20	F20	DL/T 2209—2021	架空输电线路雷电防护导则			2021/1/7	2021/7/1
11.4-4-98	11.4	29.240.20	F20	DL/T 2536—2022	架空输电线路临时锚体			2022/11/4	2023/5/4
11.4-4-99	11.4	29.240.20	F20	DL/T 2537—2022	架空输电线路施工用纤维绳索			2022/11/4	2023/5/4
11.4-4-100	11.4	29.240.20	K47	DL/T 2538—2022	架空输电线路网套连接器			2022/11/4	2023/5/4
11.4-4-101	11.4	29.240.20	K47	DL/T 2539—2022	架空输电线路施工提线器			2022/11/4	2023/5/4
11.4-4-102	11.4	29.240.20	F20	DL/T 2540—2022	大面积导线压接工艺导则			2022/11/4	2023/5/4

续表

序号	GW 分类	ICS 分类	GB 分类	标准号	中文名称	代替标准	采用关系	发布日期	实施日期
11.4-4-103	11.4			DL/T 2541—2022	架空输电线路货运索道			2022/11/4	2023/5/4
11.4-4-104	11.4	27.100	K47	DL/T 284—2021	输电线路杆塔及电力金具用热浸镀锌螺栓与螺母	DL/T 284—2012		2021/4/26	2021/10/26
11.4-4-105	11.4	29.240.20	K47	DL/T 319—2018	架空输电线路施工抱杆通用技术条件及试验方法	DL/T 319—2010		2018/4/3	2018/7/1
11.4-4-106	11.4	29.240.20	K47	DL/T 371—2019	架空输电线路放线滑车	DL/T 371—2010		2019/11/4	2020/5/1
11.4-4-107	11.4	29.240.20	F20	DL/T 372—2019	输电线路张力架线用牵引机通用技术条件	DL/T 372—2010		2019/11/4	2020/5/1
11.4-4-108	11.4	93.020	P10	DL/T 5049—2016	架空输电线路大跨越工程勘测技术规程	DL/T 5049—2006		2016/12/5	2017/5/1
11.4-4-109	11.4	27.140	P55	DL/T 5106—2017	跨越电力线路架线施工规程	DL/T 5106—1999		2017/11/15	2018/3/1
11.4-4-110	11.4	29.240.20	P60/64	DL/T 5168—2023	110kV 及以上架空输电线路施工质量检验规程	DL/T 5168—2016		2023/12/28	2024/6/28
11.4-4-111	11.4	29.240.01	F22	DL/T 5235—2010	±800kV 及以下直流架空输电线路工程施工及验收规程			2010/5/24	2010/10/1
11.4-4-112	11.4	29.240.01	F22	DL/T 5236—2010	±800kV 及以下直流架空输电线路工程施工质量检验及评定规程			2010/5/24	2010/10/1
11.4-4-113	11.4	29.240.20	F20	DL/T 5253—2010	架空平行集束绝缘导线低压配电线路设计与施工规程			2011/1/9	2011/5/1
11.4-4-114	11.4	28.240.20	P60	DL/T 5284—2019	碳纤维复合材料芯架空导线施工工艺导则	DL/T 5284—2012		2019/6/4	2019/10/1
11.4-4-115	11.4	29.240.20	F20	DL/T 5285—2018	输变电工程架空导线（800mm^2 以下）及地线液压压接工艺规程	DL/T 5285—2013		2018/4/3	2018/7/1
11.4-4-116	11.4	27.100	F20	DL/T 5286—2013	±800kV 架空输电线路张力架线施工工艺导则			2013/3/7	2013/8/1
11.4-4-117	11.4	27.100	P60	DL/T 5287—2013	±800kV 架空输电线路铁塔组立施工工艺导则			2013/3/7	2013/8/1
11.4-4-118	11.4	27.140	P98	DL/T 5288—2013	架空输电线路大跨越工程跨越塔组立施工工艺导则			2013/3/7	2013/8/1
11.4-4-119	11.4	27.060.70	K42	DL/T 5289—2013	1000kV 架空输电线路铁塔组立施工工艺导则			2013/3/7	2013/8/1
11.4-4-120	11.4	27.100	P62	DL/T 5290—2013	1000kV 架空输电线路张力架线施工工艺导则			2013/3/7	2013/8/1
11.4-4-121	11.4	27.060.70	K42	DL/T 5291—2013	1000kV 输变电工程导地线液压施工工艺规程			2013/3/7	2013/8/1

续表

序号	GW 分类	ICS 分类	GB 分类	标准号	中 文 名 称	代替标准	采用关系	发布日期	实施日期
11.4-4-122	11.4	29.240.01	F24	DL/T 5300—2013	1000kV 架空输电线路工程施工质量检验及评定规程			2013/11/28	2014/4/1
11.4-4-123	11.4	27.100	P60	DL/T 5301—2013	架空输电线路无跨越架不停电跨越架线施工工艺导则			2013/11/28	2014/4/1
11.4-4-124	11.4	27.140	P59	DL/T 5318—2014	架空输电线路扩径导线架线施工工艺导则			2014/3/18	2014/8/1
11.4-4-125	11.4	27.140	P59	DL 5319—2014	架空输电线路大跨越工程施工及验收规范			2014/3/18	2014/8/1
11.4-4-126	11.4	27.140	P59	DL 5320—2014	架空输电线路大跨越工程架线施工工艺导则			2014/3/18	2014/8/1
11.4-4-127	11.4	29.240	F20	DL/T 5342—2018	110kV～750kV 架空输电线路铁塔组立施工工艺导则	DL/T 5342—2006		2018/4/3	2018/7/1
11.4-4-128	11.4	29.240	F20	DL/T 5343—2018	110kV～750kV 架空输电线路张力架线施工工艺导则	SDJJS 2—1987； DL/T 5343—2006		2018/4/3	2018/7/1
11.4-4-129	11.4	29.240	P62	DL/T 5472—2021	架空输电线路工程建设预算项目划分导则	DL/T 5472—2013		2021/11/16	2021/11/16
11.4-4-130	11.4	27.100	P62	DL/T 5527—2017	架空输电线路工程施工组织大纲设计导则			2017/3/28	2017/8/1
11.4-4-131	11.4	29.240	P62	DL/T 5566—2019	架空输电线路工程勘测数据交换标准			2019/11/4	2020/5/1
11.4-4-132	11.4	93.020	P10	DL/T 5577—2020	冻土地区架空输电线路岩土工程勘测技术规程			2020/10/23	2021/2/1
11.4-4-133	11.4	29.060.10	K12	DL/T 5708—2014	架空输电线路戈壁碎石土地基掏挖基础设计与施工技术导则			2014/10/15	2015/3/1
11.4-4-134	11.4	29.240.20	F22	DL/T 5732—2016	架空输电线路大跨越工程施工质量检验及评定规程			2016/2/5	2016/7/1
11.4-4-135	11.4	29.240.20	P62	DL/T 5733—2016	架空输电线路接地模块施工工艺导则			2016/2/5	2016/7/1
11.4-4-136	11.4	29.204.20	K47	DL/T 5755—2017	沙漠地区输电线路杆塔基础工程技术规范			2017/11/15	2018/3/1
11.4-4-137	11.4	29.020	P22	DL/T 5779—2018	气体绝缘金属封闭输电线路施工及验收规范			2018/12/25	2019/5/1
11.4-4-138	11.4	29.240	K47	DL/T 5792—2019	架空输电线路货运索道运输施工工艺导则			2019/11/4	2020/5/1
11.4-4-139	11.4	29.240.20	P62	DL/T 5848—2021	架空输电线路铁塔直升机牵放初级导引绳施工工艺导则			2021/12/22	2022/6/22
11.4-4-140	11.4	29.240	K47	DL/T 5849—2021	架空输电线路铁塔直升机组立施工工艺导则			2021/12/22	2022/6/22
11.4-4-141	11.4	01.040.29	K40	DL/T 5857—2022	架空输电线路水土保持设施质量验收规程			2022/11/4	2023/5/4

序号	GW 分类	ICS 分类	GB 分类	标准号	中文名称	代替标准	采用关系	发布日期	实施日期
11.4-4-142	11.4	29.240.20	P62	DL/T 5867—2023	110kV 及以上架空输电线路施工及验收规范			2023/12/28	2024/6/28
11.4-4-143	11.4		P63	DL/T 602—1996	架空绝缘配电线路施工及验收规程	GBJ 232—1982		1996/6/6	1996/10/1
11.4-4-144	11.4	29.240.20	K47	DL/T 756—2023	悬垂线夹	DL/T 756—2009		2023/10/11	2024/4/11
11.4-4-145	11.4	29.240.20	K47	DL/T 759—2023	连接金具	DL/T 759—2009		2023/10/11	2024/4/11
11.4-4-146	11.4	27.100	F22	DL/T 782—2001	110kV 及以上送变电工程启动及竣工验收规程			2001/10/8	2002/2/1
11.4-4-147	11.4			DL/T 875—2024	架空输电线路施工机具基本技术要求	DL/T 875—2016		2024/5/24	2024/11/24
11.4-4-148	11.4	91.100.30	Q14	JC/T 888—2023	预应力混凝土薄壁管桩	JC/T 888—2001		2023/12/29	2024/7/1
11.4-4-149	11.4	91.100.30	Q14	JC/T 934—2023	预制钢筋混凝土方桩	JC/T 934—2004		2023/12/29	2024/7/1
11.4-4-150	11.4	29.060.10	K11	NB/T 10305—2019	架空线路预绞式金具用铝合金线			2019/11/4	2020/5/1
11.4-4-151	11.4	29.060.10	K11	NB/T 10473—2020	架空导线用钢绞线			2020/10/23	2021/2/1
11.4-4-152	11.4	29.060.10	K11	NB/T 10667—2021	低风压架空导线			2021/4/26	2021/7/26
11.4-4-153	11.4	29.060.10	K11	NB/T 42042—2014	架空绞线用中强度铝合金线			2014/10/15	2015/3/1
11.4-4-154	11.4	77.010	H04	YB/T 4872—2020	绿色设计产品评价技术规范　耐候结构钢			2020/12/9	2021/4/1
11.4-4-155	11.4	77.140.60	H44	YB/T 4904—2021	绿色设计产品评价技术规范　锚杆用热轧带肋钢筋			2021/4/20	2021/7/1
11.4-5-156	11.4	33.100.01		CISPR TR 18—3：2017	架空电力线和高压设备的无线电干扰特性　第 3 部分：尽量减少无线电噪声产生的操作守则			2017/10/27	2017/10/27
11.4-5-157	11.4	29.080.10		IEC 61466-1：2016	标称电压大于 1000V 的架空线用复合串绝缘子单元　第 1 部分：标准强度和端部配件	IEC 61466-1：1997		2016/5/18	2016/5/18
11.4-5-158	11.4			IEC 61466-2：1998 /AMD1：2002 /AMD2：2018 CSV	标称电压大于 1000V 的架空线用复合串绝缘子单元　第 2 部分：尺寸和电气特性 1.2 版　合并重印	IEC 61466-2：2002		2018/5/9	2018/5/9
11.4-5-159	11.4	29.080.10		IEC 61952-1：2019	架空线路用绝缘子　标称电压大于 1000V 的交流系统用复合线路支柱绝缘子　第 1 部分：定义　端部配件和名称			2019/4/1	2019/4/1
11.4-6-160	11.4	29.240.01		T/CEC 302—2020	输电线路施工机具现场监督检验规范			2020/6/30	2020/10/1
11.4-6-161	11.4	29.240.20	F30	T/CEC 303—2020	架空输电线路基础基本术语			2020/6/30	2020/10/1

续表

序号	GW 分类	ICS 分类	GB 分类	标准号	中 文 名 称	代替标准	采用关系	发布日期	实施日期
11.4-6-162	11.4	29.240.20		T/CEC 304—2020	架空输电线路杆塔基本术语			2020/6/30	2020/10/1
11.4-6-163	11.4	29.240.20		T/CEC 305.1—2020	架空输电线路耐候钢杆塔　第 1 部分：耐候结构钢			2020/6/30	2020/10/1
11.4-6-164	11.4	29.240.20		T/CEC 305.2—2020	架空输电线路耐候钢杆塔　第 2 部分：设计			2020/6/30	2020/10/1
11.4-6-165	11.4	29.240.20		T/CEC 305.3—2020	架空输电线路耐候钢杆塔　第 3 部分：加工			2020/6/30	2020/10/1
11.4-6-166	11.4	29.240.20		T/CEC 305.4—2020	架空输电线路耐候钢杆塔　第 4 部分：耐候钢紧固件			2020/6/30	2020/10/1
11.4-6-167	11.4	29.240.20		T/CEC 306—2020	绿色设计产品评价技术规范　架空输电线路杆塔			2020/6/30	2020/10/1
11.4-6-168	11.4	77.140.70	H40/59	T/CEC 352—2020	输电线路铁塔用热轧等边角钢			2020/6/30	2020/10/1
11.4-6-169	11.4	29.240.99	H40/59	T/CEC 353—2020	输电铁塔高强钢加工技术规程			2020/6/30	2020/10/1
11.4-6-170	11.4	29.240.01		T/CEC 5017—2020	输电线路工程多年冻土地区勘察与防治导则			2020/6/30	2020/10/1
11.4-6-171	11.4	29.240.20		T/CEC 5021—2020	架空输电线路嵌岩桩工程技术规范			2020/6/30	2020/10/1
11.4-6-172	11.4			T/CEC 5090—2023	架空输电线路螺旋锚基础工程技术规范			2023/12/13	2024/4/1
11.4-6-173	11.4			T/CEC 899—2024	高压支柱绝缘子施工和验收技术规范			2024/10/18	2025/3/1
11.4-6-174	11.4			T/CEC 938—2024	电力工程接地材料用土壤腐蚀等级分布图绘制方法			2024/10/18	2025/3/1
11.4-6-175	11.4	27.100		T/CSEE 0345—2022	架空输电线路大跨越工程导线、OPGW 和金具			2022/12/5	2023/3/1

11.5　工程建设-电缆

序号	GW 分类	ICS 分类	GB 分类	标准号	中 文 名 称	代替标准	采用关系	发布日期	实施日期
11.5-2-1	11.5	29.060		Q/GDW 10797.1—2018	定向钻进敷设电力电缆管道工程标准　第 1 部分：设计技术规范	Q/GDW 1797.1—2013		2019/8/30	2019/8/30
11.5-2-2	11.5	29.240	F20	Q/GDW 11187—2023	电缆隧道设计规范	Q/GDW 11186—2014；Q/GDW 11187—2014		2023/11/24	2023/11/24
11.5-2-3	11.5			Q/GDW 11188—2023	明挖电缆隧道施工及验收规范	QGDW 11188—2014		2023/11/17	2023/11/17
11.5-2-4	11.5			Q/GDW 11281—2023	海底电缆施工及验收规范	QGDW 11281—2014		2023/11/24	2023/11/24

续表

序号	GW 分类	ICS 分类	GB 分类	标准号	中文名称	代替标准	采用关系	发布日期	实施日期
11.5-2-5	11.5	29.240		Q/GDW 11328—2014	非开挖电力电缆穿管敷设工艺导则			2015/1/31	2015/1/31
11.5-2-6	11.5	29.240		Q/GDW 11732—2023	110（66）kV～500kV 交联聚乙烯绝缘电缆线路施工及验收规范	Q/GDW 11732—2017		2023/11/17	2023/11/17
11.5-2-7	11.5	29.240		Q/GDW 11881.3—2021	35kV～220kV 输变电工程初步设计与施工图设计阶段勘测报告内容深度规定　第 3 部分：电缆隧道岩土工程			2021/5/12	2021/5/12
11.5-2-8	11.5	93.060		Q/GDW 11905—2018	盾构法电力隧道工程质量验收规范			2020/1/12	2020/1/12
11.5-2-9	11.5			Q/GDW 12370—2023	电力电缆随桥梁敷设技术规程			2023/11/24	2023/11/24
11.5-2-10	11.5	29.060.20	P62	Q/GDW 10797.2—2025	定向钻进敷设电力电缆管道工程标准　第 2 部分：施工及验收规范	Q/GDW 1797.2—2013		2025/1/31	2025/1/31
11.5-3-11	11.5	29.060.20	K13	GB/T 11017.2—2014	额定电压 110kV（U_m=126kV）交联聚乙烯绝缘电力电缆及其附件　第 2 部分：电缆	GB/T 11017.2—2002		2014/7/24	2015/1/22
11.5-3-12	11.5	29.060.20	K13	GB/T 11017.3—2014	额定电压 110kV（U_m=126kV）交联聚乙烯绝缘电力电缆及其附件　第 3 部分：电缆附件	GB/T 11017.3—2002		2014/7/24	2015/1/22
11.5-3-13	11.5	29.120.10	K65	GB/T 19215.3—2012	电气安装用电缆槽管系统　第 2 部分：特殊要求　第 2 节：安装在地板下和与地板齐平的电缆槽管系统		IEC 61084-2-2：2003，IDT	2012/11/5	2013/5/1
11.5-3-14	11.5	29.060.20	K13	GB/T 31489.2—2020	额定电压 500kV 及以下直流输电用挤包绝缘电力电缆系统　第 2 部分：直流陆地电缆			2020/12/14	2021/7/1
11.5-3-15	11.5	29.060.20	K13	GB/T 31489.3—2020	额定电压 500kV 及以下直流输电用挤包绝缘电力电缆系统　第 3 部分：直流海底电缆			2020/12/14	2021/7/1
11.5-3-16	11.5	29.060.20	K13	GB/T 31489.4—2020	额定电压 500kV 及以下直流输电用挤包绝缘电力电缆系统　第 4 部分：直流电缆附件			2020/12/14	2021/7/1
11.5-3-17	11.5			GB 50168—2018	电气装置安装工程　电缆线路施工及验收标准	GB 50168—2006		2018/11/8	2019/5/1
11.5-3-18	11.5			GB 50446—2017	盾构法隧道施工及验收规范	GB 50446—2008		2017/1/21	2017/7/1
11.5-3-19	11.5			GB/T 51191—2016	海底电力电缆输电工程施工及验收规范			2016/10/25	2017/7/1
11.5-4-20	11.5	29.240.20	F24	DL/T 1279—2013	110kV 及以下海底电力电缆线路验收规范			2013/11/28	2014/4/1
11.5-4-21	11.5	29.060.20	K13	DL/T 2059—2019	±160kV～±500kV 直流挤包绝缘电缆附件安装规程			2019/11/4	2020/5/1

续表

序号	GW 分类	ICS 分类	GB 分类	标准号	中 文 名 称	代替标准	采用关系	发布日期	实施日期
11.5-4-22	11.5	29.240.01	K48	DL/T 2060—2019	额定电压 500kV（U_m=550kV）交联聚乙烯绝缘大长度交流海底电缆及附件			2019/11/4	2020/5/1
11.5-4-23	11.5	29.060.20	K13	DL/T 2630—2023	电力电缆线路用接地箱技术规范			2023/10/11	2024/4/11
11.5-4-24	11.5	29.060.20	K13	DL/T 2631—2023	城市综合管廊内电力电缆线路技术要求			2023/10/11	2024/4/11
11.5-4-25	11.5	29.060	K13	DL/T 342—2010	额定电压 66kV～220kV 交联聚乙烯绝缘电力电缆接头安装规程			2011/1/9	2011/5/1
11.5-4-26	11.5	29.060	K13	DL/T 343—2010	额定电压 66kV～220kV 交联聚乙烯绝缘电力电缆 GIS 终端安装规程			2011/1/9	2011/5/1
11.5-4-27	11.5	29.060	K13	DL/T 344—2010	额定电压 66kV～220kV 交联聚乙烯绝缘电力电缆户外终端安装规程			2011/1/9	2011/5/1
11.5-4-28	11.5	93.020	P10	DL/T 5570—2020	电力工程电缆勘测技术规程			2020/10/23	2021/2/1
11.5-4-29	11.5			DL/T 5707—2024	电力工程电缆防火封堵施工工艺导则	DL/T 5707—2014		2024/5/24	2024/11/24
11.5-4-30	11.5	29.240.01	P62	DL/T 5744.1—2016	额定电压 66kV～220kV 交联聚乙烯绝缘电力电缆敷设规程　第 1 部分：直埋敷设			2016/12/5	2017/5/1
11.5-4-31	11.5	29.240.01	P62	DL/T 5744.2—2016	额定电压 66kV～220kV 交联聚乙烯绝缘电力电缆敷设规程　第 2 部分：排管敷设			2016/12/5	2017/5/1
11.5-4-32	11.5	29.240.01	P62	DL/T 5744.3—2016	额定电压 66kV～220kV 交联聚乙烯绝缘电力电缆敷设规程　第 3 部分：隧道敷设			2016/12/5	2017/5/1
11.5-4-33	11.5	29.060	K13	DL/T 5756—2017	额定电压 35kV（U_m=40.5kV）及以下冷缩式电缆附件安装规程			2017/11/15	2018/3/1
11.5-4-34	11.5	29.060	K13	DL/T 5757—2017	额定电压 35kV（U_m=40.5kV）及以下热缩式电缆附件安装规程			2017/11/15	2018/3/1
11.5-4-35	11.5	29.240.10	P62	DL/T 5802—2019	管廊工程 1000kV 气体绝缘金属封闭输电线路施工及验收规范			2019/11/4	2020/5/1
11.5-4-36	11.5	29.240.10	P62	DL/T 5803—2019	管廊工程 1000kV 气体绝缘金属封闭输电线路施工工艺导则			2019/11/4	2020/5/1
11.5-4-37	11.5	29.240.20	P62	DL/T 5838—2021	管廊工程 1000kV 气体绝缘金属封闭输电线路质量检验及评定规程			2021/4/26	2021/10/26
11.5-4-38	11.5	29.060.20	K13	DL/T 5865—2023	综合管廊电力舱技术导则			2023/10/11	2024/4/11
11.5-4-39	11.5	29.060.20	K13	JB/T 14031—2021	额定电压 450/750V 及以下电梯用组合随行电缆			2021/5/27	2021/10/1

续表

序号	GW 分类	ICS 分类	GB 分类	标准号	中 文 名 称	代替标准	采用关系	发布日期	实施日期
11.5-4-40	11.5	29.060.01	K13	JB/T 4015.1—2013	电缆设备通用部件　收放线装置　第 1 部分：基本技术要求	JB/T 4015.1—1999		2013/12/31	2014/7/1
11.5-4-41	11.5	29.060.01	K13	JB/T 4015.2—2013	电缆设备通用部件　收放线装置　第 2 部分：立柱式收放线装置	JB/T 4015.2—1999		2013/12/31	2014/7/1
11.5-4-42	11.5	29.060.01	K13	JB/T 4015.3—2013	电缆设备通用部件　收放线装置　第 3 部分：行车式收放线装置	JB/T 4015.3—1999		2013/12/31	2014/7/1
11.5-4-43	11.5	29.060.01	K13	JB/T 4015.4—2013	电缆设备通用部件　收放线装置　第 4 部分：导轨式收放线装置	JB/T 4015.4—1999		2013/12/31	2014/7/1
11.5-4-44	11.5	29.060.01	K13	JB/T 4015.5—2013	电缆设备通用部件　收放线装置　第 5 部分：柜式收线装置	JB/T 4015.5—1999		2013/12/31	2014/7/1
11.5-4-45	11.5	29.060.01	K13	JB/T 4015.6—2013	电缆设备通用部件　收放线装置　第 6 部分：静盘式放线装置	JB/T 4015.6—1999		2013/12/31	2014/7/1
11.5-4-46	11.5	29.060.01	K13	JB/T 4032.1—2013	电缆设备通用部件　牵引装置　第 1 部分：基本技术要求	JB/T 4032.1—1999		2013/12/31	2014/7/1
11.5-4-47	11.5	29.060.01	K13	JB/T 4032.2—2013	电缆设备通用部件　牵引装置　第 2 部分：轮式牵引装置	JB/T 4032.2—1999		2013/12/31	2014/7/1
11.5-4-48	11.5	29.060.01	K13	JB/T 4032.3—2013	电缆设备通用部件　牵引装置　第 3 部分：履带式牵引装置	JB/T 4032.3—1999		2013/12/31	2014/7/1
11.5-4-49	11.5	29.060.01	K13	JB/T 4032.4—2013	电缆设备通用部件　牵引装置　第 4 部分：轮带式牵引装置	JB/T 4032.4—1999		2013/12/31	2014/7/1
11.5-4-50	11.5	29.060.01	K13	JB/T 4033.1—2013	电缆设备通用部件　绕包装置　第 1 部分：基本技术要求	JB/T 4033.1—1999		2013/12/31	2014/7/1
11.5-4-51	11.5	29.060.01	K13	JB/T 4033.2—2013	电缆设备通用部件　绕包装置　第 2 部分：普通式绕包装置	JB/T 4033.4—1999		2013/12/31	2014/7/1
11.5-4-52	11.5	29.060.01	K13	JB/T 4033.3—2013	电缆设备通用部件　绕包装置　第 3 部分：平面式绕包装置	JB/T 4033.2—1999		2013/12/31	2014/7/1
11.5-4-53	11.5	29.060.01	K13	JB/T 4033.4—2013	电缆设备通用部件　绕包装置　第 4 部分：半切线式绕包装置	JB/T 4033.3—1999		2013/12/31	2014/7/1
11.5-4-54	11.5			NB/T 11603—2024	海上风电场直流海底电缆选型敷设技术导则			2024/5/24	2024/11/24
11.5-4-55	11.5	83.140.30	G33	QB/T 5528—2020	城市综合管廊　电力用改性聚氯乙烯实壁管			2020/12/9	2021/4/1

序号	GW 分类	ICS 分类	GB 分类	标准号	中 文 名 称	代替标准	采用关系	发布日期	实施日期
11.5-5-56	11.5	33.180.10		BS EN IEC 60794-4-20:2018	光纤电缆　第 4-20 部分：分规范沿电力线的架空光缆 ADSS（全绝缘自支撑）光缆的系列规范			2018/11/13	2018/11/13
11.5-6-57	11.5			T/CEC 903—2024	额定电压 35kV 及以下耐寒电力电缆技术规范			2024/10/18	2025/3/1
11.5-6-58	11.5	29.020		T/CSEE 0118—2019	大长度海底电缆施工技术导则			2019/3/1	2022/8/29

11.6　工程建设-火电

序号	GW 分类	ICS 分类	GB 分类	标准号	中 文 名 称	代替标准	采用关系	发布日期	实施日期
11.6-3-1	11.6	27.100	K51	GB/T 30372—2024	火力发电厂分散控制系统验收导则	GB/T 30372—2013		2024/8/23	2024/8/23
11.6-3-2	11.6			GB 50275—2010	风机、压缩机、泵安装工程施工及验收规范	GB 50275—1998		2010/7/15	2011/2/1
11.6-4-3	11.6			DL/T 490—2024	发电机励磁系统及装置安装验收规程	DL/T 490—2011		2024/9/24	2025/3/24

11.7　工程建设-水电

11.7.1　工程建设-水电-常规水电站

序号	GW 分类	ICS 分类	GB 分类	标准号	中 文 名 称	代替标准	采用关系	发布日期	实施日期
11.7.1-2-1	11.7.1	27.140	F20	Q/GDW 12360—2024	水电站金属结构防腐技术导则			2024/4/25	2024/4/25
11.7.1-2-2	11.7.1	29.240	F20	Q/GDW 12361—2024	水电站金属结构焊接技术要求及检测规范			2024/4/25	2024/4/25
11.7.1-3-3	11.7.1	27.140	K55	GB/T 15613—2023	水轮机、蓄能泵和水泵水轮机模型验收试验	GB/T 10969—2008； GB/T 15613.1—2008； GB/T 15613.2—2008； GB/T 15613.3—2008； GB/T 15613—1995		2023/3/17	2023/10/1
11.7.1-3-4	11.7.1	27.140	K55	GB/T 43683.1—2024	水轮发电机组安装程序与公差导则　第 1 部分：总则			2024/3/15	2025/4/1
11.7.1-3-5	11.7.1	27.140	K55	GB/T 43683.2—2024	水轮发电机组安装程序与公差导则　第 2 部分：立式发电机			2024/3/15	2025/4/1
11.7.1-3-6	11.7.1			GB 51304—2018	小型水电站施工安全标准			2018/11/1	2019/4/1
11.7.1-3-7	11.7.1	27.140	F22	GB/T 8564—2023	水轮发电机组安装技术规范	GB/T 8564—2003		2023/11/27	2023/11/27
11.7.1-4-8	11.7.1	27.140	P55	DL/T 1395—2014	水电工程设备铸锻件检验验收规范			2014/10/15	2015/3/1

续表

序号	GW 分类	ICS 分类	GB 分类	标准号	中 文 名 称	代替标准	采用关系	发布日期	实施日期
11.7.1-4-9	11.7.1	27.100	F20	DL/T 1396—2014	水电建设项目文件收集与档案整理规范			2014/10/15	2015/3/1
11.7.1-4-10	11.7.1	27.140	P59	DL/T 1886—2018	水电水利工程砂石筛分机械安全操作规程			2018/12/25	2019/5/1
11.7.1-4-11	11.7.1	27.140	P59	DL/T 1887—2018	水电水利工程砂石破碎机械安全操作规程			2018/12/25	2019/5/1
11.7.1-4-12	11.7.1	27.140	F29	DL/T 2097—2020	大坝安全信息分类与系统接口技术规范			2020/10/23	2021/2/1
11.7.1-4-13	11.7.1	27.140	P55/59	DL/T 2787—2024	水电水利工程输水渡槽造槽机安全操作规程			2024/5/24	2024/11/24
11.7.1-4-14	11.7.1	27.140	P55/59	DL/T 2788—2024	水电水利工程施工机械安全操作规程　爬罐			2024/5/24	2024/11/24
11.7.1-4-15	11.7.1	27.140	P55/59	DL/T 2789—2024	水电水利工程施工机械安全操作规程　桥式布料机			2024/5/24	2024/11/24
11.7.1-4-16	11.7.1	27.140	K55	DL/T 5037—2022	轴流式水轮机埋件安装工艺导则	DL/T 5037—1994		2022/11/4	2023/5/4
11.7.1-4-17	11.7.1	27.140	P62	DL/T 5038—2012	灯泡贯流式水轮发电机组安装工艺规程	DL/T 5038—1994		2012/1/4	2012/3/1
11.7.1-4-18	11.7.1			DL/T 5055—2024	水工混凝土掺用粉煤灰技术规范	DL/T 5055—2007		2024/5/24	2024/11/24
11.7.1-4-19	11.7.1	27.140	K55	DL/T 5070—2012	水轮机金属蜗壳现场制造安装及焊接工艺导则	DL/T 5070—1997		2012/1/4	2012/3/1
11.7.1-4-20	11.7.1	27.140	K55	DL/T 5071—2012	混流式水轮机转轮现场制造工艺导则	DL/T 5071—1997		2012/1/4	2012/3/1
11.7.1-4-21	11.7.1	27.140	P59	DL/T 5083—2019	水电水利工程预应力锚固施工规范	DL/T 5083—2010		2019/6/4	2019/10/1
11.7.1-4-22	11.7.1	27.140	P59	DL/T 5099—2011	水工建筑物地下工程开挖施工技术规范	DL/T 5099—1999		2011/7/28	2011/11/1
11.7.1-4-23	11.7.1	27.140	P59	DL/T 5100—2014	水工混凝土外加剂技术规程	DL/T 5100—1999		2014/3/18	2014/8/1
11.7.1-4-24	11.7.1	27.140	P55	DL/T 5110—2013	水电水利工程模板施工规范	DL/T 5110—2000		2013/3/7	2013/8/1
11.7.1-4-25	11.7.1			DL/T 5111—2024	水电水利工程施工监理规范	DL/T 5111—2012		2024/5/24	2024/11/24
11.7.1-4-26	11.7.1	27.140	P59	DL/T 5112—2021	水工碾压混凝土施工规范	DL/T 5112—2009		2021/1/7	2021/7/1
11.7.1-4-27	11.7.1	27.140	P59	DL/T 5113.1—2019	水电水利基本建设工程　单元工程质量等级评定标准　第1部分：土建工程	DL/T 5113.1—2005		2019/6/4	2019/10/1
11.7.1-4-28	11.7.1	27.140	P55	DL/T 5113.3—2012	水电水利基本建设工程　单元工程质量等级评定标准　第3部分：水轮发电机组安装工程	SDJ 249.3—1988		2012/1/4	2012/3/1
11.7.1-4-29	11.7.1	27.140	F22	DL/T 5113.4—2012	水电水利基本建设工程　单元工程质量等级评定标准　第4部分：水力机械辅助设备安装工程	SDJ 249.4—1988		2012/1/4	2012/3/1

续表

序号	GW 分类	ICS 分类	GB 分类	标准号	中文名称	代替标准	采用关系	发布日期	实施日期
11.7.1-4-30	11.7.1	27.140	F22	DL/T 5113.5—2012	水电水利基本建设工程　单元工程质量等级评定标准　第 5 部分：发电电气设备安装工程	SDJ 249.5—1988		2012/1/4	2012/3/1
11.7.1-4-31	11.7.1	27.140	P55	DL/T 5113.6—2012	水电水利基本建设工程　单元工程质量等级评定标准　第 6 部分：升压变电电气设备安装工程	SDJ 249.6—1988		2012/1/4	2012/3/1
11.7.1-4-32	11.7.1	27.140	P55	DL/T 5113.8—2012	水电水利基本建设工程　单元工程质量等级评定标准　第 8 部分：水工碾压混凝土工程	DL/T 5113.8—2000		2012/4/6	2012/7/1
11.7.1-4-33	11.7.1			DL/T 5113.10—2024	水电水利基本建设工程　单元工程质量等级评定标准　第 10 部分：沥青混凝土工程	DL/T 5113.10—2012		2024/9/24	2025/3/24
11.7.1-4-34	11.7.1	29.160.20	F22	DL/T 5113.11—2005	水电水利基本建设工程　单元工程质量等级评定标准　第 11 部分：灯泡贯流式水轮发电机组安装工程			2005/11/28	2006/6/1
11.7.1-4-35	11.7.1	27.140	P59	DL/T 5113.13—2019	水电水利基本建设工程　单元工程质量等级评定标准　第 13 部分：浆砌石坝工程	DL/T 5113.13—2005		2019/6/4	2019/10/1
11.7.1-4-36	11.7.1	27.140	P59	DL/T 5113.15—2023	水电水利基本建设工程　单元工程质量等级评定标准　第 15 部分：安全监测工程			2023/10/11	2024/4/11
11.7.1-4-37	11.7.1	27.140	P59	DL/T 5128—2021	混凝土面板堆石坝施工规范	DL/T 5128—2009		2021/1/7	2021/7/1
11.7.1-4-38	11.7.1	27.140	P59	DL/T 5135—2013	水电水利工程爆破施工技术规范	DL/T 5135—2001		2013/11/28	2014/4/1
11.7.1-4-39	11.7.1	91.100.30	P59	DL/T 5144—2015	水工混凝土施工规范	DL/T 5144—2001		2015/4/2	2015/9/1
11.7.1-4-40	11.7.1	27.140	P59	DL/T 5148—2021	水工建筑物水泥灌浆施工技术规范	DL/T 5148—2012		2021/4/26	2021/10/26
11.7.1-4-41	11.7.1	27.140	P59	DL/T 5169—2013	水工混凝土钢筋施工规范	DL/T 5169—2002		2013/3/7	2013/8/1
11.7.1-4-42	11.7.1			DL/T 5173—2024	水电水利工程施工测量规范	DL/T 5173—2012		2024/9/24	2025/3/24
11.7.1-4-43	11.7.1	27.140	P98	DL/T 5181—2017	水电水利工程锚喷支护施工规范	DL/T 5181—2003		2017/11/15	2018/3/1
11.7.1-4-44	11.7.1	27.140	P59	DL/T 5198—2013	水电水利工程岩壁梁施工规程	DL/T 5198—2004		2013/3/7	2013/8/1
11.7.1-4-45	11.7.1	27.140	P59	DL/T 5199—2019	水电水利工程混凝土防渗墙施工规范	DL/T 5199—2004		2019/11/4	2020/5/1
11.7.1-4-46	11.7.1	27.140	P59	DL/T 5200—2019	水电水利工程高压喷射灌浆技术规范	DL/T 5200—2004		2019/11/4	2020/5/1
11.7.1-4-47	11.7.1	27.140	P59	DL/T 5207—2021	水工建筑物抗冲磨防空蚀混凝土技术规范	DL/T 5207—2005		2021/4/26	2021/10/26
11.7.1-4-48	11.7.1	27.140	P59	DL/T 5209—2020	混凝土坝安全监测资料整编规程	DL/T 5209—2005		2020/10/23	2021/2/1
11.7.1-4-49	11.7.1	27.140	P59	DL/T 5211—2019	大坝安全监测自动化技术规范	DL/T 5211—2005		2019/11/4	2020/5/1

序号	GW 分类	ICS 分类	GB 分类	标准号	中 文 名 称	代替标准	采用关系	发布日期	实施日期
11.7.1-4-50	11.7.1	27.140	P59	DL/T 5214—2016	水电水利工程振冲法地基处理技术规范	DL/T 5214—2005		2016/12/5	2017/5/1
11.7.1-4-51	11.7.1	29.160.20	K21	DL/T 5230—2009	水轮发电机转子现场装配工艺导则			2009/7/22	2009/12/1
11.7.1-4-52	11.7.1	27.140	P59	DL/T 5265—2011	水电水利工程混凝土搅拌楼安全操作规程			2011/7/28	2011/11/1
11.7.1-4-53	11.7.1	27.140	P59	DL/T 5266—2011	水电水利工程缆索起重机安全操作规程			2011/7/28	2011/11/1
11.7.1-4-54	11.7.1	27.140	P59	DL/T 5267—2012	水电水利工程覆盖层灌浆技术规范			2012/1/4	2012/3/1
11.7.1-4-55	11.7.1	27.140	P55	DL/T 5268—2012	混凝土面板堆石坝翻模固坡施工技术规程			2012/1/4	2012/3/1
11.7.1-4-56	11.7.1	27.140	P59	DL/T 5269—2012	水电水利工程砾石土心墙堆石坝施工规范			2012/1/4	2012/3/1
11.7.1-4-57	11.7.1	27.140	P59	DL/T 5271—2012	水电水利工程砂石加工系统施工技术规程			2012/4/6	2012/7/1
11.7.1-4-58	11.7.1	27.140	P59	DL/T 5272—2012	大坝安全监测自动化系统实用化要求及验收规程			2012/4/6	2012/7/1
11.7.1-4-59	11.7.1	91.100.10	P59	DL/T 5273—2012	水工混凝土掺用天然火山灰质材料技术规范			2012/4/6	2012/7/1
11.7.1-4-60	11.7.1	27.140	P55	DL 5278—2012	水电水利工程达标投产验收规程			2012/4/6	2012/7/1
11.7.1-4-61	11.7.1	27.140	P55	DL/T 5296—2013	水工混凝土掺用氧化镁技术规范			2013/11/28	2014/4/1
11.7.1-4-62	11.7.1	27.140	P59	DL/T 5297—2013	混凝土面板堆石坝挤压边墙技术规范			2013/11/28	2014/4/1
11.7.1-4-63	11.7.1	27.140	P59	DL/T 5304—2013	水工混凝土掺用石灰石粉技术规范			2013/11/28	2014/4/1
11.7.1-4-64	11.7.1	27.140	P59	DL/T 5306—2013	水电水利工程清水混凝土施工规范			2013/11/28	2014/4/1
11.7.1-4-65	11.7.1	27.140	P59	DL/T 5309—2013	水电水利工程水下混凝土施工规范			2013/11/28	2014/4/1
11.7.1-4-66	11.7.1	27.140		DL/T 5315—2014	水工混凝土建筑物修补加固技术规程			2014/3/18	2014/8/1
11.7.1-4-67	11.7.1	27.140	P59	DL/T 5316—2014	水电水利工程软土地基施工监测技术规范			2014/3/18	2014/8/1
11.7.1-4-68	11.7.1	27.140	P59	DL/T 5317—2014	水电水利工程聚脲涂层施工技术规程			2014/3/18	2014/8/1
11.7.1-4-69	11.7.1	27.140	P59	DL/T 5333—2021	水电水利工程爆破安全监测规程	DL/T 5333—2005		2021/4/26	2021/10/26
11.7.1-4-70	11.7.1	27.140	P59	DL/T 5363—2016	水工碾压式沥青混凝土施工规范	DL/T 5363—2006		2016/12/5	2017/5/1
11.7.1-4-71	11.7.1	27.140	P59	DL/T 5385—2020	大坝安全监测系统施工监理规范	DL/T 5385—2007		2020/10/23	2021/2/1
11.7.1-4-72	11.7.1	91.100.10	P59	DL/T 5387—2007	水工混凝土掺用磷渣粉技术规范			2007/7/20	2007/12/1
11.7.1-4-73	11.7.1	27.140	P59	DL/T 5389—2007	水工建筑物岩石基础开挖工程施工技术规范			2007/7/20	2007/12/1
11.7.1-4-74	11.7.1	27.140	P59	DL/T 5400—2016	水工建筑物滑动模板施工技术规范	DL/T 5400—2007		2016/1/7	2016/6/1

续表

序号	GW 分类	ICS 分类	GB 分类	标准号	中 文 名 称	代替标准	采用关系	发布日期	实施日期
11.7.1-4-75	11.7.1	27.140	P59	DL/T 5406—2019	水电水利工程化学灌浆技术规范	DL/T 5406—2010		2019/11/4	2020/5/1
11.7.1-4-76	11.7.1	27.140	P59	DL/T 5407—2019	水电水利工程竖井斜井施工规范	DL/T 5407—2009		2019/11/4	2020/5/1
11.7.1-4-77	11.7.1	27.140	P59	DL/T 5432—2021	水电水利工程项目建设管理规范	DL/T 5432—2009		2021/1/7	2021/7/1
11.7.1-4-78	11.7.1	27.140	P98	DL/T 5702—2014	水电水利工程沉井施工技术规程			2014/10/15	2015/3/1
11.7.1-4-79	11.7.1	27.140	P59	DL/T 5712—2014	水电水利工程接缝灌浆施工技术规范			2014/10/15	2015/3/1
11.7.1-4-80	11.7.1	27.140	P59	DL/T 5728—2016	水电水利工程控制性灌浆施工规范			2016/1/7	2016/6/1
11.7.1-4-81	11.7.1	27.140	P59	DL/T 5730—2016	水电水利工程施工机械安全操作规程振捣机械			2016/2/5	2016/7/1
11.7.1-4-82	11.7.1	27.140	P59	DL/T 5731—2016	水电水利工程施工机械安全操作规程　振动碾			2016/2/5	2016/7/1
11.7.1-4-83	11.7.1	27.140	P59	DL/T 5741—2016	水电水利工程截流施工技术规范			2016/12/5	2017/5/1
11.7.1-4-84	11.7.1	27.140	P59	DL/T 5742—2016	水电水利地下工程施工测量规范			2016/12/5	2017/5/1
11.7.1-4-85	11.7.1	27.140	P59	DL/T 5743—2016	水电水利工程土工合成材料施工规范			2016/12/5	2017/5/1
11.7.1-4-86	11.7.1	27.140	P59	DL/T 5774—2018	水电水利基础处理工程竣工资料整编及验收规范			2018/12/25	2019/5/1
11.7.1-4-87	11.7.1	27.140	P59	DL/T 5775—2018	水电水利工程水泥改性膨胀土施工技术规范			2018/12/25	2019/5/1
11.7.1-4-88	11.7.1	27.140	P59	DL/T 5777—2018	水工混凝土掺用硅粉技术规范			2018/12/25	2019/5/1
11.7.1-4-89	11.7.1	27.140	P59	DL/T 5778—2018	水工混凝土用速凝剂技术规范			2018/12/25	2019/5/1
11.7.1-4-90	11.7.1	27.140	P59	DL/T 5783—2019	水电水利地下工程地质超前预报技术规程			2019/6/4	2019/10/1
11.7.1-4-91	11.7.1	27.140	P59	DL/T 5784—2019	混凝土坝安全监测系统施工技术规范			2019/6/4	2019/10/1
11.7.1-4-92	11.7.1	27.140	P59	DL/T 5795—2019	水电水利工程带式输送机技术规范			2019/11/4	2020/5/1
11.7.1-4-93	11.7.1	27.140	P55	DL/T 5797—2019	水电水利工程纤维混凝土施工规范			2019/11/4	2020/5/1
11.7.1-4-94	11.7.1	27.140	P59	DL/T 5798—2019	水电水利工程现场文明施工规范			2019/11/4	2020/5/1
11.7.1-4-95	11.7.1	27.140	P59	DL/T 5799—2019	水电水利工程过水围堰施工技术规范			2019/11/4	2020/5/1
11.7.1-4-96	11.7.1	27.140	P55	DL/T 5800—2019	水电水利工程道路快硬混凝土施工规范			2019/11/4	2020/5/1
11.7.1-4-97	11.7.1	27.140	P59	DL/T 5806—2020	水电水利工程堆石混凝土施工规范			2020/10/23	2021/2/1
11.7.1-4-98	11.7.1	27.140	P59	DL/T 5807—2020	水电工程岩体稳定性微震监测技术规范			2020/10/23	2021/2/1

续表

序号	GW 分类	ICS 分类	GB 分类	标准号	中文名称	代替标准	采用关系	发布日期	实施日期
11.7.1-4-99	11.7.1	27.140	P59	DL/T 5808—2020	水电工程水库地震监测技术规范			2020/10/23	2021/2/1
11.7.1-4-100	11.7.1	27.140	P59	DL/T 5809—2020	水电工程库区安全监测技术规范			2020/10/23	2021/2/1
11.7.1-4-101	11.7.1	27.140	P59	DL/T 5811—2020	水轮发电机内冷安装技术导则			2020/10/23	2021/2/1
11.7.1-4-102	11.7.1	27.140	P59	DL/T 5812—2020	水电水利工程导流隧洞及导流底孔封堵施工规范			2020/10/23	2021/2/1
11.7.1-4-103	11.7.1	27.140	P59	DL/T 5813—2020	水电水利工程施工机械安全操作规程　隧洞衬砌钢模台车			2020/10/23	2021/2/1
11.7.1-4-104	11.7.1	27.140	P59	DL/T 5815—2020	水电水利工程固壁泥浆试验规程			2020/10/23	2021/2/1
11.7.1-4-105	11.7.1	27.140	P59	DL/T 5820—2021	水电水利工程锚索施工质量无损检测规程			2021/4/26	2021/10/26
11.7.1-4-106	11.7.1	27.140	P59	DL/T 5824—2021	水电水利工程泵送混凝土施工技术规范			2021/4/26	2021/10/26
11.7.1-4-107	11.7.1	27.140	P59	DL/T 5826—2021	水电水利地下工程施工安全评估导则　围岩稳定			2021/4/26	2021/10/26
11.7.1-4-108	11.7.1	27.140	P59	DL/T 5828—2021	水电水利工程抗滑桩施工规范			2021/4/26	2021/10/26
11.7.1-4-109	11.7.1	27.140	P59	DL/T 5830—2021	水电水利工程斜井压力钢管溜放及定位施工导则			2021/4/26	2021/10/26
11.7.1-4-110	11.7.1	27.140	P59	DL/T 5831—2021	水电水利工程竖井压力钢管吊装施工导则			2021/4/26	2021/10/26
11.7.1-4-111	11.7.1	27.140	P59	DL/T 5854—2022	水电水利工程深埋地下洞室开挖施工规范			2022/11/4	2023/5/4
11.7.1-4-112	11.7.1			DL/T 5856—2022	水电工程泄水建筑物水力学数值模拟技术规程			2022/11/4	2023/5/4
11.7.1-4-113	11.7.1	27.140	P59	DL/T 5858—2022	冲击式水轮发电机组安装工艺导则			2022/11/4	2023/5/4
11.7.1-4-114	11.7.1	27.140	P55/59	DL/T 5870—2024	水电工程泥沙模型试验			2024/5/24	2024/11/24
11.7.1-4-115	11.7.1	27.140	P55/59	DL/T 5871—2024	水电工程过鱼建筑物水力学模型试验技术规程			2024/5/24	2024/11/24
11.7.1-4-116	11.7.1	27.140	P55/59	DL/T 5872—2024	水电水利工程突发事件管理导则			2024/5/24	2024/11/24
11.7.1-4-117	11.7.1	27.140	P55/59	DL/T 5873—2024	水电水利工程混凝土结构表面涂层防护技术规范			2024/5/24	2024/11/24
11.7.1-4-118	11.7.1	27.140	P55/59	DL/T 5875—2024	水电水利工程渡槽施工规范			2024/5/24	2024/11/24
11.7.1-4-119	11.7.1	27.140	P55/59	DL/T 5876—2024	水工沥青混凝土应用酸性骨料技术规范			2024/5/24	2024/11/24

续表

序号	GW 分类	ICS 分类	GB 分类	标准号	中文名称	代替标准	采用关系	发布日期	实施日期
11.7.1-4-120	11.7.1	27.140	P55/59	DL/T 5877—2024	水工混凝土应用钢渣骨料技术规范			2024/5/24	2024/11/24
11.7.1-4-121	11.7.1	27.140	P55/59	DL/T 5878—2024	水电水利工程敞开式全断面隧道掘进机施工组织设计规范			2024/5/24	2024/11/24
11.7.1-4-122	11.7.1	27.140	P55/59	DL/T 5879—2024	水电水利工程双护盾全断面隧道掘进机施工组织设计规范			2024/5/24	2024/11/24
11.7.1-4-123	11.7.1			DL/T 5882—2024	水电水利工程施工机械安全操作规程双护盾全断面隧道掘进机			2024/9/24	2025/3/24
11.7.1-4-124	11.7.1			DL/T 5883—2024	水电水利工程施工机械安全操作规程敞开式全断面隧道掘进机			2024/9/24	2025/3/24
11.7.1-4-125	11.7.1			DL/T 5886—2024	水电水利工程土工合成材料试验规程			2024/9/24	2025/3/24
11.7.1-4-126	11.7.1			DL/T 5887—2024	水利水电工程缆机施工技术规程			2024/9/24	2025/3/24
11.7.1-4-127	11.7.1			DL/T 5888—2024	水利水电工程液压深搅铣防渗墙施工技术规范			2024/9/24	2025/3/24
11.7.1-4-128	11.7.1			DL/T 5889—2024	水电水利工程施工用电安全技术规范			2024/9/24	2025/3/24
11.7.1-4-129	11.7.1	27.140	F23	DL/T 862—2016	水电厂自动化元件（装置）安装和验收规程	DL/T 862—2004		2016/1/7	2016/6/1
11.7.1-4-130	11.7.1	27.140	P59	NB/T 10074—2018	水电工程地质测绘规程	DL/T 5185—2004		2018/10/29	2019/3/1
11.7.1-4-131	11.7.1	27.140	P59	NB/T 10075—2018	水电工程岩溶工程地质勘察规程	DL/T 5338—2006		2018/10/29	2019/3/1
11.7.1-4-132	11.7.1	27.140	P59	NB/T 10083—2018	水电工程水利计算规范	DL/T 5105—1999		2018/10/29	2019/3/1
11.7.1-4-133	11.7.1	27.140	P59	NB/T 10102—2018	水电工程建设征地实物指标调查规范	DL/T 5377—2007		2018/12/25	2019/5/1
11.7.1-4-134	11.7.1	27.140	P59	NB/T 10225—2019	水电工程地球物理测井技术规程			2019/11/4	2020/5/1
11.7.1-4-135	11.7.1	27.140	P59	NB/T 10226—2019	水电工程生态制图标准			2019/11/4	2020/5/1
11.7.1-4-136	11.7.1	27.140	P59	NB/T 10227—2019	水电工程物探规范	DL/T 5010—2005		2019/11/4	2020/5/1
11.7.1-4-137	11.7.1	27.140	P59	NB/T 10233—2019	水电工程水文设计规范	DL/T 5431—2009		2019/11/4	2020/5/1
11.7.1-4-138	11.7.1	27.140	P59	NB/T 10235—2019	水电工程天然建筑材料勘察规程	DL/T 5388—2007		2019/11/4	2020/5/1
11.7.1-4-139	11.7.1	27.140	P59	NB/T 10236—2019	水电工程水文地质勘察规程			2019/11/4	2020/5/1
11.7.1-4-140	11.7.1	27.140	P59	NB/T 10237—2019	水电工程施工机械选择设计规范	DL/T 5133—2001		2019/11/4	2020/5/1
11.7.1-4-141	11.7.1	27.140	P59	NB/T 10238—2019	水电工程料源选择与料场开采设计规范			2019/11/4	2020/5/1

续表

序号	GW 分类	ICS 分类	GB 分类	标准号	中 文 名 称	代替标准	采用关系	发布日期	实施日期
11.7.1-4-142	11.7.1	27.140	P59	NB/T 10239—2019	水电工程声像文件收集与归档规范			2019/11/4	2020/5/1
11.7.1-4-143	11.7.1	27.140	P59	NB/T 10243—2019	水电站发电及检修计划编制导则			2019/11/4	2020/5/1
11.7.1-4-144	11.7.1	27.140	P59	NB/T 10389—2020	水电工程下闸蓄水规划报告编制规程			2020/10/23	2021/2/1
11.7.1-4-145	11.7.1	27.140	P59	NB/T 10492—2021	水电工程施工期防洪度汛报告编制规程			2021/1/7	2021/7/1
11.7.1-4-146	11.7.1	27.140	P59	NB/T 10494—2021	水电工程节能验收技术导则			2021/1/7	2021/7/1
11.7.1-4-147	11.7.1	27.140	P59	NB/T 10496—2021	水电工程节能施工技术规范			2021/1/7	2021/7/1
11.7.1-4-148	11.7.1	27.140	P59	NB/T 10507—2021	水电工程信息模型数据描述规范			2021/1/7	2021/7/1
11.7.1-4-149	11.7.1	27.140	P59	NB/T 10508—2021	水电工程信息模型设计交付规范			2021/1/7	2021/7/1
11.7.1-4-150	11.7.1	27.140	P59	NB/T 10509—2021	水电建设项目水土保持技术规范	DL/T 5419—2009		2021/1/7	2021/7/1
11.7.1-4-151	11.7.1	27.140	P59	NB/T 10610—2021	水电工程鱼类增殖放流站运行规程			2021/4/26	2021/10/26
11.7.1-4-152	11.7.1	27.140	P59	NB/T 10858—2021	水电站进水口设计规范	DL/T 5398—2007		2021/12/22	2022/6/22
11.7.1-4-153	11.7.1	27.140	P59	NB/T 10870—2021	混凝土拱坝设计规范	DL/T 5346—2006		2021/12/22	2022/6/22
11.7.1-4-154	11.7.1	27.140	K55	NB/T 10970—2022	水轮机进水液动碟阀选用、试验及验收导则	DL/T 1068—2007		2022/5/13	2022/11/13
11.7.1-4-155	11.7.1	27.140	P26	NB/T 11009—2022	水电工程清污机制造安装及验收规范			2022/11/4	2023/5/4
11.7.1-4-156	11.7.1	27.140	K55	NB/T 11193—2023	水轮机筒形阀安装调试规程			2023/5/26	2023/11/26
11.7.1-4-157	11.7.1	27.140	P02	NB/T 11324—2023	水电工程执行概算编制导则			2023/10/11	2024/4/11
11.7.1-4-158	11.7.1	27.140	P59	NB/T 11406—2023	水电企业档案分类导则			2023/12/28	2024/6/28
11.7.1-4-159	11.7.1	27.140	P59	NB/T 11407—2023	水电企业档案鉴定销毁管理规程			2023/12/28	2024/6/28
11.7.1-4-160	11.7.1	27.140	P02	NB/T 11408—2023	水电工程设计概算编制规定			2023/12/28	2024/6/28
11.7.1-4-161	11.7.1	27.140	P02	NB/T 11409—2023	水电工程费用构成及概（估）算费用标准			2023/12/28	2024/6/28
11.7.1-4-162	11.7.1	27.140	P59	NB/T 11569—2024	水工建筑物封缝防渗聚脲应用技术规范			2024/5/24	2024/11/24
11.7.1-4-163	11.7.1	27.140	P59	NB/T 35014—2021	水电工程安全验收评价报告编制规程	NB/T 35014—2013		2021/1/7	2021/7/1
11.7.1-4-164	11.7.1	27.140	P59	NB/T 35015—2021	水电工程安全预评价报告编制规程	NB/T 35015—2013		2021/1/7	2021/7/1
11.7.1-4-165	11.7.1	27.140	P59	NB/T 35016—2013	土石筑坝材料碾压试验规程			2013/6/8	2013/10/1
11.7.1-4-166	11.7.1	27.140	P59	NB/T 35030—2014	水电工程投资匡算编制规定			2014/6/29	2014/11/1

续表

序号	GW 分类	ICS 分类	GB 分类	标准号	中 文 名 称	代替标准	采用关系	发布日期	实施日期
11.7.1-4-167	11.7.1	27.140	P59	NB/T 35031—2014	水电工程安全监测系统专项投资编制细则			2014/6/29	2014/11/1
11.7.1-4-168	11.7.1	27.140	P59	NB/T 35032—2014	水电工程调整概算编制规定			2014/6/29	2014/11/1
11.7.1-4-169	11.7.1	27.140	P59	NB/T 35033—2014	水电工程环境保护专项投资编制细则			2014/6/29	2014/11/1
11.7.1-4-170	11.7.1	27.140	P59	NB/T 35034—2014	水电工程投资估算编制规定			2014/6/29	2014/11/1
11.7.1-4-171	11.7.1	27.140	P59	NB/T 35038—2014	水电工程建设征地移民安置综合监理规范			2014/6/29	2014/11/1
11.7.1-4-172	11.7.1	27.140	P59	NB/T 35048—2015	水电工程验收规程	DL/T 5123—2000		2015/4/2	2015/9/1
11.7.1-4-173	11.7.1	27.140	P26	NB/T 35051—2015	水电工程启闭机制造安装及验收规范	DL/T 5019—1994		2015/4/2	2015/9/1
11.7.1-4-174	11.7.1	27.140	P59	NB/T 35058—2015	水电工程岩体质量检测技术规程			2015/10/27	2016/3/1
11.7.1-4-175	11.7.1	27.140	P59	NB/T 35075—2015	水电工程项目编号及产品文件管理规定			2015/10/27	2016/3/1
11.7.1-4-176	11.7.1	27.140	P59	NB/T 35077—2016	水电工程数字流域基础地理信息系统技术规范			2016/1/7	2016/6/1
11.7.1-4-177	11.7.1	27.140	P59	NB/T 35082—2016	水电工程陡边坡植被混凝土生态修复技术规范			2016/8/16	2016/12/1
11.7.1-4-178	11.7.1	27.140	P59	NB/T 35083—2016	水电工程竣工图文件编制规程			2016/8/16	2016/12/1
11.7.1-4-179	11.7.1	27.140	P59	NB/T 35084—2016	水电工程施工规划报告编制规程			2016/12/5	2017/5/1
11.7.1-4-180	11.7.1	27.140	P59	NB/T 35085—2016	水电工程移民安置区工程地质勘察规程			2016/12/5	2017/5/1
11.7.1-4-181	11.7.1	27.140	P59	NB/T 35114—2018	水电岩土工程及岩体测试造孔规程	DL/T 5125—2009		2018/4/3	2018/7/1
11.7.1-4-182	11.7.1	27.140	P59	NB/T 35115—2018	水电工程钻探规程	DL/T 5013—2005		2018/4/3	2018/7/1
11.7.1-4-183	11.7.1	27.140	P59	NB/T 35116—2018	水电工程全球导航卫星系统（GNSS）测量规程			2018/4/3	2018/7/1
11.7.1-4-184	11.7.1	27.140	P59	NB/T 35117—2018	水电工程钻孔振荡式渗透试验规程			2018/4/3	2018/7/1
11.7.1-4-185	11.7.1	27.140	P59	NB/T 35118—2018	水电站油系统技术规范			2018/4/3	2018/7/1
11.7.1-4-186	11.7.1	27.140	P59	NB/T 35119—2018	水电工程水土保持设施验收规程			2018/6/6	2018/10/1
11.7.1-4-187	11.7.1	27.140	K55	NB/T 42041—2014	小水电机组安装技术规范			2014/10/15	2015/3/1
11.7.1-4-188	11.7.1	27.140	P59	SL 168—2012	小型水电站建设工程验收规程	SL 168—1996		2012/11/23	2013/2/23
11.7.1-4-189	11.7.1	93.160	P59	SL 176—2007	水利水电工程施工质量检验与评定规程	SL 176—1996		2007/7/14	2007/10/14
11.7.1-4-190	11.7.1	93.160	P57	SL 245—2013	水利水电工程地质观测规程			2013/1/29	2013/4/29

续表

序号	GW 分类	ICS 分类	GB 分类	标准号	中 文 名 称	代替标准	采用关系	发布日期	实施日期
11.7.1-4-191	11.7.1	91.080.10	P26	SL 36—2016	水工金属结构焊接通用技术条件	SL 36—2006		2016/7/20	2016/10/20
11.7.1-4-192	11.7.1	27.140	P55	SL 635—2012	水利水电工程单元工程施工质量验收评定标准—水工金属结构安装工程	SDJ 249.2—1988		2012/9/19	2012/12/19
11.7.1-4-193	11.7.1	27.140	P55	SL 636—2012	水利水电工程单元工程施工质量验收评定标准—水轮发电机组安装工程	SDJ 249.3—1988		2012/9/19	2012/12/19
11.7.1-4-194	11.7.1	27.140	P55	SL 637—2012	水利水电工程单元工程施工质量验收评定标准—水力机械辅助设备系统安装工程	SDJ 249.4—1988		2012/9/19	2012/12/19
11.7.1-4-195	11.7.1	91.220	P98	SL 668—2014	水轮发电机组推力轴承、导轴承安装调整工艺导则	SD 288—1988		2014/3/28	2014/6/28
11.7.1-4-196	11.7.1	93.160		SL/T 313—2021	水利水电工程施工地质规程	SL 313—2004		2021/7/1	2021/10/1
11.7.1-4-197	11.7.1			SL/T 432—2024	水利水电工程压力钢管制造安装及验收规范	SL/T 432—2008		2024/12/9	2025/3/9
11.7.1-4-198	11.7.1	27.140		SL/T 600—2012	水轮发电机定子现场装配工艺导则	SD 287—1988		2012/11/18	2013/2/18
11.7.1-4-199	11.7.1			SL/T 631.1—2025	水利水电工程单元工程施工质量验收标准 第1部分：土石方工程代替	SL 631—2012		2025/1/3	2025/4/3
11.7.1-4-200	11.7.1			SL/T 631.2—2025	水利水电工程单元工程施工质量验收标准 第2部分：混凝土工程代替	SL 632—2012		2025/1/3	2025/4/3
11.7.1-4-201	11.7.1			SL/T 631.3—2025	水利水电工程单元工程施工质量验收标准 第3部分：地基处理与基础工程代替	SL 633—2012		2025/1/3	2025/4/3
11.7.1-4-202	11.7.1			SL/T 631.4—2025	水利水电工程单元工程施工质量验收标准 第4部分：堤防与河道整治工程代替	SL 634—2012		2025/1/3	2025/4/3
11.7.1-6-203	11.7.1			T/CEC 5103—2024	水电水利工程边坡扣件式脚手架安全技术规范			2024/10/18	2025/3/1

11.7.2 工程建设-水电-抽水蓄能

序号	GW 分类	ICS 分类	GB 分类	标准号	中 文 名 称	代替标准	采用关系	发布日期	实施日期
11.7.2-2-1	11.7.2	29.240		Q/GDW 11426—2015	抽水蓄能电站工程项目划分导则			2016/3/1	2016/3/1
11.7.2-2-2	11.7.2	27.140	F20/29	Q/GDW 11586—2024	抽水蓄能电站安全文明施工设施配置导则	Q/GDW 11586—2016		2024/4/25	2024/4/25
11.7.2-2-3	11.7.2	93.010		Q/GDW 11692—2017	抽水蓄能电站工程施工监理规范			2018/2/12	2018/2/12

续表

序号	GW 分类	ICS 分类	GB 分类	标准号	中 文 名 称	代替标准	采用关系	发布日期	实施日期
11.7.2-2-4	11.7.2	27.140		Q/GDW 11694—2017	抽水蓄能电站受电前应具备条件导则			2018/2/12	2018/2/12
11.7.2-2-5	11.7.2	93.010		Q/GDW 11695—2017	抽水蓄能电站工程建设管理总体策划编制导则			2018/2/12	2018/2/12
11.7.2-2-6	11.7.2	27.140		Q/GDW 12134—2021	抽水蓄能电站工程招标设计阶段施工组织设计编制导则			2021/9/17	2021/9/17
11.7.2-2-7	11.7.2	27.140		Q/GDW 12135—2021	抽水蓄能电站工程主要项目施工方案导则			2021/9/17	2021/9/17
11.7.2-2-8	11.7.2	27.140		Q/GDW 12136—2021	抽水蓄能电站建设工程质量验收评定标准			2021/9/17	2021/9/17
11.7.2-3-9	11.7.2	27.140	F59	GB/T 18482—2010	可逆式抽水蓄能机组启动试运行规程	GB/T 18482—2001		2010/12/23	2011/5/1
11.7.2-3-10	11.7.2	27.140	P55	GB/T 36294—2018	抽水蓄能发电企业档案分类导则			2018/6/7	2019/1/1
11.7.2-4-11	11.7.2			DL/T 1225—2024	抽水蓄能电站生产准备导则	DL/T 1225—2013		2024/5/24	2024/11/24
11.7.2-4-12	11.7.2	27.100	F23	DL/T 2289—2021	抽水蓄能电站计算机监控系统试验验收规程			2021/4/26	2021/10/26
11.7.2-4-13	11.7.2	27.140	P59	NB/T 10072—2018	抽水蓄能电站设计规范	DL/T 5208—2005		2018/10/29	2019/3/1
11.7.2-4-14	11.7.2	27.140	P02	NB/T 11410—2023	抽水蓄能电站投资编制细则			2023/12/28	2024/6/28
11.7.2-6-15	11.7.2	27.140		T/CEC 5029—2020	抽水蓄能电站施工监理规范			2020/6/30	2020/10/1

11.8 工程建设-通信工程实施

序号	GW 分类	ICS 分类	GB 分类	标准号	中 文 名 称	代替标准	采用关系	发布日期	实施日期
11.8-2-1	11.8			Q/GDW 11765—2017	智能变电站光纤回路建模及编码技术规范			2018/9/26	2018/9/26
11.8-3-2	11.8	29.240.01	K45	GB/T 37755—2019	智能变电站光纤回路建模及编码技术规范			2019/6/4	2020/1/1
11.8-3-3	11.8			GB 50462—2015	数据中心基础设施施工及验收规范	GB 50462—2008		2015/12/3	2016/8/1
11.8-3-4	11.8			GB 51171—2016	通信线路工程验收规范			2016/4/15	2016/12/1
11.8-4-5	11.8	33.180.10	M30	DL/T 1601—2016	光纤复合架空相线施工、验收及运行规范			2016/8/16	2016/12/1
11.8-4-6	11.8	33.180.10	M30/49	DL/T 1733—2017	电力通信光缆安装技术要求			2017/8/2	2017/12/1
11.8-4-7	11.8	29.240	F20	DL/T 5161.11—2018	电气装置安装工程质量检验及评定规程　第11部分：通信工程施工质量检验	DL/T 5161.11—2002		2018/12/25	2019/5/1
11.8-4-8	11.8	29.240	P92	DL/T 5344—2018	电力光纤通信工程验收规范	DL/T 5344—2006		2018/12/25	2019/5/1
11.8-4-9	11.8	29.240	P62	DL/T 5479—2022	通信工程建设预算项目划分导则	DL/T 5479—2013		2022/5/13	2022/11/13

续表

序号	GW 分类	ICS 分类	GB 分类	标准号	中文名称	代替标准	采用关系	发布日期	实施日期
11.8-4-10	11.8	33.180.10	M30	DL/T 5793—2019	光纤复合低压电缆和附件施工及验收规范			2019/11/4	2020/5/1
11.8-4-11	11.8	29.200	K42	NB/T 10643—2021	风电场用静止无功发生器技术要求与试验方法			2021/4/26	2021/10/26
11.8-4-12	11.8	27.140	P59	NB/T 11010—2022	水电工程信息模型分类与编码规程			2022/11/4	2023/5/4
11.8-4-13	11.8			YD 5044—2014	同步数字体系（SDH）光纤传输系统工程验收规范	YD/T 5044—2005；YD/T 5149—2007；YD/T 5150—2007		2014/5/6	2014/7/1
11.8-4-14	11.8			YD 5077—2014	固定电话交换网工程验收规范			2014/5/6	2014/7/1
11.8-4-15	11.8			YD 5121—2010	通信线路工程验收规范	YD 5121—2005；YD 5138—2005；YD 5043—2005		2010/5/14	2010/10/1
11.8-4-16	11.8			YD 5122—2014	波分复用（WDM）光纤传输系统工程验收规范			2014/5/6	2014/7/1
11.8-4-17	11.8			YD 5125—2014	通信设备安装工程施工监理规范	YD/T 5125—2005		2014/5/6	2014/7/1
11.8-4-18	11.8			YD 5192—2009	通信建设工程量清单计价规范			2009/12/19	2010/3/1
11.8-4-19	11.8			YD 5198—2014	IP 多媒体子系统（IMS）核心网工程验收暂行规定			2014/5/6	2014/7/1
11.8-4-20	11.8			YD 5201—2014	通信建设工程安全生产操作规范			2014/5/6	2014/7/1
11.8-4-21	11.8			YD 5204—2014	通信建设工程施工安全监理暂行规定			2014/5/6	2014/7/1
11.8-4-22	11.8		P76	YD/T 5079—2005	通信电源设备安装工程验收规范	YD 5079—1999		2006/7/25	2006/10/1
11.8-4-23	11.8			YD/T 5093—2017	光缆线路自动监测系统工程验收规范	YD/T 5093—2005		2017/11/7	2018/1/1
11.8-4-24	11.8	33	P76	YD/T 5123—2021	通信线路工程施工监理规范	YD 5123—2010		2021/3/5	2021/4/1
11.8-4-25	11.8			YD/T 5126—2015	通信电源设备安装工程施工监理规范	YD/T 5126—2005		2015/10/10	2016/1/1
11.8-4-26	11.8			YD/T 5160—2015	无线通信室内覆盖系统工程验收规范	YD/T 5160—2007		2015/10/10	2016/1/1
11.8-4-27	11.8			YD/T 5208—2023	光传送网（OTN）工程技术规范			2023/5/22	2023/8/1
11.8-4-28	11.8	33	P76	YD/T 5250—2021	移动通信直放站工程施工监理规范			2021/3/5	2021/4/1

11.9 工程建设-技术经济

序号	GW 分类	ICS 分类	GB 分类	标准号	中文名称	代替标准	采用关系	发布日期	实施日期
11.9-2-1	11.9	29.240		Q/GDW 10433—2018	国家电网有限公司输变电工程造价分析内容深度规定	Q/GDW 433—2010		2019/8/30	2019/8/30

续表

序号	GW分类	ICS分类	GB分类	标准号	中文名称	代替标准	采用关系	发布日期	实施日期
11.9-2-2	11.9	29.240		Q/GDW 11337—2023	输变电工程工程量清单计价规范	Q/GDW11337—2014		2023/11/24	2023/11/24
11.9-2-3	11.9	29.240		Q/GDW 11338—2023	变电工程工程量计算规范	Q/GDW 11338—2014		2023/11/24	2023/11/24
11.9-2-4	11.9	29.240		Q/GDW 11339—2023	输电线路工程工程量计算规范	Q/GDW 11339—2014		2023/11/24	2023/11/24
11.9-2-5	11.9	29.240		Q/GDW 11606—2016	±1100kV 特高压直流输电工程计价规范			2017/6/16	2017/6/16
11.9-2-6	11.9	29.240		Q/GDW 11863—2018	±1100kV 特高压直流输电工程工程量清单计算规范			2019/10/23	2019/10/23
11.9-2-7	11.9	29.240	F20	Q/GDW 11873—2024	输变电工程施工图预算（综合单价法）编制规定	Q/GDW 11873—2018		2024/4/30	2024/4/30
11.9-2-8	11.9	29.240		Q/GDW 11874—2018	输变电工程结算报告编制规定			2019/10/23	2019/10/23
11.9-2-9	11.9	29.240		Q/GDW 12149—2021	输变电工程造价术语			2021/7/9	2021/7/9
11.9-2-10	11.9			Q/GDW 12368—2023	输变电工程电子化结算技术规范			2023/11/24	2023/11/24
11.9-2-11	11.9	29.240	F20	Q/GDW 12429—2024	10(20)千伏及以下配电网工程施工图预算(综合单价法）编制规定			2024/12/31	2024/12/31
11.9-3-12	11.9			GB 50500—2013	建设工程工程量清单计价规范	GB 50500—2008		2012/12/25	2013/7/1
11.9-3-13	11.9			GB/T 51095—2015	建设工程造价咨询规范			2015/3/8	2015/11/1
11.9-3-14	11.9			GB/T 51290—2018	建设工程造价指标指数分类与测算标准			2018/3/7	2018/7/1
11.9-4-15	11.9			CECA/GC 9—2013	建设项目工程竣工决算编制规程			2013/1/29	2013/5/1
11.9-4-16	11.9	29.240	P62	DL/T 5205—2021	电力建设工程工程量清单计算规范　输电线路工程	DL/T 5205—2016		2021/4/26	2021/10/26
11.9-4-17	11.9	29.240	P62	DL/T 5341—2021	电力建设工程工程量清单计算规范　变电工程	DL/T 5341—2016		2021/4/26	2021/10/26
11.9-4-18	11.9	27.100	P60	DL/T 5369—2021	电力建设工程工程量清单计算规范　火力发电工程	DL/T 5369—2016		2021/4/26	2021/10/26
11.9-4-19	11.9	27.100	P60	DL/T 5464—2021	火力发电工程初步设计概算编制导则	DL/T 5464—2013		2021/4/26	2021/10/26
11.9-4-20	11.9	27.100	P60	DL/T 5465—2021	火力发电工程施工图预算编制导则	DL/T 5465—2013		2021/4/26	2021/10/26
11.9-4-21	11.9	27.100	P60	DL/T 5466—2021	火力发电工程可行性研究投资估算编制导则	DL/T 5466—2013		2021/4/26	2021/10/26
11.9-4-22	11.9	29.240	P62	DL/T 5468—2021	输变电工程施工图预算编制导则	DL/T 5468—2013		2021/4/26	2021/10/26
11.9-4-23	11.9	29.240	P62	DL/T 5469—2021	输变电工程可行性研究投资估算编制导则	DL/T 5469—2013		2021/4/26	2021/10/26

续表

序号	GW 分类	ICS 分类	GB 分类	标准号	中文名称	代替标准	采用关系	发布日期	实施日期
11.9-4-24	11.9	27.100	P60	DL/T 5470—2021	燃煤发电工程建设预算项目划分导则	DL/T 5470—2013		2021/4/26	2021/10/26
11.9-4-25	11.9	29.240	P62	DL/T 5471—2021	变电站、开关站、换流站工程建设预算项目划分导则	DL/T 5471—2013		2021/4/26	2021/10/26
11.9-4-26	11.9	29.240	P62	DL/T 5477—2013	串联补偿站及静止无功补偿工程建设预算项目划分导则			2013/6/8	2013/10/1
11.9-4-27	11.9	29.240	P62	DL/T 5478—2021	20kV 及以下配电网工程建设预算项目划分导则	DL/T 5478—2013		2021/4/26	2021/10/26
11.9-4-28	11.9	27.100	P60	DL/T 5531—2017	火力发电工程项目后评价导则			2017/8/2	2017/12/1
11.9-4-29	11.9	29.240	P62	DL/T 5626—2021	20kV 及以下配电网工程技术经济指标编制导则			2021/11/16	2022/5/16
11.9-4-30	11.9	29.240	P62	DL/T 5627—2021	20kV 及以下配电网工程结算审核报告编制导则			2021/11/16	2022/5/16
11.9-4-31	11.9	27.100	P60	DL/T 5745—2021	电力建设工程工程量清单计价规范	DL/T 5745—2016		2021/4/26	2021/10/26
11.9-4-32	11.9	29.240	F20	DL/T 5765—2018	20kV 及以下配电网工程工程量清单计价规范			2018/4/3	2018/7/1
11.9-4-33	11.9	29.240	F20	DL/T 5766—2018	20kV 及以下配电网工程工程量清单计算规范			2018/4/3	2018/7/1
11.9-4-34	11.9	29.240	F20	DL/T 5767—2018	电网技术改造工程工程量清单计价规范			2018/4/3	2018/7/1
11.9-4-35	11.9	29.240	F20	DL/T 5768—2018	电网技术改造工程工程量清单计算规范			2018/4/3	2018/7/1
11.9-4-36	11.9	29.240	F20	DL/T 5769—2018	电网检修工程工程量清单计价规范			2018/4/3	2018/7/1
11.9-4-37	11.9	29.240	F20	DL/T 5770—2018	电网检修工程工程量清单计算规范			2018/4/3	2018/7/1
11.9-6-38	11.9			T/CEC 929—2024	输变电工程过程结算深度规定			2024/10/18	2025/3/1
11.9-6-39	11.9			T/CEC 930—2024	输变电工程全过程造价咨询报告编制深度规定			2024/10/18	2025/3/1

11.10 工程建设-其他

序号	GW 分类	ICS 分类	GB 分类	标准号	中文名称	代替标准	采用关系	发布日期	实施日期
11.10-2-1	11.10	29.240		Q/GDW 11971—2019	架空输电线路水土保持设施质量检验及评定规程			2020/8/24	2020/8/24
11.10-2-2	11.10	29.240		Q/GDW 11973—2019	生态脆弱区输变电工程施工环境保护导则			2020/8/24	2020/8/24
11.10-3-3	11.10	91.100.15	Q13	GB/T 14684—2022	建设用砂	GB/T 14684—2011		2022/4/15	2022/11/1

11

续表

序号	GW 分类	ICS 分类	GB 分类	标准号	中 文 名 称	代替标准	采用关系	发布日期	实施日期
11.10-3-4	11.10	91.100.15	Q13	GB/T 14685—2022	建设用卵石、碎石	GB/T 14685—2011		2022/4/15	2022/11/1
11.10-3-5	11.10			GB 50343—2012	建筑物电子信息系统防雷技术规范	GB 50343—2004		2012/6/11	2012/12/1
11.10-3-6	11.10			GB/T 50378—2019	绿色建筑评价标准	GB/T 50378—2014		2019/3/13	2019/8/1
11.10-3-7	11.10			GB 50582—2010	室外作业场地照明设计标准			2010/5/31	2010/12/1
11.10-3-8	11.10		P27	GB 50608—2020	纤维增强复合材料建设工程应用技术规范	GB 50608—2010		2020/2/27	2020/10/1
11.10-3-9	11.10			GB 50838—2015	城市综合管廊工程技术规范	GB 50838—2012		2015/5/22	2015/6/1
11.10-3-10	11.10			GB/T 51103—2015	电磁屏蔽室工程施工及质量验收规范			2015/5/11	2016/2/1
11.10-4-11	11.10	93.020	P61	DL/T 5738—2016	电力建设工程变形缝施工技术规范			2016/8/16	2016/12/1
11.10-4-12	11.10	71.100.01	G56	DL/T 5847—2021	配电系统电气装置安装工程施工质量检验及评定规程			2021/12/22	2022/6/22
11.10-4-13	11.10	03.100.30	A18	DL/T 679—2012	焊工技术考核规程	DL/T 679—1999		2012/1/4	2012/3/1
11.10-4-14	11.10	27.100	F20	DL/T 816—2017	电力行业焊接操作技能教师考核规则	DL/T 816—2003		2017/8/2	2017/12/1
11.10-4-15	11.10			HJ 169—2018	建设项目环境风险评价技术导则	HJ/T 169—2004		2018/10/14	2019/3/1
11.10-4-16	11.10			JGJ/T 309—2013	建筑通风效果测试与评价标准			2013/7/26	2014/2/1
11.10-4-17	11.10	91.080.40	P70	NB/T 51080—2017	气膜钢筋混凝土结构工程施工与验收规范			2017/12/27	2018/6/1
11.10-6-18	11.10		P36	CECS 269—2010	灾损建（构）筑物处理技术规范			2010/8/4	2010/11/1

11

12　设备材料

12.1　设备材料-基础综合

序号	GW 分类	ICS 分类	GB 分类	标准号	中 文 名 称	代替标准	采用关系	发布日期	实施日期
12.1-2-1	12.1	29.240	F20	Q/GDW 11304.22—2024	电力设备带电检测仪器技术规范　第 22 部分：声学指纹检测仪			2024/12/31	2024/12/31
12.1-2-2	12.1	29.240		Q/GDW 11365—2014	变压器中性点直流限流电阻器技术规范			2015/2/16	2015/2/16
12.1-2-3	12.1	29.240		Q/GDW 11476—2015	感应滤波变压器成套设备技术规范			2016/9/30	2016/9/30
12.1-2-4	12.1	29.240		Q/GDW 11517—2016	电力变压器中性点电容隔直装置技术规范			2017/10/9	2017/10/9
12.1-2-5	12.1	29.240		Q/GDW 11588—2016	快速动态响应同步调相机技术规范			2017/5/25	2017/5/25
12.1-2-6	12.1	29.240.10	K41	Q/GDW 11669.4—2024	高压直流工程换流变压器技术规范　第 4 部分：本体二次部分	Q/GDW 11497—2016		2024/12/31	2024/12/31
12.1-2-7	12.1	29.240		Q/GDW 11824—2018	虚拟同步发电机技术导则			2019/7/15	2019/7/15
12.1-2-8	12.1	29.020	K40	Q/GDW 11924—2018	主动干预型消弧装置技术规范			2020/4/3	2020/4/3
12.1-2-9	12.1	35.240	L70	Q/GDW 12435—2024	电网主设备知识图谱本体规范			2024/12/31	2024/12/31
12.1-3-10	12.1	29.035.99	K15	GB/T 11021—2014	电气绝缘耐热性和表示方法	GB/T 11021—2007	IEC 60085：2007，IDT	2014/5/6	2014/10/28
12.1-3-11	12.1	31.060.70	K42	GB/T 11024.1—2019	标称电压 1000V 以上交流电力系统用并联电容器　第 1 部分：总则	GB/T 11024.1—2010	IEC 60871-1：2014，MOD	2019/3/25	2019/10/1
12.1-3-12	12.1	31.060.70	K42	GB/T 11024.2—2019	标称电压 1000V 以上交流电力系统用并联电容器　第 2 部分：老化试验	GB/T 11024.2—2001	IEC/TS 60871-2：2014，MOD	2019/3/25	2019/10/1
12.1-3-13	12.1	31.060.70	K42	GB/T 11024.3—2019	标称电压 1000V 以上交流电力系统用并联电容器　第 3 部分：并联电容器和并联电容器组的保护	GB/Z 11024.3—2001	IEC/TS 60871-3：2015，MOD	2019/3/25	2019/10/1
12.1-3-14	12.1	31.060.70	K42	GB/T 11024.4—2019	标称电压 1000V 以上交流电力系统用并联电容器　第 4 部分：内部熔丝	GB/T 11024.4—2001	IEC 60871-4：2014，MOD	2019/3/25	2019/10/1
12.1-3-15	12.1	07.060	N93	GB/T 11826—2019	转子式流速仪	GB/T 11826—2002		2019/6/4	2020/1/1
12.1-3-16	12.1	29.240.01	K51	GB/T 11920—2008	电站电气部分集中控制设备及系统通用技术条件	GB 11920—1989		2008/9/24	2009/8/1
12.1-3-17	12.1	29.080.20	K48	GB/T 13026—2017	交流电容式套管型式与尺寸	GB/T 13026—2008		2017/12/29	2018/7/1

续表

序号	GW 分类	ICS 分类	GB 分类	标准号	中 文 名 称	代替标准	采用关系	发布日期	实施日期
12.1-3-18	12.1	19.040	K04	GB/T 14597—2010	电工产品不同海拔的气候环境条件	GB/T 14597—1993		2010/11/10	2011/5/1
12.1-3-19	12.1	621.3.01	K05	GB/T 15139—1994	电工设备结构总技术条件			1994/12/28	1995/8/1
12.1-3-20	12.1	29.180	K41	GB/T 17468—2019	电力变压器选用导则	GB/T 17468—2008		2019/12/10	2020/7/1
12.1-3-21	12.1	29.180	K41	GB/T 18494.3—2023	变流变压器　第 3 部分：应用导则	GB/T 18494.3—2012		2023/3/17	2023/10/1
12.1-3-22	12.1	29.180	K41	GB/T 19212.1—2023	变压器、电抗器、电源装置及其组合的安全　第 1 部分：通用要求和试验	GB/T 19212.1—2016		2023/9/7	2024/4/1
12.1-3-23	12.1	31.060.70	K42	GB/T 19749.1—2016	耦合电容器及电容分压器　第 1 部分：总则	GB/T 19749—2005	IEC 60358-1：2012，MOD	2016/2/24	2016/9/1
12.1-3-24	12.1	29.020	K04	GB/T 20626.1—2017	特殊环境条件　高原电工电子产品　第 1 部分：通用技术要求	GB/T 20626.1—2006		2017/9/29	2018/4/1
12.1-3-25	12.1	29.020	K04	GB/T 20626.3—2022	特殊环境条件　高原电工电子产品　第 3 部分：雷电、污秽、凝露的防护要求	GB/T 20626.3—2006		2022/10/12	2023/5/1
12.1-3-26	12.1	29.180	K41	GB/T 21419—2021	变压器、电抗器、电源装置及其组合的安全电磁兼容（EMC）要求	GB/T 21419—2013		2021/12/31	2022/7/1
12.1-3-27	12.1	29.240.10	K47	GB/T 2314—2008	电力金具通用技术条件	GB 2314—1997	IEC 61284：1997，MOD	2008/9/24	2009/8/1
12.1-3-28	12.1	29.020	K90	GB/T 23644—2009	电工专用设备通用技术条件			2009/4/21	2009/11/1
12.1-3-29	12.1	27.200	J73	GB/T 25142—2010	风冷式循环冷却液制冷机组			2010/9/26	2011/2/1
12.1-3-30	12.1	29.020	K09	GB/T 25295—2010	电气设备安全设计导则			2010/11/10	2011/5/1
12.1-3-31	12.1	29.080.10	K48	GB/T 26218.4—2019	污秽条件下使用的高压绝缘子的选择和尺寸确定　第 4 部分：直流系统用绝缘子			2019/12/10	2020/7/1
12.1-3-32	12.1	29.160.30	K24	GB/T 30549—2014	永磁交流伺服电动机通用技术条件			2014/5/6	2014/10/28
12.1-3-33	12.1	87.040	G51	GB 30981—2020	工业防护涂料中有害物质限量	GB 30981—2014		2020/3/4	2020/12/1
12.1-3-34	12.1	91.100.30	Q12	GB 31040—2014	混凝土外加剂中残留甲醛的限量			2014/12/5	2015/12/1
12.1-3-35	12.1	31.240	K05	GB/T 31846—2015	高压机柜通用技术规范			2015/7/3	2016/2/1
12.1-3-36	12.1	77.140.75	H48	GB/T 33966—2017	输送砂浆用耐磨无缝钢管			2017/7/12	2018/4/1

12

续表

序号	GW 分类	ICS 分类	GB 分类	标准号	中 文 名 称	代替标准	采用关系	发布日期	实施日期
12.1-3-37	12.1	77.140.60	H44	GB/T 33968—2017	改善焊接性能热轧型钢			2017/7/12	2018/4/1
12.1-3-38	12.1	91.100.60	Q25	GB/T 34011—2017	建筑用绝热制品　外墙外保温系统抗拉脱性能的测定（泡沫块试验）		ISO 12968：2010，IDT	2017/7/12	2018/6/1
12.1-3-39	12.1	19.100	J04	GB/T 35090—2018	无损检测　管道弱磁检测方法			2018/5/14	2018/12/1
12.1-3-40	12.1	03.120.99	A00	GB/T 35245—2017	企业产品质量安全事件应急预案编制指南			2017/12/29	2018/7/1
12.1-3-41	12.1	03.120.99	A00	GB/T 35247—2017	产品质量安全风险信息监测技术通则			2017/12/29	2018/7/1
12.1-3-42	12.1	03.120.99	A00	GB/T 35253—2017	产品质量安全风险预警分级导则			2017/12/29	2018/7/1
12.1-3-43	12.1	21.060.10	J13	GB/T 3632—2008	钢结构用扭剪型高强度螺栓连接副	GB/T 3632～3633—1995		2008/3/3	2008/7/1
12.1-3-44	12.1	27.010	F01	GB 36888—2018	预拌混凝土单位产品能源消耗限额			2018/11/19	2019/12/1
12.1-3-45	12.1	33.100	L06	GB/Z 37150—2018	电磁兼容可靠性风险评估导则			2018/12/28	2019/7/1
12.1-3-46	12.1	29.240.01	K45	GB/T 37761—2019	电力变压器冷却系统 PLC 控制装置技术要求			2019/6/4	2020/1/1
12.1-3-47	12.1	77.140.01	H46	GB/T 41324—2022	耐火耐候结构钢			2022/3/9	2022/10/1
12.1-3-48	12.1	19.040	A21	GB/T 4796—2017	环境条件分类　环境参数及其严酷程度	GB/T 4796—2008	IEC 60721-1：2002，IDT	2017/12/29	2018/7/1
12.1-3-49	12.1	19.020	K04	GB/T 4797.1—2018	环境条件分类　自然环境条件　温度和湿度	GB/T 4797.1—2005	IEC 60721-2-1：2013，MOD	2018/5/14	2018/12/1
12.1-3-50	12.1	19.020	A21	GB/T 4798.10—2006	电工电子产品应用环境条件　导言	GB/T 4798.10—1991	IEC 60721-3-0：2002，IDT	2006/12/19	2007/9/1
12.1-3-51	12.1			GB 50994—2014	工业企业电气设备抗震鉴定标准			2014/5/29	2015/3/1
12.1-3-52	12.1	29.120.30	K43	GB/T 5273—2016	高压电器端子尺寸标准化	GB/T 5273—1985	IEC/TR 62271-301：2009，MOD	2016/4/25	2016/11/1
12.1-3-53	12.1	33.060.40	M31	GB/T 7330—2008	交流电力系统阻波器	GB/T 7330—1998	IEC 60353：1989，NEQ	2008/3/25	2008/10/1
12.1-3-54	12.1	77.140.75	H48	GB/T 8162—2018	结构用无缝钢管	GB/T 8162—2008		2018/5/14	2019/2/1
12.1-3-55	12.1	13.220.50	C80	GB 8624—2012	建筑材料及制品燃烧性能分级	GB 8624—2006		2012/12/31	2013/10/1

续表

序号	GW 分类	ICS 分类	GB 分类	标准号	中文名称	代替标准	采用关系	发布日期	实施日期
12.1-3-56	12.1	29.020	K09	GB/T 9089.3—2023	户外严酷条件下的电气设施　第 3 部分：设备及附件的一般要求	GB/T 9089.3—2008		2023/12/28	2024/7/1
12.1-3-57	12.1	29.020	K09	GB/T 9089.4—2008	户外严酷条件下的电气设施　第 4 部分：装置要求	GB/T 9089.4—1992	IEC 60621-4：1981，IDT	2008/6/18	2009/3/1
12.1-4-58	12.1	29.180	K41	DL/T 1094—2018	电力变压器用绝缘油选用导则	DL/T 1094—2008		2018/4/3	2018/7/1
12.1-4-59	12.1	29.180	K41	DL/T 1096—2018	变压器油中颗粒度限值	DL/T 1096—2008		2018/4/3	2018/7/1
12.1-4-60	12.1	29.180	K41	DL/T 1251—2013	电力用电容式电压互感器使用技术规范	SD 333—1989		2013/11/28	2014/4/1
12.1-4-61	12.1	29.180	K41	DL/T 1268—2023	三相组合电力互感器使用技术规范	DL/T 1268—2013		2023/10/11	2024/4/11
12.1-4-62	12.1	29.240.99	K41	DL/T 1515—2016	电子式互感器接口技术规范			2016/1/7	2016/6/1
12.1-4-63	12.1	29.180	K41	DL/T 1539—2016	电力变压器（电抗器）用高压套管选用导则			2016/1/7	2016/6/1
12.1-4-64	12.1	29.180	K41	DL/T 1541—2016	电力变压器中性点直流限（隔）流装置技术规范			2016/1/7	2016/6/1
12.1-4-65	12.1	29.180	K41	DL/T 1542—2016	电子式电流互感器选用导则			2016/1/7	2016/6/1
12.1-4-66	12.1	29.180	K41	DL/T 1543—2016	电子式电压互感器选用导则			2016/1/7	2016/6/1
12.1-4-67	12.1	29.180	K41	DL/T 1805—2018	电力变压器用有载分接开关选用导则			2018/4/3	2018/7/1
12.1-4-68	12.1	29.180	K41	DL/Z 1812—2018	低功耗电容式电压互感器选用导则			2018/4/3	2018/7/1
12.1-4-69	12.1	27.100	F20	DL/T 1978—2019	电力用油颗粒污染度分级标准			2019/6/4	2019/10/1
12.1-4-70	12.1	01.040.29	K40/49	DL/T 2451—2021	混合式高压直流断路器术语			2021/12/22	2022/6/22
12.1-4-71	12.1	29.240.20	F20	DL/T 318—2017	输变电工程施工机具产品型号编制方法	DL/T 318—2010		2017/8/2	2017/12/1
12.1-4-72	12.1	29.180	K41	DL/T 378—2010	变压器出线端子用绝缘防护罩通用技术条件			2010/5/24	2010/10/1
12.1-4-73	12.1	29.020.01	K04	DL/T 700—2017	电力物资分类与编码导则	DL/T 700.1—1999； DL/T 700.2—1999； DL/T 700.3—1999		2017/11/15	2018/3/1
12.1-4-74	12.1	27.100	F21	DL/T 866—2015	电流互感器和电压互感器选择及计算规程	DL/T 866—2004		2015/4/2	2015/9/1

续表

序号	GW 分类	ICS 分类	GB 分类	标准号	中 文 名 称	代替标准	采用关系	发布日期	实施日期
12.1-4-75	12.1	29.020	K47	DL/T 972—2005	带电作业工具、装置和设备的质量保证导则		IEC 61318：2003，IDT	2005/11/28	2006/6/1
12.1-5-76	12.1			IEEE C57.12.10：2017	液体侵入式电力变压器用要求			2018/4/27	2018/4/27

12.2 设备材料-特高压电力设备

序号	GW 分类	ICS 分类	GB 分类	标准号	中 文 名 称	代替标准	采用关系	发布日期	实施日期
12.2-2-1	12.2	29.240.10	K48	Q/GDW 10150—2024	高压直流工程直流穿墙套管技术规范	Q/GDW 1150—2014		2024/12/31	2024/12/31
12.2-2-2	12.2	29.240.10	K49	Q/GDW 10276—2024	高压直流工程直流避雷器技术规范	Q/GDW 276—2009		2024/12/31	2024/12/31
12.2-2-3	12.2	29.240	K48	Q/GDW 10279—2024	高压直流换流站直流支柱绝缘子技术规范	Q/GDW 279—2009		2024/12/31	2024/12/31
12.2-2-4	12.2	29.080.10	K40/49	Q/GDW 10280—2024	±800kV 直流盘形悬式绝缘子技术条件	Q/GDW 280—2009		2024/12/31	2024/12/31
12.2-2-5	12.2	29.080.10	K40/49	Q/GDW 10282—2024	±800kV 直流棒形悬式复合绝缘子技术条件	Q/GDW 1282—2015		2024/12/31	2024/12/31
12.2-2-6	12.2	29.240		Q/GDW 11025—2013	1000kV 变电站二次设备抗扰度要求			2014/4/1	2014/4/1
12.2-2-7	12.2	29.240		Q/GDW 11127—2013	1100kV 气体绝缘金属封闭开关设备用盆式绝缘子技术规范			2014/4/15	2014/4/15
12.2-2-8	12.2	29.240		Q/GDW 11132—2013	特高压瓷绝缘电气设备抗震设计及减震装置安装与维护技术规程			2014/4/15	2014/4/15
12.2-2-9	12.2	29.240		Q/GDW 11340.1—2014	1000kV 输电线路绝缘子技术规范　第 1 部分：盘形悬式瓷或玻璃绝缘子			2015/1/31	2015/1/31
12.2-2-10	12.2	29.240		Q/GDW 11340.2—2014	1000kV 输电线路绝缘子技术规范　第 2 部分：棒形悬式复合绝缘子			2015/1/31	2015/1/31
12.2-2-11	12.2	29.240		Q/GDW 11409—2015	±1100kV 换流站用无间隙金属氧化物避雷器技术规范			2016/11/15	2016/11/15
12.2-2-12	12.2	29.100		Q/GDW 11480—2016	1000kV 特高压交流油浸式电力变压器用绝缘纸板及纸质绝缘成型件选用导则			2016/11/9	2016/11/9
12.2-2-13	12.2	29.100		Q/GDW 11481—2016	1000kV 交流电力变压器和电抗器硅钢片技术条件			2016/11/9	2016/11/9
12.2-2-14	12.2	29.100		Q/GDW 11482.1—2016	1000kV 交流电力变压器用绕组线　技术要求　第 1 部分：纸绝缘换位导线			2016/11/9	2016/11/9
12.2-2-15	12.2	29.180		Q/GDW 11483—2016	解体运输式 1000kV 单相油浸式自耦变压器技术规范			2016/11/9	2016/11/9

续表

序号	GW 分类	ICS 分类	GB 分类	标准号	中 文 名 称	代替标准	采用关系	发布日期	实施日期
12.2-2-16	12.2	29.240		Q/GDW 11528—2016	特高压全光纤电流互感器技术规范			2016/12/22	2016/12/22
12.2-2-17	12.2	29.240.10	K41	Q/GDW 11669.1—2024	高压直流工程换流变压器技术规范　第 1 部分：通用技术要求	Q/GDW 11669—2017		2024/12/31	2024/12/31
12.2-2-18	12.2	29.240.10	K41	Q/GDW 11669.2—2024	高压直流工程换流变压器技术规范　第 2 部分：套管	Q/GDW 11670—2017		2024/12/31	2024/12/31
12.2-2-19	12.2	29.240		Q/GDW 11671—2017	±1100kV 特高压直流输电系统用测量装置通用技术规范			2018/1/18	2018/1/18
12.2-2-20	12.2	29.240		Q/GDW 11672—2017	±1100kV 特高压直流输电系统用换流阀冷却系统技术规范			2018/1/18	2018/1/18
12.2-2-21	12.2	29.240		Q/GDW 11673—2017	±1100kV 特高压直流输电系统用换流阀技术规范			2018/1/18	2018/1/18
12.2-2-22	12.2	91.120.25	P15	Q/GDW 11677—2024	高压直流设备抗震技术规范	Q/GDW 11677—2017		2024/12/31	2024/12/31
12.2-2-23	12.2			Q/GDW 11714.1—2017	1000kV 交流架空输电线路杆塔复合横担　第 1 部分：设计规定			2018/6/27	2018/6/27
12.2-2-24	12.2			Q/GDW 11714.2—2017	1000kV 交流架空输电线路杆塔复合横担　第 2 部分：线路柱式复合绝缘子元件技术条件			2018/6/27	2018/6/27
12.2-2-25	12.2			Q/GDW 11714.3—2017	1000kV 交流架空输电线路杆塔复合横担　第 3 部分：施工及验收规范			2018/6/27	2018/6/27
12.2-2-26	12.2			Q/GDW 11744—2017	特高压直流换流变压器用冷轧取向电工钢带（片）技术条件			2018/9/12	2018/9/12
12.2-2-27	12.2			Q/GDW 11752—2017	±1100kV 直流输电线路用复合外套带串联间隙金属氧化物避雷器技术规范			2018/9/12	2018/9/12
12.2-2-28	12.2	29.240.10	K41	Q/GDW 11757—2024	高压直流工程平波电抗器技术规范	Q/GDW 148—2006		2024/12/31	2024/12/31
12.2-2-29	12.2	29.240.10	K40	Q/GDW 11758—2024	高压直流换流站直流金具技术规范	Q/GDW 11758—2017		2024/12/31	2024/12/31
12.2-2-30	12.2			Q/GDW 11788—2017	±800kV 直流输电线路用复合外套带串联间隙金属氧化物避雷器技术规范			2018/9/30	2018/9/30
12.2-2-31	12.2	29.240		Q/GDW 11866—2018	±1100kV 支柱绝缘子技术规范			2019/10/23	2019/10/23
12.2-2-32	12.2	29.240		Q/GDW 11867—2018	特高压直流架空线路用 840kN 盘形悬式绝缘子和 1000kN/840kN 棒形悬式复合绝缘子技术规范			2019/10/23	2019/10/23

续表

序号	GW 分类	ICS 分类	GB 分类	标准号	中 文 名 称	代替标准	采用关系	发布日期	实施日期
12.2-2-33	12.2	29.240		Q/GDW 11907—2018	1000kV GIS 设备移动式车间验收规范			2020/1/12	2020/1/12
12.2-2-34	12.2	01.040.29		Q/GDW 11911—2018	特高压换流变现场组装技术规范			2020/1/12	2020/1/12
12.2-2-35	12.2	01.040.29		Q/GDW 11912—2018	特高压换流变现场组装工艺导则			2020/1/12	2020/1/12
12.2-2-36	12.2	29.240.20		Q/GDW 11955—2019	1100kV 气体绝缘金属封闭输电线路（GIL）技术规范			2020/7/3	2020/7/3
12.2-2-37	12.2	29.240		Q/GDW 12016.5—2021	电网设备金属材料选用导则　第 5 部分：架空输电线路			2022/1/24	2022/1/24
12.2-2-38	12.2	13.220		Q/GDW 12383—2024	特高压换流变压器隔声罩技术条件			2024/2/29	2024/2/29
12.2-2-39	12.2	29.240.10	K43	Q/GDW 12511.3—2024	高压直流输电直流开关技术规范　第 3 部分：直流隔离开关和接地开关	Q/GDW 289—2009		2024/12/31	2024/12/31
12.2-2-40	12.2	29.240		Q/GDW 1307—2014	1000kV 交流系统用无间隙金属氧化物避雷器技术规范	Q/GDW 307—2009		2014/7/1	2014/7/1
12.2-2-41	12.2	29.240		Q/GDW 1527—2015	高压直流输电换流阀冷却系统技术规范	Q/GDW 527—2010		2016/11/21	2016/11/21
12.2-2-42	12.2			Q/GDW 1779—2013	1000kV 交流输电线路用带串联间隙复合外套金属氧化物避雷器技术规范			2013/4/12	2013/4/12
12.2-2-43	12.2			Q/GDW 1830—2012	特高压支柱瓷绝缘子工厂复合化技术规范			2013/6/28	2013/6/28
12.2-2-44	12.2			Q/GDW 1853—2012	1000kV 及以下串联电容器补偿装置施工及验收规范			2014/5/1	2014/5/1
12.2-2-45	12.2	29.240		Q/GDW 192—2008	1000kV 电力变压器、油浸电抗器、互感器施工及验收规范			2008/12/8	2008/12/8
12.2-2-46	12.2	29.240		Q/GDW 199—2008	1000kV 气体绝缘金属封闭开关设备施工工艺导则			2008/12/8	2008/12/8
12.2-2-47	12.2	29.240		Q/GDW 287—2009	±800kV 直流换流站二次设备抗干扰要求			2009/5/25	2009/5/25
12.2-2-48	12.2	29.240		Q/GDW 288—2009	±800kV 级直流输电用换流阀通用技术规范			2009/5/25	2009/5/25
12.2-2-49	12.2	29.240		Q/GDW 291—2009	1000kV 变电站变电金具技术规范			2009/5/25	2009/5/25

续表

序号	GW 分类	ICS 分类	GB 分类	标准号	中 文 名 称	代替标准	采用关系	发布日期	实施日期
12.2-2-50	12.2	29.240		Q/GDW 303—2009	1000kV 变电站用支柱绝缘子技术规范			2009/5/25	2009/5/25
12.2-2-51	12.2	29.240		Q/GDW 316—2009	特高压 OPGW 技术规范及运行技术要求			2009/5/25	2009/5/25
12.2-3-52	12.2	29.240.20	K47	GB/T 24834—2023	1000kV 交流架空输电线路金具技术规范	GB/T 24834—2009		2023/12/28	2024/7/1
12.2-3-53	12.2	29.240.10	K43	GB/T 24836—2018	1100kV 气体绝缘金属封闭开关设备	GB/Z 24836—2009		2018/7/13	2019/2/1
12.2-3-54	12.2	29.240.10	K43	GB/T 24837—2018	1100kV 高压交流隔离开关和接地开关	GB/Z 24837—2009		2018/9/17	2019/4/1
12.2-3-55	12.2	29.240.10	K43	GB/T 24838—2018	1100kV 高压交流断路器	GB/Z 24838—2009		2018/9/17	2019/4/1
12.2-3-56	12.2	29.240.01	K48	GB/T 24839—2018	1000kV 交流系统用支柱绝缘子技术规范	GB/Z 24839—2009		2018/7/13	2019/2/1
12.2-3-57	12.2	29.240.01	K40	GB/T 24840—2018	1000kV 交流系统用套管技术规范	GB/Z 24840—2009		2018/7/13	2019/2/1
12.2-3-58	12.2	29.180	K41	GB/T 24841—2018	1000kV 交流系统用电容式电压互感器技术规范	GB/Z 24841—2009		2018/7/13	2019/2/1
12.2-3-59	12.2	29.240	K41	GB/T 24843—2018	1000kV 单相油浸式自耦电力变压器技术规范	GB/Z 24843—2009		2018/7/13	2019/2/1
12.2-3-60	12.2	29.180	K41	GB/T 24844—2018	1000kV 交流系统用油浸式并联电抗器技术规范	GB/Z 24844—2009		2018/7/13	2019/2/1
12.2-3-61	12.2	29.240.10	K44	GB/T 24845—2018	1000kV 交流系统用无间隙金属氧化物避雷器技术规范	GB/Z 24845—2009		2018/7/13	2019/2/1
12.2-3-62	12.2	29.180	K41	GB/T 25082—2010	800kV 直流输电用油浸式换流变压器技术参数和要求			2010/9/2	2011/2/1
12.2-3-63	12.2	29.080.99	K49	GB/T 25083—2010	±800kV 直流系统用金属氧化物避雷器			2010/9/2	2011/2/1
12.2-3-64	12.2	29.080.20	K48	GB/T 26166—2010	±800kV 直流系统用穿墙套管			2011/1/14	2011/7/1
12.2-3-65	12.2	29.080.01	K40	GB/T 28541—2012	±800kV 高压直流换流站设备的绝缘配合			2012/6/29	2012/11/1
12.2-3-66	12.2	29.240.20	K47	GB/T 31235—2014	±800kV 直流输电线路金具技术规范			2014/9/30	2015/4/1
12.2-3-67	12.2	29.120	K34	GB/T 31238—2014	1000kV 交流电流互感器技术规范			2014/9/30	2015/4/1
12.2-3-68	12.2	29.240.20	K47	GB/T 31239—2023	1000kV 变电站金具技术规范	GB/T 31239—2014		2023/12/28	2024/7/1
12.2-3-69	12.2	29.080.10	K48	GB/T 34939.1—2017	±800kV 直流支柱复合绝缘子　第 1 部分：环氧玻璃纤维实心芯体复合绝缘子			2017/11/1	2018/5/1

续表

序号	GW 分类	ICS 分类	GB 分类	标准号	中 文 名 称	代替标准	采用关系	发布日期	实施日期
12.2-3-70	12.2	29.240.99	K40	GB/T 35693—2017	±800kV 特高压直流输电工程阀厅金具技术规范			2017/12/29	2018/7/1
12.2-3-71	12.2			GB 50834—2013	1000kV 构支架施工及验收规范			2012/12/25	2013/5/1
12.2-3-72	12.2			GB 50835—2013	1000kV 电力变压器、油浸电抗器、互感器施工及验收规范			2012/12/25	2013/5/1
12.2-4-73	12.2	29.240	K44	DL/T 1186—2012	1000kV 罐式电压互感器技术规范			2012/8/23	2012/12/1
12.2-4-74	12.2	29.240.01	K42	DL/T 1274—2013	1000kV 串联电容器补偿装置技术规范			2013/11/28	2014/4/1
12.2-4-75	12.2	29.240	K44	DL/T 1408—2015	1000kV 交流系统用油-六氟化硫套管技术规范			2015/4/2	2015/9/1
12.2-4-76	12.2	29.080.20	K48	DL/T 1673—2016	换流变压器阀侧套管技术规范			2016/12/5	2017/5/1
12.2-4-77	12.2	29.080.20	K48	DL/T 1726—2017	特高压直流穿墙套管技术规范			2017/8/2	2017/12/1
12.2-4-78	12.2	29.180	K41	DL/T 2043—2019	±1100kV 特高压直流换流变压器使用技术条件			2019/6/4	2019/10/1
12.2-4-79	12.2	29.240.99	K40	DL/T 2061—2019	±1100kV 特高压直流换流站用直流金具技术规范			2019/11/4	2020/5/1
12.2-4-80	12.2	29.240.20	K47	DL/T 2245—2021	±1100kV 特高压直流输电线路金具技术规范			2021/1/7	2021/7/1
12.2-4-81	12.2	29.100	K49	DL/T 2623—2023	1000kV 特高压交流系统用开关型可控金属氧化物避雷器技术规范			2023/5/26	2023/11/26
12.2-4-82	12.2	29.020	P62	DL/T 5735—2016	1000kV 可控并联电抗器设计技术导则			2016/8/16	2016/12/1
12.2-4-83	12.2	29.080.10	K48	NB/T 42012—2013	交流变电站和电器设备用 1100kV 复合绝缘子尺寸与特性			2013/11/28	2014/4/1
12.2-4-84	12.2	29.180	K41	NB/T 42019—2013	750kV 和 1000kV 级油浸式并联电抗器技术参数和要求			2013/11/28	2014/4/1
12.2-4-85	12.2	29.180	K41	NB/T 42020—2013	750kV 和 1000kV 级油浸式电力变压器技术参数和要求			2013/11/28	2014/4/1
12.2-6-86	12.2	29.1.80	K41	T/CEC 204—2019	特高压串补平台侧 1000kV 电容式电压互感器技术规范			2019/4/24	2019/7/1

续表

序号	GW 分类	ICS 分类	GB 分类	标准号	中 文 名 称	代替标准	采用关系	发布日期	实施日期
12.2-6-87	12.2	29.240.99	K49	T/CEC 348—2020	1000kV 交流系统用复合外套无间隙金属氧化物避雷器			2020/6/30	2020/10/1

12.3 设备材料-高压电力设备

序号	GW 分类	ICS 分类	GB 分类	标准号	中 文 名 称	代替标准	采用关系	发布日期	实施日期
12.3-2-1	12.3	29.240		Q/GDW 10406—2018	倒置式 SF_6 电流互感器技术规范	Q/GDW 406—2010		2020/4/3	2020/4/3
12.3-2-2	12.3	29.240		Q/GDW 10530—2016	高压直流输电直流电子式电流互感器技术规范	Q/GDW 530—2010		2017/3/24	2017/3/24
12.3-2-3	12.3	29.240		Q/GDW 10531—2016	高压直流输电直流电子式电压互感器技术规范	Q/GDW 531—2010		2017/7/28	2017/7/28
12.3-2-4	12.3	29.240		Q/GDW 10655—2015	串联电容器补偿装置通用技术要求	Q/GDW 655—2011		2016/12/8	2016/12/8
12.3-2-5	12.3	29.240		Q/GDW 11007—2013	±500kV 直流输电线路用复合外套带串联间隙金属氧化物避雷器技术规范			2014/4/15	2014/4/15
12.3-2-6	12.3	29.240		Q/GDW 1104—2015	750kV 并联电抗器技术规范	Q/GDW 104—2003		2016/11/15	2016/11/15
12.3-2-7	12.3	29.240		Q/GDW 1105—2015	800kV 高压交流断路器技术规范	Q/GDW 105—2003		2016/11/15	2016/11/15
12.3-2-8	12.3	29.240		Q/GDW 1106—2015	800kV 高压交流隔离开关技术规范	Q/GDW 106—2003		2016/11/15	2016/11/15
12.3-2-9	12.3	29.140.10		Q/GDW 11071.1—2021	35kV～750kV 变电站通用设备技术要求及接口规范 第 1 部分：主变压器	Q/GDW 11071.1—2013		2021/5/12	2021/5/12
12.3-2-10	12.3	29.140.10		Q/GDW 11071.2—2021	35kV～750kV 变电站通用设备技术要求及接口规范 第 2 部分：高压并联电抗器	Q/GDW 11071.2—2013		2021/5/12	2021/5/12
12.3-2-11	12.3	29.120.40		Q/GDW 11071.3—2021	35kV～750kV 变电站通用设备技术要求及接口规范 第 3 部分：气体绝缘金属封闭开关设备	Q/GDW 11071.3—2013		2021/5/12	2021/5/12
12.3-2-12	12.3	29.240.01		Q/GDW 11071.4—2021	35kV～750kV 变电站通用设备技术要求及接口规范 第 4 部分：高压交流断路器	Q/GDW 11071.4—2013		2021/5/12	2021/5/12
12.3-2-13	12.3	29.140.10		Q/GDW 11071.5—2021	35kV～750kV 变电站通用设备技术要求及接口规范 第 5 部分：高压交流隔离开关和接地开关	Q/GDW 11071.5—2013		2021/5/12	2021/5/12
12.3-2-14	12.3	29.240		Q/GDW 11071.6—2021	35kV～750kV 变电站通用设备技术要求及接口规范 第 6 部分：电流互感器	Q/GDW 11071.6—2013		2021/5/12	2021/5/12

续表

序号	GW 分类	ICS 分类	GB 分类	标准号	中 文 名 称	代替标准	采用关系	发布日期	实施日期
12.3-2-15	12.3	29.240		Q/GDW 11071.7—2021	35kV～750kV 变电站通用设备技术要求及接口规范 第 7 部分：电压互感器	Q/GDW 11071.7—2013		2021/5/12	2021/5/12
12.3-2-16	12.3	29.240		Q/GDW 11071.8—2021	35kV～750kV 变电站通用设备技术要求及接口规范 第 8 部分：高压并联电容器成套装置	Q/GDW 11071.8—2013		2021/5/12	2021/5/12
12.3-2-17	12.3	29.140.10		Q/GDW 11071.9—2021	35kV～750kV 变电站通用设备技术要求及接口规范 第 9 部分：低压并联电抗器	Q/GDW 11071.9—2013		2021/5/12	2021/5/12
12.3-2-18	12.3	29.140.10		Q/GDW 11071.10—2021	35kV～750kV 变电站通用设备技术要求及接口规范 第 10 部分：交流无间隙金属氧化物避雷器	Q/GDW 11071.10—2013		2021/5/12	2021/5/12
12.3-2-19	12.3	29.140.10		Q/GDW 11071.11—2021	35kV～750kV 变电站通用设备技术要求及接口规范 第 11 部分：高压开关柜	Q/GDW 11071.12—2013		2021/5/12	2021/5/12
12.3-2-20	12.3	29.140.10		Q/GDW 11071.12—2021	35kV～750kV 变电站通用设备技术要求及接口规范 第 12 部分：站用变压器			2021/5/12	2021/5/12
12.3-2-21	12.3	29.140.10		Q/GDW 11071.13—2021	35kV～750kV 变电站通用设备技术要求及接口规范 第 13 部分：接地变压器及消弧线圈成套装置			2021/5/12	2021/5/12
12.3-2-22	12.3	29.240		Q/GDW 1108—2015	750kV 电容式电压互感器技术规范	Q/GDW 108—2003		2016/11/15	2016/11/15
12.3-2-23	12.3	29.240		Q/GDW 1109—2015	750kV 金属氧化物避雷器技术规范	Q/GDW 109—2003		2016/11/15	2016/11/15
12.3-2-24	12.3	29.240		Q/GDW 11225—2014	6kV～110kV 高压并联电容器装置技术规范			2014/12/1	2014/12/1
12.3-2-25	12.3	29.240		Q/GDW 11228—2014	高电压试验车技术规范			2014/12/1	2014/12/1
12.3-2-26	12.3	29.240		Q/GDW 11306—2014	110(66)～1000kV 油浸式电力变压器技术条件			2015/2/26	2015/2/26
12.3-2-27	12.3	29.240	K00/09	Q/GDW 11307.1—2024	绝缘子技术规范 第 1 部分：高压支柱绝缘子	Q/GDW 11307—2014		2024/8/9	2024/8/9
12.3-2-28	12.3	29.240		Q/GDW 11308—2014	交流 110(66)kV～750kV 系统用避雷器技术条件			2015/2/26	2015/2/26
12.3-2-29	12.3	29.240		Q/GDW 11453—2015	750kV 交流输电线路用带串联间隙复合外套金属氧化物避雷器技术规范			2016/7/29	2016/7/29
12.3-2-30	12.3	29.240.10	K41	Q/GDW 11669.3—2024	高压直流工程换流变压器技术规范 第 3 部分：有载分接开关	Q/GDW 12418—2024		2024/12/31	2024/12/31
12.3-2-31	12.3	29.240.10	K43	Q/GDW 11753—2024	高压直流工程交流滤波器小组断路器技术规范	Q/GDW 11753—2017		2024/12/31	2024/12/31

12

续表

序号	GW 分类	ICS 分类	GB 分类	标准号	中文名称	代替标准	采用关系	发布日期	实施日期
12.3-2-32	12.3			Q/GDW 11764—2017	高压直流工程直流控制保护与稳控装置接口技术规范			2018/9/26	2018/9/26
12.3-2-33	12.3	29.240		Q/GDW 11868—2018	高压直流系统用空心复合绝缘子技术规范			2019/10/23	2019/10/23
12.3-2-34	12.3	29.130.10		Q/GDW 11921.1—2018	额定电压 72.5kV 及以上 SF_6/N_2 混合气体绝缘金属封闭开关设备　第 1 部分：母线技术规范			2020/4/3	2020/4/3
12.3-2-35	12.3	29.130.10		Q/GDW 11921.2—2018	额定电压 72.5kV 及以上 SF_6/N_2 混合气体绝缘金属封闭开关设备　第 2 部分：运维检修规范			2020/4/3	2020/4/3
12.3-2-36	12.3	29.130.10		Q/GDW 11921.3—2018	额定电压 72.5kV 及以上 SF_6/N_2 混合气体绝缘金属封闭开关设备　第 3 部分：密度继电器技术规范			2020/4/3	2020/4/3
12.3-2-37	12.3	29.130.10		Q/GDW 11921.4—2018	额定电压 72.5kV 及以上 SF_6/N_2 混合气体绝缘金属封闭开关设备　第 4 部分：运检装置技术规范			2020/4/3	2020/4/3
12.3-2-38	12.3	29.130.10	K43	Q/GDW 11921.5—2024	额定电压 72.5kV 及以上 SF_6/N_2 混合气体绝缘金属封闭开关设备　第 5 部分：隔离开关和接地开关技术规范			2024/12/31	2024/12/31
12.3-2-39	12.3	29.080.99		Q/GDW 12074—2020	110(66)kV～1000kV 交流输电线路用复合外套带串联间隙金属氧化物避雷器技术规范			2021/4/30	2021/4/30
12.3-2-40	12.3	29.240	F20	Q/GDW 12124.1—2024	高压开关技术规范　第 1 部分：通用			2024/4/19	2024/4/19
12.3-2-41	12.3	29.240.01	F20	Q/GDW 12124.2—2024	高压开关技术规范　第 2 部分：高压交流断路器			2024/4/19	2024/4/19
12.3-2-42	12.3	29.130.10	F20	Q/GDW 12124.3—2024	高压开关技术规范　第 3 部分：气体绝缘金属封闭开关设备			2024/4/19	2024/4/19
12.3-2-43	12.3	29.240	K43	Q/GDW 12124.4—2024	高压开关技术规范　第 4 部分：高压交流隔离开关和接地开关			2024/4/19	2024/4/19
12.3-2-44	12.3	29.240	K43	Q/GDW 12124.5—2024	高压开关技术规范　第 5 部分：高压开关柜			2024/4/19	2024/4/19
12.3-2-45	12.3	29.080.20	K48	Q/GDW 12125.1—2024	高压套管技术规范　第 1 部分：通用			2024/4/19	2024/4/19
12.3-2-46	12.3	29.080.20	K48	Q/GDW 12125.2—2024	高压套管技术标准　第 2 部分：交流穿墙套管			2024/4/19	2024/4/19
12.3-2-47	12.3	29.080.20	K48	Q/GDW 12125.3—2024	高压套管技术规范　第 3 部分：直流穿墙套管			2024/4/19	2024/4/19

续表

序号	GW 分类	ICS 分类	GB 分类	标准号	中 文 名 称	代替标准	采用关系	发布日期	实施日期
12.3-2-48	12.3	29.089.20	K48	Q/GDW 12125.4—2024	高压套管技术规范　第 4 部分：变压器（电抗器）用套管			2024/4/19	2024/4/19
12.3-2-49	12.3	29.089.20	K48	Q/GDW 12125.5—2024	高压套管技术规范　第 5 部分：换流变压器（平波电抗器）用套管			2024/4/19	2024/4/19
12.3-2-50	12.3	29.180	K41	Q/GDW 12126.1—2024	电力变压器技术规范　第 1 部分：通用			2024/4/19	2024/4/19
12.3-2-51	12.3	29.180	K41	Q/GDW 12126.2—2024	电力变压器技术规范　第 2 部分：35kV 及以上油浸式电力变压器			2024/4/19	2024/4/19
12.3-2-52	12.3	29.020	F20	Q/GDW 12128.1—2024	电抗器技术规范　第 1 部分：通用			2024/4/19	2024/4/19
12.3-2-53	12.3	29.020	F20	Q/GDW 12128.2—2024	电抗器技术规范　第 2 部分：并联电抗器			2024/4/19	2024/4/19
12.3-2-54	12.3	29.020	F20	Q/GDW 12128.3—2024	电抗器技术规范　第 3 部分：串联电抗器			2024/4/19	2024/4/19
12.3-2-55	12.3	29.020	F20	Q/GDW 12128.4—2024	电抗器技术规范　第 4 部分：消弧线圈成套装置			2024/4/19	2024/4/19
12.3-2-56	12.3	29.020		Q/GDW 12133.1—2022	互感器技术规范　第 1 部分：通用			2022/9/15	2022/9/15
12.3-2-57	12.3	29.020		Q/GDW 12133.2—2022	互感器技术规范　第 2 部分：电流互感器			2022/9/15	2022/9/15
12.3-2-58	12.3	29.020		Q/GDW 12133.3—2022	互感器技术规范　第 3 部分：电磁式电压互感器			2022/9/15	2022/9/15
12.3-2-59	12.3	29.020		Q/GDW 12133.4—2022	互感器技术规范　第 4 部分：电容式电压互感器			2022/9/15	2022/9/15
12.3-2-60	12.3	29.020		Q/GDW 12133.5—2022	互感器技术规范　第 5 部分：电子式电压互感器			2022/9/15	2022/9/15
12.3-2-61	12.3	29.240		Q/GDW 12133.6—2021	互感器技术规范　第 6 部分：具备谐波测量功能的电容式电压互感器			2022/1/28	2022/1/28
12.3-2-62	12.3	29.240.10		Q/GDW 12162—2021	隔离开关分合闸位置双确认系统技术规范			2021/12/6	2021/12/6
12.3-2-63	12.3	29.240		Q/GDW 12230.1—2022	无功补偿及谐波治理装置技术规范　第 1 部分：通用			2022/9/15	2022/9/15
12.3-2-64	12.3	31.060.70		Q/GDW 12230.2—2022	无功补偿及谐波治理装置技术规范　第 2 部分：高压并联电容器装置			2022/9/15	2022/9/15
12.3-2-65	12.3	29.240		Q/GDW 12230.3—2022	无功补偿及谐波治理装置技术规范　第 3 部分：固定串联电容器补偿装置			2022/9/15	2022/9/15

续表

序号	GW 分类	ICS 分类	GB 分类	标准号	中文名称	代替标准	采用关系	发布日期	实施日期
12.3-2-66	12.3	29.240		Q/GDW 12230.4—2022	无功补偿及谐波治理装置技术规范　第 4 部分：SVC			2022/9/15	2022/9/15
12.3-2-67	12.3	29.020		Q/GDW 12230.5—2022	无功补偿及谐波治理装置技术规范　第 5 部分：SVG	Q/GDW 1241.1—2014；Q/GDW 1241.2—2014；Q/GDW 1241.3—2014；Q/GDW 1241.4—2014		2022/9/15	2022/9/15
12.3-2-68	12.3	29.240		Q/GDW 12230.6—2022	无功补偿及谐波治理装置技术规范　第 6 部分：交流滤波器组			2022/9/15	2022/9/15
12.3-2-69	12.3	29.240		Q/GDW 12230.7—2022	无功补偿及谐波治理装置技术规范　第 7 部分：直流滤波器组			2022/9/15	2022/9/15
12.3-2-70	12.3	29.240		Q/GDW 12230.8—2022	无功补偿及谐波治理装置技术规范　第 8 部分：MSVC			2022/9/15	2022/9/15
12.3-2-71	12.3	29.240		Q/GDW 12231—2022	72.5kV 及以上交流气体绝缘金属封闭输电线路（GIL）技术规范			2022/9/15	2022/9/15
12.3-2-72	12.3	29.240		Q/GDW 12233.1—2022	交流避雷器技术规范　第 1 部分：通用			2022/9/15	2022/9/15
12.3-2-73	12.3	29.240		Q/GDW 12233.2—2022	交流避雷器技术规范　第 2 部分：站用			2022/9/15	2022/9/15
12.3-2-74	12.3	29.240		Q/GDW 12386—2024	柔性直流输电系统用幅相校正器设计导则			2024/2/29	2024/2/29
12.3-2-75	12.3	29.080.20		Q/GDW 12387—2024	强制冷却换流变阀侧套管技术规范			2024/2/29	2024/2/29
12.3-2-76	12.3	29.240	F20	Q/GDW 12412.16—2024	混合级联直流系统技术规范　第 16 部分：直流滤波器			2024/2/5	2024/2/5
12.3-2-77	12.3	29.240	F20	Q/GDW 12412.17—2024	混合级联直流系统技术规范　第 17 部分：高速旁路开关			2024/2/5	2024/2/5
12.3-2-78	12.3	29.240	F20	Q/GDW 12412.18—2024	混合级联直流系统技术规范　第 18 部分：柔直换流阀的阀基控制设备			2024/2/5	2024/2/5
12.3-2-79	12.3	29.240	F20	Q/GDW 12414.21—2024	海上风电柔性直流技术规范　第 2-1 部分：换流阀			2024/2/5	2024/2/5
12.3-2-80	12.3	29.240	F20	Q/GDW 12414.22—2024	海上风电柔性直流技术规范　第 2-2 部分：联接变压器			2024/2/5	2024/2/5
12.3-2-81	12.3	29.240	F20	Q/GDW 12414.27—2024	海上风电柔性直流技术规范　第 2-7 部分：测量装置			2024/2/5	2024/2/5

续表

序号	GW 分类	ICS 分类	GB 分类	标准号	中 文 名 称	代替标准	采用关系	发布日期	实施日期
12.3-2-82	12.3	29.240	F20	Q/GDW 12415—2024	柔性直流系统换流变压器阀侧交流断路器技术规范			2024/2/5	2024/2/5
12.3-2-83	12.3	29.240	F20	Q/GDW 12416—2024	柔性直流输电系统穿墙套管技术规范			2024/2/5	2024/2/5
12.3-2-84	12.3	29.200；31.020	K42；K46；L30	Q/GDW 12417—2024	柔性直流换流阀核心组部件技术规范			2024/2/5	2024/2/5
12.3-2-85	12.3	29.240	F20	Q/GDW 12419—2024	直流可控自恢复消能装置控制保护技术规范			2024/2/5	2024/2/5
12.3-2-86	12.3	29.198	K41	Q/GDW 12431—2024	油浸式电力变压器技术符合性评估导则			2024/12/31	2024/12/31
12.3-2-87	12.3	29.240.10	K43	Q/GDW 12511.2—2024	高压直流输电直流开关技术规范　第 2 部分：直流转换开关	Q/GDW 1964—2013		2024/12/31	2024/12/31
12.3-2-88	12.3	29.240.10	K43	Q/GDW 12511.5—2024	高压直流输电直流开关技术规范　第 5 部分：直流旁路开关	Q/GDW 11754—2017		2024/12/31	2024/12/31
12.3-2-89	12.3	29.240.10	K44	Q/GDW 12544—2024	高压直流工程工频阻断滤波器技术规范			2024/12/31	2024/12/31
12.3-2-90	12.3	29.240.10	K44	Q/GDW 12545—2024	高压直流工程 PLC/RI 滤波器技术规范			2024/12/31	2024/12/31
12.3-2-91	12.3			Q/GDW 1787.1—2013	超高压分级式可控并联电抗器　第 1 部分：成套装置设计规范			2013/4/12	2013/4/12
12.3-2-92	12.3			Q/GDW 1787.2—2013	超高压分级式可控并联电抗器　第 2 部分：晶闸管阀及其辅助系统技术规范			2013/4/12	2013/4/12
12.3-2-93	12.3			Q/GDW 1787.3—2013	超高压分级式可控并联电抗器　第 3 部分：本体技术规范			2013/4/12	2013/4/12
12.3-2-94	12.3			Q/GDW 1787.4—2013	超高压分级式可控并联电抗器　第 4 部分：控制保护系统技术规范			2013/4/12	2013/4/12
12.3-2-95	12.3			Q/GDW 1787.5—2013	超高压分级式可控并联电抗器　第 5 部分：现场试验规程			2013/4/12	2013/4/12
12.3-2-96	12.3			Q/GDW 1794—2013	气体绝缘变压器技术条件			2013/4/12	2013/4/12
12.3-2-97	12.3			Q/GDW 1847—2012	电子式电流互感器技术规范			2014/5/1	2014/5/1
12.3-2-98	12.3			Q/GDW 1848—2012	电子式电压互感器技术规范			2014/5/1	2014/5/1
12.3-2-99	12.3			Q/GDW 1849—2012	六氟化硫气体绝缘试验变压器通用技术条件			2014/5/1	2014/5/1

续表

序号	GW 分类	ICS 分类	GB 分类	标准号	中文名称	代替标准	采用关系	发布日期	实施日期
12.3-2-100	12.3	29.240		Q/GDW 494—2010	高压直流输电交直流滤波器及并联电容器装置技术规范			2010/9/25	2010/9/25
12.3-2-101	12.3	29.240		Q/GDW 566—2010	高压无源电力滤波装置验收规范			2011/1/17	2011/1/17
12.3-2-102	12.3	29.240		Q/GDW 670—2011	高压带电显示装置技术规范			2011/12/23	2011/12/23
12.3-2-103	12.3	29.240		Q/GDW 735.1—2012	智能高压开关设备技术条件　第 1 部分：通用技术条件			2012/10/11	2012/10/11
12.3-2-104	12.3	29.240		Q/GDW 736.1—2012	智能电力变压器技术条件　第 1 部分：通用技术条件			2012/10/11	2012/10/11
12.3-2-105	12.3	29.240		Q/GDW 736.3—2012	智能电力变压器技术条件　第 3 部分：有载分接开关控制 IED 技术条件			2012/10/11	2012/10/11
12.3-2-106	12.3	29.240		Q/GDW 736.4—2012	智能电力变压器技术条件　第 4 部分：冷却装置控制 IED 技术条件			2012/10/11	2012/10/11
12.3-2-107	12.3	29.240		Q/GDW 736.9—2012	智能电力变压器技术条件　第 9 部分：非电量保护 IED 技术条件			2012/10/11	2012/10/11
12.3-3-108	12.3	29.080.10	K48	GB/T 1000—2016	高压线路针式瓷绝缘子尺寸与特性	GB/T 1000.2—1988		2016/4/25	2016/11/1
12.3-3-109	12.3	29.180	K41	GB 1094.1—2013	电力变压器　第 1 部分：总则	GB 1094.1—1996	IEC 60076-1：2011，MOD	2013/12/17	2014/12/14
12.3-3-110	12.3	29.180	K41	GB 1094.2—2013	电力变压器　第 2 部分：液浸式变压器的温升	GB 1094.2—1996	IEC TS 60076-2：2011，MOD	2013/12/17	2014/12/14
12.3-3-111	12.3	29.180	K41	GB/T 1094.3—2017	电力变压器　第 3 部分：绝缘水平、绝缘试验和外绝缘空气间隙	GB/T 1094.3—2003	IEC 60076-3：2013，MOD	2017/12/29	2018/7/1
12.3-3-112	12.3	29.180	K41	GB 1094.5—2008	电力变压器　第 5 部分：承受短路的能力	GB 1094.5—2003	IEC 60076-5：2006，MOD	2008/9/19	2009/6/1
12.3-3-113	12.3	29.180	K41	GB/T 1094.6—2011	电力变压器　第 6 部分：电抗器	GB/T 10229—1988	IEC 60076-6：2007，MOD	2011/7/29	2011/12/1
12.3-3-114	12.3	29.180	K41	GB/T 1094.7—2008	电力变压器　第 7 部分：油浸式电力变压器负载导则		IEC 60076-7：2005，MOD	2008/9/24	2009/8/1
12.3-3-115	12.3	29.180	K41	GB/T 1094.11—2022	电力变压器　第 11 部分：干式变压器	GB/T 1094.11—2007	IEC 60076-11：2018，MOD	2022/3/9	2022/10/1

12

续表

序号	GW 分类	ICS 分类	GB 分类	标准号	中　文　名　称	代替标准	采用关系	发布日期	实施日期
12.3-3-116	12.3	29.180	K41	GB/T 1094.12—2013	电力变压器　第 12 部分：干式电力变压器负载导则	GB/T 17211—1998	IEC 60076-12：2008，MOD	2013/12/17	2014/4/9
12.3-3-117	12.3	29.180	K41	GB/T 1094.14—2022	电力变压器　第 14 部分：采用高温绝缘材料的液浸式变压器的设计和应用	GB/Z 1094.14—2011	IEC/TS 60076-14：2009，IDT	2022/3/9	2022/10/1
12.3-3-118	12.3	29.180	K41	GB/T 1094.15—2020	电力变压器　第 15 部分：充气式电力变压器		IEC 60076-15：2015，MOD	2020/3/31	2020/10/1
12.3-3-119	12.3	29.180	K41	GB 1094.16—2013	电力变压器　第 16 部分：风力发电用变压器		IEC 60076-16：2011，MOD	2013/12/17	2014/12/14
12.3-3-120	12.3	29.180	K41	GB/T 1094.23—2019	电力变压器　第 23 部分：直流偏磁抑制装置		IEC TS 60076-23：2018，MOD	2019/12/10	2020/7/1
12.3-3-121	12.3	29.130.10	K43	GB/T 11022—2020	高压交流开关设备和控制设备标准的共用技术要求	GB/T 11022—2011		2020/12/14	2021/7/1
12.3-3-122	12.3	29.080.99	K49	GB/T 11032—2020	交流无间隙金属氧化物避雷器	GB/T 11032—2010		2020/12/14	2021/7/1
12.3-3-123	12.3	29.080.10	K48	GB/T 12944—2011	高压穿墙瓷套管	GB/T 12944.2—1991		2011/7/29	2011/12/1
12.3-3-124	12.3	29.130.10	K43	GB/T 14810—2014	额定电压 72.5kV 及以上交流负荷开关	GB/T 14810—1993	IEC 62271-104：2009，MOD	2014/5/6	2014/10/28
12.3-3-125	12.3	29.120.50	K43	GB/T 15166.2—2023	高压交流熔断器　第 2 部分：限流熔断器	GB/T 15166.2—2008		2023/9/7	2024/4/1
12.3-3-126	12.3	29.120.50	K43	GB/T 15166.3—2023	高压交流熔断器　第 3 部分：喷射熔断器	GB/T 15166.3—2008	UEC 60282-2：2008，MOD	2023/3/17	2023/10/1
12.3-3-127	12.3	29.120.50	K43	GB/T 15166.4—2021	高压交流熔断器　第 4 部分：并联电容器外保护用熔断器	GB/T 15166.4—2008	IEC 60549：2013，MOD	2021/12/31	2022/7/1
12.3-3-128	12.3	29.120.50	K43	GB/T 15166.5—2022	高压交流熔断器　第 5 部分：用于电动机回路的高压熔断器的熔断件选用导则	GB/T 15166.5—2008	IEC 60644：2019，MOD	2022/12/30	2023/7/1
12.3-3-129	12.3	29.120.50	K43	GB/T 15166.6—2023	高压交流熔断器　第 6 部分：用于变压器回路的高压熔断器的熔断件选用导则	GB/T 15166.6—2008		2023/3/17	2023/10/1
12.3-3-130	12.3	29.120.40	K43	GB/T 16926—2009	高压交流负荷开关熔断器组合电器	GB 16926—1997	IEC 60787：1983，MOD	2009/3/19	2010/2/1
12.3-3-131	12.3	29.180	K41	GB/T 18494.2—2022	变流变压器　第 2 部分：高压直流输电用换流变压器	GB/T 18494.2—2007		2022/3/9	2022/10/1
12.3-3-132	12.3	31.060.70	K42	GB/T 19749.3—2022	耦合电容器及电容分压器　第 3 部分：用于谐波滤波器的交流或直流耦合电容器			2022/3/9	2022/10/1

12

续表

序号	GW 分类	ICS 分类	GB 分类	标准号	中　文　名　称	代替标准	采用关系	发布日期	实施日期
12.3-3-133	12.3	31.060.70	K42	GB/T 19749.4—2023	耦合电容器及电容分压器　第 4 部分：直流或交流单相电容分压器			2023/5/23	2023/9/1
12.3-3-134	12.3	29.130.10	K43	GB/T 1984—2024	高压交流断路器	GB/T1984—2014	1EC 62271-100：2021，High-voltage switchgear and controlgear-Part 100：Alternating-current circuit-breakers，MOD	2024/9/29	2025/4/1
12.3-3-135	12.3	29.130.10	K43	GB/T 1985—2023	高压交流隔离开关和接地开关	GB/T 1985—2014		2023/9/7	2024/4/1
12.3-3-136	12.3	29.020	K04	GB/T 20298—2006	静止无功补偿装置（SVC）功能特性			2006/7/13	2007/1/1
12.3-3-137	12.3	29.180	K41	GB/T 20836—2007	高压直流输电用油浸式平波电抗器			2007/1/16	2007/8/1
12.3-3-138	12.3	29.180	K41	GB/T 20837—2007	高压直流输电用油浸式平波电抗器技术参数和要求			2007/1/16	2007/8/1
12.3-3-139	12.3	29.180	K41	GB/T 20838—2007	高压直流输电用油浸式换流变压器技术参数和要求			2007/1/16	2007/8/1
12.3-3-140	12.3	29.180	K41	GB/T 20840.1—2010	互感器　第 1 部分：通用技术要求		IEC 61869-1：2007，MOD	2010/9/2	2011/8/1
12.3-3-141	12.3	290.18	K41	GB/T 20840.2—2014	互感器　第 2 部分：电流互感器的补充技术要求	GB 1208—2006；GB 16847—1997	IEC 61869-2：2012，MOD	2014/9/3	2015/8/3
12.3-3-142	12.3	29.180	K41	GB/T 20840.3—2013	互感器　第 3 部分：电磁式电压互感器的补充技术要求	GB 1207—2006	IEC 61869-3：2011，MOD	2013/12/17	2014/11/14
12.3-3-143	12.3	29.180	K41	GB/T 20840.4—2015	互感器　第 4 部分：组合互感器的补充技术要求		IEC 61869-4：2011，MOD	2015/5/15	2016/6/1
12.3-3-144	12.3	29.180	K41	GB/T 20840.5—2013	互感器　第 5 部分：电容式电压互感器的补充技术要求	GB/T 4703—2007	IEC 61869-5：2011，MOD	2013/2/7	2013/7/1
12.3-3-145	12.3	29.180	K41	GB/T 20840.6—2017	互感器　第 6 部分：低功率互感器的补充通用技术要求		IEC 61869-6：2016，MOD	2017/11/1	2018/5/1
12.3-3-146	12.3	29.180	K41	GB/T 20840.7—2007	互感器　第 7 部分：电子式电压互感器		IEC 60044-7：1999，MOD	2007/1/16	2007/8/1
12.3-3-147	12.3	29.180	K41	GB/T 20840.8—2007	互感器　第 8 部分：电子式电流互感器		IEC 60044-8：2002，MOD	2007/1/16	2007/8/1

续表

序号	GW 分类	ICS 分类	GB 分类	标准号	中文名称	代替标准	采用关系	发布日期	实施日期
12.3-3-148	12.3	29.180	K41	GB/T 20840.9—2017	互感器　第 9 部分：互感器的数字接口		IEC 61869-9：2016，MOD	2017/11/1	2018/5/1
12.3-3-149	12.3	29.180	K41	GB/T 20840.14—2022	互感器　第 14 部分：直流电流互感器的补充技术要求		IEC 61869-14：2018，MOD	2022/10/12	2023/5/1
12.3-3-150	12.3	29.180	K41	GB/T 20840.15—2022	互感器　第 15 部分：直流电压互感器的补充技术要求		IEC 61869-15：2018，MOD	2022/10/12	2023/5/1
12.3-3-151	12.3	29.180	K41	GB/Z 20840.100—2023	互感器　第 100 部分：电力系统保护用电流互感器应用导则			2023/12/28	2024/7/1
12.3-3-152	12.3	31.060.70	K42	GB/T 20993—2012	高压直流输电系统用直流滤波电容器及中性母线冲击电容器	GB/T 20993—2007		2012/6/29	2012/11/1
12.3-3-153	12.3	31.060.70	K42	GB/T 20994—2007	高压直流输电系统用并联电容器及交流滤波电容器			2007/6/21	2008/2/1
12.3-3-154	12.3	29.240.20	K43	GB/T 22383—2017	额定电压 72.5kV 及以上刚性气体绝缘输电线路	GB/T 22383—2008	IEC 62271-204：2011，MOD	2017/12/29	2018/7/1
12.3-3-155	12.3	29.080.99	K49	GB/T 22389—2023	高压直流换流站无间隙金属氧化物避雷器	GB/T 22389—2008		2023/12/28	2024/4/1
12.3-3-156	12.3	29.080.20	K48	GB/T 22674—2008	直流系统用套管		IEC 62199：2004，MOD	2008/12/31	2009/10/1
12.3-3-157	12.3	29.180	K41	GB/T 23753—2020	330kV 及 500kV 油浸式并联电抗器技术参数和要求	GB/T 23753—2009		2020/11/19	2021/6/1
12.3-3-158	12.3	29.180	K41	GB/T 23755—2020	三相组合式电力变压器	GB/T 23755—2009		2020/11/19	2021/6/1
12.3-3-159	12.3	29.130.10	K43	GB/T 25091—2010	高压直流隔离开关和接地开关			2010/9/2	2011/2/1
12.3-3-160	12.3	29.180	K41	GB/T 25092—2010	高压直流输电用干式空心平波电抗器			2010/9/2	2011/2/1
12.3-3-161	12.3	29.240.99	K40	GB/T 25093—2010	高压直流系统交流滤波器		IEC/PAS 62001：2004，NEQ	2010/9/2	2011/2/1
12.3-3-162	12.3	29.130.10	K43	GB/T 25307—2010	高压直流旁路开关			2010/11/10	2011/5/1
12.3-3-163	12.3	29.200	K46	GB/T 25308—2022	高压直流输电系统直流滤波器	GB/T 25308—2010		2022/12/30	2023/7/1
12.3-3-164	12.3	29.130.10	K43	GB/T 25309—2010	高压直流转换开关			2010/11/10	2011/5/1
12.3-3-165	12.3	31.060.70	K42	GB/T 26215—2023	高压直流输电系统换流阀阻尼吸收回路用电容器	GB/T 26215—2010		2023/11/27	2024/3/1

续表

序号	GW 分类	ICS 分类	GB 分类	标准号	中 文 名 称	代替标准	采用关系	发布日期	实施日期
12.3-3-166	12.3	29.180	K41	GB/T 26216.1—2019	高压直流输电系统直流电流测量装置 第 1 部分：电子式直流电流测量装置	GB/T 26216.1—2010		2019/12/10	2020/7/1
12.3-3-167	12.3	29.180	K41	GB/T 26216.2—2019	高压直流输电系统直流电流测量装置 第 2 部分：电磁式直流电流测量装置	GB/T 26216.2—2010		2019/12/10	2020/7/1
12.3-3-168	12.3	29.180	K41	GB/T 26217—2019	高压直流输电系统直流电压测量装置	GB/T 26217—2010		2019/12/10	2020/7/1
12.3-3-169	12.3	29.080.10	K48	GB/T 26218.2—2010	污秽条件下使用的高压绝缘子的选择和尺寸确定 第 2 部分：交流系统用瓷和玻璃绝缘子	GB/T 5582—1993；GB/T 16434—1996	IEC/TS 60815-2：2008，MOD	2011/1/14	2011/7/1
12.3-3-170	12.3	29.080.10	K48	GB/T 26218.3—2011	污秽条件下使用的高压绝缘子的选择和尺寸确定 第 3 部分：交流系统用复合绝缘子		IEC/TS 60815-3：2008，MOD	2011/12/30	2012/5/1
12.3-3-171	12.3	31.060.70	K42	GB/T 26868—2011	高压滤波装置设计与应用导则			2011/7/29	2011/12/1
12.3-3-172	12.3	29.080.10	K48	GB/T 26874—2011	高压架空线路用长棒形瓷绝缘子元件特性		IEC 60433：1998，MOD	2011/7/29	2011/12/1
12.3-3-173	12.3	29.130.10	K43	GB/T 27747—2011	额定电压 72.5kV 及以上交流隔离断路器		IEC 62271-108：2005，MOD	2011/12/30	2012/5/1
12.3-3-174	12.3	29.130.10	K43	GB/T 28525—2012	额定电压 72.5kV 及以上紧凑型成套开关设备		IEC 62271-205：2008，MOD	2012/6/29	2013/5/1
12.3-3-175	12.3	29.130.10	K43	GB/T 28565—2012	高压交流串联电容器用旁路开关		IEC 62271-109：2008，MOD	2012/6/29	2012/11/1
12.3-3-176	12.3	29.130.10	K43	GB/T 28810—2012	高压开关设备和控制设备电子及其相关技术在开关设备和控制设备的辅助设备中的应用		IEC 62063：1999，MOD	2012/11/5	2013/2/1
12.3-3-177	12.3	29.130.10	K43	GB/T 28811—2012	高压开关设备和控制设备基于 IEC 61850 的数字接口		IEC 62271-3：2006，MOD	2012/11/5	2013/5/1
12.3-3-178	12.3	29.200	K46	GB/T 29629—2013	静止无功补偿装置水冷却设备			2013/7/19	2013/12/2
12.3-3-179	12.3	29.200	K46	GB/Z 29630—2013	静止无功补偿装置系统设计和应用导则			2013/7/19	2013/12/2
12.3-3-180	12.3	29.200	K46	GB/Z 30424—2013	高压直流输电晶闸管阀设计导则			2013/12/31	2014/7/13
12.3-3-181	12.3	29.200	K46	GB/T 30425—2013	高压直流输电换流阀水冷却设备			2013/12/31	2014/7/13
12.3-3-182	12.3	29.240.30	K32	GB/T 30547—2023	高压直流输电系统滤波器用电阻器	GB/T 30547—2014		2023/11/27	2024/6/1
12.3-3-183	12.3	31.060.70	K42	GB/T 30841—2014	高压并联电容器装置的通用技术要求			2014/6/24	2015/1/22

12

续表

序号	GW 分类	ICS 分类	GB 分类	标准号	中 文 名 称	代替标准	采用关系	发布日期	实施日期
12.3-3-184	12.3	29.130.10	K43	GB/T 30846—2014	具有预定极间不同期操作高压交流断路器		IEC/TR 62271-302：2010，MOD	2014/6/24	2015/1/22
12.3-3-185	12.3	29.130.20	K31	GB/T 31142—2014	转换开关电器（TSE）选择和使用导则			2014/9/3	2015/4/1
12.3-3-186	12.3	29.180	K41	GB/T 31462—2015	500kV 和 750kV 级分级式可控并联电抗器本体技术规范			2015/5/15	2015/12/1
12.3-3-187	12.3	31.060.70	K42	GB/T 31954—2015	高压直流输电系统用交流 PLC 滤波电容器			2015/9/11	2016/4/1
12.3-3-188	12.3	29.240.01	K44	GB/T 31955.1—2015	超高压可控并联电抗器控制保护系统技术规范　第 1 部分：分级调节式			2015/9/11	2016/4/1
12.3-3-189	12.3	31.060.70	K42	GB/T 32130—2015	高压直流输电系统用直流 PLC 滤波电容器			2015/10/9	2016/5/1
12.3-3-190	12.3	29.200；29.240	K46	GB/T 34118—2017	高压直流系统用电压源换流器术语		IEC 62747：2014，IDT	2017/7/31	2018/2/1
12.3-3-191	12.3	29.200	K46	GB/T 34139—2017	柔性直流输电换流器技术规范			2017/7/31	2018/2/1
12.3-3-192	12.3	31.060.70	K42	GB/T 34865—2017	高压直流转换开关用电容器			2017/11/1	2018/5/1
12.3-3-193	12.3	29.080.99	K49	GB/T 34869—2017	串联补偿装置电容器组保护用金属氧化物限压器			2017/11/1	2018/5/1
12.3-3-194	12.3	29.180	K41	GB/Z 34935—2017	油浸式智能化电力变压器技术规范			2017/11/1	2018/5/1
12.3-3-195	12.3	29.200；29.240	K46	GB/T 35702.1—2017	高压直流系统用电压源换流器阀损耗　第 1 部分：一般要求		IEC 62751-1：2014，IDT	2017/12/29	2018/7/1
12.3-3-196	12.3	29.200；29.240	K46	GB/T 35702.2—2017	高压直流系统用电压源换流器阀损耗　第 2 部分：模块化多电平换流器		IEC 62751-2：2014，IDT	2017/12/29	2018/7/1
12.3-3-197	12.3	29.200	K46	GB/T 36559—2018	高压直流输电用晶闸管阀			2018/7/13	2019/2/1
12.3-3-198	12.3	29.240.01	F21	GB/T 36955—2018	柔性直流输电用启动电阻技术规范			2018/12/28	2019/7/1
12.3-3-199	12.3	29.180	K41	GB/T 37008—2018	柔性直流输电用电抗器技术规范			2018/12/28	2019/7/1
12.3-3-200	12.3	29.200；29.240	K46	GB/T 37010—2018	柔性直流输电换流阀技术规范			2018/12/28	2019/7/1
12.3-3-201	12.3	29.180	K41	GB/T 37011—2018	柔性直流输电用变压器技术规范			2018/12/28	2019/7/1
12.3-3-202	12.3	29.240.01	F21	GB/T 37012—2018	柔性直流输电接地设备技术规范			2018/12/28	2019/7/1

续表

序号	GW 分类	ICS 分类	GB 分类	标准号	中 文 名 称	代替标准	采用关系	发布日期	实施日期
12.3-3-203	12.3	29.120.40	K43	GB/T 38328—2019	柔性直流系统用高压直流断路器的共用技术要求			2019/12/10	2020/7/1
12.3-3-204	12.3	29.200	K46	GB/T 3859.1—2013	半导体变流器通用要求和电网换相变流器 第1-1 部分：基本要求规范	GB/T 3859.1—1993	IEC 60146-1-1：2009，MOD	2013/7/19	2013/12/2
12.3-3-205	12.3	29.200	K46	GB/T 3859.2—2013	半导体变流器通用要求和电网换相变流器 第1-2 部分：应用导则	GB/T 3859.2—1993	IEC/TR 60146-1-2：2011，MOD	2013/7/19	2013/12/2
12.3-3-206	12.3	29.200	K46	GB/T 3859.3—2013	半导体变流器通用要求和电网换相变流器 第1-3 部分：变压器和电抗器	GB/T 3859.3—1993	IEC 60146-1-3：1991，MOD	2013/7/19	2013/12/2
12.3-3-207	12.3	29.080.20	K48	GB/T 4109—2022	交流电压高于 1000V 的绝缘套管	GB/T 4109—2008	IEC 60137：2017，MOD	2022/3/9	2022/10/1
12.3-3-208	12.3	29.130.10	K43	GB/T 42009—2022	滤波器用高压交流断路器			2022/10/12	2023/5/1
12.3-3-209	12.3	31.060.70	K42	GB/T 4787.1—2021	高压交流断路器用均压电容器 第 1 部分：总则	GB/T 4787—2010	IEC 62146-1：2016，MOD	2021/5/21	2021/12/1
12.3-3-210	12.3	31.060.70	K42	GB/T 6115.2—2017	电力系统用串联电容器 第 2 部分：串联电容器组用保护设备	GB/T 6115.2—2002	IEC 60143-2：2012，MOD	2017/9/29	2018/4/1
12.3-3-211	12.3	31.060.70	K42	GB/T 6115.4—2014	电力系统用串联电容器 第 4 部分：晶闸管控制的串联电容器		IEC 60143-4：2010，MOD	2014/7/24	2015/1/22
12.3-3-212	12.3	29.180	K41	GB/T 6451—2023	油浸式电力变压器技术参数和要求	GB/T 6451—2015；GB/T 25289—2010		2023/9/7	2024/4/1
12.3-3-213	12.3	29.130.10	K43	GB/T 7674—2020	额定电压 72.5kV 及以上气体绝缘金属封闭开关设备	GB/T 7674—2008		2020/11/19	2021/6/1
12.3-3-214	12.3			JJG 1072—2011	直流高压高值电阻器			2011/11/30	2012/5/30
12.3-4-215	12.3	29.080.20	K15	DL/T 1001—2006	复合绝缘高压穿墙套管技术条件			2006/5/6	2006/10/1
12.3-4-216	12.3	29.240.01	F21	DL/T 1010.1—2006	高压静止无功补偿装置 第 1 部分：系统设计			2006/9/14	2007/3/1
12.3-4-217	12.3	29.240.01	F21	DL/T 1010.3—2006	高压静止无功补偿装置 第 3 部分：控制系统			2006/9/14	2007/3/1
12.3-4-218	12.3	29.240.01	F21	DL/T 1010.5—2006	高压静止无功补偿装置 第 5 部分：密闭式水冷却装置			2006/9/14	2007/3/1
12.3-4-219	12.3	29.020	K04	DL/T 1156—2012	串联补偿装置用金属氧化物限压器			2012/8/23	2012/12/1
12.3-4-220	12.3	29.240	K44	DL/T 1182—2012	1000kV 变电站 110kV 并联电容器装置技术规范			2012/8/23	2012/12/1

续表

序号	GW 分类	ICS 分类	GB 分类	标准号	中文名称	代替标准	采用关系	发布日期	实施日期
12.3-4-221	12.3	29.180	K40	DL/T 1217—2013	磁控型可控并联电抗器技术规范			2013/3/7	2013/8/1
12.3-4-222	12.3	29.180	K41	DL/T 1266—2013	变压器用片式散热器选用导则			2013/11/28	2014/4/1
12.3-4-223	12.3	29.180	K40	DL/T 1376—2014	超高压分级式可控并联电抗器技术规范			2014/10/15	2015/3/1
12.3-4-224	12.3	27.100	F24	DL/T 1389—2014	500kV 变压器中性点接地电抗器选用导则			2014/10/15	2015/3/1
12.3-4-225	12.3	29.120	K43	DL/T 1411—2015	智能高压设备技术导则			2015/4/2	2015/9/1
12.3-4-226	12.3	29.240.10	K44	DL/T 1440—2015	智能高压设备通信技术规范			2015/4/2	2015/9/1
12.3-4-227	12.3	29.240.99	K42	DL/T 1633—2016	紧凑型高压并联电容器装置技术规范			2016/12/5	2017/5/1
12.3-4-228	12.3	29.200	K46	DL/Z 1697—2017	柔性直流配电系统用电压源换流器技术导则			2017/3/28	2017/8/1
12.3-4-229	12.3	29.240.99	K44	DL/T 1725—2017	超高压磁控型可控并联电抗器技术规范			2017/8/2	2017/12/1
12.3-4-230	12.3	29.240.01	F20	DL/T 1789—2017	光纤电流互感器技术规范			2017/12/27	2018/6/1
12.3-4-231	12.3	29.180	K41	DL/T 2004—2019	直流电流互感器使用技术条件			2019/6/4	2019/10/1
12.3-4-232	12.3	29.180	K41	DL/T 2005—2019	直流电压互感器使用技术条件			2019/6/4	2019/10/1
12.3-4-233	12.3	29.080.10	K48	DL/T 2454—2021	高压交、直流系统用复合绝缘子界面特性　技术要求、试验方法和界面评价			2021/12/22	2022/6/22
12.3-4-234	12.3			DL/T 2484—2022	天然酯绝缘油电力变压器选用导则			2022/5/13	2022/11/13
12.3-4-235	12.3	31.060.70	K42	DL/T 2633—2023	柔性直流换流器用直流电容器技术导则			2023/10/11	2024/4/11
12.3-4-236	12.3	31.060.70	K42	DL/T 2635—2023	直流输电用直流耦合电容器及电容分压器用技术条件			2023/10/11	2024/4/11
12.3-4-237	12.3	260.160.99	K21	DL/T 2658—2023	快速动态响应同步调相机技术规范			2023/10/11	2024/4/11
12.3-4-238	12.3	29.180	K41	DL/T 2778—2024	干式铁心并联电抗器选用导则			2024/5/24	2024/11/24
12.3-4-239	12.3	29.240.01	K44	DL/T 402—2016	高压交流断路器	DL/T 402—2007	IEC 62271-100：2008，MOD	2016/2/5	2016/7/1
12.3-4-240	12.3	29.130.10	K43	DL/T 403—2017	高压交流真空断路器	DL/T 403—2000		2017/11/15	2018/3/1
12.3-4-241	12.3	31.060.01	L11	DL/T 442—2017	高压并联电容器单台保护用熔断器使用技术条件	DL 442—1991		2017/12/27	2018/6/1

12

续表

序号	GW 分类	ICS 分类	GB 分类	标准号	中 文 名 称	代替标准	采用关系	发布日期	实施日期
12.3-4-242	12.3	29.130.10	K43	DL/T 486—2021	高压交流隔离开关和接地开关	DL/T 486—2010	IEC 62271-102：2018，MOD	2021/4/26	2021/10/26
12.3-4-243	12.3	29.240	F20	DL/T 537—2018	高压/低压预装式变电站	DL/T 537—2002	IEC 62271-202：2014，MOD	2018/12/25	2019/5/1
12.3-4-244	12.3	29.120	K43	DL/T 538—2006	高压带电显示装置	DL/T 538—1993	IEC 61958：2000，MOD	2006/5/6	2006/10/1
12.3-4-245	12.3	29.240.01	K44	DL/T 593—2016	高压开关设备和控制设备标准的共用技术要求	DL/T 593—2006	IEC 62271-1：2007，MOD	2016/2/5	2016/7/1
12.3-4-246	12.3	29.060.70	K42	DL/T 604—2020	高压并联电容器装置使用技术条件	DL/T 604—2009		2020/10/23	2021/2/1
12.3-4-247	12.3	29.130.10	K43	DL/T 617—2019	气体绝缘金属封闭开关设备技术条件	DL/T 617—2010	IEC 62271-203：2011，MOD	2019/11/4	2020/5/1
12.3-4-248	12.3	29.120.40	K45	DL/T 640—2019	高压交流跌落式熔断器	DL/T 640—1997		2019/6/4	2019/10/1
12.3-4-249	12.3	31.060.70	K42	DL/T 653—2023	高压并联电容器用放电线圈使用技术条件	DL/T 653—2009		2023/10/11	2024/4/11
12.3-4-250	12.3	29.080.10	K48	DL/T 810—2012	±500kV 及以上电压等级直流棒形悬式复合绝缘子技术条件	DL/T 810—2002		2012/4/6	2012/7/1
12.3-4-251	12.3	29.240.01	K49	DL/T 815—2021	交流输电线路用复合外套金属氧化物避雷器	DL/T 815—2012		2021/12/22	2022/6/22
12.3-4-252	12.3	29.240.99	K42	DL/T 840—2016	高压并联电容器使用技术条件	DL/T 840—2003		2016/12/5	2017/5/1
12.3-4-253	12.3	27.100	F24	DL/T 848.1—2019	高压试验装置通用技术条件　第 1 部分：直流高压发生器	DL/T 848.1—2004		2019/11/4	2020/5/1
12.3-4-254	12.3	27.100	F24	DL/T 848.3—2019	高压试验装置通用技术条件　第 3 部分：无局放试验变压器	DL/T 848.3—2004		2019/11/4	2020/5/1
12.3-4-255	12.3	27.100	F24	DL/T 848.4—2019	高压试验装置通用技术条件　第 4 部分：三倍频试验电源装置	DL/T 848.4—2004		2019/11/4	2020/5/1
12.3-4-256	12.3	27.100	F24	DL/T 848.5—2019	高压试验装置通用技术条件　第 5 部分：冲击电压发生器	DL/T 848.5—2004		2019/11/4	2020/5/1
12.3-4-257	12.3	29.020	K48	DL/T 865—2004	126kV～550kV 电容式瓷套管技术规范	SD 330—1989		2004/3/9	2004/6/1
12.3-4-258	12.3			DLGJ 160—2003	高压电气设备减震技术规定			2004/2/9	2004/3/1
12.3-4-259	12.3	29.130.10	K43	JB/T 11203—2011	高压交流真空开关设备用固封极柱			2011/12/20	2012/4/1
12.3-4-260	12.3	29.180	K41	JB/T 13749—2020	天然酯绝缘油电力变压器			2020/4/16	2021/1/1

续表

序号	GW 分类	ICS 分类	GB 分类	标准号	中 文 名 称	代替标准	采用关系	发布日期	实施日期
12.3-4-261	12.3	29.180	K41	JB/T 5346—2014	高压并联电容器用串联电抗器	JB/T 5346—1998		2014/5/6	2014/10/1
12.3-4-262	12.3	27.040	K54	JB/T 8190—2017	高压加热器　技术条件	JB/T 8190—1999		2017/11/7	2018/4/1
12.3-4-263	12.3	29.240.01	K43	JB/T 8754—2018	高压开关设备和控制设备型号编制办法	JB/T 8754—2007		2018/4/30	2018/12/1
12.3-4-264	12.3	29.180	K41	JB/T 9643—2014	防腐蚀型油浸式电力变压器	JB/T 9643—1998		2014/5/6	2014/10/1
12.3-4-265	12.3	29.240.99	K40	NB/T 42028—2023	磁控电抗器型高压静止无功补偿装置（MSVC）	NB/T 42028—2014		2023/2/6	2023/8/6
12.3-4-266	12.3			NB/T 11075—2023	高压直流输电换流阀用饱和电抗器			2023/2/6	2023/8/6
12.3-4-267	12.3	29.180	K41	NB/T 11306—2023	高压直流输电系统滤波器用电抗器			2023/10/11	2024/4/11
12.3-4-268	12.3	29.130.10	K43	NB/T 42025—2013	额定电压 72.5kV 及以上智能气体绝缘金属封闭开关设备			2013/11/28	2014/4/1
12.3-4-269	12.3	29.240.90	K44	NB/T 42043—2014	高压静止同步补偿装置			2014/10/15	2015/3/1
12.3-4-270	12.3	29.120.40	K43	NB/T 42107—2017	高压直流断路器			2017/8/2	2017/12/1
12.3-5-271	12.3			IEC 62231—1：2015	综合站支柱绝缘子交流变电站电压 1000V～245kV　第 1 部分：尺寸、机械和电气特性　第 1 版			2015/10/1	2015/10/1
12.3-6-272	12.3	29.180	K41	T/CEC 111—2016	柱上变压器一体化成套设备技术条件			2016/10/21	2017/1/1
12.3-6-273	12.3	29.180		T/CEC 291.1—2020	天然酯绝缘油电力变压器　第 1 部分：通用要求			2020/6/30	2020/10/1
12.3-6-274	12.3	29.180		T/CEC 291.2—2020	天然酯绝缘油电力变压器　第 2 部分：技术参数			2020/6/30	2020/10/1
12.3-6-275	12.3	29.180		T/CEC 291.6—2020	天然酯绝缘油电力变压器　第 6 部分：技术经济性评价导则			2020/6/30	2020/10/1
12.3-6-276	12.3			T/CEC 901—2024	混合式高压直流断路器用供能装置技术规范			2024/10/18	2025/3/1

12.4　设备材料-中压电力设备

序号	GW 分类	ICS 分类	GB 分类	标准号	中 文 名 称	代替标准	采用关系	发布日期	实施日期
12.4-2-1	12.4	29.240		Q/GDW 10249—2017	10kV 旁路作业设备技术条件	Q/GDW 249—2009		2018/4/13	2018/4/13
12.4-2-2	12.4	29.180	K41	Q/GDW 10771—2023	10kV 三相非晶合金铁心配电变压器技术规范	Q/GDW 1771—2013		2023/12/29	2023/12/29

续表

序号	GW 分类	ICS 分类	GB 分类	标准号	中 文 名 称	代替标准	采用关系	发布日期	实施日期
12.4-2-3	12.4			Q/GDW 11221—2023	低压综合配电箱技术规范	Q/GDW 11221—2014		2023/9/22	2023/9/22
12.4-2-4	12.4			Q/GDW 11249—2023	10kV 配电变压器技术规范	Q/GDW 11249—2014		2023/12/29	2023/12/29
12.4-2-5	12.4	29.240		Q/GDW 11250—2018	12kV 环网柜（箱）选型技术原则和检测技术规范	Q/GDW 11250—2014		2019/7/31	2019/7/31
12.4-2-6	12.4	29.240		Q/GDW 11252—2018	12kV 高压开关柜选型技术原则和检测技术规范	Q/GDW 11252—2014		2019/7/31	2019/7/31
12.4-2-7	12.4			Q/GDW 11253—2023	12kV 柱上断路器技术规范	Q/GDW 11253—2014		2023/9/22	2023/9/22
12.4-2-8	12.4			Q/GDW 11257.1—2023	熔断器技术规范 第 1 部分：通用			2023/9/22	2023/9/22
12.4-2-9	12.4			Q/GDW 11257.2—2023	熔断器技术规范 第 2 部分：户外封闭式喷射熔断器			2023/9/22	2023/9/22
12.4-2-10	12.4	29.240		Q/GDW 11257.3—2020	熔断器技术规范 第 3 部分：跌落式熔断器	Q/GDW 11257—2014		2021/4/30	2021/4/30
12.4-2-11	12.4	29.240		Q/GDW 11259—2014	10kV 柱上隔离开关选型技术原则和检测技术规范			2014/11/20	2014/11/20
12.4-2-12	12.4			Q/GDW 11260—2023	10kV 柱上式高压无功补偿装置技术规范	Q/GDW 11260—2014		2023/9/22	2023/9/22
12.4-2-13	12.4	29.240		Q/GDW 11378—2015	10kV 开关站/配电室交流装置选型技术原则和检测技术规范			2015/10/30	2015/10/30
12.4-2-14	12.4	29.240		Q/GDW 11379—2015	10kV 开关站/配电室直流装置选型技术原则和检测技术规范			2015/10/30	2015/10/30
12.4-2-15	12.4	29.240		Q/GDW 11646—2016	7.2kV-40.5kV 绝缘管型母线技术规范			2017/10/17	2017/10/17
12.4-2-16	12.4	29.240		Q/GDW 11650—2016	站用 35kV 及以下导线和母线绝缘化技术规范			2017/10/17	2017/10/17
12.4-2-17	12.4	29.240		Q/GDW 11656—2016	配电线路金具选型技术原则和检测技术规范			2017/10/9	2017/10/9
12.4-2-18	12.4	29.240		Q/GDW 11657—2016	配电线路绝缘子选型技术原则和检测技术规范			2017/10/9	2017/10/9
12.4-2-19	12.4	29.240		Q/GDW 11658—2016	智能配电台区技术规范			2017/10/9	2017/10/9
12.4-2-20	12.4			Q/GDW 11789—2017	110kV～220kV 交流输电线路雷击闪络限制器技术规范			2018/9/30	2018/9/30
12.4-2-21	12.4			Q/GDW 11815—2023	配电自动化系统终端技术规范	Q/GDW 11815—2018		2023/9/22	2023/9/22

12

续表

序号	GW分类	ICS分类	GB分类	标准号	中文名称	代替标准	采用关系	发布日期	实施日期
12.4-2-22	12.4	29.240		Q/GDW 11836—2018	12kV～40.5kV 智能交流金属封闭开关设备和控制设备技术规范			2019/7/31	2019/7/31
12.4-2-23	12.4	29.240		Q/GDW 11882—2018	预制舱式 10kV～35kV 一二次组合设备技术规范			2019/10/23	2019/10/23
12.4-2-24	12.4	29.240		Q/GDW 12071—2020	配电自动化终端及故障指示器自动检测系统技术规范			2021/4/30	2021/4/30
12.4-2-25	12.4	29.180	K41	Q/GDW 12126.3—2024	电力变压器技术规范　第3部分：35kV 干式和66kV～220kV 六氟化硫气体绝缘变压器			2024/4/19	2024/4/19
12.4-2-26	12.4			Q/GDW 12233.4—2023	交流避雷器技术规范　第4部分：配电用	Q/GDW 11255—2014		2023/9/22	2023/9/22
12.4-2-27	12.4			Q/GDW 12320.1—2023	三相负荷不平衡自动调节装置技术规范　第1部分：换相开关型			2023/9/22	2023/9/22
12.4-2-28	12.4			Q/GDW 12320.2—2023	三相负荷不平衡自动调节装置技术规范　第2部分：电力电子型			2023/9/22	2023/9/22
12.4-2-29	12.4	24.290.30		Q/GDW 12320.3—2023	三相负荷不平衡自动调节装置技术规范　第3部分：电容型			2023/9/22	2023/9/22
12.4-2-30	12.4	29.240		Q/GDW 1463—2014	非晶合金铁心配电变压器选用导则	Q/GDW 463—2010		2015/3/12	2015/3/12
12.4-2-31	12.4			Q/GDW 1811—2013	10kV 带电作业用消弧开关技术条件			2013/3/14	2013/3/14
12.4-2-32	12.4	29.240		Q/GDW 368—2009	变电站 10kV SVQC 无功补偿与电压优化成套装置技术标准			2009/11/5	2009/11/5
12.4-2-33	12.4	29.240		Q/GDW 730—2012	12kV 固体绝缘环网柜技术条件			2012/3/2	2012/3/2
12.4-3-34	12.4	29.180	K41	GB/T 10228—2023	干式电力变压器技术参数和要求	GB/T 10228—2015		2023/5/23	2023/12/1
12.4-3-35	12.4	29.130.10	K43	GB/T 25284—2010	12kV～40.5kV 高压交流自动重合器		IEC 62271-111：2005，MOD	2010/11/10	2011/9/1
12.4-3-36	12.4	29.180	K41	GB/T 25289—2010	20kV 油浸式配电变压器技术参数和要求			2010/11/10	2011/5/1
12.4-3-37	12.4	29.180	K41	GB/T 25438—2010	三相油浸式立体卷铁心配电变压器技术参数和要求			2010/11/10	2011/5/1
12.4-3-38	12.4	29.180	K41	GB/T 25446—2010	油浸式非晶合金铁心配电变压器技术参数和要求			2010/11/10	2011/5/1

续表

序号	GW 分类	ICS 分类	GB 分类	标准号	中文名称	代替标准	采用关系	发布日期	实施日期
12.4-3-39	12.4	29.080.99	K49	GB/T 28182—2024	额定电压 52kV 及以下带串联间隙避雷器	GB/T 28182—2011		2024/5/28	2024/12/1
12.4-3-40	12.4	29.240.99	K46	GB/T 30843.1—2014	1kV 以上不超过 35kV 的通用变频调速设备 第 1 部分：技术条件			2014/6/24	2015/1/22
12.4-3-41	12.4	29.240.99	K46	GB/T 30843.2—2014	1kV 以上不超过 35kV 的通用变频调速设备 第 2 部分：试验方法			2014/6/24	2015/1/22
12.4-3-42	12.4	29.180	K41	GB/T 32825—2016	三相干式立体卷铁心配电变压器技术参数和要求			2016/8/29	2017/3/1
12.4-3-43	12.4	29.180	K41	GB/T 35710—2017	35kV 及以下电压等级电力变压器容量评估导则			2017/12/29	2018/7/1
12.4-3-44	12.4	29.120.60	K43	GB/T 3804—2017	3.6kV～40.5kV 高压交流负荷开关	GB/T 3804—2004	IEC 62271-103：2011，MOD	2017/9/29	2018/4/1
12.4-3-45	12.4	29.130.10	K43	GB/T 3906—2020	3.6kV～40.5kV 交流金属封闭开关设备和控制设备	GB/T 3906—2006	IEC 62271-200：2011，MOD	2020/3/31	2020/10/1
12.4-3-46	12.4	29.130.10	K43	GB/T 42321—2023	具有内部电弧类别的 3.6kV～40.5kV 柱上安装金属封闭开关设备的附加要求			2023/3/17	2023/10/1
12.4-4-47	12.4	29.240.01	F21	DL/T 1057—2023	自动跟踪补偿消弧线圈成套装置技术条件	DL/T 1057—2007		2023/5/26	2023/11/26
12.4-4-48	12.4	29.180	K41	DL/T 1102—2021	配电变压器运行规程	DL/T 1102—2009		2021/12/22	2022/3/22
12.4-4-49	12.4	29.180	K41	DL/T 1267—2013	组合式变压器使用技术条件			2013/11/28	2014/4/1
12.4-4-50	12.4	27.100	F24	DL/T 1390—2014	12kV 高压交流自动用户分界开关设备			2014/10/15	2015/3/1
12.4-4-51	12.4	29.240	K41	DL/T 1438—2015	单相配电变压器选用导则			2015/4/2	2015/9/1
12.4-4-52	12.4	29.240.30	K43	DL/T 1586—2016	12kV 固体绝缘金属封闭开关设备和控制设备			2016/2/5	2016/7/1
12.4-4-53	12.4	29.240.99	K42	DL/T 1647—2016	防火电力电容器使用技术条件			2016/12/5	2017/5/1
12.4-4-54	12.4	29.060.10	K12	DL/T 1658—2016	35kV 及以下固体绝缘管型母线			2016/12/5	2017/5/1
12.4-4-55	12.4	29.240.01	F20	DL/T 1674—2016	35kV 及以下配网防雷技术导则			2016/12/5	2017/5/1
12.4-4-56	12.4	29.240.99	F20	DL/T 1832—2018	配电网串联电容器补偿装置技术规范			2018/4/3	2018/7/1
12.4-4-57	12.4			DL/T 1853—2024	10kV 有载调容调压变压器技术导则	DL/T 1853—2018		2024/5/24	2024/11/24

续表

序号	GW 分类	ICS 分类	GB 分类	标准号	中 文 名 称	代替标准	采用关系	发布日期	实施日期
12.4-4-58	12.4	29.180	K41	DL/T 1861—2018	高过载能力配电变压器技术导则			2018/6/6	2018/10/1
12.4-4-59	12.4	29.080.10	K48	DL/T 2387—2021	10kV～35kV 线路柱式复合绝缘子技术规范			2021/12/22	2022/3/22
12.4-4-60	12.4	29.180	K41	DL/T 267—2023	油浸式全密封卷铁心配电变压器使用技术条件	DL/T 267—2012		2023/5/26	2023/11/26
12.4-4-61	12.4	29.120.40	L22	DL/T 404—2018	3.6kV～40.5kV 交流金属封闭开关设备和控制设备	DL/T 404—2007	IEC 62271-200：2011，MOD	2018/12/25	2019/5/1
12.4-4-62	12.4	29.220	K81	DL/T 459—2017	电力用直流电源设备	DL/T 459—2000		2017/11/15	2018/3/1
12.4-4-63	12.4	29.240	P62	DL/T 5450—2012	20kV 配电设备选型技术规定			2012/1/4	2012/3/1
12.4-4-64	12.4	29.120.40	F29	DL/T 813—2002	12kV 高压交流自动重合器技术条件	SD 317—1989		2002/4/27	2002/9/1
12.4-4-65	12.4	29.120.40	K43	DL/T 844—2003	12kV 少维护户外配电开关设备通用技术条件			2003/1/9	2003/6/1
12.4-4-66	12.4	29.180	K41	JB/T 10217—2013	组合式变压器	JB/T 10217—2000		2013/4/25	2013/9/1
12.4-4-67	12.4	29.080.10	K48	JB/T 10305—2001	3.6kV～40.5kV 高压设备用户内有机材料支柱绝缘子技术条件		IEC 60660：1999，NEQ	2001/8/30	2002/2/1
12.4-4-68	12.4	29.180	K41	JB/T 10428—2015	变压器用多功能保护装置	JB/T 10428—2004		2015/10/10	2016/3/1
12.4-4-69	12.4	29.180	K41	JB/T 10430—2015	变压器用速动油压继电器	JB/T 10430—2004		2015/10/10	2016/3/1
12.4-4-70	12.4	29.180	K41	JB/T 10775—2020	6kV～66kV 干式并联电抗器技术参数和要求	JB/T 10775—2007		2020/4/16	2021/1/1
12.4-4-71	12.4	29.100.01	K97	JB/T 12010—2014	非晶合金铁心变压器真空注油设备			2014/7/9	2014/11/1
12.4-4-72	12.4	29.180	K41	JB/T 13748—2020	6kV～66kV 油浸式并联电抗器技术参数和要求			2020/4/16	2021/1/1
12.4-4-73	12.4	29.180	K41	JB/T 13750—2020	调容分接开关			2020/4/16	2021/1/1
12.4-4-74	12.4	29.130.10	K44	NB/T 42156—2018	配电网串联电容器补偿装置			2018/6/6	2018/10/1
12.4-6-75	12.4	29.180	K41	T/CEC 109—2016	10kV～66kV 油浸式并联电抗器技术要求			2016/10/21	2017/1/1
12.4-6-76	12.4	27.100	F20	T/CEC 123—2016	断路器选相控制器通用技术条件			2016/10/21	2017/1/1
12.4-6-77	12.4	29.180	K41	T/CEC 130—2016	10kV～110kV 干式空心并联电抗器技术要求			2016/10/21	2017/1/1
12.4-6-78	12.4	29.180	K41	T/CEC 163—2018	10kV 少维护有载调压配电变压器技术规范			2018/1/24	2018/4/1
12.4-6-79	12.4	29.180	K41	T/CEC 326—2020	交直流配电网用电力电子变压器　技术规范			2020/6/30	2020/10/1

续表

序号	GW 分类	ICS 分类	GB 分类	标准号	中文名称	代替标准	采用关系	发布日期	实施日期
12.4-6-80	12.4	29.180	K41	T/CEC 406—2020	10kV～220kV 干式空心高耦合分裂电抗器技术规范			2020/10/28	2021/2/1
12.4-6-81	12.4	29.180		T/CEC 408—2020	油浸式配电变压器用真空有载调压分接开关 技术规范			2020/10/28	2021/2/1
12.4-6-82	12.4	29.180		T/CSEE 0224—2021	配电变压器储能式短路试验装置技术规范			2021/3/11	2021/5/1

12.5 设备材料-低压电力设备

序号	GW 分类	ICS 分类	GB 分类	标准号	中文名称	代替标准	采用关系	发布日期	实施日期
12.5-2-1	12.5	29.240	F20	Q/GDW 10576.3—2024	站用交直流电源系统技术规范 第 3 部分：直流电源系统	Q/GDW 11310—2014		2024/12/31	2024/12/31
12.5-2-2	12.5			Q/GDW 10682—2021	固态切换开关技术规范	Q/GDW 682—2011		2022/1/28	2022/1/28
12.5-2-3	12.5	29.240		Q/GDW 11196—2014	剩余电流动作保护器选型技术原则和检测技术规范			2014/7/15	2014/7/15
12.5-2-4	12.5	29.240		Q/GDW 11222—2014	配电网低励磁阻抗变压器接地保护装置技术规范			2014/12/1	2014/12/1
12.5-2-5	12.5	29.240		Q/GDW 11380—2018	10kV 高压/低压预装式变电站选型技术原则和检测技术规范	Q/GDW 11380—2015		2019/7/31	2019/7/31
12.5-2-6	12.5	29.240		Q/GDW 11566—2016	10kV 以下配电网接入分布式电源即插即用装置技术规范			2017/3/24	2017/3/24
12.5-2-7	12.5	29.240		Q/GDW 11827—2018	国家电网有限公司 IMS 核心网互联互通配置规范			2019/7/16	2019/7/16
12.5-2-8	12.5	29.240		Q/GDW 11837—2018	10kV 一体化柱上变压器台技术规范			2019/7/31	2019/7/31
12.5-2-9	12.5	29.240		Q/GDW 11945—2018	抗直流偏磁低压电流互感器技术规范			2020/3/20	2020/3/20
12.5-2-10	12.5	29.180	K41	Q/GDW 12126.4—2024	电力变压器技术规范 第 4 部分：配电变压器			2024/4/19	2024/4/19
12.5-2-11	12.5	29.130.20		Q/GDW 12127—2021	低压开关柜技术规范			2022/1/24	2022/1/24
12.5-2-12	12.5			Q/GDW 12323—2023	低压电缆分支箱技术规范			2023/9/22	2023/9/22
12.5-2-13	12.5	29.240		Q/GDW 1430—2015	智能变电站智能控制柜技术规范	Q/GDW 430—2010		2016/11/15	2016/11/15
12.5-2-14	12.5	29.240		Q/GDW 614—2011	农网智能型低压配电箱功能规范和技术条件			2011/4/21	2011/4/21

12

续表

序号	GW 分类	ICS 分类	GB 分类	标准号	中 文 名 称	代替标准	采用关系	发布日期	实施日期
12.5-3-15	12.5	31.060.70	K42	GB/T 12747.1—2017	标称电压1000V及以下交流电力系统用自愈式并联电容器　第1部分：总则　性能、试验和定额　安全要求　安装和运行导则	GB/T 12747.1—2004	IEC 60831-1：2014，IDT	2017/7/31	2018/2/1
12.5-3-16	12.5	31.060.70	K42	GB/T 12747.2—2017	标称电压1000V及以下交流电力系统用自愈式并联电容器　第2部分：老化试验、自愈性试验和破坏试验	GB/T 12747.2—2004	IEC 60831-2：2014，IDT	2017/7/31	2018/2/1
12.5-3-17	12.5	29.120.50	K30	GB/T 13539.1—2015	低压熔断器　第1部分：基本要求	GB 13539.1—2008	IEC 60269-1：2009，IDT	2015/9/11	2016/10/1
12.5-3-18	12.5	29.120.50	K31	GB/T 13539.3—2017	低压熔断器　第3部分：非熟练人员使用的熔断器的补充要求（主要用于家用和类似用途的熔断器）标准化熔断器系统示例A至F	GB/T 13539.3—2008	IEC 60269-3：2013，IDT	2017/11/1	2018/5/1
12.5-3-19	12.5	29.120.50	K30	GB/T 13539.5—2020	低压熔断器　第5部分：低压熔断器应用指南	GB/T 13539.5—2013	IEC/TR 60269-5：2014，IDT	2020/11/19	2021/6/1
12.5-3-20	12.5	29.120.50	K09	GB/T 13955—2017	剩余电流动作保护装置安装和运行	GB/T 13955—2005		2017/12/29	2018/7/1
12.5-3-21	12.5	29.130.01	K30	GB/T 14048.1—2023	低压开关设备和控制设备　第1部分：总则	GB/T 14048.1—2012		2023/11/27	2024/6/1
12.5-3-22	12.5	29.120.40	K31	GB/T 14048.2—2020	低压开关设备和控制设备　第2部分：断路器	GB/T 14048.2—2008	IEC 60947-2：2019，MOD	2020/9/29	2021/4/1
12.5-3-23	12.5	29.120.40	K30	GB/T 14048.3—2017	低压开关设备和控制设备　第3部分：开关、隔离器、隔离开关及熔断器组合电器	GB/T 14048.3—2008	IEC 60947-3：2015，IDT	2017/12/29	2018/7/1
12.5-3-24	12.5	29.130.20	K32	GB/T 14048.4—2020	低压开关设备和控制设备　第4-1部分：接触器和电动机起动器　机电式接触器和电动机起动器（含电动机保护器）	GB/T 14048.4—2010	IEC 60947-4-1：2018，MOD	2020/9/29	2021/4/1
12.5-3-25	12.5	29.120.40	K31	GB/T 14048.5—2017	低压开关设备和控制设备　第5-1部分：控制电路电器和开关元件　机电式控制电路电器	GB/T 14048.5—2008	IEC 60947-5-1：2016，MOD	2017/11/1	2018/5/1
12.5-3-26	12.5	29.120.40	K31	GB/T 14048.6—2016	低压开关设备和控制设备　第4-2部分：接触器和电动机起动器　交流电动机用半导体控制器和起动器（含软起动器）	GB 14048.6—2008	IEC 60947-4-2：2011，IDT	2016/8/29	2017/3/1
12.5-3-27	12.5	29.130.20	K30	GB/T 14048.8—2016	低压开关设备和控制设备　第7-2部分：辅助器件　铜导体的保护导体接线端子排	GB/T 14048.8—2006	IEC 60947-7-2：2009，MOD	2016/4/25	2016/11/1
12.5-3-28	12.5	29.120.40	K32	GB/T 14048.9—2024	低压开关设备和控制设备　第6-2部分：多功能电器　控制与保护开关电器（设备）（CPS）	GB/T 14048.9—2008		2024/5/28	2024/12/1

续表

序号	GW 分类	ICS 分类	GB 分类	标准号	中文名称	代替标准	采用关系	发布日期	实施日期
12.5-3-29	12.5	29.12.40；29.130.20	K30	GB/T 14048.10—2016	低压开关设备和控制设备　第 5-2 部分：控制电路电器和开关元件　接近开关	GB/T 14048.10—2008	IEC 60947-5-2：2012，IDT	2016/8/29	2017/3/1
12.5-3-30	12.5	29.120.40	K30	GB/T 14048.11—2024	低压开关设备和控制设备　第 6-1 部分：多功能电器　转换开关电器	GB/T 14048.11—2016		2024/4/25	2024/11/1
12.5-3-31	12.5	29.130.20	K32	GB/T 14048.12—2016	低压开关设备和控制设备　第 4-3 部分：接触器和电动机起动器　非电动机负载用交流半导体控制器和接触器	GB/T 14048.12—2006	IEC 60947-4-3：2014，IDT	2016/12/13	2017/7/1
12.5-3-32	12.5	29.130.20	K30	GB/T 14048.13—2017	低压开关设备和控制设备　第 5-3 部分：控制电路电器和开关元件　在故障条件下具有确定功能的接近开关（PDDB）的要求	GB/T 14048.13—2006	IEC 60947-5-3：2013，IDT	2017/9/29	2018/4/1
12.5-3-33	12.5	29.120.99；29.130.20	K30	GB/T 14048.14—2019	低压开关设备和控制设备　第 5-5 部分：控制电路电器和开关元件　具有机械锁闩功能的电气紧急制动装置	GB/T 14048.14—2006	IEC 60947-5-5：2016，IDT	2019/6/4	2020/1/1
12.5-3-34	12.5	29.130.20	K31	GB/T 14048.16—2016	低压开关设备和控制设备　第 8 部分：旋转电机用装入式热保护（PTC）控制单元	GB/T 14048.16—2006	IEC 60947-8：2011，IDT	2016/8/29	2017/3/1
12.5-3-35	12.5	29.130.20	K32	GB/T 14048.17—2008	低压开关设备和控制设备　第 5-4 部分：控制电路电器和开关元件　小容量触头的性能评定方法　特殊试验		IEC 60947-5-4：2002，IDT	2008/12/30	2009/10/1
12.5-3-36	12.5	29.120.99；29.130.20	K30	GB/T 14048.18—2016	低压开关设备和控制设备　第 7-3 部分：辅助器件　熔断器接线端子排的安全要求	GB/T 14048.18—2008	IEC 60947-7-3：2009，IDT	2016/2/24	2016/9/1
12.5-3-37	12.5	29.130.20	K32	GB/T 14048.19—2013	低压开关设备和控制设备　第 5-7 部分：控制电路电器和开关元件　用于带模拟输出的接近设备的要求		IEC 60947-5-7：2003，IDT	2013/12/17	2014/4/9
12.5-3-38	12.5	29.130.20	K32	GB/T 14048.20—2013	低压开关设备和控制设备　第 5-8 部分：控制电路电器和开关元件三位使能开关		IEC 60947-5-8：2006，IDT	2013/12/17	2014/4/9
12.5-3-39	12.5	29.130.20	K32	GB/T 14048.21—2013	低压开关设备和控制设备　第 5-9 部分：控制电路电器和开关元件流量开关		IEC 60947-5-9：2006，IDT	2013/12/17	2014/4/9
12.5-3-40	12.5	29.130.20	K30	GB/T 14048.22—2022	低压开关设备和控制设备　第 7-4 部分：辅助器件　铜导体的 PCB 接线端子排	GB/T 14048.22—2017	IEC 60947-7-4：2019，MOD	2022/10/12	2023/5/1
12.5-3-41	12.5	29.120.50	K31	GB/T 15576—2020	低压成套无功功率补偿装置	GB/T 15576—2008		2020/11/19	2021/6/1

续表

序号	GW 分类	ICS 分类	GB 分类	标准号	中 文 名 称	代替标准	采用关系	发布日期	实施日期
12.5-3-42	12.5	91.140.50	Q77	GB/T 16895.2—2017	低压电气装置　第 4-42 部分：安全防护　热效应保护	GB/T 16895.2—2005	IEC 60364-4-42：2010，IDT	2017/11/1	2018/5/1
12.5-3-43	12.5	91.140.50	Q77	GB/T 16895.3—2017	低压电气装置　第 5-54 部分：电气设备的选择和安装　接地配置和保护导体	GB/T 16895.3—2004	IEC 60364-5-54：2011，IDT	2017/7/31	2018/2/1
12.5-3-44	12.5	91.140.50	Q77	GB/T 16895.5—2012	低压电气装置　第 4-43 部分：安全防护　过电流保护	GB/T 16895.5—2000	IEC 60364-4-43：2008，IDT	2012/6/29	2013/5/1
12.5-3-45	12.5	91.140.50	Q77	GB/T 16895.6—2014	低压电气装置　第 5-52 部分：电气设备的选择和安装　布线系统	GB 16895.6—2000；GB/T 16895.15—2002	IEC 60364-5-52：2009，IDT	2014/12/22	2015/6/1
12.5-3-46	12.5	29.020；91.140.50	P63	GB/T 16895.7—2021	低压电气装置　第 7-704 部分：特殊装置或场所的要求　施工和拆除场所的电气装置	GB/T 16895.7—2009	IEC 60364-7-704：2017，IDT	2021/10/11	2021/10/11
12.5-3-47	12.5	91.140.50	Q77	GB/T 16895.8—2010	低压电气装置　第 7-706 部分：特殊装置或场所的要求　活动受限制的可导电场所	GB/T 16895.8—2000	IEC 60364-7-706：2005，IDT	2010/11/10	2011/9/1
12.5-3-48	12.5	33.100.10；33.100.20；91.140.50	L06；L05；P63	GB/T 16895.10—2021	低压电气装置　第 4-44 部分：安全防护　电压骚扰和电磁骚扰防护	GB/T 16895.10—2010	IEC 60364-4-44：2018，IDT	2021/10/11	2022/5/1
12.5-3-49	12.5	91.140.50	Q77	GB/T 16895.14—2010	建筑物电气装置　第 7-703 部分：特殊装置或场所的要求　装有桑拿浴加热器的房间和小间	GB/T 16895.14—2002	IEC 60364-7-703：2004，IDT	2010/11/10	2011/9/1
12.5-3-50	12.5	91.140.50	Q77	GB/T 16895.18—2010	建筑物电气装置　第 5-51 部分：电气设备的选择和安装　通用规则	GB/T 16895.18—2002	IEC 60364-5-51：2005，IDT	2011/1/14	2011/7/1
12.5-3-51	12.5	91.140.50	Q77	GB/T 16895.19—2017	低压电气装置　第 7-702 部分：特殊装置或场所的要求　游泳池和喷泉	GB/T 16895.19—2002	IEC 60364-7-702：2010，IDT	2017/7/31	2018/2/1
12.5-3-52	12.5	91.140.50	Q77	GB/T 16895.20—2017	低压电气装置　第 5-55 部分：电气设备的选择和安装　其他设备	GB/T 16895.20—2003	IEC 60364-5-55：2012，IDT	2017/12/29	2018/7/1
12.5-3-53	12.5	13.260；91.140.50	K09；Q77	GB/T 16895.21—2020	低压电气装置　第 4-41 部分：安全防护　电击防护	GB/T 16895.21—2011	IEC 60364-4-41：2017，IDT	2020/12/14	2021/7/1
12.5-3-54	12.5	91.140.50；29.130.01	K31；K32；P63	GB/T 16895.22—2022	低压电气装置　第 5-53 部分：电气设备的选择和安装　用于安全防护、隔离、通断、控制和监测的电器	GB/T 16895.4—1997；GB/T 16895.22—2004	IEC 60364-5-53：2020，MOD	2022/12/30	2023/7/1
12.5-3-55	12.5	91.140.50	Q77	GB/T 16895.23—2020	低压电气装置　第 6 部分：检验	GB/T 16895.23—2012	IEC 60364-6：2016，IDT	2020/12/14	2021/7/1

续表

序号	GW 分类	ICS 分类	GB 分类	标准号	中文名称	代替标准	采用关系	发布日期	实施日期
12.5-3-56	12.5	91.140.50	Q77	GB/T 16895.24—2005	建筑物电气装置　第 7-710 部分：特殊装置或场所的要求　医疗场所		IEC 60364-7-710：2002，IDT	2005/7/29	2006/6/1
12.5-3-57	12.5	29.020；91.140.50	P60；P63	GB/T 16895.25—2022	低压电气装置　第 7-711 部分：特殊装置或场所的要求　展览、展示及展区	GB/T 16895.25—2005	IEC 60364-7-711：2018，IDT	2022/7/11	2023/2/1
12.5-3-58	12.5	91.140.50	Q77	GB/T 16895.27—2012	低压电气装置　第 7-705 部分：特殊装置或场所的要求　农业和园艺设施	GB 16895.27—2006	IEC 60364-7-705：2006，IDT	2012/6/29	2013/5/1
12.5-3-59	12.5	91.140.50	Q77	GB/T 16895.28—2017	低压电气装置　第 7-714 部分：特殊装置或场所的要求　户外照明装置	GB/T 16895.28—2008	IEC 60364-7-714：2011，IDT	2017/11/1	2018/2/1
12.5-3-60	12.5	27.160；29.020；91.140.50	F12；P63	GB/T 16895.32—2021	低压电气装置　第 7-712 部分：特殊装置或场所的要求　太阳能光伏（PV）电源系统	GB/T 16895.32—2008	IEC 60364-7-712：2017，IDT	2021/4/30	2021/8/1
12.5-3-61	12.5	91.140.50	P63	GB/T 16895.33—2021	低压电气装置　第 5-56 部分：电气设备的选择和安装　安全设施	GB/T 16895.33—2017	IEC 60364-5-56：2018，IDT	2021/10/11	2022/5/1
12.5-3-62	12.5	91.140.50	Q77	GB/T 16895.34—2018	低压电气装置　第 7-753 部分：特殊装置或场所的要求　加热电缆及埋入式加热系统		IEC 60364-7-753：2014，IDT	2018/3/15	2018/10/1
12.5-3-63	12.5	29.080.30	K30	GB/T 16935.1—2023	低压供电系统内设备的绝缘配合　第 1 部分：原理、要求和试验	GB/T 16935.1—2008		2023/9/7	2024/4/1
12.5-3-64	12.5	29.120	K30	GB/T 16935.4—2021	低压系统内设备的绝缘配合　第 4 部分：高频电压应力考虑事项		IEC 60664-4：2005，IDT	2011/12/30	2012/5/1
12.5-3-65	12.5	29.200	K81	GB/T 17478—2004	低压直流电源设备的性能特性	GB 17478—1998	IEC 61204：2001，MOD	2004/5/14	2005/2/1
12.5-3-66	12.5	19.080	K40	GB/T 17627—2019	低压电气设备的高电压试验技术　定义、试验和程序要求、试验设备	GB/T 17627.1—1998；GB/T 17627.2—1998	IEC 61180：2016，MOD	2019/12/10	2020/7/1
12.5-3-67	12.5	29.120.40	K31	GB/T 17701—2023	设备用断路器（CBE）	GB/T 17701—2008		2023/9/7	2024/4/1
12.5-3-68	12.5	29.240.10	K30	GB/T 18802.22—2019	低压电涌保护器　第 22 部分：电信和信号网络的电涌保护器　选择和使用导则	GB/T 18802.22—2008	IEC 61643-22：2015，IDT	2019/12/10	2020/7/1
12.5-3-69	12.5	29.240.10	K30	GB/T 18802.311—2017	低压电涌保护器元件　第 311 部分：气体放电管（GDT）的性能要求和测试回路	GB/T 18802.311—2007	IEC 61643-311：2013，IDT	2017/11/1	2018/5/1
12.5-3-70	12.5	29.130.01	K30	GB/T 18858.1—2012	低压开关设备和控制设备　控制器—设备接口（CDI）　第 1 部分：总则	GB/T 18858.1—2002	IEC 62026-1：2007，IDT	2012/11/5	2013/2/1

12

续表

序号	GW 分类	ICS 分类	GB 分类	标准号	中 文 名 称	代替标准	采用关系	发布日期	实施日期
12.5-3-71	12.5	29.130.01	K30	GB/T 18858.2—2012	低压开关设备和控制设备　控制器—设备接口（CDI）　第 2 部分：执行器传感器接口（AS-i）	GB/T 18858.2—2002	IEC 62026-2：2008，IDT	2012/11/5	2013/2/1
12.5-3-72	12.5	29.130.01	K30	GB/T 18858.3—2012	低压开关设备和控制设备　控制器—设备接口（CDI）　第 3 部分：DeviceNet	GB/T 18858.3—2002	IEC 62026-3：2008，IDT	2012/11/5	2013/2/1
12.5-3-73	12.5	29.180	K41	GB/T 19212.5—2011	电源电压为 1100V 及以下的变压器、电抗器、电源装置和类似产品的安全　第 5 部分：隔离变压器和内装隔离变压器的电源装置的特殊要求和试验	GB 19212.5—2006	IEC 61558-2-4：2009，IDT	2011/6/16	2012/5/1
12.5-3-74	12.5	29.180	K41	GB/T 19212.7—2012	电源电压为 1100V 及以下的变压器、电抗器、电源装置和类似产品的安全　第 7 部分：安全隔离变压器和内装安全隔离变压器的电源装置的特殊要求和试验	GB 19212.7—2006	IEC 61558-2-6：2009，IDT	2012/6/29	2013/5/1
12.5-3-75	12.5	29.180	K41	GB/T 19212.14—2012	电源电压为 1100V 及以下的变压器、电抗器、电源装置和类似产品的安全　第 14 部分：自耦变压器和内装自耦变压器的电源装置的特殊要求和试验	GB 19212.14—2007	IEC 61558-2-13：2009，IDT	2012/6/29	2013/5/1
12.5-3-76	12.5	29.130.20	K30	GB/T 19334—2021	低压开关设备和控制设备的尺寸　在开关设备和控制设备及其附件中作机械支承的标准安装轨	GB/T 19334—2003	IEC 60715：2017，IDT	2021/10/11	2022/5/1
12.5-3-77	12.5	29.130.20	K31	GB/T 20641—2014	低压成套开关设备和控制设备　空壳体的一般要求	GB/T 20641—2006	IEC 62208：2011，IDT	2014/12/22	2015/6/1
12.5-3-78	12.5	29.120.01	K30	GB/T 20645—2021	特殊环境条件　高原用低压电器技术要求	GB/T 20645—2006		2021/3/9	2021/10/1
12.5-3-79	12.5	29.130.01	K30	GB/T 21207.1—2014	低压开关设备和控制设备　入网工业设备描述　第 1 部分：设备描述编制总则	GB/T 21207—2007	IEC 61915-1：2007，IDT	2014/9/3	2015/4/1
12.5-3-80	12.5	29.130.01	K30	GB/T 21207.2—2014	低压开关设备和控制设备　入网工业设备描述　第 2 部分：起动器和类似设备的根设备描述		IEC 61915-2：2011，IDT	2014/9/3	2015/4/1
12.5-3-81	12.5	29.200；33.100	K81	GB/T 21560.3—2008	低压直流电源　第 3 部分：电磁兼容性（EMC）		IEC 61204-3：2000，MOD	2008/3/24	2008/11/1
12.5-3-82	12.5	29.200	K81	GB/T 21560.6—2008	低压直流电源　第 6 部分：评定低压直流电源性能的要求		IEC 61204-6：2000，MOD	2008/3/24	2008/11/1
12.5-3-83	12.5	29.120.01	K30	GB/Z 21713—2008	低压交流电源（不高于 1000V）中的浪涌特性			2008/4/24	2008/11/1
12.5-3-84	12.5	29.180	K41	GB/T 22072—2018	干式非晶合金铁心配电变压器技术参数和要求	GB/T 22072—2008		2018/12/28	2019/7/1

续表

序号	GW 分类	ICS 分类	GB 分类	标准号	中 文 名 称	代替标准	采用关系	发布日期	实施日期
12.5-3-85	12.5	29.120.50	K31	GB/T 22387—2016	剩余电流动作继电器	GB/T 22387—2008		2016/8/29	2017/3/1
12.5-3-86	12.5	29.130.20	K32	GB/T 22710—2008	低压断路器用电子式控制器			2008/12/30	2009/10/1
12.5-3-87	12.5	29.130.20	K31	GB/T 24274—2019	低压抽出式成套开关设备和控制设备	GB/T 24274—2009		2019/10/18	2020/5/1
12.5-3-88	12.5	29.130.20	K31	GB/T 24275—2019	低压固定封闭式成套开关设备和控制设备	GB/T 24275—2009		2019/10/18	2020/5/1
12.5-3-89	12.5	29.120	K31	GB/T 24621.1—2021	低压成套开关设备和控制设备的电气安全应用指南　第 1 部分：成套开关设备	GB/T 24621.1—2009		2021/10/11	2022/5/1
12.5-3-90	12.5	29.160.99	K20	GB/T 25090—2010	电动机轻载调压节电装置			2010/9/2	2011/2/1
12.5-3-91	12.5	29.240.99	F20	GB/T 25099—2010	配电降压节电装置			2010/9/2	2011/2/1
12.5-3-92	12.5	29.140.99	K70	GB/T 25125—2010	智能照明节电装置			2010/9/2	2011/2/1
12.5-3-93	12.5	29.130.01	K30	GB/Z 25842.1—2010	低压开关设备和控制设备　过电流保护电器　第 1 部分：短路定额的应用		IEC/TR 61912-1：2007，IDT	2010/12/23	2011/5/1
12.5-3-94	12.5	29.130.01	K30	GB/Z 25842.2—2012	低压开关设备和控制设备　过电流保护电器　第 2 部分：过电流条件下的选择性		IEC/TR 61912-2：2009，IDT	2012/11/5	2013/2/1
12.5-3-95	12.5	03.220.20；93.080.30	R80	GB/T 26943—2011	升降式高杆照明装置			2011/9/29	2012/5/1
12.5-3-96	12.5	29.120.50	K31	GB/T 29312—2022	低压无功功率补偿投切装置	GB/T 29312—2012		2022/10/12	2023/5/1
12.5-3-97	12.5	29.240.99	K46	GB/T 30844.1—2014	1kV 及以下通用变频调速设备　第 1 部分：技术条件			2014/6/24	2015/1/22
12.5-3-98	12.5	29.240.99	K46	GB/T 30844.2—2014	1kV 及以下通用变频调速设备　第 2 部分：试验方法			2014/6/24	2015/1/22
12.5-3-99	12.5	29.120.50	K31	GB/T 31143—2014	电弧故障保护电器（AFDD）的一般要求		IEC 62606：2013，MOD	2014/9/3	2015/4/1
12.5-3-100	12.5	29.160.01	K22	GB/T 32891.1—2016	旋转电机　效率分级（IE 代码）　第 1 部分：电网供电的交流电动机		IEC 60034-30-1：2014，IDT	2016/8/29	2017/3/1
12.5-3-101	12.5	29.120.40；29.130.20	K30	GB/T 35685.1—2017	低压封闭式开关设备和控制设备　第 1 部分：在维修和维护工作中提供隔离功能的封闭式隔离开关		IEC 62626-1：2014，IDT	2017/12/29	2018/7/1
12.5-3-102	12.5	29.240.01	F21	GB/T 35732—2017	配电自动化智能终端技术规范			2017/12/29	2018/7/1

12

续表

序号	GW 分类	ICS 分类	GB 分类	标准号	中文名称	代替标准	采用关系	发布日期	实施日期
12.5-3-103	12.5	35.040	A24	GB/T 38662.2—2023	物联网标识体系 Ecode 标识应用指南 第 2 部分：电线电缆和光纤光缆			2023/5/23	2023/12/1
12.5-3-104	12.5	27.160	F12	GB/T 39750—2021	光伏发电系统直流电弧保护技术要求			2021/3/9	2021/10/1
12.5-3-105	12.5	29.120.50	K31	GB/T 6829—2024	剩余电流动作保护电器的一般安全要求	GB/T 6829—2017		2024/5/28	2024/12/1
12.5-3-106	12.5	29.130.20	K31	GB/T 7251.1—2023	低压成套开关设备和控制设备 第 1 部分：总则	GB/T 7251.1—2013		2023/8/6	2024/3/1
12.5-3-107	12.5	29.130.20	K31	GB/T 7251.2—2023	低压成套开关设备和控制设备 第 2 部分：成套电力开关和控制设备	GB/T 7251.12—2013；GB 7251.2—2006		2023/8/6	2024/3/1
12.5-3-108	12.5	29.130.20	K31	GB/T 7251.3—2017	低压成套开关设备和控制设备 第 3 部分：由一般人员操作的配电板（DBO）	GB/T 7251.3—2006	IEC 61439-3：2012，IDT	2017/11/1	2018/5/1
12.5-3-109	12.5	29.130.20	K31	GB/T 7251.4—2017	低压成套开关设备和控制设备 第 4 部分：对建筑工地用成套设备（ACS）的特殊要求	GB/T 7251.4—2006	IEC 61439-4：2012，IDT	2017/11/1	2018/5/1
12.5-3-110	12.5	29.130.20	K31	GB/T 7251.5—2017	低压成套开关设备和控制设备 第 5 部分：公用电网电力配电成套设备	GB/T 7251.5—2008	IEC 61439-5：2014，IDT	2017/7/31	2018/2/1
12.5-3-111	12.5	29.130.20	K31	GB/T 7251.6—2015	低压成套开关设备和控制设备 第 6 部分：母线干线系统（母线槽）	GB 7251.2—2006		2015/5/15	2016/6/1
12.5-3-112	12.5	29.130.20	K31	GB/T 7251.7—2015	低压成套开关设备和控制设备 第 7 部分：特定应用的成套设备—如码头、露营地、市集广场、电动车辆充电站		IEC/TS 61439-7：2014，IDT	2015/5/15	2015/12/1
12.5-3-113	12.5	29.130.20	K31	GB/T 7251.8—2020	低压成套开关设备和控制设备 第 8 部分：智能型成套设备通用技术要求	GB/T 7251.8—2005		2020/11/19	2021/6/1
12.5-3-114	12.5	29.130.20	K31	GB/T 7251.10—2014	低压成套开关设备和控制设备 第 10 部分：规定成套设备的指南		IEC/TR 61439-0：2013，IDT	2014/12/22	2015/6/1
12.5-3-115	12.5	29.120.50	K31	GB/T 9364.2—2018	小型熔断器 第 2 部分：管状熔断体	GB/T 9364.2—1997	IEC 60127-2：2014，MOD	2018/5/14	2018/12/1
12.5-3-116	12.5	29.120.50	K31	GB/T 9364.3—2018	小型熔断器 第 3 部分：超小型熔断体	GB/T 9364.3—1997	IEC 60127-3：2015，MOD	2018/5/14	2018/12/1
12.5-3-117	12.5	29.120.50	K31	GB/T 9364.6—2023	小型熔断器 第 6 部分：小型熔断体用熔断器支持件	GB/T 9364.6—2001		2023/12/28	2024/7/1

续表

序号	GW 分类	ICS 分类	GB 分类	标准号	中 文 名 称	代替标准	采用关系	发布日期	实施日期
12.5-3-118	12.5	29.120.50	K31	GB/T 9364.8—2023	小型熔断器　第 8 部分：带有特殊过电流保护的熔断电阻器			2023/12/28	2024/7/1
12.5-4-119	12.5	27.100	F29	DL/T 1074—2019	电力用直流和交流一体化不间断电源	DL/T 1074—2007		2019/6/4	2019/10/1
12.5-4-120	12.5	29.240.99	F20	DL/T 1216—2019	低压静止无功发生装置技术规范	DL/T 1216—2013		2019/11/4	2020/5/1
12.5-4-121	12.5	29.120.40	L22	DL/T 1226—2013	固态切换开关技术规范			2013/3/7	2013/8/1
12.5-4-122	12.5	29.240.01	K43	DL/T 1441—2015	智能低压配电箱技术条件			2015/4/2	2015/9/1
12.5-4-123	12.5	29.240.10	F20	DL/T 1881—2018	智能变电站智能控制柜技术规范			2018/12/25	2019/5/1
12.5-4-124	12.5	27.100	K51	DL/T 339—2010	低压变频调速装置技术条件			2011/1/9	2011/5/1
12.5-4-125	12.5	29.240.01	K43	DL/T 375—2010	户外配电箱通用技术条件			2011/1/9	2011/5/1
12.5-4-126	12.5	29.240.01	K46	DL/T 379—2010	低压晶闸管投切滤波装置技术规范			2010/5/24	2010/10/1
12.5-4-127	12.5	29.240.01	F20	DL/T 597—2017	低压无功补偿控制器使用技术条件	DL/T 597—1996		2017/12/27	2018/6/1
12.5-4-128	12.5	29.120.50	K50/59	DL/T 780—2001	配电系统中性点接地电阻器		ANSI/IEEE 32：1990，NEQ	2001/10/8	2002/2/1
12.5-4-129	12.5	27.100	F24	DL/T 842—2015	低压并联电容器装置使用技术条件	DL/T 842—2003		2015/4/2	2015/9/1
12.5-4-130	12.5	29.120.30	K30	JB/T 10263—2016	低压抽出式成套开关设备和控制设备辅助电路用接插件	JB/T 10263—2001		2016/10/22	2017/4/1
12.5-4-131	12.5	29.160.40	K52	JB/T 10303—2020	工频柴油发电机组技术条件	JB/T 10303—2001		2020/4/16	2021/1/1
12.5-4-132	12.5	29.160.40	K52	JB/T 10304—2020	工频汽油发电机组技术条件	JB/T 10304—2001		2020/4/16	2021/1/1
12.5-4-133	12.5	29.120.30	K30	JB/T 10323—2016	低压抽出式成套开关设备和控制设备主电路用接插件	JB/T 10323—2002		2016/10/22	2017/4/1
12.5-4-134	12.5	29.240.10	K44	JB/T 10695—2007	低压无功功率动态补偿装置			2007/1/25	2007/7/1
12.5-4-135	12.5	29.100.99	K30	JB/T 10709—2024	低压电器通信适配器	JB/T 10709—2007		2024/4/10	2024/10/1
12.5-4-136	12.5	31.060.70	K42	JB/T 10932—2010	低压电力滤波装置			2010/2/11	2010/7/1

续表

序号	GW 分类	ICS 分类	GB 分类	标准号	中 文 名 称	代替标准	采用关系	发布日期	实施日期
12.5-4-137	12.5	17.220.20	N20	JB/T 11205—2011	直流漏电流传感器			2011/8/15	2011/11/1
12.5-4-138	12.5	29.120.40	K31	JB/T 14934—2024	具有远程控制和数据传输功能的剩余电流动作断路器			2024/4/10	2024/10/1
12.5-4-139	12.5	29.120.70	K33	JB/T 5776—2021	船用保护继电器	JB/T 5776—2007		2021/5/27	2021/10/1
12.5-4-140	12.5	29.120.40	K31	JB/T 5796—2021	船用低压空气断路器	JB/T 5796—2007		2021/5/17	2021/10/1
12.5-4-141	12.5	29.160.40	K52	JB/T 7605—2020	移动电站额定功率、电压及转速	JB/T 7605—1994		2020/4/16	2021/1/1
12.5-4-142	12.5	29.120.60	K31	JB/T 8456—2017	低压直流成套开关设备和控制设备	JB/T 8456—2005		2017/11/7	2018/4/1
12.5-4-143	12.5	29.120.50	K44	JB/T 9663—2013	低压无功功率自动补偿控制器	JB/T 9663—1999		2013/12/31	2014/7/1
12.5-4-144	12.5	29.120.40	K31	NB/T 10188—2019	交流并网侧用低压断路器技术规范			2019/6/4	2019/10/1
12.5-4-145	12.5	97.120	K32	NB/T 10303—2019	电动机用过热过流保护器			2019/11/4	2020/5/1
12.5-4-146	12.5	29.240.99	K46	NB/T 42057—2023	低压静止无功发生器	NB/T 42057—2015		2023/12/28	2024/6/28
12.5-4-147	12.5	29.240.01	K45	NB/T 42076—2016	弧光保护装置选用导则			2016/8/16	2016/12/1
12.5-4-148	12.5	29.240.50	K31	NB/T 42150—2021	低压电涌保护器专用保护装置	NB/T 42150—2018		2021/4/26	2021/7/26
12.5-4-149	12.5	29.080.99	K49	NB/T 42153—2018	交流插拔式无间隙金属氧化物避雷器			2018/4/3	2018/7/1
12.5-4-150	12.5	29.160.40	M41	YD/T 502—2020	通信用低压柴油发电机组	YD/T 502—2007		2020/4/16	2020/7/1
12.5-5-151	12.5	29.120.70		IEEE C37.90：2011	与电源设备配套的继电器和继电器系统	IEEE C 37.90：1989；IEEE C 37.90：2005		2011/3/31	2011/3/31
12.5-6-152	12.5			T/CEC 466.4—2022	电力用锂电池直流电源系统　第 4 部分：间歇充电式直流电源设备			2022/6/23	2022/10/1
12.5-6-153	12.5			T/CEC 787—2023	10kV 紧凑型多分组电容器无功补偿装置技术规范　第 1 部分：整机通用			2023/8/21	2023/11/21
12.5-6-154	12.5			T/CEC 788—2023	10kV 紧凑型多分组电容器无功补偿装置技术规范　第 2 部分：电容器投切开关			2023/8/21	2023/11/21
12.5-6-155	12.5			T/CEC 802.1—2023	220kV 及以下变电站并联直流电源系统技术导则　第 1 部分：系统			2023/12/13	2024/4/1

续表

序号	GW 分类	ICS 分类	GB 分类	标准号	中 文 名 称	代替标准	采用关系	发布日期	实施日期
12.5-6-156	12.5	29.240.01		T/CSEE 0220—2021	变电站磷酸铁锂电池直流电源　技术规定			2021/3/11	2021/5/1

12.6　设备材料-架空线路

12.6.1　设备材料-架空线路-输电

序号	GW 分类	ICS 分类	GB 分类	标准号	中 文 名 称	代替标准	采用关系	发布日期	实施日期
12.6.1-2-1	12.6.1	29.240		Q/GDW 10167—2022	交流系统用盘形悬式复合瓷或玻璃绝缘子元件	Q/GDW 1167—2014		2022/5/13	2022/5/13
12.6.1-2-2	12.6.1	29.240	F20	Q/GDW 10367—2024	镍钼钢芯耐热铝合金绞线	Q/GDW 10367—2017；Q/GDW 11139—2013		2024/8/2	2024/8/2
12.6.1-2-3	12.6.1	29.240		Q/GDW 10632—2016	钢芯高导电率铝绞线	Q/GDW 632—2011		2017/6/16	2017/6/16
12.6.1-2-4	12.6.1			Q/GDW 10815—2017	铝合金芯高导电率铝绞线	Q/GDW 1815—2012		2018/7/11	2018/7/11
12.6.1-2-5	12.6.1	29.240		Q/GDW 10851—2016	碳纤维复合材料芯架空导线	Q/GDW 1851—2012		2016/12/22	2016/12/22
12.6.1-2-6	12.6.1	29.240		Q/GDW 11002—2013	110(66)kV～500kV 交流架空线路用柔性复合相间间隔棒技术条件			2014/4/15	2014/4/15
12.6.1-2-7	12.6.1	29.240		Q/GDW 11094—2013	相间间隔棒配套金具技术条件			2014/9/1	2014/9/1
12.6.1-2-8	12.6.1	29.240		Q/GDW 11124.1—2013	750kV 架空输电线路杆塔复合横担技术规定　第 1 部分：设计技术			2014/4/15	2014/4/15
12.6.1-2-9	12.6.1	29.240		Q/GDW 11124.2—2013	750kV 架空输电线路杆塔复合横担技术规定　第 2 部分：元件技术			2014/4/15	2014/4/15
12.6.1-2-10	12.6.1	29.240		Q/GDW 11124.5—2014	750kV 架空输电线路杆塔复合横担技术规定　第 5 部分：运维导则			2015/7/17	2015/7/17
12.6.1-2-11	12.6.1	29.240		Q/GDW 11275—2014	特高强钢芯铝合金绞线			2015/2/6	2015/2/6
12.6.1-2-12	12.6.1	29.080.10	F20	Q/GDW 11307.2—2024	绝缘子技术规范　第 2 部分：交流系统用盘形悬式绝缘子			2024/8/9	2024/8/9
12.6.1-2-13	12.6.1	29.080.10	F20	Q/GDW 11307.3—2024	绝缘子技术规范　第 3 部分：架空线路复合绝缘子			2024/8/9	2024/8/9
12.6.1-2-14	12.6.1	29.080.10	F20	Q/GDW 11307.4—2024	绝缘子技术规范　第 4 部分：针式瓷绝缘子			2024/12/31	2024/12/31
12.6.1-2-15	12.6.1	29.080.10	K48	Q/GDW 11307.5—2024	绝缘子技术规范　第 5 部分：长棒形瓷绝缘子			2024/8/9	2024/8/9

12

续表

序号	GW 分类	ICS 分类	GB 分类	标准号	中文名称	代替标准	采用关系	发布日期	实施日期
12.6.1-2-16	12.6.1	29.240		Q/GDW 11393—2015	架空输电线路盘桩基础技术规定			2015/7/17	2015/7/17
12.6.1-2-17	12.6.1	29.240	F20	Q/GDW 11452.2—2024	架空输电线路技术规范　第 2 部分：导、地线			2024/8/9	2024/8/9
12.6.1-2-18	12.6.1	29.240		Q/GDW 11599—2016	间隙型架空导线用耐热脂技术条件			2017/6/16	2017/6/16
12.6.1-2-19	12.6.1	29.240		Q/GDW 11931—2018	交、直流系统用工厂复合化瓷或玻璃绝缘子技术条件			2020/4/17	2020/4/17
12.6.1-2-20	12.6.1	29.240		Q/GDW 12068—2020	输电线路通道智能监拍装置技术规范			2021/4/30	2021/4/30
12.6.1-2-21	12.6.1	29.240		Q/GDW 12075—2020	架空输电线路防鸟装置技术规范			2021/4/30	2021/4/30
12.6.1-2-22	12.6.1	29.260.01		Q/GDW 12077—2020	输电线路飘浮异物激光清除装置技术规范			2021/4/30	2021/4/30
12.6.1-2-23	12.6.1	29.240.20	F20	Q/GDW 12436—2024	输电边缘智能终端装置技术规范			2024/12/31	2024/12/31
12.6.1-2-24	12.6.1	29.240		Q/GDW 515.1—2010	交流架空输电线路用绝缘子使用导则　第 1 部分：瓷、玻璃绝缘子			2010/12/1	2010/12/1
12.6.1-2-25	12.6.1	29.240		Q/GDW 515.2—2010	交流架空输电线路用绝缘子使用导则　第 2 部分：复合绝缘子			2010/12/1	2010/12/1
12.6.1-2-26	12.6.1	29.240		Q/GDW 635—2011	直流融冰装置技术导则			2011/9/2	2011/9/2
12.6.1-2-27	12.6.1	29.240		Q/GDW 717—2012	双摆防舞器技术条件			2012/4/28	2012/4/28
12.6.1-2-28	12.6.1	29.240		Q/GDW 718—2012	线夹回转式间隔棒技术条件			2012/4/28	2012/4/28
12.6.1-2-29	12.6.1	29.240		Q/GDW 761—2012	光纤复合架空地线（OPGW）标准类型技术规范			2012/8/28	2012/8/28
12.6.1-2-30	12.6.1	29.240	P97	Q/GDW 11388—2025	输电线路专用旋挖钻机	Q/GDW 11388—2015		2025/1/31	2025/1/31
12.6.1-2-31	12.6.1	29.240	P97	Q/GDW 11389—2025	输电线路岩石锚杆钻机	Q/GDW 11389—2015		2025/1/31	2025/1/31
12.6.1-3-32	12.6.1	29.080.10	K48	GB/T 1001.1—2021	标称电压高于 1000V 的架空线路绝缘子　第 1 部分：交流系统用瓷或玻璃绝缘子元件　定义、试验方法和判定准则	GB/T 1001.1—2003	IEC 60383-1：1993，MOD	2021/12/31	2022/7/1
12.6.1-3-33	12.6.1	29.080.10	K48	GB/T 1001.2—2010	标称电压高于 1000V 的架空线路绝缘子　第 2 部分：交流系统用绝缘子串及绝缘子串组　定义、试验方法和接收准则		IEC 60383-2：1993，MOD	2011/1/14	2011/7/1
12.6.1-3-34	12.6.1	29.060.10	K11	GB/T 1179—2017	圆线同心绞架空导线	GB/T 1179—2008	IEC 61089：1991，MOD	2017/11/1	2018/5/1

12

续表

序号	GW 分类	ICS 分类	GB 分类	标准号	中文名称	代替标准	采用关系	发布日期	实施日期
12.6.1-3-35	12.6.1	29.060.10	K11	GB/T 12971.1—2023	电力牵引用接触线　第 1 部分：铜及铜合金接触线	GB/T 12971.1—2008		2023/8/6	2024/3/1
12.6.1-3-36	12.6.1	29.060.10	K11	GB/T 12971.2—2023	电力牵引用接触线　第 2 部分：钢铝复合接触线	GB/T 12971.2—2008		2023/8/6	2024/3/1
12.6.1-3-37	12.6.1	29.060.10	K11	GB/T 17048—2017	架空绞线用硬铝线	GB/T 17048—2009	IEC 60889：1987，MOD	2017/11/1	2018/5/1
12.6.1-3-38	12.6.1	29.080.10	K48	GB/T 19519—2014	架空线路绝缘子　标称电压高于 1000V 交流系统用悬垂和耐张复合绝缘子　定义、试验方法及接收准则	GB/T 19519—2004	IEC 61109：2008，MOD	2014/6/24	2015/1/22
12.6.1-3-39	12.6.1	29.060.10	K11	GB/T 20141—2018	型线同心绞架空导线	GB/T 20141—2006	IEC 62219：2002，MOD	2018/12/28	2019/7/1
12.6.1-3-40	12.6.1	29.080.10	K48	GB/T 20142—2006	标称电压高于 1000V 的交流架空线路用线路柱式复合绝缘子　定义、试验方法及接收准则		IEC 61952：2002，MOD	2006/3/6	2006/8/1
12.6.1-3-41	12.6.1	77.140.65	H49	GB/T 20492—2019	锌—5%铝—混合稀土合金镀层钢丝、钢绞线	GB/T 20492—2006		2019/3/25	2020/2/1
12.6.1-3-42	12.6.1	29.080.10	K48	GB/T 21206—2007	线路柱式绝缘子特性	JB/T 8179—1999；JB/T 8509—1996	IEC 60720：1981，MOD	2007/12/3	2008/5/1
12.6.1-3-43	12.6.1	29.080.10	K48	GB/T 21421.1—2021	标称电压高于 1000V 的架空线路用复合绝缘子串元件　第 1 部分：标准强度等级和端部装配件	GB/T 21421.1—2008	IEC 61466-1：2016，MOD	2021/12/31	2022/7/1
12.6.1-3-44	12.6.1	29.080.10	K48	GB/T 22709—2008	架空线路玻璃或瓷绝缘子串元件绝缘体机械破损后的残余强度		IEC/TR 60797：1984，MOD	2008/12/30	2009/10/1
12.6.1-3-45	12.6.1	29.060.10	K11	GB/T 23308—2009	架空绞线用铝—镁—硅系合金圆线		IEC 60104：1987，IDT	2009/3/19	2009/12/1
12.6.1-3-46	12.6.1	29.080.10	K48	GB/T 23752—2009	额定电压高于 1000V 的电器设备用承压和非承压空心瓷和玻璃绝缘子		IEC 62155：2003，MOD	2009/5/6	2009/11/1
12.6.1-3-47	12.6.1	29.240.20	K47	GB/T 25094—2010	架空输电线路抢修杆塔通用技术条件			2010/9/2	2011/2/1
12.6.1-3-48	12.6.1	29.080.10	K48	GB/T 25318—2019	绝缘子串元件球窝联接用锁紧销　尺寸和试验	GB/T 25318—2010	IEC 60372：1984，MOD	2019/12/10	2020/7/1
12.6.1-3-49	12.6.1	29.240.99	K47	GB/T 2694—2018	输电线路铁塔制造技术条件	GB/T 2694—2010		2018/7/13	2019/2/1
12.6.1-3-50	12.6.1	29.060.10	K11	GB/T 29325—2012	架空导线用软铝型线			2012/12/31	2013/6/1
12.6.1-3-51	12.6.1	29.060.10	K11	GB/T 30550—2014	含有一个或多个间隙的同心绞架空导线		IEC 62420：2008，IDT	2014/5/6	2014/10/28
12.6.1-3-52	12.6.1	29.060.10	K11	GB/T 30551—2014	架空绞线用耐热铝合金线		IEC 62004：2007，IDT	2014/5/6	2014/10/28

续表

序号	GW 分类	ICS 分类	GB 分类	标准号	中 文 名 称	代替标准	采用关系	发布日期	实施日期
12.6.1-3-53	12.6.1	77.150.10	H61	GB/T 3195—2023	铝及铝合金拉（轧）制圆线材	GB/T 3195—2016		2023/11/27	2024/6/1
12.6.1-3-54	12.6.1	29.060.01	K12	GB/T 33597—2017	换位导线			2017/5/12	2017/12/1
12.6.1-3-55	12.6.1	29.060.10	K11	GB/T 3428—2024	架空导线用镀锌钢线	GB/T 3428—2012		2024/4/25	2024/11/1
12.6.1-3-56	12.6.1	29.060.10	K11	GB/T 36551—2018	同心绞架空导线性能计算方法		IEC TR 61597：1995，MOD	2018/7/13	2019/2/1
12.6.1-3-57	12.6.1	29.080.10	K48	GB/T 4056—2019	绝缘子串元件的球窝联接尺寸	GB/T 4056—2008	IEC 60120：1984，MOD	2019/12/10	2020/7/1
12.6.1-3-58	12.6.1	29.080.10	K48	GB/T 7253—2019	标称电压高于1000V的架空线路绝缘子　交流系统用瓷或玻璃绝缘子元件　盘形悬式绝缘子元件的特性	GB/T 7253—2005	IEC 60305：1995，MOD	2019/12/10	2020/7/1
12.6.1-4-59	12.6.1	29.240	K48	DL/T 1000.1—2018	标称电压高于1000V架空线路用绝缘子使用导则　第1部分：交流系统用瓷或玻璃绝缘子	DL/T 1000.1—2006		2018/12/25	2019/5/1
12.6.1-4-60	12.6.1	29.080.10	K48	DL/T 1000.2—2015	标称电压高于1000V架空线路用绝缘子使用导则　第2部分：直流系统用瓷或玻璃绝缘子	DL/T 1000.2—2006		2015/7/1	2015/12/1
12.6.1-4-61	12.6.1	29.020	K48	DL/T 1000.3—2015	标称电压高于1000V架空线路用绝缘子使用导则　第3部分：交流系统用棒形悬式复合绝缘子	DL/T 864—2004		2015/7/1	2015/12/1
12.6.1-4-62	12.6.1	29.020	K48	DL/T 1000.4—2018	标称电压高于 1000V 架空线路绝缘子使用导则　第4部分：直流系统用棒形悬式复合绝缘子			2018/12/25	2019/5/1
12.6.1-4-63	12.6.1	29.080.10	K48	DL/T 1000.5—2021	标称电压高于 1000V 架空线路绝缘子使用导则　第5部分：交流系统用盘形悬式复合瓷或玻璃绝缘子			2021/12/22	2022/6/22
12.6.1-4-64	12.6.1	29.080.10	K48	DL/T 1000.6—2021	标称电压高于 1000V 架空线路绝缘子使用导则　第6部分：直流系统用盘形悬式复合瓷或玻璃绝缘子			2021/12/22	2022/6/22
12.6.1-4-65	12.6.1	29.020	K48	DL/T 1058—2016	交流架空线路用复合相间间隔棒技术条件	DL/T 1058—2007		2016/2/5	2016/7/1
12.6.1-4-66	12.6.1	29.240.20	F20	DL/T 1122—2009	架空输电线路外绝缘配置技术导则			2009/7/22	2009/12/1
12.6.1-4-67	12.6.1	29.020	K93	DL/T 1218—2013	固定式直流融冰装置通用技术条件			2013/3/7	2013/8/1
12.6.1-4-68	12.6.1	27.100	F24	DL/T 1307—2013	铝基陶瓷纤维复合芯超耐热铝合金绞线			2013/11/28	2014/4/1
12.6.1-4-69	12.6.1	29.240.20	F29	DL/T 1310—2022	架空输电线路旋转连接器	DL/T 1310—2013		2022/5/13	2022/11/13

续表

序号	GW 分类	ICS 分类	GB 分类	标准号	中 文 名 称	代替标准	采用关系	发布日期	实施日期
12.6.1-4-70	12.6.1	27.100	F24	DL/T 1378—2014	光纤复合架空地线（OPGW）防雷接地技术导则			2014/10/15	2015/3/1
12.6.1-4-71	12.6.1	33.180.10	M30	DL/T 1613—2016	光纤复合架空相线及相关附件			2016/8/16	2016/12/1
12.6.1-4-72	12.6.1	25.160.10	J33	DL/T 1762—2017	钢管塔焊接技术导则			2017/11/15	2018/3/1
12.6.1-4-73	12.6.1			DL/T 2388—2021	标称电压高于1000V的交流架空线路用线路柱式复合绝缘子—定义、试验方法及接收准则			2021/12/22	2022/3/22
12.6.1-4-74	12.6.1	29.080.01	K48	DL/T 2439.1—2021	标称电压高于 1000V 站用支柱绝缘子使用导则 第1部分：支柱瓷绝缘子			2021/12/22	2022/6/22
12.6.1-4-75	12.6.1	29.240.01	K40	DL/T 248—2012	输电线路杆塔不锈钢复合材料耐腐蚀接地装置			2012/4/6	2012/7/1
12.6.1-4-76	12.6.1			DL/T 257—2024	高压架空线路用复合绝缘子施工、验收和维护技术要求	DL/T 257—2012		2024/9/24	2025/3/24
12.6.1-4-77	12.6.1			DL/T 2678—2023	架空输电线路防鸟挡板技术规范			2023/10/11	2024/4/11
12.6.1-4-78	12.6.1	29.240.20	F29	DL/T 289—2012	架空输电线路直升机巡视作业标志			2012/1/4	2012/3/1
12.6.1-4-79	12.6.1	27.100	K47	DL/T 763—2013	架空线路用预绞式金具技术条件	DL/T 763—2001		2013/3/7	2013/8/1
12.6.1-4-80	12.6.1	27.100	J98	DL/T 764—2014	电力金具用杆部带销孔六角头螺栓	DL/T 764.1—2001		2014/10/15	2015/3/1
12.6.1-4-81	12.6.1	27.100	K47	DL/T 765.2—2021	架空配电线路金具 第2部分：额定电压 35kV 及以下架空裸导线金具	DL/T 765.2—2004		2021/4/26	2021/10/26
12.6.1-4-82	12.6.1	27.100	K47	DL/T 765.3—2021	额定电压 10kV 及以下架空绝缘导线金具	DL/T 765.3—2004		2021/4/26	2021/10/26
12.6.1-4-83	12.6.1	27.100	K47	DL/T 766—2013	光纤复合架空地线（OPGW）用预绞式金具技术条件和试验方法	DL/T 766—2003		2013/3/7	2013/8/1
12.6.1-4-84	12.6.1	33.180.01	M30	DL/T 832—2016	光纤复合架空地线	DL/T 832—2003		2016/1/7	2016/6/1
12.6.1-4-85	12.6.1	29.080.10	K48	JB/T 9680—2012	高压架空输电线路地线用绝缘子	JB/T 9680—1999		2012/5/24	2012/11/1
12.6.1-4-86	12.6.1			NB/T 11060—2023	高海拔地区架空输电线路绝缘子并联间隙通用技术条件			2023/2/6	2023/8/6
12.6.1-4-87	12.6.1	29.060.10	K11	NB/T 42061—2015	钢芯软铝绞线			2015/10/27	2016/3/1
12.6.1-4-88	12.6.1	29.060.10	K11	NB/T 42062—2015	扩径型钢芯铝绞线			2015/10/27	2016/3/1
12.6.1-4-89	12.6.1	77.140.65	H49	YB/T 4165—2018	防振锤用钢绞线	YB/T 4165—2007		2018/10/22	2019/4/1

续表

序号	GW 分类	ICS 分类	GB 分类	标准号	中文名称	代替标准	采用关系	发布日期	实施日期
12.6.1-6-90	12.6.1	29.240	K47	T/CEC 108—2016	配网复合材料电杆			2016/10/21	2017/1/1
12.6.1-6-91	12.6.1	29.050	K11	T/CEC 158—2018	架空导线用防腐脂技术条件			2018/1/24	2018/4/1
12.6.1-6-92	12.6.1			T/CEC 840—2023	架空输电线路施工用格构式跨越架			2023/12/13	2024/4/1
12.6.1-6-93	12.6.1			T/CEC 841—2023	架空输电线路施工用电动紧线机			2023/12/13	2024/4/1
12.6.1-6-94	12.6.1			T/CEC 842—2023	双摇臂落地抱杆通用技术条件			2023/12/13	2024/4/1
12.6.1-6-95	12.6.1			T/CEC 843—2023	山地微型桩钻机			2023/12/13	2024/4/1

12.6.2 设备材料-架空线路-配电

序号	GW 分类	ICS 分类	GB 分类	标准号	中文名称	代替标准	采用关系	发布日期	实施日期
12.6.2-2-1	12.6.2	29.240		Q/GDW 11254—2014	配电网架空导线选型技术原则和检测技术规范			2014/11/20	2014/11/20
12.6.2-2-2	12.6.2	29.240		Q/GDW 11256—2014	配电网杆塔选型技术原则和检测技术规范			2014/11/20	2014/11/20
12.6.2-2-3	12.6.2	29.240		Q/GDW 11377—2015	10kV 配电线路调压器选型技术原则和检测技术规范			2015/10/30	2015/10/30
12.6.2-2-4	12.6.2	29.080.10		Q/GDW 12069—2020	10kV 配电线路复合绝缘横担技术规范			2021/4/30	2021/4/30
12.6.2-2-5	12.6.2	29.240.20		Q/GDW 12227—2022	10kV 中强度铝合金导体架空绝缘导线技术规范			2022/5/13	2022/5/13
12.6.2-2-6	12.6.2	29.060.20	K13	Q/GDW 12432—2024	1kV～35kV 电力电缆及其附件技术规范			2024/12/31	2024/12/31
12.6.2-3-7	12.6.2	91.100.30	Q14	GB/T 4084—2018	自应力混凝土管	GB/T 4084—1999		2018/2/6	2019/1/1
12.6.2-3-8	12.6.2	83.120	Q23	GB/T 41491—2022	配网用复合材料杆塔			2022/4/15	2022/11/1
12.6.2-4-9	12.6.2	29.240.20	K47	DL/T 1190—2023	绝缘穿刺线夹	DL/T 1190—2012		2023/10/11	2024/4/11
12.6.2-4-10	12.6.2	29.240.20	K47	DL/T 765.1—2021	架空配电线路金具　第 1 部分：通用技术条件	DL/T 765.1—2001		2021/4/26	2021/10/26

12.7 设备材料-电缆

12.7.1 设备材料-电缆-输电

序号	GW 分类	ICS 分类	GB 分类	标准号	中文名称	代替标准	采用关系	发布日期	实施日期
12.7.1-2-1	12.7.1	29.240	F20	Q/GDW 10371—2024	6kV～500kV 电缆技术及应用规范	Q/GDW 371—2009		2024/12/31	2024/12/31

续表

序号	GW 分类	ICS 分类	GB 分类	标准号	中 文 名 称	代替标准	采用关系	发布日期	实施日期
12.7.1-2-2	12.7.1	29.240		Q/GDW 11381—2015	电缆保护管选型技术原则和检测技术规范			2015/10/30	2015/10/30
12.7.1-2-3	12.7.1	29.240		Q/GDW 11655.1—2017	额定电压 500kV（U_m=550kV）交联聚乙烯绝缘大长度交流海底电缆及附件　第 1 部分：试验方法和要求			2018/2/13	2018/2/13
12.7.1-2-4	12.7.1	29.240		Q/GDW 11655.2—2017	额定电压 500kV（U_m=550kV）交联聚乙烯绝缘大长度交流海底电缆及附件　第 2 部分：大长度交流海底电缆			2018/2/9	2018/2/9
12.7.1-2-5	12.7.1	29.240		Q/GDW 11655.3—2017	额定电压 500kV（U_m=550kV）交联聚乙烯绝缘大长度交流海底电缆及附件　第 3 部分：海底电缆附件			2018/2/9	2018/2/9
12.7.1-2-6	12.7.1	29.240		Q/GDW 11883.1—2018	额定电压 110kV～220kV 交流挤包绝缘电缆用材料　第 1 部分：可交联聚乙烯绝缘料			2019/10/23	2019/10/23
12.7.1-2-7	12.7.1	29.240		Q/GDW 11883.2—2018	额定电压 110kV～220kV 交流挤包绝缘电缆用材料　第 2 部分：可交联半导电屏蔽料			2019/10/23	2019/10/23
12.7.1-2-8	12.7.1	29.060.20	K13	Q/GDW 12302—2024	66kV～500kV 电力电缆及其附件技术规范			2024/8/9	2024/8/9
12.7.1-2-9	12.7.1	29.240	F20	Q/GDW 12308—2024	高压电缆缓冲层技术规范			2024/8/9	2024/8/9
12.7.1-3-10	12.7.1	77.150.30	H62	GB/T 11091—2024	电缆用铜带箔材	GB/T 11091—2014		2024/4/25	2024/11/1
12.7.1-3-11	12.7.1	29.100.20	K13	GB/T 14315—2008	电力电缆导体用压接型铜、铝接线端子和连接管	GB/T 14315—1993		2008/12/30	2009/10/1
12.7.1-3-12	12.7.1	29.060.20	K13	GB/T 14316—2008	间距 1.27mm 绝缘刺破型端接式聚氯乙烯绝缘带状电缆	GB 14316—1993	IEC 60918：1987，MOD	2008/6/30	2009/4/1
12.7.1-3-13	12.7.1	29.060.20	K13	GB/T 18213—2000	低频电缆和电线无镀层和有镀层铜导体电阻计算导则		IEC 60344：1980，IDT	2000/10/17	2001/7/1
12.7.1-3-14	12.7.1	29.060.20	K13	GB/T 18890.1—2015	额定电压 220kV（U_m=252kV）交联聚乙烯绝缘电力电缆及其附件　第 1 部分：试验方法和要求	GB/Z 18890.1—2002	IEC 62067：2011，MOD	2015/10/9	2016/5/1
12.7.1-3-15	12.7.1	29.060.020	K13	GB/T 18890.2—2015	额定电压 220kV（U_m=252kV）交联聚乙烯绝缘电力电缆及其附件　第 2 部分：电缆	GB/Z 18890.2—2002		2015/10/9	2016/5/1
12.7.1-3-16	12.7.1	29.060.20	K13	GB/T 18890.3—2015	额定电压 220kV（U_m=252kV）交联聚乙烯绝缘电力电缆及其附件　第 3 部分：电缆附件	GB/Z 18890.3—2002		2015/10/9	2016/5/1
12.7.1-3-17	12.7.1	29.060.20	K13	GB/T 19666—2019	阻燃和耐火电线电缆或光缆通则	GB/T 19666—2005		2019/12/10	2020/7/1

续表

序号	GW 分类	ICS 分类	GB 分类	标准号	中 文 名 称	代替标准	采用关系	发布日期	实施日期
12.7.1-3-18	12.7.1	29.120.10	K65	GB/T 20041.1—2015	电缆管理用导管系统　第 1 部分：通用要求	GB/T 20041.1—2005	IEC 61386-1：2008，MOD	2015/5/15	2015/12/1
12.7.1-3-19	12.7.1	29.120.10	K65	GB/T 20041.22—2009	电缆管理用导管系统　第 22 部分：可弯曲导管系统的特殊要求		IEC 61386-22：2022，IDT	2009/5/6	2010/2/1
12.7.1-3-20	12.7.1	29.120.10	K65	GB/T 20041.23—2009	电缆管理用导管系统　第 23 部分：柔性导管系统的特殊要求		IEC 61386-23：2002，IDT	2009/5/6	2010/2/1
12.7.1-3-21	12.7.1	29.120.10	K65	GB/T 20041.24—2009	电缆管理用导管系统　第 24 部分：埋入地下的导管系统的特殊要求		IEC 61386-24：2004，IDT	2009/5/6	2010/2/1
12.7.1-3-22	12.7.1	29.060.20	K13	GB/T 22078.2—2008	额定电压 500kV（U_m=550kV）交联聚乙烯绝缘电力电缆及其附件　第 2 部分：额定电压 500kV（U_m=550kV）交联聚乙烯绝缘电力电缆			2008/6/30	2009/4/1
12.7.1-3-23	12.7.1	29.060.20	K13	GB/T 22078.3—2008	额定电压 500kV（U_m=550kV）交联聚乙烯绝缘电力电缆及其附件　第 3 部分：额定电压 500kV（U_m=550kV）交联聚乙烯绝缘电力电缆附件			2008/6/30	2009/4/1
12.7.1-3-24	12.7.1	29.120.10	K65	GB/T 23639—2017	节能耐腐蚀钢制电缆桥架	GB/T 23639—2009		2017/5/12	2017/12/1
12.7.1-3-25	12.7.1	77.150.60	H62	GB/T 26011—2010	电缆护套用铅合金锭		EN 12548：1999，IDT	2011/1/10	2011/10/1
12.7.1-3-26	12.7.1	91.100.30	Q14	GB/T 27794—2023	电力电缆用预制混凝土导管	GB/T 27794—2011		2023/3/17	2023/10/1
12.7.1-3-27	12.7.1	33.040.50	M42	GB/T 28509—2012	绝缘外径在 1mm 以下的极细同轴电缆及组件			2012/6/29	2012/10/1
12.7.1-3-28	12.7.1	29.100.01	K97	GB/T 28567—2022	电线电缆专用设备技术要求	GB/T 28567—2012		2022/10/12	2023/5/1
12.7.1-3-29	12.7.1	29.060.20	K13	GB/T 2952.1—2008	电缆外护层　第 1 部分：总则	GB/T 2952.1—1989		2008/12/31	2009/11/1
12.7.1-3-30	12.7.1	29.060.20	K13	GB/T 2952.2—2008	电缆外护层　第 2 部分：金属套电缆外护层	GB/T 2952.2—1989；GB/T 2952.4—1989		2008/12/31	2009/11/1
12.7.1-3-31	12.7.1	29.060.20	K13	GB/T 2952.3—2008	电缆外护层　第 3 部分：非金属套电缆通用外护层	GB/T 2952.3—1989		2008/12/31	2009/11/1
12.7.1-3-32	12.7.1	29.060.10	K11	GB/T 30552—2014	电缆导体用铝合金线			2014/5/6	2014/10/28
12.7.1-3-33	12.7.1	29.060.20	K13	GB/T 32346.1—2015	额定电压 220kV（U_m=252kV）交联聚乙烯绝缘大长度交流海底电缆及附件　第 1 部分：试验方法和要求			2015/12/31	2016/7/1

续表

序号	GW 分类	ICS 分类	GB 分类	标准号	中 文 名 称	代替标准	采用关系	发布日期	实施日期
12.7.1-3-34	12.7.1	29.060.20	K13	GB/T 32346.2—2015	额定电压 220kV（U_m=252kV）交联聚乙烯绝缘大长度交流海底电缆及附件　第 2 部分：大长度交流海底电缆			2015/12/31	2016/7/1
12.7.1-3-35	12.7.1	29.060.20	K13	GB/T 32346.3—2015	额定电压 220kV（U_m=252kV）交联聚乙烯绝缘大长度交流海底电缆及附件　第 3 部分：海底电缆附件			2015/12/31	2016/7/1
12.7.1-3-36	12.7.1	29.060.20	K13	GB/T 34016—2017	防鼠和防蚁电线电缆通则			2017/7/12	2018/2/1
12.7.1-3-37	12.7.1	83.120	Q23	GB/T 34182—2017	复合材料电缆支架			2017/9/7	2018/8/1
12.7.1-3-38	12.7.1	29.060.01	K13	GB/T 3956—2008	电缆的导体	GB/T 3956—1997	IEC 60228：2004，IDT	2008/12/30	2009/10/1
12.7.1-3-39	12.7.1	29.060.01	K13	GB/T 41629.1—2022	额定电压 500kV（U_m=550kV）交联聚乙烯绝缘大长度交流海底电缆及附件　第 1 部分：试验方法和要求			2022/7/11	2023/2/1
12.7.1-3-40	12.7.1	29.060.01	K13	GB/T 41629.2—2022	额定电压 500kV（U_m=550kV）交联聚乙烯绝缘大长度交流海底电缆及附件　第 2 部分：大长度交流海底电缆			2022/7/11	2023/2/1
12.7.1-3-41	12.7.1	29.060.01	K13	GB/T 41629.3—2022	额定电压 500kV（U_m=550kV）交联聚乙烯绝缘大长度交流海底电缆及附件　第 3 部分：海底电缆附件			2022/7/11	2023/2/1
12.7.1-3-42	12.7.1			GB 50217—2018	电力工程电缆设计标准	GB 50217—2007		2018/2/8	2018/9/1
12.7.1-3-43	12.7.1	29.080	K13	GB/T 7594.1—1987	电线电缆橡皮绝缘和橡皮护套　第 1 部分：一般规定		IEC 245，EQV	1987/3/28	1988/1/1
12.7.1-3-44	12.7.1	29.060.20	K13	GB/T 9326.1—2008	交流 500kV 及以下纸或聚丙烯复合纸绝缘金属套充油电缆及附件　第 1 部分：试验	GB 9326.1—1988	IEC 60141-1：1993，MOD	2008/6/30	2009/5/1
12.7.1-3-45	12.7.1	29.060.20	K13	GB/T 9326.2—2008	交流 500kV 及以下纸或聚丙烯复合纸绝缘金属套充油电缆及附件　第 2 部分：交流 500kV 及以下纸绝缘铅套充油电缆	GB 9326.2—1988	IEC 60141-1：1993，NEQ	2008/6/30	2009/5/1
12.7.1-3-46	12.7.1	29.060.20	K13	GB/T 9326.3—2008	交流 500kV 及以下纸或聚丙烯复合纸绝缘金属套充油电缆及附件　第 3 部分：终端	GB 9326.3—1988		2008/6/30	2009/5/1
12.7.1-3-47	12.7.1	29.060.20	K13	GB/T 9326.4—2008	交流 500kV 及以下纸或聚丙烯复合纸绝缘金属套充油电缆及附件　第 4 部分：接头	GB 9326.4—1988		2008/6/30	2009/5/1

续表

序号	GW 分类	ICS 分类	GB 分类	标准号	中 文 名 称	代替标准	采用关系	发布日期	实施日期
12.7.1-3-48	12.7.1	29.060.20	K13	GB/T 9326.5—2008	交流 500kV 及以下纸或聚丙烯复合纸绝缘金属套充油电缆及附件　第 5 部分：压力供油箱	GB 9326.5—1988		2008/6/30	2009/5/1
12.7.1-3-49	12.7.1	29.060.20	K13	GB/T 9330—2020	塑料绝缘控制电缆	GB/T 9330.1—2008；GB/T 9330.2—2008；GB/T 9330.3—2008；		2020/3/31	2020/10/1
12.7.1-4-50	12.7.1	29.240	F20	DL/T 1888—2018	160kV～500kV 挤包绝缘直流电缆使用技术规范			2018/12/25	2019/5/1
12.7.1-4-51	12.7.1	29.060.20	K13	DL/T 2058—2019	110kV 交联聚乙烯轻型绝缘电力电缆及附件			2019/11/4	2020/5/1
12.7.1-4-52	12.7.1	29.240.20	F24	DL/T 2530.1—2022	电力电缆测试设备通用技术条件　第 1 部分：电缆故障定位电桥			2022/11/4	2023/5/4
12.7.1-4-53	12.7.1	29.240.01	F20	DL/T 401—2017	高压电缆选用导则	DL/T 401—2002		2017/8/2	2017/12/1
12.7.1-4-54	12.7.1	29.240	F20	DL/T 5161.5—2018	电气装置安装工程质量检验及评定规程　第 5 部分：电缆线路施工质量检验	DL/T 5161.5—2002		2018/12/25	2019/5/1
12.7.1-4-55	12.7.1	27.140	P59	DL/T 5776—2018	水平定向钻敷设电力管线技术规定			2018/12/25	2019/5/1
12.7.1-4-56	12.7.1	29.240.01	F20	DL/T 802.1—2023	电力电缆导管技术条件　第 1 部分：总则	DL/T 802.1—2007		2023/5/26	2023/11/26
12.7.1-4-57	12.7.1	29.240.01	F20	DL/T 802.2—2017	电力电缆用导管技术条件　第 2 部分：玻璃纤维增强塑料电缆导管	DL/T 802.2—2007		2017/8/2	2017/12/1
12.7.1-4-58	12.7.1	27.100	F29	DL/T 802.3—2023	电力电缆导管技术条件　第 3 部分：实壁类塑料电缆导管	DL/T 802.3—2007		2023/5/26	2023/11/26
12.7.1-4-59	12.7.1	27.100	F29	DL/T 802.4—2023	电力电缆导管技术条件　第 4 部分：波纹类塑料电缆导管	DL/T 802.4—2007		2023/5/26	2023/11/26
12.7.1-4-60	12.7.1	27.100	F29	DL/T 802.5—2007	电力电缆用导管技术条件　第 5 部分：纤维水泥电缆导管			2007/7/20	2007/12/1
12.7.1-4-61	12.7.1	27.100	F29	DL/T 802.6—2007	电力电缆用导管技术条件　第 6 部分：承插式混凝土预制电缆导管			2007/7/20	2007/12/1
12.7.1-4-62	12.7.1	27.100	F29	DL/T 802.7—2023	电力电缆导管技术条件　第 7 部分：非开挖用塑料电缆导管	DL/T 802.7—2010		2023/5/26	2023/11/26
12.7.1-4-63	12.7.1	27.100	F29	DL/T 802.8—2023	电力电缆导管技术条件　第 8 部分：塑钢复合电缆导管	DL/T 802.8—2014		2023/5/26	2023/11/26

12

续表

序号	GW 分类	ICS 分类	GB 分类	标准号	中 文 名 称	代替标准	采用关系	发布日期	实施日期
12.7.1-4-64	12.7.1	27.100	F29	DL/T 802.9—2018	电力电缆用导管技术条件 第 9 部分：高强度聚氯乙烯塑料电缆导管			2018/12/25	2019/5/1
12.7.1-4-65	12.7.1	23.040.10	K14	DL/T 802.10—2019	电力电缆用导管技术条件 第 10 部分：涂塑钢质电缆导管			2019/11/4	2020/5/1
12.7.1-4-66	12.7.1	29.060.20	K13	JB/T 11167.2—2011	额定电压 10kV（U_m=12kV）至 110kV（U_m=126kV）交联聚乙烯绝缘大长度交流海底电缆及附件 第 2 部分：额定电压 10kV（U_m=12kV）至 110kV（U_m=126kV）交联聚乙烯绝缘大长度交流海底电缆			2011/5/18	2011/8/1
12.7.1-4-67	12.7.1	29.060.20	K13	JB/T 11167.3—2011	额定电压 10kV（U_m=12kV）至 110kV（U_m=126kV）交联聚乙烯绝缘大长度交流海底电缆及附件 第 3 部分：额定电压 10kV（U_m=12kV）至 110kV（U_m=126kV）交联聚乙烯绝缘大长度交流海底电缆附件			2011/5/18	2011/8/1
12.7.1-4-68	12.7.1	97.100.10	N05	JB/T 12234—2015	铠装加热电缆			2015/4/30	2015/10/1
12.7.1-4-69	12.7.1	29.060.20	K13	JB/T 5268.1—2011	电缆金属套 第 1 部分：总则	JB/T 5268.1—1991		2011/5/18	2011/8/1
12.7.1-4-70	12.7.1	29.060.20	K13	JB/T 5268.2—2011	电缆金属套 第 2 部分：铅套	JB/T 5268.2—1991		2011/5/18	2011/8/1
12.7.1-4-71	12.7.1	29.120.10	K65	NB/T 10287—2019	玻璃钢电缆桥架			2019/11/4	2020/5/1
12.7.1-4-72	12.7.1	29.120.99	K60	NB/T 10292—2019	铝合金电缆桥架			2019/11/4	2020/5/1
12.7.1-4-73	12.7.1	29.060.10	K11	NB/T 10306—2019	电缆屏蔽用铜带			2019/11/4	2020/5/1
12.7.1-4-74	12.7.1	13.220.20	C84	XF 535—2005	阻燃及耐火电缆阻燃橡皮绝缘电缆分级和要求	GA 535—2005		2005/3/17	2005/10/1

12.7.2 设备材料-电缆-配电

序号	GW 分类	ICS 分类	GB 分类	标准号	中 文 名 称	代替标准	采用关系	发布日期	实施日期
12.7.2-2-1	12.7.2	29.240		Q/GDW 11251—2014	10kV 电缆分支箱选型技术原则和检测技术规范			2014/11/20	2014/11/20
12.7.2-2-2	12.7.2	29.240		Q/GDW 12063—2020	电力电缆电子标识器技术规范			2021/4/30	2021/4/30
12.7.2-2-3	12.7.2	29.240		Q/GDW 12064—2020	电力电缆电子标识器探测设备技术规范			2021/4/30	2021/4/30

12

续表

序号	GW 分类	ICS 分类	GB 分类	标准号	中 文 名 称	代替标准	采用关系	发布日期	实施日期
12.7.2-3-4	12.7.2	29.060.20	K13	GB/T 12527—2008	额定电压 1kV 及以下架空绝缘电缆	GB 12527—1990		2008/6/30	2009/4/1
12.7.2-3-5	12.7.2	29.060.20	K13	GB/T 12706.1—2020	额定电压 1kV（U_m=1.2kV）至 35kV（U_m=40.5kV）挤包绝缘电力电缆及附件 第 1 部分：额定电压 1kV（U_m=1.2kV）和 3kV（U_m=3.6kV）电缆	GB/T 12706.1—2008		2020/3/31	2020/3/31
12.7.2-3-6	12.7.2	29.060.20	K13	GB/T 12706.2—2020	额定电压 1kV（U_m=1.2kV）至 35kV（U_m=40.5kV）挤包绝缘电力电缆及附件 第 2 部分：额定电压 6kV（U_m=7.2kV）至 30kV（U_m=36kV）电缆	GB/T 12706.2—2008		2020/3/31	2020/10/1
12.7.2-3-7	12.7.2	29.060.20	K13	GB/T 12706.3—2020	额定电压 1kV（U_m=1.2kV）至 35kV（U_m=40.5kV）挤包绝缘电力电缆及附件 第 3 部分：额定电压 35kV（U_m=40.5kV）电缆	GB/T 12706.3—2008		2020/3/31	2020/10/1
12.7.2-3-8	12.7.2	29.060.20	K13	GB/T 12976.1—2008	额定电压 35kV（U_m=40.5kV）及以下纸绝缘电力电缆及其附件 第 1 部分：额定电压 30kV 及以下电缆一般规定和结构要求	GB/T 12976.1～12976.3—1991	IEC 60055-2：1981，MOD	2008/6/30	2009/4/1
12.7.2-3-9	12.7.2	29.060.20	K13	GB/T 12976.2—2008	额定电压 35kV（U_m=40.5kV）及以下纸绝缘电力电缆及其附件 第 2 部分：额定电压 35kV 电缆一般规定和结构要求	GB/T 12976.1～12976.3—1991	IEC 60055-2：1981，NEQ	2008/6/30	2009/4/1
12.7.2-3-10	12.7.2	29.060.20	K13	GB/T 12976.3—2008	额定电压 35kV（U_m=40.5kV）及以下纸绝缘电力电缆及其附件 第 3 部分：电缆和附件试验	GB/T 12976.1～12976.3—1991	IEC 60055-1：2005，MOD	2008/6/30	2009/4/1
12.7.2-3-11	12.7.2	29.060.20	K13	GB/T 13033.1—2007	额定电压 750V 及以下矿物绝缘电缆及终端 第 1 部分：电缆	GB/T 13033.1—1991；GB/T 13033.2—1991	IEC 60702-1：2002，IDT	2007/1/16	2007/8/1
12.7.2-3-12	12.7.2	29.060.20	K13	GB/T 13033.2—2007	额定电压 750V 及以下矿物绝缘电缆及终端 第 2 部分：终端	GB/T 13033.1—1991；GB/T 13033.3—1991	IEC 60702-2：2002，IDT	2007/1/16	2007/8/1
12.7.2-3-13	12.7.2	29.060.20	K13	GB/T 14049—2008	额定电压 10kV 架空绝缘电缆	GB 14049—1993		2008/6/30	2009/4/1
12.7.2-3-14	12.7.2	29.060.20	K13	GB/T 31840.1—2015	额定电压 1kV（U_m=1.2kV）至 35kV（U_m=40.5kV）铝合金芯挤包绝缘电力电缆 第 1 部分：额定电压 1kV（U_m=1.2kV）和 3kV（U_m=3.6kV）电缆			2015/7/3	2016/2/1

续表

序号	GW 分类	ICS 分类	GB 分类	标准号	中 文 名 称	代替标准	采用关系	发布日期	实施日期
12.7.2-3-15	12.7.2	29.060.20	K13	GB/T 31840.2—2015	额定电压 1kV（U_m=1.2kV）至 35kV（U_m=40.5kV）铝合金芯挤包绝缘电力电缆 第 2 部分：额定电压 6kV（U_m=7.2kV）到 30kV（U_m=36kV）电缆			2015/7/3	2016/2/1
12.7.2-3-16	12.7.2	29.060.20	K13	GB/T 31840.3—2015	额定电压 1kV（U_m=1.2kV）至 35kV（U_m=40.5kV）铝合金芯挤包绝缘电力电缆 第 3 部分：额定电压 35kV（U_m=40.5kV）电缆			2015/7/3	2016/2/1
12.7.2-3-17	12.7.2	29.060.20	K13	GB/T 5013.1—2008	额定电压 450/750V 及以下橡皮绝缘电缆 第 1 部分：一般要求	GB 5013.1—1997	IEC 60245-1：2003，IDT	2008/1/22	2008/9/1
12.7.2-3-18	12.7.2	29.060.20	K13	GB/T 5013.3—2008	额定电压 450/750V 及以下橡皮绝缘电缆 第 3 部分：耐热硅橡胶绝缘电缆	GB 5013.3—1997	IEC 60245-3：1994，IDT	2008/1/22	2008/9/1
12.7.2-3-19	12.7.2	29.060.20	K13	GB/T 5013.4—2008	额定电压 450/750V 及以下橡皮绝缘电缆 第 4 部分：软线和软电缆	GB 5013.4—1997	IEC 60245-4：2004，IDT	2008/1/22	2008/9/1
12.7.2-3-20	12.7.2	29.060.20	K13	GB/T 5013.5—2008	额定电压 450/750V 及以下橡皮绝缘电缆 第 5 部分：电梯电缆	GB 5013.5—1997	IEC 60245-5：1994，IDT	2008/1/22	2008/9/1
12.7.2-3-21	12.7.2	29.060.20	K13	GB/T 5013.6—2008	额定电压 450/750V 及以下橡皮绝缘电缆 第 6 部分：电焊机电缆	GB 5013.6—1997	IEC 60245-6：1994，IDT	2008/1/22	2008/9/1
12.7.2-3-22	12.7.2	29.060.20	K13	GB/T 5013.7—2008	额定电压 450/750V 及以下橡皮绝缘电缆 第 7 部分：耐热乙烯—乙酸乙烯酯橡皮绝缘电缆	GB 5013.7—1997	IEC 60245-7：1994，IDT	2008/1/22	2008/9/1
12.7.2-3-23	12.7.2	29.060.20	K13	GB/T 5013.8—2013	额定电压 450/750V 及以下橡皮绝缘电缆 第 8 部分：特软电线	GB/T 5013.8—2006	IEC 60245-8：2004，IDT	2013/7/19	2013/12/2
12.7.2-3-24	12.7.2	29.060.20	K13	GB/T 5023.1—2008	额定电压 450/750V 及以下聚氯乙烯绝缘电缆 第 1 部分：一般要求	GB 5023.1—1997	IEC 60227-1：2007，IDT	2008/6/30	2009/5/1
12.7.2-3-25	12.7.2	29.060.20	K13	GB/T 5023.3—2008	额定电压 450/750V 及以下聚氯乙烯绝缘电缆 第 3 部分：固定布线用无护套电缆	GB 5023.3—1997	IEC 60227-3：1997，IDT	2008/6/30	2009/5/1
12.7.2-3-26	12.7.2	29.060.20	K13	GB/T 5023.4—2008	额定电压 450/750V 及以下聚氯乙烯绝缘电缆 第 4 部分：固定布线用护套电缆	GB 5023.4—1997	IEC 60227-4：1997，IDT	2008/6/30	2009/5/1
12.7.2-3-27	12.7.2	29.060.20	K13	GB/T 5023.5—2008	额定电压 450/750V 及以下聚氯乙烯绝缘电缆 第 5 部分：软电缆（软线）	GB 5023.5—1997	IEC 60227-5：2003，IDT	2008/6/30	2009/5/1

续表

序号	GW 分类	ICS 分类	GB 分类	标准号	中 文 名 称	代替标准	采用关系	发布日期	实施日期
12.7.2-3-28	12.7.2	29.060.20	K13	GB/T 5023.6—2006	额定电压 450/750V 及以下聚氯乙烯绝缘电缆 第6部分：电梯电缆和挠性连接用电缆	GB 5023.6—1997	IEC 60227-6：2001，IDT	2006/4/30	2006/12/1
12.7.2-3-29	12.7.2	29.060.20	K13	GB/T 5023.7—2008	额定电压 450/750V 及以下聚氯乙烯绝缘电缆 第7部分：二芯或多芯屏蔽和非屏蔽软电缆	GB 5023.7—1997	IEC 60227-7：2003，IDT	2008/6/30	2009/5/1
12.7.2-4-30	12.7.2	29.060.20	K13	DL/T 1263—2013	12kV～40.5kV 电缆分接箱技术条件			2013/11/28	2014/4/1
12.7.2-4-31	12.7.2	29.130	K43	DL/T 413—2006	额定电压 35kV（U_m=40.5kV）及以下电力电缆热缩式附件技术条件	DL 413—1991		2006/5/6	2006/10/1
12.7.2-4-32	12.7.2	29.060	K13	DL/T 5758—2017	额定电压 35kV（U_m=40.5kV）及以下预制式电缆附件安装规程			2017/11/15	2018/3/1
12.7.2-4-33	12.7.2	29.060.20	K13	JB/T 10739—2007	额定电压 6kV（U_m=7.2kV）至 35kV（U_m=40.5kV）挤包绝缘电力电缆可分离连接器			2007/5/29	2007/11/1
12.7.2-4-34	12.7.2	29.060.20	K13	JB/T 13484—2018	额定电压 0.6/1kV 氟塑料绝缘电力电缆			2018/4/30	2018/12/1
12.7.2-4-35	12.7.2	29.060.20	K13	JB/T 13485—2018	额定电压 450/750V 及以下氟塑料绝缘控制电缆			2018/4/30	2018/12/1
12.7.2-4-36	12.7.2	29.060.20	K13	JB/T 6464—2006	额定电压 1kV（U_m=1.2kV）至 35kV（U_m=40.5kV）挤包绝缘电力电缆绕包式直通接头	JB/T 6464—1992		2006/10/14	2007/4/1
12.7.2-4-37	12.7.2	29.060.20	K13	JB/T 6465—2006	额定电压 35kV（U_m=40.5kV）电力电缆瓷套式终端	JB/T 6465—1992		2006/10/14	2007/4/1
12.7.2-4-38	12.7.2	29.060.20	K13	JB/T 6466—2006	额定电压 1kV（U_m=1.2kV）至 10kV（U_m=12kV）纸绝缘电力电缆瓷套式终端	JB/T 6466—1992		2006/8/16	2007/2/1
12.7.2-4-39	12.7.2	29.060.20	K13	JB/T 7831—2006	额定电压 1kV（U_m=1.2kV）至 10kV（U_m=12kV）电力电缆树脂浇铸式终端	JB/T 7831—1995		2006/8/16	2007/2/1
12.7.2-4-40	12.7.2	29.060.20	K13	JB/T 7832—2006	额定电压 1kV（U_m=1.2kV）至 10kV（U_m=12kV）电力电缆树脂浇铸式直通接头	JB/T 7832—1995		2006/8/16	2007/2/1
12.7.2-4-41	12.7.2	29.060.20	K13	JB/T 8640—2014	额定电压 26/35kV 及以下电力电缆附件型号编制方法	JB/T 8640—1997		2014/5/6	2014/10/1
12.7.2-6-42	12.7.2	29.060.20	F20	T/CEC 351—2020	10kV 柔性电缆快速接头技术条件			2020/6/30	2020/10/1

续表

序号	GW 分类	ICS 分类	GB 分类	标准号	中文名称	代替标准	采用关系	发布日期	实施日期
12.7.2-6-43	12.7.2			T/CEC 902—2024	额定电压 6kV（U_m=7.2kV）至 35kV（U_m=40.5kV）热塑性聚丙烯绝缘电力电缆			2024/10/18	2025/3/1

12.8 设备材料-继电保护及安自装置

序号	GW 分类	ICS 分类	GB 分类	标准号	中文名称	代替标准	采用关系	发布日期	实施日期
12.8-2-1	12.8	29.240	F20	Q/GDW 10426—2024	智能变电站合并单元技术规范	Q/GDW 1426—2016；Q/GDW 11487—2015		2024/8/23	2024/8/23
12.8-2-2	12.8	29.240	K45	Q/GDW 10441—2024	智能变电站继电保护技术规范	Q/GDW 441—2010；Q/GDW 1808—2012		2024/8/23	2024/8/23
12.8-2-3	12.8	29.240		Q/GDW 10627—2024	换流站直流故障录波装置技术规范	Q/GDW 627—2011		2024/1/19	2024/1/19
12.8-2-4	12.8	29.240		Q/GDW 10663—2015	串联电容器补偿装置控制保护设备的基本技术条件	Q/GDW 663—2011		2016/12/8	2016/12/8
12.8-2-5	12.8	29.240		Q/GDW 10715—2016	智能变电站网络报文记录及分析装置技术规范	Q/GDW 715—2012		2017/7/31	2017/7/31
12.8-2-6	12.8	29.240		Q/GDW 10766—2024	10kV～110(66)kV 线路保护及辅助装置标准化设计规范	Q/GDW 10766—2015		2024/4/19	2024/4/19
12.8-2-7	12.8	29.240		Q/GDW 10767—2015	10kV～110(66)kV 元件保护及辅助装置标准化设计规范	Q/GDW 767—2012		2016/12/15	2016/12/15
12.8-2-8	12.8			Q/GDW 10976—2017	电力系统动态记录装置技术规范	Q/GDW 1976—2013；Q/GDW 11050—2013		2018/9/26	2018/9/26
12.8-2-9	12.8	29.240		Q/GDW 11010—2015	继电保护信息规范			2016/11/15	2016/11/15
12.8-2-10	12.8			Q/GDW 11011—2013	继电保护设备自动测试接口标准			2014/5/1	2014/5/1
12.8-2-11	12.8	29.240		Q/GDW 11052—2013	智能变电站就地化保护装置通用技术条件			2014/4/1	2014/4/1
12.8-2-12	12.8	29.240		Q/GDW 11199—2014	分布式电源继电保护和安全自动装置通用技术条件			2014/10/1	2014/10/1
12.8-2-13	12.8	29.240		Q/GDW 11355—2020	高压直流系统保护装置技术规范	Q/GDW 11355—2014		2020/12/31	2020/12/31
12.8-2-14	12.8	29.240		Q/GDW 11356—2022	电网安全自动装置标准化设计规范	Q/GDW 11356—2015		2022/1/29	2022/1/29
12.8-2-15	12.8	29.240.30		Q/GDW 1161—2014	线路保护及辅助装置标准化设计规范	Q/GDW 161—2007		2014/4/1	2014/4/1
12.8-2-16	12.8	29.240	F20	Q/GDW 11632—2024	电网安全自动装置信息规范	Q/GDW 11632—2016		2024/8/23	2024/8/23

续表

序号	GW 分类	ICS 分类	GB 分类	标准号	中 文 名 称	代替标准	采用关系	发布日期	实施日期
12.8-2-17	12.8	29.240		Q/GDW 11661—2017	1000kV 继电保护及辅助装置标准化设计规范			2018/1/2	2018/1/2
12.8-2-18	12.8			Q/GDW 11731—2017	统一潮流控制器控制保护系统技术规范			2018/7/11	2018/7/11
12.8-2-19	12.8			Q/GDW 1175—2013	变压器、高压并联电抗器和母线保护及辅助装置标准化设计规范	Q/GDW 175—2008		2013/11/6	2013/11/6
12.8-2-20	12.8			Q/GDW 11767—2017	调相机变压器组保护技术规范			2018/9/26	2018/9/26
12.8-2-21	12.8			Q/GDW 11768—2017	35kV 及以下开关柜继电保护装置通用技术条件			2018/9/26	2018/9/26
12.8-2-22	12.8	29.240		Q/GDW 11889—2018	高压柔性直流输电控制保护装置技术规范			2020/1/2	2020/1/2
12.8-2-23	12.8	29.240		Q/GDW 12040—2020	串联电容器补偿装置保护设备标准化技术规范			2020/12/31	2020/12/31
12.8-2-24	12.8	29.240		Q/GDW 12041.1—2020	就地化继电保护装置技术规范　第 1 部分：通用技术条件			2020/12/31	2020/12/31
12.8-2-25	12.8	29.240		Q/GDW 12041.2—2020	就地化继电保护装置技术规范　第 2 部分：连接器及预制缆			2020/12/31	2020/12/31
12.8-2-26	12.8	29.240		Q/GDW 12041.3—2020	就地化继电保护装置技术规范　第 3 部分：智能管理单元			2020/12/31	2020/12/31
12.8-2-27	12.8	29.240		Q/GDW 12041.4—2020	就地化继电保护装置技术规范　第 4 部分：就地操作箱			2020/12/31	2020/12/31
12.8-2-28	12.8	29.240		Q/GDW 12041.5—2020	就地化继电保护装置技术规范　第 5 部分：线路和母联（分段）保护			2020/12/31	2020/12/31
12.8-2-29	12.8			Q/GDW 1902—2013	智能变电站 110kV 合并单元智能终端集成装置技术规范			2013/11/12	2013/11/12
12.8-2-30	12.8			Q/GDW 1920—2013	智能变电站 110kV 保护测控集成装置技术规范			2014/5/1	2014/5/1
12.8-2-31	12.8			Q/GDW 1921—2013	智能变电站 35kV 及以下保护测控计量多功能装置技术规范			2014/5/1	2014/5/1
12.8-2-32	12.8	29.240		Q/GDW 325—2009	1000kV 变压器保护装置技术要求			2009/5/25	2009/5/25
12.8-2-33	12.8	29.240		Q/GDW 326—2009	1000kV 电抗器保护装置技术要求			2009/5/25	2009/5/25
12.8-2-34	12.8	29.240		Q/GDW 327—2009	1000kV 线路保护装置技术要求			2009/5/25	2009/5/25

续表

序号	GW 分类	ICS 分类	GB 分类	标准号	中 文 名 称	代替标准	采用关系	发布日期	实施日期
12.8-2-35	12.8	29.240		Q/GDW 328—2009	1000kV 母线保护装置技术要求			2009/5/25	2009/5/25
12.8-2-36	12.8	29.240		Q/GDW 329—2009	1000kV 断路器保护装置技术要求			2009/5/25	2009/5/25
12.8-2-37	12.8	29.240		Q/GDW 413—2010	电力系统二次设备 SPD 防雷技术规范			2010/3/31	2010/3/31
12.8-2-38	12.8	29.240		Q/GDW 421—2010	电网安全稳定自动装置技术规范			2010/2/26	2010/2/26
12.8-2-39	12.8	29.240		Q/GDW 428—2010	智能变电站智能终端技术规范			2010/3/24	2010/3/24
12.8-3-40	12.8	29.120.70	L25	GB/T 14598.6—1993	电气继电器　第 18 部分：有或无通用继电器的尺寸	SJ/Z 9073.4—1987	IEC 255-18：1982	1993/9/5	1994/4/1
12.8-3-41	12.8	29.120.70	K45	GB/T 14598.27—2017	量度继电器和保护装置　第 27 部分：产品安全要求	GB/T 14598.27—2008	IEC 60255-27：2013，IDT	2017/11/1	2018/5/1
12.8-3-42	12.8	29.120.70	K45	GB/T 14598.118—2021	量度继电器和保护装置　第 118 部分：电力系统同步相量　测量		IEC/IEEE 60255-118-1：2018，IDT	2021/12/31	2022/7/1
12.8-3-43	12.8	29.120.70	K45	GB/T 14598.121—2017	量度继电器和保护装置　第 121 部分：距离保护功能要求		IEC 60255-121：2014，IDT	2017/7/31	2018/2/1
12.8-3-44	12.8	29.120.70	K45	GB/T 14598.181—2021	量度继电器和保护装置　第 181 部分：频率保护功能要求		IEC 60255-181：2019，IDT	2021/12/31	2022/7/1
12.8-3-45	12.8	29.240.30	K45	GB/T 14598.300—2017	变压器保护装置通用技术要求	GB/T 14598.300—2008		2017/12/29	2018/7/1
12.8-3-46	12.8	29.240.01	K45	GB/T 14598.301—2020	电力系统连续记录装置技术要求	GB/T 14598.301—2010		2020/6/2	2020/12/1
12.8-3-47	12.8	29.240.01	K45	GB/T 14598.302—2016	弧光保护装置技术要求			2016/2/24	2016/9/1
12.8-3-48	12.8	29.240.99	K45	GB/T 14598.303—2011	数字式电动机综合保护装置通用技术条件			2011/12/30	2012/6/1
12.8-3-49	12.8	29.240	K45	GB/T 15145—2017	输电线路保护装置通用技术条件	GB/T 15145—2008		2017/7/31	2018/2/1
12.8-3-50	12.8	29.120.70	L25	GB/T 16608.1—2023	有质量评定的电信用基础机电继电器　第 1 部分：总规范与空白详细规范	GB/T 16608.1—2003		2023/3/17	2023/10/1
12.8-3-51	12.8	29.240.01	K45	GB/T 22390.1—2008	高压直流输电系统控制与保护设备　第 1 部分：运行人员控制系统			2008/9/24	2009/8/1
12.8-3-52	12.8	29.240.01	K45	GB/T 22390.2—2008	高压直流输电系统控制与保护设备　第 2 部分：交直流系统站控设备			2008/9/24	2009/8/1

12

续表

序号	GW 分类	ICS 分类	GB 分类	标准号	中 文 名 称	代替标准	采用关系	发布日期	实施日期
12.8-3-53	12.8	29.240.01	K45	GB/T 22390.3—2008	高压直流输电系统控制与保护设备 第 3 部分：直流系统极控设备			2008/9/24	2009/8/1
12.8-3-54	12.8	29.240.01	K45	GB/T 22390.4—2008	高压直流输电系统控制与保护设备 第 4 部分：直流系统保护设备			2008/9/24	2009/8/1
12.8-3-55	12.8	29.240.01	K45	GB/T 22390.5—2008	高压直流输电系统控制与保护设备 第 5 部分：直流线路故障定位装置			2008/9/24	2009/8/1
12.8-3-56	12.8	29.240.01	K45	GB/T 22390.6—2008	高压直流输电系统控制与保护设备 第 6 部分：换流站暂态故障录波装置			2008/9/24	2009/8/20
12.8-3-57	12.8	29.240.99	K45	GB/T 29322—2012	1000kV 变压器保护装置技术要求			2012/12/31	2013/6/1
12.8-3-58	12.8	29.240.99	K45	GB/T 29323—2012	1000kV 断路器保护装置技术要求			2012/12/31	2013/6/1
12.8-3-59	12.8	29.240.99	K45	GB/T 29327—2023	1000kV 电抗器保护装置技术要求	GB/Z 29327—2012		2023/8/6	2024/3/1
12.8-3-60	12.8	29.240	K45	GB/T 31236—2014	1000kV 线路保护装置技术要求			2014/9/30	2015/4/1
12.8-3-61	12.8	29.240	K45	GB/T 32897—2016	智能变电站多功能保护测控一体化装置通用技术条件			2016/8/29	2017/3/1
12.8-3-62	12.8	29.240	K45	GB/T 32901—2016	智能变电站继电保护通用技术条件			2016/8/29	2017/3/1
12.8-3-63	12.8	29.240.01	K45	GB/T 34123—2017	电力系统变频器保护技术规范			2017/7/31	2018/2/1
12.8-3-64	12.8	29.240.01	K45	GB/Z 34124—2017	智能保护测控设备技术规范			2017/7/31	2018/2/1
12.8-3-65	12.8	29.240	K45	GB/T 34125—2017	电力系统继电保护及安全自动装置户外柜通用技术条件			2017/7/31	2018/2/1
12.8-3-66	12.8	29.240	K45	GB/T 34126—2017	站域保护控制装置技术导则			2017/7/31	2018/2/1
12.8-3-67	12.8	29.240.01	K45	GB/Z 34161—2017	智能微电网保护设备技术导则			2017/9/7	2018/4/1
12.8-3-68	12.8	29.240.01	K45	GB/T 35745—2017	柔性直流输电控制与保护设备技术要求			2017/12/29	2018/7/1
12.8-3-69	12.8	29.240	K45	GB/T 37155.1—2018	区域保护控制系统技术导则 第 1 部分：功能规范			2018/12/28	2019/7/1
12.8-3-70	12.8	29.240	K45	GB/T 37155.2—2019	区域保护控制系统技术导则 第 2 部分：信息接口及通信			2019/5/10	2019/12/1
12.8-3-71	12.8	29.240.01	K45	GB/T 37762—2019	同步调相机组保护装置通用技术条件			2019/6/4	2020/1/1

续表

序号	GW 分类	ICS 分类	GB 分类	标准号	中文名称	代替标准	采用关系	发布日期	实施日期
12.8-3-72	12.8	29.240.01	K45	GB/T 37880—2019	就地化环网母线保护技术导则			2019/8/30	2020/3/1
12.8-3-73	12.8	29.240.01	K45	GB/T 38922—2020	35kV 及以下标准化继电保护装置通用技术要求			2020/6/2	2020/12/1
12.8-3-74	12.8	29.240	K45	GB/T 40096.1—2021	就地化继电保护装置技术规范　第 1 部分：通用技术条件			2021/5/21	2021/12/1
12.8-3-75	12.8	29.240	K45	GB/T 40096.2—2021	就地化继电保护装置技术规范　第 2 部分：连接器及预制缆			2021/5/21	2021/12/1
12.8-3-76	12.8	29.240	K45	GB/T 40096.3—2021	就地化继电保护装置技术规范　第 3 部分：就地操作箱			2021/5/21	2021/12/1
12.8-3-77	12.8	29.240	K45	GB/T 40096.4—2021	就地化继电保护装置技术规范　第 4 部分：智能管理单元			2021/5/21	2021/12/1
12.8-3-78	12.8	29.240	K45	GB/T 40096.5—2021	就地化继电保护装置技术规范　第 5 部分：线路保护			2021/5/21	2021/12/1
12.8-3-79	12.8	29.120.50	K31	GB/Z 40680—2021	直流系统用剩余电流动作保护电器的一般要求		IEC TS 63053：2017，IDT	2021/10/11	2022/5/1
12.8-3-80	12.8	29.240	K45	GB/T 40864—2021	柔性交流输电设备接入电网继电保护技术要求			2021/10/11	2022/5/1
12.8-3-81	12.8	31.240	K05	GB/T 7267—2015	电力系统二次回路保护及自动化机柜（屏）基本尺寸系列	GB/T 7267—2003		2015/5/15	2015/12/1
12.8-3-82	12.8	31.240	K05	GB/T 7268—2015	电力系统保护及其自动化装置用插箱及插件面板基本尺寸系列	GB/T 7268—2005		2015/5/15	2015/12/1
12.8-4-83	12.8	29.240	K45	DL/T 1075—2016	保护测控装置技术条件	DL/T 1075—2007		2016/12/5	2017/5/1
12.8-4-84	12.8	27.100	F24	DL/T 1276—2013	1000kV 母线保护装置技术要求			2013/11/28	2014/4/1
12.8-4-85	12.8	29.120.50	K10	DL/T 1347—2014	交流滤波器保护装置通用技术条件			2014/10/15	2015/3/1
12.8-4-86	12.8	29.120.50	K10	DL/T 1349—2014	断路器保护装置通用技术条件			2014/10/15	2015/3/1
12.8-4-87	12.8	29.120.50	K10	DL/T 1350—2014	变电站故障解列装置通用技术条件			2014/10/15	2015/3/1
12.8-4-88	12.8	27.100	N22	DL/T 1405.2—2018	智能变电站的同步相量测量装置　第 2 部分：技术规范			2018/12/25	2019/5/1
12.8-4-89	12.8	29.240.01	F24	DL/T 1504—2016	弧光保护装置通用技术条件			2016/1/7	2016/6/1

续表

序号	GW 分类	ICS 分类	GB 分类	标准号	中文名称	代替标准	采用关系	发布日期	实施日期
12.8-4-90	12.8	27.100	K56	DL/T 1505—2016	大型燃气轮发电机组继电保护装置通用技术条件			2016/1/7	2016/6/1
12.8-4-91	12.8	29.240	K45	DL/T 1778—2017	柔性直流保护和控制设备技术条件			2017/12/27	2018/6/1
12.8-4-92	12.8	29.240	F20	DL/T 1848—2018	220kV 和 110kV 变压器中性点过电压保护技术规范			2018/4/3	2018/7/1
12.8-4-93	12.8	29.240.01	F21	DL/T 1900—2018	智能变电站网络记录分析装置技术规范			2018/12/25	2019/5/1
12.8-4-94	12.8	29.240.01	F21	DL/T 1913—2018	DL/T 860 变电站配置工具技术规范			2018/12/25	2019/5/1
12.8-4-95	12.8	29.240.01	F21	DL/T 1914—2018	DL/T 698.45 至 DL/T 860 的数据模型映射规范			2018/12/25	2019/5/1
12.8-4-96	12.8	29.240	K45	DL/T 2016—2019	电力系统过频切机和过频解列装置通用技术条件			2019/6/4	2019/10/1
12.8-4-97	12.8	29.240	K45	DL/T 2254—2021	变电站站域失灵（死区）保护装置技术规范			2021/1/7	2021/7/1
12.8-4-98	12.8	29.120.70	K33	DL/T 2255—2021	气体继电器检测装置技术规范			2021/1/7	2021/7/1
12.8-4-99	12.8			DL/T 2382—2021	配电继电保护装置检验规程			2021/12/22	2022/3/22
12.8-4-100	12.8	29.240.01	K40	DL/T 242—2012	高压并联电抗器保护装置通用技术条件			2012/4/6	2012/7/1
12.8-4-101	12.8	29.240.01	K43	DL/T 250—2012	并联补偿电容器保护装置通用技术条件			2012/4/6	2012/7/1
12.8-4-102	12.8	29.240.01	K43	DL/T 252—2012	高压直流输电系统用换流变压器保护装置通用技术条件			2012/4/6	2012/7/1
12.8-4-103	12.8			DL/T 2546—2022	旋转型转子接地保护装置通用技术条件			2022/11/4	2023/5/4
12.8-4-104	12.8			DL/T 2547—2022	交流断面失电监测装置技术规范			2022/11/4	2023/5/4
12.8-4-105	12.8		K45	DL/T 2663—2023	高压直流保护试验装置通用技术条件			2023/10/11	2024/4/11
12.8-4-106	12.8	29.240.01	F30	DL/T 282—2018	合并单元技术条件	DL/T 282—2012		2018/12/25	2019/5/1
12.8-4-107	12.8	29.240	F20	DL/T 314—2010	电力系统低压减负荷和低压解列装置通用技术条件			2011/1/9	2011/5/1
12.8-4-108	12.8	29.240	F20	DL/T 315—2010	电力系统低频减负荷和低频解列装置通用技术条件			2011/1/9	2011/5/1
12.8-4-109	12.8	29.240	K45	DL/T 317—2010	继电保护设备标准化设计规范			2011/1/9	2011/5/1

续表

序号	GW 分类	ICS 分类	GB 分类	标准号	中 文 名 称	代替标准	采用关系	发布日期	实施日期
12.8-4-110	12.8	27.100	K45	DL/T 478—2013	继电保护和安全自动装置通用技术条件	DL/T 478—2010		2013/3/7	2013/8/1
12.8-4-111	12.8	29.240	K45	DL/T 479—2017	阻抗保护功能技术规范	DL/T 479—1992		2017/11/15	2018/3/1
12.8-4-112	12.8	27.100	F21	DL/T 526—2013	备用电源自动投入装置技术条件	DL/T 526—2002		2013/11/28	2014/4/1
12.8-4-113	12.8	27.100	F21	DL/T 527—2013	继电保护及控制装置电源模块（模件）技术条件	DL/T 527—2002		2013/11/28	2014/4/1
12.8-4-114	12.8	29.24	F25	DL/T 553—2013	电力系统动态记录装置通用技术条件	DL/T 553—1994； DL/T 663—1999		2013/11/28	2014/4/1
12.8-4-115	12.8	29.240.30	K45	DL/T 670—2010	母线保护装置通用技术条件	DL/T 670—1999		2011/1/9	2011/5/1
12.8-4-116	12.8	29.240.30	K45	DL/T 671—2010	发电机变压器组保护装置通用技术条件	DL/T 671—1999		2011/1/9	2011/5/1
12.8-4-117	12.8		F21	DL/T 688—1999	电力系统远方跳闸信号传输装置			2000/2/24	2000/7/1
12.8-4-118	12.8	29.130.01	P62	DL/Z 713—2000	500kV 变电所保护和控制设备抗扰度要求			2000/11/3	2001/1/1
12.8-4-119	12.8	29.130.10	K45	DL/T 720—2013	电力系统继电保护及安全自动装置柜（屏）通用技术条件	DL/T 720—2000		2013/11/28	2014/4/1
12.8-4-120	12.8	29.240.01	K45	DL/T 744—2012	电动机保护装置通用技术条件	DL/T 744—2001		2012/4/6	2012/7/1
12.8-4-121	12.8	29.180	K41	DL/T 770—2012	变压器保护装置通用技术条件	DL/T 770—2001		2012/4/6	2012/7/1
12.8-4-122	12.8	29.240	K45	DL/T 823—2017	反时限电流保护功能技术规范	DL/T 823—2002		2017/12/27	2018/6/1
12.8-4-123	12.8	29.240	K45	DL/T 872—2016	小电流接地系统单相接地故障选线装置技术条件	DL/T 872—2004		2016/12/5	2017/5/1
12.8-4-124	12.8	29.240.30	K45	JB/T 10182—2000	母线差动保护屏			2000/4/24	2000/10/1
12.8-4-125	12.8	31.080.01	K46	JB/T 11050—2010	交流固态继电器			2010/2/21	2010/7/1
12.8-4-126	12.8			JB/T 3310—1996	功率方向继电器技术条件			1996/4/11	1996/10/1
12.8-4-127	12.8	29.120.70	K45	JB/T 3322—2002	信号继电器	JB/T 3322—1994		2002/7/16	2002/12/1
12.8-4-128	12.8	29.120.70	K45	JB/T 3346—2002	反时限过电流继电器	JB/T 3346—1993		2002/7/16	2002/12/1
12.8-4-129	12.8	29.120.70	K45	JB/T 3347—1996	负序、零序电流增量继电器	JB 3347—1983		1996/4/11	1996/10/1
12.8-4-130	12.8	29.120.70	K45	JB/T 3777—2002	保持中间继电器	JB/T 3777—1993		2002/7/16	2002/12/1

续表

序号	GW 分类	ICS 分类	GB 分类	标准号	中 文 名 称	代替标准	采用关系	发布日期	实施日期
12.8-4-131	12.8	29.120.70	K45	JB/T 3778—2002	延时中间继电器	JB/T 3778—1993		2002/7/16	2002/12/1
12.8-4-132	12.8	29.120.70	K45	JB/T 3779—2002	快速中间继电器	JB/T 3779—1993		2002/7/16	2002/12/1
12.8-4-133	12.8	29.120.70	K45	JB/T 3780—2002	普通中间继电器	JB/T 3780—1993		2002/7/16	2002/12/1
12.8-4-134	12.8	29.120.70	K45	JB/T 3945—2002	冲击继电器	JB/T 3945—1995		2002/7/16	2002/12/1
12.8-4-135	12.8	29.12	K45	JB/T 4259—1996	热带量度继电器及保护装置技术要求	JB 4259—1986		1996/9/3	1997/1/1
12.8-4-136	12.8	29.240.30	K45	JB/T 5777.2—2002	电力系统二次电路用控制及继电保护屏（柜、台）通用技术条件	JB/T 5777.2—1991		2002/7/16	2002/12/1
12.8-4-137	12.8	29.240.30	K51	JB/T 6516—2002	电力系统稳定控制装置	JB/T 6516—1992		2002/7/16	2002/12/1
12.8-4-138	12.8			JB/T 7103—1993	继电器及其装置用线圈通用技术条件			1993/10/8	1994/1/1
12.8-4-139	12.8	29.240.01	K45	JB/T 7104—2007	电力系统二次设备用电气连接件通用技术条件	JB/T 7104—1993		2007/1/25	2007/7/1
12.8-4-140	12.8	29.120.70	K45	JB/T 7638—2002	湿热带电力系统二次电路用控制及继电器保护屏（柜、台）技术条件	JB/T 7638—1994		2002/7/16	2002/12/1
12.8-4-141	12.8		K45	JB/T 8322—1996	双位置继电器			1996/4/11	1996/10/1
12.8-4-142	12.8	29.130.20	K32	JB/T 8627—2007	双金属片式热过载继电器	JB/T 8627—1997		2007/5/29	2007/11/1
12.8-4-143	12.8			JB/T 8664—1997	高压输电线路保护屏（柜）			1997/12/17	1998/2/1
12.8-4-144	12.8	29.120.70	K33	JB/T 8792—2010	接触器式继电器	JB/T 8792—1998		2010/2/11	2010/7/1
12.8-4-145	12.8	29.120.70	K33	JB/T 8794—2010	计数继电器　电子式计数器	JB/1 8794—1998		2010/2/21	2010/7/1
12.8-4-146	12.8	29.240.01	K45	NB/T 11051—2023	高压直流保护测试设备技术规范			2023/2/6	2023/8/6
12.8-4-147	12.8	29.240.01	K45	NB/T 11053—2023	自动快速负荷转供装置技术要求			2023/2/6	2023/8/6
12.8-4-148	12.8	29.240.01	K45	NB/T 11056—2023	继电保护测试仪自动检测装置校准规范			2023/2/6	2023/8/6
12.8-4-149	12.8	29.240.01	K45	NB/T 11057—2023	变压器冷却控制保护装置技术要求			2023/2/6	2023/8/6
12.8-4-150	12.8	19.020	K40	NB/T 11070—2023	高压交流发电机断路器试验导则			2023/2/6	2023/8/6
12.8-4-151	12.8			NB/T 11481—2024	直流输电换流阀冷却设备控制保护系统技术要求			2024/5/24	2024/11/24
12.8-4-152	12.8	29.240.10	K30	NB/T 31040—2021	具有短路保护功能的电涌保护器	NB/T 31040—2012		2021/4/26	2021/7/26

序号	GW 分类	ICS 分类	GB 分类	标准号	中 文 名 称	代替标准	采用关系	发布日期	实施日期
12.8-4-153	12.8	29.24.01	K45	NB/T 42015—2013	智能变电站网络报文记录及分析装置技术条件			2013/11/28	2014/4/1
12.8-4-154	12.8	29.240.01	K45	NB/T 42071—2016	保护和控制用智能单元设备通用技术条件			2016/8/16	2016/12/1
12.8-4-155	12.8	29.240.01	K45	NB/T 42165—2024	多端线路保护技术要求	NB/T 42165—2018		2024/5/24	2024/11/24
12.8-4-156	12.8	29.240.30	K45	NB/T 42166—2018	配电网电压时间型馈线保护控制技术规范			2018/6/6	2018/10/1
12.8-5-157	12.8			IEC 60255-1：2022	测量继电器和保护设备　第 1 部分：共同要求			2022/12/15	2022/12/15
12.8-5-158	12.8	29.120.70	L25	IEC 60255-127：2010	测量继电器和保护设备　第 127 部分：过/欠电压保护的功能要求	IEC 95/254/CDV：2009		2010/4/27	2010/4/27
12.8-5-159	12.8	29.120.70	L25	IEC 60255-151：2009	测量继电器和保护设备　第 151 部分：过/欠电流保护的功能要求	IEC 60255-3：1989；IEC 95/255/FDIS：2009		2009/8/28	2009/8/28
12.8-5-160	12.8	29.120.70		IEC/IEEE 60255－118－1：2018	测量继电器和保护设备　第 118-1 部分：电力系统的同步相量-测量			2018/12/1	2018/12/1
12.8-6-161	12.8	29.240.01		T/CEC 486—2021	保护屏柜及端子箱接线端子排技术规范			2021/6/29	2021/10/1
12.8-6-162	12.8	29.240.01		T/CEC 487—2021	安全稳定控制系统试验系统技术条件			2021/6/29	2021/10/1
12.8-6-163	12.8	29.240.01		T/CEC 488—2021	柔性直流电网合并单元技术条件			2021/6/29	2021/10/1
12.8-6-164	12.8	29.240.01		T/CEC 491—2021	高压直流控制保护系统与安全稳定控制装置接口技术规范			2021/6/29	2021/10/1
12.8-6-165	12.8	29.240.01		T/CEC 492—2021	智能变电站二次光纤回路及虚回路设计软件技术规范			2021/6/29	2021/10/1
12.8-6-166	12.8	29.240.01		T/CEC 493—2021	智能变电站继电保护设备顺序控制技术规范			2021/6/29	2021/10/1
12.8-6-167	12.8	29.240.30	K45	T/CSEE 0019—2016	分布式光伏发电一体化控制保护装置通用技术条件			2017/2/28	2017/5/1
12.8-6-168	12.8	29.240.01	F21	T/CSEE 0273—2021	有源配电网继电保护和安全自动装置技术规范			2021/9/17	2021/12/1

12.9　设备材料-电力电子

序号	GW 分类	ICS 分类	GB 分类	标准号	中 文 名 称	代替标准	采用关系	发布日期	实施日期
12.9-2-1	12.9			Q/GDW 10261—2017	特高压直流输电用晶闸管技术规范	Q/GDW 1261—2014		2018/9/12	2018/9/12
12.9-2-2	12.9	29.240		Q/GDW 10491—2016	特高压直流输电换流阀技术规范	Q/GDW 491—2010		2017/10/17	2017/10/17

续表

序号	GW 分类	ICS 分类	GB 分类	标准号	中 文 名 称	代替标准	采用关系	发布日期	实施日期
12.9-2-3	12.9	29.240		Q/GDW 11026—2013	串联谐振型故障电流限制器控制保护系统技术规范			2014/4/1	2014/4/1
12.9-2-4	12.9	29.240		Q/GDW 11587—2016	柔性输电用压接型绝缘栅双极晶体管（IGBT）器件的一般要求			2017/5/25	2017/5/25
12.9-2-5	12.9	29.240.10	K46	Q/GDW 11596.2—2024	高压直流工程换流阀技术规范 第 2 部分：晶闸管换流阀控制设备	Q/GDW 11596—2016		2024/12/31	2024/12/31
12.9-2-6	12.9			Q/GDW 11730—2017	统一潮流控制器技术规范			2018/7/11	2018/7/11
12.9-2-7	12.9			Q/GDW 11741—2017	直流输电用换流阀包装储运技术规范			2018/9/12	2018/9/12
12.9-2-8	12.9	29.240		Q/GDW 11865—2018	柔性直流换流阀用压接型 IGBT 器件技术规范			2019/10/23	2019/10/23
12.9-2-9	12.9	29.240		Q/GDW 12240—2022	柔性直流输电系统用有功功率动态平衡装置技术规范			2022/7/16	2022/7/16
12.9-2-10	12.9	29.240		Q/GDW 1241.5—2014	链式静止同步补偿器 第 5 部分：运行维护规范	Q/GDW 241.5—2008		2015/2/6	2015/2/6
12.9-3-11	12.9	29.160.30	K62	GB/T 12669—2012	半导体变流串级调速装置总技术条件	GB/T 12669—1990		2012/6/29	2012/11/1
12.9-3-12	12.9	31.080.20	K46	GB/T 15291—2015	半导体器件 第 6 部分：晶闸管	GB/T 15291—1994	IEC 60747-6：2000，IDT	2015/12/31	2017/1/1
12.9-3-13	12.9	31.060.70	K42	GB/T 17702—2021	电力电子电容器	GB/T 17702—2013	IEC 61071：2007，IDT	2021/5/21	2021/12/1
12.9-3-14	12.9	31.080.20	K46	GB/T 20992—2007	高压直流输电用普通晶闸管的一般要求			2007/6/21	2008/2/1
12.9-3-15	12.9	29.240.99	K46	GB/T 31487.1—2015	直流融冰装置 第 1 部分：系统设计和应用导则			2015/5/15	2015/12/1
12.9-3-16	12.9	29.240.99	K46	GB/T 31487.2—2015	直流融冰装置 第 2 部分：晶闸管阀			2015/5/15	2015/12/1
12.9-3-17	12.9	29.240.99	K46	GB/T 31487.3—2015	直流融冰装置 第 3 部分：试验			2015/5/15	2015/12/1
12.9-3-18	12.9	29.200	K46	GB/T 32516—2016	超高压分级式可控并联电抗器晶闸管阀			2016/2/24	2016/9/1
12.9-3-19	12.9	31.080.30	K46	GB/T 37660—2019	柔性直流输电用电力电子器件技术规范			2019/6/4	2020/1/1
12.9-3-20	12.9	03.120.01；03.120.30；31.020	L05	GB/T 37963—2019	电子设备可靠性预计模型及数据手册		IEC TR 62380：2004，NEQ	2019/8/30	2019/12/1
12.9-3-21	12.9	29.240	K40	GB/T 40867—2021	统一潮流控制器技术规范			2021/10/11	2022/5/1

12

续表

序号	GW 分类	ICS 分类	GB 分类	标准号	中 文 名 称	代替标准	采用关系	发布日期	实施日期
12.9-4-22	12.9	29.020	K93	DL/T 1215.1—2020	链式静止同步补偿器　第 1 部分：功能规范	DL/T 1215.1—2013		2020/10/23	2021/2/1
12.9-4-23	12.9	29.020	K93	DL/T 1215.2—2021	链式静止同步补偿器　第 2 部分：换流链的试验	DL/T 1215.2—2013		2021/12/22	2022/6/22
12.9-4-24	12.9	29.020	K93	DL/T 1215.3—2023	链式静止同步补偿器　第 3 部分：控制保护监测系统	DL/T 1215.3—2013		2023/10/11	2024/4/11
12.9-4-25	12.9	29.020	K93	DL/T 1215.4—2013	链式静止同步补偿器　第 4 部分：现场试验			2013/3/7	2013/8/1
12.9-4-26	12.9	29.240.01	F24	DL/T 1229—2013	动态电压恢复器技术规范			2013/3/7	2013/8/1
12.9-4-27	12.9	27.100	F29	DL/T 1295—2013	串联补偿装置用火花间隙			2013/11/28	2014/4/1
12.9-4-28	12.9	27.100	F29	DL/T 1296—2013	串联谐振型故障电流限制器技术规范			2013/11/28	2014/4/1
12.9-4-29	12.9	29.240.01	F20	DL/T 1796—2017	低压有源电力滤波器技术规范			2017/12/27	2018/6/1
12.9-4-30	12.9	27.140	F20	DL/T 1981.1—2019	统一潮流控制器　第 1 部分：功能规范			2019/6/4	2019/10/1
12.9-4-31	12.9	29.100	K43	DL/T 781—2021	电力用高频开关整流模块	DL/T 781—2001		2021/1/7	2021/7/1
12.9-4-32	12.9	27.100	F29	DL/T 857—2004	发电厂、变电所蓄电池用整流逆变设备技术条件			2004/3/9	2004/6/1
12.9-4-33	12.9	29.240.99	K46	NB/T 10327—2019	低压有源三相不平衡调节装置			2019/12/30	2020/7/1
12.9-4-34	12.9	29.120.50	K30	NB/T 10331—2019	多功能换相切换开关			2019/12/30	2020/7/1
12.9-4-35	12.9	29.200	K81	NB/T 42039—2014	宽压输入稳压输出隔离型直流-直流模块电源			2014/6/29	2014/11/1
12.9-4-36	12.9	29.130.10	F44	NB/T 42100—2016	高压并联电容器组投切用固态复合开关			2016/12/5	2017/5/1
12.9-4-37	12.9	29.200	K46	NB/T 42159—2018	三电平交流/直流双向变换器技术规范			2018/6/6	2018/10/1
12.9-4-38	12.9	29.200	K46	NB/T 42160—2018	三电平直流/直流双向变换器技术规范			2018/6/6	2018/10/1
12.9-6-39	12.9			T/CEC 378—2020	柔性直流输电工程换流阀 IGBT 驱动板卡通用技术规范			2020/10/28	2021/2/1
12.9-6-40	12.9			T/CEC 379—2020	柔性直流输电工程换流阀子模块中控板通用技术规范			2020/10/28	2021/2/1
12.9-6-41	12.9	29.200	K46	T/CEC 380—2020	柔性直流输电工程换流阀子模块故障录波技术规范			2020/10/28	2021/2/1

12

续表

序号	GW 分类	ICS 分类	GB 分类	标准号	中 文 名 称	代替标准	采用关系	发布日期	实施日期
12.9-6-42	12.9	01.020		T/CSEE 0241.18—2021	柔性直流电网　第 18 部分：高压直流断路器技术规范			2021/3/11	2021/5/1

12.10　设备材料-监测装置及仪表

序号	GW 分类	ICS 分类	GB 分类	标准号	中 文 名 称	代替标准	采用关系	发布日期	实施日期
12.10-2-1	12.10	29.240.20	K40	Q/GDW 10242—2024	架空输电线路状态监测装置通用技术规范	Q/GDW 1242—2015		2024/8/9	2024/8/9
12.10-2-2	12.10	29.240	F20	Q/GDW 10243—2024	架空输电线路气象监测装置技术规范	Q/GDW 1243—2015		2024/8/9	2024/8/9
12.10-2-3	12.10			Q/GDW 10427—2017	变电站测控装置技术规范	Q/GDW 427—2010		2018/9/26	2018/9/26
12.10-2-4	12.10	29.240		Q/GDW 10481—2016	局部放电检测装置校准规范	Q/GDW 481—2010		2017/7/28	2017/7/28
12.10-2-5	12.10	29.240.30		Q/GDW 10536—2021	变压器油中溶解气体在线监测装置技术规范	Q/GDW 10536—2017		2021/12/6	2021/12/6
12.10-2-6	12.10	29.240	F20	Q/GDW 10537—2024	金属氧化物避雷器绝缘在线监测装置技术规范	Q/GDW 1537—2015		2024/12/31	2024/12/31
12.10-2-7	12.10	29.240		Q/GDW 10549—2022	变电站监控系统试验装置技术规范	Q/GDW 549—2010		2022/1/29	2022/1/29
12.10-2-8	12.10	29.080.20	F24	Q/GDW 10554—2024	架空输电线路等值覆冰厚度监测装置技术规范	Q/GDW 1554—2015		2024/8/9	2024/8/9
12.10-2-9	12.10	29.240		Q/GDW 10555—2016	输电线路舞动监测装置技术规范	Q/GDW 555—2010		2017/7/28	2017/7/28
12.10-2-10	12.10			Q/GDW 10556—2017	输电线路导线弧垂监测装置技术规范	Q/GDW 556—2010		2018/9/30	2018/9/30
12.10-2-11	12.10			Q/GDW 10557—2017	输电线路风偏监测装置技术规范	Q/GDW 557—2010		2018/9/30	2018/9/30
12.10-2-12	12.10			Q/GDW 10558—2017	输电线路现场污秽度监测装置技术规范	Q/GDW 558—2010		2018/9/30	2018/9/30
12.10-2-13	12.10	29.240		Q/GDW 10559—2016	输电线路杆塔倾斜监测装置技术规范	Q/GDW 559—2010		2017/7/28	2017/7/28
12.10-2-14	12.10	29.240.20	F20	Q/GDW 10560.1—2024	输电线路图像/视频监测装置技术规范　第 1 部分：智能图像监测装置	Q/GDW 1560.1—2014		2024/10/25	2024/10/25
12.10-2-15	12.10	29.240		Q/GDW 10817—2018	电压监测仪检验规范	Q/GDW 1817—2013		2020/4/17	2020/4/17
12.10-2-16	12.10	29.240		Q/GDW 10819—2018	电压监测仪技术规范	Q/GDW 1819—2013		2020/4/17	2020/4/17
12.10-2-17	12.10	29.240		Q/GDW 10876—2024	多功能测控装置技术规范	Q/GDW 1876—2013		2024/1/19	2024/1/19
12.10-2-18	12.10	29.240	F20	Q/GDW 10894—2024	变压器铁芯接地电流在线监测装置技术规范	Q/GDW 1894—2013		2024/10/25	2024/10/25
12.10-2-19	12.10	29.240		Q/GDW 11057—2018	变电设备在线监测系统站端监测单元技术规范	Q/GDW 11057—2013		2020/4/3	2020/4/3

续表

序号	GW 分类	ICS 分类	GB 分类	标准号	中文名称	代替标准	采用关系	发布日期	实施日期
12.10-2-20	12.10	29.240.30	F20	Q/GDW 11058—2024	变电设备在线监测系统综合监测单元技术规范	Q/GDW 11058—2013		2024/12/31	2024/12/31
12.10-2-21	12.10	29.240		Q/GDW 11204—2014	变电站电能量采集终端技术规范			2014/11/15	2014/11/15
12.10-2-22	12.10	29.240		Q/GDW 11224—2014	电力电缆局部放电带电检测设备技术规范			2014/12/1	2014/12/1
12.10-2-23	12.10	29.240		Q/GDW 11289—2014	剩余电流动作保护器防雷技术规范			2015/3/12	2015/3/12
12.10-2-24	12.10			Q/GDW 11304.1—2023	电力设备带电检测仪器技术规范　第 1 部分：通用	Q/GDW 11304.1—2015		2023/9/22	2023/9/22
12.10-2-25	12.10	29.240		Q/GDW 11304.2—2021	电力设备带电检测仪器技术规范　第 2 部分：红外热像仪	Q/GDW 11304.2—2015		2021/12/6	2021/12/6
12.10-2-26	12.10	29.240		Q/GDW 11304.3—2019	电力设备带电检测仪器技术规范　第 3 部分：紫外成像仪	Q/GDW 11304.3—2015		2020/11/9	2020/11/9
12.10-2-27	12.10			Q/GDW 11304.5—2023	电力设备带电检测仪器技术规范　第 5 部分：高频局部放电检测仪	Q/GDW 11304.5—2015		2023/9/22	2023/9/22
12.10-2-28	12.10	29.240		Q/GDW 11304.6—2018	电力设备带电检测仪器技术规范　第 6 部分：电力设备接地电流带电检测仪器			2020/4/3	2020/4/3
12.10-2-29	12.10	29.240		Q/GDW 11304.7—2021	电力设备带电检测仪器技术规范　第 7 部分：电容型设备绝缘带电检测仪	Q/GDW 11304.7—2015		2021/12/6	2021/12/6
12.10-2-30	12.10	29.240		Q/GDW 11304.8—2019	电力设备带电检测仪器技术规范　第 8 部分：特高频法局部放电带电检测仪	Q/GDW 11304.8—2015		2020/11/9	2020/11/9
12.10-2-31	12.10			Q/GDW 11304.9—2023	电力设备带电检测仪器技术规范　第 9 部分：超声波局部放电检测仪	Q/GDW 11061—2017		2023/9/22	2023/9/22
12.10-2-32	12.10	29.240		Q/GDW 11304.11—2019	电力设备带电检测仪器技术规范　第 11 部分：SF_6 气体湿度带电检测仪	Q/GDW 11304.11—2014		2020/11/9	2020/11/9
12.10-2-33	12.10	29.240		Q/GDW 11304.12—2019	电力设备带电检测仪器技术规范　第 12 部分：SF_6 气体纯度带电检测仪	Q/GDW 11304.12—2014		2020/11/9	2020/11/9
12.10-2-34	12.10	29.240		Q/GDW 11304.13—2015	电力设备带电检测仪器技术规范　第 13 部分：SF_6 气体分解产物带电检测仪技术规范			2015/11/7	2015/11/7
12.10-2-35	12.10	29.240		Q/GDW 11304.15—2021	电力设备带电检测仪器技术规范　第 15 部分：SF_6 气体泄漏红外成像检测仪	Q/GDW 11304.15—2015		2021/12/6	2021/12/6

12

续表

序号	GW 分类	ICS 分类	GB 分类	标准号	中文名称	代替标准	采用关系	发布日期	实施日期
12.10-2-36	12.10	29.240		Q/GDW 11304.16—2021	电力设备带电检测仪器技术规范　第 16 部分：暂态地电压局部放电检测仪	Q/GDW 11063—2013		2021/12/6	2021/12/6
12.10-2-37	12.10	29.240		Q/GDW 11304.17—2019	电力设备带电检测仪器技术规范　第 17 部分：高压开关机械特性检测仪器	Q/GDW 11304.17—2014		2020/11/9	2020/11/9
12.10-2-38	12.10	29.240		Q/GDW 11304.18—2019	电力设备带电检测仪器技术规范　第 18 部分：开关设备分合闸线圈电流波形带电检测仪	Q/GDW 11304.18—2015		2020/11/9	2020/11/9
12.10-2-39	12.10	29.240		Q/GDW 11304.41—2021	电力设备带电检测仪器技术规范　第 4-1 部分：油中溶解气体分析仪（气相色谱法）	Q/GDW 11304.41—2015		2021/12/6	2021/12/6
12.10-2-40	12.10	29.240		Q/GDW 11304.42—2021	电力设备带电检测仪器技术规范　第 4-2 部分：油中溶解气体分析仪（光声光谱法）	Q/GDW 11304.42—2015		2021/12/6	2021/12/6
12.10-2-41	12.10	29.240		Q/GDW 11311—2021	气体绝缘金属封闭开关设备特高频法局部放电在线监测装置技术规范	Q/GDW 11311—2014		2021/12/6	2021/12/6
12.10-2-42	12.10	29.240		Q/GDW 11315—2014	输电线路山火卫星监测系统通用技术规范			2015/2/26	2015/2/26
12.10-2-43	12.10	29.240	F25	Q/GDW 11384—2024	架空输电线路固定翼无人机巡检系统	Q/GDW 11384—2015		2024/8/9	2024/8/9
12.10-2-44	12.10	29.240	K40/49	Q/GDW 11448—2024	架空输电线路状态监测装置安装调试与验收规范	Q/GDW 11448—2015		2024/8/9	2024/8/9
12.10-2-45	12.10	29.240	F20/29	Q/GDW 11455—2024	电力电缆及通道在线监测装置技术规范	Q/GDW 11455—2015		2024/8/9	2024/8/9
12.10-2-46	12.10	29.240		Q/GDW 11478—2015	变电设备光纤温度在线监测装置技术规范			2016/9/30	2016/9/30
12.10-2-47	12.10	29.240		Q/GDW 11479—2015	变电站微气象在线监测装置技术规范			2016/9/30	2016/9/30
12.10-2-48	12.10	29.240	F20	Q/GDW 11513—2024	变电站室外轮式机器人巡检系统技术规范	Q/GDW 11513.1—2016		2024/12/31	2024/12/31
12.10-2-49	12.10	29.240		Q/GDW 11520—2016	电容式电压互感器设备绝缘在线监测装置技术规范			2016/11/25	2016/11/25
12.10-2-50	12.10	29.240		Q/GDW 11556—2016	电容式套管绝缘在线监测装置技术规范			2017/3/24	2017/3/24
12.10-2-51	12.10	29.240		Q/GDW 11557—2019	电气设备六氟化硫气体压力及湿度在线监测装置技术规范	Q/GDW 11557—2016		2020/11/9	2020/11/9
12.10-2-52	12.10	29.240		Q/GDW 11641—2016	高压电缆及通道在线监测系统技术导则			2017/7/28	2017/7/28
12.10-2-53	12.10	29.240.99		Q/GDW 11642—2016	高压电缆接头内置式导体测温装置技术规范			2017/7/28	2017/7/28

续表

序号	GW 分类	ICS 分类	GB 分类	标准号	中文名称	代替标准	采用关系	发布日期	实施日期
12.10-2-54	12.10	29.240		Q/GDW 11645—2016	变压器特高频局部放电在线监测装置技术规范			2017/7/28	2017/7/28
12.10-2-55	12.10	29.240		Q/GDW 11648—2016	无线高压核相器技术条件			2017/10/17	2017/10/17
12.10-2-56	12.10	29.240		Q/GDW 11660—2022	输电线路分布式故障监测装置技术规范	Q/GDW 11660—2016		2022/5/13	2022/5/13
12.10-2-57	12.10			Q/GDW 11787—2017	电容型设备绝缘在线监测装置技术规范			2018/9/30	2018/9/30
12.10-2-58	12.10	29.240		Q/GDW 11814—2018	暂态录波型故障指示器技术规范			2019/3/8	2019/3/8
12.10-2-59	12.10	29.240		Q/GDW 12006—2019	电压互感器误差特性在线检测仪技术条件			2020/10/30	2020/10/30
12.10-2-60	12.10	29.240		Q/GDW 12013—2019	气体绝缘金属封闭开关设备局部放电异常监测装置技术规范			2020/11/9	2020/11/9
12.10-2-61	12.10	29.240		Q/GDW 12046—2020	智能变电站冗余后备测控装置技术规范			2021/3/17	2021/3/17
12.10-2-62	12.10	29.240		Q/GDW 12078—2020	超低频介损检测仪器技术规范			2021/4/30	2021/4/30
12.10-2-63	12.10	01.040.29		Q/GDW 12082—2021	输变电设备物联网无线传感器通用技术规范			2021/12/6	2021/12/6
12.10-2-64	12.10	01.040.29	K40	Q/GDW 12083—2021	输变电设备物联网无线节点设备技术规范			2021/12/6	2021/12/6
12.10-2-65	12.10	01.040.29	K40	Q/GDW 12084—2021	输变电设备物联网无线传感器通信模组技术规范			2021/12/6	2021/12/6
12.10-2-66	12.10	29.240		Q/GDW 12164—2021	变电站远程智能巡视系统技术规范			2021/12/6	2021/12/6
12.10-2-67	12.10	29.240		Q/GDW 12214—2022	电力系统宽频测量装置技术规范			2022/1/29	2022/1/29
12.10-2-68	12.10	29.020	F20	Q/GDW 12434—2024	变压器（电抗器）状态综合监测装置技术规范			2024/12/31	2024/12/31
12.10-2-69	12.10	29.240		Q/GDW 1244—2015	输电线路导线温度监测装置技术规范	Q/GDW 244—2010		2016/7/29	2016/7/29
12.10-2-70	12.10	29.240.01	F25	Q/GDW 12481—2024	电力无人机机场技术规范			2024/12/31	2024/12/31
12.10-2-71	12.10	29.240	F20	Q/GDW 12482.1—2024	电气设备数字化测试仪器数据与通信技术规范 第 1 部分：通用技术要求			2024/12/31	2024/12/31
12.10-2-72	12.10	29.240	F20	Q/GDW 12482.2—2024	电气设备数字化测试仪器数据与通信技术规范 第 2 部分：带电检测仪器数据规范			2024/12/31	2024/12/31
12.10-2-73	12.10	29.240	F20	Q/GDW 12482.3—2024	电气设备数字化测试仪器数据与通信技术规范 第 3 部分：带电检测仪器通信规约			2024/12/31	2024/12/31

12

续表

序号	GW 分类	ICS 分类	GB 分类	标准号	中 文 名 称	代替标准	采用关系	发布日期	实施日期
12.10-2-74	12.10	29.240	F20	Q/GDW 12482.4—2024	电气设备数字化测试仪器数据与通信技术规范　第 4 部分：停电试验仪器数据规范			2024/12/31	2024/12/31
12.10-2-75	12.10	29.240	F20	Q/GDW 12482.5—2024	电气设备数字化测试仪器数据与通信技术规范　第 5 部分：停电试验仪器通信规约			2024/12/31	2024/12/31
12.10-2-76	12.10	29.240	F20	Q/GDW 12485—2024	变压器（电抗器）综合监测装置数据通信技术规范			2024/12/31	2024/12/31
12.10-2-77	12.10	29.240.10	K44	Q/GDW 12543—2024	高压直流工程接地极线路在线监视装置技术规范			2024/12/31	2024/12/31
12.10-2-78	12.10			Q/GDW 141—2006	输电线路行波故障测距装置技术条件			2006/9/26	2006/9/26
12.10-2-79	12.10	29.240		Q/GDW 1535—2015	变电设备在线监测装置通用技术规范	Q/GDW 535—2010		2015/11/7	2015/11/7
12.10-2-80	12.10	29.240		Q/GDW 1560.2—2014	输电线路图像/视频监控装置技术规范　第 2 部分：视频监控装置	Q/GDW 560—2010		2015/2/26	2015/2/26
12.10-2-81	12.10			Q/GDW 1814—2013	电力电缆线路分布式光纤测温系统技术规范			2013/3/14	2013/3/14
12.10-2-82	12.10			Q/GDW 1842—2012	智能变电站状态监测系统技术导则			2014/5/1	2014/5/1
12.10-2-83	12.10			Q/GDW 1843—2012	智能变电站状态监测系统站内接口规范			2014/5/1	2014/5/1
12.10-2-84	12.10			Q/GDW 1844—2012	智能变电站的同步相量测量装置技术规范			2014/5/1	2014/5/1
12.10-2-85	12.10	29.240		Q/GDW 1901.1—2013	电力直流电源系统用测试设备通用技术条件　第 1 部分：蓄电池电压巡检仪			2014/3/13	2014/3/13
12.10-2-86	12.10	29.240		Q/GDW 1901.3—2013	电力直流电源系统用测试设备通用技术条件　第 3 部分：充电装置特性测试系统			2014/3/13	2014/3/13
12.10-2-87	12.10			Q/GDW 1913—2013	1000kV 特高压交流非接触式验电器			2014/4/15	2014/4/15
12.10-2-88	12.10	29.240		Q/GDW 482—2010	绝缘电阻表端电压测量电压表检定规程			2010/8/24	2010/8/24
12.10-2-89	12.10	29.240		Q/GDW 561—2010	输变电设备状态监测系统技术导则			2010/12/27	2010/12/27
12.10-2-90	12.10	29.240		Q/GDW 562—2010	输变电状态监测主站系统数据通信协议（输电部分）			2010/12/27	2010/12/27
12.10-2-91	12.10	29.240		Q/GDW 563—2010	输电线路状态监测代理技术规范			2010/12/27	2010/12/27

12

序号	GW 分类	ICS 分类	GB 分类	标准号	中文名称	代替标准	采用关系	发布日期	实施日期
12.10-2-92	12.10	29.240		Q/GDW 616—2011	基于 DL/T 860 标准的变电设备在线监测装置应用规范			2011/4/21	2011/4/21
12.10-2-93	12.10	29.240		Q/GDW 732—2012	电网快速暂态电压记录系统技术条件			2012/3/28	2012/3/28
12.10-2-94	12.10	29.240		Q/GDW 749—2012	变电站设备状态接入控制器技术规范			2012/6/21	2012/6/21
12.10-3-95	12.10	17.220	L85	GB/T 12116—2012	电子电压表通用规范	GB/T 12116～12117—1989		2012/12/31	2013/6/1
12.10-3-96	12.10	17.100	N11	GB/T 1226—2017	一般压力表	GB/T 1226—2010		2017/12/29	2018/7/1
12.10-3-97	12.10	17.100	N11	GB/T 1227—2017	精密压力表	GB/T 1227—2010		2017/12/29	2018/7/1
12.10-3-98	12.10	25.040.40	N10	GB/T 13283—2008	工业过程测量和控制用检测仪表和显示仪表精确度等级	GB/T 13283—1991		2008/6/30	2009/1/1
12.10-3-99	12.10	27.040	K54	GB/T 13399—2012	汽轮机安全监视装置技术条件	GB/T 13399—1992		2012/6/29	2012/11/1
12.10-3-100	12.10	17.220.20	N23	GB/T 14913—2008	直流数字电压表及直流模数转换器	GB/T 14913—1994		2008/8/6	2009/3/1
12.10-3-101	12.10	17.220.20	N22	GB/T 17215.304—2017	交流电测量设备　特殊要求　第 4 部分：经电子互感器接入的静止式电能表			2017/7/31	2018/2/1
12.10-3-102	12.10	17.220.20	N22	GB/T 17215.324—2022	电测量设备（交流）特殊要求　第 24 部分：静止式基波分量无功电能表（0.5S 级、1S 级、1 级、2 级和 3 级）	GB/T 17215.324—2017	IEC 62053-24：2014，MOD	2022/12/30	2023/7/1
12.10-3-103	12.10	17.220.20	N22	GB/T 17215.911—2011	电测量设备　可信性　第 11 部分：一般概念		IEC/TR 62059-11：2002，IDT	2011/7/29	2011/12/1
12.10-3-104	12.10	17.220.20	F20	GB/T 19862—2016	电能质量监测设备通用要求	GB/T 19862—2005		2016/8/29	2017/3/1
12.10-3-105	12.10	29.260.20	K35	GB/T 20936.1—2022	爆炸性环境用气体探测器　第 1 部分：可燃气体探测器性能要求	GB/T 20936.1—2017	IEC 60079-29-1：2016，MOD	2022/12/30	2023/7/1
12.10-3-106	12.10	31.060.70	K42	GB/T 22582—2023	电力电容器　低压功率因数校正装置	GB/T 22582—2008		2023/5/23	2023/9/1
12.10-3-107	12.10	29.240.10	K45	GB/T 24833—2009	1000kV 变电站监控系统技术规范			2009/11/30	2010/5/1
12.10-3-108	12.10	29.120	K43	GB/T 25081—2010	高压带电显示装置（VPIS）		IEC 61958：2000，MOD	2010/9/2	2011/8/1
12.10-3-109	12.10	29.240.20	K40	GB/T 25095—2020	架空输电线路运行状态监测系统	GB/T 25095—2010		2020/12/14	2021/7/1
12.10-3-110	12.10	19.020	N08	GB/T 25480—2010	仪器仪表运输、贮存基本环境条件及试验方法			2010/12/1	2011/5/1

续表

序号	GW 分类	ICS 分类	GB 分类	标准号	中文名称	代替标准	采用关系	发布日期	实施日期
12.10-3-111	12.10	17.020	N10	GB/T 26325—2010	控制技术测量仪表的命名规则		IEC 62419：2008，IDT	2011/1/14	2011/6/1
12.10-3-112	12.10	17.180.99	N52	GB/T 26792—2019	高效液相色谱仪	GB/T 26792—2011		2019/10/18	2020/5/1
12.10-3-113	12.10	17.220.20	N25	GB/T 28030—2011	接地导通电阻测试仪			2011/10/31	2012/2/1
12.10-3-114	12.10	17.120.10	N12	GB/T 28848—2012	智能气体流量计			2012/11/5	2013/2/15
12.10-3-115	12.10	17.220.20	N22	GB/T 28879—2022	电工仪器仪表产品型号编制方法	GB/T 28879—2012		2022/10/12	2023/5/1
12.10-3-116	12.10	25.040.40	N10	GB/T 34036—2017	智能记录仪表　通用技术条件			2017/7/31	2018/2/1
12.10-3-117	12.10	29.240.20	K40	GB/T 35697—2017	架空输电线路在线监测装置通用技术规范			2017/12/29	2018/7/1
12.10-3-118	12.10	29.240.01	K45	GB/T 35791—2017	中性点非有效接地系统单相接地故障行波选线装置技术要求			2017/12/29	2018/7/1
12.10-3-119	12.10	29.240.01	F21	GB/T 37546—2019	无人值守变电站监控系统技术规范			2019/6/4	2020/1/1
12.10-3-120	12.10	17.140.50	A59	GB/T 3785.1—2023	电声学　声级计　第 1 部分：规范	GB/T 3785.1—2010		2023/5/23	2023/12/1
12.10-3-121	12.10	17.220.20	N28	GB/T 3928—2008	直流电阻分压箱	GB/T 3928—1983	IEC 60524：1997，IDT	2008/8/6	2009/3/1
12.10-3-122	12.10	17.220.20	N25	GB/T 3930—2008	测量电阻用直流电桥	GB/T 3930—1983	IEC 60564：1997，IDT	2008/8/19	2009/3/1
12.10-3-123	12.10	19.100	N78	GB/Z 41285.1—2022	无损检测仪器　密封放射性源技术应用射线防护规则　第 1 部分：γ 射线机的固定和移动操作			2022/3/9	2022/10/1
12.10-3-124	12.10	19.100	N78	GB/Z 41285.3—2022	无损检测仪器　密封放射性源技术应用射线防护规则　第 3 部分：γ 射线机在操作和运输过程中的射线防护措施			2022/3/9	2022/10/1
12.10-3-125	12.10	19.100	N78	GB/Z 41285.5—2022	无损检测仪器　密封放射性源技术应用射线防护规则　第 5 部分：γ 射线机的预防护措施			2022/3/9	2022/10/1
12.10-3-126	12.10	19.100	N78	GB/Z 41285.6—2022	无损检测仪器　密封放射性源技术应用射线防护规则　第 6 部分：γ 射线机用可移动设备的检验、维护和功能检测			2022/3/9	2022/10/1
12.10-3-127	12.10	19.100	N78	GB/Z 41286—2022	无损检测仪器　X 射线管道爬行器			2022/3/9	2022/10/1
12.10-3-128	12.10	19.100	N78	GB/Z 41289—2022	无损检测仪器　鉴定程序			2022/3/9	2022/10/1
12.10-3-129	12.10	19.100	N78	GB/Z 41399—2022	无损检测仪器　工业 X 射线数字成像系统			2022/4/15	2022/11/1

续表

序号	GW 分类	ICS 分类	GB 分类	标准号	中　文　名　称	代替标准	采用关系	发布日期	实施日期
12.10-3-130	12.10	25.040.40	J07	GB/T 44312—2024	巡检机器人集中监控系统技术要求			2024/8/23	2025/3/1
12.10-3-131	12.10			GB 50093—2013	自动化仪表工程施工及质量验收规范	GB 50131—2007； GB 50093—2002		2013/1/28	2013/9/1
12.10-3-132	12.10	17.220.20	N20	GB/T 6592—2010	电工和电子测量设备性能表示	GB/T 6592—1996	IEC 60359：2001，IDT	2010/12/1	2011/5/1
12.10-3-133	12.10			JJF 1908—2021	双金属温度计校准规范	JJG 226—2001		2021/7/28	2022/1/28
12.10-3-134	12.10			JJF 1909—2021	压力式温度计校准规范	JJG 310—2002		2021/7/28	2022/1/28
12.10-3-135	12.10			JJG 1024—2007	脉冲功率计			2007/2/28	2007/5/28
12.10-3-136	12.10			JJG 1029—2007	涡街流量计	JJG 198—1994		2007/8/21	2007/11/21
12.10-3-137	12.10			JJG 130—2011	工作用玻璃液体温度计	JJG 50—1996； JJG 618—1999； JJG 978—2003； JG 130—2004		2011/9/20	2012/3/20
12.10-3-138	12.10			JJG 134—2003	磁电式速度传感器	JJG 134—1987		2003/9/23	2004/3/23
12.10-3-139	12.10			JJG 153—1996	标准电池	JJG 153—1986		1996/8/22	1997/6/1
12.10-3-140	12.10			JJG 159—2022	双活塞式压力真空计	JJG 159—2008		2022/4/29	2022/10/29
12.10-3-141	12.10			JJG 160—2007	标准铂电阻温度计	JJG 160—1992； JJG 716—1991； JJG 859—1994		2007/6/14	2007/12/14
12.10-3-142	12.10			JJG 169—2010	互感器校验仪	JJG 169—1993		2010/11/5	2011/5/5
12.10-3-143	12.10			JJG 178—2007	紫外、可见、近红外分光光度计	JJG 178—1996； JJG 689—1990； JJG 375—1996； JJG 682—199		2007/11/21	2008/5/21
12.10-3-144	12.10			JJG 21—2008	千分尺	JJG 21—1995		2008/3/25	2008/9/25
12.10-3-145	12.10			JJG 225—2001	热能表	JJG 225—1992		2001/12/4	2002/3/1
12.10-3-146	12.10			JJG 257—2007	浮子流量计	JJG 257—1994		2007/8/21	2008/2/21
12.10-3-147	12.10			JJG 30—2012	通用卡尺	JJG 30—2002		2012/3/2	2012/9/2

12

续表

序号	GW 分类	ICS 分类	GB 分类	标准号	中 文 名 称	代替标准	采用关系	发布日期	实施日期
12.10-3-148	12.10			JJG 365—2008	电化学氧测定仪	JJG 365—1998		2008/3/25	2008/9/25
12.10-3-149	12.10			JJG 40—2011	X 射线探伤机	JJG 40—2001		2011/7/4	2012/2/4
12.10-3-150	12.10			JJG 488—2018	瞬时日差测量仪	JJG 488—2008		2018/2/27	2018/8/27
12.10-3-151	12.10			JJG 508—2004	四探针电阻率测试仪	JJG 508—1987		2004/9/21	2005/3/21
12.10-3-152	12.10			JJG 520—2005	粉尘采样器	JJG 520—2002		2005/4/28	2005/10/28
12.10-3-153	12.10			JJG 52—2013	弹性元件式一般压力表、压力真空表和真空表	JJG 52—1999; JJG 573—2003		2013/6/24	2013/12/24
12.10-3-154	12.10			JJG 535—2004	氧化锆氧分析器	JJG 535—1988		2004/9/21	2005/3/21
12.10-3-155	12.10			JJG 544—2011	压力控制器	JJG 544—1997		2011/12/28	2012/6/28
12.10-3-156	12.10			JJG 551—2021	二氧化硫分析仪	JJG 551—2003		2021/7/28	2022/1/28
12.10-3-157	12.10			JJG 59—2022	液体活塞式压力计	JJG 59—2007		2022/9/26	2023/3/26
12.10-3-158	12.10			JJG 610—2013	A 型巴氏硬度计	JJG 610—1989		2013/11/28	2014/5/28
12.10-3-159	12.10			JJG 630—2007	火焰光度计	JJG 630—1989		2007/2/28	2007/8/28
12.10-3-160	12.10			JJG 631—2013	氨氮自动监测仪	JJG 631—2004		2013/8/15	2014/2/15
12.10-3-161	12.10			JJG 635—2011	一氧化碳、二氧化碳红外气体分析器	JJG 635—1999		2011/9/14	2012/3/14
12.10-3-162	12.10			JJG 640—2016	差压式流量计	JJG 640—1994		2016/11/30	2017/5/30
12.10-3-163	12.10			JJG 643—2003	标准表法流量标准装置	JJG 643—1994; JJG 267—1996		2003/3/5	2003/9/1
12.10-3-164	12.10			JJG 644—2003	振动位移传感器	JJG 644—1990		2003/9/23	2004/3/23
12.10-3-165	12.10			JJG 656—2013	硝酸盐氮自动监测仪	JJG 656—1990		2013/9/2	2014/3/2
12.10-3-166	12.10			JJG 667—2010	液体容积式流量计	JJG 667—1997		2010/9/6	2011/3/6
12.10-3-167	12.10			JJG 742—1991	恩氏黏度计			1991/3/4	1991/9/1
12.10-3-168	12.10			JJG 801—2004	化学发光法氮氧化物分析仪	JJG 801—1993		2004/11/9	2005/5/9
12.10-3-169	12.10			JJG 821—2005	总有机碳分析仪	JJG 821—1993		2005/9/5	2006/3/5

续表

序号	GW 分类	ICS 分类	GB 分类	标准号	中 文 名 称	代替标准	采用关系	发布日期	实施日期
12.10-3-170	12.10			JJG 835—1993	速度—面积法流量装置			1993/7/16	1994/2/1
12.10-3-171	12.10			JJG 856—2015	工作用辐射温度计	JJG 856—1994； JJG 415—2001； JJG 67—2003		2015/12/7	2016/6/7
12.10-3-172	12.10			JJG 880—2006	浊度计	JJG 880—1994		2006/9/6	2007/3/6
12.10-4-173	12.10		F29	DL/T 1006—2023	架空输电线路巡检系统	DL/T 1006—2006		2023/12/28	2024/6/28
12.10-4-174	12.10	27.120.20	N74	DL/T 1016—2019	电容式引张线仪	DL/T 1016—2006		2019/11/4	2020/5/1
12.10-4-175	12.10	27.120.20	N74	DL/T 1017—2019	电容式位移计	DL/T 1017—2006		2019/11/4	2020/5/1
12.10-4-176	12.10	27.120.20	N74	DL/T 1018—2019	电容式测缝计	DL/T 1018—2006		2019/11/4	2020/5/1
12.10-4-177	12.10	27.120.20	N74	DL/T 1019—2019	电容式垂线坐标仪	DL/T 1019—2006		2019/11/4	2020/5/1
12.10-4-178	12.10	27.120.20	N74	DL/T 1020—2019	电容式静力水准仪	DL/T 1020—2006		2019/11/4	2020/5/1
12.10-4-179	12.10	27.120.20	N74	DL/T 1021—2019	电容式量水堰水位计	DL/T 1021—2006		2019/11/4	2020/5/1
12.10-4-180	12.10	27.140	P59	DL/T 1043—2022	钢弦式测缝计	DL/T 1043—2007		2022/11/4	2023/5/4
12.10-4-181	12.10	27.140	P59	DL/T 1044—2022	钢弦式应变计	DL/T 1044—2007		2022/11/4	2023/5/4
12.10-4-182	12.10	27.140	P59	DL/T 1045—2022	钢弦式孔隙水压力计	DL/T 1045—2007		2022/11/4	2023/5/4
12.10-4-183	12.10	27.140	P59	DL/T 1046—2023	引张线式水平位移计	DL/T 1046—2007		2023/12/28	2024/6/28
12.10-4-184	12.10	27.140	P59	DL/T 1047—2023	水管式沉降仪	DL/T 1047—2007		2023/12/28	2024/6/28
12.10-4-185	12.10	27.120.20	N31	DL/T 1061—2020	光电式（CCD）垂线坐标仪	DL/T 1061—2007		2020/10/23	2021/2/1
12.10-4-186	12.10	27.120.20	N31	DL/T 1062—2020	光电式（CCD）引张线仪	DL/T 1062—2007		2020/10/23	2021/2/1
12.10-4-187	12.10	91.020	P50/54	DL/T 1063—2021	差动电阻式位移计	DL/T 1063—2007		2021/12/22	2022/3/22
12.10-4-188	12.10	27.100	P29	DL/T 1064—2021	差动电阻式锚索测力计	DL/T 1064—2007		2021/12/22	2022/3/22
12.10-4-189	12.10			DL/T 1065—2021	差动电阻式锚杆应力计	DL/T 1065—2007		2021/12/22	2022/3/22
12.10-4-190	12.10			DL/T 1104—2024	电位器式仪器测量仪	DL/T 1104—2009		2024/5/24	2024/11/24
12.10-4-191	12.10	29.240	F20	DL/T 1119—2010	输电线路工频参数测试仪通用技术条件			2011/1/9	2011/5/1

12

续表

序号	GW 分类	ICS 分类	GB 分类	标准号	中 文 名 称	代替标准	采用关系	发布日期	实施日期
12.10-4-192	12.10	29.020	F20	DL/T 1140—2012	电气设备六氟化硫激光检漏仪通用技术条件			2012/1/4	2012/3/1
12.10-4-193	12.10	29.020	K04	DL/T 1157—2019	配电线路故障指示器通用技术条件	DL/T 1157—2012		2019/11/4	2020/5/1
12.10-4-194	12.10	27.100	F29	DL/T 1258—2013	互感器校验仪通用技术条件			2013/11/28	2014/4/1
12.10-4-195	12.10	27.100	F24	DL/T 1351—2014	电力系统暂态过电压在线测量及记录系统技术导则			2014/10/15	2015/3/1
12.10-4-196	12.10	27.100	F24	DL/T 1392—2014	直流电源系统绝缘监测装置技术条件			2014/10/15	2015/3/1
12.10-4-197	12.10	27.100	F24	DL/T 1394—2014	电子式电流、电压互感器校验仪技术条件			2014/10/15	2015/3/1
12.10-4-198	12.10	27.100	F24	DL/T 1397.1—2014	电力直流电源系统用测试设备通用技术条件　第 1 部分：蓄电池电压巡检仪			2014/10/15	2015/3/1
12.10-4-199	12.10	27.100	F24	DL/T 1397.2—2014	电力直流电源系统用测试设备通用技术条件　第 2 部分：蓄电池容量放电测试仪			2014/10/15	2015/3/1
12.10-4-200	12.10	27.100	F24	DL/T 1397.3—2014	电力直流电源系统用测试设备通用技术条件　第 3 部分：充电装置特性测试系统			2014/10/15	2015/3/1
12.10-4-201	12.10	27.100	F24	DL/T 1397.4—2014	电力直流电源系统用测试设备通用技术条件　第 4 部分：直流断路器动作特性测试系统			2014/10/15	2015/3/1
12.10-4-202	12.10	27.100	F24	DL/T 1397.5—2014	电力直流电源系统用测试设备通用技术条件　第 5 部分：蓄电池内阻测试仪			2014/10/15	2015/3/1
12.10-4-203	12.10	27.100	F24	DL/T 1397.6—2014	电力直流电源系统用测试设备通用技术条件　第 6 部分：便携式接地巡测仪			2014/10/15	2015/3/1
12.10-4-204	12.10	27.100	F24	DL/T 1397.7—2014	电力直流电源系统用测试设备通用技术条件　第 7 部分：蓄电池单体活化仪			2014/10/15	2015/3/1
12.10-4-205	12.10	27.100	F24	DL/T 1399.1—2014	电力试验/检测车　第 1 部分：通用技术			2014/10/15	2015/3/1
12.10-4-206	12.10	29.240.01	F21	DL/T 1403—2015	智能变电站监控系统技术规范			2015/4/2	2015/9/1
12.10-4-207	12.10	29.020	N77	DL/T 1416—2015	超声波法局部放电测试仪通用技术条件			2015/4/2	2015/9/1
12.10-4-208	12.10	29.040.10	E38	DL/T 1432.2—2016	变电设备在线监测装置检验规范　第 2 部分：变压器油中溶解气体在线监测装置			2016/1/7	2016/6/1
12.10-4-209	12.10	29.240.99	K49	DL/T 1432.3—2016	变电设备在线监测装置检验规范　第 3 部分：电容型设备及金属氧化物避雷器绝缘在线监测装置			2016/1/7	2016/6/1

续表

序号	GW 分类	ICS 分类	GB 分类	标准号	中 文 名 称	代替标准	采用关系	发布日期	实施日期
12.10-4-210	12.10	29.240	K40	DL/T 1432.5—2019	变电设备在线监测装置检验规范 第 5 部分：变压器铁心接地电流在线监测装置			2019/11/4	2020/5/1
12.10-4-211	12.10	29.240	K41	DL/T 1433—2015	变压器铁芯接地电流测量装置通用技术条件			2015/4/2	2015/9/1
12.10-4-212	12.10			DL/T 1442—2024	智能配变终端技术条件	DL/T 1442—2015		2024/9/24	2025/3/24
12.10-4-213	12.10	29.040.10	E38	DL/T 1498.1—2016	变电设备在线监测装置技术规范 第 1 部分：通则			2016/1/7	2016/6/1
12.10-4-214	12.10	29.040.10	E38	DL/T 1498.2—2016	变电设备在线监测装置技术规范 第 2 部分：变压器油中溶解气体在线监测装置			2016/1/7	2016/6/1
12.10-4-215	12.10	29.040.10	E38	DL/T 1498.3—2016	变电设备在线监测装置技术规范 第 3 部分：电容型设备及金属氧化物避雷器绝缘在线监测装置			2016/1/7	2016/6/1
12.10-4-216	12.10	29.240.99	F23	DL/T 1498.4—2017	变电设备在线监测装置技术规范 第 4 部分：气体绝缘金属封闭开关设备局部放电特高频在线监测装置			2017/8/2	2017/12/1
12.10-4-217	12.10	29.240	K40	DL/T 1498.5—2019	变电设备在线监测装置技术规范 第 5 部分：变压器铁芯接地电流在线监测装置			2019/11/4	2020/5/1
12.10-4-218	12.10	29.060.20	K13	DL/T 1506—2016	高压交流电缆在线监测系统通用技术规范			2016/1/7	2016/6/1
12.10-4-219	12.10	29.240.01	F21	DL/T 1512—2016	变电站测控装置技术规范			2016/1/7	2016/6/1
12.10-4-220	12.10	29.020	F24	DL/T 1516—2016	相对介损及电容测试仪通用技术条件			2016/1/7	2016/6/1
12.10-4-221	12.10	27.100	F23	DL/T 1610—2016	变电站机器人巡检系统通用技术条件			2016/8/16	2016/12/1
12.10-4-222	12.10	29.240.01	F20	DL/T 1779—2017	高压电气设备电晕放电检测用紫外成像仪技术条件			2017/12/27	2018/6/1
12.10-4-223	12.10	31.060.01	L11	DL/T 1787—2017	相对介损及电容检测仪校准规范			2017/12/27	2018/6/1
12.10-4-224	12.10	29.240.01	F20	DL/T 1790—2017	变压器现场局部放电测量用电源装置通用技术条件			2017/12/27	2018/6/1
12.10-4-225	12.10	29.260.01	K40	DL/T 1791—2017	电力巡检用头戴式红外成像测温仪技术规范			2017/12/27	2018/6/1
12.10-4-226	12.10	29.240	F20	DL/T 1890—2018	智能变电站状态监测系统站内接口规范			2018/12/25	2019/5/1
12.10-4-227	12.10	29.240.01	F21	DL/T 1911—2018	智能变电站监控系统试验装置技术规范			2018/12/25	2019/5/1

序号	GW 分类	ICS 分类	GB 分类	标准号	中 文 名 称	代替标准	采用关系	发布日期	实施日期
12.10-4-228	12.10	29.240	F20	DL/T 1923—2018	架空输电线路机器人巡检系统通用技术条件			2018/12/25	2019/5/1
12.10-4-229	12.10	29.240	F20	DL/T 1951—2018	变压器绕组变形测试仪通用技术条件			2018/12/25	2019/5/1
12.10-4-230	12.10	29.240	F20	DL/T 1952—2018	变压器绕组变形测试仪校准规范			2018/12/25	2019/5/1
12.10-4-231	12.10	29.240	F20	DL/T 1953—2018	电容电流测试仪通用技术条件			2018/12/5	2019/5/1
12.10-4-232	12.10	29.240	F20	DL/T 1955—2018	计量用合并单元测试仪通用技术条件			2018/12/25	2019/5/1
12.10-4-233	12.10	29.240	F20	DL/T 1956—2018	绝缘管型母线运行监测系统通用技术条件			2018/12/25	2019/5/1
12.10-4-234	12.10	27.100	F20	DL/T 1987—2019	六氟化硫气体泄漏在线监测报警装置技术条件			2019/6/4	2019/10/1
12.10-4-235	12.10	29.240.01	F23	DL/T 2150—2020	变电设备运行温度监测装置技术规范			2020/10/23	2021/2/1
12.10-4-236	12.10	25.040.30	J28	DL/T 2241—2021	变电站室内轨道式巡检机器人系统通用技术条件			2021/1/7	2021/7/1
12.10-4-237	12.10	29.240.99	F24	DL/T 2367—2021	配电自动化终端自动检测系统技术规范			2021/12/22	2022/3/22
12.10-4-238	12.10	27.100	F20	DL/Z 249—2012	变压器油中溶解气体在线监测装置选用导则			2012/4/6	2012/7/1
12.10-4-239	12.10			DL/T 2807—2024	输变电设备物联网微功率无线网通信协议			2024/9/24	2025/3/24
12.10-4-240	12.10			DL/T 2808—2024	输变电设备物联网节点设备无线组网协议			2024/9/24	2025/3/24
12.10-4-241	12.10			DL/T 2809—2024	输变电设备物联网传感器数据通信规范			2024/9/24	2025/3/24
12.10-4-242	12.10	27.100	P29	DL/T 326—2023	步进式引张线仪	DL/T 326—2010		2023/10/11	2024/4/11
12.10-4-243	12.10	27.140	P59	DL/T 328—2022	真空激光准直位移测量装置	DL/T 328—2010		2022/5/13	2022/11/13
12.10-4-244	12.10	29.240	K45	DL/T 357—2019	输电线路行波故障测距装置技术条件	DL/T 357—2010		2019/6/4	2019/10/1
12.10-4-245	12.10	29.240.01	F21	DL/T 411—2018	电力大屏幕显示系统通用技术条件	DL/T 411—1991； DL/T 631—1997； DL/T 632—1997		2018/12/25	2019/5/1
12.10-4-246	12.10	29.240.20	K47	DL/T 415—2009	带电作业用火花间隙检测装置	DL 415—1991		2009/7/22	2009/12/1
12.10-4-247	12.10	29.240.01	F20	DL/T 500—2017	电压监测仪使用技术条件	DL/T 500—2009		2017/12/27	2018/6/1
12.10-4-248	12.10	31.060.70	K42	DL/T 740—2014	电容型验电器	DL 740—2000	IEC 61243-1：2003，MOD	2014/3/18	2014/8/1

续表

序号	GW 分类	ICS 分类	GB 分类	标准号	中文名称	代替标准	采用关系	发布日期	实施日期
12.10-4-249	12.10	17.220.20	N20	DL/T 845.1—2019	电阻测量装置通用技术条件　第 1 部分：电子式绝缘电阻表	DL/T 845.1—2004		2019/11/4	2020/5/1
12.10-4-250	12.10	29.240.01	N20	DL/T 845.2—2020	电阻测量装置通用技术条件　第 2 部分：工频接地电阻测试仪	DL/T 845.2—2004		2020/10/23	2021/2/1
12.10-4-251	12.10	17.220.20	N20	DL/T 845.3—2019	电阻测量装置通用技术条件　第 3 部分：直流电阻测试仪	DL/T 845.3—2004		2019/11/4	2020/5/1
12.10-4-252	12.10	17.220.20	N20	DL/T 845.4—2019	电阻测量装置通用技术条件　第 4 部分：回路电阻测试仪	DL/T 845.4—2004		2019/11/4	2020/5/1
12.10-4-253	12.10			DL/T 845.6—2022	电阻测量装置通用技术条件　第 6 部分：接地引下线导通电阻测试仪			2022/11/4	2023/5/4
12.10-4-254	12.10	27.100	F24	DL/T 846.2—2004	高电压测试设备通用技术条件　第 2 部分：冲击电压测量系统			2004/3/9	2004/6/1
12.10-4-255	12.10	29.020	K60	DL/T 846.5—2018	高电压测试设备通用技术条件　第 5 部分：六氟化硫气体湿度仪	DL/T 846.5—2004		2018/12/25	2019/5/1
12.10-4-256	12.10	27.100	F24	DL/T 846.6—2018	高电压测试设备通用技术条件　第 6 部分：六氟化硫气体检漏仪	DL/T 846.6—2004		2018/12/25	2019/5/1
12.10-4-257	12.10	27.100	F24	DL/T 846.9—2004	高电压测试设备通用技术条件　第 9 部分：真空开关真空度测试仪			2004/3/9	2004/6/1
12.10-4-258	12.10	27.100	F29	DL/T 846.14—2023	高电压测试设备通用技术条件　第 14 部分：绝缘油介质损耗因数及体积电阻率测试仪	DL/T 1305—2013		2023/5/26	2023/11/26
12.10-4-259	12.10	17.040.30	N20	DL/T 849.1—2019	电力设备专用测试仪器通用技术条件　第 1 部分：电缆故障闪测仪	DL/T 849.1—2004		2019/11/4	2020/5/1
12.10-4-260	12.10	29.240.99	F24	DL/T 849.2—2019	电力设备专用测试仪器通用技术条件　第 2 部分：电缆故障定点仪	DL/T 849.2—2004		2019/11/4	2020/5/1
12.10-4-261	12.10	17.040.30	N20	DL/T 849.3—2019	电力设备专用测试仪器通用技术条件　第 3 部分：电缆路径仪	DL/T 849.3—2004		2019/11/4	2020/5/1
12.10-4-262	12.10	27.100	K80/89	DL/T 849.5—2019	电力设备专用测试仪器通用技术条件　第 5 部分：振荡波高压发生器	DL/T 849.5—2004		2019/11/4	2020/5/1
12.10-4-263	12.10	29.240	F20	DL/T 856—2018	电力用直流电源和一体化电源监控装置	DL/T 856—2004		2018/12/25	2019/5/1

续表

序号	GW 分类	ICS 分类	GB 分类	标准号	中文名称	代替标准	采用关系	发布日期	实施日期
12.10-4-264	12.10	17.220.20	N20	DL/T 962—2005	高压介质损耗测试仪通用技术条件			2005/2/14	2005/6/1
12.10-4-265	12.10	17.220.20	N22	DL/T 980—2005	数字多用表检定规程			2005/11/28	2006/6/1
12.10-4-266	12.10	29.240.01	K49	DL/T 987—2017	氧化锌避雷器阻性电流测试仪通用技术条件	DL/T 987—2005		2017/12/27	2018/6/1
12.10-4-267	12.10	49.025	V36	HB 8734—2023	民用轻小型固定翼无人机系统方舱式地面控制站通用要求			2023/12/29	2024/7/1
12.10-4-268	12.10	49.020	V36	HB 8740—2023	民用轻小型无人机系统任务载荷接口通用要求			2023/12/29	2024/7/1
12.10-4-269	12.10	49.020	V35	HB 8760—2023	民用轻小型多旋翼无人机系统视觉惯性里程计通用要求			2023/12/29	2024/7/1
12.10-4-270	12.10	49.020	V35	HB 8761—2023	民用轻小型多旋翼无人机系统地面控制单元软件要求			2023/12/29	2024/7/1
12.10-4-271	12.10	29.080.99	K49	JB/T 10492—2011	金属氧化物避雷器用监测装置	JB/T 10492—2004；JB/T 2440—1991		2011/12/20	2012/4/1
12.10-4-272	12.10	29.120.70	K45	JB/T 10549—2006	SF_6气体密度继电器和密度表通用技术条件			2006/5/6	2006/10/1
12.10-4-273	12.10	07.060	N95	JB/T 11258—2011	数字风向风速测量仪			2011/12/20	2012/4/1
12.10-4-274	12.10	19.100	N77	JB/T 13935—2020	无损检测仪器　超声检测　超声衍射声时检测仪			2020/4/16	2021/1/1
12.10-4-275	12.10	19.100	N77	JB/T 13937—2020	无损检测仪器　激光超声可视化检测仪			2020/4/16	2021/1/1
12.10-4-276	12.10	19.100	N78	JB/T 13938—2020	无损检测仪器　渗透检测装置基本要求			2020/4/16	2021/1/1
12.10-4-277	12.10	19.100	N78	JB/T 13939—2020	无损检测仪器　涡流测厚仪			2020/4/16	2021/1/1
12.10-4-278	12.10	19.100	N78	JB/T 13940—2020	无损检测仪器　涡流电导率检测仪			2020/4/16	2021/1/1
12.10-4-279	12.10	29.180	K41	JB/T 6302—2016	变压器用油面温控器	JB/T 6302—2005		2016/10/22	2017/4/1
12.10-4-280	12.10	07.060	N95	JB/T 6862—2014	温湿度计	JB/T 6862—1993		2014/7/9	2014/11/1
12.10-4-281	12.10	17.220.20	N21	JB/T 9285—1999	钳形电流表			1999/8/6	2000/1/1
12.10-4-282	12.10	29.180	K41	JB/T 9647—2014	变压器用气体继电器	JB/T 9647—1999		2014/5/6	2014/10/1
12.10-4-283	12.10	29.120.99	K43	NB/T 10091—2018	高压开关设备温度在线监测装置技术规范			2018/10/29	2019/3/1
12.10-4-284	12.10	29.240.01	K45	NB/T 42086—2016	无线测温装置技术要求			2016/8/16	2016/12/1

续表

序号	GW 分类	ICS 分类	GB 分类	标准号	中 文 名 称	代替标准	采用关系	发布日期	实施日期
12.10-4-285	12.10	17.220	L88	SJ/T 11383—2008	泄漏电流测试仪通用规范			2008/3/10	2008/3/10
12.10-4-286	12.10			SL/T 185—1997	超声波测深仪			1997/11/12	1998/1/1
12.10-6-287	12.10	29.240.20	K47	T/CEC 121—2016	高压电缆接头内置式导体测温装置技术规范			2016/10/21	2017/1/1
12.10-6-288	12.10	27.100	F22	T/CEC 141—2017	变压器油中溶解气体在线监测装置现场安装及验收规范			2017/5/15	2017/8/1
12.10-6-289	12.10	27.100	F23	T/CEC 142—2017	变压器油中溶解气体在线监测装置运行导则			2017/5/15	2017/8/1
12.10-6-290	12.10	12.240.10	F22	T/CEC 293—2020	六氟化硫气体分解产物带电检测仪器技术规范			2020/6/30	2020/10/1
12.10-6-291	12.10	29.240.10	F23	T/CEC 297.4—2020	高压直流输电换流阀冷却技术规范　第 4 部分：化学仪表			2020/6/30	2020/10/1
12.10-6-292	12.10	29.180	K41	T/CEC 354—2020	变压器低电压短路阻抗测试仪通用技术条件			2020/6/30	2020/10/1
12.10-6-293	12.10	29.240.99	F22	T/CEC 356—2020	电气设备六氟化硫红外检漏仪通用技术条件			2020/6/30	2020/10/1
12.10-6-294	12.10	29.240.99	F22	T/CEC 357—2020	基于超声波法的闪络定位仪通用技术条件			2020/6/30	2020/10/1
12.10-6-295	12.10	29.240.99		T/CEC 412—2020	同期线损用高压电能测量装置通用技术条件			2020/10/28	2021/2/1
12.10-6-296	12.10	27.100		T/CEC 426.3—2022	电力用油测试仪器通用技术条件　第 3 部分：颗粒度仪			2022/10/26	2023/2/1
12.10-6-297	12.10			T/CEC 426.4—2023	电力用油测试仪器通用技术条件　第 4 部分：旋转氧弹值测定仪			2023/8/21	2023/11/21
12.10-6-298	12.10			T/CEC 426.5—2024	电力用油测试仪器通用技术条件　第 5 部分：闪点测定仪			2024/10/18	2025/3/1
12.10-6-299	12.10			T/CEC 426.6—2024	电力用油测试仪器通用技术条件　第 6 部分：倾点测定仪			2024/10/18	2025/3/1
12.10-6-300	12.10			T/CEC 426.7—2024	电力用油测试仪器通用技术条件　第 7 部分：漆膜倾向指数测定仪			2024/10/18	2025/3/1
12.10-6-301	12.10			T/CEC 426.8—2024	电力用油测试仪器通用技术条件　第 8 部分：运动黏度测定仪			2024/10/18	2025/3/1
12.10-6-302	12.10			T/CEC 426.10—2024	电力用油测试仪器通用技术条件　第 10 部分：抗乳化性测定仪			2024/10/18	2025/3/1

续表

序号	GW 分类	ICS 分类	GB 分类	标准号	中 文 名 称	代替标准	采用关系	发布日期	实施日期
12.10-6-303	12.10	29.020		T/CEC 542.2—2022	电力用气测试仪器通用技术条件　第 2 部分：六氟化硫气体纯度测试仪　气相色谱法			2022/10/26	2023/2/1
12.10-6-304	12.10			T/CEC 618—2022	交直流混合配电系统互联装置测试导则			2022/6/23	2022/10/1
12.10-6-305	12.10	29.120.01		T/CEC 703—2022	站用低压交流电源系统剩余电流监测装置技术规范			2022/10/26	2023/2/1
12.10-6-306	12.10			T/CEC 908—2024	电力巡检无人机智能库房技术条件			2024/10/18	2025/3/1
12.10-6-307	12.10	29.240.99		T/CES 144—2022	变压器类产品用频域介电谱测试仪　校验导则			2022/9/26	2022/9/28
12.10-6-308	12.10	17.180.01		T/CSEE 0227—2021	超声、紫外、红外联合检测装置技术规范			2021/3/11	2021/5/1
12.10-6-309	12.10	29.180		T/CSEE 0232—2021	基于电容式电压互感器的暂态电压　在线监测装置技术规范			2021/3/11	2021/5/1

12.11　设备材料-机械及零部件

序号	GW 分类	ICS 分类	GB 分类	标准号	中 文 名 称	代替标准	采用关系	发布日期	实施日期
12.11-2-1	12.11	29.240		Q/GDW 10673—2016	输变电设备外绝缘用防污闪辅助伞裙技术条件及使用导则	Q/GDW 673—2011		2017/10/17	2017/10/17
12.11-2-2	12.11	29.240		Q/GDW 11716—2017	气体绝缘金属封闭开关设备用伸缩节技术规范			2018/4/13	2018/4/13
12.11-2-3	12.11			Q/GDW 1780—2013	架空输电线路碳纤维复合芯导线配套金具技术规范			2013/4/12	2013/4/12
12.11-3-4	12.11	83.140.30	G33	GB/T 10002.1—2023	给水用硬聚氯乙烯（PVC-U）管材	GB/T 10002.1—2006		2023/9/7	2024/4/1
12.11-3-5	12.11	53.020.30	J80	GB/T 10051.3—2010	起重吊钩　第 3 部分：锻造吊钩使用检查	GB 10051.3—1988	DIN 15405-1：1979，MOD	2011/1/10	2011/6/1
12.11-3-6	12.11	25.040.30	J28	GB 11291.1—2011	工业环境用机器人安全要求　第 1 部分：机器人	GB 11291—1997	ISO 10218-1：2006；ISO 10218-1/Cor.1：2007，IDT	2011/5/12	2011/10/1
12.11-3-7	12.11	21.060.10；21.060.20；21.060.30	J13	GB/T 1231—2006	钢结构用高强度大六角头螺栓、大六角螺母、垫圈技术条件	GB/T 1231—1991		2006/3/27	2006/11/1
12.11-3-8	12.11	91.100.10	Q11	GB/T 12573—2008	水泥取样方法	GB 12573—1990		2008/6/30	2009/4/1
12.11-3-9	12.11	23.040.60	J15	GB/T 13402—2019	大直径钢制管法兰	GB/T 13402—2010	ISO 7005-1：2011，NEQ	2019/5/10	2019/12/1

续表

序号	GW 分类	ICS 分类	GB 分类	标准号	中文名称	代替标准	采用关系	发布日期	实施日期
12.11-3-10	12.11	23.040.60	J15	GB/T 13403—2023	大直径钢制管法兰用垫片	GB/T 13403—2008		2023/9/7	2024/4/1
12.11-3-11	12.11	77.140.15	H44	GB 13788—2024	冷轧带肋钢筋	GB/T 13788—2017		2024/6/25	2024/9/25
12.11-3-12	12.11	29.120.20	K30	GB/T 14048.7—2016	低压开关设备和控制设备　第 7-1 部分：辅助器件铜导体的接线端子排	GB/T 14048.7—2006	IEC 60947-7-1: 2009（第 3.0 版），MOD	2016/2/24	2016/9/1
12.11-3-13	12.11	53.020.90	J80	GB/T 14627—2011	液压式启闭机	GB/T 14627—1993		2011/5/12	2011/12/1
12.11-3-14	12.11	13.220.50	C84	GB 14907—2018	钢结构防火涂料	GB 14907—2002		2018/11/19	2019/6/1
12.11-3-15	12.11	77.140.60	H49	GB/T 14957—1994	熔化焊用钢丝	GB 1300—1977		1994/2/1	1995/1/1
12.11-3-16	12.11	77.140.75	H48	GB/T 14976—2012	流体输送用不锈钢无缝钢管	GB/T 14976—2002		2012/5/11	2013/2/1
12.11-3-17	12.11	77.140.15	H44	GB 1499.1—2024	钢筋混凝土用钢　第 1 部分：热轧光圆钢筋	GB/T 1499.1—2017		2024/6/25	2024/9/25
12.11-3-18	12.11	77.140.15	H44	GB 1499.2—2024	钢筋混凝土用钢　第 2 部分：热轧带肋钢筋	GB/T 1499.2—2018		2024/6/25	2024/9/25
12.11-3-19	12.11	23.020.30	J74	GB/T 150.1—2024	压力容器　第 1 部分：通用要求	GB/T 150.1—2011		2024/7/24	2025/2/1
12.11-3-20	12.11	23.020.30	J74	GB/T 150.2—2024	压力容器　第 2 部分：材料	GB/T 150.2—2011		2024/7/24	2025/2/1
12.11-3-21	12.11	23.020.30	J74	GB/T 150.3—2024	压力容器　第 3 部分：设计	GB/T 150.3—2011		2024/7/24	2025/2/1
12.11-3-22	12.11	23.020.30	J74	GB/T 150.4—2024	压力容器　第 4 部分：制造、检验和验收	GB/T 150.4—2011		2024/7/24	2025/2/1
12.11-3-23	12.11	23.040.60	J15	GB/T 15601—2013	管法兰用金属包覆垫片	GB/T 15601—1995		2013/12/17	2014/10/1
12.11-3-24	12.11	21.040.10	J04	GB/T 15756—2008	普通螺纹极限尺寸	GB/T 15756—1995		2008/7/30	2009/2/1
12.11-3-25	12.11	13.220.50	C82	GB 15930—2007	建筑通风和排烟系统用防火阀门	GB 15930—1995；GB 15931—1995		2007/4/27	2008/1/1
12.11-3-26	12.11	29.120.10	K30	GB/T 15934—2008	电器附件电线组件和互连电线组件	GB 15934—1996	IEC 60799：1998，IDT	2008/6/19	2009/6/1
12.11-3-27	12.11	23.040.99	J15	GB/T 17116.1—2018	管道支吊架　第 1 部分：技术规范	GB/T 17116.1—1997		2018/3/15	2018/10/1
12.11-3-28	12.11	23.040.99	J15	GB/T 17116.2—2018	管道支吊架　第 2 部分：管道连接部件	GB/T 17116.2—1997		2018/2/6	2018/9/1
12.11-3-29	12.11	23.040.99	J15	GB/T 17116.3—2018	管道支吊架　第 3 部分：中间连接件和建筑结构连接件	GB/T 17116.3—1997		2018/3/15	2018/10/1
12.11-3-30	12.11	23.040.60	J15	GB/T 17185—2012	钢制法兰管件	GB/T 17185—1997		2012/12/31	2013/10/1

序号	GW 分类	ICS 分类	GB 分类	标准号	中文名称	代替标准	采用关系	发布日期	实施日期
12.11-3-31	12.11	23.040.60	J15	GB/T 17186.1—2015	管法兰连接计算方法　第 1 部分：基于强度和刚度的计算方法	GB/T 17186—1997		2015/12/10	2016/7/1
12.11-3-32	12.11	91.100.10	Q11	GB 175—2023	通用硅酸盐水泥	GB 175—2007		2023/11/27	2024/6/1
12.11-3-33	12.11	29.060.10	K11	GB/T 17937—2024	电工用铝包钢线	GB/T 17937—2009		2024/4/25	2024/11/1
12.11-3-34	12.11	21.040.10	J04	GB/T 192—2003	普通螺纹　基本牙型	GB/T 192—1981	ISO 68-1：1998，MOD	2003/5/22	2004/1/1
12.11-3-35	12.11	21.040.10	J04	GB/T 193—2003	普通螺纹　直径与螺距系列	GB/T 193—1981	ISO 261：1998，MOD	2003/5/22	2004/1/1
12.11-3-36	12.11	21.040.10	J04	GB/T 196—2003	普通螺纹　基本尺寸	GB/T 196—1981	ISO 724：1993，MOD	2003/5/22	2004/1/1
12.11-3-37	12.11	21.040.10	J04	GB/T 197—2018	普通螺纹　公差	GB/T 197—2003	ISO 965-1：2013，MOD	2018/3/15	2018/10/1
12.11-3-38	12.11	91.100.10	Q11	GB/T 200—2017	中热硅酸盐水泥、低热硅酸盐水泥	GB/T 200—2003		2017/12/29	2018/11/1
12.11-3-39	12.11	77.140.60	H44	GB/T 20065—2016	预应力混凝土用螺纹钢筋	GB/T 20065—2006	ISO 6934-5：1991，NEQ	2016/12/13	2017/9/1
12.11-3-40	12.11	77.140.65	H49	GB/T 20118—2017	钢丝绳通用技术条件	GB/T 20118—2006	ISO 2408：2017，NEQ	2017/12/29	2018/9/1
12.11-3-41	12.11	17.100	N11	GB/T 20262—2006	焊接、切割及类似工艺用气瓶减压器安全规范			2006/3/14	2006/10/1
12.11-3-42	12.11	17.100	N11	GB/T 22065—2008	压力式六氟化硫气体密度控制器			2008/6/20	2009/1/1
12.11-3-43	12.11	29.130.10	K43	GB/T 22381—2017	额定电压 72.5kV 及以上气体绝缘金属封闭开关设备与充流体及挤包绝缘电力电缆的连接　充流体及干式电缆终端	GB/T 22381—2008	IEC 62271-209：2007，MOD	2017/7/12	2018/2/1
12.11-3-44	12.11	29.130.10	K43	GB/T 22382—2017	额定电压 72.5kV 及以上气体绝缘金属封闭开关设备与电力变压器之间的直接连接	GB/T 22382—2008	IEC 62271-211：2014，MOD	2017/7/12	2018/2/1
12.11-3-45	12.11	31.240	K05	GB/T 25293—2010	电工电子设备机柜机械门锁			2010/11/10	2011/5/1
12.11-3-46	12.11	31.240	K05	GB/T 25294—2010	电力综合控制机柜通用技术要求			2010/11/10	2011/5/1
12.11-3-47	12.11	29.080.10	K48	GB/T 25317—2010	绝缘子串元件的槽型连接尺寸		IEC 60471：1977，IDT	2010/11/10	2011/5/1
12.11-3-48	12.11	29.120.01	K30	GB/T 26219—2010	电器附件 Y 型电线组件和 Y 型互连电线组件			2011/1/14	2011/7/1
12.11-3-49	12.11	83.120	Q23	GB/T 26743—2011	结构工程用纤维增强复合材料筋			2011/7/20	2012/3/1
12.11-3-50	12.11	83.120	Q23	GB/T 26744—2011	结构加固修复用玻璃纤维片材			2011/7/20	2012/3/1
12.11-3-51	12.11	21.100.20	J11	GB/T 271—2017	滚动轴承　分类	GB/T 271—2008		2017/5/12	2017/12/1

序号	GW 分类	ICS 分类	GB 分类	标准号	中文名称	代替标准	采用关系	发布日期	实施日期
12.11-3-52	12.11	29.120.01	K30	GB/T 27746—2011	低压电器用金属氧化物压敏电阻器（MOV）技术规范			2011/12/30	2012/5/1
12.11-3-53	12.11	29.130.10	K43	GB/T 28819—2023	充气高压开关设备用铝合金外壳	GB/T 28819—2012		2023/12/28	2024/7/1
12.11-3-54	12.11	23.060.99	J98	GB/T 29462—2012	电站堵阀			2012/12/31	2013/7/1
12.11-3-55	12.11	91.100.30	Q72	GB/T 29733—2013	混凝土结构用成型钢筋制品			2013/9/18	2014/6/1
12.11-3-56	12.11	29.130.10	K43	GB/T 30092—2013	高压组合电器用金属波纹管补偿器			2013/12/17	2014/5/1
12.11-3-57	12.11	17.200.20	N11	GB/T 30121—2013	工业铂热电阻及铂感温元件		IEC 60751：2008，IDT	2013/12/17	2014/6/1
12.11-3-58	12.11	21.060.10	J13	GB/T 3098.1—2010	紧固件机械性能　螺栓、螺钉和螺柱	GB/T 3098.1—2000	ISO 898-1：2009，MOD	2011/1/10	2011/10/1
12.11-3-59	12.11	21.060.10	J13	GB/T 3098.2—2015	紧固件机械性能　螺母	GB/T 3098.2—2000；GB/T 3098.4—2000	ISO 898-2：2012，MOD	2015/12/10	2017/1/1
12.11-3-60	12.11	21.060.10	J13	GB/T 3103.1—2002	紧固件公差螺栓、螺钉、螺柱和螺母	GB/T 3103.1—1982	ISO 4759-1：2000，IDT	2002/12/5	2003/6/1
12.11-3-61	12.11	29.020	K60	GB/T 31133—2014	电力设备用液压式提升设备技术规范			2014/9/3	2015/2/1
12.11-3-62	12.11	77.150.60	H62	GB/T 3114—2023	铜及铜合金扁线	GB/T 3114—2010		2023/8/6	2024/3/1
12.11-3-63	12.11	77.150.10	H61	GB/T 32184—2015	高电导率铝合金挤压扁棒及板			2015/12/10	2016/7/1
12.11-3-64	12.11	77.140.50	H46	GB/T 3280—2015	不锈钢冷轧钢板和钢带	GB/T 3280—2007		2015/9/11	2016/6/1
12.11-3-65	12.11	53.020.20	J80	GB/T 34529—2017	起重机和葫芦　钢丝绳、卷筒和滑轮的选择		ISO 16625：2013，IDT	2017/10/14	2018/5/1
12.11-3-66	12.11	75.100	E36	GB/T 34535—2017	润滑剂、工业用油和有关产品（L 类）X 组（润滑脂）规范		ISO 12924：2010，MOD	2017/10/14	2018/5/1
12.11-3-67	12.11	91.100.99	Q12	GB/T 34557—2017	砂浆、混凝土用乳胶和可再分散乳胶粉			2017/10/14	2018/9/1
12.11-3-68	12.11	21.060.10	J13	GB/T 35481—2017	六角花形法兰面螺栓			2017/12/29	2018/4/1
12.11-3-69	12.11	77.140.75	J15	GB/T 35979—2018	金属波纹管膨胀节选用、安装、使用维护技术规范			2018/2/6	2018/9/1
12.11-3-70	12.11	25.160.20	J33	GB/T 36034—2018	埋弧焊用高强钢实心焊丝、药芯焊丝和焊丝—焊剂组合分类要求		ISO 26304：2011，MOD	2018/3/15	2018/10/1
12.11-3-71	12.11	25.160.20	J33	GB/T 36037—2018	埋弧焊和电渣焊用焊剂		ISO 14174：2012，MOD	2018/3/15	2018/10/1

续表

序号	GW 分类	ICS 分类	GB 分类	标准号	中 文 名 称	代替标准	采用关系	发布日期	实施日期
12.11-3-72	12.11	77.140.50	H46	GB/T 36130—2018	铁塔结构用热轧钢板和钢带			2018/5/14	2019/2/1
12.11-3-73	12.11	25.140.20	K64	GB/T 3883.12—2012	手持式电动工具的安全　第 2 部分：混凝土振动器的专用要求	GB 3883.12—2007	IEC 60745-2-12：2008 ED 2.1，IDT	2012/11/5	2013/5/1
12.11-3-74	12.11	21.060.20	J13	GB/T 41—2016	1 型六角螺母　C 级	GB/T 41—2000	ISO 4034：2012，MOD	2016/2/24	2016/6/1
12.11-3-75	12.11	77.140.50	H46	GB/T 4237—2015	不锈钢热轧钢板和钢带	GB/T 4237—2007		2015/9/11	2016/6/1
12.11-3-76	12.11	77.140.60	H44	GB/T 4241—2017	焊接用不锈钢盘条	GB/T 4241—2006	ISO 14343：2009，MOD	2017/5/31	2018/2/1
12.11-3-77	12.11	77.150.40	H62	GB/T 470—2008	锌锭	GB/T 470—1997	ISO 752：2004，MOD	2008/6/9	2008/12/1
12.11-3-78	12.11	13.240	J74	GB/T 567.1—2012	爆破片安全装置　第 1 部分：基本要求	GB 567—1999		2012/5/11	2013/3/1
12.11-3-79	12.11	91.100.30	Q14	GB/T 5696—2006	预应力混凝土管	GB 5695—1994；GB 5696—1994		2006/9/8	2007/2/1
12.11-3-80	12.11	21.060.10	J13	GB/T 5779.1—2000	紧固件表面缺陷　螺栓、螺钉和螺柱　一般要求	GB/T 5779.1—1986	ISO 6157-1：1988，IDT	2000/9/26	2001/2/1
12.11-3-81	12.11	21.060.20	J13	GB/T 5779.2—2000	紧固件表面缺陷　螺母	GB/T 5779.2—1986	ISO 6157-2：1995，IDT	2000/9/2	2001/2/1
12.11-3-82	12.11	21.060.10	J13	GB/T 5779.3—2000	紧固件表面缺陷　螺栓、螺钉和螺柱　特殊要求	GB/T 5779.3—1986	ISO 6157-3：1988，IDT	2000/9/26	2001/2/1
12.11-3-83	12.11	21.060.10	J13	GB/T 5780—2016	六角头螺栓 C 级	GB/T 5780—2000	ISO 4016：2011，MOD	2016/2/24	2016/6/1
12.11-3-84	12.11	83.140.30	G33	GB/T 5836.1—2018	建筑排水用硬聚氯乙烯（PVC-U）管材	GB/T 5836.1—2006		2018/12/28	2019/7/1
12.11-3-85	12.11	83.140.30	G33	GB/T 5836.2—2018	建筑排水用硬聚氯乙烯（PVC-U）管件	GB/T 5836.2—2006		2018/12/28	2019/7/1
12.11-3-86	12.11	77.140.45	H40	GB/T 699—2015	优质碳素结构钢	GB/T 699—1999		2015/12/10	2016/11/1
12.11-3-87	12.11	77.140.70	H44	GB/T 706—2016	热轧型钢	GB/T 706—2008		2016/12/30	2017/9/1
12.11-3-88	12.11	91.100.30	Q12	GB 8076—2008	混凝土外加剂	GB 8076—1997		2008/12/31	2009/12/30
12.11-3-89	12.11	23.040.60	J15	GB/T 9124.1—2019	钢制管法兰　第 1 部分：PN 系列	部分代替 GB/T 9112～9124—2010	ISO 7005-1：2011，NEQ	2019/5/10	2019/12/1
12.11-3-90	12.11	23.040.60	J15	GB/T 9124.2—2019	钢制管法兰　第 2 部分：Class 系列	部分代替 GB/T 9112～9124—2010	ISO 7005-1：2011，NEQ	2019/5/10	2019/12/1

12

序号	GW 分类	ICS 分类	GB 分类	标准号	中 文 名 称	代替标准	采用关系	发布日期	实施日期
12.11-3-91	12.11	23.040.60	J15	GB/T 9128.1—2023	钢制管法兰用金属环垫　第 1 部分：PN 系列	GB/T 9128—2003； GB/T 9130—2007； GB/T 9128—2003； GB/T 9128.1—1988		2023/9/7	2024/4/1
12.11-3-92	12.11	91.220	P97	GB/T 9142—2021	建筑施工机械与设备　混凝土搅拌机	GB/T 9142—2000		2021/10/11	2022/5/1
12.11-3-93	12.11	53.020	J80	GB/T 9465—2018	高空作业车	GB/T 9465—2008		2018/5/14	2018/12/1
12.11-3-94	12.11	21.060.30	J13	GB/T 95—2002	平垫圈 C 级	GB/T 95—1985	ISO 7091：2000，EQV	2002/1/2	2003/6/1
12.11-3-95	12.11	25.220.40	A29	GB/T 9799—2024	金属及其他无机覆盖层　钢铁上经过处理的锌电镀层	GB/T 9799—2011		2024/6/29	2025/1/1
12.11-3-96	12.11			JJG 1073—2011	压力式六氟化硫气体密度控制器			2011/12/28	2012/3/28
12.11-4-97	12.11			CJ/T 177—2002	建筑排水用卡箍式铸铁管及管件		ISO 6594：1995，IDT	2003/1/14	2003/6/1
12.11-4-98	12.11	91.140.80	P40	CJ/T 178—2013	建筑排水柔性接口承插式铸铁管及管件	CJ/T 178—2003		2013/4/27	2013/10/1
12.11-4-99	12.11	29.240.20	K47	DL/T 1079—2016	输电线路张力放线用防扭钢丝绳	DL/T 1079—2007		2016/2/5	2016/7/1
12.11-4-100	12.11	29.080.10	K48	DL/T 1579—2016	棒形悬式复合绝缘子用端部装配件技术规范			2016/2/5	2016/7/1
12.11-4-101	12.11	27.100	F20	DL/T 183—2016	斗轮堆取料机技术条件	SD 183—1986		2016/2/5	2016/7/1
12.11-4-102	12.11			DL/T 2485—2022	电力变压器用无励磁分接开关选用导则			2022/5/13	2022/11/13
12.11-4-103	12.11	27.100	F20	DL/T 439—2018	火力发电厂高温紧固件技术导则	DL/T 439—2006		2018/4/3	2018/7/1
12.11-4-104	12.11	91.100	F29	DL/T 456—2021	混凝土搅拌楼用搅拌机	DL/T 456—2005		2021/12/22	2022/6/22
12.11-4-105	12.11	27.100	F23	DL/T 473—2017	大直径三通锻件技术条件	DL/T 473—1992		2017/8/2	2017/12/1
12.11-4-106	12.11	27.100	P60	DL/T 5222—2021	导体和电器选择设计规程	DL/T 5222—2005		2021/12/22	2022/6/22
12.11-4-107	12.11	29.020	K93	DL/T 733—2022	输变电工程用机动绞磨	DL/T 733—2014		2022/5/13	2022/11/13
12.11-4-108	12.11			HG/T 21544—2006	预埋件通用图			2006/10/4	2007/4/1
12.11-4-109	12.11	83.140.01	G43	HG/T 2887—2018	变压器类产品用橡胶密封制品	HG/T 2887—1997		2018/10/22	2019/4/1
12.11-4-110	12.11	29.180	K41	JB/T 10112—2013	变压器用油泵	JB/T 10112—1999		2013/4/25	2013/9/1
12.11-4-111	12.11	29.180	K41	JB/T 10319—2014	变压器用波纹油箱	JB/T 10319—2002		2014/5/6	2014/10/1

续表

序号	GW 分类	ICS 分类	GB 分类	标准号	中 文 名 称	代替标准	采用关系	发布日期	实施日期
12.11-4-112	12.11	77.140.85	J32	JB/T 10663—2006	25MW 及 25MW 以下汽轮机无中心孔转子和主轴锻件　技术条件			2006/11/27	2007/5/1
12.11-4-113	12.11	77.140.85	J32	JB/T 10664—2006	25MW～200MW 汽轮机无中心孔转子和主轴锻件　技术条件			2006/11/27	2007/5/1
12.11-4-114	12.11	29.160.30	K26	JB/T 10745—2016	YZRS 系列起重及冶金用绕线转子双速三相异步电动机　技术条件	JB/T 10745—2007		2016/10/22	2017/4/1
12.11-4-115	12.11	53.100	P97	JB/T 10902—2020	工程机械　司机室	JB/T 10902—2008		2020/4/16	2021/1/1
12.11-4-116	12.11	29.100.01	K97	JB/T 11054—2010	变压器专用设备　变压法真空干燥设备			2010/2/11	2010/7/1
12.11-4-117	12.11	29.100.01	K97	JB/T 11055—2010	变压器专用设备　环氧树脂真空浇注设备			2010/2/11	2010/7/1
12.11-4-118	12.11	29.100.01	K97	JB/T 11056—2010	变压器专用设备　气相干燥设备			2010/2/11	2010/7/1
12.11-4-119	12.11	29.100.01	K97	JB/T 11148—2023	干式空心电抗器专用设备立式绕线机	JB/T 11148—2011		2023/8/16	2024/2/1
12.11-4-120	12.11	53.020	J80	JB/T 11156—2020	塔式起重机　机构技术条件	JB/T 11156—2011		2020/4/16	2021/1/1
12.11-4-121	12.11	77.140.85	J32	JB/T 11218—2020	风力发电塔架　法兰锻件	JB/T 11218—2011		2020/4/16	2021/1/1
12.11-4-122	12.11	23.060.30	J16	JB/T 11493—2013	变压器用闸阀			2013/4/25	2013/9/1
12.11-4-123	12.11	29.120.10	K65	JB/T 11900—2014	电缆管理用导管系统耐腐蚀套接紧定式钢导管配件			2014/5/6	2014/10/1
12.11-4-124	12.11	29.100.01	K97	JB/T 3857—2023	变压器专用设备卧式绕线机	JB/T 3857—2010		2023/8/16	2024/2/1
12.11-4-125	12.11	29.180	K41	JB/T 5345—2016	变压器用蝶阀	JB/T 5345—2005		2016/10/22	2017/4/1
12.11-4-126	12.11	29.180	K41	JB/T 5347—2013	变压器用片式散热器	JB/T 5347—1999		2013/4/25	2013/9/1
12.11-4-127	12.11	29.180	K41	JB/T 6484—2016	变压器用储油柜	JB/T 6484—2005		2016/10/22	2017/4/1
12.11-4-128	12.11	19.020	K60	JB/T 6743—2013	户内户外钢制电缆桥架防腐环境技术要求	JB/T 6743—1993		2013/12/31	2014/7/1
12.11-4-129	12.11	83.140.50	G43	JB/T 7052—2024	六氟化硫高压电气设备用橡胶密封件　技术规范	JB/T 7052—1993		2024/7/19	2025/1/1
12.11-4-130	12.11	29.180	K41	JB/T 7068—2015	互感器用金属膨胀器	JB/T 7068—2002		2015/10/10	2016/3/1
12.11-4-131	12.11	29.180	K41	JB/T 7633—2007	变压器用螺旋板式强油水冷却器	JB/T 7633—1994		2007/1/25	2007/7/1

续表

序号	GW 分类	ICS 分类	GB 分类	标准号	中 文 名 称	代替标准	采用关系	发布日期	实施日期
12.11-4-132	12.11	29.080.10	K48	JB/T 8177—1999	绝缘子金属附件热镀锌层通用技术条件	JB/T 8177—1995		1999/8/6	2000/1/1
12.11-4-133	12.11	29.180	K41	JB/T 8317—2022	变压器冷却器用油流继电器	JB/T 8317—2007		2022/10/20	2023/4/1
12.11-4-134	12.11	29.180	K41	JB/T 8448.1—2018	变压器类产品用密封制品技术条件 第 1 部分：橡胶密封制品	JB/T 8448.1—2004		2018/4/30	2018/12/1
12.11-4-135	12.11	29.180	K41	JB/T 8448.2—2018	变压器类产品用密封制品技术条件 第 2 部分：软木橡胶密封制品	JB/T 8448.2—2004		2018/4/30	2018/12/1
12.11-4-136	12.11	29.180	K41	JB/T 8450—2016	变压器用绕组温控器	JB/T 8450—2005		2016/10/22	2017/4/1
12.11-4-137	12.11	29.130.10	K43	JB/T 8738—2008	高压交流开关设备用真空灭弧室	JB/T 8738—1998		2008/2/1	2008/7/1
12.11-4-138	12.11	29.180	K41	JB/T 8749.1—2022	调压器 第 1 部分：通用要求和试验	JB/T 8749.1—2007		2022/10/20	2023/4/1
12.11-4-139	12.11	29.180	K41	JB/T 9642—2013	变压器用风扇	JB/T 9642—1999		2013/4/25	2013/9/1
12.11-4-140	12.11	27.140	K55	NB/T 10809—2021	3.6kV～40.5kV 交流金属封闭开关设备用绝缘套管			2021/11/16	2022/2/16
12.11-4-141	12.11	29.180	K41	NB/T 11490—2024	变压器储油柜用金属波纹管			2024/5/24	2024/11/24
12.11-4-142	12.11	29.180	K41	NB/T 11491—2024	换流变压器快速排油装置技术规范			2024/5/24	2024/11/24
12.11-4-143	12.11	29.180	K41	NB/T 11492—2024	换流变压器阀侧套管孔洞封堵装置技术规范			2024/5/24	2024/11/24
12.11-4-144	12.11	27.120	F48	NB/T 25035—2014	发电厂共箱封闭母线技术要求			2014/6/29	2014/11/1
12.11-4-145	12.11	27.120	F48	NB/T 25036—2014	发电厂离相封闭母线技术要求			2014/6/29	2014/11/1
12.11-4-146	12.11	27.010	F01	NB/T 42037—2014	防腐电缆桥架			2014/6/29	2014/11/1
12.11-4-147	12.11	29.120.99	K43	NB/T 42105—2016	高压交流气体绝缘金属封闭开关设备用盆式绝缘子			2016/12/5	2017/5/1
12.11-4-148	12.11	23.040.60	J15	NB/T 47020—2012	压力容器法兰分类与技术条件	JB/T 4700—2000		2012/11/9	2013/3/1
12.11-4-149	12.11	23.060	J16	NB/T 47044—2014	电站阀门	JB/T 3595—2002		2014/6/29	2014/11/1
12.11-4-150	12.11	29.120	K13	QB/T 1453—2003	电缆桥架	QB/T 1453—1992		2003/9/13	2003/10/1
12.11-4-151	12.11	75.180	E93	SY/T 0516—2016	绝缘接头与绝缘法兰技术规范	SY/T 0516—2008		2016/12/5	2017/5/1
12.11-4-152	12.11	77.140.99		YB 9082—2006	钢骨混凝土结构技术规程			2006/8/16	2007/2/1

续表

序号	GW 分类	ICS 分类	GB 分类	标准号	中文名称	代替标准	采用关系	发布日期	实施日期
12.11-4-153	12.11	77.140.50	H46	YB/T 4001.2—2020	钢格栅板及配套件　第 2 部分：钢格板平台球型护栏			2020/4/16	2020/10/1
12.11-4-154	12.11	77.140.50	H46	YB/T 4001.3—2020	钢格栅板及配套件　第 3 部分：钢格板楼梯踏板			2020/4/16	2020/10/1
12.11-4-155	12.11	77.140.65	H49	YB/T 4222—2018	预绞式金具用镀层钢丝	YB/T 4222—2010		2018/10/22	2019/4/1
12.11-4-156	12.11	65.160	X94	YC/T 226—2007	普通螺纹收尾、肩距、退刀槽和倒角			2007/7/5	2007/9/1
12.11-4-157	12.11	33.060.99；33.120.99；33.180.99	M36	YD/T 2719—2014	移动通信用直放站机箱			2014/10/14	2014/10/14
12.11-4-158	12.11	33.040.50	M42	YD/T 841.8—2014	地下通信管道用塑料管　第 8 部分：塑料合金复合型管			2014/10/14	2014/10/14
12.11-5-159	12.11	91.120.40	K49	EN 50164—1：2008	避雷装置部件（LPC）　第 1 部分：连接部件要求	EN 50164-1：2007；EN 50164-1 A2：2007		2009/3/1	2009/3/1
12.11-5-160	12.11	91.120.40	K49	EN 50164—2：2008	避雷装置部件（LPC）　第 2 部分：导线和接地线要求	EN 50164-2：2007；EN 50164-2 A2：2007；EN 50164-2 Berichtigung 1：2007		2009/3/1	2009/3/1
12.11-5-161	12.11	31.060.70	L11	IEC 60252-1：2010/AMD1：2013，CSV	交流电动机用电容器　第 1 部分：总则　性能、试验和定额　安全性要求　安装和运行导则	IEC 60252-1：2010		2013/8/29	2013/8/29
12.11-5-162	12.11	31.060.30；31.060.70	L11	IEC 60252-2：2010/AMD1：2013，CSV	交流电动机用电容器　第 2 部分：电动机起动电容器	IEC 33－533/FDIS：2013		2013/8/29	2013/8/29
12.11-5-163	12.11	17.220.20；29.180	L17	IEC 61869-3：2011	仪表变压器　第 3 部分：感应式电压互感器用附加要求	IEC 60044-2：1997；IEC 60044-2/AMD 1：2000；IEC 60044-2：2000；IEC 60044-2/AMD 2：2002；IEC 60044-2：2003；IEC 38-410/FDIS：2011		2011/7/1	2011/7/1

12

续表

序号	GW 分类	ICS 分类	GB 分类	标准号	中　文　名　称	代替标准	采用关系	发布日期	实施日期
12.11-5-164	12.11	29.220.20；29.220.30	K84	IEC 62485-2：2010	蓄电池组和蓄电池装置安全性要求　第 2 部分：稳流蓄电池	IEC 21－711/FDIS：2010		2010/6/1	2010/6/1
12.11-6-165	12.11	29.240.20	K47	T/CEC 143—2017	超高性能混凝土电杆			2017/5/15	2017/8/1
12.11-6-166	12.11			T/CEC 603—2022	550kV 及以上交流气体绝缘金属封闭开关设备用绝缘拉杆技术条件			2022/6/23	2022/10/1

12.12　设备材料-电气材料

序号	GW 分类	ICS 分类	GB 分类	标准号	中　文　名　称	代替标准	采用关系	发布日期	实施日期
12.12-2-1	12.12	29.050		Q/GDW 10466—2021	电力工程接地用铜覆钢技术条件	Q/GDW 1466—2014		2022/1/24	2022/1/24
12.12-2-2	12.12	29.080.10		Q/GDW 11926—2018	绝缘子用常温固化硅橡胶防污闪涂料			2020/4/17	2020/4/17
12.12-2-3	12.12	29.050		Q/GDW 12015—2019	电力工程接地材料防腐技术规范			2020/11/27	2020/11/27
12.12-2-4	12.12	29.240		Q/GDW 12016.1—2019	电网设备金属材料选用导则　第 1 部分：通用要求			2020/11/27	2020/11/27
12.12-2-5	12.12	29.240		Q/GDW 12016.2—2019	电网设备金属材料选用导则　第 2 部分：变压器			2020/11/27	2020/11/27
12.12-2-6	12.12	29.240		Q/GDW 12016.3—2019	电网设备金属材料选用导则　第 3 部分：开关设备			2020/11/27	2020/11/27
12.12-2-7	12.12	29.240		Q/GDW 12016.4—2019	电网设备金属材料选用导则　第 4 部分：无功补偿设备			2020/11/27	2020/11/27
12.12-2-8	12.12	29.240		Q/GDW 12016.6—2019	电网设备金属材料选用导则　第 6 部分：电力电缆			2020/11/27	2020/11/27
12.12-2-9	12.12	77.150.10	H61	Q/GDW 12441—2024	40.5kV 及以下母线排用铜铝复合材料技术规范			2024/10/25	2024/10/25
12.12-2-10	12.12	29.080.10	K40/49	Q/GDW 12562—2024	超特高压盘形悬式瓷绝缘子用瓷件原材料、工艺和检验规则			2024/12/31	2024/12/31
12.12-2-11	12.12	29.240		Q/GDW 674—2011	输电线路铁塔防护涂料			2011/12/7	2011/12/7
12.12-3-12	12.12	91.120.10	Q25	GB/T 10699—2015	硅酸钙绝热制品	GB/T 10699—1998	ISO 8143：2010，NEQ	2015/9/11	2016/8/1
12.12-3-13	12.12	29.035.01	K15	GB/T 11026.3—2017	电气绝缘材料　耐热性　第 3 部分：计算耐热特征参数的规程	GB/T 11026.3—2006	IEC 60216-3：2006，MOD	2017/12/29	2018/7/1

12

续表

序号	GW 分类	ICS 分类	GB 分类	标准号	中文名称	代替标准	采用关系	发布日期	实施日期
12.12-3-14	12.12	77.120.10	J31	GB/T 1173—2013	铸造铝合金	GB/T 1173—1995		2013/9/18	2014/6/1
12.12-3-15	12.12	71.100.20	G86	GB/T 12022—2014	工业六氟化硫	GB/T 12022—2006		2014/7/8	2014/12/1
12.12-3-16	12.12	25.160.01	J33	GB/T 12467.1—2009	金属材料熔焊质量要求　第 1 部分：质量要求相应等级的选择准则	GB/T 12467.1—1998	ISO 3834-1：2005，IDT	2009/10/30	2010/4/1
12.12-3-17	12.12	25.160.01	J33	GB/T 12467.2—2009	金属材料熔焊质量要求　第 2 部分：完整质量要求	GB/T 12467.2—1998	ISO 3834-2：2005，IDT	2009/10/30	2010/4/1
12.12-3-18	12.12	25.160.01	J33	GB/T 12467.3—2009	金属材料熔焊质量要求　第 3 部分：一般质量要求	GB/T 12467.3—1998	ISO 3834-3：2005，IDT	2009/10/30	2010/4/1
12.12-3-19	12.12	25.160.01	J33	GB/T 12467.4—2009	金属材料熔焊质量要求　第 4 部分：基本质量要求	GB/T 12467.4—1998	ISO 3834-4：2005，IDT	2009/10/30	2010/4/1
12.12-3-20	12.12	29.035.01	K15	GB/T 15022.1—2009	电气绝缘用树脂基活性复合物　第 1 部分：定义及一般要求	GB/T 15022—1994	IEC 60455-1：1998，IDT	2009/6/10	2009/12/1
12.12-3-21	12.12	29.035.99	K15	GB/T 15022.3—2011	电气绝缘用树脂基活性复合物　第 3 部分：无填料环氧树脂复合物		IEC 60455-3-1：2003，IDT	2011/12/30	2012/5/1
12.12-3-22	12.12	29.120	K48	GB/T 16316—1996	电气安装用导管配件的技术要求　第 1 部分：通用要求		IEC 1035-1：1990，EQV	1996/5/20	1997/1/1
12.12-3-23	12.12	29.035.10	K15	GB/T 19264.3—2013	电气用压纸板和薄纸板　第 3 部分：压纸板	GB/T 19264.3—2003	IEC 60641-3-1：2008，MOD	2013/7/19	2013/12/2
12.12-3-24	12.12	91.120.40	K10	GB/T 21698—2022	复合接地体	GB/T 21698—2008		2022/7/11	2023/2/1
12.12-3-25	12.12	29.240.20	K51	GB/T 2315—2017	电力金具标称破坏载荷系列及连接型式尺寸	GB/T 2315—2008		2017/12/29	2018/7/1
12.12-3-26	12.12	29.035.20	K15	GB/T 23641—2018	电气用纤维增强不饱和聚酯模塑料（SMC/BMC）	GB/T 23641—2009		2018/6/7	2019/1/1
12.12-3-27	12.12	13.220.50	C84	GB 23864—2023	防火封堵材料	GB 23864—2009		2023/12/28	2024/7/1
12.12-3-28	12.12	29.040.99	K40	GB/T 25097—2010	绝缘体带电清洗剂			2010/9/2	2011/2/1
12.12-3-29	12.12	77.140.50	H46	GB/T 2518—2019	连续热镀锌和锌合金镀层钢板及钢带	GB/T 2518—2008；GB/T 14978—2008		2019/12/10	2020/7/1
12.12-3-30	12.12	75.140	E38	GB 2536—2011	电工流体变压器和开关用的未使用过的矿物绝缘油	GB 2536—1990	IEC 60296：2003，MOD	2011/12/5	2012/6/1

续表

序号	GW 分类	ICS 分类	GB 分类	标准号	中文名称	代替标准	采用关系	发布日期	实施日期
12.12-3-31	12.12	77.120.99	H68	GB/T 26004—2010	表面喷涂用特种导电涂料			2011/1/10	2011/10/1
12.12-3-32	12.12	77.150	H63	GB/T 26012—2010	电容器用钽丝			2011/1/10	2011/10/1
12.12-3-33	12.12	25.220.99	G51	GB/T 26825—2011	FJ 抗静电防腐胶			2011/7/29	2011/12/1
12.12-3-34	12.12	77.150.30	H62	GB/T 27671—2023	导电用铜型材	GB/T 27671—2011		2023/5/23	2023/12/1
12.12-3-35	12.12	29.040.01	K15	GB/T 27750—2011	绝缘液体的分类		IEC 61039：2008，IDT	2011/12/30	2012/5/1
12.12-3-36	12.12	29.060.10	K11	GB/T 29324—2024	架空导线用碳纤维增强复合材料芯	GB/T 29324—2012		2024/4/25	2024/11/1
12.12-3-37	12.12	13.220.50	C82	GB 29415—2013	耐火电缆槽盒			2013/9/18	2014/8/1
12.12-3-38	12.12	29.035.01	K15	GB/T 31838.1—2015	固体绝缘材料介电和电阻特性　第 1 部分：总则		IEC 62631-1：2011，IDT	2015/7/3	2016/2/1
12.12-3-39	12.12	77.150.10	H60	GB/T 3190—2020	变形铝及铝合金化学成分	GB/T 3190—2008		2020/3/31	2021/2/1
12.12-3-40	12.12	29.060.01	K13	GB/T 32129—2015	电线电缆用无卤低烟阻燃电缆料			2015/10/9	2016/5/1
12.12-3-41	12.12	77.140.40	H53	GB/T 32288—2020	电力变压器用电工钢铁芯	GB/T 32288—2015		2020/6/2	2020/12/1
12.12-3-42	12.12	77.140.50	H46	GB/T 3274—2017	碳素结构钢和低合金结构钢热轧钢板和钢带	GB 912—2008；GB/T 3274—2007		2017/2/28	2017/11/1
12.12-3-43	12.12	77.040.10	H22	GB/T 33965—2017	金属材料　拉伸试验　矩形试样减薄率的测定			2017/7/12	2018/4/1
12.12-3-44	12.12	83.140.50	G43	GB/T 3452.1—2005	液压气动用 O 形橡胶密封圈　第 1 部分：尺寸系列及公差	GB 3452.1—1992	ISO 3601-1：2002，MOD	2005/7/11	2006/1/1
12.12-3-45	12.12	23.100.60	J20	GB/T 3452.2—2007	液压气动用 O 形橡胶密封圈　第 2 部分：外观质量检验规范	GB/T 3452.2—1987	ISO 3601-3：2005，IDT	2007/9/26	2008/2/1
12.12-3-46	12.12	29.060.10	K11	GB/T 36292—2018	架空导线用防腐脂			2018/6/7	2019/1/1
12.12-3-47	12.12	83.140.01	G43	GB/T 3672.1—2002	橡胶制品的公差　第 1 部分：尺寸公差	GB/T 3672—1992	ISO 3302-1：1996，IDT	2002/5/29	2002/12/1
12.12-3-48	12.12	25.220.99	A29	GB/T 37575—2019	埋地接地体阴极保护技术			2019/6/4	2020/5/1
12.12-3-49	12.12	77.140.40	H53	GB/T 37593—2019	特高压变压器用冷轧取向电工钢带			2019/6/4	2020/5/1
12.12-3-50	12.12	29.035.99	K15	GB/T 37659—2019	叠层母线排用绝缘胶膜			2019/6/4	2020/1/1
12.12-3-51	12.12	29.140.99	K70	GB/T 39021—2020	智能照明系统　通用要求			2020/7/21	2021/2/1

续表

序号	GW 分类	ICS 分类	GB 分类	标准号	中文名称	代替标准	采用关系	发布日期	实施日期
12.12-3-52	12.12	29.140.20	K70	GB/T 39022—2020	照明系统和相关设备　术语和定义			2020/7/21	2021/2/1
12.12-3-53	12.12	29.060.10	K11	GB/T 3953—2024	电工圆铜线	GB/T 3953—2009		2024/3/15	2024/10/1
12.12-3-54	12.12	29.060.10	K11	GB/T 3955—2009	电工圆铝线	GB/T 3955—1983		2009/3/19	2009/12/1
12.12-3-55	12.12	027.010	F04	GB/T 4272—2008	设备及管道绝热技术通则	GB/T 4272—1992； GB/T 11790—1996		2008/6/19	2009/1/1
12.12-3-56	12.12	83.120	Q23	GB/T 43116—2023	纤维增强塑料复合材料　包括缩减和扩展认证的复合材料标准认证方案			2023/9/7	2024/4/1
12.12-3-57	12.12	29.080.10	K48	GB/T 44179—2024	交流电压高于1000V和直流电压高于1500V的变电站用空心支柱复合绝缘子　定义、试验方法和接收准则			2024/7/24	2025/2/1
12.12-3-58	12.12	29.060.10	K11	GB/T 4910—2022	镀锡圆铜线	GB/T 4910—2009		2022/7/11	2023/2/1
12.12-3-59	12.12	81.080	Q40	GB/T 5072—2023	耐火材料　常温耐压强度试验方法	GB/T 5072—2008		2023/12/28	2024/7/1
12.12-3-60	12.12	25.160.20	J33	GB/T 5117—2012	非合金钢及细晶粒钢焊条	GB/T 5117—1995	ISO 2560：2009，MOD	2012/11/5	2013/3/1
12.12-3-61	12.12	29.035.99	K15	GB/T 5132.1—2009	电气用热固性树脂工业硬质圆形层压管和棒　第1部分：一般要求	GB/T 1305—1985	IEC 61212-1：2006，IDT	2009/6/10	2009/12/1
12.12-3-62	12.12	29.035.99	K15	GB/T 5132.5—2009	电气用热固性树脂工业硬质圆形层压管和棒　第5部分：圆形层压模制棒	GB/T 5133—1985	IEC 61212-3-3：2006，IDT	2009/6/10	2009/12/1
12.12-3-63	12.12	29.060.10	K11	GB/T 5585.1—2018	电工用铜、铝及其合金母线　第1部分：铜和铜合金母线	GB/T 5585.1—2005		2018/12/28	2019/7/1
12.12-3-64	12.12	29.060.10	K11	GB/T 5585.2—2018	电工用铜、铝及其合金母线　第2部分：铝和铝合金母线	GB/T 5585.2—2005		2018/12/28	2019/7/1
12.12-3-65	12.12	17.200.20	N05	GB/T 5977—2019	电阻温度计用铂丝	GB/T 5977—1999		2019/5/10	2019/12/1
12.12-3-66	12.12	31.060.70	K42	GB/T 6115.3—2002	电力系统用串联电容器　第3部分：内部熔丝		IEC 60143-3：1998，IDT	2002/10/8	2003/4/1
12.12-3-67	12.12	29.080.10	K48	GB/T 772—2005	高压绝缘子瓷件　技术条件	GB 772—1987		2005/8/26	2006/4/1
12.12-3-68	12.12	027.010	F04	GB/T 8174—2008	设备及管道绝热效果的测试与评价	GB/T 8174—1987； GB/T 16617—1996		2008/6/19	2009/1/1
12.12-3-69	12.12	29.080.10	K48	GB/T 8287.1—2008	标称电压高于1000V系统用户内和户外支柱绝缘子　第1部分：瓷或玻璃绝缘子的试验	GB 8287.1—1998； GB 12744—1991	IEC 60168：2001，MOD	2008/6/30	2009/4/1

续表

序号	GW 分类	ICS 分类	GB 分类	标准号	中文名称	代替标准	采用关系	发布日期	实施日期
12.12-3-70	12.12	29.080.10	K48	GB/T 8287.2—2008	标称电压高于1000V系统用户内和户外支柱绝缘子　第2部分：尺寸与特性	GB/T 8287.2—1999；GB 12744—1991	IEC 60273：1990，MOD	2008/6/30	2009/4/1
12.12-3-71	12.12	29.060.10	K11	GB/T 8349—2000	金属封闭母线	GB 8349—1987		2000/4/3	2000/12/1
12.12-4-72	12.12	75.100	E38	DL/T 1031—2006	运行中发电机用油质量标准			2006/12/17	2007/5/1
12.12-4-73	12.12			DL/T 1048—2021	电力系统站用支柱复合绝缘子　定义、试验方法及接收准则	DL/T 1048—2007		2021/12/22	2022/3/22
12.12-4-74	12.12			DL/T 1059—2024	电力设备母线用热缩管	DL/T 1059—2007		2024/5/24	2024/11/24
12.12-4-75	12.12	27.100	F24	DL/T 1277—2013	1100kV 交流空心复合绝缘子技术规范			2013/11/28	2014/4/1
12.12-4-76	12.12		F29	DL/T 1312—2023	电力工程接地用铜覆钢技术条件	DL/T 1312—2013		2023/12/28	2024/6/28
12.12-4-77	12.12	27.100	F24	DL/T 1314—2013	电力工程用缓释型离子接地装置技术条件			2013/11/28	2014/4/1
12.12-4-78	12.12	27.100	F24	DL/T 1315—2013	电力工程接地装置用放热焊剂技术条件			2013/11/28	2014/4/1
12.12-4-79	12.12	29.020	K91	DL/T 1342—2014	电气接地工程用材料及连接件			2014/3/18	2014/8/1
12.12-4-80	12.12	27.100	J98	DL/T 1343—2014	电力金具用闭口销	DL/T 764.2—2001		2014/10/15	2015/3/1
12.12-4-81	12.12	27.100	F24	DL/T 1366—2023	电力设备用六氟化硫气体	DL/T 1366—2014		2023/5/26	2023/11/26
12.12-4-82	12.12	29.180	F41	DL/T 1387—2014	电力变压器用绕组线选用导则			2014/10/15	2015/3/1
12.12-4-83	12.12	27.100	F24	DL/T 1388—2014	电力变压器用电工钢带选用导则			2014/10/15	2015/3/1
12.12-4-84	12.12	29.060.01	K13	DL/T 1457—2015	电力工程接地用锌包钢技术条件			2015/7/1	2015/12/1
12.12-4-85	12.12	29.080.10	K48	DL/T 1469—2015	输变电设备外绝缘用硅橡胶辅助伞裙使用导则			2015/7/1	2015/12/1
12.12-4-86	12.12	29.080.10	K48	DL/T 1471—2015	高压直流线路用盘形悬式复合瓷或玻璃绝缘子串元件			2015/7/1	2015/12/1
12.12-4-87	12.12	29.080.10	K48	DL/T 1472.1—2015	换流站直流场用支柱绝缘子　第1部分：技术条件			2015/7/1	2015/12/1
12.12-4-88	12.12	29.080.10	K48	DL/T 1472.2—2015	换流站直流场用支柱绝缘子　第2部分：尺寸与特性			2015/7/1	2015/12/1
12.12-4-89	12.12	29.080.01	K15	DL/T 1530—2016	高压绝缘光纤柱			2016/1/7	2016/6/1

续表

序号	GW 分类	ICS 分类	GB 分类	标准号	中文名称	代替标准	采用关系	发布日期	实施日期
12.12-4-90	12.12	77.060	A29	DL/T 1532—2016	接地网腐蚀诊断技术导则			2016/1/7	2016/6/1
12.12-4-91	12.12	29.050	F29	DL/T 1667—2016	变电站不锈钢复合材料耐腐蚀接地装置			2016/12/5	2017/5/1
12.12-4-92	12.12	29.050	H62	DL/T 1675—2016	高压直流接地极馈电元件技术条件			2016/12/5	2017/5/1
12.12-4-93	12.12	29.050	Q51	DL/T 1677—2016	电力工程用降阻接地模块技术条件			2016/12/5	2017/5/1
12.12-4-94	12.12	29.240	P62	DL/T 1678—2016	电力工程接地降阻技术规范			2016/12/5	2017/5/1
12.12-4-95	12.12	29.050	Q52	DL/T 1679—2016	高压直流接地极用煅烧石油焦炭技术条件			2016/12/5	2017/5/1
12.12-4-96	12.12	29.240.20	K47	DL/T 1740—2017	直流气体绝缘金属封闭输电线路技术条件			2017/11/15	2018/3/1
12.12-4-97	12.12	29.020	K60	DL/T 1746—2017	变电站端子箱			2017/11/15	2018/3/1
12.12-4-98	12.12	29.180	K41	DL/T 1806—2018	油浸式电力变压器用绝缘纸板及绝缘件选用导则			2018/4/3	2018/7/1
12.12-4-99	12.12	29.080.01	K15	DL/T 1838—2018	电力用圆形及异形绝缘管			2018/4/3	2018/7/1
12.12-4-100	12.12	27.100	F29	DL/T 1918—2018	电力工程接地用铝铜合金技术条件			2018/12/25	2019/5/1
12.12-4-101	12.12	29.020	F21	DL/T 2049—2019	电力工程接地装置选材导则			2019/11/4	2020/5/1
12.12-4-102	12.12	27.100	F29	DL/T 2094—2020	交流电力工程接地防腐蚀技术规范			2020/10/23	2021/2/1
12.12-4-103	12.12	29.240	K40	DL/T 247—2012	输变电设备用铜包铝母线			2012/4/6	2012/7/1
12.12-4-104	12.12	29.180	K41	DL/T 2599.1—2023	电力变压器用组部件和原材料选用导则　第 1 部分：总则			2023/5/26	2023/11/26
12.12-4-105	12.12	29.180	K41	DL/T 2599.9—2023	电力变压器用组部件和原材料选用导则　第 9 部分：吸湿器	DL/T 1386—2014		2023/10/11	2024/4/11
12.12-4-106	12.12	29.035.60	F21	DL/T 2727—2023	电力工程接地用铜覆钢使用导则			2023/12/28	2024/6/28
12.12-4-107	12.12			DL/T 2801.1—2024	污秽条件下使用的高压绝缘子选用导则　第 1 部分：交流系统			2024/9/24	2025/3/24
12.12-4-108	12.12	29.240.20	K47	DL/T 346—2023	设备线夹	DL/T 346—2010		2023/10/11	2024/4/11
12.12-4-109	12.12	29.240.20	K47	DL/T 347—2023	T 型线夹	DL/T 347—2010		2023/10/11	2024/4/11
12.12-4-110	12.12	29.020	K48	DL/T 376—2019	聚合物绝缘子伞裙和护套用绝缘材料通用技术条件	DL/T 376—2010		2019/11/4	2020/5/1

续表

序号	GW 分类	ICS 分类	GB 分类	标准号	中文名称	代替标准	采用关系	发布日期	实施日期
12.12-4-111	12.12	29.240.01	K40	DL/T 380—2010	接地降阻材料技术条件			2010/5/24	2010/10/1
12.12-4-112	12.12	29.080.10	K48	DL/T 5727—2016	绝缘子用常温固化硅橡胶防污闪涂料现场施工技术规范			2016/1/7	2016/6/1
12.12-4-113	12.12	29.240	K48	DL/T 627—2018	绝缘子用常温固化硅橡胶防污闪涂料	DL/T 627—2012		2018/12/25	2019/5/1
12.12-4-114	12.12	27.100	K47	DL/T 682—2021	母线金具用开槽沉头螺钉	DL/T 682—1999		2021/4/26	2021/10/26
12.12-4-115	12.12	27.100	F24	DL/T 696—2013	软母线金具	DL/T 696—1999		2013/11/28	2014/4/1
12.12-4-116	12.12	27.100	F24	DL/T 697—2021	硬母线金具	DL/T 697—2013		2021/12/22	2022/3/22
12.12-4-117	12.12	27.100	K47	DL/T 757—2021	耐张线夹	DL/T 757—2009		2021/12/22	2022/3/22
12.12-4-118	12.12	27.100	K47	DL/T 758—2021	接续金具	DL/T 758—2009		2021/12/22	2022/3/22
12.12-4-119	12.12	27.100	F24	DL/T 760.3—2012	均压环、屏蔽环和均压屏蔽环	DL/T 760.3—2001		2012/8/23	2012/12/1
12.12-4-120	12.12	81.080	F23	DL/T 902—2017	耐磨耐火材料	DL/T 902—2004		2017/11/15	2018/3/1
12.12-4-121	12.12	29.120.01	K15	JB/T 10259—2014	电缆和光缆用阻水带	JB/T 10259—2001		2014/5/12	2014/10/1
12.12-4-122	12.12	29.120.40	K36	JB/T 10316—2013	低压成套开关设备和控制设备绝缘支撑部件和绝缘材料	JB/T 10316—2002		2013/12/31	2014/7/1
12.12-4-123	12.12	29.035.20	K15	JB/T 10437—2024	电线电缆用可交联聚乙烯绝缘料	JB/T 10437—2004		2024/4/10	2024/10/1
12.12-4-124	12.12	29.035.20	K15	JB/T 10738—2007	额定电压 35kV 及以下挤包绝缘电缆用半导电屏蔽料			2007/5/29	2007/11/1
12.12-4-125	12.12	29.100.01	K97	JB/T 10918—2023	变压器专用设备 硅钢片横剪生产线	JB/T 10918—2008		2023/8/16	2024/2/1
12.12-4-126	12.12	29.035.20	K15	JB/T 10945—2010	复合绝缘子用硅橡胶材料			2010/2/11	2010/7/1
12.12-4-127	12.12	29.035.20	K15	JB/T 11131—2011	电线电缆用聚全氟乙丙烯树脂			2011/5/18	2011/8/1
12.12-4-128	12.12	29.100.01	K97	JB/T 11146—2023	变压器专用设备箔式线圈绕制机	JB/T 11146—2011		2023/8/16	2024/2/1
12.12-4-129	12.12	29.035.99	J15	JB/T 13593—2018	电气用氟弹性体热收缩管		IEC 60684-3-233：2006，MOD	2018/12/21	2019/10/1
12.12-4-130	12.12	29.180	K41	JB/T 8315—2022	变压器用强迫油循环风冷却器	JB/T 8315—2007		2022/10/20	2023/4/1
12.12-4-131	12.12	29.180	K41	JB/T 8316—2007	变压器用强迫油循环水冷却器	JB/T 8316—1996		2007/1/25	2007/7/1

12

续表

序号	GW 分类	ICS 分类	GB 分类	标准号	中 文 名 称	代替标准	采用关系	发布日期	实施日期
12.12-4-132	12.12	29.180	K41	JB/T 8318—2007	变压器用成型绝缘件技术条件	JB/T 8318—1996		2007/1/25	2007/7/1
12.12-4-133	12.12	29.100.01	K97	JB/T 9658—2023	变压器专用设备硅钢片纵剪生产线	JB/T 9658—2008		2023/8/16	2024/2/1
12.12-4-134	12.12	29.080.99	K49	JB/T 9669—2013	避雷器用橡胶密封件及材料规范	JB/T 9669—1999		2013/12/31	2014/7/1
12.12-4-135	12.12	29.080.99	K49	JB/T 9670—2014	金属氧化物避雷器电阻片用氧化锌	JB/T 9670—1999		2014/5/6	2014/10/1
12.12-4-136	12.12	29.060.10	K11	NB/T 42106—2016	铝管支撑型耐热铝合金扩径导线			2016/12/5	2017/5/1
12.12-4-137	12.12	29.080.99	K49	NB/T 42152—2018	非线性金属氧化物电阻片通用技术要求			2018/4/3	2018/7/1
12.12-4-138	12.12	83.140.30	G33	QB/T 2479—2005	埋地式高压电力电缆用氯化聚氯乙烯（PVC-C）套管	QB/T 2479—2000		2005/7/26	2006/1/1
12.12-4-139	12.12	13.220.20	C82	XF 478—2004	电缆用阻燃包带			2004/3/18	2004/10/1
12.12-4-140	12.12	77.140.50	H46	YB/T 6148—2023	电力变压器用高锰无磁钢板			2023/12/29	2024/7/1
12.12-4-141	12.12			YS/T 454—2003	铝及铝合金导体			2003/12/29	2004/5/1
12.12-6-142	12.12			T/CEC 620—2022	额定电压 10kV 及以下架空线路用异径并沟线夹			2022/6/23	2022/10/1
12.12-6-143	12.12			T/CEC 647—2022	配电网架空线路用绝缘保护套管技术规范			2022/6/23	2022/10/1

12.13 设备材料-火电

序号	GW 分类	ICS 分类	GB 分类	标准号	中 文 名 称	代替标准	采用关系	发布日期	实施日期
12.13-3-1	12.13	29.180	K41	GB/T 10230.2—2007	分接开关　第 2 部分：应用导则	GB/T 10584—1989	IEC 60214-2：2004，MOD	2007/7/2	2008/7/1
12.13-3-2	12.13	27.040	K56	GB/T 10489—2009	轻型燃气轮机　通用技术要求	GB/T 10489—1989		2009/4/13	2010/1/1
12.13-3-3	12.13	71.100.80	G77	GB/T 10531—2016	水处理剂　硫酸亚铁	GB 10531—2006		2016/10/13	2017/5/1
12.13-3-4	12.13	27.060.30	J98	GB/T 10868—2018	电站减温减压阀	GB/T 10868—2005		2018/2/6	2018/9/1
12.13-3-5	12.13	27.100；23.060.30	J98	GB/T 10869—2008	电站调节阀	GB 10869—1989		2008/1/31	2008/7/1
12.13-3-6	12.13	75.100	E34	GB 11120—2011	涡轮机油	GB 11120—1989	ISO 8068：2006，NEQ	2011/12/5	2012/6/1
12.13-3-7	12.13	27.060.30	J98	GB/T 12145—2016	火力发电机组及蒸汽动力设备水汽质量	GB/T 12145—2008		2016/2/24	2016/9/1

续表

序号	GW 分类	ICS 分类	GB 分类	标准号	中 文 名 称	代替标准	采用关系	发布日期	实施日期
12.13-3-8	12.13	23.060.01	J16	GB/T 12220—2015	工业阀门 标志	GB/T 12220—1989	ISO 5209：1977，MOD	2015/5/15	2016/2/1
12.13-3-9	12.13	23.060	J16	GB/T 12221—2005	金属阀门 结构长度	GB/T 12221—1989； GB/T 15188.1—1994； GB/T 15188.2—1994； GB/T 15188.3—1994； GB/T 15188.4—1994	ISO 5752：1982，MOD	2005/2/21	2005/8/1
12.13-3-10	12.13	23.060.01	J16	GB/T 12222—2023	多回转阀门驱动装置的连接	GB/T 12222—2005		2023/3/17	2023/10/1
12.13-3-11	12.13	13.240	J16	GB/T 12241—2021	安全阀 一般要求	GB/T 12241—2005	ISO 4126-1: 2013，MOD	2021/3/9	2021/10/1
12.13-3-12	12.13	13.240	J16	GB/T 12243—2021	弹簧直接载荷式安全阀	GB/T 12243—2005		2021/4/30	2021/11/1
12.13-3-13	12.13	23.060.99	J16	GB/T 12244—2006	减压阀 一般要求	GB/T 12244—1989		2006/12/25	2007/5/1
12.13-3-14	12.13	23.060.99	J16	GB/T 12246—2006	先导式减压阀	GB/T 12246—1989		2006/12/25	2007/5/1
12.13-3-15	12.13	23.040.60	J15	GB/T 12459—2017	钢制对焊管件 类型与参数	GB/T 12459—2005； GB/T 13401—2005		2017/2/28	2017/9/1
12.13-3-16	12.13	77.040.20	H26	GB/T 12606—2016	无缝和焊接（埋弧焊除外）铁磁性钢管纵向和/或横向缺欠的全圆周自动漏磁检测	GB/T 12606—1999	ISO 10893-3：2011，IDT	2016/8/29	2017/7/1
12.13-3-17	12.13	29.160.30	K62	GB/T 12667—2012	同步电动机半导体励磁装置总技术条件	GB/T 12667—1990		2012/6/29	2012/11/1
12.13-3-18	12.13	29.160.40	K52	GB/T 12786—2021	自动化内燃机电站通用技术条件	GB/T 12786—2006； GB/T 4712—2008		2021/4/30	2021/11/1
12.13-3-19	12.13	29.160.10	K20	GB/T 13002—2022	旋转电机 热保护	GB/T 13002—2008	IEC 60034-11：2020，IDT	2022/7/11	2023/2/1
12.13-3-20	12.13	23.080	J71	GB/T 13008—2010	混流泵、轴流泵 技术条件	GB/T 13008—1991		2010/9/26	2011/2/1
12.13-3-21	12.13	29.120.99	K14	GB/T 13397—2008	合金内氧化法银金属氧化物电触头技术条件	GB/T 13397—1992		2008/4/23	2008/12/1
12.13-3-22	12.13	29.160.30	K24	GB/T 13633—2015	永磁式直流测速发电机通用技术条件	GB/T 13633—1992		2015/5/15	2015/12/1
12.13-3-23	12.13	25.160.20	J33	GB/T 13814—2008	镍及镍合金焊条	GB/T 13814—1992	ISO 14172：2003，MOD	2008/4/16	2008/10/1
12.13-3-24	12.13	23.060.01	J16	GB/T 13927—2022	工业阀门 压力试验	GB/T 13927—2008		2022/12/30	2023/7/1
12.13-3-25	12.13	23.060.50	J16	GB/T 13932—2016	铁制旋启式止回阀	GB/T 13932—1992		2016/8/29	2017/3/1
12.13-3-26	12.13	29.160.30	K22	GB/T 13957—2022	大型三相异步电动机基本系列技术条件	GB/T 13957—2008		2022/12/30	2023/7/1

续表

序号	GW 分类	ICS 分类	GB 分类	标准号	中 文 名 称	代替标准	采用关系	发布日期	实施日期
12.13-3-27	12.13	27.040	K56	GB/T 14100—2016	燃气轮机 验收试验	GB/T 14100—2009	ISO 2314：2009，IDT	2016/8/29	2017/3/1
12.13-3-28	12.13	73.040	D21	GB/T 14181—2010	测定烟煤粘结指数专用无烟煤技术条件	GB 14181—1997	ISO 15585：2006，NEQ	2010/9/26	2011/2/1
12.13-3-29	12.13	27.040	K58	GB/T 14411—2008	轻型燃气轮机控制和保护系统	GB/T 14411—1993		2008/7/18	2009/1/1
12.13-3-30	12.13	71.100.80	G77	GB/T 14591—2016	水处理剂 聚合硫酸铁	GB 14591—2006		2016/12/13	2017/7/1
12.13-3-31	12.13	77.120.60	H62	GB/T 1472—2014	铅及铅锑合金管	GB/T 1472—2005		2014/12/5	2015/5/1
12.13-3-32	12.13	29.130.10	K43	GB/T 14824—2021	高压交流发电机断路器	GB/T 14824—2008	IEC/IEEE 62271-37-013：2015，MOD	2021/10/11	2022/5/1
12.13-3-33	12.13	73.040	D20	GB/T 15224.2—2021	煤炭质量分级 第 2 部分：硫分	GB/T 15224.2—2010		2021/8/20	2022/3/1
12.13-3-34	12.13	73.040	D20	GB/T 15224.3—2022	煤炭质量分级 第 3 部分：发热量	GB/T 15224.3—2010		2022/4/15	2022/11/1
12.13-3-35	12.13	73.040	D20	GB/T 15224.1—2018	煤炭质量分级 第 1 部分：灰分	GB/T 15224.1—2010		2018/5/14	2018/9/1
12.13-3-36	12.13	27.040	K56	GB/T 15736—2016	燃气轮机辅助设备通用技术要求	GB/T 15736—1995		2016/12/13	2017/7/1
12.13-3-37	12.13	91.100.10	Q11	GB/T 1596—2017	用于水泥和混凝土中的粉煤灰	GB/T 1596—2005		2017/7/12	2018/6/1
12.13-3-38	12.13	17.200.20	N11	GB/T 1598—2010	铂铑 10—铂热电偶丝、铂铑 13—铂热电偶丝、铂铑 30—铂铑 6 热电偶丝	GB/T 1598—1998；GB/T 2902—1998；GB/T 3772—1998		2010/12/1	2011/5/1
12.13-3-39	12.13	73.040	D27	GB/T 16417—2011	煤炭可选性评定方法	GB/T 16417—1996		2011/9/29	2012/3/1
12.13-3-40	12.13	27.040	K58	GB/T 16637—2008	轻型燃气轮机电气设备通用技术要求	GB/T 16637—1996		2008/4/9	2008/10/1
12.13-3-41	12.13	81.080	Q45	GB/T 16763—2023	定形隔热耐火制品分类	GB/T 16763—2012		2023/12/28	2024/7/1
12.13-3-42	12.13	23.060.40	N16	GB/T 17213.2—2017	工业过程控制阀 第 2-1 部分：流通能力 安装条件下流体流量的计算公式	GB/T 17213.2—2005	IEC 60534-2-1：2011，IDT	2017/12/29	2018/7/1
12.13-3-43	12.13	23.060.01	N16	GB/T 17213.3—2005	工业过程控制阀 第 3-1 部分：尺寸 两通球形直通 控制阀法兰端面距和两通球形角形 控制阀法兰中心至法兰端面的间距		IEC 60534-3-1：2000，IDT	2005/9/9	2006/4/1
12.13-3-44	12.13	23.060.01	N16	GB/T 17213.6—2005	工业过程控制阀 第 6-1 部分：定位器与控制阀执行机构 连接的安装细节 定位器在直行程执行机构上的安装		IEC 60534-6-1：1997，IDT	2005/9/9	2006/4/1

续表

序号	GW 分类	ICS 分类	GB 分类	标准号	中 文 名 称	代替标准	采用关系	发布日期	实施日期
12.13-3-45	12.13	23.060.01	N16	GB/T 17213.9—2005	工业过程控制阀　第 2-3 部分：流通能力　试验程序		IEC 60534-2-3：1997，IDT	2005/9/9	2006/4/1
12.13-3-46	12.13	23.060.01	N16	GB/T 17213.11—2005	工业过程控制阀　第 3-2 部分：尺寸　角行程控制阀（蝶阀除外）的端面距		IEC 60534-3-2：2001，IDT	2005/9/9	2006/4/1
12.13-3-47	12.13	23.060.01	N16	GB/T 17213.12—2005	工业过程控制阀　第 3-3 部分：尺寸　对焊式两通球形直通控制阀的端距		IEC 60534-3-3：1998，IDT	2005/9/9	2006/4/1
12.13-3-48	12.13	23.060.01	N16	GB/T 17213.13—2005	工业过程控制阀　第 6-2 部分：定位器与控制阀执行机构连接的安装细节定位器在角行程执行机构上的安装		IEC 60534-6-2：2000，IDT	2005/9/9	2006/4/1
12.13-3-49	12.13	17.140.20; 23.060.40; 25.040.40	N16	GB/T 17213.14—2018	工业过程控制阀　第 8-2 部分：噪声的考虑　实验室内测量液动流流经控制阀产生的噪声	GB/T 17213.14—2005	IEC 60534-8-2：2011，IDT	2018/7/13	2019/2/1
12.13-3-50	12.13	17.140.20; 23.060.40; 25.040.40	N16	GB/T 17213.15—2017	工业过程控制阀　第 8-3 部分：噪声的考虑　空气动力流流经控制阀产生的噪声预测方法	GB/T 17213.15—2005	IEC 60534-8-3：2010，IDT	2017/12/29	2018/7/1
12.13-3-51	12.13	27.060.30	J98	GB/T 1921—2004	工业蒸汽锅炉参数系列	GB/T 1921—1988		2004/1/6	2004/6/1
12.13-3-52	12.13	13.030.40	J88	GB/T 19229.3—2012	燃煤烟气脱硫设备　第 3 部分：燃煤烟气海水脱硫设备			2012/11/5	2013/6/1
12.13-3-53	12.13	23.060.01	J16	GB/T 19672—2021	管线阀门　技术条件	GB/T 19672—2005		2021/3/9	2021/10/1
12.13-3-54	12.13	29.160.01	K20	GB/T 1971—2021	旋转电机　线端标志与旋转方向	GB/T 1971—2006	IEC 60034-8：2014，IDT	2021/10/11	2022/5/1
12.13-3-55	12.13	621.313.2 81; 621.56	K20	GB/T 1993—1993	旋转电机冷却方法	GB 1993—1980		1993/6/28	1994/2/1
12.13-3-56	12.13	83.140.30	G33	GB/T 20221—2023	无压埋地排污、排水用硬聚氯乙烯（PVC-U）管材	GB/T 20221—2006		2023/9/7	2024/4/1
12.13-3-57	12.13	77.150.44	H62	GB/T 20253—2006	可充电电池用冲孔镀镍钢带			2006/5/8	2006/10/1
12.13-3-58	12.13	77.140.75	H48	GB/T 20409—2018	高压锅炉用内螺纹无缝钢管	GB/T 20409—2006		2018/5/14	2019/2/1
12.13-3-59	12.13	23.040	J47	GB/T 20801.1—2020	压力管道规范　工业管道　第 1 部分：总则	GB/T 20801.1—2006		2020/3/6	2020/10/1
12.13-3-60	12.13	23.040	J74	GB/T 20801.5—2020	压力管道规范　工业管道　第 5 部分：检验与试验	GB/T 20801.5—2006		2020/11/19	2021/6/1

续表

序号	GW 分类	ICS 分类	GB 分类	标准号	中 文 名 称	代替标准	采用关系	发布日期	实施日期
12.13-3-61	12.13	29.160	K20	GB/T 20834—2014	发电电动机基本技术条件	GB/T 20834—2007		2014/6/24	2015/1/22
12.13-3-62	12.13	29.160	K20	GB/T 21209—2017	用于电力传动系统的交流电机　应用导则	GB/T 20161—2008；GB/T 21209—2007	IEC TS 60034-25：2014，IDT	2017/11/1	2018/5/1
12.13-3-63	12.13	23.020.30	J74	GB/T 25198—2023	压力容器封头	GB/T 25198—2010		2023/8/6	2024/3/1
12.13-3-64	12.13	77.150.30	H62	GB/T 2529—2012	导电用铜板和条	GB/T 2529—2005		2012/12/31	2013/10/1
12.13-3-65	12.13	29.160.20	K21	GB/T 26680—2011	永磁同步发电机　技术条件			2011/6/16	2011/12/1
12.13-3-66	12.13	29.160.40	K52	GB/T 2820.1—2022	往复式内燃机驱动的交流发电机组　第 1 部分：用途、定额和性能	GB/T 2820.1—2009		2022/12/30	2023/7/1
12.13-3-67	12.13	29.160.40	K52	GB/T 2820.2—2009	往复式内燃机驱动的交流发电机组　第 2 部分：发动机	GB/T 2820.2—1997	ISO 8528-2：2005，IDT	2009/5/6	2009/11/1
12.13-3-68	12.13	29.160.40	K52	GB/T 2820.3—2009	往复式内燃机驱动的交流发电机组　第 3 部分：发电机组用交流发电机	GB/T 2820.3—1997	ISO 8528-3：2005，IDT	2009/5/6	2009/11/1
12.13-3-69	12.13	29.160.40	K52	GB/T 2820.4—2009	往复式内燃机驱动的交流发电机组　第 4 部分：控制装置和开关装置	GB/T 2820.4—1997	ISO 8528-4：2005，IDT	2009/5/6	2009/11/1
12.13-3-70	12.13	29.160.40	K52	GB/T 2820.5—2009	往复式内燃机驱动的交流发电机组　第 5 部分：发电机组	GB/T 2820.5—1997	ISO 8528-5：2005，IDT	2009/5/6	2009/11/1
12.13-3-71	12.13	29.160.40	K52	GB/T 2820.7—2024	往复式内燃机驱动的交流发电机组　第 7 部分：用于技术条件和设计的技术说明	GB/T 2820.7—2002		2024/8/23	2025/3/1
12.13-3-72	12.13	29.160.40	K52	GB/T 2820.9—2024	往复式内燃机驱动的交流发电机组　第 9 部分：机械振动的测量和评价	GB/T 2820.9—2002		2024/4/25	2024/11/1
12.13-3-73	12.13	29.160.40	K52	GB/T 2820.12—2002	往复式内燃机驱动的交流发电机组　第 12 部分：对安全装置的应急供电		ISO 8528-12：1997，MOD	2002/8/5	2003/4/1
12.13-3-74	12.13	27.100	K54	GB/T 28558—2012	超临界及超超临界机组参数系列			2012/6/29	2012/11/1
12.13-3-75	12.13	27.040	K54	GB/T 28559—2012	超临界及超超临界汽轮机　叶片			2012/6/29	2012/11/1
12.13-3-76	12.13	77.140.75	H48	GB/T 3087—2022	低中压锅炉用无缝钢管	GB/T 3087—2008		2022/4/15	2022/11/1
12.13-3-77	12.13	23.020.30	J74	GB/T 34019—2017	超高压容器			2017/7/12	2018/2/1
12.13-3-78	12.13	17.120.10	N12	GB/T 34049—2017	智能流量仪表　通用技术条件			2017/7/31	2018/2/1

续表

序号	GW 分类	ICS 分类	GB 分类	标准号	中文名称	代替标准	采用关系	发布日期	实施日期
12.13-3-79	12.13	17.200.20	N11	GB/T 34050—2017	智能温度仪表　通用技术条件			2017/7/31	2018/2/1
12.13-3-80	12.13	77.150.50	H64	GB/T 3625—2007	换热器及冷凝器用钛及钛合金管	GB/T 3625—1995		2007/4/30	2007/11/1
12.13-3-81	12.13	25.160.20	J33	GB/T 3669—2001	铝及铝合金焊条			2001/12/17	2002/6/1
12.13-3-82	12.13	27.100	N17	GB/T 38921—2020	火力发电厂汽轮机安全保护系统技术条件			2020/6/2	2020/12/1
12.13-3-83	12.13	23.060.01	N16	GB/T 4213—2008	气动调节阀	GB/T 4213—1992		2008/7/28	2009/2/1
12.13-3-84	12.13	73.040	D21	GB/T 475—2008	商品煤样人工采取方法	GB 475—1996	ISO 18283：2006，MOD	2008/12/4	2009/5/1
12.13-3-85	12.13	29.160.01	K20	GB/T 4772.2—1999	旋转电机　尺寸和输出功率等级　第 2 部分：机座号 355～1000 和凸缘号 1180～2360		IEC 72-2：1990，IDT	1999/2/26	1999/9/1
12.13-3-86	12.13			GB/T 50085—2007	喷灌工程技术规范	GBJ 85—85		2007/4/6	2007/10/1
12.13-3-87	12.13	25.160.20	J33	GB/T 5118—2012	热强钢焊条	GB/T 5118—1995	ISO 3580：2010，MOD	2012/11/5	2013/3/1
12.13-3-88	12.13	25.160.20	J33	GB/T 5293—2018	埋弧焊用非合金钢及细晶粒钢实心焊丝、药芯焊丝和焊丝—焊剂组合分类要求	GB/T 5293—1999	ISO 14171：2016，MOD	2018/3/15	2018/10/1
12.13-3-89	12.13	77.140.75	H48	GB/T 5310—2023	高压锅炉用无缝钢管	GB/T 5310—2017		2023/9/7	2024/4/1
12.13-3-90	12.13	27.040	K54	GB/T 5578—2024	固定式发电用汽轮机规范	GB/T 5578—2007		2024/5/28	2024/12/1
12.13-3-91	12.13	77.140.80	J31	GB/T 5612—2008	铸铁牌号表示方法	GB/T 5612—1985		2008/3/3	2008/8/1
12.13-3-92	12.13	77.140.45	H40	GB/T 700—2006	碳素结构钢	GB/T 700—1988	ISO 630：1995，NEQ	2006/11/1	2007/2/1
12.13-3-93	12.13	29.160.20	K21	GB/T 7064—2017	隐极同步发电机技术要求	GB/T 7064—2008		2017/12/29	2018/7/1
12.13-3-94	12.13	77.140.50	H46	GB/T 713—2014	锅炉和压力容器用钢板	GB 713—2008	ISO 9328-2：2011，NEQ	2014/6/24	2015/4/1
12.13-3-95	12.13	29.160.20	K21	GB/T 7409.3—2007	同步电机励磁系统大、中型同步发电机励磁系统技术要求	GB/T 7409.3—1997		2007/1/16	2007/8/1
12.13-3-96	12.13	27.040	K54	GB/T 754—2024	发电用汽轮机参数系列	GB/T 754—2007		2024/4/25	2024/11/1
12.13-3-97	12.13	29.160.01	K20	GB/T 755—2019	旋转电机　定额和性能	GB/T 755—2008	IEC 60034-1：2017，IDT	2019/12/10	2020/7/1
12.13-3-98	12.13	73.040	D23	GB/T 7562—2018	商品煤质量　发电煤粉锅炉用煤	GB/T 7562—2010		2018/5/14	2018/12/1
12.13-3-99	12.13	77.140.60	H44	GB/T 8732—2014	汽轮机叶片用钢	GB/T 8732—2004		2014/9/30	2015/5/1

续表

序号	GW 分类	ICS 分类	GB 分类	标准号	中 文 名 称	代替标准	采用关系	发布日期	实施日期
12.13-3-100	12.13	21.120.40	N73	GB/T 9239.1—2006	机械振动恒态（刚性）转子平衡品质要求 第1部分：规范与平衡允差的检验	GB/T 9239—1988	ISO 1940-1：2003，IDT	2006/9/8	2007/2/1
12.13-3-101	12.13	77.080.10	J31	GB/T 9441—2021	球墨铸铁金相检验	GB/T 9441—2009		2021/12/31	2022/7/1
12.13-3-102	12.13	25.160.20	J33	GB/T 9460—2023	铜及铜合金焊丝	GB/T 9460—2008		2023/11/27	2024/6/1
12.13-3-103	12.13	25.160.20	J33	GB/T 983—2012	不锈钢焊条	GB/T 983—1995	ISO 3581：2003，MOD	2012/11/5	2013/3/1
12.13-3-104	12.13	25.160.20	J33	GB/T 984—2001	堆焊焊条	GB/T 984—1985		2001/12/17	2002/6/1
12.13-3-105	12.13	29.160.01	K20	GB/T 997—2022	旋转电机结构型式、安装型式及接线盒位置的分类（IM 代码）	GB/T 997—2008		2022/10/12	2023/5/1
12.13-4-106	12.13	29.240	K45	DL/T 1073—2019	发电厂厂用电源快速切换装置通用技术条件	DL/T 1073—2007		2019/6/4	2019/10/1
12.13-4-107	12.13	27.100	F20	DL/T 1128—2021	风冷干式排渣机	DL/T 1128—2009		2021/12/22	2022/3/22
12.13-4-108	12.13	27.100	F24	DL/T 1257—2013	鼓形旋转滤网			2013/11/28	2014/4/1
12.13-4-109	12.13	27.060.30	J98	DL/T 1393—2014	火力发电厂锅炉汽包水位测量系统技术规程			2014/10/15	2015/3/1
12.13-4-110	12.13	27.060	J98	DL/T 1429—2015	电站煤粉锅炉技术条件	SD 268—1988		2015/4/2	2015/9/1
12.13-4-111	12.13	27.060.01	J98	DL/T 1493—2016	燃煤电厂超净电袋复合除尘器			2016/1/7	2016/6/1
12.13-4-112	12.13	27.100	F29	DL/T 1521—2016	火力发电厂微米级干雾除尘装置			2016/1/7	2016/6/1
12.13-4-113	12.13	27.100	D21	DL/T 1668—2016	火电厂燃煤管理技术导则	SD 322—1989		2016/12/5	2017/5/1
12.13-4-114	12.13	27.100	K59	DL/T 245—2012	发电厂直接空冷凝汽器单排管管束			2012/4/6	2012/7/1
12.13-4-115	12.13	27.060.30	J98	DL/T 299—2011	火电厂风机、水泵节能用内反馈调速装置应用技术条件			2011/7/28	2011/11/1
12.13-4-116	12.13	27.100	F29	DL/T 337—2010	给煤机故障诊断及煤仓自动疏松装置			2011/1/9	2011/5/1
12.13-4-117	12.13	27.100	F23	DL/T 387—2019	火力发电厂烟气袋式除尘器选型导则	DL/T 387—2010		2019/6/4	2019/10/1
12.13-4-118	12.13	27.060.01	J98	DL/T 455—2008	锅炉暖风器	DL/T 455—1991		2008/6/4	2008/11/1
12.13-4-119	12.13	27.010	F23	DL/T 466—2017	电站磨煤机及制粉系统选型导则	DL/T 466—2004		2017/11/15	2018/3/1
12.13-4-120	12.13	27.060.01	J72	DL/T 468—2019	电站锅炉风机选型和使用导则	DL/T 468—2004		2019/6/4	2019/10/1
12.13-4-121	12.13	29.120.20	K15	DL/T 492—2009	发电机环氧云母定子绕组绝缘老化鉴定导则	DL/T 492—1992		2009/7/22	2009/12/1

续表

序号	GW 分类	ICS 分类	GB 分类	标准号	中　文　名　称	代替标准	采用关系	发布日期	实施日期
12.13-4-122	12.13	27.100	F20	DL/T 515—2018	电站弯管	DL/T 515—2004		2018/4/3	2018/7/1
12.13-4-123	12.13	27.040	K54	DL/T 531—2016	电站高温高压截止阀闸阀技术条件	DL/T 531—1994		2016/12/5	2017/5/1
12.13-4-124	12.13	75.160.10	D20	DL/T 569—2007	汽车、船舶运输煤样的人工采取方法	DL/T 569—1995; DL/T 576—1995		2007/7/20	2007/12/1
12.13-4-125	12.13	25.040.99	N17	DL/T 589—2022	火力发电厂燃煤锅炉的检测与控制系统技术条件	DL/T 589—2010		2022/5/13	2022/11/13
12.13-4-126	12.13		F23	DL/T 616—2023	火力发电厂汽水管道与支吊架维修调整导则	DL/T 616—2006		2023/10/11	2024/4/11
12.13-4-127	12.13	27.100	J98	DL/T 648—2014	叶轮给粉机	DL/T 648—1998		2014/10/15	2015/3/1
12.13-4-128	12.13	27.100	J98	DL/T 649—2023	叶轮给煤机	DL/T 649—2014		2023/2/6	2023/8/6
12.13-4-129	12.13	27.100	K52	DL/T 651—2017	氢冷发电机氢气湿度的技术要求	DL/T 651—1998		2017/11/15	2018/3/1
12.13-4-130	12.13	27.100	F24	DL/T 656—2016	火力发电厂汽轮机控制及保护系统验收测试规程	DL/T 656—2006; DL/T 1012—2006		2016/2/5	2016/7/1
12.13-4-131	12.13	27.100	N17	DL/T 680—2015	电力行业耐磨管道技术条件	DL/T 680—1999		2015/4/2	2015/9/1
12.13-4-132	12.13	27.100	F29	DL/T 681.1—2019	燃煤电厂磨煤机耐磨件技术条件　第 1 部分：球磨机　磨球和衬板	DL/T 681—2012		2019/6/4	2019/10/1
12.13-4-133	12.13			DL/T 693—1999	烟囱混凝土耐酸防腐蚀涂料			2000/2/24	2000/7/1
12.13-4-134	12.13	23.040.10	F23	DL/T 695—2014	电站钢制对焊管件	DL/T 695—1999		2014/3/18	2014/8/1
12.13-4-135	12.13	23.040.01	P61	DL/T 715—2015	火力发电厂金属材料选用导则	DL/T 715—2000		2015/4/2	2015/9/1
12.13-4-136	12.13		J16	DL/T 716—2000	电站隔膜阀选用导则			2000/11/3	2001/1/1
12.13-4-137	12.13	27.040	K54	DL/T 746—2016	电站蝶阀选用导则	DL/T 746—2001		2016/12/5	2017/5/1
12.13-4-138	12.13			DL/T 777—2024	火力发电厂锅炉耐火材料	DL/T 777—2012		2024/5/24	2024/11/24
12.13-4-139	12.13			DL/T 801—2024	大型发电机内冷却水质及系统技术要求	DL/T 801—2010		2024/9/24	2025/3/24
12.13-4-140	12.13	27.100	F29	DL/T 806—2013	火力发电厂循环水用阻垢缓蚀剂	DL/T 806—2002		2013/3/7	2013/8/1
12.13-4-141	12.13	27.060	J98	DL/T 831—2015	大容量煤粉燃烧锅炉炉膛选型导则	DL/T 831—2002		2015/4/2	2015/9/1
12.13-4-142	12.13	27.100	F29	DL/T 850—2023	电站配管	DL/T 850—2004		2023/10/11	2024/4/11

续表

序号	GW 分类	ICS 分类	GB 分类	标准号	中文名称	代替标准	采用关系	发布日期	实施日期
12.13-4-143	12.13		F23	DL/T 867—2023	粉煤灰中砷、镉、铬、铜、镍、铅和锌的分析方法	DL/T 867—2004		2023/12/28	2024/6/28
12.13-4-144	12.13	27.100	F20	DL/T 870—2021	火力发电企业设备点检定修管理导则	DL/Z 870—2004		2021/1/7	2021/7/1
12.13-4-145	12.13	27.100	K54	DL/T 892—2021	电站汽轮机技术条件	SD 269—2004		2021/12/22	2022/3/22
12.13-4-146	12.13	81.080	F23	DL/T 901—2017	火力发电厂烟囱（烟道）防腐蚀材料	DL/T 901—2004		2017/11/15	2018/3/1
12.13-4-147	12.13		F29	DL/T 906—2023	仓泵进、出料阀	DL/T 906—2004		2023/10/11	2024/4/11
12.13-4-148	12.13	27.060.01	J98	DL/T 910—2004	灰渣脱水仓			2004/12/14	2005/6/1
12.13-4-149	12.13	27.040	K54	DL/T 922—2016	火力发电用钢制通用阀门订货、验收导则	DL/T 922—2005		2016/12/5	2017/5/1
12.13-4-150	12.13	27.040	K54	DL/T 923—2016	火力发电用止回阀技术导则	DL/T 923—2005		2016/12/5	2017/5/1
12.13-4-151	12.13	23.040.01	F29	DL/T 935—2020	钢塑复合管和管件	DL/T 935—2005		2020/10/23	2021/2/1
12.13-4-152	12.13	27.100	F23	DL/T 940—2022	火力发电厂蒸汽管道寿命评估技术导则	DL/T 940—2005		2022/11/4	2023/5/4
12.13-4-153	12.13	27.060.30	J98	DL/T 959—2020	电站锅炉安全阀技术规程	DL/T 959—2014		2020/10/23	2021/2/1
12.13-4-154	12.13	27.100	F20	DL/T 965—2005	热力设备检验机构基本能力要求			2005/2/14	2005/6/1
12.13-4-155	12.13	77.040.01	F24	DL/T 999—2006	电站用 2.25Cr-1Mo 钢球化评级标准			2006/5/6	2006/10/1
12.13-4-156	12.13			DLGJ 167—2004	火力发电厂调节阀选型导则			2004/10/19	2004/12/31
12.13-4-157	12.13			HJ 2039—2014	火电厂除尘工程技术规范			2014/6/10	2014/9/1
12.13-4-158	12.13	29.160.30	K24	JB/T 10184—2014	交流伺服驱动器通用技术条件	JB/T 10184—2000		2014/5/6	2014/10/1
12.13-4-159	12.13	29.160.10	K22	JB/T 10634—2006	中小型笼型三相异步电动机接线盒			2006/10/14	2007/4/1
12.13-4-160	12.13	25.100.10	J41	JB/T 10719—2007	焊接聚晶金刚石或立方氮化硼槽刀			2007/3/6	2007/9/1
12.13-4-161	12.13	25.100.10	J41	JB/T 10720—2007	焊接聚晶金刚石或立方氮化硼车刀			2007/3/6	2007/9/1
12.13-4-162	12.13	25.100.10	J41	JB/T 10721—2007	焊接聚晶金刚石或立方氮化硼铰刀			2007/3/6	2007/9/1
12.13-4-163	12.13	25.100.10	J41	JB/T 10722—2007	焊接聚晶金刚石或立方氮化硼立铣刀			2007/3/6	2007/9/1
12.13-4-164	12.13	25.100.99	J41	JB/T 10723—2007	焊接聚晶金刚石或立方氮化硼镗刀			2007/3/6	2007/9/1
12.13-4-165	12.13	23.060.99	J16	JB/T 11150—2011	波纹管密封钢制截止阀			2011/5/18	2011/8/1

续表

序号	GW 分类	ICS 分类	GB 分类	标准号	中文名称	代替标准	采用关系	发布日期	实施日期
12.13-4-166	12.13	13.020.40	J88	JB/T 11261—2023	燃煤电厂锅炉尾气治理　袋式除尘器用滤料	JB/T 11261—2012		2023/5/22	2023/11/1
12.13-4-167	12.13	13.060.30	J88	JB/T 11390—2013	火力发电厂化学废水处理设备			2013/4/25	2013/9/1
12.13-4-168	12.13	13.030.40	J88	JB/T 11638—2013	湿式电除尘器			2013/10/17	2014/3/1
12.13-4-169	12.13	13.030.40	J88	JB/T 11639—2013	除尘用高频高压整流设备			2013/10/17	2014/3/1
12.13-4-170	12.13	13.030.40	J88	JB/T 11640—2013	电除尘器用电磁锤振打器			2013/10/17	2014/3/1
12.13-4-171	12.13	13.030.40	J88	JB/T 11641—2013	电除尘器用高分子绝缘轴			2013/10/17	2014/3/1
12.13-4-172	12.13	13.030.40	J88	JB/T 11648—2013	燃煤烟气电石渣湿法脱硫设备			2013/10/17	2014/3/1
12.13-4-173	12.13	13.030.40	J88	JB/T 11650—2013	循环流化床锅炉石灰石粉一级输送系统			2013/10/17	2014/3/1
12.13-4-174	12.13	29.160.30	K21	JB/T 11816—2014	小型无刷三相同步发电机技术条件	JB/T 3320.1—2000		2014/5/6	2014/10/1
12.13-4-175	12.13	29.160.30	K21	JB/T 11817—2014	小型单相同步发电机技术条件	JB/T 3320.2—2000		2014/5/6	2014/10/1
12.13-4-176	12.13	73.120	D95	JB/T 2444—2008	煤用座式双轴振动筛	JB/T 2444—1999		2008/6/4	2008/11/1
12.13-4-177	12.13	27.040	K54	JB/T 2900—2019	汽轮机涂装技术条件	JB/T 2900—1992		2019/12/24	2020/10/1
12.13-4-178	12.13	27.040	K54	JB/T 3329—2016	汽轮机旋转零部件　静平衡	JB/T 3329—1999		2016/10/22	2017/4/1
12.13-4-179	12.13	29.120.70	K45	JB/T 3962—2002	综合重合闸装置　技术条件	JB/T 3962—1991		2002/7/16	2002/12/1
12.13-4-180	12.13		J98	JB/T 4194—1999	锅炉直流式煤粉燃烧器制造　技术条件	JB 4194—86		1999/8/6	2000/1/1
12.13-4-181	12.13	27.040	K56	JB/T 5884—2018	燃气轮机控制与保护系统	JB/T 5884—1991		2018/4/30	2018/12/1
12.13-4-182	12.13		J88	JB/T 5910—2013	电除尘器	JB/T 5910—2005		2013/10/17	2014/3/1
12.13-4-183	12.13	77.140.80	J31	JB/T 7024—2014	300MW 以上汽轮机缸体铸钢件　技术条件	JB/T 7024—2002		2014/7/9	2014/11/1
12.13-4-184	12.13	77.140.85	J32	JB/T 7027—2014	300MW 以上汽轮机转子体锻件　技术条件	JB/T 7027—2002		2014/5/6	2014/10/1
12.13-4-185	12.13	77.140.85	J32	JB/T 7030—2014	汽轮发电机 Mn18Cr18N 无磁性护环锻件　技术条件	JB/T 1268—2002（部分）；JB/T 7030—2002		2014/7/9	2014/11/1
12.13-4-186	12.13	29.160	K22	JB/T 7591—2007	小型单相异步电动机起动元件　通用技术条件	JB/T 7591—1994		2007/5/29	2007/11/1
12.13-4-187	12.13		K56	JB/T 7822—1995	燃气轮机　电气设备　通用技术条件			1995/11/24	1996/7/1

12

续表

序号	GW 分类	ICS 分类	GB 分类	标准号	中 文 名 称	代替标准	采用关系	发布日期	实施日期
12.13-4-188	12.13	29.120.70; 29.240.30	K45	JB/T 8171—1999	发电机低励磁阻抗保护装置	JB/T 8171—95		1999/8/6	2000/1/1
12.13-4-189	12.13	29.240.30	K45	JB/T 8172—1999	发电机定子接地保护装置	JB/T 8172—95		1999/8/6	2000/1/1
12.13-4-190	12.13	27.040	K54	JB/T 8184—2017	汽轮机低压给水加热器　技术条件	JB/T 8184—1999		2017/11/7	2018/4/1
12.13-4-191	12.13	77.140.85	J32	JB/T 8705—2014	50MW 以下汽轮发电机无中心孔转子锻件　技术条件	JB/T 8705—1998		2014/7/9	2014/11/1
12.13-4-192	12.13	77.140.85	J32	JB/T 8706—2014	50MW～200MW 汽轮发电机无中心孔转子锻件　技术条件	JB/T 8706—1998		2014/7/9	2014/11/1
12.13-4-193	12.13	77.140.85	J32	JB/T 8707—2014	300MW 以上汽轮机无中心孔转子锻件　技术条件	JB/T 8707—1998		2014/5/6	2014/10/1
12.13-4-194	12.13	77.140.85	J32	JB/T 8708—2014	300MW～600MW 汽轮发电机无中心孔转子锻件　技术条件	JB/T 8708—1998		2014/7/9	2014/11/1
12.13-4-195	12.13	23.060.99	J16	JB/T 8864—2018	阀门气动装置　技术条件	JB/T 8864—2004		2018/4/30	2018/12/1
12.13-4-196	12.13	29.160.20	K21	JB/T 8981—2011	有刷三相同步发电机技术条件（机座号 132～400）	JB/T 8981—1999		2011/12/20	2012/4/1
12.13-4-197	12.13		K20	JB/T 8993—1999	大型发电机寿命管理数据库　导则			1999/8/6	2000/1/1
12.13-4-198	12.13	29.240.30	K45	JB/T 9572—1999	发电机逆功率保护装置和逆功率继电器	ZB K45 024—1990		1999/8/6	2000/1/1
12.13-4-199	12.13	29.240.30	K45	JB/T 9573—1999	发电机匝间短路保护装置及继电器	ZB K45 025—1990		1999/8/6	2000/1/1
12.13-4-200	12.13	27.040	K54	JB/T 9631—2024	汽轮机铸铁件　技术规范	JB/T 9631—1999		2024/4/10	2024/10/1
12.13-4-201	12.13	27.040	K54	JB/T 9632—2024	汽轮机主汽管和再热汽管的弯管技术规范	JB/T 9632—1999		2024/4/10	2024/10/1
12.13-4-202	12.13	27.040	K54	JB/T 9635—2017	发电用汽轮机型号编制方法	JB/T 9635—1999		2017/11/7	2018/4/1
12.13-4-203	12.13	27.040	K54	JB/T 9636—2017	汽轮机辅机型号编制方法	JB/T 9636—1999		2017/11/7	2018/4/1
12.13-4-204	12.13	13.020.40	J88	JB/T 9688—2015	电除尘用晶闸管控制高压电源	JB/T 9688—2007		2015/4/30	2015/10/1
12.13-4-205	12.13	91.100.30	Q12	JC/T 1011—2021	混凝土抗侵蚀防腐剂	JC/T 1011—2006		2021/3/5	2021/7/1
12.13-4-206	12.13	91.120.30	Q17	JC/T 1017—2020	建筑防水材料用聚合物乳液	JC/T 1017—2006		2020/12/9	2021/4/1
12.13-4-207	12.13	91.120.30	Q17	JC/T 1018—2020	水性渗透型无机防水剂	JC/T 1018—2006		2020/12/9	2021/4/1

续表

序号	GW 分类	ICS 分类	GB 分类	标准号	中 文 名 称	代替标准	采用关系	发布日期	实施日期
12.13-4-208	12.13	91.110	Q92	JC/T 1032—2007	预应力钢筒混凝土管和三阶段管用缠丝机			2007/5/29	2007/11/1
12.13-4-209	12.13	91.110	Q92	JC/T 1033—2007	预应力钢筒混凝土管用钢筒螺旋卷焊机			2007/5/29	2007/11/1
12.13-4-210	12.13	91.110	Q92	JC/T 1034—2007	预应力钢筒混凝土管管模			2007/5/29	2007/11/1
12.13-4-211	12.13	91.100.50	Q24	JC/T 1041—2007	混凝土裂缝用环氧树脂灌浆材料			2007/5/29	2007/11/1
12.13-4-212	12.13	91.110	Q92	JC/T 532—2007	建材机械钢焊接件通用技术条件	JC/T 532—1994		2007/5/29	2007/11/1
12.13-4-213	12.13	77.140.65	Q14	JC/T 540—2006	混凝土制品用冷拔低碳钢丝	JC/T 540—1994		2006/5/12	2006/11/1
12.13-4-214	12.13	91.110	Q92	JC/T 877—2007	预应力钢筒混凝土管和三阶段管用辊射机	JC/T 877—2001		2007/5/29	2007/11/1
12.13-4-215	12.13	83.120	Q23	JC/T 988—2023	电缆用纤维增强复合材料保护管	JC/T 988—2006		2023/12/29	2024/7/1
12.13-4-216	12.13			JG/T 188—2010	混凝土节水保湿养护膜	JG/T 188—2006		2010/8/3	2010/12/1
12.13-4-217	12.13	73.040	D20	MT/T 561—2008	煤的固定碳分级	MT/T 561—1996		2008/11/19	2009/1/1
12.13-4-218	12.13	73.040	D20	MT/T 596—2008	烟煤黏结指数分级	MT/T 596—1996		2008/11/19	2009/1/1
12.13-4-219	12.13	73.040	D21	MT/T 736—1997	无烟煤电阻率测定方法			1997/12/12	1998/7/1
12.13-4-220	12.13	27.060.30	J98	NB/T 10790—2021	水处理设备技术条件	JB/T 2932—1999; JB/T 9667—1999		2021/11/16	2022/5/16
12.13-4-221	12.13	27.060.30	J98	NB/T 10939—2022	锅炉用材料入厂验收规则	JB/T 3375—2002		2022/5/13	2022/11/13
12.13-4-222	12.13	27.120.99	F63	NB/T 42008—2013	往复式内燃燃气发电机组　产品名称和型号编制规则			2013/11/28	2014/4/1
12.13-4-223	12.13	27.120.99	F63	NB/T 42009—2013	往复式内燃燃气发电机组　安全要求			2013/11/28	2014/4/1
12.13-4-224	12.13	27.120.99	F63	NB/T 42010—2013	往复式内燃燃气发电机组　术语			2013/11/28	2014/4/1
12.13-4-225	12.13	27.120.99	F63	NB/T 42011—2013	往复式内燃燃气发电机组　气体燃料分类、组分及处理技术要求			2013/11/28	2014/4/1
12.13-4-226	12.13	27.120.99	F63	NB/T 42017—2013	往复式内燃燃气发电机组　功率和燃料消耗率换算方法			2013/11/28	2014/4/1
12.13-4-227	12.13	29.240.01	K45	NB/T 42121—2017	火电机组辅机变频器低电压穿越技术规范			2017/8/2	2017/12/1
12.13-4-228	12.13	77.140.85	J32	NB/T 47008—2017	承压设备用碳素钢和合金钢锻件	NB/T 47008—2010; JB/T 9626—1999		2017/3/28	2017/8/1

续表

序号	GW 分类	ICS 分类	GB 分类	标准号	中 文 名 称	代替标准	采用关系	发布日期	实施日期
12.13-4-229	12.13	23.060.30	J98	NB/T 47063—2017	电站安全阀	JB/T 9624—1999		2017/12/27	2018/6/1
12.13-4-230	12.13	77.140.60	H43	YB/T 5137—2018	高压用热轧和锻制无缝钢管圆管坯	YB/T 5137—2007		2018/2/9	2018/7/1
12.13-5-231	12.13	29.160.01	K20	IEC 60034-2-2：2010	旋转电机　第 2-2 部分：试验中大型机械的分离损失测定用特殊方法补充件 IEC 60034-2-1	IEC 2/1585/FDIS：2009		2010/3/16	2010/3/16
12.13-5-232	12.13			IEC 60034-5：2020	旋转电机　第 5 部分：旋转电机整体设计防护等级（IP 代码）分类			2020/4/29	2020/4/29
12.13-5-233	12.13			IEC 60034-18-1：2022	旋转电机　第 18-1 部分：绝缘系统的功能性评估总指南			2022/12/22	2022/12/22
12.13-5-234	12.13			IEC 60034-18-32：2022	旋转电机　第 18-32 部分：绝缘系统的功能性评定模绕线组用试验规程电气耐久性的评定			2022/1/25	2022/1/25
12.13-5-235	12.13	29.160.01	K20	IEC 60034-26：2006	旋转电机　第 26 部分：不平衡电压对三相感应发动机性能的影响	IEC TS 60034-26 Cor 1：2002；IEC TS 60034-26 Cor 1：2002；IEC TS 60034-26：2002；IEC 2/1391/FDIS：2006		2006/7/24	2006/7/24
12.13-5-236	12.13			IEC 60079-26：2021	电气设备　第 26 部分：设备保护水平（EPL）镓的设备			2021/2/25	2021/2/25

12.14　设备材料-水电

序号	GW 分类	ICS 分类	GB 分类	标准号	中 文 名 称	代替标准	采用关系	发布日期	实施日期
12.14-2-1	12.14	27.140		Q/GDW 11576—2016	水轮发电机组状态在线监测系统技术导则			2017/5/18	2017/5/18
12.14-2-2	12.14	27.140		Q/GDW 12138—2021	可逆式水泵水轮机调速系统设计技术导则			2021/9/17	2021/9/17
12.14-3-3	12.14	27.140	K55	GB/T 11805—2019	水轮发电机组自动化元件（装置）及其系统基本技术条件	GB/T 11805—2008		2019/6/4	2020/1/1
12.14-3-4	12.14	27.140	K55	GB/T 14478—2012	大中型水轮机进水阀门基本技术条件	GB/T 14478—1993		2012/6/29	2012/11/1
12.14-3-5	12.14	27.140	K55	GB/T 15468—2020	水轮机基本技术条件	GB/T 15468—2006		2020/6/2	2020/12/1
12.14-3-6	12.14	27.140	K55	GB/T 15469.1—2008	水轮机、蓄能泵和水泵水轮机空蚀评定　第 1 部分：反击式水轮机的空蚀评定	GB/T 15469—1995	IEC 60609-1：2004，MOD	2008/6/30	2009/4/1

续表

序号	GW 分类	ICS 分类	GB 分类	标准号	中 文 名 称	代替标准	采用关系	发布日期	实施日期
12.14-3-7	12.14	59.080.70	W59	GB/T 17639—2023	土工合成材料　长丝纺粘针刺非织造土工布	GB/T 17639—2008		2023/5/23	2023/12/1
12.14-3-8	12.14	27.140	K55	GB/T 21718—2021	小型水轮机基本技术条件	GB/T 21718—2008；GB/T 21717—2008		2021/4/30	2021/11/1
12.14-3-9	12.14	27.140	K55	GB/T 28545—2023	水轮机、蓄能泵和水泵水轮机更新改造和性能改善导则	GB/T 28545—2012		2023/12/28	2024/7/1
12.14-3-10	12.14	29.160.40	K52	GB/T 28570—2012	水轮发电机组状态在线监测系统技术导则			2012/6/29	2012/11/1
12.14-3-11	12.14	77.140.50	H46	GB/T 31946—2015	水电站压力钢管用钢板			2015/9/11	2016/6/1
12.14-3-12	12.14	23.080	J71	GB/T 3216—2016/XG1—2018	回转动力泵　水力性能验收试验　1 级、2 级和 3 级　国家标准第 1 号修改单		ISO 9906：2012，IDT	2018/9/17	2019/4/1
12.14-3-13	12.14	27.100	F07	GB/T 39264—2020	智能水电厂一体化管控平台技术规范			2020/11/19	2021/6/1
12.14-3-14	12.14	27.100	F23	GB/T 39324—2020	智能水电厂主设备状态检修决策支持系统技术导则			2020/11/19	2021/6/1
12.14-3-15	12.14	27.100	F23	GB/T 39565—2020	智能水电厂防汛应急指挥系统技术规范			2020/12/14	2021/7/1
12.14-3-16	12.14	27.100	F07	GB/T 39627—2020	智能水电厂智能测控装置技术规范			2020/12/14	2021/7/1
12.14-3-17	12.14	27.100	F23	GB/T 39629—2020	智能水电厂安全防护系统联动技术要求			2020/12/14	2021/7/1
12.14-3-18	12.14	27.100	F23	GB/T 40221—2021	智能水电厂经济运行系统技术条件			2021/5/21	2021/12/1
12.14-3-19	12.14	27.140	P59	GB/T 40222—2021	智能水电厂技术导则			2021/5/21	2021/12/1
12.14-3-20	12.14	27.100	F07	GB/T 40234—2021	智能水电厂公共信息模型技术要求			2021/5/21	2021/12/1
12.14-3-21	12.14	27.140	F07	GB/T 40285—2021	智能水电厂大坝安全分析评估系统技术规范			2021/5/21	2021/12/1
12.14-3-22	12.14	29.160.20	K21	GB/T 7894—2023	水轮发电机基本技术要求	GB/T 7894—2009		2023/9/7	2024/4/1
12.14-4-23	12.14	27.10027.100	F07	DL/T 1024—2015	水电仿真机技术规范	DL/T 1024—2006		2015/7/1	2015/12/1
12.14-4-24	12.14	27.100	K52	DL/T 1067—2020	蒸发冷却水轮发电机基本技术条件	DL/T 1067—2007		2020/10/23	2021/2/1
12.14-4-25	12.14	27.140	P59	DL/T 1107—2019	水电厂自动化元件基本技术条件	DL/T 1107—2009		2019/6/4	2019/10/1
12.14-4-26	12.14	27.140	P59	DL/T 1134—2022	大坝安全监测自动采集装置	DL/T 1134—2009		2022/11/4	2023/5/4
12.14-4-27	12.14	27.140	P59	DL/T 1548—2016	水轮机调节系统设计与应用导则			2016/1/7	2016/6/1

续表

序号	GW 分类	ICS 分类	GB 分类	标准号	中文名称	代替标准	采用关系	发布日期	实施日期
12.14-4-28	12.14	27.100	K51	DL/T 1627—2016	水轮发电机励磁系统晶闸管整流桥技术条件			2016/12/5	2017/5/1
12.14-4-29	12.14	27.100	K51	DL/T 1628—2016	水轮发电机励磁变压器技术条件			2016/12/5	2017/5/1
12.14-4-30	12.14	27.140	P59	DL/T 1666—2016	水电站水调自动化系统技术条件			2016/12/5	2017/5/1
12.14-4-31	12.14	27.140	P59	DL/T 1803—2018	水电厂辅助设备控制装置技术条件			2018/4/3	2018/7/1
12.14-4-32	12.14	27.140	P59	DL/T 1804—2018	水轮发电机组振动摆度装置技术条件			2018/4/3	2018/7/1
12.14-4-33	12.14	27.140	P55	DL/T 1819—2018	抽水蓄能电站静止变频装置技术条件			2018/4/3	2018/7/1
12.14-4-34	12.14	27.140	P59	DL/T 2018—2019	抽水蓄能发电电动机变压器组继电保护装置技术条件			2019/6/4	2019/10/1
12.14-4-35	12.14	27.140	P59	DL/T 2721—2023	水电站大坝安全监测智能移动终端应用技术规程			2023/12/28	2024/6/28
12.14-4-36	12.14	27.100	F20	DL/T 2722—2023	抽水蓄能电站电气制动开关技术条件			2023/12/28	2024/6/28
12.14-4-37	12.14	27.100	K51	DL/T 295—2021	抽水蓄能机组自动控制系统技术条件	DL/T 295—2011		2021/12/22	2022/6/22
12.14-4-38	12.14			DL/T 321—2021	水力发电厂计算机监控系统与厂内设备及系统通信技术规定	DL/T 321—2012		2021/12/22	2022/6/22
12.14-4-39	12.14	27.100	P29	DL/T 327—2023	步进式垂线坐标仪	DL/T 327—2010		2023/10/11	2024/4/11
12.14-4-40	12.14	27.140	K55	DL/T 443—2016	水轮发电机组及其附属设备出厂检验导则	DL/T 443—1991		2016/1/7	2016/6/1
12.14-4-41	12.14	27.140	K55	DL/T 444—2020	反击式水轮机磨蚀评估导则	DL/T 444—1991		2020/10/23	2021/2/1
12.14-4-42	12.14	23.100.60	K54	DL/T 458—2020	板框式旋转滤网	DL/T 458—1999		2020/10/23	2021/2/1
12.14-4-43	12.14	27.140	P59	DL/T 5215—2005	水工建筑物止水带技术规范			2005/2/14	2005/6/1
12.14-4-44	12.14	27.100	F22	DL/T 5358—2006	水电水利工程金属结构设备防腐蚀技术规程			2006/12/17	2007/5/1
12.14-4-45	12.14	27.100	K52	DL/T 556—2016	水轮发电机组振动监测装置设置导则	DL/T 556—1994		2016/1/7	2016/6/1
12.14-4-46	12.14	27.140	P59	DL/T 563—2016	水轮机电液调节系统及装置技术规程	DL/T 563—2004		2016/1/7	2016/6/1
12.14-4-47	12.14	27.100	F20	DL/T 578—2023	水电厂计算机监控系统基本技术条件	DL/T 578—2008		2023/5/26	2023/11/26
12.14-4-48	12.14	27.140	P59	DL/T 5786—2019	水工塑性混凝土配合比设计规程			2019/6/4	2019/10/1
12.14-4-49	12.14	27.140	P59	DL/T 5817—2021	水电工程低热硅酸盐水泥混凝土技术规范			2021/1/7	2021/7/1

续表

序号	GW 分类	ICS 分类	GB 分类	标准号	中 文 名 称	代替标准	采用关系	发布日期	实施日期
12.14-4-50	12.14	27.100	K51	DL/T 583—2018	大中型水轮发电机静止整流励磁系统技术条件	DL/T 583—2006		2018/4/3	2018/7/1
12.14-4-51	12.14	27.140	P59	DL/T 5869—2023	水电工程安全监测仪器封存与报废技术规程			2023/12/28	2024/6/28
12.14-4-52	12.14	27.140	K55	DL/T 622—2012	立式水轮发电机弹性金属塑料推力轴瓦技术条件	DL/T 622—1997		2012/1/4	2012/3/1
12.14-4-53	12.14			DL/T 822—2024	水电厂计算机监控系统试验验收规程	DL/T 822—2012		2024/5/24	2024/11/24
12.14-4-54	12.14			DL/T 946—2021	水利电力建设用起重机	DL/T 946—2005		2021/12/22	2022/6/22
12.14-4-55	12.14	27.100	Q24	DL/T 949—2005	水工建筑物塑性嵌缝密封材料技术标准			2005/2/14	2005/6/1
12.14-4-56	12.14	29.160.20	K20	JB/T 10180—2014	水轮发电机推力轴承弹性金属塑料瓦　技术条件	JB/T 10180—2000		2014/5/6	2014/10/1
12.14-4-57	12.14	77.140.85	J32	JB/T 10265—2014	水轮发电机上下圆盘锻件　技术条件	JB/T 10265—2001		2014/7/9	2014/11/1
12.14-4-58	12.14	23.080	J70	JB/T 12213—2015	水电站技术供水可调式射流泵装置			2015/4/30	2015/10/1
12.14-4-59	12.14	23.060.10	J16	JB/T 12620—2016	水轮机进水液动球阀技术条件			2016/1/15	2016/6/1
12.14-4-60	12.14	29.160.10	K21	JB/T 3334.1—2013	水轮发电机用制动器　第 1 部分：水轮发电机用立式制动器	JB/T 3334.1—2000		2013/12/31	2014/7/1
12.14-4-61	12.14	29.160.10	K21	JB/T 3334.2—2013	水轮发电机用制动器　第 2 部分：水轮发电机用卧式制动器	JB/T 3334.2—2000		2013/12/31	2014/7/1
12.14-4-62	12.14		K21	JB/T 6507—1992	小型三相异步水轮发电机系列技术条件			1992/12/21	1993/5/1
12.14-4-63	12.14	27.140	K55	JB/T 7072—2023	水轮机调速器及油压装置　系列型谱	JB/T 7072—2004; JB/T 2832—2004		2023/8/16	2024/2/1
12.14-4-64	12.14	77.140.80	J31	JB/T 7349—2014	水轮机不锈钢叶片铸件	JB/T 7349—2002; JB/T 7350—2002		2014/5/6	2014/10/1
12.14-4-65	12.14	27.140	K55	NB/T 10078—2018	水轮机进水球阀选用、试验及验收规范			2018/10/29	2019/3/1
12.14-4-66	12.14	27.140	P59	NB/T 10386—2020	水电工程水温实时监测系统技术规范			2020/10/23	2021/2/1
12.14-4-67	12.14	27.140	K55	NB/T 10477—2020	小型水电站增效扩容改造技术规程			2020/10/23	2021/2/1
12.14-4-68	12.14	27.140	P26	NB/T 10500—2021	QP 型卷扬式启闭机系列参数	DL/T 898—2004		2021/1/7	2021/7/1
12.14-4-69	12.14	27.140	P26	NB/T 10501—2021	QPKY 型液压启闭机系列参数	DL/T 896—2004		2021/1/7	2021/7/1

续表

序号	GW 分类	ICS 分类	GB 分类	标准号	中 文 名 称	代替标准	采用关系	发布日期	实施日期
12.14-4-70	12.14	27.140	P26	NB/T 10502—2021	QPPYⅠ、Ⅱ型液压启闭机系列参数	DL/T 897—2004		2021/1/7	2021/7/1
12.14-4-71	12.14	27.140	P26	NB/T 10511—2021	水电工程泄水阀技术条件			2021/1/7	2021/7/1
12.14-4-72	12.14	27.140	P26	NB/T 10791—2021	水电工程金属结构设备更新改造导则			2021/11/16	2022/5/16
12.14-4-73	12.14	27.140	P59	NB/T 10793—2021	水电站压缩空气系统规范			2021/11/16	2022/5/16
12.14-4-74	12.14	27.140	K55	NB/T 10830—2021	大型水轮发电机组主轴锻件技术条件			2021/11/16	2022/2/16
12.14-4-75	12.14			NB/T 10831—2021	大型水轮发电机镜板锻件技术条件			2021/11/16	2022/2/16
12.14-4-76	12.14			NB/T 10832—2021	大型水轮发电机无取向电工钢带技术条件			2021/11/16	2022/2/16
12.14-4-77	12.14	27.140	P59	NB/T 10860—2021	水电站排水系统规范			2021/12/22	2022/6/22
12.14-4-78	12.14			NB/T 10861—2021	水力发电厂测量装置配置设计规范	DL/T 5413—2009		2021/12/22	2022/6/22
12.14-4-79	12.14	27.140	P59	NB/T 10878—2021	水力发电厂机电设计规范	DL/T 5186—2004		2021/12/22	2022/6/22
12.14-4-80	12.14	27.140	P59	NB/T 10879—2021	水力发电厂计算机监控系统设计规范	DL/T 5065—2009		2021/12/22	2022/6/22
12.14-4-81	12.14	27.140	P26	NB/T 11006—2022	水电工程金属结构设备报废标准			2022/11/4	2023/5/4
12.14-4-82	12.14	27.140	K55	NB/T 11191—2023	水电站水轮机抗泥沙磨损技术导则			2023/5/26	2023/11/26
12.14-4-83	12.14	27.140	K55	NB/T 35088—2016	水电机组机械液压过速保护装置基本技术条件			2016/12/5	2017/5/1
12.14-4-84	12.14	27.140	K55	NB/T 35089—2016/XG1—2019	更新《水轮机筒形阀技术规范》行业标准第 1 号修改单			2016/12/5	2019/11/4
12.14-4-85	12.14	27.140	K55	NB/T 42054—2015	小型水轮机操作器技术条件			2015/7/1	2015/12/1
12.14-4-86	12.14	27.140	K55	NB/T 42056—2015	小型水轮机进水阀门基本技术条件			2015/7/1	2015/12/1
12.14-4-87	12.14	27.140	K55	NB/T 42161—2018	微小型水轮发电机组电子负荷控制器技术条件			2018/6/6	2018/10/1
12.14-4-88	12.14	27.140	K55	NB/T 42163—2018	小水电机组自并励励磁系统技术条件			2018/6/6	2018/10/1
12.14-4-89	12.14	07.060	N93	SL 108—2006	水文仪器及水利水文自动化系统型号命名方法	SL/T 108—1995		2006/4/24	2006/7/1
12.14-4-90	12.14	07.060	A44	SL 149—2013	水文数据固态存储装置通用技术条件	SL/T 149—1995		2013/1/14	2013/4/14
12.14-4-91	12.14	33.200	M54	SL 180—2015	水文自动测报系统设备　遥测终端机	SL/T 180—1996		2015/2/2	2015/5/2
12.14-4-92	12.14	07.060	N93	SL 361—2006	大坝观测仪器　位移计			2007/2/2	2007/5/2

续表

序号	GW 分类	ICS 分类	GB 分类	标准号	中 文 名 称	代替标准	采用关系	发布日期	实施日期
12.14-4-93	12.14	07.060	N93	SL 362—2006	大坝观测仪器 测斜仪			2007/2/2	2007/5/2
12.14-4-94	12.14	07.060	N93	SL 363—2006	大坝观测仪器 锚杆测力计			2007/2/2	2007/5/2
12.14-5-95	12.14	27.140		IEC 60193：2019	水轮机、储液泵和水泵涡轮机 模型验收测试	IEC 60193：1999		2019/4/25	2019/4/25
12.14-6-96	12.14			T/CEC 249—2019	水电厂水下巡检机器人控制系统技术条件			2019/11/21	2020/1/1

12.15 设备材料-通信设备材料

序号	GW 分类	ICS 分类	GB 分类	标准号	中 文 名 称	代替标准	采用关系	发布日期	实施日期
12.15-2-1	12.15			Q/GDW 10429—2017	智能变电站网络交换机技术规范	Q/GDW 1429—2012		2018/9/26	2018/9/26
12.15-2-2	12.15	29.240.30	F20	Q/GDW 10739—2024	变电设备在线监测 I1 接口网络通信规范	Q/GDW 739—2012		2024/10/25	2024/10/25
12.15-2-3	12.15	29.240		Q/GDW 11119—2013	应急通信车技术规范			2014/5/15	2014/5/15
12.15-2-4	12.15	29.240		Q/GDW/Z 11394.2—2015	国家电网公司频率同步网技术基础 第 2 部分：同步网节点时钟设备技术要求			2015/8/5	2015/8/5
12.15-2-5	12.15	29.240		Q/GDW 11394.4—2016	国家电网公司频率同步网技术基础 第 4 部分：频率同步承载设备时钟（SEC、EEC、PEC）技术要求			2016/12/22	2016/12/22
12.15-2-6	12.15	29.240		Q/GDW 11413—2015	配电自动化无线公网通信模块技术规范			2016/3/31	2016/3/31
12.15-2-7	12.15	29.240		Q/GDW 11438.1—2015	IMS 行政交换网设备 第 1 部分：核心网设备			2016/7/26	2016/7/26
12.15-2-8	12.15	29.240		Q/GDW 11438.2—2015	IMS 行政交换网设备 第 2 部分：会话边界控制设备			2016/7/26	2016/7/26
12.15-2-9	12.15	29.240		Q/GDW 11438.3—2015	IMS 行政交换网设备 第 3 部分：接入设备			2016/7/26	2016/7/26
12.15-2-10	12.15	29.240		Q/GDW 11438.4—2020	IMS 行政交换网设备 第 4 部分：SIP 终端	Q/GDW 11438.4—2015		2020/12/31	2020/12/31
12.15-2-11	12.15	29.240		Q/GDW 11627—2016	变电站数据通信网关机技术规范			2017/7/31	2017/7/31
12.15-2-12	12.15	29.240.30		Q/GDW 11637—2016	2M 保护通道切换装置技术规范			2017/7/12	2017/7/12
12.15-2-13	12.15			Q/GDW 11759—2017	电网一次设备电子标签技术规范			2018/8/15	2018/8/15
12.15-2-14	12.15	29.240.99		Q/GDW 12087—2021	输变电设备物联网传感器安装及验收规范			2021/12/6	2021/12/6

12

续表

序号	GW 分类	ICS 分类	GB 分类	标准号	中文名称	代替标准	采用关系	发布日期	实施日期
12.15-2-15	12.15	29.240.99		Q/GDW 12088—2021	输变电设备物联网节点设备安装及验收规范			2021/12/6	2021/12/6
12.15-3-16	12.15	33.180.10	M33	GB/T 12357.1—2015	通信用多模光纤 第 1 部分：A1 类多模光纤特性	GB/T 12357.1—2004	IEC 60793-2-10：2011，NEQ	2015/12/31	2016/3/1
12.15-3-17	12.15	33.180.10	M33	GB/T 12357.4—2016	通信用多模光纤 第 4 部分：A4 类多模光纤特性	GB/T 12357.4—2004	IEC 60793-2-40：2009，NEQ	2016/4/25	2016/11/1
12.15-3-18	12.15	33.180.10	M33	GB/T 13993.1—2016	通信光缆 第 1 部分：总则	GB/T 13993.1—2004		2016/4/25	2016/11/1
12.15-3-19	12.15	33.180.10	M33	GB/T 13993.2—2014	通信光缆 第 2 部分：核心网用室外光缆	GB/T 13993.2—2002		2014/12/5	2015/4/1
12.15-3-20	12.15	33.180.10	M33	GB/T 13993.3—2014	通信光缆 第 3 部分：综合布线用室内光缆	GB/T 13993.3—2001		2014/12/5	2015/4/1
12.15-3-21	12.15	33.180.10	M33	GB/T 13993.4—2014	通信光缆 第 4 部分：接入网用室外光缆	GB/T 13993.4—2002		2014/12/5	2015/4/1
12.15-3-22	12.15	17.180.99	N35	GB/T 14075—2008	光纤色散测试仪技术条件	GB/T 14075—1993		2008/10/7	2009/4/1
12.15-3-23	12.15	33.180.10	L51	GB/T 16529.2—1997	光纤光缆接头 第 2 部分：分规范光纤光缆接头盒和集纤盘		IEC 1073-2：1993 QC 850100，IDT	1997/12/4	1998/10/1
12.15-3-24	12.15	33.180.10	L51	GB/T 16529.3—1997	光纤光缆接头 第 3 部分：分规范光纤光缆熔接式接头		IEC 1073-3：1993 QC 850200，IDT	1997/12/4	1998/10/1
12.15-3-25	12.15	33.180.10	L51	GB/T 16529.4—1997	光纤光缆接头 第 4 部分：分规范光纤光缆机械式接头		IEC 1073-4：1994 QC 850200，IDT	1997/12/4	1998/10/1
12.15-3-26	12.15	33.180.10	L51	GB/T 16529—1996	光纤光缆接头 第 1 部分：总规范构件和配件		IEC 1073-1：1994 QC 850000，IDT	1996/9/9	1997/5/1
12.15-3-27	12.15	33.060.01	M36	GB/T 16611—2017	无线数据传输收发信机通用规范	GB/T 16611—1996；GB/T 18120—2000	IEC 60489-6：1999，NEQ	2017/5/31	2017/12/1
12.15-3-28	12.15	33.180.10	M33	GB/T 16849—2023	光纤放大器总规范	GB/T 16849—2008		2023/3/17	2023/10/1
12.15-3-29	12.15	33.180.20	L23	GB/T 17570—2019	光纤熔接机通用规范	GB/T 17570—1998		2019/8/30	2020/3/1
12.15-3-30	12.15	33.120.10	L26	GB/T 17737.9—2024	同轴通信电缆 第 9 部分：柔软射频同轴电缆分规范			2024/4/25	2024/11/1
12.15-3-31	12.15	33.120.10	L26	GB/T 17737.10—2024	同轴通信电缆 第 10 部分：含氟聚合物绝缘半硬电缆分规范	GB/T 17737.2—2000		2024/4/25	2024/11/1
12.15-3-32	12.15	33.120.10	L26	GB/T 17737.11—2024	同轴通信电缆 第 11 部分：聚乙烯绝缘半硬电缆分规范			2024/4/25	2024/11/1

续表

序号	GW 分类	ICS 分类	GB 分类	标准号	中 文 名 称	代替标准	采用关系	发布日期	实施日期
12.15-3-33	12.15	33.120.10	L26	GB/T 17737.119—2024	同轴通信电缆　第 1-119 部分：电气试验方法　同轴电缆及电缆组件的射频功率			2024/4/25	2024/11/1
12.15-3-34	12.15	29.060.20	K13	GB/T 18015.1—2017	数字通信用对绞或星绞多芯对称电缆　第 1 部分：总规范	GB/T 18015.1—2007	IEC 61156-1：2002，IDT	2017/12/29	2018/7/1
12.15-3-35	12.15	29.060.20	K13	GB/T 18015.2—2007	数字通信用对绞或星绞多芯对称电缆　第 2 部分：水平层布线电缆　分规范	GB/T 18015.2—1999	IEC 61156-2：2003，IDT	2007/1/23	2007/8/1
12.15-3-36	12.15	29.060.20	K13	GB/T 18015.3—2007	数字通信用对绞或星绞多芯对称电缆　第 3 部分：工作区布线电缆　分规范	GB/T 18015.4—1999	IEC 61156-3：2003，IDT	2007/1/23	2007/8/1
12.15-3-37	12.15	29.060.20	K13	GB/T 18015.4—2007	数字通信用对绞或星绞多芯对称电缆　第 4 部分：垂直布线电缆　分规范	GB/T 18015.6—1999	IEC 61156-4：2003，IDT	2007/1/23	2007/8/1
12.15-3-38	12.15	29.060.20	K13	GB/T 18015.5—2007	数字通信用对绞或星绞多芯对称电缆　第 5 部分：具有 600MHz 及以下传输特性的对绞或星绞对称电缆　水平层布线电缆　分规范		IEC 61156-5：2002，IDT	2007/1/23	2007/8/1
12.15-3-39	12.15	29.060.20	K13	GB/T 18015.6—2007	数字通信用对绞或星绞多芯对称电缆　第 6 部分：具有 600MHz 及以下传输特性的对绞或星绞对称电缆　工作区布线电缆　分规范		IEC 61156-6：2002，IDT	2007/1/23	2007/8/1
12.15-3-40	12.15	29.060.20	K13	GB/T 18015.21—2007	数字通信用对绞或星绞多芯对称电缆　第 21 部分：水平层布线电缆　空白详细规范	GB/T 18015.3—1999	IEC 61156-2-1：2003，IDT	2007/1/23	2007/8/1
12.15-3-41	12.15	29.060.20	K13	GB/T 18015.22—2007	数字通信用对绞或星绞多芯对称电缆　第 22 部分：水平层布线电缆　能力认可　分规范		IEC 61156-2-2：2001，IDT	2007/1/23	2007/8/1
12.15-3-42	12.15	29.060.20	K13	GB/T 18015.31—2007	数字通信用对绞或星绞多芯对称电缆　第 31 部分：工作区布线电缆　空白详细规范	GB/T 18015.5—1999	IEC 61156-3-1：2003，IDT	2007/1/23	2007/8/1
12.15-3-43	12.15	29.060.20	K13	GB/T 18015.32—2007	数字通信用对绞或星绞多芯对称电缆　第 32 部分：工作区布线电缆　能力认可　分规范		IEC 61156-3-2：2001，IDT	2007/1/23	2007/8/1
12.15-3-44	12.15	29.060.20	K13	GB/T 18015.41—2007	数字通信用对绞或星绞多芯对称电缆　第 41 部分：垂直布线电缆　空白详细规范	GB/T 18015.7—1999	IEC 61156-4-1：2003，IDT	2007/1/23	2007/8/1
12.15-3-45	12.15	29.060.20	K13	GB/T 18015.42—2007	数字通信用对绞或星绞多芯对称电缆　第 42 部分：垂直布线电缆能力认可　分规范		IEC 61156-4-2：2001，IDT	2007/1/23	2007/8/1
12.15-3-46	12.15	33.040	M33	GB/T 21639—2008	基于 IP 网络的视讯会议系统总技术要求			2008/4/10	2008/11/1
12.15-3-47	12.15	33.040	M33	GB/T 21640—2008	基于 IP 网络的视讯会议系统设备互通技术要求			2008/4/10	2008/11/1

续表

序号	GW 分类	ICS 分类	GB 分类	标准号	中文名称	代替标准	采用关系	发布日期	实施日期
12.15-3-48	12.15	33.040	M33	GB/T 21642.1—2008	基于 IP 网络的视讯会议系统设备技术要求　第 1 部分：多点控制器（MC）			2008/4/10	2008/11/1
12.15-3-49	12.15	33.040	M33	GB/T 21642.2—2008	基于 IP 网络的视讯会议系统设备技术要求　第 2 部分：多点处理器（MP）			2008/4/10	2008/11/1
12.15-3-50	12.15	33.040.40	M32	GB/T 21642.3—2012	基于 IP 网络的视讯会议系统设备技术要求　第 3 部分：多点控制单元（MCU）			2012/6/29	2012/10/1
12.15-3-51	12.15	33.040.40	M32	GB/T 21642.4—2012	基于 IP 网络的视讯会议系统设备技术要求　第 4 部分：网守（GK）			2012/6/29	2012/10/1
12.15-3-52	12.15	33.040.20	M33	GB/T 24367.1—2009	自动交换光网络（ASON）节点设备技术要求　第 1 部分：基于 SDH 的 ASON 节点设备技术要求			2009/9/30	2009/12/1
12.15-3-53	12.15	33.040.40	M32	GB/T 28499.1—2012	基于 IP 网络的视讯会议终端设备技术要求　第 1 部分：基于 ITU-T H.323 协议的终端			2012/6/29	2012/10/1
12.15-3-54	12.15	31.240	K05	GB/T 28571.1—2012	电信设备机柜　第 1 部分：总规范			2012/6/29	2012/11/1
12.15-3-55	12.15	33.180.01	M33	GB/T 29232—2012	650nm 百兆以太网塑料光纤网络适配器			2012/12/31	2013/6/1
12.15-3-56	12.15	29.060.20	K13	GB/T 29839—2013	额定电压 1kV（U_m=1.2kV）及以下光纤复合低压电缆			2013/11/12	2014/3/7
12.15-3-57	12.15	29.035.20	K15	GB/T 31990.1—2015	塑料光纤电力信息传输系统技术规范　第 1 部分：技术要求			2015/9/11	2016/4/1
12.15-3-58	12.15	29.035.20	K15	GB/T 31990.2—2015	塑料光纤电力信息传输系统技术规范　第 2 部分：收发通信单元			2015/9/11	2016/4/1
12.15-3-59	12.15	29.035.20	K15	GB/T 31990.3—2015	塑料光纤电力信息传输系统技术规范　第 3 部分：光电收发模块			2015/9/11	2016/4/1
12.15-3-60	12.15	25.040.40	N11	GB/T 34037—2017	物联网差压变送器规范			2017/7/31	2018/2/1
12.15-3-61	12.15	25.040	N10	GB/T 34040—2017	工业通信网络　功能安全现场总线行规　通用规则和行规定义		IEC 61784-3：2016，IDT	2017/7/31	2018/2/1
12.15-3-62	12.15	29.020	L10	GB/T 34068—2017	物联网总体技术　智能传感器接口规范			2017/7/31	2018/2/1
12.15-3-63	12.15	29.020	L10	GB/T 34069—2017	物联网总体技术　智能传感器特性与分类			2017/7/31	2018/2/1

12

续表

序号	GW 分类	ICS 分类	GB 分类	标准号	中文名称	代替标准	采用关系	发布日期	实施日期
12.15-3-64	12.15	25.040.40	N11	GB/T 34070—2017	物联网电流变送器规范			2017/7/31	2018/2/1
12.15-3-65	12.15	25.040	N10	GB/T 34071—2017	物联网总体技术　智能传感器可靠性设计方法与评审			2017/7/31	2018/2/1
12.15-3-66	12.15	25.040.40	N11	GB/T 34072—2017	物联网温度变送器规范			2017/7/31	2018/2/1
12.15-3-67	12.15	25.040.40	N11	GB/T 34073—2017	物联网压力变送器规范			2017/7/31	2018/2/1
12.15-3-68	12.15	35.180	L70	GB/T 34980.2—2017	智能终端软件平台技术要求　第 2 部分：应用与服务			2017/11/1	2018/5/1
12.15-3-69	12.15	35.020；91.060.30	L63；P32	GB/T 36340—2018	防静电活动地板通用规范			2018/6/7	2019/1/1
12.15-3-70	12.15	35.240.15	L70	GB/T 36435—2018	信息技术　射频识别 2.45GHz 读写器通用规范			2018/6/7	2019/1/1
12.15-3-71	12.15	29.240.01	F21	GB/T 40095—2021	智能变电站测控装置技术规范			2021/5/21	2021/12/1
12.15-3-72	12.15	29.240.01	F21	GB/T 40435—2021	变电站数据通信网关机技术规范			2021/8/20	2022/3/1
12.15-3-73	12.15	33.060.40	M31	GB/T 7329—2008	电力线载波结合设备	GB/T 7329—1998	IEC 60481：1974，NEQ	2008/3/25	2008/10/1
12.15-3-74	12.15	33.180.10	M33	GB/T 7424.1—2003	光缆总规范　第 1 部分：总则	GB/T 7424.1—1998	IEC 60794-1-1：2001，MOD	2003/11/24	2004/8/1
12.15-3-75	12.15	33.180.10	M33	GB/T 7424.3—2003	光缆　第 3 部分：分规范　室外光缆		IEC 60794-3：2001，MOD	2003/7/2	2003/10/1
12.15-3-76	12.15	33.180.10	M33	GB/T 7424.4—2003	光缆　第 4 部分：分规范　光纤复合架空地线		IEC 60794-4-1：1999，NEQ	2003/11/24	2004/8/1
12.15-3-77	12.15	33.180.10	M33	GB/T 7424.5—2012	光缆　第 5 部分：分规范　用于气吹安装的微型光缆和光纤单元		IEC 60794-5：2006，MOD	2012/6/29	2012/10/1
12.15-3-78	12.15	33.040.20	M19	GB/T 7611—2016	数字网系列比特率电接口特性	GB/T 7611—2001		2016/4/25	2016/12/1
12.15-3-79	12.15	33.020	M40	GB/T 9043—2008	通信设备过电压保护用气体放电管通用技术条件	GB/T 9043—1999	ITU-TK.12：2006，NEQ	2008/3/31	2008/11/1
12.15-3-80	12.15	33.180.10	M33	GB/T 9771.1—2020	通信用单模光纤　第 1 部分：非色散位移单模光纤特性	GB/T 9771.1—2008		2020/6/2	2020/12/1
12.15-3-81	12.15	33.180.10	M33	GB/T 9771.2—2020	通信用单模光纤　第 2 部分：截止波长位移单模光纤特性	GB/T 9771.2—2008		2020/6/2	2020/12/1

续表

序号	GW 分类	ICS 分类	GB 分类	标准号	中文名称	代替标准	采用关系	发布日期	实施日期
12.15-3-82	12.15	33.180.10	M33	GB/T 9771.3—2020	通信用单模光纤　第 3 部分：波长段扩展的非色散位移单模光纤特性	GB/T 9771.3—2008		2020/6/2	2020/12/1
12.15-3-83	12.15	33.180.10	M33	GB/T 9771.4—2020	通信用单模光纤　第 4 部分：色散位移单模光纤特性	GB/T 9771.4—2008		2020/6/2	2020/12/1
12.15-3-84	12.15	33.180.10	M33	GB/T 9771.5—2020	通信用单模光纤　第 5 部分：非零色散位移单模光纤特性	GB/T 9771.5—2008		2020/6/2	2020/12/1
12.15-3-85	12.15	33.180.10	M33	GB/T 9771.6—2020	通信用单模光纤　第 6 部分：宽波长段光传输用非零色散单模光纤特性	GB/T 9771.6—2008		2020/6/2	2020/12/1
12.15-3-86	12.15	33.180.10	M33	GB/T 9771.7—2022	通信用单模光纤　第 7 部分：接入网用弯曲损耗不敏感单模光纤特性	GB/T 9771.7—2012		2022/10/12	2023/5/1
12.15-4-87	12.15	29.240.01	F21	DL/T 1100.5—2019	电力系统的时间同步系统　第 5 部分：防欺骗和抗干扰技术要求			2019/11/4	2020/5/1
12.15-4-88	12.15			DL/T 1241—2024	电力工业以太网交换机技术规范	DL/T 1241—2013		2024/5/24	2024/11/24
12.15-4-89	12.15	29.020	K00	DL/T 1336—2014	电力通信站光伏电源系统技术要求			2014/3/18	2014/8/1
12.15-4-90	12.15	29.020	K07	DL/T 1574—2016	基于以太网方式的无源光网络（EPON）系统技术条件			2016/2/5	2016/7/1
12.15-4-91	12.15	27.100	F23	DL/T 1614—2016	电力应急指挥通信车技术规范			2016/8/16	2016/12/1
12.15-4-92	12.15	29.240	K45	DL/T 1777—2017	智能变电站二次设备屏柜光纤回路技术规范			2017/12/27	2018/6/1
12.15-4-93	12.15			DL/T 1894—2024	电力光纤传感器通用规范	DL/T 1894—2018		2024/9/24	2025/3/24
12.15-4-94	12.15	33.180.99	M30	DL/T 1899.1—2018	电力架空光缆接头盒　第 1 部分：光纤复合架空地线接头盒			2018/12/25	2019/5/1
12.15-4-95	12.15	33.180.99	M30	DL/T 1899.2—2018	电力架空光缆接头盒　第 2 部分：全介质自承式光缆接头盒			2018/12/25	2019/5/1
12.15-4-96	12.15	33.180.99	M30	DL/T 1899.3—2018	电力架空光缆接头盒　第 3 部分：光纤复合架空相线接头盒			2018/12/25	2019/5/1
12.15-4-97	12.15	29.240.01	F21	DL/T 1912—2018	智能变电站以太网交换机技术规范			2018/12/25	2019/5/1
12.15-4-98	12.15	29.240	K45	DL/T 1944—2018	智能变电站手持式光数字信号试验装置技术规范			2018/12/25	2019/5/1

续表

序号	GW 分类	ICS 分类	GB 分类	标准号	中文名称	代替标准	采用关系	发布日期	实施日期
12.15-4-99	12.15	29.240	F29	DL/T 329—2010	基于 DL/T 860 的变电站低压电源设备通信接口			2011/1/9	2011/5/1
12.15-4-100	12.15	33.180.10	M30	DL/T 788—2016	全介质自承式光缆	DL/T 788—2001		2016/1/7	2016/6/1
12.15-4-101	12.15	27.100	F29	DL/T 795—2016	电力系统数字调度交换机	DL/T 795—2001		2016/12/5	2017/5/1
12.15-4-102	12.15	29.060.20	K13	NB/T 42050—2015	光纤复合中压电缆			2015/4/2	2015/9/1
12.15-4-103	12.15	83.140.30	G33	QB/T 5527—2020	城市综合管廊　通信用聚氯乙烯实壁管			2020/12/9	2021/4/1
12.15-4-104	12.15	33.200	M50	SJ/T 11423—2010	GPS 授时型接收设备通用规范			2010/12/29	2011/1/1
12.15-4-105	12.15	35.220.20	L63	SJ/T 11655—2016	信息技术　移动存储　移动硬盘通用规范			2016/4/5	2016/9/1
12.15-4-106	12.15	33.040.20	M33	YD/T 1017—2011	同步数字体系（SDH）网络节点接口	YD/T 1017—1999	ITU-T G.707/1322：2007，NEQ	2011/5/18	2011/6/1
12.15-4-107	12.15	83.080.20	M33	YD/T 1020.1—2021	电缆光缆用防蚁护套材料特性　第 1 部分：聚酰胺	YD/T 1020.1—2004		2021/3/5	2021/4/1
12.15-4-108	12.15	29.200	M41	YD/T 1095—2018	通信用交流不间断电源（UPS）	YD/T 1095—2008		2018/4/30	2018/7/1
12.15-4-109	12.15	33.040.40	M32	YD/T 1096—2023	路由器设备技术要求　边缘路由器	YD/T 1096—2009		2023/12/29	2024/4/1
12.15-4-110	12.15	33.040.40	M32	YD/T 1097—2023	路由器设备技术要求　核心路由器	YD/T 1097—2009		2023/12/29	2024/4/1
12.15-4-111	12.15	33.040.40	M32	YD/T 1099—2013	以太网交换机技术要求	YD/T 1099—2005		2013/10/17	2014/1/1
12.15-4-112	12.15	33.120.10	M42	YD/T 1174—2020	通信电缆　局用同轴电缆	YD/T 1174—2008		2020/8/31	2020/10/1
12.15-4-113	12.15	33.180.01	M33	YD/T 1183—2013	光纤模拟传输用光接收组件	YD/T 1183—2002		2013/10/17	2014/1/1
12.15-4-114	12.15	33.180.20	M33	YD/T 1198.1—2014	光纤活动连接器插芯技术条件　第 1 部分：陶瓷插芯	YD/T 1198—2002		2014/10/14	2014/10/14
12.15-4-115	12.15	33.040.40	M32	YD/T 1243.4—2008	媒体网关设备技术要求—支持多媒体业务部分			2008/3/28	2008/6/1
12.15-4-116	12.15	33.040.30	M32	YD/T 1255—2013	具有路由功能的以太网交换机技术要求	YD/T 1255—2003		2013/10/17	2014/1/1
12.15-4-117	12.15	33.180.10	M33	YD/T 1258.1—2015	室内光缆　第 1 部分：总则	YD/T 1258.1—2003		2015/4/30	2015/7/1
12.15-4-118	12.15	33.180.20	M33	YD/T 1272.4—2018	光纤活动连接器　第 4 部分：FC 型	YD/T 1272.4—2007		2018/12/21	2019/4/1
12.15-4-119	12.15	33.180.20	M33	YD/T 1272.6—2015	光纤活动连接器　第 6 部分：MC 型			2015/4/30	2015/7/1

续表

序号	GW 分类	ICS 分类	GB 分类	标准号	中文名称	代替标准	采用关系	发布日期	实施日期
12.15-4-120	12.15	33.040.40	M36	YD/T 1292—2011	基于 H.248 的媒体网关控制协议技术要求	YD/T 1292—2003	ITU-T H.248.1 v3：2005，NEQ	2011/5/18	2011/6/1
12.15-4-121	12.15	33.120.10	M42	YD/T 1319—2013	通信电缆　无线通信用 50Ω泡沫聚烯烃绝缘编织外导体射频同轴电缆	YD/T 1319—2004		2013/4/25	2013/6/1
12.15-4-122	12.15		M41	YD/T 1436—2024	室外型通信电源系统	YD/T 1436—2014		2024/4/10	2024/7/1
12.15-4-123	12.15	33.180	M33	YD/T 1437—2014	数字配线架	YD/T 1437—2006		2014/10/14	2014/10/14
12.15-4-124	12.15	33.180.10	M33	YD/T 1447—2013	通信用塑料光纤	YD/T 1447—2006		2013/4/25	2013/6/1
12.15-4-125	12.15			YD/T 1482—2006	电信设备电磁环境的分类			2006/6/8	2006/10/1
12.15-4-126	12.15	33.180.10	M33	YD/T 1485—2023	通信光缆护套用聚乙烯材料	YD/T 1485—2006		2023/8/16	2023/11/1
12.15-4-127	12.15	33.040.40	M32	YD/T 1627—2007	以太网交换机设备安全技术要求			2007/4/16	2007/10/1
12.15-4-128	12.15	33.040.40	M32	YD/T 1629—2007	具有路由功能的以太网交换机设备安全技术要求			2007/4/16	2007/10/1
12.15-4-129	12.15	33.040.40	M33	YD/T 1668—2007	STM-64 光缆线路系统技术要求			2007/7/20	2007/12/1
12.15-4-130	12.15	33.050.99	M40	YD/T 1686—2011	IP 电话终端设备语音质量及传输性能技术要求和测试方法	YD/T 1686—2007		2011/5/18	2011/6/1
12.15-4-131	12.15	33.180.20	M33	YD/T 1688.2—2010	xPON 光收发合一模块技术条件　第 2 部分：用于 EPON 光线路终端/光网络单元（OLT/ONU）的光收发合一模块			2010/12/29	2011/1/1
12.15-4-132	12.15	33.180.01	M33	YD/T 1688.3—2017	xPON 光收发合一模块技术条件　第 3 部分：用于 GPON 光线路终端/光网络单元（OLT/ONU）的光收发合一模块	YD/T 1688.3—2011		2017/4/12	2017/7/1
12.15-4-133	12.15	33.180.01	M33	YD/T 1688.7—2017	xPON 光收发合一模块技术条件　第 7 部分：内置 MAC 功能的光网络单元（ONU）光收发合一模块			2017/4/12	2017/7/1
12.15-4-134	12.15	33.040.40	M32	YD/T 1691—2007	具有内容交换功能的以太网交换机设备技术要求			2007/9/29	2008/1/1
12.15-4-135	12.15	33.040.40	M32	YD/T 1693—2007	基于光纤通道的 IP 存储交换机技术要求			2007/9/29	2008/1/1
12.15-4-136	12.15	33.040	M15	YD/T 1703—2007	电信级 IPQoS 体系架构			2007/9/29	2008/1/1

12

续表

序号	GW 分类	ICS 分类	GB 分类	标准号	中 文 名 称	代替标准	采用关系	发布日期	实施日期
12.15-4-137	12.15	33.180.99	M33	YD/T 1714—2007	密集波分复用光配线架			2007/9/29	2008/1/1
12.15-4-138	12.15	29.200	M41	YD/T 1817—2017	通信设备用直流远供电源系统	YD/T 1817—2008	IEC 60950-21：2002，NEQ	2017/4/12	2017/7/1
12.15-4-139	12.15	29.200	M41	YD/T 1818—2018	电信数据中心电源系统	YD/T 1818—2008		2018/4/30	2018/7/1
12.15-4-140	12.15	33.120.99	M42	YD/T 1819—2016	通信设备用综合集装架	YD/T 1819—2008		2016/7/11	2016/10/1
12.15-4-141	12.15	33.040.40	M32	YD/T 1905—2009	IPv6 网络设备安全技术要求　宽带网络接入服务器			2009/6/15	2009/9/1
12.15-4-142	12.15	33.040.40	M32	YD/T 1906—2009	IPv6 网络设备安全技术要求　核心路由器			2009/6/15	2009/9/1
12.15-4-143	12.15	33.040.40	M32	YD/T 1907—2009	IPv6 网络设备安全技术要求　边缘路由器			2009/6/15	2009/9/1
12.15-4-144	12.15	33.040.40	M32	YD/T 1911—2009	软交换业务接入控制设备安全技术要求和测试方法			2009/6/15	2009/9/1
12.15-4-145	12.15	33.040.40	M32	YD/T 1912—2009	基于软交换的媒体服务器设备安全技术要求和测试方法			2009/6/15	2009/9/1
12.15-4-146	12.15	33.040.40	M32	YD/T 1913—2009	基于软交换的信令网关设备安全技术要求和测试方法			2009/6/15	2009/9/1
12.15-4-147	12.15	33.040.40	M32	YD/T 1914—2009	基于软交换的应用服务器设备安全技术要求和测试方法			2009/6/15	2009/9/1
12.15-4-148	12.15	33.040.99	M30	YD/T 1922—2009	基于 H.323 协议的 IP 用户终端设备技术要求			2009/6/15	2009/9/1
12.15-4-149	12.15	33.040.99	M30	YD/T 1923—2009	基于 MGCP 协议的 IP 用户终端设备技术要求			2009/6/15	2009/9/1
12.15-4-150	12.15	33.040.99	M30	YD/T 1924—2009	基于 SIP 协议的 IP 用户终端设备技术要求			2009/6/15	2009/9/1
12.15-4-151	12.15	33.040.99	M30	YD/T 1925—2009	基于 H.248 协议的 IP 用户终端设备技术要求			2009/6/15	2009/9/1
12.15-4-152	12.15	33.040.40	M32	YD/T 1927—2009	软交换业务接入控制设备技术要求			2009/6/15	2009/9/1
12.15-4-153	12.15	33.180.10	M33	YD/T 1954—2013	接入网用弯曲损耗不敏感单模光纤特性	YD/T 1954—2009		2013/10/17	2014/1/1
12.15-4-154	12.15	29.200	M41	YD/T 1968—2021	通信局站用智能热交换系统	YD/T 1968—2009		2021/3/5	2021/4/1
12.15-4-155	12.15	29.200	M41	YD/T 1969—2020	通信局（站）用智能新风节能系统	YD/T 1969—2009		2020/12/9	2021/1/1
12.15-4-156	12.15	33.180.10	M33	YD/T 1997.1—2022	通信用引入光缆　第 1 部分：蝶形光缆	YD/T 1997.1—2014		2022/4/24	2022/7/1

续表

序号	GW 分类	ICS 分类	GB 分类	标准号	中文名称	代替标准	采用关系	发布日期	实施日期
12.15-4-157	12.15	33.180.01	M33	YD/T 1997.2—2024	通信用引入光缆　第 2 部分：圆形光缆	YD/T 1997.2—2015		2024/7/19	2025/1/1
12.15-4-158	12.15	33.180.10	M33	YD/T 1999—2021	通信用轻型自承式室外光缆	YD/T 1999—2009		2021/3/5	2021/4/1
12.15-4-159	12.15	33.180.01	M33	YD/T 2005—2017	用于光纤通道的光收发模块技术条件	YD/T 2005—2009		2017/4/12	2017/7/1
12.15-4-160	12.15	33.040.20	M33	YD/T 2022—2009	时间同步设备技术要求			2009/12/11	2010/1/1
12.15-4-161	12.15	33.040.30	M32	YD/T 2042—2009	IPv6 网络设备安全技术要求—具有路由功能的以太网交换机			2009/12/11	2010/1/1
12.15-4-162	12.15	33.040.50	M42	YD/T 2051—2024	接入网设备安全测试方法　无源光网络（PON）设备	YD/T 2051—2009		2024/4/10	2024/7/1
12.15-4-163	12.15	29.220.99	M41	YD/T 2061—2020	通信机房用恒温恒湿空调系统	YD/T 2061—2009		2020/12/9	2021/1/1
12.15-4-164	12.15	29.200	M41	YD/T 2062—2009	通信用应急电源（EPS）			2009/12/11	2010/1/1
12.15-4-165	12.15	33.180.99	M33	YD/T 2150—2020	光缆分纤箱	YD/T 2150—2010		2020/8/31	2020/10/1
12.15-4-166	12.15	33.180.20	M33	YD/T 2151.2—2013	光纤光栅色散补偿模块　第 2 部分：可调色散补偿模块			2013/4/25	2013/6/1
12.15-4-167	12.15	29.200	M41	YD/T 2165—2017	通信用模块化交流不间断电源	YD/T 2165—2010		2017/11/7	2018/1/1
12.15-4-168	12.15	33.040.40	M32	YD/T 2177—2010	基于互联网小型计算机系统接口（iSCSI）的 IP 存储设备技术要求			2010/12/29	2011/1/1
12.15-4-169	12.15	33.040.40	M33	YD/T 2273—2011	同步数字体系（SDH）STM-256 总体技术要求			2011/5/18	2011/6/1
12.15-4-170	12.15	33.180.01	M33	YD/T 2286—2011	10Gbit/s EPON 光线路终端/光网络单元（OLT/ONU）的单纤双向光组件			2011/5/18	2011/6/1
12.15-4-171	12.15	29.200	M41	YD/T 2319—2020	数据设备用网络机柜	YD/T 2319—2011		2020/12/9	2021/1/1
12.15-4-172	12.15	29.200	M41	YD/T 2343—2020	通信用前置端子阀控式铅酸蓄电池	YD/T 2343—2011		2020/4/16	2020/7/1
12.15-4-173	12.15	29.200	M41	YD/T 2344.2—2015	通信用磷酸铁锂电池组　第 2 部分：分立式电池组			2015/7/14	2015/10/1
12.15-4-174	12.15	33.040.20	M33	YD/T 2376.1—2011	传送网设备安全技术要求　第 1 部分：SDH 设备			2011/12/20	2012/2/1
12.15-4-175	12.15	33.040.20	M33	YD/T 2376.2—2011	传送网设备安全技术要求　第 2 部分：WDM 设备			2011/12/20	2012/2/1

续表

序号	GW 分类	ICS 分类	GB 分类	标准号	中 文 名 称	代替标准	采用关系	发布日期	实施日期
12.15-4-176	12.15	33.040.20	M33	YD/T 2376.3—2011	传送网设备安全技术要求　第 3 部分：基于 SDH 的 MSTP 设备			2011/12/20	2012/2/1
12.15-4-177	12.15	33.040.20	M33	YD/T 2376.5—2018	传送网设备安全技术要求　第 5 部分：OTN 设备			2018/12/21	2019/4/1
12.15-4-178	12.15	33.040.20	M33	YD/T 2376.6—2018	传送网设备安全技术要求　第 6 部分：PTN 设备			2018/12/21	2019/4/1
12.15-4-179	12.15	33.120.20	M42	YD/T 2491—2023	通信电缆物理发泡聚乙烯绝缘纵包铜带外导体辐射型泄漏同轴电缆	YD/T 2491—2013		2023/8/16	2023/11/1
12.15-4-180	12.15	33.180.01	M33	YD/T 2492—2013	40Gbit/s 强度调制光收发模块技术条件			2013/4/25	2013/6/1
12.15-4-181	12.15	33.180.01	M33	YD/T 2552—2013	10Gbit/s DWDM XFP 光收发合一模块技术条件			2013/4/25	2013/6/1
12.15-4-182	12.15	29.200	M41	YD/T 2555—2021	通信用 240V/336V 直流供电系统配电设备	YD/T 2555—2013		2021/3/5	2021/4/1
12.15-4-183	12.15	33.060	M36	YD/T 2558—2013	基于祖冲之算法的 LTE 终端和网络设备安全技术要求			2013/7/22	2013/10/1
12.15-4-184	12.15	33.030	M32	YD/T 2601—2013	支持 IPv6 访问的 Web 服务器的技术要求和测试方法			2013/10/17	2014/1/1
12.15-4-185	12.15	33.030	M21	YD/T 2637.1—2013	自组织网络支持应急通信　第 1 部分：业务要求			2013/10/17	2014/1/1
12.15-4-186	12.15	33.030	M21	YD/T 2637.2—2013	自组织网络支持应急通信　第 2 部分：初始化、准入和恢复机制			2013/10/17	2014/1/1
12.15-4-187	12.15	33.030	M21	YD/T 2637.3—2013	自组织网络支持应急通信　第 3 部分：节点要求			2013/10/17	2014/1/1
12.15-4-188	12.15	33.030	M21	YD/T 2637.4—2013	自组织网络支持应急通信　第 4 部分：组网安全要求			2013/10/17	2014/1/1
12.15-4-189	12.15	33.030	M21	YD/T 2637.5—2013	自组织网络支持应急通信　第 5 部分：与现有网络的互联互通要求			2013/10/17	2014/1/1
12.15-4-190	12.15	33.180.01	M33	YD/T 2652—2013	10GGPON 光线路终端/光网络单元（OLT/ONU）的单纤双向光组件			2013/10/17	2014/1/1
12.15-4-191	12.15	29.200	M41	YD/T 2657—2021	通信用高温型阀控式铅酸蓄电池	YD/T 2657—2013		2021/12/2	2022/4/1

续表

序号	GW 分类	ICS 分类	GB 分类	标准号	中 文 名 称	代替标准	采用关系	发布日期	实施日期
12.15-4-192	12.15	33.040.20	M33	YD/T 2713—2014	光传送网（OTN）保护技术要求			2014/10/14	2014/10/14
12.15-4-193	12.15	33.180.20	M33	YD/T 2718—2014	波长选择开关技术（WSS）技术条件			2014/10/14	2014/10/14
12.15-4-194	12.15	33.180.01	M33	YD/T 2759.2—2020	单纤双向光收发合一模块　第 2 部分：25Gbit/s			2020/8/31	2020/10/1
12.15-4-195	12.15	33.180.01	M33	YD/T 2759—2014	10Gbit/s 单纤双向光收发合一模块			2014/10/14	2014/10/14
12.15-4-196	12.15	33.180.01	M33	YD/T 2760—2014	千兆以太网铜缆小型化可插拔收发模块技术条件			2014/10/14	2014/10/14
12.15-4-197	12.15	33.180.99	M33	YD/T 2795.3—2015	智能光分配网络　光配线设施　第 3 部分：智能光缆分纤箱			2015/4/30	2015/4/30
12.15-4-198	12.15	33.180.01	M33	YD/T 2796.1—2015	并行传输有源光缆光模块　第 1 部分：4×10Gb/s AOC			2015/4/30	2015/7/1
12.15-4-199	12.15	33.180.10	M33	YD/T 2797.1—2015	通信用光纤预制棒技术要求　第 1 部分：波长段扩展的非色散位移单模光纤预制棒			2015/4/30	2015/4/30
12.15-4-200	12.15	33.180.01	M33	YD/T 2804.1—2015	40Gbps/100Gbps 强度调制可插拔光收发合一模块　第 1 部分：4×10Gbps			2015/4/30	2015/7/1
12.15-4-201	12.15	33.180.01	M33	YD/T 2804.2—2015	40Gbps/100Gbps 强度调制可插拔光收发合一模块　第 2 部分：4×25Gbps			2015/4/30	2015/7/1
12.15-4-202	12.15	33.180.01	M33	YD/T 2804.3—2015	40Gbit/s/100Gbit/s 强度调制可插拔光收发合一模块　第 3 部分：10×10Gbit/s			2015/4/30	2015/7/1
12.15-4-203	12.15	33.180.01	M33	YD/T 2804.4—2015	40Gbps/100Gbps 强度调制可插拔光收发合一模块　第 4 部分：软件管理接口			2015/4/30	2015/7/1
12.15-4-204	12.15	33.040.40	M32	YD/T 2928—2015	路由器设备技术要求集群路由器			2015/7/14	2015/10/1
12.15-4-205	12.15	33.180.01	M33	YD/T 2968—2015	光通信用 40Gbit/s PIN-TIA 光接收组件			2015/10/14	2016/1/1
12.15-4-206	12.15	33.180.01	M33	YD/T 2969.4—2019	100Gbit/s 双偏振正交相移键控（DP-QPSK）光收发模块　第 4 部分：CFP2-DCO 光模块			2019/11/11	2020/1/1
12.15-4-207	12.15	33.180.10	M33	YD/T 3124—2016	宽带接入用光纤/同轴/对绞混合缆			2016/7/11	2016/10/1
12.15-4-208	12.15	33.180.01	M33	YD/T 3125.1—2023	通信用增强型 SFP 光收发合一模块（SFP+）　第 1 部分：8.5Gbit/s 和 10Gbit/s	YD/T 3125.1—2016		2023/12/29	2024/4/1

12

续表

序号	GW 分类	ICS 分类	GB 分类	标准号	中 文 名 称	代替标准	采用关系	发布日期	实施日期
12.15-4-209	12.15	33.180.01	M33	YD/T 3125.3—2021	通信用增强型 SFP 光收发合一模块（SFP+） 第 3 部分：可调谐 10Gb/s			2021/3/5	2021/4/1
12.15-4-210	12.15	33.180.99	M33	YD/T 3128—2016	通信用基于波长检测的光纤布拉格光栅			2016/7/11	2016/10/1
12.15-4-211	12.15	33.180.01	M33	YD/T 3130—2016	通信用智能小型化热插拔（Smart SFP）光收发合一模块			2016/7/11	2016/10/1
12.15-4-212	12.15	33.180.01	M33	YD/T 3250—2017	智能光分配网络 光纤活动连接器			2017/4/12	2017/7/1
12.15-4-213	12.15	33.040.40	M32	YD/T 3292—2017	整机柜服务器总体技术要求			2017/11/7	2018/1/1
12.15-4-214	12.15	33.040.40	M32	YD/T 3293—2017	整机柜服务器供电子系统技术要求			2017/11/7	2018/1/1
12.15-4-215	12.15	33.040.40	M32	YD/T 3294—2017	整机柜服务器管理子系统技术要求			2017/11/7	2018/1/1
12.15-4-216	12.15	33.040.40	M32	YD/T 3295—2017	整机柜服务器节点子系统技术要求			2017/11/7	2018/1/1
12.15-4-217	12.15	33.180.01	M33	YD/T 3350.2—2024	通信用全干式室外光缆 第 2 部分：中心管式			2024/7/19	2024/10/1
12.15-4-218	12.15	33.180.01	M33	YD/T 3356.2—2020	100Gb/s 及以上速率光收发组件 第 2 部分：4×25Gb/s LR4			2020/8/31	2020/10/1
12.15-4-219	12.15	33.180.10	M33	YD/T 3537—2019	通信有源光缆（AOC）用线缆			2019/11/11	2020/1/1
12.15-4-220	12.15	33.180.01	M33	YD/T 3540—2019	集成式光功率检测器（IPM）			2019/11/11	2020/1/1
12.15-4-221	12.15	33.060.20	M37	YD/T 3630—2020	LTE 数字蜂窝移动通信网终端设备技术要求（第二阶段）			2020/4/16	2020/7/1
12.15-4-222	12.15	33.060	M36	YD/T 3701—2020	1.8GHz 无线接入系统终端设备射频技术要求和测试方法			2020/4/16	2020/7/1
12.15-4-223	12.15	33.180.01	M33	YD/T 3712.1—2020	200Gbit/s 强度调制光收发合一模块 第 1 部分：4×50Gbit/s			2020/4/16	2020/7/1
12.15-4-224	12.15	33.180.01	M33	YD/T 3713—2020	50Gbit/s PAM4 调制光收发合一模块			2020/4/16	2020/7/1
12.15-4-225	12.15	33.180.01	M33	YD/T 3714.1—2020	光缆在线监测 OTDR 模块 第 1 部分：DWDM 系统用			2020/4/16	2020/7/1
12.15-4-226	12.15	33.180.01	M33	YD/T 3715—2020	IP 视频光传输模块			2020/4/16	2020/7/1
12.15-4-227	12.15	33.120.10	L26	YD/T 3716—2020	通信电缆 聚四氟乙烯绝缘射频同轴电缆 藕芯绝缘编织浸锡外导体型			2020/4/16	2020/7/1

续表

序号	GW 分类	ICS 分类	GB 分类	标准号	中 文 名 称	代替标准	采用关系	发布日期	实施日期
12.15-4-228	12.15	29.060.20	K13	YD/T 3717—2020	通信电源用铝合金导体阻燃软电缆			2020/4/16	2020/7/1
12.15-4-229	12.15	33.180.01	M33	YD/T 3830.1—2021	200Gb/s 相位调制光收发合一模块　第 1 部分：DP-QPSK			2021/3/5	2021/4/1
12.15-4-230	12.15	33.180.01	M33	YD/T 3830.2—2021	200Gb/s 相位调制光收发合一模块　第 2 部分：DP-8QAM			2021/3/5	2021/4/1
12.15-4-231	12.15	33.180.01	M33	YD/T 3830.3—2021	200Gb/s 相位调制光收发合一模块　第 3 部分：DP-16QAM			2021/3/5	2021/4/1
12.15-4-232	12.15	33.180.99	M33	YD/T 3832—2021	通信电缆光缆用阻燃聚乙烯材料			2021/3/5	2021/4/1
12.15-4-233	12.15	31.220.20	M41	YD/T 3894—2021	通信局（站）用电源浪涌保护器专用脱离器			2021/5/17	2021/7/1
12.15-4-234	12.15	29.220	M41	YD/T 3895—2021	通信用钛酸锂电池组			2021/5/17	2021/7/1
12.15-4-235	12.15	29.060.20	M33	YD/T 760—2023	通信电缆用聚烯烃绝缘料	YD/T 760—1995		2023/8/16	2023/11/1
12.15-4-236	12.15	29.200	M41	YD/T 777—2021	通信用逆变设备	YD/T 777—2006		2021/5/17	2021/7/1
12.15-4-237	12.15	33.180.99	M33	YD/T 778—2011	光纤配线架	YD/T 778—2006		2011/5/18	2011/6/1
12.15-4-238	12.15	33.180.99	M42	YD/T 814.1—2013	光缆接头盒　第 1 部分：室外光缆接头盒	YD/T 814.1—2004		2013/4/25	2013/6/1
12.15-4-239	12.15	33.180.99	M42	YD/T 814.4—2007	光缆接头盒　第 4 部分：微型光缆接头盒			2007/4/16	2007/10/1
12.15-4-240	12.15	33.180.99	M42	YD/T 815—2015	通信用光缆线路监测尾缆	YD/T 815—1996		2015/10/14	2016/1/1
12.15-4-241	12.15	33.120.20	M42	YD/T 838.1—2016	数字通信用对绞/星绞对称电缆　第 1 部分：总则	YD/T 838.1—2003	IEC 61156-1:2009，NEQ	2016/1/15	2016/4/1
12.15-4-242	12.15	33.120.20	M42	YD/T 838.2—2016	数字通信用对绞/星绞对称电缆　第 2 部分：水平对绞电缆	YD/T 838.2—2003	IEC 61156-5-2012，NEQ	2016/1/15	2016/4/1
12.15-4-243	12.15	33.120.20	M42	YD/T 838.3—2016	数字通信用对绞/星绞对称电缆　第 3 部分：工作区对绞电缆	YD/T 838.3—2003	IEC 61156-6-2012，NEQ	2016/1/15	2016/4/1
12.15-4-244	12.15	33.120.20	M42	YD/T 838.4—2016	数字通信用对绞/星绞对称电缆　第 4 部分：主干对绞电缆	YD/T 838.4—2003	IEC 61156-4-2009，NEQ	2016/1/15	2016/4/1
12.15-4-245	12.15	33.180.99	M33	YD/T 925—2009	光缆终端盒	YD/T 925—1997		2009/6/15	2009/9/1
12.15-4-246	12.15	33.180.10	M33	YD/T 981.2—2009	接入网用光纤带光缆　第 2 部分：中心管式	YD/T 981.2—1998		2009/6/15	2009/9/1

续表

序号	GW 分类	ICS 分类	GB 分类	标准号	中文名称	代替标准	采用关系	发布日期	实施日期
12.15-4-247	12.15	33.180.10	M33	YD/T 981.3—2009	接入网用光纤带光缆　第 3 部分：松套层绞式	YD/T 981.3—1998		2009/12/11	2010/1/1
12.15-4-248	12.15	33.180.99	M33	YD/T 988—2015	通信光缆交接箱	YD/T 988—2007		2015/10/14	2016/1/1
12.15-4-249	12.15			YDC 001—2000	SDH 上传送 IP（IPoverSDH）的 LAPS 技术要求			2000/1/1	2000/1/1
12.15-5-250	12.15			EN 50411—2—2：2012	光纤系统中使用的纤维组织和闭合　第 2-2 部分：密封盘纤维结合闭合类型 1、类型 S&A			2012/11/1	2012/11/1
12.15-5-251	12.15			IEC 60445：2021	人机界面、标记和识别的基本和安全原则　设备端子、导体端接和导体的识别			2021/7/16	2021/7/16
12.15-5-252	12.15	33.040；33.160；35.100.10		IEC 60728-7-1：2003/AMD1：2015 CSV	电视信号、声音信号和交互信号设备用电缆网络　第 7-1 部分：混合光纤同轴电缆外部线缆状况监测　物理层规范			2015/4/29	2015/4/29
12.15-5-253	12.15			IEC 60793-2-10：2019/AMD1：2022 CSV	光纤　第 2-10 部分：产品规范第 A1 类多模光纤分规范　第 5 版			2022/1/27	2022/1/27
12.15-5-254	12.15	33.180.10		IEC 60793-2-20：2015	光纤　第 2-20 部分：产品规格-A2 类多模光纤的截面规范	IEC 60793-2-20：2007		2015/11/19	2015/11/19
12.15-5-255	12.15			IEC 60793-2-40：2021	光纤　第 2-40 部分：产品规范第 A4 类多模光纤分规范　第 4 版			2021/2/25	2021/2/25
12.15-5-256	12.15			IEC 60793-2-50：2018	光纤　第 2-50 部分：产品规范第 B 级单模光纤分规范　第 5 版			2018/12/14	2018/12/14
12.15-5-257	12.15	33.180.10		IEC 60794-3-21：2015	光纤电缆　第 3-21 部分：室外电缆　用于场所布线的光自支撑架空通信电缆的产品规范	IEC 60794-3-21：2005		2015/11/19	2015/11/19
12.15-5-258	12.15	33.200	M54	IEC 60870-5-101：2003	远程控制设备和系统　第 5 部分：传输协议　第 101 节：基本遥控工作的副标准	IEC 60870-5-101：1995；IEC 60870-5-101/AMD 1：2000；IEC 60870-5-101/AMD 2：2001；IEC 57/605/FDIS：2002		2015/11/26	2015/11/26
12.15-5-259	12.15	33.180.20	M33	IEC 61753-088-2：2013	光纤互连设备和无源元件　性能标准　第 88-2 部分：C 类带有 800GHz 信道间隔的非连接单模光纤局域网（LAN）波分多路复用（WDM）设备　受控环境	IEC PAS 61753-088-2：2010；IEC 86 B/3549/FDIS：2012		2013/3/18	2013/3/18

12

续表

序号	GW 分类	ICS 分类	GB 分类	标准号	中　文　名　称	代替标准	采用关系	发布日期	实施日期
12.15-5-260	12.15			IEC 61977：2020	光纤互连器件和无源元件　光学纤维过滤器　通用规范　版 3.0			2020/4/9	2020/4/9
12.15-5-261	12.15	33.180.01		IEC 62614-1：2020	光纤　多模发射条件　第 1 部分：测量多模衰减的发射条件要求			2020/4/9	2020/4/9
12.15-5-262	12.15	33.180.01		IEC TR 62614-2：2015	光纤　多模发射条件　第 2 部分：确定测量多模衰减的发射条件要求			2015/7/23	2015/7/23
12.15-5-263	12.15	33.180.01；33.180.20	M33	IEC TR 62627-03-01：2011	光纤互连设备和无源元件　第 3-01 部分：可靠性　温度和湿度循环器件连接器的纤维活塞故障用验收试验的设计：界限分析	IEC 86 B/2996/DTR：2010		2011/4/7	2011/4/7
12.15-5-264	12.15	35.110；35.200		IEEE 802.16M：2011	信息技术　标准　系统间远程通信和信息交换　局域网和城域网　专门要求　第 16 部分：固定和移动宽频无线存取系统用法空中接口　高级空中接口			2011/5/6	2011/5/6
12.15-5-265	12.15			ITU-T L 12：2008	光纤接合	ITU-T L 12：2000		2008/3/8	2008/3/8
12.15-6-266	12.15	33.040.40		T/CEC 337.1—2020	2MHz～12MHz 低压电力线高速载波通信系统　第 1 部分：总则			2020/6/30	2020/10/1

12.16　设备材料-验收

序号	GW 分类	ICS 分类	GB 分类	标准号	中　文　名　称	代替标准	采用关系	发布日期	实施日期
12.16-2-1	12.16	29.240		Q/GDW 10198—2016	1000kV 母线装置施工及验收规范	Q/GDW 198—2008		2017/5/25	2017/5/25
12.16-2-2	12.16	29.240		Q/GDW 10213—2024	变电站计算机监控系统工厂验收管理规程	Q/GDW 1213—2014		2024/1/19	2024/1/19
12.16-2-3	12.16	29.240		Q/GDW 10214—2024	变电站计算机监控系统现场验收管理规程	Q/GDW 1214—2014		2024/1/19	2024/1/19
12.16-2-4	12.16	29.240	F20	Q/GDW 10539—2024	变电设备在线监测系统安装验收规范	Q/GDW 539—2010		2024/12/31	2024/12/31
12.16-2-5	12.16	25.040.30		Q/GDW 11515—2016	变电站智能机器人巡检系统验收规范			2016/11/25	2016/11/25
12.16-2-6	12.16	29.240		Q/GDW 11554—2016	统一潮流控制器一次设备验收技术规范			2017/2/28	2017/2/28
12.16-2-7	12.16	29.240		Q/GDW 11584—2016	抽水蓄能电站水泵水轮机模型验收试验导则			2017/5/18	2017/5/18
12.16-2-8	12.16	27.140		Q/GDW 11585—2016	抽水蓄能电站主要机电设备出厂验收规范			2017/5/18	2017/5/18
12.16-2-9	12.16	29.240		Q/GDW 11651.1—2017	变电站设备验收规范　第 1 部分：油浸式变压器（电抗器）			2017/12/22	2017/12/22

续表

序号	GW 分类	ICS 分类	GB 分类	标准号	中　文　名　称	代替标准	采用关系	发布日期	实施日期
12.16-2-10	12.16	29.240		Q/GDW 11651.2—2017	变电站设备验收规范　第 2 部分：断路器			2017/12/22	2017/12/22
12.16-2-11	12.16	29.240	K43	Q/GDW 11651.3—2016	变电站设备验收规范　第 3 部分：组合电器			2017/10/17	2017/10/17
12.16-2-12	12.16	29.240		Q/GDW 11651.4—2017	变电站设备验收规范　第 4 部分：隔离开关			2017/12/22	2017/12/22
12.16-2-13	12.16	29.240	K43	Q/GDW 11651.5—2017	变电站设备验收规范　第 5 部分：开关柜			2017/12/22	2017/12/22
12.16-2-14	12.16	29.240		Q/GDW 11651.6—2016	变电站设备验收规范　第 6 部分：电流互感器			2017/10/17	2017/10/17
12.16-2-15	12.16	29.240		Q/GDW 11651.7—2016	变电站设备验收规范　第 7 部分：电压互感器			2017/10/17	2017/10/17
12.16-2-16	12.16	29.240		Q/GDW 11651.8—2016	变电站设备验收规范　第 8 部分：避雷器			2017/10/17	2017/10/17
12.16-2-17	12.16	29.240		Q/GDW 11651.9—2016	变电站设备验收规范　第 9 部分：并联电容器组			2017/10/17	2017/10/17
12.16-2-18	12.16	29.240	K43	Q/GDW 11651.10—2017	变电站设备验收规范　第 10 部分：干式电抗器			2017/12/22	2017/12/22
12.16-2-19	12.16	29.240	K43	Q/GDW 11651.11—2017	变电站设备验收规范　第 11 部分：串联补偿装置			2017/12/22	2017/12/22
12.16-2-20	12.16	29.240		Q/GDW 11651.12—2017	变电站设备验收规范　第 12 部分：母线及绝缘子			2017/12/22	2017/12/22
12.16-2-21	12.16	29.240		Q/GDW 11651.13—2017	变电站设备验收规范　第 13 部分：穿墙套管			2017/12/22	2017/12/22
12.16-2-22	12.16	29.240		Q/GDW 11651.14—2018	变电站设备验收规范　第 14 部分：电力电缆			2020/4/3	2020/4/3
12.16-2-23	12.16	29.240	K43	Q/GDW 11651.15—2017	变电站设备验收规范　第 15 部分：消弧线圈			2017/12/22	2017/12/22
12.16-2-24	12.16	29.240		Q/GDW 11651.16—2018	变电站设备验收规范　第 16 部分：高频阻波器			2020/4/3	2020/4/3
12.16-2-25	12.16	31.060.70	K42	Q/GDW 11651.17—2017	变电站设备验收规范　第 17 部分：耦合电容器			2017/12/22	2017/12/22
12.16-2-26	12.16	29.240		Q/GDW 11651.18—2018	变电站设备验收规范　第 18 部分：高压熔断器			2020/4/3	2020/4/3
12.16-2-27	12.16	29.240		Q/GDW 11651.19—2017	变电站设备验收规范　第 19 部分：中性点隔直装置			2017/12/22	2017/12/22
12.16-2-28	12.16	29.240		Q/GDW 11651.20—2021	变电站设备验收规范　第 20 部分：接地装置			2022/1/28	2022/1/28
12.16-2-29	12.16	29.240	K43	Q/GDW 11651.21—2017	变电站设备验收规范　第 21 部分：端子箱及检修电源箱			2017/12/22	2017/12/22

续表

序号	GW 分类	ICS 分类	GB 分类	标准号	中文名称	代替标准	采用关系	发布日期	实施日期
12.16-2-30	12.16	29.240	K43	Q/GDW 11651.22—2017	变电站设备验收规范　第 22 部分：站用变			2017/12/22	2017/12/22
12.16-2-31	12.16	29.240		Q/GDW 11651.23—2017	变电站设备验收规范　第 23 部分：站用交流电源系统			2017/12/22	2017/12/22
12.16-2-32	12.16	29.240		Q/GDW 11651.24—2017	变电站设备验收规范　第 24 部分：站用直流电源系统			2017/12/22	2017/12/22
12.16-2-33	12.16	29.240	K43	Q/GDW 11651.25—2017	变电站设备验收规范　第 25 部分：构支架			2017/12/22	2017/12/22
12.16-2-34	12.16	29.240		Q/GDW 11651.26—2017	变电站设备验收规范　第 26 部分：辅助设施			2017/12/22	2017/12/22
12.16-2-35	12.16	29.240		Q/GDW 11651.28—2017	变电站设备验收规范　第 28 部分：避雷针			2017/12/22	2017/12/22
12.16-2-36	12.16	29.240	TM411	Q/GDW 11652.1—2016	换流站设备验收规范　第 1 部分：换流变压器			2017/10/17	2017/10/17
12.16-2-37	12.16	29.240		Q/GDW 11652.4—2016	换流站设备验收规范　第 4 部分：换流阀			2017/10/17	2017/10/17
12.16-2-38	12.16	29.240		Q/GDW 11652.5—2016	换流站设备验收规范　第 5 部分：直流断路器			2017/10/17	2017/10/17
12.16-2-39	12.16	29.240		Q/GDW 11652.6—2016	换流站设备验收规范　第 6 部分：直流隔离开关			2017/10/17	2017/10/17
12.16-2-40	12.16	29.240		Q/GDW 11652.7—2016	换流站设备验收规范　第 7 部分：直流分压器			2017/10/17	2017/10/17
12.16-2-41	12.16	29.240		Q/GDW 11652.8—2016	换流站设备验收规范　第 8 部分：光电式电流互感器			2017/10/17	2017/10/17
12.16-2-42	12.16	29.240		Q/GDW 11652.9—2016	换流站设备验收规范　第 9 部分：零磁通电流互感器			2017/10/17	2017/10/17
12.16-2-43	12.16	29.240		Q/GDW 11652.11—2016	换流站设备验收规范　第 11 部分：交直流滤波器			2017/10/17	2017/10/17
12.16-2-44	12.16	29.240		Q/GDW 11652.13—2016	换流站设备验收规范　第 13 部分：直流控制保护系统			2017/10/17	2017/10/17
12.16-2-45	12.16	29.240		Q/GDW 11652.14—2016	换流站设备验收规范　第 14 部分：阀控系统			2017/10/17	2017/10/17
12.16-2-46	12.16	29.240		Q/GDW 11652.15—2016	换流站设备验收规范　第 15 部分：阀内水冷系统			2017/10/17	2017/10/17
12.16-2-47	12.16	29.240		Q/GDW 11652.18—2016	换流站设备验收规范　第 18 部分：站用交流电源系统			2017/10/17	2017/10/17

续表

序号	GW 分类	ICS 分类	GB 分类	标准号	中 文 名 称	代替标准	采用关系	发布日期	实施日期
12.16-2-48	12.16	29.240		Q/GDW 11652.20—2016	换流站设备验收规范　第 20 部分：消防系统			2017/10/17	2017/10/17
12.16-2-49	12.16	29.240		Q/GDW 11652.21—2016	换流站设备验收规范　第 21 部分：空调系统			2017/10/17	2017/10/17
12.16-2-50	12.16	29.240		Q/GDW 11652.22—2016	换流站设备验收规范　第 22 部分：辅助设施			2017/10/17	2017/10/17
12.16-2-51	12.16	29.240		Q/GDW 12022—2019	柔性直流电网换流阀验收规范			2020/11/27	2020/11/27
12.16-2-52	12.16	29.160.01		Q/GDW 12024.1—2019	快速动态响应同步调相机组验收规范　第 1 部分：主机（含盘车）			2020/11/27	2020/11/27
12.16-2-53	12.16	29.160.01		Q/GDW 12024.2—2019	快速动态响应同步调相机组验收规范　第 2 部分：封母、出线罩及中性点接地变			2020/11/27	2020/11/27
12.16-2-54	12.16	29.160.01		Q/GDW 12024.3—2019	快速动态响应同步调相机组验收规范　第 3 部分：空冷系统			2020/11/27	2020/11/27
12.16-2-55	12.16	29.160.01		Q/GDW 12024.4—2019	快速动态响应同步调相机组验收规范　第 4 部分：内冷水系统			2020/11/27	2020/11/27
12.16-2-56	12.16	29.160.01		Q/GDW 12024.5—2019	快速动态响应同步调相机组验收规范　第 5 部分：外冷水系统			2020/11/27	2020/11/27
12.16-2-57	12.16	29.160.01		Q/GDW 12024.6—2019	快速动态响应同步调相机组验收规范　第 6 部分：除盐水系统			2020/11/27	2020/11/27
12.16-2-58	12.16	29.160.01		Q/GDW 12024.7—2019	快速动态响应同步调相机组验收规范　第 7 部分：润滑油系统			2020/11/27	2020/11/27
12.16-2-59	12.16	29.160.01		Q/GDW 12024.8—2019	快速动态响应同步调相机组验收规范　第 8 部分：静止变频器（SFC）			2020/11/27	2020/11/27
12.16-2-60	12.16	29.160.01		Q/GDW 12024.9—2019	快速动态响应同步调相机组验收规范　第 9 部分：励磁系统			2020/11/27	2020/11/27
12.16-2-61	12.16	29.160.01		Q/GDW 12024.10—2019	快速动态响应同步调相机组验收规范　第 10 部分：同期装置			2020/11/27	2020/11/27
12.16-2-62	12.16	29.160.01		Q/GDW 12024.11—2019	快速动态响应同步调相机组验收规范　第 11 部分：分布式控制系统（DCS）			2020/11/27	2020/11/27
12.16-2-63	12.16	29.160.01		Q/GDW 12024.12—2019	快速动态响应同步调相机组验收规范　第 12 部分：调变组保护装置			2020/11/27	2020/11/27

12

续表

序号	GW 分类	ICS 分类	GB 分类	标准号	中 文 名 称	代替标准	采用关系	发布日期	实施日期
12.16-2-64	12.16	29.240		Q/GDW 12221—2022	柔性直流系统直流断路器验收规范			2022/5/13	2022/5/13
12.16-2-65	12.16	29.240		Q/GDW 567—2010	配电自动化系统验收技术规范			2010/12/30	2010/12/30
12.16-2-66	12.16	29.240		Q/GDW 753.1—2012	智能设备交接验收规范 第 1 部分：一次设备状态监测			2012/6/11	2012/6/11
12.16-2-67	12.16	29.240		Q/GDW 753.2—2012	智能设备交接验收规范 第 2 部分：电子式互感器			2012/6/11	2012/6/11
12.16-2-68	12.16	29.240		Q/GDW 753.4—2012	智能设备交接验收规范 第 4 部分：站用交直流一体化电源			2012/6/11	2012/6/11
12.16-3-69	12.16	19.020；29.020；29.035.01	K15	GB/T 11026.10—2019	电气绝缘材料 耐热性 第 10 部分：利用分析试验方法加速确定相对耐热指数（RTEA） 基于活化能计算的导则		IEC/TS 60216-7-1：2015，MOD	2019/6/4	2020/1/1
12.16-3-70	12.16	25.160.20	J33	GB/T 25776—2010	焊接材料焊接工艺性能评定方法			2010/12/23	2011/6/1
12.16-3-71	12.16	25.040.40	N10	GB/T 25921—2010	电气和仪表回路检验规范		IEC 62382：2006，IDT	2011/1/14	2011/5/1
12.16-3-72	12.16	29.100.01	K97	GB/T 26167—2010	电机专用设备检测方法			2011/1/14	2011/7/1
12.16-3-73	12.16	23.060.01	J16	GB/T 26480—2011	阀门的检验和试验		API 598：2009，MOD	2011/5/12	2011/10/1
12.16-3-74	12.16			GB 50147—2010	电气装置安装工程 高压电器施工及验收规范	GBJ 147—1990		2010/5/31	2010/12/1
12.16-3-75	12.16			GB 50148—2010	电气装置安装工程 电力变压器、油浸电抗器、互感器施工及验收规范	GBJ 148—1990		2010/5/31	2010/12/1
12.16-3-76	12.16			GB 50149—2010	电气装置安装工程 母线装置施工及验收规范	GBJ 149—1990		2010/11/3	2011/10/1
12.16-3-77	12.16			GB 50169—2016	电气装置安装工程 接地装置施工及验收规范	GB 50169—2006		2016/8/18	2017/4/1
12.16-3-78	12.16			GB 50170—2018	电气装置安装工程 旋转电机施工及验收标准	GB 50170—2006		2018/11/8	2019/5/1
12.16-3-79	12.16			GB 50171—2012	电气装置安装工程 盘、柜及二次回路接线施工及验收规范	GB 50171—1992		2012/5/28	2012/12/1
12.16-3-80	12.16			GB 50172—2012	电气装置安装工程 蓄电池施工及验收规范	GB 50172—1992		2012/5/28	2012/12/1
12.16-3-81	12.16			GB 50202—2018	建筑地基基础工程施工质量验收标准	GB 50202—2002		2018/3/16	2018/10/1
12.16-3-82	12.16			GB 50205—2020	钢结构工程施工质量验收标准	GB 50205—2001		2020/1/16	2020/8/1

序号	GW 分类	ICS 分类	GB 分类	标准号	中 文 名 称	代替标准	采用关系	发布日期	实施日期
12.16-3-83	12.16			GB/T 50224—2018	建筑防腐蚀工程施工质量验收标准	GB 50224—2010		2018/11/8	2019/4/1
12.16-3-84	12.16			GB 50231—2009	机械设备安装工程施工及验收通用规范	GB 50231—1998		2009/3/19	2009/10/1
12.16-3-85	12.16			GB 50254—2014	电气装置安装工程　低压电器施工及验收规范	GB 50254—1996		2014/3/31	2014/12/1
12.16-3-86	12.16			GB 50255—2014	电气装置安装工程　电力变流设备施工及验收规范	GB 50255—1996		2014/1/29	2014/10/1
12.16-3-87	12.16			GB 50256—2014	电气装置安装工程　起重机电气装置施工及验收规范			2014/12/2	2015/8/1
12.16-3-88	12.16			GB 50257—2014	电气装置安装工程　爆炸和火灾危险环境电气装置施工及验收规范			2014/12/2	2015/8/1
12.16-4-89	12.16	29.180	K41	DL/T 1544—2016	电子式互感器现场交接验收规范			2016/1/7	2016/6/1
12.16-4-90	12.16	29.240	F20	DL/T 1846—2018	变电站机器人巡检系统验收规范			2018/4/3	2018/7/1
12.16-4-91	12.16	27.100	F20	DL/T 2054—2019	电力建设焊接接头金相检验与评定技术导则			2019/11/4	2020/5/1
12.16-4-92	12.16			DL/T 2463—2021	变电站室内轨道式巡检机器人系统验收规范			2021/12/22	2022/6/22
12.16-4-93	12.16	29.240.01	K40	DL/T 2609—2023	主动干预型消弧装置验收运维规范			2023/5/26	2023/11/26
12.16-4-94	12.16	29.240	F22	DL/T 377—2010	高压直流设备验收试验			2010/5/24	2010/10/1
12.16-4-95	12.16	29.240.01	F22	DL/T 399—2020	直流输电工程主要设备监理导则	DL/T 399—2010		2020/10/23	2021/2/1
12.16-4-96	12.16		F29	DL/T 543—2023	火电厂水处理设备验收导则	DL/T 543—2009		2023/10/11	2024/4/11
12.16-4-97	12.16	29.240.01	F21	DL/T 5781—2018	配电自动化系统验收技术规范			2018/12/25	2019/5/1
12.16-4-98	12.16	29.240	P60/64	DL/T 5866—2023	电气装置安装工程盘、柜及二次回路接线施工及验收规范			2023/12/28	2024/6/28
12.16-4-99	12.16	93.160	P58	SL 297—2004	防汛储备物资验收标准			2004/4/16	2004/5/20

12.17 设备材料-其他

序号	GW 分类	ICS 分类	GB 分类	标准号	中 文 名 称	代替标准	采用关系	发布日期	实施日期
12.17-2-1	12.17	29.240		Q/GDW 10164—2019	1000kV 配电装置构支架制作施工及验收规范	Q/GDW 164—2007		2020/7/3	2020/7/3
12.17-2-2	12.17	29.240		Q/GDW 10415—2019	电磁式电压互感器用非线性电阻型消谐器技术规范	Q/GDW 415—2010		2020/11/9	2020/11/9

续表

序号	GW 分类	ICS 分类	GB 分类	标准号	中 文 名 称	代替标准	采用关系	发布日期	实施日期
12.17-2-3	12.17	29.240	F20	Q/GDW 10576.1—2024	站用交直流电源系统技术规范　第 1 部分：系统组成和总体要求			2024/12/31	2024/12/31
12.17-2-4	12.17	29.240	K81	Q/GDW 10576.2—2024	站用交直流电源系统技术规范　第 2 部分：交流电源系统			2024/12/31	2024/12/31
12.17-2-5	12.17	29.220.20	F20	Q/GDW 10576.4—2024	站用交直流电源系统技术规范　第 4 部分：阀控式铅酸蓄电池			2024/12/31	2024/12/31
12.17-2-6	12.17	29.240		Q/GDW 10634—2018	电力复合脂技术条件	Q/GDW 634—2011		2019/10/23	2019/10/23
12.17-2-7	12.17			Q/GDW 11772—2017	电网一次设备报废技术评估导则			2018/9/30	2018/9/30
12.17-2-8	12.17	27.180		Q/GDW 11969—2019	光储一体式虚拟同步发电机技术规范			2020/8/24	2020/8/24
12.17-2-9	12.17	29.020		Q/GDW 12153—2021	电力安全工器具信息标签技术规范			2021/9/17	2021/9/17
12.17-2-10	12.17	29.240		Q/GDW 12235—2022	电容式套管末屏电流一体化传感单元技术规范			2022/9/15	2022/9/15
12.17-2-11	12.17	29.240.20		Q/GDW 12258—2022	深基坑作业一体化装置			2022/10/14	2022/10/14
12.17-2-12	12.17	29.240		Q/GDW 184—2008	柴油机式应急电源车			2008/8/28	2008/8/28
12.17-2-13	12.17	29.240		Q/GDW 185—2008	燃气轮机式应急电源车			2008/8/28	2008/8/28
12.17-2-14	12.17	29.240		Q/GDW 436—2010	配电线路故障指示器技术规范			2010/3/18	2010/3/18
12.17-2-15	12.17	29.240		Q/GDW 671—2011	微机型防止电气误操作系统技术规范			2011/12/23	2011/12/23
12.17-3-16	12.17	13.310	A91	GB 10408.1—2000	入侵探测器　第 1 部分：通用要求	GB 10408.1—1989	IEC 839-2-2：1987，IDT	2000/10/17	2001/6/1
12.17-3-17	12.17	83.140.30	G33	GB/T 13664—2023	低压灌溉用硬聚氯乙烯（PVC-U）管材	GB/T 13664—2006		2023/9/7	2024/4/1
12.17-3-18	12.17	23.120	P48	GB/T 14294—2008	组合式空调机组	GB 13326—1991；GB/T 14294—1993		2008/11/4	2009/6/1
12.17-3-19	12.17	91.100.30	Q13	GB/T 14902—2012	预拌混凝土	GB/T 14902—2003		2012/12/31	2013/9/1
12.17-3-20	12.17	53.020.20	J80	GB/T 15052—2010	起重机安全标志和危险图形符号　总则	GB 15052—1994	ISO 13200：1995，IDT	2011/1/10	2011/12/1
12.17-3-21	12.17	71.120.30	J75	GB/T 151—2014	热交换器	GB 151—1999		2014/12/5	2015/5/1
12.17-3-22	12.17	23.020.30	C68	GB/T 16163—2012	瓶装气体分类	GB 16163—1996		2012/5/11	2012/9/1
12.17-3-23	12.17	13.310	A91	GB 17565—2022	防盗安全门通用技术条件	GB 17565—2007		2022/12/1	2024/1/1

续表

序号	GW 分类	ICS 分类	GB 分类	标准号	中文名称	代替标准	采用关系	发布日期	实施日期
12.17-3-24	12.17	91.140.60	P41	GB/T 19249—2017	反渗透水处理设备	GB/T 19249—2003		2017/12/29	2018/11/1
12.17-3-25	12.17	23.120	J73	GB/T 19411—2003	除湿机	JB/T 7769—1995		2003/1/1	2004/6/1
12.17-3-26	12.17	29.240.01	K45	GB/T 19826—2014	电力工程直流电源设备通用技术条件及安全要求	GB/T 19826—2005		2014/5/6	2014/10/28
12.17-3-27	12.17	13.310	A91	GB 25287—2023	周界防范高压电网装置	GB 25287—2010		2023/9/8	2025/4/1
12.17-3-28	12.17	71.040.01	N53	GB/T 26800—2011	电导电极			2011/7/29	2011/12/1
12.17-3-29	12.17	13.220.50	C84	GB 28374—2012	电缆防火涂料			2012/5/11	2012/9/1
12.17-3-30	12.17	91.120.30	Q17	GB/T 31538—2015	混凝土接缝防水用预埋注浆管			2015/5/15	2016/2/1
12.17-3-31	12.17	29.080.99	K49	GB/T 32520—2024	交流 1kV 以上架空输电和配电线路用带外串联间隙金属氧化物避雷器（EGLA）	GB/T 32520—2016		2024/3/15	2024/10/1
12.17-3-32	12.17	13.310	A91	GB/T 32581—2016	入侵和紧急报警系统技术要求		IEC 62642-1：2010，NEQ	2016/4/25	2016/11/1
12.17-3-33	12.17	91.140.10	P46	GB/T 34017—2017	复合型供暖散热器			2017/7/12	2018/6/1
12.17-3-34	12.17	03.080.99	A20	GB/T 34058—2017	电子商务信用 B2B 网络交易卖方信用评价指标			2017/7/31	2018/2/1
12.17-3-35	12.17	49.020	V04	GB/T 35018—2018	民用无人驾驶航空器系统分类及分级			2018/5/14	2018/12/1
12.17-3-36	12.17	25.220.99	A29	GB/T 35490—2017	预应力钢筒混凝土管防腐蚀技术			2017/12/29	2018/7/1
12.17-3-37	12.17	35.240.15	L71	GB/T 37078—2018	出入口控制系统技术要求			2018/12/28	2019/7/1
12.17-3-38	12.17	29.240.01	K45	GB/T 37763—2019	CT 自供电保护装置技术规范			2019/6/4	2020/1/1
12.17-3-39	12.17	27.010	F19	GB/T 38983.1—2020	虚拟同步机　第 1 部分：总则			2020/7/21	2021/2/1
12.17-3-40	12.17	77.150.50	H64	GB/T 42159—2022	紧固件用钛及钛合金棒材和丝材			2022/12/30	2023/7/1
12.17-3-41	12.17	13.220.20	C81	GB 4715—2024	点型感烟火灾探测器	GB 4715—2005		2024/4/29	2025/5/1
12.17-3-42	12.17	83.120	Q23	GB/T 7190.1—2018	机械通风冷却塔　第 1 部分：中小型开式冷却塔	GB/T 7190.1—2008		2018/12/28	2019/11/1
12.17-3-43	12.17	83.120	Q23	GB/T 7190.2—2018	机械通风冷却塔　第 2 部分：大型开式冷却塔	GB/T 7190.2—2008		2018/12/28	2019/11/1
12.17-4-44	12.17	29.120.50	K10	DL/T 1348—2014	自动准同期装置通用技术条件			2014/10/15	2015/3/1

续表

序号	GW 分类	ICS 分类	GB 分类	标准号	中 文 名 称	代替标准	采用关系	发布日期	实施日期
12.17-4-45	12.17			DL/T 1404—2024	变电站监控系统防止电气误操作技术规范	DL/T 1404—2015		2024/9/24	2025/3/24
12.17-4-46	12.17	29.240	F20	DL/T 1882—2018	验电器用工频高压发生器			2018/12/25	2019/5/1
12.17-4-47	12.17	29.180	K41	DL/T 1998—2019	感应滤波变压器成套设备使用技术条件			2019/6/4	2019/10/1
12.17-4-48	12.17	29.240	K45	DL/T 2040—2019	220kV 变电站负荷转供装置技术规范			2019/6/4	2019/10/1
12.17-4-49	12.17	29.180	K41	DL/T 2185—2020	工频电压互感器现场校验成套装置技术条件			2020/10/23	2021/2/1
12.17-4-50	12.17	29.180	K41	DL/T 2186—2020	工频电流互感器现场校验成套装置技术条件			2020/10/23	2021/2/1
12.17-4-51	12.17	27.100	K47	DL/T 2304—2021	架空集束绝缘电缆用金具技术条件			2021/4/26	2021/10/26
12.17-4-52	12.17	29.180	K41	DL/T 2482—2022	消弧线圈并联低电阻接地装置技术条件			2022/5/13	2022/11/13
12.17-4-53	12.17	71.080.70	G17	DL/T 373—2019	电力复合脂技术条件	DL/T 373—2010		2019/11/4	2020/5/1
12.17-4-54	12.17	91.100.10	P59	DL/T 5801—2019	抗硫酸盐侵蚀混凝土应用技术规程			2019/11/4	2020/5/1
12.17-4-55	12.17	29.220.20	K84	DL/T 637—2019	电力用固定型阀控式铅酸蓄电池	DL/T 637—1997		2019/6/4	2019/10/1
12.17-4-56	12.17			DL/T 687—2024	微机型防止电气误操作系统技术规范	DL/T 687—2010		2024/9/24	2025/3/24
12.17-4-57	12.17	29 220 20	K84	JB/T 11338—2024	微型阀控式铅酸蓄电池	JB/T 11338—2012		2024/4/10	2024/10/1
12.17-4-58	12.17	91.100.10	Q13	JC/T 2566—2020	膨胀珍珠岩保温板外墙外保温系统用砂浆			2020/4/16	2020/10/1
12.17-4-59	12.17	29.240.01	K40	NB/T 10818—2021	无功补偿和谐波治理装置　术语			2021/11/16	2022/2/16
12.17-4-60	12.17	29.060.99	K49	NB/T 42059—2015	交流电力系统金属氧化物避雷器用脱离器			2015/10/27	2016/3/1
12.17-4-61	12.17	29.120.40	K31	NB/T 42149—2018	具有远程控制功能的小型断路器（RC-MCB）			2018/4/3	2018/7/1
12.17-4-62	12.17	29.220.10	M37	YD/T 3729—2020	物联网终端原电池技术要求及测试方法			2020/4/16	2020/7/1
12.17-6-63	12.17	29.220.20	K84	T/CEC 131.1—2016	铅酸蓄电池二次利用　第 1 部分：总则			2016/10/21	2017/1/1
12.17-6-64	12.17	29.220.20	K84	T/CEC 131.2—2016	铅酸蓄电池二次利用　第 2 部分：电池评价分级及成组技术规范			2016/10/21	2017/1/1
12.17-6-65	12.17	29.220.20	K84	T/CEC 131.3—2016	铅酸蓄电池二次利用　第 3 部分：电池修复技术规范			2016/10/21	2017/1/1
12.17-6-66	12.17	29.220.20	K84	T/CEC 131.4—2016	铅酸蓄电池二次利用　第 4 部分：电池维护技术规范			2016/10/21	2017/1/1

续表

序号	GW 分类	ICS 分类	GB 分类	标准号	中 文 名 称	代替标准	采用关系	发布日期	实施日期
12.17-6-67	12.17	29.220.20	K84	T/CEC 131.5—2016	铅酸蓄电池二次利用　第 5 部分：电池贮存与运输技术规范			2016/10/21	2017/1/1
12.17-6-68	12.17	29.240.01		T/CEC 230—2019	变电站智能钥匙及锁具管理系统技术规范			2019/11/21	2020/1/1
12.17-6-69	12.17			T/CEC 237—2019	电力光缆标示牌设计规范			2019/11/21	2020/1/1
12.17-6-70	12.17			T/CEC 265—2019	智能安全帽技术条件			2019/11/21	2020/1/1
12.17-6-71	12.17			T/CSEE 0177—2021	油浸式变压器用内置隔声板技术条件			2021/3/11	2021/5/1

12

13 调度与交易

13.1 调度与交易-基础综合

序号	GW 分类	ICS 分类	GB 分类	标准号	中 文 名 称	代替标准	采用关系	发布日期	实施日期
13.1-3-1	13.1	29.240.01	F20	GB/T 31464—2022	电网运行准则	GB/T 31464—2015		2022/12/30	2023/7/1
13.1-3-2	13.1	29.020	F21	GB/T 35682—2017	电网运行控制数据规范			2017/12/29	2018/7/1
13.1-3-3	13.1	29.020	F21	GB 38755—2019	电力系统安全稳定导则			2019/12/31	2020/7/1
13.1-3-4	13.1	29.240	K04	GB/T 42154—2022	配电网电能质量监测技术导则			2022/12/30	2023/7/1
13.1-4-5	13.1	29.020	F21	DL/T 1660—2016	电力系统消息总线接口规范			2016/12/5	2017/5/1
13.1-4-6	13.1	29.240.01	F21	DL/T 2608—2023	配电自动化终端运维技术规范			2023/5/26	2023/11/26

13.2 调度与交易-稳定及方式

序号	GW 分类	ICS 分类	GB 分类	标准号	中 文 名 称	代替标准	采用关系	发布日期	实施日期
13.2-2-1	13.2	29.240		Q/GDW 10137—2015	电力系统分析计算用的电网设备参数和运行方式数据的规范	Q/GDW 137—2006		2016/12/15	2016/12/15
13.2-2-2	13.2	29.240		Q/GDW 10404—2023	国家电网安全稳定计算技术规范	Q/GDW 1404—2015		2023/4/28	2023/4/28
13.2-2-3	13.2	29.240		Q/GDW 11537—2023	电力系统负荷建模导则	Q/GDW 11537—2016		2023/12/29	2023/12/29
13.2-2-4	13.2	29.240	F21	Q/GDW 11624—2024	高压直流输电系统建模导则	Q/GDW 11624—2017		2024/9/11	2024/9/11
13.2-2-5	13.2	29.240		Q/GDW 11895—2018	高压直流输电系统附加频率控制器选型及参数整定规范			2020/1/2	2020/1/2
13.2-2-6	13.2	29.240		Q/GDW 11896—2018	源网荷紧急切负荷安全稳定控制系统技术规范			2020/1/2	2020/1/2
13.2-2-7	13.2	29.240		Q/GDW 11951—2018	电力系统自动高频切除发电机组技术规定			2020/4/8	2020/4/8
13.2-2-8	13.2	29.240		Q/GDW 12203—2022	电网稳控信息采集与交互规范			2022/1/29	2022/1/29
13.2-2-9	13.2	29.240		Q/GDW 12204—2022	电网安全稳定控制系统策略及整定技术规范			2022/1/29	2022/1/29
13.2-2-10	13.2	29.240		Q/GDW 12292.1—2023	电力系统稳定计算模型参数实测与建模导则 第1部分：风力发电场			2023/4/28	2023/4/28
13.2-2-11	13.2	29.020	F21	Q/GDW 12292.2—2023	电力系统稳定计算模型参数实测与建模导则 第二部分：风电机组	Q/GDW 11491—2015		2023/12/29	2023/12/29

续表

序号	GW 分类	ICS 分类	GB 分类	标准号	中文名称	代替标准	采用关系	发布日期	实施日期
13.2-2-12	13.2			Q/GDW 12391—2023	特高压直流安全稳定控制系统传动试验规范			2023/12/29	2023/12/29
13.2-2-13	13.2	29.240		Q/GDW 684—2011	发电机组电力系统稳定器（PSS）运行管理规定			2012/3/26	2012/3/26
13.2-3-14	13.2	29.240	K45	GB/T 26399—2011	电力系统安全稳定控制技术导则			2011/6/16	2011/12/1
13.2-3-15	13.2	29.020	F21	GB/T 40580—2021	高压直流输电系统机电暂态仿真建模技术导则			2021/10/11	2022/5/1
13.2-3-16	13.2	29.020	F21	GB/T 40581—2021	电力系统安全稳定计算规范			2021/10/11	2022/5/1
13.2-3-17	13.2	29.240	F21	GB/T 40587—2021	电力系统安全稳定控制系统技术规范			2021/10/11	2022/5/1
13.2-3-18	13.2	29.020	F21	GB/T 40588—2021	电力系统自动低压减负荷技术规定			2021/10/11	2022/5/1
13.2-3-19	13.2	29.020	F24	GB/T 40589—2021	同步发电机励磁系统建模导则			2021/10/11	2022/5/1
13.2-3-20	13.2	29.020	F21	GB/T 40591—2021	电力系统稳定器整定试验导则			2021/10/11	2022/5/1
13.2-3-21	13.2	29.020	F21	GB/T 40592—2021	电力系统自动高频切除发电机组技术规定			2021/10/11	2022/5/1
13.2-3-22	13.2	29.020	F21	GB/T 40593—2021	同步发电机调速系统参数实测及建模导则			2021/10/11	2022/5/1
13.2-3-23	13.2	29.020	F21	GB/T 40596—2021	电力系统自动低频减负荷技术规定			2021/10/11	2022/5/1
13.2-3-24	13.2	29.020	F21	GB/T 40598—2021	电力系统安全稳定控制策略描述规则			2021/10/11	2022/5/1
13.2-3-25	13.2	29.020	F21	GB/T 40601—2021	电力系统实时数字仿真技术要求			2021/10/11	2022/5/1
13.2-3-26	13.2	29.020	F21	GB/T 40605—2021	高压直流工程数模混合仿真建模及试验导则			2021/10/11	2022/5/1
13.2-3-27	13.2	29.020	F21	GB/T 40608—2021	电网设备模型参数和运行方式数据技术要求			2021/10/11	2022/5/1
13.2-3-28	13.2	29.020	F21	GB/T 40613—2021	电力系统大面积停电恢复技术导则			2021/10/11	2022/5/1
13.2-3-29	13.2	29.020	F21	GB/T 40615—2021	电力系统电压稳定评价导则			2021/10/11	2022/5/1
13.2-3-30	13.2	27.180	F11	GB/T 42599—2023	风能发电系统　电气仿真模型验证			2023/5/23	2023/5/23
13.2-4-31	13.2		K45	DL/T 1092—2023	电力系统安全稳定控制系统通用技术条件	DL/T 1092—2008		2023/10/11	2024/4/11
13.2-4-32	13.2	29.020	K04	DL/T 1167—2019	同步发电机励磁系统建模导则	DL/T 1167—2012		2019/6/4	2019/10/1
13.2-4-33	13.2	29.020	K04	DL/T 1172—2013	电力系统电压稳定评价导则			2013/11/28	2014/4/1
13.2-4-34	13.2	27.100	F24	DL/T 1231—2018	电力系统稳定器整定试验导则	DL/T 1231—2013		2018/6/6	2018/10/1

续表

序号	GW 分类	ICS 分类	GB 分类	标准号	中　文　名　称	代替标准	采用关系	发布日期	实施日期
13.2-4-35	13.2	29.020	K07	DL/T 1234—2013	电力系统安全稳定计算技术规范			2013/3/7	2013/8/1
13.2-4-36	13.2	29.240.30	K45	DL/T 1454—2015	电力系统自动低压减负荷技术规定			2015/7/1	2015/12/1
13.2-4-37	13.2	29.020	F21	DL/T 1624—2016	电力系统厂站和主设备命名规范	SD 240—1987		2016/12/5	2017/5/1
13.2-4-38	13.2	29.240	F21	DL/T 2195—2020	新能源和小水电供电系统频率稳定计算导则			2020/10/23	2021/2/1
13.2-4-39	13.2	29.240	K45	DL/T 2251—2021	次同步振荡监测与控制系统技术规范			2021/1/7	2021/7/1
13.2-4-40	13.2	29.240	K45	DL/T 2534—2022	电力系统安全稳定控制系统测试技术规范			2022/11/4	2023/5/4
13.2-4-41	13.2	29.240	K45	DL/T 2648—2023	精准切负荷安全稳定控制系统技术规范			2023/10/11	2024/4/11
13.2-4-42	13.2			DL/T 2653—2023	柔性直流电网安全稳定分析导则			2023/10/11	2024/4/11
13.2-4-43	13.2	29.020	F21	DL/T 2669—2023	电力系统惯量支撑和一次调频能力技术要求			2023/10/11	2024/4/11
13.2-4-44	13.2	29.020	K52	DL/T 2671—2023	电力系统仿真用电源聚合等值和建模导则			2023/10/11	2024/4/11
13.2-4-45	13.2		F21	DL/T 2672—2023	电力系统仿真用负荷模型建模技术要求			2023/10/11	2024/4/11
13.2-4-46	13.2	29.020	F21	DL/T 428—2010	电力系统自动低频减负荷技术规定	DL 428—1991		2011/1/9	2011/5/1
13.2-4-47	13.2			DL/T 5600—2021	电力系统次同步谐振/振荡风险评估技术规程			2021/4/26	2021/10/26
13.2-4-48	13.2	29.240	K45	DL/T 993—2019	电力系统失步解列装置通用技术条件	DL/T 993—2006		2019/6/4	2019/10/1
13.2-5-49	13.2			IEC TR 63500：2024	统一潮流控制器（UPFC）安装　系统测试			2024/10/22	2024/10/22

13.3　调度与交易-调度计划

序号	GW 分类	ICS 分类	GB 分类	标准号	中　文　名　称	代替标准	采用关系	发布日期	实施日期
13.3-2-1	13.3	29.240		Q/GDW 10680.6—2021	智能电网调度控制系统　第 6 部分：安全校核类应用　安全校核	Q/GDW 680.6—2011		2022/1/24	2022/1/24
13.3-2-2	13.3			Q/GDW 10680.51—2023	智能电网调度控制系统　第 5-1 部分：调度计划类应用数据申报与信息发布			2023/12/29	2023/12/29
13.3-2-3	13.3	29.240	F21	Q/GDW 10680.54—2023	智能电网调度控制系统　第 5-4 部分：调度计划类应用发电计划	Q/GDW 680.54—2011		2023/12/29	2023/12/29
13.3-2-4	13.3	29.240	F21	Q/GDW 10986—2023	日前电能平衡计划管理流程及标准操作程序	Q/GDW 1986—2013		2023/12/25	2023/12/25

续表

序号	GW 分类	ICS 分类	GB 分类	标准号	中 文 名 称	代替标准	采用关系	发布日期	实施日期
13.3-2-5	13.3	29.240		Q/GDW 11490—2015	多级电网量化安全校核纵向数据交换标准			2016/11/15	2016/11/15
13.3-2-6	13.3			Q/GDW 11540—2023	日前计划联合静态安全校核及校正技术规范	Q/GDW 11540—2016		2023/12/25	2023/12/25
13.3-2-7	13.3	29.240	F20	Q/GDW 11711—2025	电网运行风险预警管控工作规范	Q/GDW 11711—2017		2025/1/31	2025/1/31
13.3-2-8	13.3	29.020		Q/GDW 11903—2018	发输变配电设备重叠停电判定原则			2020/1/2	2020/1/2
13.3-2-9	13.3	29.240		Q/GDW 12190—2021	中长期停电计划安全校核应用功能及计算规范			2022/1/24	2022/1/24
13.3-2-10	13.3	29.240		Q/GDW 12212—2022	省级电力现货市场子系统技术规范			2022/1/29	2022/1/29
13.3-2-11	13.3	29.240		Q/GDW 12291—2023	电力系统发输变电设备检修窗口期评估技术规范			2023/4/28	2023/4/28
13.3-2-12	13.3			Q/GDW 1987—2013	日前停电计划审批管理流程及标准操作程序			2013/11/6	2013/11/6
13.3-2-13	13.3	29.240		Q/GDW 552—2010	电网短期超短期负荷预测技术规范			2010/12/27	2010/12/27
13.3-2-14	13.3	29.240		Q/GDW 680.52—2011	智能电网调度技术支持系统　第 5-2 部分：调度计划类应用　预测与短期交易管理			2011/12/28	2011/12/28
13.3-2-15	13.3	29.240		Q/GDW 680.53—2011	智能电网调度技术支持系统　第 5-3 部分：调度计划类应用　检修计划			2011/12/28	2011/12/28
13.3-3-16	13.3	29.020	F21	GB/T 40609—2021	电网运行安全校核技术规范			2021/10/11	2022/5/1
13.3-4-17	13.3	29.240	F21	DL/T 1709.5—2017	智能电网调度控制系统技术规范　第 5 部分：调度计划			2017/8/2	2017/12/1
13.3-4-18	13.3	29.020	F21	DL/T 1711—2017	电网短期和超短期负荷预测技术规范			2017/8/2	2017/12/1

13.4　调度与交易-无功控制

序号	GW 分类	ICS 分类	GB 分类	标准号	中 文 名 称	代替标准	采用关系	发布日期	实施日期
13.4-2-1	13.4	29.240		Q/GDW 10747—2023	电网自动电压控制技术规范	Q/GDW 747—2012		2023/4/28	2023/4/28
13.4-2-2	13.4	29.240		Q/GDW 12057—2020	换流站动态无功补偿装置及无功电压控制技术导则			2021/3/17	2021/3/17
13.4-2-3	13.4	29.240		Q/GDW 619—2011	地区电网自动电压控制（AVC）技术规范			2011/5/24	2011/5/24
13.4-3-4	13.4	29.020	F21	GB/T 40427—2021	电力系统电压和无功电力技术导则			2021/10/11	2022/5/1

续表

序号	GW 分类	ICS 分类	GB 分类	标准号	中 文 名 称	代替标准	采用关系	发布日期	实施日期
13.4-4-5	13.4	29.020	K01	DL/T 1707—2017	电网自动电压控制运行技术导则			2017/8/2	2017/12/1
13.4-4-6	13.4	29.240.01	F20	DL/T 2112—2020	敏感负荷电压暂降控制技术导则			2020/10/23	2021/2/1
13.4-4-7	13.4	29.240	F20/29	DL/T 2114—2020	电力网无功补偿配置技术导则			2020/10/23	2021/2/1
13.4-4-8	13.4		F24	DL/T 2563—2022	分布式能源自动发电控制与自动电压控制系统测试技术规范			2022/11/4	2023/5/4
13.4-4-9	13.4	29.240.01	F20	DL/T 672—2017	变电站及配电线路用电压无功调节控制系统使用技术条件	DL/T 672—1999		2017/12/27	2018/6/1
13.4-5-10	13.4			IEEE C37.252—2024	IEEE 区域电网中自动电压控制系统测试			2024/7/16	2024/7/16

13.5 调度与交易-网源协调

序号	GW 分类	ICS 分类	GB 分类	标准号	中 文 名 称	代替标准	采用关系	发布日期	实施日期
13.5-2-1	13.5	29.240		Q/GDW 10699—2023	火力发电机组一次调频试验导则	Q/GDW 699—2001		2023/4/28	2023/4/28
13.5-2-2	13.5	29.240		Q/GDW 10746—2023	同步发电机进相试验导则	Q/GDW746—2012		2023/4/28	2023/4/28
13.5-2-3	13.5	29.240		Q/GDW 10773—2017	大型发电机组涉网保护技术要求	Q/GDW 1773—2013		2018/1/2	2018/1/2
13.5-2-4	13.5	29.240		Q/GDW 11538—2016	同步发电机组源网动态性能在线监测技术规范			2016/12/28	2016/12/28
13.5-2-5	13.5	29.240		Q/GDW 11631—2016	数字式励磁调节器辅助控制电力系统研究用模型			2017/7/31	2017/7/31
13.5-2-6	13.5	29.240		Q/GDW 11891—2018	同步发电机励磁系统控制参数整定计算导则			2020/1/2	2020/1/2
13.5-2-7	13.5	29.240		Q/GDW 12049—2020	快速动态响应同步调相机稳态、暂态性能技术规范			2021/3/17	2021/3/17
13.5-2-8	13.5	29.240		Q/GDW 12050—2020	快速动态响应同步调相机涉网试验技术导则			2021/3/17	2021/3/17
13.5-2-9	13.5	29.240		Q/GDW 12290—2023	新能源多场站短路比计算规范			2023/4/28	2023/4/28
13.5-3-10	13.5	27.100	F20	GB/T 28566—2012	发电机组并网安全条件及评价			2012/6/29	2012/11/1
13.5-3-11	13.5	29.020	F20	GB/T 37134—2018	并网发电厂辅助服务导则			2018/12/28	2019/7/1
13.5-3-12	13.5	29.240.01	F21	GB/T 40586—2021	并网电源涉网保护技术要求			2021/10/11	2022/5/1
13.5-3-13	13.5	29.240	F21	GB/T 40594—2021	电力系统网源协调技术导则			2021/10/11	2022/5/1

续表

序号	GW 分类	ICS 分类	GB 分类	标准号	中文名称	代替标准	采用关系	发布日期	实施日期
13.5-3-14	13.5	29.020	F21	GB/T 40595—2021	并网电源一次调频技术规定及试验导则			2021/10/11	2022/5/1
13.5-3-15	13.5	27.180	F11	GB/Z 44048—2024	风能发电系统 风力发电机组功率性能测试的数值场标定方法			2024/5/28	2024/12/1
13.5-4-16	13.5	27.100	F24	DL/T 1213—2013	火力发电机组辅机故障减负荷技术规程			2013/3/7	2013/8/1
13.5-4-17	13.5	29.160.30	K21	DL/T 1235—2019	同步发电机原动机及其调节系统参数实测与建模导则	DL/T 1235—2013		2019/6/4	2019/10/1
13.5-4-18	13.5			DL/T 1245—2024	水轮机调节系统并网运行技术导则	DL/T 1245—2013		2024/5/24	2024/11/24
13.5-4-19	13.5		K21	DL/T 1523—2023	同步发电机进相试验导则	DL/T 1523—2016		2023/10/11	2024/4/11
13.5-4-20	13.5	29.240	F24	DL/T 1870—2018	电力系统网源协调技术规范			2018/6/6	2018/10/1
13.5-4-21	13.5	29.160.40	K52	DL/T 1970—2019	水轮发电机励磁系统配置导则			2019/6/4	2019/10/1
13.5-4-22	13.5	27.140	P59	DL/T 2191—2020	水轮机调速器涉网性能仿真检测技术规范			2020/10/23	2021/2/1
13.5-4-23	13.5	29.020	K00	DL/T 2194—2020	水力发电机组一次调频技术要求及试验导则			2020/10/23	2021/2/1
13.5-4-24	13.5	27.100	K51	DL/T 2285—2021	同步发电机励磁系统热管散热整流装置技术条件			2021/4/26	2021/10/26
13.5-4-25	13.5	29.240	F21	DL/T 2668—2023	电力系统调峰能力评价技术规范			2023/10/11	2024/4/11
13.5-4-26	13.5		F21	DL/T 2673—2023	电力系统网源协调复核性试验导则			2023/10/11	2024/4/11
13.5-4-27	13.5	29.160.20	K20	DL/T 279—2012	发电机励磁系统调度管理规程			2012/1/4	2012/3/1
13.5-4-28	13.5	29.160.40	K21	DL/T 843—2021	同步发电机励磁系统技术条件	DL/T 843—2010		2021/1/7	2021/7/1

13.6 调度与交易-水电及新能源调度

序号	GW 分类	ICS 分类	GB 分类	标准号	中文名称	代替标准	采用关系	发布日期	实施日期
13.6-2-1	13.6	29.240		Q/GDW 10588—2020	风电功率预测功能规范	Q/GDW 10588—2015		2021/3/17	2021/3/17
13.6-2-2	13.6			Q/GDW 10630—2023	风电场功率调节能力和电能质量测试规程	Q/GDW 630—2011		2023/12/25	2023/12/25
13.6-2-3	13.6	29.240		Q/GDW 10666—2016	分布式电源接入配电网测试技术规范	Q/GDW 666—2011		2017/3/24	2017/3/24
13.6-2-4	13.6	29.240		Q/GDW 10878—2023	风电场无功配置及电压控制技术规定	Q/GDW 10878—2013		2023/12/25	2023/12/25

续表

序号	GW 分类	ICS 分类	GB 分类	标准号	中文名称	代替标准	采用关系	发布日期	实施日期
13.6-2-5	13.6	29.240		Q/GDW 10907—2018	风电场调度运行信息交换规范	Q/GDW 1907—2013		2020/1/2	2020/1/2
13.6-2-6	13.6	27.180		Q/GDW 10992—2023	风电机组故障电压穿越能力评估技术规范	Q/GDW 1992—2013		2023/4/28	2023/4/28
13.6-2-7	13.6			Q/GDW 11065—2013	新能源优先调度工作规范			2014/4/1	2014/4/1
13.6-2-8	13.6	29.240		Q/GDW 11271—2023	分布式电源调度运行管理规范	Q/GDW 11271—2014		2023/12/25	2023/12/25
13.6-2-9	13.6	27.010	F19	Q/GDW 11272—2023	分布式电源孤岛运行控制规范	Q/GDW 11272—2014		2023/12/25	2023/12/25
13.6-2-10	13.6	29.240		Q/GDW 11628—2016	新能源消纳能力计算导则			2017/7/31	2017/7/31
13.6-2-11	13.6	29.240		Q/GDW 11630—2023	新能源优先调度评价系统功能规范	Q/GDW 11630—2016		2023/4/28	2023/4/28
13.6-2-12	13.6	29.240		Q/GDW 11892—2018	储能系统调度运行规范			2020/1/2	2020/1/2
13.6-2-13	13.6	29.240		Q/GDW 11900—2018	风电理论功率及受阻电量计算方法			2020/1/2	2020/1/2
13.6-2-14	13.6	29.240		Q/GDW 11901—2018	风力发电资源评估方法			2020/1/2	2020/1/2
13.6-2-15	13.6	29.240		Q/GDW 11902—2018	光伏发电资源评估方法			2020/1/2	2020/1/2
13.6-2-16	13.6	29.240		Q/GDW 12052—2020	电化学储能电站调度运行信息技术规范			2021/3/17	2021/3/17
13.6-2-17	13.6	29.240		Q/GDW 12053—2020	地区电网调度自动化系统新能源模块功能规范			2021/3/17	2021/3/17
13.6-2-18	13.6	29.240		Q/GDW 12193—2021	新能源消纳运行评估及预警技术规范			2022/1/24	2022/1/24
13.6-2-19	13.6	29.240		Q/GDW 12303—2023	分布式电源调度管理功能建设及应用规范			2023/12/25	2023/12/25
13.6-2-20	13.6	29.240		Q/GDW 12304—2023	分布式光伏发电功率预测技术要求			2023/12/25	2023/12/25
13.6-2-21	13.6			Q/GDW 12389—2023	电化学储能电站并网验收规范			2023/12/25	2023/12/25
13.6-2-22	13.6			Q/GDW 12390—2023	分布式新能源聚合等值建模技术导则			2023/12/29	2023/12/29
13.6-2-23	13.6	29.240		Q/GDW 405—2010	水库调度工作规范			2010/3/24	2010/3/24
13.6-2-24	13.6	29.240		Q/GDW 589—2011	水库调度计算及评价规范			2011/3/3	2011/3/3
13.6-2-25	13.6	29.240		Q/GDW 680.55—2011	智能电网调度技术支持系统　第 5-5 部分：调度计划类应用　水电及新能源调度			2011/12/28	2011/12/28
13.6-3-26	13.6	27.140	P59	GB 17621—1998	大中型水电站水库调度规范			1998/12/17	1999/4/1
13.6-3-27	13.6	27.100	F20	GB/T 32894—2016	抽水蓄能机组工况转换技术导则			2016/8/29	2017/3/1

续表

序号	GW 分类	ICS 分类	GB 分类	标准号	中文名称	代替标准	采用关系	发布日期	实施日期
13.6-3-28	13.6	27.160	F12	GB/T 33342—2016	户用分布式光伏发电并网接口技术规范			2016/12/13	2017/7/1
13.6-3-29	13.6	29.240.01	F20	GB/T 33592—2017	分布式电源并网运行控制规范			2017/5/12	2017/12/1
13.6-3-30	13.6	29	F21	GB/T 33593—2017	分布式电源并网技术要求			2017/5/12	2017/12/1
13.6-3-31	13.6	27.160	F12	GB/T 33599—2017	光伏发电站并网运行控制规范			2017/5/12	2017/12/1
13.6-3-32	13.6	29.020	F21	GB/T 40600—2021	风电场功率控制系统调度功能技术要求			2021/10/11	2022/5/1
13.6-3-33	13.6	29.020	F11	GB/T 40603—2021	风电场受限电量评估导则			2021/10/11	2022/5/1
13.6-3-34	13.6	29.020	F21	GB/T 40604—2021	新能源场站调度运行信息交换技术要求			2021/10/11	2022/5/1
13.6-3-35	13.6	29.020	F21	GB/T 40607—2021	调度侧风电或光伏功率预测系统技术要求			2021/10/11	2022/5/1
13.6-3-36	13.6	07.060	A47	GB/T 42766—2023	光伏发电太阳能资源评估规范			2023/5/23	2023/5/23
13.6-4-37	13.6	29.240	F20	DL/T 1650—2016	小水电站并网运行规范			2016/12/5	2017/5/1
13.6-4-38	13.6	29.240	K45	DL/T 2247.1—2021	电化学储能电站调度运行管理　第 1 部分：调度规程			2021/1/7	2021/7/1
13.6-4-39	13.6	29.240	K45	DL/T 2247.2—2021	电化学储能电站调度运行管理　第 2 部分：调度命名			2021/1/7	2021/7/1
13.6-4-40	13.6	29.240	K45	DL/T 2247.3—2021	电化学储能电站调度运行管理　第 3 部分：调度端实时监视与控制			2021/1/7	2021/7/1
13.6-4-41	13.6	29.240	K45	DL/T 2247.5—2021	电化学储能电站调度运行管理　第 5 部分：应急处置			2021/1/7	2021/7/1
13.6-4-42	13.6	27.100	K51	DL/T 2287—2021	水轮发电机电气制动技术导则			2021/4/26	2021/10/26
13.6-4-43	13.6	27.100	F23	DL/T 2288—2021	水电站水库调度自动化系统运行维护规程			2021/4/26	2021/10/26
13.6-4-44	13.6	27.100	F23	DL/T 2290—2021	抽水蓄能电站自动发电控制/自动电压控制技术规范			2021/4/26	2021/10/26
13.6-4-45	13.6	27.180	F19	DL/T 2314—2021	电厂侧储能系统调度运行管理规范			2021/4/26	2021/10/26
13.6-4-46	13.6	F21	F21	DL/T 2676—2023	水电调度运行指标计算方法			2023/10/11	2024/4/11
13.6-4-47	13.6	27.140	P59	NB/T 10084—2018	水电工程运行调度规程编制导则			2018/10/29	2019/3/1

续表

序号	GW 分类	ICS 分类	GB 分类	标准号	中 文 名 称	代替标准	采用关系	发布日期	实施日期
13.6-4-48	13.6	27.140	P59	NB/T 10085—2018	水电工程水文预报规范			2018/10/29	2019/3/1
13.6-4-49	13.6	29.020	F20	NB/T 10205—2019	风电功率预测技术规定			2019/6/4	2019/10/1
13.6-4-50	13.6	27.140	P59	NB/T 10385—2020	水电工程生态流量实时监测系统技术规范			2020/10/23	2021/2/1
13.6-4-51	13.6	27.140	P59	NB/T 10874—2021	水电工程生态调度方案编制规程			2021/12/22	2022/6/22
13.6-4-52	13.6			NB/T 10998—2022	小水电发电机组并网安全条件及评价规范			2022/11/4	2023/3/4
13.6-4-53	13.6	27.180	F11	NB/T 31046—2022	风电功率预测系统功能规范	NB/T 31046—2013		2022/11/4	2023/5/4
13.6-4-54	13.6	01.040.29	F11	NB/T 31047.1—2022	风电调度运行管理规范 第 1 部分：陆上风电	NB/T 31046—2013		2022/11/4	2023/5/4
13.6-4-55	13.6	01.040.29	F11	NB/T 31047.2—2022	风电调度运行管理规范 第 2 部分：海上风电	NB/T 31047—2013		2022/11/4	2023/5/4
13.6-4-56	13.6	27.180	F11	NB/T 31055—2022	风电场理论发电量与弃风电量评估导则	NB/T 31055—2014		2022/11/4	2023/5/4
13.6-4-57	13.6	27.140	K51	NB/T 42033—2014	小水电站群集中控制系统基本技术条件			2014/6/29	2014/11/1

13.7 调度与交易-调度运行

序号	GW 分类	ICS 分类	GB 分类	标准号	中 文 名 称	代替标准	采用关系	发布日期	实施日期
13.7-2-1	13.7	29.240		Q/GDW 10680.45—2018	智能电网调度控制系统 第 4-5 部分：实时监控与预警类应用 在线安全分析与运行控制辅助决策	Q/GDW 1680.45—2014		2020/4/8	2020/4/8
13.7-2-2	13.7	29.240		Q/GDW 11012—2013	电力系统新设备启动调度流程			2014/5/1	2014/5/1
13.7-2-3	13.7	29.240		Q/GDW 11203—2014	电网调度控制系统视频联动技术规范			2014/11/15	2014/11/15
13.7-2-4	13.7	29.240		Q/GDW 11475—2015	互联电网联络线功率控制技术规范			2016/12/15	2016/12/15
13.7-2-5	13.7			Q/GDW 11760—2017	智能电网调度控制系统负荷批量控制功能规范			2018/9/26	2018/9/26
13.7-2-6	13.7	29.240		Q/GDW 11890—2018	电网清洁能源实时消纳能力评估技术规范			2020/1/2	2020/1/2
13.7-2-7	13.7			Q/GDW 12058—2020	电网故障处置预案编制与校核技术规范			2021/3/17	2021/3/17
13.7-2-8	13.7	29.240		Q/GDW 12061—2020	STATCOM 装置接入电网调度运行控制技术规范			2021/3/17	2021/3/17
13.7-2-9	13.7	29.240		Q/GDW 12211—2022	地区电网调度控制系统规划设计技术导则			2022/1/29	2022/1/29

续表

序号	GW 分类	ICS 分类	GB 分类	标准号	中 文 名 称	代替标准	采用关系	发布日期	实施日期
13.7-2-10	13.7			Q/GDW 12388—2023	调度运行网络化指挥系统纵向交互接口技术规范			2023/12/25	2023/12/25
13.7-2-11	13.7	29.240		Q/GDW 1680.46—2015	智能电网调度控制系统　第 4-6 部分：实时监控与预警类应用　调控运行人员培训模拟	Q/GDW 680.46—2011		2016/12/15	2016/12/15
13.7-3-12	13.7	29.020	F21	GB/T 40585—2021	电网运行风险监测、评估及可视化技术规范			2021/10/11	2022/5/1
13.7-3-13	13.7	29.240	F21	GB/T 40606—2021	电网在线安全分析与控制辅助决策技术规范			2021/10/11	2022/5/1
13.7-4-14	13.7		F21	DL/T 2675—2023	高压直流系统调度运行规程			2023/10/11	2024/4/11
13.7-4-15	13.7	27.100	F20	DL/T 961—2020	电网调度规范用语			2020/10/23	2021/2/1

13.8　调度与交易-继电保护

序号	GW 分类	ICS 分类	GB 分类	标准号	中 文 名 称	代替标准	采用关系	发布日期	实施日期
13.8-2-1	13.8	29.240		Q/GDW 10265—2016	±800kV 级直流系统控制和保护技术规范	Q/GDW 265—2009		2016/12/28	2016/12/28
13.8-2-2	13.8	29.240		Q/GDW 10273—2024	继电保护及安全自动装置在线监视与分析系统技术规范	Q/GDW 273—2009		2024/1/19	2024/1/19
13.8-2-3	13.8	29.240		Q/GDW 10395—2022	电力系统继电保护及安全自动装置运行评价规程	Q/GDW 395—2009；Q/GDW 11055—2013		2022/1/29	2022/1/29
13.8-2-4	13.8			Q/GDW 10422—2017	国家电网继电保护整定计算技术规范	Q/GDW 422—2010		2018/9/26	2018/9/26
13.8-2-5	13.8	29.120.50		Q/GDW 10548—2016	高压直流输电控制保护系统技术规范	Q/GDW 548—2010		2017/3/24	2017/3/24
13.8-2-6	13.8	29.240		Q/GDW 10664—2015	串联电容器补偿装置控制保护系统现场检验规程	Q/GDW 664—2011		2016/12/8	2016/12/8
13.8-2-7	13.8	29.240		Q/GDW 11024—2013	智能变电站继电保护和安全自动装置运行管理导则			2014/4/1	2014/4/1
13.8-2-8	13.8			Q/GDW 11069—2013	省级及以上电网继电保护整定计算管理规定			2014/4/1	2014/4/1
13.8-2-9	13.8	29.240.01	F20/29	Q/GDW 11198—2024	分布式电源涉网保护技术规范	Q/GDW 11198—2014		2024/8/23	2024/8/23
13.8-2-10	13.8	29.240		Q/GDW 11201—2014	IEC 61850 安全稳定控制装置工程应用模型规范			2014/11/15	2014/11/15
13.8-2-11	13.8	29.240		Q/GDW 11284—2014	继电保护状态检修检验规程			2015/6/12	2015/6/12

续表

序号	GW 分类	ICS 分类	GB 分类	标准号	中 文 名 称	代替标准	采用关系	发布日期	实施日期
13.8-2-12	13.8	29.240		Q/GDW 11285—2022	继电保护状态评价导则	Q/GDW 11285—2014		2022/1/29	2022/1/29
13.8-2-13	13.8	29.240		Q/GDW 11357—2014	智能变电站继电保护和电网安全自动装置现场工作保安规定			2015/6/12	2015/6/12
13.8-2-14	13.8			Q/GDW 11361—2017	智能变电站保护设备在线监视与诊断装置技术规范	Q/GDW 11361—2014		2018/9/26	2018/9/26
13.8-2-15	13.8	29.240		Q/GDW 11397—2015	1000kV 继电保护配置及整定导则			2015/10/30	2015/10/30
13.8-2-16	13.8	29.240	F20	Q/GDW 11420—2024	省级及以上电网继电保护一体化整定计算软件技术规范	Q/GDW 11420—2015; Q/GDW 11663—2017		2024/8/23	2024/8/23
13.8-2-17	13.8	29.240		Q/GDW 11425—2018	省、地、县电网继电保护一体化整定计算技术规范	Q/GDW 11425—2015		2020/1/2	2020/1/2
13.8-2-18	13.8	29.240		Q/GDW 11471—2015	智能变电站继电保护工程文件技术规范			2016/12/15	2016/12/15
13.8-2-19	13.8	29.240		Q/GDW 11472—2018	继电保护和安全自动装置、通信设备电子标签技术规范	Q/GDW 11472—2015		2020/1/2	2020/1/2
13.8-2-20	13.8	29.240		Q/GDW 11485—2016	智能变电站继电保护配置工具技术规范			2016/12/28	2016/12/28
13.8-2-21	13.8	29.240		Q/GDW 11486—2022	继电保护和安全自动装置验收规范	Q/GDW 1914—2013; Q/GDW 11486—2015		2022/1/29	2022/1/29
13.8-2-22	13.8	19.080		Q/GDW 11488—2024	电网安全自动装置检验测试规范	Q/GDW 11488—2015		2024/1/19	2024/1/19
13.8-2-23	13.8	29.240		Q/GDW 11633—2016	智能变电站配置文件运行管理系统技术规范			2017/7/31	2017/7/31
13.8-2-24	13.8	29.240		Q/GDW 11898—2018	继电保护智能运行维护管理系统及移动终端技术规范			2020/1/2	2020/1/2
13.8-2-25	13.8	29.240		Q/GDW 11899—2018	就地化继电保护运维检修技术导则			2020/1/2	2020/1/2
13.8-2-26	13.8	29.240		Q/GDW 11952—2018	大型调相机变压器组继电保护整定计算导则			2020/4/8	2020/4/8
13.8-2-27	13.8	29.240		Q/GDW 12037—2020	就地化继电保护运行规程			2020/12/31	2020/12/31
13.8-2-28	13.8	29.240		Q/GDW 12207—2022	继电保护整定计算用新能源场站建模导则			2022/1/29	2022/1/29
13.8-2-29	13.8	29.240		Q/GDW 12301—2024	变电站硬压板在线监测技术规范			2024/1/19	2024/1/19
13.8-2-30	13.8	29.240	F20	Q/GDW 12412.11—2024	混合级联直流系统技术规范 第 11 部分：直流保护配置			2024/8/23	2024/8/23

续表

序号	GW 分类	ICS 分类	GB 分类	标准号	中文名称	代替标准	采用关系	发布日期	实施日期
13.8-2-31	13.8	29.240	F20	Q/GDW 12412.13—2024	混合级联直流系统技术规范　第 13 部分：直流保护整定			2024/8/23	2024/8/23
13.8-2-32	13.8	29.240	F20	Q/GDW 12471—2024	接入分布式电源的配电网继电保护和安全自动装置技术规范	Q/GDW 11120—2014		2024/8/23	2024/8/23
13.8-2-33	13.8	29.240	F20	Q/GDW 12474—2024	10(20)kV 配电网保护技术规范			2024/8/23	2024/8/23
13.8-2-34	13.8	29.240.10	K45	Q/GDW 12546.4—2024	直流控制保护接口规范　第 4 部分：调相机控制保护系统			2024/12/31	2024/12/31
13.8-2-35	13.8			Q/GDW 1396—2012	IEC 61850 工程继电保护应用模型			2014/5/1	2014/5/1
13.8-2-36	13.8			Q/GDW 1680.48—2013	智能电网调度技术支持系统　第 4-8 部分：实时监控与预警类应用　继电保护定值在线校核及预警			2014/4/1	2014/4/1
13.8-2-37	13.8	29.240		Q/GDW 1806—2013	继电保护状态检修导则			2013/11/12	2013/11/12
13.8-2-38	13.8			Q/GDW 1809—2012	智能变电站继电保护检验规程			2014/5/1	2014/5/1
13.8-2-39	13.8	29.240		Q/GDW 267—2009	继电保护和电网安全自动装置现场工作保安规定			2009/6/9	2009/6/9
13.8-2-40	13.8	29.020		Q/GDW 337—2009	直流换流站交流出线最后一台断路器跳闸功能逻辑设计技术规范			2009/7/3	2009/7/3
13.8-2-41	13.8	29.240		Q/GDW 700.1—2012	±800kV 特高压直流输电控制与保护设备　第 1 部分：总则			2012/8/10	2012/8/10
13.8-2-42	13.8	29.240		Q/GDW 700.2—2012	±800kV 特高压直流输电控制与保护设备　第 2 部分：运行人员控制系统			2012/8/10	2012/8/10
13.8-2-43	13.8	29.240		Q/GDW 700.3—2012	±800kV 特高压直流输电控制与保护设备　第 3 部分：交直流系统站控设备			2012/8/10	2012/8/10
13.8-2-44	13.8	29.240		Q/GDW 700.4—2012	±800kV 特高压直流输电控制与保护设备　第 4 部分：直流系统极控设备			2012/8/10	2012/8/10
13.8-2-45	13.8	29.240		Q/GDW 700.5—2012	±800kV 特高压直流输电控制与保护设备　第 5 部分：直流系统保护设备			2012/8/10	2012/8/10
13.8-2-46	13.8	29.240		Q/GDW 700.6—2012	±800kV 特高压直流输电控制与保护设备　第 6 部分：换流站辅助二次设备			2012/8/10	2012/8/10

续表

序号	GW 分类	ICS 分类	GB 分类	标准号	中 文 名 称	代替标准	采用关系	发布日期	实施日期
13.8-2-47	13.8	29.240		Q/GDW 768—2012	继电保护全过程管理标准			2012/11/14	2012/11/14
13.8-3-48	13.8	29.240.99	K45	GB/T 14285—2023	继电保护和安全自动装置技术规程	GB/T 14285—2006		2023/11/27	2024/3/1
13.8-3-49	13.8	29.120.50	K45	GB/T 14598.2—2011	量度继电器和保护装置　第 1 部分：通用要求	GB/T 14047—1993	IEC 60255-1：2009，IDT	2011/12/30	2012/6/1
13.8-3-50	13.8	29.120.70	K45	GB/T 14598.24—2017	量度继电器和保护装置　第 24 部分：电力系统暂态数据交换（COMTRADE）通用格式	GB/T 22386—2008	IEC 60255-24：2013，IDT	2017/7/31	2018/2/1
13.8-3-51	13.8	29.120.70	K45	GB/T 14598.127—2013	量度继电器和保护装置　第 127 部分：过/欠电压保护功能要求		IEC 60255-127：2010，IDT	2013/7/19	2013/12/2
13.8-3-52	13.8	29.120.50	K45	GB/T 14598.151—2012	量度继电器和保护装置　第 151 部分：过/欠电流保护功能要求		IEC 60255-151：2009，IDT	2012/12/31	2013/6/1
13.8-3-53	13.8	29.120.70	K45	GB/T 14598.1871—2024	量度继电器和保护装置　第 187-1 部分：差动保护的功能要求　电动机、发电机和变压器比率制动差动保护和差动速断保护		IEC 60255-187-1：2021，IDT	2024/3/15	2024/10/1
13.8-3-54	13.8	29.240	K45	GB/T 25841—2017	1000kV 电力系统继电保护技术导则	GB/Z 25841—2010		2017/7/31	2018/2/1
13.8-3-55	13.8	29.240.01	K45	GB/T 25843—2017	±800kV 特高压直流输电控制与保护设备技术要求	GB/Z 25843—2010		2017/12/29	2018/7/1
13.8-3-56	13.8	27.100	P62	GB/T 32576—2016	抽水蓄能电站厂用电继电保护整定计算导则			2016/4/25	2016/11/1
13.8-3-57	13.8	29.240	K45	GB/T 32890—2016	继电保护 IEC 61850 工程应用模型			2016/8/29	2017/3/1
13.8-3-58	13.8	29.120.50	K45	GB/T 32898—2016	抽水蓄能发电电动机变压器组继电保护配置导则			2016/8/29	2017/3/1
13.8-3-59	13.8	29.240.01	K45	GB/T 33982—2017	分布式电源并网继电保护技术规范			2017/7/12	2018/2/1
13.8-3-60	13.8	29.240	K45	GB/T 34121—2017	智能变电站继电保护配置工具技术规范			2017/7/31	2018/2/1
13.8-3-61	13.8	29.240	K45	GB/T 34122—2017	220kV～750kV 电网继电保护和安全自动装置配置技术规范			2017/7/31	2018/2/1
13.8-3-62	13.8	29.240.01	K45	GB/T 38953—2020	微电网继电保护技术规定			2020/6/2	2020/12/1
13.8-3-63	13.8	29.240.99	K45	GB/T 40091—2021	智能变电站继电保护和电网安全自动装置安全措施要求			2021/4/30	2021/11/1
13.8-3-64	13.8	29.240	F21	GB/T 40532—2021	电力系统站域失灵（死区）保护技术导则			2021/10/11	2022/5/1

续表

序号	GW 分类	ICS 分类	GB 分类	标准号	中文名称	代替标准	采用关系	发布日期	实施日期
13.8-3-65	13.8	29.240.99	F21	GB/T 40584—2021	继电保护整定计算软件及数据技术规范			2021/10/11	2022/5/1
13.8-3-66	13.8	29.240	F21	GB/T 40599—2021	继电保护及安全自动装置在线监视与分析技术规范			2021/10/11	2022/5/1
13.8-3-67	13.8			GB/T 50479—2011	电力系统继电保护及自动化设备柜（屏）工程技术规范			2011/7/26	2012/6/1
13.8-3-68	13.8			GB/T 50976—2014	继电保护及二次回路安装及验收规范			2014/3/31	2014/12/1
13.8-4-69	13.8	29.240	K45	DL/T 1011—2016	电力系统继电保护整定计算数据交换格式规范	DL/T 1011—2006		2016/12/5	2017/5/1
13.8-4-70	13.8	29.020	K90	DL/T 1237—2013	1000kV 继电保护及电网安全自动装置检验规程			2013/3/7	2013/8/1
13.8-4-71	13.8	29.020	K01	DL/T 1239—2013	1000kV 继电保护及电网安全自动装置运行管理规程			2013/3/7	2013/8/1
13.8-4-72	13.8	27.100	F29	DL/T 1309—2013	大型发电机组涉网保护技术规范			2013/11/28	2014/4/1
13.8-4-73	13.8	29.240	K45	DL/T 1502—2016	厂用电继电保护整定计算导则			2016/1/7	2016/6/1
13.8-4-74	13.8	29.240	K45	DL/T 1631—2016	并网风电场继电保护配置及整定技术规范			2016/12/5	2017/5/1
13.8-4-75	13.8	29.240	K45	DL/T 1639—2016	变电站继电保护信息以太网 103 传输规范			2016/12/5	2017/5/1
13.8-4-76	13.8	29.240	K45	DL/T 1640—2016	继电保护定值在线校核及预警技术规范			2016/12/5	2017/5/1
13.8-4-77	13.8	29.240	K45	DL/T 1651—2016	继电保护光纤通道检验规程			2016/12/5	2017/5/1
13.8-4-78	13.8		K45	DL/T 1663—2023	智能变电站继电保护在线监视和智能诊断技术导则	DL/T 1663—2016		2023/10/11	2024/4/11
13.8-4-79	13.8	29.240	K45	DL/T 1734—2017	过激磁保护功能技术规范	SD 278—1988		2017/11/15	2018/3/1
13.8-4-80	13.8	29.240	K45	DL/T 1780—2017	超（特）高压直流输电控制保护系统检验规范			2017/12/27	2018/6/1
13.8-4-81	13.8	29.240	K45	DL/T 1782—2017	变电站继电保护信息规范			2017/12/27	2018/6/1
13.8-4-82	13.8	29.240.99	F21	DL/T 1981.3—2020	统一潮流控制器　第 3 部分：控制保护系统技术规范			2020/10/23	2021/2/1
13.8-4-83	13.8	29.240	K45	DL/T 2009—2019	超高压可控并联电抗器继电保护配置及整定技术规范			2019/6/4	2019/10/1

续表

序号	GW 分类	ICS 分类	GB 分类	标准号	中 文 名 称	代替标准	采用关系	发布日期	实施日期
13.8-4-84	13.8	29.240	K45	DL/T 2010—2019	高压无功补偿装置继电保护配置及整定技术规范			2019/6/4	2019/10/1
13.8-4-85	13.8	29.240	K45	DL/T 2249—2021	柔性直流输电系统保护整定技术规程			2021/1/7	2021/7/1
13.8-4-86	13.8	29.240	K45	DL/T 2250—2021	同步调相机控制保护系统技术导则			2021/1/7	2021/7/1
13.8-4-87	13.8	29.240	K45	DL/T 2252—2021	智能变电站继电保护及相关二次设备镜像调试技术规范			2021/1/7	2021/7/1
13.8-4-88	13.8			DL/T 2380—2021	抽水蓄能电站发电电动机变压器组继电保护整定计算技术规范			2021/12/22	2022/3/22
13.8-4-89	13.8			DL/T 2396—2021	抽水蓄能机组非电气量保护系统技术导则			2021/12/22	2022/3/22
13.8-4-90	13.8	27.010	F07	DL/T 243—2012	继电保护和控制设备数据采集及信息交换技术导则			2012/4/6	2012/7/1
13.8-4-91	13.8			DL/T 2531—2022	继电保护远程智能运行管控技术导则			2022/11/4	2023/5/4
13.8-4-92	13.8			DL/T 2532—2022	高压直流保护装置现场试验导则			2022/11/4	2023/5/4
13.8-4-93	13.8	29.240	K45	DL/T 2542—2022	同步调相机变压器组继电保护整定计算导则			2022/11/4	2023/5/4
13.8-4-94	13.8			DL/T 2543—2022	高压直流输电控制保护仿真试验规范			2022/11/4	2023/5/4
13.8-4-95	13.8	29.240	K45	DL/T 2544—2022	继电保护装置状态检修导则			2022/11/4	2023/5/4
13.8-4-96	13.8	29.240	K45	DL/T 2649—2023	串联变压器继电保护技术导则			2023/10/11	2024/4/11
13.8-4-97	13.8	29.240.99	K42	DL/T 365—2010	串联电容器补偿装置控制保护系统现场检验规程			2010/5/24	2010/10/1
13.8-4-98	13.8	29.240	K45	DL/T 559—2018	220kV～750kV 电网继电保护装置运行整定规程	DL/T 559—2007		2018/12/25	2019/5/1
13.8-4-99	13.8	29.240	K45	DL/T 584—2017	3kV～110kV 电网继电保护装置运行整定规程	DL/T 584—2007		2017/12/27	2018/6/1
13.8-4-100	13.8	29.240	K45	DL/T 587—2016	继电保护和安全自动装置运行管理规程	DL/T 587—2007		2016/12/5	2017/5/1
13.8-4-101	13.8	29.240.01	K45	DL/T 623—2010	电力系统继电保护及安全自动装置运行评价规程	DL/T 623—1997		2011/1/9	2011/5/1
13.8-4-102	13.8	29.240.30	K45	DL/T 684—2012	大型发电机变压器继电保护整定计算导则	DL/T 684—1999		2012/4/6	2012/7/1

13

续表

序号	GW 分类	ICS 分类	GB 分类	标准号	中文名称	代替标准	采用关系	发布日期	实施日期
13.8-4-103	13.8	29.120.50	F24	DL/T 736—2021	农村电网剩余电流动作保护器安装运行规程	DL/T 736—2010		2021/1/9	2022/5/1
13.8-4-104	13.8	29.120.99	K33	DL/T 886—2012	750kV 电力系统继电保护技术导则	DL/T 886—2004		2012/4/6	2012/7/1
13.8-4-105	13.8	29.240	K45	DL/T 995—2016	继电保护和电网安全自动装置检验规程	DL/T 995—2006		2016/12/5	2017/5/1
13.8-4-106	13.8	29.240.01	K45	NB/T 10192—2019	电流闭锁式母线保护技术导则			2019/6/4	2019/10/1
13.8-4-107	13.8	29.240.01	K45	NB/T 10677—2021	串联电容器补偿装置控制与保护技术要求			2021/4/26	2021/7/26
13.8-4-108	13.8	29.240.01	K45	NB/T 10683—2021	微电网区域保护控制装置技术要求			2021/4/26	2021/7/26
13.8-4-109	13.8	29.240.01	K45	NB/T 11052—2023	高压直流断路器控制保护技术导则			2023/2/6	2023/8/6
13.8-4-110	13.8	29.240.01	K45	NB/T 11055—2023	交直流混合配电网继电保护技术要求			2023/2/6	2023/8/6
13.8-4-111	13.8			NB/T 11208—2023	低压直流配电保护设备通用要求			2023/5/26	2023/11/26
13.8-4-112	13.8			NB/T 11482—2024	智能变电站继电保护网络动态性能试验规范			2024/5/24	2024/11/24
13.8-4-113	13.8	29.240.01	K45	NB/T 42072—2016	继电保护及安全自动装置　产品型号编制办法	JB/T 10103—1999		2016/8/16	2016/12/1
13.8-4-114	13.8	29.240.01	K45	NB/T 42088—2016	继电保护信息系统子站技术规范			2016/8/16	2016/12/1
13.8-5-115	13.8	29.120.70		IEC 60255-24：2013	测量继电器和保护设备　第 24 部分：电力系统瞬态数据交换的通用格式（COMTRADE）	IEC 60255-24：2001；IEC 95/308/FDIS：2013		2013/4/30	2013/4/30
13.8-6-116	13.8	29.240.01		T/CEC 489—2021	柔性直流输电控制保护装置检验规范			2021/6/29	2021/10/1
13.8-6-117	13.8	29.240.01		T/CEC 490—2021	电力系统失步解列装置检验规程			2021/6/29	2021/10/1

13.9　调度与交易-调度自动化

序号	GW 分类	ICS 分类	GB 分类	标准号	中文名称	代替标准	采用关系	发布日期	实施日期
13.9-2-1	13.9			Q/GDW 10131—2017	电力系统实时动态监测系统技术规范	Q/GDW 1131—2014		2018/9/26	2018/9/26
13.9-2-2	13.9	29.240		Q/GDW 10437—2016	电网地调水调自动化系统技术规范	Q/GDW 437—2010		2016/12/28	2016/12/28
13.9-2-3	13.9	29.240		Q/GDW 10678—2018	智能变电站一体化监控系统技术规范	Q/GDW 678—2011；Q/GDW 679—2011		2020/1/2	2020/1/2
13.9-2-4	13.9			Q/GDW 10680.41—2017	智能电网调度控制系统　第 4-1 部分：实时监控与预警类应用　电网实时监控与智能告警	Q/GDW 1680.41—2015		2018/9/26	2018/9/26

13

续表

序号	GW 分类	ICS 分类	GB 分类	标准号	中 文 名 称	代替标准	采用关系	发布日期	实施日期
13.9-2-5	13.9	29.240		Q/GDW 10918—2024	电力调度自动化主站系统 UPS 电源及配电系统技术规范	Q/GDW 1918—2013		2024/1/19	2024/1/19
13.9-2-6	13.9	29.240		Q/GDW 11021—2013	变电站调控数据交互规范			2014/4/1	2014/4/1
13.9-2-7	13.9	29.240		Q/GDW 11022—2013	智能电网调度控制系统实用化要求			2014/4/1	2014/4/1
13.9-2-8	13.9	29.240		Q/GDW 11047—2013	国家电网调度数据网应用接入规范			2014/4/1	2014/4/1
13.9-2-9	13.9	29.240		Q/GDW 11068—2013	电力系统通用实时通信服务协议			2014/4/1	2014/4/1
13.9-2-10	13.9	29.240		Q/GDW 11153—2014	智能变电站顺序控制技术导则			2014/12/31	2014/12/31
13.9-2-11	13.9	29.240		Q/GDW 11162—2014	变电站监控系统图形界面规范			2014/7/20	2014/7/20
13.9-2-12	13.9	29.240		Q/GDW 11205—2018	电网调度自动化系统软件通用测试规范	Q/GDW 11205—2014		2020/1/2	2020/1/2
13.9-2-13	13.9	29.240		Q/GDW 11206—2014	电网调度自动化系统计算机硬件设备检测规范			2014/11/15	2014/11/15
13.9-2-14	13.9	29.240		Q/GDW 11207—2014	电力系统告警直传技术规范			2014/11/15	2014/11/15
13.9-2-15	13.9	29.240		Q/GDW 11208—2014	电力系统远程浏览技术规范			2014/11/15	2014/11/15
13.9-2-16	13.9	29.240		Q/GDW 11264—2014	电力系统动态记录装置检测规范			2014/12/31	2014/12/31
13.9-2-17	13.9			Q/GDW 11354—2017	调度控制远方操作技术规范	Q/GDW 11354—2014		2018/9/26	2018/9/26
13.9-2-18	13.9	29.240		Q/GDW 11473—2015	智能电网调度控制系统集中监控应用功能规范			2016/12/15	2016/12/15
13.9-2-19	13.9	29.240		Q/GDW 11489—2015	电力系统序列控制接口技术规范			2016/11/15	2016/11/15
13.9-2-20	13.9	29.240		Q/GDW 11539—2024	电力系统时间同步及监测技术规范	Q/GDW 11539—2016		2024/1/19	2024/1/19
13.9-2-21	13.9	29.020		Q/GDW 11541—2016	电网调度自动化系统软件测试规范基础平台数据采集与交换			2016/12/28	2016/12/28
13.9-2-22	13.9	29.240		Q/GDW 11662—2017	智能变电站系统配置描述文件技术规范			2018/1/2	2018/1/2
13.9-2-23	13.9	29.240		Q/GDW 11897—2018	调度自动化机房设计与建设规范			2020/1/2	2020/1/2
13.9-2-24	13.9	29.240		Q/GDW 12047—2020	变电站自动化设备运维系统技术规范			2021/3/17	2021/3/17
13.9-2-25	13.9	29.240		Q/GDW 12210—2022	主厂站信息点表交换技术规范			2022/1/29	2022/1/29
13.9-2-26	13.9	29.240		Q/GDW 12213—2022	可调节负荷资源接入调控机构技术规范			2022/1/29	2022/1/29

续表

序号	GW 分类	ICS 分类	GB 分类	标准号	中 文 名 称	代替标准	采用关系	发布日期	实施日期
13.9-2-27	13.9	29.240		Q/GDW 12295—2024	变电站二次系统通信报文规范			2024/1/19	2024/1/19
13.9-2-28	13.9	29.240	F20	Q/GDW 12473.1—2024	电力调度控制云技术规范　第 1 部分：体系架构及总体要求			2024/8/23	2024/8/23
13.9-2-29	13.9	29.240	F20	Q/GDW 12473.2—2024	电力调度控制云技术规范　第 2 部分：电力调度通用数据对象结构化建模			2024/8/23	2024/8/23
13.9-2-30	13.9	29.240	F20	Q/GDW 12473.3—2024	电力调度控制云技术规范　第 3 部分：调控数据资产要求			2024/8/23	2024/8/23
13.9-2-31	13.9	29.240	F20	Q/GDW 12473.4—2024	电力调度控制云技术规范　第 4 部分：服务通用要求			2024/8/23	2024/8/23
13.9-2-32	13.9	29.240	F20	Q/GDW 12473.5—2024	电力调度控制云技术规范　第 5 部分：电力调控对象命名要求			2024/8/23	2024/8/23
13.9-2-33	13.9	29.240	F20	Q/GDW 12473.6—2024	电力调度控制云技术规范　第 6 部分：基础设施层			2024/8/23	2024/8/23
13.9-2-34	13.9	29.240	F20	Q/GDW 12473.7—2024	电力调度控制云技术规范　第 7 部分：公共资源管理			2024/8/23	2024/8/23
13.9-2-35	13.9	29.240	F20	Q/GDW 12473.8—2024	电力调度控制云技术规范　第 8 部分：模型数据平台			2024/8/23	2024/8/23
13.9-2-36	13.9	29.240	F20	Q/GDW 12473.9—2024	电力调度控制云技术规范　第 9 部分：运行数据平台			2024/8/23	2024/8/23
13.9-2-37	13.9	29.240	F20	Q/GDW 12473.10—2024	电力调度控制云技术规范　第 10 部分：实时数据平台			2024/8/23	2024/8/23
13.9-2-38	13.9	29.240	F20	Q/GDW 12473.11—2024	电力调度控制云技术规范　第 11 部分：调控大数据平台			2024/8/23	2024/8/23
13.9-2-39	13.9	29.240.20	F20	Q/GDW 12473.12—2024	电力调度控制云技术规范　第 12 部分：调控人工智能平台			2024/8/23	2024/8/23
13.9-2-40	13.9	29.240	F20	Q/GDW 12473.13—2024	电力调度控制云技术规范　第 13 部分：调控区块链			2024/8/23	2024/8/23
13.9-2-41	13.9	29.240	F20	Q/GDW 12473.14—2024	电力调度控制云技术规范　第 14 部分：应用技术要求			2024/8/23	2024/8/23

续表

序号	GW 分类	ICS 分类	GB 分类	标准号	中文名称	代替标准	采用关系	发布日期	实施日期
13.9-2-42	13.9	29.240	F20	Q/GDW 12473.15—2024	电力调度控制云技术规范　第 15 部分：主题数据可视化			2024/8/23	2024/8/23
13.9-2-43	13.9	29.240	F20	Q/GDW 12473.16—2024	电力调度控制云技术规范　第 16 部分：查询统计类应用			2024/8/23	2024/8/23
13.9-2-44	13.9	29.240		Q/GDW 1461—2014	地区智能电网调度控制系统应用功能规范	Q/GDW/Z 461—2010		2015/9/14	2015/9/14
13.9-2-45	13.9	29.240		Q/GDW 1680.1—2014	智能电网调度控制系统　第 1 部分：体系架构及总体要求	Q/GDW 680.1—2011		2015/9/14	2015/9/14
13.9-2-46	13.9	29.240		Q/GDW 1680.2—2014	智能电网调度控制系统　第 2 部分：名词和术语	Q/GDW 680.2—2011		2015/9/14	2015/9/14
13.9-2-47	13.9	29.240		Q/GDW 1680.31—2014	智能电网调度控制系统　第 3-1 部分：基础平台　消息总线和服务总线	Q/GDW 680.31—2011		2015/9/14	2015/9/14
13.9-2-48	13.9	29.240		Q/GDW 1680.32—2014	智能电网调度控制系统　第 3-2 部分：基础平台　数据存储与管理	Q/GDW 680.32—2011		2015/9/14	2015/9/14
13.9-2-49	13.9	29.240		Q/GDW 1680.33—2014	智能电网调度控制系统　第 3-3 部分：基础平台　平台管理	Q/GDW 680.33—2011		2015/9/14	2015/9/14
13.9-2-50	13.9	29.240		Q/GDW 1680.34—2014	智能电网调度控制系统　第 3-4 部分：基础平台　公共服务	Q/GDW 680.34—2011		2015/9/14	2015/9/14
13.9-2-51	13.9	29.240		Q/GDW 1680.35—2014	智能电网调度控制系统　第 3-5 部分：基础平台　数据采集与交换	Q/GDW 680.35—2011		2015/9/14	2015/9/14
13.9-2-52	13.9	29.240		Q/GDW 1680.49—2014	智能电网调度控制系统　第 4-9 部分：实时监控与预警类应用　火电机组烟气排放监测功能平台技术规范			2015/9/14	2015/9/14
13.9-2-53	13.9	29.240		Q/GDW 1680.71—2015	智能电网调度控制系统　第 7-1 部分：调度管理类应用　调度生产运行管理	Q/GDW 680.71—2011		2016/11/15	2016/11/15
13.9-2-54	13.9	29.240		Q/GDW 1680.410—2016	智能电网调度控制系统　第 4-10 部分：实时监控与预警类应用　输变电设备在线监测功能规范			2017/7/31	2017/7/31
13.9-2-55	13.9	29.240		Q/GDW 1919—2013	基于数字同步网频率信号的时间同步技术规范			2013/11/12	2013/11/12
13.9-2-56	13.9	35.040		Q/GDW 216—2008	电网运行数据交换规范			2008/12/31	2008/12/31
13.9-2-57	13.9	29.240		Q/GDW 622—2011	电力系统简单服务接口规范			2011/7/27	2011/7/27

续表

序号	GW 分类	ICS 分类	GB 分类	标准号	中 文 名 称	代替标准	采用关系	发布日期	实施日期
13.9-2-58	13.9	29.240		Q/GDW 623—2011	电力系统动态消息编码规范			2011/7/27	2011/7/27
13.9-2-59	13.9	29.240		Q/GDW 680.8—2011	智能电网调度技术支持系统　第 8 部分：分析与评估			2011/12/28	2011/12/28
13.9-2-60	13.9	29.240		Q/GDW 680.42—2011	智能电网调度技术支持系统　第 4-2 部分：实时监控与预警类应用　水电及新能源监测分析			2011/12/28	2011/12/28
13.9-2-61	13.9	29.240		Q/GDW 680.43—2011	智能电网调度技术支持系统　第 4-3 部分：实时监控与预警类应用　电网自动控制			2011/12/28	2011/12/28
13.9-2-62	13.9	29.240		Q/GDW 680.44—2011	智能电网调度技术支持系统　第 4-4 部分：实时监控与预警类应用　网络分析			2011/12/28	2011/12/28
13.9-2-63	13.9	29.240		Q/GDW 680.47—2011	智能电网调度技术支持系统　第 4-7 部分：实时监控与预警类应用　辅助监测			2011/12/28	2011/12/28
13.9-2-64	13.9	29.240		Q/GDW 680.72—2011	智能电网调度技术支持系统　第 7-2 部分：调度管理类应用　专业和内部综合管理及信息展示发布			2011/12/28	2011/12/28
13.9-2-65	13.9	29.240		Q/GDW 695—2011	智能变电站信息模型及通信接口技术规范			2012/7/27	2012/7/27
13.9-2-66	13.9	29.240		Q/GDW 740—2012	输变电设备状态监测主站系统变电设备在线监测 I2 接口网络通信规范			2012/8/2	2012/8/2
13.9-3-67	13.9	29.240.01	F21	GB/T 13729—2019	远动终端设备	GB/T 13729—2002		2019/6/4	2020/1/1
13.9-3-68	13.9	29.240.01	F21	GB/T 13730—2002	地区电网调度自动化系统	GB/T 13730—1992		2002/11/29	2003/6/1
13.9-3-69	13.9	27.010	F01	GB/T 14909—2021	能量系统㶲分析技术导则	GB/T 14909—2005		2021/4/30	2021/11/1
13.9-3-70	13.9	27.100	F21	GB/T 15153.1—2024	远动设备及系统　第 2 部分：工作条件　第 1 篇：电源和电磁兼容性	GB/T 15153.1—1998		2024/3/15	2024/10/1
13.9-3-71	13.9	27.100	F21	GB/T 15153.2—2000	远动设备及系统　第 2 部分：工作条件　第 2 篇：环境条件（气候、机械和其他非电影响因素）	GB/T 15153—1994	IDT IEC 60870-2-2：1996	2000/12/11	2001/10/1
13.9-3-72	13.9	29.240.30	F21	GB/T 16436.1—1996	远动设备及系统　第 1 部分：总则　第 2 篇：制定规范的导则		IEC 870-1-2：1989，IDT	1996/6/17	1997/7/1
13.9-3-73	13.9	27.100	F21	GB/T 17463—1998	远动设备及系统　第 4 部分：性能要求		IEC 870-4：1990，IDT	1998/8/13	1999/6/1
13.9-3-74	13.9	33.200	F21	GB/Z 18700.5—2003	远动设备及系统　第 6-1 部分：与 ISO 标准和 ITU-T 建议兼容的远协议　标准的应用环境和结构		IEC 60870-6-1：1995，IDT	2003/9/15	2004/3/1

13

续表

序号	GW 分类	ICS 分类	GB 分类	标准号	中 文 名 称	代替标准	采用关系	发布日期	实施日期
13.9-3-75	13.9	17.220.20	N22	GB/T 26862—2011	电力系统同步相量测量装置检测规范			2011/7/29	2011/12/1
13.9-3-76	13.9	29.240.01	F21	GB/T 26865.2—2023	电力系统实时动态监测系统　第 2 部分：数据传输协议	GB/T 26865.2—2011		2023/9/7	2023/9/7
13.9-3-77	13.9	27.100	N22	GB/T 28815—2012	电力系统实时动态监测主站技术规范			2012/11/5	2013/2/1
13.9-3-78	13.9	29.240	K45	GB/T 30149—2019	电网通用模型描述规范	GB/T 30149—2013		2019/6/4	2020/1/1
13.9-3-79	13.9	29.020	K04	GB/T 31992—2015	电力系统通用告警格式			2015/9/11	2016/4/1
13.9-3-80	13.9	29.240.01	F21	GB/T 31998—2015	电力软交换系统技术规范			2015/9/11	2016/4/1
13.9-3-81	13.9	29.240.01	F21	GB/T 32353—2015	电力系统实时动态监测系统数据接口规范			2015/12/31	2016/7/1
13.9-3-82	13.9	01.040.29	K04	GB/T 33590.2—2017	智能电网调度控制系统技术规范　第 2 部分：术语			2017/5/12	2017/12/1
13.9-3-83	13.9	29.020	F21	GB/T 33591—2017	智能变电站时间同步系统及设备技术规范			2017/5/12	2017/12/1
13.9-3-84	13.9	29.020	F21	GB/T 33601—2017	电网设备通用模型数据命名规范			2017/5/12	2017/9/1
13.9-3-85	13.9	29.020	F21	GB/T 33602—2017	电力系统通用服务协议			2017/5/12	2017/12/1
13.9-3-86	13.9	29.020	F21	GB/T 33603—2017	电力系统模型数据动态消息编码规范			2017/5/12	2017/12/1
13.9-3-87	13.9	29.020	F21	GB/T 33604—2017	电力系统简单服务接口规范			2017/5/12	2017/12/1
13.9-3-88	13.9	29.020	F21	GB/T 33605—2017	电力系统消息邮件传输规范			2017/5/12	2017/12/1
13.9-3-89	13.9	29.240	F21	GB/T 33607—2017	智能电网调度控制系统总体框架			2017/5/12	2017/12/1
13.9-3-90	13.9	25.040.99	N17	GB/T 34039—2017	远程终端单元（RTU）技术规范			2017/7/31	2018/2/1
13.9-3-91	13.9	29.240	K45	GB/T 34132—2017	智能变电站智能终端装置通用技术条件			2017/7/31	2018/2/1
13.9-3-92	13.9	29.240.01	F21	GB/T 35718.2—2017	电力系统管理及其信息交换　长期互操作性　第 2 部分：监控和数据采集（SCADA）端到端品质码		IEC 62361-2：2013，IDT	2017/12/29	2018/7/1
13.9-3-93	13.9	29.240.01	F20	GB/T 36050—2018	电力系统时间同步基本规定			2018/3/15	2018/10/1
13.9-3-94	13.9	29.020	F21	GB/T 40610—2021	电力系统在线潮流数据二进制描述及交换规范			2021/10/11	2022/5/1
13.9-3-95	13.9	29.240.01	F21	GB/T 42151.4—2024	电力自动化通信网络和系统　第 4 部分：系统和项目管理			2024/4/25	2024/11/1

13

续表

序号	GW 分类	ICS 分类	GB 分类	标准号	中文名称	代替标准	采用关系	发布日期	实施日期
13.9-3-96	13.9	29.240.10	F21	GB/Z 42151.77—2024	电力自动化通信网络和系统　第 7-7 部分：用于工具的 IEC 61850 相关数据模型机器可处理格式			2024/4/25	2024/4/25
13.9-3-97	13.9	29.240.01	F21	GB/T 42151.81—2023	电力自动化通信网络和系统　第 8-1 部分：特定通信服务映射（SCSM） 映射到 MMS（ISO 9506-1 和 ISO 9506-2）和 ISO/IEC 8802-3			2023/12/28	2024/7/1
13.9-4-98	13.9	29.240.01	F21	DL/T 1100.1—2018	电力系统的时间同步系统　第 1 部分：技术规范	DL/T 1100.1—2009		2018/12/25	2019/5/1
13.9-4-99	13.9	27.100	F21	DL/T 1100.2—2021	电力系统的时间同步系统　第 2 部分：基于局域网的精确时间同步	DL/T 1100.2—2013		2021/12/22	2022/3/22
13.9-4-100	13.9	29.240.01	F21	DL/T 1100.3—2018	电力系统的时间同步系统　第 3 部分：基于数字同步网的时间同步技术规范			2018/12/25	2019/5/1
13.9-4-101	13.9	27.100	F21	DL/T 1100.4—2018	电力系统的时间同步系统　第 4 部分：测试仪技术规范			2018/12/25	2019/5/1
13.9-4-102	13.9	29.240.01	F21	DL/T 1100.6—2018	电力系统的时间同步系统　第 6 部分：监测规范			2018/12/25	2019/5/1
13.9-4-103	13.9	29.240.01	F21	DL/T 1100.7—2021	电力系统的时间同步系统　第 7 部分：基于卫星共视的时间同步技术			2021/12/22	2022/3/22
13.9-4-104	13.9	29.240.10	K51	DL/T 1101—2009	35kV～110kV 变电站自动化系统验收规范			2009/7/22	2009/12/1
13.9-4-105	13.9	29.020	K07	DL/T 1169—2012	电力调度消息邮件传输规范			2012/8/23	2012/12/1
13.9-4-106	13.9	29.020	K01	DL/T 1170—2012	电力调度工作流程描述规范			2012/8/23	2012/12/1
13.9-4-107	13.9	29.020	K07	DL/T 1171—2012	电网设备通用数据模型命名规范			2012/8/23	2012/12/1
13.9-4-108	13.9	29.020	K01	DL/T 1232—2013	电力系统动态消息编码规范			2013/3/7	2013/8/1
13.9-4-109	13.9	27.100	K59	DL/T 1283—2013	电力系统雷电定位监测系统技术规程			2013/11/28	2014/4/1
13.9-4-110	13.9	27.100	F29	DL/T 1308—2013	节能发电调度信息发布技术规范			2013/11/28	2014/4/1
13.9-4-111	13.9	27.100	F21	DL/T 1311—2013	电力系统实时动态监测主站应用要求及验收细则			2013/11/28	2014/4/1
13.9-4-112	13.9	27.100	F22	DL/T 1377—2014	电力调度员培训仿真技术规范			2014/10/15	2015/3/1
13.9-4-113	13.9	29.240	F24	DL/T 1380—2014	电网运行模型数据交换规范			2014/10/15	2015/3/1

13

续表

序号	GW 分类	ICS 分类	GB 分类	标准号	中 文 名 称	代替标准	采用关系	发布日期	实施日期
13.9-4-114	13.9	27.100	F20	DL/T 1626—2016	700MW 及以上机组水电厂计算机监控系统基本技术条件			2016/12/5	2017/5/1
13.9-4-115	13.9	29.240.01	F21	DL/T 1649—2016	配电网调度控制系统技术规范			2016/12/5	2017/5/1
13.9-4-116	13.9	29.240	F23	DL/T 1708—2017	电力系统顺序控制技术规范			2017/8/2	2017/12/1
13.9-4-117	13.9	29.020	F21	DL/T 1709.3—2017	智能电网调度控制系统技术规范 第 3 部分：基础平台			2017/8/2	2017/12/1
13.9-4-118	13.9	29.020	F21	DL/T 1709.4—2017	智能电网调度控制系统技术规范 第 4 部分：实时监控与预警			2017/8/2	2017/12/1
13.9-4-119	13.9	29.020	F21	DL/T 1709.6—2017	智能电网调度控制系统技术规范 第 6 部分：调度管理			2017/8/2	2017/12/1
13.9-4-120	13.9	29.240	F21	DL/T 1709.7—2017	智能电网调度控制系统技术规范 第 7 部分：电网运行驾驶舱			2017/8/2	2017/12/1
13.9-4-121	13.9	29.020	F21	DL/T 1709.8—2017	智能电网调度控制系统技术规范 第 8 部分：运行评估			2017/8/2	2017/12/1
13.9-4-122	13.9	35.240.50	K07	DL/T 1709.9—2017	智能电网调度控制系统技术规范 第 9 部分：软件测试			2017/8/2	2017/12/1
13.9-4-123	13.9	29.240.30	F22	DL/T 1709.10—2017	智能电网调度控制系统技术规范 第 10 部分：硬件设备测试			2017/8/2	2017/12/1
13.9-4-124	13.9	27.140	P59	DL/T 1802—2018	水电厂自动发电控制及自动电压控制系统技术规范			2018/4/3	2018/7/1
13.9-4-125	13.9	29.020	F21	DL/T 1871—2018	智能电网调度控制系统与变电站即插即用框架规范			2018/6/6	2018/10/1
13.9-4-126	13.9	29.240	K45	DL/T 1873—2018	智能变电站系统配置描述（SCD）文件技术规范			2018/6/6	2018/10/1
13.9-4-127	13.9	29.240	K45	DL/T 1874—2018	智能变电站系统规格描述（SSD）建模工程实施技术规范			2018/6/6	2018/10/1
13.9-4-128	13.9			DL/T 1908.907—2018	电力自动化通信网络和系统 第 90-7 部分：分布式能源（DER）系统功率变换器对象模型			2018/12/25	2019/5/1
13.9-4-129	13.9			DL/T 2144.3—2022	变电站自动化系统及设备检测规范 第 3 部分：测控装置			2022/11/4	2023/5/4

13

续表

序号	GW 分类	ICS 分类	GB 分类	标准号	中 文 名 称	代替标准	采用关系	发布日期	实施日期
13.9-4-130	13.9	29.240.01	F21	DL/T 2176—2020	变电站自动化设备远程运行维护技术规范			2020/10/23	2021/2/1
13.9-4-131	13.9	29.240.01	F21	DL/T 2177—2020	厂站监控系统图形界面规范			2020/10/23	2021/2/1
13.9-4-132	13.9	29.240.30	F21	DL/T 2477—2022	电力调度自动化在线监视与管控技术要求			2022/5/13	2022/11/13
13.9-4-133	13.9	29.240.30	F21	DL/T 2480—2022	调度自动化主站远方操作一体化防误技术要求			2022/5/13	2022/11/13
13.9-4-134	13.9	29.240	K45	DL/T 2647—2023	智能变电站配置文件运行管控系统技术规范			2023/10/11	2024/4/11
13.9-4-135	13.9	27.100	F20/29	DL/T 2730—2024	梯级水电站水调自动化系统安装及验收规程			2024/5/24	2024/11/24
13.9-4-136	13.9	27.100	N22	DL/T 280—2012	电力系统同步相量测量装置通用技术条件			2012/1/4	2012/3/1
13.9-4-137	13.9			DL/T 2811—2024	变电站二次系统通信报文规范			2024/9/24	2025/3/24
13.9-4-138	13.9	29.020	K07	DL/T 476—2012	电力系统实时数据通信应用层协议	DL 476—1992		2012/8/23	2012/12/1
13.9-4-139	13.9	27.100	F21	DL/T 5003—2017	电力系统调度自动化设计规程	DL/T 5003—2005		2017/8/2	2017/12/1
13.9-4-140	13.9	29.240	F20	DL/T 516—2017	电力调度自动化系统运行管理规程	DL/T 516—2006		2017/8/2	2017/12/1
13.9-4-141	13.9	27.100	P62	DL/T 5364—2015	电力调度数据网络工程初步设计内容深度规定	DL/T 5364—2006		2015/7/1	2015/12/1
13.9-4-142	13.9	29.24	F21	DL/T 550—2014	地区电网调度控制系统技术规范	DL/T 550—1994		2014/10/15	2015/3/1
13.9-4-143	13.9	27.140	P59	DL/T 5762—2018	梯级水电厂集中监控系统安装及验收规程			2018/4/3	2018/7/1
13.9-4-144	13.9	27.100	F21	DL/T 634.56—2010	远动设备及系统　第 5-6 部分：IEC 60870-5 配套标准一致性测试导则	DL/Z 634.56—2004	IEC 60870-5-6：2006，IDT	2010/5/24	2010/10/1
13.9-4-145	13.9	29.240.10	F21	DL/T 634.5101—2022	远动设备及系统　第 5-101 部分：传输规约基本远动任务配套标准	DL/T 634.5101—2002	IEC 60870-5-101：2003，IDT；IEC 60870-5-101：2003/AMD1：2015，IDT	2022/5/13	2022/11/13
13.9-4-146	13.9	27.100	F21	DL/T 634.5104—2009	远动设备及系统　第 5-104 部分：传输规约　采用标准传输协议集的 IEC 60870-5-101 网络访问	DL/T 634.5104—2002	IEC 60870-5-104：2006，IDT	2009/7/22	2009/12/1
13.9-4-147	13.9		F21	DL/T 719—2000	远动设备及系统　第 5 部分：传输规约　第 102 篇：电力系统电能累计量传输配套标准		IEC 60870-105-102-1996，IDT	2000/11/3	2001/1/1
13.9-4-148	13.9	29.240.01	F21	DL/Z 860.1—2018	电力自动化通信网络和系统　第 1 部分：概论	DL/Z 860.1—2004	IEC 61850-1：2013，IDT	2018/12/25	2019/5/1

13

续表

序号	GW 分类	ICS 分类	GB 分类	标准号	中文名称	代替标准	采用关系	发布日期	实施日期
13.9-4-149	13.9	27.100	F21	DL/Z 860.2—2006	变电站通信网络和系统　第 2 部分：术语		IEC 61850-2：2003，IDT	2006/5/6	2006/10/1
13.9-4-150	13.9	27.100	F21	DL/T 860.3—2004	变电站通信网络和系统　第 3 部分：总体要求		IEC 61850-3：2002，IDT	2004/3/9	2004/6/1
13.9-4-151	13.9	29.240.01	F21	DL/T 860.4—2018	电力自动化通信网络和系统　第 4 部分：系统和项目管理	DL/T 860.4—2004	IEC 61850-4：2011，IDT	2018/12/25	2019/5/1
13.9-4-152	13.9	29.240.01	F20	DL/T 860.5—2006	变电站通信网络和系统　第 5 部分：功能的通信要求和装置模型		IEC 61850-5：2003，IDT	2006/9/14	2007/3/1
13.9-4-153	13.9	29.240.01	F21	DL/T 860.6—2012	电力自动化通信网络和系统　第 6 部分：与智能电子设备有关的变电站内通信配置描述语言	DL/T 860.6—2008	IEC 61850-6，IDT	2012/8/23	2012/12/1
13.9-4-154	13.9	29.240.01	F21	DL/T 860.10—2018	电力自动化通信网络和系统　第 10 部分：一致性测试	DL/T 860.10—2006	IEC 61850-10：2012，IDT	2018/12/25	2019/5/1
13.9-4-155	13.9	27.100	F21	DL/T 860.71—2014	电力自动化通信网络和系统　第 7-1 部分：基本通信结构　原理和模型	DL/T 860.71—2006	IEC 61850-7-1：2011，IDT	2014/10/15	2015/3/1
13.9-4-156	13.9	29.240.01	F21	DL/T 860.72—2013	电力自动化通信网络和系统　第 7-2 部分：基本信息和通信结构-抽象通信服务接口（ACSI）	DL/T 860.72—2004	IEC 61850-7-2：2010，IDT	2013/11/28	2014/4/1
13.9-4-157	13.9	29.240.01	F21	DL/T 860.73—2013	电力自动化通信网络和系统　第 7-3 部分：基本通信结构公用数据类	DL/T 860.73—2004	IEC 61850-7-3：2010，IDT	2013/11/28	2014/4/1
13.9-4-158	13.9	27.100	F21	DL/T 860.74—2014	电力自动化通信网络和系统　第 7-4 部分：基本通信结构兼容逻辑节点类和数据类	DL/T 860.74—2006	IEC 61850-7-4：2010，IDT	2014/10/15	2015/3/1
13.9-4-159	13.9	29.240.01	F21	DL/T 860.81—2016	电力自动化通信网络和系统　第 8-1 部分：特定通信服务映射（SCSM）—映射到 MMS（ISO 9506-1 和 ISO 9506-2）及 ISO/IEC 8802-3	DL/T 860.81—2006	IEC 61850-8-1：2011，IDT	2016/1/7	2016/6/1
13.9-4-160	13.9	27.100	F21	DL/T 860.92—2016	电力自动化通信网络和系统　第 9-2 部分：特定通信服务映射（SCSM）—基于 ISO/IEC 8802-3 的采样值	DL/T 860.92—2006	IEC 61850-9-2：2011，IDT	2016/1/7	2016/6/1
13.9-4-161	13.9	29.240.01	F21	DL/T 860.93—2019	电力自动化通信网络和系统　第 9-3 部分：电力自动化系统精确时间协议子集		IEC/IEEE 61850-9-3：2016，IDT	2019/11/4	2020/5/1
13.9-4-162	13.9	29.240.01	F21	DL/T 860.904—2018	电力自动化通信网络和系统　第 90-4 部分：网络工程指南		IEC/TR 61850-90-4：2013，IDT	2018/12/25	2019/5/1
13.9-4-163	13.9	29.240.01	F21	DL/T 860.905—2019	电力自动化通信网络和系统　第 90-5 部分：使用 IEC 61850 传输符合 IEEE C37.118 的同步相量信息		IEC/TR 61850-90-5：2012，IDT	2019/11/4	2020/5/1

13

序号	GW 分类	ICS 分类	GB 分类	标准号	中文名称	代替标准	采用关系	发布日期	实施日期
13.9-4-164	13.9	27.140	P59	DL/Z 860.7510—2016	电力自动化通信网络和系统　第 7-510 部分：基本通信结构　水力发电厂建模原理与应用指南		IEC 61850-7-510：2012，IDT	2016/1/7	2016/6/1
13.9-4-165	13.9	27.100	F20	DL/T 890.1—2007	能量管理系统应用程序接口（EMS-API）　第 1 部分：导则和一般要求		IEC 61970-1：2005，IDT	2007/12/3	2008/6/1
13.9-4-166	13.9	27.100	F20	DL/Z 890.2—2010	能量管理系统应用程序接口（EMS-API）　第 2 部分：术语		IEC 61970-2 TS：2004，IDT	2010/5/1	2010/5/24
13.9-4-167	13.9	27.100	F21	DL/T 890.301—2016	能量管理系统应用程序接口（EMS-API）　第 301 部分：公共信息模型（CIM）基础	DL/T 890.301—2004	IEC 61970-301：2013，IDT	2016/1/7	2016/6/1
13.9-4-168	13.9	27.100	F20	DL/Z 890.401—2006	能量管理系统应用程序接口（EMS-API）　第 401 部分：组件接口规范（CIS）框架		IEC 61970-401 TS：2005，IDT	2006/12/17	2007/5/1
13.9-4-169	13.9	27.100	F21	DL/T 890.402—2012	能量管理系统应用程序接口（EMS-API）　第 402 部分：公共服务		IEC 61970-402：2008，IDT	2012/1/4	2012/3/1
13.9-4-170	13.9	27.100	F21	DL/T 890.404—2009	能量管理系统应用程序接口（EMS-API）　第 404 部分：高速数据访问（HSDA）		IEC 61970-404：2007，IDT	2009/7/22	2009/12/1
13.9-4-171	13.9	27.100	F21	DL/T 890.405—2009	能量管理系统应用程序接口（EMS-API）　第 405 部分：通用事件和订阅（GES）		IEC 61970-405：2007，IDT	2009/7/22	2009/12/1
13.9-4-172	13.9	27.100	F20	DL/T 890.407—2010	能量管理系统应用程序接口（EMS-API）　第 407 部分：时间序列数据访问（TSDA）		IEC 61970-407：2007，IDT	2010/5/24	2010/10/1
13.9-4-173	13.9	29.240.01	F21	DL/T 890.452—2018	能量管理系统应用程序接口（EMS-API）　第 452 部分：CIM 稳态输电网络模型子集		IEC 61970-452：2015，IDT	2018/12/25	2019/5/1
13.9-4-174	13.9	29.240.01	F21	DL/T 890.453—2018	能量管理系统应用程序接口（EMS-API）　第 453 部分：图形布局子集	DL/T 890.453—2012	IEC 61970-453：2014，IDT	2018/12/25	2019/5/1
13.9-4-175	13.9	27.100	F20	DL/T 890.501—2007	能量管理系统应用程序接口（EMS-API）　第 501 部分：公共信息模型的资源描述框架（CIM RDF）模式		IEC 61970-501：2006，IDT	2007/12/3	2008/6/1
13.9-4-176	13.9	29.020	K07	DL/T 890.552—2014	能量管理系统应用程序接口（EMS-API）　第 552 部分：CIMXML 模型交换格式		IEC 61970-552：2013，IDT	2014/10/15	2015/3/1
13.9-4-177	13.9	27.100	F21	DL/Z 890.6001—2019	能量管理系统应用程序接口（EMS-API）　第 600-1 部分：公共电网模型交换规范（CGMES）—结构与规则		IEC 61970-600-1：2017，IDT	2019/11/4	2020/5/1

13

序号	GW 分类	ICS 分类	GB 分类	标准号	中 文 名 称	代替标准	采用关系	发布日期	实施日期
13.9-4-178	13.9	27.140	P59	NB/T 35001—2024	梯级水电站水调自动化系统设计规范	NB/T 35001—2011		2024/5/24	2024/11/24
13.9-4-179	13.9	29.240.01	K45	NB/T 42014—2013	电气化铁路牵引变电所综合自动化系统			2013/11/28	2014/4/1
13.9-4-180	13.9	33.040.20	M33	YD/T 2375—2019	高精度时间同步技术要求	YD/T 2375—2011		2019/11/11	2020/1/1
13.9-5-181	13.9	33.200	M54	IEC TS 60870-5-7：2013	远程控制设备和系统 第 5-7 部分：IEC 60870-5-101 标准和 IEC 60870-5-104 标准的安全扩展	IEC 57/1308/DTS：2012		2013/7/15	2013/7/15
13.9-5-182	13.9			IEC TS 60870-5-601：2015	远程控制设备和系统 第 5-601 部分：IEC 60870-5-101 配套标准的一致性试验案例			2015/10/8	2015/10/8
13.9-5-183	13.9			IEC TS 60870-5-604：2016	远程控制设备和系统 第 5-604 部分：IEC 60870-5-104 配套标准的合格性试验案例			2016/6/9	2016/6/9
13.9-5-184	13.9			IEC TR 61850-7-500：2017	用于电力公用事业自动化的通信网络和系统 第 7-500 部分：基本信息和通信结构 使用逻辑节点建模应用功能以及变电站的相关概念和准则			2017/7/26	2017/7/26
13.9-5-185	13.9	33.200		IEC 61850-3：2013	电力系统自动化用通信网络和系统 第 3 部分：通用要求			2013/12/12	2013/12/12
13.9-5-186	13.9			IEC 61850-4：2011/AMD1：2020，CSV	电力系统自动化用通信网络和系统 第 4 部分：系统和项目管理			2020/11/3	2020/11/3
13.9-5-187	13.9			IEC 61850-6：2009/AMD1：2018，CSV	电力系统自动化用通信网络和系统 第 6 部分：变电站相关的智能电子装置（IEDs）通信用结构描述语言			2018/6/7	2018/6/7
13.9-5-188	13.9			IEC 61850-7-1：2011/AMD1：2020，CSV	变电所的通信网络和系统 第 7-1 部分：基本通信结构 原理和模型			2020/8/31	2020/8/31
13.9-5-189	13.9	33.040.40；33.200	M10	IEC 61850-7-4：2010	变电站的通信网络和系统 第 7-4 部分：基本通信结构兼容逻辑节点种类和数据种类	IEC 61850-7-4：2003；IEC 57/1045/FDIS：2009		2010/3/1	2010/3/1
13.9-5-190	13.9	33.200		IEC 61850-7-2：2021	电力公共设施自动化的通信网络和系统 第 7-2 部分：基本信息和通信结构 抽象通信服务接口（ACSI）			2010/8/24	2010/8/24
13.9-5-191	13.9	33.040.40		IEC 61850-7-3	电力公共设施自动化的通信网络和系统 第 7-3 部分：基本通信结构 常见数据类			2020/2/10	2020/2/10

13

续表

序号	GW 分类	ICS 分类	GB 分类	标准号	中 文 名 称	代替标准	采用关系	发布日期	实施日期
13.9-5-192	13.9	33.200		IEC 61850-7-410：2012/AMD1：2015，CSV	电力自动化通信网络和系统 第 7-410 部分：基本通信结构 水力发电站厂 监视与控制用通信 第 2.1 版合并再版	IEC 61850-7-410：2012		2015/11/12	2015/11/12
13.9-5-193	13.9	33.040.40；33.200	M10	IEC 61850-7-420：2009	电力系统自动化用通信网络和系统 第 7-420 部分：基本通信结构分布能源逻辑网点	IEC 57/981/FDIS：2008		2009/3/10	2009/3/10
13.9-5-194	13.9	33.040.40；33.200	F21	IEC 61850-8-1：2011	变电所的通信网络和系统 第 8-1 部分：专用通信设施映像（SCSM）多媒体短信服务（MMS）（ISO 9506-1 和 ISO 9506-2）和 ISO/IEC 8802-3 上的映像	IEC 61850-8-1：2004；IEC 57/1109/FDIS：2011		2011/6/1	2011/6/1
13.9-5-195	13.9	33.040.40	F21	IEC TR 61850-90-1：2010	电力系统自动化用通信网络和系统 第 90-1 部分：变电站之间通信对标准 IEC 61850 的使用	IEC 57/992/DTR：2009		2010/3/1	2010/3/1
13.9-5-196	13.9	33.200；		IEC TR 61850-90-2：2016	用于电力公司自动化的通信网络和系统 第 90-2 部分：使用 IEC 61850 进行变电站和控制中心之间的通信			2016/2/1	2016/2/1
13.9-5-197	13.9	33.200；		IEC TR 61850-90-3：2016	用于电力公司自动化的通信网络和系统 第 90-3 部分：使用 IEC 61850 进行状态监测诊断和分析			2016/5/1	2016/5/1
13.9-5-198	13.9	33.200		IEC TR 61850-90-4：2020	电力系统自动化用通信网络和系统 第 90-4 部分：网络工程指南			2020/6/8	2020/6/8
13.9-5-199	13.9			IEC TR 61850-90-6：2018	用于电力自动化的通信网络和系统 第 90-6 部分：配电自动化系统中使用 IEC 61850			2018/9/1	2018/9/1
13.9-5-200	13.9	33.040.40；33.200	F21	IEC TR 61850-90-7：2013	电力系统自动化用通信网络和系统 第 90-7 部分：分布式能源（DER）系统的电力转换器用对象模型	IEC 57/1239/DTR：2012		2013/2/21	2013/2/21
13.9-5-201	13.9			IEC TR 61850-90-10：2017	用于电力公司自动化的通信网络和系统 第 90-10 部分：调度模型			2017/10/19	2017/10/19
13.9-5-202	13.9			IEC TR 61850-90-17：2017	用于电力公司自动化的通信网络和系统 第 90-17 部分：使用 IEC 61850 传输电能质量数据			2017/5/22	2017/5/22
13.9-5-203	13.9			IEC 61850-9-2：2011/AMD1：2020，CSV	电力系统自动化用通信网络和系统 第 9-2 部分：专用通信服务映射（SCSM）通过 ISO/IEC 8802-3 的抽样值			2020/2/12	2020/2/12

续表

序号	GW 分类	ICS 分类	GB 分类	标准号	中 文 名 称	代替标准	采用关系	发布日期	实施日期
13.9-5-204	13.9	35.240.50	L67	IEC 61970-1：2005	能量管理系统应用程序接口（EMS—API） 第1部分：指南和一般要求	IEC 57/777/FDIS：2005		2005/12/1	2005/12/1
13.9-5-205	13.9	33.200；35.240.50	L78	IEC 61970-402：2008	能量管理系统应用程序接口（EMS—API） 第402 部分：一般服务	IEC 57/928/FDIS：2008		2008/6/24	2008/6/24
13.9-5-206	13.9	33.200；35.240.50	L78	IEC 61970-403：2008	能量管理系统应用程序接口（EMS—API） 第403 部分：一般数据访问	IEC 57/929/FDIS：2008		2008/6/24	2008/6/24
13.9-5-207	13.9	33.200；35.240.50	L78	IEC 61970-404：2007	能量管理系统应用程序接口（EMS—API） 第404 部分：高速数据存取（TSDA）			2007/8/10	2007/8/10
13.9-5-208	13.9	33.200；35.240.50	L78	IEC 61970-405：2007	能量管理系统应用程序接口（EMS—API） 第405 部分：一般综合和订购（GES）			2007/8/10	2007/8/10
13.9-5-209	13.9	33.200；35.240.50	L78	IEC 61970-407：2007	能量管理系统应用程序接口（EMS—API） 第407 部分：时间系列数据存取（TSDA）			2007/8/10	2007/8/10
13.9-5-210	13.9			IEC 61970-452：2021	能量管理系统应用程序接口（EMS—API） 第452 部分：计算机输入缩微胶卷静态的传播网络模型侧面第 1.0 版			2021/10/27	2021/10/27
13.9-5-211	13.9			IEC 61970-456：2021	能量管理系统应用程序接口（EMS—API） 第456 部分：已解决的电力系统状态概要			2021/12/15	2021/12/15
13.9-5-212	13.9	35.240.50	F21	IEC 61970-501：2006	能量管理体系应用程序接口（EMS—API） 第501 部分：公共信息模型资源描述格式（CIMRDF）计划			2006/3/8	2006/3/8

13.10 调度与交易-配网运行

序号	GW 分类	ICS 分类	GB 分类	标准号	中 文 名 称	代替标准	采用关系	发布日期	实施日期
13.10-2-1	13.10	29.240		Q/GDW 10514—2018	配电自动化终端 / 子站功能规范	Q/GDW 514—2010		2019/3/8	2019/3/8
13.10-2-2	13.10	29.240		Q/GDW 10667—2016	分布式电源接入配电网运行控制规范	Q/GDW 667—2011		2017/3/24	2017/3/24
13.10-2-3	13.10	27.180		Q/GDW 10676—2016	电化学储能系统接入配电网测试规范	Q/GDW 676—2011		2017/8/4	2017/8/4
13.10-2-4	13.10	29.240		Q/GDW 11474—2015	配电自动化运行评估规范			2016/12/15	2016/12/15
13.10-2-5	13.10	27.180		Q/GDW 11559—2016	微电网接入配电网测试规范			2017/3/24	2017/3/24
13.10-2-6	13.10	29.240		Q/GDW 11813—2018	配电自动化终端参数配置规范			2019/3/8	2019/3/8

续表

序号	GW 分类	ICS 分类	GB 分类	标准号	中文名称	代替标准	采用关系	发布日期	实施日期
13.10-2-7	13.10	29.240		Q/GDW 12191—2021	增量配电网/微电网调度运行技术规范			2022/1/24	2022/1/24
13.10-2-8	13.10	29.240		Q/GDW 12192—2021	用电信息采集数据接入配网调度技术支持系统技术规范			2022/1/24	2022/1/24
13.10-2-9	13.10	29.240		Q/GDW 12293—2023	配电网调度智能指令票及网络化下令功能技术规范			2023/4/28	2023/4/28
13.10-2-10	13.10	29.240		Q/GDW 1382—2013	配电自动化技术导则	Q/GDW 382—2009		2014/9/1	2014/9/1
13.10-2-11	13.10			Q/GDW 1850—2013	配电自动化系统信息集成规范			2014/5/1	2014/5/1
13.10-2-12	13.10	29.240		Q/GDW 513—2010	配电自动化主站系统功能规范			2010/10/19	2010/10/19
13.10-2-13	13.10	29.240		Q/GDW 677—2011	分布式电源接入配电网监控系统功能规范			2011/12/9	2011/12/9
13.10-3-14	13.10	29.240	F19	GB/T 34129—2017	微电网接入配电网测试规范			2017/7/31	2018/2/1
13.10-3-15	13.10	29.240.01	F21	GB/T 34930—2017	微电网接入配电网运行控制规范			2017/11/1	2018/5/1
13.10-3-16	13.10	29.240.01	F21	GB/T 35689—2017	配电信息交换总线技术要求			2017/12/29	2018/7/1
13.10-4-17	13.10	29.240.01	F21	DL/T 1080.3—2010	电力企业应用集成　配电管理的系统接口　第3部分：电网运行接口		IEC 61968-3：2003，IDT	2010/5/24	2010/10/1
13.10-4-18	13.10	29.240.01	F21	DL/T 1080.4—2010	电力企业应用集成　配电管理的系统接口　第4部分：台账与资产管理接口		IEC 61968-4：2007，IDT	2010/5/24	2010/10/1
13.10-4-19	13.10	29.240.01	F21	DL/T 1406—2015	配电自动化技术导则			2015/4/2	2015/9/1
13.10-4-20	13.10	29.240	F20	DL/T 1863—2018	独立型微电网运行管理规范			2018/6/6	2018/10/1
13.10-4-21	13.10	27.180	F19	DL/T 1864—2018	独立型微电网监控系统技术规范			2018/6/6	2018/10/1
13.10-4-22	13.10	29.240.01	F21	DL/T 1883—2018	配电网运行控制技术导则			2018/12/25	2019/5/1
13.10-4-23	13.10	29.240.01	F20	DL/T 2071—2019	配电网电压质量控制技术导则			2019/11/4	2020/5/1
13.10-4-24	13.10			DL/T 2769—2024	配电自动化终端检测平台技术规范			2024/5/24	2024/11/24
13.10-4-25	13.10	19.020	F24	DL/T 5844—2021	配电自动化终端设备调试验收规程			2021/12/22	2022/3/22
13.10-4-26	13.10			DL/T 721—2024	配电自动化终端技术规范	DL/T 721—2013		2024/5/24	2024/11/24
13.10-4-27	13.10	29.240.01	F21	DL/Z 790.52—2005	采用配电线载波的配电自动化　第5-2部分：低层协议集　移频键控（FSK）协议		IEC 61334-5-2：1998，IDT	2005/11/28	2006/6/1

13

续表

序号	GW 分类	ICS 分类	GB 分类	标准号	中 文 名 称	代替标准	采用关系	发布日期	实施日期
13.10-4-28	13.10	27.100	F21	DL/Z 790.53—2004	采用配电线载波的配电自动化 第 5-3 部分：低层协议集 自适应宽带扩频（SS-AW）协议		IEC TS 61334-5-3：2001，IDT	2004/3/9	2004/6/1
13.10-4-29	13.10	27.100	F21	DL/Z 790.54—2004	采用配电线载波的配电自动化 第 5-4 部分：低层协议集 多载波调制（MCM）协议		IEC TS 61334-5-4：2001，IDT	2004/3/9	2004/6/1
13.10-4-30	13.10	27.100	F21	DL/Z 790.55—2004	采用配电线载波的配电自动化 第 5-5 部分：低层协议集 快速跳频扩频通信（SS-FFH）协议		IEC TS 61334-5-5：2001，IDT	2004/10/20	2005/4/1
13.10-4-31	13.10	27.100	F21	DL/T 790.432—2004	采用配电线载波的配电自动化 第 4-32 部分：数据通信协议 数据链路层—逻辑链路控制		IEC 61334-4-32：1996，IDT	2004/3/9	2004/6/1
13.10-4-32	13.10	27.100	F21	DL/T 790.441—2004	采用配电线载波的配电自动化 第 4-41 部分：数据通信协议 应用层协议—配电线报文规范		IEC 61334-4-41：1996，IDT	2004/3/9	2004/6/1
13.10-4-33	13.10	27.100	F21	DL/T 790.442—2004	采用配电线载波的配电自动化 第 4-42 部分：数据通信协议 应用协议 应用层		IEC 61334-4-42：1996，IDT	2004/10/20	2005/4/1
13.10-4-34	13.10	27.100	F21	DL/T 814—2013	配电自动化系统技术规范	DL/T 814—2002		2013/11/28	2014/4/1
13.10-4-35	13.10	27.010	F01	NB/T 33013—2014	分布式电源孤岛运行控制规范			2014/10/15	2015/3/1
13.10-4-36	13.10	27.100	F29	NB/T 33016—2014	电化学储能系统接入配电网测试规程			2014/10/15	2015/3/1
13.10-4-37	13.10	29.200	K81	NB/T 33029—2018	电动汽车充电与间歇性电源协同调度技术导则			2018/4/3	2018/7/1
13.10-5-38	13.10			IEC TS 63276：2024	分布式能源分配网络托管容量评估指南			2024/9/17	2024/9/17

13.11 调度与交易-电力交易

序号	GW 分类	ICS 分类	GB 分类	标准号	中 文 名 称	代替标准	采用关系	发布日期	实施日期
13.11-2-1	13.11	29.240		Q/GDW 10821—2021	电力交易平台术语	Q/GDW 1821—2012		2021/8/9	2021/8/9
13.11-2-2	13.11	29.240		Q/GDW 12096—2021	电力交易平台售电公司接入基础业务规范			2021/8/9	2021/8/9
13.11-2-3	13.11	29.240		Q/GDW 12097—2021	电力交易结算结果数据规范			2022/1/28	2022/1/28
13.11-2-4	13.11	29.240		Q/GDW 12197.1—2021	电力交易平台信息交互规范 第 1 部分：省间与省内电力交易平台间			2022/1/28	2022/1/28
13.11-2-5	13.11	29.240		Q/GDW 12197.2—2021	电力交易平台信息交互规范 第 2 部分：与调度控制系统			2022/1/28	2022/1/28

续表

序号	GW 分类	ICS 分类	GB 分类	标准号	中 文 名 称	代替标准	采用关系	发布日期	实施日期
13.11-2-6	13.11	29.240		Q/GDW 12197.3—2021	电力交易平台信息交互规范　第 3 部分：与营销系统			2022/1/28	2022/1/28
13.11-2-7	13.11	29.240		Q/GDW 12197.4—2023	电力交易平台信息交互规范　第 4 部分：与财务系统			2023/12/4	2023/12/4
13.11-2-8	13.11	29.240		Q/GDW 12197.6—2022	电力交易平台信息交互规范　第 6 部分：与市场主体自有系统			2023/3/9	2023/3/9
13.11-2-9	13.11	29.240		Q/GDW 12198.1—2021	电力交易平台设计规范　第 1 部分：系统架构与总体要求			2022/1/28	2022/1/28
13.11-2-10	13.11	29.240		Q/GDW 12198.3—2023	电力交易平台设计规范　第 3 部分：数据编码	Q/GDW 11571—2016； Q/GDW 11572—2016； Q/GDW 11573—2016； Q/GDW 11818—2018		2023/12/4	2023/12/4
13.11-2-11	13.11	29.240		Q/GDW 12198.21—2022	电力交易平台设计规范　第 2-1 部分：省间电力交易平台功能	Q/GDW 1477—2014		2023/3/9	2023/3/9
13.11-2-12	13.11	29.240		Q/GDW 12198.22—2022	电力交易平台设计规范　第 2-2 部分：省内电力交易平台功能	Q/GDW 1477—2014		2023/3/9	2023/3/9
13.11-2-13	13.11	29.240		Q/GDW 12199—2021	电力交易结算科目编码和结算凭证式样			2022/1/28	2022/1/28
13.11-2-14	13.11	29.240		Q/GDW 12200—2021	省间电力交易命名规范			2022/1/28	2022/1/28
13.11-2-15	13.11	29.240		Q/GDW 12201—2021	中长期电力市场交易运营效果评价			2022/1/28	2022/1/28
13.11-2-16	13.11	29.240		Q/GDW 12286—2022	虚拟电厂建设运营技术规范			2023/3/9	2023/3/9
13.11-2-17	13.11	29.240		Q/GDW 12287—2022	电力交易结算档案管理规范			2023/3/9	2023/3/9
13.11-2-18	13.11	29.240		Q/GDW 12379—2023	电力交易平台分布式电源接入基础业务规范			2023/12/4	2023/12/4
13.11-2-19	13.11	29.240		Q/GDW 12380—2023	电力市场主体交易信用评价规范			2023/12/4	2023/12/4
13.11-2-20	13.11	35.240	L70	Q/GDW 12381—2023	基于区块链的绿色电力消费认证技术框架			2023/12/4	2023/12/4
13.11-2-21	13.11	29.240		Q/GDW 12382—2023	电力市场信息披露规范			2023/12/4	2023/12/4
13.11-3-22	13.11	29.240.01	F21	GB/T 43052—2023	电力市场交易运营系统与售电技术支持系统信息交换规范			2023/9/7	2023/9/7
13.11-4-23	13.11	29.020	F20	DL/T 1008—2019	电力中长期交易平台功能规范	DL/T 1008—2006		2019/11/4	2020/5/1

续表

序号	GW 分类	ICS 分类	GB 分类	标准号	中文名称	代替标准	采用关系	发布日期	实施日期
13.11-4-24	13.11	29.240.10	F21	DL/T 1414.301—2015	电力市场通信　第 301 部分：公共信息模型			2015/4/15	2015/9/1
13.11-4-25	13.11	29.240.01	F21	DL/T 1414.351—2018	电力市场通信　第 351 部分：分区电价式市场模型交互子集		IEC 62325-351：2015，IDT	2018/12/25	2019/5/1
13.11-4-26	13.11	29.240.01	F21	DL/T 1414.4511—2021	电力市场通信　第 451-1 部分：分区电价模式电力市场信息交互确认流程子集		IEC 62325-451：2017，IDT	2021/4/26	2021/10/26
13.11-4-27	13.11	29.020	F21	DL/T 2190—2020	中长期电力交易安全校核技术规范			2020/10/23	2021/2/1
13.11-5-28	13.11			IEEE P3224	基于区块链的绿色电力标识应用			2023/12/6	2023/12/6
13.11-5-29	13.11			ITU-T F.751.14	基于区块链的绿电消费信息溯源参考架构			2024/6/1	2024/6/1
13.11-6-30	13.11	29.020		T/CEC 387—2020	售电技术支持系统技术规范			2020/10/28	2021/2/1

13.12　调度与交易-通信

序号	GW 分类	ICS 分类	GB 分类	标准号	中文名称	代替标准	采用关系	发布日期	实施日期
13.12-2-1	13.12	29.240		Q/GDW 10720—2023	电力通信检修作业技术规范	Q/GDW 720—2012		2023/12/29	2023/12/29
13.12-2-2	13.12	29.240		Q/GDW 10721—2020	电力通信现场标准化作业规范	Q/GDW 721—2012		2020/12/31	2020/12/31
13.12-2-3	13.12	29.240		Q/GDW 10755—2023	电网通信设备电磁兼容通用技术规范	Q/GDW 755—2012		2023/12/29	2023/12/29
13.12-2-4	13.12	29.240		Q/GDW 10756—2018	电力通信系统安全检查内容	Q/GDW 756—2012		2020/4/8	2020/4/8
13.12-2-5	13.12	29.024		Q/GDW 10758—2018	电力系统通信光缆安装工艺规范	Q/GDW 758—2012		2019/7/26	2019/7/26
13.12-2-6	13.12	29.024		Q/GDW 10759—2018	电力系统通信站安装工艺规范	Q/GDW 759—2012		2019/7/26	2019/7/26
13.12-2-7	13.12	29.240		Q/GDW 11211—2023	IPv6 地址编码规范	Q/GDW 11211—2014		2023/12/29	2023/12/29
13.12-2-8	13.12	29.240		Q/GDW 11341—2014	数据通信网工程实施技术规范			2015/5/29	2015/5/29
13.12-2-9	13.12	29.240		Q/GDW 11342—2014	数据业务接入网络技术要求			2015/5/29	2015/5/29
13.12-2-10	13.12	29.240		Q/GDW 11343.1—2014	国家电网通信管理系统运行维护　第 1 部分：系统运维			2015/5/29	2015/5/29
13.12-2-11	13.12	29.240		Q/GDW 11344—2020	电力通信基础数据统计规范	Q/GDW 11344—2014		2020/12/31	2020/12/31
13.12-2-12	13.12	29.240		Q/GDW/Z 11345.1—2014	电力通信网信息安全　第 1 部分：总纲			2015/5/29	2015/5/29

续表

序号	GW 分类	ICS 分类	GB 分类	标准号	中文名称	代替标准	采用关系	发布日期	实施日期
13.12-2-13	13.12	29.240		Q/GDW/Z 11345.2—2014	电力通信网信息安全　第 2 部分：传输网			2015/5/29	2015/5/29
13.12-2-14	13.12	29.240		Q/GDW/Z 11345.4—2014	电力通信网信息安全　第 4 部分：支撑网			2015/5/29	2015/5/29
13.12-2-15	13.12	29.240		Q/GDW 11345.5—2020	电力通信网信息安全　第 5 部分：终端通信接入网	Q/GDW/Z 11345.5—2015		2020/12/31	2020/12/31
13.12-2-16	13.12	29.240		Q/GDW 11349—2023	光传送网（OTN）通信工程验收规范	Q/GDW 11349—2014		2023/12/29	2023/12/29
13.12-2-17	13.12	29.240		Q/GDW/Z 11394.1—2015	国家电网公司频率同步网技术基础　第 1 部分：总体技术要求			2015/8/5	2015/8/5
13.12-2-18	13.12	29.240		Q/GDW 11394.6—2018	频率同步网技术基础　第 6 部分：同步网网管技术要求			2019/7/26	2019/7/26
13.12-2-19	13.12	29.240		Q/GDW 11395.2—2015	IMS 行政交换网系统规范　第 2 部分：互联互通要求			2016/7/26	2016/7/26
13.12-2-20	13.12	29.240		Q/GDW 11437.1—2015	IMS 行政交换网业务　第 1 部分：多媒体电话基本业务及补充业务			2016/7/26	2016/7/26
13.12-2-21	13.12	29.240		Q/GDW 11437.2—2015	IMS 行政交换网业务　第 2 部分：IPCentrex 及一号通业务			2016/7/26	2016/7/26
13.12-2-22	13.12	29.240		Q/GDW 11440—2015	IMS 行政交换网工程验收要求			2016/7/26	2016/7/26
13.12-2-23	13.12	29.240		Q/GDW 11441—2015	IMS 行政交换网运行维护规程			2016/7/26	2016/7/26
13.12-2-24	13.12	29.240		Q/GDW 11442—2020	通信电源技术、验收及运行维护规程	Q/GDW 11442—2015		2020/12/31	2020/12/31
13.12-2-25	13.12	33.040.40		Q/GDW 11533—2016	数据通信网工程验收测试规范			2016/12/22	2016/12/22
13.12-2-26	13.12	29.240		Q/GDW 11543—2016	会议电视系统技术规范			2017/2/10	2017/2/10
13.12-2-27	13.12	35.240		Q/GDW 11544—2016	会议电视系统运行维护规程			2017/2/10	2017/2/10
13.12-2-28	13.12	33.060		Q/GDW 11700—2017	国家电网公司电力无线公网技术要求			2018/3/5	2018/3/5
13.12-2-29	13.12	33.060		Q/GDW 11803.1—2018	电力无线专网通用要求　第 1 部分：名词术语			2018/11/30	2018/11/30
13.12-2-30	13.12	33.060		Q/GDW 11803.2—2018	电力无线专网通用要求　第 2 部分：需求规范			2018/11/30	2018/11/30
13.12-2-31	13.12	33.060		Q/GDW 11803.3—2018	电力无线专网通用要求　第 3 部分：编号计划			2018/11/30	2018/11/30
13.12-2-32	13.12	33.060		Q/GDW 11804—2018	LTE-G 1800MHz 电力无线通信系统技术规范			2018/11/30	2018/11/30

续表

序号	GW 分类	ICS 分类	GB 分类	标准号	中 文 名 称	代替标准	采用关系	发布日期	实施日期
13.12-2-33	13.12	33.060.01		Q/GDW 11806.1—2018	230MHz 离散多载波电力无线通信系统 第 1 部分：总体技术要求			2018/11/30	2018/11/30
13.12-2-34	13.12	36.060		Q/GDW 11806.2—2018	230MHz 离散多载波电力无线通信系统 第 2 部分：LTE-G 230MHz 技术规范			2018/11/30	2018/11/30
13.12-2-35	13.12	33.180.10		Q/GDW 11832—2018	全介质自承式光缆安全技术要求			2019/7/16	2019/7/16
13.12-2-36	13.12	29.240		Q/GDW 11950—2018	电力光传输网运行维护规程			2020/4/8	2020/4/8
13.12-2-37	13.12	29.240		Q/GDW 11980—2019	软件定义网络（SDN）总体技术要求			2020/9/28	2020/9/28
13.12-2-38	13.12	29.240		Q/GDW 12043—2020	电力通信机房动力环境监控系统技术规范			2020/12/31	2020/12/31
13.12-2-39	13.12	29.240		Q/GDW 12044—2020	IMS 接入网运维管理系统技术规范			2020/12/31	2020/12/31
13.12-2-40	13.12	29.240		Q/GDW/Z 12114.1—2020	国家电网通信管理系统应用规范 第 1 部分：典型业务应用规范—光缆中断与处置			2020/12/31	2020/12/31
13.12-2-41	13.12	29.240		Q/GDW 12168—2021	机动应急通信系统运行维护规程			2021/9/24	2021/9/24
13.12-2-42	13.12	29.240		Q/GDW 12208—2022	智能变电站二次系统三维模型交互规范			2022/1/29	2022/1/29
13.12-2-43	13.12	29.240.01		Q/GDW 12299—2024	调度电话与人机工作站融合系统技术规范			2024/1/19	2024/1/19
13.12-2-44	13.12	01.040		Q/GDW 12300—2024	通信设备退役报废技术鉴定标准			2024/1/19	2024/1/19
13.12-2-45	13.12			Q/GDW 12392—2023	光纤复合架空地线接头盒技术规范			2023/12/29	2023/12/29
13.12-2-46	13.12	29.240		Q/GDW 1553.1—2014	电力以太网无源光网络（EPON）系统 第 1 部分：技术条件	Q/GDW 553.1—2010		2015/5/29	2015/5/29
13.12-2-47	13.12	29.240		Q/GDW 1553.3—2014	电力以太网无源光网络（EPON）系统 第 3 部分：互联互通技术要求与测试方法	Q/GDW 583—2011		2015/5/29	2015/5/29
13.12-2-48	13.12			Q/GDW 1804—2012	通信站运行管理规定			2013/11/6	2013/11/6
13.12-2-49	13.12	29.240		Q/GDW 1871.1—2013	国家电网通信管理系统技术基础 第 1 部分：资源命名及定义			2014/2/10	2014/2/10
13.12-2-50	13.12	29.240		Q/GDW 1871.2—2013	国家电网通信管理系统技术基础 第 2 部分：公共信息模型			2014/2/10	2014/2/10
13.12-2-51	13.12	29.240		Q/GDW 1871.3—2014	国家电网通信管理系统技术基础 第 3 部分：术语和定义			2014/9/1	2014/9/1

续表

序号	GW 分类	ICS 分类	GB 分类	标准号	中 文 名 称	代替标准	采用关系	发布日期	实施日期
13.12-2-52	13.12	29.240		Q/GDW 1871.4—2014	国家电网通信管理系统技术基础　第 4 部分：指标体系			2014/9/1	2014/9/1
13.12-2-53	13.12	29.240		Q/GDW 1873.1—2013	国家电网通信管理系统工程建设　第 1 部分：建设规范			2014/2/10	2014/2/10
13.12-2-54	13.12	29.240		Q/GDW 1873.2—2014	国家电网通信管理系统工程建设　第 2 部分：验收规范			2014/9/1	2014/9/1
13.12-2-55	13.12	29.240		Q/GDW 1874.2—2013	国家电网通信管理系统运行维护　第 2 部分：动力环境监控			2013/11/12	2013/11/12
13.12-2-56	13.12	29.240		Q/GDW 1915—2013	基于 MPLS 技术的数据通信网建设规范			2014/2/10	2014/2/10
13.12-2-57	13.12	29.240		Q/GDW 1916—2013	电力通信工程专业管理规程			2014/1/15	2014/1/15
13.12-2-58	13.12	29.240		Q/GDW 353—2009	IP 网络直播技术规范			2009/9/14	2009/9/14
13.12-2-59	13.12	29.240		Q/GDW 523—2010	吉比特无源光网络（GPON）技术条件			2011/3/31	2011/3/31
13.12-2-60	13.12	29.240		Q/GDW 728—2012	10Gbit/s 以太网无源光网络（10G-EPON）系统技术条件			2012/10/16	2012/10/16
13.12-2-61	13.12	29.240		Q/GDW 754—2012	电力调度交换网组网技术规范			2012/8/28	2012/8/28
13.12-2-62	13.12	29.240		Q/GDW 760—2012	电力通信运行方式管理规定			2012/8/28	2012/8/28
13.12-3-63	13.12	33.040.20	M33	GB/T 14731—2008	同步数字体系（SDH）的比特率	GB/T 14731—1993		2008/10/7	2009/4/1
13.12-3-64	13.12	33.040.20	M33	GB/T 15409—2008	同步数字体系信号的帧结构	GB/T 15409—1994		2008/10/29	2009/5/1
13.12-3-65	13.12	33.100	L06	GB/T 15540—2006	陆地移动通信设备电磁兼容技术要求和测量方法	GB 15540—1995	ETSI EN 301489-1 V1.4.1：2002，NEQ	2006/7/25	2007/5/1
13.12-3-66	13.12	35.100	L78	GB/Z 15629.1—2000	信息技术　系统间远程通信和信息交换　局域网和城域网　特定要求　第 1 部分：局域网标准综述		ISO/IEC TR 8802-1：1997，IDT	2000/1/3	2000/8/1
13.12-3-67	13.12	35.110	L78	GB/T 15629.2—2008	信息技术　系统间远程通信和信息交换　局域网和城域网　特定要求　第 2 部分：逻辑链路控制	GB/T 15629.2—1995	ISO/IEC 8802-2：1998，IDT	2008/7/28	2009/1/1
13.12-3-68	13.12	35.110	L78	GB/T 15629.3—2014	信息技术　系统间远程通信和信息交换　局域网和城域网　特定要求　第 3 部分：带碰撞检测的载波侦听多址访问（CSMA/CD）的访问方法和物理层规范	GB/T 15629.3—1995	ISO/IEC 8802-3：2000，MOD	2014/12/22	2015/6/1

13

续表

序号	GW 分类	ICS 分类	GB 分类	标准号	中 文 名 称	代替标准	采用关系	发布日期	实施日期
13.12-3-69	13.12	35.110	L78	GB/T 15629.5—1996	信息技术　局域网和城域网　第 5 部分：令牌环访问方法和物理层规范		ISO/IEC 8802-5：1992，IDT	1996/12/18	1997/7/1
13.12-3-70	13.12	35.110	L78	GB 15629.11—2003	信息技术　系统间远程通信和信息交换　局域网和城域网　特定要求　第 11 部分：无线局域网媒体访问控制和物理层规范		ISO/IEC 8802-11：1999，MOD	2003/5/12	2003/12/1
13.12-3-71	13.12	33.040.20	M19	GB/T 15837—2008	数字同步网接口要求	GB/T 15837—1995		2008/10/29	2009/5/1
13.12-3-72	13.12	33.040.20	M33	GB/T 15940—2008	同步数字体系信号的基本复用结构	GB/T 15940—1995		2008/10/7	2009/4/1
13.12-3-73	13.12	35.100.30	L78	GB/Z 16506—2008	信息技术　系统间远程通信和信息交换　提供和支持 OSI 网络服务的协议组合	GB/T 16506.1—1996；GB/T 16506.2—1996；GB/T 16506.3—1996	ISO/IEC TR 13532：1995，IDT	2008/8/19	2009/1/1
13.12-3-74	13.12	33.040.20	M33	GB/T 16712—2008	同步数字体系（SDH）设备功能块特性	GB/T 16712—1996	ITU-T G.783：2006，NEQ	2008/10/7	2009/4/1
13.12-3-75	13.12	35.110	M19	GB/T 17153—2011	公用网之间以及公用网和提供数据传输业务的其他网之间互通的一般原则	GB/T 17153—1997	ITU-T X.300：1996，IDT	2011/7/29	2011/11/1
13.12-3-76	13.12	35.100.70	L79	GB/T 17173.1—2015	信息技术　开放系统互连　分布式事务处理　第 1 部分：OSI TP 模型	GB/T 17173.1—1997	ISO/IEC 10026-1：1998，IDT	2015/5/15	2016/1/1
13.12-3-77	13.12	35.100.30	L78	GB/T 17179.1—2008	信息技术　提供无连接方式网络服务的协议　第 1 部分：协议规范	GB/T 17179.1—1997	ISO/IEC 8473-1：1998，IDT	2008/8/19	2009/1/1
13.12-3-78	13.12	25.040	N10	GB/T 25105.1—2014	工业通信网络　现场总线规范　类型 10：PROFINET IO 规范　第 1 部分：应用层服务定义	GB/Z 25105.1—2010	IEC 61158-5-10：2010，MOD	2014/9/30	2015/4/1
13.12-3-79	13.12	25.040	N10	GB/T 25105.2—2014	工业通信网络　现场总线规范　类型 10：PROFINET IO 规范　第 2 部分：应用层协议规范	GB/Z 25105.2—2010	IEC 61158-6-10：2010，MOD	2014/9/30	2015/4/1
13.12-3-80	13.12	25.040	N10	GB/T 25105.3—2014	工业通信网络　现场总线规范　类型 10：PROFINET IO 规范　第 3 部分：PROFINET IO 通信行规	GB/Z 25105.3—2010	IEC 61784-2：2010，MOD	2014/9/30	2015/4/1
13.12-3-81	13.12	25.040	N10	GB/Z 26157.1—2010	测量和控制数字数据通信　工业控制系统用现场总线　类型 2：ControlNet 和 EtherNet/IP 规范　第 1 部分：一般描述		IEC 61158：2003 TYPE2，MOD	2011/1/14	2011/6/1
13.12-3-82	13.12	25.040	N10	GB/Z 26157.2—2010	测量和控制数字数据通信　工业控制系统用现场总线　类型 2：ControlNet 和 EtherNet/IP 规范　第 2 部分：物理层和介质		IEC 61158：2003 TYPE2，MOD	2011/1/14	2011/6/1

续表

序号	GW 分类	ICS 分类	GB 分类	标准号	中 文 名 称	代替标准	采用关系	发布日期	实施日期
13.12-3-83	13.12	25.040	N10	GB/Z 26157.3—2010	测量和控制数字数据通信　工业控制系统用现场总线　类型 2：ControlNet 和 EtherNet/IP 规范　第 3 部分：数据链路层		IEC 61158：2003 TYPE2，MOD	2011/1/14	2011/6/1
13.12-3-84	13.12	25.040	N10	GB/Z 26157.4—2010	测量和控制数字数据通信　工业控制系统用现场总线　类型 2：ControlNet 和 EtherNet/IP 规范　第 4 部分：网络层及传输层		IEC 61158：2003 TYPE2，MOD	2011/1/14	2011/6/1
13.12-3-85	13.12	25.040	N10	GB/Z 26157.5—2010	测量和控制数字数据通信　工业控制系统用现场总线　类型 2：ControlNet 和 EtherNet/IP 规范　第 5 部分：数据管理		IEC 61158：2003 TYPE2，MOD	2011/1/14	2011/6/1
13.12-3-86	13.12	25.040	N10	GB/Z 26157.6—2010	测量和控制数字数据通信　工业控制系统用现场总线　类型 2：ControlNet 和 EtherNet/IP 规范　第 6 部分：对象模型		IEC 61158：2003 TYPE2，MOD	2011/1/14	2011/6/1
13.12-3-87	13.12	25.040	N10	GB/Z 26157.7—2010	测量和控制数字数据通信　工业控制系统用现场总线　类型 2：ControlNet 和 EtherNet/IP 规范　第 7 部分：设备行规		IEC 61158：2003 TYPE2，MOD	2011/1/14	2011/6/1
13.12-3-88	13.12	33.060.01	M36	GB/T 26256—2010	2.4GHz 频段无线电通信设备的相互干扰限制与共存要求及测试方法			2011/1/14	2011/6/1
13.12-3-89	13.12	33.040.40	M32	GB/T 28498—2012	在同步数字体系（SDH）上传送以太网帧的技术要求		ITU-T X.86/Y.1323，MOD	2012/6/29	2012/10/1
13.12-3-90	13.12	33.040.40	M32	GB/T 28501—2012	IP 电话路由协议（TRIP）技术要求		IETF RFC 3219：2002，MOD	2012/6/29	2012/10/1
13.12-3-91	13.12	33.040.30	M12	GB/T 28505—2012	国内 No.7 信令方式技术要求 2Mbit/s 高速信令链路		ITU-T Q.703：1996，NEQ	2012/6/29	2012/10/1
13.12-3-92	13.12	35.220.01	L64	GB/T 28925—2012	信息技术　射频识别 2.45GHz 空中接口协议			2012/11/5	2013/2/9
13.12-3-93	13.12	35.220.01	L64	GB/T 28926—2012	信息技术　射频识别 2.45GHz 空中接口符合性测试方法			2012/11/5	2013/2/9
13.12-3-94	13.12	01.040.35；35.040	L70	GB/T 29261.3—2012	信息技术　自动识别和数据采集技术　词汇　第 3 部分：射频识别		ISO/IEC 19762-3：2008，NEQ	2012/12/31	2013/6/1
13.12-3-95	13.12	01.040.35；35.040	L70	GB/T 29261.4—2012	信息技术　自动识别和数据采集技术　词汇　第 4 部分：无线电通信		ISO/IEC 19762-4：2008，NEQ	2012/12/31	2013/6/1

13

续表

序号	GW 分类	ICS 分类	GB 分类	标准号	中 文 名 称	代替标准	采用关系	发布日期	实施日期
13.12-3-96	13.12	35.200	L65	GB/T 29265.203—2012	信息技术 信息设备资源共享协同服务 第203部分：基于IPv6的通信协议			2012/12/31	2013/7/1
13.12-3-97	13.12	35.200	L65	GB/T 29265.305—2012	信息技术 信息设备资源共享协同服务 第305部分：电力线通信接口			2012/12/31	2013/6/1
13.12-3-98	13.12	25.040	N10	GB/Z 29619.1—2013	测量和控制数字数据通信 工业控制系统用现场总线 类型8：INTERBUS规范 第1部分：概述		IEC 61158：2003，MOD	2013/7/19	2013/12/15
13.12-3-99	13.12	25.040	N10	GB/Z 29619.2—2013	测量和控制数字数据通信 工业控制系统用现场总线 类型8：INTERBUS规范 第2部分：物理层规范和服务定义		IEC 61158：2003，MOD	2013/7/19	2013/12/15
13.12-3-100	13.12	25.040	N10	GB/Z 29619.3—2013	测量和控制数字数据通信 工业控制系统用现场总线 类型8：INTERBUS规范 第3部分：数据链路服务定义		IEC 61158：2003，MOD	2013/7/19	2013/12/15
13.12-3-101	13.12	25.040	N10	GB/Z 29619.4—2013	测量和控制数字数据通信 工业控制系统用现场总线 类型8：INTERBUS规范 第4部分：数据链路协议规范		IEC 61158：2003，MOD	2013/7/19	2013/12/15
13.12-3-102	13.12	25.040	N10	GB/Z 29619.5—2013	测量和控制数字数据通信 工业控制系统用现场总线 类型8：INTERBUS规范 第5部分：应用层服务的定义		IEC 61158：2003，MOD	2013/7/19	2013/12/15
13.12-3-103	13.12	25.040	N10	GB/Z 29619.6—2013	测量和控制数字数据通信 工业控制系统用现场总线 类型8：INTERBUS规范 第6部分：应用层协议规范		IEC 61158：2003，MOD	2013/7/19	2013/12/15
13.12-3-104	13.12	35.220.01	L64	GB/T 29768—2013	信息技术 射频识别 800/900MHz空中接口协议			2013/9/18	2014/5/1
13.12-3-105	13.12	35.110	L79	GB/T 30269.2—2013	信息技术 传感器网络 第2部分：术语			2013/12/31	2014/7/15
13.12-3-106	13.12	35.110	L79	GB/T 30269.303—2018	信息技术 传感器网络 第303部分：通信与信息交换：基于IP的无线传感器网络网络层规范			2018/6/7	2019/1/1
13.12-3-107	13.12	35.110	L79	GB/T 30269.304—2019	信息技术 传感器网络 第304部分：通信与信息交换：声波通信系统技术要求			2019/8/30	2020/3/1
13.12-3-108	13.12	35.110	L79	GB/T 30269.502—2017	信息技术 传感器网络 第502部分：标识：传感节点标识符解析			2017/12/29	2018/7/1

续表

序号	GW 分类	ICS 分类	GB 分类	标准号	中 文 名 称	代替标准	采用关系	发布日期	实施日期
13.12-3-109	13.12	35.110	L79	GB/T 30269.504—2019	信息技术 传感器网络 第 504 部分：标识：传感节点标识符管理			2019/8/30	2020/3/1
13.12-3-110	13.12	35.110	L79	GB/T 30269.602—2017	信息技术 传感器网络 第 602 部分：信息安全：低速率无线传感器网络网络层和应用支持子层安全规范			2017/12/29	2017/12/29
13.12-3-111	13.12	35.110	L79	GB/T 30269.801—2017	信息技术 传感器网络 第 801 部分：测试：通用要求			2017/12/29	2017/12/29
13.12-3-112	13.12	35.100	L78	GB/T 30269.803—2017	信息技术 传感器网络 第 803 部分：测试：低速无线传感器网络网络层和应用支持子层			2017/12/29	2018/7/1
13.12-3-113	13.12	35.110	L79	GB/T 30269.804—2018	信息技术 传感器网络 第 804 部分：测试：传感器接口			2018/6/7	2019/1/1
13.12-3-114	13.12	35.110	L79	GB/T 30269.805—2019	信息技术 传感器网络 第 805 部分：测试：传感器网关测试规范			2019/8/30	2020/3/1
13.12-3-115	13.12	35.110	L79	GB/T 30269.806—2018	信息技术 传感器网络 第 806 部分：测试：传感节点标识符编码和解析			2018/6/7	2019/1/1
13.12-3-116	13.12	35.110	L79	GB/T 30269.901—2016	信息技术 传感器网络 第 901 部分：网关：通用技术要求			2016/10/13	2017/5/1
13.12-3-117	13.12	35.110	L79	GB/T 30269.902—2018	信息技术 传感器网络 第 902 部分：网关：远程管理技术要求			2018/6/7	2019/1/1
13.12-3-118	13.12	35.110	L79	GB/T 30269.903—2018	信息技术 传感器网络 第 903 部分：网关：逻辑接口			2018/6/7	2019/1/1
13.12-3-119	13.12	25.040	N10	GB/T 31230.1—2014	工业以太网现场总线 EtherCAT 第 1 部分：概述			2014/9/30	2015/4/1
13.12-3-120	13.12	25.040	N10	GB/T 31230.2—2014	工业以太网现场总线 EtherCAT 第 2 部分：物理层服务和协议规范			2014/9/30	2015/4/1
13.12-3-121	13.12	25.040	N10	GB/T 31230.3—2014	工业以太网现场总线 EtherCAT 第 3 部分：数据链路层服务定义			2014/9/30	2015/4/1
13.12-3-122	13.12	25.040	N10	GB/T 31230.4—2014	工业以太网现场总线 EtherCAT 第 4 部分：数据链路层协议规范			2014/9/30	2015/4/1
13.12-3-123	13.12	25.040	N10	GB/T 31230.5—2014	工业以太网现场总线 EtherCAT 第 5 部分：应用层服务定义			2014/9/30	2015/4/1

续表

序号	GW 分类	ICS 分类	GB 分类	标准号	中文名称	代替标准	采用关系	发布日期	实施日期
13.12-3-124	13.12	25.040	N10	GB/T 31230.6—2014	工业以太网现场总线 EtherCAT　第 6 部分：应用层协议规范			2014/9/30	2015/4/1
13.12-3-125	13.12	35.110	L78	GB/T 31491—2015	无线网络访问控制技术规范			2015/5/15	2016/1/1
13.12-3-126	13.12	17.220.20	N22	GB/T 31983.31—2017	低压窄带电力线通信　第 31 部分：窄带正交频分复用电力线通信　物理层规范			2017/5/12	2017/12/1
13.12-3-127	13.12	33.040.50	M42	GB/T 33845—2017	接入网技术要求　吉比特的无源光网络（GPON）			2017/5/31	2017/9/1
13.12-3-128	13.12	33.200	V55	GB/T 33987—2017	S/X/Ka 三频低轨遥感卫星地面接收系统技术要求			2017/7/12	2018/2/1
13.12-3-129	13.12	25.040	N10	GB/Z 34066—2017	控制与通信网络 CIP Safety 规范			2017/7/31	2018/2/1
13.12-3-130	13.12	07.040	A76	GB/T 35767—2017	卫星导航定位基准站网基本产品规范			2017/12/29	2018/7/1
13.12-3-131	13.12	07.040	A76	GB/T 35768—2017	卫星导航定位基准站网服务管理系统规范			2017/12/29	2018/7/1
13.12-3-132	13.12	07.040	A76	GB/T 35769—2017	卫星导航定位基准站网服务规范			2017/12/29	2018/7/1
13.12-3-133	13.12	25.040	N10	GB/T 36417.1—2018	全分布式工业控制网络　第 1 部分：总则			2018/6/7	2019/1/1
13.12-3-134	13.12	25.040	N10	GB/T 36417.2—2018	全分布式工业控制网络　第 2 部分：术语			2018/6/7	2019/1/1
13.12-3-135	13.12	25.040	N10	GB/T 36417.3—2018	全分布式工业控制网络　第 3 部分：接口通用要求			2018/6/7	2019/1/1
13.12-3-136	13.12	25.040	N10	GB/T 36417.4—2018	全分布式工业控制网络　第 4 部分：异构网络技术规范			2018/6/7	2019/1/1
13.12-3-137	13.12	35.110	L78	GB/T 36454—2018	信息技术　系统间远程通信和信息交换　中高速无线局域网媒体访问控制和物理层规范			2018/6/7	2019/1/1
13.12-3-138	13.12	35.040	L80	GB/T 36968—2018	信息安全技术 IPSec VPN 技术规范			2018/12/28	2019/7/1
13.12-3-139	13.12	33.040.50	M19	GB/T 37081—2018	接入网技术要求 10Gbit/s 以太网无源光网络（10G-EPON）			2018/12/28	2019/4/1
13.12-3-140	13.12	33.040.50	M33	GB/T 37083—2018	接入网技术要求 EPON 系统互通性			2018/12/28	2019/4/1
13.12-3-141	13.12	33.040.50	M42	GB/T 37173—2018	接入网技术要求 GPON 系统互通性			2018/12/28	2019/4/1

续表

序号	GW 分类	ICS 分类	GB 分类	标准号	中 文 名 称	代替标准	采用关系	发布日期	实施日期
13.12-3-142	13.12	33.060	M36	GB/T 37287—2019	基于 LTE 技术的宽带集群通信（B-TrunC）系统　接口技术要求（第一阶段）集群核心网到调度台接口			2019/3/25	2019/10/1
13.12-3-143	13.12	33.200	M50	GB/T 37911.1—2019	电力系统北斗卫星授时应用接口　第 1 部分：技术规范			2019/8/30	2020/3/1
13.12-3-144	13.12	33.200	M50	GB/T 37911.2—2019	电力系统北斗卫星授时应用接口　第 2 部分：检测规范			2019/8/30	2020/3/1
13.12-3-145	13.12	33.200	M50	GB/T 37937—2019	北斗卫星授时终端技术要求			2019/8/30	2020/3/1
13.12-3-146	13.12	49.020	V70	GB/T 38025—2019	遥感卫星地面系统接口规范			2019/8/30	2020/3/1
13.12-3-147	13.12	33.040.50	M42	GB/T 38876—2020	接入网设备测试方法 10Gbit/s 以太网无源光网络（10G EPON）			2020/7/21	2021/2/1
13.12-3-148	13.12	33.040.50	M42	GB/T 39577—2020	接入网技术要求 10Gbit/s 无源光网络（XG-PON）			2020/12/14	2021/7/1
13.12-3-149	13.12	33.060.30	M36	GB/T 39838—2021	基于 LTE 技术的宽带集群通信（B-TrunC）系统　接口测试方法（第一阶段）终端到集群核心网接口			2021/3/9	2021/10/1
13.12-3-150	13.12	33.060.30	M36	GB/T 39839—2021	基于 LTE 技术的宽带集群通信（B-TrunC）系统　终端设备技术要求（第一阶段）			2021/3/9	2021/10/1
13.12-3-151	13.12	33.060.30	M36	GB/T 39840—2021	基于 LTE 技术的宽带集群通信（B-TrunC）系统　接口测试方法（第一阶段）空中接口			2021/3/9	2021/10/1
13.12-3-152	13.12	29.240.01	F21	GB/T 42151.5—2022	电力自动化通信网络和系统　第 5 部分：功能和装置模型的通信要求			2022/12/30	2023/7/1
13.12-3-153	13.12	21.020	L05	GB/T 43038—2023	通信网络可信性工程			2023/9/7	2024/1/1
13.12-3-154	13.12	03.120.01	L05	GB/T 43039—2023	通信网络可信性评估和保证方法			2023/9/7	2023/9/7
13.12-3-155	13.12	33.180.99	M33	GB/T 43556.1—2023	光纤光缆线路维护技术　第 1 部分：基于泄漏光的光纤识别			2023/12/28	2024/4/1
13.12-3-156	13.12	33.180.99	M33	GB/T 43556.2—2023	光纤光缆线路维护技术　第 2 部分：使用光学监测系统的地埋接头盒浸水监测			2023/12/28	2024/4/1
13.12-3-157	13.12	01.040.35	A22	GB/T 43692—2024	量子通信术语和定义			2024/3/15	2024/10/1

13

续表

序号	GW 分类	ICS 分类	GB 分类	标准号	中 文 名 称	代替标准	采用关系	发布日期	实施日期
13.12-3-158	13.12	35.030	L80	GB/T 43844—2024	IPv6 地址分配和编码规则 接口标识符			2024/4/25	2024/11/1
13.12-3-159	13.12	33.040.20	M33	GB/T 44225—2024	电力光传输系统安全防护技术规范			2024/7/24	2025/2/1
13.12-3-160	13.12			GB/T 50636—2018	城市轨道交通综合监控系统工程技术标准	GB 50636—2010；GB/T 50732—2011		2018/2/8	2018/9/1
13.12-3-161	13.12	35.100.20	L78	GB/T 7421—2008	信息技术 系统间远程通信和信息交换 高级数据链路控制（HDLC）规程	GB/T 7421—1987；GB/T 7496—1987；GB/T 7575—1987；GB/T 14400—1993；GB/T 15698—1995	ISO/IEC 13239：2002，IDT	2008/8/19	2009/1/1
13.12-4-162	13.12	27.100	F24	DL/T 1255—2013	TDM 系统输出数据及格式规范			2013/11/28	2014/4/1
13.12-4-163	13.12	27.100	F29	DL/T 1306—2013	电力调度数据网技术规范			2013/11/28	2014/4/1
13.12-4-164	13.12			DL/T 1509—2024	电力系统光传送网（OTN）技术要求	DL/T 1509—2016		2024/9/24	2025/3/24
13.12-4-165	13.12	33.180.01	F23	DL/T 1710—2017	电力通信站运行维护技术规范			2017/8/2	2017/12/1
13.12-4-166	13.12	29.240.01	F21	DL/T 1880—2018	智能用电电力线宽带通信技术要求			2018/12/25	2019/5/1
13.12-4-167	13.12	29.240.01	F21	DL/T 1909—2018	−48V 电力通信直流电源系统技术规范			2018/12/25	2019/5/1
13.12-4-168	13.12			DL/T 1931—2024	电力 LTE 无线通信网络安全防护要求	DL/T 1931—2018		2024/9/24	2025/3/24
13.12-4-169	13.12	29.240.01	F21	DL/T 1933.4—2018	塑料光纤信息传输技术实施规范 第 4 部分：塑料光缆			2018/12/25	2019/5/1
13.12-4-170	13.12	29.240.01	F21	DL/T 1933.5—2018	塑料光纤信息传输技术实施规范 第 5 部分：光缆布线要求			2018/12/25	2019/5/1
13.12-4-171	13.12			DL/T 2812—2024	电力 5G 终端技术要求			2024/9/24	2025/3/24
13.12-4-172	13.12	29.240	K45	DL/T 364—2019	光纤通道传输保护信息通用技术条件	DL/T 364—2010		2019/6/4	2019/10/1
13.12-4-173	13.12	29.240	F23	DL/T 544—2012	电力通信运行管理规程	DL/T 544—1994		2012/1/4	2012/3/1
13.12-4-174	13.12	29.240	F22	DL/T 545—2012	电力系统微波通信运行管理规程	DL/T 545—1994		2012/1/4	2012/3/1
13.12-4-175	13.12	29.020	K01	DL/T 546—2012	电力线载波通信运行管理规程	DL/T 546—1994		2012/1/4	2012/3/1
13.12-4-176	13.12	33.020	F21	DL/T 547—2020	电力系统光纤通信运行管理规程	DL/T 547—2010		2020/10/23	2021/2/1

续表

序号	GW 分类	ICS 分类	GB 分类	标准号	中文名称	代替标准	采用关系	发布日期	实施日期
13.12-4-177	13.12	33.040.30	F21	DL/T 598—2010	电力系统自动交换电话网技术规范	DL/T 598—1996		2011/1/9	2011/5/1
13.12-4-178	13.12	27.100	K47	DL/T 767—2013	全介质自承式光缆（ADSS）用预绞式金具技术条件和试验方法	DL/T 767—2003		2013/3/7	2013/8/1
13.12-4-179	13.12	27.100	F20	DL/T 798—2002	电力系统卫星通信运行管理规程			2002/4/27	2002/9/1
13.12-4-180	13.12	29.240.01	F21	DL/Z 981—2005	电力系统控制及其通信数据和通信安全		IEC TR 62210：2003，IDT	2005/11/28	2006/6/1
13.12-4-181	13.12		L06	YD/T 968—2023	电信终端设备电磁兼容性要求及测量方法	YD/T 968—2010		2023/5/22	2023/8/1
13.12-4-182	13.12	33.040.99	M40	YD/T 1082—2011	接入网设备过电压过电流防护及基本环境适应性技术要求和试验方法	YD/T 1082—2000	ITU-T K.45，NEQ	2011/5/18	2011/6/1
13.12-4-183	13.12	33.040.50	M42	YD/T 1089—2014	接入网技术要求　接入网网元管理功能	YD/T 1089—2000		2014/10/14	2014/10/14
13.12-4-184	13.12			YD/T 1125—2001	国内 No.7 信令方式技术规范—2Mbit/s 高速信令链路			2001/5/25	2001/11/1
13.12-4-185	13.12			YD/T 1127—2001	No.7 信令与 IP 互通的技术要求			2001/5/25	2001/11/1
13.12-4-186	13.12	33.040.40		YD/T 1162.1—2005	多协议标记交换（MPLS）技术要求	YD 1162.1—2001		2005/9/1	2005/12/1
13.12-4-187	13.12			YD/T 1170—2001	IP 网络技术要求—网络总体			2001/12/11	2001/12/11
13.12-4-188	13.12	33.040	M11	YD/T 1289.6—2009	同步数字体系（SDH）传送网网络管理技术要求　第 6 部分：基于 IDL/IIOP 技术的网元管理系统（EMS）-网络管理系统（NMS）接口信息模型			2009/12/11	2010/1/1
13.12-4-189	13.12	33.040.20	M33	YD/T 1299—2016	同步数字体系（SDH）网络性能技术要求　抖动和漂移	YD/T 1299—2004		2016/4/5	2016/7/1
13.12-4-190	13.12	33.040.50	M19	YD/T 1418—2008	接入网技术要求　综合接入系统	YD/T 1418—2005		2008/3/13	2008/7/1
13.12-4-191	13.12	33.040.40	M31	YD/T 1470—2006	IP 电话路由协议（TRIP）技术要求			2006/6/8	2006/10/1
13.12-4-192	13.12	33.040.30	M12	YD/T 1522.4—2009	会话初始协议（SIP）技术要求　第 4 部分：基于软交换网络呼叫控制的 SIP 协议			2009/6/15	2009/9/1
13.12-4-193	13.12	33.040.30	M12	YD/T 1522.5—2010	会话初始协议（SIP）技术要求　第 5 部分：统一 IMS 网络的 SIP 协议			2010/12/29	2011/1/1

13

续表

序号	GW 分类	ICS 分类	GB 分类	标准号	中 文 名 称	代替标准	采用关系	发布日期	实施日期
13.12-4-194	13.12	33.040.30	M12	YD/T 1522.6—2010	会话初始协议（SIP）技术要求　第 6 部分：与承载无关的呼叫控制（BICC）协议与统一 IMS 网络 SIP 协议的互通			2010/12/29	2011/1/1
13.12-4-195	13.12	33.060.20	M37	YD/T 1596—2011	800MHz/2GHz CDMA 数字蜂窝移动通信网　模拟直放站技术要求和测试方法	YD/T 1596—2007		2011/12/20	2012/2/1
13.12-4-196	13.12	35.050.01	M40	YD/T 1607—2016	移动终端图像及视频传输特性技术要求和测试方法	YD/T 1607—2007		2016/10/22	2017/1/1
13.12-4-197	13.12			YD/T 1608—2007	媒体网关控制协议（MGCP）技术要求			2007/4/16	2007/10/1
13.12-4-198	13.12			YD/T 1609—2007	媒体网关控制协议（MGCP）测试方法			2007/4/16	2007/10/1
13.12-4-199	13.12	33.040	M11	YD/T 1611.1—2007	IP 网络管理接口技术要求　第 1 部分：总则			2007/4/16	2007/10/1
13.12-4-200	13.12	33.040	M11	YD/T 1611.2—2007	IP 网络管理接口技术要求　第 2 部分：支持 IPv6 的设备接口功能与协议			2007/4/16	2007/10/1
13.12-4-201	13.12	33.040.40	L78	YD/T 1612—2007	IPv4 网络向 IPv6 网络过渡中的互联互通技术要求			2007/4/16	2007/10/1
13.12-4-202	13.12	33.040	M33	YD/T 1616—2007	IP 组播业务技术要求			2007/4/16	2007/10/1
13.12-4-203	13.12	33.040	M14	YD/T 1620.2—2007	基于同步数字体系（SDH）的多业务传送节点（MSTP）网络管理技术要求　第 2 部分：网络管理系统（NMS）功能			2007/4/16	2007/10/1
13.12-4-204	13.12	33.060.40	M33	YD/T 1635—2007	IPv6 网络技术要求—面向网络地址翻译（NAT）用户的 IPv6 隧道技术			2007/4/16	2007/10/1
13.12-4-205	13.12	33.040.01	M19	YD/T 1638—2007	跨运营商的 IPv4 网络与 IPv6 网络互通技术要求			2007/7/20	2007/12/1
13.12-4-206	13.12	33.180.01	M33	YD/T 1688.10—2021	xPON 光收发合一模块技术条件　第 10 部分：用于 GPON 和 XGS-PON 共存的光线路终端（OLT）的光收发合一模块			2021/5/17	2021/7/1
13.12-4-207	13.12	33.040.20	M16	YD/T 1744—2009	传送网安全防护要求	YD/T 1744—2008		2009/12/11	2010/1/1
13.12-4-208	13.12	33.040.20	M16	YD/T 1745—2009	传送网安全防护检测要求	YD/T 1745—2008		2009/12/11	2010/1/1
13.12-4-209	13.12	33.040	M10	YD/T 1746—2014	IP 承载网安全防护要求	YD/T 1746—2013		2014/10/14	2014/10/14
13.12-4-210	13.12	33.040	M11	YD/T 1764—2008	IP 网络管理层功能要求			2008/3/13	2008/7/1

续表

序号	GW 分类	ICS 分类	GB 分类	标准号	中文名称	代替标准	采用关系	发布日期	实施日期
13.12-4-211	13.12	33.040.50	M42	YD/T 1771—2012	接入网技术要求　以太网无源光网络（EPON）系统互通性	YD/T 1771—2008		2012/12/28	2013/3/1
13.12-4-212	13.12	33.070.01	M37	YD/T 1802—2008	基于 IP 多媒体子系统（IMS）的呈现（Presence）业务技术要求（第一阶段）			2008/7/28	2008/11/1
13.12-4-213	13.12	33.040.40	M32	YD/T 1899—2009	深度包检测设备技术要求			2009/6/15	2009/9/1
13.12-4-214	13.12	33.40.40	M32	YD/T 1916—2009	IPv6 网络设备技术要求　宽带网络接入服务器			2009/6/15	2009/9/1
13.12-4-215	13.12	33.040	M11	YD/T 1928.1—2009	软交换网网络管理技术要求　第 1 部分：总体技术要求			2009/6/15	2009/9/1
13.12-4-216	13.12	33.040	M11	YD/T 1928.2—2009	软交换网网络管理技术要求　第 2 部分：网络管理系统功能			2009/6/15	2009/9/1
13.12-4-217	13.12	33.040.01	M10	YD/T 1929—2009	统一 IMS 的需求（第一阶段）			2009/6/15	2009/9/1
13.12-4-218	13.12	33.040.01	M10	YD/T 1930—2009	统一 IMS 组网总体技术要求（第一阶段）			2009/6/15	2009/9/1
13.12-4-219	13.12	33.040.40	M32	YD/T 1944—2009	基于 IPv6 的边界网关协议/多协议标记交换的虚拟专用网（BGP/MPLS IPv6 VPN）技术要求			2009/6/15	2009/9/1
13.12-4-220	13.12	33.040.40	M42	YD/T 1945—2009	基于边界网关协议/多协议标记交换的虚拟专用网（BGP/MPLS VPN）测试方法			2009/6/15	2009/9/1
13.12-4-221	13.12	33.040.40	M42	YD/T 1946—2009	支持组播的边界网关协议/多协议标记交换（BGP/MPLS）三层虚拟专用网（L3VPN）技术要求			2009/6/15	2009/9/1
13.12-4-222	13.12	33.040.20	M33	YD/T 1948.1—2011	传送网承载以太网（EoT）技术要求　第 1 部分：以太网层网络的体系结构			2011/12/20	2012/2/1
13.12-4-223	13.12	33.040.20	M33	YD/T 1948.2—2009	传送网承载以太网（EoT）技术要求　第 2 部分：以太网用户网络接口（UNI）和网络节点接口（NNI）			2009/6/15	2009/9/1
13.12-4-224	13.12	33.040.20	M33	YD/T 1948.3—2010	传送网承载以太网（EoT）技术要求　第 3 部分：以太网业务框架			2010/12/29	2011/1/1
13.12-4-225	13.12	33.040	M11	YD/T 1948.4—2010	传送网承载以太网（EoT）技术要求　第 4 部分：以太网运营、管理和维护（OAM）			2010/12/29	2011/1/1

续表

序号	GW 分类	ICS 分类	GB 分类	标准号	中文名称	代替标准	采用关系	发布日期	实施日期
13.12-4-226	13.12	33.040.20	M33	YD/T 1948.5—2011	传送网承载以太网（EoT）技术要求　第 5 部分：以太网专线（EPL）业务和以太网虚拟专线（EVPL）业务			2011/5/18	2011/6/1
13.12-4-227	13.12	33.040.20	M33	YD/T 1948.6—2012	传送网承载以太网（EoT）技术要求　第 6 部分：以太网保护		ITU-T G.8031，NEQ；ITU-T G.8032，NEQ	2012/12/28	2013/3/1
13.12-4-228	13.12	33.040.20	M33	YD/T 1948.7—2013	传送网承载以太网（EoT）技术要求　第 7 部分：以太网管理功能要求			2013/10/17	2014/1/1
13.12-4-229	13.12	33.040.20	M33	YD/T 1948.8—2015	传送网承载以太网（EoT）技术要求　第 8 部分：以太网局域网（E-LAN）业务和以太网树型（E-Tree）业务			2015/4/30	2015/7/1
13.12-4-230	13.12	33.040.50	M42	YD/T 1949.1—2009	接入网技术要求—吉比特的无源光网络（GPON）　第 1 部分：总体要求			2009/6/15	2009/9/1
13.12-4-231	13.12	33.040.50	M42	YD/T 1949.2—2009	接入网技术要求—吉比特的无源光网络（GPON）　第 2 部分：物理媒质相关（PMD）层要求			2009/6/15	2009/9/1
13.12-4-232	13.12	33.040.50	M42	YD/T 1949.3—2010	接入网技术要求—吉比特的无源光网络（GPON）　第 3 部分：传输汇聚（TC）层要求			2010/12/29	2011/1/1
13.12-4-233	13.12	33.040.50	M42	YD/T 1949.4—2011	接入网技术要求—吉比特的无源光网络（GPON）　第 4 部分：ONT 管理控制接口（OMCI）要求			2011/5/18	2011/6/1
13.12-4-234	13.12	33.040.50	M42	YD/T 1953—2009	接入网技术要求—EPON/GPON 系统承载多业务			2009/6/15	2009/9/1
13.12-4-235	13.12	33.040.20	M33	YD/T 1959—2009	继电保护设备和复用器之间 2048kbit/s 光接口技术要求			2009/6/15	2009/9/1
13.12-4-236	13.12	29.200	M41	YD/T 1970.1—2009	通信局（站）电源系统维护技术要求　第 1 部分：总则			2009/6/15	2009/9/1
13.12-4-237	13.12	29.200	M41	YD/T 1970.2—2010	通信局（站）电源系统维护技术要求　第 2 部分：高低压变配电系统			2010/12/29	2011/1/1
13.12-4-238	13.12	29.200	M41	YD/T 1970.3—2010	通信局（站）电源系统维护技术要求　第 3 部分：直流系统			2010/12/29	2011/1/1
13.12-4-239	13.12	29.200	M41	YD/T 1970.4—2009	通信局（站）电源系统维护技术要求　第 4 部分：不间断电源（UPS）系统			2009/6/15	2009/9/1

续表

序号	GW 分类	ICS 分类	GB 分类	标准号	中 文 名 称	代替标准	采用关系	发布日期	实施日期
13.12-4-240	13.12	29.200	M41	YD/T 1970.6—2020	通信局（站）电源系统维护技术要求　第 6 部分：发电机组系统	YD/T 1970.6—2009		2020/12/9	2021/1/1
13.12-4-241	13.12	29.200	M41	YD/T 1970.8—2020	通信局（站）电源系统维护技术要求　第 8 部分：动力环境监控系统			2020/4/16	2020/7/1
13.12-4-242	13.12	29.200	M41	YD/T 1970.10—2009	通信局（站）电源系统维护技术要求　第 10 部分：阀控式密封铅酸蓄电池			2009/6/15	2009/9/1
13.12-4-243	13.12	33.040.20	M33	YD/T 1990—2019	光传送网（OTN）网络总体技术要求	YD/T 1990—2009		2019/11/11	2020/1/1
13.12-4-244	13.12	33.040.20	M33	YD/T 1991—2016	N×40Gbit/s 光波分复用（WDM）系统技术要求	YD/T 1991—2009		2016/4/5	2016/7/1
13.12-4-245	13.12	33.040.50	M19	YD/T 1994.1—2009	接入网用户端设备远程管理技术要求　第 1 部分：总体要求			2009/12/11	2010/1/1
13.12-4-246	13.12	33.040.50	M19	YD/T 1994.2—2009	接入网用户端设备远程管理技术要求　第 2 部分：接口协议			2009/12/11	2010/1/1
13.12-4-247	13.12	33.040.20	M33	YD/T 2003—2018	可重构的光分插复用（ROADM）设备技术要求	YD/T 2003—2009		2018/12/21	2019/4/1
13.12-4-248	13.12	33.060.99	M36	YD/T 2007—2009	统一 IMS 的功能体系架构（第一阶段）			2009/12/11	2010/1/1
13.12-4-249	13.12	33.040.40	M32	YD/T 2024—2018	互联网骨干网网间互联扩容技术要求			2018/12/21	2019/4/1
13.12-4-250	13.12	33.040.40	M32	YD/T 2029—2009	基于软线技术的互联网 IPv6 过渡技术框架			2009/12/11	2010/1/1
13.12-4-251	13.12	33.040.40	L78	YD/T 2031—2009	IP 网络技术要求　网络性能测量体系结构			2009/12/11	2010/1/1
13.12-4-252	13.12	33.040.40	L78	YD/T 2032—2009	IP 网络技术要求　网络性能指标分配			2009/12/11	2010/1/1
13.12-4-253	13.12	33.040.40	M32	YD/T 2040—2009	基于软交换的媒体网关安全技术要求			2009/12/11	2010/1/1
13.12-4-254	13.12	33.040.50	M19	YD/T 2050—2023	接入网安全技术要求无源光网络（PON）设备	YD/T 2050—2009		2023/8/16	2023/11/1
13.12-4-255	13.12	33.040.01	M10	YD/T 2057—2009	通信机房安全管理总体要求			2009/12/11	2010/1/1
13.12-4-256	13.12	33.040.20	M15	YD/T 2149.1—2010	光传送网（OTN）网络管理技术要求　第 1 部分：基本原则			2010/12/29	2011/1/1
13.12-4-257	13.12	33.040	M15	YD/T 2149.2—2011	光传送网（OTN）网络管理技术要求　第 2 部分：NMS 系统功能			2011/5/18	2011/6/1

续表

序号	GW 分类	ICS 分类	GB 分类	标准号	中　文　名　称	代替标准	采用关系	发布日期	实施日期
13.12-4-258	13.12	33.040	M15	YD/T 2149.3—2011	光传送网（OTN）网络管理技术要求　第 3 部分：EMS-NMS 接口功能			2011/5/18	2011/6/1
13.12-4-259	13.12	33.040	M15	YD/T 2149.4—2011	光传送网（OTN）网络管理技术要求　第 4 部分：EMS-NMS 接口通用信息模型			2011/5/18	2011/6/1
13.12-4-260	13.12	33.040.50	M42	YD/T 2157—2010	接入网技术要求　吉比特的无源光网络（GPON）系统互通性			2010/12/29	2011/1/1
13.12-4-261	13.12	33.040.50	M33	YD/T 2158—2017	接入网技术要求　多业务接入节点（MSAP）	YD/T 2158—2010		2017/4/12	2017/7/1
13.12-4-262	13.12	33.040.40	M32	YD/T 2168—2010	IPv6 技术要求 IPv6 反向邻居发现协议			2010/12/29	2011/1/1
13.12-4-263	13.12	33.040.40	M32	YD/T 2169—2010	IPv6 技术要求 IPv6 路径最大传输单元发现协议			2010/12/29	2011/1/1
13.12-4-264	13.12	33.030	M32	YD/T 2170—2010	IPv6 技术要求 IPv6 路由器重编号协议			2010/12/29	2011/1/1
13.12-4-265	13.12	33.040.33	M04	YD/T 2188—2010	以太网线性保护倒换技术要求		ITU-T G.8031/Y.1342：2009，MOD	2010/12/29	2011/1/1
13.12-4-266	13.12	01.040.33	M04	YD/T 2190—2010	通信电磁兼容名词术语			2010/12/29	2011/1/1
13.12-4-267	13.12	33.100.01	L06	YD/T 2192—2010	通信基站周边电磁照射缓解技术		ITU-T K.70，MOD	2010/12/29	2011/1/1
13.12-4-268	13.12	33.100.01	L06	YD/T 2196—2010	通信系统电磁防护安全管理总体要求			2010/12/29	2011/1/1
13.12-4-269	13.12	33.040.01	M10	YD/T 2199—2010	通信机房防火封堵安全技术要求			2010/12/29	2011/1/1
13.12-4-270	13.12	33.040.40	M38	YD/T 2253—2011	软交换网络通信安全			2011/5/18	2011/6/1
13.12-4-271	13.12	33.040.50	M42	YD/T 2274—2011	接入网技术要求 10Gbit/s 以太网无源光网络（10G-EPON）			2011/5/18	2011/6/1
13.12-4-272	13.12	33.040.50	M42	YD/T 2275—2011	接入网技术要求　宽带用户接入线路（端口）标识			2011/5/18	2011/6/1
13.12-4-273	13.12	33.040.50	M42	YD/T 2276—2011	接入网技术要求 EPON/GPON 系统承载 TDM 业务			2011/5/18	2011/6/1
13.12-4-274	13.12	33.040.50	M42	YD/T 2277—2011	接入网技术要求　无源光网络（PON）光链路监测与诊断			2011/5/18	2011/6/1
13.12-4-275	13.12	33.040.50	M33	YD/T 2280—2011	接入网设备基于以太网接口的反向馈电技术要求			2011/5/18	2011/6/1

续表

序号	GW 分类	ICS 分类	GB 分类	标准号	中 文 名 称	代替标准	采用关系	发布日期	实施日期
13.12-4-276	13.12	33.040.30	M12	YD/T 2290—2011	统一 IMS 网络与软交换网络互通信令流程技术要求			2011/5/18	2011/6/1
13.12-4-277	13.12	33.040.40	M32	YD/T 2296—2011	IPv6 动态主机配置协议技术要求			2011/5/18	2011/6/1
13.12-4-278	13.12	33.040.01	M32	YD/T 2297—2011	IPv6 用户会话技术要求			2011/5/18	2011/6/1
13.12-4-279	13.12	33.040.40	L78	YD/T 2298—2011	基于移动 IPv6 的业务流分发和切换管理技术要求			2011/5/18	2011/6/1
13.12-4-280	13.12	33.160.30	M38	YD/T 2310—2011	通信用多用途音频编解码			2011/5/18	2011/6/1
13.12-4-281	13.12	33.160.30	M36	YD/T 2314—2011	对在多协议标记交换（MPLS）网络上传送的以太网帧的封装方法的技术要求			2011/5/18	2011/6/1
13.12-4-282	13.12	29.200	M41	YD/T 2321—2020	通信用变换稳压型太阳能电源控制器技术要求和试验方法	YD/T 2321—2011		2020/8/31	2020/10/1
13.12-4-283	13.12			YD/T 2324—2011	无线基站防雷技术要求和测试方法			2011/5/18	2011/6/1
13.12-4-284	13.12	33.040	M11	YD/T 2336.1—2016	分组传送网（PTN）网络管理技术要求 第 1 部分：基本原则	YD/T 2336.1—2011		2016/4/5	2016/7/1
13.12-4-285	13.12	33.040	M11	YD/T 2336.2—2016	分组传送网（PTN）网络管理技术要求 第 2 部分：NMS 系统功能	YD/T 2336.2—2011		2016/4/5	2016/7/1
13.12-4-286	13.12	33.040	M15	YD/T 2336.3—2017	分组传送网（PTN）网络管理技术要求 第 3 部分：EMS-NMS 接口功能	YD/T 2336.3—2013		2017/11/7	2018/1/1
13.12-4-287	13.12	33.040	M14	YD/T 2336.4—2017	分组传送网（PTN）网络管理技术要求 第 4 部分：EMS-NMS 接口通用信息模型	YD/T 2336.4—2013		2017/11/7	2018/1/1
13.12-4-288	13.12	33.040	M11	YD/T 2336.5—2016	分组传送网（PTN）网络管理技术要求 第 5 部分：基于 IDL/IIOP 技术的 EMS-NMS 接口信息模型			2016/4/5	2016/7/1
13.12-4-289	13.12	33.040	M11	YD/T 2336.6—2016	分组传送网（PTN）网络管理技术要求 第 6 部分：基于 XML 技术的 EMS-NMS 接口信息模型			2016/4/5	2016/7/1
13.12-4-290	13.12	33.060.20	M37	YD/T 2355—2011	900/1800MHz TDMA 数字蜂窝移动通信网 数字直放站技术要求和测试方法			2011/12/20	2012/2/1
13.12-4-291	13.12	33.040.01	M19	YD/T 2356—2011	移动通信网络 IMS 客户端技术要求			2011/12/20	2012/2/1

续表

序号	GW 分类	ICS 分类	GB 分类	标准号	中文名称	代替标准	采用关系	发布日期	实施日期
13.12-4-292	13.12	33.040.50	M10/29	YD/T 2372—2011	支持 IPv6 的接入网总体技术要求			2011/12/20	2012/2/1
13.12-4-293	13.12	33.040	M19	YD/T 2394.1—2012	高频谱利用率和高数据吞吐的无线局域网技术要求　第 1 部分：超高速无线局域网媒体接入控制层（MAC）和物理层（PHY）			2012/2/13	2012/2/13
13.12-4-294	13.12	33.040	M19	YD/T 2394.2—2012	高频谱利用率和高数据吞吐的无线局域网技术要求　第 2 部分：增强型超高速无线局域网媒体接入控制层（MAC）和物理层（PHY）			2012/2/13	2012/2/13
13.12-4-295	13.12	33.040.40	M32	YD/T 2395—2012	基于 IPv6 的下一代互联网体系架构			2012/5/28	2012/6/1
13.12-4-296	13.12	33.040.040	L78	YD/T 2401—2012	IPv6 技术要求　多接口业务流切换管理			2012/12/28	2013/3/1
13.12-4-297	13.12	33.040.50	M42	YD/T 2402.1—2012	接入网技术要求　10Gbit/s 无源光网络（XG-PON）　第 1 部分：总体要求			2012/12/28	2013/3/1
13.12-4-298	13.12	33.040.50	M42	YD/T 2402.2—2012	接入网技术要求　10Gbit/s 无源光网络（XG-PON）　第 2 部分：物理层要求		ITU-T G.987.2：2010，MOD	2012/12/28	2013/3/1
13.12-4-299	13.12	33.040.50	M42	YD/T 2402.3—2012	接入网技术要求　10Gbit/s 无源光网络（XG-PON）　第 3 部分：XGTC 层要求		ITU-T G.987.3：2010，MOD	2012/12/28	2013/3/1
13.12-4-300	13.12	35.100.30	L79	YD/T 2415—2012	基于 shim6 的 IPv6 站点多归属技术要求			2012/12/28	2013/3/1
13.12-4-301	13.12	33.040	M32	YD/T 2422—2012	基于 H.248 的媒体网关控制协议测试方法			2012/12/28	2013/3/1
13.12-4-302	13.12	33.040	M32	YD/T 2425—2012	统一 IMS 中的会话边界控制设备技术要求			2012/12/28	2013/3/1
13.12-4-303	13.12	29.200	M41	YD/T 2435.1—2020	通信电源和机房环境节能技术指南　第 1 部分：总则	YD/T 2435.1—2012		2020/8/31	2020/10/1
13.12-4-304	13.12	29.200.10	M41	YD/T 2435.3—2020	通信电源和机房环境节能技术指南　第 3 部分：电源设备能效分级	YD/T 2435.3—2012		2020/8/31	2020/10/1
13.12-4-305	13.12	29.200	M41	YD/T 2435.4—2020	通信电源和机房环境节能技术指南　第 4 部分：空调能效分级	YD/T 2435.4—2012		2020/8/31	2020/10/1
13.12-4-306	13.12	33.040.20	M33	YD/T 2484—2021	分组增强型光传送网（OTN）设备技术要求	YD/T 2484—2013		2021/5/17	2021/7/1
13.12-4-307	13.12	33.040.20	M33	YD/T 2485—2013	N×100Gbit/s 光波分复用（WDM）系统技术要求			2013/4/25	2013/6/1
13.12-4-308	13.12	33.040.30	M30	YD/T 2541—2013	基于统一 IMS 的紧急呼叫业务技术要求（第一阶段）			2013/4/25	2013/6/1

续表

序号	GW 分类	ICS 分类	GB 分类	标准号	中 文 名 称	代替标准	采用关系	发布日期	实施日期
13.12-4-309	13.12	33.040.50	M42	YD/T 2549—2013	接入网技术要求 PON 系统支持 IPv6			2013/4/25	2013/6/1
13.12-4-310	13.12	30.180.20	M33	YD/T 2554.2—2015	塑料光纤活动连接器 第 2 部分：SC 型			2015/4/30	2015/7/1
13.12-4-311	13.12	30.180.20	M33	YD/T 2554.3—2016	塑料光纤活动连接器 第 3 部分：FC 型			2016/7/11	2016/10/1
13.12-4-312	13.12	29.200	M41	YD/T 2556—2013	通信用 240V 直流供电系统维护技术要求			2013/4/25	2013/6/1
13.12-4-313	13.12	33.070.99	M37	YD/T 2591—2013	统一 IMS 媒体面安全技术要求			2013/7/22	2013/10/1
13.12-4-314	13.12	33.040.40	M32	YD/T 2603—2013	支持多业务承载的 IP/MPLS 网络技术要求			2013/10/17	2014/1/1
13.12-4-315	13.12	33.040.30	M12	YD/T 2604—2013	No.7 信令与 IP 互通适配层技术要求 消息传递部分（MTP）第二级对等适配层（M2PA）	YD/T 1191—2002	IETF RFC 4165，NEQ	2013/10/17	2014/1/1
13.12-4-316	13.12	33.060.01	M36	YD/T 2609—2013	超短波无线电干扰判定及干扰源定位方法			2013/10/17	2014/1/1
13.12-4-317	13.12	33.060.01	M36	YD/T 2610—2013	短波监测站监测方法以及干扰源定位方法			2013/10/17	2014/1/1
13.12-4-318	13.12	33.040.01	M33	YD/T 2616.1—2014	无源光网络（PON）网络管理技术要求 第 1 部分：基本原则			2014/10/14	2014/10/14
13.12-4-319	13.12	33.040.01	M33	YD/T 2616.2—2013	无源光网络（PON）网络管理技术要求 第 2 部分：EMS 系统功能			2013/10/17	2014/1/1
13.12-4-320	13.12	33.040.01	M33	YD/T 2616.3—2013	无源光网络（PON）网络管理技术要求 第 3 部分：NMS 系统功能			2013/10/17	2014/1/1
13.12-4-321	13.12	33.040.01	M33	YD/T 2616.4—2013	无源光网络（PON）网络管理技术要求 第 4 部分：EMS-NMS 接口功能			2013/10/17	2014/1/1
13.12-4-322	13.12	01.040.35	M11	YD/T 2616.5—2014	无源光网络（PON）网络管理技术要求 第 5 部分：EMS-NMS 接口通用信息模型			2014/10/14	2014/10/14
13.12-4-323	13.12	01.040.35	M11	YD/T 2616.6—2014	无源光网络（PON）网络管理技术要求 第 6 部分：基于 TL1 技术的 EMS-NMS 接口信息模型			2014/10/14	2014/10/14
13.12-4-324	13.12	33.180.01	M11	YD/T 2616.7—2017	无源光网络（PON）网络管理技术要求 第 7 部分：基于 XML 技术的 EMS-NMS 接口信息模型			2017/11/7	2018/1/1
13.12-4-325	13.12	33.180.01	M11	YD/T 2616.8—2016	无源光网络（PON）网络管理技术要求 第 8 部分：基于 IDL/IIOP 技术的 EMS-NMS 接口信息模型			2016/4/5	2016/7/1

续表

序号	GW 分类	ICS 分类	GB 分类	标准号	中 文 名 称	代替标准	采用关系	发布日期	实施日期
13.12-4-326	13.12	33.180.20	M33	YD/T 2618.1—2013	40Gb/s 相位调制光收发合一模块技术条件 第 1 部分：差分相移键控（DPSK）调制			2013/10/17	2014/1/1
13.12-4-327	13.12	33.180.20	M33	YD/T 2618.2—2013	40Gb/s 相位调制光收发合一模块技术条件 第 2 部分：差分正交相移键控（DQPSK）调制			2013/10/17	2014/1/1
13.12-4-328	13.12	33.080	M30/49	YD/T 2641—2013	电信网视频监控系统 智能分析及传感器叠加应用架构和总体技术要求			2013/10/17	2014/1/1
13.12-4-329	13.12	33.040.40	M32	YD/T 2642—2013	内容提供商/服务提供商（CP/SP）的 IPv6 迁移设备技术要求			2013/10/17	2014/1/1
13.12-4-330	13.12	33.160	M63	YD/T 2647—2013	IP 网络高清视频客观全参考质量评价方法			2013/10/17	2014/1/1
13.12-4-331	13.12	33.040.40	M32	YD/T 2648—2013	移动数字通信应用的视频质量主观评价方法			2013/10/17	2014/1/1
13.12-4-332	13.12	13.280	M09	YD/T 2653—2013	短距离及类似设备电磁照射符合性要求（10Hz～30MHz）			2013/10/17	2014/1/1
13.12-4-333	13.12	29.200	M41	YD/T 2656—2013	基于 240V/336V 直流供电的通信设备电源输入接口技术要求与试验方法			2013/10/17	2014/1/1
13.12-4-334	13.12	33.040.40	M32	YD/T 2660—2013	互联网网间路由发布和控制技术要求			2013/10/17	2014/1/1
13.12-4-335	13.12	33.040.30	M12	YD/T 2661—2013	点对点多媒体消息网间互通的质量要求和测试方法			2013/10/17	2014/1/1
13.12-4-336	13.12	33.040.40	M32	YD/T 2682—2014	IPv6 接入地址编址编码技术要求			2014/10/14	2014/10/14
13.12-4-337	13.12	33.060	M36	YD/T 2689—2014	基于 LTE 技术的宽带集群通信（B-TrunC）系统总体技术要求（第一阶段）			2014/10/14	2014/10/14
13.12-4-338	13.12	30.40.40	M32	YD/T 2709—2014	基于承载网信息的网络服务优化技术			2014/10/14	2014/10/14
13.12-4-339	13.12	33.040.40	L79	YD/T 2710—2014	IPv6 路由协议 适用于低功耗有损网络的 IPv6 路由协议（RPL）技术要求		IETF RFC6550，MOD	2014/10/14	2014/10/14
13.12-4-340	13.12	33.040.40	L78	YD/T 2730—2014	IPv6 技术要求 基于网络的流切换移动管理技术			2014/10/14	2014/10/14
13.12-4-341	13.12	33.060.20	M37	YD/T 2740.1—2014	无线通信室内信号分布系统 第 1 部分：总体技术要求			2014/10/14	2014/10/14

续表

序号	GW 分类	ICS 分类	GB 分类	标准号	中 文 名 称	代替标准	采用关系	发布日期	实施日期
13.12-4-342	13.12	33.060.20	M36	YD/T 2740.4—2014	无线通信室内信号分布系统　第 4 部分：光纤设备技术要求和测试方法			2014/10/14	2014/10/14
13.12-4-343	13.12	33.060	M36	YD/T 2741—2014	基于 LTE 技术的宽带集群通信（B-TrunC）系统接口技术要求（第一阶段）空中接口			2014/10/14	2014/10/14
13.12-4-344	13.12	33.040.20	M33	YD/T 2755—2014	分组传送网（PTN）互通技术要求			2014/10/14	2014/10/14
13.12-4-345	13.12	33.060	M16	YD/T 2794.2—2015	波分复用（WDM）网络管理技术要求　第 2 部分：NMS 系统功能			2015/5/5	2015/7/1
13.12-4-346	13.12	33.060	M16	YD/T 2794.3—2015	波分复用（WDM）网络管理技术要求　第 3 部分：EMS-NMS 接口功能			2015/5/5	2015/7/1
13.12-4-347	13.12	33.060	M16	YD/T 2794.4—2015	波分复用（WDM）网络管理技术要求　第 4 部分：EMS-NMS 接口通用信息模型			2015/4/30	2015/7/1
13.12-4-348	13.12	33.060	M16	YD/T 2794.5—2015	波分复用（WDM）网络管理技术要求　第 5 部分：基于 IDL/IIOP 技术的 EMS-NMS 接口信息模型			2015/4/30	2015/7/1
13.12-4-349	13.12	33.040.40	M32	YD/T 2810—2015	基于无状态地址映射的 IPv4 与 IPv6 网络互联互通技术（IVI）概述和基本地址映射			2015/5/5	2015/7/1
13.12-4-350	13.12	33.040.40	M32	YD/T 2812—2015	轻量级 IPv6 过渡技术（LAFT6）设备技术要求			2015/5/5	2015/7/1
13.12-4-351	13.12	33.040.40	M32	YD/T 2814—2015	IPv6 路由协议　适用于低功耗有损网络的 IPv6 多播路由协议			2015/5/5	2015/7/1
13.12-4-352	13.12	33.040.40	M32	YD/T 2815—2015	IPv6 技术要求　代理移动 IPv6 路由优化			2015/5/5	2015/7/1
13.12-4-353	13.12	33.040	M15	YD/T 2853—2015	LTE 无线网络安全网关技术要求			2015/4/30	2015/7/1
13.12-4-354	13.12	33.060	M36	YD/T 2873.2—2017	基于载波的高速超宽带无线通信技术要求　第 2 部分：单载波空中接口物理层			2017/11/7	2018/1/1
13.12-4-355	13.12	33.060.99	M37	YD/T 2873.3—2016	基于载波的高速超宽带无线通信技术要求　第 3 部分：空中接口 MAC 层		ISO/IEC 26907：2009，NEQ	2016/1/15	2016/4/1
13.12-4-356	13.12	33.060	M11	YD/T 2873.4—2017	基于载波的高速超宽带无线通信技术要求　第 4 部分：双载波空中接口物理层			2017/11/7	2018/1/1
13.12-4-357	13.12	33.040.20	M33	YD/T 2879—2015	基于分组网络的同步网操作管理维护（OAM）技术要求			2015/7/14	2015/10/1

续表

序号	GW 分类	ICS 分类	GB 分类	标准号	中 文 名 称	代替标准	采用关系	发布日期	实施日期
13.12-4-358	13.12	33.040.40	L78	YD/T 2900—2015	IPv6 技术要求 适用于低功耗有损网络的IPv6 协议			2015/7/14	2015/10/1
13.12-4-359	13.12	33.040.20	M33	YD/T 2939—2015	分组增强型光传送网网络总体技术要求			2015/4/14	2015/10/1
13.12-4-360	13.12	33.040.40	M32	YD/T 2955—2015	IPv4/IPv6 组播地址转换技术要求			2015/10/14	2016/1/1
13.12-4-361	13.12	33.040.40	M32	YD/T 2957—2015	具有双栈内容交换功能的以太网交换机技术要求			2015/10/14	2016/1/1
13.12-4-362	13.12	33.040.99	M40	YD/T 2979—2015	高压输电系统对通信设施危险影响防护技术要求			2015/10/14	2016/1/1
13.12-4-363	13.12	29.020	M04	YD/T 3004—2016	模块化通信机房技术要求			2016/1/15	2016/4/1
13.12-4-364	13.12	33.040.99	M40	YD/T 3006—2016	通信铁塔邻近区域的防雷技术要求			2016/1/15	2016/4/1
13.12-4-365	13.12	33.040.50	M19	YD/T 3012—2016	接入网技术要求 DSL 系统支持时钟同步和时间同步			2016/1/15	2016/4/1
13.12-4-366	13.12	33.180.01	M33	YD/T 3013—2016	无源光网络（PON）测试诊断技术要求 光时域反射仪（OTDR）数据格式			2016/1/15	2016/4/1
13.12-4-367	13.12	17.240	L06	YD/T 3026—2016	通信基站电磁辐射管理技术要求			2016/1/15	2016/4/1
13.12-4-368	13.12	33.030	M21	YD/T 3034—2016	基于统一 IMS 的业务技术要求 呼叫闭锁和多方通话业务（第一阶段）			2016/4/5	2016/7/1
13.12-4-369	13.12	33.040.040	L78	YD/T 3049—2016	IPv6 技术要求 基于代理移动 IPv6 的组播			2016/4/5	2016/7/1
13.12-4-370	13.12	33.040.40	M32	YD/T 3052—2016	虚拟专用局域网服务（VPLS）中基于边界网关协议（BGP）的多归连接技术要求			2016/4/5	2016/7/1
13.12-4-371	13.12	33.040.20	M33	YD/T 3070—2016	N×100Gbit/s 超长距离光波分复用（WDM）系统技术要求			2016/4/5	2016/7/1
13.12-4-372	13.12	33.040.20	M33	YD/T 3073—2016	面向集团客户接入的分组传送网（PTN）技术要求			2016/4/5	2016/7/1
13.12-4-373	13.12	33.040.20	M33	YD/T 3074—2016	基于分组网络的频率同步互通技术要求及测试方法			2016/4/5	2016/7/1
13.12-4-374	13.12	29.200	M41	YD/T 3091—2016	通信用 240V/336V 直流供电系统运行后评估要求与方法			2016/4/5	2016/7/1

续表

序号	GW 分类	ICS 分类	GB 分类	标准号	中 文 名 称	代替标准	采用关系	发布日期	实施日期
13.12-4-375	13.12	33.040	M11	YD/T 3108—2016	数据网设备通用网管接口技术要求			2016/7/11	2016/10/1
13.12-4-376	13.12	33.040.40	L78	YD/T 3166—2016	IPv4/IPv6 过渡场景下基于 SAVI 技术的源地址验证及溯源技术要求			2016/7/11	2016/10/1
13.12-4-377	13.12	33.030	M21	YD/T 3193—2016	基于统一 IMS 的 Web 实时通信（WebRTC）系统技术要求			2016/10/22	2017/1/1
13.12-4-378	13.12	33.030	M21	YD/T 3195—2016	基于统一 IMS(第二阶段)的业务技术要求　总体			2016/10/22	2017/1/1
13.12-4-379	13.12	33.030	M21	YD/T 3196—2016	基于统一 IMS(第二阶段)的业务技术要求　短消息业务			2016/10/22	2017/1/1
13.12-4-380	13.12	33.040.20	M33	YD/T 3199—2016	支持通信应用的北斗授时设备技术要求			2016/10/22	2017/1/1
13.12-4-381	13.12	33.050.99	M42	YD/T 3347.2—2020	基于公用电信网的宽带客户智能网关测试方法　第 2 部分：网关与网关管理平台间接口			2020/12/9	2021/1/1
13.12-4-382	13.12	33.050	M42	YD/T 3420.4—2021	基于公用电信网的宽带客户网关虚拟化　第 4 部分：实体企业网关技术要求			2021/3/5	2021/4/1
13.12-4-383	13.12	33.050	M42	YD/T 3420.6—2021	基于公用电信网的宽带客户网关虚拟化　第 6 部分：虚拟企业网关功能技术要求			2021/3/5	2021/4/1
13.12-4-384	13.12	33.050	M42	YD/T 3421.3—2021	基于公用电信网的宽带客户智能网关　第 3 部分：网关管理平台技术要求			2021/3/5	2021/4/1
13.12-4-385	13.12	33.050	M42	YD/T 3421.5—2021	基于公用电信网的宽带客户智能网关　第 5 部分：网关与智能终端控制管理通用要求			2021/3/5	2021/4/1
13.12-4-386	13.12	33.040.50	M42	YD/T 3421.8—2021	基于公用电信网的宽带客户智能网关　第 8 部分：智能家庭组网设备技术要求			2021/3/5	2021/4/1
13.12-4-387	13.12	33.040.50	M42	YD/T 3421.9—2020	基于公用电信网的宽带客户智能网关　第 9 部分：家庭用智能网关与智能家庭组网设备之间接口技术要求			2020/8/31	2020/10/1
13.12-4-388	13.12	33.060	M42	YD/T 3421.10—2021	基于公用电信网的宽带客户智能网关　第 10 部分：无线 Mesh 组网技术要求			2021/5/27	2021/7/1
13.12-4-389	13.12	33.060.20	M36	YD/T 3467—2019	安全的无线网状网（Mesh）自组织网络协议技术要求			2019/8/27	2019/10/1

13

续表

序号	GW 分类	ICS 分类	GB 分类	标准号	中 文 名 称	代替标准	采用关系	发布日期	实施日期
13.12-4-390	13.12	29.200	M41	YD/T 3568.1—2020	通信基站基础设施技术要求　第 1 部分：总则			2020/4/16	2020/7/1
13.12-4-391	13.12	29.200	M41	YD/T 3568.2—2020	通信基站基础设施技术要求　第 2 部分：供电系统			2020/4/16	2020/7/1
13.12-4-392	13.12	29.200	M41	YD/T 3568.4—2020	通信基站基础设施技术要求　第 4 部分：监控系统			2020/4/16	2020/7/1
13.12-4-393	13.12	33.040.20	M33	YD/T 3686—2020	超 100Gb/s 光传送网（OTN）网络技术要求			2020/4/16	2020/7/1
13.12-4-394	13.12	33.120.40	M51	YD/T 3696—2020	移动通信系统基站天线的端口标识			2020/4/16	2020/7/1
13.12-4-395	13.12	33.060.01	M36	YD/T 3697—2020	基于 LTE 的邻近通信安全技术要求			2020/4/16	2020/7/1
13.12-4-396	13.12	35.020	L09	YD/T 3698.1—2020	无线通信基站及其辅助设备对人体的安全要求　第 1 部分：通用要求			2020/4/16	2020/7/1
13.12-4-397	13.12	35.020	L09	YD/T 3698.2—2020	无线通信基站及其辅助设备对人体的安全要求　第 2 部分：试验方法			2020/4/16	2020/7/1
13.12-4-398	13.12	33.060.99	M37	YD/T 3706—2020	数字蜂窝移动通信网多输入多输出（MIMO）单缆覆盖系统技术要求和测试方法			2020/4/16	2020/7/1
13.12-4-399	13.12	33.030	M21	YD/T 3719—2020	核心网网络功能虚拟化　总体技术要求			2020/4/16	2020/7/1
13.12-4-400	13.12	33.060.20	M36	YD/T 3722—2020	230MHz 频段宽带无线数据传输系统的射频技术要求及测试方法			2020/4/16	2020/7/1
13.12-4-401	13.12	33.040	M15	YD/T 3727.1—2020	分组增强型光传送网（OTN）网络管理技术要求　第 1 部分：基本原则			2020/4/16	2020/7/1
13.12-4-402	13.12	33.040.50	M42	YD/T 3757—2020	接入网技术要求　支持网络切片的光线路终端（OLT）			2020/8/31	2020/10/1
13.12-4-403	13.12	33.040.20	M33	YD/T 3783—2020	N×400Gb/s 光波分复用（WDM）系统技术要求			2020/12/9	2021/1/1
13.12-4-404	13.12	33.060.99	M36	YD/T 3791—2020	基于 LTE 技术的宽带集群通信（B-TrunC）系统（第二阶段）接口测试方法　集群基站与集群核心网间接口			2020/12/9	2021/1/1
13.12-4-405	13.12	33.040.20	M33	YD/T 3826—2021	切片分组网络（SPN）总体技术要求			2021/3/5	2021/4/1
13.12-4-406	13.12	33.060	M36	YD/T 3839—2021	基于 LTE 技术的宽带集群通信（B-TrunC）系统（第二阶段）总体技术要求			2021/3/5	2021/4/1

续表

序号	GW 分类	ICS 分类	GB 分类	标准号	中文名称	代替标准	采用关系	发布日期	实施日期
13.12-4-407	13.12	33.060	M36	YD/T 3840—2021	基于 LTE 技术的宽带集群通信（B-TrunC）系统（第二阶段）安全技术要求			2021/3/5	2021/4/1
13.12-4-408	13.12	33.040.20	M33	YD/T 3843—2021	接入型光传送网（OTN）设备技术要求			2021/3/5	2021/4/1
13.12-4-409	13.12	33.060	M37	YD/T 3847—2021	基于LTE的车联网无线通信技术　支持直连通信的路侧设备测试方法			2021/3/5	2021/4/1
13.12-4-410	13.12	33.060	M37	YD/T 3848—2021	基于LTE的车联网无线通信技术　支持直连通信的车载终端设备测试方法			2021/3/5	2021/4/1
13.12-4-411	13.12	33.060.99	M36	YD/T 3849—2021	LTE数字蜂窝移动通信网　专用核心网(DCN)设备测试方法			2021/3/5	2021/4/1
13.12-4-412	13.12	33.060.99	M36	YD/T 3850—2021	基于 LTE 技术的宽带集群通信（B-TrunC）系统（第二阶段）接口技术要求　空中接口			2021/3/5	2021/4/1
13.12-4-413	13.12	33.060	M36	YD/T 3851—2021	基于 LTE 技术的宽带集群通信（B-TrunC）系统（第二阶段）接口技术要求　终端到集群核心网接口			2021/3/5	2021/4/1
13.12-4-414	13.12	33.060.99	M36	YD/T 3852—2021	基于 LTE 技术的宽带集群通信（B-TrunC）系统（第二阶段）接口技术要求　集群基站与集群核心网间接口			2021/3/5	2021/4/1
13.12-4-415	13.12	33.060	M36	YD/T 3853—2021	基于 LTE 技术的宽带集群通信（B-TrunC）系统（第二阶段）接口技术要求　集群核心网间接口			2021/3/5	2021/4/1
13.12-4-416	13.12	33.060	M36	YD/T 3854—2021	基于 LTE 技术的宽带集群通信（B-TrunC）系统（第二阶段）接口技术要求　集群核心网到调度台接口			2021/3/5	2021/4/1
13.12-4-417	13.12	33.060.99	M36	YD/T 3855—2021	基于 LTE 技术的宽带集群通信（B-TrunC）系统（第二阶段）接口测试方法　空中接口			2021/3/5	2021/4/1
13.12-4-418	13.12	33.060.99	M36	YD/T 3856—2021	基于 LTE 技术的宽带集群通信（B-TrunC）系统（第二阶段）接口测试方法　集群核心网间接口			2021/3/5	2021/4/1
13.12-4-419	13.12	33.060.99	M36	YD/T 3857—2021	基于 LTE 技术的宽带集群通信（B-TrunC）系统（第二阶段）接口测试方法　集群核心网到调度台接口			2021/3/5	2021/4/1

续表

序号	GW 分类	ICS 分类	GB 分类	标准号	中 文 名 称	代替标准	采用关系	发布日期	实施日期
13.12-4-420	13.12	33.060.99	M36	YD/T 3859—2021	LTE 数字蜂窝移动通信网 增强型机器类型通信（eMTC） 核心网设备技术要求			2021/3/5	2021/4/1
13.12-4-421	13.12	33.060.99	M36	YD/T 3860—2021	LTE 数字蜂窝移动通信网 增强型机器类型通信（eMTC） 核心网设备测试方法			2021/3/5	2021/4/1
13.12-4-422	13.12	33.060.99	M36	YD/T 3861—2021	LTE 数字蜂窝移动通信网 专用核心网(DCN)设备技术要求			2021/3/5	2021/4/1
13.12-4-423	13.12	33.040	M11	YD/T 3888.1—2021	通信网智能维护技术要求 第 1 部分：基本原则			2021/5/17	2021/7/1
13.12-4-424	13.12	33.040	M11	YD/T 3888.2—2021	通信网智能维护技术要求 第 2 部分：智能维护支撑系统			2021/5/17	2021/7/1
13.12-4-425	13.12	33.040	M11	YD/T 3888.3—2021	通信网智能维护技术要求 第 3 部分：智能维护信息模型			2021/5/17	2021/7/1
13.12-4-426	13.12	33.180	M33	YD/T 3913—2021	接入设备支持 V×LAN 技术要求			2021/5/17	2021/7/1
13.12-4-427	13.12	33.180.01	M33	YD/T 3915—2021	接入网技术要求 10Gbit/s 无源光网络（XG-PON）系统互通性			2021/5/17	2021/7/1
13.12-4-428	13.12	33.060.20	M37	YD/T 3922—2021	LTE 数字蜂窝移动通信网 终端设备技术要求（第四阶段）			2021/5/17	2021/7/1
13.12-4-429	13.12	33.060.99	M36	YD/T 3923—2021	TD-LTE 数字蜂窝移动通信网 基站设备技术要求（第四阶段）			2021/5/17	2021/7/1
13.12-4-430	13.12	33.060	M36	YD/T 3924—2021	TD-LTE 数字蜂窝移动通信网 基站设备测试方法（第四阶段）			2021/5/17	2021/7/1
13.12-4-431	13.12	33.060.99	M36	YD/T 3925—2021	LTE FDD 数字蜂窝移动通信网 基站设备技术要求（第四阶段）			2021/5/17	2021/7/1
13.12-4-432	13.12	33.060.99	M36	YD/T 3926—2021	LTE FDD 数字蜂窝移动通信网 基站设备测试方法（第四阶段）			2021/5/17	2021/7/1
13.12-4-433	13.12	33.060.99	M36	YD/T 3929—2024	5G 数字蜂窝移动通信网 6GHz 以下频段基站设备技术要求（第一阶段）	YD/T 3929—2021		2024/4/10	2024/4/10
13.12-4-434	13.12	33.060.99	M36	YD/T 3930—2024	5G 数字蜂窝移动通信网 6GHz 以下频段基站设备测试方法（第一阶段）	YD/T 3930—2021		2024/4/10	2024/4/10

序号	GW 分类	ICS 分类	GB 分类	标准号	中文名称	代替标准	采用关系	发布日期	实施日期
13.12-4-435	13.12		M11	YD/T 4267—2023	IP 网络切片总体架构及技术要求			2023/5/22	2023/8/1
13.12-4-436	13.12	33.040.40	M32	YD/T 4268—2023	IP 网络路由仿真系统的信息接口技术要求			2023/5/22	2023/8/1
13.12-4-437	13.12	33.040.40	L78	YD/T 4269—2023	IP 网络带内操作、管理和维护（IOAM）数据内容和封装方法			2023/5/22	2023/8/1
13.12-4-438	13.12	33.040.40	M32	YD/T 4270—2023	IP 网络基于边界网关协议流规则（BGP FlowSpec）的流量调优技术要求			2023/5/22	2023/8/1
13.12-4-439	13.12	33.040.50	M42	YD/T 4300.1—2023	接入网技术要求 50Gbit/s 无源光网络 第 1 部分：总体要求			2023/5/22	2023/8/1
13.12-4-440	13.12		M11	YD/T 4459—2023	基于 SDN/NFV 智能通信网络 随愿网络总体技术架构及技术要求			2023/12/29	2024/4/1
13.12-4-441	13.12		M41	YD/T 4523—2023	通信电源术语和定义			2023/12/29	2024/4/1
13.12-4-442	13.12		K82	YD/T 4526—2023	通信用铅酸蓄电池在线监控技术要求及测试方法			2023/12/29	2024/4/1
13.12-4-443	13.12	33.180.10	M33	YD/T 4618—2023	通信光缆线路用光纤熔接机技术要求和试验方法			2023/12/29	2024/4/1
13.12-4-444	13.12	33.180.01	M33	YD/T 4632—2023	量子密钥分发与经典光通信共纤传输技术要求			2023/12/29	2024/4/1
13.12-4-445	13.12	33.040	M10	YD/T 4801—2024	基于 SDN/NFV 的智能型通信网络 随愿网络意愿层技术要求			2024/7/19	2024/10/1
13.12-4-446	13.12	33.040.40	L78	YD/T 4802—2024	基于 SDN/NFV 的智能型通信网络 随愿网络意愿管理模块架构及功能要求			2024/7/19	2024/10/1
13.12-4-447	13.12			YD/T 5111—2015	数字蜂窝移动通信网 WCDMA 工程设计规范	YD 5111—2009；YD/T 5111—2009		2015/4/30	2015/7/1
13.12-4-448	13.12	33	P76	YD/T 5246—2021	基于 LTE 技术的宽带集群通信工程设计规范			2021/3/5	2021/4/1
13.12-4-449	13.12	33.180.10	M33	YD/T 908—2020	光缆型号命名方法	YD/T 908—2011		2020/4/16	2020/7/1
13.12-4-450	13.12	33.060.30	M30	YD/T 984—2020	卫星通信链路大气和降雨衰减计算方法	YD/T 984—1998		2020/8/31	2020/10/1
13.12-4-451	13.12			YDC 045—2007	基于软交换的网络组网总体技术要求			2007/3/16	2007/3/16
13.12-5-452	13.12	25.040.40；35.100.20；35.110		IEC 61158-3-20：2014	工业通信网络 现场总线规范 第 3-20 部分：数据链路层服务定义 类型 20 元素	IEC 61158-3-20：2003		2014/8/13	2014/8/13

13

续表

序号	GW 分类	ICS 分类	GB 分类	标准号	中文名称	代替标准	采用关系	发布日期	实施日期
13.12-5-453	13.12			IEC 61158-4-24：2019	工业通信网络　现场总线规范　第 4-24：数据链路层协议规范 24 型元素第 1.0 版			2019/4/18	2019/4/18
13.12-5-454	13.12			IEC TS 61850-1-2：2020/AMD1：2022，CSV	变电所的通信网络和系统　第 1 部分：引言和概要			2022/7/11	2022/7/11
13.12-5-455	13.12			IEC TR 61850-90-22：2024	用于电力公司自动化的通信网络和系统　第 90-22 部分：基于 SCD 的变电站网络自动化管理，支持可视化和监督			2024/12/6	2024/12/6
13.12-5-456	13.12			IEC TR 62368-2：2019	音频/视频、信息和通信技术设备　第 2 部分：与 IEC 62368-1：2018 相关的解释性信息	IEC TR 62368-2：2011		2019/5/1	2019/5/1
13.12-5-457	13.12	35.100.20		ISO/IEC TR 10171：2000	信息技术　系统间远程通信和信息交换　利用高级数据链路控制（HDLC）规程类别的标准数据链路层协议的列表、标准 XID 格式标识符的列表、标准方式设置信息字段格式标识符的列表和用户定义的标准参数集标识值的列表			2000/10/15	2000/10/15
13.12-5-458	13.12			ISO/IEC 12139-1：2009	信息技术　通信和信息交换系统电力线通信（PLC）高速 PLC 中间控制（MAC）和物理层（PHY）　第 1 部分：总体要求			2009/7/1	2009/7/1
13.12-5-459	13.12	35.110	L78	ISO/IEC 12139-1：2009/Cor1：2010	信息技术　系统间通信和信息交换电力线通信（PLC）高速 PLC 的媒体访问控制（MAC）和物理层（PHY）　第 1 部分：通用要求技术　勘误表 1			2009/4/1	2009/4/1
13.12-5-460	13.12	35.110	L78	ISO/IEC 13156：2011	信息技术　系统间远程通讯和信息交换　高速率达到 60GHz，PHY，MAC 和 PALs（通信）			2011/9/30	2011/9/30
13.12-5-461	13.12	35.200	L65	ISO/IEC 14165-114：2005	信息技术　光纤信道　第 114 部分：100MB/s 铜平衡物理接口（FC-100-DF-EL-S）			2005/4/14	2005/4/14
13.12-5-462	13.12	35.200	M33	ISO/IEC 14165-115：2006	信息技术　光纤信道　第 115 部分：物理接口（FC-PI）			2006/3/2	2006/3/2
13.12-5-463	13.12	35.200.		ISO/IEC 14165-122：2008	信息技术　光纤信道　第 122 部分：仲裁环路—2（FC—AL—2）	ISO IEC 14165-122：2005		2008/8/1	2008/8/1
13.12-5-464	13.12	35.110	M33	ISO/IEC 14165-133：2010	信息技术　光纤信道　第 133 部分：开关构造—3（FC—SW—3）			2010/2/15	2010/2/15
13.12-5-465	13.12	35.200	M33	ISO/IEC 14165-251：2008	信息技术　光纤信道　第 251 部分：光纤信道定位和信号传输（FC—FS）			2008/2/5	2008/2/5

序号	GW 分类	ICS 分类	GB 分类	标准号	中 文 名 称	代替标准	采用关系	发布日期	实施日期
13.12-5-466	13.12	35.110；35.200	M19	ISO/IEC 14165-331：2007	信息技术　光纤信道　第 331 部分：虚拟接口（FC—VI）（通信）			2007/8/8	2007/8/8
13.12-5-467	13.12	35.200		ISO/IEC TR 14165-372：2011	信息技术　光纤信道　第 372 部分：互连 2 的方法（FC-MI-2）			2011/2/18	2011/2/18
13.12-5-468	13.12	35.200	L65	ISO/IEC 14165-414：2007	信息技术　光纤信道　第 414 部分：一般业务 4（FC-GS-4）（通信）			2007/5/25	2007/5/25
13.12-5-469	13.12	35.200	M33	ISO/IEC 14165-521-2009	信息技术　光纤信道　第 521 部分：光纤应用接口标准（FAIS）			2009/1/1	2009/1/9
13.12-5-470	13.12	35.100.40		ISO/IEC 14476-1：2002	信息技术　增强通信传输协议：单工多点传送规范（通信）			2002/6/6	2002/6/6
13.12-5-471	13.12	35.100.40		ISO/IEC 14476-2：2003	信息技术　增强通信传输协议：单工多点传送用 QoS 管理规范（通信）			2003/12/9	2003/12/9
13.12-5-472	13.12	35.100.40		ISO/IEC 14476-3：2008	信息技术　增强通信传输协议：双工多点传送规范（通信）			2008/4/1	2008/4/1
13.12-5-473	13.12	35.100.40		ISO/IEC 14476-4：2010	信息技术　增强通信传输协议：双工多点传送用质量服务（QoS）管理规范（通信）			2010/4/19	2010/4/19
13.12-5-474	13.12	35.100.40		ISO/IEC 14476-5：2008	信息技术　增强通信传输协议：N 工多点传送规范（通信）			2008/4/10	2008/4/10
13.12-5-475	13.12	35.100.40		ISO/IEC 14476-6：2010	信息技术　增强通信传输协议：n-路传声多路广播传送服务质量（QoS）管理规范（通信）			2010/4/27	2010/4/27
13.12-5-476	13.12	35.200		ISO/IEC 14776-223：2008	信息技术　小型计算机系统接口（SCSI）　第 223 部分：光纤信道协议第 3 版（FCP-3）			2008/6/6	2008/6/6
13.12-5-477	13.12			ISO/IEC 22535：2009	信息技术　系统间通信和信息交换联合通信网络 SIP 上 QSIG 的隧道效应	ISO IEC 22535：2006		2009/3/30	2009/3/30
13.12-5-478	13.12	35.080		ISO/IEC/IEEE 15288：2015	系统和软件工程　系统生命周期过程（通信）			2015/5/21	2015/5/21
13.12-5-479	13.12			ITU-T G 8261 Y 1361：2008	分组网络中的时分和同步	ITU-T G 8261 Y 1361：2006；ITU-T G 8261 Y 1361 Cor 1：2006		2008/4/1	2008/4/1
13.12-5-480	13.12			ITU-T K 75：2008	通信设备的抵抗性和安全标准应用接口的分类			2008/4/13	2008/4/13

13

续表

序号	GW 分类	ICS 分类	GB 分类	标准号	中 文 名 称	代替标准	采用关系	发布日期	实施日期
13.12-5-481	13.12			ITU-T K 76：2008	电信网络设备的 EMC 要求（9kHz～150kHz）			2008/7/7	2008/7/7
13.12-5-482	13.12			ITU-T M.3368	光配线架（ODF）现场智能维护的要求			2024/8/1	2024/8/1
13.12-5-483	13.12			ITU-T X 1161：2008	安全点到点通信的框架			2008/5/1	2008/5/1
13.12-5-484	13.12			ITU-T X 607.1：2008	信息技术　增强通信传输协议规范双向组播传送的 QoS 管理规范			2008/11/1	2008/11/1
13.12-5-485	13.12			ITU-T X 608.1：2008	信息技术　增强通信传输协议规范 N-plex 组播传送的 QoS 管理规范			2008/11/1	2008/11/1
13.12-5-486	13.12			ITU-T Y 1563：2009	以太网帧传输和可用性能			2009/1/1	2009/1/1
13.12-5-487	13.12			ITU-T Y 2051：2008	基于 IPv6 的 NGN 概述			2008/2/1	2008/2/1
13.12-5-488	13.12			ITU-T Y 2052：2008	基于 IPv6NGN 的多链路框架			2008/2/1	2008/2/1
13.12-5-489	13.12			ITU-T Y 2054：2008	基于 IPv6NGN 的支持信令框架			2008/2/1	2008/2/1
13.12-5-490	13.12			ITU-T Y 2234：2008	NGN 开放业务环境能力			2008/9/1	2008/9/1
13.12-5-491	13.12			ITU-T Y 2720：2009	NGN 身份管理架构			2009/1/1	2009/1/1

13.13　调度与交易-其他

序号	GW 分类	ICS 分类	GB 分类	标准号	中 文 名 称	代替标准	采用关系	发布日期	实施日期
13.13-2-1	13.13	29.020		Q/GDW 12294—2023	电网气象信息应用功能规范			2023/4/28	2023/4/28

14 运行检修

14.1 运行检修-基础综合

序号	GW 分类	ICS 分类	GB 分类	标准号	中 文 名 称	代替标准	采用关系	发布日期	实施日期
14.1-2-1	14.1	29.240		Q/GDW 10212—2019	电力系统无功补偿技术导则	Q/GDW 1212—2015		2020/11/9	2020/11/9
14.1-2-2	14.1			Q/GDW 10672—2017	雷区分级标准和雷区分布图绘制规则	Q/GDW 672—2011		2018/9/30	2018/9/30
14.1-2-3	14.1	29.240		Q/GDW 10683—2019	资产全寿命周期管理体系规范	Q/GDW 1683—2015		2020/11/9	2020/11/9
14.1-2-4	14.1	29.240.01		Q/GDW 10741—2022	配电网技术改造设备选型和配置原则	Q/GDW 741—2012		2022/5/13	2022/5/13
14.1-2-5	14.1			Q/GDW 11004—2013	冰区分级标准和冰区分布图绘制规则			2014/4/15	2014/4/15
14.1-2-6	14.1			Q/GDW 11005—2013	风区分级标准和风区分布图绘制规则			2014/4/15	2014/4/15
14.1-2-7	14.1	29.240		Q/GDW 11006—2022	舞动区域分级标准与舞动区域分布图绘制规则	Q/GDW 11006—2013		2022/5/13	2022/5/13
14.1-2-8	14.1	29.240		Q/GDW 11261—2014	配电网检修规程			2014/11/20	2014/11/20
14.1-2-9	14.1	29.240		Q/GDW 11305—2014	SF_6 气体湿度带电检测技术现场应用导则			2015/2/26	2015/2/26
14.1-2-10	14.1	29.240		Q/GDW 11366—2014	开关设备分合闸线圈电流波形带电检测技术现场应用导则			2015/2/16	2015/2/16
14.1-2-11	14.1	29.240		Q/GDW 11369—2019	避雷器泄漏电流带电检测技术现场应用导则	Q/GDW 11369—2014		2020/11/9	2020/11/9
14.1-2-12	14.1	29.240		Q/GDW 11400—2015	电力设备高频局部放电带电检测技术现场应用导则			2015/11/7	2015/11/7
14.1-2-13	14.1	29.240		Q/GDW 11401—2015	输变电设备不良工况分类分级及处理规范			2015/11/7	2015/11/7
14.1-2-14	14.1	29.240		Q/GDW 11477—2015	金属封闭开关设备检修决策导则			2016/9/30	2016/9/30
14.1-2-15	14.1	29.240		Q/GDW 11625—2016	配网抢修指挥技术支持系统功能规范			2017/7/31	2017/7/31
14.1-2-16	14.1	29.240		Q/GDW 11626—2016	配网抢修指挥故障研判技术导则			2017/7/31	2017/7/31
14.1-2-17	14.1	29.240		Q/GDW 11644—2016	SF_6 气体纯度带电检测技术现场应用导则			2017/7/28	2017/7/28
14.1-2-18	14.1	29.240		Q/GDW 1168—2013	输变电设备状态检修试验规程	Q/GDW 168—2008		2014/1/10	2014/1/10
14.1-2-19	14.1	29.240		Q/GDW 11719.1—2017	生产技术改造和生产设备大修项目可行性研究内容深度规定　第 1 部分：生产技术改造项目			2018/4/13	2018/4/13
14.1-2-20	14.1	29.240		Q/GDW 11719.2—2017	生产技术改造和生产设备大修项目可行性研究内容深度规定　第 2 部分：生产设备大修项目			2018/4/13	2018/4/13
14.1-2-21	14.1	29.240		Q/GDW 11839—2018	生产技术改造项目造价分析深度规定			2019/7/31	2019/7/31

续表

序号	GW 分类	ICS 分类	GB 分类	标准号	中 文 名 称	代替标准	采用关系	发布日期	实施日期
14.1-2-22	14.1	29.240		Q/GDW 11932—2018	电网覆冰应急处置及融冰决策技术导则			2020/4/17	2020/4/17
14.1-2-23	14.1	29.020		Q/GDW 11988—2019	输配电网线损理论计算导则			2020/8/24	2020/8/24
14.1-2-24	14.1	33.060		Q/GDW 12014—2019	运维检修移动作业应用终端技术规范			2020/11/9	2020/11/9
14.1-2-25	14.1	29.240		Q/GDW 12019—2019	电网生产技术改造项目后评价深度规定			2020/11/27	2020/11/27
14.1-2-26	14.1	29.240.99		Q/GDW 12020—2019	输变电设备物联网微功率无线网通信协议			2020/11/27	2020/11/27
14.1-2-27	14.1	01.040.29		Q/GDW 12021—2019	输变电设备物联网节点设备无线组网协议			2020/11/27	2020/11/27
14.1-2-28	14.1	29.240		Q/GDW 12025.1—2019	电网在运设备三维建模规范　第 1 部分：变电站（换流站）			2020/11/27	2020/11/27
14.1-2-29	14.1	29.240		Q/GDW 12025.2—2019	电网在运设备三维建模规范　第 2 部分：架空输电线路			2020/11/27	2020/11/27
14.1-2-30	14.1	29.240		Q/GDW 12025.3—2019	电网在运设备三维建模规范　第 3 部分：电缆线路			2020/11/27	2020/11/27
14.1-2-31	14.1	29.240.99		Q/GDW 12085—2021	输变电设备物联网无线传感器运维规范			2021/12/6	2021/12/6
14.1-2-32	14.1	29.240.99		Q/GDW 12086—2021	输变电设备物联网节点设备运维规范			2021/12/6	2021/12/6
14.1-2-33	14.1	29.240		Q/GDW 12129—2021	电网大气腐蚀等级分布图绘制规范			2022/1/28	2022/1/28
14.1-2-34	14.1	29.240		Q/GDW 12161—2021	气体绝缘金属封闭式电气设备漏气封堵技术规范			2021/12/6	2021/12/6
14.1-2-35	14.1	29.240		Q/GDW 12219—2022	资产全寿命周期管理体系实施指南			2022/5/13	2022/5/13
14.1-2-36	14.1			Q/GDW 12313—2023	电网设备防腐技术规范			2023/9/22	2023/9/22
14.1-2-37	14.1			Q/GDW 12316.1—2023	配网带电作业机器人　第 1 部分：技术规范			2023/9/22	2023/9/22
14.1-2-38	14.1			Q/GDW 12316.2—2023	配网带电作业机器人　第 2 部分：作业规范			2023/9/22	2023/9/22
14.1-2-39	14.1			Q/GDW 12317—2023	配电网工程造价分析内容深度规定			2023/9/22	2023/9/22
14.1-2-40	14.1			Q/GDW 12318—2023	输变电设备缺陷影像标注规范			2023/9/22	2023/9/22
14.1-2-41	14.1			Q/GDW 12319—2023	输变电设备缺陷影像智能识别算法检验规范			2023/9/22	2023/9/22
14.1-2-42	14.1			Q/GDW 12321—2023	配电网智能分布式馈线自动化技术规范			2023/9/22	2023/9/22
14.1-2-43	14.1	29.240	F20	Q/GDW 12440—2024	电网大气腐蚀环境测试及等级识别技术规范			2024/10/25	2024/10/25
14.1-2-44	14.1	29.240.10	F20	Q/GDW 12484—2024	变电站无人机巡检作业技术导则			2024/12/31	2024/12/31

14

续表

序号	GW 分类	ICS 分类	GB 分类	标准号	中 文 名 称	代替标准	采用关系	发布日期	实施日期
14.1-2-45	14.1	29.240		Q/GDW 1519—2014	配电网运维规程	Q/GDW 519—2010		2014/11/20	2014/11/20
14.1-2-46	14.1	29.240		Q/GDW 1643—2015	配网设备状态检修试验规程	Q/GDW 643—2011		2016/9/30	2016/9/30
14.1-2-47	14.1	29.240		Q/GDW 1896—2013	SF_6气体分解产物检测技术现场应用导则			2014/1/10	2014/1/10
14.1-2-48	14.1			Q/GDW 1903—2013	输变电设备风险评估导则			2014/4/15	2014/4/15
14.1-2-49	14.1			Q/GDW 1904.1—2013	输变电设备缺陷用语规范　第 1 部分：变电一次部分			2014/4/15	2014/4/15
14.1-2-50	14.1			Q/GDW 1904.2—2013	输变电设备缺陷用语规范　第 2 部分：输电部分			2014/4/15	2014/4/15
14.1-2-51	14.1			Q/GDW 1905—2013	输变电设备状态检修辅助决策系统技术导则			2014/4/15	2014/4/15
14.1-2-52	14.1			Q/GDW 1906—2013	输变电一次设备缺陷分类标准			2014/4/15	2014/4/15
14.1-2-53	14.1	29.240		Q/GDW 387—2009	人工除冰作业导则			2009/12/22	2009/12/22
14.1-2-54	14.1	29.240		Q/GDW 565—2010	城市配电网运行水平和供电能力评估导则			2010/12/30	2010/12/30
14.1-2-55	14.1	29.240		Q/GDW 626—2011	配电自动化系统运行维护管理规范			2011/5/25	2011/5/25
14.1-2-56	14.1	29.240		Q/GDW 644—2011	配网设备状态检修导则			2011/7/15	2011/7/15
14.1-2-57	14.1	29.240		Q/GDW 645—2011	配网设备状态评价导则			2011/7/15	2011/7/15
14.1-2-58	14.1	29.240		Q/GDW 737—2012	绝缘子用常温固化硅橡胶防污闪涂料现场施工技术规范			2012/5/24	2012/5/24
14.1-2-59	14.1	29.240		Q/GDW 743—2012	配电网技改大修技术规范			2012/6/21	2012/6/21
14.1-2-60	14.1	29.240		Q/GDW 744—2012	配电网技改大修项目交接验收技术规范			2012/6/21	2012/6/21
14.1-2-61	14.1	29.240		Q/GDW 745—2012	配电网设备缺陷分类标准			2012/6/21	2012/6/21
14.1-3-62	14.1	25.220.40	A29	GB/T 13912—2020	金属覆盖层　钢铁制件热浸镀锌层　技术要求及试验方法	GB/T 13912—2002	ISO 1461：2009，MOD	2020/6/2	2021/4/1
14.1-3-63	14.1	25.040.40	N10	GB/T 17214.2—2005	工业过程测量和控制装置的工作条件　第 2 部分：动力	JB/T 9237.2—1999	IEC 60654-2：1979，IDT	2005/9/9	2006/4/1
14.1-3-64	14.1	25.040.40	N10	GB/T 17214.4—2005	工业过程测量和控制装置的工作条件　第 4 部分：腐蚀和侵蚀影响	JB/T 9237.1—1999	IEC 60654-4：1987，IDT	2005/9/9	2006/4/1
14.1-3-65	14.1	25.220.40	A29	GB/T 19355.1—2016	锌覆盖层　钢铁结构防腐蚀的指南和建议　第 1 部分：设计与防腐蚀的基本原则	GB/T 19355—2003	ISO 14713-1：2009，MOD	2016/2/24	2016/9/1

14

续表

序号	GW 分类	ICS 分类	GB 分类	标准号	中 文 名 称	代替标准	采用关系	发布日期	实施日期
14.1-3-66	14.1	25.220.40	A29	GB/T 19355.2—2016	锌覆盖层　钢铁结构防腐蚀的指南和建议　第2部分：热浸镀锌	GB/T 19355—2003	ISO 14713-2：2009，MOD	2016/2/24	2016/9/1
14.1-3-67	14.1	25.220.40	A29	GB/T 19355.3—2016	锌覆盖层　钢铁结构防腐蚀的指南和建议　第3部分：粉末渗锌	GB/T 19355—2003	ISO 14713-3：2009，MOD	2016/2/24	2016/9/1
14.1-3-68	14.1	29.080.30	K15	GB/T 23642—2017	电气绝缘材料和系统　瞬时上升和重复电压冲击条件下的局部放电（PD）电气测量	GB/T 23642—2009	IEC/TS 61934：2011，IDT	2017/12/29	2018/7/1
14.1-3-69	14.1	71.100.99	G85	GB/T 34320—2017	六氟化硫电气设备用分子筛吸附剂使用规范			2017/9/7	2018/4/1
14.1-3-70	14.1	29.240；35.080	K40	GB/T 34569—2017	带电作业仿真训练系统			2017/9/29	2018/4/1
14.1-3-71	14.1	29.240.99	F23	GB/T 35706—2017	电网冰区分布图绘制技术导则			2017/12/29	2018/7/1
14.1-3-72	14.1	91.120.40	K04	GB/T 37047—2022	基于雷电定位系统（LLS）的地闪密度　总则	GB/T 37047—2018	IEC 62858：2019，MOD	2022/7/11	2023/2/1
14.1-3-73	14.1	91.120.40	M04	GB/T 38121—2023	雷电防护　雷暴预警系统	GB/T 38121—2019		2023/5/23	2023/12/1
14.1-3-74	14.1	29.020	K04	GB/T 42393—2023	高海拔微地形微气象条件下电网区域风害分布图绘制方法			2023/3/17	2023/10/1
14.1-3-75	14.1	19.100	J04	GB/T 43413—2023	无损检测　红外热成像检测　热弹性应力测量方法通则			2023/11/27	2024/3/1
14.1-3-76	14.1	29.020	K09	GB/T 9089.5—2008	户外严酷条件下的电气设施　第5部分：操作要求	GB 9089.5—1995	IEC 60621-5：1987，IDT	2008/6/18	2009/3/1
14.1-3-77	14.1	25.220.20	A29	GB/T 9793—2012	热喷涂　金属和其他无机覆盖层　锌、铝及其合金	GB/T 9793—1997	ISO 2063：2005，IDT	2012/11/5	2013/3/1
14.1-4-78	14.1	07.040	A77	CH/Z 3002—2010	无人机航摄系统技术要求			2010/8/24	2010/10/1
14.1-4-79	14.1	07.040	A77	CH/T 3003—2021	低空数字航空摄影测量内业规范	CH/Z 3003—2010		2021/5/10	2021/8/1
14.1-4-80	14.1	07.040	A77	CH/T 3004—2021	低空数字航空摄影测量外业规范	CH/T 3004—2010		2021/5/10	2021/8/1
14.1-4-81	14.1	07.040	A77	CH/T 3005—2021	低空数字航空摄影规范	CH/Z 3005—2010		2021/5/10	2021/8/1
14.1-4-82	14.1	07.040	A75	CH/T 3021—2018	倾斜数字航空摄影技术规程			2018/8/17	2019/1/1
14.1-4-83	14.1	29.240.01	F21	DL/T 1080.1—2016	电力企业应用集成　配电管理的系统接口　第1部分：接口体系与总体要求	DL/T 1080.1—2008	IEC 61968-1：2012，IDT	2016/1/7	2016/6/1
14.1-4-84	14.1	29.240.01	F21	DL/Z 1080.2—2018	电力企业应用集成　配电管理系统接口　第2部分：术语	DL/Z 1080.2—2007	IEC 61968-2：2011，IDT	2018/12/25	2019/5/1

14

续表

序号	GW 分类	ICS 分类	GB 分类	标准号	中 文 名 称	代替标准	采用关系	发布日期	实施日期
14.1-4-85	14.1	29.240.01	F21	DL/T 1080.11—2015	电力企业应用集成　配电管理的系统接口　第11部分：配电公共信息模型		IEC 61968-11：2013，IDT	2015/4/2	2015/9/1
14.1-4-86	14.1	29.240.01	F21	DL/T 1080.13—2012	电力企业应用集成　配电管理系统接口　第13部分：配电 CIM RDF 模型交换格式		IEC 61968-13：2008，IDE	2012/1/4	2012/3/1
14.1-4-87	14.1	29.240.01	F21	DL/T 1080.100—2018	电力企业应用集成　配电管理系统接口　第100部分：实现框架		IEC 61968-100：2013，IDT	2018/12/25	2019/5/1
14.1-4-88	14.1	27.100	F29	DL/T 1294—2013	交流电力系统金属氧化物避雷器用脱离器使用导则			2013/11/28	2014/4/1
14.1-4-89	14.1	27.100	F24	DL/T 1359—2014	六氟化硫电气设备故障气体分析和判断方法			2014/10/15	2015/3/1
14.1-4-90	14.1	29.240	F24	DL/T 1554—2016	接地网土壤腐蚀性评价导则			2016/2/5	2016/7/1
14.1-4-91	14.1	29.240.10	F23	DL/T 1753—2017	配网设备状态检修试验规程			2017/11/15	2018/3/1
14.1-4-92	14.1	29.240.10	F23	DL/T 2106—2020	配网设备状态评价导则			2020/10/23	2021/2/1
14.1-4-93	14.1	29.240.10	F23	DL/T 2107—2020	配网设备状态检修导则			2020/10/23	2021/2/1
14.1-4-94	14.1	29.240.01	F23	DL/T 2237—2021	电网风区分布图绘制技术导则			2021/1/7	2021/7/1
14.1-4-95	14.1	27.180	F19	DL/T 2590—2023	馈能装置接入配电网技术要求			2023/2/6	2023/8/6
14.1-4-96	14.1	29.240.01	F23	DL/T 2627.1—2023	输变电设备状态预测技术导则　第1部分：通用技术要求			2023/10/11	2024/4/11
14.1-4-97	14.1	29.240	K45	DL/T 2645—2023	配电网分布式保护技术规范			2023/10/11	2024/4/11
14.1-4-98	14.1	29.240.01	K40	DL/T 2651—2023	配电带电作业人员高空救援技术导则			2023/10/11	2024/4/11
14.1-4-99	14.1	29.240.20	F23	DL/T 345—2019	带电设备紫外诊断技术应用导则	DL/T 345—2010		2019/11/4	2020/5/1
14.1-4-100	14.1	29.020	K48	DL/T 374.1—2019	电力系统污区分布图绘制方法　第1部分：交流系统	DL/T 374—2010		2019/11/4	2020/5/1
14.1-4-101	14.1	29.020	K48	DL/T 374.2—2019	电力系统污区分布图绘制方法　第2部分：直流系统			2019/11/4	2020/5/1
14.1-4-102	14.1	29.240.01	F23	DL/T 393—2021	输变电设备状态检修试验规程	DL/T 393—2010		2021/12/22	2022/3/22
14.1-4-103	14.1	29.240	P62	DL/T 5500—2015	配电自动化系统信息采集及分类技术规范			2015/4/2	2015/9/1
14.1-4-104	14.1		K45	DL/T 620—1997	交流电气装置的过电压保护和绝缘配合			1997/4/21	1997/10/1
14.1-4-105	14.1	29.240.99	L52	DL/T 664—2016	带电设备红外诊断应用规范	DL/T 664—2008		2016/12/5	2017/5/1

14

续表

序号	GW 分类	ICS 分类	GB 分类	标准号	中文名称	代替标准	采用关系	发布日期	实施日期
14.1-4-106	14.1	29.180	K41	DL/T 727—2013	互感器运行检修导则	DL/T 727—2000		2013/11/28	2014/4/1
14.1-4-107	14.1	27.100	F23	DL/T 804—2014	交流电力系统金属氧化物避雷器使用导则	DL/T 804—2002		2014/10/15	2015/3/1
14.1-4-108	14.1	71.120.01	G90	HG/T 4077—2009	防腐蚀涂层涂装技术规范			2009/2/5	2009/7/1
14.1-4-109	14.1	25.040.30	J28	JB/T 14401—2022	户内悬挂导轨式巡检机器人系统			2022/4/24	2022/10/1
14.1-6-110	14.1	29.020	F20/29	T/CEC 196—2018	超、特高压设备检修作业安全预警系统			2018/11/16	2019/2/1
14.1-6-111	14.1	29.240.01	F21	T/CEC 292—2020	输变电设备数据质量评价导则			2020/6/30	2020/10/1
14.1-6-112	14.1	29.240.01	F21	T/CEC 294—2020	电网智能运检管控系统功能规范			2020/6/30	2020/10/1
14.1-6-113	14.1	29.240.99	F20	T/CEC 349—2020	柔性互联交直流配电系统绝缘配合导则			2020/6/30	2020/10/1
14.1-6-114	14.1			T/CEC 829—2023	六氟化硫气体分解组分含量的测定气相色谱法			2023/12/13	2024/4/1

14.2 运行检修-变电站

序号	GW 分类	ICS 分类	GB 分类	标准号	中文名称	代替标准	采用关系	发布日期	实施日期
14.2-2-1	14.2	29.240		Q/GDW 10169—2016	油浸式变压器（电抗器）状态评价导则	Q/GDW 169—2008		2017/3/24	2017/3/24
14.2-2-2	14.2	29.240		Q/GDW 10171—2016	SF_6 高压断路器状态评价导则	Q/GDW 171—2008		2017/3/24	2017/3/24
14.2-2-3	14.2	29.240		Q/GDW 10207.1—2022	1000kV 变电设备检修导则 第 1 部分：油浸式变压器、并联电抗器	Q/GDW 10207.1—2016		2022/9/15	2022/9/15
14.2-2-4	14.2	29.240		Q/GDW 10207.2—2016	1000kV 变电设备检修导则 第 2 部分：气体绝缘金属封闭开关	Q/GWD/Z 207.2—2008		2016/12/8	2016/12/8
14.2-2-5	14.2	29.240		Q/GDW 10207.3—2016	1000kV 变电设备检修导则 第 3 部分：金属氧化物避雷器	Q/GDW/Z 207.3—2008		2016/12/8	2016/12/8
14.2-2-6	14.2	29.240		Q/GDW 10207.4—2016	1000kV 变电设备检修导则 第 4 部分：电容式电压互感器	Q/GDW/Z 207.4—2008		2016/12/8	2016/12/8
14.2-2-7	14.2	29.240		Q/GDW 10208—2016	1000kV 变电站检修管理规范	Q/GDW/Z 208—2008		2016/12/8	2016/12/8
14.2-2-8	14.2	29.240		Q/GDW 10446—2021	电流互感器状态评价导则	Q/GDW 10446—2016		2021/12/6	2021/12/6
14.2-2-9	14.2	29.240		Q/GDW 10450—2021	隔离开关和接地开关状态评价导则	Q/GDW 450—2010		2021/12/6	2021/12/6
14.2-2-10	14.2	29.240		Q/GDW 10452—2016	并联电容器装置状态评价导则	Q/GDW 452—2010		2017/10/17	2017/10/17
14.2-2-11	14.2	29.240		Q/GDW 10454—2016	金属氧化物避雷器状态评价导则	Q/GDW 454—2010		2017/10/17	2017/10/17
14.2-2-12	14.2	29.240		Q/GDW 10458—2019	电磁式电压互感器状态评价导则	Q/GDW 10458—2010		2020/11/9	2020/11/9

续表

序号	GW 分类	ICS 分类	GB 分类	标准号	中 文 名 称	代替标准	采用关系	发布日期	实施日期
14.2-2-13	14.2			Q/GDW 10460—2017	电容式电压互感器、耦合电容器状态评价导则	Q/GDW 460—2010		2018/9/30	2018/9/30
14.2-2-14	14.2			Q/GDW 10599—2017	干式并联电抗器状态评价导则	Q/GDW 599—2011		2018/9/30	2018/9/30
14.2-2-15	14.2			Q/GDW 10601—2017	消弧线圈装置状态评价导则	Q/GDW 601—2011		2018/9/30	2018/9/30
14.2-2-16	14.2	29.240		Q/GDW 10605—2016	35kV 油浸式变压器（电抗器）状态评价导则	Q/GDW 605—2011		2017/10/17	2017/10/17
14.2-2-17	14.2			Q/GDW 10611—2017	变电站防雷及接地装置状态评价导则	Q/GDW 611—2011		2018/9/30	2018/9/30
14.2-2-18	14.2	29.240		Q/GDW 10612—2020	12（7.2）kV～40.5kV 交流金属封闭开关设备状态检修导则	Q/GDW 612—2011		2021/4/30	2021/4/30
14.2-2-19	14.2	29.240		Q/GDW 10656—2015	串联电容器补偿装置运行规范	Q/GDW 656—2011		2016/12/8	2016/12/8
14.2-2-20	14.2	29.240		Q/GDW 10657—2015	串联电容器补偿装置检修规范	Q/GDW 657—2011		2016/12/8	2016/12/8
14.2-2-21	14.2	29.240	F20	Q/GDW 10751—2024	变电站智能设备运行维护导则	Q/GDW 751—2012		2024/12/31	2024/12/31
14.2-2-22	14.2	27.160		Q/GDW 11003—2019	高压电气设备紫外检测技术现场应用导则	Q/GDW 11003—2013		2020/11/9	2020/11/9
14.2-2-23	14.2	29.240		Q/GDW 11054—2013	智能变电站数字化相位核准技术规范			2014/4/1	2014/4/1
14.2-2-24	14.2	29.240		Q/GDW 11062—2013	六氟化硫气体泄漏成像测试技术现场应用导则			2014/9/1	2014/9/1
14.2-2-25	14.2	29.240		Q/GDW 11087—2013	移动式直流融冰系统运行维护规程			2014/9/1	2014/9/1
14.2-2-26	14.2	29.240		Q/GDW 11088—2013	固定式直流融冰系统运行维护规程			2014/9/1	2014/9/1
14.2-2-27	14.2	29.240		Q/GDW 11240—2014	电容式电压互感器、耦合电容器检修决策导则			2014/12/1	2014/12/1
14.2-2-28	14.2	29.240		Q/GDW 11241—2014	金属氧化物避雷器检修决策导则			2014/12/1	2014/12/1
14.2-2-29	14.2	29.240		Q/GDW 11242—2014	交直流穿墙套管检修决策导则			2014/12/1	2014/12/1
14.2-2-30	14.2	29.240		Q/GDW 11243—2014	电磁式电压互感器检修决策导则			2014/12/1	2014/12/1
14.2-2-31	14.2	29.240		Q/GDW 11244—2014	SF_6 断路器检修决策导则			2014/12/1	2014/12/1
14.2-2-32	14.2	29.240		Q/GDW 11245—2014	隔离开关和接地开关检修决策导则			2014/12/1	2014/12/1
14.2-2-33	14.2	29.240		Q/GDW 11247—2014	油浸式变压器（电抗器）检修决策导则			2014/12/1	2014/12/1
14.2-2-34	14.2	29.240		Q/GDW 11248—2014	电流互感器检修决策导则			2014/12/1	2014/12/1
14.2-2-35	14.2	29.240	F20	Q/GDW 11288—2024	变电站集中监控信息验收导则	Q/GDW 11288—2014		2024/12/31	2024/12/31
14.2-2-36	14.2	29.240		Q/GDW 11398—2020	变电站设备监控信息规范	Q/GDW 11398—2015		2021/3/17	2021/3/17

14

续表

序号	GW 分类	ICS 分类	GB 分类	标准号	中文名称	代替标准	采用关系	发布日期	实施日期
14.2-2-37	14.2	29.240		Q/GDW 11423—2015	超、特高压变压器现场工厂化检修技术规范			2016/1/5	2016/1/5
14.2-2-38	14.2	29.240		Q/GDW 11504—2015	隔离断路器运维导则			2016/12/8	2016/12/8
14.2-2-39	14.2	29.240		Q/GDW 11507—2015	隔离断路器状态评价导则			2016/12/8	2016/12/8
14.2-2-40	14.2	29.240		Q/GDW 11508—2015	隔离断路器状态检修导则			2016/12/8	2016/12/8
14.2-2-41	14.2	29.240		Q/GDW 11510—2015	电子式互感器运维导则			2016/12/8	2016/12/8
14.2-2-42	14.2	29.240		Q/GDW 11511—2015	电子式电压互感器状态评价导则			2016/12/8	2016/12/8
14.2-2-43	14.2	29.240		Q/GDW 11512—2015	电子式电压互感器检修决策导则			2016/12/8	2016/12/8
14.2-2-44	14.2	25.040.30		Q/GDW 11516—2022	变电站智能机器人巡检系统运维规范	Q/GDW 11516—2016		2022/9/15	2022/9/15
14.2-2-45	14.2	29.180		Q/GDW 11519.1—2016	电力变压器中性点电容隔直/电阻限流装置运维检修规程　第 1 部分：电容型隔直装置			2016/11/25	2016/11/25
14.2-2-46	14.2	29.180		Q/GDW 11519.2—2016	电力变压器中性点电容隔直/电阻限流装置运维检修规程　第 2 部分：电阻型限流装置			2016/11/25	2016/11/25
14.2-2-47	14.2	29.240		Q/GDW 11558—2016	变电站整站及间隔状态评价导则			2017/3/24	2017/3/24
14.2-2-48	14.2	29.240		Q/GDW 11647—2016	车载移动式变电站运行规范			2017/10/17	2017/10/17
14.2-2-49	14.2	25.040.30		Q/GDW 12012—2019	变电站室内外一体化巡检机器人技术规范			2020/11/9	2020/11/9
14.2-2-50	14.2	29.240		Q/GDW 12060—2020	变电站监控信息自动验收技术规范			2021/3/17	2021/3/17
14.2-2-51	14.2	13.220.99		Q/GDW 12232—2022	变电站细水雾灭火系统设计、安装及运维规范			2022/9/15	2022/9/15
14.2-2-52	14.2	29.020		Q/GDW 12236—2022	1000kV 油浸式变压器、并联电抗器运行及维护规程			2022/9/15	2022/9/15
14.2-2-53	14.2	29.240		Q/GDW 12237—2022	电网监控业务事件化系统功能应用规范			2022/9/15	2022/9/15
14.2-2-54	14.2	29.020	F20	Q/GDW 12433—2024	1000kV 变压器交接及预防性试验规程			2024/12/31	2024/12/31
14.2-2-55	14.2	29.240	F20	Q/GDW 12446—2024	区域型变电站远程智能巡视系统技术规范			2024/10/25	2024/10/25
14.2-2-56	14.2	29.240	F23	Q/GDW 12479—2024	SF_6/N_2 混合气体绝缘金属封闭开关设备状态评价导则			2024/12/31	2024/12/31
14.2-2-57	14.2	29.240		Q/GDW 170—2008	油浸式变压器（电抗器）状态检修导则			2008/1/21	2008/1/21
14.2-2-58	14.2	29.240		Q/GDW 172—2008	SF_6 高压断路器状态检修导则			2008/1/21	2008/1/21
14.2-2-59	14.2	29.240		Q/GDW 1877—2013	电网行波测距装置运行规程			2013/11/12	2013/11/12

续表

序号	GW 分类	ICS 分类	GB 分类	标准号	中 文 名 称	代替标准	采用关系	发布日期	实施日期
14.2-2-60	14.2	29.240		Q/GDW 408—2010	800kV 罐式断路器检修规范			2010/4/8	2010/4/8
14.2-2-61	14.2	29.240		Q/GDW 409—2010	800kV 罐式断路器运行规范			2010/4/8	2010/4/8
14.2-2-62	14.2	29.240		Q/GDW 447—2010	气体绝缘金属封闭开关设备状态检修导则			2010/6/21	2010/6/21
14.2-2-63	14.2	29.240		Q/GDW 448—2010	气体绝缘金属封闭开关设备状态评价导则			2010/6/21	2010/6/21
14.2-2-64	14.2	29.240		Q/GDW 449—2010	隔离开关和接地开关状态检修导则			2010/6/21	2010/6/21
14.2-2-65	14.2	29.240		Q/GDW 451—2010	并联电容器装置（集合式电容器装置）状态检修导则			2010/6/21	2010/6/21
14.2-2-66	14.2	29.240		Q/GDW 453—2010	金属氧化物避雷器状态检修导则			2010/6/21	2010/6/21
14.2-2-67	14.2	29.240		Q/GDW 457—2010	电磁式电压互感器状态检修导则			2010/6/21	2010/6/21
14.2-2-68	14.2	29.240		Q/GDW 459—2010	电容式电压互感器、耦合电容器状态检修导则			2010/6/21	2010/6/21
14.2-2-69	14.2	29.240		Q/GDW 534—2010	变电设备在线监测系统技术导则			2011/4/28	2011/4/28
14.2-2-70	14.2	29.240		Q/GDW 538—2010	变电设备在线监测系统运行管理规范			2011/1/28	2011/1/28
14.2-2-71	14.2	29.240		Q/GDW 598—2011	干式并联电抗器状态检修导则			2011/4/15	2011/4/15
14.2-2-72	14.2	29.240		Q/GDW 600—2011	消弧线圈装置状态检修导则			2011/4/15	2011/4/15
14.2-2-73	14.2	29.240		Q/GDW 603—2011	110（66）kV 及以上电压等级交直流穿墙套管状态评价导则			2011/4/15	2011/4/15
14.2-2-74	14.2	29.240		Q/GDW 604—2011	35kV 油浸式变压器（电抗器）状态检修导则			2011/4/15	2011/4/15
14.2-2-75	14.2	29.240		Q/GDW 606—2011	变电站直流系统状态检修导则			2011/4/15	2011/4/15
14.2-2-76	14.2	29.240		Q/GDW 607—2011	变电站直流系统状态评价导则			2011/4/15	2011/4/15
14.2-2-77	14.2	29.240		Q/GDW 608—2011	所用电系统状态检修导则			2011/4/15	2011/4/15
14.2-2-78	14.2	29.240		Q/GDW 609—2011	所用电系统状态评价导则			2011/4/15	2011/4/15
14.2-2-79	14.2	29.240		Q/GDW 610—2011	变电站防雷及接地装置状态检修导则			2011/4/15	2011/4/15
14.2-2-80	14.2	29.240		Q/GDW 613—2011	12（7.2）kV～40.5kV 交流金属封闭开关设备状态评价导则			2011/4/15	2011/4/15
14.2-2-81	14.2	29.240		Q/GDW 658—2011	串联电容器补偿装置状态检修导则			2011/10/18	2011/10/18
14.2-2-82	14.2	29.240		Q/GDW 659—2011	串联电容器补偿装置状态评价导则			2011/10/18	2011/10/18
14.2-2-83	14.2	29.240		Q/GDW 750—2012	智能变电站运行管理规范			2011/6/11	2011/6/11

续表

序号	GW 分类	ICS 分类	GB 分类	标准号	中文名称	代替标准	采用关系	发布日期	实施日期
14.2-3-84	14.2	29.180	K41	GB/T 13499—2002	电力变压器应用导则	GB/T 13499—1992	IEC 60076-8：1997，IDT	2002/2/28	2003/3/1
14.2-3-85	14.2	27.100	F24	GB/T 14542—2017	变压器油维护管理导则	GB/T 14542—2005	IEC 60422：2013，NEQ	2017/5/12	2017/12/1
14.2-3-86	14.2	27.010	F01	GB/T 17981—2007	空气调节系统经济运行	GB/T 17981—2000		2007/12/21	2008/6/1
14.2-3-87	14.2	29.240	K43	GB/T 24835—2018	1100kV 气体绝缘金属封闭开关设备运行维护规程	GB/Z 24835—2009		2018/12/28	2019/7/1
14.2-3-88	14.2	29.240.10	F23	GB/T 32893—2016	10kV 及以上电力用户变电站运行管理规范			2016/8/29	2017/3/1
14.2-3-89	14.2	29.240.01	F21	GB/T 40773—2021	变电站辅助设施监控系统技术规范			2021/10/11	2022/5/1
14.2-3-90	14.2			GB 50151—2021	泡沫灭火系统技术标准	GB 50151—2010；GB 50281—2006		2021/4/9	2021/10/1
14.2-3-91	14.2	27.100	F24	GB/T 7595—2017	运行中变压器油质量	GB/T 7595—2008		2017/5/12	2017/12/1
14.2-3-92	14.2	29.020	K43	GB/T 8905—2012	六氟化硫电气设备中气体管理和检测导则	GB/T 8905—1996	IEC 60480：2004，MOD	2012/11/5	2013/2/1
14.2-4-93	14.2	29.240	F23	DL/T 1036—2021	变电设备巡检系统	DL/T 1036—2006		2021/4/26	2021/10/26
14.2-4-94	14.2	29.120.50	F23	DL/T 1081—2008	12kV～40.5kV 户外高压开关运行规程			2008/6/4	2008/11/1
14.2-4-95	14.2	29.180	K41	DL/T 1093—2018	电力变压器绕组变形的电抗法检测判断导则	DL/T 1093—2008		2018/4/3	2018/7/1
14.2-4-96	14.2	29.240	K44	DL/T 1176—2012	1000kV 油浸式变压器、并联电抗器运行及维护规程			2012/8/23	2012/12/1
14.2-4-97	14.2	29.020	K93	DL/T 1215.5—2013	链式静止同步补偿器　第 5 部分：运行检修导则			2013/3/7	2013/8/1
14.2-4-98	14.2	29.130.99	K34	DL/T 1250—2023	气体绝缘金属封闭开关设备带电超声局部放电检测应用导则	DL/T 1250—2013		2023/5/26	2023/11/26
14.2-4-99	14.2	29.180	K41	DL/T 1284—2013	500kV 干式空心限流电抗器使用导则			2013/11/28	2014/4/1
14.2-4-100	14.2	27.100	F29	DL/T 1298—2013	静止无功补偿装置运行规程			2013/11/28	2014/4/1
14.2-4-101	14.2	29.240.10	K40	DL/T 1430—2015	变电设备在线监测系统技术导则			2015/4/2	2015/9/1
14.2-4-102	14.2	29.240.20	K47	DL/T 1467—2015	500kV 交流输变电设备带电水冲洗作业技术规范			2015/7/1	2015/12/1
14.2-4-103	14.2	29.180	K41	DL/T 1535—2016	10kV～35kV 干式空心限流电抗器使用导则			2016/1/7	2016/6/1
14.2-4-104	14.2	29.180	K41	DL/T 1538—2016	电力变压器用真空有载分接开关使用导则			2016/1/7	2016/6/1
14.2-4-105	14.2	27.100	F23	DL/T 1552—2016	变压器油储存管理导则			2016/1/7	2016/6/1

续表

序号	GW 分类	ICS 分类	GB 分类	标准号	中文名称	代替标准	采用关系	发布日期	实施日期
14.2-4-106	14.2	27.100	K51	DL/T 1637—2016	变电站机器人巡检技术导则			2016/12/5	2017/5/1
14.2-4-107	14.2	29.240.01	F20	DL/T 1680—2016	大型接地网状态评估技术导则			2016/12/5	2017/5/1
14.2-4-108	14.2	29.240	F23	DL/T 1684—2017	油浸式变压器（电抗器）状态检修导则			2017/3/28	2017/8/1
14.2-4-109	14.2	29.240	F23	DL/T 1685—2017	油浸式变压器（电抗器）状态评价导则			2017/3/28	2017/8/1
14.2-4-110	14.2	29.240	F23	DL/T 1686—2017	六氟化硫高压断路器状态检修导则			2017/3/28	2017/8/1
14.2-4-111	14.2	29.240	F23	DL/T 1687—2017	六氟化硫高压断路器状态评价导则			2017/3/28	2017/8/1
14.2-4-112	14.2	29.240	F23	DL/T 1688—2017	气体绝缘金属封闭开关设备状态评价导则			2017/3/28	2017/8/1
14.2-4-113	14.2	29.240	F23	DL/T 1689—2017	气体绝缘金属封闭开关设备状态检修导则			2017/3/28	2017/8/1
14.2-4-114	14.2	29.240	F23	DL/T 1690—2017	电流互感器状态评价导则			2017/3/28	2017/8/1
14.2-4-115	14.2	29.240	F23	DL/T 1691—2017	电流互感器状态检修导则			2017/3/28	2017/8/1
14.2-4-116	14.2	29.240	F23	DL/T 1700—2017	隔离开关及接地开关状态检修导则			2017/3/28	2017/8/1
14.2-4-117	14.2	29.240	F23	DL/T 1701—2017	隔离开关及接地开关状态评价导则			2017/3/28	2017/8/1
14.2-4-118	14.2	29.240	F23	DL/T 1702—2017	金属氧化物避雷器状态检修导则			2017/3/28	2017/8/1
14.2-4-119	14.2	29.240	F23	DL/T 1703—2017	金属氧化物避雷器状态评价导则			2017/3/28	2017/8/1
14.2-4-120	14.2	29.240.01	F23	DL/T 1723—2017	1000kV 油浸式变压器（电抗器）状态检修技术导则			2017/8/2	2017/12/1
14.2-4-121	14.2	29.180	K41	DL/T 1810—2018	110（66）kV 六氟化硫气体绝缘电力变压器使用技术条件			2018/4/3	2018/7/1
14.2-4-122	14.2	29.180	K41	DL/T 1811—2018	电力变压器用天然酯绝缘油选用导则			2018/4/3	2018/7/1
14.2-4-123	14.2	29.180	K41	DL/T 1813—2018	油浸式非晶合金铁心配电变压器选用导则			2018/4/3	2018/7/1
14.2-4-124	14.2	29.180	K41	DL/T 1817—2018	变压器低压侧用绝缘铜管母使用技术条件			2018/4/3	2018/7/1
14.2-4-125	14.2	29.040.99	E38	DL/T 1837—2018	电力用矿物绝缘油换油指标			2018/4/3	2018/7/1
14.2-4-126	14.2	29.020	F21	DL/T 1875—2018	智能变电站即插即用接口规范			2018/6/6	2018/10/1
14.2-4-127	14.2	29.240.10	F23	DL/T 1958—2018	电子式电压互感器状态检修导则			2018/12/25	2019/5/1
14.2-4-128	14.2	29.240.10	F23	DL/T 1959—2018	电子式电压互感器状态评价导则			2018/12/25	2019/5/1
14.2-4-129	14.2	29.200	L43	DL/T 2069—2019	低压有源电力滤波器检测规程			2019/11/4	2020/5/1
14.2-4-130	14.2	29.240.01	F23	DL/T 2102—2020	电子式电流互感器状态评价导则			2020/10/23	2021/2/1

续表

序号	GW分类	ICS分类	GB分类	标准号	中文名称	代替标准	采用关系	发布日期	实施日期
14.2-4-131	14.2	29.240	F23	DL/T 2103—2020	电子式电流互感器状态检修导则			2020/10/23	2021/2/1
14.2-4-132	14.2	29.240	F23	DL/T 2104—2020	并联电容器装置状态评价导则			2020/10/23	2021/2/1
14.2-4-133	14.2	29.240	F23	DL/T 2105—2020	并联电容器装置状态检修导则			2020/10/23	2021/2/1
14.2-4-134	14.2	29.240.10	F23	DL/T 2159—2020	变电站绝缘管型母线带电检测技术导则			2020/10/23	2021/2/1
14.2-4-135	14.2	29.130.10	K43	DL/T 2228—2021	变电站用充气式开关柜运维检修规程			2021/1/7	2021/7/1
14.2-4-136	14.2	29.240.10	F29	DL/T 2239—2021	变电站巡检机器人检测技术规范			2021/1/7	2021/7/1
14.2-4-137	14.2	29.240.10	K44	DL/T 2263—2021	智能变压器检测规范			2021/4/26	2021/10/26
14.2-4-138	14.2	29.240.10	K44	DL/T 2264—2021	智能变压器现场检验规范			2021/4/26	2021/10/26
14.2-4-139	14.2			DL/T 2331—2021	变电站监控系统应用服务及接口技术规范			2021/12/22	2022/3/22
14.2-4-140	14.2	29.240	F22	DL/T 2413—2021	变电站监控信息自动验收技术规范			2021/12/22	2022/3/22
14.2-4-141	14.2			DL/T 2550—2022	大型油浸式电力变压器（电抗器）充气存放技术要求及评价方法			2022/11/4	2023/5/4
14.2-4-142	14.2	29.180	K42	DL/T 2632—2023	电容器放电线圈运维规程			2023/10/11	2024/4/11
14.2-4-143	14.2			DL/T 2692—2023	电网设备无人机自动巡检技术导则			2023/12/28	2024/6/28
14.2-4-144	14.2	29.240	F29	DL/T 2694—2023	变电站巡检机器人与人工协同巡检规范			2023/12/28	2024/6/28
14.2-4-145	14.2	29.180	K41	DL/T 271—2022	330kV～750kV 油浸式并联电抗器使用技术条件	DL/T 271—2012		2022/5/13	2022/11/13
14.2-4-146	14.2	29.180	K41	DL/T 272—2022	220kV～750kV 油浸式电力变压器使用技术条件	DL/T 272—2012		2022/5/13	2022/11/13
14.2-4-147	14.2	27.100	F23	DL/T 306.1—2010	1000kV 变电站运行规程　第1部分：设备概况			2011/1/9	2011/5/1
14.2-4-148	14.2	27.100	F23	DL/T 306.2—2010	1000kV 变电站运行规程　第2部分：运行方式和运行规定			2011/1/9	2011/5/1
14.2-4-149	14.2	27.100	F23	DL/T 306.3—2010	1000kV 变电站运行规程　第3部分：设备巡检			2011/1/9	2011/5/1
14.2-4-150	14.2	27.100	F23	DL/T 306.4—2010	1000kV 变电站运行规程　第4部分：设备异常及事故处理			2011/1/9	2011/5/1
14.2-4-151	14.2	27.100	F23	DL/T 306.5—2010	1000kV 变电站运行规程　第5部分：典型操作			2011/1/9	2011/5/1
14.2-4-152	14.2	27.100	F23	DL/T 306.6—2010	1000kV 变电站运行规程　第6部分：变电站图册			2011/1/9	2011/5/1

续表

序号	GW 分类	ICS 分类	GB 分类	标准号	中 文 名 称	代替标准	采用关系	发布日期	实施日期
14.2-4-153	14.2	29.240	F23	DL/T 310—2010	1000kV 油浸式变压器、并联电抗器检修导则			2011/1/9	2011/5/1
14.2-4-154	14.2			DL/T 311—2024	1100kV 气体绝缘金属封闭开关设备检修导则	DL/T 311—2010		2024/12/25	2025/6/25
14.2-4-155	14.2	29.240	F23	DL/T 312—2010	1000kV 电容式电压互感器设备检修导则			2011/1/9	2011/5/1
14.2-4-156	14.2	29.240.10	K44	DL/T 360—2010	7.2kV～12kV 预装式户外开关站运行及维护规程			2010/5/24	2010/10/1
14.2-4-157	14.2	29.130.10	K43	DL/T 391—2010	12kV 户外高压真空断路器检修工艺规程			2011/1/9	2011/5/1
14.2-4-158	14.2	29.180	K41	DL/T 572—2021	电力变压器运行规程	DL/T 572—2010		2021/4/26	2021/10/26
14.2-4-159	14.2	29.180	K41	DL/T 573—2021	电力变压器检修导则	DL/T 573—2010		2021/4/26	2021/10/26
14.2-4-160	14.2	29.180	K41	DL/T 574—2021	电力变压器分接开关运行维修导则	DL/T 574—2010		2021/4/26	2021/10/26
14.2-4-161	14.2	29.130.10	K43	DL/T 603—2017	气体绝缘金属封闭开关设备运行维护规程	DL/T 603—2006		2017/12/27	2018/6/1
14.2-4-162	14.2	27.100	F24	DL/T 615—2013	高压交流断路器参数选用导则	DL/T 615—1997		2013/11/28	2014/4/1
14.2-4-163	14.2	27.100	F23	DL/T 724—2021	电力系统用蓄电池直流电源装置运行与维护技术规程	DL/T 724—2000		2021/1/7	2021/7/1
14.2-4-164	14.2		K41	DL/T 725—2023	电力用电流互感器使用技术规范	DL/T 725—2013		2023/10/11	2024/4/11
14.2-4-165	14.2		K41	DL/T 726—2023	电力用电磁式电压互感器使用技术规范	DL/T 726—2013		2023/10/11	2024/4/11
14.2-4-166	14.2		F23	DL/T 729—2000	户内绝缘子运行条件　电气部分		IEC 60660-1：1984，NEQ	2000/11/3	2001/1/1
14.2-4-167	14.2	29.240.10	K40	DL/T 737—2021	农村无人值班变电站运行规定	DL/T 737—2010		2021/12/22	2022/3/22
14.2-4-168	14.2	13.260	K43	DL/T 739—2000	LW-10 型六氟化硫断路器检修工艺规程			2000/11/3	2001/1/1
14.2-4-169	14.2	29.120	K40/49	DL/T 841—2003	高压并联电容器用阻尼式限流器使用技术条件			2003/1/9	2003/6/1
14.2-4-170	14.2	27.100	F23	DL/T 941—2021	运行中变压器用六氟化硫质量标准	DL/T 941—2005		2021/12/22	2022/3/22
14.2-4-171	14.2	29.240.10	F20	DL/T 969—2005	变电站运行导则			2005/11/28	2006/6/1
14.2-4-172	14.2	29.180	K41	DL/T 984—2018	油浸式变压器绝缘老化判断导则	DL/T 984—2005		2018/4/3	2018/7/1
14.2-4-173	14.2	29.220.20	K84	NB/T 42083—2016	电力系统用固定型铅酸蓄电池安全运行使用技术规范		IEC 62485-2：2010，NEQ	2016/8/16	2016/12/1
14.2-6-174	14.2	29.240.10	L66	T/CEC 159—2018	变电站机器人巡检系统扩展接口技术规范			2018/1/24	2018/4/1
14.2-6-175	14.2	29.240.10	L66	T/CEC 160—2018	变电站机器人巡检系统集中监控技术导则			2018/1/24	2018/4/1

续表

序号	GW 分类	ICS 分类	GB 分类	标准号	中文名称	代替标准	采用关系	发布日期	实施日期
14.2-6-176	14.2	29.240.10	L66	T/CEC 161—2018	变电站机器人巡检系统运维检修技术导则			2018/1/24	2018/4/1
14.2-6-177	14.2			T/CEC 291.3—2020	天然酯绝缘油电力变压器　第 3 部分：油中溶解气体分析导则			2020/6/30	2020/10/1
14.2-6-178	14.2			T/CEC 291.4—2020	天然酯绝缘油电力变压器　第 4 部分：运行和维护导则			2020/6/30	2020/10/1
14.2-6-179	14.2	29.180	K41	T/CEC 407—2020	电力变压器中低压侧出线绝缘化改造技术规范			2020/10/28	2021/2/1
14.2-6-180	14.2	29.220	K45	T/CEC 606—2022	电力用直流电源系统蓄电池组远程充放电技术规范			2022/6/23	2022/10/1
14.2-6-181	14.2			T/CEC 611—2022	变电站设备声成像测试技术导则			2022/6/23	2022/10/1
14.2-6-182	14.2	29.240	F29	T/CEC 615—2022	变电站机器人巡检系统集中监控验收规范			2022/6/23	2022/10/1
14.2-6-183	14.2			T/CEC 763—2023	油浸式互感器带电补油技术规范			2023/8/21	2023/11/21
14.2-6-184	14.2			T/CEC 806—2023	油浸式互感器油在线监测仪选用导则			2023/12/13	2024/4/1
14.2-6-185	14.2	29.240.99		T/CES 113—2022	GIS 设备红外热像检测现场应用导则			2022/6/22	2022/6/24
14.2-6-186	14.2	19.020		T/CSEE 0228—2021	变电站设备声成像测试技术规范			2021/3/11	2021/5/1
14.2-6-187	14.2	29.240.20		T/CSEE 0233—2021	变电设备带电热风除冰装置技术规范			2021/3/11	2021/5/1

14

14.3　运行检修-换流站

序号	GW 分类	ICS 分类	GB 分类	标准号	中文名称	代替标准	采用关系	发布日期	实施日期
14.3-2-1	14.3	29.240		Q/GDW 10333—2016	±800kV 直流换流站运行规程	Q/GDW 333—2009		2017/3/24	2017/3/24
14.3-2-2	14.3	29.240		Q/GDW 10492—2022	高压直流输电换流阀运行规范	Q/GDW 492—2010		2022/5/13	2022/5/13
14.3-2-3	14.3	29.240		Q/GDW 10528—2022	高压直流输电换流阀冷却系统运行规范	Q/GDW 528—2010		2022/5/13	2022/5/13
14.3-2-4	14.3	29.240		Q/GDW 10532—2022	高压直流输电直流测量装置运行规范	Q/GDW 1532—2014		2022/5/13	2022/5/13
14.3-2-5	14.3	29.240		Q/GDW 10629—2022	换流站直流主设备非电量保护技术规范	Q/GDW 629—2011		2022/5/13	2022/5/13
14.3-2-6	14.3	29.240		Q/GDW 10960—2022	高压直流输电控制保护系统运行规范	Q/GDW 1960—2013		2022/5/13	2022/5/13
14.3-2-7	14.3	29.240		Q/GDW 11465—2015	电网直流偏磁电流分布同步监测技术导则			2016/11/21	2016/11/21
14.3-2-8	14.3	29.240.10	F21	Q/GDW 11674.3—2024	高压直流工程成套设计规程　第 3 部分：无功补偿与控制	Q/GDW 1146—2014		2024/12/31	2024/12/31

续表

序号	GW 分类	ICS 分类	GB 分类	标准号	中 文 名 称	代替标准	采用关系	发布日期	实施日期
14.3-2-9	14.3	29.240		Q/GDW 11935—2018	±1100kV 特高压直流设备状态检修试验规程			2020/4/17	2020/4/17
14.3-2-10	14.3	29.240		Q/GDW 11936—2018	快速动态响应同步调相机组运维规范			2020/4/17	2020/4/17
14.3-2-11	14.3	29.240		Q/GDW 11937—2018	快速动态响应同步调相机组检修规范			2020/4/17	2020/4/17
14.3-2-12	14.3	29.240		Q/GDW 12017—2019	±1100kV 直流换流站设备检修规范			2020/11/27	2020/11/27
14.3-2-13	14.3	29.240		Q/GDW 12023—2019	高压大容量柔性直流输电运行和维护技术规范			2020/11/27	2020/11/27
14.3-2-14	14.3	29.240		Q/GDW 12222—2022	柔性直流系统直流断路器检修规范			2022/5/13	2022/5/13
14.3-2-15	14.3			Q/GDW 1952—2013	直流断路器状态检修导则			2014/4/15	2014/4/15
14.3-2-16	14.3	29.240		Q/GDW 1953—2013	直流断路器状态评价导则			2014/4/15	2014/4/15
14.3-2-17	14.3			Q/GDW 1954—2013	直流电压分压器状态检修导则			2014/4/15	2014/4/15
14.3-2-18	14.3	29.240		Q/GDW 1955—2013	直流电压分压器状态评价导则			2014/4/15	2014/4/15
14.3-2-19	14.3			Q/GDW 1956—2013	直流电流互感器状态检修导则			2014/4/15	2014/4/15
14.3-2-20	14.3			Q/GDW 1957—2013	直流电流互感器状态评价导则			2014/4/15	2014/4/15
14.3-2-21	14.3			Q/GDW 1958—2013	直流开关设备检修导则			2014/4/15	2014/4/15
14.3-2-22	14.3			Q/GDW 1959—2013	换流站交直流滤波器状态评价规范			2014/4/15	2014/4/15
14.3-2-23	14.3			Q/GDW 1961—2013	高压直流输电直流控制保护系统检修规范			2014/4/15	2014/4/15
14.3-2-24	14.3			Q/GDW 1962—2013	高压直流输电直流转换开关运行规范			2014/4/15	2014/4/15
14.3-2-25	14.3			Q/GDW 1963—2013	高压直流输电直流转换开关检修规范			2014/4/15	2014/4/15
14.3-2-26	14.3			Q/GDW 1965—2013	换流变压器、平波电抗器检修导则			2014/4/15	2014/4/15
14.3-2-27	14.3	29.240		Q/GDW 335—2009	±800kV 直流换流站检修管理规范			2009/10/27	2009/10/27
14.3-2-28	14.3	29.240		Q/GDW 336—2009	±800kV 直流换流站设备检修规范			2009/10/27	2009/10/27
14.3-2-29	14.3	29.240		Q/GDW 472—2010	换流站设备巡检导则			2010/6/18	2010/6/18
14.3-2-30	14.3	29.240		Q/GDW 473—2010	换流站运行操作导则			2010/6/18	2010/6/18
14.3-2-31	14.3	29.240		Q/GDW 474—2010	换流站运行规程编制导则			2010/6/18	2010/6/18
14.3-2-32	14.3	29.240		Q/GDW 493—2010	高压直流输电换流阀检修规范			2010/9/25	2010/9/25
14.3-2-33	14.3	29.240		Q/GDW 495—2010	高压直流输电交直流滤波器及并联电容器装置运行规范			2010/9/25	2010/9/25

14

续表

序号	GW 分类	ICS 分类	GB 分类	标准号	中　文　名　称	代替标准	采用关系	发布日期	实施日期
14.3-2-34	14.3	29.240		Q/GDW 496—2010	高压直流输电交直流滤波器及并联电容器装置检修规范			2010/9/25	2010/9/25
14.3-2-35	14.3	29.240		Q/GDW 497—2010	高压直流输电换流阀状态检修导则			2010/12/27	2010/12/27
14.3-2-36	14.3	29.240		Q/GDW 498—2010	高压直流输电换流阀状态评价导则			2010/12/27	2010/12/27
14.3-2-37	14.3	29.240		Q/GDW 501—2010	高压直流输电干式平波电抗器状态检修导则			2010/12/27	2010/12/27
14.3-2-38	14.3	29.240		Q/GDW 502—2010	高压直流输电干式平波电抗器状态评价导则			2010/12/27	2010/12/27
14.3-2-39	14.3	29.240		Q/GDW 503—2010	高压直流输电高速直流开关状态检修导则			2010/12/27	2010/12/27
14.3-2-40	14.3	29.240		Q/GDW 504—2010	高压直流输电高速直流开关状态评价导则			2010/12/27	2010/12/27
14.3-2-41	14.3	29.240		Q/GDW 505—2010	高压直流输电交直流滤波器及并联电容器装置状态检修导则			2010/12/27	2010/12/27
14.3-2-42	14.3	29.240		Q/GDW 506—2010	高压直流输电交直流滤波器及并联电容器装置状态评价导则			2010/12/27	2010/12/27
14.3-2-43	14.3	29.240		Q/GDW 507—2010	高压直流输电换流阀冷却系统状态检修导则			2010/12/27	2010/12/27
14.3-2-44	14.3	29.240		Q/GDW 508—2010	高压直流输电换流阀冷却系统状态评价导则			2010/12/27	2010/12/27
14.3-2-45	14.3	29.240		Q/GDW 509—2010	高压直流输电控制保护系统状态检修导则			2010/12/27	2010/12/27
14.3-2-46	14.3	29.240		Q/GDW 510—2010	高压直流输电控制保护系统状态评价导则			2010/12/27	2010/12/27
14.3-2-47	14.3	29.240		Q/GDW 529—2010	高压直流输电换流阀冷却系统检修规范			2010/12/27	2010/12/27
14.3-3-48	14.3	29.200	K46	GB/T 20989—2017	高压直流换流站损耗的确定	GB/T 20989—2007	IEC 61803：2011，IDT	2017/7/31	2018/2/1
14.3-3-49	14.3	29.240.10	K40	GB/T 28814—2012	±800kV 换流站运行规程编制导则			2012/11/5	2013/2/1
14.3-3-50	14.3	29.240.01	F21	GB/T 37014—2018	海上柔性直流换流站检修规范			2018/12/28	2019/7/1
14.3-4-51	14.3	33.100	L06	DL/T 1087—2008	±800kV 特高压直流换流站二次设备抗扰度要求			2008/6/4	2008/11/1
14.3-4-52	14.3	29.240.01	K44	DL/T 1168—2012	高压直流输电系统保护运行评价规程			2012/8/23	2012/12/1
14.3-4-53	14.3	27.100	F20	DL/T 1716—2017	高压直流输电换流阀冷却水运行管理导则			2017/8/2	2017/12/1
14.3-4-54	14.3	29.240.01	F23	DL/T 1795—2017	柔性直流输电换流站运行规程			2017/12/27	2018/6/1
14.3-4-55	14.3	29.240.99	F20	DL/T 1831—2018	柔性直流输电换流站检修规程			2018/4/3	2018/7/1
14.3-4-56	14.3	29.240.99	F20	DL/T 1833—2018	柔性直流输电换流阀检修规程			2018/4/3	2018/7/1

14

续表

序号	GW 分类	ICS 分类	GB 分类	标准号	中文名称	代替标准	采用关系	发布日期	实施日期
14.3-4-57	14.3	29.180	K41	DL/T 2002—2019	换流变压器运行规程			2019/6/4	2019/10/1
14.3-4-58	14.3	29.180	K41	DL/T 2003—2019	换流变压器用有载分接开关使用导则			2019/6/4	2019/10/1
14.3-4-59	14.3	29.180	K41	DL/T 2062—2019	±1100kV 特高压直流平波电抗器使用技术条件			2019/11/4	2020/5/1
14.3-4-60	14.3	29.160.99	K21	DL/T 2078.1—2020	调相机检修导则　第 1 部分：本体			2020/10/23	2021/2/1
14.3-4-61	14.3	29.160.99	K21	DL/T 2078.2—2021	调相机检修导则　第 2 部分：保护及励磁系统			2021/12/22	2022/3/22
14.3-4-62	14.3	29.160.99	K21	DL/T 2078.3—2021	调相机检修导则　第 3 部分：辅机系统			2021/12/22	2022/3/22
14.3-4-63	14.3	29.160.99	K21	DL/T 2098—2020	调相机运行规程			2020/10/23	2021/2/1
14.3-4-64	14.3	29.080.10	K48	DL/T 2173—2020	±1100kV 支柱复合绝缘子使用技术条件			2020/10/23	2021/2/1
14.3-4-65	14.3	29.130.10	K43	DL/T 2227—2021	±800kV 及以上特高压直流系统用高压直流转换开关选用导则			2021/1/7	2021/7/1
14.3-4-66	14.3	27.100	F24	DL/T 2409—2021	特高压直流换流站运行中调相机润滑油质量			2021/12/22	2022/3/22
14.3-4-67	14.3		K45	DL/T 2636—2023	柔性直流输电运行人员控制系统监控功能规范			2023/10/11	2024/4/11
14.3-4-68	14.3	29.240	K45	DL/T 277—2023	高压直流输电系统控制保护整定技术规程	DL/T 277—2012		2023/10/11	2024/4/11
14.3-4-69	14.3	29.240.99	F23	DL/T 348—2019	换流站设备巡检导则	DL/T 348—2010		2019/6/4	2019/10/1
14.3-4-70	14.3	29.240.01	F23	DL/T 349—2019	换流站运行操作导则	DL/T 349—2010		2019/11/4	2020/5/1
14.3-4-71	14.3	29.240.01	F23	DL/T 350—2010	换流站运行规程编制导则			2011/1/9	2011/5/1
14.3-4-72	14.3	29.200	F23	DL/T 351—2019	晶闸管换流阀检修导则	DL/T 351—2010		2019/11/4	2020/5/1
14.3-4-73	14.3	29.040.01	F23	DL/T 352—2019	直流断路器检修导则	DL/T 352—2010		2019/11/4	2020/5/1
14.3-4-74	14.3	29.240.01	F23	DL/T 353—2019	高压直流测量装置检修导则	DL/T 353—2010		2019/11/4	2020/5/1
14.3-4-75	14.3	29.240	F23	DL/T 354—2019	换流变压器、平波电抗器检修导则	DL/T 354—2010		2019/11/4	2020/5/1
14.3-4-76	14.3	29.240.01	F23	DL/T 355—2019	滤波器及并联电容器装置检修导则	DL/T 355—2010		2019/11/4	2020/5/1
14.3-6-77	14.3	29.240.10	F23	T/CEC 297.1—2020	高压直流输电换流阀冷却技术规范　第 1 部分：总则			2020/6/30	2020/10/1
14.3-6-78	14.3	29.240.10	F23	T/CEC 297.2—2020	高压直流输电换流阀冷却技术规范　第 2 部分：内冷却水处理			2020/6/30	2020/10/1

续表

序号	GW 分类	ICS 分类	GB 分类	标准号	中文名称	代替标准	采用关系	发布日期	实施日期
14.3-6-79	14.3	29.240.10	F23	T/CEC 297.3—2020	高压直流输电换流阀冷却技术规范　第 3 部分：阀厅空气调节及净化处理			2020/6/30	2020/10/1
14.3-6-80	14.3	29.240.10	F23	T/CEC 297.5—2020	高压直流输电换流阀冷却技术规范　第 5 部分：空气冷却器清洗			2020/6/30	2020/10/1

14.4　运行检修-架空线路

序号	GW 分类	ICS 分类	GB 分类	标准号	中文名称	代替标准	采用关系	发布日期	实施日期
14.4-2-1	14.4	29.240		Q/GDW 10716—2022	架空输电线路电流融冰技术导则	Q/GDW 716—2012		2022/5/13	2022/5/13
14.4-2-2	14.4			Q/GDW 10813—2023	10kV 架空绝缘线路防雷技术规范	Q/GDW 1813—2013		2023/9/22	2023/9/22
14.4-2-3	14.4	29.080.20	F20	Q/GDW 10909—2024	架空输电线路直升机巡检技术导则	Q/GDW 1909—2013		2024/8/9	2024/8/9
14.4-2-4	14.4	29.080.20	K01	Q/GDW 10910—2024	架空输电线路直升机激光扫描作业技术导则	Q/GDW 1910—2013		2024/8/9	2024/8/9
14.4-2-5	14.4			Q/GDW 11001—2013	750kV 交流输电线路绝缘子串的分布电压			2014/4/15	2014/4/15
14.4-2-6	14.4	29.240		Q/GDW 11092—2013	直流架空输电线路运行规程			2014/9/1	2014/9/1
14.4-2-7	14.4	29.240		Q/GDW 11095—2013	架空输电线路杆塔基础快速修复技术导则			2014/9/1	2014/9/1
14.4-2-8	14.4	29.240		Q/GDW 11246—2014	架空输电线路检修决策导则			2014/12/1	2014/12/1
14.4-2-9	14.4	29.240		Q/GDW 11314—2014	架空输电线路山火风险预报技术导则			2015/2/26	2015/2/26
14.4-2-10	14.4	29.240		Q/GDW 11367—2014	架空输电线路无人直升机巡检技术规程			2015/2/16	2015/2/16
14.4-2-11	14.4	29.240		Q/GDW 11386—2015	架空输电线路固定翼无人机巡检技术规程			2015/7/17	2015/7/17
14.4-2-12	14.4	29.240		Q/GDW 11387—2015	架空输电线路直升机巡检作业规范			2015/7/17	2015/7/17
14.4-2-13	14.4	29.240		Q/GDW 11451—2015	架空输电线路标识及安装规范			2016/7/29	2016/7/29
14.4-2-14	14.4	29.240		Q/GDW 11452.5—2022	架空输电线路技术规范　第 5 部分：防雷	Q/GDW 11452—2015		2022/5/13	2022/5/13
14.4-2-15	14.4	29.240		Q/GDW 11643—2016	架空输电线路山火分布图绘制导则			2017/7/28	2017/7/28
14.4-2-16	14.4	29.240		Q/GDW 11668—2017	±1100kV 直流架空输电线路电磁环境控制值			2018/1/18	2018/1/18
14.4-2-17	14.4			Q/GDW 11714.4—2017	1000kV 交流架空输电线路杆塔复合横担　第 4 部分：运行规程			2018/6/27	2018/6/27
14.4-2-18	14.4			Q/GDW 11714.5—2017	1000kV 交流架空输电线路杆塔复合横担　第 5 部分：检修规范			2018/6/27	2018/6/27
14.4-2-19	14.4	29.240		Q/GDW 1173—2014	架空输电线路状态评价导则	Q/GDW 173—2009		2015/2/26	2015/2/26

14

续表

序号	GW 分类	ICS 分类	GB 分类	标准号	中文名称	代替标准	采用关系	发布日期	实施日期
14.4-2-20	14.4			Q/GDW 11791—2017	配电自动化终端状态评价导则			2018/9/30	2018/9/30
14.4-2-21	14.4			Q/GDW 11792—2017	输电线路舞动预报技术导则			2018/9/30	2018/9/30
14.4-2-22	14.4	29.240		Q/GDW 11925—2018	高海拔地区架空输电线路防鸟粪闪络设计和防护技术导则			2020/4/17	2020/4/17
14.4-2-23	14.4	29.240		Q/GDW 11927—2018	±1100kV 直流输电线路带电作业技术导则			2020/4/17	2020/4/17
14.4-2-24	14.4	29.240		Q/GDW 11928—2018	±1100kV 直流架空输电线路运行规程			2020/4/17	2020/4/17
14.4-2-25	14.4	29.240		Q/GDW 11929—2018	±1100kV 直流架空输电线路检修规范			2020/4/17	2020/4/17
14.4-2-26	14.4	29.240		Q/GDW 11930—2018	电网特殊区域电子专题图绘制规则			2020/4/17	2020/4/17
14.4-2-27	14.4	29.020		Q/GDW 12073—2020	高海拔无人区输电线路运维检修管理规范			2021/4/30	2021/4/30
14.4-2-28	14.4	29.240.20		Q/GDW 12076—2020	超（特）高压输电线路无人机结合电动升降装置进出等电位作业导则			2021/4/30	2021/4/30
14.4-2-29	14.4	29.240		Q/GDW 1209—2015	1000kV 交流架空输电线路检修规范	Q/GDW/Z 209—2008		2016/7/29	2016/7/29
14.4-2-30	14.4	29.240		Q/GDW 1210—2014	1000kV 交流架空输电线路运行规程	Q/GDW 210—2008		2015/2/16	2015/2/16
14.4-2-31	14.4	29.240		Q/GDW 12223—2022	架空输电线路无人机自主巡检技术导则			2022/5/13	2022/5/13
14.4-2-32	14.4	25.040.30		Q/GDW 12224—2022	架空输电线路驻塔机器人巡检系统技术规范			2022/5/13	2022/5/13
14.4-2-33	14.4	29.240		Q/GDW 12225—2022	老旧输电线路风险评估导则			2022/5/13	2022/5/13
14.4-2-34	14.4	29.240	F24	Q/GDW 12305—2024	架空输电线路舞动监测应用技术导则			2024/8/9	2024/8/9
14.4-2-35	14.4	29.020	F20	Q/GDW 12306—2024	特高压输电线路巡检站建设技术规范			2024/8/9	2024/8/9
14.4-2-36	14.4	29.240.20	F20	Q/GDW 12307—2024	架空输电线路直升机悬吊法带电作业技术导则			2024/8/9	2024/8/9
14.4-2-37	14.4	29.020	F20	Q/GDW 12444—2024	架空输电线路红外检测导则			2024/10/25	2024/10/25
14.4-2-38	14.4	29.080.10	F20	Q/GDW 12445—2024	架空输电线路无人机红外巡检技术导则			2024/10/25	2024/10/25
14.4-2-39	14.4	29.240		Q/GDW 1334—2013	±800kV 直流架空输电线路检修规范	Q/GDW 334—2009		2014/9/1	2014/9/1
14.4-2-40	14.4			Q/GDW 145—2006	±800kV 直流架空输电线路电磁环境控制值			2006/9/26	2006/9/26
14.4-2-41	14.4	29.240		Q/GDW 174—2008	架空输电线路状态检修导则			2008/1/21	2008/1/21
14.4-2-42	14.4			Q/GDW 187—2008	500kV 交流同塔双回线路带电作业技术导则			2008/8/27	2008/8/27
14.4-2-43	14.4			Q/GDW 188—2008	750kV 交流输电线路带电作业技术导则			2008/8/27	2008/8/27
14.4-2-44	14.4			Q/GDW 1911—2013	±660kV 直流输电线路带电作业技术导则			2014/4/15	2014/4/15

续表

序号	GW 分类	ICS 分类	GB 分类	标准号	中 文 名 称	代替标准	采用关系	发布日期	实施日期
14.4-2-45	14.4	29.240		Q/GDW 302—2009	±800kV 直流输电线路带电作业技术导则			2009/5/25	2009/5/25
14.4-2-46	14.4	29.240		Q/GDW 332—2009	±800kV 直流架空输电线路运行规程			2009/10/27	2009/10/27
14.4-2-47	14.4	29.240		Q/GDW 546—2010	±660kV 直流架空输电线路检修规范			2010/12/29	2010/12/29
14.4-2-48	14.4	29.240		Q/GDW 699—2011	农网智能配电台区建设规范			2012/2/1	2012/2/1
14.4-3-49	14.4	29.240.01	K40	GB/T 18857—2019	配电线路带电作业技术导则	GB/T 18857—2008		2019/5/10	2019/12/1
14.4-3-50	14.4	29.240.20	K47	GB/T 19185—2008	交流线路带电作业安全距离计算方法	GB/T 19185—2003		2008/9/24	2009/8/1
14.4-3-51	14.4	29.080.10	K48	GB/T 26218.1—2010	污秽条件下使用的高压绝缘子的选择和尺寸确定 第 1 部分：定义、信息和一般原则	GB/T 5582—1993；GB/T 16434—1996	IEC/TS 60815-1：2008，MOD	2011/1/14	2011/7/1
14.4-3-52	14.4	29.240.20	F23	GB/T 28813—2012	±800kV 直流架空输电线路运行规程			2012/11/5	2013/2/1
14.4-3-53	14.4	29.240.01	K40	GB/T 34577—2017	配电线路旁路作业技术导则			2017/9/29	2018/4/1
14.4-3-54	14.4	33.100	L06	GB/T 35033—2018	30MHz～1GHz 电磁屏蔽材料导电性能和金属材料搭接阻抗测量方法			2018/5/14	2018/12/1
14.4-3-55	14.4	29.240.20	F23	GB/T 35695—2017	架空输电线路涉鸟故障防治技术导则			2017/12/29	2018/7/1
14.4-3-56	14.4	29.240.20	F23	GB/T 35721—2017	输电线路分布式故障诊断系统			2017/12/29	2018/7/1
14.4-3-57	14.4	29.240.20	F21	GB/T 37013—2018	柔性直流输电线路检修规范			2018/12/28	2019/7/1
14.4-4-58	14.4	29.240.20	F20	DL/T 1060—2007	750kV 交流输电线路带电作业技术导则			2007/7/20	2007/12/1
14.4-4-59	14.4	29.240.20	F23	DL/T 1069—2016	架空输电线路导地线补修导则	DL/T 1069—2007		2016/2/5	2016/7/1
14.4-4-60	14.4	09.020	K60	DL/T 1126—2017	同塔多回线路带电作业技术导则	DL/T 1126—2009		2017/11/15	2018/3/1
14.4-4-61	14.4	29.240.01	F20/29	DL/T 1242—2022	特高压直流线路带电作业技术导则	DL/T 1242—2013		2022/5/13	2022/11/13
14.4-4-62	14.4	29.240	K47	DL/T 1248—2013	架空输电线路状态检修导则			2013/3/7	2013/8/1
14.4-4-63	14.4	29.240	F23	DL/T 1249—2013	架空输电线路运行状态评估技术导则			2013/3/7	2013/8/1
14.4-4-64	14.4	29.240.20	F21	DL/T 1292—2023	配电网架空绝缘线路雷电防护导则	DL/T 1292—2013		2023/12/28	2024/6/28
14.4-4-65	14.4	29.080.10	K48	DL/T 1293—2021	交流架空输电线路绝缘子并联间隙使用导则	DL/T 1293—2013		2021/12/22	2022/3/22
14.4-4-66	14.4	29.240.01	F24	DL/T 1341—2014	±660kV 直流输电线路带电作业技术导则			2014/3/18	2014/8/1
14.4-4-67	14.4	29.020	K01	DL/T 1346—2021	架空输电线路直升机激光扫描作业技术规程	DL/T 1346—2014		2021/1/7	2021/7/1
14.4-4-68	14.4	29.020	K04	DL/T 1367—2014	输电线路检测技术导则			2014/10/15	2015/3/1

续表

序号	GW 分类	ICS 分类	GB 分类	标准号	中文名称	代替标准	采用关系	发布日期	实施日期
14.4-4-69	14.4	29.240.20	K47	DL/T 1466—2015	750kV 交流同塔双回输电线路带电作业技术导则			2015/7/1	2015/12/1
14.4-4-70	14.4	29.240.20	F23	DL/T 1482—2023	架空输电线路无人机巡检作业技术导则	DL/T 1482—2015		2023/12/28	2024/6/28
14.4-4-71	14.4	29.240.99	F23	DL/T 1609—2016	架空输电线路除冰机器人作业导则			2016/8/16	2016/12/1
14.4-4-72	14.4	29.240.99	F23	DL/T 1615—2016	碳纤维复合材料芯架空导线运行维护技术导则			2016/8/16	2016/12/1
14.4-4-73	14.4	29.240.99	F23	DL/T 1620—2016	架空输电线路山火风险预报技术导则			2016/8/16	2016/12/1
14.4-4-74	14.4	29.240.20	F23	DL/T 1634—2016	高海拔地区输电线路带电作业技术导则			2016/12/5	2017/5/1
14.4-4-75	14.4	29.240.01	F20	DL/T 1720—2017	架空输电线路直升机带电作业技术导则			2017/8/2	2017/12/1
14.4-4-76	14.4	29.240.01	F20	DL/T 1722—2017	架空输电线路机器人巡检技术导则			2017/8/2	2017/12/1
14.4-4-77	14.4	29.240.01	F20	DL/T 1784—2017	多雷区 110kV～500kV 交流同塔多回输电线路防雷技术导则			2017/12/27	2018/6/1
14.4-4-78	14.4	29.240	F20	DL/T 1922—2018	架空输电线路导地线机械震动除冰装置使用技术导则			2018/12/25	2019/5/1
14.4-4-79	14.4	29.080.10	K48	DL/T 2066—2019	高压交、直流盘形悬式瓷或玻璃绝缘子施工、运行和维护规范			2019/11/4	2020/5/1
14.4-4-80	14.4	29.240.01	F25	DL/T 2101—2020	架空输电线路固定翼无人机巡检系统			2020/10/23	2021/2/1
14.4-4-81	14.4	29.240.99	K49	DL/T 2109—2020	直流输电线路用复合外套带外串联间隙金属氧化物避雷器选用导则			2020/10/23	2021/2/1
14.4-4-82	14.4	29.240.99	K49	DL/T 2110—2020	交流架空线路防雷用自灭弧并联间隙选用导则			2020/10/23	2021/2/1
14.4-4-83	14.4	29.240.01	K65	DL/T 2153—2020	输电线路用带电作业机器人			2020/10/23	2021/2/1
14.4-4-84	14.4	29.240	F20	DL/T 2318—2021	配电带电作业机器人作业规程			2021/12/22	2022/3/22
14.4-4-85	14.4			DL/T 2420—2021	架空输电线路导线舞动区域分布图绘制技术导则			2021/12/22	2022/3/22
14.4-4-86	14.4	29.240.01	F20	DL/T 2421—2021	输电线路架空地线融冰自动接线装置			2021/12/22	2022/3/22
14.4-4-87	14.4			DL/T 2422—2021	架空输电线路飘挂物激光清除作业技术导则			2021/12/22	2022/3/22
14.4-4-88	14.4	07.040	A77	DL/T 2435.4—2021	架空输电线路机载激光雷达测量技术规程 第4部分：运维巡检			2021/12/22	2022/3/22

续表

序号	GW 分类	ICS 分类	GB 分类	标准号	中文名称	代替标准	采用关系	发布日期	实施日期
14.4-4-89	14.4			DL/T 2468—2021	低压配电线路补偿装置检测技术规范			2021/12/22	2022/6/22
14.4-4-90	14.4	27.100	F23	DL/T 251—2012	±800kV 直流架空输电线路检修规程			2012/4/6	2012/7/1
14.4-4-91	14.4	29.240.20	F25	DL/T 2512—2022	输电线路高空救援技术导则			2022/5/13	2022/11/13
14.4-4-92	14.4	29.240	F23	DL/T 2691—2023	电网设备缺陷智能识别技术导则			2023/12/28	2024/6/28
14.4-4-93	14.4	29.240.01	F23	DL/T 2693—2023	架空输电线路巡检用小型多旋翼无人机系统通用技术条件			2023/12/28	2024/6/28
14.4-4-94	14.4	29.240.20	F20	DL/T 2695—2023	输电线路安全风险多工况智能评估导则			2023/12/28	2024/6/28
14.4-4-95	14.4	29.240.20	F20	DL/T 2696—2023	架空输电线路智能巡检建模技术导则			2023/12/28	2024/6/28
14.4-4-96	14.4	29.240.01	F23	DL/T 2697—2023	架空输电线路无人机巡检数据自动采集及处理规范			2023/12/28	2024/6/28
14.4-4-97	14.4	13.200	K09	DL/T 2774—2024	电力气象灾害预警技术规范强降雨			2024/5/24	2024/11/24
14.4-4-98	14.4	29.240.20	F29	DL/T 288—2012	架空输电线路直升机巡视技术导则			2012/1/4	2012/3/1
14.4-4-99	14.4	29.240.20	F23	DL/T 307—2010	1000kV 交流架空输电线路运行规程			2011/1/9	2011/5/1
14.4-4-100	14.4	29.240	K43	DL/T 361—2010	气体绝缘金属封闭输电线路使用导则			2010/5/24	2010/10/1
14.4-4-101	14.4	29.240.20	K47	DL/T 392—2015	1000kV 交流输电线路带电作业技术导则	DL/T 392—2010		2015/7/1	2015/12/1
14.4-4-102	14.4	29.240.20	F20	DL/T 400—2019	500kV 交流紧凑型输电线路带电作业技术导则	DL/T 400—2010		2019/6/4	2019/10/1
14.4-4-103	14.4		K48	DL/T 487—2000	330kV 及 500kV 交流架空送电线路绝缘子串的分布电压	DL/T 487—1992		2000/11/3	2001/1/1
14.4-4-104	14.4	29.240	P62	DL/T 5462—2012	架空输电线路覆冰观测技术规定			2012/11/9	2013/3/1
14.4-4-105	14.4	29.240	F20	DL/T 741—2019	架空输电线路运行规程	DL/T 741—2010		2019/6/4	2019/10/1
14.4-4-106	14.4	29.240.01	K47	DL/T 876—2021	带电作业绝缘配合导则	DL/T 876—2004		2021/12/22	2022/3/22
14.4-4-107	14.4	29.240.20	F20	DL/T 881—2019	±500kV 直流输电线路带电作业技术导则	DL/T 881—2004		2019/6/4	2019/10/1
14.4-4-108	14.4	29.240.20	F23	DL/T 966—2005	送电线路带电作业技术导则			2005/11/28	2006/6/1
14.4-4-109	14.4	49.020	V58	HB 8730—2023	无人机系统飞行手册编制规范			2023/12/29	2024/7/1
14.4-4-110	14.4	49.020	V55	HB 8731—2023	无人机系统维修手册编制规范			2023/12/29	2024/7/1
14.4-4-111	14.4	49.020	V36	HB 8733—2023	中小型固定翼无人机水平测量方法			2023/12/29	2024/7/1

续表

序号	GW 分类	ICS 分类	GB 分类	标准号	中文名称	代替标准	采用关系	发布日期	实施日期
14.4-4-112	14.4	29.240	K40	NB/T 11211—2023	高海拔地区输电线路覆冰监测与融冰通用技术导则			2023/5/26	2023/11/26
14.4-6-113	14.4	27.010		T/CEC 193—2024	电力行业无人机巡检作业人员培训考核规范			2024/10/18	2025/3/1
14.4-6-114	14.4	29.240.01	F25	T/CEC 308—2020	架空电力线路多旋翼无人机巡检系统分类和配置导则			2020/6/30	2020/10/1
14.4-6-115	14.4			T/CEC 800—2023	架空输电线路复合绝缘子憎水性无人机检测技术导则			2023/12/13	2024/4/1
14.4-6-116	14.4			T/CEC 826—2023	架空电力线路无人机多光谱扫描技术规程			2023/12/13	2024/4/1
14.4-6-117	14.4			T/CEC 897—2024	架空输电线路绝缘子无人机红外检测技术导则			2024/10/18	2025/3/1
14.4-6-118	14.4			T/CEC 909—2024	输电线路无人机巡检系统维护保养技术要求			2024/10/18	2025/3/1
14.4-6-119	14.4	29.020		T/CES 107—2022	10kV 带电作业用绝缘导线电动剥皮器			2022/6/22	2022/6/24
14.4-6-120	14.4	29.240.01		T/CES 164—2022	架空输电线路非接触式磁场测量故障定位与识别技术导则			2022/12/19	2022/12/21
14.4-6-121	14.4	29.040.99		T/CSEE 0217—2021	一体化有源补偿配电柜通用技术条件			2021/3/11	2021/5/1

14.5 运行检修-电缆

序号	GW 分类	ICS 分类	GB 分类	标准号	中文名称	代替标准	采用关系	发布日期	实施日期
14.5-2-1	14.5	29.240.20	K13	Q/GDW 10455—2024	电缆线路状态检修导则	Q/GDW 455—2010		2024/12/31	2024/12/31
14.5-2-2	14.5	29.240.20	K13	Q/GDW 10456—2024	电缆线路状态评价导则	Q/GDW 456—2010		2024/12/31	2024/12/31
14.5-2-3	14.5	29.240.20	K13	Q/GDW 10512—2024	电力电缆及通道运维规程	Q/GDW 1512—2014		2024/12/31	2024/12/31
14.5-2-4	14.5	29.240		Q/GDW 11258—2014	10kV 电缆及附件选型和检测技术规范			2014/11/20	2014/11/20
14.5-2-5	14.5	29.240.20	K13	Q/GDW 11262—2024	电力电缆及通道检修规程	Q/GDW 11262—2014		2024/10/25	2024/10/25
14.5-2-6	14.5	29.080.20		Q/GDW 12226—2022	高压电缆设备状态及通道在线监测监控系统配置原则			2022/5/13	2022/5/13
14.5-2-7	14.5	29.240.20	F20	Q/GDW 12443—2024	高温超导电力电缆及通道运维规程			2024/10/25	2024/10/25
14.5-2-8	14.5	29.240.20	K13	Q/GDW 12480—2024	海底电力电缆状态检修试验规程			2024/12/31	2024/12/31
14.5-2-9	14.5			Q/GDW 1812—2013	10kV 旁路电缆连接器使用导则			2013/3/14	2013/3/14
14.5-3-10	14.5	29.060.20	K09	GB/T 41141—2021	高压海底电缆风险评估导则			2021/12/31	2022/7/1

续表

序号	GW 分类	ICS 分类	GB 分类	标准号	中文名称	代替标准	采用关系	发布日期	实施日期
14.5-4-11	14.5		F23	DL/T 1148—2023	电力电缆线路巡检系统	DL/T 1148—2009		2023/12/28	2024/6/28
14.5-4-12	14.5	29.060.20	K13	DL/T 1253—2013	电力电缆线路运行规程			2013/11/28	2014/4/1
14.5-4-13	14.5	29.240.20	F24	DL/T 1278—2013	海底电力电缆运行规程			2013/11/28	2014/4/1
14.5-4-14	14.5	29.240.99	F23	DL/T 1636—2016	电缆隧道机器人巡检技术导则			2016/12/5	2017/5/1
14.5-4-15	14.5	29.035.40	E38	DL/T 2412—2021	电力电缆终端用绝缘油选用导则			2021/12/22	2022/3/22
14.5-4-16	14.5	27.180	F11	NB/T 10989—2022	海上风力发电机组偏航系统防腐设计要求			2022/11/4	2023/5/4
14.5-6-17	14.5	29.240.20	K47	T/CEC 117—2016	160kV～500kV 挤包绝缘直流电缆系统运行维护与试验导则			2016/10/21	2017/1/1

14.6 运行检修-火电

序号	GW 分类	ICS 分类	GB 分类	标准号	中文名称	代替标准	采用关系	发布日期	实施日期
14.6-3-1	14.6	27.100	F24	GB/T 14541—2017	电厂用矿物涡轮机油维护管理导则	GB/T 14541—2005		2017/5/12	2017/12/1
14.6-3-2	14.6	29.160.01	K20	GB/T 20140—2016	隐极同步发电机定子绕组端部动态特性和振动测量方法及评定	GB/T 20140—2006		2016/2/24	2016/9/1
14.6-3-3	14.6	29.160.20	K20	GB/T 29626—2019	汽轮发电机状态在线监测系统应用导则	GB/Z 29626—2013		2019/10/18	2020/5/1
14.6-3-4	14.6	27.100	F23	GB/T 35731—2017	火力发电厂分散控制系统运行维护与试验技术规程			2017/12/29	2018/7/1
14.6-3-5	14.6	27.100	F24	GB/T 7596—2017	电厂运行中矿物涡轮机油质量	GB/T 7596—2008		2017/5/12	2017/12/1
14.6-4-6	14.6	27.100	F24	DL/T 1039—2016	发电机内冷水处理导则	DL/T 1039—2007		2016/12/5	2017/5/1
14.6-4-7	14.6	29.020	K90	DL/T 1163—2012	隐极发电机在线监测装置配置导则			2012/8/23	2012/12/1
14.6-4-8	14.6	27.100	K54	DL/T 1164—2012	汽轮发电机运行导则			2012/8/23	2012/12/1
14.6-4-9	14.6	27.100	F23	DL/T 1195—2012	火电厂高压变频器运行与维护规范			2012/8/23	2012/12/1
14.6-4-10	14.6	29.020	K09	DL/T 1340—2014	火力发电厂分散控制系统故障应急处理导则			2014/3/18	2014/8/1
14.6-4-11	14.6	27	F23	DL/T 1423—2015	在役发电机护环超声波检测技术导则			2015/4/2	2015/9/1
14.6-4-12	14.6	27.060	J98	DL/T 1604—2016	燃煤电厂碎煤机耐磨件技术条件			2016/8/16	2016/12/1
14.6-4-13	14.6	27.100	F22	DL/T 1699—2017	燃气—蒸汽联合循环机组余热锅炉安装验收规范			2017/3/28	2017/8/1
14.6-4-14	14.6	27.1	F23	DL/T 1769—2017	发电厂封闭母线运行与维护导则			2017/11/15	2018/3/1

续表

序号	GW 分类	ICS 分类	GB 分类	标准号	中文名称	代替标准	采用关系	发布日期	实施日期
14.6-4-15	14.6	27.100	F23	DL/T 341—2019	火电厂石灰石/石灰—石膏湿法烟气脱硫系统检修导则	DL/T 341—2010		2019/11/4	2020/5/1
14.6-4-16	14.6	27.100	G77	DL/T 582—2016	发电厂水处理用活性炭使用导则	DL/T 582—2004		2016/1/7	2016/6/1
14.6-4-17	14.6	27.100	F23	DL/T 774—2015	火力发电厂热工自动化系统检修运行维护规程	DL/T 774—2004		2015/7/1	2015/12/1
14.6-4-18	14.6	27.100	F22	DL/T 855—2004	电力基本建设火电设备维护保管规程	SDJ 68—1984		2004/3/9	2004/6/1
14.6-4-19	14.6	27.100	F20	DL/T 905—2016	汽轮机叶片、水轮机转轮焊接修复技术规程	DL/T 905—2004		2016/8/16	2016/12/1
14.6-4-20	14.6	27.100	F23	DL/T 956—2017	火力发电厂停（备）用热力设备防锈蚀导则	DL/T 956—2005		2017/8/2	2017/12/1
14.6-4-21	14.6	27.100	F24	DL/T 957—2017	火力发电厂凝汽器化学清洗及成膜导则	DL/T 957—2005		2017/8/2	2017/12/1

14.7 运行检修-水电

序号	GW 分类	ICS 分类	GB 分类	标准号	中文名称	代替标准	采用关系	发布日期	实施日期
14.7-2-1	14.7	27.140		Q/GDW 10417—2022	新建抽水蓄能电站投运导则	Q/GDW 417—2010		2022/9/30	2022/9/30
14.7-2-2	14.7	29.240		Q/GDW 11066—2013	水轮发电机组运行维护导则			2014/9/1	2014/9/1
14.7-2-3	14.7	29.240		Q/GDW 11151.1—2019	水电站水工设施运行维护导则　第 1 部分：水工建筑物	Q/GDW 11151.1—2013		2020/7/31	2020/7/31
14.7-2-4	14.7	27.140		Q/GDW 11151.2—2022	水电站水工设施运行维护导则　第 2 部分：水工机电设备	Q/GDW 11151.2—2013		2022/9/30	2022/9/30
14.7-2-5	14.7	29.240		Q/GDW 11151.3—2019	水电站水工设施运行维护导则　第 3 部分：大坝安全监测系统	Q/GDW 11151.3—2013		2020/7/31	2020/7/31
14.7-2-6	14.7	29.240		Q/GDW 11151.4—2013	水电站水工设施运行维护导则　第 4 部分：水情自动测报系统			2014/3/1	2014/3/1
14.7-2-7	14.7	29.240		Q/GDW 11296—2014	水轮发电机检修导则			2015/3/12	2015/3/12
14.7-2-8	14.7	29.240		Q/GDW 11302—2014	水轮机控制系统检修试验导则			2015/3/12	2015/3/12
14.7-2-9	14.7	29.240		Q/GDW 11456—2015	水电站水机保护配置及运行维护导则			2016/11/1	2016/11/1
14.7-2-10	14.7	27.140		Q/GDW 11457—2022	水电站水工机电设备检修导则	Q/GDW 11457—2015		2022/9/30	2022/9/30
14.7-2-11	14.7	29.240		Q/GDW 11458—2015	水电站继电保护装置运行维护导则			2016/11/1	2016/11/1
14.7-2-12	14.7	29.240		Q/GDW 11459—2015	水电站直流系统运行维护导则			2016/11/1	2016/11/1
14.7-2-13	14.7	29.240		Q/GDW 11460—2015	水电站励磁系统检修试验导则			2016/11/1	2016/11/1

续表

序号	GW 分类	ICS 分类	GB 分类	标准号	中文名称	代替标准	采用关系	发布日期	实施日期
14.7-2-14	14.7	29.240		Q/GDW 11461—2015	水电站监控系统检修试验导则			2016/11/1	2016/11/1
14.7-2-15	14.7	29.240		Q/GDW 11462—2015	水电站监控系统运行维护导则			2016/11/1	2016/11/1
14.7-2-16	14.7	29.240		Q/GDW 11833—2018	水电厂水机自动化检修试验导则			2019/7/8	2019/7/8
14.7-2-17	14.7	29.240		Q/GDW 11963—2019	水电厂变压器非电量保护配置与整定技术导则			2020/7/31	2020/7/31
14.7-2-18	14.7	29.240		Q/GDW 11964—2019	水电厂流量监测系统典型配置与运维技术规程			2020/7/31	2020/7/31
14.7-2-19	14.7	27.140		Q/GDW 11966.1—2019	水轮发电机组状态评价及检修导则 第 1 部分：常规水电机组			2020/7/31	2020/7/31
14.7-2-20	14.7	27.140		Q/GDW 11966.2—2019	水轮发电机组状态评价及检修导则 第 2 部分：抽水蓄能机组			2020/7/31	2020/7/31
14.7-2-21	14.7	27.140		Q/GDW 11966.3—2019	水轮发电机组状态评价及检修导则 第 3 部分：控制、保护及重要金属设备			2020/7/31	2020/7/31
14.7-2-22	14.7	27.100		Q/GDW 12030—2020	水电设备风险评估导则			2020/12/31	2020/12/31
14.7-2-23	14.7	27.140		Q/GDW 12031—2020	水电设备状态检修试验导则			2020/12/31	2020/12/31
14.7-2-24	14.7	27.140		Q/GDW 12140—2021	水轮机导叶漏水量测试技术规程			2021/9/17	2021/9/17
14.7-2-25	14.7	27.140		Q/GDW 12141—2021	水轮发电机组状态在线监测系统运行维护与检修试验导则			2021/9/17	2021/9/17
14.7-2-26	14.7	29.240		Q/GDW 12247—2022	水电厂进水口快速闸（阀）门紧急下闸保护系统配置导则			2022/9/30	2022/9/30
14.7-2-27	14.7	27.140		Q/GDW 12251—2022	水电站孤网运行技术条件			2022/9/30	2022/9/30
14.7-2-28	14.7	27.140	F01	Q/GDW 12359—2024	水电技改项目后评价内容深度规定			2024/4/25	2024/4/25
14.7-3-29	14.7	27.140	P59	GB/T 32506—2016	抽水蓄能机组励磁系统运行检修规程			2016/2/24	2016/9/1
14.7-3-30	14.7	27.100	F23	GB/T 32574—2016	抽水蓄能电站检修导则			2016/4/25	2016/11/1
14.7-3-31	14.7	27.140	F04	GB/T 35707—2017	水电厂标识系统编码导则			2017/12/29	2018/7/1
14.7-3-32	14.7	27.140	K55	GB/T 35717—2024	水轮机、蓄能泵和水泵水轮机流量的测量 超声传播时间法	GB/Z 35717—2017		2024/5/28	2024/12/1
14.7-3-33	14.7	27.140	K55	GB/T 38334—2019	水电站黑启动技术规范			2019/12/10	2020/7/1
14.7-3-34	14.7	27.140	P59	GB/T 41369—2022	小型水电站机组运行综合性能质量评定			2022/3/9	2022/10/1
14.7-3-35	14.7	27.140	P59	GB/T 44273—2024	水力发电工程运行管理规范			2024/8/23	2025/3/1

14

续表

序号	GW 分类	ICS 分类	GB 分类	标准号	中文名称	代替标准	采用关系	发布日期	实施日期
14.7-3-36	14.7			GB/T 50960—2014	小水电电网安全运行技术规范			2014/1/29	2014/10/1
14.7-4-37	14.7	27.140	F20	DL/T 1009—2016	水电厂计算机监控系统运行及维护规程	DL/T 1009—2006		2016/1/7	2016/6/1
14.7-4-38	14.7	27.140	F20	DL/T 1014—2016	水情自动测报系统运行维护规程	DL/T 1014—2006		2016/1/7	2016/6/1
14.7-4-39	14.7		F23	DL/T 1066—2023	水电站设备检修管理导则	DL/T 1066—2007		2023/10/11	2024/4/11
14.7-4-40	14.7	27.100	F20	DL/T 1085—2021	水情自动测报系统技术条件	DL/T 1085—2008		2021/12/22	2022/6/22
14.7-4-41	14.7	27.100	P55	DL/T 1174—2024	抽水蓄能电站无人值班技术规范	DL/T 1174—2012		2024/5/24	2024/11/24
14.7-4-42	14.7	27.140	F21	DL/T 1197—2023	水轮发电机组状态在线监测系统技术条件	DL/T 1197—2012		2023/10/11	2024/4/11
14.7-4-43	14.7			DL/T 1246—2024	水电站设备状态检修管理导则	DL/T 1246—2013		2024/5/24	2024/11/24
14.7-4-44	14.7	27.140	P59	DL/T 1259—2013	水电厂水库运行管理规范			2013/11/28	2014/4/1
14.7-4-45	14.7	27.140	P55	DL/T 1302—2013	抽水蓄能机组静止变频装置运行规程			2013/11/28	2014/4/1
14.7-4-46	14.7	27.140	P55	DL/T 1303—2013	抽水蓄能发电电动机出口断路器运行规程			2013/11/28	2014/4/1
14.7-4-47	14.7	27.100	P55	DL/T 1313—2013	流域梯级水电站集中控制规程			2013/11/28	2014/4/1
14.7-4-48	14.7	27.140	P59	DL/T 1558—2016	大坝安全监测系统运行维护规程			2016/1/7	2016/6/1
14.7-4-49	14.7	27.220	P60	DL/T 1748—2017	水力发电厂设备防结露技术规范			2017/11/15	2018/3/1
14.7-4-50	14.7	27.140	P59	DL/T 1754—2017	水电站大坝运行安全管理信息系统技术规范			2017/11/15	2018/3/1
14.7-4-51	14.7	27.140	P59	DL/T 1770—2017	抽水蓄能电站输水系统充排水技术规程			2017/11/15	2018/3/1
14.7-4-52	14.7	27.100	K51	DL/T 1800—2018	水轮机调节系统建模及参数实测技术导则			2018/4/1	2018/7/1
14.7-4-53	14.7	27.140	P59	DL/T 1809—2018	水电厂设备状态检修决策支持系统技术导则			2018/4/3	2018/7/1
14.7-4-54	14.7	27.100	F20	DL/T 1869—2018	梯级水电厂集中监控系统运行维护规程			2018/6/6	2018/10/1
14.7-4-55	14.7	55.220	R44	DL/T 1903—2018	水电水利工程仓储运行管理规程			2018/12/25	2019/5/1
14.7-4-56	14.7	27.140	P59	DL/T 1904—2018	可逆式抽水蓄能机组振动保护技术导则			2018/12/25	2019/5/1
14.7-4-57	14.7	27.140	F20	DL/T 1969—2019	水电厂水力机械保护配置导则			2019/6/4	2019/10/1
14.7-4-58	14.7	27.140	F20	DL/T 1971—2019	水轮发电机组状态在线监测系统运行维护与检修试验规程			2019/6/4	2019/10/1
14.7-4-59	14.7	27.140	F20	DL/T 1974—2019	水电厂直流系统技术条件			2019/6/4	2019/10/1
14.7-4-60	14.7	27.140	K55	DL/T 1975—2019	水轮机调节系统用油维护规程			2019/6/4	2019/10/1

14

续表

序号	GW 分类	ICS 分类	GB 分类	标准号	中 文 名 称	代替标准	采用关系	发布日期	实施日期
14.7-4-61	14.7	27.140	P59	DL/T 2019—2019	抽水蓄能电站厂用电系统运行检修规程			2019/6/4	2019/10/1
14.7-4-62	14.7	27.140	K55	DL/T 2020—2019	水斗式水轮机运行与检修规程			2019/6/4	2019/10/1
14.7-4-63	14.7	27.140	P59	DL/T 2079—2020	水电站大坝安全管理实绩评价规程			2020/10/23	2021/2/1
14.7-4-64	14.7	27.140	P59	DL/T 2096—2020	水电站大坝运行安全在线监控系统技术规范			2020/10/23	2021/2/1
14.7-4-65	14.7	27.140	F23	DL/T 2154—2020	大中型水电工程运行风险管理规范			2020/10/23	2021/2/1
14.7-4-66	14.7	27.140	P59	DL/T 2155—2020	大坝安全监测系统评价规程			2020/10/23	2021/2/1
14.7-4-67	14.7	27.140	F23	DL/T 2210—2021	水电站无人值班技术规范			2021/1/7	2021/7/1
14.7-4-68	14.7	27.140	P59	DL/T 2258—2021	水电站厂房结构与水轮发电机组耦合动力监测技术规范			2021/4/26	2021/10/26
14.7-4-69	14.7	27.140	P59	DL/T 2340—2021	大坝安全监测资料分析规程			2021/12/22	2022/3/22
14.7-4-70	14.7	27.140	P55	DL/T 2425—2021	抽水蓄能电站水库运行管理规范			2021/12/22	2022/3/22
14.7-4-71	14.7		F23	DL/T 2559—2022	灯泡贯流式水轮机状态检修评估技术导则			2022/11/4	2023/5/4
14.7-4-72	14.7		F23	DL/T 2560—2022	灯泡贯流式水轮发电机状态检修评估技术导则			2022/11/4	2023/5/4
14.7-4-73	14.7	27.140	F23	DL/T 2561—2022	立式水轮发电机状态检修评估技术导则			2022/11/4	2023/5/4
14.7-4-74	14.7	27.140	F23	DL/T 2571.1—2024	水电站公用辅助设备检修规程　第 1 部分：油系统			2024/5/24	2024/11/24
14.7-4-75	14.7	27.140	F23	DL/T 2571.2—2024	水电站公用辅助设备检修规程　第 2 部分：气系统			2024/5/24	2024/11/24
14.7-4-76	14.7		F23	DL/T 2571.3—2022	水电站公用辅助设备检修规程　第 3 部分：水系统			2022/11/4	2023/5/4
14.7-4-77	14.7	27.140	F23	DL/T 2571.4—2024	水电站公用辅助设备检修规程　第 4 部分：供暖通风与空气调节系统			2024/5/24	2024/11/24
14.7-4-78	14.7			DL/T 2571.6—2024	水电站公用辅助设备检修规程　第 6 部分：厂房桥机			2024/5/24	2024/11/24
14.7-4-79	14.7		F23	DL/T 2572—2022	水轮发电机及其辅助设备技术改造导则			2022/11/4	2023/5/4
14.7-4-80	14.7	27.140	F23	DL/T 2573—2022	水轮机现场焊接修复导则			2022/11/4	2023/5/4
14.7-4-81	14.7		K45	DL/T 2574—2022	混流式水轮机维护检修规程			2022/11/4	2023/5/4
14.7-4-82	14.7	27.140	K52	DL/T 2575—2022	灯泡贯流式水轮发电机定子绕组改造技术规范			2022/11/4	2023/5/4

续表

序号	GW 分类	ICS 分类	GB 分类	标准号	中 文 名 称	代替标准	采用关系	发布日期	实施日期
14.7-4-83	14.7	27.140	K55	DL/T 2576—2022	水轮机主阀运行检修规程			2022/11/4	2023/5/4
14.7-4-84	14.7	27.140	K55	DL/T 2577—2022	轴流转桨式水轮发电机组检修规程			2022/11/4	2023/5/4
14.7-4-85	14.7		F23	DL/T 2582.1—2022	水电站公用辅助设备运行规程　第 1 部分：油系统			2022/11/4	2023/5/4
14.7-4-86	14.7		F23	DL/T 2582.2—2022	水电站公用辅助设备运行规程　第 2 部分：气系统			2022/11/4	2023/5/4
14.7-4-87	14.7	27.140	F23	DL/T 2582.3—2022	水电站公用辅助设备运行规程　第 3 部分：水系统			2022/11/4	2023/5/4
14.7-4-88	14.7	27.140	F23	DL/T 2582.4—2023	水电站公用辅助设备运行规程　第 4 部分：供暖通风与空气调节系统			2023/5/26	2023/11/26
14.7-4-89	14.7	27.140	F23	DL/T 2582.5—2023	水电站公用辅助设备运行规程　第 5 部分：消防系统			2023/5/26	2023/11/26
14.7-4-90	14.7	27.140	F23	DL/T 2582.6—2023	水电站公用辅助设备运行规程　第 6 部分：桥式起重机			2023/5/26	2023/11/26
14.7-4-91	14.7	27.140	P59	DL/T 2628—2023	水电站水工建筑物缺陷管理规范			2023/10/11	2024/4/11
14.7-4-92	14.7	01.040.27	F19	DL/T 2654—2023	水电站设备检修规程			2023/10/11	2024/4/11
14.7-4-93	14.7	27.140	P59	DL/T 2700—2023	水电站泄水建筑物水力安全评价导则			2023/12/28	2024/6/28
14.7-4-94	14.7	27.140	P59	DL/T 2701—2023	水电站水工建筑物水下检查技术规程			2023/12/28	2024/6/28
14.7-4-95	14.7	27.140	P59	DL/T 2702—2023	水电站大坝运行安全管理导则			2023/12/28	2024/6/28
14.7-4-96	14.7	27.100	F20/29	DL/T 2728—2024	水电站信号标识系统编码导则			2024/5/24	2024/11/24
14.7-4-97	14.7	27.100	K51	DL/T 2729—2024	水轮发电机定子绝缘局部放电在线监测与分析系统技术条件			2024/5/24	2024/11/24
14.7-4-98	14.7	27.100	F21	DL/T 2733—2024	水轮发电机组振摆及压力脉动传感器性能试验规程			2024/5/24	2024/11/24
14.7-4-99	14.7	27.100	F23	DL/T 2734—2024	水轮机筒形阀控制系统运行与检修规程			2024/5/24	2024/11/24
14.7-4-100	14.7	27.100	F20	DL/T 2735—2024	水电厂时钟同步系统技术条件			2024/5/24	2024/11/24
14.7-4-101	14.7	27.140	K55	DL/T 2736—2024	水电站水轮发电机组主要结构部件及重要螺栓检修技术导则			2024/5/24	2024/11/24
14.7-4-102	14.7	27.140	K55	DL/T 2737—2024	水轮机调节系统及装置安装与验收规程			2024/5/24	2024/11/24

续表

序号	GW 分类	ICS 分类	GB 分类	标准号	中 文 名 称	代替标准	采用关系	发布日期	实施日期
14.7-4-103	14.7	27.100	F20/29	DL/T 2738—2024	水电站自动化系统技术监督导则			2024/5/24	2024/11/24
14.7-4-104	14.7	27.100	K51	DL/T 2739—2024	水电厂火灾自动报警系统技术条件			2024/5/24	2024/11/24
14.7-4-105	14.7	27.140	F23	DL/T 2740—2024	水轮发电机蒸发冷却系统运行维护规程			2024/5/24	2024/11/24
14.7-4-106	14.7	29.160.40	F22	DL/T 2741—2024	立式水轮发电机寿命评估技术导则			2024/5/24	2024/11/24
14.7-4-107	14.7	27.140	F23	DL/T 2742—2024	轴流转桨式水轮机转轮静平衡试验规程			2024/5/24	2024/11/24
14.7-4-108	14.7	27.140	F23	DL/T 2743—2024	水轮发电机组润滑油系统运行维护导则			2024/5/24	2024/11/24
14.7-4-109	14.7	27.140	P55/59	DL/T 2748—2024	抽水蓄能电站建筑信息模型数字化交付标准			2024/5/24	2024/11/24
14.7-4-110	14.7	27.140	P55/59	DL/T 2749—2024	抽水蓄能电站水泵水轮机模型验收试验导则			2024/5/24	2024/11/24
14.7-4-111	14.7	27.100		DL/T 2758—2024	抽水蓄能电站静止变频启动设备安装调试规程			2024/5/24	2024/11/24
14.7-4-112	14.7	27.140	P55/59	DL/T 2759—2024	水电工程环境保护技术监督导则			2024/5/24	2024/11/24
14.7-4-113	14.7	29.240.99	F10	DL/T 2760—2024	水电站电气设备运行环境监测技术规范			2024/5/24	2024/11/24
14.7-4-114	14.7	27.140	F23	DL/T 2786—2024	水电站生产准备导则			2024/5/24	2024/11/24
14.7-4-115	14.7			DL/T 2802—2024	水电站无人值班运行管理规范			2024/9/24	2025/3/24
14.7-4-116	14.7	27.140	F23	DL/T 293—2011	抽水蓄能可逆式水泵水轮机运行规程			2011/7/28	2011/11/1
14.7-4-117	14.7	27.140	F23	DL/T 305—2012	抽水蓄能可逆式发电电动机运行规程			2012/1/4	2012/3/1
14.7-4-118	14.7			DL/T 454—2021	水利电力建设用起重机检验规程	DL/T 454—2005		2021/12/22	2022/6/22
14.7-4-119	14.7			DL/T 491—2024	大中型水轮发电机自并励励磁系统及装置运行和检修规程	DL/T 491—2008		2024/5/24	2024/11/24
14.7-4-120	14.7	27.140	P59	DL/T 5178—2016	混凝土坝安全监测技术规范	DL/T 5178—2003		2016/2/5	2016/7/1
14.7-4-121	14.7			DL/T 5251—2024	水工混凝土建筑物缺陷检测和评估技术规程	DL/T 5251—2010		2024/9/24	2025/3/24
14.7-4-122	14.7	27.140	P59	DL/T 5772—2018	水电水利工程水力学安全监测规程			2018/12/25	2019/5/1
14.7-4-123	14.7	27.140	P59	DL/T 5796—2019	水电工程边坡安全监测技术规范			2019/11/4	2020/5/1
14.7-4-124	14.7	27.140	P59	DL/T 5821—2021	混凝土坝维修技术规程			2021/4/26	2021/10/26
14.7-4-125	14.7	27.140	P59	DL/T 5863—2023	水电工程地下建筑物安全监测技术规范			2023/2/6	2023/8/6
14.7-4-126	14.7			DL/T 619—2024	水电厂机组自动化元件及系统运行维护与检验试验规程	DL/T 619—2012		2024/5/24	2024/11/24
14.7-4-127	14.7	27.140	K55	DL/T 710—2018	水轮机运行规程	DL/T 710—1999		2018/4/3	2018/7/1

续表

序号	GW 分类	ICS 分类	GB 分类	标准号	中文名称	代替标准	采用关系	发布日期	实施日期
14.7-4-128	14.7	27.140	P98	DL/T 751—2014	水轮发电机运行规程	DL/T 751—2001		2014/3/18	2014/8/1
14.7-4-129	14.7	27.140	P98	DL/T 792—2013	水轮机调节系统及装置运行与检修规程	DL/T 792—2001		2013/3/7	2013/8/1
14.7-4-130	14.7	29.160.20	F22	DL/T 817—2014	立式水轮发电机检修技术规程	DL/T 817—2002		2014/3/18	2014/8/1
14.7-4-131	14.7	29.160.20	K20	DL/T 970—2023	大型汽轮发电机非正常及特殊运行及维护导则	DL/T 970—2005		2023/10/11	2024/4/11
14.7-4-132	14.7	27.140	K55	NB/T 10326—2019	小水电机组励磁系统运行及检修规程			2019/12/30	2020/7/1
14.7-4-133	14.7	27.140	P59	NB/T 10486—2021	水电工程岩土体监测规程	DL/T 5006—2007		2021/1/7	2021/7/1
14.7-4-134	14.7	27.140	P59	NB/T 10497—2021	水电工程水库塌岸与滑坡治理技术规程			2021/1/7	2021/7/1
14.7-4-135	14.7			NB/T 35039—2024	水电工程地质观测规程	NB/T 35039—2014		2024/9/24	2025/3/24
14.7-4-136	14.7	27.140	K55	NB/T 10811—2021	小水电机组调速系统运行及检修规程			2021/11/16	2022/2/16
14.7-4-137	14.7	27.140	P26	NB/T 10859—2021	水电工程金属结构设备状态在线监测系统技术条件			2021/12/22	2022/6/22
14.7-4-138	14.7	27.140	P59	NB/T 11016—2022	水电工程生产运行文件收集与归档规范			2022/11/4	2023/5/4
14.7-4-139	14.7	27.140	P59	NB/T 11018—2022	水电工程退役设计导则			2022/11/4	2023/5/4
14.7-4-140	14.7	27.140	P26	NB/T 11019—2022	水电工程闸门和启闭机运行维护规程			2022/11/4	2023/5/4
14.7-4-141	14.7	27.140	P59	NB/T 11087—2023	水电工程退役项目用地处理设计导则			2023/2/6	2023/8/6
14.7-4-142	14.7	27.140	P26	NB/T 11099—2023	水电工程铁磁性钢丝绳在线监测技术规程			2023/2/6	2023/8/6
14.7-4-143	14.7	27.140	P26	NB/T 11100—2023	水电工程螺栓应力在线监测技术规程			2023/2/6	2023/8/6
14.7-4-144	14.7			NB/T 11184—2023	水电工程水情自动测报系统更新改造技术导则			2023/5/26	2023/11/26
14.7-4-145	14.7			NB/T 11218—2023	小水电机组监控保护直流系统运行及检修规程			2023/5/26	2023/11/26
14.7-4-146	14.7	27.140	P59	NB/T 11411—2023	抽水蓄能电站环境评价技术规范			2023/12/28	2024/6/28
14.7-4-147	14.7	27.140	P59	NB/T 11412—2023	水电工程生态流量实时监测设备基本技术条件			2023/12/28	2024/6/28
14.7-4-148	14.7	27.140	P59	NB/T 11413—2023	水电工程水土保持设施维护技术规程			2023/12/28	2024/6/28
14.7-4-149	14.7	27.140	P59	NB/T 11414—2023	水电工程建设征地移民安置验收规程	NB/T 35013—2013		2023/12/28	2024/6/28
14.7-4-150	14.7	27.140	P59	NB/T 11415—2023	水电工程建设征地移民安置实施补偿费用技术导则			2023/12/28	2024/6/28

14

续表

序号	GW分类	ICS分类	GB分类	标准号	中文名称	代替标准	采用关系	发布日期	实施日期
14.7-4-151	14.7	27.140	P59	NB/T 11416—2023	抽水蓄能电站水土保持技术规范			2023/12/28	2024/6/28
14.7-4-152	14.7	27.140	P26	NB/T 11417—2023	水电工程钢闸门辅助装置标准			2023/12/28	2024/6/28
14.7-4-153	14.7	27.140	P26	NB/T 11418—2023	水工钢闸门和启闭机安全检测技术规程	DL/T 835—2003		2023/12/28	2024/6/28
14.7-4-154	14.7	27.140	P26	NB/T 11419—2023	水电工程升船机调试试验规程			2023/12/28	2024/6/28
14.7-4-155	14.7	27.140	P26	NB/T 11420—2023	水电工程升船机运行维护规程			2023/12/28	2024/6/28
14.7-4-156	14.7	27.140	P26	NB/T 11421—2023	水电工程升船机安全检测技术规程			2023/12/28	2024/6/28
14.7-4-157	14.7	27.140	K55	NB/T 42035—2023	水轮机调压阀及其控制系统基本技术条件	NB/T 42035—2014		2023/5/26	2023/11/26
14.7-4-158	14.7	27.140	P55	SL/Z 349—2015	水资源监控管理系统建设技术导则	SL/Z 349—2006		2015/5/4	2015/8/4
14.7-4-159	14.7	27.140	P59	SL 524—2011	小型水电站机组运行综合性能质量评定标准			2011/1/10	2011/4/10
14.7-4-160	14.7	27.140	P59	SL 75—2014	水闸技术管理规程	SL 75—1994		2014/9/10	2014/12/10
14.7-6-161	14.7	27.140		T/CEC 335—2020	抽水蓄能发电机断路器检修规程			2020/6/30	2020/10/1
14.7-6-162	14.7			T/CEC 931—2024	抽水蓄能电站项目后评价导则			2024/10/18	2025/3/1
14.7-6-163	14.7	29.240.20		T/CSEE 0194—2021	水轮发电机组振动状态评估与诊断技术导则			2021/3/11	2021/5/1

14.8 运行检修-工器具

序号	GW分类	ICS分类	GB分类	标准号	中文名称	代替标准	采用关系	发布日期	实施日期
14.8-2-1	14.8	29.240		Q/GDW 11226—2014	带电检测车技术规范			2014/12/1	2014/12/1
14.8-2-2	14.8	29.240		Q/GDW 11227—2014	变电运维车技术规范			2014/12/1	2014/12/1
14.8-2-3	14.8	29.240		Q/GDW 11230—2014	变电检修车技术规范			2014/12/1	2014/12/1
14.8-2-4	14.8	29.240		Q/GDW 11231—2014	输电带电作业工具库房车技术规范			2014/12/1	2014/12/1
14.8-2-5	14.8	29.240		Q/GDW 11232—2014	配电带电作业工具库房车技术规范			2014/12/1	2014/12/1
14.8-2-6	14.8	29.240		Q/GDW 11233—2014	输电线路巡检车技术规范			2014/12/1	2014/12/1
14.8-2-7	14.8	29.240		Q/GDW 11234—2014	配网巡检车技术规范			2014/12/1	2014/12/1
14.8-2-8	14.8	29.240		Q/GDW 11235—2014	电力电缆故障测寻车技术规范			2014/12/1	2014/12/1
14.8-2-9	14.8	29.240		Q/GDW 11236—2014	配网抢修车技术规范			2014/12/1	2014/12/1

续表

序号	GW 分类	ICS 分类	GB 分类	标准号	中文名称	代替标准	采用关系	发布日期	实施日期
14.8-2-10	14.8	29.240		Q/GDW 11237—2014	配网带电作业绝缘斗臂车技术规范			2014/12/1	2014/12/1
14.8-2-11	14.8	29.240		Q/GDW 11238—2014	旁路作业车技术规范			2014/12/1	2014/12/1
14.8-2-12	14.8	29.240		Q/GDW 11239—2014	移动箱变车技术规范			2014/12/1	2014/12/1
14.8-2-13	14.8	29.240		Q/GDW 11313—2014	低压 0.4kV 综合抢修车技术规范			2015/2/26	2015/2/26
14.8-2-14	14.8	29.240		Q/GDW 11383—2015	架空输电线路无人机巡检系统配置导则			2015/7/17	2015/7/17
14.8-2-15	14.8	29.240	F25	Q/GDW 11385—2024	架空输电线路多旋翼无人机巡检系统	Q/GDW 11385—2015		2024/10/25	2024/10/25
14.8-2-16	14.8			Q/GDW 12322—2023	配电运检用个人电弧防护用品技术规范			2023/9/22	2023/9/22
14.8-2-17	14.8	29.240		Q/GDW 698—2011	10kV 带电作业用绝缘平台使用导则			2012/2/1	2012/2/1
14.8-2-18	14.8	29.240		Q/GDW 712—2012	10kV 带电作业用绝缘平台			2012/2/14	2012/2/14
14.8-3-19	14.8	13.340.20	F20	GB/T 12167—2006	带电作业用铝合金紧线卡线器	GB/T 12167—1990		2006/3/6	2006/11/1
14.8-3-20	14.8	13.340.20	F20	GB/T 12168—2006	带电作业用遮蔽罩	GB/T 12168—1990		2006/3/6	2006/11/1
14.8-3-21	14.8	13.260	K47	GB/T 13034—2008	带电作业用绝缘滑车	GB/T 13034—2003		2008/9/24	2009/8/1
14.8-3-22	14.8	13.260; 29.035	K47	GB/T 13035—2008	带电作业用绝缘绳索	GB/T 13035—2003		2008/9/24	2009/8/1
14.8-3-23	14.8	13.260; 29.035	K47	GB 13398—2008	带电作业用空心绝缘管、泡沫填充绝缘管和实心绝缘棒	GB 13398—2003	IEC 60855：1985，MOD； IEC 61235：1993，MOD	2008/12/30	2010/2/1
14.8-3-24	14.8	13.260	F20	GB/T 14545—2008	带电作业用小水量冲洗工具（长水柱短水枪型）	GB/T 14545—2003		2008/9/24	2009/8/1
14.8-3-25	14.8	13.260	F20	GB/T 15632—2008	带电作业用提线工具通用技术条件	GB 15632—1995		2008/12/30	2010/2/1
14.8-3-26	14.8	13.260	K15	GB/T 17620—2008	带电作业用绝缘硬梯	GB 17620—1998	IEC 61478：2003，MOD	2008/12/30	2010/2/1
14.8-3-27	14.8	13.340.40	K15	GB/T 17622—2008	带电作业用绝缘手套	GB 17622—1998	IEC 60903：2002，MOD	2008/9/24	2009/8/1
14.8-3-28	14.8	29.240.20	K47	GB/T 18037—2008	带电作业工具基本技术要求与设计导则	GB/T 18037—2000		2008/9/24	2009/8/1
14.8-3-29	14.8	13.260; 25.140	F20	GB/T 18269—2008	交流 1kV、直流 1.5kV 及以下电压等级带电作业用绝缘手工工具	GB 18269—2000	IEC 60900：2004，MOD	2008/9/24	2009/8/1
14.8-3-30	14.8	29.240.20	K47	GB/T 25725—2010	带电作业工具专用车			2010/12/23	2011/5/1
14.8-3-31	14.8	29.240.20	K47	GB/T 37556—2019	10kV 带电作业用绝缘斗臂车			2019/6/4	2020/1/1

续表

序号	GW 分类	ICS 分类	GB 分类	标准号	中 文 名 称	代替标准	采用关系	发布日期	实施日期
14.8-3-32	14.8	07.040	A75	GB/T 41450—2022	无人机低空遥感监测的多传感器一致性检测技术规范			2022/4/15	2022/4/15
14.8-3-33	14.8	13.100	C68	GB 7059—2007	便携式木折梯安全要求	GB 7059.1—1986；GB 7059.2—1986		2007/6/26	2008/2/1
14.8-3-34	14.8	43.020	T09	GB 7258—2017	机动车运行安全技术条件	GB 7258—2012		2017/9/29	2018/1/1
14.8-3-35	14.8			JJG 366—2004	接地电阻表	JJG 366—1986		2004/6/4	2004/12/1
14.8-4-36	14.8	29.240	K47	DL/T 1147—2018	电力高处作业防坠器	DL/T 1147—2009		2018/4/3	2018/7/1
14.8-4-37	14.8	27.100	F24	DL/T 1209.1—2023	电力登高作业及防护器具技术要求 第 1 部分：抱杆梯、梯具、梯台及过桥	DL/T 1209.1—2013		2023/10/11	2024/4/11
14.8-4-38	14.8	29.020	K09	DL/T 1209.2—2023	电力登高作业及防护器具技术要求 第 2 部分：拆卸型检修平台	DL/T 1209.2—2014		2023/10/11	2024/4/11
14.8-4-39	14.8	29.020	K09	DL/T 1209.3—2023	电力登高作业及防护器具技术要求 第 3 部分：升降型检修平台	DL/T 1209.3—2014		2023/10/11	2024/4/11
14.8-4-40	14.8	29.020	K09	DL/T 1209.4—2023	电力登高作业及防护器具技术要求 第 4 部分：复合材料快装脚手架	DL/T 1209.4—2014		2023/10/11	2024/4/11
14.8-4-41	14.8	29.240.20	K47	DL/T 1465—2015	10kV 带电作业用绝缘平台			2015/7/1	2015/12/1
14.8-4-42	14.8	29.240.20	K47	DL/T 1468—2015	电力用车载式带电水冲洗装置			2015/7/1	2015/12/1
14.8-4-43	14.8	29.240	K47	DL/T 1642—2016	环形混凝土电杆用脚扣			2016/12/5	2017/5/1
14.8-4-44	14.8	29.240	K47	DL/T 1643—2016	电杆用登高板			2016/12/5	2017/5/1
14.8-4-45	14.8	29.240.01	K47	DL/T 1659—2016	电力作业用软梯技术要求			2016/12/5	2017/5/1
14.8-4-46	14.8	29.240.99	K29	DL/T 1728—2017	人货两用型输电杆塔登塔装备			2017/8/2	2017/12/1
14.8-4-47	14.8	29.020	K60	DL/T 1743—2017	带电作业用绝缘导线剥皮器			2017/11/15	2018/3/1
14.8-4-48	14.8	29.240.20	K47	DL/T 1995—2019	变电站/换流站带电作业用绝缘平台			2019/6/4	2019/10/1
14.8-4-49	14.8	97.145	K15	DL/T 2077—2019	电力用鱼竿式绝缘伸缩梯			2019/11/4	2020/5/1
14.8-4-50	14.8	13.260	K47	DL/T 2317—2021	带电作业用绝缘软梯			2021/12/22	2022/3/22
14.8-4-51	14.8	29.240.20	K10	DL/T 2320—2021	配电线路带电作业用线夹技术条件			2021/12/22	2022/3/22
14.8-4-52	14.8	29.240.20	F23	DL/T 2555.3—2023	配电线路旁路作业工具装备 第 3 部分：旁路电缆车			2023/12/28	2024/6/28

14

续表

序号	GW 分类	ICS 分类	GB 分类	标准号	中 文 名 称	代替标准	采用关系	发布日期	实施日期
14.8-4-53	14.8	29.240.20	F23	DL/T 2555.4—2023	配电线路旁路作业工具装备　第 4 部分：移动箱变车			2023/12/28	2024/6/28
14.8-4-54	14.8	29.240.20	F23	DL/T 2555.5—2023	配电线路旁路作业工具装备　第 5 部分：移动环网箱车			2023/12/28	2024/6/28
14.8-4-55	14.8	29.240.20	F23	DL/T 2555.6—2023	配电线路旁路作业工具装备　第 6 部分：移动开关车			2023/12/28	2024/6/28
14.8-4-56	14.8	29.240.20	F23	DL/T 2555.7—2023	配电线路旁路作业工具装备　第 7 部分：辅助工具			2023/12/28	2024/6/28
14.8-4-57	14.8	29.020	K09	DL/T 2616—2023	电力用个人保安线通用技术条件			2023/5/26	2023/11/26
14.8-4-58	14.8	29.02	F20	DL/T 2652—2023	带电作业用便携式升降装置			2023/10/11	2024/4/11
14.8-4-59	14.8		F20	DL/T 2677—2023	电力用绝缘隔板技术规范			2023/10/11	2024/4/11
14.8-4-60	14.8	29.240.20	K47	DL/T 463—2020	带电作业用绝缘子卡具	DL/T 463—2006		2020/10/23	2021/2/1
14.8-4-61	14.8	29.280	S41	DL/T 636—2017	带电作业用导线飞车	DL/T 636—2006		2017/11/15	2018/3/1
14.8-4-62	14.8	29.240.20	F20	DL/T 699—2007	带电作业用绝缘托瓶架通用技术条件	DL/T 699—1999		2007/7/20	2007/12/1
14.8-4-63	14.8	29.240.01	K15	DL/T 803—2015	带电作业用绝缘毯	DL/T 803—2002	IEC 61112：2009，MOD	2015/7/1	2015/12/1
14.8-4-64	14.8	29.020	K60	DL/T 854—2017	带电作业用绝缘斗臂车使用导则	DL/T 854—2004	IEC TS 61813：2000，MOD	2017/11/15	2018/3/1
14.8-4-65	14.8	29.020	K47	DL/T 858—2004	架空配电线路带电安装及作业工具设备		IEC 61911：1998，MOD	2004/3/9	2004/6/1
14.8-4-66	14.8	29.020	K47	DL/T 877—2004	带电作业用工具、装置和设备使用的一般要求		IEC 61477：2002，IDT	2004/3/9	2004/6/1
14.8-4-67	14.8	29.020	K47	DL/T 878—2021	带电作业用绝缘工具试验导则	DL/T 878—2004		2021/4/26	2021/10/26
14.8-4-68	14.8	13.260	K47	DL/T 879—2021	便携式接地和接地短路装置	DL/T 879—2004	IEC 61230：2008，MOD	2021/12/22	2022/3/22
14.8-4-69	14.8	29.020	K15	DL/T 880—2021	带电作业用导线软质遮蔽罩	DL/T 880—2004		2021/12/22	2022/6/22
14.8-4-70	14.8	29.020	K60	DL/T 971—2017	带电作业用便携式核相仪	DL/T 971—2005	IEC 61481-1：2014，MOD；IEC 61481-2：2014，MOD	2017/11/15	2018/3/1
14.8-4-71	14.8	29.240	F20	DL/T 974—2018	带电作业用工具库房	DL/T 974—2005		2018/12/25	2019/5/1
14.8-4-72	14.8	17.200.20	N11	JB/T 13390—2018	红外线扫描测温仪			2018/4/30	2018/12/1

14

续表

序号	GW 分类	ICS 分类	GB 分类	标准号	中文名称	代替标准	采用关系	发布日期	实施日期
14.8-5-73	14.8	13.260；29.240.20；29.260.99	K47	IEC 60832—1：2010	带电作业绝缘杆及附件设备　第 1 部分：绝缘杆	IEC 60832：1988；IEC 60832 Cor 1：2000；IEC 60832 Cor 1：2000；IEC 78/838/FDIS：2009		2010/2/11	2010/2/11
14.8-6-74	14.8	29.240.20	F23	T/CEC 411—2020	输变电设备地电位检修作业用等电位地毯			2020/10/28	2021/2/1

14.9　运行检修-其他

序号	GW 分类	ICS 分类	GB 分类	标准号	中文名称	代替标准	采用关系	发布日期	实施日期
14.9-2-1	14.9	29.240		Q/GDW 10533—2018	高压直流输电直流测量装置检修规范	Q/GDW 533—2010		2020/4/17	2020/4/17
14.9-2-2	14.9	29.240		Q/GDW 10742—2016	配电网施工检修工艺规范	Q/GDW 742—2012		2017/10/9	2017/10/9
14.9-2-3	14.9	29.240		Q/GDW 10984—2016	风光储联合发电系统检修导则	Q/GDW 1984—2013		2016/12/28	2016/12/28
14.9-2-4	14.9	29.240		Q/GDW 11073—2013	分布式电源接入配电网系统测试及验收规程			2014/9/1	2014/9/1
14.9-2-5	14.9	29.240		Q/GDW 11555—2016	统一潮流控制器一次设备检修试验规程			2017/2/28	2017/2/28
14.9-2-6	14.9	29.020		Q/GDW 12165—2021	高海拔地区运维检修装备配置规范			2021/12/6	2021/12/6
14.9-3-7	14.9	29.240.01	K40	GB/T 13395—2008	电力设备带电水冲洗导则	GB 13395—1992		2008/9/24	2009/8/1
14.9-3-8	14.9	29.240.10	K30	GB/T 18802.12—2024	低压电涌保护器（SPD）　第 12 部分：低压电源系统的电涌保护器　选择和使用导则	GB/T 18802.12—2014		2024/5/28	2024/9/1
14.9-3-9	14.9	29.040.01	K40	GB/T 25098—2010	绝缘体带电清洗剂使用导则			2010/9/2	2011/2/1
14.9-3-10	14.9	13.220.20	C82	GB 25201—2010	建筑消防设施的维护管理			2010/9/26	2011/3/1
14.9-3-11	14.9	29.260.20	K35	GB/T 3836.16—2017	爆炸性环境　第 16 部分：电气装置的检查与维护	GB 3836.16—2006	IEC 60079-17：2007，IDT	2017/12/29	2018/7/1
14.9-3-12	14.9	77.060	H25	GB/T 41756—2022	金属和合金的腐蚀　低合金钢耐大气腐蚀评估方法			2022/10/12	2023/2/1
14.9-3-13	14.9	29.160.20	K21	GB/T 43188—2023	发电机设备状态评价导则			2023/9/7	2024/4/1
14.9-3-14	14.9	29.220.20	K84	GB/T 44233.2—2024	蓄电池和蓄电池组安装的安全要求　第 2 部分：固定型电池			2024/8/23	2025/3/1
14.9-3-15	14.9			GB 50365—2019	空调通风系统运行管理标准	GB 50365—2005		2019/5/24	2019/12/1
14.9-4-16	14.9	29.240	K42	DL/T 1417—2015	低压无功补偿装置运行规程			2015/4/2	2015/9/1

续表

序号	GW 分类	ICS 分类	GB 分类	标准号	中文名称	代替标准	采用关系	发布日期	实施日期
14.9-4-17	14.9	27.100	K43	DL/T 1555—2016	六氟化硫气体泄漏在线监测报警装置运行维护导则			2016/1/7	2016/6/1
14.9-4-18	14.9	27.100	F24	DL/T 2243—2021	六氟化硫混合绝缘气体充补气技术规范			2021/1/7	2021/7/1
14.9-4-19	14.9	27.100	K24	DL/T 2716—2023	六氟化硫混合气体充补气装置技术规范			2023/12/28	2024/6/28
14.9-4-20	14.9	21.020	K43	DL/T 2756—2024	电气设备用六氟化硫及其混合气体检测及回收导则			2024/5/24	2024/11/24
14.9-4-21	14.9	13.030.10	F30	DL/T 2775—2024	六氟化硫电气设备废弃吸附剂减害化处理氢氧化钙法			2024/5/24	2024/11/24
14.9-4-22	14.9	07.060	A47	QX/T 10.2—2018	电涌保护器　第 2 部分：在低压电气系统中的选择和使用原则	QX/T 10.2—2007		2018/11/30	2019/3/1
14.9-4-23	14.9	07.060	A47	QX/T 10.3—2019	电涌保护器　第 3 部分：在电子系统信号网络中的选择和使用原则	QX/T 10.3—2007		2019/12/26	2020/4/1
14.9-6-24	14.9	29.060.01		T/CEC 233—2019	绝缘管型母线运行规程			2019/11/21	2020/1/1

14

15 试验与计量

15.1 试验与计量-基础综合

序号	GW 分类	ICS 分类	GB 分类	标准号	中 文 名 称	代替标准	采用关系	发布日期	实施日期
15.1-2-1	15.1	29.240		Q/GDW 11115—2013	30Hz～300Hz 高压测量系统校准规范			2014/4/1	2014/4/1
15.1-2-2	15.1	29.240		Q/GDW 11594—2016	复合材料支柱绝缘子抗震性能试验方法			2017/6/16	2017/6/16
15.1-2-3	15.1	29.120.40		Q/GDW 11871—2018	直流转换开关振荡特性现场测量导则			2019/10/23	2019/10/23
15.1-2-4	15.1	29.200		Q/GDW 12018—2019	高压直流输电换流阀晶闸管级和阀基电子设备现场测试技术规范			2020/11/27	2020/11/27
15.1-2-5	15.1	29.240	F21	Q/GDW 12425—2024	电网设备腐蚀防护检测技术规范			2024/12/31	2024/12/31
15.1-2-6	15.1	29.240	F20	Q/GDW 12430.1—2024	电网设备金属材料检测导则　第 1 部分：通用要求			2024/12/31	2024/12/31
15.1-3-7	15.1	23.120	J72	GB/T 10178—2006	工业通风机　现场性能试验	GB/T 10178—1988	ISO 5802：2001，IDT	2006/12/28	2007/7/1
15.1-3-8	15.1	19.040	N04	GB/T 10590—2006	高低温/低气压试验箱技术条件	GB/T 10590—1989；GB/T 11159—1989	IEC 60068-3-5，NEQ	2006/4/3	2006/10/1
15.1-3-9	15.1	19.040	N04	GB/T 10591—2006	高温/低气压试验箱技术条件	GB/T 10591—1989	IEC 60068-3-5，NEQ	2006/4/3	2006/10/1
15.1-3-10	15.1	29.180	K41	GB/T 1094.101—2023	电力变压器　第 101 部分：声级测定　应用导则	GB/T 1094.101—2008	IEC 60076-10-1：2016，MOD	2023/3/17	2023/10/1
15.1-3-11	15.1	71.040.01	N53	GB/T 11007—2008	电导率仪试验方法	GB/T 11007—1989		2008/6/30	2009/1/1
15.1-3-12	15.1	25.160.40	J33	GB/T 11345—2023	焊缝无损检测　超声检测　技术、检测等级和评定	GB/T 11345—2013		2023/11/27	2024/6/1
15.1-3-13	15.1	19.080	K40	GB/T 11604—2015	高压电气设备无线电干扰测试方法	GB/T 11604—1989	IEC/TR CISPR 18-2：2010，MOD	2015/9/11	2016/4/1
15.1-3-14	15.1	01.040.19；19.100	J04	GB/T 12604.11—2015	无损检测　术语　X 射线数字成像检测			2015/2/4	2015/10/1
15.1-3-15	15.1	17.220.20	K40	GB/T 12720—1991	工频电场测量		IEC 833：1987	1991/2/1	1991/10/1
15.1-3-16	15.1	07.040	A76	GB/T 12897—2006	国家一、二等水准测量规范	GB 12897—1991		2006/5/24	2006/10/1
15.1-3-17	15.1	29.035.99	K15	GB/T 1408.1—2016	绝缘材料　电气强度试验方法　第 1 部分：工频下试验	GB/T 1408.1—2006	IEC 60243-1：2013，IDT	2016/12/13	2017/7/1
15.1-3-18	15.1	29.035.99	K15	GB/T 1408.2—2016	绝缘材料　电气强度试验方法　第 2 部分：对应用直流电压试验的附加要求	GB/T 1408.2—2006	IEC 60243-2：2013，IDT	2016/12/13	2017/7/1

续表

序号	GW 分类	ICS 分类	GB 分类	标准号	中文名称	代替标准	采用关系	发布日期	实施日期
15.1-3-19	15.1	29.035.99	K15	GB/T 1408.3—2016	绝缘材料　电气强度试验方法　第 3 部分：1.2/50μs 冲击试验补充要求	GB/T 1408.3—2007	IEC 60243-3：2013，IDT	2016/12/13	2017/7/1
15.1-3-20	15.1	29.035.01	K15	GB/T 1411—2002	干固体绝缘材料　耐高电压、小电流电弧放电的试验	GB/T 1411—1978	IEC 61621：1997，IDT	2002/5/21	2003/1/1
15.1-3-21	15.1	29.035.99	K15	GB/T 15022.2—2017	电气绝缘用树脂基活性复合物　第 2 部分：试验方法	GB/T 15022.2—2007	IEC 60455-2：2015，NEQ	2017/12/29	2018/7/1
15.1-3-22	15.1	29.035.99	K15	GB/T 15022.7—2017	电气绝缘用树脂基活性复合物　第 7 部分：环氧酸酐真空压力浸渍（VPI）树脂			2017/11/1	2018/5/1
15.1-3-23	15.1	91.120.20	P31	GB/T 16731—2023	建筑吸声产品的吸声性能分级	GB/T 16731—1997		2023/3/17	2023/10/1
15.1-3-24	15.1	33.100	L06	GB/Z 17624.2—2013	电磁兼容　综述　与电磁现象相关设备的电气和电子系统实现功能安全的方法		IEC/TS 61000-1-2：2008，IDT	2013/12/17	2014/4/9
15.1-3-25	15.1	33.100.10	L06	GB 17625.1—2022	电磁兼容　限值　第 1 部分：谐波电流发射限值（设备每相输入电流≤16A）	GB 17625.1—2012		2022/12/29	2024/7/1
15.1-3-26	15.1	33.100	L06	GB/T 17625.2—2007	电磁兼容　限值　对每相额定电流≤16A 且无条件接入的设备在公用低压供电系统中产生的电压变化、电压波动和闪烁的限制	GB 17625.2—1999	IEC 61000-3-3：2005，IDT	2007/4/30	2008/1/1
15.1-3-27	15.1	33.100	L06	GB/Z 17625.3—2000	电磁兼容　限值　对额定电流大于 16A 的设备在低压供电系统中产生的电压波动和闪烁的限制		IEC 61000-3-5：1994，IDT	2000/4/3	2000/12/1
15.1-3-28	15.1	33.100	L06	GB/Z 17625.4—2000	电磁兼容　限值　中、高压电力系统中畸变负荷发射限值的评估		IEC 61000-3-6：1996，IDT	2000/4/3	2000/12/1
15.1-3-29	15.1	33.100	L06	GB/Z 17625.5—2000	电磁兼容　限值　中、高压电力系统中波动负荷发射限值的评估		IEC 61000-3-7：1996，IDT	2000/4/3	2000/12/1
15.1-3-30	15.1	33.100	L06	GB/Z 17625.6—2003	电磁兼容　限值　对额定电流大于 16A 的设备在低压供电系统中产生的谐波电流的限制		IEC TR 61000-3-4：1988，IDT	2003/2/21	2003/8/1
15.1-3-31	15.1	33.100.10	L06	GB/T 17625.7—2013	电磁兼容　限值　对额定电流≤75A 且有条件接入的设备在公用低压供电系统中产生的电压变化、电压波动和闪烁的限制		IEC 61000-3-11：2000，MOD	2013/7/19	2013/12/2
15.1-3-32	15.1	33.100.10	L06	GB/T 17625.8—2015	电磁兼容　限值　每相输入电流大于 16A 小于等于 75A 连接到公用低压系统的设备产生的谐波电流限值		IEC 61000-3-12：2004，IDT	2015/9/11	2016/4/1
15.1-3-33	15.1	33.100	L06	GB/T 17625.9—2016	电磁兼容　限值　低压电气设施上的信号传输　发射电平、频段和电磁骚扰电平		IEC 61000-3-8：1997，MOD	2016/12/13	2017/7/1

续表

序号	GW 分类	ICS 分类	GB 分类	标准号	中 文 名 称	代替标准	采用关系	发布日期	实施日期
15.1-3-34	15.1	33.100	L06	GB/T 17626.1—2006	电磁兼容　试验和测量技术　抗扰度试验总论	GB/T 17626.1—1998	IEC 61000-4-1：2000，IDT	2006/12/1	2007/7/1
15.1-3-35	15.1	33.100.20	L06	GB/T 17626.2—2018	电磁兼容　试验和测量技术　静电放电抗扰度试验	GB/T 17626.2—2006	IEC 61000-4-2：2008，IDT	2018/6/7	2019/1/1
15.1-3-36	15.1	33.100.20	L06	GB/T 17626.3—2023	电磁兼容　试验和测量技术　第 3 部分：射频电磁场辐射抗扰度试验	GB/T 17626.3—2016		2023/12/28	2024/7/1
15.1-3-37	15.1	33.100.20	L06	GB/T 17626.4—2018	电磁兼容　试验和测量技术　电快速瞬变脉冲群抗扰度试验	GB/T 17626.4—2008	IEC 61000-4-4：2012，IDT	2018/6/7	2019/1/1
15.1-3-38	15.1	33.100.20	L06	GB/T 17626.5—2019	电磁兼容　试验和测量技术　浪涌（冲击）抗扰度试验	GB/T 17626.5—2008	IEC 61000-4-5：2014，IDT	2019/6/4	2020/1/1
15.1-3-39	15.1	33.100.20	L06	GB/T 17626.6—2017	电磁兼容　试验和测量技术　射频场感应的传导骚扰抗扰度	GB/T 17626.6—2008	IEC 61000-4-6：2013，IDT	2017/12/29	2018/7/1
15.1-3-40	15.1	33.100.10；33.100.20	L06	GB/T 17626.7—2017	电磁兼容　试验和测量技术　供电系统及所连设备谐波、间谐波的测量和测量仪器导则	GB/T 17626.7—2008	IEC 61000-4-7：2009，IDT	2017/7/12	2018/2/1
15.1-3-41	15.1	33.100	L06	GB/T 17626.8—2006	电磁兼容　试验和测量技术　工频磁场抗扰度试验	GB/T 17626.8—1998	IEC 61000-4-8：2001，IDT	2006/12/1	2007/7/1
15.1-3-42	15.1	33.100	L06	GB/T 17626.9—2011	电磁兼容　试验和测量技术　脉冲磁场抗扰度试验	GB/T 17626.9—1998	IEC 61000-4-9：2001，IDT	2011/12/30	2012/8/1
15.1-3-43	15.1	33.100.20	L06	GB/T 17626.10—2017	电磁兼容　试验和测量技术　阻尼振荡磁场抗扰度试验	GB/T 17626.10—1998	IEC 61000-4-10：2001，IDT	2017/12/29	2018/7/1
15.1-3-44	15.1	33.100.20	L06	GB/T 17626.11—2023	电磁兼容　试验和测量技术　第 11 部分：对每相输入电流小于或等于 16 A 设备的电压暂降、短时中断和电压变化抗扰度试验	GB/T 17626.11—2008		2023/5/23	2024/6/1
15.1-3-45	15.1	33.100.20	L06	GB/T 17626.12—2023	电磁兼容　试验和测量技术　第 12 部分：振铃波抗扰度试验	GB/T 17626.12—2013		2023/3/17	2023/10/1
15.1-3-46	15.1	33.100	L06	GB/T 17626.13—2006	电磁兼容　试验和测量技术　交流电源端口谐波、谐间波及电网信号的低频抗扰度试验		IEC 61000-4-13：2002，IDT	2006/12/1	2007/7/1
15.1-3-47	15.1	33.100.20	L06	GB/T 17626.14—2005	电磁兼容　试验和测量技术　电压波动抗扰度试验		IEC 61000-4-14：2002，IDT	2005/2/6	2005/12/1
15.1-3-48	15.1	33.100	L06	GB/T 17626.15—2011	电磁兼容　试验和测量技术　闪烁仪功能和设计规范		IEC 61000-4-15：2003，IDT	2011/12/30	2012/8/1

序号	GW 分类	ICS 分类	GB 分类	标准号	中 文 名 称	代替标准	采用关系	发布日期	实施日期
15.1-3-49	15.1	33.100	L06	GB/T 17626.16—2007	电磁兼容　试验和测量技术　0Hz～150kHz共模传导骚扰抗扰度试验		IEC 61000-4-16：2002，IDT	2007/4/30	2007/9/1
15.1-3-50	15.1	33.100.20	L06	GB/T 17626.17—2005	电磁兼容　试验和测量技术　直流电源输入端口纹波抗扰度试验		IEC 61000-4-17：2002，IDT	2005/2/6	2005/12/1
15.1-3-51	15.1	33.100.20	L06	GB/T 17626.18—2016	电磁兼容　试验和测量技术　阻尼振荡波抗扰度试验		IEC 61000-4-18：2011，IDT	2016/12/13	2017/7/1
15.1-3-52	15.1	33.100.20	L06	GB/T 17626.19—2022	电磁兼容　试验和测量技术　第 19 部分：交流电源端口 2kHz～150kHz 差模传导骚扰和通信信号抗扰度试验		IEC 61000-4-19：2011，MOD	2022/12/30	2023/7/1
15.1-3-53	15.1	33.100.10；33.100.20	L06	GB/T 17626.20—2014	电磁兼容　试验和测量技术　横电磁波（TEM）波导中的发射和抗扰度试验		IEC 61000-4-20：2010，IDT	2014/12/22	2015/6/1
15.1-3-54	15.1	33.100	L06	GB/T 17626.22—2017	电磁兼容　试验和测量技术　全电波暗室中的辐射发射和抗扰度测量		IEC 61000-4-22：2010，IDT	2017/12/29	2018/7/1
15.1-3-55	15.1	33.100	L06	GB/T 17626.24—2012	电磁兼容　试验和测量技术　HEMP 传导骚扰保护装置的试验方法		IEC 61000-4-24：1997，IDT	2012/11/5	2013/2/1
15.1-3-56	15.1	33.100	L06	GB/T 17626.27—2006	电磁兼容　试验和测量技术　三相电压不平衡抗扰度试验		IEC 61000-4-27：2000，IDT	2006/12/1	2007/7/1
15.1-3-57	15.1	33.100	L06	GB/T 17626.28—2006	电磁兼容　试验和测量技术　工频频率变化抗扰度试验		IEC 61000-4-28：2001，IDT	2006/12/1	2007/7/1
15.1-3-58	15.1	33.100.20	L06	GB/T 17626.29—2006	电磁兼容　试验和测量技术　直流电源输入端口电压暂降、短时中断和电压变化的抗扰度试验		IEC 61000-4-29：2000，IDT	2006/12/19	2007/9/1
15.1-3-59	15.1	33.100.99	L06	GB/T 17626.30—2023	电磁兼容　试验和测量技术　第 30 部分：电能质量测量方法	GB/T 17626.30—2012		2023/12/28	2024/7/1
15.1-3-60	15.1	33.100.01 33.100.20	L06	GB/Z 17626.33—2023	电磁兼容　试验和测量技术　第 33 部分：高功率瞬态参数测量方法			2023/5/23	2024/6/1
15.1-3-61	15.1	33.100.20	L06	GB/T 17626.34—2012	电磁兼容　试验和测量技术　主电源每相电流大于 16A 的设备的电压暂降、短时中断和电压变化抗扰度试验		IEC 61000-4-34：2009，IDT	2012/6/29	2012/9/1
15.1-3-62	15.1	33.100.20	L06	GB/T 17799.2—2023	电磁兼容　通用标准　第 2 部分：工业环境中的抗扰度标准	GB/T 17799.2—2003		2023/5/23	2023/12/1

15

续表

序号	GW 分类	ICS 分类	GB 分类	标准号	中 文 名 称	代替标准	采用关系	发布日期	实施日期
15.1-3-63	15.1	33.100	L06	GB 17799.3—2023	电磁兼容 通用标准 第 3 部分：居住环境中设备的发射	GB 17799.3—2012		2023/12/28	2024/7/1
15.1-3-64	15.1	33.100	L06	GB 17799.4—2022	电磁兼容 通用标准 第 4 部分：工业环境中的发射	GB 17799.4—2012	IEC 61000-6-4：2011，IDT	2022/10/12	2023/11/1
15.1-3-65	15.1	33.100.20	L06	GB/T 17799.5—2012	电磁兼容 通用标准 室内设备高空电磁脉冲（HEMP）抗扰度		IEC 61000-6-6：2003，IDT	2012/6/29	2012/9/1
15.1-3-66	15.1	33.100.20	L06	GB/T 17799.7—2022	电磁兼容 通用标准 第 7 部分：工业场所中用于执行安全相关系统功能（功能安全）设备的抗扰度要求			2022/12/30	2023/7/1
15.1-3-67	15.1	33.100	L06	GB/Z 18039.2—2000	电磁兼容 环境 工业设备电源低频传导骚扰发射水平的评估		IEC 61000-6-6：2003，IDT	2000/4/3	2000/12/1
15.1-3-68	15.1	33.100.01	L06	GB/T 18039.3—2017	电磁兼容 环境 公用低压供电系统低频传导骚扰及信号传输的兼容水平	GB/T 18039.3—2003	IEC 61000-2-2：2002，IDT	2017/12/29	2018/7/1
15.1-3-69	15.1	33.100.10；33.100.20	L06	GB/T 18039.4—2017	电磁兼容 环境 工厂低频传导骚扰的兼容水平	GB/T 18039.4—2003	IEC 61000-2-4：2002，IDT	2017/12/29	2018/7/1
15.1-3-70	15.1	33.100	L06	GB/Z 18039.5—2003	电磁兼容 环境 公用供电系统低频传导骚扰及信号传输的电磁环境		IEC 61000-2-1：1990，IDT	2003/2/21	2003/8/1
15.1-3-71	15.1	33.100	L06	GB/Z 18039.6—2005	电磁兼容 环境 各种环境中的低频磁场		IEC 61000-2-7：1998，IDT	2005/2/6	2005/12/1
15.1-3-72	15.1	33.100	L06	GB/Z 18039.7—2011	电磁兼容 环境 公用供电系统中的电压暂降、短时中断及其测量统计结果		IEC/TR 61000-2-8：2002，IDT	2011/12/30	2012/6/1
15.1-3-73	15.1	33.100.01	L06	GB/T 18039.8—2012	电磁兼容 环境 高空核电磁脉冲（HEMP）环境描述传导骚扰		IEC 61000-2-10：1998，IDT	2012/11/5	2013/2/1
15.1-3-74	15.1	33.100.01	L06	GB/T 18039.9—2013	电磁兼容 环境 公用中压供电系统低频传导骚扰及信号传输的兼容水平		IEC 61000-2-12：2003，IDT	2013/11/12	2014/3/7
15.1-3-75	15.1	33.100	L06	GB/T 18039.10—2018	电磁兼容 环境 HEMP 环境描述 辐射骚扰		IEC 61000-2-9：1996，IDT	2018/5/14	2018/12/1
15.1-3-76	15.1	19.080	K40	GB/T 18134.1—2000	极快速冲击高电压试验技术 第 1 部分：气体绝缘变电站中陡波前过电压用测量系统		IEC 61321-1：1994，IDT	2000/7/14	2000/12/1
15.1-3-77	15.1	25.040.40；33.100	N10	GB/T 18268.1—2010	测量、控制和实验室用的电设备 电磁兼容性要求 第 1 部分：通用要求	GB/T 18268—2000	IEC 61326-1：2005，IDT	2011/1/14	2011/5/1

续表

序号	GW 分类	ICS 分类	GB 分类	标准号	中 文 名 称	代替标准	采用关系	发布日期	实施日期
15.1-3-78	15.1	25.040.40; 33.100	N10	GB/T 18268.21—2010	测量、控制和实验室用的电设备　电磁兼容性要求　第 21 部分:特殊要求　无电磁兼容防护场合用敏感性试验和测量设备的试验配置、工作条件和性能判据		IEC 61326-2-1：2005，IDT	2011/1/14	2011/5/1
15.1-3-79	15.1	25.040.40; 33.100	N10	GB/T 18268.22—2010	测量、控制和实验室用的电设备　电磁兼容性要求　第 22 部分:特殊要求　低压配电系统用便携式试验、测量和监控设备的试验配置、工作条件和性能判据		IEC 61326-2-2：2005，IDT	2011/1/14	2011/5/1
15.1-3-80	15.1	25.040.40; 33.100	N10	GB/T 18268.23—2010	测量、控制和实验室用的电设备　电磁兼容性要求　第 23 部分:特殊要求　带集成或远程信号调理变送器的试验配置、工作条件和性能判据		IEC 61326-2-3：2006，IDT	2011/1/14	2011/5/1
15.1-3-81	15.1	25.040.40; 33.100; 17.220	N10	GB/T 18268.24—2010	测量、控制和实验室用的电设备　电磁兼容性要求　第 24 部分:特殊要求　符合 IEC 61557-8 的绝缘监控装置和符合 IEC 61557-9 的绝缘故障定位设备的试验配置、工作条件和性能判据		IEC 61326-2-4：2006，IDT	2011/1/14	2011/5/1
15.1-3-82	15.1	25.040.40; 33.100	N10	GB/T 18268.25—2010	测量、控制和实验室用的电设备　电磁兼容性要求　第 25 部分：特殊要求　接口符合 IEC 61784-1，CP3/2 的现场装置的试验配置、工作条件和性能判据		IEC 61326-2-5：2006，IDT	2011/1/14	2011/5/1
15.1-3-83	15.1	25.040.40; 33.100; 17.220	N10	GB/T 18268.26—2010	测量、控制和实验室用的电设备　电磁兼容性要求　第 26 部分：特殊要求　体外诊断（IVD）医疗设备		IEC 61326-2-6：2005，IDT	2011/1/14	2011/5/1
15.1-3-84	15.1	03.120.10	A00	GB/T 19022—2003	测量管理体系测量过程和测量设备的要求	GB/T 19022.1—1994; GB/T 19022.2—2000	ISO 10012：2003，IDT	2003/12/16	2004/3/1
15.1-3-85	15.1	77.060	H25	GB/T 19292.1—2018	金属和合金的腐蚀　大气腐蚀性　第 1 部分：分类、测定和评估	GB/T 19292.1—2003	ISO 9223：2012，IDT	2018/5/14	2019/2/1
15.1-3-86	15.1	77.060	H25	GB/T 19292.2—2018	金属和合金的腐蚀　大气腐蚀性　第 2 部分：腐蚀等级的指导值	GB/T 19292.2—2003	ISO 9224：2012，MOD	2018/5/14	2019/2/1
15.1-3-87	15.1	77.060	H25	GB/T 19292.3—2018	金属和合金的腐蚀　大气腐蚀性　第 3 部分：影响大气腐蚀性环境参数的测量	GB/T 19292.3—2003	ISO 9225：2012，IDT	2018/5/14	2019/2/1
15.1-3-88	15.1	77.060	H25	GB/T 19292.4—2018	金属和合金的腐蚀　大气腐蚀性　第 4 部分：用于评估腐蚀性的标准试样的腐蚀速率的测定	GB/T 19292.4—2003	ISO 9226：2012，IDT	2018/5/14	2019/2/1
15.1-3-89	15.1	29.035.99	K15	GB/T 1981.2—2009	电气绝缘用漆　第 2 部分：试验方法	GB/T 1981.2—2003	IEC 60464-2：2001，MOD	2009/6/10	2009/12/1

15

续表

序号	GW 分类	ICS 分类	GB 分类	标准号	中 文 名 称	代替标准	采用关系	发布日期	实施日期
15.1-3-90	15.1	29.080.30	K15	GB/T 20111.4—2017	电气绝缘系统　热评定规程　第 4 部分：评定和分级电气绝缘系统试验方法的选用导则		IEC/TR 61857-2：2015，MOD	2017/12/29	2018/7/1
15.1-3-91	15.1	29.080.30	K15	GB/T 20112—2015	电气绝缘系统的评定与鉴别	GB/T 20112—2006	IEC 60505：2011，IDT	2015/7/3	2016/2/1
15.1-3-92	15.1	29.080.30	K03	GB/T 20113—2006	电气绝缘结构（EIS）热分级		IEC 62114：2001，IDT	2006/2/15	2006/6/1
15.1-3-93	15.1	91.120.10	Q25	GB/T 20312—2006	建筑材料及制品的湿热性能吸湿性能的测定		ISO 12571：2000，IDT	2006/7/19	2006/12/1
15.1-3-94	15.1	91.120.10	Q25	GB/T 20313—2006	建筑材料及制品的湿热性能含湿率的测定烘干法		ISO 12570：2000，IDT	2006/7/19	2006/12/1
15.1-3-95	15.1	77.040.20	H26	GB/T 20490—2023	钢管无损检测　无缝和焊接钢管分层缺欠的自动超声检测	GB/T 20490—2006		2023/8/6	2024/3/1
15.1-3-96	15.1	19.040	K04	GB/T 20643.1—2006	特殊环境条件　环境试验方法　第 1 部分：总则			2006/11/8	2007/4/1
15.1-3-97	15.1	19.040	K04	GB/T 20643.2—2008	特殊环境条件　环境试验方法　第 2 部分：人工模拟试验方法及导则电工电子产品（含通信产品）			2008/4/24	2008/12/1
15.1-3-98	15.1	19.040	K04	GB/T 20643.3—2006	特殊环境条件　环境试验方法　第 3 部分：人工模拟试验方法及导则高分子材料			2006/11/8	2007/4/1
15.1-3-99	15.1	01.040.19；19.100	J04	GB/T 20737—2006	无损检测　通用术语和定义		ISO/TS 18173：2005，IDT	2006/12/25	2007/5/1
15.1-3-100	15.1	53.100	P97	GB/T 20969.4—2021	特殊环境条件　高原机械　第 4 部分：高原自然环境试验导则内燃动力机械	GB/T 20969.4—2008		2021/12/31	2022/7/1
15.1-3-101	15.1	53.100	P97	GB/T 20969.5—2021	特殊环境条件　高原机械　第 5 部分：高原自然环境试验导则工程机械	GB/T 20969.5—2008		2021/12/31	2022/7/1
15.1-3-102	15.1	29.035.10	K15	GB/T 21216—2007	绝缘液体　测量电导和电容确定介质损耗因数的试验方法		IEC 61620：1998，IDT	2007/12/3	2008/5/20
15.1-3-103	15.1	29.035.01	K15	GB/T 21223.1—2015	老化试验数据统计分析导则　第 1 部分：建立在正态分布试验结果的平均值基础上的方法	GB/T 21223—2007	IEC 60493-1：2011，IDT	2015/7/3	2016/2/1
15.1-3-104	15.1	29.035.01	K15	GB/T 21223.2—2015	老化试验数据统计分析导则　第 2 部分：截尾正态分布数据统计分析的验证程序		IEC/TR 60493-2：2010，MOD	2015/7/3	2016/2/1
15.1-3-105	15.1	29.080.10	K48	GB/T 21429—2008	户外和户内电气设备用空心复合绝缘子定义、试验方法、接收准则和设计推荐		IEC 61462：1998，MOD	2008/1/22	2008/9/1
15.1-3-106	15.1	29.180	K41	GB/T 22071.1—2018	互感器试验导则　第 1 部分：电流互感器	GB/T 22071.1—2008		2018/12/28	2019/7/1

续表

序号	GW 分类	ICS 分类	GB 分类	标准号	中文名称	代替标准	采用关系	发布日期	实施日期
15.1-3-107	15.1	29.180	K41	GB/T 22071.2—2017	互感器试验导则　第 2 部分：电磁式电压互感器	GB/T 22071.2—2008		2017/12/29	2018/7/1
15.1-3-108	15.1	29.035.10	K15	GB/T 22471.2—2008	电气绝缘用树脂浸渍玻璃纤维网状无纬绑扎带　第 2 部分：试验方法			2008/10/29	2009/10/1
15.1-3-109	15.1	03.120.30	A41	GB/T 22553—2023	利用重复性、再现性和正确度的估计值评定测量不确定度的指南	GB/Z 22553—2010		2023/11/27	2024/6/1
15.1-3-110	15.1	29.035.99	K15	GB/T 22689—2008	测定固体绝缘材料相对耐表面放电击穿能力的推荐试验方法		IEC 60343：1991，IDT	2008/12/31	2009/11/1
15.1-3-111	15.1	29.020	J09	GB/T 22840—2008	工业机械电气设备浪涌抗扰度试验规范			2008/12/30	2010/2/1
15.1-3-112	15.1	29.020	J09	GB/T 22841—2008	工业机械电气设备电压暂降和短时中断抗扰度试验规范			2008/12/30	2010/2/1
15.1-3-113	15.1	29.240.20	K51	GB/T 2317.1—2008	电力金具试验方法　第 1 部分：机械试验	GB/T 2317.1—2000	IEC 61284：1997，MOD	2008/9/24	2009/8/1
15.1-3-114	15.1	29.240.20	K51	GB/T 2317.2—2008	电力金具试验方法　第 2 部分：电晕和无线电干扰试验	GB/T 2317.2—2000	IEC 61284：1997，MOD	2008/12/30	2009/10/1
15.1-3-115	15.1	29.240.20	K51	GB/T 2317.3—2008	电力金具试验方法　第 3 部分：热循环试验	GB/T 2317.3—2000	IEC 61284：1997，MOD	2008/12/30	2009/10/1
15.1-3-116	15.1	29.080	K15	GB/Z 23756.1—2009	电气绝缘系统耐电性评定　第 1 部分：在正态分布基础上的评定程序和一般原理		IEC/TR 60727-1：1982，IDT	2009/5/6	2009/11/1
15.1-3-117	15.1	29.080.30	K15	GB/T 23756.2—2010	电气绝缘系统耐电寿命评定　第 2 部分：在极值分布基础上的评定程序		IEC/TR 60727-2：1993，IDT	2011/1/14	2011/7/1
15.1-3-118	15.1	25.010；29.020	J09	GB/T 24111—2009	工业机械电气设备　电快速瞬变脉冲群抗扰度试验规范			2009/6/11	2009/11/1
15.1-3-119	15.1	25.010；29.020	J09	GB/T 24112—2009	工业机械电气设备　静电放电抗扰度试验规范			2009/6/11	2009/11/1
15.1-3-120	15.1	19.040	K04	GB/T 2423.1—2008	电工电子产品环境试验　第 2 部分：试验方法　试验 A：低温	GB/T 2423.1—2001	IEC 60068-2-1：2007，IDT	2008/12/30	2009/10/1
15.1-3-121	15.1	19.040	K04	GB/T 2423.2—2008	电工电子产品环境试验　第 2 部分：试验方法　试验 B：高温	GB/T 2423.2—2001	IEC 60068-2-2：2007，IDT	2008/12/30	2009/10/1
15.1-3-122	15.1	19.040	K04	GB/T 2423.4—2008	电工电子产品环境试验　第 2 部分：试验方法　试验 Db：交变湿热（12h+12h 循环）	GB/T 2423.4—1993	IEC 60068-2-30：2005，IDT	2008/5/19	2009/1/1
15.1-3-123	15.1	19.040	K04	GB/T 2423.15—2008	电工电子产品环境试验　第 2 部分：试验方法　试验 Ga 和导则：稳态加速度	GB/T 2423.15—1995	IEC 60068-2-7：1986，IDT	2008/3/24	2008/10/1

续表

序号	GW 分类	ICS 分类	GB 分类	标准号	中文名称	代替标准	采用关系	发布日期	实施日期
15.1-3-124	15.1	19.020	K04	GB/T 2423.16—2022	电工电子产品环境试验　第2部分：试验方法　试验J及导则：长霉	GB/T 2423.16—2008	IEC 60068-2-10：2005，IDT	2022/7/11	2023/2/1
15.1-3-125	15.1	19.040	K04	GB/T 2423.17—2024	环境试验　第2部分：试验方法　试验Ka：盐雾	GB/T 2423.17—2008		2024/8/23	2025/3/1
15.1-3-126	15.1	19.040	K04	GB/T 2423.21—2008	电工电子产品环境试验　第2部分：试验方法　试验M：低气压	GB/T 2423.21—1991	IEC 60068-2-13：1983，IDT	2008/12/30	2009/10/1
15.1-3-127	15.1	19.040	K04	GB/T 2423.22—2012	环境试验　第2部分：试验方法　试验N：温度变化	GB/T 2423.22—2002；GB/T 2424.13—2002	IEC 60068-2-14：2009，IDT	2012/12/31	2013/6/1
15.1-3-128	15.1	19.040	K04	GB/T 2423.32—2008	电工电子产品环境试验　第2部分：试验方法　试验Ta：润湿称量法可焊性	GB/T 2423.32—1985；GB/T 2424.21—1985	IEC 60068-2-54：2006，IDT	2008/3/24	2008/10/1
15.1-3-129	15.1	19.040	K04	GB/T 2423.37—2006	电工电子产品环境试验　第2部分：试验方法　试验L：沙尘试验	GB/T 2423.37—1989	IEC 60068-2-68：1994，IDT	2006/12/19	2007/9/1
15.1-3-130	15.1	19.040	K04	GB/T 2423.43—2008	电工电子产品环境试验　第2部分：试验方法　振动、冲击和类似动力学试验样品的安装	GB/T 2423.43—1995	IEC 60068-2-47：2005，IDT	2008/5/19	2009/1/1
15.1-3-131	15.1	19.040	K04	GB/T 2423.55—2023	环境试验　第2部分：试验方法　试验Eh：锤击试验	GB/T 2423.55—2006		2023/9/7	2024/4/1
15.1-3-132	15.1	19.040	K04	GB/T 2423.57—2008	电工电子产品环境试验　第2部分：试验方法　试验Ei：冲击　冲击响应谱合成		IEC 60068-2-81：2003，IDT	2008/5/19	2009/1/1
15.1-3-133	15.1	19.040	K04	GB/T 2423.58—2008	电工电子产品环境试验　第2部分：试验方法　试验Fi：振动　混合模式		IEC 60068-2-80：2005 Ed.1.0，IDT	2008/5/19	2009/1/1
15.1-3-134	15.1	19.020	K04	GB/T 2423.59—2008	电工电子产品环境试验　第2部分：试验方法　试验Z/ABMFh：温度（低温、高温）/低气压/振动（随机）综合			2008/12/30	2009/11/1
15.1-3-135	15.1	19.040	K04	GB/T 2423.60—2008	电工电子产品环境试验　第2部分：试验方法　试验U：引出端及整体安装件强度		IEC 60068-2-21：2006，IDT	2008/12/30	2009/11/1
15.1-3-136	15.1	19.040	K04	GB/T 2423.101—2008	电工电子产品环境试验　第2部分：试验方法　试验：倾斜和摇摆	GB/T 2423.31—1985；GB/T 2424.20—1985		2008/5/20	2008/12/1
15.1-3-137	15.1	19.040	K04	GB/T 2423.102—2008	电工电子产品环境试验　第2部分：试验方法　试验：温度（低温、高温）/低气压/振动（正弦）综合	GB/T 2423.42—1995；GB/T 2424.24—1995		2008/5/20	2008/12/1
15.1-3-138	15.1	19.040	K04	GB/T 2424.7—2024	环境试验　第3部分：支持文件及导则　试验A（低温）和B（高温）的温度箱测量（带负载）	GB/T 2424.7—2006		2024/8/23	2025/3/1

续表

序号	GW 分类	ICS 分类	GB 分类	标准号	中 文 名 称	代替标准	采用关系	发布日期	实施日期
15.1-3-139	15.1	19.040	K04	GB/T 2424.15—2008	电工电子产品环境试验　温度/低气压综合试验导则	GB/T 2424.15—1992	IEC 60068-3-2：1976，IDT	2008/12/30	2009/10/1
15.1-3-140	15.1	19.040	K04	GB/T 2424.17—2008	电工电子产品环境试验　第 2 部分：试验方法　试验 T：锡焊试验导则	GB/T 2424.17—1995	IEC 60068-2-44：1995，IDT	2008/12/30	2009/11/1
15.1-3-141	15.1	19.040	K04	GB/T 2424.26—2008	电工电子产品环境试验　第 3 部分：支持文件和导则振动试验选择		IEC 60068-3-8：2003，Ed 1.0，IDT	2008/12/30	2009/10/1
15.1-3-142	15.1	29.020	J50	GB/T 24342—2009	工业机械电气设备　保护接地电路连续性试验规范			2009/9/30	2010/2/1
15.1-3-143	15.1	29.020	J50	GB/T 24343—2009	工业机械电气设备　绝缘电阻试验规范			2009/9/30	2010/2/1
15.1-3-144	15.1	29.020	J50	GB/T 24344—2009	工业机械电气设备耐压试验规范			2009/9/30	2010/2/1
15.1-3-145	15.1	29.080.10	K48	GB/T 24624—2009	绝缘套管油为主绝缘（通常为纸）浸渍介质套管中溶解气体分析（DGA）的判断导则		IEC 61464：1998，MOD	2009/11/30	2010/4/1
15.1-3-146	15.1	29.080.10	K48	GB/T 25096—2010	交流电压高于 1000V 变电站用电站支柱复合绝缘子　定义、试验方法及接收准则		IEC 62231：2006，MOD	2010/9/2	2011/2/1
15.1-3-147	15.1	29.020	K09	GB/T 25296—2022	电气设备安全通用试验导则	GB/T 25296—2010		2022/7/11	2023/2/1
15.1-3-148	15.1	27.120	E30	GB/T 261—2021	闪点的测定　宾斯基—马丁闭口杯法	GB/T 261—2008		2021/10/11	2022/5/1
15.1-3-149	15.1	03.120.20	A00	GB/T 27025—2019	检测和校准实验室能力的通用要求	GB/T 27025—2008	ISO/IEC Guide 98-3：2008，MOD	2019/12/10	2020/7/1
15.1-3-150	15.1	17.020	A50	GB/T 27418—2017	测量不确定度评定和表示		ISO/IEC Guide 98-3：2008，MOD	2017/12/29	2018/7/1
15.1-3-151	15.1	17.020	A50	GB/T 27419—2018	测量不确定度评定和表示　补充文件 1：基于蒙特卡洛方法的分布传播		ISO/IEC Guide 98-3/Suppl.1：2008，IDT	2018/5/14	2018/12/1
15.1-3-152	15.1	19.100	N77	GB/T 28880—2012	无损检测不用电子测量仪器对脉冲反射式超声检测系统性能特性的评定		ISO 18175：2004，MOD	2012/11/5	2013/2/15
15.1-3-153	15.1	19.040	N61	GB/T 29252—2012	实验室仪器和设备质量检验规则			2012/12/31	2013/6/1
15.1-3-154	15.1	01.080.20	N60	GB/T 29253—2012	实验室仪器和设备常用图形符号			2012/12/31	2013/6/1
15.1-3-155	15.1	29.035.01	K15	GB/T 29305—2012	新的和老化后的纤维素电气绝缘材料粘均聚合度的测量		IEC 60450：2004/AMD1：2007，IDT	2012/12/31	2013/6/1
15.1-3-156	15.1	19.040	K04	GB/T 29309—2012	电工电子产品加速应力试验规程高加速寿命试验导则			2012/12/31	2013/6/1

续表

序号	GW 分类	ICS 分类	GB 分类	标准号	中文名称	代替标准	采用关系	发布日期	实施日期
15.1-3-157	15.1	29.035.01	K15	GB/T 29310—2012	电气绝缘击穿数据统计分析导则		IEC 62539：2007，IDT	2012/12/31	2013/6/1
15.1-3-158	15.1	13.220.50	C82	GB/T 29416—2012	建筑外墙外保温系统的防火性能试验方法			2012/12/31	2013/10/1
15.1-3-159	15.1	33.100.20	L06	GB/Z 30556.1—2017	电磁兼容　安装和减缓导则　一般要求		IEC/TR 61000-5-1：1996，IDT	2017/12/29	2018/7/1
15.1-3-160	15.1	33.100.20	L06	GB/Z 30556.2—2017	电磁兼容　安装和减缓导则　接地和布线		IEC TR 61000-5-2：1997，IDT	2017/12/29	2018/7/1
15.1-3-161	15.1	33.100.01	L06	GB/T 30556.7—2014	电磁兼容　安装和减缓导则　外壳的电磁骚扰防护等级（EM 编码）		IEC 61000-5-7：2001，IDT	2014/5/6	2014/10/28
15.1-3-162	15.1	33.100	L06	GB/T 30842—2014	高压试验室电磁屏蔽效能要求与测量方法			2014/6/24	2015/1/22
15.1-3-163	15.1	13.100	N09	GB/Z 30993—2014	测量、控制和实验室用电气设备的安全要求 GB 4793.1—2007 的符合性验证报告格式			2014/7/24	2015/2/1
15.1-3-164	15.1	17.140	A59	GB/T 31004.1—2014	声学建筑和建筑构件隔声声强法测量　第 1 部分：实验室测量		ISO 15186-1：2000，IDT	2014/9/3	2015/2/1
15.1-3-165	15.1	19.020	A20	GB/T 31016—2021	样品采集与处理移动实验室通用技术规范	GB/T 31016—2014		2021/4/30	2021/11/1
15.1-3-166	15.1	01.040.01	A22	GB/T 31017—2014	移动实验室　术语			2014/9/3	2015/2/1
15.1-3-167	15.1	01.110	A01	GB/T 31018—2014	移动实验室　模块化设计指南			2014/9/3	2015/2/1
15.1-3-168	15.1	01.110	A01	GB/T 31019—2014	移动实验室　人类工效学设计指南			2014/9/3	2015/2/1
15.1-3-169	15.1	19.020	J04	GB/T 31020—2014	移动实验室移动特性			2014/9/3	2015/2/1
15.1-3-170	15.1	19.020	A20	GB/T 31023—2014	移动实验室设备工况测试通用技术规范			2014/9/3	2015/2/1
15.1-3-171	15.1	19.080	K40	GB/T 311.6—2005	高电压测量标准空气间隙	GB/T 311.6—1983	IEC 60052：2002，IDT	2005/2/6	2005/12/1
15.1-3-172	15.1	19.100	J04	GB/T 31211.1—2024	无损检测　超声导波检测　第 1 部分：总则	GB/T 31211—2014		2024/4/25	2024/4/25
15.1-3-173	15.1	19.100	J04	GB/T 31212—2014	无损检测漏磁检测总则			2014/9/3	2015/5/1
15.1-3-174	15.1	91.040.10	P33	GB/T 32146.1—2015	检验检测实验室设计与建设技术要求　第 1 部分：通用要求			2015/12/10	2016/7/1
15.1-3-175	15.1	91.040.10	P33	GB/T 32146.2—2015	检验检测实验室设计与建设技术要求　第 2 部分：电气实验室			2015/12/10	2016/7/1
15.1-3-176	15.1	17.140	A59	GB/T 3222.2—2022	声学环境噪声的描述、测量与评价　第 2 部分：环境噪声级测定	GB/T 3222.2—2009	ISO 1996-2：2007，IDT	2022/3/9	2022/10/1
15.1-3-177	15.1	29.200	L89	GB/T 32705—2016	实验室仪器及设备安全规范仪用电源			2016/6/14	2017/1/1

续表

序号	GW 分类	ICS 分类	GB 分类	标准号	中 文 名 称	代替标准	采用关系	发布日期	实施日期
15.1-3-178	15.1	07.060	A47	GB/T 32938—2016	防雷装置检测服务规范			2016/8/29	2017/3/1
15.1-3-179	15.1	25.160.40	J33	GB/T 3323.1—2019	焊缝无损检测　射线检测　第 1 部分：X 和伽玛射线的胶片技术	GB/T 3323—2005	ISO 17636-1：2013，MOD	2019/8/30	2020/3/1
15.1-3-180	15.1	25.160.40	J33	GB/T 3323.2—2019	焊缝无损检测　射线检测　第 2 部分：使用数字化探测器的 X 和伽玛射线技术		ISO 17636-2：2013，MOD	2019/8/30	2020/3/1
15.1-3-181	15.1	97.140	Y81	GB/T 33246—2016	移动实验室操作台通用技术规范			2016/12/13	2017/7/1
15.1-3-182	15.1	01.110	A20	GB/T 33247—2016	移动实验室供、排水系统设计指南			2016/12/13	2017/7/1
15.1-3-183	15.1	43.160	T04	GB/T 33253—2016	移动实验室载具通用技术规范			2016/12/13	2017/7/1
15.1-3-184	15.1	29.130.10	K43	GB/T 33981—2017	高压交流断路器声压级测量的标准规程		IEC/IEEE 62271-37-082：2012，MOD	2017/7/12	2018/2/1
15.1-3-185	15.1	91.100.60	Q25	GB/T 34009—2017	绝热材料制品　产品性能符合性评定			2017/7/12	2018/6/1
15.1-3-186	15.1	19.100	J04	GB/T 34018—2017	无损检测　超声显微检测方法			2017/7/12	2018/2/1
15.1-3-187	15.1	17.200.20	N11	GB/T 34035—2017	热电偶现场试验方法			2017/7/31	2018/2/1
15.1-3-188	15.1	25.160.40	J33	GB/T 34628—2017	焊缝无损检测　金属材料应用通则		ISO 17635：2016，IDT	2017/10/14	2018/5/1
15.1-3-189	15.1	33.020	M40	GB/T 3482—2008	电子设备雷击试验方法	GB/T 3482—1983；GB/T 3483—1983；GB/T 7450—1987		2008/3/31	2008/11/1
15.1-3-190	15.1	03.120.01；03.120.30	105	GB/T 34986—2017	产品加速试验方法		IEC 62506：2013，IDT	2017/11/1	2018/5/1
15.1-3-191	15.1	91.100.60	Q25	GB/T 35169—2017	建筑外墙外保温系统耐候性试验方法			2017/12/29	2018/11/1
15.1-3-192	15.1	19.100	J04	GB/T 35388—2017	无损检测　X 射线数字成像检测　检测方法			2017/12/29	2018/4/1
15.1-3-193	15.1	19.100	J04	GB/T 35389—2017	无损检测　X 射线数字成像检测　导则			2017/12/29	2018/4/1
15.1-3-194	15.1	19.100	J04	GB/T 35391—2017	无损检测　工业计算机层析成像（CT）检测用空间分辨力测试卡			2017/12/29	2018/4/1
15.1-3-195	15.1	19.100	J04	GB/T 35392—2017	无损检测　电导率电磁（涡流）测定方法			2017/12/29	2018/4/1
15.1-3-196	15.1	19.100	J04	GB/T 35393—2017	无损检测　非铁磁性金属电磁（涡流）分选方法			2017/12/29	2018/4/1
15.1-3-197	15.1	19.100	J04	GB/T 35394—2017	无损检测　X 射线数字成像检测　系统特性			2017/12/29	2018/4/1

续表

序号	GW 分类	ICS 分类	GB 分类	标准号	中 文 名 称	代替标准	采用关系	发布日期	实施日期
15.1-3-198	15.1	83.120	Q23	GB/T 35465.1—2017	聚合物基复合材料疲劳性能测试方法　第 1 部分：通则			2017/12/29	2018/11/1
15.1-3-199	15.1	83.120	Q23	GB/T 35465.2—2017	聚合物基复合材料疲劳性能测试方法　第 2 部分：线性或线性化应力寿命（S-N）和应变寿命（ε-N）疲劳数据的统计分析			2017/12/29	2018/11/1
15.1-3-200	15.1	83.120	Q23	GB/T 35465.3—2017	聚合物基复合材料疲劳性能测试方法　第 3 部分：拉-拉疲劳	GB/T 16779—2008		2017/12/29	2018/11/1
15.1-3-201	15.1	97.030	Y61	GB/T 35747—2017	空气射流式房间空调器技术要求及试验方法			2017/12/29	2018/7/1
15.1-3-202	15.1	91.040.10	P33	GB/T 37140—2018	检验检测实验室技术要求验收规范			2018/12/28	2019/7/1
15.1-3-203	15.1	19.100	J04	GB/T 37540—2019	无损检测　涡流检测数字图像处理与通信			2019/6/4	2020/1/1
15.1-3-204	15.1	33.100	106	GB/T 37543—2019	直流输电线路和换流站的合成场强与离子流密度的测量方法			2019/6/4	2020/1/1
15.1-3-205	15.1	77.040.99	H20	GB/T 37789—2019	钢结构十字接头试验方法			2019/8/30	2020/7/1
15.1-3-206	15.1	13.040	Z04	GB/T 37940—2019	大气环境监测移动实验室通用技术规范			2019/8/30	2020/3/1
15.1-3-207	15.1	19.020	A20	GB/T 37986—2019	工程检测移动实验室通用技术规范			2019/8/30	2020/3/1
15.1-3-208	15.1	29.240.01	K40	GB/T 38878—2020	柔性直流输电工程系统试验			2020/6/2	2020/12/1
15.1-3-209	15.1	19.080	K40	GB/T 42287—2022	高电压试验技术　电磁和声学法测量局部放电			2022/12/30	2023/7/1
15.1-3-210	15.1	13.140	A59	GB/T 42473—2023	声学　噪声烦恼度的评价和预测方法			2023/3/17	2023/10/1
15.1-3-211	15.1	17.140.50	A59	GB/T 42553—2023	电声学　确定声级计自由场响应修正值的方法			2023/5/23	2023/12/1
15.1-3-212	15.1	19.080	N09	GB 4793.2—2008	测量、控制和实验室用电气设备的安全要求　第 2 部分：电工测量和试验用手持和手操电流传感器的特殊要求	GB 4793.2—2001	IEC 61010-2-032：2002，IDT	2008/8/30	2009/9/1
15.1-3-213	15.1	11.080.10	C47	GB 4793.4—2019	测量、控制和试验室用电气设备的安全要求　第 4 部分：用于处理医用材料的灭菌器和清洗消毒器的特殊要求	GB 4793.4—2001；GB 4793.8—2008	IEC 61010-2-040：2005，IDT	2019/12/17	2021/1/1
15.1-3-214	15.1	19.080	N09	GB 4793.5—2008	测量、控制和实验室用电气设备的安全要求　第 5 部分：电工测量和试验用手持探头组件的安全要求	GB 4793.5—2001	IEC 61010-031：2002，IDT	2008/8/30	2009/9/1

15

续表

序号	GW 分类	ICS 分类	GB 分类	标准号	中 文 名 称	代替标准	采用关系	发布日期	实施日期
15.1-3-215	15.1	13.100	N09	GB 4793.9—2013	测量、控制和实验室用电气设备的安全要求　第9部分：实验室用分析和其他目的自动和半自动设备的特殊要求		IEC 61010-2-081：2009，IDT	2013/12/17	2014/11/1
15.1-3-216	15.1	29.060.10	K11	GB/T 4909.1—2009	裸电线试验方法　第1部分：总则	GB/T 4909.1—1985		2009/3/19	2009/12/1
15.1-3-217	15.1	29.060.10	K11	GB/T 4909.2—2009	裸电线试验方法　第2部分：尺寸测量	GB/T 4909.2—1985		2009/3/19	2009/12/1
15.1-3-218	15.1	29.060.10	K11	GB/T 4909.3—2009	裸电线试验方法　第3部分：拉力试验	GB/T 4909.3—1985		2009/3/19	2009/12/1
15.1-3-219	15.1	29.060.10	K11	GB/T 4909.4—2009	裸电线试验方法　第4部分：扭转试验	GB/T 4909.4—1985		2009/3/19	2009/12/1
15.1-3-220	15.1	29.060.10	K11	GB/T 4909.5—2009	裸电线试验方法　第5部分：弯曲试验—反复弯曲	GB/T 4909.5—1985		2009/3/19	2009/12/1
15.1-3-221	15.1	29.060.10	K11	GB/T 4909.6—2009	裸电线试验方法　第6部分：弯曲试验—单向弯曲	GB/T 4909.6—1985		2009/3/19	2009/12/1
15.1-3-222	15.1	29.060.10	K11	GB/T 4909.7—2009	裸电线试验方法　第7部分：卷绕试验	GB/T 4909.7—1985		2009/3/19	2009/12/1
15.1-3-223	15.1	29.060.10	K11	GB/T 4909.8—2009	裸电线试验方法　第8部分：硬度试验—布氏法	GB/T 4909.8—1985		2009/3/19	2009/12/1
15.1-3-224	15.1	29.060.10	K11	GB/T 4909.9—2009	裸电线试验方法　第9部分：镀层连续性试验—多硫化钠法	GB/T 4909.9—1985		2009/3/19	2009/12/1
15.1-3-225	15.1	29.060.10	K11	GB/T 4909.10—2009	裸电线试验方法　第10部分：镀层连续性试验—过硫酸铵法	GB/T 4909.10—1985		2009/3/19	2009/12/1
15.1-3-226	15.1	29.060.10	K11	GB/T 4909.11—2009	裸电线试验方法　第11部分：镀层附着性试验	GB/T 4909.11—1985		2009/3/19	2009/12/1
15.1-3-227	15.1	29.060.10	K11	GB/T 4909.12—2009	裸电线试验方法　第12部分：镀层可焊性试验—焊球法	GB/T 4909.12—1985		2009/3/19	2009/12/1
15.1-3-228	15.1			GB/T 50123—2019	土工试验方法标准	GB/T 50123—1999		2019/5/24	2019/10/1
15.1-3-229	15.1			GB/T 50129—2011	砌体基本力学性能试验方法标准	GBJ 129—1990		2011/7/29	2012/3/1
15.1-3-230	15.1			GB 50150—2016	电气装置安装工程　电气设备交接试验标准	GB 50150—2006		2016/4/15	2016/12/1
15.1-3-231	15.1	29.035.50	K15	GB/T 5019.2—2009	以云母为基的绝缘材料　第2部分：试验方法	GB/T 5019—2002	IEC 60371-2：2004，MOD	2009/6/10	2009/12/1
15.1-3-232	15.1			GB/T 50621—2010	钢结构现场检测技术标准			2010/8/18	2011/6/1
15.1-3-233	15.1	29.040.10	E38	GB/T 507—2002	绝缘油　击穿电压测定法	GB/T 507—1986	IEC 156：1995，IDT	2002/10/10	2003/4/1
15.1-3-234	15.1	03.120.10；03.120.30	L05	GB/T 5080.1—2012	可靠性试验　第1部分：试验条件和统计检验原理	GB/T 5080.1—1986	IEC 60300-3-5：2001，IDT	2012/11/5	2013/2/15

序号	GW 分类	ICS 分类	GB 分类	标准号	中 文 名 称	代替标准	采用关系	发布日期	实施日期
15.1-3-235	15.1	19.020	L05	GB/T 5080.2—2012	可靠性试验　第 2 部分：试验周期设计	GB/T 5080.2—1986	IEC 605-2：1994，IDT	2012/11/5	2013/2/15
15.1-3-236	15.1	29.035.99	K15	GB/T 5132.2—2009	电气用热固性树脂工业硬质圆形层压管和棒　第 2 部分：试验方法	GB/T 5132—1985；GB/T 5134—1985	IEC 61212-2：2006，IDT	2009/6/10	2009/12/1
15.1-3-237	15.1	13.220	K04	GB/T 5169.2—2021	电工电子产品着火危险试验　第 2 部分：着火危险评定导则・总则	GB/T 5169.2—2013	IEC 60695-1-10：2016，IDT	2021/1/7	2022/5/1
15.1-3-238	15.1	13.220.40；29.020	K04	GB/T 5169.9—2021	电工电子产品着火危险试验　第 9 部分：着火危险评定导则・预选试验程序・总则	GB/T 5169.9—2013	IEC 60695-1-30：2017，IDT	2021/10/11	2022/5/1
15.1-3-239	15.1	13.220.40；29.020	K04	GB/T 5169.10—2017	电工电子产品着火危险试验　第 10 部分：灼热丝/热丝基本试验方法　灼热丝装置和通用试验方法	GB/T 5169.10—2006	IEC 60695-2-10：2013，IDT	2017/12/29	2018/7/1
15.1-3-240	15.1	13.220.40；29.020	K04	GB/T 5169.11—2017	电工电子产品着火危险试验　第 11 部分：灼热丝/热丝基本试验方法　成品的灼热丝可燃性试验方法（GWEPT）	GB/T 5169.11—2006	IEC 60695-2-11：2014，IDT	2017/12/29	2018/7/1
15.1-3-241	15.1	13.220.40；29.020	K04	GB/T 5169.16—2017	电工电子产品着火危险试验　第 16 部分：试验火焰 50W 水平与垂直火焰试验方法	GB/T 5169.16—2008		2017/12/29	2018/7/1
15.1-3-242	15.1	13.220.40；29.020	K04	GB/T 5169.19—2022	电工电子产品着火危险试验　第 19 部分：非正常热模压应力释放变形试验	GB/T 5169.19—2006		2022/10/12	2023/5/1
15.1-3-243	15.1	13.220	K04	GB/T 5169.20—2021	电工电子产品着火危险试验　第 20 部分：火焰表面蔓延・试验方法概要和相关性	GB/T 5169.20—2013	IEC 60695-9-2：2014，IDT	2021/10/11	2022/5/1
15.1-3-244	15.1	13.220.40；29.020	K04	GB/T 5169.21—2017	电工电子产品着火危险试验　第 21 部分：非正常热　球压试验方法	GB/T 5169.21—2006	IEC 60695-10-2：2014，IDT	2017/12/29	2018/7/1
15.1-3-245	15.1	13.220.40 29.020	K04	GB/T 5169.33—2023	电工电子产品着火危险试验　第 33 部分：着火危险评定导则　起燃性　总则	GB/Z 5169.33—2014		2023/9/7	2024/4/1
15.1-3-246	15.1	13.220.40 29.020	k04	GB/T 5169.34—2023	电工电子产品着火危险试验　第 34 部分：着火危险评定导则　起燃性　试验方法概要和相关性	GB/Z 5169.34—2014		2023/9/7	2024/4/1
15.1-3-247	15.1	13.220.40；29.020	K04	GB/T 5169.38—2014	电工电子产品着火危险试验　第 38 部分：燃烧流的毒性试验方法概要和相关性		IEC 60695-7-2：2011，IDT	2014/9/3	2015/4/1
15.1-3-248	15.1	13.220.40 29.020	K04	GB/T 5169.44—2022	电工电子产品着火危险试验　第 44 部分：着火危险评定导则着火危险评定	GB/T 5169.44—2013		2022/10/12	2023/5/1
15.1-3-249	15.1	13.220.40；29.020	K04	GB/T 5169.45—2019	电工电子产品着火危险试验　第 45 部分：着火危险评定导则　防火安全工程		IEC 60695-1-12：2015，IDT	2019/6/4	2020/1/1

续表

序号	GW 分类	ICS 分类	GB 分类	标准号	中 文 名 称	代替标准	采用关系	发布日期	实施日期
15.1-3-250	15.1	19.040	K04	GB/T 5170.1—2016	电工电子产品环境试验设备检验方法　第 1 部分：总则	GB/T 5170.1—2008		2016/12/13	2017/7/1
15.1-3-251	15.1	19.040	K04	GB/T 5170.2—2017	环境试验设备检验方法　第 2 部分：温度试验设备	GB/T 5170.2—2008		2017/12/29	2018/7/1
15.1-3-252	15.1	19.040	K04	GB/T 5170.5—2016	电工电子产品环境试验设备检验方法　第 5 部分：湿热试验设备	GB/T 5170.5—2008		2016/12/13	2017/7/1
15.1-3-253	15.1	19.040	K04	GB/T 5170.8—2017	环境试验设备检验方法　第 8 部分：盐雾试验设备	GB/T 5170.8—2008		2017/12/29	2018/7/1
15.1-3-254	15.1	19.040	K04	GB/T 5170.9—2017	环境试验设备检验方法　第 9 部分：太阳辐射试验设备	GB/T 5170.9—2008		2017/12/29	2018/7/1
15.1-3-255	15.1	19.040	K04	GB/T 5170.10—2017	环境试验设备检验方法　第 10 部分：高低温低气压试验设备	GB/T 5170.10—2008		2017/12/29	2018/7/1
15.1-3-256	15.1	19.040	K04	GB/T 5170.11—2017	环境试验设备检验方法　第 11 部分：腐蚀气体试验设备	GB/T 5170.11—2008		2017/12/29	2018/7/1
15.1-3-257	15.1	19.040	A21	GB/T 5170.14—2023	环境试验设备检验方法　第 14 部分：振动（正弦）试验用电动式振动系统	GB/T 5170.14—2009		2023/9/7	2024/4/1
15.1-3-258	15.1	19.040	A21	GB/T 5170.21—2023	环境试验设备检验方法　第 21 部分：振动（随机）试验用液压式振动系统	GB/T 5170.21—2008		2023/9/7	2024/4/1
15.1-3-259	15.1	33.100	L06	GB/Z 6113.3—2019	无线电骚扰和抗扰度测量设备和测量方法规范　第 3 部分：无线电骚扰和抗扰度测量技术报告	GB/Z 6113.3—2006	CISPR TR 16-3：2015，IDT	2019/8/30	2020/3/1
15.1-3-260	15.1	33.100	L06	GB/T 6113.102—2018	无线电骚扰和抗扰度测量设备和测量方法规范　第 1-2 部分：无线电骚扰和抗扰度测量设备传导骚扰测量的耦合装置	GB/T 6113.102—2008	CISPR 16-1-2：2014，IDT	2018/7/13	2019/2/1
15.1-3-261	15.1	33.100	L06	GB/T 6113.103—2021	无线电骚扰和抗扰度测量设备和测量方法规范　第 1-3 部分：无线电骚扰和抗扰度测量设备辅助设备　骚扰功率	GB/T 6113.103—2008	CISPR 16-1-3：2016，IDT	2021/5/21	2021/12/1
15.1-3-262	15.1	33.100	L06	GB/T 6113.105—2018	无线电骚扰和抗扰度测量设备和测量方法规范　第 1-5 部分：无线电骚扰和抗扰度测量设备 5MHz～18GHz 天线校准场地和参考试验场地	GB/T 6113.105—2008	CISPR 16-1-5：2014，IDT	2018/12/28	2019/7/1
15.1-3-263	15.1	33.100	L06	GB/T 6113.204—2008	无线电骚扰和抗扰度测量设备和测量方法规范　第 2-4 部分：无线电骚扰和抗扰度测量方法抗扰度测量	部分代替 GB/T 6113.2—1998	CISPR 16-2-4：2003，IDT	2008/1/12	2008/9/1

续表

序号	GW 分类	ICS 分类	GB 分类	标准号	中 文 名 称	代替标准	采用关系	发布日期	实施日期
15.1-3-264	15.1	33.100	L06	GB/T 6113.402—2022	无线电骚扰和抗扰度测量设备和测量方法规范　第 4-2 部分：不确定度、统计学和限值建模　测量设备和设施的不确定度	GB/T 6113.402—2018	CISPR 16-4-2：2014，IDT	2022/12/30	2023/7/1
15.1-3-265	15.1	33.100.20	L06	GB/Z 6113.403—2020	无线电骚扰和抗扰度测量设备和测量方法规范　第 4-3 部分：不确定度、统计学和限值建模　批量产品的 EMC 符合性确定的统计考虑	GB/Z 6113.403—2007	CISPR 16-4-3/TR：2007，IDT	2020/11/19	2021/6/1
15.1-3-266	15.1	33.100	L06	GB/Z 6113.404—2023	无线电骚扰和抗扰度测量设备和测量方法规范　第 4-4 部分：不确定度、统计学和限值建模　投诉的统计和保护无线电业务的限值计算模型	GB/Z 6113.404—2007		2023/11/27	2024/6/1
15.1-3-267	15.1	03.120.30	A41	GB/T 6378.1—2008	计量抽样检验程序　第 1 部分：按接收质量限（AQL）检索的对单一质量特性和单个 AQL 的逐批检验的一次抽样方案	GB/T 6378—2002	ISO 3951-1：2005，IDT	2008/7/28	2009/1/1
15.1-3-268	15.1	03.120.30	A41	GB/T 6379.3—2012	测量方法与结果的准确度（正确度与精密度）第 3 部分：标准测量方法精密度的中间度量		ISO 5725-3：1994，IDT	2012/11/5	2013/2/15
15.1-3-269	15.1	03.120.30	A41	GB/T 6379.6—2009	测量方法与结果的准确度（正确度与精密度）第 6 部分：准确度值的实际应用		ISO 5725-6：1994，IDT	2009/3/13	2009/9/1
15.1-3-270	15.1	29.035.01	K15	GB/T 6553—2024	严酷环境条件下使用的电气绝缘材料　评定耐电痕化和蚀损的试验方法	GB/T 6553—2014		2024/8/23	2025/3/1
15.1-3-271	15.1	19.080	K40	GB/T 7354—2018	高电压试验技术　局部放电测量	GB/T 7354—2003	IEC 60270：2000，MOD	2018/9/17	2019/4/1
15.1-3-272	15.1	03.120.30	A41	GB/T 8054—2008	计量标准型一次抽样检验程序及表	GB/T 8053—2001；GB/T 8054—1995		2008/7/16	2009/1/1
15.1-4-273	15.1	17.220.20	A55	DL/T 1041—2007	电力系统电磁暂态现场试验导则			2007/7/20	2007/12/1
15.1-4-274	15.1	27.100	F24	DL/T 1082—2008	高压实验室技术条件			2008/6/4	2008/11/1
15.1-4-275	15.1	27.100	F20	DL/T 1977—2019	矿物绝缘油氧化安定性的测定　差示扫描量热法		IEC/TR 62036：2007，MOD	2019/6/4	2019/10/1
15.1-4-276	15.1	27.140	F20	DL/T 1980—2019	变压器绝缘纸（板）平均含水量测定法　频域介电谱法			2019/6/4	2019/10/1
15.1-4-277	15.1	29.020	F24	DL/T 2392—2021	10kV 配网一次电力设备交接试验规程			2021/12/22	2022/3/22
15.1-4-278	15.1	29.260.01	K60	DL/T 2515—2022	电气试验接地实时监控与预警技术规范			2022/5/13	2022/11/13
15.1-4-279	15.1	27.100	F24	DL/T 253—2012	直流接地极接地电阻、地电位分布、跨步电压和分流的测量方法			2012/4/6	2012/7/1

续表

序号	GW 分类	ICS 分类	GB 分类	标准号	中 文 名 称	代替标准	采用关系	发布日期	实施日期
15.1-4-280	15.1	27.100	F20	DL/T 263—2021	变压器油中金属元素的测定方法	DL/T 263—2012		2021/12/22	2022/3/22
15.1-4-281	15.1		Z32	DL/T 2665—2023	变电站厂界噪声排放测量方法 多重相干函数法			2023/10/11	2024/4/11
15.1-4-282	15.1	29.040.10	E38	DL/T 2684—2023	变压器有载分接开关油中溶解气体分析导则			2023/12/28	2024/6/28
15.1-4-283	15.1	29.040.10	E30/49	DL/T 2685—2023	变压器油中环氧树脂的测定红外光谱法			2023/12/28	2024/6/28
15.1-4-284	15.1	77.040.20	H26	DL/T 303—2014	电网在役支柱绝缘子及瓷套超声波检测			2014/10/15	2015/3/1
15.1-4-285	15.1			DL/T 304—2024	气体绝缘金属封闭输电线路现场交接试验导则	DL/T 304—2011		2024/12/25	2025/6/25
15.1-4-286	15.1	27.100	F24	DL/T 385—2010	变压器油带电倾向性检测方法			2010/5/24	2010/10/1
15.1-4-287	15.1	29.240.01	F24	DL/T 417—2019	电力设备局部放电现场测量导则	DL/T 417—2006		2019/11/4	2020/5/1
15.1-4-288	15.1	27.100	E38	DL/T 421—2009	电力用油体积电阻率测定法	DL/T 421—1991		2009/7/22	2009/12/1
15.1-4-289	15.1	27.100	F22	DL/T 469—2022	电站锅炉风机现场性能试验	DL/T 469—2004		2022/5/13	2022/11/13
15.1-4-290	15.1	29.040.10	E38	DL/T 474.1—2018	现场绝缘试验实施导则 绝缘电阻、吸收比和极化指数试验	DL/T 474.1—2006		2018/4/3	2018/7/1
15.1-4-291	15.1	29.040.10	E38	DL/T 474.2—2018	现场绝缘试验实施导则 直流高电压试验	DL/T 474.2—2006		2018/4/3	2018/7/1
15.1-4-292	15.1	29.040.10	E38	DL/T 474.3—2018	现场绝缘试验实施导则 介质损耗因数 tanδ试验	DL/T 474.3—2006		2018/4/3	2018/7/1
15.1-4-293	15.1	29.040.10	E38	DL/T 474.4—2018	现场绝缘试验实施导则 交流耐压试验	DL/T 474.4—2006		2018/4/3	2018/7/1
15.1-4-294	15.1	29.040.10	E38	DL/T 474.5—2018	现场绝缘试验实施导则 避雷器试验	DL/T 474.5—2006		2018/4/3	2018/7/1
15.1-4-295	15.1	29.060.70	K42	DL/T 5292—2013	1000kV 交流输变电工程系统调试规程			2013/3/7	2013/8/1
15.1-4-296	15.1	27.100	F24	DL/T 5293—2013	电气装置安装工程电气设备交接试验报告统一格式			2013/11/28	2014/4/1
15.1-4-297	15.1	29.180	K41	DL/T 580—2013	用露点法测定变压器绝缘纸中平均含水量的方法	DL/T 580—1995		2013/11/28	2014/4/1
15.1-4-298	15.1	29.020	F24	DL/T 596—2021	电力设备预防性试验规程	DL/T 596—1996		2021/4/26	2021/10/26
15.1-4-299	15.1	27.100	F20	DL/T 837—2020	输变电设施可靠性评价规范	DL/T 837—2012		2020/10/23	2021/2/1
15.1-4-300	15.1	27.100	F24	DL/T 849.4—2004	电力设备专用测试仪器通用技术条件 第 4 部分：超低频高压发生器			2004/3/9	2004/6/1

续表

序号	GW 分类	ICS 分类	GB 分类	标准号	中 文 名 称	代替标准	采用关系	发布日期	实施日期
15.1-4-301	15.1	29.240.99	F24	DL/T 849.6—2016	电力设备专用测试仪器通用技术条件 第6部分：高压谐振试验装置	DL/T 849.6—2004		2016/12/5	2017/5/1
15.1-4-302	15.1	27.100	F24	DL/T 907—2004	热力设备红外检测导则			2004/12/14	2005/6/1
15.1-4-303	15.1	29.020	K60	DL/T 976—2017	带电作业工具、装置和设备预防性试验规程	DL/T 976—2005		2017/11/15	2018/3/1
15.1-4-304	15.1	17.220.20	N26	DL/T 992—2006	冲击电压测量实施细则			2006/5/6	2006/10/1
15.1-4-305	15.1	19.100	N78	JB/T 11608—2013	无损检测仪器工业用X射线探伤装置			2013/12/31	2014/7/1
15.1-4-306	15.1	19.100	N77	JB/T 11609—2013	无损检测仪器声振检测仪			2013/12/31	2014/7/1
15.1-4-307	15.1	19.100	N33	JB/T 11610—2013	无损检测仪器数字超声检测仪技术条件			2013/12/31	2014/7/1
15.1-4-308	15.1	29.020	K04	JB/T 11654—2013	高海拔环境的大型人工模拟气候室技术条件			2013/12/31	2014/7/1
15.1-4-309	15.1	27.160	F11	JB/T 12239—2015	直流电源的回馈式老化测试方法			2015/4/30	2015/10/1
15.1-4-310	15.1	29.035.99	K15	JB/T 1544—2015	电气绝缘浸渍漆和漆布快速热老化试验方法—热重点斜法	JB/T 1544—1999		2015/4/30	2015/10/1
15.1-4-311	15.1	29.080.99	K49	JB/T 7618—2011	避雷器密封试验	JB/T 7618—1994		2011/12/20	2012/4/1
15.1-4-312	15.1	29.020	K04	NB/T 10197—2019	高海拔现场移动冲击电压发生器通用技术条件			2019/6/4	2019/10/1
15.1-4-313	15.1	19.020	K40	NB/T 10282—2019	交流无间隙金属氧化物避雷器试验导则		STL IEC 60099-4，MOD	2019/11/4	2020/5/1
15.1-4-314	15.1	29.040.10	K15	NB/T 11390—2023	电力变压器油中邻苯二甲酸酯类物质的定量检测方法气相色谱质谱法			2023/12/28	2024/6/28
15.1-4-315	15.1	19.020	K40	NB/T 42023—2013	试验数据的测量不确定度处理		STL TR3：2008，MOD	2013/11/28	2014/4/1
15.1-4-316	15.1	19.020	K40	NB/T 42154—2018	高压/低压预装式变电站试验导则		IEC 62271-202：2014，MOD	2018/6/6	2018/10/1
15.1-4-317	15.1	77.040.20	H26	NB/T 47013.1—2015	承压设备无损检测 第1部分：通用要求	JB/T 4730.1—2005		2015/4/2	2015/9/1
15.1-4-318	15.1	77.040.20	H26	NB/T 47013.2—2015	承压设备无损检测 第2部分：射线检测	JB/T 4730.2—2005		2015/4/2	2015/9/1
15.1-4-319	15.1	77.040.20	H26	NB/T 47013.3—2023	承压设备无损检测 第3部分：超声检测	NB/T 47013.3—2015		2023/12/28	2024/6/28
15.1-4-320	15.1	77.040.20	H26	NB/T 47013.4—2015	承压设备无损检测 第4部分：磁粉检测	JB/T 4730.4—2005		2015/4/2	2015/9/1
15.1-4-321	15.1	77.040.20	H26	NB/T 47013.5—2015	承压设备无损检测 第5部分：渗透检测	JB/T 4730.5—2005		2015/4/2	2015/9/1
15.1-4-322	15.1	77.040.20	H26	NB/T 47013.6—2015	承压设备无损检测 第6部分：涡流检测	JB/T 4730.6—2005		2015/4/2	2015/9/1
15.1-4-323	15.1	77.040.20	H26	NB/T 47013.11—2023	承压设备无损检测 第11部分：射线数字成像	NB/T 47013.11—2015		2023/10/11	2024/4/11

续表

序号	GW 分类	ICS 分类	GB 分类	标准号	中文名称	代替标准	采用关系	发布日期	实施日期
					检测				
15.1-4-324	15.1	77.040.20	H26	NB/T 47013.14—2023	承压设备无损检测　第 14 部分：射线计算机辅助成像检测	NB/T 47013.14—2016		2023/10/11	2024/4/11
15.1-4-325	15.1	77.040.20	H26	NB/T 47013.16—2024	承压设备无损检测　第 16 部分：红外热成像检测			2024/5/24	2024/11/24
15.1-4-326	15.1	77.040.20	H26	NB/T 47013.18—2024	承压设备无损检测　第 18 部分：阵列涡流检测			2024/5/24	2024/11/24
15.1-5-327	15.1	17.220.20；19.080	K04	IEC 60060-1：2010	高压试验技术　第 1 部分：一般定义和试验要求	IEC 60060-1：1989；IEC 60060-1 Cor 1：1992；IEC 60060-1 Cor 1：1992；IEC 42/277/FDIS：2010		2010/9/29	2010/9/29
15.1-5-328	15.1	17.220.20；19.080	K40	IEC 60060-2：2010	高压试验技术　第 2 部分：测量系统	IEC 60060-2：1994；IEC 60060-2/AMD 1：1996；IEC 42/281/FDIS：2010		2010/11/29	2010/11/29
15.1-5-329	15.1	17.220.99；29.035.01	K15	IEC 60212：2010	固体电气绝缘材料试验前和试验时采用的标准条件	IEC 60212：1971；IEC 112/148/CDV：2010		2010/12/15	2010/12/15
15.1-5-330	15.1	17.220.99；29.035.01	K15	IEC 60216-1：2013	电绝缘材料耐热性能　第 1 部分：老化规程和试验结果评定	IEC 60216-1：2001；IEC 112/235/FDIS：2012		2013/3/15	2013/3/15
15.1-5-331	15.1	17.220.99；29.035.01	K15	IEC 60216-8：2013	电绝缘材料耐热性能　第 8 部分：使用简化规程计算耐热性能用指令	IEC 112/236/FDIS：2012		2013/3/15	2013/3/15
15.1-5-332	15.1	17.220.99；29.035.01		IEC 60243-2：2013	绝缘材料的耐电强度　试验方法　第 2 部分：采用直流电压进行试验的补充要求			2013/11/26	2013/11/26
15.1-5-333	15.1	17.220.99；29.035.01		IEC 60243-3：2013	绝缘材料电气强度试验方法　第 3 部分：1.2/50us 脉冲试验补充要求			2013/11/26	2013/11/26
15.1-5-334	15.1			IEC 60475：2022	液体电介质取样方法			2022/5/25	2022/5/25
15.1-5-335	15.1	29.035.01	A41；K15	IEC TR 60493-2：2010	老化试验数据的统计分析用指南　第 2 部分：截尾标准分布数据的统计分析用验证程序	IEC 112/140/DTR：2009		2010/3/30	2010/3/30
15.1-5-336	15.1	17.240；29.035.01	K15	IEC 60544-1：2013	电气绝缘材料　电离辐射影响的测定　第 1 部分：辐射的交互作用和放射量测定	IEC 60544-1：1994；IEC 112/254/FDIS：2013		2013/6/27	2013/6/27

续表

序号	GW 分类	ICS 分类	GB 分类	标准号	中 文 名 称	代替标准	采用关系	发布日期	实施日期
15.1-5-337	15.1			IEC 60599：2022	矿物充油电气设备服务　指导的溶解和游离气体分析说明　版 3.0			2022/5/25	2022/5/25
15.1-5-338	15.1	33.100.99		IEC 61000-1-2：2016	电磁兼容性（EMC）　第 1-2 部分：总则　达到电气和电子设备在电磁现象方面功能安全的方法	IEC 61000-6-1：2005；IEC/TS 61000-1-2：2008		2016/4/1	2016/4/1
15.1-5-339	15.1			IEC TR 61000-1-6：2012/Cor1：2014	电磁兼容性（EMC）　第 1-6 部分：总则　测量不确定性评定指南　勘误表 1			2014/10/1	2014/10/1
15.1-5-340	15.1	33.100.01	L06	IEC 61000-2-13：2005	电磁兼容性（EMC）　第 2-13 部分：环境辐射和传导的大功率电磁（HEMP）环境	IEC 77 C/153/FDIS：2004		2005/3/9	2005/3/9
15.1-5-341	15.1	33.100.20		IEC TR 61000-2-5：2017	电磁兼容性（EMC）　第 2-5 部分：环境　电磁环境的描述和分类	IEC/TR 61000-2-5：2011		2017/2/28	2017/2/28
15.1-5-342	15.1	33.100.01	L06	IEC TR 61000-3-6：2008	电磁兼容性（EMC）　第 3-6 部分：限值　变形装置对 MV、HV 和 EHV 动力系统的连接用排放限值的评估	IEC TR 61000-3-6：1996；IEC 77 A/575/DTR：2007		2008/2/22	2008/2/22
15.1-5-343	15.1	33.100.01	L06	IEC TR 61000-3-7：2008	电磁兼容性（EMC）　第 3-7 部分：限值　变动载荷装置对 MV、HV 和 EHV 动力系统的连接用排放限值的评估	IEC TR 61000-3-7：1996；IEC 77 A/576/DTR：2007		2008/2/22	2008/2/22
15.1-5-344	15.1			IEC 61000-3-12：2011/AMD1：2021，CSV	电磁兼容性（EMC）　第 3-12 部分：限值　与每相输入电流 16A 和 75A 的公用低压系统连接的设备产生的谐波电流限值			2021/6/4	2021/6/4
15.1-5-345	15.1	33.100.01	L06	IEC TR 61000-3-13：2008	电磁兼容性（EMC）　第 3-13 部分：限值　不平衡装置对 MV、HV 和 EHV 动力系统的连接用排放限值的评估	IEC 77 A/577/DTR：2007		2008/2/22	2008/2/22
15.1-5-346	15.1	33.100.01	L06	IEC TR 61000-3-13：2008/Cor1：2010	电磁兼容性（EMC）　第 3-13 部分：限值　不平衡装置对 MV、HV 和 EHV 动力系统的连接用排放限值的评估修改单 1			2010/4/22	2010/4/22
15.1-5-347	15.1	33.100.01；33.100.10		IEC TR 61000-3-14：2011	电磁兼容性（EMC）　第 3-14 部分：谐波、间谐波排放限度、电压波动，以及干扰设施与低压电源系统连接不平衡性评估	IEC 77 A/741/DTR：2011		2011/10/20	2011/10/20
15.1-5-348	15.1			IEC 61000-4-3：2020	电磁兼容性（EMC）　第 4-3 部分：试验和测量技术辐射、射频和电磁场抗扰试验			2020/9/8	2020/9/8

15

续表

序号	GW 分类	ICS 分类	GB 分类	标准号	中 文 名 称	代替标准	采用关系	发布日期	实施日期
15.1-5-349	15.1	33.100.20	L06	IEC 61000-4-4：2012	电磁兼容性（EMC） 第 4-4 部分：试验和测量技术 快速瞬变脉冲/脉冲串抗扰性试验	IEC 61000-4-4：2004；IEC 61000-4-4 Cor 1：2006；IEC 61000-4-4 Cor 1：2006；IEC 61000-4-4 Cor 2：2007；IEC 61000-4-4 Cor 2：2007；IEC 61000-4-4/AMD 1：2010；IEC 61000-4-4：2011；IEC 77 B/670/FDIS：2012		2012/4/30	2012/4/30
15.1-5-350	15.1	33.100.20		IEC 61000-4-6：2013	电磁兼容性（EMC） 第 4-6 部分：测试和测量技术 射频场感应的传导干扰抗扰性			2013/10/23	2013/10/23
15.1-5-351	15.1	33.100.10；33.100.20	L06	IEC 61000-4-7：2009	电磁兼容性（EMC） 第 4-7 部分：试验和测量技术 供电系统及其相连设备谐波和间谐波的测量和使用仪器的通用指南			2009/10/1	2009/10/1
15.1-5-352	15.1	33.100.20	L06	IEC 61000-4-8：2009	电磁兼容性（EMC） 第 4-8 部分：试验和测量技术 工频磁场抗扰度试验	IEC 61000-4-8：1993；IEC 61000-4-8/AMD 1：2000；IEC 61000-4-8：2001；IEC 77 A/694/FDIS：2009		2009/9/3	2009/9/3
15.1-5-353	15.1	33.100.01；33.100.20		IEC TR 61000-4-1：2016	电磁兼容性（EMC） 第 4-1 部分：试验和测量技术 IEC 61000-4 系列综述	IEC 61000-4-1：2006		2016/4/1	2016/4/1
15.1-5-354	15.1			IEC 61000-4-11：2020	电磁兼容性（EMC） 第 4-11 部分：试验和测量技术 第 11 节：电压磁倾角、短暂中断及电压渐变抗扰度试验			2020/1/28	2020/1/28
15.1-5-355	15.1			IEC 61000-4-12：2017	电磁兼容性（EMC） 第 4-12 部分：试验和测量技术 环形波抗扰度试验			2017/7/18	2017/7/18
15.1-5-356	15.1			IEC 61000-4-13：2015	电磁兼容性（EMC） 第 4-13 部分：试验和测量技术 包括交流电端口电源	IEC 61000-4-13：2009		2015/12/1	2015/12/1
15.1-5-357	15.1	33.100.20	L06	IEC 61000-4-14：2009	电磁兼容性（EMC） 第 4-14 部分：试验和测量技术 每相输入电流不超过 16A 的设备的电压波动抗扰性试验	IEC 61000-4-14：2002		2009/8/1	2009/8/1

续表

序号	GW 分类	ICS 分类	GB 分类	标准号	中 文 名 称	代替标准	采用关系	发布日期	实施日期
15.1-5-358	15.1	33.100.10；33.100.20	L06	IEC 61000-4-15：2010	电磁兼容性（EMC） 第4-15部分：测试与测量技术 功能与设计规范	IEC 61000-4-15：1997；IEC 61000-4-15：2003；IEC 61000-4-15/AMD 1：2003；IEC 77 A/722/FDIS：2010		2010/8/24	2010/8/24
15.1-5-359	15.1	33.100.20		IEC 61000-4-16：2015	电磁兼容性（EMC） 第4-16部分：试验和测量技术 对频率在0～150KHz范围内的传导共模骚扰的抗扰度试验	IEC 61000-4-16：2011		2015/12/9	2015/12/9
15.1-5-360	15.1	33.100.20	L06	IEC 61000-4-17：2009	电磁兼容性（EMC） 第4-17部分：试验和测量技术 直流电输入功率端口纹波抗扰度试验	IEC 61000-4-17：2002		2009/5/26	2009/5/26
15.1-5-361	15.1			IEC 61000-4-18：2019	电磁兼容性（EMC） 第4-18部分：试验和测量技术 阻尼振荡波免疫测试			2019/5/16	2019/5/16
15.1-5-362	15.1	33.100.20		IEC 61000-4-19：2014	电磁兼容性（EMC） 第4-19部分：试验和测量技术 交流电源端口处频率范围为2kHz至150kHz的差模扰动和信号传输所致抗干扰性的试验			2014/5/7	2014/5/7
15.1-5-363	15.1			IEC 61000-4-20：2022	电磁兼容性（EMC） 第4-20部分：试验和测量技术 横向电磁波导（TEM）辐射和干扰试验			2022/2/18	2022/2/18
15.1-5-364	15.1	33.100.01；33.100.10；33.100.20	L06	IEC 61000-4-21：2011	电磁兼容性（EMC） 第4-21部分：试验和测量技术.混响室试验方法	IEC 61000-4-21：2003；IEC 77 B/619/CDV：2009		2011/1/27	2011/1/27
15.1-5-365	15.1	33.100.10；33.100.20	L06	IEC 61000-4-22：2010	电磁兼容性（EMC） 第4-22部分：试验和测量技术 完全消声室（FARs）内辐射排放和免疫测量	CISPR A 912 FDIS：2010		2010/10/27	2010/10/27
15.1-5-366	15.1	33.100.20	L06	IEC 61000-4-27：2000/AMD1：2009，CSV	电磁兼容性（EMC） 第4-27部分：试验与测量技术 在各相输入电流不超过16A情况下设备不平衡与抗扰能力测试			2009/4/7	2009/4/7
15.1-5-367	15.1	33.100.20	L06	IEC 61000-4-28：2009	电磁兼容性（EMC） 第4-28部分：试验与测量技术 在各相输入电流不超过16A情况下设备电力频率变化与抗扰能力测试	IEC 61000-4-28：2002		2009/4/1	2009/4/1
15.1-5-368	15.1			IEC 61000-4-30：2015	电磁兼容性（EMC） 第4-30部分：测试和测量技术 电能质量测量方法			2015/2/1	2015/2/1

15

续表

序号	GW 分类	ICS 分类	GB 分类	标准号	中 文 名 称	代替标准	采用关系	发布日期	实施日期
15.1-5-369	15.1	33.100.20	L06	IEC 61000-4-34：2005/AMD1：2009，CSV	电磁兼容性（EMC） 第 4-34 部分：试验及测量技术 每相主电流超过 16A 的设备用电压骤降、短时中断及电压变化免疫测试			2009/11/26	2009/11/26
15.1-5-370	15.1			IEC 61000-4-36：2020	电磁兼容性（EMC） 第 4-36 部分：试验和测量技术 设备和系统的有意电磁干扰抗扰度的试验方法			2020/3/23	2020/3/23
15.1-5-371	15.1	33.100.20		IEC 61000-6-1：2016	电磁兼容性（EMC） 第 6-1 部分：通用标准 居住、商业和轻工业环境的抗扰性标准	IEC 61000-6-1：2005		2016/8/10	2016/8/10
15.1-5-372	15.1			IEC 61000-6-3：2020	电磁兼容性（EMC） 第 6-3 部分：通用标准 住宅、商业和轻型工业环境排放标准			2020/7/30	2020/7/30
15.1-5-373	15.1	33.100.10		IEC 61000-6-4：2018	电磁兼容性（EMC） 第 6-4 部分：通用标准 工业环境的排放标准	IEC 61000-6-4：2011		2018/2/7	2018/2/7
15.1-5-374	15.1	33.100.20		IEC 61000-6-7：2014	电磁兼容性（EMC） 第 6-7 部分：通用标准 旨在工业场所中的安全相关系统（功能安全）中行使功能的设备的抗干扰要求			2014/10/9	2014/10/9
15.1-5-375	15.1	19.080；71.040.10		IEC 61010-2-030：2017	测量、控制和实验室用电气设备的安全性要求 第 2-030 部分：具有测试或测量电路设备的特殊要求	IEC 61010-2-030: 2010；IEC 61010-2-030 Cor 1：2011		2017/1/12	2017/1/12
15.1-5-376	15.1	17.020；19.080；25.040.40		IEC 61010-2-201：2017	测量、控制和实验室用电气设备的安全性要求 第 2-201 部分：控制设备的详细要求	IEC 61010-2-201：2013		2017/3/24	2017/3/24
15.1-5-377	15.1			IEC 61326-2-4：2020	测量、控制和实验室用电气设备 电磁兼容性要求 第 2-4 部分：详细要求 按照 IEC 61557-9 标准的绝缘失效定位设备和 IEC 61557-8 的绝缘监测设备用试验配置、操作条件和性能标准			2020/10/27	2020/10/27
15.1-5-378	15.1	25.040.40；33.100.20		IEC 61326-3-2：2017	测量、控制和实验室用电气设备 电磁兼容性要求 第 3-2 部分：与安全相关的系统和用于与执行安全相关的功能设备（功能安全）用抗扰度要求.带指定电磁环境的工业设施	IEC 61326-3-2 Interpretation Sheet 1：2013		2017/5/16	2017/5/16
15.1-5-379	15.1	17.220.20		IEC 61786-1：2013	关于人体暴露于 1Hz 至 100kHz 直流电磁场、交流电磁场及交流电场的测量 第 1 部分：测量仪器的要求（提案的横向标准）			2013/12/12	2013/12/12
15.1-5-380	15.1	17.220.99；29.035.01；29.080.30	K15	IEC TS 61934：2011	电绝缘材料和系统 在短上升时间和反复电压脉冲下局部放电（PD）的电测量	IEC TS 61934：2006；IEC 112/163/DTS：2010		2011/4/28	2011/4/28

15

续表

序号	GW 分类	ICS 分类	GB 分类	标准号	中 文 名 称	代替标准	采用关系	发布日期	实施日期
15.1-5-381	15.1			IEC 62056-5-3：2017	电能测量数据交换 DLMS/COSEM 程序组 第 5-3 部分：DLMS/COSEM 应用层	IEC 62056-5-3：2013		2017/8/10	2017/8/10
15.1-5-382	15.1	31.200		IEC 62433-1：2019	电磁兼容性（EMC）集成电路（IC）模型 第 1 部分：一般模型结构	IEC/TS 62433-1：2011		2019/3/8	2019/3/8
15.1-5-383	15.1	17.220.20；17.240；35.020	L09	IEC 62479：2010	与人体曝露在电磁场（10MHz～300GHz）相关的带有基本限制的小功率电子和电气设备的合格评定	IEC 106/198/FDIS：2010		2010/6/16	2010/6/16
15.1-5-384	15.1	29.040.01	E38	IEC 62535：2008	绝缘液体在使用和不使用的绝缘油中硫磺潜在腐蚀性试验方法	IEC 10/746/FDIS：2008		2008/10/8	2008/10/8
15.1-5-385	15.1	17.020		ISO/IEC Guide 98-1：2009	测量不确定度 第 1 部分：测量中不确定度的表示介绍			2009/8/27	2009/8/27
15.1-5-386	15.1	01.040.17；17.020		ISO/IEC Guide 99：2007	计量学的国际词汇 基本与一般概念与相关术语（VIM）			2007/12/14	2007/12/14
15.1-5-387	15.1	17.220.99；29.035.01	K15	JIS C 2143-2：2011	电气绝缘材料 耐热属性 第 2 部分：耐热属性的测定 试验标准的选择			2011/8/22	2011/8/22
15.1-5-388	15.1	17.220.20；29.030；77.140.50	H53	JIS C 2550-1：2011	电工钢条和电工钢板试验方法 第 1 部分：采用爱普斯坦方圈测量电工钢条和电工钢板磁特性测量方法	JIS C 2550：2000		2011/1/1	2011/1/1
15.1-5-389	15.1			JIS C 2550-2：2020	电工钢条和电工钢板试验方法 第 2 部分：电工钢条和电工钢板的几何特性测定方法			2020/1/1	2020/1/1
15.1-5-390	15.1			JIS C 2550-3：2019	电工钢条和电工钢板试验方法 第 3 部分：中频时测量电工钢条和电工钢板磁特性测量方法			2019/1/1	2019/1/1
15.1-5-391	15.1			JIS C 2550-4：2019	电工钢条和电工钢板试验方法 第 4 部分：测定电工钢条和电工钢板表面绝缘特性试验方法			2019/1/1	2019/1/1
15.1-5-392	15.1			JIS C 2550-5：2020	电工钢条和电工钢板试验方法 第 5 部分：电工钢条和电工钢板密度、电阻率和堆垛系数的测量方法			2020/1/1	2020/1/1
15.1-5-393	15.1	29.040.10	E38	NF C27-240-2007	填充矿物油的电气设备 在电气设备上将溶解气体分析（DGA）应用于工厂试验	NF C 27-240-1993		2007/8/1	2007/8/4
15.1-5-394	15.1	29.035.20	K15	NF C93-642-2-2012	软绝缘套管 第 2 部分：测试方法	NF C 93-642-2：1998；NF C 93-642-2/AMD 1-2003；NF C 93-642-2 /AMD 2-2006		2012/7/1	2012/7/27

续表

序号	GW 分类	ICS 分类	GB 分类	标准号	中文名称	代替标准	采用关系	发布日期	实施日期
15.1-6-395	15.1	29.240.10	F23	T/CEC 112—2016	饱和铁心型高温超导限流电抗器预防性试验规程			2016/10/21	2017/1/1
15.1-6-396	15.1	27.100	F24	T/CEC 140—2017	六氟化硫电气设备中六氟化硫气体纯度测量方法			2017/5/15	2017/8/1
15.1-6-397	15.1	27.100	F20	T/CEC 217—2019	六氟化硫气体中颗粒含量的测定方法　光散射法			2019/4/24	2019/7/1
15.1-6-398	15.1			T/CEC 358—2020	试验仪器数据传输规约			2020/6/30	2020/10/1
15.1-6-399	15.1	29.180		T/CEC 682—2022	电力变压器集成式接线电气试验装置技术规范			2022/10/26	2023/2/1

15.2　试验与计量-高压电力设备

序号	GW 分类	ICS 分类	GB 分类	标准号	中文名称	代替标准	采用关系	发布日期	实施日期
15.2-2-1	15.2	29.240	F24	Q/GDW 10254—2024	特高压直流输电工程系统试验规程	Q/GDW 254—2009		2024/12/31	2024/12/31
15.2-2-2	15.2	29.240		Q/GDW 10310—2016	1000kV 电气装置安装工程电气设备交接试验规程	Q/GDW 310—2009		2016/12/22	2016/12/22
15.2-2-3	15.2	29.240		Q/GDW 10407—2018	高压支柱瓷绝缘子现场检测导则	Q/GDW 407—2010		2020/4/3	2020/4/3
15.2-2-4	15.2	29.240		Q/GDW 10661—2015	串联电容器补偿装置交接试验规程	Q/GDW 661—2011		2016/12/8	2016/12/8
15.2-2-5	15.2	29.240		Q/GDW 11059.1—2018	气体绝缘金属封闭开关设备局部放电带电测试技术现场应用导则　第 1 部分：超声波法	Q/GDW 11059.1—2013		2020/4/3	2020/4/3
15.2-2-6	15.2	29.240		Q/GDW 11059.2—2018	气体绝缘金属封闭开关设备局部放电带电测试技术现场应用导则　第 2 部分：特高频法	Q/GDW 11059.2—2013		2020/4/3	2020/4/3
15.2-2-7	15.2	29.240		Q/GDW 11060—2013	交流金属封闭开关设备暂态地电压局部放电带电测试技术现场应用导则			2014/9/1	2014/9/1
15.2-2-8	15.2	29.240		Q/GDW 11084—2013	真空断路器开合容性电流老炼试验导则			2014/9/1	2014/9/1
15.2-2-9	15.2	29.240		Q/GDW 11086—2019	交流变电设备不拆高压引线试验现场实施导则	Q/GDW 11086—2013		2020/11/9	2020/11/9
15.2-2-10	15.2	29.240.10	K40	Q/GDW 111—2004	直流换流站高压直流电气设备交接试验规程			2004/5/8	2004/5/8
15.2-2-11	15.2	29.240		Q/GDW 11218—2018	±1100kV 换流变压器交流局部放电现场试验导则	Q/GDW 11218—2014		2019/10/23	2019/10/23
15.2-2-12	15.2	29.240		Q/GDW 11219—2014	气体绝缘金属封闭开关设备的特快速瞬态过			2014/10/15	2014/10/15

15

续表

序号	GW 分类	ICS 分类	GB 分类	标准号	中 文 名 称	代替标准	采用关系	发布日期	实施日期
					电压测量系统通用技术条件				
15.2-2-13	15.2	29.240		Q/GDW 11303—2014	气体绝缘金属封闭开关设备同频同相交流耐压试验导则			2015/2/26	2015/2/26
15.2-2-14	15.2	29.240		Q/GDW 11368—2014	变压器铁心接地电流带电检测技术现场应用导则			2015/2/16	2015/2/16
15.2-2-15	15.2	29.240		Q/GDW 11391—2015	高压支柱类电气设备抗震试验技术规程			2015/7/17	2015/7/17
15.2-2-16	15.2	29.240	F20	Q/GDW 11447—2024	10kV～500kV 输变电设备交接试验规程	Q/GDW 11447—2015		2024/12/31	2024/12/31
15.2-2-17	15.2	29.240		Q/GDW 11484—2016	1100kV 气体绝缘金属封闭开关设备现场雷电冲击电压耐受试验导则			2016/11/9	2016/11/9
15.2-2-18	15.2	29.240		Q/GDW 11505—2015	隔离断路器交接试验规程			2016/12/8	2016/12/8
15.2-2-19	15.2	29.240		Q/GDW 11506—2015	隔离断路器状态检修试验规程			2016/12/8	2016/12/8
15.2-2-20	15.2	29.240		Q/GDW 11518.1—2016	电力变压器中性点电容隔直/电阻限流装置试验规程　第 1 部分：电容型隔直装置			2017/3/24	2017/3/24
15.2-2-21	15.2	29.240		Q/GDW 11518.2—2016	电力变压器中性点电容隔直/电阻限流装置试验规程　第 2 部分：电阻型限流装置			2017/3/24	2017/3/24
15.2-2-22	15.2	29.240		Q/GDW 11553—2016	统一潮流控制器一次设备交接试验规程			2017/2/28	2017/2/28
15.2-2-23	15.2	29.240		Q/GDW 1157—2013	750kV 电力设备交接试验规程	Q/GDW 157—2007		2014/3/13	2014/3/13
15.2-2-24	15.2			Q/GDW 11743—2017	±1100kV 特高压直流设备交接试验			2018/9/12	2018/9/12
15.2-2-25	15.2	29.240		Q/GDW 11869—2018	污秽条件下高压空心绝缘子和套管人工强降雨闪络试验方法			2019/10/23	2019/10/23
15.2-2-26	15.2	29.240		Q/GDW 11920—2018	变压器绕组导体材质热电效应检测方法			2020/3/4	2020/3/4
15.2-2-27	15.2	29.240		Q/GDW 11933—2018	±1100kV 换流站直流设备预防性试验规程			2020/4/17	2020/4/17
15.2-2-28	15.2	29.200		Q/GDW 11954—2019	高压柔性直流换流阀调试规程			2020/7/3	2020/7/3
15.2-2-29	15.2	29.240		Q/GDW 12036—2020	±1100kV 换流变压器现场试验技术规范			2020/12/31	2020/12/31
15.2-2-30	15.2	29.240		Q/GDW 12217—2022	柔性直流电网换流阀预防性试验规程			2022/5/13	2022/5/13
15.2-2-31	15.2	29.240		Q/GDW 12220—2022	高压柔性直流设备预防性试验规程			2022/5/13	2022/5/13
15.2-2-32	15.2	29.240		Q/GDW 12239—2022	1000kV 可控并联电抗器现场试验规范			2022/7/16	2022/7/16
15.2-2-33	15.2	29.020		Q/GDW 12242—2022	智能型携带式短路接地装置技术规范			2022/9/26	2022/9/26

续表

序号	GW 分类	ICS 分类	GB 分类	标准号	中 文 名 称	代替标准	采用关系	发布日期	实施日期
15.2-2-34	15.2	29.240		Q/GDW 1275—2015	±800kV 直流系统电气设备交接试验	Q/GDW 275—2009		2016/11/15	2016/11/15
15.2-2-35	15.2			Q/GDW 139—2006	高压直流输电工程系统试验规程			2006/7/14	2006/7/14
15.2-2-36	15.2	29.240		Q/GDW 1869—2012	直流系统用高压复合绝缘子多应力试验			2014/1/29	2014/1/29
15.2-2-37	15.2	29.240		Q/GDW 1870—2012	直流系统用高压复合绝缘子人工污秽试验			2014/1/29	2014/1/29
15.2-2-38	15.2	29.240		Q/GDW 1889—2013	高压直流输电电压源换流器（VSC）阀—电气试验			2014/1/29	2014/1/29
15.2-2-39	15.2			Q/GDW 1971—2013	气体绝缘金属封闭开关设备现场冲击电压试验导则			2014/4/15	2014/4/15
15.2-2-40	15.2	29.240		Q/GDW 299—2009	±800kV 特高压直流设备预防性试验规程			2009/5/25	2009/5/25
15.2-2-41	15.2	29.240		Q/GDW 301—2009	高压直流绝缘子覆冰闪络试验方法			2009/5/25	2009/5/25
15.2-2-42	15.2	29.240		Q/GDW 321—2009	1000kV 交流电气设备现场试验设备技术条件			2009/5/25	2009/5/25
15.2-2-43	15.2	29.240		Q/GDW 516—2010	500kV～1000kV 输电线路劣化悬式绝缘子检测规程			2010/12/1	2010/12/1
15.2-3-44	15.2	29.180	K41	GB/T 1094.4—2005	电力变压器　第 4 部分：电力变压器和电抗器的雷电冲击和操作冲击试验导则	GB/T 7449—1987	IEC 60076-4：2002，MOD	2005/8/26	2006/4/1
15.2-3-45	15.2	29.180	K41	GB/T 1094.10—2022	电力变压器　第 10 部分：声级测定	GB/T 1094.10—2003	IEC 60076-10：2016，MOD	2022/10/12	2023/5/1
15.2-3-46	15.2	29.180	K41	GB/T 1094.18—2016	电力变压器　第 18 部分：频率响应测量		IEC 60076-18：2012，MOD	2016/8/29	2017/3/1
15.2-3-47	15.2	29.120.60	K43	GB/T 11023—2018	高压开关设备六氟化硫气体密封试验方法	GB/T 11023—1989		2018/12/28	2019/7/1
15.2-3-48	15.2	19.020	K40	GB/T 16927.1—2011	高电压试验技术　第 1 部分：一般定义及试验要求	GB/T 16927.1—1997	IEC 60060-1：2010，MOD	2011/12/30	2012/5/1
15.2-3-49	15.2	19.080	K40	GB/T 16927.2—2013	高电压试验技术　第 2 部分：测量系统	GB/T 16927.2—1997	IEC 60060-2：2010，MOD	2013/2/7	2013/7/1
15.2-3-50	15.2	29.240.01	K40	GB/T 16927.3—2010	高电压试验技术　第 3 部分：现场试验的定义及要求		IEC 60060-3：2006，MOD	2010/11/10	2011/5/1
15.2-3-51	15.2	29.240	K40	GB/T 16927.4—2014	高电压和大电流试验技术　第 4 部分：试验电流和测量系统的定义和要求		IEC 62475：2010，MOD	2014/5/6	2014/10/28
15.2-3-52	15.2	29.180	K41	GB/T 19212.13—2019	变压器、电抗器、电源装置及其组合的安全　第 13 部分：恒压变压器和电源装置的特殊要求和试验	GB/T 19212.13—2005	IEC 61558-2-12：2011，MOD	2019/10/18	2020/5/1

15

续表

序号	GW 分类	ICS 分类	GB 分类	标准号	中 文 名 称	代替标准	采用关系	发布日期	实施日期
15.2-3-53	15.2	29.180	K41	GB/T 19212.17—2019	电源电压为 1100V 及以下的变压器、电抗器、电源装置和类似产品的安全　第 17 部分：开关型电源装置和开关型电源装置用变压器的特殊要求和试验	GB/T 19212.17—2013	IEC 61558-2-16：2013，MOD	2019/10/18	2020/5/1
15.2-3-54	15.2	29.020	K04	GB/T 20297—2006	静止无功补偿装置（SVC）现场试验			2006/7/13	2007/1/1
15.2-3-55	15.2	29.080.10	K48	GB/T 20642—2006	高压线路绝缘子空气中冲击击穿试验		IEC 61211：2004，MOD	2006/11/8	2007/5/1
15.2-3-56	15.2	17.140	A59	GB/T 22075—2008	高压直流换流站可听噪声			2008/6/30	2009/4/1
15.2-3-57	15.2	29.080.10	K48	GB/T 22707—2008	直流系统用高压绝缘子的人工污秽试验		IEC/TR 61245：1993，MOD	2008/12/30	2009/10/1
15.2-3-58	15.2	29.080.10	K48	GB/T 22708—2008	绝缘子串元件的热机和机械性能试验		IEC/TR 60575：1977，MOD	2008/12/30	2009/10/1
15.2-3-59	15.2	29.080.10	K48	GB/T 24623—2009	高压绝缘子无线电干扰试验		IEC 60437：1997，MOD	2009/11/30	2010/4/1
15.2-3-60	15.2	29.240	F24	GB/T 24846—2018	1000kV 交流电气设备预防性试验规程	GB/Z 24846—2009		2018/7/13	2019/2/1
15.2-3-61	15.2	29.100.01	K97	GB/T 27743—2011	变压器专用设备检测方法			2011/12/30	2012/5/1
15.2-3-62	15.2	29.240.01	K40	GB/T 30423—2013	高压直流设施的系统试验		IEC 61975：2010，IDT	2013/12/31	2014/7/13
15.2-3-63	15.2	29.240.01	K44	GB/T 32518.1—2016	超高压可控并联电抗器现场试验技术规范　第 1 部分：分级调节式			2016/2/24	2016/9/1
15.2-3-64	15.2	29.020	K04	GB/T 34925—2017	高原 110kV 变电站交流回路系统现场检验方法			2017/11/1	2018/5/1
15.2-3-65	15.2	29.240.10	K04	GB/T 37137—2018	高原 220kV 变电站交流回路系统现场检验方法			2018/12/28	2019/7/1
15.2-3-66	15.2	47.020.60	U60	GB/T 37399—2019	高压岸电试验方法			2019/5/10	2019/12/1
15.2-3-67	15.2	29.060.10	K12	GB/T 4074.1—2024	绕组线试验方法　第 1 部分：一般规定	GB/T 4074.1—2008		2024/4/25	2024/11/1
15.2-3-68	15.2	29.120.40	K43	GB/T 4473—2018	高压交流断路器的合成试验	GB/T 4473—2008	IEC 62271-101：2017，MOD	2018/12/28	2019/7/1
15.2-3-69	15.2	29.080.10	K48	GB/T 4585—2024	交流系统用高压瓷和玻璃绝缘子的人工污秽试验	GB/T 4585—2004		2024/6/29	2025/1/1
15.2-3-70	15.2			GB/T 50832—2013	1000kV 系统电气装置安装工程电气设备交接试验标准			2012/12/25	2013/5/1
15.2-3-71	15.2	33.100	L06	GB/T 6113.202—2018	无线电骚扰和抗扰度测量设备和测量方法规范　第 2-2 部分：无线电骚扰和抗扰度测量方法　骚扰功率测量	GB/T 6113.202—2008	CISPR 16-2-2：2010，IDT	2018/7/13	2019/2/1

15

续表

序号	GW 分类	ICS 分类	GB 分类	标准号	中 文 名 称	代替标准	采用关系	发布日期	实施日期
15.2-3-72	15.2	75.100	E38	GB/T 7601—2008	运行中变压器油、汽轮机油水分测定法（气相色谱法）	GB/T 7601—1987		2008/9/24	2009/8/1
15.2-3-73	15.2	75.100；29.040.10	E38	GB/T 7602.2—2008	变压器油、汽轮机油中 T501 抗氧化剂含量测定法　第 2 部分：液相色谱法			2008/12/30	2009/10/1
15.2-3-74	15.2	75.100；29.040.10	E38	GB/T 7602.3—2008	变压器油、汽轮机油中 T501 抗氧化剂含量测定法　第 3 部分：红外光谱法			2008/12/30	2009/10/1
15.2-3-75	15.2	75.100；29.040	E38	GB/T 7602.4—2017	变压器油、涡轮机油中 T501 抗氧化剂含量测定法　第 4 部分：气质联用法		IEC 60666：2010，NEQ	2017/11/1	2018/5/1
15.2-3-76	15.2			JJG 1075—2012	高压标准电容器			2012/3/2	2012/6/2
15.2-3-77	15.2			JJG 496—2016	工频高压分压器	JJG 496—1996		2016/1/7	2018/5/25
15.2-3-78	15.2			JJG 563—2004	高压电容电桥	JJG 563—1988		2004/3/2	2004/9/2
15.2-4-79	15.2	29.240.01	F24	DL/T 1015—2019	现场直流和交流耐压试验电压测量系统的使用导则	DL/T 1015—2006		2019/6/4	2019/10/1
15.2-4-80	15.2	29.180	K41	DL/T 1095—2018	变压器油带电度现场测试方法	DL/T 1095—2008		2018/4/3	2018/7/1
15.2-4-81	15.2	27.100	F24	DL/T 1130—2009	高压直流输电工程系统试验规程			2009/7/22	2009/12/1
15.2-4-82	15.2	29.240.01	F22	DL/T 1131—2019	±800kV 高压直流输电工程系统试验规程	DL/T 1131—2009		2019/6/4	2019/10/1
15.2-4-83	15.2	27.100	F24	DL/T 1204—2013	矿物绝缘油热膨胀系数测定法		ASTM D1903：2008，MOD	2013/3/7	2013/8/1
15.2-4-84	15.2	29.240.01	K42	DL/T 1220—2013	串联电容器补偿装置　交接试验及验收规范			2013/3/7	2013/8/1
15.2-4-85	15.2	29.180	K41	DL/T 1243—2013	换流变压器现场局部放电测试技术			2013/3/7	2013/8/1
15.2-4-86	15.2	29.080.10	K48	DL/T 1244—2021	交、直流系统用高压绝缘子人工覆冰闪络试验方法	DL/T 1244—2013		2021/12/22	2022/6/22
15.2-4-87	15.2	29.080	K48	DL/T 1247—2013	高压直流绝缘子覆冰闪络试验方法			2013/3/7	2013/8/1
15.2-4-88	15.2	27.100	F24	DL/T 1275—2013	1000kV 变压器局部放电现场测量技术导则			2013/11/28	2014/4/1
15.2-4-89	15.2	27.100	F24	DL/T 1300—2013	气体绝缘金属封闭开关设备现场冲击试验导则			2013/11/28	2014/4/1
15.2-4-90	15.2	27.100	F29	DL/T 1304—2013	500kV 串联电容器补偿装置系统调试规程			2013/11/28	2014/4/1
15.2-4-91	15.2	27.100	F24	DL/T 1331—2014	交流变电设备不拆高压引线试验导则			2014/3/18	2014/8/1

续表

序号	GW 分类	ICS 分类	GB 分类	标准号	中文名称	代替标准	采用关系	发布日期	实施日期
15.2-4-92	15.2	29.080.10	K48	DL/T 1474—2021	交、直流系统用高压聚合物绝缘子憎水性测量及评估方法	DL/T 1474—2015		2021/12/22	2022/6/22
15.2-4-93	15.2	29.180	K41	DL/T 1503—2016	变压器用速动油压继电器检验规程			2016/1/7	2016/6/1
15.2-4-94	15.2	29.180	K41	DL/T 1534—2016	油浸式电力变压器局部放电的特高频检测方法			2016/1/7	2016/6/1
15.2-4-95	15.2	29.180	K41	DL/T 1540—2016	油浸式交流电抗器（变压器）运行振动测量方法			2016/1/7	2016/6/1
15.2-4-96	15.2	27.100	F29	DL/T 1568—2016	换流阀现场试验导则			2016/2/5	2016/7/1
15.2-4-97	15.2	29.200	N29	DL/T 1577—2016	直流设备不拆高压引线试验导则			2016/2/5	2016/7/1
15.2-4-98	15.2	29.240.30	K32	DL/T 1584—2016	1000kV 串联电容器补偿装置现场试验规程			2016/2/5	2016/7/1
15.2-4-99	15.2	29.130.10	K43	DL/T 1630—2016	气体绝缘金属封闭开关设备局部放电特高频检测技术规范			2016/12/5	2017/5/1
15.2-4-100	15.2	29.240.01	F24	DL/T 1669—2016	±800kV 直流设备现场直流耐压试验实施导则			2016/12/5	2017/5/1
15.2-4-101	15.2	29.240.99	F24	DL/T 1681—2016	高压试验仪器设备选配导则			2016/12/5	2017/5/1
15.2-4-102	15.2	31.060.01	L11	DL/T 1774—2017	电力电容器外壳耐受爆破能量试验导则			2017/12/27	2018/6/1
15.2-4-103	15.2	31.060.01	L11	DL/T 1775—2017	串联电容器使用技术条件			2017/12/27	2018/6/1
15.2-4-104	15.2	29.240.99	K42	DL/T 1776—2017	电力系统用交流滤波电容器技术导则			2017/12/27	2018/6/1
15.2-4-105	15.2	29.180	K41	DL/T 1798—2018	换流变压器交接及预防性试验规程			2018/4/3	2018/7/1
15.2-4-106	15.2	29.180	K41	DL/T 1799—2018	电力变压器直流偏磁耐受能力试验方法			2018/4/3	2018/7/1
15.2-4-107	15.2	29.180	K41	DL/T 1807—2018	油浸式电力变压器、电抗器局部放电超声波检测与定位导则			2018/4/3	2018/7/1
15.2-4-108	15.2	29.180	K41	DL/T 1808—2018	干式空心电抗器匝间过电压现场试验导则			2018/4/3	2018/7/1
15.2-4-109	15.2	29.180	K41	DL/T 1814—2018	油浸式电力变压器工厂试验油中溶解气体分析判断导则			2018/4/3	2018/7/1
15.2-4-110	15.2	27.100	F20	DL/T 1947—2018	交流特高压电气设备现场交接特殊试验监督规程			2018/12/25	2019/5/1
15.2-4-111	15.2	29.240	F20	DL/T 1960—2018	变电站电气设备抗震试验技术规程			2018/12/25	2019/5/1
15.2-4-112	15.2	29.240.01	F24	DL/T 1981.9—2021	统一潮流控制器　第 9 部分：交接试验规程			2021/4/26	2021/10/26

续表

序号	GW 分类	ICS 分类	GB 分类	标准号	中文名称	代替标准	采用关系	发布日期	实施日期
15.2-4-113	15.2	29.180	K41	DL/T 1999—2019	换流变压器直流局部放电测量现场试验方法			2019/6/4	2019/10/1
15.2-4-114	15.2	29.180	K41	DL/T 2000—2019	1000kV 交流变压器本体与调压补偿变压器联合局部放电现场测量导则			2019/6/4	2019/10/1
15.2-4-115	15.2	29.180	K41	DL/T 2001—2019	换流变压器空载、负载和温升现场试验导则			2019/6/4	2019/10/1
15.2-4-116	15.2	29.180	K41	DL/T 2006—2019	干式空心电抗器匝间绝过电压试验设备技术规范			2019/6/4	2019/10/1
15.2-4-117	15.2	29.180	K41	DL/T 2007—2019	电力变压器电气试验集成式接线试验方法			2019/6/4	2019/10/1
15.2-4-118	15.2	29.180	K41	DL/T 2008—2019	电力变压器、封闭式组合电器、电力电缆复合式连接现场试验方法			2019/6/4	2019/10/1
15.2-4-119	15.2	29.160.99	K20	DL/T 2024—2019	大型调相机型式试验导则			2019/6/4	2019/10/1
15.2-4-120	15.2	29.240	F20	DL/T 2038—2019	高压直流输电工程直流磁场测量方法			2019/6/4	2019/10/1
15.2-4-121	15.2	29.240.10	K41	DL/T 2070—2019	超高压磁控型可控并联电抗器现场试验规程			2019/11/4	2020/5/1
15.2-4-122	15.2	29.240.99	K43	DL/T 2113—2020	混合式高压直流断路器试验规范			2020/10/23	2021/2/1
15.2-4-123	15.2	29.160.99	K21	DL/T 2122—2020	大型同步调相机调试技术规范			2020/10/23	2021/2/1
15.2-4-124	15.2	19.080	K40	DL/T 2183—2020	直流输电用直流电流互感器暂态试验导则			2020/10/23	2021/2/1
15.2-4-125	15.2	19.080	K40	DL/T 2184—2020	直流输电用直流电压互感器暂态试验导则			2020/10/23	2021/2/1
15.2-4-126	15.2	29.160.99	K21	DL/T 2349—2021	大型调相机空载特性试验导则			2021/12/22	2022/3/22
15.2-4-127	15.2			DL/T 2554—2022	接地装置短路暂态特性参数测试导则			2022/11/4	2023/5/4
15.2-4-128	15.2	01.040.29	K40	DL/T 2587—2023	高压柔性直流设备交接试验			2023/2/6	2023/8/6
15.2-4-129	15.2	29.240.99	K40	DL/T 2603—2023	电容型设备相对介质损耗因数及电容量比值带电测试方法			2023/5/26	2023/11/26
15.2-4-130	15.2	29.080.01	F24	DL/T 2605—2023	电力电容器去极化电流绝缘参数试验规程			2023/5/26	2023/11/26
15.2-4-131	15.2	29.130.10	K43	DL/T 2606—2023	直流转换开关振荡特性现场试验方法			2023/5/26	2023/11/26
15.2-4-132	15.2	29.180	F24	DL/T 2622—2023	1000kV 高压并联电抗器局部放电现场测量技术导则			2023/5/26	2023/11/26
15.2-4-133	15.2	29.120.40	K43	DL/T 2637—2023	混合式高压直流断路器现场试验规范			2023/10/11	2024/4/11

续表

序号	GW 分类	ICS 分类	GB 分类	标准号	中 文 名 称	代替标准	采用关系	发布日期	实施日期
15.2-4-134	15.2		K41	DL/T 2639—2023	变电站间隔内设备集成式接线试验方法			2023/10/11	2024/4/11
15.2-4-135	15.2	01.040.29	F24	DL/T 2640—2023	电力设备剩磁检测及工频去磁现场试验技术导则			2023/10/11	2024/4/11
15.2-4-136	15.2	29.180	K41	DL/T 264—2022	油浸式电力变压器（电抗器）现场密封试验导则	DL/T 264—2012		2022/5/13	2022/11/13
15.2-4-137	15.2	27.100	F24	DL/T 265—2012	变压器有载分接开关现场试验导则			2012/4/6	2012/7/1
15.2-4-138	15.2	29.240.01	F20	DL/T 273—2012	±800kV 特高压直流设备预防性试验规程			2012/1/4	2012/3/1
15.2-4-139	15.2	29.240	F20	DL/T 274—2012	±800kV 高压直流设备交接试验			2012/1/4	2012/3/1
15.2-4-140	15.2	29.020	K93	DL/T 308—2012	中性点不接地系统电容电流测试规程			2012/1/4	2012/3/1
15.2-4-141	15.2	29.240.20	F24	DL/T 309—2023	1000kV 交流系统电力设备现场试验实施导则	DL/T 309—2010		2023/2/6	2023/8/6
15.2-4-142	15.2	29.240.99	K42	DL/T 366—2010	串联电容器补偿装置一次设备预防性试验规程			2010/5/24	2010/10/1
15.2-4-143	15.2	29.020	K48	DL/T 383—2010	污秽条件高压瓷套管的人工淋雨试验方法			2011/1/9	2011/5/1
15.2-4-144	15.2	29.240.01	F24	DL/T 475—2017	接地装置特性参数测量导则	DL/T 475—2006		2017/8/2	2017/12/1
15.2-4-145	15.2	27.100	F24	DL/T 555—2004	气体绝缘金属封闭开关设备现场耐压及绝缘试验导则	DL/T 555—1994		2004/3/9	2004/6/1
15.2-4-146	15.2	29.240.20	F22	DL/T 5846—2021	1100kV 交流气体绝缘金属封闭输电线路现场交接试验规程			2021/12/22	2022/6/22
15.2-4-147	15.2	29.240.01	K43	DL/T 618—2022	气体绝缘金属封闭开关设备现场交接试验规程	DL/T 618—2011		2022/5/13	2022/11/13
15.2-4-148	15.2	29.080.10	K48	DL/T 626—2015	劣化悬式绝缘子检测规程	DL/T 626—2005		2015/7/1	2015/12/1
15.2-4-149	15.2	29.130.10	K43	DL/T 690—2013	高压交流断路器的合成试验	DL/T 690—1999	IEC 62271-101：2006，MOD	2013/11/28	2014/4/1
15.2-4-150	15.2	29.020	K60	DL/T 848.2—2018	高压试验装置通用技术条件　第 2 部分：工频高压试验装置	DL/T 848.2—2004		2018/12/25	2019/5/1
15.2-4-151	15.2	29.080.10	F24	DL/T 859—2015	高压交流系统用复合绝缘子人工污秽试验	DL/T 859—2004		2015/7/1	2015/12/1
15.2-4-152	15.2	27.100	F24	DL/T 911—2016	电力变压器绕组变形的频率响应分析法	DL/T 911—2004		2016/2/5	2016/7/1
15.2-4-153	15.2	29.260.01	K44	DL/T 979—2005	直流高压高阻箱检定规程			2005/11/28	2006/6/1
15.2-4-154	15.2	29.180	K41	JB/T 501—2021	电力变压器试验导则	JB/T 501—2006		2021/5/17	2021/10/1

15

续表

序号	GW 分类	ICS 分类	GB 分类	标准号	中 文 名 称	代替标准	采用关系	发布日期	实施日期
15.2-4-155	15.2	29.180	K41	JB/T 8314—2008	分接开关试验导则	JB/T 8314—1996		2008/2/1	2008/7/1
15.2-4-156	15.2	19.020	K40	NB/T 10281—2019	滤波器用高压交流断路器试验导则			2019/11/4	2020/5/1
15.2-4-157	15.2	19.020	K40	NB/T 10283—2019	高压交流负荷开关—熔断器组合电器试验导则		STL IEC 62271-105，MOD	2019/11/14	2020/5/1
15.2-4-158	15.2	29.180	K43	NB/T 10289—2019	高压无功补偿装置用铁心滤波电抗器技术规范			2019/11/4	2020/5/1
15.2-4-159	15.2	29.035.99	K15	NB/T 11389—2023	电力变压器用绝缘材料介电性能的频域介电谱试验方法			2023/12/28	2024/6/28
15.2-4-160	15.2			NB/T 11496—2024	柔性直流换流阀子模块损耗测试方法			2024/5/24	2024/11/24
15.2-4-161	15.2	29.120.60	K43	NB/T 42065—2016	真空断路器容性电流开合老炼试验导则			2016/1/7	2016/6/1
15.2-4-162	15.2	19.020	K40	NB/T 42099—2024	高压交流断路器合成试验导则	NB/T 42099—2016		2024/5/24	2024/11/24
15.2-4-163	15.2	19.020	K40	NB/T 42101—2016	高压开关设备型式试验及型式试验报告通用导则		STL General Guide 2013，MOD	2016/12/5	2017/5/1
15.2-4-164	15.2	19.020	K40	NB/T 42137—2017	高压交流隔离开关和接地开关试验导则			2017/11/15	2018/3/1
15.2-4-165	15.2	19.020	K40	NB/T 42138—2017	高压交流断路器试验导则		IEC 62271-100，MOD	2017/11/15	2018/3/1
15.2-5-166	15.2	19.080	K04	IEC 60060-3：2006	高压试验技术　第 3 部分：现场测试的定义和要求	IEC 42/203/FDIS：2005		2006/2/7	2006/2/7
15.2-6-167	15.2			T/CEC 205—2019	500kV 高压并联电抗器现场局部放电试验方法			2019/4/24	2019/7/1
15.2-6-168	15.2			T/CEC 235—2019	直流输电工程大型调相机交接及启动试验导则			2019/11/21	2020/1/1
15.2-6-169	15.2			T/CEC 374—2020	柔性直流负压耦合式高压直流断路器试验规程			2020/10/28	2021/2/1
15.2-6-170	15.2			T/CEC 375—2020	柔性直流机械式高压直流断路器试验规程			2020/10/28	2021/2/1
15.2-6-171	15.2			T/CEC 913—2024	柔性直流输电用直流电子式电压互感器现场试验方法			2024/10/18	2025/3/1
15.2-6-172	15.2			T/CEC 914—2024	柔性直流输电用直流电子式电流互感器现场试验方法			2024/10/18	2025/3/1
15.2-6-173	15.2			T/CSEE 0222—2021	油浸式变压器（电抗器）多局部放电源的　特高频检测与分离技术导则			2021/3/11	2021/5/1
15.2-6-174	15.2			T/CSEE 0225—2021	电力变压器加速度法振动检测技术规范			2021/3/11	2021/5/1

续表

序号	GW 分类	ICS 分类	GB 分类	标准号	中 文 名 称	代替标准	采用关系	发布日期	实施日期
15.2-6-175	15.2			T/CSEE 0230—2021	变压器绕组变形的脉冲频率响应法　检测技术现场应用导则			2021/3/11	2021/5/1
15.2-6-176	15.2	29.240.01		T/CSEE 0241.28—2021	柔性直流电网　第 28 部分：设备预防性试验规程			2021/3/11	2021/5/1
15.2-6-177	15.2	29.240.01		T/CSEE 0333—2022	特高压变压器选相投切装置技术规范			2022/12/5	2023/3/1

15.3　试验与计量-中压电力设备

序号	GW 分类	ICS 分类	GB 分类	标准号	中 文 名 称	代替标准	采用关系	发布日期	实施日期
15.3-2-1	15.3	29.240		Q/GDW 11835—2018	12kV～40.5kV 交流金属封闭开关设备局部放电试验导则			2019/7/31	2019/7/31
15.3-2-2	15.3			Q/GDW 1772—2013	10kV 三相非晶合金铁心配电变压器试验导则			2013/3/14	2013/3/14
15.3-3-3	15.3	29.080.10	K48	GB/T 22079—2019	户内和户外用高压聚合物绝缘子　一般定义、试验方法和接收准则	GB/T 22079—2008	IEC 62217：2012，MOD	2019/12/10	2020/7/1
15.3-3-4	15.3	29.080.10	K48	GB/T 26869—2011	标称电压高于1000V低于300kV系统用户内有机材料支柱绝缘子的试验		IEC 60660：1999，MOD	2011/7/29	2011/12/1
15.3-3-5	15.3	33.100	L06	GB/T 37139—2018	直流供电设备的 EMC 测量方法要求			2018/12/28	2019/7/1
15.3-4-6	15.3	29.020	K04	DL/T 2475.2—2023	电气设备电压暂降及短时中断耐受能力测试技术规范　第 2 部分：低压开关设备和控制设备			2023/10/11	2024/4/11
15.3-4-7	15.3	19.020	K40	NB/T 42064—2024	3.6kV～40.5kV 交流金属封闭开关设备和控制设备试验导则	NB/T 42064—2015		2024/5/24	2024/11/24
15.3-6-8	15.3	29.180	K41	T/CEC 325—2020	交直流配电网用电力电子变压器试验导则			2020/6/30	2020/10/1

15.4　试验与计量-架空线路

序号	GW 分类	ICS 分类	GB 分类	标准号	中 文 名 称	代替标准	采用关系	发布日期	实施日期
15.4-2-1	15.4	29.240		Q/GDW 11090—2013	输电线路参数频率特性测量导则			2014/9/1	2014/9/1
15.4-2-2	15.4	29.240		Q/GDW 11317—2014	输电线路杆塔工频接地电阻测量导则			2015/2/26	2015/2/26
15.4-2-3	15.4	29.240		Q/GDW 11503—2016	特高压交流输电线路工频相参数测量导则			2016/12/8	2016/12/8
15.4-2-4	15.4	29.240		Q/GDW 11689—2017	架空线路导、地线振动疲劳试验方法			2018/2/12	2018/2/12
15.4-2-5	15.4			Q/GDW 11793—2017	输电线路金具压接质量 X 射线检测技术导则			2018/9/30	2018/9/30

续表

序号	GW 分类	ICS 分类	GB 分类	标准号	中　文　名　称	代替标准	采用关系	发布日期	实施日期
15.4-2-6	15.4	29.240		Q/GDW 1311—2014	1000kV 交流输电线路金具电晕及无线电干扰试验方法	Q/GDW 311—2009		2014/10/15	2014/10/15
15.4-2-7	15.4			Q/GDW 1979—2013	交流输电线路导线电晕试验方法			2014/5/1	2014/5/1
15.4-3-8	15.4	33.100	106	GB/T 15707—2017	高压交流架空输电线路无线电干扰限值	GB/T 15707—1995		2017/12/29	2018/7/1
15.4-3-9	15.4	29.060.10	K11	GB/T 22077—2023	架空导线蠕变试验方法	GB/T 22077—2008		2023/5/23	2023/12/1
15.4-3-10	15.4	29.240.20	K51	GB/T 2317.4—2023	电力金具试验方法　第 4 部分：验收规则	GB/T 2317.4—2008		2023/3/17	2023/10/1
15.4-3-11	15.4	29.080.10	K48	GB/T 24622—2022	绝缘子表面憎水性测量导则	GB/T 24622—2009	IEC TS 62073：2016，MOD	2022/3/9	2022/10/1
15.4-3-12	15.4	29.080.10	K48	GB/T 25084—2010	标称电压高于 1000V 的架空线路用绝缘子串和绝缘子串组交流工频电弧试验		IEC 61467：2008，MOD	2010/9/2	2011/2/1
15.4-3-13	15.4	29.060.10	K11	GB/T 36279—2018	架空导线自阻尼特性测试方法		IEC 62567：2013，MOD	2018/6/7	2019/1/1
15.4-3-14	15.4	29.240.01	F20	GB/T 36573—2018	电力线路升压运行节约电力电量测量和验证技术规范			2018/9/17	2019/4/1
15.4-3-15	15.4	21.060.01	J13	GB/T 43232—2023	紧固件　轴向应力超声测量方法			2023/11/27	2024/6/1
15.4-3-16	15.4	29.060.10	K11	GB/T 4909—2009	裸电线试验方法	GB/T 4909—1985		2009/3/19	2009/12/1
15.4-4-17	15.4	33.100	106	DL/T 1089—2008	直流换流站与线路合成场强、离子流密度测量方法			2008/6/4	2008/11/1
15.4-4-18	15.4	29.240.20	K51	DL/T 1099—2021	防振锤技术条件和试验方法	DL/T 1099—2009	IEC 61897：2020，MOD	2021/12/22	2022/3/22
15.4-4-19	15.4	29.240.01	K44	DL/T 1178—2012	1000kV 交流输电线路金具电晕及无线电干扰试验方法			2012/8/23	2012/12/1
15.4-4-20	15.4	27.100	F24	DL/T 1299—2013	直流融冰装置试验导则			2013/11/28	2014/4/1
15.4-4-21	15.4	29.240.20	F24	DL/T 1566—2016	直流输电线路及接地极线路参数测试导则			2016/2/5	2016/7/1
15.4-4-22	15.4	29.240.20	F24	DL/T 1569—2016	750kV 及以上交流输电线路绝缘子串分布电压测量导则			2016/2/5	2016/7/1
15.4-4-23	15.4	29.240.20	K47	DL/T 1693—2017	输电线路金具磨损试验方法			2017/3/28	2017/8/1
15.4-4-24	15.4	29.080.10	K48	DL/T 1884.4—2021	现场污秽度测量及评定　第 4 部分：自然污秽的试验盐密修正方法			2021/12/22	2022/3/22
15.4-4-25	15.4	29.240	F20	DL/T 1935—2018	架空导线载流量试验方法			2018/12/25	2019/5/1
15.4-4-26	15.4	29.240	F20	DL/T 1948—2018	架空导体能耗试验方法			2018/12/25	2019/5/1

续表

序号	GW 分类	ICS 分类	GB 分类	标准号	中 文 名 称	代替标准	采用关系	发布日期	实施日期
15.4-4-27	15.4	29.240	F20	DL/T 2036—2019	高压交流架空输电线路可听噪声计算方法			2019/6/4	2019/10/1
15.4-4-28	15.4	29.020	K47	DL/T 2157—2020	带电作业工器具试验系统			2020/10/23	2021/2/1
15.4-4-29	15.4	29.240.20	K47	DL/T 2232—2021	500kV 及以上输电线路瞬时人工接地短路试验导则			2021/1/7	2021/7/1
15.4-4-30	15.4	29.080.10	K48	DL/T 2390—2021	盘形悬式瓷绝缘子零值红外检测方法			2021/12/22	2022/3/22
15.4-4-31	15.4	01.040.29	F24	DL/T 266—2023	接地装置冲击特性参数测试导则	DL/T 266—2012		2023/5/26	2023/11/26
15.4-4-32	15.4	29.240	F23	DL/T 2768—2024	架空输电线路载流量现场校验技术规程			2024/5/24	2024/11/24
15.4-4-33	15.4	29.240.01	F20	DL/T 501—2017	高压架空输电线路可听噪声测量方法	DL 501—1992		2017/8/2	2017/12/1
15.4-4-34	15.4	29.080.10	K48	DL/T 557—2021	高压线路绝缘子空气中冲击击穿试验 定义、试验方法和判据	DL/T 557—2005	IEC 61211：2004，MOD	2021/12/22	2022/6/22
15.4-4-35	15.4		K47	DL/T 685—1999	放线滑轮基本要求、检验规定及测试方法	SD 158—1985		2000/2/24	2000/7/1
15.4-4-36	15.4	27.100	F24	DL/T 887—2004	杆塔工频接地电阻测量			2004/10/20	2005/4/1
15.4-4-37	15.4	27.100	F24	DL/T 899—2012	架空线路杆塔结构荷载试验	DL/T 899—2004		2012/8/23	2012/12/1
15.4-4-38	15.4			DL/T 988—2023	高压交流架空送电线路、变电站工频电场和磁场测量方法	DL/T 988—2005		2023/12/28	2024/6/28
15.4-4-39	15.4			NB/T 11061—2023	高海拔地区交流架空输电线路绝缘子串鸟粪闪络人工模拟试验方法			2023/2/6	2023/8/6
15.4-5-40	15.4	29.060.01；29.240.20		IEC 62568：2015	架空线—导体疲劳测试方法			2015/7/9	2015/7/9

15.5 试验与计量-电缆

序号	GW 分类	ICS 分类	GB 分类	标准号	中 文 名 称	代替标准	采用关系	发布日期	实施日期
15.5-2-1	15.5	29.240	F20	Q/GDW 11223—2024	高压电缆线路状态检测技术规范	Q/GDW 11223—2014		2024/12/31	2024/12/31
15.5-2-2	15.5	29.240		Q/GDW 11316—2018	高压电缆线路试验规程	Q/GDW 11316—2014		2020/4/17	2020/4/17
15.5-2-3	15.5	29.240		Q/GDW 11838—2018	配电电缆线路试验规程			2019/7/31	2019/7/31
15.5-2-4	15.5	29.240		Q/GDW 11840—2018	额定电压 500kV（U_m=550kV）交联聚乙烯绝缘大长度交流海底电缆耐压同步检测局部放电试验导则			2019/8/30	2019/8/30

续表

序号	GW 分类	ICS 分类	GB 分类	标准号	中 文 名 称	代替标准	采用关系	发布日期	实施日期
15.5-3-5	15.5	29.060.20	K13	GB/T 11017.1—2014	额定电压 110kV（U_m=126kV）交联聚乙烯绝缘电力电缆及其附件　第 1 部分：试验方法和要求	GB/T 11017.1—2002	IEC 60840：2011，MOD	2014/7/24	2015/1/22
15.5-3-6	15.5	29.060.20	K13	GB/T 12666.1—2008	单根电线电缆燃烧试验方法　第 1 部分：垂直燃烧试验	GB/T 12666.1—1990		2008/6/30	2009/4/1
15.5-3-7	15.5	29.060.20	K13	GB/T 12666.2—2008	单根电线电缆燃烧试验方法　第 2 部分：水平燃烧试验	GB/T 12666.1—1990；GB/T 12666.3—1990		2008/6/30	2009/4/1
15.5-3-8	15.5	29.060.20	K13	GB/T 12666.3—2008	单根电线电缆燃烧试验方法　第 3 部分：倾斜燃烧试验	GB/T 12666.1—1990；GB 12666.4—1990		2008/6/30	2009/4/1
15.5-3-9	15.5	29.060.20	K13	GB/T 12706.4—2020	额定电压 1kV（U_m=1.2kV）到 35kV（U_m=40.5kV）挤包绝缘电力电缆及附件　第 4 部分：额定电压 6kV（U_m=7.2kV）到 35kV（U_m=40.5kV）电力电缆附件试验要求	GB/T 12706.4—2008	IEC 60502-4：2010，MOD	2020/3/31	2020/10/1
15.5-3-10	15.5	83.120	Q23	GB/T 1463—2005	纤维增强塑料密度和相对密度试验方法	GB/T 1463—1988	ASTM D 792-1998，NEQ	2005/5/18	2005/12/1
15.5-3-11	15.5	29.060.20	K13	GB/T 18380.11—2022	电缆和光缆在火焰条件下的燃烧试验　第 11 部分：单根绝缘电线电缆火焰垂直蔓延试验试验装置	GB/T 18380.11—2008	IEC 60332-1-1：2015，IDT	2022/3/9	2022/10/1
15.5-3-12	15.5	29.060.20	K13	GB/T 18380.12—2022	电缆和光缆在火焰条件下的燃烧试验　第 12 部分：单根绝缘电线电缆火焰垂直蔓延试验 1kW 预混合型火焰试验方法	GB/T 18380.12—2008	IEC 60332-1-2：2015，IDT	2022/3/9	2022/10/1
15.5-3-13	15.5	29.060.20	K13	GB/T 18380.13—2022	电缆和光缆在火焰条件下的燃烧试验　第 13 部分：单根绝缘电线电缆火焰垂直蔓延试验测定燃烧的滴落（物）/微粒的试验方法	GB/T 18380.13—2008	IEC 60332-1-3：2015，IDT	2022/3/9	2022/10/1
15.5-3-14	15.5	29.060.20	K13	GB/T 18380.21—2008	电缆和光缆在火焰条件下的燃烧试验　第 21 部分：单根绝缘细电线电缆火焰垂直蔓延试验试验装置	GB/T 18380.2—2001	IEC 60332-2-1：2004，IDT	2008/6/26	2009/4/1
15.5-3-15	15.5	29.060.20	K13	GB/T 18380.22—2008	电缆和光缆在火焰条件下的燃烧试验　第 22 部分：单根绝缘细电线电缆火焰垂直蔓延试验扩散型火焰试验方法		IEC 60332-2-2：2004，IDT	2008/6/26	2009/4/1
15.5-3-16	15.5	29.060.20	K13	GB/T 18380.31—2022	电缆和光缆在火焰条件下的燃烧试验　第 31 部分：垂直安装的成束电线电缆火焰垂直蔓延试验试验装置	GB/T 18380.31—2008	IEC 60332-3-10：2018，IDT	2022/3/9	2022/10/1

续表

序号	GW 分类	ICS 分类	GB 分类	标准号	中 文 名 称	代替标准	采用关系	发布日期	实施日期
15.5-3-17	15.5	29.060.20	K13	GB/T 18380.32—2022	电缆和光缆在火焰条件下的燃烧试验 第 32 部分：垂直安装的成束电线电缆火焰垂直蔓延试验 AF/R 类	GB/T 18380.32—2008	IEC 60332-3-21：2018，IDT	2022/4/15	2022/11/1
15.5-3-18	15.5	29.060.20	K13	GB/T 18380.33—2022	电缆和光缆在火焰条件下的燃烧试验 第 33 部分：垂直安装的成束电线电缆火焰垂直蔓延试验 A 类	GB/T 18380.33—2008	IEC 60332-3-22：2018，IDT	2022/4/15	2022/11/1
15.5-3-19	15.5	29.060.20	K13	GB/T 18380.34—2022	电缆和光缆在火焰条件下的燃烧试验 第 34 部分：垂直安装的成束电线电缆火焰垂直蔓延试验 B 类	GB/T 18380.34—2008	IEC 60332-3-23：2018，IDT	2022/4/15	2022/11/1
15.5-3-20	15.5	29.060.20	K13	GB/T 18380.35—2022	电缆和光缆在火焰条件下的燃烧试验 第 35 部分：垂直安装的成束电线电缆火焰垂直蔓延试验 C 类	GB/T 18380.35—2008	IEC 60332-3-24：2018，IDT	2022/3/9	2022/10/1
15.5-3-21	15.5	29.060.20	K13	GB/T 18380.36—2022	电缆和光缆在火焰条件下的燃烧试验 第 36 部分：垂直安装的成束电线电缆火焰垂直蔓延试验 D 类	GB/T 18380.36—2008	IEC 60332-3-25：2018，IDT	2022/3/9	2022/10/1
15.5-3-22	15.5	29.060.20	K13	GB/T 18889—2002	额定电压 6kV（U_m=7.2kV）到 35kV（U_m=40.5kV）电力电缆附件试验方法	JB/T 8138.1—1995；JB/T 8138.2—1995；JB/T 8138.3—1995；JB/T 8138.4—1995；JB/T 8138.5—1995；JB/T 8138.6—199	IEC 61442：1997，MOD	2002/11/25	2003/6/1
15.5-3-23	15.5	29.060.20	K13	GB/T 19216.1—2021	在火焰条件下电缆或光缆的线路完整性试验 第 1 部分：火焰温度不低于 830℃的供火并施加冲击振动，额定电压 0.6/1kV 及以下外径超过 20mm 电缆的试验方法		IEC 60331-1：2018，IDT	2021/5/21	2021/12/1
15.5-3-24	15.5	29.060.20	K13	GB/T 19216.2—2021	在火焰条件下电缆或光缆的线路完整性试验 第 2 部分：火焰温度不低于 830℃的供火并施加冲击振动，额定电压 0.6/1kV 及以下外径不超过 20mm 电缆的试验方法		IEC 60331-2：2018，IDT	2021/5/21	2021/12/1
15.5-3-25	15.5	29.060.20	K13	GB/T 19216.3—2021	在火焰条件下电缆或光缆的线路完整性试验 第 3 部分：火焰温度不低于 830 ℃的供火并施加冲击振动，额定电压 0.6/1kV 及以下电缆穿在金属管中进行的试验方法		IEC 60331-3：2018，IDT	2021/5/21	2021/12/1
15.5-3-26	15.5	29.060.20	K13	GB/T 19216.11—2003	在火焰条件下电缆或光缆的线路完整性试验 第 11 部分：试验装置—火焰温度不低于 750℃的单独供火	GB/T 12666.6—1990	IEC 60331-11：1999，IDT	2003/6/24	2004/2/1

15

续表

序号	GW 分类	ICS 分类	GB 分类	标准号	中 文 名 称	代替标准	采用关系	发布日期	实施日期
15.5-3-27	15.5	29.060.20	K13	GB/T 22078.1—2008	额定电压 500kV（U_m=550kV）交联聚乙烯绝缘电力电缆及其附件 第 1 部分：额定电压 500kV（U_m=550kV）交联聚乙烯绝缘电力电缆及其附件—试验方法和要求		IEC 62067：2006，MOD	2008/6/30	2009/4/1
15.5-3-28	15.5	83.120	Q23	GB/T 2572—2005	纤维增强塑料平均线膨胀系数试验方法	GB/T 2572—1981		2005/5/18	2006/12/1
15.5-3-29	15.5	29.100.01	K97	GB/T 26171—2010	电线电缆专用设备检测方法			2011/1/14	2011/7/1
15.5-3-30	15.5	29.060	K13	GB/T 2951.11—2008	电缆和光缆绝缘和护套材料通用试验方法 第 11 部分：通用试验方法—厚度和外形尺寸测量—机械性能试验	GB/T 2951.1—1997	IEC 60811-1-1：2001，IDT	2008/6/26	2009/4/1
15.5-3-31	15.5	29.060	K13	GB/T 2951.12—2008	电缆和光缆绝缘和护套材料通用试验方法 第 12 部分：通用试验方法—热老化试验方法	GB/T 2951.2—1997	IEC 60811-1-2：1985，IDT	2008/6/26	2009/4/1
15.5-3-32	15.5	29.060	K13	GB/T 2951.13—2008	电缆和光缆绝缘和护套材料通用试验方法 第 13 部分：通用试验方法—密度测定方法—吸水试验—收缩试验	GB/T 2951.3—1997	IEC 60811-1-3：2001，IDT	2008/6/26	2009/4/1
15.5-3-33	15.5	29.060	K13	GB/T 2951.14—2008	电缆和光缆绝缘和护套材料通用试验方法 第 14 部分：通用试验方法—低温试验	GB/T 2951.4—1997	IEC 60811-1-4：1985，IDT	2008/6/26	2009/4/1
15.5-3-34	15.5	29.060	K13	GB/T 2951.21—2008	电缆和光缆绝缘和护套材料通用试验方法 第 21 部分：弹性体混合料专用试验方法—耐臭氧试验—热延伸试验—浸矿物油试验	GB/T 2951.5—1997	IEC 60811-2-1：2001，IDT	2008/6/26	2009/4/1
15.5-3-35	15.5	29.060	K13	GB/T 2951.31—2008	电缆和光缆绝缘和护套材料通用试验方法 第 31 部分：聚氯乙烯混合料专用试验方法—高温压力试验—抗开裂试验	GB/T 2951.6—1997	IEC 60811-3-1：1985，IDT	2008/6/26	2009/4/1
15.5-3-36	15.5	29.060	K13	GB/T 2951.32—2008	电缆和光缆绝缘和护套材料通用试验方法 第 32 部分：聚氯乙烯混合料专用试验方法—失重试验—热稳定性试验	GB/T 2951.7—1997	IEC 60811-3-2：1985，IDT	2008/6/26	2009/4/1
15.5-3-37	15.5	29.060	K13	GB/T 2951.41—2008	电缆和光缆绝缘和护套材料通用试验方法 第 41 部分：聚乙烯和聚丙烯混合料专用试验方法—耐环境应力开裂试验—熔体指数测量方法—直接燃烧法测量聚乙烯中碳黑和（或）矿物质填料含量—热重分析法（TGA）测量碳黑含量—显微镜法评估聚乙烯中碳黑分散度	GB/T 2951.8—1997	IEC 60811-4-1：2004，IDT	2008/6/26	2009/4/1

续表

序号	GW 分类	ICS 分类	GB 分类	标准号	中 文 名 称	代替标准	采用关系	发布日期	实施日期
15.5-3-38	15.5	29.060	K13	GB/T 2951.42—2008	电缆和光缆绝缘和护套材料通用试验方法　第42部分：聚乙烯和聚丙烯混合料专用试验方法—高温处理后抗张强度和断裂伸长率试验—高温处理后卷绕试验—空气热老化后的卷绕试验—测定质量的增加—长期热稳定性试验—铜催化氧化降解试验方法	GB/T 2951.9—1997	IEC 60811-4-2：2004，IDT	2008/6/26	2009/4/1
15.5-3-39	15.5	29.060	K13	GB/T 2951.51—2008	电缆和光缆绝缘和护套材料通用试验方法　第51部分：填充膏专用试验方法—滴点—油分离—低温脆性—总酸值—腐蚀性—23℃时的介电常数－23℃和100℃时的直流电阻率	GB/T 2951.10—1997	IEC 60811-5-1：1990，IDT	2008/6/26	2009/4/1
15.5-3-40	15.5	29.060	K13	GB/T 3048.1—2007	电线电缆电性能试验方法　第1部分：总则	GB/T 3048.1—1994		2007/12/3	2008/5/1
15.5-3-41	15.5	29.060	K13	GB/T 3048.2—2007	电线电缆电性能试验方法　第2部分：金属材料电阻率试验	GB/T 3048.2—1994	IEC 60468：1974，MOD	2007/12/3	2008/5/1
15.5-3-42	15.5	29.060	K13	GB/T 3048.3—2007	电线电缆电性能试验方法　第3部分：半导电橡塑材料体积电阻率试验	GB/T 3048.3—1994		2007/12/3	2008/5/1
15.5-3-43	15.5	29.060	K13	GB/T 3048.4—2007	电线电缆电性能试验方法　第4部分：导体直流电阻试验	GB/T 3048.4—1994		2007/12/3	2008/5/1
15.5-3-44	15.5	29.060	K13	GB/T 3048.5—2007	电线电缆电性能试验方法　第5部分：绝缘电阻试验	GB/T 3048.5—1994；GB/T 3048.6—1994		2007/12/3	2008/5/1
15.5-3-45	15.5	29.060	K13	GB/T 3048.7—2007	电线电缆电性能试验方法　第7部分：耐电痕试验	GB/T 3048.7—1994		2007/12/3	2008/5/1
15.5-3-46	15.5	29.060	K13	GB/T 3048.8—2007	电线电缆电性能试验方法　第8部分：交流电压试验	GB/T 3048.8—1994	IEC 60060-1：1989，NEQ	2007/12/3	2008/5/1
15.5-3-47	15.5	29.060	K13	GB/T 3048.9—2007	电线电缆电性能试验方法　第9部分：绝缘线芯火花试验	GB/T 3048.9—1994；GB/T 3048.15—1992		2007/12/3	2008/5/1
15.5-3-48	15.5	29.060	K13	GB/T 3048.10—2007	电线电缆电性能试验方法　第10部分：挤出护套火花试验	GB/T 3048.10—1994		2007/12/3	2008/5/1
15.5-3-49	15.5	29.060	K13	GB/T 3048.11—2007	电线电缆电性能试验方法　第11部分：介质损耗角正切试验	GB/T 3048.11—1994		2007/12/3	2008/5/1
15.5-3-50	15.5	29.060	K13	GB/T 3048.12—2007	电线电缆电性能试验方法　第12部分：局部放电试验	GB/T 3048.12—1994	IEC 60885-3：1988，MOD	2007/12/3	2008/5/1
15.5-3-51	15.5	29.060	K13	GB/T 3048.13—2007	电线电缆电性能试验方法　第13部分：冲击电压试验	GB/T 3048.13—1992	IEC 60230：1966，MOD；IEC 60060-1：1989，MOD	2007/12/3	2008/5/1

续表

序号	GW 分类	ICS 分类	GB 分类	标准号	中文名称	代替标准	采用关系	发布日期	实施日期
15.5-3-52	15.5	29.060	K13	GB/T 3048.14—2007	电线电缆电性能试验方法　第 14 部分：直流电压试验	GB/T 3048.14—1992	IEC 60060-1：1989，NEQ	2007/12/3	2008/5/1
15.5-3-53	15.5	29.060	K13	GB/T 3048.16—2007	电线电缆电性能试验方法　第 16 部分：表面电阻试验	GB/T 3048.16—1994		2007/12/3	2008/5/1
15.5-3-54	15.5	13.220.40	C84	GB/T 31248—2014	电缆或光缆在受火条件下火焰蔓延、热释放和产烟特性的试验方法			2014/12/5	2015/4/1
15.5-3-55	15.5	29.060.20	K13	GB/T 31489.1—2015	额定电压 500kV 及以下直流输电用挤包绝缘电力电缆系统　第 1 部分：试验方法和要求			2015/5/15	2015/12/1
15.5-3-56	15.5	85.060	Y32	GB/T 3333—1999	电缆纸工频击穿电压试验方法	GB/T 3333—1982	IEC 554-2：1977，NEQ	1999/8/12	2000/2/1
15.5-3-57	15.5	91.100.30	Q14	GB/T 38112—2019	管廊工程用预制混凝土制品试验方法			2019/10/18	2020/9/1
15.5-3-58	15.5	29.060.20	K13	GB/T 5013.2—2008	额定电压 450/750V 及以下橡皮绝缘电缆　第 2 部分：试验方法	GB 5013.2—1997	IEC 60245-2：1998，IDT	2008/1/22	2008/9/1
15.5-3-59	15.5	29.060.20	K13	GB/T 5023.2—2008	额定电压 450/750V 及以下聚氯乙烯绝缘电缆　第 2 部分：试验方法	GB 5023.2—1997	IEC 60227-2：2003，IDT	2008/6/30	2009/5/1
15.5-3-60	15.5	29.060.20	K13	GB/T 9327—2008	额定电压 35kV（U_m=40.5kV）及以下电力电缆导体用压接式和机械式连接金具　试验方法和要求	GB/T 9327.1—1988；GB/T 9327.2—1988 等	IEC 61238-1：2003，MOD	2008/12/31	2009/11/1
15.5-4-61	15.5	29.060.20	K13	DL/T 1070—2007	中压交联电缆抗水树性能鉴定试验方法和要求			2007/7/20	2007/12/1
15.5-4-62	15.5	27.100	F24	DL/T 1301—2013	海底充油电缆直流耐压试验导则			2013/11/28	2014/4/1
15.5-4-63	15.5	29.020	F24	DL/T 1575—2016	6kV～35kV 电缆振荡波局部放电测量系统			2016/2/5	2016/7/1
15.5-4-64	15.5	29.020	F24	DL/T 1576—2016	6kV～35kV 电缆振荡波局部放电测试方法			2016/2/5	2016/7/1
15.5-4-65	15.5	29.020	F24	DL/T 1932—2018	6kV～35kV 电缆振荡波局部放电测量系统检定方法			2018/12/25	2019/5/1
15.5-4-66	15.5	29.060.20	K13	DL/T 2233—2021	额定电压 110kV～500kV 交联聚乙烯绝缘海底电缆系统预鉴定试验规范			2021/1/7	2021/7/1
15.5-4-67	15.5	29.060	F24	DL/T 2324—2021	高压电缆高频局部放电带电检测技术导则			2021/12/22	2022/3/22
15.5-4-68	15.5	29.060.20	K13	DL/T 2456—2021	输电电缆故障测寻技术规范			2021/12/22	2022/6/22

续表

序号	GW 分类	ICS 分类	GB 分类	标准号	中 文 名 称	代替标准	采用关系	发布日期	实施日期
15.5-4-69	15.5	13.220.40	C80	GA/T 716—2007	电缆或光缆在受火条件下的火焰传播及热释放和产烟特性的试验方法		prEn 50399：2003 Pt1，MOD；prEn 50399：2003 Pt2.1，MOD；prEn 50399：2003 Pt2.2，MOD	2007/10/17	2007/12/1
15.5-4-70	15.5	29.060	K13	JB/T 10696.1—2007	电线电缆机械和理化性能试验方法 第 1 部分：一般规定			2007/1/25	2007/7/1
15.5-4-71	15.5	29.060	K13	JB/T 10696.2—2007	电线电缆机械和理化性能试验方法 第 2 部分：软电线和软电缆曲挠试验			2007/1/25	2007/7/1
15.5-4-72	15.5	29.060	K13	JB/T 10696.3—2007	电线电缆机械和理化性能试验方法 第 3 部分：弯曲试验			2007/1/25	2007/7/1
15.5-4-73	15.5	29.060	K13	JB/T 10696.4—2007	电线电缆机械和理化性能试验方法 第 4 部分：外护层环烷酸铜含量试验			2007/1/25	2007/7/1
15.5-4-74	15.5	29.060	K13	JB/T 10696.5—2007	电线电缆机械和理化性能试验方法 第 5 部分：腐蚀扩展试验			2007/1/25	2007/7/1
15.5-4-75	15.5	29.060	K13	JB/T 10696.6—2007	电线电缆机械和理化性能试验方法 第 6 部分：挤出外套刮磨试验			2007/1/25	2007/7/1
15.5-4-76	15.5	29.060	K13	JB/T 10696.7—2007	电线电缆机械和理化性能试验方法 第 7 部分：抗撕试验			2007/1/25	2007/7/1
15.5-4-77	15.5	29.060	K13	JB/T 10696.8—2007	电线电缆机械和理化性能试验方法 第 8 部分：氧化诱导期试验			2007/1/25	2007/7/1
15.5-4-78	15.5	29.060	K13	JB/T 10696.9—2011	电线电缆机械和理化性能试验方法 第 9 部分：白蚁试验			2011/5/18	2011/8/1
15.5-4-79	15.5	29.060	K13	JB/T 10696.10—2011	电线电缆机械和理化性能试验方法 第 10 部分：大鼠啃咬试验			2011/5/18	2011/8/1
15.5-4-80	15.5	29.060.20	K13	JB/T 11167.1—2011	额定电压 10kV（U_m=12kV）至 110kV（U_m=126kV）交联聚乙烯绝缘大长度交流海底电缆及附件 第 1 部分：试验方法和要求			2011/5/18	2011/8/1

15.6 试验与计量-保护与自动化

序号	GW 分类	ICS 分类	GB 分类	标准号	中 文 名 称	代替标准	采用关系	发布日期	实施日期
15.6-2-1	15.6	29.240	F20	Q/GDW 10264—2024	高压直流换流站电气二次设备交接验收试验规程	Q/GDW 264—2009		2024/12/31	2024/12/31

15

续表

序号	GW 分类	ICS 分类	GB 分类	标准号	中 文 名 称	代替标准	采用关系	发布日期	实施日期
15.6-2-2	15.6	29.240		Q/GDW 10639—2022	配电自动化终端设备检测规程	Q/GDW 10639—2018		2022/5/13	2022/5/13
15.6-2-3	15.6	29.240		Q/GDW 10733—2018	智能变电站网络报文记录及分析装置检测规范	Q/GDW 733—2012		2020/1/2	2020/1/2
15.6-2-4	15.6			Q/GDW 10823—2016	高压直流输电系统保护标准化设备入网检测标准	Q/GDW 1823—2012		2016/12/28	2016/12/28
15.6-2-5	15.6			Q/GDW 11015—2013	模拟量输入式合并单元检测规范			2013/11/6	2013/11/6
15.6-2-6	15.6	29.240		Q/GDW 11051—2013	智能变电站二次回路性能测试规范			2014/4/1	2014/4/1
15.6-2-7	15.6			Q/GDW 11053—2013	站域保护控制系统检验规范			2014/4/1	2014/4/1
15.6-2-8	15.6			Q/GDW 11056.1—2013	继电保护及安全自动装置检测技术规范　第 1 部分：通用性能测试			2014/4/1	2014/4/1
15.6-2-9	15.6			Q/GDW 11056.2—2013	继电保护及安全自动装置检测技术规范　第 2 部分：继电保护装置专用功能测试			2014/4/1	2014/4/1
15.6-2-10	15.6	29.240		Q/GDW 11056.3—2013	继电保护及安全自动装置检测技术规范　第 3 部分：安全自动装置专用功能测试			2014/4/1	2014/4/1
15.6-2-11	15.6	29.240		Q/GDW 11056.4—2013	继电保护及安全自动装置检测技术规范　第 4 部分：继电保护装置动态模拟测试			2014/4/1	2014/4/1
15.6-2-12	15.6	29.240		Q/GDW 11056.5—2013	继电保护及安全自动装置检测技术规范　第 5 部分：安全自动装置动态模拟测试			2014/4/1	2014/4/1
15.6-2-13	15.6	29.240		Q/GDW 11202.1—2015	智能变电站自动化设备检测规范　第 1 部分：概论			2015/12/5	2015/12/5
15.6-2-14	15.6	29.240		Q/GDW 11202.2—2018	智能变电站自动化设备检测规范　第 2 部分：测控装置	Q/GDW 11202.2—2014		2020/1/2	2020/1/2
15.6-2-15	15.6	29.240		Q/GDW 11202.3—2014	智能变电站自动化设备检测规范　第 3 部分：110（66）kV 保护测控集成装置			2014/11/15	2014/11/15
15.6-2-16	15.6	29.240	F20	Q/GDW 11202.4—2024	智能变电站自动化设备检测规范　第 4 部分：工业以太网交换机	Q/GDW 11202.4—2018		2024/8/23	2024/8/23
15.6-2-17	15.6	29.240	F20	Q/GDW 11202.5—2024	智能变电站自动化设备检测规范　第 5 部分：时间同步系统	Q/GDW 11202.5—2018		2024/8/23	2024/8/23
15.6-2-18	15.6	29.240		Q/GDW 11202.6—2018	智能变电站自动化设备检测规范　第 6 部分：同步相量测量装置	Q/GDW 11202.6—2014		2020/1/2	2020/1/2

续表

序号	GW 分类	ICS 分类	GB 分类	标准号	中　文　名　称	代替标准	采用关系	发布日期	实施日期
15.6-2-19	15.6	29.240		Q/GDW 11202.8—2015	智能变电站自动化设备检测规范　第 8 部分：电能量采集终端			2015/9/29	2015/9/29
15.6-2-20	15.6	29.240		Q/GDW 11202.9—2018	智能变电站自动化设备检测规范　第 9 部分：数据通信网关机	Q/GDW 11202.9—2014		2020/1/2	2020/1/2
15.6-2-21	15.6	29.240		Q/GDW 11202.10—2022	智能变电站自动化设备检测规范　第 10 部分：冗余后备测控装置			2022/1/29	2022/1/29
15.6-2-22	15.6	29.240		Q/GDW 11202.11—2022	智能变电站自动化设备检测规范　第 11 部分：宽频测量装置			2022/1/29	2022/1/29
15.6-2-23	15.6	29.240		Q/GDW 11202.12—2024	智能变电站自动化设备检测规范　第 12 部分：二次系统通信报文一致性			2024/1/19	2024/1/19
15.6-2-24	15.6	29.240		Q/GDW 11263—2020	继电保护及安全自动装置试验装置通用技术条件	Q/GDW 411—2010；Q/GDW 652—2011；Q/GDW 11263—2014		2020/12/31	2020/12/31
15.6-2-25	15.6	29.240		Q/GDW 11286—2014	智能变电站智能终端检测规范			2015/6/12	2015/6/12
15.6-2-26	15.6	29.240		Q/GDW 11287—2014	智能变电站 110kV 合并单元智能终端集成装置检测规范			2015/6/12	2015/6/12
15.6-2-27	15.6	29.240		Q/GDW 1140—2014	交流采样测量装置运行检验规程	Q/GDW 140—2006		2015/9/14	2015/9/14
15.6-2-28	15.6	29.240		Q/GDW 11498.1—2016	110kV 及以下继电保护装置检测规范　第 1 部分：通用性能测试			2016/12/28	2016/12/28
15.6-2-29	15.6	29.240		Q/GDW 11498.2—2016	110kV 及以下继电保护装置检测规范　第 2 部分：继电保护装置专用功能测试			2016/12/28	2016/12/28
15.6-2-30	15.6	29.240		Q/GDW 11498.3—2016	110kV 及以下继电保护装置检测规范　第 3 部分：继电保护装置动态模拟测试			2016/12/28	2016/12/28
15.6-2-31	15.6	29.240		Q/GDW 11893—2018	高压直流保护现场试验装置技术规范			2020/1/2	2020/1/2
15.6-2-32	15.6	29.240		Q/GDW 12038—2020	特高压直流控制保护系统联合调试试验导则			2020/12/31	2020/12/31
15.6-2-33	15.6	24.290		Q/GDW 12039.1—2020	就地化继电保护装置检测规范　第 1 部分：通用部分测试			2020/12/31	2020/12/31
15.6-2-34	15.6	29.240		Q/GDW 12039.2—2020	就地化继电保护装置检测规范　第 2 部分：连接器及预制缆测试			2020/12/31	2020/12/31
15.6-2-35	15.6	29.240		Q/GDW 12039.3—2020	就地化继电保护装置检测规范　第 3 部分：智能管理单元测试			2020/12/31	2020/12/31

续表

序号	GW 分类	ICS 分类	GB 分类	标准号	中 文 名 称	代替标准	采用关系	发布日期	实施日期
15.6-2-36	15.6	29.240		Q/GDW 12039.4—2020	就地化继电保护装置检测规范 第 4 部分：就地操作箱测试			2020/12/31	2020/12/31
15.6-2-37	15.6	29.240		Q/GDW 12039.5—2020	就地化继电保护装置检测规范 第 5 部分：线路保护装置专用功能测试			2020/12/31	2020/12/31
15.6-2-38	15.6	29.240		Q/GDW 12042—2020	高压柔性直流输电保护装置检测规范			2020/12/31	2020/12/31
15.6-2-39	15.6	29.240		Q/GDW 12206—2022	特高压直流保护系统现场测试导则			2022/1/29	2022/1/29
15.6-2-40	15.6	29.240		Q/GDW 1810—2015	智能变电站继电保护装置检验测试规范	Q/GDW 810—2012		2016/11/15	2016/11/15
15.6-2-41	15.6			Q/GDW 1824—2012	直流故障录波装置入网检测标准			2013/11/6	2013/11/6
15.6-2-42	15.6	29.240		Q/GDW 330—2009	1000kV 系统继电保护装置及安全自动装置检测技术规范			2009/5/25	2009/5/25
15.6-2-43	15.6	29.240		Q/GDW 691—2011	智能变电站合并单元测试规范			2012/6/6	2012/6/6
15.6-3-44	15.6	29.120.70	K33	GB/T 11287—2000	电气继电器 第 21 部分：量度继电器和保护装置的振动、冲击、碰撞和地震试验 第 1 篇：振动试验（正弦）	GB/T 11287—1989	IEC 255-21-1：1988，IDT	2000/1/3	2000/8/1
15.6-3-45	15.6	29.240.30	K45	GB/T 14598.3—2006	电气继电器 第 5 部分：量度继电器和保护装置的绝缘配合要求和试验	GB/T 14598.3—1993	IEC 60255-5：2000，IDT	2006/3/14	2006/9/1
15.6-3-46	15.6	29.120.70	K45	GB/T 14598.8—2008	电气继电器 第 20 部分：保护系统	GB/T 14598.8—1995	IEC 60255-20：1984，MOD	2008/6/18	2009/3/1
15.6-3-47	15.6	29.120.70	K45	GB/T 14598.23—2017	电气继电器 第 21 部分：量度继电器和保护装置的振动、冲击、碰撞和地震试验 第 3 篇：地震试验		IEC 60255-21-3：1993，IDT	2017/12/29	2018/7/1
15.6-3-48	15.6	29.120.70	K45	GB/T 14598.26—2015	量度继电器和保护装置 第 26 部分：电磁兼容要求	GB/T 14598.20—2007	IEC 60255-26: 2013，IDT	2015/9/11	2016/4/1
15.6-3-49	15.6	29.240.30	F21	GB/T 15149.1—2002	电力系统远方保护设备的性能及试验方法 第 1 部分：命令系统	GB/T 15149—1994	IEC 60834-1：1999，IDT	2002/3/26	2002/12/1
15.6-3-50	15.6	29.120.50	K45	GB/T 15510—2008	控制用电磁继电器可靠性试验通则	GB/T 15510—1995		2008/6/18	2009/3/1
15.6-3-51	15.6	29.120.50	K45	GB/T 26864—2011	电力系统继电保护产品动模试验			2011/7/29	2011/12/1
15.6-3-52	15.6	27.100	F21	GB/T 26866—2022	电力系统的时间同步系统检测规范	GB/T 26866—2011		2022/10/12	2023/5/1
15.6-3-53	15.6	29.240.10	K45	GB/T 31237—2014	1000kV 系统继电保护装置及安全自动装置检测技术规范			2014/9/30	2015/4/1

15

续表

序号	GW 分类	ICS 分类	GB 分类	标准号	中 文 名 称	代替标准	采用关系	发布日期	实施日期
15.6-3-54	15.6	29.240	K45	GB/T 34871—2017	智能变电站继电保护检验测试规范			2017/11/1	2018/5/1
15.6-3-55	15.6	29.240	K45	GB/T 42150.1—2022	就地化继电保护装置检测规范　第 1 部分：通用部分			2022/12/30	2023/7/1
15.6-3-56	15.6	29.120.70; 29.240.30	K45	GB/T 7261—2016	继电保护和安全自动装置基本试验方法	GB/T 7261—2008		2016/2/24	2016/5/2
15.6-4-57	15.6	27.100	F24	DL/T 1129—2009	直流换流站二次电气设备交接试验规程			2009/7/22	2009/12/1
15.6-4-58	15.6	29.240.01	F21	DL/T 1405.3—2018	智能变电站的同步相量测量装置　第 3 部分：检测规范			2018/12/25	2019/5/1
15.6-4-59	15.6	17.220.20	N22	DL/T 1501—2016	数字化继电保护试验装置技术条件			2016/1/7	2016/6/1
15.6-4-60	15.6			DL/T 1529—2024	配电自动化终端设备检测规程	DL/T 1529—2016		2024/5/24	2024/11/24
15.6-4-61	15.6	29.240.01	F20	DL/T 1794—2017	柔性直流输电控制保护系统联调试验技术规程			2017/12/27	2018/6/1
15.6-4-62	15.6	29.240.01	F21	DL/T 2057—2019	配电网分布式馈线自动化试验技术规范			2019/11/4	2020/5/1
15.6-4-63	15.6	29.240.01	F21	DL/T 2144.1—2020	变电站自动化系统及设备检测规范　第 1 部分：总则			2020/10/23	2021/2/1
15.6-4-64	15.6	29.240	K45	DL/T 2379.1—2021	就地化保护装置检测规范　第 1 部分：智能管理单元			2021/12/22	2022/3/22
15.6-4-65	15.6			DL/T 2379.2—2021	就地化保护装置检测规范　第 2 部分：线路保护			2021/12/22	2022/3/22
15.6-4-66	15.6	29.240	K45	DL/T 2379.3—2023	就地化保护装置检测规范　第 3 部分：变压器保护			2023/5/26	2023/11/26
15.6-4-67	15.6	29.240	K45	DL/T 2379.4—2023	就地化保护装置检测规范　第 4 部分：母线保护			2023/5/26	2023/11/26
15.6-4-68	15.6	29.240.01	F20	DL/T 281—2012	合并单元测试规范			2012/1/4	2012/3/1
15.6-4-69	15.6	29.240	K45	DL/T 624—2023	继电保护微机型试验装置技术条件	DL/T 624—2010		2023/5/26	2023/11/26
15.6-4-70	15.6	29.240.01	F21	DL/T 630—2020	交流采样远动终端技术条件	DL/T 630—1997		2020/10/23	2021/2/1
15.6-4-71	15.6	29.120.70	K45	JB/T 5777.3—2002	电力系统二次电路用控制及继电保护屏（柜、台）基本试验方法	JB/T 5777.3—1991		2002/7/16	2002/12/1
15.6-4-72	15.6	29.240.01	K45	NB/T 10190—2019	弧光保护测试设备技术要求			2019/6/4	2019/10/1
15.6-4-73	15.6	29.240.01	K45	NB/T 10681—2021	继电保护装置高加速寿命试验导则			2021/4/26	2021/7/26

续表

序号	GW 分类	ICS 分类	GB 分类	标准号	中 文 名 称	代替标准	采用关系	发布日期	实施日期
15.6-4-74	15.6	29.240.01	K45	NB/T 42087—2016	合并单元测试设备技术规范			2016/8/16	2016/12/1
15.6-4-75	15.6	33.040.20	M33	YD/T 2550—2013	时间同步设备测试方法			2013/4/25	2013/6/1
15.6-5-76	15.6	29.120	K45	IEC 61643—11：2011	低压浪涌保护装置 第 11 部分：两街道低压功率配电系统的浪涌保护装置试验方法和要求			2011/3/9	2011/3/9
15.6-6-77	15.6	19.02		T/CSEE 0211—2021	接入柔性直流互联装置的交直流混合 配电网保护、测控、安自装置技术规范			2021/3/11	2021/5/1

15.7 试验与计量-电力电子

序号	GW 分类	ICS 分类	GB 分类	标准号	中 文 名 称	代替标准	采用关系	发布日期	实施日期
15.7-2-1	15.7	29.240		Q/GDW 10662—2015	串联电容器补偿装置晶闸管阀试验规程	Q/GDW 662—2011		2016/12/8	2016/12/8
15.7-2-2	15.7	29.240		Q/GDW 11734—2022	柔性直流输电阀基控制器动模测试技术导则	Q/GDW 11734—2017		2022/7/16	2022/7/16
15.7-2-3	15.7			Q/GDW 12366—2023	分布式潮流控制器交接试验规程			2023/11/24	2023/11/24
15.7-3-4	15.7	29.200	K46	GB/T 13422—2013	半导体变流器电气试验方法	GB/T 13422—1992		2013/7/19	2013/12/2
15.7-3-5	15.7	31.080.20	K46	GB/T 20995—2020	输配电系统的电力电子技术静止无功补偿装置用晶闸管阀的试验	GB/T 20995—2007	IEC 61954：2017，IDT	2020/12/14	2021/7/1
15.7-3-6	15.7		K46	GB/T 33348—2024	高压直流输电用电压源换流器阀 电气试验	GB/T 33348—2016		2024/5/28	2024/12/1
15.7-3-7	15.7	29.200	K46	GB/T 36956—2018	柔性直流输电用电压源换流器阀基控制设备试验			2018/12/28	2019/7/1
15.7-3-8	15.7	29.240.99	K42	GB/T 43727—2024	晶闸管控制串联电容器（TCSC）用晶闸管阀电气试验			2024/3/15	2024/10/1
15.7-4-9	15.7	29.240.01	F21	DL/T 1010.2—2006	高压静止无功补偿装置 第 2 部分：晶闸管阀试验		IEC 61954：2003，MOD	2006/9/14	2007/3/1
15.7-4-10	15.7	29.240.01	F21	DL/T 1010.4—2006	高压静止无功补偿装置 第 4 部分：现场试验			2006/9/14	2007/3/1
15.7-4-11	15.7	29.240.01	F24	DL/T 1513—2016	柔性直流输电用电压源型换流阀 电气试验			2016/1/7	2016/6/1
15.7-4-12	15.7	29.240	F24	DL/T 1567—2016	开合无功补偿设备测试装置通用技术条件			2016/2/5	2016/7/1
15.7-4-13	15.7	29.240.99	F21	DL/T 1981.10—2020	统一潮流控制器 第 10 部分：系统试验规程			2020/10/23	2021/2/1
15.7-4-14	15.7	29.200	L43	DL/T 2042—2019	高压直流输电换流阀晶闸管级试验装置技术规范			2019/6/4	2019/10/1
15.7-4-15	15.7		F22	DL/T 5864—2023	柔性直流输电换流阀现场交接试验规程			2023/10/11	2024/4/11

15

续表

序号	GW 分类	ICS 分类	GB 分类	标准号	中文名称	代替标准	采用关系	发布日期	实施日期
15.7-5-16	15.7			IEC 60700-1：2015/AMD1：2021，CSV	晶闸管阀高压直流（HVDC）电力传输　第 1 部分：电气试验 2.0 版			2021/9/15	2021/9/15
15.7-5-17	15.7	29.240.99；31.080.20	K44	IEC 61954：2013—04 ED 2.1	静止无功补偿器（SVC）晶闸管阀的试验	IEC 61954：2011		2013/4/1	2013/4/1
15.7-5-18	15.7			IEC 61954：2021	静止无功补偿装置（SVC）晶闸管阀测试			2021/10/4	2021/10/4
15.7-5-19	15.7	29.200	K04	IEC 62310—3：2008	静态转换系统（STS）第 3 部分：性能和试验要求的详细说明方法	IEC 22 H/105/FDIS：2008		2008/6/1	2008/6/1
15.7-5-20	15.7			IEC 62501：2009/AMD1：2014，CSV	高电压直流输电（HVDC）用电压源换流器（VSC）电子管电气测试			2014/8/12	2014/8/12

15.8 试验与计量-监测装置及仪表

序号	GW 分类	ICS 分类	GB 分类	标准号	中文名称	代替标准	采用关系	发布日期	实施日期
15.8-2-1	15.8	29.240		Q/GDW 10245—2016	输电线路微风振动监测装置技术规范	Q/GDW 245—2010		2017/7/28	2017/7/28
15.8-2-2	15.8	29.240		Q/GDW 10440—2018	油浸式变压器测温装置现场校准规范	Q/GDW 440—2010		2020/4/3	2020/4/3
15.8-2-3	15.8	29.060.20		Q/GDW 10950—2022	SF_6气体密度继电器现场校验规程	Q/GDW 1950—2013		2022/9/15	2022/9/15
15.8-2-4	15.8	29.240		Q/GDW 11097—2013	绝缘油介质损耗测试仪校准规范			2014/9/1	2014/9/1
15.8-2-5	15.8	29.240		Q/GDW 11112—2013	避雷器监测装置校准规范			2014/4/1	2014/4/1
15.8-2-6	15.8	29.240		Q/GDW 11449—2022	输电线路状态监测装置试验方法	Q/GDW 11449—2015		2022/5/13	2022/5/13
15.8-2-7	15.8	25.040.30		Q/GDW 11514—2021	变电站智能机器人巡检系统检测规范	Q/GDW 11514—2016		2021/12/6	2021/12/6
15.8-2-8	15.8	19.080		Q/GDW 11522—2016	电力变压器分接开关测试仪校准规范			2016/12/28	2016/12/28
15.8-2-9	15.8	29.180		Q/GDW 11560—2016	换流变压器气体继电器选型与试验导则			2017/3/24	2017/3/24
15.8-2-10	15.8			Q/GDW 11783.1—2017	现场用交流电参量测量仪　第 1 部分：通用技术要求			2018/9/7	2018/9/7
15.8-2-11	15.8			Q/GDW 11783.2—2017	现场用交流电参量测量仪　第 2 部分：特殊要求　基于电网工频信号			2018/9/7	2018/9/7
15.8-2-12	15.8			Q/GDW 11783.3—2017	现场用交流电参量测量仪　第 3 部分：特殊要求　基于电子式互感器模拟输出量			2018/9/7	2018/9/7
15.8-2-13	15.8			Q/GDW 11783.4—2017	现场用交流电参量测量仪　第 4 部分：特殊要求　基于电子式互感器数字输出量			2018/9/7	2018/9/7

续表

序号	GW 分类	ICS 分类	GB 分类	标准号	中文名称	代替标准	采用关系	发布日期	实施日期
15.8-2-14	15.8	27.140		Q/GDW 12139—2021	翻斗式雨量计现场检测规程			2021/9/17	2021/9/17
15.8-2-15	15.8	29.240		Q/GDW 1540.5—2014	变电设备在线监测装置检验规范　第5部分：气体绝缘金属封闭开关设备特高频法局部放电在线监测装置			2015/2/26	2015/2/26
15.8-2-16	15.8	29.240		Q/GDW 1540.6—2015	变电设备在线监测装置检验规范　第6部分：变压器特高频局部放电在线监测装置			2016/9/30	2016/9/30
15.8-2-17	15.8	29.240		Q/GDW 1895—2013	电容型设备介质损耗因数和电容量带电测试技术现场应用导则			2014/1/10	2014/1/10
15.8-2-18	15.8	29.240		Q/GDW 1899—2013	交流采样测量装置校验规范			2014/1/10	2014/1/10
15.8-2-19	15.8	29.240		Q/GDW 653—2011	变压器空、负载损耗测试仪校准规范			2011/10/13	2011/10/13
15.8-2-20	15.8	29.240		Q/GDW 654—2011	输电线路参数测试仪校准规范			2011/10/13	2011/10/13
15.8-3-21	15.8	17.220	L85	GB/T 13166—2018	电子测量仪器设计余量与模拟误用试验	GB/T 13166—1991		2018/6/7	2019/1/1
15.8-3-22	15.8	19.080	K43	GB/T 14537—1993	量度继电器和保护装置的冲击与碰撞试验	IEC 255-21-2		1993/7/17	1994/2/1
15.8-3-23	15.8	17.200.20	N11	GB/T 16839.1—2018	热电偶　第1部分：电动势规范和允差	GB/T 16839.1—1997; GB/T 16839.2—1997	IEC 60584-1: 2003，IDT	2018/7/13	2019/2/1
15.8-3-24	15.8	17.220.20	L86	GB/T 16896.1—2005	高电压冲击测量仪器和软件　第1部分：对仪器的要求	GB/T 16896.1—1997; GB/T 813—1989	IEC 61083：2001，MOD	2005/2/6	2005/12/1
15.8-3-25	15.8	29.240.10	K40	GB/T 16896.2—2016	高电压和大电流试验测量用仪器和软件　第2部分：对冲击电压和冲击电流试验用软件的要求	GB/T 16896.2—2010	IEC 61083-2：2013，MOD	2016/2/24	2016/9/1
15.8-3-26	15.8	17.220.20	N22	GB/T 17215.811—2017	交流电测量设备　验收检验　第11部分：通用验收检验方法	GB/T 3925—1983; GB/T 17442—1998	IEC 62058-11：2008，IDT	2017/12/29	2018/7/1
15.8-3-27	15.8	17.220.20	N22	GB/T 17215.821—2017	交流电测量设备　验收检验　第21部分：机电式有功电能表的特殊要求（0.5级、1级和2级）	GB/T 3925—1983	IEC 62058-21：2008，IDT	2017/12/29	2017/12/29
15.8-3-28	15.8	17.220.20	N22	GB/T 17215.831—2017	交流电测量设备　验收检验　第31部分：静止式有功电能表的特殊要求（0.2S级、0.5S级、1级和2级）	GB/T 17442—1998	IEC 62058-31：2008，IDT	2017/12/29	2017/12/29
15.8-3-29	15.8	27.010	F01	GB/T 18293—2001	电力整流设备运行效率的在线测量			2001/1/10	2001/7/1
15.8-3-30	15.8	17.120.10	N12	GB/T 25922—2023	封闭管道中流体流量的测量　用安装在充满流体的圆形截面管道中的涡街流量计测量流量	GB/T 25922—2010		2023/8/6	2024/3/1
15.8-3-31	15.8	17.040.30	J42	GB/T 26095—2010	电子柱电感测微仪			2011/1/10	2011/10/1

15

续表

序号	GW 分类	ICS 分类	GB 分类	标准号	中 文 名 称	代替标准	采用关系	发布日期	实施日期
15.8-3-32	15.8	17.220.20	N20	GB/T 32191—2015	泄漏电流测试仪			2015/12/10	2016/7/1
15.8-3-33	15.8	17.220.20	N20	GB/T 32192—2015	耐电压测试仪			2015/12/10	2016/7/1
15.8-3-34	15.8	07.060	P10	GB/T 3408.1—2008	大坝监测仪器　应变计　第 1 部分：差动电阻式应变计	GB/T 3408—1994		2008/2/15	2008/5/1
15.8-3-35	15.8	07.060	P10	GB/T 3409.1—2008	大坝监测仪器　钢筋计　第 1 部分：差动电阻式钢筋计	GB/T 3409—1994		2008/4/9	2008/7/1
15.8-3-36	15.8	07.060	P10	GB/T 3410.1—2008	大坝监测仪器　测缝计　第 1 部分：差动电阻式测缝计	GB/T 3410—1994		2008/2/15	2008/5/1
15.8-3-37	15.8	07.060	N93	GB/T 3411.1—2009	大坝监测仪器　孔隙水压力计　第 1 部分：振弦式孔隙水压力计			2009/5/26	2009/10/1
15.8-3-38	15.8	07.060	N93	GB/T 3412.1—2009	大坝监测仪器　检测仪　第 1 部分：振弦式仪器检测仪			2009/5/26	2009/10/1
15.8-3-39	15.8	29.260.01	K04	GB/T 35708—2017	高原型配电网故障定位系统检验方法			2017/12/29	2018/7/1
15.8-3-40	15.8	29.020	K04	GB/T 35725—2017	电能质量监测设备自动检测系统通用技术要求			2017/12/29	2018/7/1
15.8-3-41	15.8	29.020	K04	GB/T 35726—2017	并联型有源电能质量治理设备性能检测规程			2017/12/29	2018/7/1
15.8-3-42	15.8	19.100	N78	GB/T 36015—2018	无损检测仪器　工业 X 射线数字成像装置性能和检测规则			2018/3/15	2018/10/1
15.8-3-43	15.8	35.040	L70	GB/T 36962—2018	传感数据分类与代码			2018/12/28	2019/7/1
15.8-3-44	15.8	17.140.50	A59	GB/T 3785.2—2023	电声学　声级计　第 2 部分：型式评价试验	GB/T 3785.2—2010		2023/5/23	2023/12/1
15.8-3-45	15.8	17.220.20	N25	GB/T 3927—2008	直流电位差计	GB/T 3927—1983	IEC 60523：1997，IDT	2008/8/6	2009/3/1
15.8-3-46	15.8	23.080	J71	GB/T 7782—2020	计量泵	GB/T 7782—2008		2020/4/28	2020/11/1
15.8-3-47	15.8	31.060	N25	GB/T 9090—1988	标准电容器			1988/4/25	1989/1/1
15.8-3-48	15.8			JJF 1187—2008	热像仪校准规范			2008/1/31	2008/4/30
15.8-3-49	15.8			JJF 1237—2017	SDH/PDH 传输分析仪校准规范	JJF 1237—2010		2017/11/20	2018/5/20
15.8-3-50	15.8			JJF 1263—2010	六氟化硫检测报警仪校准规范	JJG 914—1996		2010/9/6	2011/3/6
15.8-3-51	15.8			JJF 1325—2011	通信用光回波损耗仪校准规范			2011/11/30	2012/3/1
15.8-3-52	15.8			JJF 1331—2011	电感测微仪校准规范	JJG 396—2002		2011/12/28	2012/6/28

续表

序号	GW 分类	ICS 分类	GB 分类	标准号	中 文 名 称	代替标准	采用关系	发布日期	实施日期
15.8-3-53	15.8			JJF 1591—2016	科里奥利质量流量计	JJG 1038—2008		2016/11/25	2017/5/25
15.8-3-54	15.8		A50	JJF 1931—2021	信号发生器校准规范	JJG 173—2003		2021/10/18	2022/4/18
15.8-3-55	15.8			JJG 105—2019	转速表	JJG 105—2000		2019/12/31	2020/3/31
15.8-3-56	15.8			JJG 158—2013	补偿式微压计	JJG 158—1994		2013/7/4	2014/1/4
15.8-3-57	15.8			JJG 172—2011	倾斜式微压计	JJG 172—1994		2011/12/28	2012/6/28
15.8-3-58	15.8			JJG 183—2017	标准电容器	JJG 183—1992		2017/9/26	2018/3/26
15.8-3-59	15.8			JJG 188—2017	声级计	JJG 188—2002 检定部分		2017/11/20	2018/5/20
15.8-3-60	15.8			JJG 2015—2013	脉冲波形参数计量器具	JJG 2015—1987		2013/1/6	2013/7/6
15.8-3-61	15.8			JJG 205—2005	机械式温湿度计	JJG 205—1980		2005/9/5	2006/3/5
15.8-3-62	15.8			JJG 2071—2013	（−2.5～2.5）kPa 压力计量器具	JJG 2071—1990		2013/1/6	2013/7/6
15.8-3-63	15.8			JJG 236—2009	活塞式压力真空计	JJG 236—1994；JJG 239—1994		2009/7/30	2010/1/30
15.8-3-64	15.8			JJG 237—2010	秒表	JJG 237—1995；JJG 238—1995 的附录 3		2010/9/6	2011/3/6
15.8-3-65	15.8			JJG 244—2003	感应分压器	JJG 244—1981		2003/9/23	2004/3/23
15.8-3-66	15.8			JJG 278—2002	示波器校准仪	JJG 278—1981		2002/11/4	2003/5/4
15.8-3-67	15.8			JJG 42—2011	工作玻璃浮计	JJG 42—2001		2011/9/20	2012/3/20
15.8-3-68	15.8			JJG 495—2006	直流磁电系检流计	JJG 495—1987		2006/12/8	2007/6/8
15.8-3-69	15.8			JJG 602—2014	低频信号发生器	JJG 602—1996；JJG 64—1990；JJG 230—1980		2014/11/17	2015/5/17
15.8-3-70	15.8			JJG 622—1997	绝缘电阻表（兆欧表）	JJG 622—1989		1997/10/24	1998/5/1
15.8-3-71	15.8			JJG 721—2010	相位噪声测量系统	JJG 721—1991		2010/9/6	2011/3/6
15.8-3-72	15.8			JJG 722—2018	标准数字时钟	JJG 722—1991		2018/2/27	2018/8/27
15.8-3-73	15.8			JJG 726—2017	标准电感器	JJG 726—1991		2017/9/26	2018/3/26

续表

序号	GW 分类	ICS 分类	GB 分类	标准号	中文名称	代替标准	采用关系	发布日期	实施日期
15.8-3-74	15.8			JJG 74—2005	工业过程测量记录仪	JJG 706—1990；JJG 74—1992		2005/12/20	2006/6/20
15.8-3-75	15.8			JJG 795—2016	耐电压测试仪	JJG 795—2004		2016/11/25	2017/5/25
15.8-3-76	15.8			JJG 802—2019	失真度仪校准器			2019/9/27	2020/3/27
15.8-3-77	15.8			JJG 837—2003	直流低电阻表	JJG 837—1993		2003/9/23	2004/3/23
15.8-3-78	15.8			JJG 843—2007	泄露电流测试仪	JJG 843—1993		2007/2/28	2007/8/28
15.8-4-79	15.8	17.040.30	P80	DL/T 1028—2006	电能质量测试分析仪检定规程			2006/12/17	2007/5/1
15.8-4-80	15.8	29.240.01	K43	DL/T 1222—2013	冲击分压器校准规范			2013/3/7	2013/8/1
15.8-4-81	15.8	27.100	F24	DL/T 1256—2013	变压器空、负载损耗测试仪通用技术条件			2013/11/28	2014/4/1
15.8-4-82	15.8	27.100	F24	DL/T 1323—2014	现场宽频率交流耐压试验电压测量导则			2014/3/18	2014/8/1
15.8-4-83	15.8	27.100	F24	DL/T 1332—2014	电流互感器励磁特性现场低频试验方法测量导则			2014/3/18	2014/8/1
15.8-4-84	15.8	29.020	K04	DL/T 1368—2014	电能质量标准源校准规范			2014/10/15	2015/3/1
15.8-4-85	15.8	27.100	F24	DL/T 1391—2014	数字式自动电压调节器涉网性能检测导则			2014/10/15	2015/3/1
15.8-4-86	15.8	29.020	F24	DL/T 1399.6—2021	电力试验/检测车　第 6 部分：电力电缆故障测试车			2021/12/22	2022/6/22
15.8-4-87	15.8	29.180	K45	DL/T 1400.3—2023	变压器测试仪校准规范　第 3 部分：油浸式变压器测温装置	DL/T 1400—2015		2023/5/26	2023/11/26
15.8-4-88	15.8	29.240	K41	DL/T 1432.1—2015	变电设备在线监测装置检验规范　第 1 部分：通用检验规范			2015/4/2	2015/9/1
15.8-4-89	15.8	29.240.99	K49	DL/T 1561—2016	避雷器监测装置校准规范			2016/1/7	2016/6/1
15.8-4-90	15.8	29.240.99	K42	DL/T 1562—2016	容性设备在线监测装置校准规范			2016/1/7	2016/6/1
15.8-4-91	15.8	29.060.01	K13	DL/T 1573—2016	电力电缆分布式光纤测温系统技术规范			2016/2/5	2016/7/1
15.8-4-92	15.8	27.100	F29	DL/T 1582—2016	直流输电阀冷系统仪表检测导则			2016/2/5	2016/7/1
15.8-4-93	15.8	29.240.30	K32	DL/T 1694.1—2017	高压测试仪器及设备校准规范　第 1 部分：特高频局部放电在线监测装置			2017/3/28	2017/8/1
15.8-4-94	15.8	29.130.10	K43	DL/T 1694.2—2017	高压测试仪器及设备校准规范　第 2 部分：电力变压器分接开关测试仪			2017/3/28	2017/8/1

续表

序号	GW 分类	ICS 分类	GB 分类	标准号	中文名称	代替标准	采用关系	发布日期	实施日期
15.8-4-95	15.8	29.130.10	K43	DL/T 1694.3—2017	高压测试仪器及设备校准规范　第 3 部分：高压开关动作特性测试仪			2017/3/28	2017/8/1
15.8-4-96	15.8	29.040.99	E38	DL/T 1694.4—2017	高压测试仪器及设备校准规范　第 4 部分：绝缘油耐压测试仪			2017/3/28	2017/8/1
15.8-4-97	15.8	29.240.99	K49	DL/T 1694.5—2017	高压测试仪器及设备校准规范　第 5 部分：氧化锌避雷器阻性电流测试仪			2017/3/28	2017/8/1
15.8-4-98	15.8	29.240.01	F20	DL/T 1785—2017	电力设备 X 射线数字成像检测技术导则			2017/12/27	2018/6/1
15.8-4-99	15.8	29.180	K41	DL/T 1786—2017	直流偏磁电流分布同步监测技术导则			2017/12/27	2018/6/1
15.8-4-100	15.8	29.240	F20	DL/T 1852—2018	工频接地电阻测量设备检测规程			2018/6/6	2018/10/1
15.8-4-101	15.8	29.240	F20	DL/T 1862—2018	电能质量监测终端检测技术规范			2018/6/6	2018/10/1
15.8-4-102	15.8	29.240.01	F21	DL/T 1898—2018	智能变电站监控系统测试规范			2018/12/25	2019/5/1
15.8-4-103	15.8	29.240.01	F21	DL/T 1907.2—2018	变电站视频监控图像质量评价　第 2 部分：测试规范			2018/12/25	2019/5/1
15.8-4-104	15.8	29.240	K45	DL/T 1943—2018	合并单元现场检验规范			2018/12/25	2019/5/1
15.8-4-105	15.8	29.240	F20	DL/T 1954—2018	基于暂态地电压法局部放电检测仪校准规范			2018/12/25	2019/5/1
15.8-4-106	15.8	29.240.99	K40	DL/T 2026—2019	高压直流接地极监测系统通用技术规范			2019/6/4	2019/10/1
15.8-4-107	15.8	01.040.29	F20/29	DL/T 2115—2020	电压监测仪检验技术规范			2020/10/23	2021/2/1
15.8-4-108	15.8	29.40.10	E38	DL/T 2145.1—2020	变电设备在线监测装置现场测试导则　第 1 部分：变压器油中溶解气体在线监测装置			2020/10/23	2021/2/1
15.8-4-109	15.8	29.40.10	F24	DL/T 2145.2—2020	变电设备在线监测装置现场测试导则　第 2 部分：电容型设备与金属氧化物避雷器绝缘在线监测装置			2020/10/23	2021/2/1
15.8-4-110	15.8	27.100	P29	DL/T 2342—2021	差动电阻式孔隙压力计			2021/12/22	2022/3/22
15.8-4-111	15.8	29.240	F20	DL/T 2464—2021	架空输电线路巡检机器人检测规范			2021/12/22	2022/6/22
15.8-4-112	15.8	29.240	F29	DL/T 2465—2021	变电站室内轨道巡检机器人检测规范			2021/12/22	2022/6/22
15.8-4-113	15.8			DL/T 2551—2022	油浸式电力变压器用光纤测温装置试验方法			2022/11/4	2023/5/4
15.8-4-114	15.8			DL/T 2552—2022	油浸式电力变压器用光纤测温装置技术规范			2022/11/4	2023/5/4
15.8-4-115	15.8	29.120.70	K33	DL/T 259—2023	六氟化硫气体密度继电器校验规程	DL/T 259—2012		2023/5/26	2023/11/26

15

续表

序号	GW 分类	ICS 分类	GB 分类	标准号	中 文 名 称	代替标准	采用关系	发布日期	实施日期
15.8-4-116	15.8	27.100	F24	DL/T 2604—2023	高压并联电抗器现场局部放电试验装置通用技术条件			2023/5/26	2023/11/26
15.8-4-117	15.8	27.100	F24	DL/T 356—2010	局部放电测量仪校准规范			2010/5/24	2010/10/1
15.8-4-118	15.8	29.120.70	K45	DL/T 540—2013	气体继电器检验规程	DL/T 540—1994		2013/11/28	2014/4/1
15.8-4-119	15.8	29.020	F20	DL/T 846.13—2020	高电压测试设备通用技术条件 第 13 部分：避雷器监测器测试仪			2020/10/23	2021/2/1
15.8-4-120	15.8	29.180	K41	JB/T 7065—2015	变压器用压力释放阀	JB/T 7065—2004；JB/T 7069—2004		2015/10/10	2016/3/1
15.8-4-121	15.8	29.020	K40	NB/T 10280—2019	电网用状态监测装置 湿热环境条件与技术要求			2019/11/4	2020/5/1
15.8-4-122	15.8	29.220.01	K82	NB/T 10819—2021	高压并联电容器状态监测装置通用技术要求			2021/11/16	2022/2/16
15.8-6-123	15.8	31.260	L52	T/CEC 114—2016	闪络定位仪校准规范			2016/10/21	2017/1/1
15.8-6-124	15.8	27.100	F24	T/CEC 126—2016	六氟化硫气体分解产物检测仪校验方法			2016/10/21	2017/1/1
15.8-6-125	15.8	29.180	K41	T/CEC 355—2020	变压器用压力释放阀校准规范			2020/6/30	2020/10/1
15.8-6-126	15.8	29.120.70		T/CEC 414—2020	压力式六氟化硫气体密度控制器现场校准规范			2020/10/28	2021/2/1
15.8-6-127	15.8			T/CEC 607—2022	电压互感器计量性能监测规范			2022/6/23	2022/10/1
15.8-6-128	15.8			T/CEC 671—2022	变压器油中溶解气体在线监测装置现场校验方法			2022/6/23	2022/10/1
15.8-6-129	15.8	27.100		T/CEC 706—2022	六氟化硫气体泄漏在线监测报警装置现场测试导则			2022/10/26	2023/2/1
15.8-6-130	15.8	29.240.01		T/CSEE 0208—2021	配电网同步相量测量装置功能规范			2021/3/11	2021/5/1
15.8-6-131	15.8	19.020		T/CSEE 0210—2021	配电房智能监控系统功能规范			2021/3/11	2021/5/1

15.9 试验与计量-电测计量

序号	GW 分类	ICS 分类	GB 分类	标准号	中 文 名 称	代替标准	采用关系	发布日期	实施日期
15.9-2-1	15.9	29.240	F20	Q/GDW 10206—2024	电能表抽样技术规范	Q/GDW 1206—2013		2024/11/8	2024/11/8
15.9-2-2	15.9	29.240		Q/GDW 10826—2020	直流电能表检定装置技术规范	Q/GDW 1826—2013		2021/3/26	2021/3/26
15.9-2-3	15.9	29.240		Q/GDW 11028—2013	电力互感器现场计量车技术规范			2014/4/1	2014/4/1

续表

序号	GW 分类	ICS 分类	GB 分类	标准号	中文名称	代替标准	采用关系	发布日期	实施日期
15.9-2-4	15.9	29.240		Q/GDW 11113—2023	高压介质损耗因数测试仪校准规范	Q/GDW 11113—2013		2023/11/30	2023/11/30
15.9-2-5	15.9	29.240		Q/GDW 11114—2023	直流互感器校准规范	Q/GDW 11114—2013		2023/11/30	2023/11/30
15.9-2-6	15.9	29.240		Q/GDW 11364—2014	模拟量输入合并单元计量性能检测技术规范			2015/3/12	2015/3/12
15.9-2-7	15.9	29.240		Q/GDW 11421—2020	电能表外置断路器技术规范	Q/GDW 11421—2015		2021/3/26	2021/3/26
15.9-2-8	15.9	19.080		Q/GDW 11523—2016	频响分析法变压器绕组变形测试仪校准规范			2016/12/28	2016/12/28
15.9-2-9	15.9	19.080		Q/GDW 11524—2016	高压开关机械特性测试仪校准规范			2016/12/28	2016/12/28
15.9-2-10	15.9	29.240		Q/GDW 11613—2020	回路状态巡检仪技术规范	Q/GDW 11613—2016		2021/3/26	2021/3/26
15.9-2-11	15.9	29.240		Q/GDW 11683—2017	电容式电压互感器误差特性在线检测技术规范			2018/1/18	2018/1/18
15.9-2-12	15.9	29.240		Q/GDW 11684—2017	高压直流输电系统直流电流测量装置现场试验规范			2018/1/18	2018/1/18
15.9-2-13	15.9	29.240		Q/GDW 11685—2017	高压直流输电系统直流电压测量装置现场试验规范			2018/1/18	2018/1/18
15.9-2-14	15.9			Q/GDW 11777—2017	数字化电能计量装置现场检验技术规范			2018/9/7	2018/9/7
15.9-2-15	15.9	29.020		Q/GDW 12011—2019	静止式电能表动态误差测试方法			2020/10/30	2020/10/30
15.9-2-16	15.9	29.240		Q/GDW 12026—2020	用电检查仪技术规范			2021/1/29	2021/1/29
15.9-2-17	15.9	29.240		Q/GDW 12027—2020	智能物联锁具技术规范			2021/1/29	2021/1/29
15.9-2-18	15.9	29.240		Q/GDW 12028—2020	回路状态巡检设备检测装置技术规范			2021/1/29	2021/1/29
15.9-2-19	15.9	29.240		Q/GDW 12089—2020	智能电能表用磁开关传感器技术规范			2021/3/26	2021/3/26
15.9-2-20	15.9	29.240		Q/GDW 12093—2020	抗直流偏磁低压电流互感器校验装置技术规范			2021/3/26	2021/3/26
15.9-2-21	15.9	29.240		Q/GDW 12094—2020	三相组合互感器校验装置技术规范			2021/3/26	2021/3/26
15.9-2-22	15.9	29.240		Q/GDW 12325—2023	公共场所共享用电接入装置技术要求			2023/11/30	2023/11/30
15.9-2-23	15.9			Q/GDW 1923—2013	农网智能型低压配电箱检验技术规范			2014/5/1	2014/5/1
15.9-2-24	15.9	29.240		Q/GDW 300—2009	高压直流设备无线电干扰测量方法			2009/5/25	2009/5/25
15.9-2-25	15.9	29.240		Q/GDW 469—2010	钳形接地电阻测试仪检验规程			2010/6/13	2010/6/13
15.9-2-26	15.9	29.240		Q/GDW 690—2011	电子式互感器现场校验规范			2012/6/6	2012/6/6

续表

序号	GW 分类	ICS 分类	GB 分类	标准号	中文名称	代替标准	采用关系	发布日期	实施日期
15.9-3-27	15.9	17.220.20	N22	GB/T 17215.921—2012	电测量设备　可信性　第 21 部分：现场仪表可信性数据收集		IEC/TR 62059-21：2002，IDT	2012/12/31	2013/6/1
15.9-3-28	15.9	17.220.20	N22	GB/T 17215.941—2012	电测量设备　可信性　第 41 部分：可靠性预测		IEC 62059-41：2006，IDT	2012/12/31	2013/6/1
15.9-3-29	15.9	17.220.20	N22	GB/T 17215.9311—2017	电测量设备　可信性　第 311 部分：温度和湿度加速可靠性试验		IEC 62059-31-1：2008，IDT	2017/12/29	2018/7/1
15.9-3-30	15.9	17.220.20	N22	GB/T 17215.9321—2016	电测量设备　可信性　第 321 部分：耐久性—高温下的计量特性稳定性试验		IEC 62059-32-1：2011，IDT	2016/8/29	2017/3/1
15.9-3-31	15.9	33.100.99	L06	GB/Z 17624.3—2021	电磁兼容　综述　第 3 部分：高空电磁脉冲（HEMP）对民用设备和系统的效应		IEC/TR 61000-1-3：2002，MOD	2021/5/21	2021/12/1
15.9-3-32	15.9	33.100.10	L06	GB/Z 17625.13—2020	电磁兼容　限值　接入中压、高压、超高压电力系统的不平衡设施发射限值的评估		IEC/TR 61000-3-13：2008	2020/11/19	2021/6/1
15.9-3-33	15.9	33.100.10	L06	GB/Z 17625.14—2017	电磁兼容　限值　骚扰装置接入低压电力系统的谐波、间谐波、电压波动和不平衡的发射限值评估		IEC/TR 61000-3-14：2011，IDT	2017/11/1	2018/5/1
15.9-3-34	15.9	33.100.10；33.100.20	L06	GB/T 17626.21—2014	电磁兼容　试验和测量技术　混波室试验方法		IEC 61000-4-21：2011，IDT	2014/12/22	2015/6/1
15.9-3-35	15.9	33.100.20	L06	GB/T 17626.39—2023	电磁兼容　试验和测量技术　第 39 部分：近距离辐射场抗扰度试验			2023/12/28	2024/7/1
15.9-3-36	15.9	33.100.20	L06	GB/T 17799.1—2017	电磁兼容　通用标准　居住、商业和轻工业环境中的抗扰度	GB/T 17799.1—1999	IEC 61000-6-1：2005，MOD	2017/9/29	2018/4/1
15.9-3-37	15.9	17.220.20	N23	GB/T 22264.8—2022	安装式数字显示电测量仪表　第 8 部分：试验方法	GB/T 22264.8—2009		2022/12/30	2023/7/1
15.9-3-38	15.9	19.020	A21	GB/T 2421—2020	环境试验　概述和指南	GB/T 2421.1—2008		2020/6/2	2020/12/1
15.9-3-39	15.9	19.040	K04	GB/T 2423.3—2016	环境试验　第 2 部分：试验方法　试验 Cab：恒定湿热试验	GB/T 2423.3—2006	IEC 60068-2-78：2012，IDT	2016/12/13	2017/7/1
15.9-3-40	15.9	19.040	K04	GB/T 2423.18—2021	环境试验　第 2 部分：试验方法　试验 Kb：盐雾，交变（氯化钠溶液）	GB/T 2423.18—2012	IEC 60068-2-52：2017，IDT	2021/5/21	2021/12/1
15.9-3-41	15.9	19.040	K04	GB/T 2423.20—2014	环境试验　第 2 部分：试验方法　试验 Kd：接触点和连接件的硫化氢试验		IEC 60068-2-43：2003，IDT	2014/9/30	2015/4/1
15.9-3-42	15.9	19.040	K04	GB/T 2423.27—2020	环境试验　第 2 部分：试验方法　试验方法和导则：温度/低气压或温度/湿度/低气压综合试验	GB/T 2423.25—2008；GB/T 2423.26—2008；GB/T 2423.27—2005	IEC 60068-2-39：2015，IDT	2020/6/2	2020/12/1

15

续表

序号	GW 分类	ICS 分类	GB 分类	标准号	中 文 名 称	代替标准	采用关系	发布日期	实施日期
15.9-3-43	15.9	19.040	K04	GB/T 2423.33—2021	环境试验　第 2 部分：试验方法　试验 Kca：高浓度二氧化硫试验	GB/T 2423.33—2005		2021/5/21	2021/12/1
15.9-3-44	15.9	19.040	K04	GB/T 2423.34—2024	环境试验　第 2 部分：试验方法　试验 Z/AD：温度/湿度组合循环试验	GB/T 2423.34—2012		2024/8/23	2025/3/1
15.9-3-45	15.9	19.040	K04	GB/T 2423.38—2021	环境试验　第 2 部分：试验方法　试验 R：水试验方法和导则	GB/T 2423.38—2008	IEC 60068-2-18：2017，IDT	2021/5/21	2021/12/1
15.9-3-46	15.9	19.040	k04	GB/T 2423.64—2023	环境试验　第 2 部分：试验方法　试验 Fj：振动　长时间历程再现			2023/9/7	2024/4/1
15.9-3-47	15.9	19.040	K04	GB/T 2423.65—2024	环境试验　第 2 部分：试验方法　试验：盐雾/温度/湿度/太阳辐射综合			2024/8/23	2025/3/1
15.9-3-48	15.9	19.040	K04	GB/T 2424.1—2015	环境试验　第 3 部分：支持文件及导则　低温和高温试验	GB/T 2424.1—2005	IEC 60068-3-1：2011，IDT	2015/10/9	2016/5/1
15.9-3-49	15.9	19.040	K04	GB/T 2424.5—2021	环境试验　第 3 部分：支持文件及导则　温度试验箱性能确认	GB/T 2424.5—2006	IEC 60068-3-5：2018，IDT	2021/5/21	2021/12/1
15.9-3-50	15.9	19.040	K04	GB/T 2424.6—2021	环境试验　第 3 部分：支持文件及导则　温度/湿度试验箱性能确认	GB/T 2424.6—2006	IEC 60068-3-6：2018，IDT	2021/5/21	2021/12/1
15.9-3-51	15.9	19.040	K04	GB/T 2424.12—2014	环境试验　第 2 部分：试验方法　试验 Kd：接触点和连接件的硫化氢试验导则		IEC 60068-2-46：1982，IDT	2014/9/30	2015/4/1
15.9-3-52	15.9	19.040	N61	GB/T 32710.1—2016	环境试验仪器及设备安全规范　第 1 部分：总则			2016/6/14	2017/1/1
15.9-3-53	15.9	19.040	N61	GB/T 32710.10—2016	环境试验仪器及设备安全规范　第 10 部分：电热干燥箱及电热鼓风干燥箱			2016/6/14	2017/1/1
15.9-3-54	15.9	19.040	N61	GB/T 32710.11—2016	环境试验仪器及设备安全规范　第 11 部分：空气热老化试验箱			2016/6/14	2017/1/1
15.9-3-55	15.9	29.240.01	F20	GB/T 36571—2018	并联无功补偿节约电力电量测量和验证技术规范			2018/9/17	2019/4/1
15.9-3-56	15.9	17.220.20	N22	GB/T 37006—2018	数字化电能表检验装置			2018/12/28	2019/7/1
15.9-3-57	15.9	19.080	N21	GB/T 43343—2023	高压绝缘电阻表			2023/11/27	2024/6/1
15.9-3-58	15.9	17.220	L85	GB/T 6587—2012	电子测量仪器通用规范	GB/T 6587.1—1986；GB/T 6587.2—1986；GB/T 6587.3—1986；GB/T 6587.4—1986；GB/T 6587.5—1986；GB/T 6587.6—1986；GB/T 6587.8—1986；GB/T 6593—1996		2012/12/31	2013/6/1

续表

序号	GW 分类	ICS 分类	GB 分类	标准号	中 文 名 称	代替标准	采用关系	发布日期	实施日期
15.9-3-59	15.9	31.040	L13	GB/T 7017—1986	电阻器非线性测量方法			1986/11/20	1987/9/1
15.9-3-60	15.9	17.220.20	N21	GB/T 7676.1—2017	直接作用模拟指示电测量仪表及其附件 第 1 部分：定义和通用要求	GB/T 7676.1—1998		2017/9/7	2018/4/1
15.9-3-61	15.9	17.220.20	N21	GB/T 7676.2—2017	直接作用模拟指示电测量仪表及其附件 第 2 部分：电流表和电压表的特殊要求	GB/T 7676.2—1998		2017/9/7	2018/4/1
15.9-3-62	15.9	17.220.20	N21	GB/T 7676.3—2017	直接作用模拟指示电测量仪表及其附件 第 3 部分：功率表和无功功率表的特殊要求	GB/T 7676.3—1998		2017/9/7	2018/4/1
15.9-3-63	15.9	17.220.20	N21	GB/T 7676.4—2017	直接作用模拟指示电测量仪表及其附件 第 4 部分：频率表的特殊要求	GB/T 7676.4—1998		2017/9/7	2018/4/1
15.9-3-64	15.9	17.220.20	N21	GB/T 7676.5—2017	直接作用模拟指示电测量仪表及其附件 第 5 部分：相位表、功率因数表和同步指示器的特殊要求	GB/T 7676.5—1998		2017/9/7	2018/4/1
15.9-3-65	15.9	17.220.20	N21	GB/T 7676.6—2017	直接作用模拟指示电测量仪表及其附件 第 6 部分：电阻表（阻抗表）和电导表的特殊要求	GB/T 7676.6—1998		2017/9/7	2018/4/1
15.9-3-66	15.9	17.220.20	N21	GB/T 7676.7—2017	直接作用模拟指示电测量仪表及其附件 第 7 部分：多功能仪表的特殊要求	GB/T 7676.7—1998		2017/9/7	2018/4/1
15.9-3-67	15.9	17.220.20	N21	GB/T 7676.8—2017	直接作用模拟指示电测量仪表及其附件 第 8 部分：附件的特殊要求	GB/T 7676.8—1998		2017/9/7	2018/4/1
15.9-3-68	15.9	17.220.20	N21	GB/T 7676.9—2017	直接作用模拟指示电测量仪表及其附件 第 9 部分：推荐的试验方法	GB/T 7676.9—1998		2017/9/7	2018/4/1
15.9-3-69	15.9			JJF 1033—2023	计量标准考核规范	JJF 1033—2016		2023/3/15	2023/9/15
15.9-3-70	15.9		N13	JJF 1036—2008	交流电表检定装置试验规范	JJG 1036—1993		2008/2/20	2008/5/20
15.9-3-71	15.9			JJF 1051—2009	计量器具命名与分类编码	JJF 1051—1996		2009/8/18	2010/2/18
15.9-3-72	15.9			JJF 1069—2012	法定计量检定机构考核规范	JJF 1069—2007		2012/3/2	2012/6/2
15.9-3-73	15.9			JJF 1117—2010	计量比对	JJF 1117—2004		2010/6/10	2010/12/10
15.9-3-74	15.9			JJF 1284—2011	交直流电表校验仪校准规范			2011/6/14	2011/9/14
15.9-3-75	15.9			JJF 1285—2011	表面电阻测试仪校准规范			2011/6/14	2011/9/14
15.9-3-76	15.9			JJF 2041—2023	互感器二次压降及二次负荷现场测试方法			2023/6/30	2023/12/30
15.9-3-77	15.9			JJG 1052—2009	回路电阻测试仪、直阻仪			2009/10/9	2010/1/9
15.9-3-78	15.9			JJG 1054—2009	钳形接地电阻仪			2009/10/9	2010/1/9

续表

序号	GW 分类	ICS 分类	GB 分类	标准号	中 文 名 称	代替标准	采用关系	发布日期	实施日期
15.9-3-79	15.9			JJG 1196—2023	直流互感器校验仪检定规程			2023/6/30	2023/12/30
15.9-3-80	15.9			JJG 307—2006	机电式交流电能表	JJG 307—1988		2006/3/8	2006/9/8
15.9-3-81	15.9			JJG 34—2008	指示表（指针式、数显式）	JJG 34—1996		2008/5/23	2008/11/23
15.9-3-82	15.9			JJG 376—2007	电导率仪	JJG 376—1985		2007/11/21	2008/5/21
15.9-3-83	15.9			JJG 440—2008	工频单相相位表	JJG 440—1986		2008/12/22	2009/6/22
15.9-3-84	15.9			JJG 441—2008	交流电桥	JJG 441—1986		2008/4/23	2008/10/23
15.9-3-85	15.9			JJG 484—2007	直流测温电桥	JJG 484—1987		2007/8/2	2008/2/2
15.9-3-86	15.9			JJG 494—2005	高压静电电压表	JJG 494—1987		2005/12/20	2006/6/20
15.9-3-87	15.9			JJG 505—2004	直流比较仪式电位差计	JJG 505—1987		2004/3/2	2004/9/2
15.9-3-88	15.9			JJG 506—2010	直流比较仪式电桥	JJG 506—1987		2010/5/11	2010/11/11
15.9-3-89	15.9			JJG 531—2003	直流电阻分压箱	JJG 531—1988		2003/5/12	2003/11/12
15.9-3-90	15.9			JJG 546—2010	直流比较电桥	JJG 546—1988		2010/1/5	2010/7/5
15.9-3-91	15.9			JJG 588—2018	冲击峰值电压表	JJG 588—1996		2018/2/27	2018/8/27
15.9-3-92	15.9			JJG 597—2005	JJG 597—2005 交流电能表检定装置	JJG 597—1989		2005/12/20	2006/6/20
15.9-3-93	15.9		A57	JJG 603—2018	频率表	JJG 603—2006		2018/12/25	2019/6/25
15.9-3-94	15.9			JJG 690—2003	高绝缘电阻测量仪（高阻计）	JJG 690—1990		2003/9/23	2004/3/23
15.9-3-95	15.9			JJG 982—2022	直流电阻箱	JJG 982—2003		2022/9/26	2023/3/26
15.9-4-96	15.9	17.220.20	N20	DL/T 1112—2009	交、直流仪表检验装置检定规程	SD 111—1983； SD 112—1983		2009/7/22	2009/12/1
15.9-4-97	15.9	29.240.01	K43	DL/T 1221—2013	互感器综合特性测试仪通用技术条件			2013/3/7	2013/8/1
15.9-4-98	15.9	29.240.99	F24	DL/T 1399.2—2016	电力试验/检测车　第 2 部分：电力互感器检测车			2016/12/5	2017/5/1
15.9-4-99	15.9	27.100	F24	DL/T 1399.3—2019	电力试验/检测车　第 3 部分：电力设备综合试验车			2019/11/4	2020/5/1
15.9-4-100	15.9	29.240.99	F24	DL/T 1399.4—2020	电力试验/检测车　第 4 部分：开关电器交流耐压试验车			2020/10/23	2021/2/1
15.9-4-101	15.9	17.220.20	F23	DL/T 1473—2016	电测量指示仪表检定规程	SD 110—1983		2016/1/7	2016/6/1

15

续表

序号	GW 分类	ICS 分类	GB 分类	标准号	中 文 名 称	代替标准	采用关系	发布日期	实施日期
15.9-4-102	15.9	17.020	N20	DL/T 1478—2015	电子式交流电能表现场检验规程			2015/7/1	2015/12/1
15.9-4-103	15.9	19.080	F24	DL/T 1694.6—2020	高压测试仪器及设备校准规范　第 6 部分：电力电缆超低频介质损耗测试仪			2020/10/23	2021/2/1
15.9-4-104	15.9	17.220	F24	DL/T 1694.7—2020	高压测试仪器及设备校准规范　第 7 部分：综合保护测控装置　电测量			2020/10/23	2021/2/1
15.9-4-105	15.9	29.020	K08	DL/T 1747—2017	电力营销现场移动作业终端技术规范			2017/11/15	2018/3/1
15.9-4-106	15.9	29.020	K60	DL/T 1763—2017	电能表检测抽样要求			2017/11/15	2018/3/1
15.9-4-107	15.9	29.240.01	F20	DL/T 1788—2017	高压直流互感器现场校验规范			2017/12/27	2018/6/1
15.9-4-108	15.9	27.100	K44	DL/T 2063—2019	冲击电流测量实施导则			2019/11/4	2020/5/1
15.9-4-109	15.9	29.120.99	K40	DL/T 2182—2020	直流互感器用合并单元通用技术条件			2020/10/23	2021/2/1
15.9-4-110	15.9	17.040.30	N20	DL/T 2187—2020	直流互感器校验仪通用技术条件			2020/10/23	2021/2/1
15.9-4-111	15.9	29.020	K60	DL/T 2366—2021	电力智能物联安全锁具技术规范			2021/12/22	2022/3/22
15.9-4-112	15.9	17.040.30	N20	DL/T 2458—2021	直流互感器暂态校验仪通用技术条件			2021/12/22	2022/6/22
15.9-4-113	15.9		M00/09	DL/T 2629—2023	电能计量设备用磁开关传感器技术规范			2023/10/11	2024/4/11
15.9-4-114	15.9	29.020	K90	DL/T 276—2012	高压直流设备无线电干扰测量方法			2012/1/4	2012/3/1
15.9-4-115	15.9	29.240	F24	DL/T 313—2010	1000kV 电力互感器现场检验规范			2011/1/9	2011/5/1
15.9-4-116	15.9	29.240.99	F29	DL/T 460—2016	智能电能表检验装置检定规程	DL/T 460—2005		2016/12/5	2017/5/1
15.9-4-117	15.9		N22	DL/T 731—2000	电能表测量用误差计算器			2000/11/3	2001/1/1
15.9-4-118	15.9		N22	DL/T 732—2000	电能表测量用光电采样器			2000/11/3	2001/1/1
15.9-4-119	15.9	27.100	F24	DL/T 826—2002	交流电能表现场测试仪			2002/9/16	2002/12/1
15.9-4-120	15.9	29.240.99	F24	DL/T 846.1—2016	高电压测试设备通用技术条件　第 1 部分：高电压分压器测量系统	DL/T 846.1—2004		2016/12/5	2017/5/1
15.9-4-121	15.9	29.240.01	F20	DL/T 846.3—2017	高电压测试设备通用技术条件　第 3 部分：高压开关综合特性测试仪	DL/T 846.3—2004		2017/12/27	2018/6/1
15.9-4-122	15.9	29.240.99	F24	DL/T 846.4—2016	高电压测试设备通用技术条件　第 4 部分：脉冲电流法局部放电测量仪	DL/T 846.4—2004		2016/12/5	2017/5/1
15.9-4-123	15.9	29.240.99	F24	DL/T 846.7—2016	高电压测试设备通用技术条件　第 7 部分：绝缘油介电强度测试仪	DL/T 846.7—2004		2016/12/5	2017/5/1

15

续表

序号	GW 分类	ICS 分类	GB 分类	标准号	中 文 名 称	代替标准	采用关系	发布日期	实施日期
15.9-4-124	15.9	29.240.01	F20	DL/T 846.8—2017	高电压测试设备通用技术条件　第 8 部分：有载分接开关测试仪	DL/T 846.8—2004		2017/12/27	2018/6/1
15.9-4-125	15.9	29.240.99	F24	DL/T 846.10—2016	高电压测试设备通用技术条件　第 10 部分：暂态地电压局部放电检测仪			2016/12/5	2017/5/1
15.9-4-126	15.9	29.240.99	F24	DL/T 846.11—2016	高电压测试设备通用技术条件　第 11 部分：特高频局部放电检测仪			2016/12/5	2017/5/1
15.9-4-127	15.9	29.240.99	F24	DL/T 846.12—2016	高电压测试设备通用技术条件　第 12 部分：电力电容测试仪			2016/12/5	2017/5/1
15.9-4-128	15.9	17.220.20	N20	DL/T 963—2005	变压比测试仪通用技术条件			2005/2/14	2005/6/1
15.9-4-129	15.9	17.220.20	N25	DL/T 967—2005	回路电阻测试仪与直流电阻快速测试仪检定规程			2005/11/28	2006/6/1
15.9-4-130	15.9	17.220.20	N23	DL/T 973—2005	数字高压表检定规程			2005/11/28	2006/6/1
15.9-4-131	15.9	29.120.99	K43	NB/T 42063—2021	3.6kV～40.5kV 高压交流负荷开关试验导则	NB/T 42063—2015		2021/11/16	2022/2/16
15.9-4-132	15.9	29.240.01	K45	NB/T 42123—2017	电测量变送器校准规范			2017/8/2	2017/12/1
15.9-4-133	15.9	29.240.01	K45	NB/T 42125—2017	电压监测仪技术要求			2017/8/2	2017/12/1
15.9-5-134	15.9	17.220.20; 29.080.01; 29.240.01	K09	IEC 61557-13：2011	1000V 交流和 1500V 直流低压配电系统电气安全　保护措施试验、测量或监测用设备　第 13 部分：泄漏测量用手持和用手控制电流夹件和传感器	IEC 85/387/FDIS：2011		2011/7/8	2011/7/8
15.9-5-135	15.9	17.220.20		IEC 61869-6：2016	互感器　第 6 部分：小功率互感器的附加一般要求			2016/4/1	2016/4/1
15.9-5-136	15.9	17.220.20		IEC 61869-10：2017	互感器　第 10 部分：低功率无源电流互感器的附加要求			2017/12/1	2017/12/1
15.9-5-137	15.9	17.220.20		IEC 61869-11：2017	互感器　第 11 部分：低功率无源电压互感器的附加要求			2017/12/1	2017/12/1
15.9-5-138	15.9	17.220.99; 29.035.01		IEC 62631-3-2：2015	固体绝缘材料的介电和电阻性能　第 3-2 部分：电阻性能的测定（直流方法）表面电阻和表面电阻率			2015/12/1	2015/12/1
15.9-6-139	15.9	31.260	L52	T/CEC 113—2016	电力检测型红外成像仪校准规范			2016/10/21	2017/1/1
15.9-6-140	15.9	29.020	K93	T/CEC 115—2016	电能表用外置断路器技术规范			2016/10/21	2017/1/1
15.9-6-141	15.9	29.240.99		T/CEC 413—2020	同期线损用高压电能测量装置校准规范			2020/10/28	2021/2/1

15

续表

序号	GW 分类	ICS 分类	GB 分类	标准号	中 文 名 称	代替标准	采用关系	发布日期	实施日期
15.9-6-142	15.9			T/CEC 672—2022	变压器油中溶解气体在线监测装置现场校验器技术条件			2022/6/23	2022/10/1

15.10 试验与计量-化学检测

序号	GW 分类	ICS 分类	GB 分类	标准号	中 文 名 称	代替标准	采用关系	发布日期	实施日期
15.10-2-1	15.10	29.240		Q/GDW 11096—2013	SF_6气体分解产物气相色谱分析方法			2014/9/1	2014/9/1
15.10-3-2	15.10	13.060.50；71.040.40	G76	GB/T 12149—2017	工业循环冷却水和锅炉用水中硅的测定	GB/T 12149—2007		2017/9/7	2018/4/1
15.10-3-3	15.10	77.120.60；77.040.30	H13	GB/T 12689.1—2010	锌及锌合金化学分析方法 第 1 部分：铝量的测定 铬天青 S—聚乙二醇辛基苯基醚—溴化十六烷基吡啶分光光度法、CAS 分光光度法和 EDTA 滴定法	GB/T 12689.1—2004	ISO 1169：2006（E），MOD	2011/1/14	2011/11/1
15.10-3-4	15.10	77.040.30	H13	GB/T 12689.2—2004	锌及锌合金化学分析方法 第 2 部分：砷量的测定 原子荧光光谱法	GB/T 12689.4—1990		2004/4/30	2004/10/1
15.10-3-5	15.10	77.040.30	H13	GB/T 12689.3—2004	锌及锌合金化学分析方法 第 3 部分：镉量的测定 火焰原子吸收光谱法	GB/T 12689.12—1990		2004/4/30	2004/10/1
15.10-3-6	15.10	77.040.30	H13	GB/T 12689.4—2004	锌及锌合金化学分析方法 第 4 部分：铜量的测定 二乙基二硫代氨基甲酸铅分光光度法、火焰原子吸收光谱法和电解法	GB/T 12689.2—1990；GB/T 12689.9—1990		2004/4/30	2004/10/1
15.10-3-7	15.10	77.040.30	H13	GB/T 12689.5—2004	锌及锌合金化学分析方法 第 5 部分：铁量的测定 磺基水杨酸分光光度法和火焰原子吸收光谱法	GB/T 12689.3—1990；GB/T 12689.8—1990		2004/4/30	2004/10/1
15.10-3-8	15.10	77.040.30	H13	GB/T 12689.6—2004	锌及锌合金化学分析方法 第 6 部分：铅量的测定 示波极谱法	GB/T 12689.10—1990	ISO 715：1975，MOD	2004/4/30	2004/10/1
15.10-3-9	15.10	77.120.60	H13	GB/T 12689.7—2010	锌及锌合金化学分析方法 第 7 部分：镁量的测定 火焰原子吸收光谱法	GB/T 12689.7—2004	ISO 3750：2006（E），MOD	2011/1/14	2011/11/1
15.10-3-10	15.10	77.040.30	H13	GB/T 12689.10—2004	锌及锌合金化学分析方法 第 10 部分：锡量的测定 苯芴酮—溴化十六烷基三甲胺分光光度法	GB/T 12689.6—1990		2004/4/30	2004/10/1
15.10-3-11	15.10	77.040.30	H13	GB/T 12689.11—2004	锌及锌合金化学分析方法 第 11 部分：镧、铈含量的测定 三溴偶氮胂分光光度法	GB/T 12689.11—1990		2004/4/30	2004/10/1
15.10-3-12	15.10	77.040.30	H13	GB/T 12689.12—2004	锌及锌合金化学分析方法 第 12 部分：铅、镉、铁、铜、锡、铝、砷、锑、镁、镧、铈量的测定 电感耦合等离子体—发射光谱法	GB/T 12689.12—1990		2004/4/30	2004/10/1

15

续表

序号	GW 分类	ICS 分类	GB 分类	标准号	中文名称	代替标准	采用关系	发布日期	实施日期
15.10-3-13	15.10	71.040.40	G76	GB/T 14415—2007	工业循环冷却水和锅炉用水中固体物质的测定	GB/T 14415—1993；GB/T 15893.4—1995		2007/8/13	2008/2/1
15.10-3-14	15.10	71.040.40	G76	GB/T 15453—2018	工业循环冷却水和锅炉用水中氯离子的测定	GB/T 15453—2008		2018/6/7	2019/1/1
15.10-3-15	15.10	71.040.40	G76	GB/T 15454—2009	工业循环冷却水中钠、铵、钾、镁和钙离子的测定　离子色谱法	GB/T 15454—1995	ISO 14911：1998，NEQ	2009/5/18	2010/2/1
15.10-3-16	15.10	29.035.40	G31	GB/T 16581—1996	绝缘液体燃烧性能试验方法　氧指数法		IEC 1144：1992 EQV	1996/10/25	1997/5/1
15.10-3-17	15.10	27.100	F24	GB/T 17623—2017	绝缘油中溶解气体组分含量的气相色谱测定法	GB/T 17623—1998		2017/5/12	2017/12/1
15.10-3-18	15.10	71.040.40	G76	GB/T 23838—2009	工业循环冷却水中悬浮固体的测定		ISO 11923：1997，NEQ	2009/5/18	2010/2/1
15.10-3-19	15.10	75.140	E38	GB/T 25961—2010	电气绝缘油中腐蚀性硫的试验法			2011/1/10	2011/5/1
15.10-3-20	15.10	29.120.99	K14	GB/T 26872—2011	电触头材料金相图谱			2011/7/29	2011/12/1
15.10-3-21	15.10	75.100	E38	GB/T 28552—2012	变压器油、汽轮机油酸值测定法（BTB 法）			2012/6/29	2012/11/1
15.10-3-22	15.10	71.040.30	N54	GB/T 35410—2017	液相色谱—串联四极质谱仪性能的测定方法			2017/12/29	2018/4/1
15.10-3-23	15.10	03.120.10	A00	GB/T 35655—2017	化学分析方法验证确认和内部质量控制实施指南　色谱分析			2017/12/29	2018/7/1
15.10-3-24	15.10	03.120.10	A00	GB/T 35656—2017	化学分析方法验证确认和内部质量控制实施指南　报告定性结果的方法			2017/12/29	2018/7/1
15.10-3-25	15.10	03.120.10	A00	GB/T 35657—2017	化学分析方法验证确认和内部质量控制实施指南　基于样品消解的金属组分分析			2017/12/29	2018/7/1
15.10-3-26	15.10	71.040.40	G86	GB/T 35860—2018	气体分析　校准用混合气体证书内容		ISO 6141：2015，IDT	2018/2/6	2018/9/1
15.10-3-27	15.10	71.100.20	G86	GB/T 35861—2024	气体分析　校准用混合气体的通用质量要求和计量溯源性	GB/T 35861—2018		2024/3/15	2024/10/1
15.10-3-28	15.10	71.100.40	G72	GB/T 35862—2018	表面活性剂　挥发性有机化合物残留量的测定　顶空气相色谱质谱（GC-MS）联用法			2018/2/6	2018/9/1
15.10-3-29	15.10	71.040.01	G04	GB/T 35924—2018	固体化工产品中水分含量的测定　热重法			2018/2/6	2018/9/1
15.10-3-30	15.10	71.040.40；71.040.50	G04	GB/Z 35959—2018	液相色谱—质谱联用分析方法通则			2018/2/6	2018/9/1
15.10-3-31	15.10	17.180.99	N52	GB/T 36240—2018	离子色谱仪			2018/6/7	2019/1/1
15.10-3-32	15.10	71.040.30	G60	GB/T 3914—2008	化学试剂　阳极溶出伏安法通则	GB/T 3914—1983		2008/5/15	2008/11/1

续表

序号	GW 分类	ICS 分类	GB 分类	标准号	中文名称	代替标准	采用关系	发布日期	实施日期
15.10-3-33	15.10	83.080	G31	GB/T 5760—2000	氢氧型阴离子交换树脂交换容量测定方法	GB/T 5760—1986		2000/3/16	2000/9/1
15.10-3-34	15.10	71.040.40;71.040.30	G60	GB/T 601—2016	化学试剂　标准滴定溶液的制备	GB/T 601—2002		2016/10/13	2017/5/1
15.10-3-35	15.10	71.040.40;71.040.30	G60	GB/T 602—2002	化学试剂　杂质测定用标准溶液的制备	GB/T 602—1988	ISO 6353-1：1982，NEQ	2002/10/15	2003/4/1
15.10-3-36	15.10	71.040.40;71.040.30	G60	GB/T 603—2002	化学试剂　试验方法中所用制剂及制品的制备	GB/T 603—1988	ISO 6353-1：1982，NEQ	2002/10/15	2003/4/1
15.10-3-37	15.10	71.040.30	G60	GB/T 605—2006	化学试剂　色度测定通用方法	GB/T 605—1988	ISO 6353-1：1982，NEQ	2006/11/3	2007/6/1
15.10-3-38	15.10	71.040.30	G60	GB/T 606—2003	化学试剂　水分测定通用方法　卡尔·费休法	GB/T 606—1988		2003/11/10	2004/5/1
15.10-3-39	15.10	71.040.30	G60	GB/T 610—2008	化学试剂　砷测定通用方法	GB/T 610.1—1988；GB/T 610.2—1988	ISO 6353-1：1982，NEQ	2008/5/15	2008/11/1
15.10-3-40	15.10	71.040.30	G60	GB/T 611—2021	化学试剂　密度测定通用方法	GB/T 611—2006	ISO 6353-1：1892，NEQ	2021/8/20	2022/3/1
15.10-3-41	15.10	71.040.30	G60	GB/T 617—2006	化学试剂　熔点范围测定通用方法	GB/T 617—1988	ISO 6353-1：1982，NEQ	2006/11/3	2007/6/1
15.10-3-42	15.10	71.040.40	G76	GB/T 6904—2008	工业循环冷却水及锅炉用水中 pH 的测定	GB/T 15893.2—1995；GB/T 6094.1—1986；GB/T 6904.3—1986		2008/4/1	2008/9/1
15.10-3-43	15.10	13.060.50;71.040.40	G76	GB/T 6911—2017	工业循环冷却水和锅炉用水中硫酸盐的测定	GB/T 6911—2007		2017/9/7	2018/4/1
15.10-3-44	15.10	75.100	E38	GB/T 7597—2007	电力用油（变压器油、汽轮机油）取样方法	GB 7597—1987		2007/4/30	2008/1/1
15.10-3-45	15.10	75.100	E38	GB/T 7598—2008	运行中变压器油水溶性酸测定法	GB/T 7598—1987		2008/9/24	2009/8/1
15.10-3-46	15.10	75.100	E38	GB/T 7600—2014	运行中变压器油和汽轮机油水分含量测定法（库仑法）	GB/T 7600—1987		2014/9/3	2015/4/1
15.10-3-47	15.10	75.100	E38	GB/T 7602.1—2008	变压器油、汽轮机油中 T501 抗氧化剂含量测定法　第 1 部分：分光光度法	GB/T 7602—1987		2008/9/24	2009/8/1
15.10-3-48	15.10	75.100	E38	GB/T 7603—2012	矿物绝缘油中芳碳含量测定法	GB/T 7603—1987		2012/6/29	2012/11/1
15.10-3-49	15.10	83.080.01	G31	GB/T 8144—2008	阳离子交换树脂交换容量测定方法	GB/T 8144—1987		2008/6/30	2009/2/1
15.10-3-50	15.10	83.080.01	G31	GB/T 8330—2008	离子交换树脂湿真密度测定方法	GB/T 8330—1987		2008/6/30	2009/2/1
15.10-3-51	15.10	83.080.01	G31	GB/T 8331—2008	离子交换树脂湿视密度测定方法	GB/T 8331—1987		2008/6/30	2009/2/1
15.10-3-52	15.10	71.040.40;71.040.30	G60	GB/T 9721—2006	化学试剂　分子吸收分光光度法通则（紫外和可见光部分）	GB/T 9721—1988		2006/9/1	2007/4/1

续表

序号	GW 分类	ICS 分类	GB 分类	标准号	中 文 名 称	代替标准	采用关系	发布日期	实施日期
15.10-3-53	15.10	71.040.030	G60	GB/T 9722—2006	化学试剂 气相色谱法通则	GB/T 9722—1988		2006/1/23	2006/11/1
15.10-3-54	15.10	71.040.30	G60	GB/T 9723—2007	化学试剂 火焰原子吸收光谱法通则	GB/T 9723—1988		2007/9/26	2008/4/1
15.10-3-55	15.10	71.040.30	G60	GB/T 9724—2007	化学试剂 pH 值测定通则	GB/T 9724—1988	ISO 6353-1：1982，NEQ	2007/9/26	2008/4/1
15.10-3-56	15.10	71.040.30	G60	GB/T 9725—2007	化学试剂 电位滴定法通则	GB/T 9725—1988	ISO 6353-1：1982，NEQ	2007/9/26	2008/4/1
15.10-3-57	15.10			JJG 112—2013	金属洛氏硬度计（A，B，C，D，E，F，G，H，K，N，T 标尺）	JJG 112—2003		2013/10/25	2014/4/25
15.10-3-58	15.10			JJG 119—2018	实验室 pH（酸度）计			2018/12/25	2019/6/25
15.10-3-59	15.10			JJG 2060—2014	pH（酸度）计量器具	JJG 2060—1990		2014/8/25	2015/2/25
15.10-3-60	15.10			JJG 276—2009	高温蠕变、持久强度试验机	JJG 276—1988		2009/7/10	2010/1/10
15.10-4-61	15.10		K43	DL/T 1032—2023	电气设备用六氟化硫（SF_6）气体取样方法	DL/T 1032—2006		2023/12/28	2024/6/28
15.10-4-62	15.10	27.100	F24	DL/T 1114—2009	钢结构腐蚀防护热喷涂（锌、铝及合金涂层）及其试验方法			2009/7/22	2009/12/1
15.10-4-63	15.10	27.100	F24	DL/T 1205—2013	六氟化硫电气设备分解产物试验方法			2013/3/7	2013/8/1
15.10-4-64	15.10	27.100	F24	DL/T 1206—2013	磷酸酯抗燃油氯含量的测定 高温燃烧微库仑法			2013/3/7	2013/8/1
15.10-4-65	15.10	27.100	F24	DL/T 1354—2014	电力用油闭口闪点测定微量常闭法			2014/10/15	2015/3/1
15.10-4-66	15.10	27.100	F24	DL/T 1355—2014	变压器油中糠醛含量的测定液相色谱法			2014/10/15	2015/3/1
15.10-4-67	15.10	29.040.10	E38	DL/T 1458—2015	矿物绝缘油中铜、铁、铝、锌金属含量的测定 原子吸收光谱法			2015/7/1	2015/12/1
15.10-4-68	15.10	29.040.10	E38	DL/T 1459—2015	矿物绝缘油中金属钝化剂含量的测定 高效液相色谱法		IEC 60666：2010，NEQ	2015/7/1	2015/12/1
15.10-4-69	15.10	75.100	E38	DL/T 1705—2017	磷酸酯抗燃油闭口杯老化测定法			2017/8/2	2017/12/1
15.10-4-70	15.10	27.100	F20	DL/T 1706—2017	超高压直流输电换流变运行油质量			2017/8/2	2017/12/1
15.10-4-71	15.10	29.040.10	E38	DL/T 1824—2018	运行变压器油中丙酮含量的测量方法 顶空气相色谱法			2018/4/3	2018/7/1
15.10-4-72	15.10	29.040.99	E38	DL/T 1836—2018	矿物绝缘油与变压器材料相容性测定方法		ASTM D 3455-2011，MOD	2018/4/3	2018/7/1
15.10-4-73	15.10	29.080.10	K48	DL/T 1884.2—2019	现场污秽度测量及评定 第 2 部分：测量点的选择和布置			2019/11/4	2020/5/1

15

续表

序号	GW 分类	ICS 分类	GB 分类	标准号	中 文 名 称	代替标准	采用关系	发布日期	实施日期
15.10-4-74	15.10	29.020	K40	DL/T 2055—2019	输电线路钢结构腐蚀安全评估导则			2019/11/4	2020/5/1
15.10-4-75	15.10	29.040	F10	DL/T 2407—2021	变压器油中含气量的现场检测方法			2021/12/22	2022/3/22
15.10-4-76	15.10	29.040	E38	DL/T 2445—2021	运行变压器油中甲醇含量的测定 气相色谱-质谱联用法			2021/12/22	2022/6/22
15.10-4-77	15.10	27.100	E38	DL/T 285—2012	矿物绝缘油腐蚀性硫检测法 裹绝缘纸铜扁线法		IEC 62535：2008，MOD	2012/1/4	2012/3/1
15.10-4-78	15.10	27.100	E38	DL/T 423—2009	绝缘油中含气量测定方法 真空压差法	DL/T 423—1991		2009/7/22	2009/12/1
15.10-4-79	15.10	27.100	F24	DL/T 429.1—2017	电力用油透明度测定法	DL/T 429.1—1991		2017/8/2	2017/12/1
15.10-4-80	15.10	29.040.10	F24	DL/T 429.2—2016	电力用油颜色测定法	DL 429.2—1991		2016/1/7	2016/6/1
15.10-4-81	15.10	27.100	E34	DL/T 429.6—2015	电力用油开口杯老化测定法	DL/T 429.6—1991		2015/7/1	2015/12/1
15.10-4-82	15.10	75.080	E30	DL/T 429.7—2017	电力用油油泥析出测定方法	DL/T 429.7—1991		2017/8/2	2017/12/1
15.10-4-83	15.10	27.100	E30	DL/T 432—2018	电力用油中颗粒度测定方法	DL/T 432—2007		2018/4/3	2018/7/1
15.10-4-84	15.10	27.100	E34	DL/T 433—2015	抗燃油中氯含量的测定 氧弹法	DL/T 433—1992		2015/4/2	2015/9/1
15.10-4-85	15.10	75.080	E60	DL/T 449—2015	油浸纤维质绝缘材料含水量测定法	DL/T 449—1991		2015/7/1	2015/12/1
15.10-4-86	15.10	29.240	F20	DL/T 506—2018	六氟化硫电气设备中绝缘气体湿度测量方法	DL/T 506—2007		2018/6/6	2018/10/1
15.10-4-87	15.10	27.100	F24	DL/T 523—2017	化学清洗缓蚀剂应用性能评价指标及试验方法	DL/T 523—2007		2017/8/2	2017/12/1
15.10-4-88	15.10		P54	DL/T 661—1999	热量计氧弹安全性能技术要求及测试方法			1999/8/2	1999/10/1
15.10-4-89	15.10	29.040.10	E38	DL/T 703—2015	绝缘油中含气量的气相色谱测定法	DL/T 703—1999		2015/7/1	2015/12/1
15.10-4-90	15.10	29.040.10	E38	DL/T 722—2014	变压器油中溶解气体分析和判断导则	DL/T 722—2000		2014/10/15	2015/3/1
15.10-4-91	15.10	27.100	F24	DL/T 809—2016	发电厂水质浊度的测定方法	DL/T 809—2002		2016/12/5	2017/5/1
15.10-4-92	15.10	77.040	F22	DL/T 818—2002	低合金耐热钢碳化物相分析技术导则			2002/4/27	2002/9/1
15.10-4-93	15.10	27.100	F24	DL/T 914—2005	六氟化硫气体湿度测定法（重量法）	SD 305—1989		2005/2/14	2005/6/1
15.10-4-94	15.10	27.100	F24	DL/T 915—2005	六氟化硫气体湿度测定法（电解法）	SD 306—1989		2005/2/14	2005/6/1
15.10-4-95	15.10	27.100	F24	DL/T 916—2005	六氟化硫气体酸度测定法	SD 307—1989		2005/2/14	2005/6/1
15.10-4-96	15.10	27.100	F24	DL/T 917—2005	六氟化硫气体密度测定法	SD 308—1989		2005/2/14	2005/6/1

续表

序号	GW 分类	ICS 分类	GB 分类	标准号	中 文 名 称	代替标准	采用关系	发布日期	实施日期
15.10-4-97	15.10	27.100	F24	DL/T 918—2005	六氟化硫气体中可水解氟化物含量测定法	SD 309—1989		2005/2/14	2005/6/1
15.10-4-98	15.10	27.100S	F24	DL/T 919—2005	六氟化硫气体中矿物油含量测定法（红外光谱分析法）	SD 310—1989		2005/2/14	2005/6/1
15.10-4-99	15.10	27.100	F20	DL/T 920—2019	六氟化硫气体中空气、四氟化碳、六氟乙烷和八氟丙烷的测定　气相色谱法	DL/T 920—2005		2019/6/4	2019/10/1
15.10-4-100	15.10	27.100	F24	DL/T 921—2005	六氟化硫气体毒性生物试验方法	SD 312—1989		2005/2/14	2005/6/1
15.10-4-101	15.10	27.100	E24	DL/T 929—2018	矿物绝缘油、润滑油结构族组成的测定　红外光谱法	DL/T 929—2005		2018/4/3	2018/7/1
15.10-4-102	15.10	27.100	K20	DL/T 953—2018	水处理用强碱性阴离子交换树脂耐热性能及抗氧化性能测定方法	DL/T 953—2005		2018/6/6	2018/10/1
15.10-4-103	15.10	71.040.10	N53	JB/T 9366—2017	实验室电导率仪	JB/T 9366—1999		2017/4/12	2018/1/1

15.11　试验与计量-火电

序号	GW 分类	ICS 分类	GB 分类	标准号	中 文 名 称	代替标准	采用关系	发布日期	实施日期
15.11-3-1	15.11	25.180.10	K60	GB/T 10066.8—2006	电热装置的试验方法　第 8 部分：电渣重熔炉	GB/T 1020—1989	IEC 60779：2005，IDT	2006/11/8	2007/4/1
15.11-3-2	15.11	25.180.10	K61	GB/T 10066.12—2020	电热装置的试验方法　第 12 部分：红外电热装置	GB/T 10066.12—2006	IEC 62693：2103，MOD	2020/3/31	2020/10/1
15.11-3-3	15.11	29.160.01	K20	GB/T 10069.1—2006	旋转电机　噪声测定方法及限值　第 1 部分：旋转电机噪声测定方法	GB/T 10069.1—1988；GB/T 10069.2—1988	ISO 1680：1999，MOD	2006/4/30	2006/12/1
15.11-3-4	15.11	27.060.30	J98	GB/T 10180—2017	工业锅炉热工性能试验规程	GB/T 10180—2003		2017/7/12	2018/2/1
15.11-3-5	15.11	29.160.01	K21	GB/T 1029—2021	三相同步电机试验方法	GB/T 1029—2005		2021/5/21	2021/12/1
15.11-3-6	15.11	29.160.01	K22	GB/T 1032—2023	三相异步电动机试验方法	GB/T 1032—2012		2023/9/7	2024/4/1
15.11-3-7	15.11	13.060.50；71.040.40	G76	GB/T 10656—2022	锅炉用水和冷却水分析方法　锌离子的测定	GB/T 10656—2008		2022/3/9	2022/10/1
15.11-3-8	15.11	13.060.25	J98	GB/T 12146—2005	锅炉用水和冷却水分析方法　氨的测定　苯酚法	GB/T 12146—1989		2005/2/6	2005/12/1
15.11-3-9	15.11	13.060.40	J98	GB/T 12148—2006	锅炉用水和冷却水分析方法　全硅的测定　低含量硅氢氟酸转化法	GB 12148—1989		2006/9/1	2007/2/1
15.11-3-10	15.11	13.060.25	J98	GB/T 12151—2005	锅炉用水和冷却水分析方法　浊度的测定（福马肼浊度）	GB/T 12151—1989		2005/2/6	2005/12/1

续表

序号	GW 分类	ICS 分类	GB 分类	标准号	中 文 名 称	代替标准	采用关系	发布日期	实施日期
15.11-3-11	15.11	71.040.40	G76	GB/T 12152—2007	锅炉用水和冷却水中油含量的测定	GB/T 12152—1989; GB/T 12153—1989		2007/8/13	2008/2/1
15.11-3-12	15.11	71.040.40	G76	GB/T 12154—2008	锅炉用水和冷却水分析方法　全铝的测定	GB/T 12154—1989	ISO 10566：1994，NEQ	2008/4/1	2008/9/1
15.11-3-13	15.11	23.060.99	J16	GB/T 12245—2006	减压阀性能试验方法	GB/T 12245—1989		2006/12/25	2007/5/1
15.11-3-14	15.11	23.060.01	J16	GB/T 12251—2005	蒸汽疏水阀　试验方法	GB/T 12251—1989	ISO 6948：1981，NEQ; ISO 7841：1988，NEQ; ISO 7842：1988，NEQ	2005/7/11	2006/1/1
15.11-3-15	15.11	19.040	K26	GB/T 12665—2017	电机在一般环境条件下使用的湿热试验要求	GB/T 12665—2008		2017/11/1	2018/5/1
15.11-3-16	15.11	29.160.01	K23	GB/T 1311—2024	直流电机试验方法	GB/T 1311—2008		2024/8/23	2025/3/1
15.11-3-17	15.11	25.180.10	K61	GB/T 13338—2018	工业燃料炉热平衡测定与计算基本规则	GB/T 13338—1991		2018/6/7	2019/1/1
15.11-3-18	15.11	29.160.01	k20	GB/T 13958—2022	小功率永磁同步电动机试验方法	GB/T 13958—2008		2022/12/30	2023/7/1
15.11-3-19	15.11	27.040	K56	GB/T 14099.8—2009	燃气轮机采购　第 8 部分：检查、试验、安装和调试		ISO 3977-8：2002，IDT	2009/4/13	2010/1/1
15.11-3-20	15.11	27.100	F24	GB/T 14416—2023	锅炉蒸汽的采样方法	GB/T 14416—2010		2023/5/23	2023/12/1
15.11-3-21	15.11	71.040.40	G76	GB/T 14422—2008	锅炉用水和冷却水分析方法　苯骈三氮唑的测定	GB/T 14422—1993		2008/4/1	2008/9/1
15.11-3-22	15.11	13.060.50; 71.040.40	G76	GB/T 14427—2017	锅炉用水和冷却水分析方法　铁的测定	GB/T 14427—2008	ISO 6332：1988，NEQ	2017/9/7	2018/4/1
15.11-3-23	15.11	29.160.01	K21	GB/T 14481—2008	单相同步电机试验方法	GB/T 14481—1993		2008/7/16	2009/4/1
15.11-3-24	15.11	73.040	D21	GB/T 15458—2006	煤的磨损指数测定方法	GB/T 15458—1995		2006/9/12	2007/2/1
15.11-3-25	15.11	73.040	D21	GB/T 1572—2018	煤的结渣性测定方法	GB/T 1572—2001		2018/2/6	2018/9/1
15.11-3-26	15.11	73.040	D21	GB/T 1573—2018	煤的热稳定性测定方法	GB/T 1573—2001		2018/2/6	2018/9/1
15.11-3-27	15.11	27.060.30	J75	GB/T 1576—2018	工业锅炉水质	GB/T 1576—2008		2018/5/14	2018/12/1
15.11-3-28	15.11	73.040	D20	GB/T 17608—2022	煤炭产品品种和等级划分	GB/T 17608—2006		2022/10/12	2022/10/12
15.11-3-29	15.11	29.160.01	K20	GB/T 17948.1—2018	旋转电机　绝缘结构功能性评定　散绕绕组试验规程　热评定和分级	GB/T 17948.1—2000	IEC 60034-18-21：2012，IDT	2018/7/13	2019/2/1
15.11-3-30	15.11	29.160.01; 29.080.01	K20	GB/T 17948.2—2006	旋转电机绝缘结构功能性评定　散绕绕组试验规程　变更和绝缘组分替代的分级		IEC 60034-18-22：2000，IDT	2006/2/15	2006/6/1

15

续表

序号	GW 分类	ICS 分类	GB 分类	标准号	中文名称	代替标准	采用关系	发布日期	实施日期
15.11-3-31	15.11	29.160.01	K20	GB/T 17948.3—2017	旋转电机　绝缘结构功能性评定　成型绕组试验规程　旋转电机绝缘结构热评定和分级	GB/T 17948.3—2006	IEC 60034-18-31：2012，IDT	2017/11/1	2018/5/1
15.11-3-32	15.11	29.160.01	K20	GB/T 17948.6—2018	旋转电机　绝缘结构功能性评定　成型绕组试验规程　绝缘结构热机械耐久性评定	GB/T 17948.6—2007	IEC 60034-18-34：2012，IDT	2018/7/13	2019/2/1
15.11-3-33	15.11	73.040	D21	GB/T 18511—2017	煤的着火温度测定方法	GB/T 18511—2001		2017/9/7	2018/4/1
15.11-3-34	15.11	75.160	D21	GB/T 18856.6—2008	水煤浆试验方法　第 6 部分：密度测定	GB/T 18856.9—2002		2008/7/29	2009/4/1
15.11-3-35	15.11	73.040	D21	GB/T 19227—2008	煤中氮的测定方法	部分代替 GB/T 476—2001； 代替 GB/T 19227—2003； GB/T 18856.12—2002		2008/7/29	2009/5/1
15.11-3-36	15.11	29.160.01	K20	GB/T 20160—2006	旋转电机　绝缘电阻测试			2006/3/14	2006/9/1
15.11-3-37	15.11	29.160.01	K20	GB/T 20833.1—2021	旋转电机　绕组绝缘　第 1 部分：离线局部放电测量	GB/T 20833.1—2016		2021/3/9	2021/10/1
15.11-3-38	15.11	29.160.01	K20	GB/T 20833.2—2016	旋转电机　旋转电机定子绕组绝缘　第 2 部分：在线局部放电测量		IEC/TS 60034-27-2：2012，IDT	2016/2/24	2016/9/1
15.11-3-39	15.11	29.160.01	K20	GB/T 20833.3—2018	旋转电机　旋转电机定子绕组绝缘　第 3 部分：介质损耗因数测量		IEC 60034-27-3：2015，IDT	2018/7/13	2019/2/1
15.11-3-40	15.11	29.160.20	K20	GB/T 20835—2024	发电机定子铁心磁化试验导则	GB/T 20835—2016		2024/8/23	2025/3/1
15.11-3-41	15.11	73.040	D21	GB/T 211—2017	煤中全水分的测定方法	GB/T 211—2007	ISO 589：2008，NEQ	2017/9/7	2018/4/1
15.11-3-42	15.11	73.040	D21	GB/T 212—2008	煤的工业分析方法	GB/T 212—2001； GB/T 15334—1994； GB/T 18856.7—2002	ISO 11722：1999，NEQ； ISO 1171：1997，NEQ； ISO 562：1998，NEQ	2008/7/29	2009/4/1
15.11-3-43	15.11	73.040	D21	GB/T 213—2008	煤的发热量测定方法	GB/T 213—2003； GB/T 18856.6—2002	ISO 1982：1995，MOD	2008/7/29	2009/5/1
15.11-3-44	15.11	27.010	F01	GB/T 21369—2008	火力发电企业能源计量器具配备和管理要求			2008/1/21	2008/7/1
15.11-3-45	15.11	75.160.10	D21	GB/T 214—2007	煤中全硫的测定方法	GB/T 214—1996； GB/T 18856.8—2002	ISO 334：1992，NEQ； ISO 351：1996，NEQ	2007/11/1	2008/6/1
15.11-3-46	15.11	27.020； 27.100	K52	GB/T 21427—2008	特殊环境条件　干热沙漠对内燃机电站系统的技术要求及试验方法			2008/1/22	2008/9/1
15.11-3-47	15.11	73.040	D21	GB/T 218—2016	煤中碳酸盐二氧化碳含量测定方法	GB/T 218—1996	ISO 925：1997，MOD	2016/12/13	2017/7/1

续表

序号	GW 分类	ICS 分类	GB 分类	标准号	中文名称	代替标准	采用关系	发布日期	实施日期
15.11-3-48	15.11	73.040	D21	GB/T 219—2008	煤灰熔融性的测定方法	GB/T 219—1996；GB/T 18856.10—2002	ISO 540：1995，MOD	2008/7/29	2009/5/1
15.11-3-49	15.11	73.040	D21	GB/T 220—2018	煤对二氧化碳化学反应性的测定方法	GB/T 220—2001		2018/2/6	2018/9/1
15.11-3-50	15.11	29.160.01	K20	GB/T 22714—2008	交流低压电机成型绕组匝间绝缘试验规范			2008/12/30	2009/10/1
15.11-3-51	15.11	29.160.30	K23	GB/T 22716—2008	直流电机电枢绕组匝间绝缘试验规范			2008/12/30	2009/10/1
15.11-3-52	15.11	29.160.01	K20	GB/T 22717—2008	电机磁极线圈及磁场绕组匝间绝缘试验规范			2008/12/30	2009/10/1
15.11-3-53	15.11	29.160.30	K20	GB/T 22718—2008	高压电机绝缘结构耐热性评定方法			2008/12/30	2009/10/1
15.11-3-54	15.11	29.160.01	K20	GB/T 22719.1—2008	交流低压电机散嵌绕组匝间绝缘　第 1 部分：试验方法			2008/12/30	2009/10/1
15.11-3-55	15.11	29.160.01	K20	GB/T 22719.2—2008	交流低压电机散嵌绕组匝间绝缘　第 2 部分：试验限值			2008/12/30	2009/10/1
15.11-3-56	15.11	29.160.01	K20	GB/T 22720.1—2017	旋转电机　电压型变频器供电的旋转电机无局部放电（Ⅰ型）电气绝缘结构的鉴别和质量控制试验	GB/T 22720.1—2008	IEC 60034-18-41：2014，IDT	2017/11/1	2018/5/1
15.11-3-57	15.11	75.160.10	H32	GB/T 24521—2018	焦炭电阻率测定方法	GB/T 24521—2009		2018/5/14	2019/2/1
15.11-3-58	15.11	29.160.40	K52	GB/T 2820.6—2009	往复式内燃机驱动的交流发电机组　第 6 部分：试验方法	GB/T 2820.6—1997	ISO 8528-6：2005，IDT	2009/5/6	2009/11/1
15.11-3-59	15.11	29.160.40	K52	GB/T 2820.10—2002	往复式内燃机驱动的交流发电机组　第 10 部分：噪声的测量（包面法）		ISO 8528-10：1998，MOD	2002/8/5	2003/4/1
15.11-3-60	15.11	29.160.40	K52	GB/T 30370—2013	火力发电机组一次调频试验及性能验收导则			2013/12/31	2015/3/1
15.11-3-61	15.11	21.100.20	J11	GB/T 307.2—2005	滚动轴承　测量和检验的原则及方法	GB/T 307.2—1995	ISO 1132-2: 2001，MOD	2005/2/21	2005/8/1
15.11-3-62	15.11	29.035.01	K15	GB/T 31838.2—2019	固体绝缘材料　介电和电阻特性　第 2 部分：电阻特性（DC 方法）体积电阻和体积电阻率	GB/T 1410—2006	IEC 62631-3-1：2016，IDT	2019/6/4	2020/1/1
15.11-3-63	15.11	29.035.01	K15	GB/T 31838.3—2019	固体绝缘材料　介电和电阻特性　第 3 部分：电阻特性（DC 方法）表面电阻和表面电阻率		IEC 62631-3-2：2015，IDT	2019/6/4	2020/1/1
15.11-3-64	15.11	29.035.01	K15	GB/T 31838.4—2019	固体绝缘材料　介电和电阻特性　第 4 部分：电阻特性（DC 方法）绝缘电阻	GB/T 10064—2006	IEC 62631-3-3：2015，IDT	2019/6/4	2020/1/1
15.11-3-65	15.11	29.035.01	K15	GB/T 31838.7—2021	固体绝缘材料　介电和电阻特性　第 7 部分：电阻特性（DC 方法）高温下测量体积电阻和体积电阻率	GB/T 10581—2006	IEC 62631-3-4：2019，IDT	2021/5/21	2021/12/1

续表

序号	GW 分类	ICS 分类	GB 分类	标准号	中　文　名　称	代替标准	采用关系	发布日期	实施日期
15.11-3-66	15.11	17.120.10	N12	GB/T 34041.2—2017	封闭管道中流体流量的测量　气体超声流量计　第 2 部分：工业测量用气体超声流量计		ISO 17089-2：2012，IDT	2017/9/7	2018/4/1
15.11-3-67	15.11	27.010	F04	GB/T 34060—2017	蒸汽热量计算方法			2017/7/31	2018/2/1
15.11-3-68	15.11	73.040	D21	GB/T 4632—2008	煤的最高内在水分测定方法	GB 4632—1997	ISO 1018：1975，MOD	2008/9/18	2009/4/1
15.11-3-69	15.11	73.040	D21	GB/T 474—2008	煤样的制备方法	GB 474—1996	ISO 18283：2006，MOD	2008/12/4	2009/5/1
15.11-3-70	15.11	73.040	D21	GB/T 476—2008	煤中碳和氢的测定方法	GB/T 476—2001；GB/T 15460—2003；GB/T 18856.11—2002	ISO 652：1996，MOD	2008/7/29	2009/5/1
15.11-3-71	15.11	73.040	D27	GB/T 477—2008	煤炭筛分试验方法	GB/T 477—1998；GB/T 19093—2003	ISO 1953：1994，MOD	2008/8/7	2009/3/1
15.11-3-72	15.11	73.040	D21	GB/T 483—2007	煤炭分析试验方法一般规定	GB/T 483—1998	ISO 1213-2：1992，NEQ	2007/11/1	2008/6/1
15.11-3-73	15.11	13.060.25	G76	GB/T 6903—2022	锅炉用水和冷却水分析方法　通则	GB/T 6903—2005		2022/3/9	2022/10/1
15.11-3-74	15.11	13.060.98	J98	GB/T 6906—2006	锅炉用水和冷却水分析方法　联氨的测定	GB/T 6906—1986		2006/9/1	2007/2/1
15.11-3-75	15.11	13.060.25	G76	GB/T 6907—2022	锅炉用水和冷却水分析方法　水样的采集方法	GB/T 6907—2005		2022/3/9	2022/10/1
15.11-3-76	15.11	71.040.40	G76	GB/T 6908—2018	锅炉用水和冷却水分析方法　电导率的测定	GB/T 6908—2008		2018/6/7	2019/1/1
15.11-3-77	15.11	71.040.40	G76	GB/T 6909—2018	锅炉用水和冷却水分析方法　硬度的测定	GB/T 6909—2008		2018/6/7	2019/1/1
15.11-3-78	15.11	13.060.40	J98	GB/T 6910—2006	锅炉用水和冷却水分析方法　钙的测定　络合滴定法	GB/T 6910—1986		2006/8/31	2006/12/1
15.11-3-79	15.11	13.060.40	J98	GB/T 6912.1—2006	锅炉用水和冷却水分析方法　硝酸盐和亚硝酸盐的测定　第 1 部分：硝酸盐紫外光度法	GB/T 6912.1—1986		2006/9/1	2007/2/1
15.11-3-80	15.11	71.040.40	G76	GB/T 6912—2008	锅炉用水和冷却水分析方法　亚硝酸盐的测定	GB/T 6912.2—1986；GB/T 6912.3—1986	ISO 6777：1984，NEQ	2008/4/1	2008/9/1
15.11-3-81	15.11	71.040.40	G76	GB/T 6913—2023	锅炉用水和冷却水分析方法　磷酸盐的测定	GB/T 6913—2008		2023/3/17	2023/10/1
15.11-3-82	15.11	73.040	D21	GB/T 6949—2010	煤的视相对密度测定方法	GB/T 6949—1998		2011/1/10	2011/6/1
15.11-3-83	15.11	75.100	E34	GB/T 7605—2024	运行中涡轮机油抗乳化性的测定	GB/T 7605—2008		2024/8/23	2025/3/1
15.11-3-84	15.11	75.160.10	D24	GB/T 7702.3—2008	煤质颗粒活性炭试验方法强度的测定	GB/T 7702.3—1997		2008/11/20	2009/5/1
15.11-3-85	15.11	75.160.10	D24	GB/T 7702.6—2008	煤质颗粒活性炭试验方法亚甲蓝吸附值的测定	GB/T 7702.6—1997		2008/2/1	2008/7/1

续表

序号	GW 分类	ICS 分类	GB 分类	标准号	中 文 名 称	代替标准	采用关系	发布日期	实施日期
15.11-3-86	15.11	75.160.10	D24	GB/T 7702.7—2023	煤质颗粒活性炭试验方法　第 7 部分：碘吸附值的测定	GB/T 7702.7—2008		2023/5/23	2023/5/23
15.11-3-87	15.11	75.160.10	D24	GB/T 7702.8—2008	煤质颗粒活性炭试验方法苯酚吸附值的测定	GB/T 7702.8—1997		2008/2/1	2008/7/1
15.11-3-88	15.11	75.160.10	D24	GB/T 7702.9—2008	煤质颗粒活性炭试验方法着火点的测定	GB/T 7702.9—1997		2008/2/1	2008/7/1
15.11-3-89	15.11	23.100.50	J20	GB/T 8107—2012	液压阀压差-流量特性的测定	GB/T 8107—1987	ISO 4411：2008，MOD	2012/12/31	2013/10/1
15.11-3-90	15.11	29.160.30	K24	GB/T 8128—2022	单相串励电动机试验方法	GB/T 8128—2008		2022/12/30	2023/7/1
15.11-3-91	15.11	29.160.30	K22	GB/T 9651—2022	单相异步电动机试验方法	GB/T 9651—2008		2022/12/30	2023/7/1
15.11-4-92	15.11	27.100	D21	DL/T 1030—2006	煤的工业分析　自动仪器法			2006/12/17	2007/5/1
15.11-4-93	15.11	27.100	D21	DL/T 1037—2016	煤灰成分分析方法	DL/T 1037—2007		2016/12/5	2017/5/1
15.11-4-94	15.11	76.160.10	D23	DL/T 1038—2007	煤的可磨性指数测定方法（VTI 法）	SD 328—1989		2007/7/20	2007/12/1
15.11-4-95	15.11	27.100	F24	DL/T 1105.2—2020	电站锅炉集箱小口径接管座角焊缝　无损检测技术导则　第 2 部分：超声检测	DL/T 1105.2—2010		2020/10/23	2021/2/1
15.11-4-96	15.11	27.100	F24	DL/T 1105.3—2020	电站锅炉集箱小口径接管座角焊缝　无损检测技术导则　第 3 部分：涡流检测	DL/T 1105.3—2010		2020/10/23	2021/2/1
15.11-4-97	15.11	27.100	F24	DL/T 1105.4—2020	电站锅炉集箱小口径接管座角焊缝　无损检测技术导则　第 4 部分：磁记忆检测	DL/T 1105.4—2010		2020/10/23	2021/2/1
15.11-4-98	15.11	27.063.30	K54	DL/T 1141—2009	火电厂除氧器运行性能试验规程			2009/7/22	2009/12/1
15.11-4-99	15.11	27.100	F24	DL/T 1151.1—2012	火力发电厂垢和腐蚀产物分析方法　第 1 部分：通则	SD 202—1986		2012/8/23	2012/12/1
15.11-4-100	15.11	27.100	F24	DL/T 1151.2—2012	火力发电厂垢和腐蚀产物分析方法　第 2 部分：试样的采集与处理	SD 202—1986		2012/8/23	2012/12/1
15.11-4-101	15.11	27.100	F24	DL/T 1151.3—2012	火力发电厂垢和腐蚀产物分析方法　第 3 部分：水分的测定	SD 202—1986		2012/8/23	2012/12/1
15.11-4-102	15.11	29.160.20	K20	DL/T 1166—2012	大型发电机励磁系统现场试验导则			2012/8/23	2012/12/1
15.11-4-103	15.11	27.100	F24	DL/T 1210—2013	火力发电厂自动发电控制性能测试验收规程			2013/3/7	2013/8/1
15.11-4-104	15.11	27.060.01	J98	DL/T 1211—2013	火力发电厂磨煤机检测与控制技术规程			2013/3/7	2013/8/1
15.11-4-105	15.11		F24	DL/T 1223—2023	整体煤气化联合循环发电机组性能验收试验	DL/T 1223—2013		2023/12/28	2024/6/28
15.11-4-106	15.11	27.100	F24	DL/T 1224—2013	单轴燃气蒸汽联合循环机组性能验收试验规程		ASME PTC 46-1996，MOD	2013/3/7	2013/8/1

续表

序号	GW 分类	ICS 分类	GB 分类	标准号	中 文 名 称	代替标准	采用关系	发布日期	实施日期
15.11-4-107	15.11	27.100	F24	DL/T 1270—2023	火力发电建设工程机组甩负荷试验导则	DL/T 1270—2013		2023/10/11	2024/4/11
15.11-4-108	15.11	27.100	F24	DL/T 1317—2023	火力发电厂焊接接头超声衍射时差检测技术规程	DL/T 1317—2014		2023/10/11	2024/4/11
15.11-4-109	15.11	27.100	K52	DL/T 1522—2016	发电机定子绕组内冷水系统水流量超声波测量方法及评定导则			2016/1/7	2016/6/1
15.11-4-110	15.11	29.160	K21	DL/T 1524—2016	发电机红外检测方法及评定导则			2016/1/7	2016/6/1
15.11-4-111	15.11	29.160	K21	DL/T 1525—2016	隐极同步发电机转子匝间短路故障诊断导则			2016/1/7	2016/6/1
15.11-4-112	15.11	27.100	F29	DL/T 1545—2016	燃气发电厂噪声防治技术导则			2016/1/7	2016/6/1
15.11-4-113	15.11	27.100	F24	DL/T 1556—2016	火力发电厂 PROFIBUS 现场总线技术规程			2016/1/7	2016/6/1
15.11-4-114	15.11	27.100	F24	DL/T 1589—2016	湿式电除尘技术规范			2016/2/5	2016/7/1
15.11-4-115	15.11	27.100	F24	DL/T 1612—2016	发电机定子绕组手包绝缘施加直流电压测量方法及评定导则			2016/8/16	2016/12/1
15.11-4-116	15.11	27.100	F24	DL/T 1616—2016	火力发电机组性能试验导则			2016/8/16	2016/12/1
15.11-4-117	15.11	27.100	F29	DL/T 1619—2016	火力发电厂袋式除尘器用滤袋技术要求			2016/8/16	2016/12/1
15.11-4-118	15.11	27.100	F29	DL/T 1695—2017	火力发电厂烟气脱硝调试导则			2017/3/28	2017/8/1
15.11-4-119	15.11	27.100	F29	DL/T 1696—2017	石灰石-石膏湿法烟气脱硫调试导则			2017/3/28	2017/8/1
15.11-4-120	15.11	27.100	F29	DL/T 1704—2017	脱硫湿磨机石灰石制浆系统性能测试方法			2017/3/28	2017/8/1
15.11-4-121	15.11	27.100	D21	DL/T 1712—2017	火力发电厂煤的自燃倾向特性测定方法			2017/8/2	2017/12/1
15.11-4-122	15.11	19.100	F24	DL/T 1718—2017	火力发电厂焊接接头相控阵超声检测技术规程			2017/8/2	2017/12/1
15.11-4-123	15.11	29.160.30	K20	DL/T 1768—2017	旋转电机预防性试验规程			2017/11/15	2018/3/1
15.11-4-124	15.11	27.060	J98	DL/T 2051—2019	空气预热器性能试验规程			2019/11/4	2020/5/1
15.11-4-125	15.11	27.100	F29	DL/T 2056—2019	离子交换树脂和石灰石粉粒度检测方法 激光衍射法			2019/11/4	2020/5/1
15.11-4-126	15.11	27.100	F24	DL/T 260—2012	燃煤电厂烟气脱硝装置性能验收试验规范			2012/4/6	2012/7/1
15.11-4-127	15.11	27.100	F20	DL/T 262—2012	火力发电机组煤耗在线计算导则			2012/4/6	2012/7/1
15.11-4-128	15.11	27.140	P59	DL/T 286—2012	发电厂循环水系统进水流道水力模型试验规程			2012/1/4	2012/3/1
15.11-4-129	15.11		K52	DL/T 297—2023	汽轮发电机合金轴瓦超声检测	DL/T 297—2011		2023/10/11	2024/4/11

续表

序号	GW 分类	ICS 分类	GB 分类	标准号	中 文 名 称	代替标准	采用关系	发布日期	实施日期
15.11-4-130	15.11	29.160.20	K20	DL/T 298—2023	发电机定子绕组端部电晕检测与评定导则	DL/T 298—2011		2023/10/11	2024/4/11
15.11-4-131	15.11	13.060	J98	DL/T 301—2011	发电厂水汽中痕量阳离子的测定　离子色谱法			2011/7/28	2011/11/1
15.11-4-132	15.11	27.100	F29	DL/T 323—2010	干法烟气脱硫用生石灰的活性测定方法			2011/1/9	2011/5/1
15.11-4-133	15.11	27.100	J90/99	DL/T 369—2023	电站锅炉管内压蠕变试验方法	DL/T 369—2010		2023/10/11	2024/4/11
15.11-4-134	15.11	27.100	F23	DL/T 370—2010	承压设备焊接接头金属磁记忆检测			2010/5/24	2010/10/1
15.11-4-135	15.11	27.100	F23	DL/T 424—2016	发电厂用工业硫酸试验方法	DL/T 424—1991		2016/12/5	2017/5/1
15.11-4-136	15.11	75.160.10	D23	DL/T 465—2007	煤的冲刷磨损指数试验方法	DL/T 465—1992		2007/7/20	2007/12/1
15.11-4-137	15.11	27.010	F24	DL/T 467—2019	电站磨煤机及制粉系统性能试验	DL/T 467—2004		2019/6/4	2019/10/1
15.11-4-138	15.11	27.100	F24	DL/T 502.2—2006	火力发电厂水汽分析方法　第 2 部分：水汽样品的采集	DL/T 502—1992		2006/5/6	2006/10/1
15.11-4-139	15.11	27.100	F24	DL/T 502.3—2006	火力发电厂水汽分析方法　第 3 部分：全硅的测定（氢氟酸转化分光光度法）	DL/T 502—1992		2006/5/6	2006/10/1
15.11-4-140	15.11	27.100	F24	DL/T 502.4—2006	火力发电厂水汽分析方法　第 4 部分：氯化物的测定（电极法）	DL/T 502—1992		2006/5/6	2006/10/1
15.11-4-141	15.11	27.100	F24	DL/T 502.5—2006	火力发电厂水汽分析方法　第 5 部分：酸度的测定	DL/T 502—1992		2006/5/6	2006/10/1
15.11-4-142	15.11	27.100	F24	DL/T 502.6—2006	火力发电厂水汽分析方法　第 6 部分：总碳酸盐的测定	DL/T 502—1992		2006/5/6	2006/10/1
15.11-4-143	15.11	27.100	F24	DL/T 502.7—2006	火力发电厂水汽分析方法　第 7 部分：游离二氧化碳的测定（直接法）	DL/T 502—1992		2006/5/6	2006/10/1
15.11-4-144	15.11	27.100	F24	DL/T 502.8—2006	火力发电厂水汽分析方法　第 8 部分：游离二氧化碳的测定（固定法）	DL/T 502—1992		2006/5/6	2006/10/1
15.11-4-145	15.11	27.100	F24	DL/T 502.9—2006	火力发电厂水汽分析方法　第 9 部分：铝的测定（邻苯二酚紫分光光度法）	DL/T 502—1992	ISO 10566：1994，NEQ	2006/5/6	2006/10/1
15.11-4-146	15.11	27.100	F24	DL/T 502.10—2006	火力发电厂水汽分析方法　第 10 部分：铝的测定（铝试剂分光光度法）	DL/T 502—1992		2006/5/6	2006/10/1
15.11-4-147	15.11	27.100	F24	DL/T 502.11—2006	火力发电厂水汽分析方法　第 11 部分：硫酸盐的测定（分光光度法）	DL/T 502—1992		2006/5/6	2006/10/1
15.11-4-148	15.11	27.100	F24	DL/T 502.12—2006	火力发电厂水汽分析方法　第 12 部分：硫酸盐的测定（容量法）	DL/T 502—1992		2006/5/6	2006/10/1

续表

序号	GW 分类	ICS 分类	GB 分类	标准号	中 文 名 称	代替标准	采用关系	发布日期	实施日期
15.11-4-149	15.11	27.100	F24	DL/T 502.13—2006	火力发电厂水汽分析方法 第 13 部分：磷酸盐的测定（分光光度法）	DL/T 502—1992		2006/5/6	2006/10/1
15.11-4-150	15.11	27.100	F24	DL/T 502.14—2006	火力发电厂水汽分析方法 第 14 部分：铜的测定（双环己酮草酰二腙分光光度法）	DL/T 502—1992		2006/5/6	2006/10/1
15.11-4-151	15.11	27.100	F24	DL/T 502.15—2006	火力发电厂水汽分析方法 第 15 部分：氨的测定（容量法）	DL/T 502—1992		2006/5/6	2006/10/1
15.11-4-152	15.11	27.100	F24	DL/T 502.16—2006	火力发电厂水汽分析方法 第 16 部分：氨的测定（纳氏试剂分光光度法）	DL/T 502—1992		2006/5/6	2006/10/1
15.11-4-153	15.11	27.100	F24	DL/T 502.17—2006	火力发电厂水汽分析方法 第 17 部分：联氨的测定（直接法）	DL/T 502—1992		2006/5/6	2006/10/1
15.11-4-154	15.11	27.100	F24	DL/T 502.18—2006	火力发电厂水汽分析方法 第 18 部分：联氨的测定（间接法）	DL/T 502—1992		2006/5/6	2006/10/1
15.11-4-155	15.11	27.100	F24	DL/T 502.19—2006	火力发电厂水汽分析方法 第 19 部分：氧的测定（靛蓝二磺酸钠葡萄糖比色法）	DL/T 502—1992		2006/5/6	2006/10/1
15.11-4-156	15.11	27.100	F24	DL/T 502.20—2006	火力发电厂水汽分析方法 第 20 部分：氧的测定（靛蓝二磺酸钠比色法）	DL/T 502—1992		2006/5/6	2006/10/1
15.11-4-157	15.11	27.100	F24	DL/T 502.21—2006	火力发电厂水汽分析方法 第 21 部分：残余氯的测定（比色法）	DL/T 502—1992		2006/5/6	2006/10/1
15.11-4-158	15.11	27.100	F24	DL/T 502.22—2006	火力发电厂水汽分析方法 第 22 部分：化学耗氧量的测定（高锰酸钾法）	DL/T 502—1992		2006/5/6	2006/10/1
15.11-4-159	15.11	27.100	F24	DL/T 502.23—2006	火力发电厂水汽分析方法 第 23 部分：化学耗氧量的测定（重铬酸钾法）	DL/T 502—1992		2006/5/6	2006/10/1
15.11-4-160	15.11	27.100	F24	DL/T 502.24—2006	火力发电厂水汽分析方法 第 24 部分：硫酸铝凝聚剂量的测定（碱度差法）	DL/T 502—1992		2006/5/6	2006/10/1
15.11-4-161	15.11	27.100	F24	DL/T 502.26—2006	火力发电厂水汽分析方法 第 26 部分：亚铁的测定（邻菲啰啉分光光度法）	DL/T 502—1992		2006/5/6	2006/10/1
15.11-4-162	15.11	27.100	F24	DL/T 502.27—2006	火力发电厂水汽分析方法 第 27 部分：悬浮状铁的组分分析	DL/T 502—1992		2006/5/6	2006/10/1
15.11-4-163	15.11	27.100	F24	DL/T 502.28—2006	火力发电厂水汽分析方法 第 28 部分：有机物的测定（紫外吸收法）	DL/T 502—1992		2006/5/6	2006/10/1
15.11-4-164	15.11	27.100	F24	DL/T 502.29—2019	火力发电厂水汽分析方法 第 29 部分：氢电导率的测定	DL/T 502.29—2006		2019/11/4	2020/5/1

续表

序号	GW 分类	ICS 分类	GB 分类	标准号	中文名称	代替标准	采用关系	发布日期	实施日期
15.11-4-165	15.11	27.100	F24	DL/T 502.30—2006	火力发电厂水汽分析方法　第 30 部分：硝酸盐的测定（水杨酸分光光度法）	DL/T 502—1992		2006/5/6	2006/10/1
15.11-4-166	15.11	27.100	F24	DL/T 502.31—2006	火力发电厂水汽分析方法　第 31 部分：安定性指数的测定	DL/T 502—1992		2006/5/6	2006/10/1
15.11-4-167	15.11	27.100	F24	DL/T 502.32—2006	火力发电厂水汽分析方法　第 32 部分：钙的测定（容量法）	DL/T 502—1992		2006/5/6	2006/10/1
15.11-4-168	15.11	27.140	P59	DL/T 5036—2020	转桨式转轮组装与试验工艺导则	DL/T 5036—1994		2020/10/23	2021/2/1
15.11-4-169	15.11	71.040.10	D21	DL/T 520—2007	火力发电厂入厂煤检测实验室技术导则	DL/T 520—1993		2007/7/20	2007/12/1
15.11-4-170	15.11	27.100	K54	DL/T 552—2015	火力发电厂空冷凝汽器传热元件性能试验规程	DL/T 552—1995		2015/4/2	2015/9/1
15.11-4-171	15.11	75.160	D21	DL/T 567.1—2007	火力发电厂燃料试验方法　第 1 部分：一般规定	DL 567.1—1995		2007/7/20	2007/12/1
15.11-4-172	15.11	27.100	D21	DL/T 567.3—2016	火力发电厂燃料试验方法　第 3 部分：飞灰和炉渣样品的采取和制备	DL/T 567.3—1995；DL/T 567.4—1995；DL/T 926—2005		2016/12/5	2017/5/1
15.11-4-173	15.11			DL/T 567.5—2024	火力发电厂燃料试验方法　第 5 部分：煤粉细度的测定	DL/T 567.5—2015		2024/5/24	2024/11/24
15.11-4-174	15.11	27.100	F24	DL/T 567.6—2016	火力发电厂燃料试验方法　第 6 部分：飞灰和炉渣可燃物测定方法	DL/T 567.6—1995		2016/8/16	2016/12/1
15.11-4-175	15.11	75.160	D21	DL/T 567.7—2007	火力发电厂燃料试验方法　第 7 部分：灰及渣中硫的测定和燃煤可燃硫的计算	DL/T 567.7—1995		2007/7/20	2007/12/1
15.11-4-176	15.11	27.100	F24	DL/T 567.8—2016	火力发电厂燃料试验方法　第 8 部分：燃油发热量的测定	DL/T 567.8—1995		2016/8/16	2016/12/1
15.11-4-177	15.11	27.100	F24	DL/T 567.9—2016	火力发电厂燃料试验方法　第 9 部分：燃油中碳和氢元素的测定	DL/T 567.9—1995		2016/8/16	2016/12/1
15.11-4-178	15.11			DL/T 606.5—2024	火力发电厂能量平衡导则　第 5 部分：水平衡试验	DL/T 606.5—2009		2024/5/24	2024/11/24
15.11-4-179	15.11	29.160	F20	DL/T 607—2017	汽轮发电机漏水、漏氢的检验	DL/T 607—1996		2017/11/15	2018/3/1
15.11-4-180	15.11	27.100	F25	DL/T 647—2024	电站锅炉压力容器检验规程	DL/T 647—2004		2024/5/24	2024/11/24
15.11-4-181	15.11	27.100	F24	DL/T 659—2016	火力发电厂分散控制系统验收测试规程	DL/T 659—2006		2016/2/5	2016/7/1
15.11-4-182	15.11	75.160.10	F23	DL/T 660—2007	煤灰高温黏度特性试验方法	DL/T 660—1998		2007/7/20	2007/12/1

续表

序号	GW 分类	ICS 分类	GB 分类	标准号	中 文 名 称	代替标准	采用关系	发布日期	实施日期
15.11-4-183	15.11	27.100	F20	DL/T 677—2018	发电厂在线化学仪表检验规程	DL/T 677—2009		2018/4/3	2018/7/1
15.11-4-184	15.11	27.100	F24	DL/T 706—2017	电厂用抗燃油自燃点测定方法	DL/T 706—1999		2017/8/2	2017/12/1
15.11-4-185	15.11	27.100	K54	DL/T 711—2019	汽轮机调节保安系统试验导则	DL/T 711—1999		2019/6/4	2019/10/1
15.11-4-186	15.11	77.040.20	H26	DL/T 717—2013	汽轮发电机组转子中心孔检验技术导则	DL/T 717—2000		2013/3/7	2013/8/1
15.11-4-187	15.11	29.160.20	K21	DL/T 735—2023	大型汽轮发电机定子绕组端部动态特性的测量及评定	DL/T 735—2000		2023/10/11	2024/4/11
15.11-4-188	15.11	27.100	H20	DL/T 787—2001	火力发电厂用 15CrMo 钢珠光体球化评级标准			2001/12/26	2002/5/1
15.11-4-189	15.11	25.160.40	J33	DL/T 820.2—2019	管道焊接接头超声波检测技术规程　第 2 部分：A 型脉冲反射法	DL/T 820—2002		2019/11/4	2020/5/1
15.11-4-190	15.11	19.100	N78	DL/T 821—2017	金属熔化焊对接接头射线检测技术和质量分级	DL/T 821—2002		2017/11/15	2018/3/1
15.11-4-191	15.11	27.100	F24	DL/T 839—2003	大型锅炉给水泵性能现场试验方法		ISO 5198：1987（E），NEQ	2003/1/9	2003/6/1
15.11-4-192	15.11	27.100	F24	DL/T 884—2019	火电厂金相检验与评定技术导则	DL/T 884—2004		2019/6/4	2019/10/1
15.11-4-193	15.11	27.100	F24	DL/T 908—2004	火力发电厂水汽试验方法　钠的测定　二阶微分火焰光谱法			2004/12/14	2005/6/1
15.11-4-194	15.11	77.040.20	F24	DL/T 925—2005	汽轮机叶片涡流检验技术导则			2005/2/14	2005/6/1
15.11-4-195	15.11	27.040	K54	DL/T 930—2018	整锻式汽轮机转子超声检测技术导则	DL/T 930—2005		2018/4/3	2018/7/1
15.11-4-196	15.11	27.100	F24	DL/T 933—2005	冷却塔淋水填料、除水器、喷溅装置性能试验方法			2005/2/14	2005/6/1
15.11-4-197	15.11	27.100	F24	DL/T 954—2005	火力发电厂水汽试验方法　痕量氟离子、乙酸根离子、甲酸根离子、氯离子、亚硝酸根离子、硝酸根离子、磷酸根离子和硫酸根离子的测定—离子色谱法			2005/2/14	2005/6/1
15.11-4-198	15.11	27.100	F23	DL/T 964—2005	循环流化床锅炉性能试验规程			2005/2/14	2005/6/1
15.11-4-199	15.11	29.160.01；29.160.20	K20	JB/T 10392—2013	透平型发电机定子机座、铁心动态特性和振动试验方法及评定	JB/T 10392—2002		2013/12/31	2014/7/1
15.11-4-200	15.11	27.020	J91	JB/T 10629—2006	燃气机　通用技术条件和试验方法			2006/10/14	2007/4/1
15.11-4-201	15.11	77.140.85	J32	JB/T 1581—2014	汽轮机、汽轮发电机转子和主轴锻件超声检测方法	JB/T 1581—1996		2014/7/9	2014/11/1

续表

序号	GW 分类	ICS 分类	GB 分类	标准号	中 文 名 称	代替标准	采用关系	发布日期	实施日期
15.11-4-202	15.11	77.140.85	J32	JB/T 4010—2018	汽轮发电机钢质护环超声检测	JB/T 4010—2006		2018/2/9	2018/10/1
15.11-4-203	15.11	27.040	K54	JB/T 4274—2016	汽轮机隔板　挠度试验方法	JB/T 4274—1999		2016/10/22	2017/4/1
15.11-4-204	15.11	27.040	K54	JB/T 5862—2017	汽轮机表面式给水加热器　性能试验规程	JB/T 5862—1991		2017/11/7	2018/4/1
15.11-4-205	15.11	29.160.01	K20	JB/T 6204—2002	高压交流电机定子线圈及绕组绝缘耐电压试验规范	JB/T 6204—1992		2002/12/27	2003/4/1
15.11-4-206	15.11	29.160.20	K20	JB/T 6228—2014	汽轮发电机绕组内部水系统检验方法及评定	JB/T 6228—2005		2014/5/6	2014/10/1
15.11-4-207	15.11	29.160	K20	JB/T 6229—2014	隐极同步发电机转子气体内冷通风道检验方法及限值	JB/T 6229—2005		2014/5/6	2014/10/1
15.11-4-208	15.11	27.040	K54	JB/T 6320—2017	汽轮机动叶片测频方法	JB/T 6320—1992		2017/11/7	2018/4/1
15.11-4-209	15.11	29.160	K20	JB/T 7785—2007	低压电机绝缘结构寿命快速试验评定方法（步进应力法）	JB/T 7785—1995		2007/5/29	2007/11/1
15.11-4-210	15.11	29.120	K16	JB/T 8155—2017	电机用电刷运行性能试验方法	JB/T 8155—2001		2017/4/12	2018/1/1
15.11-4-211	15.11		K21	JB/T 8445—1996	三相同步发电机负序电流承受能力试验方法			1996/9/3	1997/1/1
15.11-4-212	15.11	27.040	K54	JB/T 9628—2017	汽轮机叶片　磁粉检测方法	JB/T 9628—1999		2017/11/7	2018/4/1
15.11-4-213	15.11	27.040	K54	JB/T 9629—2016	汽轮机承压件　水压试验技术条件	JB/T 9629—1999		2016/10/22	2017/4/1
15.11-4-214	15.11	27.020	J91	JB/T 9759—2011	内燃发电机组轴系扭转振动的限值及测量方法	JB/T 9759—1999		2011/8/15	2011/11/1
15.11-4-215	15.11	73.040	D20	MT/T 560—2008	煤的热稳定性分级	MT/T 560—1996		2008/11/19	2009/1/1
15.11-4-216	15.11	20.080.30	K15	NB/T 42004—2013	高压交流电机定子线圈对地绝缘电老化试验方法			2013/3/7	2013/8/1
15.11-4-217	15.11	20.080.30	K15	NB/T 42005—2013	高压交流电机定子线圈对地绝缘电热老化试验方法			2013/3/7	2013/8/1
15.11-4-218	15.11	27.060.30	J98	NB/T 47056—2017	锅炉受压元件焊接接头金相和断口检验方法	JB/T 2636—1994		2017/3/28	2017/8/1
15.11-5-219	15.11			ASME/PTC 22-2014	在燃气涡轮机的性能测试代码	ASME PTC 22-2005		2014/12/31	2014/12/31
15.11-5-220	15.11			ASME/PTC 6-2004（R2014）	汽轮机	ASME PTC 6-1996；ASME PTC 6 A-2001		2004/1/1	2004/1/1
15.11-5-221	15.11	25.180.10		IEC 60683：2011	埋弧炉的试验方法	IEC 60683；1980；IEC 27/780/CDV：2010		2011/10/19	2011/10/19

续表

序号	GW 分类	ICS 分类	GB 分类	标准号	中文名称	代替标准	采用关系	发布日期	实施日期
15.11-5-222	15.11	31.180	L30	IEC 61189-5：2006	电气材料、互连结构和组件的试验方法　第 5 部分：印制电路板组件的试验方法	IEC 91/608/FDIS：2006		2006/8/29	2006/8/29
15.11-5-223	15.11	29.120.70	K31	IEC 61810-7：2006	机电基本继电器　第 7 部分：测试和测量程序	IEC 61810-7：1997；IEC 94/226/FDIS：2005		2006/3/14	2006/3/14

15.12　试验与计量-水电

序号	GW 分类	ICS 分类	GB 分类	标准号	中文名称	代替标准	采用关系	发布日期	实施日期
15.12-2-1	15.12	27.140		Q/GDW 10774—2022	大中型水电站黑启动试验规程	Q/GDW 1774—2013		2022/9/30	2022/9/30
15.12-2-2	15.12	29.240		Q/GDW 11150—2019	水电站电气设备预防性试验规程	Q/GDW 11150—2013		2020/7/31	2020/7/31
15.12-2-3	15.12	29.240		Q/GDW 11698—2017	水电站金属结构无损检测技术规范			2018/2/12	2018/2/12
15.12-2-4	15.12	27.140		Q/GDW 12029—2020	水电机组机械过速保护系统试验规程			2020/12/31	2020/12/31
15.12-2-5	15.12	27.140		Q/GDW 12137—2021	基于超声波法的水轮机、水泵水轮机现场流量特性测量技术规程			2021/9/17	2021/9/17
15.12-2-6	15.12	27.140		Q/GDW 12142—2021	水轮发电机组稳定性试验规程			2021/9/17	2021/9/17
15.12-2-7	15.12	27.140		Q/GDW 12248—2022	水轮机进水阀门动水关闭试验规程			2022/9/30	2022/9/30
15.12-3-8	15.12	17.160	J04	GB/T 11348.5—2008	旋转机械转轴径向振动的测量和评定　第 5 部分：水力发电厂和泵站机组	GB/T 11348.5—2002	ISO 7919-5：2005，IDT	2008/9/27	2009/5/1
15.12-3-9	15.12	07.060	N93	GB/T 11828.1—2019	水位测量仪器　第 1 部分：浮子式水位计	GB/T 11828.1—2002		2019/6/4	2020/1/1
15.12-3-10	15.12	27.140	K55	GB/T 17189—2017	水力机械（水轮机、蓄能泵和水泵水轮机）振动和脉动现场测试规程	GB/T 17189—2007	IEC 60994：1991，MOD	2017/12/29	2018/7/1
15.12-3-11	15.12	27.140	K55	GB/T 20043—2005	水轮机、蓄能泵和水泵水轮机水力性能现场验收试验规程		IEC 60041：1991，MOD	2005/9/8	2006/6/1
15.12-3-12	15.12	17.120.10	N12	GB/T 20727—2006	封闭管道中流体流量的测量　热式质量流量计		ISO 14511：2001，IDT	2006/12/13	2007/7/1
15.12-3-13	15.12	17.120.10	N12	GB/T 20728—2021	封闭管道中流体流量的测量　科里奥利流量计的选型、安装和使用指南	GB/T 20728—2006	ISO 10790：2015，IDT	2021/8/20	2022/3/1
15.12-3-14	15.12	29.160.40	K55	GB/T 22140—2018	小型水轮机现场验收试验规程	GB/T 22140—2008		2018/5/14	2018/12/1
15.12-3-15	15.12	17.120.10	N12	GB/T 26801—2011	封闭管道中流体流量的测量　一次装置和二次装置之间压力信号传送的连接法		ISO 2186：2007，IDT	2011/7/29	2011/12/1
15.12-3-16	15.12	75.200	E98	GB/T 27699—2023	钢质管道内检测技术规范	GB/T 27699—2011		2023/5/23	2023/5/23

续表

序号	GW 分类	ICS 分类	GB 分类	标准号	中 文 名 称	代替标准	采用关系	发布日期	实施日期
15.12-3-17	15.12	07.060	A47	GB/T 31153—2014	小型水力发电站汇水区降水资源气候评价方法			2014/9/3	2015/1/1
15.12-3-18	15.12	27.140	K55	GB/T 32584—2016	水力发电厂和蓄能泵站机组机械振动的评定			2016/4/25	2016/11/1
15.12-3-19	15.12	27.140	P55	GB/T 32899—2016	抽水蓄能机组静止变频启动装置试验规程			2016/8/29	2017/3/1
15.12-3-20	15.12	17.160	J04	GB/T 6075.5—2002	在非旋转部件上测量和评价机器的机械振动　第 5 部分：水力发电厂和泵站机组		ISO 10816-5：2000，IDT	2002/5/20	2002/12/1
15.12-3-21	15.12			JJF 1098—2003	热电偶、热电阻自动测量系统校准规范			2003/3/5	2003/6/1
15.12-4-22	15.12			DL/T 1003—2024	水轮发电机组推力轴承润滑参数测量方法	DL/T 1003—2006		2024/5/24	2024/11/24
15.12-4-23	15.12	27.100	K51	DL/T 1013—2018	大中型水轮发电机微机励磁调节器试验导则	DL/T 1013—2006		2018/4/3	2018/7/1
15.12-4-24	15.12	27.100	K51	DL/T 1120—2018	水轮机调节系统测试与实时仿真装置技术规程	DL/T 1120—2009		2018/6/6	2018/10/1
15.12-4-25	15.12	27.100	F22	DL/T 1698—2017	燃气—蒸汽联合循环机组余热锅炉启动试验规程			2017/3/28	2017/8/1
15.12-4-26	15.12	27.140	P59	DL/T 1818—2018	可逆式水泵水轮机调节系统试验规程			2018/4/3	2018/7/1
15.12-4-27	15.12	27.140	F20	DL/T 1973—2019	水电厂流量测量装置技术条件			2019/6/4	2019/10/1
15.12-4-28	15.12	27.140	P11	DL/T 2083—2020	水电站库容超声波法测量规程			2020/10/23	2021/2/1
15.12-4-29	15.12	27.100	K51	DL/T 2286—2021	大型水轮发电机组励磁控制系统性能测试与评价导则			2021/4/26	2021/10/26
15.12-4-30	15.12	27.140	P59	DL/T 2431—2021	抽水蓄能电站过渡过程试验技术导则			2021/12/22	2022/3/22
15.12-4-31	15.12	27.140	P59	DL/T 2562—2022	抽水蓄能电站库盆检测技术规程			2022/11/4	2023/5/4
15.12-4-32	15.12	27.140	F23	DL/T 2564—2022	水力发电厂轴流转桨机组振动评定导则			2022/11/4	2023/5/4
15.12-4-33	15.12	27.140	K55	DL/T 2578—2022	冲击式水轮发电机组启动试验规程			2022/11/4	2023/5/4
15.12-4-34	15.12		K52	DL/T 2592—2023	大型混流式水轮发电机组型式试验规程			2023/2/6	2023/8/6
15.12-4-35	15.12	27.140	K55	DL/T 2593—2023	可逆式抽水蓄能机组启动调试导则			2023/2/6	2023/8/6
15.12-4-36	15.12	27.140	P59	DL/T 330—2021	水电水利工程金属结构及设备焊接接头衍射时差法超声检测	DL/T 330—2010		2021/12/22	2022/3/22
15.12-4-37	15.12	27.100	K51	DL/T 489—2018	大中型水轮发电机静止整流励磁系统试验规程	DL/T 489—2006		2018/4/3	2018/7/1
15.12-4-38	15.12	27.140	K55	DL/T 496—2016	水轮机电液调节系统及装置调整试验导则	DL/T 496—2001		2016/1/7	2016/6/1
15.12-4-39	15.12	29.160.20	F22；K52	DL/T 507—2014	水轮发电机组启动试验规程	DL/T 507—2002		2014/3/18	2014/8/1

续表

序号	GW 分类	ICS 分类	GB 分类	标准号	中　文　名　称	代替标准	采用关系	发布日期	实施日期
15.12-4-40	15.12	27.140	P59	DL/T 5117—2021	水下不分散混凝土试验规程	DL/T 5117—2000		2021/4/26	2021/10/26
15.12-4-41	15.12	27.140	P59	DL/T 5152—2017	水工混凝土水质分析试验规程	DL/T 5152—2001		2017/11/15	2018/3/1
15.12-4-42	15.12	93.020	P59	DL/T 5332—2005	水工混凝土断裂试验规程			2005/11/28	2006/6/1
15.12-4-43	15.12	27.140	P59	DL/T 5356—2024	水电工程土工试验规程	DL/T 5355—2006；DL/T 5356—2006		2024/5/24	2024/11/24
15.12-4-44	15.12			DL/T 5357—2024	水电工程岩土化学分析试验规程	DL/T 5357—2006		2024/5/24	2024/11/24
15.12-4-45	15.12	93.020	P59	DL/T 5359—2006	水电水利工程水流空化模型试验规程			2006/12/17	2007/5/1
15.12-4-46	15.12	93.020	P59	DL/T 5362—2018	水工沥青混凝土试验规程	DL/T 5362—2006		2018/12/25	2019/5/1
15.12-4-47	15.12	27.140	P10	DL/T 5367—2007	水电水利工程岩体应力测试规程			2007/7/20	2007/12/1
15.12-4-48	15.12			DL/T 5368—2024	水电工程岩体试验规程	DL/T 5368—2007		2024/5/24	2024/11/24
15.12-4-49	15.12	27.140	P59	DL/T 5422—2009	混凝土面板堆石坝挤压边墙混凝土试验规程			2009/7/22	2009/12/1
15.12-4-50	15.12			DL/T 5433—2024	水工碾压混凝土试验规程	DL/T 5433—2009		2024/5/24	2024/11/24
15.12-4-51	15.12	27.140	P59	DL/T 5804—2019	水工碾压混凝土工艺试验规程			2019/11/4	2020/5/1
15.12-4-52	15.12	27.140	P59	DL/T 5823—2021	水工建筑物水泥基灌浆材料试验规程			2021/4/26	2021/10/26
15.12-4-53	15.12	27.140	P59	DL/T 5855—2022	水电水利工程环氧树脂类表面修补材料试验规程			2022/11/4	2023/5/4
15.12-4-54	15.12	27.140	P98	DL/T 827—2014	灯泡贯流式水轮发电机组启动试验规程	DL/T 827—2002		2014/3/18	2014/8/1
15.12-4-55	15.12	27.140	N62	DL/T 948—2019	混凝土坝监测仪器系列型谱	DL/T 948—2005		2019/11/4	2020/5/1
15.12-4-56	15.12	27.140	P59	NB/T 10228—2019	水电工程放射性探测技术规程			2019/11/4	2020/5/1
15.12-4-57	15.12	27.140	P59	NB/T 10229—2019	水电工程环境保护设施验收规程			2019/11/4	2020/5/1
15.12-4-58	15.12	27.140	K55	NB/T 10231—2019	水电站多声道超声波流量计基本技术条件			2019/11/4	2020/5/1
15.12-4-59	15.12	27.140	P59	NB/T 10805—2021	水电工程溃坝洪水与非恒定流计算规范	DL/T 5360—2006		2021/11/16	2022/5/16
15.12-4-60	15.12	27.140	P59	NB/T 10868—2021	水电工程泄洪雾化水工模型试验规程			2021/12/22	2022/6/22
15.12-4-61	15.12	27.140	K55	NB/T 11004—2022	水轮机和水泵水轮机模型验收试验规程			2022/11/4	2023/5/4
15.12-4-62	15.12	27.140	P59	NB/T 11182—2023	水电工程气象观测规范			2023/5/26	2023/11/26
15.12-4-63	15.12	27.140	P59	NB/T 11186—2023	水电工程水文测验及资料整编规范			2023/5/26	2023/11/26

续表

序号	GW 分类	ICS 分类	GB 分类	标准号	中文名称	代替标准	采用关系	发布日期	实施日期
15.12-4-64	15.12	27.140	P59	NB/T 11568.1—2024	水电工程岩土试验仪器设备校验规程 第1部分：总则			2024/5/24	2024/11/24
15.12-4-65	15.12	27.140	P59	NB/T 11568.2—2024	水电工程岩土试验仪器设备校验规程 第2部分：比重瓶			2024/5/24	2024/11/24
15.12-4-66	15.12	27.140	P59	NB/T 11568.3—2024	水电工程岩土试验仪器设备校验规程 第3部分：试验筛			2024/5/24	2024/11/24
15.12-4-67	15.12	27.140	P59	NB/T 11568.4—2024	水电工程岩土试验仪器设备校验规程 第4部分：密度计			2024/5/24	2024/11/24
15.12-4-68	15.12	27.140	P59	NB/T 11568.5—2024	水电工程岩土试验仪器设备校验规程 第5部分：环刀			2024/5/24	2024/11/24
15.12-4-69	15.12	27.140	P59	NB/T 11568.6—2024	水电工程岩土试验仪器设备校验规程 第6部分：电热鼓风干燥箱			2024/5/24	2024/11/24
15.12-4-70	15.12	27.140	P59	NB/T 11568.7—2024	水电工程岩土试验仪器设备校验规程 第7部分：光电式液塑限联合测定仪			2024/5/24	2024/11/24
15.12-4-71	15.12	27.140	P59	NB/T 11568.8—2024	水电工程岩土试验仪器设备校验规程 第8部分：碟式液限仪			2024/5/24	2024/11/24
15.12-4-72	15.12	27.140	P59	NB/T 11568.9—2024	水电工程岩土试验仪器设备校验规程 第9部分：透水板			2024/5/24	2024/11/24
15.12-4-73	15.12	27.140	P59	NB/T 11568.10—2024	水电工程岩土试验仪器设备校验规程 第10部分：砂的相对密度仪			2024/5/24	2024/11/24
15.12-4-74	15.12	27.140	P59	NB/T 11568.11—2024	水电工程岩土试验仪器设备校验规程 第11部分：轻型和重型击实仪			2024/5/24	2024/11/24
15.12-4-75	15.12	27.140	P59	NB/T 11568.12—2024	水电工程岩土试验仪器设备校验规程 第12部分：膨胀仪			2024/5/24	2024/11/24
15.12-4-76	15.12	27.140	P59	NB/T 11568.13—2024	水电工程岩土试验仪器设备校验规程 第13部分：收缩仪			2024/5/24	2024/11/24
15.12-4-77	15.12	27.140	P59	NB/T 11568.14—2024	水电工程岩土试验仪器设备校验规程 第14部分：土的无侧限抗压强度仪			2024/5/24	2024/11/24
15.12-4-78	15.12	27.140	P59	NB/T 11568.15—2024	水电工程岩土试验仪器设备校验规程 第15部分：常水头和变水头渗透仪			2024/5/24	2024/11/24
15.12-4-79	15.12	27.140	P59	NB/T 11568.16—2024	水电工程岩土试验仪器设备校验规程 第16部分：固结仪			2024/5/24	2024/11/24

续表

序号	GW 分类	ICS 分类	GB 分类	标准号	中 文 名 称	代替标准	采用关系	发布日期	实施日期
15.12-4-80	15.12	27.140	P59	NB/T 11568.17—2024	水电工程岩土试验仪器设备校验规程　第 17 部分：应变控制式直剪仪			2024/5/24	2024/11/24
15.12-4-81	15.12	27.140	P59	NB/T 11568.18—2024	水电工程岩土试验仪器设备校验规程　第 18 部分：三轴仪			2024/5/24	2024/11/24
15.12-4-82	15.12	27.140	P59	NB/T 11568.19—2024	水电工程岩土试验仪器设备校验规程　第 19 部分：振动三轴仪			2024/5/24	2024/11/24
15.12-4-83	15.12	27.140	P59	NB/T 11568.20—2024	水电工程岩土试验仪器设备校验规程　第 20 部分：共振柱试验仪			2024/5/24	2024/11/24
15.12-4-84	15.12	27.140	P59	NB/T 11568.21—2024	水电工程岩土试验仪器设备校验规程　第 21 部分：休止角测定仪			2024/5/24	2024/11/24
15.12-4-85	15.12	27.140	P59	NB/T 11568.22—2024	水电工程岩土试验仪器设备校验规程　第 22 部分：虹吸筒			2024/5/24	2024/11/24
15.12-4-86	15.12	27.140	P59	NB/T 11568.23—2024	水电工程岩土试验仪器设备校验规程　第 23 部分：粗粒土相对密度仪			2024/5/24	2024/11/24
15.12-4-87	15.12	27.140	P59	NB/T 11568.24—2024	水电工程岩土试验仪器设备校验规程　第 24 部分：粗粒土击实仪			2024/5/24	2024/11/24
15.12-4-88	15.12	27.140	P59	NB/T 11568.25—2024	水电工程岩土试验仪器设备校验规程　第 25 部分：粗粒土渗透仪			2024/5/24	2024/11/24
15.12-4-89	15.12	27.140	P59	NB/T 11568.26—2024	水电工程岩土试验仪器设备校验规程　第 26 部分：粗粒土固结仪			2024/5/24	2024/11/24
15.12-4-90	15.12	27.140	P59	NB/T 11568.27—2024	水电工程岩土试验仪器设备校验规程　第 27 部分：粗粒土三轴仪			2024/5/24	2024/11/24
15.12-4-91	15.12	27.140	P59	NB/T 11568.28—2024	水电工程岩土试验仪器设备校验规程　第 28 部分：粗粒土直剪仪			2024/5/24	2024/11/24
15.12-4-92	15.12	27.140	P59	NB/T 11568.29—2024	水电工程岩土试验仪器设备校验规程　第 29 部分：原位密度试验仪			2024/5/24	2024/11/24
15.12-4-93	15.12	27.140	P59	NB/T 11568.30—2024	水电工程岩土试验仪器设备校验规程　第 30 部分：原位渗透试验仪			2024/5/24	2024/11/24
15.12-4-94	15.12	27.140	P59	NB/T 11568.31—2024	水电工程岩土试验仪器设备校验规程　第 31 部分：十字板剪切仪			2024/5/24	2024/11/24
15.12-4-95	15.12	27.140	P59	NB/T 11568.32—2024	水电工程岩土试验仪器设备校验规程　第 32 部分：标准贯入仪			2024/5/24	2024/11/24

续表

序号	GW 分类	ICS 分类	GB 分类	标准号	中 文 名 称	代替标准	采用关系	发布日期	实施日期
15.12-4-96	15.12	27.140	P59	NB/T 11568.33—2024	水电工程岩土试验仪器设备校验规程　第 33 部分：静力触探仪			2024/5/24	2024/11/24
15.12-4-97	15.12	27.140	P59	NB/T 11568.34—2024	水电工程岩土试验仪器设备校验规程　第 34 部分：动力触探仪			2024/5/24	2024/11/24
15.12-4-98	15.12	27.140	P59	NB/T 11568.35—2024	水电工程岩土试验仪器设备校验规程　第 35 部分：旁压仪			2024/5/24	2024/11/24
15.12-4-99	15.12	27.140	P59	NB/T 11568.36—2024	水电工程岩土试验仪器设备校验规程　第 36 部分：载荷试验装置			2024/5/24	2024/11/24
15.12-4-100	15.12	27.140	P59	NB/T 11568.37—2024	水电工程岩土试验仪器设备校验规程　第 37 部分：岩石三轴试验机			2024/5/24	2024/11/24
15.12-4-101	15.12	27.140	P59	NB/T 11568.38—2024	水电工程岩土试验仪器设备校验规程　第 38 部分：岩石直剪试验仪			2024/5/24	2024/11/24
15.12-4-102	15.12	27.140	P59	NB/T 11568.39—2024	水电工程岩土试验仪器设备校验规程　第 39 部分：岩石超声波参数测　定仪			2024/5/24	2024/11/24
15.12-4-103	15.12	27.140	P59	NB/T 11568.40—2024	水电工程岩土试验仪器设备校验规程　第 40 部分：岩体剪切试验装置			2024/5/24	2024/11/24
15.12-4-104	15.12	27.140	P59	NB/T 11568.41—2024	水电工程岩土试验仪器设备校验规程　第 41 部分：钻孔径向加压法试验仪			2024/5/24	2024/11/24
15.12-4-105	15.12	27.140	P59	NB/T 11568.42—2024	水电工程岩土试验仪器设备校验规程　第 42 部分：水压致裂法岩体应力测试装置			2024/5/24	2024/11/24
15.12-4-106	15.12	27.140	P59	NB/T 11568.43—2024	水电工程岩土试验仪器设备校验规程　第 43 部分：应力解除法岩体应力测试装置			2024/5/24	2024/11/24
15.12-4-107	15.12	27.140	P26	NB/T 35081—2016	水电工程金属结构涂层强度拉开法测试规程		ISO 16276-1：2007，MOD	2016/1/7	2016/6/1
15.12-4-108	15.12	27.140	P26	NB/T 35097.2—2017	水电工程单元工程质量等级评定标准　第 2 部分：金属结构及启闭机安装工程	SDJ 249.2—1988		2017/11/15	2018/3/1
15.12-4-109	15.12	27.140	P59	NB/T 35101—2017	水电工程弹性波测试技术规程			2017/11/15	2018/3/1
15.12-4-110	15.12	27.140	P59	NB/T 35102—2017	水电工程钻孔土工原位测试规程	DL/T 5354—2006		2017/11/15	2018/3/1
15.12-4-111	15.12	27.140	P59	NB/T 35103—2017	水电工程钻孔抽水试验规程	DL/T 5213—2005		2017/11/15	2018/3/1
15.12-4-112	15.12	27.140	P59	NB/T 35104—2017	水电工程钻孔注水试验规程			2017/11/15	2018/3/1
15.12-4-113	15.12	27.140	P59	NB/T 35113—2018	水电工程钻孔压水试验规程	DL/T 5331—2005		2018/4/3	2018/7/1

续表

序号	GW 分类	ICS 分类	GB 分类	标准号	中 文 名 称	代替标准	采用关系	发布日期	实施日期
15.12-4-114	15.12	27.140	K55	NB/T 42127—2017	小水电机组验收检验导则			2017/11/15	2018/3/1
15.12-4-115	15.12	23.080	J71	SL 140—2006	水泵模型及装置模型验收试验规程	SL 140—1997		2007/2/2	2007/5/2
15.12-4-116	15.12	17.120	P12	SL 21—2015	降水量观测规范	SL 21—2006		2015/9/21	2015/12/21
15.12-4-117	15.12			SL 250—2000	水文情报预报规范	SD 138—1985		2000/6/14	2000/6/30
15.12-4-118	15.12	07.120	P12	SL 338—2006	水文测船测验规范	SD 185—1986		2006/4/24	2006/7/1
15.12-4-119	15.12	17.120	P12	SL 339—2006	水库水文泥沙观测规范			2006/4/24	2006/7/1
15.12-4-120	15.12	93.160	P55	SL 352—2020	水工混凝土试验规程	SL 352—2006		2020/11/30	2021/2/28
15.12-4-121	15.12			SL/T 232—1999	动态流量与流速标准装置校验方法			1999/1/18	1999/3/1
15.12-6-122	15.12	27.140		T/CEC 418—2020	水轮机、蓄能泵和水泵水轮机流量现场测试规程 超声传播时间法			2020/10/28	2021/2/1
15.12-6-123	15.12	27.140	P59	T/CEC 5001—2016	水电水利工程砂砾石料压实质量密度桶法检测技术规程			2016/10/21	2017/1/1
15.12-6-124	15.12	27.140	P59	T/CEC 5002—2016	水工碾压混凝土工艺试验规程			2016/10/21	2017/1/1
15.12-6-125	15.12			T/CEC 887—2024	抽水蓄能电站进/出水口模型试验规程			2024/10/18	2025/3/1

15.13 试验与计量-信息通信

序号	GW 分类	ICS 分类	GB 分类	标准号	中 文 名 称	代替标准	采用关系	发布日期	实施日期
15.13-2-1	15.13	29.24		Q/GDW 10553.2—2018	电力以太网无源光网络（EPON）系统 第 2 部分：测试规范	Q/GDW 1553.2—2012		2020/4/8	2020/4/8
15.13-2-2	15.13	29.240		Q/GDW 11346—2014	电视会议系统多点控制单元（MCU）及终端测试规范			2015/5/29	2015/5/29
15.13-2-3	15.13	29.240		Q/GDW 11394.3—2016	国家电网公司频率同步网技术基础 第 3 部分：同步网节点时钟设备测试方法			2016/12/22	2016/12/22
15.13-2-4	15.13	29.240		Q/GDW 11394.5—2016	国家电网公司频率同步网技术基础 第 5 部分：频率同步承载设备时钟（SEC、EEC、PEC）测试方法			2016/12/22	2016/12/22
15.13-2-5	15.13	29.240		Q/GDW 11412—2015	国家电网公司数据通信网设备测试规范			2016/3/31	2016/3/31
15.13-2-6	15.13	29.240		Q/GDW 11701—2017	IMS 行政交换网核心网设备测试规范			2018/3/5	2018/3/5
15.13-2-7	15.13	33.060		Q/GDW 11805—2018	LTE-G 1800MHz 电力无线通信系统测试规范			2018/11/30	2018/11/30

续表

序号	GW 分类	ICS 分类	GB 分类	标准号	中文名称	代替标准	采用关系	发布日期	实施日期
15.13-2-8	15.13	36.060		Q/GDW 11806.3—2018	230MHz 离散多载波电力无线通信系统　第 3 部分：LTE-G 230MHz 测试规范			2018/11/30	2018/11/30
15.13-2-9	15.13	29.240		Q/GDW 11828—2018	IMS 行政交换网会话边界控制设备测试规范			2019/7/16	2019/7/16
15.13-2-10	15.13	29.240		Q/GDW 11923—2018	手持式光数字信号测试装置技术规范			2020/4/3	2020/4/3
15.13-2-11	15.13	29.240		Q/GDW 1835.1—2013	调度数据网设备测试规范　第 1 部分：路由器			2014/1/29	2014/1/29
15.13-2-12	15.13	29.240		Q/GDW 524—2010	吉比特无源光网络（GPON）系统及设备入网检测规范			2011/3/31	2011/3/31
15.13-3-13	15.13	35.080	L77	GB/T 15532—2008	计算机软件测试规范	GB/T 15532—1995		2008/4/11	2008/9/1
15.13-3-14	15.13	33.040.30	M15	GB/T 15838—2008	数字网中交换设备时钟性能测试方法	GB/T 15838—1995		2008/10/7	2009/4/1
15.13-3-15	15.13	33.180.10	M33	GB/T 15972.10—2021	光纤试验方法规范　第 10 部分：测量方法和试验程序　总则	GB/T 15972.10—2008	IEC 60793-1-1：2017，MOD	2021/4/30	2021/11/1
15.13-3-16	15.13	33.180.10	M33	GB/T 15972.20—2021	光纤试验方法规范　第 20 部分：尺寸参数的测量方法和试验程序　光纤几何参数	GB/T 15972.20—2008		2021/4/30	2021/11/1
15.13-3-17	15.13	33.180.10	M33	GB/T 15972.21—2008	光纤试验方法规范　第 21 部分：尺寸参数的测量方法和试验程序　涂覆层几何参数	GB/T 15972.2—1998	IEC 60793-1-21：2001，MOD	2008/3/31	2008/11/1
15.13-3-18	15.13	33.180.10	M33	GB/T 15972.22—2008	光纤试验方法规范　第 22 部分：尺寸参数的测量方法和试验程序　长度	GB/T 15972.2—1998	IEC 60793-1-22：2001，MOD	2008/3/31	2008/11/1
15.13-3-19	15.13	33.180.10	M33	GB/T 15972.30—2021	光纤试验方法规范　第 30 部分：机械性能的测量方法和试验程序　光纤筛选试验	GB/T 15972.30—2008		2021/4/30	2021/11/1
15.13-3-20	15.13	33.180.10	M33	GB/T 15972.31—2021	光纤试验方法规范　第 31 部分：机械性能的测量方法和试验程序　抗张强度	GB/T 15972.31—2008	IEC 60793-1-31：2019，MOD	2021/8/20	2022/3/1
15.13-3-21	15.13	33.180.10	M33	GB/T 15972.32—2021	光纤试验方法规范　第 32 部分：机械性能的测量方法和试验程序　涂覆层可剥性	GB/T 15972.32—2008		2021/10/11	2021/10/11
15.13-3-22	15.13	33.180.10	M33	GB/T 15972.33—2008	光纤试验方法规范　第 33 部分：机械性能的测量方法和试验程序　应力腐蚀敏感性参数	GB/T 15972.3—1998	IEC 60793-1-33：2001，MOD	2008/3/31	2008/11/1
15.13-3-23	15.13	33.180.10	M33	GB/T 15972.34—2021	光纤试验方法规范　第 34 部分：机械性能的测量方法和试验程序　光纤翘曲	GB/T 15972.34—2008	IEC 60793-1-34：2006，MOD	2021/4/30	2021/11/1
15.13-3-24	15.13	33.180.10	M33	GB/T 15972.40—2008	光纤试验方法规范　第 40 部分：传输特性和光学特性的测量方法和试验程序　衰减	GB/T 15972.4—1998	IEC 60793-1-40：2001，MOD	2008/4/10	2008/11/1
15.13-3-25	15.13	33.180.10	M33	GB/T 15972.41—2021	光纤试验方法规范　第 41 部分：传输特性的测量方法和试验程序　带宽	GB/T 15972.41—2008	IEC 60793-1-41：2010，MOD	2021/4/30	2021/11/1

续表

序号	GW 分类	ICS 分类	GB 分类	标准号	中 文 名 称	代替标准	采用关系	发布日期	实施日期
15.13-3-26	15.13	33.180.10	M33	GB/T 15972.42—2021	光纤试验方法规范　第 42 部分：传输特性的测量方法和试验程序　波长色散	GB/T 15972.42—2008	IEC 60793-1-42：2013，MOD	2021/4/30	2021/8/1
15.13-3-27	15.13	33.180.10	M33	GB/T 15972.43—2021	光纤试验方法规范　第 43 部分：传输特性的测量方法和试验程序　数值孔径	GB/T 15972.43—2008	IEC 60793-1-43：2015，MOD	2021/4/30	2021/8/1
15.13-3-28	15.13	33.180.10	M33	GB/T 15972.44—2017	光纤试验方法规范　第 44 部分：传输特性和光学特性的测量方法和试验程序　截止波长	GB/T 15972.44—2008	IEC 60793-1-44：2011，MOD	2017/7/31	2017/11/1
15.13-3-29	15.13	33.189.10	M33	GB/T 15972.45—2021	光纤试验方法规范　第 45 部分：传输特性的测量方法和试验程序　模场直径	GB/T 15972.45—2008	IEC 60793-1-45：2017，MOD	2021/4/30	2021/8/1
15.13-3-30	15.13	33.180.10	M33	GB/T 15972.46—2008	光纤试验方法规范　第 46 部分：传输特性和光学特性的测量方法和试验程序　透光率变化	GB/T 15972.4—1998	IEC 60793-1-46：2001，MOD	2008/3/31	2008/11/1
15.13-3-31	15.13	33.180.10	M33	GB/T 15972.47—2021	光纤试验方法规范　第 47 部分：传输特性的测量方法和试验程序　宏弯损耗	GB/T 15972.47—2008		2021/5/21	2021/12/1
15.13-3-32	15.13	33.180.10	M33	GB/T 15972.48—2016	光纤试验方法规范　第 48 部分：传输特性和光学特性的测量方法和试验程序　偏振模色散	GB/T 18900—2002	IEC 60793-1-48：2007，NEQ	2016/4/25	2016/11/1
15.13-3-33	15.13	33.180.10	M33	GB/T 15972.49—2021	光纤试验方法规范　第 49 部分：传输特性的测量方法和试验程序　微分模时延	GB/T 15972.49—2008	IEC 60793-1-49：2018，MOD	2021/10/11	2022/5/1
15.13-3-34	15.13	33.180.10	M33	GB/T 15972.50—2008	光纤试验方法规范　第 50 部分：环境性能的测量方法和试验程序　恒定湿热	GB/T 15972.5—1998	IEC 60793-1-50：2001，MOD	2008/4/10	2008/11/1
15.13-3-35	15.13	33.180.10	M33	GB/T 15972.51—2008	光纤试验方法规范　第 51 部分：环境性能的测量方法和试验程序　干热		IEC 60793-1-51：2001，MOD	2008/3/31	2008/11/1
15.13-3-36	15.13	33.180.10	M33	GB/T 15972.52—2008	光纤试验方法规范　第 52 部分：环境性能的测量方法和试验程序　温度循环	GB/T 15972.5—1998	IEC 60793-1-52：2001，MOD	2008/3/31	2008/11/1
15.13-3-37	15.13	33.180.10	M33	GB/T 15972.53—2008	光纤试验方法规范　第 53 部分：环境性能的测量方法和试验程序　浸水	GB/T 15972.5—1998	IEC 60793-1-53：2001，MOD	2008/3/31	2008/11/1
15.13-3-38	15.13	33.180.10	M33	GB/T 15972.54—2021	光纤试验方法规范　第 54 部分：环境性能的测量方法和试验程序　伽玛辐照	GB/T 15972.54—2008	IEC 60793-1-54：2018，MOD	2021/4/30	2021/11/1
15.13-3-39	15.13	33.180.10	M33	GB/T 15972.55—2009	光纤试验方法规范　第 55 部分：环境性能的测量方法和试验程序　氢老化			2009/9/30	2009/12/1
15.13-3-40	15.13	33.140	L89	GB/T 16821—2007	通信用电源设备通用试验方法	GB/T 16821—1997		2007/3/7	2007/9/1
15.13-3-41	15.13	33.180.10	M33	GB/T 16850.4—2006	光纤放大器试验方法基本规范　第 4 部分：模拟参数—增益斜率的试验方法			2006/4/5	2006/10/1

续表

序号	GW 分类	ICS 分类	GB 分类	标准号	中文名称	代替标准	采用关系	发布日期	实施日期
15.13-3-42	15.13	29.060.01	K13	GB/T 17650.1—2021	取自电缆或光缆的材料燃烧时释出气体的试验方法　第 1 部分：卤酸气体总量的测定	GB/T 17650.1—1998		2021/4/30	2021/11/1
15.13-3-43	15.13	29.060.01	K13	GB/T 17650.2—2021	取自电缆或光缆的材料燃烧时释出气体的试验方法　第 2 部分：酸度（用 pH 测量）和电导率的测定	GB/T 17650.2—1998	IEC 60754-2: 2019，IDT	2021/4/30	2021/11/1
15.13-3-44	15.13	29.060.01	K13	GB/T 17651.1—2021	电缆或光缆在特定条件下燃烧的烟密度测定　第 1 部分：试验装置	GB/T 17651.1—1998	IEC 61034-1-2019，IDT	2021/4/30	2021/11/1
15.13-3-45	15.13	29.060.01	K13	GB/T 17651.2—2021	电缆或光缆在特定条件下燃烧的烟密度测定　第 2 部分：试验程序和要求	GB/T 17651.2—1998	IEC 61034-2: 2019，IDT	2021/4/30	2021/11/1
15.13-3-46	15.13	33.120.10	L26	GB/T 17737.113—2024	同轴通信电缆　第 1-113 部分：电气试验方法　衰减常数试验			2024/3/15	2024/10/1
15.13-3-47	15.13	33.120.10	L26	GB/T 17737.201—2015	同轴通信电缆　第 1-201 部分：环境试验方法　电缆的冷弯性能试验		IEC 61196-1-201: 2009，IDT	2015/6/2	2016/2/1
15.13-3-48	15.13	33.120.10	L26	GB/T 17737.313—2015	同轴通信电缆　第 1-313 部分：机械试验方法　介质和护套的附着力		IEC 61196-1-313: 2009，IDT	2015/6/2	2016/2/1
15.13-3-49	15.13	31.260	M31	GB/T 21548—2021	光通信用高速直接调制半导体激光器的测量方法	GB/T 21548—2008		2021/4/30	2021/8/1
15.13-3-50	15.13	33.040.40	M32	GB/T 26266—2010	反垃圾电子邮件设备测试方法			2011/1/14	2011/6/1
15.13-3-51	15.13	33.040.40；33.200	M54	GB/T 26268—2010	网络入侵检测系统测试方法			2011/1/14	2011/6/1
15.13-3-52	15.13	33.020	M30	GB/T 28519—2012	通信产品能耗测试方法通则			2012/6/29	2012/10/1
15.13-3-53	15.13	35.040	L70	GB/T 29272—2012	信息技术　射频识别设备性能测试方法　系统性能测试方法			2012/12/31	2013/6/1
15.13-3-54	15.13	35.080	L77	GB/T 29831.1—2013	系统与软件功能性　第 1 部分：指标体系			2013/11/12	2014/2/1
15.13-3-55	15.13	35.080	L77	GB/T 29831.2—2013	系统与软件功能性　第 2 部分：度量方法			2013/11/12	2014/2/1
15.13-3-56	15.13	35.080	L77	GB/T 29831.3—2013	系统与软件功能性　第 3 部分：测试方法			2013/11/12	2014/2/1
15.13-3-57	15.13	35.080	L77	GB/T 29832.1—2013	系统与软件可靠性　第 1 部分：指标体系			2013/11/12	2014/2/1
15.13-3-58	15.13	35.080	L77	GB/T 29832.2—2013	系统与软件可靠性　第 2 部分：度量方法			2013/11/12	2014/2/1
15.13-3-59	15.13	35.080	L77	GB/T 29832.3—2013	系统与软件可靠性　第 3 部分：测试方法			2013/11/12	2014/2/1
15.13-3-60	15.13	35.080	L77	GB/T 29833.1—2013	系统与软件可移植性　第 1 部分：指标体系			2013/11/12	2014/2/1

续表

序号	GW 分类	ICS 分类	GB 分类	标准号	中 文 名 称	代替标准	采用关系	发布日期	实施日期
15.13-3-61	15.13	35.080	L77	GB/T 29833.2—2013	系统与软件可移植性　第 2 部分：度量方法			2013/11/12	2014/2/1
15.13-3-62	15.13	35.080	L77	GB/T 29833.3—2013	系统与软件可移植性　第 3 部分：测试方法			2013/11/12	2014/2/1
15.13-3-63	15.13	35.080	L77	GB/T 29834.1—2013	系统与软件维护性　第 1 部分：指标体系			2013/11/12	2014/2/1
15.13-3-64	15.13	35.080	L77	GB/T 29834.2—2013	系统与软件维护性　第 2 部分：度量方法			2013/11/12	2014/2/1
15.13-3-65	15.13	35.080	L77	GB/T 29834.3—2013	系统与软件维护性　第 3 部分：测试方法			2013/11/12	2014/2/1
15.13-3-66	15.13	35.080	L77	GB/T 29835.1—2013	系统与软件效率　第 1 部分：指标体系			2013/11/12	2014/2/1
15.13-3-67	15.13	35.080	L77	GB/T 29835.2—2013	系统与软件效率　第 2 部分：度量方法			2013/11/12	2014/2/1
15.13-3-68	15.13	35.080	L77	GB/T 29835.3—2013	系统与软件效率　第 3 部分：测试方法			2013/11/12	2014/2/1
15.13-3-69	15.13	35.80	L77	GB/T 29836.1—2013	系统与软件易用性　第 1 部分：指标体系			2013/11/12	2014/2/1
15.13-3-70	15.13	35.80	L77	GB/T 29836.2—2013	系统与软件易用性　第 2 部分：度量方法			2013/11/12	2014/2/1
15.13-3-71	15.13	35.80	L77	GB/T 29836.3—2013	系统与软件易用性　第 3 部分：测评方法			2013/11/12	2014/2/1
15.13-3-72	15.13	35.080	L77	GB/T 30264.1—2013	软件工程　自动化测试能力　第 1 部分：测试机构能力等级模型			2013/12/31	2014/7/15
15.13-3-73	15.13	35.080	L77	GB/T 30264.2—2013	软件工程　自动化测试能力　第 2 部分：从业人员能力等级模型			2013/12/31	2014/7/15
15.13-3-74	15.13	35.110	L79	GB/T 30269.808—2018	信息技术　传感器网络　第 808 部分：测试：低速率无线传感器网络网络层和应用支持子层安全			2018/12/28	2019/7/1
15.13-3-75	15.13	35.110	L79	GB/T 30269.809—2020	信息技术　传感器网络　第 809 部分：测试：基于 IP 的无线传感器网络网络层协议一致性测试			2020/6/2	2020/12/1
15.13-3-76	15.13	35.240.70	L67	GB/T 30994—2014	关系数据库管理系统检测规范			2014/9/3	2015/2/1
15.13-3-77	15.13	35.200	L65	GB/T 32420—2015	无线局域网测试规范			2015/12/31	2017/1/1
15.13-3-78	15.13	07.040；35.240.70	A75	GB/T 33447—2016	地理信息系统软件测试规范			2016/12/30	2017/7/1
15.13-3-79	15.13	33.180.10	M33	GB/T 33779.1—2017	光纤特性测试导则　第 1 部分：衰减均匀性			2017/5/31	2017/12/1
15.13-3-80	15.13	33.180.10	M33	GB/T 33779.2—2017	光纤特性测试导则　第 2 部分：OTDR 后向散射曲线解析		IEC/TR 62316：2007，MOD	2017/5/31	2017/12/1

15

续表

序号	GW 分类	ICS 分类	GB 分类	标准号	中 文 名 称	代替标准	采用关系	发布日期	实施日期
15.13-3-81	15.13	33.180.10	M33	GB/T 33779.3—2021	光纤特性测试导则　第 3 部分：有效面积（Aeff）			2021/4/30	2021/8/1
15.13-3-82	15.13	33.040.50	M42	GB/T 33849—2017	接入网设备测试方法　吉比特的无源光网络（GPON）			2017/5/31	2017/12/1
15.13-3-83	15.13	33.040.50	M42	GB/T 34086—2017	接入设备节能参数和测试方法 EPON 系统			2017/7/31	2017/11/1
15.13-3-84	15.13	33.040.50	M33	GB/T 34087—2017	接入设备节能参数和测试方法 GPON 系统			2017/7/31	2017/11/1
15.13-3-85	15.13	33.040.50	M42	GB/T 34088—2017	接入设备节能参数和测试方法 VDSL2 系统			2017/7/31	2017/11/1
15.13-3-86	15.13	35.180	L70	GB/T 34979.1—2017	智能终端软件平台测试规范　第 1 部分：操作系统			2017/11/1	2018/5/1
15.13-3-87	15.13	35.180	L70	GB/T 34979.2—2017	智能终端软件平台测试规范　第 2 部分：应用与服务			2017/11/1	2018/5/1
15.13-3-88	15.13	33.040.50	M42	GB/T 37172—2018	接入网设备测试方法 EPON 系统互通性			2018/12/28	2019/4/1
15.13-3-89	15.13	33.040.50	M42	GB/T 37174—2018	接入网设备测试方法 GPON 系统互通性			2018/12/28	2019/4/1
15.13-3-90	15.13	33.200	M50	GB/T 37943—2019	北斗卫星授时终端测试方法			2019/8/30	2019/12/1
15.13-3-91	15.13	17.180.99	L50	GB/T 43031—2023	通信用光器件频响参数测试方法			2023/9/7	2024/4/1
15.13-3-92	15.13	29.060.20	K13	GB/T 5441—2016	通信电缆试验方法	GB/T 5441.1～5441.7—1985；GB/T 5441.9～5441.10—1985		2016/4/25	2016/11/1
15.13-3-93	15.13	33.100	L06	GB/T 6113.101—2021	无线电骚扰和抗扰度测量设备和测量方法规范　第 1-1 部分：无线电骚扰和抗扰度测量设备测量设备	GB/T 6113.101—2016	CISPR 16-1-1：2019，IDT	2021/12/31	2022/7/1
15.13-3-94	15.13	33.100	L06	GB/T 6113.104—2021	无线电骚扰和抗扰度测量设备和测量方法规范　第 1-4 部分：无线电骚扰和抗扰度测量设备辐射骚扰测量用天线和试验场地	GB/T 6113.104—2016	CISPR 16-14：2009，IDT	2021/12/31	2022/7/1
15.13-3-95	15.13	33.100	L06	GB/T 6113.106—2024	无线电骚扰和抗扰度测量设备和测量方法规范　第 1-6 部分：无线电骚扰和抗扰度测量设备 EMC 天线校准	GB/T 6113.106—2018		2024/6/29	2025/1/1
15.13-3-96	15.13	33.100	L06	GB/T 6113.201—2018	无线电骚扰和抗扰度测量设备和测量方法规范　第 2-1 部分：无线电骚扰和抗扰度测量方法传导骚扰测量	GB/T 6113.201—2017	CISPR 16-2-1：2014，IDT	2018/12/28	2019/7/1

15

续表

序号	GW 分类	ICS 分类	GB 分类	标准号	中 文 名 称	代替标准	采用关系	发布日期	实施日期
15.13-3-97	15.13	33.100	L06	GB/T 6113.203—2020	无线电骚扰和抗扰度测量设备和测量方法规范　第 2-3 部分：无线电骚扰和抗扰度测量方法　辐射骚扰测量	GB/T 6113.203—2016	CISPR 16-2-3：2016，IDT	2020/12/14	2021/7/1
15.13-3-98	15.13	33.100	L06	GB/Z 6113.205—2013	无线电骚扰和抗扰度测量设备和测量方法规范　第 2-5 部分：大型设备骚扰发射现场测量		IEC/CISPR/TR 16-2-5：2008，IDT	2013/12/17	2014/5/14
15.13-3-99	15.13	33.100	L06	GB/Z 6113.405—2010	无线电骚扰和抗扰度测量设备和测量方法规范　第 4-5 部分：不确定度、统计学和限值建模　替换试验方法的使用条件		CISPR 16-4-5/TR：2006，IDT	2010/12/23	2011/6/1
15.13-3-100	15.13	33.180.10	M33	GB/T 7424.20—2021	光缆总规范　第 20 部分：光缆基本试验方法　总则和定义		IEC 60794-1-2：2017，MOD	2021/4/30	2021/11/1
15.13-3-101	15.13	33.180.10	M33	GB/T 7424.22—2021	光缆总规范　第 22 部分：光缆基本试验方法　环境性能试验方法		IEC 60794-1-22：2017，MOD	2021/4/30	2021/11/1
15.13-3-102	15.13	33.180.10	M33	GB/T 7424.24—2020	光缆总规范　第 24 部分：光缆基本试验方法　电气试验方法	GB/T 7424.2—2008	IEC 60794-1-24：2014，MOD	2020/12/14	2021/7/1
15.13-4-103	15.13	27.100	F24	DL/T 1379—2014	电力调度数据网设备测试规范			2014/10/15	2015/3/1
15.13-4-104	15.13			DL/T 1510—2024	电力系统光传送网（OTN）测试规范	DL/T 1510—2016		2024/9/24	2025/3/24
15.13-4-105	15.13	33.040.40	M32	DL/T 1940—2018	智能变电站以太网交换机测试规范			2018/12/5	2019/5/1
15.13-4-106	15.13	29.240.01	F21	DL/T 1950—2018	变电站数据通信网关机检测规范			2018/12/25	2019/5/1
15.13-4-107	15.13	29.240	F20	DL/T 394—2010	电力数字调度交换机测试方法			2010/5/24	2010/10/1
15.13-4-108	15.13	33.200	M50	SJ/T 11426—2010	GPS 接收机射频模块性能要求及测试方法			2010/12/29	2011/1/1
15.13-4-109	15.13			YD 5197.1—2014	接入设备抗地震性能检测规范　第一部分：有线接入网局端设备			2014/5/6	2014/7/1
15.13-4-110	15.13			YD 5197.2—2014	接入设备抗地震性能检测规范　第二部分：VSAT 卫星地球站设备			2014/5/6	2014/7/1
15.13-4-111	15.13	33.040.20	M33	YD/T 1033—2016	传输性能的指标系列	YD/T 1033—2000		2016/7/11	2016/10/1
15.13-4-112	15.13	33.180.10	M33	YD/T 1065.1—2014	单模光纤偏振模色散的试验方法　第 1 部分：测量方法	YD/T 1065—2000		2014/10/14	2014/10/14
15.13-4-113	15.13	33.040.40	M32	YD/T 1098—2023	路由器设备测试方法　边缘路由器	YD/T 1098—2009		2023/12/29	2024/4/1
15.13-4-114	15.13	33.040.30	M32	YD/T 1100—2013	同步数字体系（SDH）上传送 IP 的同步数字体系链路接入规程（LAPS）测试方法	YD/T 1100—2001		2013/10/17	2014/1/1

15

续表

序号	GW 分类	ICS 分类	GB 分类	标准号	中 文 名 称	代替标准	采用关系	发布日期	实施日期
15.13-4-115	15.13	33.040.40	M32	YD/T 1141—2022	以太网交换机测试方法	YD/T 1141—2007		2022/9/30	2023/1/1
15.13-4-116	15.13	33.040.40	M32	YD/T 1156—2023	路由器设备测试方法　核心路由器	YD/T 1156—2009		2023/12/29	2024/4/1
15.13-4-117	15.13	33.040.30	M32	YD/T 1287—2013	具有路由功能的以太网交换机测试方法	YD/T 1287—2003		2013/10/17	2014/1/1
15.13-4-118	15.13	33.100	M04	YD/T 1312.1—2015	无线通信设备电磁兼容性要求和测量方法　第1部分：通用要求	YD/T 1312.1—2008		2015/7/14	2015/10/1
15.13-4-119	15.13	01.040.33	M04	YD/T 1312.8—2012	无线通信设备电磁兼容性要求和测量方法　第8部分：短距离无线电设备（9kHz～40GHz）	YD/T 1312.8—2004		2012/12/28	2013/3/1
15.13-4-120	15.13	01.040.33	M04	YD/T 1312.12—2012	无线通信设备电磁兼容性要求和测量方法　第12部分：固定宽带无线接入系统　基站及其辅助设备			2012/12/28	2013/3/1
15.13-4-121	15.13	33.100	M04	YD/T 1312.14—2012	无线通信设备电磁兼容性要求和测量方法　第14部分：甚小孔径终端和交互式卫星地球站设备（在卫星固定业务中工作频率范围为4GHz～30GHz）			2012/12/28	2013/3/1
15.13-4-122	15.13	33.100	L06	YD/T 1312.15—2013	无线通信设备电磁兼容性要求和测量方法　第15部分：超宽带（UWB）通信设备			2013/4/25	2013/6/1
15.13-4-123	15.13	33.040.40	M32	YD/T 1387.4—2008	媒体网关设备测试方法　支持多媒体业务部分			2008/3/28	2008/6/1
15.13-4-124	15.13	33.040.40	M32	YD/T 1435—2007	软交换设备测试方法	YD/T 1435—2006		2007/9/29	2008/1/1
15.13-4-125	15.13	33.040.40	M32	YD/T 1452—2014	IPv6 网络设备技术要求　边缘路由器	YD/T 1452—2006		2014/10/14	2014/10/14
15.13-4-126	15.13	33.040.40	M32	YD/T 1453—2014	IPv6 网络设备测试方法　边缘路由器	YD/T 1453—2006		2014/10/14	2014/10/14
15.13-4-127	15.13	33.040.40	M32	YD/T 1454—2014	IPv6 网络设备技术要求　核心路由器	YD/T 1454—2006		2014/10/14	2014/10/14
15.13-4-128	15.13	33.040.40	M32	YD/T 1455—2014	IPv6 网络设备测试方法　核心路由器	YD/T 1455—2006		2014/10/14	2014/10/14
15.13-4-129	15.13	33.180.01	M33	YD/T 1464—2017	光纤收发器测试方法	YD/T 1464—2006		2017/11/7	2018/1/1
15.13-4-130	15.13	33.100	M04	YD/T 1483—2016	无线电设备杂散发射技术要求和测量方法	YD/T 1483—2006	ITU-R SM.329-12：2012，MOD	2016/4/5	2016/7/1
15.13-4-131	15.13	33.040.99	M15	YD/T 1540—2014	电信设备的过电压和过电流抗力测试方法		ITU-T K.44：2011，MOD	2014/10/14	2014/10/14
15.13-4-132	15.13	33.180.10	M33	YD/T 1588.1—2020	光缆线路性能测量方法　第1部分：链路衰减	YD/T 1588.1—2006		2020/8/31	2020/10/1
15.13-4-133	15.13	33.180.10	M33	YD/T 1588.2—2020	光缆线路性能测量方法　第2部分：光纤接头损耗			2020/8/31	2020/10/1

续表

序号	GW 分类	ICS 分类	GB 分类	标准号	中 文 名 称	代替标准	采用关系	发布日期	实施日期
15.13-4-134	15.13	33.180.10	M33	YD/T 1588.3—2009	光缆线路性能测量方法 第 3 部分：链路偏振模色散			2009/6/15	2009/9/1
15.13-4-135	15.13	33.180.10	M33	YD/T 1588.4—2010	光缆线路性能测量方法 第 4 部分：链路色散			2010/12/29	2011/1/1
15.13-4-136	15.13	33.040	M33	YD/T 1610—2007	IPv6 路由协议测试方法—支持 IPv6 的中间系统到中间系统路由交换协议（IS—IS）			2007/4/16	2007/10/1
15.13-4-137	15.13	33.040.40	M32	YD/T 1628—2007	以太网交换机设备安全测试方法			2007/4/16	2007/10/1
15.13-4-138	15.13	33.040.40	M32	YD/T 1630—2007	具有路由功能的以太网交换机设备安全测试方法			2007/4/16	2007/10/1
15.13-4-139	15.13	33.100	M04	YD/T 1633—2016	电信设备的电磁兼容性现场测试方法	YD/T 1633—2007		2016/1/15	2016/4/1
15.13-4-140	15.13	33.040.40	M32	YD/T 1698—2016	IPv6 网络设备技术要求 具有 IPv6 路由功能的以太网交换机	YD/T 1698—2007		2016/4/5	2016/7/1
15.13-4-141	15.13	33.040	M10	YD/T 1747—2014	IP 承载网安全防护检测要求	YD/T 1747—2013		2014/10/14	2014/10/14
15.13-4-142	15.13	33.070.01	M37	YD/T 1803—2008	基于 IP 多媒体子系统（IMS）的呈现（Presence）业务测试方法（第一阶段）			2008/7/28	2008/11/1
15.13-4-143	15.13	33.040.50	M42	YD/T 1809—2013	接入网设备测试方法 以太网无源光网络（EPON）系统互通性	YD/T 1809—2008		2013/10/17	2014/1/1
15.13-4-144	15.13	29.200	M41	YD/T 1821—2018	通信局（站）机房环境条件要求与检测方法	YD/T 1821—2008；YD/T 1712—2007		2018/12/21	2019/4/1
15.13-4-145	15.13	33.040.40	M32	YD/T 1900—2009	深度包检测设备测试方法			2009/6/15	2009/9/1
15.13-4-146	15.13	33.040.40	M32	YD/T 1917—2009	IPv6 网络设备测试方法 具有 IPv6 路由功能的以太网交换机			2009/6/15	2009/9/1
15.13-4-147	15.13	33.040.30	M12	YD/T 1938.1—2009	会话初始协议（SIP）测试方法 第 1 部分：基本的会话初始协议			2009/6/15	2009/9/1
15.13-4-148	15.13	33.040.30	M12	YD/T 1938.2—2009	会话初始协议（SIP）测试方法 第 2 部分：基于软交换网络呼叫控制的 SIP 协议			2009/6/15	2009/9/1
15.13-4-149	15.13	33.040.40	M32	YD/T 1941—2009	具有内容交换功能的以太网交换机设备测试方法			2009/6/15	2009/9/1
15.13-4-150	15.13	33.040.50	M42	YD/T 1995—2009	接入网设备测试方法 吉比特的无源光网络（GPON）			2009/12/11	2010/1/1
15.13-4-151	15.13	33.030	M21	YD/T 2026—2009	IP 语音业务服务质量技术要求与评估方法			2009/12/11	2010/1/1

15

续表

序号	GW 分类	ICS 分类	GB 分类	标准号	中 文 名 称	代替标准	采用关系	发布日期	实施日期
15.13-4-152	15.13	33.040.40	M32	YD/T 2033.3—2009	基于IP网络的视讯会议系统设备测试方法　第3部分：多点控制单元（MCU）			2009/12/11	2010/1/1
15.13-4-153	15.13	33.040.40	M32	YD/T 2034.1—2009	基于IP网络的视讯会议终端设备测试方法　第1部分：基于ITU-T H.323协议的终端			2009/12/11	2010/1/1
15.13-4-154	15.13	33.040.40	M32	YD/T 2041—2009	IPv6 网络设备安全测试方法　宽带网络接入服务器			2009/12/11	2010/1/1
15.13-4-155	15.13	33.040.40	M32	YD/T 2043—2009	IPv6 网络设备安全测试方法　具有路由功能的以太网交换机			2009/12/11	2010/1/1
15.13-4-156	15.13	33.040.40	M32	YD/T 2044—2009	IPv6 网络设备安全测试方法　边缘路由器			2009/12/11	2010/1/1
15.13-4-157	15.13	33.040.40	M32	YD/T 2045—2009	IPv6 网络设备安全测试方法　核心路由器			2009/12/11	2010/1/1
15.13-4-158	15.13	33.040.50	M19	YD/T 2096—2010	接入网设备安全测试方法　综合接入系统			2010/12/29	2011/1/1
15.13-4-159	15.13	33.040.20	M33	YD/T 2147—2010	Nx40Gbit/s 光波分复用（WDM）系统测试方法			2010/12/29	2011/1/1
15.13-4-160	15.13	33.040.20	M33	YD/T 2148—2010	光传送网（OTN）测试方法			2010/12/29	2011/1/1
15.13-4-161	15.13	33.040.40	M32	YD/T 2171—2010	基于 IPv6 的边界网关协议/多协议标记交换的虚拟专用网（BGP/MPLS IPv6 VPN）测试方法			2010/12/29	2011/1/1
15.13-4-162	15.13	33.040.50	M33	YD/T 2279—2011	接入网设备测试方法　吉比特的无源光网络（GPON）系统互通性			2011/5/18	2011/6/1
15.13-4-163	15.13	33.040.99	M30	YD/T 2293—2011	统一 IMS 代理会话控制设备（P-CSCF）测试方法（第一阶段）			2011/5/18	2011/6/1
15.13-4-164	15.13	33.040.99	M30	YD/T 2294—2011	统一 IMS 归属用户服务器（HSS）设备测试方法（第一阶段）			2011/5/18	2011/6/1
15.13-4-165	15.13	35.110	M11	YD/T 2304—2011	IP 组播业务测试方法			2011/5/18	2011/6/1
15.13-4-166	15.13	29.200	M41	YD/T 2318—2011	通信基站用新风空调一体机技术要求和试验方法			2011/5/18	2011/6/1
15.13-4-167	15.13	33.060.99	M37	YD/T 2326—2011	软交换设备网间互通测试方法			2011/5/18	2011/6/1
15.13-4-168	15.13	33.050	L30	YD/T 2379.1—2019	电信设备环境试验要求和试验方法　第1部分：通用准则			2019/11/11	2020/1/1
15.13-4-169	15.13	33.040.40	M32	YD/T 2403—2012	以太网交换机节能参数和测试方法			2012/12/28	2013/3/1

续表

序号	GW 分类	ICS 分类	GB 分类	标准号	中 文 名 称	代替标准	采用关系	发布日期	实施日期
15.13-4-170	15.13	01.040.35	M11	YD/T 2428—2012	IPv6 设备网络管理接口协议一致性测试方法			2012/12/28	2013/3/1
15.13-4-171	15.13			YD/T 2457.2—2016	基于统一 IMS 的业务测试方法多媒体电话业务（第一阶段） 第 2 部分：呼叫闭锁和多方通话业务			2016/4/5	2016/7/1
15.13-4-172	15.13	33.030	M21	YD/T 2458—2013	基于统一 IMS 的业务测试方法　个性化振铃音业务（第一阶段）			2013/4/25	2013/6/1
15.13-4-173	15.13	33.030	M21	YD/T 2459—2013	基于统一 IMS 的业务测试方法　IP Centrex 业务（第一阶段）			2013/4/25	2013/6/1
15.13-4-174	15.13	33.040.20	M33	YD/T 2487—2013	分组传送网（PTN）设备测试方法			2013/4/25	2013/6/1
15.13-4-175	15.13	33.040.30	M12	YD/T 2605—2013	No.7 信令与 IP 互通适配层测试方法　消息传递部分（MTP） 第二级对等适配层（M2PA）	YD/T 1315—2004		2013/10/17	2014/1/1
15.13-4-176	15.13	33.040.20	M33	YD/T 2649—2013	N×100Gbit/s 光波分复用（WDM）系统测试方法			2013/10/17	2014/1/1
15.13-4-177	15.13	33.040.50	M42	YD/T 2650—2013	接入网设备测试方法　10Gbit/s 以太网无源光网络（10G EPON）			2013/10/17	2014/1/1
15.13-4-178	15.13	33.040	M16	YD/T 2681—2013	双栈防火墙设备测试方法			2013/12/31	2014/4/1
15.13-4-179	15.13	33.040.50	M30	YD/T 2690—2014	宽带速率测试方法　移动宽带接入			2014/7/9	2014/7/9
15.13-4-180	15.13	33.040.50	M30	YD/T 2691—2014	宽带速率测试方法　用户上网体验			2014/7/9	2014/7/9
15.13-4-181	15.13	33.040.40	M32	YD/T 2711—2014	宽带网络接入服务器节能参数和测试方法			2014/10/14	2014/10/14
15.13-4-182	15.13	33.060.01	M36	YD/T 2744—2014	基于 IMS 的呈现（Presence）业务测试方法（第二阶段）			2014/10/14	2014/10/14
15.13-4-183	15.13	33.180.01	M33	YD/T 2754—2014	同步数字体系（SDH）网元管理功能验证和协议栈检测	YDN 114—1999		2014/10/14	2014/10/14
15.13-4-184	15.13	33.040.50	M42	YD/T 2756—2014	接入网设备测试方法　10Gbit/s 无源光网络（XG-PON）			2014/10/14	2014/10/14
15.13-4-185	15.13	33.040.50	M42	YD/T 2757—2014	接入网设备测试方法　PON 系统支持 IPv6			2014/10/14	2014/10/14
15.13-4-186	15.13	33.180.10	M33	YD/T 2758—2014	通信光缆检验规程			2014/10/14	2014/10/14
15.13-4-187	15.13	27.200	P48	YD/T 2770—2014	通信基站用热管换热设备技术要求和试验方法			2014/10/14	2014/10/14
15.13-4-188	15.13	33.040.50	M30	YD/T 2791—2015	宽带测速平台测试方法　固定宽带接入			2015/4/30	2015/4/30

续表

序号	GW 分类	ICS 分类	GB 分类	标准号	中 文 名 称	代替标准	采用关系	发布日期	实施日期
15.13-4-189	15.13	33.180.01	M33	YD/T 2798.2—2020	用于光通信的光收发合一模块测试方法 第 2 部分：多波长型			2020/8/31	2020/10/1
15.13-4-190	15.13	33.180.01	M33	YD/T 2800—2015	PON 网络测试诊断技术要求 PON 设备内置光时域反射仪（OTDR）			2015/4/30	2015/7/1
15.13-4-191	15.13	33.040.40	M32	YD/T 2902—2015	具有路由交换功能的以太网交换机节能参数和测试方法			2015/7/14	2015/10/1
15.13-4-192	15.13	33.180.10	M33	YD/T 2964—2015	接入网用弯曲损耗不敏感单模光纤测量方法			2015/10/14	2016/1/1
15.13-4-193	15.13	33.330	M21	YD/T 2978—2015	移动终端设备管理 网关管理对象功能测试方法			2015/10/14	2016/1/1
15.13-4-194	15.13	33.040.20	M33	YD/T 3003—2016	分组传送网（PTN）互通测试方法			2016/1/15	2016/4/1
15.13-4-195	15.13	33.180.10	M33	YD/T 3021.1—2016	通信光缆电气性能试验方法 第 1 部分：金属元构件的电气连续性			2016/1/15	2016/4/1
15.13-4-196	15.13	33.180.10	M33	YD/T 3022.1—2016	通信光缆机械性能试验方法 第 1 部分：护套拔出力			2016/1/15	2016/4/1
15.13-4-197	15.13	33.180.10	M33	YD/T 3022.2—2016	通信光缆机械性能试验方法 第 2 部分：接插线光缆中被覆光纤的压缩位移			2016/1/15	2016/4/1
15.13-4-198	15.13	33.180.10	M33	YD/T 3022.3—2016	通信光缆机械性能试验方法 第 3 部分：撕裂绳功能			2016/1/15	2016/4/1
15.13-4-199	15.13	33.180.10	M33	YD/T 3022.4—2016	通信光缆机械性能试验方法 第 4 部分：舞动			2016/1/15	2016/4/1
15.13-4-200	15.13	33.180.10	M33	YD/T 3022.5—2016	通信光缆机械性能试验方法 第 5 部分：机械可靠性			2016/1/15	2016/4/1
15.13-4-201	15.13	33.040	M21	YD/T 3046—2016	移动核心网设备节能参数和测试方法			2016/4/5	2016/7/1
15.13-4-202	15.13	33.040.50	M33	YD/T 3072—2016	接入网设备测试方法 PON 系统承载频率同步和时间同步			2016/4/5	2016/7/1
15.13-4-203	15.13	33.120.01	M37	YD/T 3111—2016	通信终端设备环境噪声抑制性能要求和测试方法			2016/7/11	2016/10/1
15.13-4-204	15.13	33.030	M32	YD/T 3118—2016	网站 IPv6 支持度评测指标与测试方法			2016/7/11	2016/10/1
15.13-4-205	15.13	33.030	M21	YD/T 3138—2016	基于统一 IMS 的业务测试方法 点击拨号业务（第一阶段）			2016/7/11	2016/10/1
15.13-4-206	15.13	33.180.99	M33	YD/T 3287.1—2017	智能光分配网络 接口测试方法 第 1 部分：智能光分配网络设施与智能管理终端的接口			2017/11/7	2018/1/1

续表

序号	GW 分类	ICS 分类	GB 分类	标准号	中 文 名 称	代替标准	采用关系	发布日期	实施日期
15.13-4-207	15.13	33.180.99	M33	YD/T 3287.21—2017	智能光分配网络 接口测试方法 第21部分：基于SNMP的智能光分配网络设施与智能光分配网络管理系统的接口			2017/11/7	2018/1/1
15.13-4-208	15.13	33.060.20	M36	YD/T 3304—2017	13.56MHz 的近场通信设备射频指标和测试方法			2017/11/7	2018/1/1
15.13-4-209	15.13	33.040.40	M32	YD/T 3560—2019	边缘路由器构件接口测试方法			2019/11/11	2020/1/1
15.13-4-210	15.13	33.060.20	M37	YD/T 3677—2020	LTE 数字蜂窝移动通信网终端设备测试方法（第二阶段）			2020/4/16	2020/7/1
15.13-4-211	15.13	33.060.20	M37	YD/T 3694—2020	移动通信终端无障碍测试方法			2020/4/16	2020/7/1
15.13-4-212	15.13	33.060.99	M37	YD/T 3721—2020	数字蜂窝移动通信网多输入多输出（MIMO）单缆覆盖系统网管接口测试方法			2020/4/16	2020/7/1
15.13-4-213	15.13	33.040.50	M42	YD/T 3771—2020	接入网设备测试方法 40Gbit/s 无源光网络（NG-PON2）			2020/12/9	2021/1/1
15.13-4-214	15.13	33.040.20	M33	YD/T 3786—2020	N×400Gb/s 光波分复用（WDM）系统测试方法			2020/12/9	2021/1/1
15.13-4-215	15.13	33.040.40	M32	YD/T 3900—2021	IP 源地址验证技术要求 框架			2021/5/17	2021/7/1
15.13-4-216	15.13	33.040.50	M33	YD/T 3914—2021	接入网设备支持 VxLAN 的测试方法			2021/5/17	2021/7/1
15.13-4-217	15.13	33.040.50	M42	YD/T 3916—2021	接入网设备测试方法 10Gbit/s 对称无源光网络（XGS-PON）			2021/5/17	2021/7/1
15.13-4-218	15.13	33.040.50	M42	YD/T 3917—2021	接入网设备测试方法 波长路由方式 WDM-PON			2021/5/17	2021/7/1
15.13-4-219	15.13	33.040.50	M42	YD/T 3918—2021	接入网设备测试方法 支持网络切片的光线路终端（OLT）			2021/5/17	2021/7/1
15.13-4-220	15.13	33.180.01	M33	YD/T 4864—2024	通信用光纤预制棒的测量方法			2024/7/19	2024/10/1
15.13-4-221	15.13	17.160	P76	YD/T 5249—2019	信息通信设备振动适应性检测规范			2019/11/11	2020/1/1
15.13-4-222	15.13	33.040.01	M14	YD/T 627—2012	数字交换机数字中继接口（2048kbit/s）参数及数字中继接口间传输特性和测试方法	YD/T 627—1993		2012/12/28	2013/3/1
15.13-4-223	15.13	33.120.30	M42	YD/T 640—2012	通信设备用射频连接器技术要求及试验方法	YD/T 640—1993		2012/12/28	2013/3/1
15.13-4-224	15.13	33.120.99	M05	YD/T 641—2012	通信设备用低频连接器技术要求及试验方法	YD/T 641—1993		2012/12/28	2013/3/1
15.13-4-225	15.13	91.120.40	M41	YD/T 944—2007	通信电源设备的防雷技术要求和测试方法	YD/T 944—1998		2007/7/20	2007/12/1

15

续表

序号	GW 分类	ICS 分类	GB 分类	标准号	中文名称	代替标准	采用关系	发布日期	实施日期
15.13-4-226	15.13	33.020	M40	YD/T 950—2008	电信中心内通信设备的过电压过电流抗力要求及试验方法	YD/T 950—1998		2008/3/13	2008/7/1
15.13-4-227	15.13	35.020	L09	YD/T 965—2013	电信终端设备的安全要求和试验方法	YD/T 965—1998		2013/12/31	2014/1/1
15.13-5-228	15.13	27.120.99；33.180.10	M33	IEEE 1682：2011	光纤电缆、连接、光纤捻接审查试验使用标准			2011/1/1	2011/1/1
15.13-5-229	15.13	35.240.15		ISO/IEC 10373-3：2018	识别卡　试验方法　第 3 部分：带触点和相关接口设备的集成电路卡　第 3 版			2018/8/16	2018/8/16

15.14　试验与计量-其他

序号	GW 分类	ICS 分类	GB 分类	标准号	中文名称	代替标准	采用关系	发布日期	实施日期
15.14-2-1	15.14	29.240.20	F23	Q/GDW 11561—2024	架空输电线路多旋翼无人机巡检系统试验方法	Q/GDW 11561—2016		2024/8/9	2024/8/9
15.14-2-2	15.14			Q/GDW 1837—2012	移动式直流融冰装置交接试验及验收规程			2014/5/1	2014/5/1
15.14-2-3	15.14	29.240		Q/GDW 636—2011	固定式直流融冰装置交接试验及验收规程			2011/9/2	2011/9/2
15.14-2-4	15.14	29.240		Q/GDW 714—2012	智能插座检验技术规范			2012/6/15	2012/6/15
15.14-3-5	15.14	77.040.10	H22	GB/T 10128—2007	金属材料　室温扭转试验方法	GB/T 10128—1988		2007/11/23	2008/6/1
15.14-3-6	15.14	29.180	K41	GB/T 10230.1—2019	分接开关　第 1 部分：性能要求和试验方法	GB/T 10230.1—2007	IEC 60214-1:2014，MOD	2019/12/31	2020/7/1
15.14-3-7	15.14	77.040.99	H24	GB/T 10561—2023	钢中非金属夹杂物含量的测定　标准评级图显微检验法	GB/T 10561—2005		2023/5/23	2023/12/1
15.14-3-8	15.14	25.160.50	J33	GB/T 11363—2008	钎焊接头强度试验方法	GB/T 11363—1989；GB/T 8619—1988	ISO 5187：1985，NEQ	2008/5/6	2008/11/1
15.14-3-9	15.14	25.220.20	A29	GB/T 11374—2012	热喷涂涂层厚度的无损测量方法	GB/T 11374—1989		2012/9/3	2013/3/1
15.14-3-10	15.14	91.100.30	Q14	GB/T 11969—2020	蒸压加气混凝土性能试验方法	GB/T 11969—2008		2020/9/29	2021/8/1
15.14-3-11	15.14	35.020	L09	GB/T 12113—2023	接触电流和保护导体电流的测量方法	GB/T 12113—2003		2023/9/7	2024/4/1
15.14-3-12	15.14	23.120	J72	GB/T 1236—2017	工业通风机　用标准化风道性能试验	GB/T 1236—2000	ISO 5801：2007，IDT	2017/11/1	2018/5/1
15.14-3-13	15.14	77.040.10	H22	GB/T 12443—2017	金属材料　扭矩控制疲劳试验方法	GB/T 12443—2007	ISO 1352：2011，IDT	2017/2/28	2017/11/1
15.14-3-14	15.14	77.040.10	H22	GB/T 12778—2008	金属夏比冲击断口测定方法	GB/T 12778—1991		2008/2/1	2008/7/1
15.14-3-15	15.14	65.060.35	B91	GB/T 12785—2014	潜水电泵　试验方法	GB/T 12785—2002		2014/7/24	2015/1/1
15.14-3-16	15.14	77.040.99	H24	GB/T 13298—2015	金属显微组织检验方法	GB/T 13298—1991		2015/9/11	2016/6/1

续表

序号	GW 分类	ICS 分类	GB 分类	标准号	中文名称	代替标准	采用关系	发布日期	实施日期
15.14-3-17	15.14	77.040.30	H24	GB/T 13299—2022	钢的游离渗碳体、珠光体和魏氏组织的评定方法	GB/T 13299—1991		2022/7/11	2023/2/1
15.14-3-18	15.14	77.040.99	H24	GB/T 13305—2024	不锈钢中α-相含量测定法	GB/T 13305—2008		2024/5/28	2024/12/1
15.14-3-19	15.14	91.100.10	Q11	GB/T 1345—2005	水泥细度检验方法　筛析法	GB/T 1345—1991		2005/1/19	2005/8/1
15.14-3-20	15.14	91.100.10	Q11	GB/T 1346—2011	水泥标准稠度用水量、凝结时间、安定性检验方法	GB/T 1346—2001	ISO 9597：2008，NEQ	2011/7/20	2012/3/1
15.14-3-21	15.14	27.010	F01	GB/T 13467—2013	通风机系统电能平衡测试与计算方法	GB/T 13467—1992		2013/12/18	2014/7/1
15.14-3-22	15.14	27.010	F01	GB/T 13468—2013	泵类液体输送系统电能平衡测试与计算方法	GB/T 13468—1992		2013/12/18	2014/7/1
15.14-3-23	15.14	13.030.40	J88	GB/T 13931—2017	电除尘器　性能测试方法	GB/T 13931—2002		2017/5/12	2017/12/1
15.14-3-24	15.14	19.040	A21	GB/T 14522—2008	机械工业产品用塑料、涂料、橡胶材料人工气候老化试验方法　荧光紫外灯	GB/T 14522—1993		2008/6/16	2009/3/1
15.14-3-25	15.14	27.060.30	J75	GB/T 14812—2008	热管传热性能试验方法	GB/T 14812—1993		2008/6/26	2009/1/1
15.14-3-26	15.14	27.060.30	J75	GB/T 14813—2008	热管寿命试验方法	GB/T 14813—1993		2008/6/26	2009/1/1
15.14-3-27	15.14	77.060	H25	GB/T 15970.6—2007	金属和合金的腐蚀　应力腐蚀试验　第 6 部分：恒载荷或恒位移下的预裂纹试样的制备和应用	GB/T 15970.6—1998	ISO 7539-6：2003，IDT	2007/5/14	2007/12/1
15.14-3-28	15.14	77.060	H25	GB/T 15970.9—2007	金属和合金的腐蚀　应力腐蚀试验　第 9 部分：渐增式载荷或渐增式位移下的预裂纹试样的制备和应用		ISO 7539-9：2003，IDT	2007/5/14	2007/12/1
15.14-3-29	15.14	91.100.30	Q14	GB/T 16752—2017	混凝土和钢筋混凝土排水管试验方法	GB/T 16752—2006		2017/10/14	2018/9/1
15.14-3-30	15.14	21.060.01	J13	GB/T 16823.3—2010	紧固件　扭矩—夹紧力试验	GB/T 16823.3—1997	ISO 16047：2005，IDT	2011/1/10	2011/10/1
15.14-3-31	15.14	83.060	G40	GB/T 1690—2010	硫化橡胶或热塑性橡胶　耐液体试验方法	GB/T 1690—2006	ISO 1817：2005，MOD	2011/1/14	2011/12/1
15.14-3-32	15.14	25.220.20	A29	GB/T 16921—2005	金属覆盖层　覆盖层厚度测量　X 射线光谱法	GB/T 16921—1997	ISO 3497：2000，IDT	2005/10/12	2006/4/1
15.14-3-33	15.14	25.160.40	J33	GB/T 16957—2012	复合钢板　焊接接头力学性能试验方法	GB/T 16957—1997		2012/12/31	2013/10/1
15.14-3-34	15.14	77.040.10	H22	GB/T 17394.1—2014	金属材料　里氏硬度试验　第 1 部分：试验方法	GB/T 17394—1998		2014/12/5	2015/9/1
15.14-3-35	15.14	77.040.10	H22	GB/T 17394.4—2014	金属材料　里氏硬度试验　第 4 部分：硬度值换算表			2014/9/30	2015/5/1
15.14-3-36	15.14	17.220.20	N20	GB/T 18216.4—2021	交流 1000V 和直流 1500V 及以下低压配电系统电气安全　防护措施的试验、测量或监控设	GB/T 18216.4—2012	IEC 61557-4: 2019, IDT	2021/5/21	2021/12/1

15

续表

序号	GW 分类	ICS 分类	GB 分类	标准号	中 文 名 称	代替标准	采用关系	发布日期	实施日期
					备　第 4 部分：接地电阻和等电位接地电阻				
15.14-3-37	15.14	07.040	A76	GB/T 18314—2024	全球导航卫星系统（GNSS）测量规范	GB/T 18314—2009		2024/8/23	2025/3/1
15.14-3-38	15.14	91.120.25	P15	GB/T 18575—2017	建筑幕墙抗震性能振动台试验方法	GB/T 18575—2001		2017/10/14	2018/9/1
15.14-3-39	15.14	29.240.10	K30	GB/T 18802.11—2020	低压电涌保护器（SPD）　第 11 部分：低压电源系统的电涌保护器　性能要求和试验方法	GB/T 18802.1—2011	IEC 61643-11：2011，MOD	2020/12/14	2021/7/1
15.14-3-40	15.14	29.240.10	K30	GB/T 18802.351—2019	低压电涌保护器元件　第 351 部分：电信和信号网络的电涌隔离变压器（SIT）的性能要求和试验方法		IEC 61643-351：2016，IDT	2019/12/10	2020/7/1
15.14-3-41	15.14	23.120	J73	GB/T 19412—2003	蓄冷空调系统的测试和评价方法			2003/11/25	2004/6/1
15.14-3-42	15.14	25.160.20	J33	GB/T 1954—2008	铬镍奥氏体不锈钢焊缝铁素体含量测量方法	GB/T 1954—1980	ISO 8249：2000，MOD	2008/6/26	2009/1/1
15.14-3-43	15.14	27.070	K82	GB/T 20042.3—2022	质子交换膜燃料电池　第 3 部分：质子交换膜测试方法	GB/T 20042.3—2009		2022/3/9	2022/10/1
15.14-3-44	15.14	27.070	K82	GB/T 20042.4—2009	质子交换膜燃料电池　第 4 部分：电催化剂测试方法			2009/4/21	2009/11/1
15.14-3-45	15.14	27.070	K82	GB/T 20042.5—2009	质子交换膜燃料电池　第 5 部分：膜电极测试方法			2009/4/21	2009/11/1
15.14-3-46	15.14	77.040.10	H22	GB/T 2039—2024	金属材料　单轴拉伸蠕变试验方法	GB/T 2039—2012		2024/5/28	2024/12/1
15.14-3-47	15.14	17.160	J04	GB/T 20485.1—2008	振动与冲击传感器校准方法　第 1 部分：基本概念	GB/T 13823.1—2005	ISO 16063-1：1998，IDT	2008/3/3	2008/8/1
15.14-3-48	15.14	17.160	A57	GB/T 20485.11—2006	振动与冲击传感器校准方法　第 11 部分：激光干涉法振动绝对校准	GB/T 13823.2—1992	ISO 16063-11：1999，IDT	2006/9/12	2007/2/1
15.14-3-49	15.14	17.160	J04	GB/T 20485.15—2010	振动与冲击传感器校准方法　第 15 部分：激光干涉法角振动绝对校准		ISO 16063-15：2006，IDT	2010/12/23	2011/6/1
15.14-3-50	15.14	17.160	J04	GB/T 20485.21—2007	振动与冲击传感器校准方法　第 21 部分：振动比较法校准	GB/T 13823.3—1992	ISO 16063-21：2003，IDT	2007/1/2	2007/12/1
15.14-3-51	15.14	17.160	J04	GB/T 20485.31—2011	振动与冲击传感器的校准方法　第 31 部分：横向振动灵敏度测试	GB/T 13823.8—1994	ISO 16063-31：2009，IDT	2011/12/30	2012/10/1
15.14-3-52	15.14	17.160	N71	GB/T 20485.33—2018	振动与冲击传感器校准方法　第 33 部分：磁灵敏度测试	GB/T 13823.4—1992	ISO 16063-33：2017，IDT	2018/3/15	2018/10/1
15.14-3-53	15.14	77.140.65	H49	GB/T 21839—2019	预应力混凝土用钢材试验方法	GB/T 21839—2008	ISO 15630-3：2010，MOD	2019/6/4	2020/5/1

续表

序号	GW 分类	ICS 分类	GB 分类	标准号	中 文 名 称	代替标准	采用关系	发布日期	实施日期
15.14-3-54	15.14	77.040.99	H24	GB/T 224—2019	钢的脱碳层深度测定法	GB/T 224—2008	ISO 3887：2017，MOD	2019/6/4	2020/5/1
15.14-3-55	15.14	77.040.10	H22	GB/T 228.1—2021	金属材料　拉伸试验　第 1 部分：室温试验方法	GB/T 228.1—2010		2021/12/31	2021/12/31
15.14-3-56	15.14	77.040.10	H22	GB/T 228.2—2015	金属材料　拉伸试验　第 2 部分：高温试验方法	GB/T 4338—2006	ISO 6892-2: 2011, MOD	2015/9/11	2016/6/1
15.14-3-57	15.14	77.040.10	H22	GB/T 229—2020	金属材料　夏比摆锤冲击试验方法	GB/T 229—2007	ISO 148-1：2016，MOD	2020/9/29	2021/4/1
15.14-3-58	15.14	77.040.10	H22	GB/T 230.1—2018	金属材料　洛氏硬度试验　第 1 部分：试验方法	GB/T 230.1—2009	ISO 6508-1: 2016, MOD	2018/5/14	2018/12/1
15.14-3-59	15.14	77.040.10	H22	GB/T 231.1—2018	金属材料　布氏硬度试验　第 1 部分：试验方法	GB/T 231.1—2009	ISO 6506-1: 2014, MOD	2018/5/14	2019/2/1
15.14-3-60	15.14	77.040.10；19.060	N71	GB/T 231.3—2022	金属材料　布氏硬度试验　第 3 部分：标准硬度块的标定	GB/T 231.3—2012	ISO 6506-3: 2005, MOD	2022/7/11	2023/2/1
15.14-3-61	15.14	77.040.10	H23	GB/T 232—2024	金属材料　弯曲试验方法	GB/T 232—2010		2024/3/15	2024/10/1
15.14-3-62	15.14	27.070	K82	GB/T 23751.2—2017	微型燃料电池发电系统　第 2 部分：性能试验方法	GB/T 23751.2—2009	IEC 62282-6-200: 2012, IDT	2017/7/12	2018/2/1
15.14-3-63	15.14	77.040.10	H23	GB/T 238—2013	金属材料　线材　反复弯曲试验方法	GB/T 238—2002	ISO 7801：1984，MOD	2013/9/6	2014/5/1
15.14-3-64	15.14	77.040.10	H23	GB/T 241—2007	金属管　液压试验方法	GB/T 241—1990		2007/7/18	2008/2/1
15.14-3-65	15.14	77.040.10	H23	GB/T 242—2007	金属管　扩口试验方法	GB/T 242—1997	ISO 8493：1998，IDT	2007/7/18	2008/2/1
15.14-3-66	15.14	29.120.99	K14	GB/T 24273—2009	电触头材料电性能试验方法			2009/6/19	2010/2/1
15.14-3-67	15.14	29.130.20	K31	GB/T 24276—2017	通过计算进行低压成套开关设备和控制设备温升验证的一种方法	GB/T 24276—2009	IEC/TR 60890：2014，IDT	2017/11/1	2018/5/1
15.14-3-68	15.14	29.120.99	K14	GB/T 24300—2009	铜钨电触头缺陷检测方法			2009/9/30	2010/2/1
15.14-3-69	15.14	77.040.10	H23	GB/T 244—2020	金属材料　管 弯曲试验方法	GB/T 244—2008		2020/6/2	2020/12/1
15.14-3-70	15.14	43.120	T47	GB/T 24554—2022	燃料电池发动机性能试验方法	GB/T 24554—2009		2022/12/30	2023/7/1
15.14-3-71	15.14	77.040.10	H23	GB/T 246—2017	金属材料　管 压扁试验方法	GB/T 246—2007	ISO 8492：2013，IDT	2017/7/12	2018/4/1
15.14-3-72	15.14	77.040.10	H23	GB/T 25048—2019	金属材料　管 环拉伸试验方法	GB/T 25048—2010	ISO 8496：2013，IDT	2019/8/30	2020/7/1
15.14-3-73	15.14	25.020	J32	GB/T 25134—2010	锻压制件及其模具三维几何量光学检测规范			2010/9/26	2011/2/1
15.14-3-74	15.14	25.160.40	J33	GB/T 2650—2022	金属材料焊缝破坏性试验　冲击试验	GB/T 2650—2008	ISO 9016：2022，MOD	2022/10/12	2022/10/12

续表

序号	GW 分类	ICS 分类	GB 分类	标准号	中 文 名 称	代替标准	采用关系	发布日期	实施日期
15.14-3-75	15.14	25.160.40	J33	GB/T 2651—2023	金属材料焊缝破坏性试验　横向拉伸试验	GB/T 2651—2008		2023/5/23	2023/12/1
15.14-3-76	15.14	25.160.40	J33	GB/T 2652—2022	金属材料焊缝破坏性试验　熔化焊接头焊缝金属纵向拉伸试验	GB/T 2652—2008		2022/10/12	2022/10/12
15.14-3-77	15.14	25.160.40	J33	GB/T 2653—2008	焊接接头弯曲试验方法	GB/T 2653—1989	ISO 5173：2000，IDT	2008/3/31	2008/9/1
15.14-3-78	15.14	25.160.40	J33	GB/T 2654—2008	焊接接头硬度试验方法	GB/T 2654—1989	ISO 9015-1：2001，IDT	2008/3/31	2008/9/1
15.14-3-79	15.14	29.120.99	K14	GB/T 26871—2011	电触头材料金相试验方法			2011/7/29	2011/12/1
15.14-3-80	15.14	27.060.30	J75	GB/T 27698.4—2023	热交换器及传热元件性能测试方法　第 4 部分：空冷器噪声测定	GB/T 27698.7—2011		2023/5/23	2023/5/23
15.14-3-81	15.14	27.070		GB/T 27748.2—2022	固定式燃料电池发电系统　第 2 部分：性能试验方法	GB/T 27748.2—2013	IEC 62282-3-200: 2011, IDT	2022/3/9	2022/10/1
15.14-3-82	15.14	27.070	K82	GB/T 27748.3—2017	固定式燃料电池发电系统　第 3 部分：安装	GB/T 27748.3—2011	IEC 62282-3-300: 2012, IDT	2017/9/7	2018/4/1
15.14-3-83	15.14	29.035.01	K15	GB/T 27749—2011	绝缘漆耐热性试验规程　电气强度法		IEC 60370：1971，IDT	2011/12/30	2012/5/1
15.14-3-84	15.14	19.100	N78	GB/T 29302—2012	无损检测仪器　相控阵超声检测系统的性能与检验		ASTM E 2491-06, MOD	2012/12/31	2013/6/1
15.14-3-85	15.14	23.080	J71	GB/T 29531—2013	泵的振动测量与评价方法			2013/6/9	2014/3/1
15.14-3-86	15.14	77.040.10	H22	GB/T 3075—2021	金属材料　疲劳试验轴向力控制方法	GB/T 3075—2008		2021/8/20	2022/3/1
15.14-3-87	15.14	77.040.10	H22	GB/T 31218—2014	金属材料　残余应力测定　全释放应变法			2014/9/30	2015/5/1
15.14-3-88	15.14	19.040	N61	GB/T 32710.2—2016	环境试验仪器及设备安全规范　第 2 部分：低温恒温循环装置			2016/6/14	2017/1/1
15.14-3-89	15.14	19.040	N61	GB/T 32710.3—2016	环境试验仪器及设备安全规范　第 3 部分：低温恒温槽			2016/6/14	2017/1/1
15.14-3-90	15.14	19.040	N61	GB/T 32710.4—2016	环境试验仪器及设备安全规范　第 4 部分：高温恒温循环装置			2016/6/14	2017/1/1
15.14-3-91	15.14	19.040	N61	GB/T 32710.5—2016	环境试验仪器及设备安全规范　第 5 部分：高温恒温槽			2016/6/14	2017/1/1
15.14-3-92	15.14	19.040	N61	GB/T 32710.6—2016	环境试验仪器及设备安全规范　第 6 部分：生物人工气候试验箱			2016/6/14	2017/1/1
15.14-3-93	15.14	19.040	N61	GB/T 32710.7—2016	环境试验仪器及设备安全规范　第 7 部分：气候环境试验箱			2016/6/14	2017/1/1

续表

序号	GW 分类	ICS 分类	GB 分类	标准号	中 文 名 称	代替标准	采用关系	发布日期	实施日期
15.14-3-94	15.14	19.040	N61	GB/T 32710.8—2016	环境试验仪器及设备安全规范　第 8 部分：生化培养箱			2016/6/14	2017/1/1
15.14-3-95	15.14	19.040	N61	GB/T 32710.9—2016	环境试验仪器及设备安全规范　第 9 部分：电热恒温培养箱			2016/6/14	2017/1/1
15.14-3-96	15.14	19.040	N61	GB/T 32710.12—2016	环境试验仪器及设备安全规范　第 12 部分：盐槽			2016/6/14	2017/1/1
15.14-3-97	15.14	19.040	N61	GB/T 32710.13—2016	环境试验仪器及设备安全规范　第 13 部分：振荡器、振荡恒温水槽和振荡恒温培养箱			2016/6/14	2017/1/1
15.14-3-98	15.14	77.040.99	H21	GB/T 32791—2016	铜及铜合金导电率涡流测试方法			2016/8/29	2017/7/1
15.14-3-99	15.14	29.160.01	K22	GB/T 32891.2—2019	旋转电机　效率分级（IE 代码）　第 2 部分：变速交流电动机		IEC TS 60034-30-2：2016，IDT	2019/10/18	2020/5/1
15.14-3-100	15.14	91.100.01	Q04	GB/T 32987—2016	混凝土路面砖性能试验方法			2016/10/13	2017/9/1
15.14-3-101	15.14	77.040.10	H22	GB/T 33163—2016	金属材料　残余应力　超声冲击处理法			2016/10/13	2017/9/1
15.14-3-102	15.14	29.240.10	K43	GB/T 33977—2017	高压成套开关设备和高压/低压预装式变电站产生的稳态、工频电磁场的量化方法		IEC/TR 62271-208：2009，MOD	2017/7/12	2018/2/1
15.14-3-103	15.14	07.040	A75	GB/T 33988—2017	城镇地物可见光—短波红外光谱反射率测量			2017/7/12	2018/2/1
15.14-3-104	15.14	91.120.10	Q25	GB/T 34005—2017	管状绝热制品水蒸气透过性能试验方法		ISO 12629：2011，MOD	2017/7/12	2018/6/1
15.14-3-105	15.14	71.040.50	N04	GB/T 34059—2017	纳米技术　纳米生物效应代谢组学方法　核磁共振波谱法			2017/7/31	2018/2/1
15.14-3-106	15.14	29.160.30	K22	GB/T 34861—2017	确定大电机各项损耗的专用试验方法		IEC 60034-2-2：2010，IDT	2017/11/1	2018/5/1
15.14-3-107	15.14	83.060	G40	GB/T 3512—2014	硫化橡胶或热塑性橡胶　热空气加速老化和耐热试验	GB/T 3512—2001	ISO 188：2011，IDT	2014/12/22	2015/6/1
15.14-3-108	15.14	07.060	A47	GB/T 35219—2017	地面气象观测站气象探测环境调查评估方法			2017/12/29	2018/7/1
15.14-3-109	15.14	07.060	A47	GB/T 35221—2017	地面气象观测规范　总则			2017/12/29	2018/7/1
15.14-3-110	15.14	07.060	A47	GB/T 35222—2017	地面气象观测规范　云			2017/12/29	2018/7/1
15.14-3-111	15.14	07.060	A47	GB/T 35223—2017	地面气象观测规范　气象能见度			2017/12/29	2018/7/1
15.14-3-112	15.14	07.060	A47	GB/T 35224—2017	地面气象观测规范　天气现象			2017/12/29	2018/7/1
15.14-3-113	15.14	07.060	A47	GB/T 35225—2017	地面气象观测规范　气压			2017/12/29	2018/7/1

续表

序号	GW 分类	ICS 分类	GB 分类	标准号	中 文 名 称	代替标准	采用关系	发布日期	实施日期
15.14-3-114	15.14	07.060	A47	GB/T 35226—2017	地面气象观测规范　空气温度和湿度			2017/12/29	2018/7/1
15.14-3-115	15.14	07.060	A47	GB/T 35227—2017	地面气象观测规范　风向和风速			2017/12/29	2018/7/1
15.14-3-116	15.14	07.060	A47	GB/T 35228—2017	地面气象观测规范　降水量			2017/12/29	2018/7/1
15.14-3-117	15.14	07.060	A47	GB/T 35229—2017	地面气象观测规范　雪深与雪压			2017/12/29	2018/7/1
15.14-3-118	15.14	07.060	A47	GB/T 35230—2017	地面气象观测规范　蒸发			2017/12/29	2018/7/1
15.14-3-119	15.14	07.060	A47	GB/T 35231—2017	地面气象观测规范　辐射			2017/12/29	2018/7/1
15.14-3-120	15.14	07.060	A47	GB/T 35232—2017	地面气象观测规范　日照			2017/12/29	2018/7/1
15.14-3-121	15.14	07.060	A47	GB/T 35233—2017	地面气象观测规范　地温			2017/12/29	2018/7/1
15.14-3-122	15.14	07.060	A47	GB/T 35234—2017	地面气象观测规范　冻土			2017/12/29	2018/7/1
15.14-3-123	15.14	07.060	A47	GB/T 35235—2017	地面气象观测规范　电线积冰			2017/12/29	2018/7/1
15.14-3-124	15.14	07.060	A47	GB/T 35236—2017	地面气象观测规范　地面状态			2017/12/29	2018/7/1
15.14-3-125	15.14	07.060	A47	GB/T 35237—2017	地面气象观测规范　自动观测			2017/12/29	2018/7/1
15.14-3-126	15.14	19.100	J04	GB/T 35839—2018	无损检测　工业计算机层析成像（CT）密度测量方法			2018/2/6	2018/9/1
15.14-3-127	15.14	77.040.10	H22	GB/T 36024—2018	金属材料　薄板和薄带　十字形试样双向拉伸试验方法		ISO 16842：2014，MOD	2018/3/15	2018/12/1
15.14-3-128	15.14	19.100	N78	GB/T 36071—2018	无损检测仪器　X 射线实时成像系统检测仪技术要求			2018/3/15	2018/10/1
15.14-3-129	15.14	07.060	A47	GB/T 38308—2019	天气预报检验　台风预报			2019/12/10	2020/7/1
15.14-3-130	15.14	77.040.01	H21	GB/T 4067—1999	金属材料电阻温度特征参数的测定			1999/11/1	2000/8/1
15.14-3-131	15.14	91.060.15	Q15	GB/T 4111—2013	混凝土砌块和砖试验方法	GB/T 4111—1997		2013/12/31	2014/9/1
15.14-3-132	15.14	77.040.20	H26	GB/T 4162—2022	锻轧钢棒超声检测方法	GB/T 4162—2008		2022/4/15	2022/11/1
15.14-3-133	15.14	29.050	Q52	GB/T 43111—2023	炭素材料　疲劳试验　轴向力控制方法			2023/9/7	2024/4/1
15.14-3-134	15.14	77.040.10	H22	GB/T 43112—2023	金属材料　弹性模量测定　率跳跃方法			2023/9/7	2024/4/1
15.14-3-135	15.14	83.120	Q23	GB/T 43113—2023	碳纤维增强复合材料耐湿热性能评价方法			2023/9/7	2024/4/1
15.14-3-136	15.14	77.040.10	H22	GB/T 43115—2023	金属材料　薄板和薄带　室温剪切试验方法			2023/9/7	2024/4/1
15.14-3-137	15.14	83.120	Q23	GB/T 43117—2023	玻璃纤维增强热固性塑料（GRP）管　湿态或干态条件下环蠕变性能的测定			2023/9/7	2024/4/1

续表

序号	GW 分类	ICS 分类	GB 分类	标准号	中文名称	代替标准	采用关系	发布日期	实施日期
15.14-3-138	15.14	77.060	H25	GB/T 43118—2023	金属和合金的腐蚀　金属材料在盐、灰烬或其他物质的沉积物作用下进行高温腐蚀的试验方法			2023/9/7	2024/4/1
15.14-3-139	15.14	77.040.10	H22	GB/T 4340.1—2024	金属材料　维氏硬度试验　第 1 部分：试验方法	GB/T 4340.1—2009；GB/T 9790—2021；GB/T 9790—2021		2024/5/28	2024/12/1
15.14-3-140	15.14	77.040.10	H22	GB/T 4341.1—2014	金属材料　肖氏硬度试验　第 1 部分：试验方法	GB/T 4341—2001		2014/9/30	2015/5/1
15.14-3-141	15.14	19.060	N71	GB/T 43432.2—2023	金属材料　巴氏硬度试验　第 2 部分：硬度计的检验与校准			2023/11/27	2024/6/1
15.14-3-142	15.14	19.060	N71	GB/T 43432.3—2023	金属材料　巴氏硬度试验　第 3 部分：标准硬度块的标定			2023/11/27	2024/6/1
15.14-3-143	15.14	77.060	H25	GB/T 43666—2024	金属和合金的腐蚀　电化学噪声测量腐蚀试验导则			2024/3/15	2024/10/1
15.14-3-144	15.14	77.040.10	H22	GB/T 43896—2024	金属材料　超高周疲劳　超声疲劳试验方法			2024/4/25	2024/11/1
15.14-3-145	15.14	77.140.10	H40	GB/T 44155—2024	钢锻件　力学性能试验的检测频次、取样条件和试验方法			2024/6/29	2025/1/1
15.14-3-146	15.14	19.020	A21	GB/T 4797.6—2013	环境条件分类　自然环境条件　尘、沙、盐雾	GB/T 4797.6—1995	IEC 60721-2-5：1991，MOD	2013/11/12	2014/3/7
15.14-3-147	15.14	25.220.40	A29	GB/T 4956—2003	磁性基体上非磁性覆盖层　覆盖层厚度测量磁性法	GB/T 4956—1985	ISO 2178：1982，IDT	2003/10/29	2004/5/1
15.14-3-148	15.14			GB/T 50080—2016	普通混凝土拌合物性能试验方法标准	GB/T 50080—2002		2016/8/18	2017/4/1
15.14-3-149	15.14	83.060	G40	GB/T 528—2009	硫化橡胶或热塑性橡胶　拉伸应力应变性能的测定	GB/T 528—1998	ISO 37：2005，IDT	2009/4/24	2009/12/1
15.14-3-150	15.14	83.06	G40	GB/T 531.1—2008	硫化橡胶或热塑性橡胶　压入硬度试验方法　第 1 部分：邵氏硬度计法（邵尔硬度）	GB/T 531—1999	ISO 7619-1：2004，IDT	2008/6/4	2008/12/1
15.14-3-151	15.14	29.035.99	K15	GB/T 5591.2—2017	电气绝缘用柔软复合材料　第 2 部分：试验方法	GB/T 5591.2—2002	IEC 60626-2：2009，MOD	2017/10/14	2018/5/1
15.14-3-152	15.14	31.060.70	K42	GB/T 6115.1—2008	电力系统用串联电容器　第 1 部分：总则	GB/T 6115.1—1998	IEC 60143-1：2004，MOD	2008/6/30	2009/4/1
15.14-3-153	15.14	47.020.05	H20	GB/T 6383—2024	空蚀试验方法	GB/T 6383—2009		2024/3/15	2025/4/1
15.14-3-154	15.14	77.040.10	H22	GB/T 6398—2017	金属材料　疲劳试验　疲劳裂纹扩展方法	GB/T 6398—2000	ISO 12108：2012，MOD	2017/7/12	2018/4/1

序号	GW 分类	ICS 分类	GB 分类	标准号	中 文 名 称	代替标准	采用关系	发布日期	实施日期
15.14-3-155	15.14	25.220.20	A29	GB/T 6462—2005	金属和氧化物覆盖层　厚度测量　显微镜法	GB/T 6462—1986	ISO 1463：2003，IDT	2005/6/23	2005/12/1
15.14-3-156	15.14	71.040.30	G60	GB/T 6682—2008	分析实验室用水规格和试验方法	GB/T 6682—1992	ISO 3696：1987，MOD	2008/5/15	2008/11/1
15.14-3-157	15.14	29.035.99	K15	GB/T 7196—2012	用液体萃取测定电气绝缘材料离子杂质的试验方法	GB/T 7196—1987	IEC 60589：1977，IDT	2012/12/31	2013/6/1
15.14-3-158	15.14	77.040.10	H22	GB/T 7314—2017	金属材料　室温压缩试验方法	GB/T 7314—2005		2017/2/28	2017/11/1
15.14-3-159	15.14	17.160	N73	GB/T 7670—2009	电动振动发生系统（设备）性能特性	GB/T 7670—1987	ISO 5344：2004，IDT	2009/4/24	2009/12/1
15.14-3-160	15.14	77.040.20	H26	GB/T 7736—2008	钢的低倍缺陷超声波检验法	GB/T 7736—2001		2008/9/11	2009/5/1
15.14-3-161	15.14	91.100.30	Q12	GB/T 8077—2023	混凝土外加剂匀质性试验方法	GB/T 8077—2012		2023/12/28	2024/7/1
15.14-3-162	15.14	29.035.30	K15	GB/T 8411.2—2008	陶瓷和玻璃绝缘材料　第 2 部分：试验方法	GB/T 8411.2—1987	IEC 60672-2：1999，MOD	2008/6/30	2009/4/1
15.14-3-163	15.14	83.120	Q23	GB/T 8924—2005	纤维增强塑料燃烧性能试验方法　氧指数法	GB/T 8924—1988		2005/5/18	2005/12/1
15.14-3-164	15.14	17.120.10	N12	GB/T 9248—2008	不可压缩流体流量计性能评定方法	GB/T 9248—1988		2008/7/28	2009/2/1
15.14-3-165	15.14			JJF 1030—2010	恒温槽技术性能测试规范	JJF 1030—1998		2010/9/6	2011/3/6
15.14-3-166	15.14			JJF 1183—2007	温度变送器校准规范	JJG 829—1993		2007/11/21	2008/5/21
15.14-3-167	15.14			JJF 1409—2013	表面温度计校准规范	JJG 364—1994		2013/5/13	2013/11/13
15.14-3-168	15.14			JJF 1637—2017	廉金属热电偶校准规范	JJG 351—1996		2017/9/26	2018/3/26
15.14-3-169	15.14			JJG 1113—2015	水表检定装置	JJG 164—2000 中“水表检定装置”部分		2015/4/10	2015/10/10
15.14-3-170	15.14			JJG 141—2013	工作用贵金属热电偶	JJG 141—2000		2013/7/4	2014/1/4
15.14-3-171	15.14			JJG 147—2017	标准金属布氏硬度块	JJG 147—2005		2017/2/28	2017/8/28
15.14-3-172	15.14			JJG 148—2006	标准维氏硬度块	JJG 148—1991；JJG 335—1991；JJG 334—1993（部分内容）		2006/12/8	2007/6/8
15.14-3-173	15.14			JJG 150—2005	金属布氏硬度计	JJG 150—1990		2005/3/3	2005/9/3
15.14-3-174	15.14			JJG 151—2006	金属维氏硬度计	JJG 151—1991；JJG 260—1991；JJG 334—1993（部分内容）		2006/12/8	2007/6/8

续表

序号	GW 分类	ICS 分类	GB 分类	标准号	中 文 名 称	代替标准	采用关系	发布日期	实施日期
15.14-3-175	15.14			JJG 155—2016	工作毛细管黏度计	JJG 155—1991		2016/6/27	2016/12/27
15.14-3-176	15.14			JJG 156—2016	架盘天平	JJG 156—2004		2016/11/25	2017/5/25
15.14-3-177	15.14			JJG 161—2010	标准水银温度计	JJG 161—1994; JJG 128—2003		2010/9/6	2011/3/6
15.14-3-178	15.14			JJG 165—2005	钟罩式气体流量标准装置	JJG 165—1989		2005/3/3	2005/6/3
15.14-3-179	15.14			JJG 195—2019	连续累计自动衡器（皮带秤）	JJG 195—2002		2019/12/31	2020/3/31
15.14-3-180	15.14			JJG 2022—2009	真空计量器具	JJG 2022—1989		2009/7/30	2010/1/30
15.14-3-181	15.14			JJG 2053—2016	质量计量器具	JJG 2053—2006		2016/11/25	2017/5/25
15.14-3-182	15.14			JJG 2063—2007	液体流量计器具	JJG 2063—1990		2007/11/21	2008/5/21
15.14-3-183	15.14			JJG 2064—2017	气体流量计量器具	JJG 2064—1990		2017/2/28	2017/8/28
15.14-3-184	15.14			JJG 2067—2016	金属洛氏硬度计量器具	JJG 2067—1990; JJG 2068—1990		2016/3/3	2016/9/3
15.14-3-185	15.14			JJG 2070—2009	（150～2500）MPa 压力计量器具	JJG 2070—1990		2009/7/30	2010/1/30
15.14-3-186	15.14			JJG 229—2010	工业铂、铜热电阻	JJG 229—1998		2010/9/6	2011/3/6
15.14-3-187	15.14			JJG 326—2021	转速标准装置	JJG 326—2006		2021/7/28	2022/1/28
15.14-3-188	15.14			JJG 461—2010	靶式流量计	JJG 461—1986		2010/1/5	2010/7/5
15.14-3-189	15.14			JJG 49—2013	弹性元件式精密压力表和真空表	JJG 49—1999		2013/6/27	2013/12/27
15.14-3-190	15.14			JJG 624—2005	动态压力传感器	JJG 624—1989		2005/12/20	2006/6/20
15.14-3-191	15.14			JJG 684—2003	表面铂热电阻	JJG 684—1990		2003/5/12	2003/11/12
15.14-3-192	15.14			JJG 704—2005	焊接检验尺	JJG 704—1990		2005/3/3	2005/9/3
15.14-3-193	15.14			JJG 75—1995	标准铂铑 10—铂热电偶	JJG 75—1982		1995/7/5	1995/12/1
15.14-3-194	15.14			JJG 858—2013	标准铑铁电阻温度计	JJG 858—1994		2013/5/13	2013/11/13
15.14-3-195	15.14			JJG 860—2015	压力传感器（静态）	JJG 860—1994		2015/1/30	2015/7/30
15.14-3-196	15.14			JJG 875—2019	数字压力计	JJG 875—2005		2019/12/31	2020/3/31
15.14-3-197	15.14			JJG 882—2019	压力变送器	JJG 882—2004		2019/12/31	2020/3/31
15.14-3-198	15.14			JJG 926—2015	记录式压力表、压力真空表和真空表	JJG 926—1997		2015/1/30	2015/7/30
15.14-4-199	15.14	07.040	A75	CH/T 1021—2010	高程控制测量成果质量检验技术规程			2010/11/26	2011/1/1

续表

序号	GW 分类	ICS 分类	GB 分类	标准号	中 文 名 称	代替标准	采用关系	发布日期	实施日期
15.14-4-200	15.14	07.040	A75	CH/T 1022—2010	平面控制测量成果质量检验技术规程			2010/11/26	2011/1/1
15.14-4-201	15.14			DL/T 1399.5—2022	电力试验/检测车　第 5 部分：电力变压器局部放电试验车			2022/11/4	2023/5/4
15.14-4-202	15.14	27.100	F25	DL/T 1476—2023	电力安全工器具预防性试验规程	DL/T 1476—2015		2023/10/11	2024/4/11
15.14-4-203	15.14	27.100	G01	DL/T 1480—2015	水的氧化还原电位测量方法		ASTM D 1498-08，MOD	2015/7/1	2015/12/1
15.14-4-204	15.14	27.100	K43	DL/T 1551—2016	六氟化硫气体中二氧化硫、硫化氢、氟化硫酰、氟化亚硫酰的测定方法—气质联用法			2016/1/7	2016/6/1
15.14-4-205	15.14	29.080.10	K48	DL/T 1581—2016	直流系统用盘形悬式瓷或玻璃绝缘子金属附件加速电解腐蚀试验方法			2016/2/5	2016/7/1
15.14-4-206	15.14	27.100	F24	DL/T 1607—2016	六氟化硫分解产物的测定　红外光谱法			2016/8/16	2016/12/1
15.14-4-207	15.14	19.100	F24	DL/T 1715—2017	铝及铝合金制电力设备对接接头超声检测方法与质量分级			2017/8/2	2017/12/1
15.14-4-208	15.14	27.100	F23	DL/T 1719—2017	采用便携式布氏硬度计检验金属部件技术导则			2017/8/2	2017/12/1
15.14-4-209	15.14	29.240.01	F20	DL/T 1721—2017	电力电缆线路沿线土壤热阻系数测量方法			2017/8/2	2017/12/1
15.14-4-210	15.14	13.100	K09	DL/T 2134—2020	电力用安全帽动态性能测试装置			2020/10/23	2021/2/1
15.14-4-211	15.14	29.140.99	K40	DL/T 2174—2020	电力安全工器具移动检测平台			2020/10/23	2021/2/1
15.14-4-212	15.14	29.035.10	K15	DL/T 2410—2021	变压器绝缘纸（板）聚合度测定法（近红外光谱法）			2021/12/22	2022/3/22
15.14-4-213	15.14	29.180	K41	DL/T 2486—2022	变压器振荡型操作冲击感应耐压试验导则			2022/5/13	2022/11/13
15.14-4-214	15.14	29.180	K41	DL/T 2503—2022	直流输电系统单极大地回线运行方式下变压器直流偏磁测试导则			2022/5/13	2022/11/13
15.14-4-215	15.14	29.020	K85	DL/T 2524—2022	电力应急电源装备测试导则			2022/5/13	2022/11/13
15.14-4-216	15.14	29.060.20	K13	DL/T 2780—2024	110kV 及以上交联聚乙烯绝缘交流海底电缆耐压同步局部放电试验导则			2024/5/24	2024/11/24
15.14-4-217	15.14	93.020	P10	DL/T 5493—2014	电力工程基桩检测技术规程			2014/10/15	2015/3/1
15.14-4-218	15.14			DL/T 694—2024	高温紧固螺栓超声检测技术导则	DL/T 694—2012		2024/5/24	2024/11/24
15.14-4-219	15.14	27.100	F24	DL/T 786—2001	碳钢石墨化检验及评级标准			2001/10/8	2002/2/1
15.14-4-220	15.14	17.220.20	N14	JB/T 10565—2006	工业过程测量和控制系统用动圈式指示仪性能评定方法			2006/7/27	2006/10/11

续表

序号	GW 分类	ICS 分类	GB 分类	标准号	中 文 名 称	代替标准	采用关系	发布日期	实施日期
15.14-4-221	15.14	19.100	J04	JB/T 13463—2018	无损检测　超声检测用斜入射试块的制作与检验方法			2018/4/30	2018/12/1
15.14-4-222	15.14	19.100	J04	JB/T 13466—2018	无损检测　接头熔深相控阵超声测定方法			2018/4/30	2018/12/1
15.14-4-223	15.14	29.035.99	K15	JB/T 3730—2015	电气绝缘用柔软复合材料耐热性能评定试验方法　卷管检查电压法	JB/T 3730—1999		2015/4/30	2015/10/1
15.14-4-224	15.14	23.080	J71	JB/T 6882—2006	泵可靠性验证试验	JB/T 6882—1993		2006/10/14	2007/4/1
15.14-4-225	15.14	29.120.99	K14	JB/T 8632—2011	电触头材料电弧烧损试验方法指南	JB/T 8632—1997		2011/12/20	2012/4/1
15.14-4-226	15.14			JB/T 9674—1999	超声波探测瓷件内部缺陷	JB/Z 262—1986		1999/8/6	2000/1/1
15.14-4-227	15.14			JGJ/T 101—2015	建筑抗震试验规程			2015/2/5	2015/10/1
15.14-4-228	15.14			JGJ/T 347—2014	建筑热环境测试方法标准			2014/7/31	2015/4/1
15.14-4-229	15.14			JGJ 52—2006	普通混凝土用砂、石质量及检验方法标准	JGJ 52—1992；JGJ 53—1992		2006/12/19	2007/6/1
15.14-4-230	15.14	25.160	H22	NB/T 47016—2023	承压设备产品焊接试件的力学性能检验	NB/T 47016—2011		2023/12/28	2024/6/28
15.14-4-231	15.14	13.080.05	B11	SL 342—2006	水土保持监测设施通用技术条件			2006/9/9	2006/10/1
15.14-4-232	15.14			YD/T 1541—2006	绝缘转换连接器的过电压和过电流技术要求和测试方法		ITU-T K.55：2002，IDT	2006/12/11	2007/1/1
15.14-5-233	15.14	29.120.20	K31	ANSI EIA-364-100 A-2012	电气连接器和插座标记永久性的试验规程	ANSI EIA 364-100-1999		2012/1/1	2012/1/1
15.14-5-234	15.14	29.120.20	L23	ANSI EIA-364-45 C-2012	电连接器防火墙焰火试验规程	ANSI EIA 364-45 B-2011		2012/1/1	2012/1/1
15.14-5-235	15.14	29.120.20		ANSI EIA-364-46 C-2012	包括环境分类的电气连接器/插座试验规程	ANSI EIA 364-46 B-2006		2012/1/1	2012/1/1
15.14-5-236	15.14			ASTM A1013-00-2020	耐电涌试验规程	ASTM A 1013-2005		2020/6/1	2020/6/1
15.14-5-237	15.14			ASTM A341/A341M-16-2022	用伏特计、安培计和瓦特计测定可控温度下软磁芯部件的高频（10kHz-1MHz）磁芯损耗的标准试验方法	ASTM A 341 M-2011；ASTM A 341 M E 1-2011		2022/10/1	2022/10/1
15.14-5-238	15.14			ASTM A697/A697M-13-2018	伏特计—安培计—瓦特计测定叠层铁芯样品交流电磁特性的标准试验方法	ASTM A 697 M-2008		2018/5/1	2018/5/1
15.14-5-239	15.14			ASTM A772/A772M-00-2022	正弦电流用材料的交流磁导率的标准试验方法			2022/10/1	2022/10/1

15

续表

序号	GW 分类	ICS 分类	GB 分类	标准号	中文名称	代替标准	采用关系	发布日期	实施日期
15.14-5-240	15.14			ASTM A927/A927M-18-2022	使用伏特计—电流计—瓦特计方法的环形铁芯交流磁性能的标准试验方法			2022/10/1	2022/10/1
15.14-5-241	15.14			ASTM B794-97-2020	使用电阻测量的可拆式电气连接器系统耐磨损测试用标准试验方法			2020/10/1	2020/10/1
15.14-5-242	15.14			ASTM D1676-17	带绝缘薄膜的磁性导线的标准测试方法	ASTM D 1676-2011		2017/11/1	2017/11/1
15.14-5-243	15.14			ASTM D876-21	电气绝缘用非刚性氯乙烯高聚物管材的试验方法			2021/1/1	2021/1/1
15.14-5-244	15.14			ASTM E1606-15	电气用回火铜杆的电磁（涡流）检验用标准实施规程	ASTM E 1606-2009		2016/1/1	2016/1/1
15.14-5-245	15.14			IEC 60851-5：2008/AMD1：2011/AMD2：2019，CSV	绕组线测试方法　第 5 部分：电气性能			2019/9/20	2019/9/20
15.14-5-246	15.14	31.160		IEC 60939—3：2015	抑制电磁干扰用无源滤波装置　第 3 部分：安全试验适用的无源滤波装置　第 1.0 版			2015/8/12	2015/8/12
15.14-5-247	15.14	17.220.20；29.240	K04	IEC 62110：2009	交流电系统产生的电场和磁场有关公众照射量的测量程序	IEC 106/177/FDIS：2009		2009/8/31	2009/8/31
15.14-5-248	15.14	29.130.10	K43	IEC TR 62271-310：2008	高压开关设备和控制设备　第 310 部分：额定电压 52kV 断路器的电气耐久性测试	IEC TR 62271-310：2004；IEC 17 A/803/DTR：2007		2008/3/27	2008/3/27
15.14-5-249	15.14	27.070		IEC 62282-3-200：2015	燃料电池工艺　第 3-200 部分：固定燃料电池电源系统性能试验方法	IEC 62282-3-200：2011		2015/11/19	2015/11/19
15.14-5-250	15.14	27.070		IEC 62282-3-201：2017	燃料电池技术　第 3-201 部分：固定燃料	IEC 62282-3-201：2013		2017/8/10	2017/8/10
15.14-5-251	15.14	19.080	K04	IEC 62475：2010	大电流试验技术试验电流和测量系统用定义和需求	IEC 42/278/FDIS：2010		2010/9/29	2010/9/29
15.14-5-252	15.14	31.060.99；		IEC 62576：2018	混合动力电动车用双层电容器.电特性的试验方法	IEC 62576：2009		2018/2/20	2018/2/20
15.14-5-253	15.14	29.020	F21	IEEE 1303：2011	静态变量补偿器现场测试指南	IEEE 1303：1994		2011/8/26	2011/8/26
15.14-5-254	15.14			IEEE C57.12.37：2015	配电变压器试验数据的电子报告	IEEE C57.12.37：2006		2015/10/28	2015/10/28
15.14-5-255	15.14			ISO 17785-2：2018	透水性混凝土试验方法　第 2 部分：密度和空隙率　第 1 版			2018/5/11	2018/5/11

续表

序号	GW 分类	ICS 分类	GB 分类	标准号	中文名称	代替标准	采用关系	发布日期	实施日期
15.14-5-256	15.14	91.100.30		ISO 1920-5：2018	混凝土试验　第 5 部分：密度和水渗透深度　第 2 版	ISO 1920-5：2004		2018/6/15	2018/6/15
15.14-5-257	15.14	91.100.30		ISO 1920-13：2018	混凝土试验　第 13 部分：新鲜自密实混凝土的性能　第 1 版			2018/6/15	2018/6/15
15.14-6-258	15.14			T/CEC 376—2020	柔性直流换流站交流耗能装置试验规程			2020/10/28	2021/2/1
15.14-6-259	15.14			T/CEC 830—2023	硅绝缘油与材料相容性测定方法			2023/12/13	2024/4/1

15

16 安全与环保

16.1 安全与环保-基础综合

序号	GW 分类	ICS 分类	GB 分类	标准号	中 文 名 称	代替标准	采用关系	发布日期	实施日期
16.1-2-1	16.1	29.020		Q/GDW 10366—2016	330kV～750kV 变电站安全性评价标准	Q/GDW 366—2009		2016/12/28	2016/12/28
16.1-2-2	16.1	29.020		Q/GDW 10434.3—2020	国家电网公司安全设施标准　第 3 部分：火电厂			2021/1/29	2021/1/29
16.1-2-3	16.1	29.240		Q/GDW 10434.7—2020	国家电网公司安全设施标准　第 7 部分：通用航空			2021/1/29	2021/1/29
16.1-2-4	16.1	29.240		Q/GDW 10434.8—2020	国家电网公司安全设施标准　第 8 部分：后勤物业			2021/1/29	2021/1/29
16.1-2-5	16.1	27.140	F20/29	Q/GDW 11534—2024	水电基建项目安全性评价规范	Q/GDW 11534—2020		2024/1/26	2024/1/26
16.1-2-6	16.1	13.100	F25	Q/GDW 11535.1—2025	国家电网有限公司　安全生产标准化建设规范及评价标准　第 1 部分：电力施工企业	Q/GDW 11536—2016		2025/1/31	2025/1/31
16.1-2-7	16.1	13.100	F25	Q/GDW 11535.2—2025	国家电网有限公司　安全生产标准化建设规范及评价标准　第 2 部分：电动汽车服务企业			2025/1/31	2025/1/31
16.1-2-8	16.1	13.100	F25	Q/GDW 11535.3—2025	国家电网有限公司　安全生产标准化建设规范及评价标准　第 3 部分：能源产业技术企业	Q/GDW 11535—2016		2025/1/31	2025/1/31
16.1-2-9	16.1	13.100	F25	Q/GDW 11535.4—2025	国家电网有限公司　安全生产标准化建设规范及评价标准　第 4 部分：水力发电企业			2025/1/31	2025/1/31
16.1-2-10	16.1	01.040.27	P59	Q/GDW 11535.5—2025	国家电网有限公司　安全生产标准化建设规范及评价标准　第 5 部分：水力发电建设工程			2025/1/31	2025/1/31
16.1-2-11	16.1	13.100	F25	Q/GDW 11535.6—2025	国家电网有限公司　安全生产标准化建设规范及评价标准　第 6 部分：综合能源服务企业			2025/1/31	2025/1/31
16.1-2-12	16.1	13.100	F25	Q/GDW 11535.7—2025	国家电网有限公司　安全生产标准化建设规范及评价标准　第 7 部分：信息系统研发运行企业			2025/1/31	2025/1/31
16.1-2-13	16.1	13.100	F25	Q/GDW 11535.8—2025	国家电网有限公司　安全生产标准化建设规范及评价标准　第 8 部分：科研试验企业			2025/1/31	2025/1/31
16.1-2-14	16.1	13.100	F25	Q/GDW 11535.9—2025	国家电网有限公司　安全生产标准化建设规范及评价标准　第 9 部分：物业服务企业			2025/1/31	2025/1/31
16.1-2-15	16.1	29.140		Q/GDW 11607—2022	国家电网有限公司直属产业和省管产业安全监督检查规范	Q/GDW 11607—2016		2022/9/26	2022/9/26

续表

序号	GW 分类	ICS 分类	GB 分类	标准号	中 文 名 称	代替标准	采用关系	发布日期	实施日期
16.1-2-16	16.1	29.240		Q/GDW 11710—2017	县供电企业安全性评价规范			2018/4/12	2018/4/12
16.1-2-17	16.1	27.100	P55/59	Q/GDW 11713—2024	水力发电厂安全性评价规范	Q/GDW 11713—2017		2024/1/26	2024/1/26
16.1-2-18	16.1	29.020		Q/GDW 12376—2024	电力安全工器具标准化库房建设规范			2024/1/26	2024/1/26
16.1-2-19	16.1	29.020		Q/GDW 12377—2024	电力安全工器具检测中心设备数字化接口规范			2024/1/26	2024/1/26
16.1-2-20	16.1	29.020	K09	Q/GDW 12378—2024	基于虚拟现实（VR）技术的电力安全培训规范			2024/1/26	2024/1/26
16.1-2-21	16.1	29.240.01	F23	Q/GDW 12442—2024	电网自然灾害预警分级及信息发布技术规范			2024/10/25	2024/10/25
16.1-2-22	16.1	13.100	F20	Q/GDW 12506—2025	电力安全工器具检测中心（机构）资质评审规范			2025/1/31	2025/1/31
16.1-2-23	16.1	29.240		Q/GDW 1434.6—2013	国家电网公司安全设施标准　第 6 部分：装备制造业			2014/5/15	2014/5/15
16.1-2-24	16.1	29.240		Q/GDW 434.1—2010	国家电网公司安全设施标准　第 1 部分：变电			2010/3/18	2010/3/18
16.1-2-25	16.1	29.240		Q/GDW 434.2—2010	国家电网公司安全设施标准　第 2 部分：电力线路			2010/3/18	2010/3/18
16.1-2-26	16.1	29.240		Q/GDW 434.4—2012	国家电网公司安全设施标准　第 4 部分：水电厂			2012/8/27	2012/8/27
16.1-3-27	16.1	13.180	A25	GB/T 13547—1992	工作空间人体尺寸			1992/7/2	1993/4/1
16.1-3-28	16.1	13.310	A91	GB/T 15408—2011	安全防范系统供电技术要求	GB/T 15408—1994		2011/6/16	2011/12/1
16.1-3-29	16.1	13.200	A87	GB 15603—2022	危险化学品仓库储存通则	GB 15603—1995		2022/12/29	2023/7/1
16.1-3-30	16.1	13.110	J09	GB/T 16755—2015	机械安全　安全标准的起草与表述规则	GB/T 16755—2008	ISO GUIDE 78：2012，MOD	2015/12/10	2016/7/1
16.1-3-31	16.1	13.110	J09	GB/T 16855.2—2015	机械安全　控制系统安全相关部件　第 2 部分：确认	GB/T 16855.2—2007	ISO 13849-2：2012，IDT	2015/12/10	2016/7/1
16.1-3-32	16.1	13.110	J09	GB/T 16856—2015	机械安全　风险评估　实施指南和方法举例	GB/T 16856.2—2008	ISO/TR 14121-2：2012，MOD	2015/12/10	2016/7/1
16.1-3-33	16.1	13.260；29.020；91.140.50	K09；C67；Q77	GB/T 17045—2020	电击防护　装置和设备的通用部分	GB/T 17045—2008	IEC 61140：2016，IDT	2020/3/31	2020/10/1
16.1-3-34	16.1	29.020	K09	GB/T 17285—2022	电气设备电源特性的标记　安全要求	GB/T 17285—2009	IEC 61293：2019，IDT	2022/10/12	2023/5/1
16.1-3-35	16.1	91.120.25	P15	GB 17741—2005	工程场地地震安全性评价	GB 17741—1999		2005/3/28	2005/10/1

16

续表

序号	GW 分类	ICS 分类	GB 分类	标准号	中文名称	代替标准	采用关系	发布日期	实施日期
16.1-3-36	16.1	29.020；13.110	J09	GB/T 18209.1—2010	机械电气安全　指示、标志和操作　第 1 部分：关于视觉、听觉和触觉信号的要求	GB 18209.1—2000	IEC 61310-1：2007，IDT	2011/1/14	2011/12/1
16.1-3-37	16.1	29.020；13.110	J09	GB/T 18209.2—2010	机械电气安全　指示、标志和操作　第 2 部分：标志要求	GB 18209.2—2000	IEC 61310-2：2007，IDT	2011/1/14	2011/12/1
16.1-3-38	16.1	29.020；13.110	J09	GB/T 18209.3—2010	机械电气安全　指示、标志和操作　第 3 部分：操动器的位置和操作的要求	GB 18209.3—2002	IEC 61310-3：2007，IDT	2011/1/14	2011/12/1
16.1-3-39	16.1	13.110	J09	GB/T 18831—2017	机械安全　与防护装置相关的联锁装置　设计和选择原则	GB/T 18831—2010	ISO 14119：2013，IDT	2017/12/29	2018/7/1
16.1-3-40	16.1	13.280	F73	GB 18871—2002	电离辐射防护与辐射源安全基本标准	GB 4792—1984；GB 8703—1988		2002/10/8	2003/4/1
16.1-3-41	16.1	29.030	K09	GB/T 24612.1—2009	电气设备应用场所的安全要求　第 1 部分：总则			2009/11/15	2010/5/1
16.1-3-42	16.1	29.030	K09	GB/T 24612.2—2009	电气设备应用场所的安全要求　第 2 部分：在断电状态下操作的安全措施			2009/11/15	2010/5/1
16.1-3-43	16.1	25.160.30	J64	GB/T 25313—2010	焊接设备电磁场检测与评估准则			2010/11/10	2011/5/1
16.1-3-44	16.1	01.080.01	A22	GB/T 26443—2010	安全色和安全标志　安全标志的分类、性能和耐久性		ISO 17398：2004，MOD	2011/1/14	2011/8/1
16.1-3-45	16.1	13.020.10	Z00	GB/T 26450—2010	环境管理　环境信息交流　指南和示例		ISO 14063：2006，IDT	2011/1/14	2011/6/1
16.1-3-46	16.1	13.100	C78	GB/T 27476.1—2014	检测实验室安全　第 1 部分：总则			2014/12/5	2014/12/15
16.1-3-47	16.1	13.100	C78	GB/T 27476.2—2014	检测实验室安全　第 2 部分：电气因素			2014/12/5	2014/12/15
16.1-3-48	16.1	13.100	C78	GB/T 27476.3—2014	检测实验室安全　第 3 部分：机械因素			2014/12/5	2014/12/15
16.1-3-49	16.1	13.100	C78	GB/T 27476.4—2014	检测实验室安全　第 4 部分：非电离辐射因素			2014/12/5	2014/12/15
16.1-3-50	16.1	13.100	C78	GB/T 27476.5—2014	检测实验室安全　第 5 部分：化学因素			2014/12/5	2014/12/15
16.1-3-51	16.1	13.110	J09	GB/T 30174—2013	机械安全　术语			2013/12/17	2014/10/1
16.1-3-52	16.1	13.110	J09	GB/T 30175—2013	机械安全　应用 GB/T 16855.1 和 GB 28526 设计安全相关控制系统的指南		ISO/TR 23849：2010，IDT	2013/12/17	2014/10/1
16.1-3-53	16.1	13.100	N09	GB/Z 30249—2013	测量、控制和实验室用电气设备的安全要求　GB 4793 的符合性验证报告的编写规程			2013/12/31	2014/7/1
16.1-3-54	16.1	13.020.50	K04	GB/Z 30374—2013	电子电气产品中限用物质评价指南		IEC/TR 62476：2010，IDT	2013/12/31	2015/3/1

续表

序号	GW 分类	ICS 分类	GB 分类	标准号	中 文 名 称	代替标准	采用关系	发布日期	实施日期
16.1-3-55	16.1	13.100	C78	GB/T 33000—2016	企业安全生产标准化基本规范			2016/12/13	2017/4/1
16.1-3-56	16.1	27.100	K09	GB/T 36291.1—2018	电力安全设施配置技术规范　第 1 部分：变电站			2018/6/7	2019/1/1
16.1-3-57	16.1	27.100	K09	GB/T 36291.2—2018	电力安全设施配置技术规范　第 2 部分：线路			2018/6/7	2019/1/1
16.1-3-58	16.1	03.100.01	A90	GB/T 38209—2019	公共安全　演练指南		ISO 22398：2013，IDT	2019/10/18	2020/4/1
16.1-3-59	16.1	13.200	A90	GB/T 38217—2019	公共安全　建立合作约定指南		ISO 22397：2014，IDT	2019/10/18	2020/4/1
16.1-3-60	16.1	13.200	A90	GB/T 38299—2019	公共安全　业务连续性管理体系　供应链连续性指南		ISO 22318：2015，IDT	2019/12/10	2020/6/1
16.1-3-61	16.1			GB/T 50927—2013	大中型水电工程建设风险管理规范			2013/11/1	2014/6/1
16.1-3-62	16.1	29.140	K72	GB/T 7000.224—2023	灯具　第 2-24 部分：特殊要求　限制表面温度灯具	GB 7000.17—2003		2023/12/28	2024/7/1
16.1-4-63	16.1	13.110	A09	AQ 8001—2007	安全评价通则			2007/1/4	2007/4/1
16.1-4-64	16.1	13.100	A90	AQ 8002—2007	安全预评价导则			2007/4/1	2007/4/1
16.1-4-65	16.1	13.100	A90	AQ 8003—2007	安全验收评价导则			2007/1/4	2007/4/1
16.1-4-66	16.1	13.320	A91	AQ 9003.2—2008	企业安全生产网络化监测系统技术规范　第 2 部分：危险场所网络化监测系统集成技术规范			2008/11/19	2009/1/1
16.1-4-67	16.1	27.100	F20	DL/T 1004—2018	电力企业管理体系整合导则	DL/T 1004—2006		2018/6/6	2018/10/1
16.1-4-68	16.1	27.100	F25	DL/T 2072—2019	电网企业安全风险预控体系建设导则			2019/11/4	2020/5/1
16.1-4-69	16.1		C78	DL/T 2655—2023	发电企业安全生产标准化实施指南			2023/10/11	2024/4/11
16.1-4-70	16.1	01.040.27	F21	DL/T 2679—2023	电力建设工程安全生产标准化实施规范			2023/10/11	2024/4/11
16.1-4-71	16.1	01.040.27	F21	DL/T 2680—2023	电力建设施工企业安全生产标准化实施规范			2023/10/11	2024/4/11
16.1-4-72	16.1	01.040.27	F21	DL/T 2681—2023	电力勘测设计企业安全生产标准化实施规范			2023/10/11	2024/4/11
16.1-4-73	16.1	13.1	F09	DL/T 518.1—2016	电力生产事故分类与代码　第 1 部分：人身事故	DL/T 518.1—1993； DL/T 518.2—1993； DL/T 518.3—1993		2016/8/16	2016/12/1
16.1-4-74	16.1	13.0	F09	DL/T 518.2—2016	电力生产事故分类与代码　第 2 部分：设备事故	DL/T 518.4—1993； DL/T 518.5—1993		2016/8/16	2016/12/1
16.1-4-75	16.1	27.140	P59	DL/T 5259—2010	土石坝安全监测技术规范			2011/1/9	2011/5/1

16

续表

序号	GW 分类	ICS 分类	GB 分类	标准号	中 文 名 称	代替标准	采用关系	发布日期	实施日期
16.1-4-76	16.1	93.020	P10	DL/T 5494—2014	电力工程场地地震安全性评价规程			2014/10/15	2015/3/1
16.1-4-77	16.1	27.140	P59	NB/T 11091—2023	水电工程安全标识			2023/2/6	2023/8/6
16.1-4-78	16.1	27.140	P59	NB/T 11096—2023	水电工程安全隐患判定标准			2023/2/6	2023/8/6
16.1-4-79	16.1	27.140	P59	NB/T 11097—2023	水电工程安全管理和保护范围规定			2023/2/6	2023/8/6
16.1-5-80	16.1	29.140.40	N10/19	ANSI/UL 153-2018	便携式电灯安全标准	ANSI/UL 153-2017; ANSI/UL 153a-2017		2018/1/1	2018/1/1
16.1-5-81	16.1	29.120.20	L24	ANSI UL 514 B-2012	导线管、管道和电缆配件用安全性标准	ANSI UL 514 B-2007; ANSI UL 514 B-2009		2012/7/13	2012/7/13
16.1-5-82	16.1	13.200; 13.260; 29.020		IEC TR 60479-4：2020	电流对人和家畜的影响　第 4 部分：雷击对人和家畜的影响	IEC TR 60479-4: 2004; IEC 64/1772/DTR: 2011		2011/10/1	2011/10/1
16.1-5-83	16.1			IEC 61558-1：2017	电力变压器、电源、电抗器及类似设备的安全性　第 1 部分：一般要求和试验			2017/9/29	2017/9/29
16.1-5-84	16.1	21.02	J04	IEC 62502：2010	可靠性分析技术事件树分析（ETA）	IEC 56/1380/FDIS: 2010	EN 62502：2010，IDT； C20-319PR，IDT	2010/10/27	2010/10/27
16.1-5-85	16.1	27.100	F21	IEEE 1402：2021	变电站的物理和电子安全指南			2021/11/9	2021/11/9
16.1-5-86	16.1	13.020.10	Z04	ISO 14031：2021	环境管理　环境表现评价指南	ISO 14031：1999; ISO FDIS 14031: 2013		2021/3/23	2021/3/23
16.1-5-87	16.1	29.060.20		UL 1581-2011	电线、电缆和软线的安全参考标准	ANSI UL 1581-2008; ANSI UL 1581-2009		2011/4/14	2011/4/14
16.1-5-88	16.1	29.060.20	K13	UL 2250-2017	仪器仪表装置用盘式电缆的安全标准	ANSI UL 2250-2006		2017/3/30	2017/3/30
16.1-5-89	16.1	29.180		UL 5085-1-2013	低压变压器安全标准　第 1 部分：通用要求	ANSI UL 5085-1-2006		2013/12/6	2013/12/6
16.1-5-90	16.1			UL 5085-2	低压变压器安全标准　第 2 部分：一般用途变压器			2021/8/16	2021/8/16

16.2　安全与环保-作业安全

序号	GW 分类	ICS 分类	GB 分类	标准号	中 文 名 称	代替标准	采用关系	发布日期	实施日期
16.2-2-1	16.2	29.240		Q/GDW 10162—2016	杆塔作业防坠落装置	Q/GDW 162—2007		2017/6/16	2017/6/16
16.2-2-2	16.2	29.240		Q/GDW 10520—2016	10kV 配网不停电作业规范	Q/GDW 520—2010		2017/3/24	2017/3/24

续表

序号	GW 分类	ICS 分类	GB 分类	标准号	中 文 名 称	代替标准	采用关系	发布日期	实施日期
16.2-2-3	16.2	29.240		Q/GDW 10799.5—2017	国家电网公司电力安全工作规程　第 5 部分：风电场			2018/4/12	2018/4/12
16.2-2-4	16.2	29.240		Q/GDW 10799.7—2020	国家电网有限公司电力安全工作规程　第 7 部分：调相机部分			2021/1/29	2021/1/29
16.2-2-5	16.2	29.020	K09	Q/GDW 10799.8—2023	国家电网有限公司电力安全工作规程　第 8 部分：配电部分			2023/3/29	2023/3/29
16.2-2-6	16.2	29.240		Q/GDW 10908—2016	直升机电力作业安全工作规程	Q/GDW 1908—2013		2017/6/15	2017/6/15
16.2-2-7	16.2	29.240		Q/GDW 11089—2013	特高压交直流架空输电线路带电作业操作导则			2014/9/1	2014/9/1
16.2-2-8	16.2	29.240		Q/GDW 11121—2013	电力缺氧危险作业监测技术规范			2014/5/15	2014/5/15
16.2-2-9	16.2	29.240		Q/GDW 11370—2015	国家电网公司电工制造安全工作规程			2015/4/10	2015/4/10
16.2-2-10	16.2	29.240	F20	Q/GDW 11399—2024	架空输电线路无人机巡检作业安全工作规程	Q/GDW 11399—2015		2024/8/9	2024/8/9
16.2-2-11	16.2	29.240	F20/29	Q/GDW 11436—2024	国家电网有限公司抽水蓄能电站工程建设安全管理规范	Q/GDW 11436—2015		2024/3/8	2024/3/8
16.2-2-12	16.2			Q/GDW 11739—2017	国家电网有限公司作业安全体感实训室功能及建设规范			2018/7/11	2018/7/11
16.2-2-13	16.2	35.020	F20	Q/GDW 11807—2024	网络安全性评价规范	Q/GDW 11807—2018		2024/3/8	2024/3/8
16.2-2-14	16.2	29.240		Q/GDW 11808.1—2018	电网安全性评价规范　第 1 部分：输电网			2019/3/8	2019/3/8
16.2-2-15	16.2	29.240		Q/GDW 11808.2—2018	电网安全性评价规范　第 2 部分：城市电网			2019/3/8	2019/3/8
16.2-2-16	16.2	29.240		Q/GDW 11887—2018	风电场安全性评价规范			2020/4/17	2020/4/17
16.2-2-17	16.2	29.240		Q/GDW 11957.1—2020	国家电网有限公司电力建设安全工作规程　第 1 部分：变电			2021/1/29	2021/1/29
16.2-2-18	16.2	29.240		Q/GDW 11957.2—2020	国家电网有限公司电力建设安全工作规程　第 2 部分：线路			2021/1/29	2021/1/29
16.2-2-19	16.2	27.160	K09	Q/GDW 11957.4—2024	国家电网有限公司电力建设安全工作规程　第 4 部分：分布式光伏			2024/3/8	2024/3/8
16.2-2-20	16.2	29.240	F20/29	Q/GDW 11957.5—2025	国家电网有限公司电力建设安全工作规程　第 5 部分：抽水蓄能电站			2025/1/31	2025/1/31
16.2-2-21	16.2	29.240		Q/GDW 12148—2021	安全生产风险管控平台功能和接口规范			2021/9/17	2021/9/17
16.2-2-22	16.2	29.020		Q/GDW 12154—2021	电力安全工器具试验检测中心建设规范			2021/9/17	2021/9/17

续表

序号	GW 分类	ICS 分类	GB 分类	标准号	中 文 名 称	代替标准	采用关系	发布日期	实施日期
16.2-2-23	16.2	29.240		Q/GDW 12218—2022	低压交流配网不停电作业技术导则			2022/5/13	2022/5/13
16.2-2-24	16.2	13.340.20		Q/GDW 12241—2022	智能安全帽			2022/9/26	2022/9/26
16.2-2-25	16.2	29.240		Q/GDW 12275.1—2022	作业现场数字化安全管控系统　第 1 部分：总则			2022/12/30	2022/12/30
16.2-2-26	16.2	29.240		Q/GDW 12275.2—2022	作业现场数字化安全管控系统　第 2 部分：现场管控装置硬件技术规范			2022/12/30	2022/12/30
16.2-2-27	16.2	29.240		Q/GDW 12275.3—2022	作业现场数字化安全管控系统　第 3 部分：现场管控装置软件技术规范			2022/12/30	2022/12/30
16.2-2-28	16.2	29.240		Q/GDW 12275.4—2022	作业现场数字化安全管控系统　第 4 部分：智能服务功能规范			2022/12/30	2022/12/30
16.2-2-29	16.2	29.240		Q/GDW 12275.5—2022	作业现场数字化安全管控系统　第 5 部分：附属接入终端技术规范			2022/12/30	2022/12/30
16.2-2-30	16.2	29.020	F25	Q/GDW 12505—2025	电化学储能电站安全风险评估规范			2025/1/31	2025/1/31
16.2-2-31	16.2	29.020	F20	Q/GDW 12507—2025	无人机辅助安装坠落防护系统技术规范			2025/1/31	2025/1/31
16.2-2-32	16.2	29.020	F20	Q/GDW 12508—2025	电力高处作业用双钩安全绳技术规范			2025/1/31	2025/1/31
16.2-2-33	16.2			Q/GDW 1799.1—2013	电力安全工作规程　变电部分			2013/11/6	2013/11/6
16.2-2-34	16.2			Q/GDW 1799.2—2013	电力安全工作规程　线路部分			2013/11/6	2013/11/6
16.2-2-35	16.2	29.240		Q/GDW 1799.3—2015	国家电网公司电力安全工作规程　第 3 部分：水电厂动力部分			2015/4/10	2015/4/10
16.2-2-36	16.2	29.240		Q/GDW 710—2012	10kV 电缆线路不停电作业技术导则			2012/2/14	2012/2/14
16.2-3-37	16.2	53.060	J83	GB/T 10827.5—2013	工业车辆　安全要求和验证　第 5 部分：步行式车辆		ISO 3691-5：2009，IDT	2013/12/31	2014/7/1
16.2-3-38	16.2	23.140	J72	GB/T 10892—2021	固定的空气压缩机安全规则和操作规程	GB/T 10892—2005	ISO 5388：1981，MOD	2021/12/31	2022/7/1
16.2-3-39	16.2	13.260	C66	GB 12158—2006	防止静电事故通用导则	GB 12158—1990		2006/6/22	2006/12/1
16.2-3-40	16.2	13.230	C67	GB 15577—2018	粉尘防爆安全规程	GB 15577—2007		2018/11/19	2019/6/1
16.2-3-41	16.2	91.220	P97	GB/T 15831—2023	钢管脚手架扣件	GB 15831—2006		2023/5/23	2023/12/1
16.2-3-42	16.2	13.230	C67	GB 16543—2008	高炉喷吹烟煤系统防爆安全规程	GB 16543—1996		2008/4/22	2008/11/1
16.2-3-43	16.2	53.020.20	J80	GB/T 23723.1—2009	起重机　安全使用　第 1 部分：总则		ISO 12480-1：1997，IDT	2009/4/24	2010/1/1

续表

序号	GW 分类	ICS 分类	GB 分类	标准号	中文名称	代替标准	采用关系	发布日期	实施日期
16.2-3-44	16.2	13.340.99	C73	GB/T 24537—2009	坠落防护　带柔性导轨的自锁器			2009/10/30	2010/9/1
16.2-3-45	16.2	13.340.99	C73	GB/T 24538—2009	坠落防护　缓冲器		ISO 10333-2：2000，MOD	2009/10/30	2010/9/1
16.2-3-46	16.2	13.340.99	C73	GB 24542—2023	坠落防护　带刚性导轨的自锁器	GB 24542—2009		2023/12/28	2025/1/1
16.2-3-47	16.2	13.340.99	C73	GB 24543—2009	坠落防护　安全绳		ISO 10333-2：2000，MOD	2009/10/30	2010/9/1
16.2-3-48	16.2	13.340.99	C73	GB 24544—2023	坠落防护　速差自控器	GB 24544—2009		2023/12/28	2025/1/1
16.2-3-49	16.2	25.160.30	J64	GB/T 25312—2010	焊接设备电磁场对操作人员影响程度的评价准则			2010/11/10	2011/5/1
16.2-3-50	16.2	27.100	F25	GB 26164.1—2010	电业安全工作规程　第 1 部分：热力和机械			2011/1/14	2011/12/1
16.2-3-51	16.2	29.020	K09	GB 26859—2011	电力安全工作规程　电力线路部分			2011/7/29	2012/6/1
16.2-3-52	16.2	29.020	K09	GB 26860—2011	电力安全工作规程　发电厂和变电站电气部分			2011/7/29	2012/6/1
16.2-3-53	16.2	29.020	K09	GB 26861—2011	电力安全工作规程高压试验室部分			2011/7/29	2012/6/1
16.2-3-54	16.2	53.060	J83	GB/T 26949.4—2022	工业车辆　稳定性验证　第 4 部分：托盘堆垛车、双层堆垛车和操作者位置起升高度不大于 1200mm 的拣选车	GB/T 26949.4—2016	ISO 22915-4: 2018，IDT	2022/7/11	2023/2/1
16.2-3-55	16.2	53.060	J83	GB/T 26949.7—2023	工业车辆　稳定性验证　第 7 部分：双向和多向运行叉车	GB/T 26949.7—2016		2023/11/27	2024/6/1
16.2-3-56	16.2	53.060	J83	GB/T 26949.8—2022	工业车辆　稳定性验证　第 8 部分：在门架前倾和载荷起升条件下堆垛作业的附加稳定性试验	GB/T 26949.8—2016	ISO 22915-8: 2008，IDT	2022/7/11	2023/2/1
16.2-3-57	16.2	53.060	J83	GB/T 26949.11—2016	工业车辆　稳定性验证　第 11 部分：伸缩臂式叉车		ISO 22915-11：2011，IDT	2016/10/13	2017/5/1
16.2-3-58	16.2	53.060	J83	GB/T 26949.14—2016	工业车辆　稳定性验证　第 14 部分：越野型伸缩臂式叉车		ISO 22915-14：2010，IDT	2016/10/13	2017/5/1
16.2-3-59	16.2	53.060	J83	GB/T 26949.20—2016	工业车辆　稳定性验证　第 20 部分：在载荷偏置条件下作业的附加稳定性试验		ISO 22915-20：2008，IDT	2016/10/13	2017/5/1
16.2-3-60	16.2	53.060	J83	GB/T 26949.21—2023	工业车辆　稳定性验证　第 21 部分：操作者位置起升高度大于 1200mm 的拣选车	GB/T 26949.21—2016		2023/9/7	2024/4/1
16.2-3-61	16.2	29.260.20	K35	GB/T 29304—2012	爆炸危险场所防爆安全导则			2012/12/31	2013/6/1

续表

序号	GW 分类	ICS 分类	GB 分类	标准号	中 文 名 称	代替标准	采用关系	发布日期	实施日期
16.2-3-62	16.2	33.100.20；53.060	J83	GB/T 30031—2021	工业车辆　电磁兼容性	GB/T 30031—2013	EN 12895：2000，IDT	2021/12/31	2022/7/1
16.2-3-63	16.2	13.340.99	C73	GB 30862—2014	坠落防护　挂点装置			2014/7/24	2015/6/1
16.2-3-64	16.2	91.140.90	J80	GB/T 34025—2017	施工升降机用齿轮渐进式防坠安全器			2017/7/12	2018/2/1
16.2-3-65	16.2	27.180	F19	GB/T 34542.1—2017	氢气储存输送系统　第 1 部分：通用要求			2017/10/14	2018/5/1
16.2-3-66	16.2	25.140.20	K64	GB/T 34570.1—2017	电动工具用可充电电池包和充电器的安全　第 1 部分：电池包的安全			2017/9/29	2018/4/1
16.2-3-67	16.2	25.140.20	K64	GB/T 34570.2—2017	电动工具用可充电电池包和充电器的安全　第 2 部分：充电器的安全			2017/9/29	2018/4/1
16.2-3-68	16.2	13.200；13.230	A90	GB/T 37521.1—2019	重点场所防爆炸安全检查　第 1 部分：基础条件			2019/6/4	2019/12/1
16.2-3-69	16.2	13.200；13.230	A90	GB/T 37521.2—2019	重点场所防爆炸安全检查　第 2 部分：能力评估			2019/6/4	2019/12/1
16.2-3-70	16.2	13.200；13.230	A90	GB/T 37521.3—2019	重点场所防爆炸安全检查　第 3 部分：规程			2019/6/4	2019/12/1
16.2-3-71	16.2	13.200；13.230	A90	GB/T 37522—2019	爆炸物安全检查与处置　通用术语			2019/6/4	2019/12/1
16.2-3-72	16.2	25.140.20	K64	GB/T 3787—2017	手持式电动工具的管理、使用、检查和维修安全技术规程	GB/T 3787—2006		2017/7/12	2018/2/1
16.2-3-73	16.2	29.260.20	K35	GB/T 3836.4—2021	爆炸性环境　第 4 部分：由本质安全型“i”保护的设备	GB 3836.19—2010；GB 3836.4—2010；GB 12476.4—2010	IEC 60079-11：2011，MOD	2021/10/11	2022/5/1
16.2-3-74	16.2	29.260.20	K35	GB/T 3836.11—2022	爆炸性环境　第 11 部分：气体和蒸气物质特性分类　试验方法和数据	GB/T 3836.11—2017		2022/10/12	2023/5/1
16.2-3-75	16.2	25.140.20	K64	GB/T 3883.1—2014	手持式、可移式电动工具和园林工具的安全　第 1 部分：通用要求	GB 13960.1—2008；GB 3883.1—2008		2014/12/5	2015/10/16
16.2-3-76	16.2	13.100	C68	GB 4053.1—2009	固定式钢梯及平台安全要求　第 1 部分：钢直梯	GB 4053.1—1993		2009/3/31	2009/12/1
16.2-3-77	16.2	13.100	C68	GB 4053.2—2009	固定式钢梯及平台安全要求　第 2 部分：钢斜梯	GB 4053.2—1993		2009/3/31	2009/12/1
16.2-3-78	16.2	13.100	C68	GB 4053.3—2009	固定式钢梯及平台安全要求　第 3 部分：工业防护栏杆及钢平台	GB 4053.3—1993；GB 5053.4—1983		2009/3/31	2009/12/1

续表

序号	GW 分类	ICS 分类	GB 分类	标准号	中 文 名 称	代替标准	采用关系	发布日期	实施日期
16.2-3-79	16.2	27.180	F19	GB/T 42288—2022	电化学储能电站安全规程			2022/12/30	2023/7/1
16.2-3-80	16.2	91.220	P97	GB/T 43746.1—2024	钻孔和基础施工设备安全要求　第 1 部分：通用要求			2024/4/25	2024/11/1
16.2-3-81	16.2	91.220	P97	GB/T 43746.2—2024	钻孔和基础施工设备安全要求　第 2 部分：建筑施工用移动式钻机			2024/4/25	2024/11/1
16.2-3-82	16.2	91.220	P97	GB/T 43746.3—2024	钻孔和基础施工设备安全要求　第 3 部分：桩和其他基础施工设备			2024/4/25	2024/11/1
16.2-3-83	16.2			GB 50656—2011	施工企业安全生产管理规范			2011/7/26	2012/4/1
16.2-3-84	16.2	53.020.20	J80	GB/T 5082—2019	起重机　手势信号	GB/T 5082—1985	ISO 16715：2014，IDT	2019/12/10	2020/7/1
16.2-3-85	16.2	29.200	K85	GB/T 7260.1—2023	不间断电源系统（UPS）　第 1 部分：安全要求	GB/T 7260.1—2008 GB/T 7260.4—2008		2023/12/28	2024/7/1
16.2-3-86	16.2	29.200	K85	GB/T 7260.4—2008	不间断电源设备　第 1-2 部分：限制触及区使用的 UPS 的一般规定和安全要求		IEC 62040-1-2：2002，MOD	2008/5/20	2009/4/1
16.2-3-87	16.2	13.310	A91	GB/T 7946—2015	脉冲电子围栏及其安装和安全运行	GB/T 7946—2008		2015/5/15	2015/12/1
16.2-3-88	16.2	13.110	J09	GB/T 8196—2018	机械安全　防护装置　固定式和活动式防护装置的设计与制造一般要求	GB/T 8196—2003	ISO 14120：2015，IDT	2018/12/28	2019/7/1
16.2-3-89	16.2	13.100	C71	GB 8958—2006	缺氧危险作业安全规程	GB 8958—1988		2006/6/22	2006/12/1
16.2-4-90	16.2	13.100	C75	AQ 5210—2011	建筑涂装安全通则			2011/7/12	2011/12/1
16.2-4-91	16.2	13.100	C65	AQ/T 8006—2018	安全生产检测检验机构能力的通用要求	AQ 8006—2010		2018/5/22	2018/12/1
16.2-4-92	16.2	07.040	A77	CH/Z 3001—2010	无人机航摄安全作业基本要求			2010/8/24	2010/10/1
16.2-4-93	16.2	29.020	K01	DL/T 1200—2013	电力行业缺氧危险作业监测与防护技术规范			2013/3/7	2013/8/1
16.2-4-94	16.2	29.020	K01	DL/T 1345—2021	直升机电力作业安全工作规程	DL/T 1345—2014		2021/1/7	2021/7/1
16.2-4-95	16.2	27.100	F25	DL/T 1475—2015	电力安全工器具配置与存放技术要求			2015/7/1	2015/12/1
16.2-4-96	16.2	13.200	F20	DL/T 2520—2022	电力管道有限空间作业安全技术规范			2022/5/13	2022/11/13
16.2-4-97	16.2	29.020	K09	DL/T 409—2023	电力安全工作规程电力线路部分	DL 409—1991		2023/12/28	2024/6/28
16.2-4-98	16.2	29.020	K09	DL/T 477—2021	农村电网低压电气安全工作规程	DL/T 477—2010		2021/12/22	2022/3/22
16.2-4-99	16.2	29.240.01	F25	DL/T 493—2015	农村低压安全用电规程	DL 493—2001		2015/4/2	2015/9/1
16.2-4-100	16.2	27.010	F09	DL 5009.1—2014	电力建设安全工作规程　第 1 部分：火力发电	DL 5009.1—2002		2014/10/15	2015/3/1

续表

序号	GW 分类	ICS 分类	GB 分类	标准号	中 文 名 称	代替标准	采用关系	发布日期	实施日期
16.2-4-101	16.2	29.240.20	F25	DL 5009.2—2013	电力建设安全工作规程　第 2 部分：电力线路	DL 5009.2—2004		2013/11/28	2014/4/1
16.2-4-102	16.2	29.240.10	F25	DL 5009.3—2013	电力建设安全工作规程　第 3 部分：变电站	DL 5009.3—1997		2013/11/28	2014/4/1
16.2-4-103	16.2	27.140	P59	DL 5162—2013	水电水利工程施工安全防护设施技术规范	DL 5162—2002		2013/11/28	2014/4/1
16.2-4-104	16.2	27.140	P59	DL/T 5248—2010	履带起重机安全操作规程			2010/5/24	2010/10/1
16.2-4-105	16.2	27.140	P59	DL/T 5249—2010	门座起重机安全操作规程			2010/5/24	2010/10/1
16.2-4-106	16.2	27.140	P59	DL/T 5250—2010	汽车起重机安全操作规程			2010/5/24	2010/10/1
16.2-4-107	16.2	27.140	P59	DL/T 5263—2010	水电水利工程施工机械安全操作规程　装载机			2011/1/9	2011/5/1
16.2-4-108	16.2	27.140	P59	DL/T 5302—2013	水电水利工程施工机械安全操作规程　专用汽车			2013/11/28	2014/4/1
16.2-4-109	16.2	27.140	P98	DL/T 5305—2013	水电水利工程施工机械安全操作规程　运输类车辆			2013/11/28	2014/4/1
16.2-4-110	16.2	27.140	P59	DL/T 5307—2013	水电水利工程施工度汛风险评估规程			2013/11/28	2014/4/1
16.2-4-111	16.2	27.140	P59	DL/T 5308—2013	水电水利工程施工安全监测技术规范			2013/11/28	2014/4/1
16.2-4-112	16.2	13.100	P09	DL/T 5370—2017	水电水利工程施工通用安全技术规程	DL/T 5370—2007		2017/11/15	2018/3/1
16.2-4-113	16.2	27.100	P09	DL/T 5371—2017	水电水利工程土建施工安全技术规程	DL/T 5371—2007		2017/11/15	2018/3/1
16.2-4-114	16.2	27.100	P09	DL/T 5372—2017	水电水利工程金属结构与机电设备安装安全技术规程	DL/T 5372—2007		2017/11/15	2018/3/1
16.2-4-115	16.2	27.100	P09	DL/T 5373—2017	水电水利工程施工作业人员安全操作规程	DL/T 5373—2007		2017/11/15	2018/3/1
16.2-4-116	16.2	29.020	K09	DL/T 560—2022	电业安全工作规程（高压实验室部分）	DL 560—1995		2022/5/13	2022/11/13
16.2-4-117	16.2	27.140	P98	DL/T 5701—2014	水电水利工程施工机械安全操作规程　反井钻机			2014/10/15	2015/3/1
16.2-4-118	16.2	27.140	P98	DL/T 5711—2014	水电水利工程施工机械安全操作规程　带式输送机			2014/10/15	2015/3/1
16.2-4-119	16.2	27.140	P59	DL/T 5773—2018	水电水利工程施工机械安全操作规程　混凝土运输车			2018/12/25	2019/5/1
16.2-4-120	16.2	27.140	P98	DL/T 5825—2021	水电水利工程施工机械安全操作规程　混凝土喷射机			2021/4/26	2021/10/26

续表

序号	GW 分类	ICS 分类	GB 分类	标准号	中文名称	代替标准	采用关系	发布日期	实施日期
16.2-4-121	16.2	27.140	P59	DL/T 5832—2021	水电水利工程施工机械安全操作规程　自动埋弧焊机			2021/4/26	2021/10/26
16.2-4-122	16.2	27.140	P59	DL/T 5833—2021	水电水利工程施工机械安全操作规程　自动火焰切割机			2021/4/26	2021/10/26
16.2-4-123	16.2	27.100	F20	DL/T 669—2023	电力行业高温作业分级	DL/T 669—1999		2023/5/26	2023/11/26
16.2-4-124	16.2			JGJ 146—2013	建设工程施工现场环境与卫生标准	JGJ 146—2004		2013/11/8	2014/6/1
16.2-4-125	16.2			JGJ 160—2016	施工现场机械设备检查技术规范	JGJ 160—2008		2016/9/5	2017/3/1
16.2-4-126	16.2			JGJ 348—2014	建筑工程施工现场标志设置技术规程			2014/10/20	2015/5/1
16.2-4-127	16.2			JGJ 46—2005	施工现场临时用电安全技术规范	JGJ 46—1988		2005/4/15	2005/7/1
16.2-4-128	16.2			JGJ 59—2011	建筑施工安全检查标准	JGJ 59—1999		2011/12/7	2012/7/1
16.2-4-129	16.2			JGJ 80—2016	建筑施工高处作业安全技术规范	JGJ 80—1991		2016/7/9	2016/12/1
16.2-4-130	16.2			LD 81—1995	有毒作业分级检测规程			1995/9/1	1996/6/1
16.2-4-131	16.2	03.220.50	V53	MH/T 1064.1—2017	直升机电力作业安全规程　第 1 部分：通用要求			2017/1/2	2017/4/1
16.2-4-132	16.2	03.220.50	V53	MH/T 1064.2—2017	直升机电力作业安全规程　第 2 部分：巡检作业			2017/1/2	2017/4/1
16.2-4-133	16.2	03.220.50	V53	MH/T 1064.3—2017	直升机电力作业安全规程　第 3 部分：激光扫描作业			2017/1/2	2017/4/1
16.2-4-134	16.2	03.220.50	V53	MH/T 1064.4—2017	直升机电力作业安全规程　第 4 部分：带电线上作业			2017/1/2	2017/4/1
16.2-4-135	16.2	03.220.50	V53	MH/T 1064.5—2017	直升机电力作业安全规程　第 5 部分：带电水冲洗作业			2017/1/2	2017/4/1
16.2-4-136	16.2	03.220.50	V53	MH/T 1064.6—2017	直升机电力作业安全规程　第 6 部分：吊装组塔作业			2017/1/2	2017/4/1
16.2-4-137	16.2	03.220.50	V53	MH/T 1064.7—2017	直升机电力作业安全规程　第 7 部分：展放导引绳作业			2017/1/2	2017/4/1
16.2-4-138	16.2	27.140	P59	NB/T 11188—2023	水电工程泄洪雾化防护技术导则			2023/5/26	2023/11/26
16.2-4-139	16.2	27.180	F11	NB/T 31052—2014	风力发电场高处作业安全规程			2014/10/15	2015/3/1

续表

序号	GW 分类	ICS 分类	GB 分类	标准号	中 文 名 称	代替标准	采用关系	发布日期	实施日期
16.2-4-140	16.2			TSG Z6001—2019	特种设备作业人员考核规则	TSG ZF002—2005；TSG Y6001—2008；TSG T6001—2007；TSG R6002—2006；TSG D6001—2006；TSG R6003—2006；TSG S6001—2008；TSG R6004—2006；TSG R6001—2011；TSG G6003—2008；TSG G6001—2009；TSG Z6001—2013		2019/5/27	2019/6/1
16.2-4-141	16.2	13.100	C78	WS/T 724—2010	作业场所职业危害监管信息系统基础数据结构	AQ/T 4207—2010		2010/9/6	2011/5/1
16.2-5-142	16.2	25.140.20	K64	IEC 60745-2-3：2006/AMD1：2010/AMD2：2012，CSV	手持式电动工具　安全性　第 2-3 部分：研磨机、抛光机和盘式砂光机详细要求	IEC 60745-2-3：2011		2012/7/30	2012/7/30
16.2-5-143	16.2	25.140.20；65.060.80	K64	IEC 60745-2-13：2011 ED 2.1	手持式电动工具　安全性　第 2-13 部分：链锯的详细要求	IEC 60745-2-13：2006		2011/4/1	2011/4/1
16.2-5-144	16.2			IEC 60745-2-19：2005/AMD1：2010，CSV	手持式电动工具　安全性　第 2-19 部分：连接器的详细要求			2010/8/23	2010/8/23
16.2-5-145	16.2	13.260；29.240.20；29.260.99		IEC 60984：2014	带电工作—电绝缘套管	IEC 60984：2002		2014/7/28	2014/7/28
16.2-5-146	16.2			IEC 61010-1：2010/AMD1：2016，CSV	测量、控制和实验室用电气设备的安全要求　第 1 部分：通用要求　3.0 版			2017/1/10	2017/1/10
16.2-5-147	16.2			IEC 61010-2-010：2019	安全要求的测量、控制和实验室用电气设备　第 2-010 部分：实验室设备的材料加热的特殊要求　3.0 版			2019/2/12	2019/2/12
16.2-5-148	16.2			IEC 61010-031：2022	安全要求测量、控制和实验室用电气设备 031 部分：手持探头组件电气测量和试验的安全要求　2.0 版			2022/12/22	2022/12/22
16.2-6-149	16.2	27.180		T/CEC 675—2022	电化学储能电站安全规程			2022/10/26	2023/2/1

序号	GW 分类	ICS 分类	GB 分类	标准号	中 文 名 称	代替标准	采用关系	发布日期	实施日期
16.2-6-150	16.2			T/CEC 836—2023	电力作业工具坠落防护用器具技术要求			2023/12/13	2024/4/1

16.3　安全与环保-劳动保护

序号	GW 分类	ICS 分类	GB 分类	标准号	中 文 名 称	代替标准	采用关系	发布日期	实施日期
16.3-2-1	16.3	29.240		Q/GDW 11564.1—2016	高原电网建设与运维医疗卫生保障　第 1 部分：工程建设医疗卫生保障			2017/10/30	2017/10/30
16.3-2-2	16.3	29.240		Q/GDW 11564.2—2016	高原电网建设与运维医疗卫生保障　第 2 部分：运维检修医疗卫生保障			2017/10/30	2017/10/30
16.3-2-3	16.3	29.240		Q/GDW 11564.3—2016	高原电网建设与运维医疗卫生保障　第 3 部分：应急抢险医疗卫生保障			2017/10/30	2017/10/30
16.3-2-4	16.3	13.340.01	C73	Q/GDW 11593—2024	劳动防护用品配置规定	Q/GDW 11593—2016		2024/11/4	2024/11/4
16.3-2-5	16.3	29.020		Q/GDW 12163—2021	高海拔地区变电站生活保障规范			2021/12/6	2021/12/6
16.3-2-6	16.3			Q/GDW 1912—2013	1000kV 特高压交流静电防护服装			2014/4/15	2014/4/15
16.3-2-7	16.3	29.240		Q/GDW 711—2012	10kV 带电作业用绝缘防护用具、遮蔽用具技术导则			2012/2/14	2012/2/14
16.3-3-8	16.3	13.340.10	C73	GB 12014—2019	防护服装　防静电服	GB 12014—2009；GB/T 23464—2009		2019/12/31	2020/7/1
16.3-3-9	16.3	13.340.40	C73	GB/T 12624—2020	手部防护　通用测试方法	GB/T 12624—2009		2020/7/21	2021/5/1
16.3-3-10	16.3	13.340.10	C73	GB/T 18136—2008	交流高压静电防护服装及试验方法	GB 18136—2000		2008/9/24	2009/8/1
16.3-3-11	16.3	13.340.50	C73	GB/T 20098—2006	低温环境作业保护靴通用技术要求		ISO 2252：1983，NEQ	2006/1/12	2006/9/1
16.3-3-12	16.3	13.340.10	C73	GB 21148—2020	足部防护　安全鞋	GB12011—2009；GB21146—2007；GB21147—2007；GB21148—2007	ISO 20345：2011，NEQ	2020/7/23	2021/8/1
16.3-3-13	16.3	13.340.40	C73	GB 24541—2022	手部防护　机械危害防护手套	GB 24541—2009		2022/12/29	2024/1/1
16.3-3-14	16.3	29.240.01	F23	GB/T 25726—2010	1000kV 交流带电作业用屏蔽服装			2010/12/23	2011/5/1
16.3-3-15	16.3	13.340.30	C73	GB 2626—2019	呼吸防护　自吸过滤式防颗粒物呼吸器	GB 2626—2006		2019/12/31	2020/7/1
16.3-3-16	16.3	13.340.20	C73	GB 2811—2019	头部防护　安全帽	GB 2811—2007		2019/12/31	2020/7/1
16.3-3-17	16.3	13.340.30	C73	GB 2890—2022	呼吸防护　自吸过滤式防毒面具	GB 2890—2009		2022/12/29	2024/1/1

续表

序号	GW 分类	ICS 分类	GB 分类	标准号	中 文 名 称	代替标准	采用关系	发布日期	实施日期
16.3-3-18	16.3	13.340.20	C73	GB/T 3609.1—2008	职业眼面部防护　焊接防护　第 1 部分：焊接防护具	GB/T 3609.1—1994；GB/T 3609.2—1983；GB/T 3609.3—1983		2008/12/15	2009/10/1
16.3-3-19	16.3	13.340.01	C73	GB 39800.1—2020	个体防护装备配备规范　第 1 部分：总则	GB/T 11651—2008；GB/T 29510—2013		2020/12/24	2022/1/1
16.3-3-20	16.3	13.340.99	C73	GB/T 6096—2020	坠落防护　安全带系统性能测试方法	GB/T 6096—2009		2020/11/19	2021/6/1
16.3-3-21	16.3	13.340.1	C73	GB/T 6568—2024	带电作业用屏蔽服装	GB/T 6568—2008		2024/3/15	2024/10/1
16.3-4-22	16.3	27.100	K47	DL/T 1125—2009	10kV 带电作业用绝缘服装			2009/7/22	2009/12/1
16.3-4-23	16.3	29.035	K15	DL/T 1238—2013	1000kV 交流系统用静电防护服装			2013/3/7	2013/8/1
16.3-4-24	16.3	29.240.99	K40	DL/T 1692—2017	安全工器具柜技术条件			2017/3/28	2017/8/1
16.3-4-25	16.3	13.340	C73	DL/T 320—2019	个人电弧防护用品通用技术要求	DL/T 320—2010		2019/6/4	2019/10/1
16.3-4-26	16.3	27.100	K43	DL/T 639—2016	六氟化硫电气设备运行、试验及检修人员安全防护导则	DL/T 639—1997		2016/1/7	2016/6/1
16.3-4-27	16.3	29.260.70	K47	DL/T 676—2012	带电作业用绝缘鞋（靴）通用技术条件	DL/T 676—1999		2012/1/4	2012/3/1
16.3-4-28	16.3	29.035.01	K15	DL/T 778—2014	带电作业用绝缘袖套	DL 778—2001	IEC 60984：2002，MOD	2014/3/18	2014/8/1
16.3-4-29	16.3	27.100	F20	DL/T 799.5—2019	电力行业劳动环境监测技术规范　第 5 部分：高温监测	DL/T 799.5—2010		2019/11/4	2020/5/1
16.3-4-30	16.3	29.020	K47	DL/T 975—2005	带电作业用防机械刺穿手套		IEC 61942：1997，MOD	2005/11/28	2006/6/1
16.3-4-31	16.3			LD/T 75—1995	劳动防护用品分类与代码			1995/2/11	1995/10/1
16.3-4-32	16.3	27.140	P59	NB/T 10395—2020	水电工程劳动安全与工业卫生后评价规程			2020/10/23	2021/2/1
16.3-4-33	16.3	27.140	P59	NB/T 35025—2014	水电工程劳动安全与工业卫生验收规程			2014/6/29	2014/11/1
16.3-5-34	16.3	13.260；29.240.20；29.260.99		IEC 60903：2014	带电作业　电气绝缘手套			2014/7/28	2014/7/28
16.3-5-35	16.3			IEC 61140：2016	电击防护　设施与设备的共同外观			2016/1/7	2016/1/7
16.3-5-36	16.3			ISO 20346：2021	个人保护的设备　防护鞋			2021/12/17	2021/12/17

16.4　安全与环保-职业卫生

序号	GW 分类	ICS 分类	GB 分类	标准号	中 文 名 称	代替标准	采用关系	发布日期	实施日期
16.4-2-1	16.4	29.240		Q/GDW 11443—2021	国家电网有限公司职业卫生技术规范	Q/GDW 11443—2015		2021/5/12	2021/5/12

续表

序号	GW 分类	ICS 分类	GB 分类	标准号	中 文 名 称	代替标准	采用关系	发布日期	实施日期
16.4-3-2	16.4	13.020	C51	GB 37489.1—2019	公共场所设计卫生规范　第 1 部分：总则	GB 9663～9672—1996； GB 16153—1996		2019/4/4	2019/11/1
16.4-3-3	16.4	13.100	C78	GB/T 45001—2020	职业健康安全管理体系　要求及使用指南	GB/T 28001—2011； GB/T 28002—2011	ISO 45001：2018，IDT	2020/3/6	2020/3/6
16.4-3-4	16.4			GB 50523—2010	电子工业职业安全卫生设计规范			2010/5/31	2010/12/1
16.4-3-5	16.4	13.100	C52	GBZ 1—2010	工业企业设计卫生标准	GBZ 1—2002		2010/1/22	2010/8/1
16.4-3-6	16.4	13.100	C60	GBZ 188—2014	职业健康监护技术规范	GBZ 188—2007		2014/5/14	2014/10/1
16.4-3-7	16.4	13.100	C52	GBZ/T 194—2007	工作场所防止职业中毒卫生工程防护措施规范			2007/8/13	2008/2/1
16.4-3-8	16.4	13.100	C52	GBZ 2.1—2019	工作场所有害因素职业接触限值　第 1 部分：化学有害因素	GBZ 2.1—2007		2019/8/27	2020/4/1
16.4-3-9	16.4	13.100	C52	GBZ 2.2—2007	工作场所有害因素职业接触限值　第 2 部分：物理因素	GBZ 2—2002		2007/4/12	2007/11/1
16.4-3-10	16.4	13.100	C52	GBZ/T 224—2010	职业卫生名词术语			2010/1/22	2010/8/1
16.4-3-11	16.4	13.100	C52	GBZ/T 225—2010	用人单位职业病防治指南			2010/1/22	2010/8/1
16.4-3-12	16.4	13.100	C52	GBZ/T 229.1—2010	工作场所职业病危害作业分级　第 1 部分：生产性粉尘			2010/3/10	2010/10/1
16.4-3-13	16.4	13.100	C52	GBZ/T 229.2—2010	工作场所职业病危害作业分级　第 2 部分：化学物			2010/4/12	2010/11/1
16.4-3-14	16.4	13.100	C52	GBZ/T 229.3—2010	工作场所职业病危害作业分级　第 3 部分：高温			2010/3/10	2010/10/1
16.4-4-15	16.4			AQ/T 4256—2015	建筑施工企业职业病危害防治技术规范	AQ/T 4256—2015		2015/3/9	2015/9/1
16.4-4-16	16.4	27.100	F20	DL/T 325—2010	电力行业职业健康监护技术规范			2011/1/9	2011/5/1
16.4-4-17	16.4	27.100	F20	DL/T 799.1—2019	电力行业劳动环境监测技术规范　第 1 部分：总则	DL/T 799.1—2010		2019/11/4	2020/5/1
16.4-4-18	16.4	27.100	F20	DL/T 799.2—2019	电力行业劳动环境监测技术规范　第 2 部分：生产性粉尘监测	DL/T 799.2—2010		2019/11/4	2020/5/1
16.4-4-19	16.4	27.100	F20	DL/T 799.3—2019	电力行业劳动环境监测技术规范　第 3 部分：生产性噪声监测	DL/T 799.3—2010		2019/11/4	2020/5/1

续表

序号	GW 分类	ICS 分类	GB 分类	标准号	中文名称	代替标准	采用关系	发布日期	实施日期
16.4-4-20	16.4	27.100	F20	DL/T 799.4—2019	电力行业劳动环境监测技术规范　第 4 部分：生产性毒物监测	DL/T 799.4—2010		2019/11/4	2020/5/1
16.4-4-21	16.4	27.100	F20	DL/T 799.6—2019	电力行业劳动环境监测技术规范　第 6 部分：微波辐射监测	DL/T 799.6—2010		2019/11/4	2020/5/1
16.4-4-22	16.4	27.100	F20	DL/T 799.7—2019	电力行业劳动环境监测技术规范　第 7 部分：工频电场、工频磁场监测	DL/T 799.7—2010		2019/11/4	2020/5/1

16.5　安全与环保-环境保护

序号	GW 分类	ICS 分类	GB 分类	标准号	中文名称	代替标准	采用关系	发布日期	实施日期
16.5-2-1	16.5	29.240		Q/GDW 10470—2022	六氟化硫回收回充及净化处理装置技术规范	Q/GDW 470—2010		2022/9/15	2022/9/15
16.5-2-2	16.5	29.120.99	K10	Q/GDW 11277—2024	变电站（换流站）降噪材料和降噪装置技术要求	Q/GDW 11277—2014		2024/8/2	2024/8/2
16.5-2-3	16.5			Q/GDW 11970.1—2023	输变电工程水土保持技术规程　第 1 部分：水土保持方案			2023/11/15	2023/11/15
16.5-2-4	16.5			Q/GDW 11970.2—2023	输变电工程水土保持技术规程　第 2 部分：水土保持设计			2023/11/15	2023/11/15
16.5-2-5	16.5			Q/GDW 11970.3—2023	输变电工程水土保持技术规程　第 3 部分：水土保持施工			2023/11/15	2023/11/15
16.5-2-6	16.5			Q/GDW 11970.4—2023	输变电工程水土保持技术规程　第 4 部分：水土保持监理	Q/GDW 11970—2019		2023/11/15	2023/11/15
16.5-2-7	16.5			Q/GDW 11970.5—2023	输变电工程水土保持技术规程　第 5 部分：水土保持监测			2023/11/15	2023/11/15
16.5-2-8	16.5	29.240		Q/GDW 11970.6—2023	输变电工程水土保持技术规程　第 6 部分：水土保持监督检查			2023/11/15	2023/11/15
16.5-2-9	16.5			Q/GDW 11970.7—2023	输变电工程水土保持技术规程　第 7 部分：水土保持设施质量检验及评定			2023/11/15	2023/11/15
16.5-2-10	16.5			Q/GDW 11970.8—2023	输变电工程水土保持技术规程　第 8 部分：水土保持设施验收			2023/11/15	2023/11/15
16.5-2-11	16.5			Q/GDW 11970.9—2023	输变电工程水土保持技术规程　第 9 部分：水土保持遥感			2023/11/15	2023/11/15
16.5-2-12	16.5	29.240		Q/GDW 12202—2022	输变电工程生态影响防控技术导则			2022/1/30	2022/1/30

续表

序号	GW 分类	ICS 分类	GB 分类	标准号	中 文 名 称	代替标准	采用关系	发布日期	实施日期
16.5-2-13	16.5	13.030.10		Q/GDW 12289.1—2023	电网企业危险废物暂存场所环境保护技术规范　第 1 部分：暂存仓库			2023/8/24	2023/8/24
16.5-2-14	16.5	13.030.10		Q/GDW 12289.2—2023	电网企业危险废物暂存场所环境保护技术规范　第 2 部分：模块化箱式暂存仓			2023/8/24	2023/8/24
16.5-2-15	16.5	29.240		Q/GDW 1859—2013	SF_6气体回收净化处理工作规程			2014/5/1	2014/5/1
16.5-3-16	16.5	17.200.20	N10	GB/T 11605—2005	湿度测量方法	GB/T 11605—1989		2005/5/18	2005/12/1
16.5-3-17	16.5	13.300	F73	GB 11806—2019	放射性物品安全运输规程	GB 11806—2004	IAEA No.SSR-6：2012，MOD	2019/2/15	2019/4/1
16.5-3-18	16.5	13.140	Z52	GB 12523—2011	建筑施工场界环境噪声排放标准	GB 12523—1990；GB 12524—1990		2011/12/5	2012/7/1
16.5-3-19	16.5	13.040.20	Z62	GB 13223—2011	火电厂大气污染物排放标准	GB 13223—2003		2011/7/29	2012/1/1
16.5-3-20	16.5	33.100	M04	GB/T 13616—2009	数字微波接力站电磁环境保护要求	GB 13616—1992		2009/5/5	2010/7/1
16.5-3-21	16.5	33.100	M04	GB/T 15658—2012	无线电噪声测量方法	GB/T 15658—1995		2012/12/31	2013/6/1
16.5-3-22	16.5	13.030.10	Z70	GB 18597—2023	危险废物贮存污染控制标准	GB 18597—2001		2023/5/23	2024/6/1
16.5-3-23	16.5	13.030.10	Z70	GB 18599—2020	一般工业固体废物贮存和填埋污染控制标准	GB 18599—2001		2020/12/24	2021/7/1
16.5-3-24	16.5	13.020.10	Z01	GB/T 24034—2019	环境管理　环境技术验证		ISO 14034：2016，IDT	2019/12/10	2019/12/10
16.5-3-25	16.5	13.110	J09	GB/T 26118.1—2010	机械安全　机械辐射产生的风险的评价与减小　第 1 部分：通则		EN 12198-1：2000，IDT	2011/1/10	2011/10/1
16.5-3-26	16.5	77.150	H01	GB/T 26493—2011	电池废料贮运规范			2011/5/12	2012/2/1
16.5-3-27	16.5	77.150	H01	GB/T 26932—2011	充电电池废料废件			2011/9/29	2012/5/1
16.5-3-28	16.5	29.020	K04	GB/T 28180—2011	变压器环境意识设计导则			2011/12/30	2012/6/1
16.5-3-29	16.5	29.130.10	K43	GB/T 28534—2012	高压开关设备和控制设备中六氟化硫（SF_6）气体的释放对环境和健康的影响		IEC 62271-303：2008，MOD	2012/6/29	2012/11/1
16.5-3-30	16.5	29.130.10	K43	GB/T 28537—2012	高压开关设备和控制设备中六氟化硫（SF_6）的使用和处理		IEC 62271-303：2008，MOD	2012/6/29	2012/11/1
16.5-3-31	16.5	31.060.70	K42	GB/T 28543—2021	电力电容器噪声测量方法	GB/T 28543—2012		2021/5/21	2021/12/1
16.5-3-32	16.5	13.040.20	Z50	GB 3095—2012	环境空气质量标准	GB 3095—1996；GB 9137—1988		2012/2/29	2016/1/1
16.5-3-33	16.5	13.030.50	Z05	GB/T 33059—2016	锂离子电池材料废弃物回收利用的处理方法			2016/10/13	2017/5/1

16

续表

序号	GW 分类	ICS 分类	GB 分类	标准号	中 文 名 称	代替标准	采用关系	发布日期	实施日期
16.5-3-34	16.5	29.220.20	K84	GB/T 37281—2019	废铅酸蓄电池回收技术规范			2019/3/25	2019/10/1
16.5-3-35	16.5	13.030.30	F75	GB 41930—2022	低水平放射性废物包特性鉴定　水泥固化体			2022/12/29	2023/1/1
16.5-3-36	16.5	13.030.20	Z05	GB/T 41961—2022	废矿物油类润滑油处理处置方法			2022/12/30	2023/7/1
16.5-3-37	16.5	13.030.40	Z05	GB/T 41962—2022	实验室废弃物存储装置技术规范			2022/12/30	2023/7/1
16.5-3-38	16.5		C51	GB 50325—2020	民用建筑工程室内环境污染控制标准			2020/1/16	2020/8/1
16.5-3-39	16.5			GB 50433—2018	生产建设项目水土保持技术标准	GB 50433—2008		2018/11/1	2019/4/1
16.5-3-40	16.5			GB/T 50640—2010	建筑工程绿色施工评价标准			2010/11/3	2011/10/1
16.5-3-41	16.5	33.100	106	GB/T 7349—2002	高压架空送电线、变电站无线电干扰测量方法	GB/T 7349—1987		2002/1/4	2002/8/1
16.5-4-42	16.5	29.240.01	K44	DL/T 1185—2012	1000kV 输变电工程电磁环境影响评价技术规范			2012/8/23	2012/12/1
16.5-4-43	16.5	17.140	F24	DL/T 1327—2014	高压交流变电站可听噪声测量方法			2014/3/18	2014/8/1
16.5-4-44	16.5			DL/T 1353—2024	六氟化硫处理系统技术规范	DL/T 1353—2014		2024/9/24	2025/3/24
16.5-4-45	16.5	27.100	K43	DL/T 1553—2016	六氟化硫气体净化处理工作规程			2016/1/7	2016/6/1
16.5-4-46	16.5	29.040.20	K15	DL/T 1993—2019	电气设备用六氟化硫气体回收、再生及再利用技术规范			2019/6/4	2019/10/1
16.5-4-47	16.5	29.120.99	K10	DL/T 2085—2020	变电站降噪材料和降噪装置技术要求			2020/10/23	2021/2/1
16.5-4-48	16.5	17.140	Z32	DL/T 2086—2020	高压输电线路和变电站噪声的传声器阵列测量方法			2020/10/23	2021/2/1
16.5-4-49	16.5	29.240.20	F20	DL/T 2272—2021	输变电工程环境监理规范			2021/4/26	2021/10/26
16.5-4-50	16.5	29.020	F24	DL/T 2510—2022	六氟化硫混合气体净化处理技术规范			2022/5/13	2022/11/13
16.5-4-51	16.5	27.100	F24	DL/T 2511—2022	SF_6/N_2 混合绝缘气体回收工作规程			2022/5/13	2022/11/13
16.5-4-52	16.5		C71	DL/T 2666—2023	变电站噪声仿真分析技术导则			2023/10/11	2024/4/11
16.5-4-53	16.5	29.240.01	F20	DL/T 275—2012	±800kV 特高压直流换流站电磁环境限值			2012/1/4	2012/3/1
16.5-4-54	16.5	17.140.1	F24	DL/T 2783—2024	变电站和换流站厂界噪声自动监测系统技术规范			2024/5/24	2024/11/24
16.5-4-55	16.5	29.240	F20	DL/T 334—2021	输变电工程电磁环境监测技术规范	DL/T 334—2010		2021/12/22	2022/3/22
16.5-4-56	16.5	27.140	P59	DL/T 5260—2010	水电水利工程施工环境保护技术规程			2011/1/9	2011/5/1

16

续表

序号	GW 分类	ICS 分类	GB 分类	标准号	中 文 名 称	代替标准	采用关系	发布日期	实施日期
16.5-4-57	16.5	29.130.10	K15	DL/T 662.1—2021	六氟化硫气体回收装置技术条件	DL/T 662—2009		2021/4/26	2021/10/26
16.5-4-58	16.5			HJ/T 10.2—1996	辐射环境保护管理导则 电磁辐射监测仪器和方法			1996/5/10	1996/5/10
16.5-4-59	16.5			HJ/T 10.3—1996	辐射环境保护管理导则 电磁辐射环境影响评价方法与标准			1996/5/10	1996/5/10
16.5-4-60	16.5			HJ 1147—2020	水质 pH 值的测定 电极法			2020/11/26	2021/6/1
16.5-4-61	16.5			HJ 130—2019	规划环境影响评价技术导则 总纲	HJ 130—2014		2019/12/13	2020/3/1
16.5-4-62	16.5			HJ 19—2022	环境影响评价技术导则 生态影响	HJ 19—2011		2022/1/15	2022/7/1
16.5-4-63	16.5			HJ 2035—2013	固体废物处理处置工程技术导则			2013/9/26	2013/12/1
16.5-4-64	16.5			HJ/T 399—2007	水质 化学需氧量的测定 快速消解分光光度法			2007/12/7	2008/3/1
16.5-4-65	16.5			HJ 505—2009	水质 五日生化需氧量（BOD_5）的测定 稀释与接种法	GB/T 7488—1987		2009/10/20	2009/12/1
16.5-4-66	16.5			HJ/T 51—1999	水质 全盐量的测定 重量法			1999/8/18	2000/1/1
16.5-4-67	16.5			HJ 519—2020	废铅蓄电池处理污染控制技术规范	HJ 519—2009		2020/3/26	2020/3/26
16.5-4-68	16.5			HJ 535—2009	水质 氨氮的测定 纳氏试剂分光光度法	GB 7479—87		2009/12/31	2010/4/1
16.5-4-69	16.5			HJ 592—2010	水质 硝基苯类化合物的测定 气相色谱法	GB 4919—85		2010/10/21	2011/1/1
16.5-4-70	16.5			HJ 616—2011	建设项目环境影响技术评估导则			2011/4/8	2011/9/1
16.5-4-71	16.5			HJ 617—2011	企业环境报告书编制导则			2011/6/24	2011/10/1
16.5-4-72	16.5			HJ 637—2018	水质 石油类和动植物油类的测定 红外分光光度法	HJ 637—2012		2018/10/10	2019/1/1
16.5-4-73	16.5			HJ 681—2013	交流输变电工程电磁环境监测方法（试行）			2013/11/22	2014/1/1
16.5-4-74	16.5			HJ 828—2017	水质 化学需氧量的测定 重铬酸盐法	GB 11914—1989		2017/3/30	2017/5/1
16.5-4-75	16.5	29.180	K41	JB/T 10088—2016	6kV～1000kV 级电力变压器声级	JB/T 10088—2004		2016/10/22	2017/4/1
16.5-4-76	16.5	27.140	P59	NB/T 10079—2018	水电工程水生生态调查与评价技术规范			2018/10/29	2019/3/1
16.5-4-77	16.5	27.140	P59	NB/T 10079—2018/XG1—2021	《水电工程水生生态调查与评价技术规范》行业标准第 1 号修改单			2020/1/7	2020/1/7
16.5-4-78	16.5	27.140	P59	NB/T 10080—2018	水电工程陆生生态调查与评价技术规范			2018/10/29	2019/3/1

16

续表

序号	GW 分类	ICS 分类	GB 分类	标准号	中 文 名 称	代替标准	采用关系	发布日期	实施日期
16.5-4-79	16.5	27.140	P59	NB/T 10504—2021	水电工程环境保护设计规范	DL/T 5402—2007		2021/1/7	2021/7/1
16.5-4-80	16.5	27.140	P59	NB/T 10505—2021	水电工程环境保护总体设计报告编制规程			2021/1/7	2021/7/1
16.5-4-81	16.5	27.140	P59	NB/T 10608—2021	水电工程环境影响经济损益分析技术规范			2021/4/26	2021/10/26
16.5-4-82	16.5	27.140	P59	NB/T 10794—2021	水电工程景观评价技术规范			2021/11/16	2022/5/16
16.5-4-83	16.5	27.140	P59	NB/T 10869—2021	水电工程移民安置生活污水处理技术规范			2021/12/22	2022/6/22
16.5-4-84	16.5	27.140	P59	NB/T 10873—2021	水电开发流域生态环境监测实施方案编制规程			2021/12/22	2022/6/22
16.5-4-85	16.5	27.140	P59	NB/T 11098—2023	水电工程水土保持监理规范			2023/2/6	2023/8/6
16.5-4-86	16.5	27.140	P59	NB/T 11179—2023	水电工程环境监测技术规范			2023/5/26	2023/11/26
16.5-4-87	16.5	27.140	P59	NB/T 11181—2023	水电工程竣工环境保护验收技术规程			2023/5/26	2023/11/26
16.5-4-88	16.5			NB/T 11183—2023	水电工程生态调度效果评估技术规程			2023/5/26	2023/11/26
16.5-4-89	16.5			NB/T 11185—2023	水电工程水土保持监测实施方案编制规程			2023/5/26	2023/11/26
16.5-4-90	16.5	27.140	P59	NB/T 11189—2023	水电工程鱼类增殖放流效果评估技术规程			2023/5/26	2023/11/26
16.5-4-91	16.5	27.140	P59	NB/T 35059—2015	河流水电开发环境影响后评价规范			2015/10/27	2016/3/1
16.5-4-92	16.5	27.140	P59	NB/T 35063—2015	水电工程环境监理规范			2015/10/27	2016/3/1
16.5-4-93	16.5	27.140	P59	NB/T 35068—2015	河流水电规划环境影响评价规范			2015/10/27	2016/3/1
16.5-4-94	16.5	31.020	L10	SJ/T 11364—2014	电子电气产品有害物质限制使用标识要求	SJ/T 11364—2006		2014/7/9	2015/1/1
16.5-4-95	16.5	31.020	L10	SJ/T 11467—2022	电子电气产品中有害物质的风险评估指南	SJ/T 11467—2014		2022/10/20	2023/1/1
16.5-4-96	16.5			SL 277—2002	水土保持监测技术规程			2002/9/4	2002/10/1
16.5-4-97	16.5	93.160	P55	SL 336—2006	水土保持工程质量评定规程			2006/3/31	2006/7/1
16.5-4-98	16.5	27.140	P59	SL 359—2006	水利水电工程环境保护概估算编制规程			2007/2/2	2007/5/2
16.5-4-99	16.5	27.140	P55	SL 523—2011	水土保持工程施工监理规范			2011/12/26	2012/3/26
16.5-4-100	16.5	93.160	P57	SL 718—2015	水土流失危险程度分级标准			2015/5/15	2015/8/15
16.5-4-101	16.5	27.140	P56	SL/T 335—2014	水土保持规划编制规范	SL 335—2006		2014/5/19	2014/8/19
16.5-4-102	16.5	33.100	M04	YD/T 3814.1—2021	通信局站的电磁环境防护 第1部分：电磁环境分类			2021/3/5	2021/4/1
16.5-4-103	16.5	33.100	M04	YD/T 3814.2—2021	通信局站的电磁环境防护 第2部分：电磁环境防护方法			2021/3/5	2021/4/1

16

续表

序号	GW 分类	ICS 分类	GB 分类	标准号	中 文 名 称	代替标准	采用关系	发布日期	实施日期
16.5-5-104	16.5			IEC 62271—4：2022	高压开关设备和控制设备 第 4 部分：六氟化硫（SF_6）及其混合物用处理规程			2022/7/22	2022/7/22
16.5-5-105	16.5	13.020.10；13.020.60		ISO 14046：2014	环境管理 水足迹 原则、要求和准则			2014/7/24	2014/7/24
16.5-6-106	16.5	29.240.01		T/CEC 328—2020	电抗器隔声罩降噪性能现场测量及评价方法			2020/6/30	2020/10/1
16.5-6-107	16.5			T/CEC 5073—2022	抽水蓄能电站环境保护设计导则			2022/10/26	2023/2/1

16.6 安全与环保-应急机制

序号	GW 分类	ICS 分类	GB 分类	标准号	中 文 名 称	代替标准	采用关系	发布日期	实施日期
16.6-2-1	16.6	35.240		Q/GDW 10202—2021	国家电网有限公司应急指挥中心建设规范	Q/GDW 1202—2015		2021/9/17	2021/9/17
16.6-2-2	16.6	29.240	F20	Q/GDW 11608—2024	供电企业应急能力建设评估标准	Q/GDW 11608—2016		2024/3/8	2024/3/8
16.6-2-3	16.6	29.240		Q/GDW 11884—2018	大面积停电事件应急演练技术规范			2020/4/17	2020/4/17
16.6-2-4	16.6	29.240		Q/GDW 11888—2018	国家电网有限公司重大活动电力安全保障技术规范			2020/4/17	2020/4/17
16.6-2-5	16.6	29.240		Q/GDW 11958—2020	国家电网有限公司应急预案编制规范			2021/1/29	2021/1/29
16.6-2-6	16.6	29.020		Q/GDW 12155—2021	国家电网有限公司应急指挥信息系统技术规范			2021/9/17	2021/9/17
16.6-2-7	16.6	03.100		Q/GDW 12156—2021	应急救援基干分队培训及量化考评规范			2021/9/17	2021/9/17
16.6-2-8	16.6	03.100.30		Q/GDW 12157—2021	应急培训演练基地建设与评价规范			2021/9/17	2021/9/17
16.6-2-9	16.6	29.240		Q/GDW 12158—2021	国家电网有限公司重大活动电力安全保障工作规范			2021/9/17	2021/9/17
16.6-2-10	16.6	13.200		Q/GDW 12244—2022	国家电网有限公司电力突发事件风险评估与应急资源调查工作规范			2022/9/26	2022/9/26
16.6-2-11	16.6	29.140.40		Q/GDW 12245—2022	应急救援基干分队移动照明灯技术规范			2022/9/26	2022/9/26
16.6-2-12	16.6	93.160		Q/GDW 12246—2022	水电站地质灾害监测预警系统技术规范			2022/9/30	2022/9/30
16.6-2-13	16.6	27.140	F20/29	Q/GDW 12357—2024	抽水蓄能电站事故风险评估及应急资源调查规范			2024/4/25	2024/4/25
16.6-3-14	16.6	13.310	A91	GB 16796—2022	安全防范报警设备 安全要求和试验方法	GB 16796—2009		2022/12/29	2024/1/1
16.6-3-15	16.6	13.220.20	C81	GB 17945—2024	消防应急照明和疏散指示系统	GB 17945—2010		2024/4/29	2025/5/1

16

续表

序号	GW 分类	ICS 分类	GB 分类	标准号	中 文 名 称	代替标准	采用关系	发布日期	实施日期
16.6-3-16	16.6	01.080.01	A22	GB/T 23809.1—2020	应急导向系统　设置原则与要求　第 1 部分：建筑物内	GB/T 23809.1—2009	ISO 16069：2017，MOD	2020/3/31	2020/10/1
16.6-3-17	16.6	91.120.25	P15	GB/T 24888—2010	地震现场应急指挥数据共享技术要求			2010/6/30	2010/10/1
16.6-3-18	16.6	91.120.25	P15	GB/T 24889—2010	地震现场应急指挥管理信息系统			2010/6/30	2010/10/1
16.6-3-19	16.6	13.200	C78	GB/T 29639—2020	生产经营单位生产安全事故应急预案编制导则	GB/T 29639—2013		2020/9/29	2021/4/1
16.6-3-20	16.6	03.080.01	A20	GB/T 30674—2014	企业应急物流能力评估规范			2014/12/31	2015/7/1
16.6-3-21	16.6	07.060	A47	GB/T 34283—2017	国家突发事件预警信息发布系统管理平台与终端管理平台接口规范			2017/9/7	2018/4/1
16.6-3-22	16.6	13.200	A90	GB/T 35047—2018	公共安全　大规模疏散　规划指南		ISO 22315：2014，IDT	2018/5/14	2018/11/1
16.6-3-23	16.6	07.040	A76	GB/T 35649—2017	突发事件应急标绘符号规范			2017/12/29	2018/7/1
16.6-3-24	16.6	07.040	A76	GB/T 35651—2017	突发事件应急标绘图层规范			2017/12/29	2018/7/1
16.6-3-25	16.6	29.240.99	F20	GB/T 35681—2017	电力需求响应系统功能规范			2017/12/29	2018/7/1
16.6-3-26	16.6	13.200	A90	GB/T 35965.1—2018	应急信息交互协议　第 1 部分：预警信息			2018/2/6	2018/8/1
16.6-3-27	16.6	13.200	A90	GB/T 35965.2—2018	应急信息交互协议　第 2 部分：事件信息			2018/2/6	2018/8/1
16.6-3-28	16.6	13.200	A90	GB/T 37228—2018	公共安全　应急管理　突发事件响应要求		ISO 22320：2011，MOD	2018/12/28	2019/6/1
16.6-3-29	16.6	13.200	A90	GB/T 37230—2018	公共安全　应急管理　预警颜色指南		ISO 22324：2015，NEQ	2018/12/28	2019/6/1
16.6-3-30	16.6	13.200	A90	GB/T 40054—2021	公共安全应急管理公共预警指南		ISO 22322：2015，MOD	2021/4/30	2021/10/1
16.6-3-31	16.6	27.180	F19	GB/T 42312—2023	电化学储能电站生产安全应急预案编制导则			2023/3/17	2023/10/1
16.6-3-32	16.6	27.180	F19	GB/T 42317—2023	电化学储能电站应急演练规程			2023/3/17	2023/10/1
16.6-4-33	16.6	13.200	C78	AQ/T 9007—2019	生产安全事故应急演练基本规范	AQ/T 9007—2011		2019/8/12	2020/2/1
16.6-4-34	16.6	27.100	F25	DL/T 1352—2014	电力应急指挥中心技术导则			2014/10/15	2015/3/1
16.6-4-35	16.6	27.140	P59	DL/T 1901—2018	水电站大坝运行安全应急预案编制导则			2018/12/25	2019/5/1
16.6-4-36	16.6	27.100	F20	DL/T 1919—2018	发电企业应急能力建设评估规范			2018/12/25	2019/5/1
16.6-4-37	16.6	27.100	F20	DL/T 1920—2018	电网企业应急能力建设评估规范			2018/12/25	2019/5/1
16.6-4-38	16.6	27.100	F20	DL/T 1921—2018	电力建设企业应急能力建设评估规范			2018/12/25	2019/5/1

续表

序号	GW 分类	ICS 分类	GB 分类	标准号	中 文 名 称	代替标准	采用关系	发布日期	实施日期
16.6-4-39	16.6	27.140	F25	DL/T 2257—2021	大中型水电站地质灾害预警及应急管理技术规范			2021/4/26	2021/10/26
16.6-4-40	16.6	27.140	P59	DL/T 2259—2021	水电站泄洪消能安全预警系统技术规范			2021/4/26	2021/10/26
16.6-4-41	16.6	27.100	F09	DL/T 2301—2021	水电站泄洪预警广播系统技术规范			2021/4/26	2021/10/26
16.6-4-42	16.6	29.260.10	K34	DL/T 268—2012	工商业电力用户应急电源配置技术导则			2012/4/6	2012/7/1
16.6-4-43	16.6	27.140	P55	DL/T 5314—2014	水电水利工程施工安全生产应急能力评估导则			2014/3/18	2014/8/1
16.6-4-44	16.6			HJ 589—2021	突发环境事件应急监测技术规范	HJ 589—2010		2021/12/16	2022/3/1
16.6-4-45	16.6	27.140	P59	NB/T 11187—2023	水电工程突发环境事件应急预案编制规程			2023/5/26	2023/11/26

16.7 安全与环保-消防

序号	GW 分类	ICS 分类	GB 分类	标准号	中 文 名 称	代替标准	采用关系	发布日期	实施日期
16.7-2-1	16.7	29.240		Q/GDW 11886—2018	国家电网有限公司消防安全监督检查工作规范			2020/4/17	2020/4/17
16.7-2-2	16.7	13.220	C83	Q/GDW 12034.1—2024	特高压换流站固定式压缩空气泡沫灭火系统　第 1 部分：通用技术要求	Q/GDW 12033—2020		2024/12/31	2024/12/31
16.7-2-3	16.7	13.220	C83	Q/GDW 12034.2—2024	特高压换流站固定式压缩空气泡沫灭火系统　第 2 部分：设计	Q/GDW 12034.1—2020		2024/12/31	2024/12/31
16.7-2-4	16.7	13.220	C83	Q/GDW 12034.3—2024	特高压换流站固定式压缩空气泡沫灭火系统　第 3 部分：施工及验收	Q/GDW 12034.2—2020		2024/12/31	2024/12/31
16.7-2-5	16.7	13.220	C83	Q/GDW 12034.4—2024	特高压换流站固定式压缩空气泡沫灭火系统　第 4 部分：运维			2024/12/31	2024/12/31
16.7-2-6	16.7	13.220	C83	Q/GDW 12034.5—2024	特高压换流站固定式压缩空气泡沫灭火系统　第 5 部分：检修			2024/12/31	2024/12/31
16.7-2-7	16.7	13.220.10		Q/GDW 12234—2022	油浸变压器排油注氮灭火装置技术规范			2022/9/15	2022/9/15
16.7-2-8	16.7	13.220		Q/GDW 12238—2022	变电站细水雾涡扇炮灭火系统技术规范			2022/9/15	2022/9/15
16.7-2-9	16.7	29.080.20		Q/GDW 12243—2022	国家电网有限公司消防安全性评价规范			2022/9/26	2022/9/26
16.7-2-10	16.7	27.140		Q/GDW 12252—2022	水电厂消防设备设施运维规程			2022/9/30	2022/9/30
16.7-2-11	16.7	13.220	C80/89	Q/GDW 12428—2024	换流站消防系统运行规程			2024/12/31	2024/12/31
16.7-3-12	16.7	13.220.01	C80	GB 13495.1—2015	消防安全标志　第 1 部分：标志	GB 13495—1992		2015/6/2	2015/8/1

续表

序号	GW 分类	ICS 分类	GB 分类	标准号	中文名称	代替标准	采用关系	发布日期	实施日期
16.7-3-13	16.7	13.220.20	C81	GB 14287.1—2014	电气火灾监控系统　第 1 部分：电气火灾监控设备	GB 14287.1—2005		2014/7/24	2015/6/1
16.7-3-14	16.7	13.220.20	C81	GB 14287.2—2014	电气火灾监控系统　第 2 部分：剩余电流式电气火灾监控探测器	GB 14287.2—2005		2014/7/24	2015/6/1
16.7-3-15	16.7	13.220.20	C81	GB 14287.3—2014	电气火灾监控系统　第 3 部分：测温式电气火灾监控探测器	GB 14287.3—2005		2014/7/24	2015/6/1
16.7-3-16	16.7	13.220.20	C81	GB 14287.4—2014	电气火灾监控系统　第 4 部分：故障电弧探测器			2014/6/24	2015/6/1
16.7-3-17	16.7			GB 15630—1995	消防安全标志设置要求			1995/7/19	1996/2/1
16.7-3-18	16.7	13.220.20	C81	GB 16806—2006	消防联动控制系统	GB 16806—1997		2006/7/17	2007/4/1
16.7-3-19	16.7	13.220.20	C80/89	GB/T 16840.2—2021	电气火灾痕迹物证技术鉴定方法　第 2 部分：剩磁检测法	GB/T 16840.2—1997		2021/8/20	2021/8/20
16.7-3-20	16.7	13.220.20	C80/89	GB/T 16840.3—2021	电气火灾痕迹物证技术鉴定方法　第 3 部分：俄歇分析	GB/T 16840.3—1997		2021/8/20	2021/8/20
16.7-3-21	16.7	13.220.20	C80/89	GB/T 16840.4—2021	电气火灾痕迹物证技术鉴定方法　第 4 部分：金相分析法	GB/T 16840.4—1997		2021/8/20	2021/8/20
16.7-3-22	16.7	13.220.10	C80	GB/T 21976.1—2008	建筑火灾逃生避难器材　第 1 部分：配备指南			2008/6/4	2009/6/1
16.7-3-23	16.7	13.220.20	C81	GB/Z 24978—2010	火灾自动报警系统性能评价			2010/8/9	2010/12/1
16.7-3-24	16.7	13.220.20	C82	GB/T 25203—2010	消防监督技术装备配备			2010/9/26	2011/3/1
16.7-3-25	16.7	13.220.20	C81	GB 25506—2010	消防控制室通用技术要求			2011/1/10	2011/7/1
16.7-3-26	16.7	13.220.10	C84	GB/T 26785—2011	细水雾灭火系统及部件通用技术条件			2011/7/20	2011/11/1
16.7-3-27	16.7	13.220.20	C81	GB 29837—2013	火灾探测报警产品的维修保养与报废			2013/11/12	2014/8/7
16.7-3-28	16.7	13.220.01	C84	GB/T 31540.1—2015	消防安全工程指南　第 1 部分：性能化在设计中的应用		ISO/TR 13387-1：1999，MOD	2015/5/15	2015/8/1
16.7-3-29	16.7	13.220.01	C84	GB/T 31540.2—2015	消防安全工程指南　第 2 部分：火灾发生、发展及烟气的生成		ISO/TR 13387-4：1999，MOD	2015/5/15	2015/8/1
16.7-3-30	16.7	13.220.01	C84	GB/T 31540.3—2015	消防安全工程指南　第 3 部分：结构响应和室内火灾的对外蔓延		ISO/TR 13387-6：1999，MOD	2015/5/15	2015/8/1
16.7-3-31	16.7	13.220.01	C84	GB/T 31540.4—2015	消防安全工程指南　第 4 部分：探测、启动和灭火		ISO/TR 13387-7：1999，MOD	2015/5/15	2015/8/1

序号	GW 分类	ICS 分类	GB 分类	标准号	中 文 名 称	代替标准	采用关系	发布日期	实施日期
16.7-3-32	16.7	13.220.01	C84	GB/T 31592—2015	消防安全工程　总则		ISO 23932：2009，MOD	2015/6/2	2015/8/1
16.7-3-33	16.7	13.220.01	C80	GB/T 31593.1—2015	消防安全工程　第 1 部分：计算方法的评估、验证和确认		ISO 16730：2008，MOD	2015/6/2	2015/8/1
16.7-3-34	16.7	13.220.01	C80	GB/T 31593.2—2015	消防安全工程　第 2 部分：所需数据类型与信息			2015/6/2	2015/8/1
16.7-3-35	16.7	13.220.01	C80	GB/T 31593.3—2015	消防安全工程　第 3 部分：火灾风险评估指南		ISO/TS 16732：2005，MOD	2015/6/2	2015/8/1
16.7-3-36	16.7	13.220.01	C80	GB/T 31593.4—2015	消防安全工程　第 4 部分：设定火灾场景和设定火灾的选择		ISO/TS 16733：2006，MOD	2015/6/2	2015/8/1
16.7-3-37	16.7	13.220.01	C80	GB/T 31593.5—2015	消防安全工程　第 5 部分：火羽流的计算要求		ISO 16734：2006，MOD	2015/6/2	2015/8/1
16.7-3-38	16.7	13.220.01	C80	GB/T 31593.6—2015	消防安全工程　第 6 部分：烟气层的计算要求		ISO 16735：2006，MOD	2015/6/2	2015/8/1
16.7-3-39	16.7	13.220.01	C80	GB/T 31593.7—2015	消防安全工程　第 7 部分：顶棚射流的计算要求		ISO 16736：2006，MOD	2015/6/2	2015/8/1
16.7-3-40	16.7	13.220.01	C80	GB/T 31593.8—2015	消防安全工程　第 8 部分：开口气流的计算要求		ISO 16737：2006，MOD	2015/6/2	2015/8/1
16.7-3-41	16.7	13.220.01	C80	GB/T 31593.9—2015	消防安全工程　第 9 部分：人员疏散评估指南		ISO/TR 16738：2009，MOD	2015/6/2	2015/8/1
16.7-3-42	16.7	13.220.10	C84	GB 3445—2018	室内消火栓	GB 3445—2005		2018/9/17	2019/4/1
16.7-3-43	16.7	13.220.10	C84	GB 3446—2013	消防水泵接合器	GB 3446—1993		2013/9/18	2014/8/1
16.7-3-44	16.7	13.220.20	C82	GB 35181—2017	重大火灾隐患判定方法			2017/12/29	2018/7/1
16.7-3-45	16.7	27.100	F23	GB/T 36570—2018	水力发电厂消防设施运行维护规程			2018/9/17	2019/4/1
16.7-3-46	16.7	13.220.10	C84	GB 4351—2023	手提式灭火器	GB 4351.1—2005； GB 4351.2—2005； GB/T 4351.3—2005； GB 4351—1997		2023/12/28	2025/1/1
16.7-3-47	16.7	13.220.10	C84	GB 4452—2011	室外消火栓	GB 4452—1996； GB 4453—1984		2011/12/30	2012/6/1
16.7-3-48	16.7	13.220.20	C81	GB 4717—2024	火灾报警控制器	GB 4717—2005		2024/4/29	2025/5/1
16.7-3-49	16.7	13.220.01	C80	GB/T 4968—2008	火灾分类	GB/T 4968—1985	ISO 3941：2007，MOD	2008/11/4	2009/4/1

16

续表

序号	GW 分类	ICS 分类	GB 分类	标准号	中 文 名 称	代替标准	采用关系	发布日期	实施日期
16.7-3-50	16.7			GB 50016—2014	建筑设计防火规范	GB 50016—2006； GB 50045—1995		2014/8/27	2015/5/1
16.7-3-51	16.7			GB 50084—2017	自动喷水灭火系统设计规范	GB 50084—2001		2017/5/27	2018/1/1
16.7-3-52	16.7			GB 50140—2005	建筑灭火器配置设计规范	GBJ 140—1990		2005/7/15	2005/10/1
16.7-3-53	16.7		P16	GB 50193—93	二氧化碳灭火系统设计规范（2010 年版）	GB 50193—1999		2010/8/1	2010/8/1
16.7-3-54	16.7			GB 50219—2014	水喷雾灭火系统技术规范	GB 50219—1995		2014/10/9	2015/8/1
16.7-3-55	16.7			GB 50222—2017	建筑内部装修设计防火规范	GB 50222—1995		2017/7/31	2018/4/1
16.7-3-56	16.7			GB 50261—2017	自动喷水灭火系统施工及验收规范	GB 50261—2005		2017/5/27	2018/1/1
16.7-3-57	16.7	13.220.10	P16	GB 50263—2007	气体灭火系统施工及验收规范	GB 50263—1997		2007/1/24	2007/7/1
16.7-3-58	16.7			GB 50347—2004	干粉灭火系统设计规范			2004/9/2	2004/11/1
16.7-3-59	16.7			GB 50354—2005	建筑内部装修防火施工及验收规范			2005/4/15	2005/8/1
16.7-3-60	16.7	13.220.10	P16	GB 50370—2005	气体灭火系统设计规范			2006/3/2	2006/5/1
16.7-3-61	16.7	13.220.20	P16	GB 50444—2008	建筑灭火器配置验收及检查规范			2008/8/13	2008/11/1
16.7-3-62	16.7		C84	GB 50498—2009	固定消防炮灭火系统施工与验收规范			2009/5/13	2009/10/1
16.7-3-63	16.7			GB 50720—2011	建设工程施工现场消防安全技术规范			2011/6/6	2011/8/1
16.7-3-64	16.7			GB 50974—2014	消防给水及消火栓系统技术规范			2014/1/29	2014/10/1
16.7-3-65	16.7			GB 51309—2018	消防应急照明和疏散指示系统技术标准			2018/7/10	2019/3/1
16.7-3-66	16.7	13.220.10	C83	GB 5135.9—2018	自动喷水灭火系统　第 9 部分：早期抑制快速响应（ESFR）喷头	GB 5135.9—2006		2018/9/17	2019/4/1
16.7-3-67	16.7	13.220.20	C84	GB 6245—2006	消防泵	GB 6245—1998		2006/4/7	2006/12/1
16.7-3-68	16.7	13.220.10	C84	GB 6246—2011	消防水带	GB 4580—1984； GB 6246—2001		2011/12/30	2012/6/1
16.7-3-69	16.7	13.220.20	C84	GB 8109—2023	推车式灭火器	GB 8109—2005		2023/12/28	2025/1/1
16.7-3-70	16.7	13.220.20	C84	GB 8181—2005	消防水枪	GB 8181—1987		2005/9/28	2006/4/1
16.7-4-71	16.7	13.220.10	C81	DG/TJ 08-2022—2007	油浸式电力变压器火灾报警与灭火系统技术规程			2007/7/5	2007/10/1
16.7-4-72	16.7	29.240.30	K09	DL/T 2140—2020	无人值班变电站消防远程集中监控系统技术规范			2020/10/23	2021/2/1

16

续表

序号	GW 分类	ICS 分类	GB 分类	标准号	中 文 名 称	代替标准	采用关系	发布日期	实施日期
16.7-4-73	16.7	27.010	Q25	DL 5027—2015	电力设备典型消防规程	DL 5027—1993		2015/4/2	2015/9/1
16.7-4-74	16.7			DLGJ 154—2000	电缆防火措施设计和施工验收标准			2000/10/19	2001/1/1
16.7-4-75	16.7	35.020	A90	GA/T 1214—2015	消防装备器材编码方法			2015/3/12	2015/3/12
16.7-4-76	16.7	23.120	J72	JB/T 10281—2014	消防排烟通风机	JB/T 10281—2001		2014/5/6	2014/10/1
16.7-4-77	16.7	27.140	P59	NB/T 10796—2021	水力发电厂电缆防火设计导则			2021/11/16	2022/5/16
16.7-4-78	16.7	29.035.99	K15	NB/T 10824—2021	换流变压器用绝缘材料耐火等级评定导则			2021/11/16	2022/2/16
16.7-4-79	16.7	27.140	P59	NB/T 10881—2021	水力发电厂火灾自动报警系统设计规范	DL/T 5412—2009		2021/12/22	2022/6/22
16.7-4-80	16.7	13.220.10	C84	XF 1149—2014	细水雾灭火装置			2014/5/21	2014/5/21
16.7-4-81	16.7	13.220.10	C84	XF 139—2009	灭火器箱	GA 139—2009		2009/9/25	2009/12/1
16.7-4-82	16.7	13.220.01	C84	XF 480.1—2004	消防安全标志通用技术条件　第 1 部分：通用要求和试验方法	GA 480.1—2004		2004/3/18	2004/10/1
16.7-4-83	16.7	13.220.01	C84	XF 480.2—2004	消防安全标志通用技术条件　第 2 部分：常规消防安全标志	GA 480.2—2004		2004/3/18	2004/10/1
16.7-4-84	16.7	13.220.20	C82	XF 503—2004	建筑消防设施检测技术规程			2004/6/9	2004/10/1
16.7-4-85	16.7	13.220.20	C84	XF 834—2009	泡沫喷雾灭火装置	GA 834—2009		2009/6/4	2009/7/1
16.7-4-86	16.7	13.220.10	C84	XF 835—2009	油浸变压器排油注氮灭火装置	GA 835—2009		2009/6/4	2009/7/1
16.7-4-87	16.7	13.220.20	C82	XF 836—2016	建筑工程消防验收评定规则	GA 836—2009		2016/6/17	2016/9/1
16.7-4-88	16.7	13.220.01	C80	XF/T 812—2008	火灾原因调查指南	GA/T 812—2008		2008/11/18	2009/1/1
16.7-5-89	16.7	13.220.40; 33.120.10; 33.120.20	K13	IEC TR 62222：2021	建筑物内安装通信电缆的防火性能	IEC TR 62222：2006; IEC 46 C/959/DTR：2011		2012/7/1	2012/7/1
16.7-5-90	16.7	13.220.01		IEEE 979：2012	变电所防火指南	IEEE 979：1994		2012/11/27	2012/11/27
16.7-5-91	16.7	13.340.10		ISO 14116：2015	防护服　防火　有限的火焰蔓延材料、材料组件和服装	ISO 14116：2008		2015/7/15	2015/7/15
16.7-5-92	16.7	13.220.10	C83	ISO 14520-1：2006/Cor1：2007	气体灭火系统　物理特性和系统设计　第 1 部分：一般要求　技术勘误 1	ISO 14520-1/Cor 1：2002		2007/9/1	2007/9/1
16.7-5-93	16.7	13.220.10		ISO 14520-12：2015	气体灭火系统　物理特性和系统设计　第 12 部分：IG-01 灭火剂	ISO 14520-12：2005		2015/2/25	2015/2/25

续表

序号	GW 分类	ICS 分类	GB 分类	标准号	中 文 名 称	代替标准	采用关系	发布日期	实施日期
16.7-5-94	16.7	13.220.10		ISO 14520-13：2015	气体灭火系统　物理特性和系统设计　第 13 部分：IG-100 灭火剂	ISO 14520-13：2005		2015/1/20	2015/1/20
16.7-5-95	16.7	13.220.10		ISO 14520-14：2015	气体灭火系统　物理特性和系统设计　第 14 部分：IG-55 灭火剂	ISO 14520-14：2005		2015/2/13	2015/2/13
16.7-5-96	16.7	13.220.10		ISO 14520-15：2015	气体灭火系统　物理特性和系统设计　第 15 部分：IG-541 灭火剂	ISO 14520-15：2005		2015/2/13	2015/2/13
16.7-5-97	16.7	13.220.10	C84	ISO 16852：2008/Cor1：2008	灭火器　性能要求、试验方法和使用限制			2008/12/15	2008/12/15
16.7-5-98	16.7			ISO 24679-1：2019	消防安全工程　着火结构性能　第 1 部分：总则　第 1 版			2019/2/4	2019/2/4
16.7-5-99	16.7	13.220.20	C81	ISO 7240-14：2013	火灾探测和报警系统　第 14 部分：建筑物中和周围火灾探测和火灾报警系统的设计、安装、调试和服务	ISO/TR 7240-14: 2003; ISO/FDIS 7240-14: 2013		2013/7/29	2013/7/29
16.7-5-100	16.7	13.220.20	P16	NFPA 80A-17	防止建筑物外部受火的建议操作规程	ANSI NFPA 80 A-2007		2016/6/2	2016/6/2
16.7-6-101	16.7		P62	CECS 187—2005	油浸变压器排油注氮装置技术规程			2005/8/4	2005/10/1
16.7-6-102	16.7	13.220.20	P16	CECS 200—2006	建筑钢结构防火术规程			2006/8/1	2006/8/1
16.7-6-103	16.7	13.220.30	P16	CECS 245—2008	自动消防炮火系统技术规程			2008/6/27	2008/9/1
16.7-6-104	16.7			CECS 292—2011	气体消防设施选型配置设计规程			2011/4/20	2011/8/1
16.7-6-105	16.7	35.040	L80	CECS 322—2012	干粉灭火装置技术规程			2012/9/25	2012/12/1
16.7-6-106	16.7			T/CEC 291.5—2020	天然酯绝缘油电力变压器　第 5 部分：防火应用导则			2020/6/30	2020/10/1
16.7-6-107	16.7	13.220.10	C84	T/CET 301—2021	变电站细水雾涡扇炮灭火系统技术规范			2021/12/30	2022/3/1

16.8　安全与环保-其他

序号	GW 分类	ICS 分类	GB 分类	标准号	中 文 名 称	代替标准	采用关系	发布日期	实施日期
16.8-2-1	16.8	29.240		Q/GDW 10799.6—2018	国家电网有限公司电力安全工作规程　第 6 部分：光伏电站部分			2020/4/17	2020/4/17
16.8-2-2	16.8	29.240		Q/GDW 11885—2018	国家电网有限公司交通安全监督检查工作规范			2020/4/17	2020/4/17
16.8-2-3	16.8	29.020	F20	Q/GDW 12422—2024	电力安全工器具试验检测车规范			2024/3/8	2024/3/8

16

续表

序号	GW 分类	ICS 分类	GB 分类	标准号	中　文　名　称	代替标准	采用关系	发布日期	实施日期
16.8-3-4	16.8	17.220.20	N20	GB/T 18216.1—2021	交流1000V和直流1500V及以下低压配电系统电气安全　防护措施的试验、测量或监控设备　第1部分：通用要求	GB/T 18216.1—2012	IEC 61557-1：2019，IDT	2021/5/21	2021/12/1
16.8-3-5	16.8	17.220.20	N20	GB/T 18216.2—2021	交流1000V和直流1500V及以下低压配电系统电气安全　防护措施的试验、测量或监控设备　第2部分：绝缘电阻	GB/T 18216.2—2012	IEC 61557-2：2019，IDT	2021/5/21	2021/12/1
16.8-3-6	16.8	17.220.20	N20	GB/T 18216.3—2021	交流1000V和直流1500V及以下低压配电系统电气安全　防护措施的试验、测量或监控设备　第3部分：环路阻抗	GB/T 18216.3—2012	IEC 61557-3：2019，IDT	2021/5/21	2021/12/1
16.8-3-7	16.8	17.220.20	N20	GB/T 18216.5—2021	交流1000V和直流1500V及以下低压配电系统电气安全　防护措施的试验、测量或监控设备　第5部分：对地电阻	GB/T 18216.5—2012	IEC 61557-5：2019，IDT	2021/5/21	2021/12/1
16.8-3-8	16.8	17.220.20	N20	GB/T 18216.12—2010	交流1000V和直流1500V及以下低压配电系统电气安全　防护措施的试验、测量或监控设备　第12部分：性能测量和监控装置（PMD）		IEC 61557-12：2007，IDT	2011/1/14	2011/5/1
16.8-3-9	16.8	43.020	T40	GB 18384—2020	电动汽车安全要求	GB/T 18384.1—2015；GB/T 18384.2—2015；GB/T 18384.3—2015		2020/5/12	2021/1/1
16.8-3-10	16.8	27.160	K83	GB/T 20047.1—2006	光伏（PV）组件安全鉴定　第1部分：结构要求		IEC 61730-1：2004，IDT	2006/1/13	2006/2/1
16.8-3-11	16.8	07.060	A47	GB/T 36742—2018	气象灾害防御重点单位气象安全保障规范			2018/9/17	2019/4/1
16.8-3-12	16.8	07.060	A47	GB/T 36745—2018	台风涡旋测风数据判别规范			2018/9/17	2019/4/1
16.8-3-13	16.8	27.180	F19	GB/T 42314—2023	电化学储能电站危险源辨识技术导则			2023/3/17	2023/10/1
16.8-3-14	16.8	25.040.30	J28	GB/T 44253—2024	巡检机器人安全要求			2024/7/24	2025/2/1
16.8-4-15	16.8	27.140	P59	DL/T 2204—2020	水电站大坝安全现场检查技术规程			2020/10/23	2021/2/1
16.8-4-16	16.8	27.140	P59	DL/T 2447—2021	水电站防水淹厂房安全检查技术规程			2021/12/22	2022/6/22

16

17 技术监督

17.1 技术监督-基础综合

序号	GW 分类	ICS 分类	GB 分类	标准号	中文名称	代替标准	采用关系	发布日期	实施日期
17.1-2-1	17.1	29.240	F20	Q/GDW 12426—2024	电网实物资产分析评价内容深度规定			2024/12/31	2024/12/31
17.1-3-2	17.1	03.120.10	A00	GB/T 19028—2023	质量管理　人员积极参与指南	GB/T 19028—2018		2023/3/17	2023/3/17
17.1-3-3	17.1	29.020；01.070	K04	GB/T 1980—2005	标准频率	GB/T 1980—1996	IEC 60619：1965，MOD	2005/7/29	2006/4/1
17.1-3-4	17.1	27.010	F01	GB/T 24489—2009	用能产品能效指标编制通则			2009/10/30	2010/5/1
17.1-3-5	17.1	03.120.20	A00	GB/T 27020—2016	合格评定各类检验机构的运作要求	GB/T 18346—2001	ISO/IEC 17020：2012，IDT	2016/4/25	2016/8/1
17.1-3-6	17.1	35.040	L80	GB/T 27422—2019	合格评定　业务连续性管理体系审核和认证机构要求			2019/12/10	2020/7/1
17.1-3-7	17.1	19.100	J04	GB/T 31211.2—2024	无损检测　超声导波检测　第 2 部分：磁致伸缩法	GB/T 28704—2012		2024/4/25	2024/4/25
17.1-3-8	17.1	03.120.99	A00	GB/Z 36046—2018	电力监管指标评价规范			2018/3/15	2018/10/1
17.1-3-9	17.1	35.110	L79	GB/T 38322—2019	信息技术　信息设备互连　第三方智能家用电子系统与终端统一接入服务平台接口要求			2019/12/10	2020/7/1
17.1-3-10	17.1	29.260.20	K35	GB 3836.15—2024	爆炸性环境　第 15 部分：电气装置设计、选型、安装规范	GB/T 3836.15—2017		2024/7/24	2025/8/1
17.1-3-11	17.1	29.260.20	K35	GB 3836.16—2024	爆炸性环境　第 16 部分：电气装置检查与维护规范	GB/T 3836.16—2022		2024/7/24	2025/8/1
17.1-3-12	17.1	19.100	J04	GB/Z 43410—2023	无损检测　自动超声检测　系统选择和应用			2023/11/27	2024/3/1
17.1-3-13	17.1	19.100	J04	GB/Z 43414—2023	无损检测　无损检测培训大纲			2023/11/27	2023/11/27
17.1-3-14	17.1	77.040.20	H26	GB/T 43900—2024	钢产品无损检测　轴类构件扭转残余应力分布状态超声检测方法			2024/4/25	2024/11/1
17.1-3-15	17.1	19.100	J04	GB/T 43921—2024	无损检测　超声检测　全矩阵采集/全聚焦技术（FMC/TFM）			2024/4/25	2024/4/25
17.1-3-16	17.1	25.160.40	J33	GB/T 44051—2024	焊缝无损检测　薄壁钢构件相控阵超声检测验收等级			2024/5/28	2024/5/28
17.1-4-17	17.1	27.100	F20	DL/T 1051—2019	电力技术监督导则	DL/T 1051—2007		2019/6/4	2019/10/1
17.1-4-18	17.1	29.240	K40	DL/T 1563—2016	中压配电网可靠性评估导则			2016/1/7	2016/6/1

序号	GW 分类	ICS 分类	GB 分类	标准号	中文名称	代替标准	采用关系	发布日期	实施日期
17.1-4-19	17.1	27.180	F19	DL/T 2580—2022	储能电站技术监督导则			2022/11/4	2023/5/4
17.1-4-20	17.1		F21	DL/T 2667—2023	电力资产全寿命周期管理体系实施指南			2023/10/11	2024/4/11
17.1-4-21	17.1		M04	YD/T 991—2024	通信测试设备的电磁兼容性要求及测量方法	YD/T 991—2012		2024/4/10	2024/7/1
17.1-5-22	17.1	03.120.01；03.120，30；21.020		IEC 60812：2018	失效模式和效应分析（FMEA 和 FMECA）	IEC 60812：2006		2018/8/10	2018/8/10
17.1-5-23	17.1			ISO 10015：2019	质量管理　能力管理和人员发展指南（第 2 版）	ISO 10015：1999		2019/12/17	2019/12/17
17.1-6-24	17.1	27.180		T/CEC 680—2022	电化学储能电站技术监督导则			2022/10/26	2023/2/1

17.2　技术监督-电能质量

序号	GW 分类	ICS 分类	GB 分类	标准号	中文名称	代替标准	采用关系	发布日期	实施日期
17.2-2-1	17.2	29.240	F20	Q/GDW 10650.1—2024	电能质量监测技术规范　第 1 部分：监测主站	Q/GDW 1650.1—2014		2024/10/25	2024/10/25
17.2-2-2	17.2	29.240		Q/GDW 10650.2—2021	电能质量监测技术规范　第 2 部分：电能质量监测装置	Q/GDW 10650.2—2017		2022/1/28	2022/1/28
17.2-2-3	17.2	29.240		Q/GDW 10650.3—2021	电能质量监测技术规范　第 3 部分：监测终端与主站间通信协议	Q/GDW 1650.3—2014		2021/12/6	2021/12/6
17.2-2-4	17.2	29.240		Q/GDW 10650.4—2021	电能质量监测技术规范　第 4 部分：电能质量监测终端检验	Q/GDW 1650.4—2016		2022/1/28	2022/1/28
17.2-2-5	17.2	29.240		Q/GDW 10650.5—2021	电能质量监测技术规范　第 5 部分：电能质量信号采集单元			2022/1/28	2022/1/28
17.2-2-6	17.2	29.240		Q/GDW 10650.6—2019	电能质量监测技术规范　第 6 部分：变电站电能质量在线监测			2020/11/27	2020/11/27
17.2-2-7	17.2	29.240		Q/GDW 10650.7—2021	电能质量监测技术规范　第 7 部分：电能质量现场测试			2022/1/28	2022/1/28
17.2-2-8	17.2	29.240		Q/GDW 10650.8—2021	电能质量监测技术规范　第 8 部分：电能质量评价方法			2021/12/6	2021/12/6
17.2-2-9	17.2			Q/GDW 10651—2023	电能质量评估技术导则	Q/GDW 10651—2015		2023/9/22	2023/9/22
17.2-2-10	17.2	29.240		Q/GDW 11938—2018	电能质量　谐波限值与评价			2020/4/17	2020/4/17
17.2-2-11	17.2	29.240		Q/GDW 12130—2021	敏感用户接入电网电能质量技术规范			2022/1/28	2022/1/28
17.2-2-12	17.2	29.240		Q/GDW 12131—2021	干扰源用户接入电网电能质量评估技术规范			2022/1/28	2022/1/28

续表

序号	GW 分类	ICS 分类	GB 分类	标准号	中文名称	代替标准	采用关系	发布日期	实施日期
17.2-2-13	17.2			Q/GDW 12314—2023	电能质量治理技术导则			2023/9/22	2023/9/22
17.2-2-14	17.2			Q/GDW 12315—2023	电能质量谐波扰动溯源技术导则			2023/9/22	2023/9/22
17.2-2-15	17.2			Q/GDW 1818—2013	电压暂降与短时中断评价方法			2013/3/14	2013/3/14
17.2-3-16	17.2	27.100	K04	GB/T 12325—2008	电能质量　供电电压偏差	GB/T 12325—2003		2008/6/18	2009/5/1
17.2-3-17	17.2	27.100	F020	GB/T 12326—2008	电能质量　电压波动和闪变	GB 12326—2000		2008/6/18	2009/5/1
17.2-3-18	17.2	621.3.027.7	F20	GB/T 14549—1993	电能质量　公用电网谐波			1993/7/31	1994/3/1
17.2-3-19	17.2	29.020	K04	GB/T 15543—2008	电能质量　三相电压不平衡	GB/T 15543—1995		2008/6/18	2009/5/1
17.2-3-20	17.2	27.010	F20	GB/T 15945—2008	电能质量　电力系统频率偏差	GB/T 15945—1995		2008/6/18	2009/5/1
17.2-3-21	17.2	33.100.10	L06	GB/Z 17625.15—2017	电磁兼容　限值　低压电网中分布式发电系统低频电磁抗扰度和发射要求的评估		IEC/TR 61000-3-15：2011，MOD	2017/11/1	2018/5/1
17.2-3-22	17.2	27.100	F20	GB/T 18481—2001	电能质量　暂时过电压和瞬态过电压			2001/11/2	2002/4/1
17.2-3-23	17.2	29.020	K04	GB/T 24337—2009	电能质量　公用电网间谐波			2009/9/30	2010/6/1
17.2-3-24	17.2	31.060.70	K42	GB/T 26870—2011	滤波器和并联电容器在受谐波影响的工业交流电网中的应用		IEC 61642：1997，MOD	2011/7/29	2011/12/1
17.2-3-25	17.2	29.020	K04	GB/T 30137—2013	电能质量　电压暂降与短时中断			2013/12/17	2014/5/10
17.2-3-26	17.2	29.020	K04	GB/Z 32880.1—2016	电能质量经济性评估　第 1 部分：电力用户的经济性评估方法			2016/12/13	2017/7/1
17.2-3-27	17.2	29.020	K04	GB/Z 32880.2—2016	电能质量经济性评估　第 2 部分：公用配电网的经济性评估方法			2016/12/13	2017/7/1
17.2-3-28	17.2	29.020	K04	GB/T 32880.3—2016	电能质量经济性评估　第 3 部分：数据收集方法			2016/8/29	2017/3/1
17.2-3-29	17.2	17.220.20	N22	GB/T 39853.2—2021	供电系统中的电能质量测量　第 2 部分：功能试验和不确定度要求		IEC 62586-2：2017，IDT	2021/3/9	2021/10/1
17.2-4-30	17.2	29.240.01	F23	DL/T 1053—2017	电能质量技术监督规程	DL/T 1053—2007		2017/3/28	2017/8/1
17.2-4-31	17.2	29.020	K01	DL/T 1198—2013	电力系统电能质量技术管理规定	SD 126—1984		2013/3/7	2013/8/1
17.2-4-32	17.2	29.020	K01	DL/T 1208—2013	电能质量评估技术导则　供电电压偏差			2013/3/7	2013/8/1
17.2-4-33	17.2	29.240.01	F24	DL/T 1227—2013	电能质量监测装置技术规范			2013/3/7	2013/8/1
17.2-4-34	17.2	29.240.01	F23	DL/T 1228—2023	电能质量监测装置运行规程	DL/T 1228—2013		2023/10/11	2024/4/11
17.2-4-35	17.2	27.100	F29	DL/T 1297—2013	电能质量监测系统技术规范			2013/11/28	2014/4/1

续表

序号	GW 分类	ICS 分类	GB 分类	标准号	中文名称	代替标准	采用关系	发布日期	实施日期
17.2-4-36	17.2	27.100	F20	DL/T 1375—2014	电能质量评估技术导则　三相电压不平衡			2014/10/15	2015/3/1
17.2-4-37	17.2	29.240.01	F29	DL/T 1608—2016	电能质量数据交换格式规范			2016/8/16	2016/12/1
17.2-4-38	17.2	29.240.01	F20	DL/T 1724—2017	电能质量评估技术导则　电压波动和闪变			2017/8/2	2017/12/1
17.2-4-39	17.2	29.240.01	F23	DL/T 836.2—2016	供电系统供电可靠性评价规程　第 2 部分：高中压用户			2016/1/7	2016/6/1
17.2-4-40	17.2	29.240.01	F23	DL/T 836.3—2016	供电系统供电可靠性评价规程　第 3 部分：低压用户			2016/1/7	2016/6/1
17.2-4-41	17.2	27.180	F11	NB/T 31132—2018	风力发电场电能质量技术监督规程			2018/4/3	2018/7/1
17.2-4-42	17.2	029.020	K04	NB/T 41004—2014	电能质量现象分类			2014/3/18	2014/8/1
17.2-4-43	17.2	29.020	K04	NB/T 41005—2014	电能质量控制设备通用技术要求			2014/3/18	2014/8/1
17.2-5-44	17.2			IEC 61000-3-2：2018/AMD1：2020，CSV	电磁兼容性（EMC）第 3-2 部分：极限值　谐波电流辐射的极限值（设备输入电流不大于 16A/相）			2020/7/14	2020/7/14
17.2-5-45	17.2			IEC 62586-2：2017/Cor1：2018	电能质量监测电源系统　第 2 部分：功能测试和不确定性的要求 1.0 版（通信）	IEC 62586-2/Cor 1：2014		2018/6/1	2018/6/1
17.2-5-46	17.2	17.220.20		IEC 62586-2：2017/AMD1：2021，CSV	供电系统中的电能质量测量　第 2 部分：功能试验和不确定性要求	IEC 62586-2/Cor 1：2014		2021/9/15	2021/9/15
17.2-5-47	17.2	29.240.01	F21	IEEE 1159：2009	电能质量数据传送用实施规程	IEEE 1159：1995		2009/6/26	2009/6/26
17.2-5-48	17.2			IEEE 519：2022	电气动力系统谐波控制推荐规程和要求			2022/8/5	2022/8/5
17.2-5-49	17.2	29.240.01		IEEE Std 1250：2018	对瞬时电压干扰敏感设备的维护指南	IEEE 1250：2011		2018/11/16	2018/11/16

17.3　技术监督-电气设备性能

序号	GW 分类	ICS 分类	GB 分类	标准号	中文名称	代替标准	采用关系	发布日期	实施日期
17.3-2-1	17.3	29.240		Q/GDW 10660—2015	串联电容器补偿装置技术监督导则	Q/GDW 660—2011		2016/12/8	2016/12/8
17.3-2-2	17.3	29.240		Q/GDW 11074—2013	交流高压开关设备技术监督导则			2014/7/1	2014/7/1
17.3-2-3	17.3	29.240		Q/GDW 11075—2013	电流互感器技术监督导则			2014/7/1	2014/7/1
17.3-2-4	17.3	29.240		Q/GDW 11076—2013	消弧线圈装置技术监督导则			2014/7/1	2014/7/1
17.3-2-5	17.3	29.240		Q/GDW 11077—2013	干式电抗器技术监督导则			2014/7/1	2014/7/1
17.3-2-6	17.3	29.240		Q/GDW 11079—2013	交流金属氧化物避雷器技术监督导则			2014/7/1	2014/7/1

续表

序号	GW 分类	ICS 分类	GB 分类	标准号	中文名称	代替标准	采用关系	发布日期	实施日期
17.3-2-7	17.3	29.240		Q/GDW 11081—2013	电压互感器技术监督导则			2014/7/1	2014/7/1
17.3-2-8	17.3	29.240		Q/GDW 11082—2013	高压并联电容器装置技术监督导则			2014/7/1	2014/7/1
17.3-2-9	17.3	29.240		Q/GDW 11083—2013	高压支柱瓷绝缘子技术监督导则			2014/7/1	2014/7/1
17.3-2-10	17.3	29.240		Q/GDW 11085—2013	油浸式电力变压器（电抗器）技术监督导则			2014/7/1	2014/7/1
17.3-2-11	17.3	29.240		Q/GDW 11301—2014	水机技术监督导则			2015/3/12	2015/3/12
17.3-2-12	17.3	29.240		Q/GDW 1177—2015	高压静止无功补偿装置及静止同步补偿装置技术监督导则	Q/GDW 177—2008		2016/9/30	2016/9/30
17.3-2-13	17.3	29.240		Q/GDW 11915—2018	变压器类设备质量评级技术导则			2020/4/3	2020/4/3
17.3-2-14	17.3	29.120.40		Q/GDW 11916—2018	高压开关类设备质量评级技术导则			2020/4/3	2020/4/3
17.3-2-15	17.3	29.240		Q/GDW 11917—2018	输电线路类设备质量评级技术导则			2020/4/3	2020/4/3
17.3-2-16	17.3	29.240		Q/GDW 11918—2018	无功补偿类设备质量评级技术导则			2020/4/3	2020/4/3
17.3-2-17	17.3	29.240		Q/GDW 11919—2018	高压电缆及附件类设备质量评级技术导则			2020/4/3	2020/4/3
17.3-2-18	17.3	27.140		Q/GDW 12032—2020	水电站紧固件应用技术规程			2020/12/31	2020/12/31
17.3-2-19	17.3	29.240		Q/GDW 12166—2021	换流站直流类设备质量评级技术导则			2021/12/6	2021/12/6
17.3-3-20	17.3	27.010	F01	GB/T 13462—2008	电力变压器经济运行	GB/T 13462—1992		2008/5/27	2008/11/1
17.3-3-21	17.3	29.080.30	K15	GB/T 20111.1—2015	电气绝缘系统　热评定规程　第 1 部分：通用要求　低压	GB/T 20111.1—2006	IEC 61857-1: 2008, IDT	2015/7/3	2016/2/1
17.3-3-22	17.3	29.080.30	K15	GB/T 20111.2—2016	电气绝缘系统　热评定规程　第 2 部分：通用模型的特殊要求散绕绕组应用	GB/T 20111.2—2008	IEC 61857-21：2009，IDT	2016/8/29	2017/3/1
17.3-3-23	17.3	29.080.30	K15	GB/T 20111.3—2016	电气绝缘系统　热评定规程　第 3 部分：包封线圈模型的特殊要求　散绕绕组电气绝缘系统（EIS）	GB/T 20111.3—2008	IEC 61857-22：2008，IDT	2016/8/29	2017/3/1
17.3-3-24	17.3	29.080.30	K15	GB/T 20111.5—2020	电气绝缘系统　热评定规程　第 5 部分：设计寿命 5000h 及以下的应用		IEC 61857-31：2017，MOD	2020/6/2	2020/12/1
17.3-3-25	17.3	29.020	K60	GB/T 20138—2006	电器设备外壳对外界机械碰撞的防护等级（IK 代码）		IEC 62262：2002，IDT	2006/3/6	2006/8/1
17.3-3-26	17.3	29.080.30	K15	GB/T 20139.1—2016	电气绝缘系统　已确定等级的电气绝缘系统（EIS）组分调整的热评定　第 1 部分：散绕绕组 EIS	GB/T 20139—2006	IEC 61858-1: 2014, IDT	2016/8/29	2017/3/1

17

续表

序号	GW 分类	ICS 分类	GB 分类	标准号	中文名称	代替标准	采用关系	发布日期	实施日期
17.3-3-27	17.3	29.080.30	K15	GB/T 22566—2017	电气绝缘材料和系统　重复电压冲击下电气耐久性评定的通用方法	GB/T 22566.1—2008	IEC 62068：2013，IDT	2017/12/29	2018/7/1
17.3-3-28	17.3	29.080.30	K15	GB/T 22578.1—2017	电气绝缘系统（EIS）液体和固体组件的热评定　第 1 部分：通用要求	GB/T 22578.1—2008	IEC/TS 62332-1：2011，IDT	2017/12/29	2018/7/1
17.3-3-29	17.3	29.080.30	K15	GB/T 22578.2—2017	电气绝缘系统（EIS）液体和固体组件的热评定　第 2 部分：简化试验		IEC/TS 62332-2：2014，IDT	2017/12/29	2018/7/1
17.3-3-30	17.3	29.020	K09	GB/T 22696.4—2011	电气设备的安全风险评估和风险降低　第 4 部分：风险降低			2011/7/29	2011/12/1
17.3-3-31	17.3	29.020	K09	GB/T 22696.5—2011	电气设备的安全风险评估和风险降低　第 5 部分：风险评估和降低风险的方法示例			2011/7/29	2011/12/1
17.3-3-32	17.3	29.160.01	K20	GB/T 22720.2—2019	旋转电机　电压型变频器供电的旋转电机耐局部放电电气绝缘结构（Ⅱ型）的鉴定试验	GB/Z 22720.2—2013	IEC 60034-18-42: 2017，IDT	2019/6/4	2020/1/1
17.3-3-33	17.3	29.080.30	K15	GB/T 26170—2010	电气绝缘系统热、电综合应力快速评定		IEC/TS 62101：2005，IDT	2011/1/14	2011/7/1
17.3-3-34	17.3	17.220.99；29.035.01	K15	GB/T 29311—2020	电气绝缘材料和系统　交流电压耐久性评定	GB/T 29311—2012	IEC 61251：2015，IDT	2020/6/2	2020/12/1
17.3-4-35	17.3			DL/T 1049—2024	发电机励磁系统技术监督规程	DL/T 1049—2007		2024/9/24	2025/3/24
17.3-4-36	17.3	27.100	F24	DL/T 1054—2021	高压电气设备绝缘技术监督规程	DL/T 1054—2007		2021/4/26	2021/10/26
17.3-4-37	17.3	27.100	F20	DL/T 1090—2023	串联补偿装置可靠性评价指标导则	DL/T 1090—2008		2023/5/26	2023/11/26
17.3-4-38	17.3	77.040.20	H26	DL/T 1611—2016	输电线路铁塔钢管对接焊缝超声波检测与质量评定			2016/8/16	2016/12/1
17.3-4-39	17.3	21.020	K43	DL/T 2509—2022	SF_6/CF_4混合气体绝缘设备气体监督导则			2022/5/13	2022/11/13
17.3-4-40	17.3	27.100	F21	DL/T 2569—2022	水电厂励磁系统技术监督规程			2022/11/4	2023/5/4
17.3-4-41	17.3	29.020	K01	DL/T 278—2012	直流电子式电流互感器技术监督导则			2012/1/4	2012/3/1
17.3-4-42	17.3	27.100	F20	DL/T 793.1—2017	发电设备可靠性评价规程　第 1 部分：通则	DL/T 793—2012		2017/8/2	2017/12/1
17.3-4-43	17.3	27.100	F20	DL/T 793.2—2017	发电设备可靠性评价规程　第 2 部分：燃煤机组			2017/8/2	2017/12/1
17.3-4-44	17.3	27.140	F23	DL/T 793.4—2019	发电设备可靠性评价规程　第 4 部分：抽水蓄能机组			2019/6/4	2019/10/1
17.3-4-45	17.3	29.035.99	K15	NB/T 10823—2021	换流变压器绝缘纸板及纸质绝缘成型件 X 光检测导则			2021/11/16	2022/2/16

17

续表

序号	GW 分类	ICS 分类	GB 分类	标准号	中文名称	代替标准	采用关系	发布日期	实施日期
17.3-5-46	17.3	29.080.30	K15	IEC 60505：2011	电气绝缘系统的评定和鉴定	IEC 60505：2004；IEC 112/174/FDIS：2011		2011/7/11	2011/7/11
17.3-5-47	17.3			IEC 60544-5：2022	电绝缘材料　确定电离辐射的影响　第 5 部分：在使用过程中的老化评定方法			2022/6/17	2022/6/17
17.3-5-48	17.3	17.220.99；29.035.01		IEC 61251：2015	电气绝缘材料　交流电压耐久性评定　一般评价	IEC 61251：2008		2015/11/18	2015/11/18
17.3-5-49	17.3	29.080.30		IEC 61858-2：2014	电气绝缘系统　对现有电气绝缘系统改造的热评估　第 2 部分：模绕电气绝缘系统			2014/2/12	2014/2/12
17.3-5-50	17.3	29.080.30	K04	IEC TS 62332-1：2011	电气绝缘系统（EIS）液态和固态联合部件的热评定　第 1 部分：一般要求	IEC TS 62332-1：2005；IEC 112/160/DTS：2010		2011/3/14	2011/3/14

17.4　技术监督-电测技术

序号	GW 分类	ICS 分类	GB 分类	标准号	中文名称	代替标准	采用关系	发布日期	实施日期
17.4-3-1	17.4	27.010	F01	GB 17167—2006	用能单位能源计量器具配备和管理通则	GB/T 17167—1997		2006/6/2	2007/1/1
17.4-3-2	17.4			GB/T 50063—2017	电力装置电测量仪表装置设计规范	GB/T 50063—2008		2017/1/21	2017/7/1
17.4-4-3	17.4	29.020	K01	DL/T 1199—2013	电测技术监督规程			2013/3/7	2013/8/1

17.5　技术监督-热工技术

序号	GW 分类	ICS 分类	GB 分类	标准号	中文名称	代替标准	采用关系	发布日期	实施日期
17.5-4-1	17.5	27.100	F29	DL/T 1056—2019	发电厂热工仪表及控制系统技术监督导则	DL/T 1056—2007		2019/6/4	2019/10/1
17.5-4-2	17.5			DL/T 939—2024	火力发电厂锅炉受热面管监督技术标准	DL/T 939—2016		2024/9/24	2025/3/24

17.6　技术监督-金属技术

序号	GW 分类	ICS 分类	GB 分类	标准号	中文名称	代替标准	采用关系	发布日期	实施日期
17.6-2-1	17.6	29.240		Q/GDW 11717—2017	电网设备金属技术监督导则			2018/4/13	2018/4/13
17.6-2-2	17.6	29.240		Q/GDW 11718.1—2017	电网设备金属质量检测导则　第 1 部分：导体镀银部分			2018/4/13	2018/4/13
17.6-2-3	17.6	27.180	F11	Q/GDW 12358—2024	风力发电机组金属技术监督导则			2024/4/25	2024/4/25
17.6-3-4	17.6	77.140.01	H40	GB/T 1591—2018	低合金高强度结构钢	GB/T 1591—2008		2018/5/14	2019/2/1
17.6-3-5	17.6	25.160.10	J33	GB/T 19805—2005	焊接操作工技能评定		ISO 14732：1998，IDT	2005/6/8	2005/12/1

续表

序号	GW 分类	ICS 分类	GB 分类	标准号	中文名称	代替标准	采用关系	发布日期	实施日期
17.6-3-6	17.6	25.160.10	J33	GB/T 19866—2005	焊接工艺规程及评定的一般原则		ISO 15607：2003，IDT	2005/8/10	2006/4/1
17.6-3-7	17.6	19.100	N78	GB/T 26838—2024	无损检测仪器　携带式工业 X 射线探伤机	GB/T 26838—2011		2024/8/23	2025/3/1
17.6-3-8	17.6	25.160.40	J33	GB/T 29711—2023	焊缝无损检测　超声检测　焊缝内部不连续的特征	GB/T 29711—2013		2023/11/27	2024/6/1
17.6-3-9	17.6	25.160.40	J33	GB/T 29712—2023	焊缝无损检测　超声检测　验收等级	GB/T 29712—2013		2023/11/27	2024/6/1
17.6-3-10	17.6	77.040.99	H21	GB/T 351—2019	金属材料　电阻率测量方法	GB/T 351—1995		2019/3/25	2020/2/1
17.6-3-11	17.6	03.100.99	A01	GB/T 37190—2023	管道腐蚀控制工程全生命周期　通用要求	GB/T 37190—2018		2023/12/28	2024/7/1
17.6-3-12	17.6	77.040.10	H22	GB/T 37306.1—2019	金属材料　疲劳试验　变幅疲劳试验　第 1 部分：总则、试验方法和报告要求		ISO 12110-1: 2013, IDT	2019/3/25	2020/2/1
17.6-3-13	17.6	77.040.10	H22	GB/T 37306.2—2019	金属材料　疲劳试验　变幅疲劳试验　第 2 部分：循环计数和相关数据缩减方法		ISO 12110-2: 2013, IDT	2019/3/25	2020/2/1
17.6-3-14	17.6	19.100	J04	GB/T 41856.2—2022	无损检测　工业内窥镜目视检测　第 2 部分：图谱			2022/10/12	2022/10/12
17.6-3-15	17.6	25.160.40	J33	GB/T 43320—2023	焊缝无损检测　超声检测　薄壁钢构件自动相控阵技术的应用			2023/11/27	2024/6/1
17.6-3-16	17.6	19.100	J04	GB/T 43480—2023	无损检测　相控阵超声柱面成像导波检测			2023/12/28	2023/12/28
17.6-3-17	17.6	19.100	J04	GB/T 43613—2023	无损检测　数字射线检测图像处理与通信			2023/12/28	2023/12/28
17.6-3-18	17.6	19.100	J04	GB/T 43618—2023	无损检测　工艺塔伽马射线扫描方法			2023/12/28	2023/12/28
17.6-3-19	17.6	19.100	J04	GB/T 43658.1—2024	无损检测　管道腐蚀及沉积物 X 和伽马射线检测　第 1 部分：切向射线检测			2024/3/15	2024/3/15
17.6-3-20	17.6	19.100	J04	GB/T 43658.2—2024	无损检测　管道腐蚀及沉积物 X 和伽马射线检测　第 2 部分：双壁射线检测			2024/3/15	2024/3/15
17.6-3-21	17.6	25.160.40	J33	GB/T 44046—2024	无损检测　金属磁记忆　焊接接头检测			2024/5/28	2024/5/28
17.6-3-22	17.6	25.160.40	J33	GB/T 44362—2024	焊缝无损检测　超声检测　自动全聚焦技术（TFM）			2024/8/23	2024/8/23
17.6-3-23	17.6	77.060	H25	GB/T 8650—2015	管线钢和压力容器钢抗氢致开裂评定方法	GB/T 8650—2006		2015/12/10	2016/11/1
17.6-3-24	17.6	21.060.20	J13	GB/T 90.3—2010	紧固件质量保证体系		ISO 16426：2002，IDT	2011/1/10	2011/10/1
17.6-3-25	17.6	77.040.20	J31	GB/T 9444—2019	铸钢件磁粉检测	GB/T 9444—2007	ISO 4986：2010，MOD	2019/8/30	2020/3/1
17.6-4-26	17.6	27.100	K54	DL/T 1055—2021	发电厂汽轮机、水轮机技术监督导则	DL/T 1055—2007		2021/12/22	2022/3/22

续表

序号	GW 分类	ICS 分类	GB 分类	标准号	中文名称	代替标准	采用关系	发布日期	实施日期
17.6-4-27	17.6	27.100	F29	DL/T 1265—2013	电力行业焊工培训机构基本能力要求			2013/11/28	2014/4/1
17.6-4-28	17.6	27.100	F24	DL/T 1318—2014	水电厂金属技术监督规程			2014/3/18	2014/8/1
17.6-4-29	17.6	29.020	F20	DL/T 1424—2015	电网金属技术监督规程			2015/4/2	2015/9/1
17.6-4-30	17.6		F21	DL/T 2650—2023	电力工程接地金属材料技术监督导则			2023/10/11	2024/4/11
17.6-4-31	17.6	27.100	F20	DL/T 438—2023	火力发电厂金属技术监督规程	DL/T 438—2016		2023/10/11	2024/4/11
17.6-4-32	17.6	27.100	F20	DL/T 675—2014	电力行业无损检测人员资格考核规则			2014/10/15	2015/3/1
17.6-4-33	17.6	29.240.20	K47	DL/T 768.1—2017	电力金具制造质量　第 1 部分：可锻铸铁件	DL/T 768.1—2002		2017/3/28	2017/8/1
17.6-4-34	17.6	29.240.20	K47	DL/T 768.2—2017	电力金具制造质量　第 2 部分：黑色金属锻制件	DL/T 768.2—2002		2017/8/2	2017/12/1
17.6-4-35	17.6	29.240.20	K47	DL/T 768.3—2017	电力金具制造质量　第 3 部分：冲压件	DL/T 768.3—2002		2017/8/2	2017/12/1
17.6-4-36	17.6	29.240.20	K47	DL/T 768.4—2017	电力金具制造质量　第 4 部分：球墨铸铁件	DL/T 768.4—2002		2017/8/2	2017/12/1
17.6-4-37	17.6	29.240.20	K47	DL/T 768.5—2017	电力金具制造质量　第 5 部分：铝制件	DL/T 768.5—2002		2017/8/2	2017/12/1
17.6-4-38	17.6	27.100	K47	DL/T 768.6—2021	电力金具制造质量　焊接件	DL/T 768.6—2002		2021/4/26	2021/10/26
17.6-4-39	17.6	25.220.40	K47	DL/T 768.7—2012	电力金具制造质量　钢铁件热镀锌层	DL/T 768.7—2002		2012/8/23	2012/12/1
17.6-4-40	17.6	23.040.01	F24	DL/T 991—2022	电力设备金属发射光谱分析技术导则	DL/T 991—2006		2022/11/4	2023/5/4
17.6-4-41	17.6	19.100	J04	JB/T 10764—2023	无损检测常压金属储罐声发射检测及评价方法	JB/T 10764—2007		2023/8/16	2024/2/1
17.6-4-42	17.6	19.100	J04	JB/T 10765—2023	无损检测常压金属储罐漏磁检测方法	JB/T 10765—2007		2023/8/16	2024/2/1
17.6-4-43	17.6	25.200	J36	JB/T 5072—2007	热处理保护涂料一般技术要求	JB 5072—1991		2007/3/6	2007/9/1
17.6-4-44	17.6	23.080	J71	JB/T 6883—2006	大、中型立式轴流泵型式与基本参数	JB 6883—1993		2006/9/14	2007/3/1
17.6-6-45	17.6			T/CEC 835—2023	特高压输电线路铁塔制造监理导则			2023/12/13	2024/4/1

17.7　技术监督-化学技术

17

序号	GW 分类	ICS 分类	GB 分类	标准号	中文名称	代替标准	采用关系	发布日期	实施日期
17.7-2-1	17.7	29.130.10		Q/GDW 10471—2022	运行电气设备中六氟化硫气体监督与管理规范	Q/GDW 471—2010		2022/9/15	2022/9/15
17.7-2-2	17.7	27.140		Q/GDW 11574—2016	水电站化学技术监督导则			2017/5/18	2017/5/18
17.7-3-3	17.7	77.060	H25	GB/T 14165—2008	金属和合金　大气腐蚀试验　现场试验的一般要求	GB/T 6464—1997；GB/T 14165—1993；GB/T 11112—1989	ISO 8565：1992，IDT	2008/5/30	2008/12/1

续表

序号	GW 分类	ICS 分类	GB 分类	标准号	中文名称	代替标准	采用关系	发布日期	实施日期
17.7-3-4	17.7	71.100.80	G76	GB/T 20778—2006	水处理剂可生物降解性能评价方法—CO_2 生成量法		ISO 9439：1999，MOD	2006/12/29	2007/6/1
17.7-4-5	17.7	27.100	F24	DL/T 1002—2022	微量溶解氧仪标定方法标准气体标定法	DL/T 1002—2006		2022/5/13	2022/11/13
17.7-4-6	17.7	27.100	F24	DL/T 1360—2014	大豆植物变压器油质量标准			2014/10/15	2015/3/1
17.7-4-7	17.7			DL/T 1463—2024	变压器油中溶解气体组分含量分析用工作标准油的配制	DL/T 1463—2015		2024/9/24	2025/3/24
17.7-4-8	17.7	27.100	F20	DL/T 1717—2017	燃气-蒸汽联合循环发电厂化学监督技术导则			2017/8/2	2017/12/1
17.7-4-9	17.7	29.240.10	F23	DL/T 2121—2020	高压直流输电换流阀冷却系统化学监督导则			2020/10/23	2021/2/1
17.7-4-10	17.7	71.010	G01	DL/T 246—2015	化学监督导则	DL/T 246—2006		2015/4/2	2015/9/1
17.7-4-11	17.7	27.100	K43	DL/T 595—2016	六氟化硫电气设备气体监督导则	DL/T 595—1996		2016/1/7	2016/6/1
17.7-4-12	17.7	75.100	E34	DL/T 705—2021	运行中氢冷发电机用密封油质量	DL/T 705—1999		2021/1/7	2021/7/1
17.7-4-13	17.7	27.100	F24	DL/T 805.2—2016	火电厂汽水化学导则　第 2 部分：锅炉炉水磷酸盐处理	DL/T 805.2—2004		2016/1/7	2016/6/1
17.7-4-14	17.7	27.100	F23	DL/T 805.4—2016	火电厂汽水化学导则　第 4 部分：锅炉给水处理	DL/T 805.4—2004		2016/2/5	2016/7/1
17.7-4-15	17.7	27.100	F23	DL/T 889—2015	电力基本建设热力设备化学监督导则	DL/T 889—2004		2015/7/1	2015/12/1
17.7-4-16	17.7	27.100	F20	DL/T 931—2017	电力行业理化检验人员考核规程	DL/T 931—2005		2017/3/28	2017/8/1
17.7-4-17	17.7	27.100	F20	DL/T 977—2013	发电厂热力设备化学清洗单位管理规定	DL/T 977—2005		2013/11/28	2014/4/1
17.7-4-18	17.7	27.100	F23	DL/T 986—2016	湿法烟气脱硫工艺性能检测技术规范	DL/T 986—2005		2016/1/7	2016/6/1
17.7-4-19	17.7	25.200	J36	JB/T 7530—2007	热处理用氩气、氮气、氢气　一般技术条件	JB/T 7530—1994		2007/3/6	2007/9/1
17.7-4-20	17.7	93.160	P59	SL 396—2011	水利水电工程水质分析规程			2011/2/21	2011/5/21
17.7-6-21	17.7	29.240.10	F23	T/CEC 298—2020	高压直流输电换流阀年度检修化学检查导则			2020/6/30	2020/10/1

17.8　技术监督-节能与环保技术

序号	GW 分类	ICS 分类	GB 分类	标准号	中文名称	代替标准	采用关系	发布日期	实施日期
17.8-2-1	17.8	29.240		Q/GDW 12132—2021	电网技术降损节能计算导则			2022/1/28	2022/1/28
17.8-2-2	17.8	29.240.01	F20	Q/GDW 12424—2024	电网技术降损后评价导则			2024/12/31	2024/12/31
17.8-3-3	17.8	13.030	Z40	GB 13015—2017	含多氯联苯废物污染控制标准	GB 13015—1991		2017/8/31	2017/10/1

续表

序号	GW 分类	ICS 分类	GB 分类	标准号	中文名称	代替标准	采用关系	发布日期	实施日期
17.8-3-4	17.8	27.010	F01	GB 18613—2020	电动机能效限定值及能效等级	GB 18613—2012；GB 25958—2010		2020/5/29	2021/6/1
17.8-3-5	17.8	27.010	F01	GB 19761—2020	通风机能效限定值及能效等级	GB 19761—2009		2020/5/29	2021/6/1
17.8-3-6	17.8	27.010	F01	GB 20052—2024	电力变压器能效限定值及能效等级	GB 20052—2020		2024/4/29	2025/2/1
17.8-3-7	17.8	19.040	A21	GB/T 20644.1—2006	特殊环境条件　选用导则　第 1 部分：金属表面防护			2006/11/8	2007/4/1
17.8-3-8	17.8	19.040	A21	GB/T 20644.2—2006	特殊环境条件　选用导则　第 2 部分：高分子材料			2006/11/8	2007/4/1
17.8-3-9	17.8	29.260.20	K35	GB 20800.1—2006	爆炸性环境用往复式内燃机防爆技术通则　第 1 部分：可燃性气体和蒸气环境用Ⅱ类内燃机			2006/12/1	2007/6/1
17.8-3-10	17.8	29.260.20	K35	GB 20800.2—2006	爆炸性环境用往复式内燃机防爆技术通则　第 2 部分：可燃性粉尘环境用Ⅱ类内燃机			2006/12/1	2007/6/1
17.8-3-11	17.8	27.010	F01	GB 24500—2020	工业锅炉能效限定值及能效等级	GB 24500—2009		2020/5/29	2021/6/1
17.8-3-12	17.8	27.010	F01	GB 30253—2013	永磁同步电动机能效限定值及能效等级			2013/12/18	2014/9/1
17.8-3-13	17.8	29.240	F20	GB/T 31367—2015	中低压配电网能效评估导则			2015/2/4	2015/9/1
17.8-3-14	17.8	29.260.20	K35	GB/T 3836.1—2021	爆炸性环境　第 1 部分：设备　通用要求	GB 3836.1—2010；GB 12476.1—2013		2021/10/11	2022/5/1
17.8-3-15	17.8	29.260.20	K35	GB/T 3836.2—2021	爆炸性环境　第 2 部分：由隔爆外壳“d”保护的设备	GB 3836.2—2010	IEC 60079-1：2014，MOD	2021/10/11	2022/5/1
17.8-3-16	17.8	29.260.20	K35	GB/T 3836.3—2021	爆炸性环境　第 3 部分：由增安型“e”保护的设备	GB 3836.3—2010	IEC 60079-7：2015，MOD	2021/10/11	2022/5/1
17.8-3-17	17.8	29.260.20	K35	GB/T 3836.5—2021	爆炸性环境　第 5 部分：由正压外壳“p”保护的设备	GB/T 3836.5—2017；GB 12476.7—2010	IEC 60079-2：2007，MOD	2021/10/11	2022/5/1
17.8-3-18	17.8	29.260.20	K35	GB/T 3836.8—2021	爆炸性环境　第 8 部分：由“n”型保护的设备	GB 3836.8—2014	IEC 60079-15：2017，MOD	2021/10/11	2022/5/1
17.8-3-19	17.8	29.260.20	K35	GB/T 3836.9—2021	爆炸性环境　第 9 部分：由浇封型“m”保护的设备	GB 3836.9—2014；GB 12476.6—2010	IEC 60079-18：2014，MOD	2021/10/11	2022/5/1
17.8-3-20	17.8	29.260.20	K35	GB/T 3836.17—2019	爆炸性环境　第 17 部分：由正压房间“p”和人工通风房间“v”保护的设备	GB 3836.17—2007	IEC 60079-13：2017，MOD	2019/12/31	2020/7/1
17.8-3-21	17.8	27.180	F19	GB/T 42318—2023	电化学储能电站环境影响评价导则			2023/3/17	2023/10/1
17.8-3-22	17.8			GB/T 51350—2019	近零能耗建筑技术标准			2019/1/24	2019/9/1

续表

序号	GW 分类	ICS 分类	GB 分类	标准号	中文名称	代替标准	采用关系	发布日期	实施日期
17.8-4-23	17.8			DL/T 1050—2024	电力环境保护技术监督导则	DL/T 1050—2016		2024/5/24	2024/11/24
17.8-4-24	17.8	29.240	K44	DL/T 1187—2012	1000kV 架空输电线路电磁环境控制值			2012/8/23	2012/12/1
17.8-4-25	17.8	29.180	K41	DL/T 985—2022	配电变压器能效技术经济评价导则	DL/T 985—2012		2022/5/13	2022/11/13
17.8-4-26	17.8			HJ 193—2013	环境空气气态污染物（SO_2、NO_2、O_3、CO）连续自动监测系统安装验收技术规范	部分替代 HJ/T 193—2005		2013/7/30	2013/8/1
17.8-4-27	17.8			HJ 2543—2016	环境标志产品技术要求　干式电力变压器	HJ/T 224—2005		2016/10/17	2017/1/1
17.8-4-28	17.8			HJ 298—2019	危险废物鉴别技术规范	HJ/T 298—2007		2019/11/12	2020/1/1
17.8-4-29	17.8			HJ/T 335—2006	环境保护产品技术要求　污泥浓缩带式脱水一体机	HBC 27—2004		2006/12/15	2007/4/1

17.9　技术监督-保护与控制系统

序号	GW 分类	ICS 分类	GB 分类	标准号	中文名称	代替标准	采用关系	发布日期	实施日期
17.9-2-1	17.9	29.240		Q/GDW 11078—2013	直流电源系统技术监督导则			2014/7/1	2014/7/1
17.9-2-2	17.9	29.240		Q/GDW 11297—2014	水电站继电保护及安全自动装置技术监督导则			2015/3/12	2015/3/12
17.9-2-3	17.9	29.240		Q/GDW 11578—2016	水电站热工仪表及控制系统技术监督导则			2017/5/18	2017/5/18
17.9-4-4	17.9	29.240	K45	DL/T 2253—2021	发电厂继电保护及安全自动装置技术监督导则			2021/1/7	2021/7/1
17.9-4-5	17.9	29.240	K45	DL/T 2377—2021	高压直流输电控制保护系统状态评价技术规程			2021/12/22	2022/3/22
17.9-4-6	17.9		F21	DL/T 2566—2022	水电厂直流系统技术监督规程			2022/11/4	2023/5/4
17.9-4-7	17.9	27.180	F11	NB/T 10563—2021	风力发电场继电保护技术监督规程			2021/1/7	2021/7/1
17.9-4-8	17.9	13.030	Z00	NB/T 10899—2021	光伏发电站继电保护技术监督			2021/12/22	2022/6/22

17.10　技术监督-信息通信及自动化

序号	GW 分类	ICS 分类	GB 分类	标准号	中文名称	代替标准	采用关系	发布日期	实施日期
17.10-2-1	17.10	29.240		Q/GDW 10542—2016	电力光纤到户运行管理规范	Q/GDW 542—2010		2017/3/24	2017/3/24
17.10-2-2	17.10	29.240		Q/GDW 11298—2014	水电站监控与自动化技术监督导则			2015/3/12	2015/3/12
17.10-2-3	17.10	29.240		Q/GDW 11371—2014	配电自动化建设效果评价指导原则			2015/5/22	2015/5/22
17.10-2-4	17.10	29.240		Q/GDW 1803—2012	电力通信工程后评估评价方法			2014/2/10	2014/2/10

续表

序号	GW 分类	ICS 分类	GB 分类	标准号	中文名称	代替标准	采用关系	发布日期	实施日期
17.10-3-5	17.10	27.010	F07	GB/T 36047—2018	电力信息系统安全检查规范			2018/3/15	2018/10/1
17.10-3-6	17.10	35.040	L80	GB/T 36466—2018	信息安全技术　工业控制系统风险评估实施指南			2018/6/7	2019/1/1
17.10-4-7	17.10	27.180	F11	NB/T 10559—2021	风力发电场监控自动化技术监督规程			2021/1/7	2021/7/1
17.10-4-8	17.10	27.180	F11	NB/T 10585—2021	风电场节能运行维护监督规程			2021/1/7	2021/7/1
17.10-4-9	17.10	33.180.20	M33	YD/T 1636—2007	光纤到户（FTTH）体系结构和总体要求			2007/4/16	2007/10/1
17.10-4-10	17.10	33.100	M04	YD/T 1644.2—2011	手持和身体佩戴使用的无线通信设备对人体的电磁照射　人体模型、仪器和规程　第 2 部分：靠近身体使用的无线通信设备的比吸收率（SAR）评估规程（频率范围 30MHz～6GHz）		IEC 62209-2：2010-03，IDT	2011/12/20	2012/2/1

17.11　技术监督-其他

序号	GW 分类	ICS 分类	GB 分类	标准号	中文名称	代替标准	采用关系	发布日期	实施日期
17.11-2-1	17.11	29.240		Q/GDW 11577—2016	水电站电测技术监督导则			2017/5/18	2017/5/18
17.11-2-2	17.11	27.140		Q/GDW 11580—2016	水电站节能技术监督导则			2017/5/18	2017/5/18
17.11-2-3	17.11	27.140		Q/GDW 11581—2016	水电站励磁技术监督导则			2017/5/18	2017/5/18
17.11-2-4	17.11	29.240.01		Q/GDW 11997—2019	大规模电采暖系统接入配电网评价导则			2020/8/24	2020/8/24
17.11-3-5	17.11	13.310	A91	GB 12664—2024	便携式 X 射线安全检查设备技术规范	GB 12664—2003		2024/8/23	2025/9/1
17.11-3-6	17.11	33.100.20	L06	GB/T 38326—2019	工业、科学和医疗机器人　电磁兼容　抗扰度试验			2019/12/10	2020/7/1
17.11-3-7	17.11	33.100	L06	GB/T 38336—2019	工业、科学和医疗机器人　电磁兼容　发射测试方法和限值			2019/12/10	2020/7/1
17.11-3-8	17.11	19.100	J04	GB/T 43143—2023	无损检测　声发射检测　混凝土结构活动裂缝分类的检测方法			2023/9/7	2023/9/7
17.11-3-9	17.11	19.100	J04	GB/T 43144—2023	无损检测　声发射检测　钢筋混凝土梁损伤评定的检测方法			2023/9/7	2023/9/7
17.11-4-10	17.11	29.240.30	K07	DL/T 1455—2015	电力系统控制类软件安全性及其测评技术要求			2015/7/1	2015/12/1
17.11-4-11	17.11	27.140	P59	DL/T 1559—2016	水电站水工技术监督导则			2016/1/7	2016/6/1

续表

序号	GW 分类	ICS 分类	GB 分类	标准号	中文名称	代替标准	采用关系	发布日期	实施日期
17.11-4-12	17.11	29.240.99	K47	DL/T 1781—2017	电力器材质量监督检验技术规程			2017/12/27	2018/6/1
17.11-4-13	17.11		K55	DL/T 2570—2022	水力发电厂水轮机技术监督导则			2022/11/4	2023/5/4
17.11-4-14	17.11	27.140	P59	DL/T 5313—2014	水电站大坝运行安全评价导则			2014/3/18	2014/8/1
17.11-4-15	17.11	29.020	F20	DL/T 989—2022	直流输电系统可靠性评价规程	DL/T 989—2013		2022/5/13	2022/11/13
17.11-4-16	17.11	27.140	P59	NB/T 35064—2015	水电工程安全鉴定规程			2015/10/27	2016/3/1

17

18 数字化

18.1 数字化-基础综合

序号	GW 分类	ICS 分类	GB 分类	标准号	中文名称	代替标准	采用关系	发布日期	实施日期
18.1-2-1	18.1	01.140.20		Q/GDW 10135—2022	国家电网有限公司纸质档案数字化规范	Q/GDW 135—2006		2022/9/9	2022/9/9
18.1-2-2	18.1	29.240		Q/GDW 11209—2018	国家电网有限公司信息化架构（SG-EA）	Q/GDW 11209—2014		2020/3/20	2020/3/20
18.1-2-3	18.1	35.080		Q/GDW 11699—2017	信息系统用户体验设计规范			2018/3/5	2018/3/5
18.1-2-4	18.1	35.080	L77	Q/GDW 11800—2018	信息系统功能及非功能性测试导则			2019/7/26	2019/7/26
18.1-2-5	18.1	29.240		Q/GDW 11817—2018	应用集成接口技术规范			2019/7/26	2019/7/26
18.1-2-6	18.1	29.240		Q/GDW 11822.1—2018	一体化“国网云” 第 1 部分：术语			2019/7/26	2019/7/26
18.1-2-7	18.1	35.240		Q/GDW 11829—2024	电网数字化项目成本度量规范	Q/GDW 11829—2018		2024/2/28	2024/2/28
18.1-2-8	18.1	03.100.01		Q/GDW 11831—2018	信息化项目概要设计内容深度规定			2019/7/16	2019/7/16
18.1-2-9	18.1	29.240		Q/GDW 11834—2018	国家电网有限公司实物档案数字化规范			2019/7/18	2019/7/18
18.1-2-10	18.1	35.110		Q/GDW 12098—2021	电力物联网术语			2021/5/26	2021/5/26
18.1-2-11	18.1	29.240.01		Q/GDW 12115—2021	电力物联网参考体系架构			2021/6/25	2021/6/25
18.1-2-12	18.1	35.240		Q/GDW 12406—2024	研发运营一体化（DevOps）架构规范			2024/2/28	2024/2/28
18.1-3-13	18.1	35.080	L77	GB/T 16680—2015	系统与软件工程用户文档的管理者要求	GB/T 16680—1996	ISO/IEC 26511：2011，IDT	2015/12/31	2016/7/1
18.1-3-14	18.1	35.080	L77	GB/T 18234—2000	信息技术 CASE 工具的评价与选择指南			2000/10/17	2001/8/1
18.1-3-15	18.1	35.080	L77	GB/T 18491.1—2001	信息技术 软件测量 功能规模测量 第 1 部分：概念定义		ISO/IEC 14143-1: 1998，IDT	2001/11/2	2002/6/1
18.1-3-16	18.1	35.080	L77	GB/T 18491.4—2010	信息技术 软件测量 功能规模测量 第 4 部分：基准模型		ISO/IEC TR 14143-4: 2002，IDT	2010/12/1	2011/4/1
18.1-3-17	18.1	35.080	L77	GB/Z 18493—2001	信息技术 软件生存周期过程指南		ISO/IEC TR 15271: 1998，IDT	2001/11/2	2002/6/1
18.1-3-18	18.1	25.040	J07	GB/T 18729—2011	基于网络的企业信息集成规范	GB/Z 18729—2002		2011/12/30	2012/5/1
18.1-3-19	18.1	35.240.30	L74	GB/T 18792—2002	信息技术 文件描述和处理语言超文本置标语言（HTML）		ISO/IEC 15445：2000，IDT	2002/7/18	2002/12/1
18.1-3-20	18.1	35.240.30	L74	GB/T 18793—2002	信息技术 可扩展置标语言（XML）1.0			2002/7/18	2002/12/1
18.1-3-21	18.1	35.080	L77	GB/T 18905.6—2002	软件工程产品评价 第 6 部分：评价模块的文档编制		ISO/IEC 14598-6: 2001，IDT	2002/12/4	2003/5/1

续表

序号	GW 分类	ICS 分类	GB 分类	标准号	中文名称	代替标准	采用关系	发布日期	实施日期
18.1-3-22	18.1	35.080	L77	GB/Z 18914—2014	信息技术软件工程 CASE 工具的采用指南	GB/Z 18914—2002	ISO/IEC TR 14471：2007，MOD	2014/9/3	2015/2/1
18.1-3-23	18.1	91.120.40	M04	GB/T 19663—2022	信息系统雷电防护术语	GB/T 19663—2005		2022/7/11	2023/2/1
18.1-3-24	18.1	35.020	L01	GB/T 19668.2—2017	信息技术服务　监理　第 2 部分：基础设施工程监理规范	GB/T 19668.2—2007；GB/T 19668.3—2007；GB/T 19668.4—2007		2017/7/31	2018/2/1
18.1-3-25	18.1	35.020	L01	GB/T 19668.3—2017	信息技术服务　监理　第 3 部分：运行维护监理规范			2017/7/31	2018/2/1
18.1-3-26	18.1	35.020	L01	GB/T 19668.4—2017	信息技术服务　监理　第 4 部分：信息安全监理规范	GB/T 19668.6—2007		2017/7/31	2018/2/1
18.1-3-27	18.1	35.020	L01	GB/T 19668.5—2018	信息技术服务　监理　第 5 部分：软件工程监理规范	GB/T 19668.5—2007		2018/6/7	2019/1/1
18.1-3-28	18.1	35.020	L01	GB/T 19668.6—2019	信息技术服务　监理　第 6 部分：应用系统：数据中心工程监理规范			2019/8/30	2020/3/1
18.1-3-29	18.1	35.080	L77	GB/T 20158—2006	信息技术　软件生存周期过程配置管理		ISO/IEC TR 15846：1998，IDT	2006/3/14	2006/7/1
18.1-3-30	18.1	07.040	A75	GB/T 20258.1—2019	基础地理信息要素数据字典　第 1 部分：1:500 1:1000　1:2000 比例尺	GB/T 20258.1—2007		2019/3/25	2019/10/1
18.1-3-31	18.1	07.040	A75	GB/T 20258.2—2019	基础地理信息要素数据字典　第 2 部分：1:5000　1:10000 比例尺	GB/T 20258.2—2006		2019/3/25	2019/10/1
18.1-3-32	18.1	07.040	A75	GB/T 20258.3—2019	基础地理信息要素数据字典　第 3 部分：1:25000　1:50000　1:100000 比例尺	GB/T 20258.3—2006		2019/3/25	2019/10/1
18.1-3-33	18.1	07.040	A75	GB/T 20258.4—2019	基础地理信息要素数据字典　第 4 部分：1:250000　1:500000　1:1000000 比例尺	GB/T 20258.4—2007		2019/3/25	2019/10/1
18.1-3-34	18.1	35.080	L77	GB/T 22032—2021	系统与软件工程系统生存周期过程	GB/T 22032—2008	ISO/IEC/IEEE 15288：2015，IDT	2021/4/30	2021/11/1
18.1-3-35	18.1	35.240	L67	GB/T 23004—2020	信息化和工业化融合生态系统参考架构			2020/9/29	2021/4/1
18.1-3-36	18.1	35.080	L77	GB/T 25000.1—2021	系统与软件工程　系统与软件质量要求和评价（SQuaRE）　第 1 部分：SQuaRE 指南	GB/T 25000.1—2010	ISO/IEC 25000：2014，MOD	2021/4/30	2021/11/1
18.1-3-37	18.1	35.080	L77	GB/T 25000.10—2016	系统与软件工程　系统与软件质量要求和评价（SQuaRE）　第 10 部分：系统与软件质量模型	GB/T 16260.1—2006	ISO/IEC 25010：2011，MOD	2016/10/13	2017/5/1

续表

序号	GW 分类	ICS 分类	GB 分类	标准号	中文名称	代替标准	采用关系	发布日期	实施日期
18.1-3-38	18.1	35.080	L77	GB/T 25000.20—2021	系统与软件工程　系统与软件质量要求和评价（SQuaRE）　第 20 部分：质量测量框架		ISO/IEC 25020：2019，MOD	2021/4/30	2021/11/1
18.1-3-39	18.1	35.080	L77	GB/T 25000.21—2019	系统与软件工程　系统与软件质量要求和评价（SQuaRE）　第 21 部分：质量测度元素		ISO/IEC 25021：2012，IDT	2019/8/30	2020/3/1
18.1-3-40	18.1	35.080	L77	GB/T 25000.22—2019	系统与软件工程　系统与软件质量要求和评价（SQuaRE）　第 22 部分：使用质量测量	GB/T 16260.4—2006	ISO/IEC 25022：2016，MOD	2019/8/30	2020/3/1
18.1-3-41	18.1	35.080	L77	GB/T 25000.23—2019	系统与软件工程　系统与软件质量要求与评价（SQuaRE）　第 23 部分：系统与软件产品质量测量	GB/T 16260.2—2006；GB/T 16260.3—2006	ISO/IEC 25023：2016，MOD	2019/8/30	2020/3/1
18.1-3-42	18.1	35.080	L77	GB/T 25000.30—2021	系统与软件工程　系统与软件质量要求和评价（SQuaRE）　第 30 部分：质量需求框架		ISO/IEC 25030：2019，MOD	2021/4/30	2021/11/1
18.1-3-43	18.1	35.080	L77	GB/T 25000.51—2016	系统与软件工程　系统与软件质量要求和评价（SQuaRE）　第 51 部分：就绪可用软件产品（RUSP）的质量要求和测试细则	GB/T 25000.51—2010	ISO/IEC 25051：2014，MOD	2016/10/13	2017/5/1
18.1-3-44	18.1	35.080	L77	GB/T 25000.62—2014	软件工程　软件产品质量要求与评价（SQuaRE）易用性测试报告行业通用格式（CIF）		ISO/IEC 25062：2006，IDT	2014/9/3	2015/2/1
18.1-3-45	18.1	35.080	L77	GB/T 26224—2010	信息技术　软件生存周期过程重用过程			2011/1/14	2011/5/1
18.1-3-46	18.1	35.080	L77	GB/T 26236.1—2010	信息技术　软件资产管理　第 1 部分：过程		ISO/IEC 19770-1:2006，IDT	2011/1/14	2011/5/1
18.1-3-47	18.1	35.240.15	L71	GB/T 26237.5—2023	信息技术　生物特征识别数据交换格式　第 5 部分：人脸图像数据	GB/T 26237.5—2014	ISO/IEC 19794-5:2011，MOD	2023/5/23	2023/12/1
18.1-3-48	18.1	35.240.15	L71	GB/T 26237.11—2023	信息技术　生物特征识别数据交换格式　第 11 部分：处理过的签名/签字动态数据		ISO/IEC 19794-11：2013，MOD	2023/5/23	2023/12/1
18.1-3-49	18.1	35.240.15	L71	GB/T 26237.13—2023	信息技术　生物特征识别数据交换格式　第 13 部分：声音数据		ISO/IEC 19794-13：2018，IDT	2023/5/23	2023/12/1
18.1-3-50	18.1	35.080	L77	GB/T 26239—2010	软件工程　开发方法元模型		IS0/IEC 24744：2007，IDT	2011/1/14	2011/5/1
18.1-3-51	18.1	35.080	L76	GB/Z 26248.1—2010	信息技术　文档描述和处理语言用于 XML 的规则语言描述（RELAX）　第 1 部分：RELAX 核心		IS0/IEC TR 22250-1：2002，IDT	2011/1/14	2011/5/1
18.1-3-52	18.1	25.040.40	N18	GB/T 26806.1—2011	工业控制计算机系统工业控制计算机基本平台　第 1 部分：通用技术条件			2011/7/29	2011/12/1
18.1-3-53	18.1	25.040.40	N18	GB/T 26806.2—2011	工业控制计算机系统工业控制计算机基本平台　第 2 部分：性能评定方法			2011/7/29	2011/12/1

18

续表

序号	GW 分类	ICS 分类	GB 分类	标准号	中文名称	代替标准	采用关系	发布日期	实施日期
18.1-3-54	18.1	37.080	A14	GB/Z 26822—2011	文档管理电子信息存储真实性可靠性建议		ISO/TR 15801：2009，IDT	2011/7/29	2011/12/1
18.1-3-55	18.1	35.140	L81	GB/T 28170.2—2021	信息技术　计算机图形和图像处理　可扩展三维组件（X3D）第 2 部分：场景访问接口（SAI）		ISO/IEC 19775-2：2015，IDT	2021/3/9	2021/10/1
18.1-3-56	18.1	35.080	L77	GB/T 28174.1—2011	统一建模语言（UML）　第 1 部分：基础结构			2011/12/30	2012/6/1
18.1-3-57	18.1	35.240.15	L70	GB/T 28826.3—2023	信息技术　公用生物特征识别交换格式框架　第 3 部分：维护者格式规范		ISO/IEC 19785-3：2020，MOD	2023/5/23	2023/12/1
18.1-3-58	18.1	35.020	L70	GB/T 29261.5—2014	信息技术　自动识别和数据采集技术　词汇　第 5 部分：定位系统		ISO/IEC 19762-5：2008，IDT	2014/9/3	2015/2/1
18.1-3-59	18.1	35.100.05	L79	GB/T 29263—2012	信息技术　面向服务的体系结构（SOA）应用的总体技术要求			2012/12/31	2013/6/1
18.1-3-60	18.1	35.200	L65	GB/T 29265.201—2017	信息技术　信息设备资源共享协同服务　第 201 部分：基础协议			2017/5/12	2017/12/1
18.1-3-61	18.1	35.200	L65	GB/T 29265.202—2012	信息技术　信息设备资源共享协同服务　第 202 部分：通用控制基础协议			2012/12/31	2013/7/1
18.1-3-62	18.1	35.200	L65	GB/T 29265.303—2012	信息技术　信息设备资源共享协同服务　第 303 部分：通用控制设备描述			2012/12/31	2013/7/1
18.1-3-63	18.1	35.200	L65	GB/T 29265.404—2018	信息技术　信息设备资源共享协同服务　第 404 部分：远程访问管理应用框架			2018/6/7	2019/1/1
18.1-3-64	18.1	35.240	L71	GB/T 29268.7—2023	信息技术　生物特征识别性能测试和报告　第 7 部分：卡上生物特征识别比对算法测试		ISO/IEC 19795-7：2011，IDT	2023/5/23	2023/12/1
18.1-3-65	18.1			GB/T 30268.3—2023	信息技术　生物特征识别应用程序接口（BioAPI）的符合性测试　第 3 部分：BioAPI 框架的测试断言			2023/3/17	2023/10/1
18.1-3-66	18.1	35.080	L77	GB/T 30847.1—2014	系统与软件工程　可信计算平台可信性度量　第 1 部分：概述与词汇			2014/6/24	2015/2/1
18.1-3-67	18.1	35.080	L77	GB/T 30847.2—2014	系统与软件工程　可信计算平台可信性度量　第 2 部分：信任链			2014/6/24	2015/2/1
18.1-3-68	18.1	35.080	L77	GB/T 30882.1—2014	信息技术　应用软件系统技术要求　第 1 部分：基于 B/S 体系结构的应用软件系统基本要求			2014/9/3	2015/2/1
18.1-3-69	18.1	35.080	L77	GB/T 30972—2014	系统与软件工程　软件工程环境服务		ISO/IEC 15940：2013，IDT	2014/9/3	2015/2/1

18

续表

序号	GW 分类	ICS 分类	GB 分类	标准号	中文名称	代替标准	采用关系	发布日期	实施日期
18.1-3-70	18.1	35.080	L77	GB/T 30975—2014	信息技术　基于计算机的软件系统的性能测量与评级		ISO/IEC 14756：1999，IDT	2014/9/3	2015/2/1
18.1-3-71	18.1	35.240	L70	GB/T 30996.1—2014	信息技术　实时定位系统　第 1 部分：应用程序接口		ISO/IEC 24730-1:2006，MOD	2014/9/3	2015/2/1
18.1-3-72	18.1	35.080	L77	GB/T 30999—2014	系统和软件工程　生存周期管理　过程描述指南		ISO/IEC TR 24774：2010，IDT	2014/9/3	2015/2/1
18.1-3-73	18.1	35.080	L77	GB/Z 31102—2014	软件工程　软件工程知识体系指南		ISO/IEC TR 19759：2005，MOD	2014/9/3	2015/2/1
18.1-3-74	18.1	35.100.05	L79	GB/T 32419.4—2016	信息技术 SOA 技术实现规范　第 4 部分：基于发布/订阅的数据服务接口			2016/10/13	2017/5/1
18.1-3-75	18.1	35.100.05	L79	GB/T 32419.5—2017	信息技术 SOA 技术实现规范　第 5 部分：服务集成开发			2017/9/7	2018/4/1
18.1-3-76	18.1	35.100.05	L79	GB/T 32419.6—2017	信息技术 SOA 技术实现规范　第 6 部分：身份管理服务			2017/11/1	2018/5/1
18.1-3-77	18.1	35.080	L77	GB/T 32421—2015	软件工程　软件评审与审核			2015/12/31	2016/8/1
18.1-3-78	18.1	35.080	L77	GB/T 32422—2015	软件工程　软件异常分类指南			2015/12/31	2016/7/1
18.1-3-79	18.1	35.080	L77	GB/T 32423—2015	系统与软件工程　验证与确认			2015/12/31	2016/7/1
18.1-3-80	18.1	35.080	L77	GB/T 32424—2015	系统与软件工程　用户文档的设计者和开发者要求		ISO/IEC 26514：2008，MOD	2015/12/31	2016/7/1
18.1-3-81	18.1	35.080	L77	GB/T 32904—2016	软件质量量化评价规范			2016/8/29	2017/3/1
18.1-3-82	18.1	35.080	L77	GB/T 32911—2016	软件测试成本度量规范			2016/8/29	2017/3/1
18.1-3-83	18.1	35.040	L71	GB/T 33475.2—2024	信息技术　高效多媒体编码　第 2 部分：视频	GB/T 33475.2—2016		2024/5/28	2024/12/1
18.1-3-84	18.1	35.040	L71	GB/T 33475.4—2024	信息技术　高效多媒体编码　第 4 部分：符合性测试			2024/5/28	2024/12/1
18.1-3-85	18.1	35.040	L71	GB/T 33475.5—2024	信息技术　高效多媒体编码　第 5 部分：参考软件			2024/5/28	2024/12/1
18.1-3-86	18.1	35.040	L71	GB/T 33475.6—2024	信息技术　高效多媒体编码　第 6 部分：智能媒体传输			2024/5/28	2024/12/1
18.1-3-87	18.1	35.040	L70	GB/T 33475.7—2024	信息技术　高效多媒体编码　第 7 部分：图片文件格式			2024/5/28	2024/12/1

续表

序号	GW 分类	ICS 分类	GB 分类	标准号	中文名称	代替标准	采用关系	发布日期	实施日期
18.1-3-88	18.1	35.100.05	L79	GB/T 33846.1—2017	信息技术　SOA 支撑功能单元互操作　第 1 部分：总体框架			2017/5/31	2017/12/1
18.1-3-89	18.1	35.100.05	L79	GB/T 33846.2—2017	信息技术　SOA 支撑功能单元互操作　第 2 部分：技术要求			2017/5/31	2017/12/1
18.1-3-90	18.1	35.100.05	L79	GB/T 33846.3—2017	信息技术　SOA 支撑功能单元互操作　第 3 部分：服务交互通信			2017/5/31	2017/12/1
18.1-3-91	18.1	35.100.05	L79	GB/T 33846.4—2017	信息技术　SOA 支撑功能单元互操作　第 4 部分：服务编制			2017/11/1	2018/5/1
18.1-3-92	18.1	35.060	L74	GB/T 33847—2017	信息技术　中间件术语			2017/5/31	2017/12/1
18.1-3-93	18.1	35.080	L77	GB/T 33850—2017	信息技术服务　质量评价指标体系			2017/5/31	2017/12/1
18.1-3-94	18.1	03.120.30	L70	GB/Z 34052.2—2017	统计数据与元数据交换（SDMX）　第 2 部分：信息模型　统一建模语言（UML）概念设计			2017/7/31	2018/2/1
18.1-3-95	18.1	35.080	L77	GB/T 35312—2017	中文语音识别终端服务接口规范			2017/12/29	2018/7/1
18.1-3-96	18.1	35.240.70	L67	GB/T 35589—2017	信息技术　大数据　技术参考模型			2017/12/29	2018/7/1
18.1-3-97	18.1	35.180	L63	GB/T 35590—2017	信息技术　便携式数字设备用移动电源通用规范			2017/12/29	2018/7/1
18.1-3-98	18.1	07.040；35.240.70	A77	GB/T 35653.1—2017	地理信息　影像与格网数据的内容模型及编码规则　第 1 部分：内容模型		ISO/TS 19163-1：2016，IDT	2017/12/29	2018/7/1
18.1-3-99	18.1	35.240.15	L70	GB/T 36094—2018	信息技术　生物特征识别　嵌入式 BioAPI		ISO/IEC 29164：2011，IDT	2018/3/15	2018/10/1
18.1-3-100	18.1	35.080	L77	GB/T 36328—2018	信息技术　软件资产管理　标识规范			2018/6/7	2019/1/1
18.1-3-101	18.1	35.080	L77	GB/T 36329—2018	信息技术　软件资产管理　授权管理			2018/6/7	2019/1/1
18.1-3-102	18.1	35.140	L81	GB/T 36341.1—2018	信息技术　形状建模信息表示　第 1 部分：框架和基本组件			2018/6/7	2019/1/1
18.1-3-103	18.1	35.140	L81	GB/T 36341.2—2018	信息技术　形状建模信息表示　第 2 部分：特征约束			2018/6/7	2019/1/1
18.1-3-104	18.1	35.140	L81	GB/T 36341.3—2018	信息技术　形状建模信息表示　第 3 部分：流式传输			2018/6/7	2019/1/1
18.1-3-105	18.1	35.140	L81	GB/T 36341.4—2018	信息技术　形状建模信息表示　第 4 部分：存储格式			2018/6/7	2019/1/1
18.1-3-106	18.1	35.240.01	L70	GB/T 36344—2018	信息技术　数据质量评价指标			2018/6/7	2019/1/1

续表

序号	GW 分类	ICS 分类	GB 分类	标准号	中文名称	代替标准	采用关系	发布日期	实施日期
18.1-3-107	18.1	35.020	L72	GB/T 36345—2018	信息技术　通用数据导入接口			2018/6/7	2019/1/1
18.1-3-108	18.1	35.200	L65	GB/T 36450.1—2018	信息技术　存储管理　第 1 部分：概述		ISO/IEC 24775-1:2014，IDT	2018/6/7	2019/1/1
18.1-3-109	18.1	35.240.50	L67	GB/T 36456.1—2018	面向工程领域的共享信息模型　第 1 部分：领域信息模型框架			2018/6/7	2019/1/1
18.1-3-110	18.1	35.240.50	L67	GB/T 36456.2—2018	面向工程领域的共享信息模型　第 2 部分：领域信息服务接口			2018/6/7	2019/1/1
18.1-3-111	18.1	35.240.50	L67	GB/T 36456.3—2018	面向工程领域的共享信息模型　第 3 部分：测试方法			2018/6/7	2019/1/1
18.1-3-112	18.1	35.040	A24	GB/T 36604—2018	物联网标识体系　Ecode 平台接入规范			2018/9/17	2019/4/1
18.1-3-113	18.1	35.040	A24	GB/T 36605—2018	物联网标识体系　Ecode 解析规范			2018/9/17	2019/4/1
18.1-3-114	18.1	35.110	L79	GB/T 36620—2018	面向智慧城市的物联网技术应用指南			2018/10/10	2019/5/1
18.1-3-115	18.1	35.040	A24	GB/T 37032—2018	物联网标识体系　总则			2018/12/28	2019/7/1
18.1-3-116	18.1	35.240.01	L67	GB/T 37036.5—2023	信息技术　移动设备生物特征识别　第 5 部分：声纹			2023/3/17	2023/10/1
18.1-3-117	18.1	35.240.01	L67	GB/T 37036.7—2023	信息技术　移动设备生物特征识别　第 7 部分：多模态			2023/3/17	2023/10/1
18.1-3-118	18.1	35.240.15	L71	GB/T 37036.9—2023	信息技术　移动设备生物特征识别　第 9 部分：测试方法			2023/5/23	2023/12/1
18.1-3-119	18.1	35.240	L07	GB/T 37550—2019	电子商务数据资产评价指标体系			2019/6/4	2020/1/1
18.1-3-120	18.1	35.060	L74	GB/T 37730—2019	Linux 服务器操作系统测试方法			2019/8/30	2020/3/1
18.1-3-121	18.1	35.060	L74	GB/T 37731—2019	Linux 桌面操作系统测试方法			2019/8/30	2020/3/1
18.1-3-122	18.1	35.040	A24	GB/T 37936—2019	军民通用资源　信息分类与编码编制要求			2019/8/30	2020/3/1
18.1-3-123	18.1	35.040	A24	GB/T 37944—2019	军民通用资源　数据模型编制要求			2019/8/30	2020/3/1
18.1-3-124	18.1	35.040	A24	GB/T 37948—2019	军民通用资源　数据元编制要求			2019/8/30	2020/3/1
18.1-3-125	18.1	35.240	L60	GB/T 38247—2019	信息技术　增强现实　术语			2019/10/18	2020/5/1
18.1-3-126	18.1	35.240	L60	GB/T 38258—2019	信息技术　虚拟现实应用软件基本要求和测试方法			2019/12/10	2020/7/1
18.1-3-127	18.1	35.080	L77	GB/T 38634.1—2020	系统与软件工程　软件测试　第 1 部分：概念和定义		ISO/IEC/IEEE 29119-1:2013，MOD	2020/4/28	2020/11/1

续表

序号	GW 分类	ICS 分类	GB 分类	标准号	中文名称	代替标准	采用关系	发布日期	实施日期
18.1-3-128	18.1	35.080	L77	GB/T 38634.2—2020	系统与软件工程　软件测试　第 2 部分：测试过程			2020/4/28	2020/11/1
18.1-3-129	18.1	35.080	L77	GB/T 38634.3—2020	系统与软件工程　软件测试　第 3 部分：测试文档			2020/4/28	2020/11/1
18.1-3-130	18.1	35.080	L77	GB/T 38634.4—2020	系统与软件工程　软件测试　第 4 部分：测试技术			2020/4/28	2020/11/1
18.1-3-131	18.1	35.080	L77	GB/T 38639—2020	系统与软件工程　软件组合测试方法			2020/4/28	2020/11/1
18.1-3-132	18.1	35.110	L79	GB/T 38641—2020	信息技术　系统间远程通信和信息交换　低功耗广域网媒体访问控制层和物理层规范			2020/4/28	2020/11/1
18.1-3-133	18.1	35.240.50	L64	GB/T 38668—2020	智能制造　射频识别系统　通用技术要求			2020/4/28	2020/11/1
18.1-3-134	18.1	33.160.60	M32	GB/T 38801—2020	内容分发网络技术要求　互联应用场景			2020/6/2	2020/12/1
18.1-3-135	18.1	17.220.20	N22	GB/T 38853—2020	用于数据采集和分析的监测和测量系统的性能要求			2020/6/2	2020/12/1
18.1-3-136	18.1	35.060; 25.040.01	L74	GB/T 39003.1—2020	工业自动化系统工程用工程数据交换格式　自动化标识语言　第 1 部分：架构和通用要求		IEC 62714-1：2018，IDT	2020/9/29	2021/4/1
18.1-3-137	18.1	35.080	L77	GB/T 39788—2021	系统与软件工程　性能测试方法			2021/3/9	2021/10/1
18.1-3-138	18.1	31.200	L56	GB/T 39842—2021	集成电路（IC）卡封装框架			2021/3/9	2021/7/1
18.1-3-139	18.1	35.100.05	L79	GB/T 40020—2021	信息物理系统参考架构			2021/4/30	2021/11/1
18.1-3-140	18.1	35.100.05	L79	GB/T 40021—2021	信息物理系统术语			2021/4/30	2021/11/1
18.1-3-141	18.1	29.240	F23	GB/T 40287—2021	电力物联网信息通信总体架构			2021/5/21	2021/12/1
18.1-3-142	18.1	35.110	L79	GB/T 40778.1—2021	物联网　面向 Web 开放服务的系统实现　第 1 部分：参考架构			2021/10/11	2022/5/1
18.1-3-143	18.1	07.040	A75	GB/T 41448—2022	地理信息　观测与测量			2022/4/15	2022/4/15
18.1-3-144	18.1	35.240.15	L67	GB/T 41815.3—2023	信息技术　生物特征识别呈现攻击检测　第 3 部分：测试与报告		ISO/IEC 30107-3：2023，IDT	2023/5/23	2023/12/1
18.1-3-145	18.1	35.080	L77	GB/T 41866.1—2022	系统与软件工程　信息技术项目绩效基准度量框架　第 1 部分：概念和定义			2022/10/12	2023/5/1
18.1-3-146	18.1	35.080	L77	GB/T 41866.3—2022	系统与软件工程　信息技术项目绩效基准度量框架　第 3 部分：报告编制			2022/10/12	2023/5/1
18.1-3-147	18.1	35.240.50	L67	GB/T 41870—2022	工业互联网平台　企业应用水平与绩效评价			2022/10/12	2022/10/12

续表

序号	GW 分类	ICS 分类	GB 分类	标准号	中文名称	代替标准	采用关系	发布日期	实施日期
18.1-3-148	18.1	35.240.15	L71	GB/T 41903.2—2022	信息技术　面向对象的生物特征识别应用编程接口　第2部分：Java实现		ISO/IEC 30106-2:2020，MOD	2022/12/30	2023/7/1
18.1-3-149	18.1	35.240.15	L71	GB/T 41903.3—2022	信息技术　面向对象的生物特征识别应用编程接口　第3部分：C#实现		ISO/IEC 30106-3:2020，MOD	2022/12/30	2023/7/1
18.1-3-150	18.1	35.240.15	L71	GB/T 42132.1—2022	信息技术　用于生物特征识别测试和报告的机读测试数据　第1部分：测试报告		ISO/IEC 29120-1:2015，IDT	2022/12/30	2023/7/1
18.1-3-151	18.1	35.040.30；	L71	GB/T 42382.1—2023	信息技术　神经网络表示与模型压缩　第1部分：卷积神经网络			2023/3/17	2023/10/1
18.1-3-152	18.1	35.240	L67	GB/T 42584—2023	信息化项目综合绩效评估规范			2023/5/23	2023/12/1
18.1-3-153	18.1	35.240.15	L70	GB/T 42585—2023	信息技术　生物特征识别　指纹识别模块通用规范			2023/5/23	2023/12/1
18.1-3-154	18.1	35.080	L77	GB/T 42749.1—2023	信息技术　IT赋能服务业务过程外包(ITES-BPO)生存周期过程　第1部分：过程参考模型（PRM）		ISO/IEC 30105-1:2016，MOD	2023/5/23	2023/12/1
18.1-3-155	18.1	35.080	L77	GB/T 42749.2—2023	信息技术　IT赋能服务业务过程外包(ITES-BPO)生存周期过程　第2部分：过程评估模型（PAM）		ISO/IEC 30105-2:2016，MOD	2023/5/23	2023/12/1
18.1-3-156	18.1	35.080	L77	GB/T 42749.3—2023	信息技术　IT赋能服务业务过程外包(ITES-BPO)生存周期过程　第3部分：度量框架（MF）和组织成熟度模型（OMM）		ISO/IEC 30105-3:2016，MOD	2023/5/23	2023/12/1
18.1-3-157	18.1	35.080	L77	GB/T 42749.4—2023	信息技术　IT赋能服务业务过程外包(ITES-BPO)生存周期过程　第4部分：术语和概念		ISO/IEC 30105-4:2022，MOD	2023/5/23	2023/12/1
18.1-3-158	18.1	35.080	L77	GB/T 42749.5—2023	信息技术　IT赋能服务业务过程外包(ITES-BPO)生存周期过程　第5部分：指南		ISO/IEC 30105-5:2016，MOD	2023/5/23	2023/12/1
18.1-3-159	18.1	35.240	L70	GB/T 42752—2023	区块链和分布式记账技术　参考架构			2023/5/23	2023/12/1
18.1-3-160	18.1	07.040	A75	GB/T 42986.1—2023	地理信息　本体　第1部分：框架			2023/9/7	2023/9/7
18.1-3-161	18.1	35.240	L70	GB/T 43431—2023	信息技术　云数据存储和管理　基于对象的云存储应用接口测试方法			2023/11/27	2024/6/1
18.1-3-162	18.1	35.240	L74	GB/T 43433—2023	信息技术　云计算　虚拟机资源管理系统测试方法			2023/11/27	2024/6/1
18.1-3-163	18.1	35.080	L77	GB/T 43439—2023	信息技术服务　数字化转型　成熟度模型与评估			2023/11/27	2024/6/1
18.1-3-164	18.1	35.020	L67	GB/T 43441.1—2023	信息技术　数字孪生　第1部分：通用要求			2023/11/27	2024/6/1

续表

序号	GW 分类	ICS 分类	GB 分类	标准号	中文名称	代替标准	采用关系	发布日期	实施日期
18.1-3-165	18.1	35.240	L67	GB/T 44272—2024	信息技术　开源　开源许可证框架			2024/8/23	2025/3/1
18.1-3-166	18.1	01.040.35；35.020	L70	GB/T 5271.1—2000	信息技术　词汇　第 1 部分：基本术语	GB/T 5271.1—1985	ISO/IEC 2382-1：1993，EQV	2000/7/14	2001/3/1
18.1-3-167	18.1	35.240.20	L60	GB/T 5271.3—2008	信息技术　词汇　第 3 部分：设备技术	GB/T 5271.3—1987	ISO/IEC 2382-3：1987，IDT	2008/7/18	2008/12/1
18.1-3-168	18.1	01.040.35；35.020	L70	GB/T 5271.4—2000	信息技术　词汇　第 4 部分：数据的组织	GB/T 5271.4—1985	ISO/IEC 2382-4：1987，EQV	2000/7/14	2001/3/1
18.1-3-169	18.1	35.240.20	L60	GB/T 5271.5—2008	信息技术　词汇　第 5 部分：数据表示	GB/T 5271.5—1987	ISO/IEC 2382-5：1999，IDT	2008/7/18	2008/12/1
18.1-3-170	18.1	01.040.35；35.020	L70	GB/T 5271.6—2000	信息技术　词汇　第 6 部分：数据的准备和处理	GB/T 5271.6—1985	ISO/IEC 2382-6：1987，EQV	2000/7/14	2001/3/1
18.1-3-171	18.1	35.020	L70	GB/T 5271.7—2008	信息技术　词汇　第 7 部分：计算机编程	GB/T 5271.7—1986	ISO/IEC 2382-7：2000，IDT	2008/7/18	2008/12/1
18.1-3-172	18.1	35.020	L70	GB/T 5271.8—2001	信息技术　词汇　第 8 部分：安全	GB/T 5271.8—1993	ISO/IEC 2382-8：1998，IDT	2001/7/16	2002/3/1
18.1-3-173	18.1	35.020	L70	GB/T 5271.9—2001	信息技术　词汇　第 9 部分：数据通信	GB/T 5271.9—1986	ISO/IEC 2382-9：1995，EQV	2001/7/16	2002/3/1
18.1-3-174	18.1	01.040.35；35.160	L70	GB/T 5271.11—2000	信息技术　词汇　第 11 部分：处理器	GB/T 5271.11—1985	ISO/IEC 2382-11: 1987，EQV	2000/7/14	2001/3/1
18.1-3-175	18.1	01.040.35；35.180	L70	GB/T 5271.12—2000	信息技术　词汇　第 12 部分：外围设备	GB/T 5271.12—1985	ISO/IEC 2382-12: 1988，EQV	2000/7/14	2001/3/1
18.1-3-176	18.1	35.140	L70	GB/T 5271.13—2008	信息技术　词汇　第 13 部分：计算机图形	GB/T 5271.13—1988	ISO/IEC 2382-13: 1996，IDT	2008/7/18	2008/12/1
18.1-3-177	18.1	35.020	L70	GB/T 5271.14—2008	信息技术　词汇　第 14 部分：可靠性、可维护性与可用性	GB/T 5271.14—1985	ISO/IEC 2382-14: 1997，IDT	2008/7/18	2008/12/1
18.1-3-178	18.1	35.060	L70	GB/T 5271.15—2008	信息技术　词汇　第 15 部分：编程语言	GB/T 5271.15—1986	ISO/IEC 2382-15: 1999，IDT	2008/7/18	2008/12/1
18.1-3-179	18.1	35.020	L70	GB/T 5271.16—2008	信息技术　词汇　第 16 部分：信息论	GB/T 5271.16—1986	ISO/IEC 2382-16: 1996，IDT	2008/7/18	2008/12/1
18.1-3-180	18.1	01.040.35；35.240.20	L60	GB/T 5271.17—2010	信息技术　词汇　第 17 部分：数据库		ISO/IEC 2382-17: 1999，IDT	2010/12/1	2011/4/1
18.1-3-181	18.1	35.020	L70	GB/T 5271.18—2008	信息技术　词汇　第 18 部分：分布式数据处理	GB/T 5271.18—1993	ISO/IEC 2382-18: 1999，IDT	2008/7/18	2008/12/1

续表

序号	GW 分类	ICS 分类	GB 分类	标准号	中文名称	代替标准	采用关系	发布日期	实施日期
18.1-3-182	18.1	35.240.20	L60	GB/T 5271.19—2008	信息技术　词汇　第 19 部分：模拟计算	GB/T 5271.19—1986	ISO/IEC 2382-19: 1989，IDT	2008/7/18	2008/12/1
18.1-3-183	18.1	01.040.35；35.240.20	L70	GB/T 5271.23—2000	信息技术　词汇　第 23 部分：文本处理		ISO/IEC 2382-23: 1994，EQV	2000/7/14	2001/3/1
18.1-3-184	18.1	01.040.35；35.240.50	L70	GB/T 5271.24—2000	信息技术　词汇　第 24 部分：计算机集成制造		ISO/IEC 2382-24: 1995，EQV	2000/7/14	2001/3/1
18.1-3-185	18.1	01.040.35；35.110	L70	GB/T 5271.25—2000	信息技术　词汇　第 25 部分：局域网		ISO/IEC 2382-25: 1992，EQV	2000/7/14	2001/3/1
18.1-3-186	18.1	01.040.35；35.240.20	L60	GB/T 5271.26—2010	信息技术　词汇　第 26 部分：开放系统互连		ISO/IEC 2382-26: 1993，IDT	2010/12/1	2011/4/1
18.1-3-187	18.1	35.020	L70	GB/T 5271.27—2001	信息技术　词汇　第 27 部分：办公自动化		ISO/IEC 2382-27: 1994，EQV	2001/7/16	2002/3/1
18.1-3-188	18.1	35.080	L77	GB/T 8566—2007	信息技术　软件生存周期过程	GB/T 8566—2001	ISO/IEC 12207：1995，MOD；ISO/IEC 12207：1995/Amd.1：2002，MOD；ISO/IEC 12207：1995/Amd.2：2004，MOD	2007/4/30	2007/7/1
18.1-3-189	18.1	35.080	L77	GB/T 8567—2006	计算机软件文档编制规范	GB/T 8567—1988		2006/3/14	2006/7/1
18.1-3-190	18.1	33.100.20	L06	GB/T 9254.2—2021	信息技术　设备抗扰度限值和测量方法	GB/T 9383—2008；GB/T 17618—2015	CISPR 35：2016，MOD	2021/12/31	2022/7/1
18.1-3-191	18.1	35.080	L77	GB/T 9385—2008	计算机软件需求规格说明规范	GB/T 9385—1988		2008/4/11	2008/9/1
18.1-3-192	18.1	35.080	L77	GB/T 9386—2008	计算机软件测试文档编制规范	GB/T 9386—1988		2008/4/11	2008/9/1
18.1-4-193	18.1	01.140.20	A14	DA/T 31—2017	纸质档案数字化规范	DA/T 31—2005		2017/8/2	2018/1/1
18.1-4-194	18.1	35.080	L77	DL/T 1729—2017	电力信息系统功能及非功能性测试规范			2017/8/2	2017/12/1
18.1-4-195	18.1	27.100	F20	DL/T 1992—2019	电力企业 SOA 应用技术标准			2019/6/4	2019/10/1
18.1-4-196	18.1	35.240	L70	DL/T 2015—2019	电力信息化软件工程度量规范			2019/6/4	2019/10/1
18.1-4-197	18.1	29.020	K04	DL/T 2068—2019	电力生产现场应用电子标签技术规范			2019/11/4	2020/5/1
18.1-4-198	18.1	29.240	F20	DL/T 2075—2019	电力企业信息化架构			2019/11/4	2020/5/1
18.1-4-199	18.1	35.020	L60/69	DL/T 2455—2021	电力信息系统外部接口测试规范			2021/12/22	2022/6/22

序号	GW 分类	ICS 分类	GB 分类	标准号	中文名称	代替标准	采用关系	发布日期	实施日期
18.1-4-200	18.1	29.240.01	F21	DL/T 2459—2021	电力物联网体系架构与功能			2021/12/22	2022/6/22
18.1-4-201	18.1	29.020	K04	DL/T 2461—2021	电力行业电子标签通用技术要求与测试规范			2021/12/22	2022/6/22
18.1-4-202	18.1	20.020	L70	DL/T 2747—2024	电力物联网术语			2024/5/24	2024/11/24
18.1-4-203	18.1	27.100	F20	DL/T 861—2020	电力可靠性基本名词术语	DL/T 861—2004		2020/10/23	2021/2/1
18.1-4-204	18.1	29.200	K85	NB/T 10691—2021	数字中心机房用不间断电源系统			2021/4/26	2021/7/26
18.1-4-205	18.1	27.140	P59	NB/T 11095—2023	水电工程档案信息化导则			2023/2/6	2023/8/6
18.1-4-206	18.1	35.080	L77	SJ/T 11782—2021	信息系统集成及服务组织　质量管理规范			2021/4/19	2021/6/1
18.1-4-207	18.1	01.040.35	M32	YD/T 2643—2013	域名注册协议可扩展供应协议技术要求			2013/10/17	2014/1/1
18.1-4-208	18.1	01.040.35	M32	YD/T 2644—2013	域名注册协议的传输技术要求			2013/10/17	2014/1/1
18.1-4-209	18.1	35.100.70	L79	YD/T 2880—2015	域名服务业务连续性管理要求			2015/7/14	2015/10/1
18.1-4-210	18.1	33.120.01	M30	YD/T 2960—2015	移动互联网术语			2015/10/14	2016/1/1
18.1-4-211	18.1	35.020	L70	YD/T 3763.1—2021	研发运营一体化（DevOps）能力成熟度模型　第 1 部分：总体架构			2021/3/5	2021/4/1
18.1-4-212	18.1	35.020	L70	YD/T 3763.2—2021	研发运营一体化（DevOps）能力成熟度模型　第 2 部分：敏捷开发管理			2021/3/5	2021/4/1
18.1-4-213	18.1	35.020	L70	YD/T 3763.3—2021	研发运营一体化（DevOps）能力成熟度模型　第 3 部分：持续交付			2021/3/5	2021/4/1
18.1-4-214	18.1	35.020	L70	YD/T 3763.6—2021	研发运营一体化（DevOps）能力成熟度模型　第 6 部分：安全及风险管理			2021/5/27	2021/7/1
18.1-4-215	18.1	25.040	N04	YD/T 4044—2022	基于人工智能的知识图谱构建技术要求			2022/4/24	2022/7/1
18.1-4-216	18.1	33.030	M21	YD/T 4177.3—2022	移动互联网应用程序（App）收集使用人信息最小必要评估规范　第 3 部分：图片信息			2022/10/20	2023/1/1
18.1-4-217	18.1		M21	YD/T 4177.8—2023	移动互联网应用程序（App）收集使用个人信息最小必要评估规范　第 8 部分：录像信息			2023/5/22	2023/8/1
18.1-4-218	18.1			YD/T 4177.10—2023	移动互联网应用程序（App）收集使用个人信息最小必要评估规范　第 10 部分：通话记录			2023/5/22	2023/8/1
18.1-4-219	18.1	33.050	M30	YD/T 4177.11—2022	移动互联网应用程序（App）收集使用个人信息最小必要评估规范　第 11 部分：短信信息			2022/10/20	2023/1/1
18.1-4-220	18.1	33.040.40	L78	YD/T 4260—2023	软件定义广域网络（SD-WAN）总体技术要求			2023/5/22	2023/8/1

续表

序号	GW 分类	ICS 分类	GB 分类	标准号	中文名称	代替标准	采用关系	发布日期	实施日期
18.1-4-221	18.1	01.040.35	M11	YD/T 4261—2023	软件定义广域网络（SD-WAN）控制器北向接口技术要求			2023/5/22	2023/8/1
18.1-4-222	18.1	01.040.35	M11	YD/T 4262—2023	软件定义广域网络（SD-WAN）控制器南向接口数据模型规范			2023/5/22	2023/8/1
18.1-4-223	18.1	33.020	L70	YD/T 4387—2023	区块链　溯源应用技术要求和测试方法			2023/12/29	2024/4/1
18.1-4-224	18.1	33.160.60	M30	YD/T 4388—2023	区块链系统性能测试方法			2023/12/29	2024/4/1
18.1-4-225	18.1	35.210	L77	YD/T 4399.3—2023	分布式应用架构通用技术能力要求　第 3 部分：云原生数据库			2023/12/29	2024/4/1
18.1-4-226	18.1	33.030	M21	YD/T 4402—2023	集成平台即服务（iPaaS）技术要求			2023/12/29	2024/4/1
18.1-4-227	18.1	33.040.40	M32	YD/T 4415—2023	云数据中心服务器测试方法			2023/12/29	2024/4/1
18.1-4-228	18.1	33.060	M36	YD/T 4489—2023	LTE Cat 1bis 数字蜂窝移动通信网终端设备测试方法			2023/12/29	2024/4/1
18.1-4-229	18.1	33.060.20	M37	YD/T 4490—2023	LTE 数字蜂窝移动通信网　增强型机器类型通信（eMTC）终端设备测试方法（第二阶段）			2023/12/29	2024/4/1
18.1-5-230	18.1	35.020		ANSI INCITS 495-2012	信息技术　平台管理			2012/1/1	2012/1/1
18.1-5-231	18.1	35.240.30		BS ISO 20614：2017	信息和文档　用于互操作性和保存的数据交换协议			2017/11/17	2017/11/17
18.1-5-232	18.1	01.140.20	L72	BS ISO 23081-1：2017	信息和文档　记录管理过程　记录的元数据原则	BS ISO 23081-1：2006		2017/6/11	2017/6/11
18.1-5-233	18.1	01.140.20	L81	BS ISO 24622-2：2019	语言资源管理　组件元数据基础结构（CMDI）组件元数据规范语言			2019/7/22	2019/7/22
18.1-5-234	18.1			BS ISO 24623-1：2018	语言资源管理　语料库查询通用语（CQLF）元模型			2018/4/25	2018/4/25
18.1-5-235	18.1	35.100.05		BS ISO/IEC 17203：2017	信息技术　打开虚拟化格式（OVF）规范			2017/9/27	2017/9/27
18.1-5-236	18.1	35.080		BS ISO/IEC 19770-1：2017	信息技术　IT 资产管理　IT 资产管理系统要求	BS ISO IEC 19770-1：2006		2017/12/19	2017/12/19
18.1-5-237	18.1	35.080	L77	BS ISO/IEC 19770-4：2017	信息技术　IT 资产管理　资源利用率测量			2017/9/21	2017/9/21
18.1-5-238	18.1	35.020	L70/84	BS ISO/IEC 19988：2017	信息技术　核心业务词汇标准			2017/10/4	2017/10/4

序号	GW 分类	ICS 分类	GB 分类	标准号	中文名称	代替标准	采用关系	发布日期	实施日期
18.1-5-239	18.1	35.040	L70/84	BS ISO/IEC 20248：2018	信息技术　自动识别和数据捕获技术　数据结构　数字签名元结构			2018/4/16	2018/4/16
18.1-5-240	18.1			BS ISO/IEC 20382-1：2017	信息技术　用户界面　面对面的语音翻译　用户界面			2017/11/14	2017/11/14
18.1-5-241	18.1	35.240.30		BS ISO/IEC 20382-2：2017	信息技术　用户界面　面对面的语音翻译　系统架构和功能组件			2017/11/14	2017/11/14
18.1-5-242	18.1			BS ISO/IEC 21778：2017	信息技术　JSON 数据交换语法			2017/11/30	2017/11/30
18.1-5-243	18.1	35.240.20	L70/84	BS ISO/IEC 24752-8：2018	信息技术　用户界面　通用远程控制台　用户界面资源框架			2018/4/13	2018/4/13
18.1-5-244	18.1			BS ISO/IEC 25020：2019	系统和软件工程　系统和软件质量要求和评估（SQuaRE）质量衡量框架	BS ISO IEC 25020：2007		2019/7/2	2019/7/2
18.1-5-245	18.1			BS ISO/IEC 29110-4-1：2018	系统和软件工程　小型实体（VSE）的生命周期配置文件　软件工程　配置文件规范：通用配置文件组			2018/4/16	2018/4/16
18.1-5-246	18.1	35.080		BS ISO/IEC 29155-1：2017	系统和软件工程　信息技术项目绩效基准框架　概念和定义			2017/12/21	2017/12/21
18.1-5-247	18.1	35.240.20		BS ISO/IEC 30122-2：2017	信息技术　用户界面　语音命令　构造和测试			2017/2/28	2017/2/28
18.1-5-248	18.1			BS ISO/IEC 30122-3：2017	信息技术　用户界面　语音命令　翻译和本地化			2017/3/31	2017/3/31
18.1-5-249	18.1			BS ISO/IEC/IEEE 24748-5：2017	系统和软件工程　生命周期管理　软件开发计划			2017/12/31	2017/12/31
18.1-5-250	18.1			BS ISO/IEC/IEEE 24765：2017	系统和软件工程　词汇			2017/10/31	2017/10/31
18.1-5-251	18.1			BS ISO/IEC/IEEE 42020：2019	软件、系统和企业体系结构过程			2019/7/25	2019/7/25
18.1-5-252	18.1			BS ISO/IEC/IEEE 42030：2019	软件、系统和企业体系结构评估框架			2019/7/26	2019/7/26
18.1-5-253	18.1			IEC 61968-1：2020	电气设备的应用集成分布式管理用系统接口　第 1 部分：接口体系架构和一般推荐性规程			2020/4/29	2020/4/29
18.1-5-254	18.1			IEC 61968-3：2021	电气设备的应用集成分布式管理用系统接口　第 3 部分：网络操作用接口			2021/4/27	2021/4/27

续表

序号	GW 分类	ICS 分类	GB 分类	标准号	中文名称	代替标准	采用关系	发布日期	实施日期
18.1-5-255	18.1	01.040.35；25.040.01；35.240.50		IEC 62264-1：2013	企业系统集成　第 1 部分：模型和术语	IEC 62264-1：2003；IEC 65 E/285/FDIS：2013		2013/5/1	2013/5/1
18.1-5-256	18.1	35.030；01.040.35；35.240.40；35.240.99		ISO 22739：2020	区块链和分布式账本技术　术语			2020/7/13	2020/7/13
18.1-5-257	18.1	35.040		ISO/IEC 14957：2010	信息技术　数据元值表示法　格式表示法（通信）			2010/12/15	2010/12/15
18.1-5-258	18.1	01.080.50	L70	ISO/IEC 15424：2008	信息技术　自动识别和数据捕获技术数据载体标识符（包括符号标识符）	ISO IEC 15424：2000		2008/7/7	2008/7/7
18.1-5-259	18.1	35.020		ISO/IEC 20546：2019	信息技术　大数据　概述和词汇　第 1 版			2019/2/28	2019/2/28
18.1-5-260	18.1			ISO/IEC 20924：2021	信息技术　物联网（IoT）　词汇			2021/3/18	2021/3/18
18.1-5-261	18.1	35.210		ISO/IEC TR 22678：2019	信息技术　云计算　政策制定指南　第 1 版			2019/1/10	2019/1/10
18.1-5-262	18.1	35.040	L71	ISO/IEC TR 24720：2008	信息技术　自动识别和数据采集技术直接部分标记（DPM）用指南			2008/5/22	2008/5/22
18.1-5-263	18.1	35.040.50		ISO/IEC TR 24729-1：2008	信息技术　项目管理的射频识别（RFID）执行指南　第 1 部分：RFID 激活的标签和包装支持 ISO/IEC 18000—6C			2008/4/8	2008/4/8
18.1-5-264	18.1	35.040；35.240.60	L71	ISO/IEC TR 24729-2：2008	信息技术　项目管理的射频识别（RFID）执行指南　第 2 部分：再循环和 RFID 标签			2008/4/8	2008/4/8
18.1-5-265	18.1	35.040；35.240.60	L71	ISO/IEC TR 24729-4：2009	信息技术　项目管理的射频识别（RFID）执行指南　第 4 部分：标签数据安全			2009/3/11	2009/3/15
18.1-5-266	18.1	35.080		ISO/IEC TS 24748-6：2016	系统和软件工程　生命周期管理　第 6 部分：系统集成工程			2016/11/21	2016/11/21
18.1-5-267	18.1	35.240.20		ISO/IEC 24756：2009	信息技术　用户需求和能力、系统及其环境的通用访问轮廓（CAP）的详细说明框架			2009/3/23	2009/3/23
18.1-5-268	18.1	35.080		ISO/IEC 25030：2019	系统和软件工程　系统和软件质量要求与评估（SQuaRE）　质量要求框架　第 2 版			2019/8/28	2019/8/28
18.1-5-269	18.1	35.030		ISO/IEC 29138-1：2018	信息技术　用户界面可访问性　第 1 部分：用户可访问性需求　第 1 版			2018/11/5	2018/11/5
18.1-5-270	18.1	35.020		ISO/IEC 30141：2018	物联网（IoT）　参考架构　第 1 版			2018/8/1	2018/8/1

续表

序号	GW 分类	ICS 分类	GB 分类	标准号	中文名称	代替标准	采用关系	发布日期	实施日期
18.1-5-271	18.1			ISO/IEC TR 33015：2019	信息技术　过程评估　过程风险确定指南　第 1 版			2019/8/22	2019/8/22
18.1-5-272	18.1			ISO/IEC TR 33018：2019	信息技术　流程评估　评估员能力指南　第 1 版			2019/7/11	2019/7/11
18.1-5-273	18.1	35.080		ISO/IEC TS 33053：2019	信息技术　过程评估　质量管理过程参考模型（PRM）　第 1 版			2019/12/2	2019/12/2
18.1-5-274	18.1	35.080		ISO/IEC/IEEE 15289：2019	系统和软件工程　生命的内容　周期信息项（文档）　第 4 版			2019/7/1	2019/7/1
18.1-5-275	18.1	35.080		ISO/IEC/IEEE 16326：2019	系统和软件工程　生命周期过程　项目管理　第 2 版			2019/12/1	2019/12/1
18.1-5-276	18.1	35.080		ISO/IEC/IEEE 21839：2019	系统和软件工程　系统生命周期中的系统系统（SoS）注意事项　第 1 版			2019/7/1	2019/7/1
18.1-5-277	18.1	35.080		ISO/IEC/IEEE 21840：2019	系统和软件工程　在系统中使用 ISO/IEC/IEEE 15288 的准则（SoS）　第 1 版			2019/12/1	2019/12/1
18.1-5-278	18.1	35.080		ISO/IEC/IEEE 21841：2019	系统和软件工程　系统分类法　第 1 版；更正版本 9/2019			2019/7/1	2019/7/1
18.1-5-279	18.1	35.080		ISO/IEC/IEEE 24748-1：2018	系统和软件工程　生命周期管理　第 1 部分：生命周期管理指南			2018/10/31	2018/10/31
18.1-5-280	18.1	35.080		ISO/IEC/IEEE 24748-2：2018	系统和软件工程　生命周期管理　第 2 部分：ISO/IEC/IEEE 15288 应用指南（系统生命周期过程）第 1 版			2018/12/1	2018/12/1
18.1-5-281	18.1	35.080		ISO/IEC/IEEE 24748-8：2019	系统和软件工程　生命周期管理　第 8 部分：国防计划的技术评审和审计　第 1 版			2019/2/1	2019/2/1
18.1-5-282	18.1	35.080		ISO/IEC/IEEE 26512：2018	系统和软件工程　用户信息获取者和供应商的要求　第 2 版			2018/6/1	2018/6/1
18.1-5-283	18.1	35.080		ISO/IEC/IEEE 26515：2018	系统和软件工程　在敏捷环境中为用户开发信息　第 2 版			2018/12/1	2018/12/1
18.1-5-284	18.1	35.080		ISO/IEC/IEEE 29119-5：2016	软件和系统工程　软件测试　第 5 部分：关键字驱动的测试			2016/11/15	2016/11/15
18.1-5-285	18.1	35.080		ISO/IEC/IEEE 29148：2018	系统和软件工程　生命周期过程　需求工程　第 2 版			2018/11/1	2018/11/1
18.1-5-286	18.1	35.080		ISO/IEC/IEEE 90003：2018	软件工程 ISO 9001：2015 应用于计算机软件的指南　第 1 版			2018/11/29	2018/11/29

续表

序号	GW 分类	ICS 分类	GB 分类	标准号	中文名称	代替标准	采用关系	发布日期	实施日期
18.1-5-287	18.1	01.140.20		ISO/TR 21965：2019	信息和文档—企业架构中的记录管理			2019/3/1	2019/3/1
18.1-5-288	18.1	35.030；35.240.40；35.240.99		ISO/TR 23455：2019	区块链和分布式账本技术　区块链和分布式账本技术系统中的智能合约交互及其概述			2019/9/30	2019/9/30
18.1-5-289	18.1			ITU-T FGMV-33	元宇宙术语			2024/6/1	2024/6/1
18.1-5-290	18.1			ITU-T FGMV-AEP	能源电力元宇宙应用指南			2024/12/1	2024/12/1
18.1-6-291	18.1			T/CEC 625—2022	电力物联网信息通信参考体系			2022/6/23	2022/10/1
18.1-6-292	18.1			T/CEC 643—2022	电力行业信息系统工程监理规范			2022/6/23	2022/10/1

18.2　数字化-数字基础设施

序号	GW 分类	ICS 分类	GB 分类	标准号	中文名称	代替标准	采用关系	发布日期	实施日期
18.2-2-1	18.2	29.240		Q/GDW 10668—2018	IPv4 网络向 IPv6 网络过渡技术导则	Q/GDW 668—2011		2019/7/26	2019/7/26
18.2-2-2	18.2	29.240		Q/GDW 11350.1—2014	IPv6 网络设备测试规范　第 1 部分：路由器和交换机			2015/5/29	2015/5/29
18.2-2-3	18.2	03.220.20；33.040.40		Q/GDW 11351—2021	通用车载监控终端技术要求及测试规范	Q/GDW 11351—2014		2021/7/20	2021/7/20
18.2-2-4	18.2	35.160		Q/GDW 11532—2022	定制化服务器设计与检测规范	Q/GDW 11532—2016		2022/12/30	2022/12/30
18.2-2-5	18.2	35.240		Q/GDW 11703—2017	电力视频监控设备技术规范			2018/3/5	2018/3/5
18.2-2-6	18.2	29.240		Q/GDW 11822.2—2018	一体化“国网云”　第 2 部分：云平台总体架构与技术要求			2019/7/16	2019/7/16
18.2-2-7	18.2	29.240		Q/GDW 11822.3—2018	一体化“国网云”　第 3 部分：硬件准入			2019/7/26	2019/7/26
18.2-2-8	18.2	29.240		Q/GDW 11822.5—2018	一体化“国网云”　第 5 部分：应用构建组件			2019/7/16	2019/7/16
18.2-2-9	18.2	29.240		Q/GDW 11822.6—2018	一体化“国网云”　第 6 部分：服务和应用设计与技术要求			2019/7/16	2019/7/16
18.2-2-10	18.2	35.080		Q/GDW 11822.8—2021	一体化“国网云”　第 8 部分：应用上云测试			2021/5/26	2021/5/26
18.2-2-11	18.2	01.040.35		Q/GDW 11939—2018	电力 RFID 标签应用接口技术规范			2020/3/20	2020/3/20
18.2-2-12	18.2	01.040.35		Q/GDW 11975—2019	电子标签通用技术要求与测试规范			2020/9/28	2020/9/28
18.2-2-13	18.2	01.040.35		Q/GDW 12099.1—2021	电力物联网标识规范　第 1 部分：总则			2021/5/26	2021/5/26
18.2-2-14	18.2	29.240		Q/GDW 12099.2—2021	电力物联网标识规范　第 2 部分：标识编码、存储与解析			2021/5/26	2021/5/26

续表

序号	GW 分类	ICS 分类	GB 分类	标准号	中文名称	代替标准	采用关系	发布日期	实施日期
18.2-2-15	18.2	35.040		Q/GDW 12099.3—2021	电力物联网标识规范　第 3 部分：标识注册管理与技术要求			2021/6/25	2021/6/25
18.2-2-16	18.2	33.060		Q/GDW 12100—2021	电力物联网感知层技术导则			2021/5/26	2021/5/26
18.2-2-17	18.2	33.060		Q/GDW 12101—2021	电力物联网本地通信网技术导则			2021/5/26	2021/5/26
18.2-2-18	18.2	29.240		Q/GDW 12102—2021	电力物联网平台层技术导则			2021/5/26	2021/5/26
18.2-2-19	18.2	29.240		Q/GDW 12113—2021	边缘物联代理技术要求			2021/5/26	2021/5/26
18.2-2-20	18.2	29.240		Q/GDW 12119—2021	微服务架构设计导则			2021/6/25	2021/6/25
18.2-2-21	18.2	29.240		Q/GDW 12120—2021	统一边缘计算框架技术规范			2021/6/25	2021/6/25
18.2-2-22	18.2	35.240		Q/GDW 12123—2021	电力北斗地基增强系统基准站建设技术要求			2021/6/25	2021/6/25
18.2-2-23	18.2	29.240.99		Q/GDW 12147—2021	电网智能业务终端接入规范			2021/6/25	2021/6/25
18.2-2-24	18.2	33.040.40		Q/GDW 12184—2021	输变电设备物联网传感器数据规范			2021/12/6	2021/12/6
18.2-2-25	18.2	35.080		Q/GDW 12185—2021	输变电设备物联网边缘计算应用软件接口技术规范			2021/12/6	2021/12/6
18.2-2-26	18.2	33.060		Q/GDW 12228—2022	电力 5G 通信模组通用技术规范			2022/5/13	2022/5/13
18.2-2-27	18.2			Q/GDW 12229—2022	电力北斗授时定位模块技术及检测规范			2022/5/13	2022/5/13
18.2-2-28	18.2	35.080		Q/GDW 12266—2022	电力物联网边缘侧 App 开发技术规范			2022/12/30	2022/12/30
18.2-2-29	18.2	29.240		Q/GDW 12273—2022	电力物联网智慧物联体系一致性验证导则			2022/12/30	2022/12/30
18.2-2-30	18.2	29.240		Q/GDW 12281.1—2022	后勤资产实物 ID 建设　第 1 部分：导则			2022/11/4	2022/11/4
18.2-2-31	18.2	29.240		Q/GDW 12281.2—2022	后勤资产实物 ID 建设　第 2 部分：电子标签技术规范			2022/11/4	2022/11/4
18.2-2-32	18.2	29.240		Q/GDW 12281.3—2022	后勤资产实物 ID 建设　第 3 部分：电子标签安装规范			2022/11/4	2022/11/4
18.2-2-33	18.2	29.240		Q/GDW 12281.4—2022	后勤资产实物 ID 建设　第 4 部分：移动作业终端技术规范			2022/11/4	2022/11/4
18.2-2-34	18.2	29.240		Q/GDW 12281.5—2022	后勤资产实物 ID 建设　第 5 部分：安全信息交互接口规范			2022/11/4	2022/11/4
18.2-2-35	18.2			Q/GDW 12324—2023	配电物联网技术规范			2023/9/22	2023/9/22
18.2-2-36	18.2			Q/GDW 12343—2023	5G 共享电力基础设施设计技术规范			2023/11/30	2023/11/30

18

续表

序号	GW 分类	ICS 分类	GB 分类	标准号	中文名称	代替标准	采用关系	发布日期	实施日期
18.2-2-37	18.2			Q/GDW 12344—2023	电力边缘智能终端安全操作系统技术要求			2023/11/30	2023/11/30
18.2-2-38	18.2			Q/GDW 12345—2023	电力 5G 终端设备网络管理系统技术规范			2023/11/30	2023/11/30
18.2-2-39	18.2	33.060.75		Q/GDW 12397—2024	电力北斗授时定位设备抗干扰要求与测试方法			2024/2/28	2024/2/28
18.2-2-40	18.2	33.060		Q/GDW 12398—2024	电力 5G 通信终端设备技术要求			2024/2/28	2024/2/28
18.2-2-41	18.2	29.240		Q/GDW 12399—2024	电力物联终端固件网络安全及检测技术要求			2024/2/28	2024/2/28
18.2-2-42	18.2	33.060		Q/GDW 12402—2024	电力 5G 网络管理能力开放需求指南			2024/2/28	2024/2/28
18.2-2-43	18.2	33.06		Q/GDW 12409—2024	电力 5G 终端及网络性能测试规范			2024/2/28	2024/2/28
18.2-2-44	18.2	33.060	F21	Q/GDW 12411—2024	电力 5G 网络应用总体技术要求			2024/2/28	2024/2/28
18.2-3-45	18.2	35.060	L74	GB/T 12991.1—2008	信息技术　数据库语言 SQL 第 1 部分：框架	GB/T 12991—1991	ISO/IEC 9075-1：2003，IDT	2008/7/16	2008/12/1
18.2-3-46	18.2	35.080	L77	GB/T 14394—2008	计算机软件可靠性和可维护性管理	GB/T 14394—1993		2008/7/18	2008/12/1
18.2-3-47	18.2	35.100	L79	GB/T 15629.16—2017	信息技术　系统间远程通信和信息交换　局域网和城域网　特定要求　第 16 部分：宽带无线多媒体系统的空中接口			2017/5/31	2017/12/1
18.2-3-48	18.2	35.080	L77	GB/T 20918—2007	信息技术　软件生存周期过程风险管理			2007/4/30	2007/7/1
18.2-3-49	18.2	35.040	L71	GB/T 21023—2007	中文语音识别系统通用技术规范			2007/6/29	2007/11/1
18.2-3-50	18.2	35.240.50	L67	GB/T 23020—2023	工业企业信息化和工业化融合评估规范	GB/T 23020—2013		2023/12/28	2024/4/1
18.2-3-51	18.2	35.240.50	L67	GB/T 23031.2—2023	工业互联网平台　应用实施指南　第 2 部分：数字化管理			2023/12/28	2024/4/1
18.2-3-52	18.2	35.240.50	L67	GB/T 23031.3—2023	工业互联网平台　应用实施指南　第 3 部分：智能化制造			2023/12/28	2024/4/1
18.2-3-53	18.2	35.240.50	L67	GB/T 23031.4—2023	工业互联网平台　应用实施指南　第 4 部分：网络化协同			2023/12/28	2024/4/1
18.2-3-54	18.2	35.240.50	L67	GB/T 23031.5—2023	工业互联网平台　应用实施指南　第 5 部分：个性化定制			2023/12/28	2024/4/1
18.2-3-55	18.2	35.240.50	L67	GB/T 23031.6—2023	工业互联网平台　应用实施指南　第 6 部分：服务化延伸			2023/12/28	2024/4/1
18.2-3-56	18.2	25.040	N10	GB/T 25931—2010	网络测量和控制系统的精确时钟同步协议		IEC 61588：2009，IDT	2011/1/14	2011/5/1
18.2-3-57	18.2	35.060	L74	GB/T 26232—2010	基于 J2EE 的应用服务器技术规范			2011/1/14	2011/5/1

续表

序号	GW 分类	ICS 分类	GB 分类	标准号	中文名称	代替标准	采用关系	发布日期	实施日期
18.2-3-58	18.2	35.060	L74	GB/T 28168—2011	信息技术　中间件消息中间件技术规范			2011/12/30	2012/6/1
18.2-3-59	18.2	33.180	M33	GB/T 28514.3—2012	支持 IPv6 的路由协议技术要求　第 3 部分：中间系统到中间系统域内路由信息交换协议（IS-ISv6）			2012/6/29	2012/10/1
18.2-3-60	18.2	33.040.20	M33	GB/T 28515.2—2021	自动交换光网络（ASON）测试方法　第 2 部分：基于 OTN 的 ASON			2021/4/30	2021/8/1
18.2-3-61	18.2	35.040	A14	GB/T 29194—2012	电子文件管理系统通用功能要求			2012/12/31	2013/6/1
18.2-3-62	18.2	35.240	L64	GB/T 29266—2012	射频识别 13.56MHz 标签基本电特性			2012/12/31	2013/6/1
18.2-3-63	18.2	25.040	N10	GB/T 30094—2013	工业以太网交换机技术规范			2013/12/17	2014/5/1
18.2-3-64	18.2	35.110	L79	GB/T 30269.1—2015	信息技术　传感器网络　第 1 部分：参考体系结构和通用技术要求		ISO/IEC 29182-5:2013，NEQ	2015/12/10	2016/8/1
18.2-3-65	18.2	35.110	L79	GB/T 30269.503—2017	信息技术　传感器网络　第 503 部分：标识：传感节点标识符注册规程			2017/11/1	2018/5/1
18.2-3-66	18.2	35.110	L79	GB/T 30269.701—2014	信息技术　传感器网络　第 701 部分：传感器接口：信号接口			2014/12/5	2015/4/1
18.2-3-67	18.2	35.110	L79	GB/T 30269.702—2016	信息技术　传感器网络　第 702 部分：传感器接口：数据接口			2016/4/25	2016/11/1
18.2-3-68	18.2	35.110	L78	GB/T 30269.802—2017	信息技术　传感器网络　第 802 部分：测试：低速无线传感器网络媒体访问控制和物理层			2017/5/31	2017/12/1
18.2-3-69	18.2	35.110	L79	GB/T 30269.1001—2017	信息技术　传感器网络　第 1001 部分：中间件：传感器网络节点接口			2017/5/31	2017/12/1
18.2-3-70	18.2	35.040	A24	GB/T 31866—2023	物联网标识体系　物品编码 Ecode	GB/T 31866—2015		2023/5/23	2023/12/1
18.2-3-71	18.2	35.100.05	L79	GB/T 31916.1—2015	信息技术　云数据存储和管理　第 1 部分：总则			2015/9/11	2016/5/1
18.2-3-72	18.2	35.100.05	L79	GB/T 31916.2—2015	信息技术　云数据存储和管理　第 2 部分：基于对象的云存储应用接口			2015/9/11	2016/5/1
18.2-3-73	18.2	35.100.05	L79	GB/T 31916.5—2015	信息技术　云数据存储和管理　第 5 部分：基于键值（Key-Value）的云数据管理应用接口			2015/9/11	2016/5/1
18.2-3-74	18.2	29.240.01	F21	GB/T 31994—2015	智能远动网关技术规范			2015/9/11	2016/4/1
18.2-3-75	18.2	35.060	L74	GB/T 32394—2015	信息技术　中文 Linux 操作系统运行环境扩充要求			2015/12/31	2016/7/1

续表

序号	GW 分类	ICS 分类	GB 分类	标准号	中文名称	代替标准	采用关系	发布日期	实施日期
18.2-3-76	18.2	35.060	L74	GB/T 32395—2015	信息技术　中文 Linux 操作系统应用编程接口（API）扩充要求			2015/12/31	2016/7/1
18.2-3-77	18.2	35.100.05	L79	GB/T 32399—2024	信息技术　云计算　参考架构	GB/T 32399—2015		2024/8/23	2025/3/1
18.2-3-78	18.2	35.040	L70	GB/T 32629—2016	信息技术　生物特征识别应用程序接口的互通协议		ISO/IEC 24708：2008，IDT	2016/4/25	2016/11/1
18.2-3-79	18.2	35.240.70	L67	GB/T 32633—2016	分布式关系数据库服务接口规范			2016/4/25	2016/11/1
18.2-3-80	18.2	33.040.50	M04	GB/T 3454—2011	数据终端设备（DTE）和数据电路终接设备（DCE）之间的接口电路定义表	GB/T 3454—1982	ITU-T V.24：2000，IDT	2011/7/29	2011/11/1
18.2-3-81	18.2	35.180	L70	GB/T 34980.1—2017	智能终端软件平台技术要求　第 1 部分：操作系统			2017/11/1	2018/5/1
18.2-3-82	18.2	31.200	L55	GB/T 35086—2018	MEMS 电场传感器通用技术条件			2018/5/14	2018/12/1
18.2-3-83	18.2	35.180	L63	GB/T 35297—2017	信息技术　盘阵列通用规范			2017/12/29	2018/7/1
18.2-3-84	18.2	35.100.05	L79	GB/T 35301—2017	信息技术　云计算　平台即服务（PaaS）参考架构			2017/12/29	2017/12/29
18.2-3-85	18.2	35.220	L66	GB/T 35313—2017	模块化存储系统通用规范			2017/12/29	2018/7/1
18.2-3-86	18.2	35.110	L79	GB/T 35319—2017	物联网　系统接口要求			2017/12/29	2017/12/29
18.2-3-87	18.2	35.040	A24	GB/T 35419—2017	物联网标识体系　Ecode 在一维条码中的存储			2017/12/29	2018/4/1
18.2-3-88	18.2	35.040	A24	GB/T 35420—2017	物联网标识体系　Ecode 在二维码中的存储			2017/12/29	2018/4/1
18.2-3-89	18.2	35.040	A24	GB/T 35421—2017	物联网标识体系　Ecode 在射频标签中的存储			2017/12/29	2018/4/1
18.2-3-90	18.2	35.040	A24	GB/T 35422—2017	物联网标识体系　Ecode 的注册与管理			2017/12/29	2018/4/1
18.2-3-91	18.2	35.040	A24	GB/T 35423—2017	物联网标识体系　Ecode 在 NFC 标签中的存储			2017/12/29	2018/4/1
18.2-3-92	18.2	35.100.05	L79	GB/T 36325—2018	信息技术　云计算　云服务级别协议基本要求			2018/6/7	2019/1/1
18.2-3-93	18.2	35.100.05	L79	GB/T 36326—2018	信息技术　云计算　云服务运营通用要求			2018/6/7	2019/1/1
18.2-3-94	18.2	35.100.05	L79	GB/T 36327—2018	信息技术　云计算　平台即服务（PaaS）应用程序管理要求			2018/6/7	2019/1/1
18.2-3-95	18.2	35.240.15	L70	GB/T 36364—2018	信息技术　射频识别　2.45GHz 标签通用规范			2018/6/7	2019/1/1
18.2-3-96	18.2	35.240.15	L70	GB/T 36365—2018	信息技术　射频识别　800/900MHz 无源标签通用规范			2018/6/7	2019/1/1
18.2-3-97	18.2	35.060	L73	GB/T 36441—2018	硬件产品与操作系统兼容性规范			2018/6/7	2019/1/1

续表

序号	GW 分类	ICS 分类	GB 分类	标准号	中文名称	代替标准	采用关系	发布日期	实施日期
18.2-3-98	18.2	35.040	L64	GB/Z 36442.3—2018	信息技术　用于物品管理的射频识别　实现指南　第 3 部分：超高频 RFID 读写器系统在物流应用中的实现和操作		ISO/IEC TR 24729-3：2009，NEQ	2018/6/7	2019/1/1
18.2-3-99	18.2	35.200	L77	GB/T 36450.3—2024	信息技术　存储管理　第 3 部分：通用轮廓			2024/4/25	2024/11/1
18.2-3-100	18.2	35.100.01	L79	GB/T 36461—2018	物联网标识体系 OID 应用指南			2018/6/7	2019/1/1
18.2-3-101	18.2	35.060	L76	GB/T 36465—2018	网络终端操作系统总体技术要求			2018/6/7	2019/1/1
18.2-3-102	18.2	29.240.01	F21	GB/T 37548—2019	变电站设备物联网通信架构及接口要求			2019/6/4	2020/1/1
18.2-3-103	18.2	35.110	L79	GB/T 37684—2019	物联网　协同信息处理参考模型			2019/8/30	2020/3/1
18.2-3-104	18.2	35.110	L79	GB/T 37685—2019	物联网　应用信息服务分类			2019/8/30	2020/3/1
18.2-3-105	18.2	35.110	L79	GB/T 37686—2019	物联网　感知对象信息融合模型			2019/8/30	2020/3/1
18.2-3-106	18.2	35.240.01	L70	GB/T 37734—2019	信息技术　云计算　云服务采购指南			2019/8/30	2020/3/1
18.2-3-107	18.2	35.240.01	L70	GB/T 37735—2019	信息技术　云计算　云服务计量指标			2019/8/30	2020/3/1
18.2-3-108	18.2	35.240.01	L70	GB/T 37736—2019	信息技术　云计算　云资源监控通用要求			2019/8/30	2020/3/1
18.2-3-109	18.2	35.240.01	L70	GB/T 37737—2019	信息技术　云计算　分布式块存储系统总体技术要求			2019/8/30	2020/3/1
18.2-3-110	18.2	35.240.01	L70	GB/T 37738—2019	信息技术　云计算　云服务质量评价指标			2019/8/30	2020/3/1
18.2-3-111	18.2	35.240.01	L70	GB/T 37739—2019	信息技术　云计算　平台即服务部署要求			2019/8/30	2020/3/1
18.2-3-112	18.2	35.240.01	L70	GB/T 37740—2019	信息技术　云计算　云平台间应用和数据迁移指南			2019/8/30	2020/3/1
18.2-3-113	18.2	35.240.01	L70	GB/T 37741—2019	信息技术　云计算　云服务交付要求			2019/8/30	2020/3/1
18.2-3-114	18.2	35.240.01	L70	GB/T 37938—2019	信息技术　云资源监控指标体系			2019/8/30	2020/3/1
18.2-3-115	18.2	35.110	L79	GB/T 38320—2019	信息技术　信息设备互连　智能家用电子系统终端设备与终端统一接入服务平台接口要求			2019/12/10	2020/7/1
18.2-3-116	18.2	35.110	L79	GB/T 38618—2020	信息技术　系统间远程通信和信息交换高可靠低时延的无线网络通信协议规范			2020/4/28	2020/11/1
18.2-3-117	18.2	33.050.99	M30	GB/T 38624.2—2021	物联网　网关　第 2 部分：面向公用电信网接入的网关技术要求			2021/10/11	2022/5/1
18.2-3-118	18.2	35.110	L79	GB/T 38637.1—2020	物联网　感知控制设备接入　第 1 部分：总体要求			2020/4/28	2020/11/1

续表

序号	GW 分类	ICS 分类	GB 分类	标准号	中文名称	代替标准	采用关系	发布日期	实施日期
18.2-3-119	18.2	35.110	L79	GB/T 38637.2—2020	物联网　感知控制设备接入　第 2 部分：数据管理要求			2020/7/21	2021/2/1
18.2-3-120	18.2	35.240.15	L64	GB/T 38851—2020	信息技术　识别卡　集成指纹的身份识别卡通用技术要求			2020/7/21	2021/2/1
18.2-3-121	18.2	25.040	N10	GB/T 38868—2020	工业控制网络通用技术要求　有线网络			2020/7/21	2021/2/1
18.2-3-122	18.2	17.220.20	N22	GB/T 38888—2020	数据采集软件的性能及校准方法			2020/6/2	2020/12/1
18.2-3-123	18.2	33.070.40	V70	GB/T 39267—2020	北斗卫星导航术语			2020/11/19	2021/6/1
18.2-3-124	18.2	49.020	V04	GB/T 39268—2020	低轨星载 GNSS 导航型接收机通用规范			2020/11/19	2021/6/1
18.2-3-125	18.2	49.020	V04	GB/T 39399—2020	北斗卫星导航系统测量型接收机通用规范			2020/11/19	2021/3/1
18.2-3-126	18.2	49.020	V04	GB/T 39410—2020	低轨星载 GNSS 测量型接收机通用规范			2020/11/19	2021/6/1
18.2-3-127	18.2	49.020	V04	GB/T 39411—2020	北斗卫星共视时间传递技术要求			2020/11/19	2021/6/1
18.2-3-128	18.2	49.020	V04	GB/T 39413—2020	北斗卫星导航系统信号模拟器性能要求及测试方法			2020/11/19	2021/6/1
18.2-3-129	18.2	49.020	V04	GB/T 39472—2020	北斗卫星导航系统信号采集回放仪性能要求及测试方法			2020/11/19	2021/3/1
18.2-3-130	18.2	33.050.01	M30	GB/T 39573—2020	智能终端内容过滤测试方法			2020/12/14	2021/7/1
18.2-3-131	18.2	33.050.01	M30	GB/T 39574—2020	智能终端内容过滤技术要求			2020/12/14	2021/7/1
18.2-3-132	18.2	07.040	A75	GB/T 39612—2020	低空数字航摄与数据处理规范			2020/12/14	2020/12/14
18.2-3-133	18.2	47.020.70	U65	GB/T 39721—2021	北斗地基增强系统基准站入网技术要求			2021/3/9	2021/10/1
18.2-3-134	18.2	47.020.70	U65	GB/T 39723—2020	北斗地基增强系统通信网络系统技术规范			2020/12/14	2021/7/1
18.2-3-135	18.2	47.020.70	U65	GB/T 39772.1—2021	北斗地基增强系统基准站建设和验收技术规范　第 1 部分：建设规范			2021/3/9	2021/10/1
18.2-3-136	18.2	47.020.70	U65	GB/T 39772.2—2021	北斗地基增强系统基准站建设和验收技术规范　第 2 部分：验收规范			2021/3/9	2021/10/1
18.2-3-137	18.2	47.020.70	U65	GB/T 39783—2021	北斗地基增强系统数据处理中心技术要求			2021/3/9	2021/10/1
18.2-3-138	18.2	33.060	M36	GB/T 39845—2021	基于 LTE 技术的宽带集群通信（B-TrunC）系统　网络设备技术要求（第一阶段）			2021/3/9	2021/10/1
18.2-3-139	18.2	33.060	M36	GB/T 39846—2021	基于 LTE 技术的宽带集群通信（B-TrunC）系统　接口测试方法（第一阶段）集群核心网到调度台接口			2021/3/9	2021/10/1

续表

序号	GW 分类	ICS 分类	GB 分类	标准号	中文名称	代替标准	采用关系	发布日期	实施日期
18.2-3-140	18.2	33.060.30	M35	GB/T 39847—2021	固定卫星通信业务地球站进入卫星网络的验证测试方法			2021/3/9	2021/10/1
18.2-3-141	18.2	33.030	M32	GB/T 40022—2021	基于公众电信网的物联网总体要求			2021/4/30	2021/11/1
18.2-3-142	18.2	25.040	N10	GB/T 40211—2021	工业通信网络　网络和系统安全　术语、概念和模型		IEC/TS 62443-1-1：2009，IDT	2021/5/21	2021/12/1
18.2-3-143	18.2	25.040	N10	GB/T 40218—2021	工业通信网络　网络和系统安全　工业自动化和控制系统信息安全技术		IEC/TR62443-3-1：2009，IDT	2021/5/21	2021/12/1
18.2-3-144	18.2	33.030	M21	GB/T 40572—2021	多屏互动　基于远程网络的终端间互动技术要求			2021/10/11	2022/5/1
18.2-3-145	18.2	35.180	L70	GB/T 40683—2021	信息技术　穿戴式设备　术语			2021/10/11	2022/5/1
18.2-3-146	18.2	35.240.01	L70	GB/T 40690—2021	信息技术　云计算　云际计算参考架构			2021/10/11	2022/5/1
18.2-3-147	18.2	35.110	L79	GB/T 40778.3—2022	物联网　面向 Web 开放服务的系统实现　第 3 部分：物体发现方法			2022/10/12	2023/5/1
18.2-3-148	18.2	33.040	M32	GB/Z 41298—2022	物联网应用协议　受限应用协议（CoAP）测试方法			2022/3/9	2022/10/1
18.2-3-149	18.2	35.110	M13	GB/T 42021—2022	工业互联网　总体网络架构			2022/10/12	2023/5/1
18.2-3-150	18.2	35.080	L77	GB/T 42140—2022	信息技术　云计算　云操作系统性能测试指标和度量方法			2022/12/30	2023/7/1
18.2-3-151	18.2	49.020	V04	GB/T 42575—2023	北斗双模型 OEM 板性能要求及测试方法			2023/5/23	2023/12/1
18.2-3-152	18.2	31.190	V04	GB/T 42576—2023	北斗/全球卫星导航系统（GNSS）高精度片上系统（SoC）技术要求及测试方法			2023/5/23	2023/12/1
18.2-3-153	18.2	33.070.40	V70	GB/T 42577—2023	北斗/全球卫星导航系统（GNSS）卫星高精度应用参数定义及描述			2023/5/23	2023/5/23
18.2-3-154	18.2	33.070.40	V70	GB/T 42579—2023	北斗卫星导航系统时间			2023/5/23	2023/5/23
18.2-3-155	18.2	35.110	L79	GB/T 42586—2023	信息技术　系统间远程通信和信息交换　时间敏感网络配置			2023/5/23	2023/12/1
18.2-3-156	18.2	31.200	L56	GB/T 42968.1—2023	集成电路　电磁抗扰度测量　第 1 部分：通用条件和定义			2023/9/7	2024/1/1
18.2-3-157	18.2	31.200	L56	GB/T 42968.8—2023	集成电路　电磁抗扰度测量　第 8 部分：辐射抗扰度测量 IC 带状线法			2023/9/7	2024/1/1
18.2-3-158	18.2	31.200	L56	GB/T 42970—2023	半导体集成电路　视频编解码电路测试方法			2023/9/7	2024/1/1

续表

序号	GW 分类	ICS 分类	GB 分类	标准号	中文名称	代替标准	采用关系	发布日期	实施日期
18.2-3-159	18.2	31.200	L56	GB/T 42973—2023	半导体集成电路　数字模拟（DA）转换器			2023/9/7	2024/1/1
18.2-3-160	18.2	31.200	L56	GB/T 42974—2023	半导体集成电路　快闪存储器（FLASH）			2023/9/7	2024/1/1
18.2-3-161	18.2	31.200	L56	GB/T 42975—2023	半导体集成电路　驱动器测试方法			2023/9/7	2024/1/1
18.2-3-162	18.2	33.200	M50	GB/T 42979—2023	全球卫星导航系统（GNSS）位置报告/短报文型终端性能要求及测试方法			2023/9/7	2024/4/1
18.2-3-163	18.2	35.080	L77	GB/T 43738—2024	工业互联网平台　异构协议兼容适配要求			2024/3/15	2024/10/1
18.2-3-164	18.2	35.240.50	L77	GB/T 44067.1—2024	工业互联网平台　技术要求及测试方法　第1部分：总则			2024/5/28	2024/12/1
18.2-3-165	18.2	35.240.50	L77	GB/T 44067.2—2024	工业互联网平台　技术要求及测试方法　第2部分：工业 PaaS 平台			2024/5/28	2024/12/1
18.2-3-166	18.2	35.240.50	L77	GB/T 44067.3—2024	工业互联网平台　技术要求及测试方法　第3部分：工业 DaaS 平台			2024/5/28	2024/12/1
18.2-3-167	18.2	33.060.20	M36	GB/T 44068—2024	LTE 移动通信终端支持北斗定位的技术要求			2024/5/28	2024/9/1
18.2-3-168	18.2	47.020.70	V04	GB/T 44085.1—2024	基于北斗区域短报文通信的全球海上遇险和安全系统服务技术规范　第1部分：总体要求			2024/5/28	2024/5/28
18.2-3-169	18.2	47.020.70	V04	GB/T 44085.2—2024	基于北斗区域短报文通信的全球海上遇险和安全系统服务技术规范　第2部分：船舶地球站			2024/5/28	2024/5/28
18.2-3-170	18.2	33.060.01	M30	GB/T 44086.1—2024	北斗三号区域短报文通信用户终端信息接口　第1部分：用户管理模块接口			2024/5/28	2024/5/28
18.2-3-171	18.2	33.060.01	M30	GB/T 44086.2—2024	北斗三号区域短报文通信用户终端信息接口　第2部分：通用数据接口			2024/5/28	2024/5/28
18.2-3-172	18.2	33.060.01	M30	GB/T 44087—2024	北斗三号区域短报文通信用户终端技术要求与测试方法			2024/5/28	2024/5/28
18.2-3-173	18.2	49.020	V04	GB/T 44088—2024	北斗卫星导航系统测量型模块技术要求及测试方法			2024/5/28	2024/5/28
18.2-3-174	18.2	07.060	N95	GB/T 44110—2024	卫星导航定位探空系统　地面接收机			2024/5/28	2024/5/28
18.2-3-175	18.2	33.060.20	M36	GB/T 44195—2024	LTE 移动通信终端支持北斗定位的测试方法			2024/7/24	2024/11/1
18.2-3-176	18.2	35.020	L77	GB/T 44271—2024	信息技术　云计算　边缘云通用技术要求			2024/8/23	2025/3/1
18.2-3-177	18.2	35.110	L79	GB/T 44283—2024	物联网　语义互操作实现框架			2024/8/23	2025/3/1

续表

序号	GW 分类	ICS 分类	GB 分类	标准号	中文名称	代替标准	采用关系	发布日期	实施日期
18.2-3-178	18.2	33.100.10	L06	GB/T 9254.1—2021	信息技术设备、多媒体设备和接收机　电磁兼容　第 1 部分：发射要求	GB/T 9254—2008；GB/T 13837—2012	CISPR 32：2015，MOD	2021/12/31	2022/7/1
18.2-3-179	18.2	35.160	L62	GB/T 9813.1—2016	计算机通用规范　第 1 部分：台式微型计算机	GB/T 9813—2000		2016/8/29	2017/3/1
18.2-4-180	18.2	33.070	A76	CH/T 8018—2009	全球导航卫星系统（GNSS）测量型接收机 RTK 检定规程			2009/6/9	2009/7/1
18.2-4-181	18.2	35.240	A75	CH/T 9012—2011	基础地理信息数字成果　数据组织及文件命名规则	CH/T 1005—2000		2011/11/15	2012/1/1
18.2-4-182	18.2			CJJ/T 100—2017	城市基础地理信息系统技术标准	CJJ 100—2004		2017/10/30	2018/6/1
18.2-4-183	18.2	29.240.30	K07	DL/T 1456—2015	电力系统数据库通用访问接口规范			2015/7/1	2015/12/1
18.2-4-184	18.2	29.240	L70/84	DL/T 1730—2017	电力信息网络设备测试规范			2017/8/2	2017/12/1
18.2-4-185	18.2	29.240	F20	DL/T 2065—2019	无线传感器网络设备电磁电气基本特性规范			2019/11/4	2020/5/1
18.2-4-186	18.2	33.060	F20	DL/T 2397—2021	电力无线虚拟专网技术规范			2021/12/22	2022/3/22
18.2-4-187	18.2	33.180	F20	DL/T 2399—2021	电力量子保密通信系统密钥交互接口技术规范			2021/12/22	2022/3/22
18.2-4-188	18.2	20.020	K04	DL/T 2401.1—2021	北斗卫星导航系统电力通用接收机　第 1 部分：技术规范			2021/12/22	2022/3/22
18.2-4-189	18.2	33.060.30	M35	DL/T 2401.2—2021	北斗卫星导航系统电力通用接收机　第 2 部分：测试方法			2021/12/22	2022/3/22
18.2-4-190	18.2	29.020	F21	DL/T 2417—2021	电网设备三维模型数据描述规范			2021/12/22	2022/3/22
18.2-4-191	18.2	29.020	F21	DL/T 2474.1—2022	电力物联网传感器网络　第 1 部分：总体技术规范			2022/5/13	2022/11/13
18.2-4-192	18.2	29.240	F20	DL/T 2527—2022	电力物联网信息模型管理与认证规范			2022/11/4	2023/5/4
18.2-4-193	18.2			DL/T 2529—2022	电力物联网信息模型规范			2022/11/4	2023/5/4
18.2-4-194	18.2		F21	DL/T 2565—2022	基于 IEC 60870-5-104 的水电网络通信协议扩充导则			2022/11/4	2023/5/4
18.2-4-195	18.2	29.020	K04	DL/T 860.901—2014	电力自动化通信网络和系统　第 90-1 部分：DL/T 860 在变电站间通信中的应用		IEC/TR 61850-90-1：2010，IDT	2014/10/15	2015/3/1
18.2-4-196	18.2	25.040	N10	JB/T 11961—2014	工业通信网络　网络和系统安全　术语、概念和模型		IEC/TS 62443-1-1：2009，IDT	2014/5/6	2014/10/1
18.2-4-197	18.2	25.040	N10	JB/T 11962—2014	工业通信网络　网络和系统安全　工业自动化和控制系统信息安全技术		IEC/PAS 62443-3-1：2009，IDT	2014/5/6	2014/10/1

续表

序号	GW 分类	ICS 分类	GB 分类	标准号	中文名称	代替标准	采用关系	发布日期	实施日期
18.2-4-198	18.2	33.060	F21	NB/T 11310—2023	电力无线局域网设计规程			2023/10/11	2024/4/11
18.2-4-199	18.2	35.200	L65	SJ/T 11310.2—2015	信息设备资源共享协同服务　第 2 部分：应用框架			2015/4/30	2015/10/1
18.2-4-200	18.2	35.200	L65	SJ/T 11310.3—2015	信息设备资源共享协同服务　第 3 部分：基础应用			2015/4/30	2015/10/1
18.2-4-201	18.2	35.200	L65	SJ/T 11310.5—2015	信息设备资源共享协同服务　第 5 部分：设备类型			2015/4/30	2015/10/1
18.2-4-202	18.2	35.200	L65	SJ/T 11310.6—2015	信息设备资源共享协同服务　第 6 部分：服务类型			2015/4/30	2015/10/1
18.2-4-203	18.2	35.160	L62	SJ/T 11536.1—2015	高性能计算机　刀片服务器　第 1 部分：管理模块技术要求			2015/10/10	2016/4/1
18.2-4-204	18.2	35.160	L62	SJ/T 11537—2015	高性能计算机　机群　监控系统技术要求			2015/10/10	2016/4/1
18.2-4-205	18.2			SJ/T 11887.1—2023	信息技术　系统间远程通信和信息交换　时分复用低功耗短距离无线网络　第 1 部分：物理层			2023/5/22	2023/11/1
18.2-4-206	18.2			SJ/T 11887.2—2023	信息技术　系统间远程通信和信息交换　时分复用低功耗短距离无线网络　第 2 部分：链路层			2023/5/22	2023/11/1
18.2-4-207	18.2			SJ/T 11887.3—2023	信息技术　系统间远程通信和信息交换　时分复用低功耗短距离无线网络　第 3 部分：网络层			2023/5/22	2023/11/1
18.2-4-208	18.2			YD 5084.1—2014	交换设备抗地震性能检测规范　第 1 部分：程控数字电话交换机	YD/T 5084—2005		2014/5/6	2014/7/1
18.2-4-209	18.2			YD 5084.2—2014	交换设备抗地震性能检测规范　第 2 部分：IP 网络交换设备	YD/T 5084—2005		2014/5/6	2014/7/1
18.2-4-210	18.2			YD 5195—2014	数字微波通信设备抗地震性能检测规范			2014/5/6	2014/7/1
18.2-4-211	18.2			YD 5196.2—2014	服务器和网关设备抗地震性能检测规范　第 2 部分：网关设备			2014/5/6	2014/7/1
18.2-4-212	18.2			YD/T 1148—2005	网络接入服务器技术要求—宽带网络接入服务器	YD/T 1148—2001		2005/5/11	2005/11/1
18.2-4-213	18.2	33.040.40	M32	YD/T 1251.1—2013	路由协议一致性测试方法　中间系统到中间系统路由交换协议（IS-IS）	YD/T 1251.1—2003		2013/10/17	2014/1/1
18.2-4-214	18.2	33.040.40	M32	YD/T 1251.2—2013	路由协议一致性测试方法　开放最短路径优先协议（OSPF）	YD/T 1251.2—2003		2013/10/17	2014/1/1

18

续表

序号	GW 分类	ICS 分类	GB 分类	标准号	中文名称	代替标准	采用关系	发布日期	实施日期
18.2-4-215	18.2	33.040.40	M32	YD/T 1251.3—2013	路由协议一致性测试方法　边界网关协议（BGP4）	YD/T 1251.3—2003		2013/10/17	2014/1/1
18.2-4-216	18.2	33.040.40	L78	YD/T 1341—2024	IPv6 基本协议 IPv6 协议	YD/T 1341—2005		2024/7/19	2024/10/1
18.2-4-217	18.2	33.040	M10	YD/T 1381—2022	IP 网络技术要求　网络性能测量方法	YD/T 1381—2005		2022/9/30	2023/1/1
18.2-4-218	18.2	33.040.40	M32	YD/T 1402—2018	互联网网间互联总体技术要求	YD/T 1402—2009		2018/12/21	2019/4/1
18.2-4-219	18.2			YD/T 1442—2006	IPv6 网络技术要求　地址、过渡及服务质量			2006/6/8	2006/10/1
18.2-4-220	18.2			YD/T 1477—2006	基于边界网关协议/多协议标记交换的虚拟专用网（BGP/MPLS VPN）组网要求			2006/6/8	2006/10/1
18.2-4-221	18.2	33.050.01	M30	YD/T 1538—2021	数字移动终端音频性能通用测试方法	YD/T 1538—2014		2021/5/17	2021/7/1
18.2-4-222	18.2	33.120.01	M37	YD/T 1591—2021	移动通信终端电源适配器及充电/数据接口技术要求和测试方法	YD/T 1591—2009		2021/5/17	2021/7/1
18.2-4-223	18.2	33.040.40	M32	YD/T 1641—2020	互联网网络和业务服务质量技术要求	YD/T 1641—2007		2020/12/9	2021/1/1
18.2-4-224	18.2	33.040.40	M32	YD/T 1642—2020	互联网网络和业务服务质量测试方法	YD/T 1642—2009		2020/12/9	2021/1/1
18.2-4-225	18.2	33.100	M04	YD/T 1644.4—2020	手持和身体佩戴使用的无线通信设备对人体的电磁照射　人体模型、仪器和规程　第 4 部分：肢体佩戴的无线通信设备的比吸收率（SAR）评估规程（频率范围 30MHz～6GHz）			2020/12/9	2021/1/1
18.2-4-226	18.2	33.040.40	M32	YD/T 2371—2011	轻型双栈（DS-Lite）技术要求			2011/12/20	2012/2/1
18.2-4-227	18.2	33.040	M16	YD/T 2431—2019	互联网内容提供商（ICP）/IP 地址/域名信息备案系统信息交换接口技术要求	YD/T 2431—2012		2019/11/11	2020/1/1
18.2-4-228	18.2	33.040.01	M10/29	YD/T 2449—2013	宽带网络接入服务器（BNAS）业务备份技术要求			2013/4/25	2013/6/1
18.2-4-229	18.2	33.100	M04	YD/T 2583.1—2018	蜂窝式移动通信设备电磁兼容性能要求和测量方法　第 1 部分：基站及其辅助设备			2018/4/30	2018/7/1
18.2-4-230	18.2	33.060.20	M37	YD/T 2687—2013/XG1—2016	《LTE/CDMA 多模终端设备（单卡槽）技术要求及测试方法》行业标准第 1 号修改单			2013/12/31	2016/10/22
18.2-4-231	18.2	01.040.35	L78	YD/T 2785—2014	双栈宽带接入服务器技术要求			2014/12/24	2014/12/24
18.2-4-232	18.2	33.040.20	M33	YD/T 2786.1—2014	支持多业务承载的 IP/MPLS 网络管理技术要求　第 1 部分：基本原则			2014/12/24	2014/12/24
18.2-4-233	18.2	33.040	M11	YD/T 2786.5—2019	支持多业务承载的 IP/MPLS 网络管理技术要求　第 5 部分：基于 IDL/IIOP 技术的 EMS-NMS 接口信息模型			2019/11/11	2020/1/1

续表

序号	GW 分类	ICS 分类	GB 分类	标准号	中文名称	代替标准	采用关系	发布日期	实施日期
18.2-4-234	18.2	33.040	M11	YD/T 2786.7—2019	支持多业务承载的 IP/MPLS 网络管理技术要求　第 7 部分：EMS 系统功能			2019/11/11	2020/1/1
18.2-4-235	18.2	33.060.20	M36	YD/T 2868—2020	移动通信系统无源天线测量方法	YD/T 2868—2015		2020/12/9	2021/1/1
18.2-4-236	18.2	33.040.40	L78	YD/T 2901—2015	跨机框信息同步通信协议（ICCP）技术要求			2015/7/14	2015/10/1
18.2-4-237	18.2	33.040.30	M12	YD/T 2943—2015	面向即时通信互通的扩展消息与表示协议（XMPP）技术要求			2015/7/14	2015/10/1
18.2-4-238	18.2	33.030	M21	YD/T 3016—2016	面向移动互联网的业务托管和运行平台技术要求			2016/1/15	2016/4/1
18.2-4-239	18.2	33.060.20	M37	YD/T 3040—2016	LTE/CDMA/TD-SCDMA/WCDMA/GSM（GPRS）多模双卡多待终端设备技术要求			2016/4/5	2016/7/1
18.2-4-240	18.2	33.060.20	M37	YD/T 3041—2016	LTE/CDMA/TD-SCDMA/WCDMA/GSM（GPRS）多模双卡多待终端设备测试方法			2016/4/5	2016/7/1
18.2-4-241	18.2	33.030.30	M32	YD/T 3065—2016	IPv6 地址编码与管理技术要求　基于 DHCPv6 的地址租约查询			2016/4/5	2016/7/1
18.2-4-242	18.2	33.060.99	M36	YD/T 3179.1—2016	移动终端支持基于 LTE 的语音解决方案（VoLTE）的测试方法　第 1 部分：功能和性能测试			2016/10/22	2017/1/1
18.2-4-243	18.2	33.060.20	M37	YD/T 3179.2—2016	移动终端支持基于 LTE 的语音解决方案（VoLTE）的测试方法　第 2 部分：一致性测试			2016/10/22	2017/1/1
18.2-4-244	18.2	33.060.20	M36	YD/T 3182—2021	移动通信天线测量场地检测方法	YD/T 3182—2016		2021/3/5	2021/4/1
18.2-4-245	18.2	35.110	M11	YD/T 3204—2016	网络电子身份标识 eID 体系架构			2016/10/22	2017/1/1
18.2-4-246	18.2	33.040	M16	YD/T 3214—2017	互联网资源协作服务信息安全管理系统接口规范			2017/1/9	2017/1/9
18.2-4-247	18.2	33.040	M16	YD/T 3215—2017	互联网资源协作服务信息安全管理系统及接口测试方法			2017/1/9	2017/1/9
18.2-4-248	18.2	33.040.40	M32	YD/T 3232—2017	基于 IPv6 传输的 DHCPv4 技术要求			2017/4/12	2017/7/1
18.2-4-249	18.2	33.040	M11	YD/T 3543—2019	基于多业务承载的 IP/MPLS 网络告警相关性规则的技术要求			2019/11/11	2020/1/1
18.2-4-250	18.2	33.040.40	M30	YD/T 3546—2019	数据通信接口转换器能效参数和测试方法			2019/11/11	2020/1/1
18.2-4-251	18.2	33.040.40	M32	YD/T 3559—2019	边缘路由器构件接口技术要求			2019/11/11	2020/1/1
18.2-4-252	18.2	33.060.99	M36	YD/T 3629—2020	基于 LTE 的车联网无线通信技术　基站设备测试方法			2020/4/16	2020/7/1

续表

序号	GW 分类	ICS 分类	GB 分类	标准号	中文名称	代替标准	采用关系	发布日期	实施日期
18.2-4-253	18.2	33.040	M16	YD/T 3651—2020	IPv6 地址实名制管理　总体要求			2020/4/16	2020/7/1
18.2-4-254	18.2	33.040.20	M33	YD/T 3687—2020	软件定义传送网（SDTN）通用信息模型技术要求			2020/4/16	2020/7/1
18.2-4-255	18.2	33.040.20	M33	YD/T 3688—2020	软件定义分组传送网（SPTN）南向接口技术要求			2020/4/16	2020/7/1
18.2-4-256	18.2	33.060.99	M36	YD/T 3707—2020	基于 LTE 的车联网无线通信技术　网络层技术要求			2020/4/16	2020/7/1
18.2-4-257	18.2	33.060.30	M30	YD/T 3708—2020	基于 LTE 的车联网无线通信技术　网络层测试方法			2020/4/16	2020/7/1
18.2-4-258	18.2	33.060.30	M30	YD/T 3709—2020	基于 LTE 的车联网无线通信技术　消息层技术要求			2020/4/16	2020/7/1
18.2-4-259	18.2	33.060.30	M30	YD/T 3710—2020	基于 LTE 的车联网无线通信技术　消息层测试方法			2020/4/16	2020/7/1
18.2-4-260	18.2	33.060.99	M37	YD/T 3720—2020	数字蜂窝移动通信网多输入多输出（MIMO）单缆覆盖系统网管接口技术要求			2020/4/16	2020/7/1
18.2-4-261	18.2	33.040	M15	YD/T 3724—2020	网络功能虚拟化（NFV）性能管理技术要求			2020/4/16	2020/7/1
18.2-4-262	18.2	33.060	M36	YD/T 3725—2020	面向物联网的蜂窝窄带接入（NB-IoT）网络管理技术要求			2020/4/16	2020/7/1
18.2-4-263	18.2	33.060.99	M36	YD/T 3754—2020	基于 LTE 网络的边缘计算总体技术要求			2020/8/31	2020/10/1
18.2-4-264	18.2	33.040.40	L78	YD/T 3765—2020	内容分发网络技术要求　内容中心			2020/8/31	2020/10/1
18.2-4-265	18.2	33.040.40	L78	YD/T 3769—2020	内容分发网络技术要求　汇聚节点			2020/12/9	2021/1/1
18.2-4-266	18.2	33.040.20	M33	YD/T 3770—2020	软件定义同步网技术要求			2020/12/9	2021/1/1
18.2-4-267	18.2	33.060	M36	YD/T 3780—2020	基于 LTE 技术的宽带集群通信（B-TrunC）系统　网络设备技术要求（第一阶段）			2020/12/9	2021/1/1
18.2-4-268	18.2	33.060	M36	YD/T 3781—2020	基于 LTE 技术的宽带集群通信（B-TrunC）系统　网络设备测试方法（第一阶段）			2020/12/9	2021/1/1
18.2-4-269	18.2	33.060.99	M36	YD/T 3784—2020	LTE 数字蜂窝移动通信网　中继（Relay）系统设备技术要求			2020/12/9	2021/1/1
18.2-4-270	18.2	33.060.99	M36	YD/T 3785—2020	LTE 数字蜂窝移动通信网　中继（Relay）系统设备测试方法			2020/12/9	2021/1/1

续表

序号	GW 分类	ICS 分类	GB 分类	标准号	中文名称	代替标准	采用关系	发布日期	实施日期
18.2-4-271	18.2	33.060	M42	YD/T 3787—2020	基于公用电信网的家庭用宽带客户网关WLAN接口性能要求和测试方法			2020/12/9	2021/1/1
18.2-4-272	18.2	33.060	M11	YD/T 3792—2020	数字移动通信终端通用集成电路卡（UICC）与非接触通信模块（CLF）间单线协议（SWP）技术要求			2020/12/9	2021/1/1
18.2-4-273	18.2	33.060	M11	YD/T 3793.1—2020	数字移动通信终端通用集成电路卡（UICC）与非接触通信模块（CLF）间单线协议（SWP）测试方法　第1部分：终端特性			2020/12/9	2021/1/1
18.2-4-274	18.2	33.060	M11	YD/T 3793.2—2020	数字移动通信终端通用集成电路卡（UICC）与非接触通信模块（CLF）间单线协议（SWP）测试方法　第2部分：UICC特性			2020/12/9	2021/1/1
18.2-4-275	18.2	33.060	M11	YD/T 3794—2020	数字移动通信终端通用集成电路卡（UICC）与非接触通信模块（CLF）间主控接口（HCI）技术要求			2020/12/9	2021/1/1
18.2-4-276	18.2	33.060	M11	YD/T 3795.1—2020	数字移动通信终端通用集成电路卡（UICC）与非接触通信模块（CLF）间主控接口（HCI）测试方法　第1部分：终端特性			2020/12/9	2021/1/1
18.2-4-277	18.2	33.060	M11	YD/T 3795.2—2020	数字移动通信终端通用集成电路卡（UICC）与非接触通信模块（CLF）间主控接口（HCI）测试方法　第2部分：UICC特性			2020/12/9	2021/1/1
18.2-4-278	18.2	33.060.99	M36	YD/T 3807—2020	移动通信网络设备安全保障通用要求			2020/12/9	2021/1/1
18.2-4-279	18.2	33.050	M30	YD/T 3815—2021	移动通信终端快速充电技术要求和测试方法			2021/3/5	2021/4/1
18.2-4-280	18.2	33.040.40	M32	YD/T 3816—2021	以太网接入方式下源地址验证技术要求SLAAC场景			2021/3/5	2021/4/1
18.2-4-281	18.2	33.040.20	M19	YD/T 3817—2021	以太网接入方式下源地址验证测试方法SLAAC场景			2021/3/5	2021/4/1
18.2-4-282	18.2	33.040.40	M32	YD/T 3818—2021	公众无线局域网接入方式下源地址验证技术要求			2021/3/5	2021/4/1
18.2-4-283	18.2	33.040	M14	YD/T 3819—2021	公众无线局域网接入方式下源地址验证测试方法			2021/3/5	2021/4/1
18.2-4-284	18.2	33.030	M11	YD/T 3820—2021	基于Radius的IPv6统计技术要求			2021/3/5	2021/4/1
18.2-4-285	18.2	33.040.40	L78	YD/T 3822—2021	内容分发网络技术要求　业务统计信息			2021/3/5	2021/4/1

续表

序号	GW 分类	ICS 分类	GB 分类	标准号	中文名称	代替标准	采用关系	发布日期	实施日期
18.2-4-286	18.2	33.040.40	M32	YD/T 3824—2021	面向互联网应用的固态硬盘测试规范			2021/3/5	2021/4/1
18.2-4-287	18.2	33.040.40	M32	YD/T 3825—2021	面向互联网应用的机械硬盘测试规范			2021/3/5	2021/4/1
18.2-4-288	18.2	33.040.50	M42	YD/T 3827—2021	基于 SDN 的宽带接入网　总体技术要求			2021/3/5	2021/4/1
18.2-4-289	18.2	33.040.20	M33	YD/T 3828—2021	基于流量工程网络抽象与控制（ACTN）的软件定义光传送网（SDOTN）网络服务接口技术要求			2021/3/5	2021/4/1
18.2-4-290	18.2	33.040.99	M30	YD/T 3829—2021	基于公用电信网的宽带客户网络联网技术要求　通用介质有线联网　物理层和数据链路层			2021/3/5	2021/4/1
18.2-4-291	18.2	33.180.10	M33	YD/T 3833—2021	无线通信小基站用光电混合缆			2021/3/5	2021/4/1
18.2-4-292	18.2	33.040.20	M33	YD/T 3842—2021	软件定义分组传送网测试方法			2021/3/5	2021/4/1
18.2-4-293	18.2	33.040	M21	YD/T 3845.1—2021	互联网基础资源支撑系统监管信息交换接口规范　第 1 部分：域名注册与管理服务			2021/3/5	2021/4/1
18.2-4-294	18.2	33.040	M21	YD/T 3845.2—2021	互联网基础资源支撑系统监管信息交换接口规范　第 2 部分：域名权威解析服务			2021/3/5	2021/4/1
18.2-4-295	18.2	33.040	M21	YD/T 3845.3—2021	互联网基础资源支撑系统监管信息交换接口规范　第 3 部分：域名递归解析服务			2021/3/5	2021/4/1
18.2-4-296	18.2	33.040	M21	YD/T 3845.4—2021	互联网基础资源支撑系统监管信息交换接口规范　第 4 部分：ICP 网站			2021/3/5	2021/4/1
18.2-4-297	18.2	33.040	M21	YD/T 3845.5—2021	互联网基础资源支撑系统监管信息交换接口规范　第 5 部分：内容分发网络（CDN）			2021/3/5	2021/4/1
18.2-4-298	18.2	33.040	M21	YD/T 3846.1—2021	互联网基础资源支撑系统信息交换接口规范　第 1 部分：域名注册服务			2021/3/5	2021/4/1
18.2-4-299	18.2	33.040	M21	YD/T 3846.2—2021	互联网基础资源支撑系统信息交换接口规范　第 2 部分：域名管理服务			2021/3/5	2021/4/1
18.2-4-300	18.2	33.040	M21	YD/T 3846.3—2021	互联网基础资源支撑系统信息交换接口规范　第 3 部分：域名权威解析服务			2021/3/5	2021/4/1
18.2-4-301	18.2	33.040	M21	YD/T 3846.4—2021	互联网基础资源支撑系统信息交换接口规范　第 4 部分：域名递归解析服务			2021/3/5	2021/4/1
18.2-4-302	18.2	33.040	M21	YD/T 3846.5—2021	互联网基础资源支撑系统信息交换接口规范　第 5 部分：ICP 网站			2021/3/5	2021/4/1

续表

序号	GW 分类	ICS 分类	GB 分类	标准号	中文名称	代替标准	采用关系	发布日期	实施日期
18.2-4-303	18.2	33.040	M21	YD/T 3846.6—2021	互联网基础资源支撑系统信息交换接口规范 第 6 部分：IP 地址			2021/3/5	2021/4/1
18.2-4-304	18.2	33.040	M21	YD/T 3846.7—2021	互联网基础资源支撑系统信息交换接口规范 第 7 部分：内容分发网络（CDN）			2021/3/5	2021/4/1
18.2-4-305	18.2	35.110	M11	YD/T 3863—2021	视频云服务平台技术要求			2021/3/5	2021/4/1
18.2-4-306	18.2	33.040.40	L78	YD/T 3872—2021	互联网业务质量监测系统接口技术要求			2021/5/17	2021/7/1
18.2-4-307	18.2	33.040.40	L78	YD/T 3873—2021	互联网业务质量监测系统测试方法			2021/5/17	2021/7/1
18.2-4-308	18.2	35.020	L07	YD/T 3874—2021	互联网新通用顶级域名服务　批量数据存取技术要求			2021/5/17	2021/7/1
18.2-4-309	18.2	35.020	L07	YD/T 3875—2021	互联网新通用顶级域名服务　区文件存取技术要求			2021/5/17	2021/7/1
18.2-4-310	18.2	35.020	L07	YD/T 3876—2021	互联网新通用顶级域名服务　域名商标保护服务（TMCH）流程和接口技术要求			2021/5/17	2021/7/1
18.2-4-311	18.2	35.020	L07	YD/T 3877—2021	互联网新通用顶级域名服务　域名注册协议启动期技术要求			2021/5/17	2021/7/1
18.2-4-312	18.2	35.020	L07	YD/T 3878—2021	互联网新通用顶级域名服务　域名注册协议赎回期技术要求			2021/5/17	2021/7/1
18.2-4-313	18.2	35.020	L07	YD/T 3879—2021	互联网新通用顶级域名服务　注册局业务数据托管技术要求			2021/5/17	2021/7/1
18.2-4-314	18.2	35.020	L07	YD/T 3880—2021	互联网新通用顶级域名服务　注册局运行月报规范技术要求			2021/5/17	2021/7/1
18.2-4-315	18.2	33.040.40	M13	YD/T 3881—2021	延迟容忍网络　体系架构			2021/5/17	2021/7/1
18.2-4-316	18.2	33.160.60	M32	YD/T 3882—2021	内容分发网络技术要求　功能体系架构			2021/5/17	2021/7/1
18.2-4-317	18.2	33.160.60		YD/T 3883—2021	内容分发网络技术要求　内容路由			2021/5/17	2021/7/1
18.2-4-318	18.2	33.040.40	M32	YD/T 3884—2021	以太网接入方式下源地址验证测试方法　多种地址分配方式共存场景			2021/5/17	2021/7/1
18.2-4-319	18.2	35.240	L67	YD/T 3890—2021	基于云计算的多云管理平台技术要求			2021/5/17	2021/7/1
18.2-4-320	18.2	35.210	L79	YD/T 3891—2021	虚拟私有云间互联服务能力要求			2021/5/17	2021/7/1
18.2-4-321	18.2	35.210	L79	YD/T 3892—2021	虚拟私有云与本地计算环境互联服务能力要求			2021/5/17	2021/7/1
18.2-4-322	18.2	33.060	M36	YD/T 3896—2021	网络功能虚拟化（NFV）配置管理技术要求			2021/5/17	2021/7/1

序号	GW 分类	ICS 分类	GB 分类	标准号	中文名称	代替标准	采用关系	发布日期	实施日期
18.2-4-323	18.2	33.060	M36	YD/T 3897—2021	网络功能虚拟化（NFV）生命周期管理技术要求			2021/5/17	2021/7/1
18.2-4-324	18.2	33.040.40	M32	YD/T 3898—2021	延迟容忍网络 bundle 协议技术要求			2021/5/17	2021/7/1
18.2-4-325	18.2	33.040.40	M13	YD/T 3899—2021	延迟容忍网络 LTP 协议技术要求			2021/5/17	2021/7/1
18.2-4-326	18.2	35.110	M11	YD/T 3903—2021	内容分发网络技术要求　内容服务提供商侧接口			2021/5/17	2021/7/1
18.2-4-327	18.2	33.060.75	M35	YD/T 3908—2021	卫星移动通信终端通用技术要求和测试方法			2021/5/17	2021/7/1
18.2-4-328	18.2	33.180.99	M33	YD/T 3920—2021	软件定义分组传送网控制器技术要求			2021/5/17	2021/7/1
18.2-4-329	18.2	33.040.40	M32	YD/T 3921—2021	公众无线局域网用户集中认证和数据本地转发技术要求			2021/5/17	2021/7/1
18.2-4-330	18.2	35.020	L07	YD/T 3927—2021	互联网新通用顶级域名服务　支持 DNSSEC 的域名注册协议技术要求			2021/5/17	2021/7/1
18.2-4-331	18.2	33.040	M21	YD/T 3928.6—2021	互联网基础资源支撑系统接口测试规范　第 6 部分：内容分发网络（CDN）			2021/5/17	2021/7/1
18.2-4-332	18.2	35.240	L67	YD/T 3943.1—2021	云计算兼容性测试方法　第 1 部分：芯片和操作系统			2021/8/21	2021/11/1
18.2-4-333	18.2		M36	YD/T 4288—2023	5G 网络管理技术要求　关键性能指标			2023/5/22	2023/8/1
18.2-4-334	18.2		M36	YD/T 4289—2023	5G 网络管理技术要求　网络资源模型			2023/5/22	2023/8/1
18.2-4-335	18.2		M21	YD/T 4290—2023	5G 网络管理技术要求　性能测量数据要求			2023/5/22	2023/8/1
18.2-4-336	18.2	33.060	M36	YD/T 4339—2023	5G 移动通信网能力开放（NEF）总体技术要求			2023/8/16	2023/11/1
18.2-4-337	18.2	33.060	M36	YD/T 4340—2023	5G 网络管理技术要求管理服务			2023/8/16	2023/11/1
18.2-4-338	18.2	33.060	M36	YD/T 4341—2023	5G 网络切片服务等级协议（SLA）保障技术要求			2023/8/16	2023/11/1
18.2-4-339	18.2	33.060	M36	YD/T 4342—2023	5G 网络切服务等级议（SLA）保障技术要求电力网络切片			2023/8/16	2023/11/1
18.2-4-340	18.2	33.060	M36	YD/T 4343—2023	5G 网络切片管理功能（NSMF）技术要求			2023/8/16	2023/11/1
18.2-4-341	18.2	33.060	M36	YD/T 4344—2023	5G 网络切片管理功能（NSMF）与核心网网络切片子网管理功能（CN-NSSMF）接口技术要求			2023/8/16	2023/11/1
18.2-4-342	18.2	33.060	M36	YD/T 4345—2023	5G 网络切片管理功能（NSMF）与接入网切片子网管理功能（AN-NSSMF）接口技术　要求			2023/8/16	2023/11/1

续表

序号	GW 分类	ICS 分类	GB 分类	标准号	中文名称	代替标准	采用关系	发布日期	实施日期
18.2-4-343	18.2	33.040.40	L79	YD/T 4346—2023	5G 消息个人消息技术要求			2023/8/16	2023/11/1
18.2-4-344	18.2	33.040.40	L78	YD/T 4347—2023	5G 消息配置管理技术要求			2023/8/16	2023/11/1
18.2-4-345	18.2	33.040.40	L79	YD/T 4365—2023	IPv4 网络上快速部署 IPv6 技术要求			2023/8/16	2023/11/1
18.2-4-346	18.2	33.040.20	M32	YD/T 4366—2023	IPv4 网络上快速部署 IPv6 的测试方法			2023/8/16	2023/11/1
18.2-4-347	18.2	33.040.40	M32	YD/T 4367—2023	支持双栈的移动 IPv6 技术要求			2023/8/16	2023/11/1
18.2-4-348	18.2	33.040.40	L79	YD/T 4368—2023	基于代理的移 IPv6 技术要求			2023/8/16	2023/11/1
18.2-4-349	18.2	33.040.40	L78	YD/T 4369—2023	支持 IPv6 的位索引显示复制（BIER）组播技术要求			2023/8/16	2023/11/1
18.2-4-350	18.2	35.240	L67	YD/T 4404.1—2023	可信物联网云平台能力评估方法　第 1 部分：通用要求			2023/12/29	2024/4/1
18.2-4-351	18.2	33.060.99	M36	YD/T 4450—2023	5G 移动通信网能力开放（NEF）设备技术要求			2023/12/29	2024/4/1
18.2-4-352	18.2	33.060.99	M36	YD/T 4484—2023	物联网云平台技术要求			2023/12/29	2024/4/1
18.2-4-353	18.2	33.040.40	M32	YD/T 4485—2023	云数据中心服务器技术要求			2023/12/29	2024/4/1
18.2-4-354	18.2	33.060.20	M36	YD/T 4487—2023	5G 数字蜂窝移动通信网　终端机卡接口技术要求和测试方法			2023/12/29	2024/4/1
18.2-4-355	18.2	35.240.50	M30	YD/T 4492—2023	工业互联网　时间敏感网络技术要求			2023/12/29	2024/4/1
18.2-4-356	18.2	35.240.50	L78	YD/T 4493—2023	工业互联网边缘计算　需求			2023/12/29	2024/4/1
18.2-4-357	18.2	35.240.50	L78	YD/T 4494—2023	工业互联网边缘计算　边缘节点模型与要求边缘网关			2023/12/29	2024/4/1
18.2-4-358	18.2	35.240.50	L70	YD/T 4495—2023	工业互联网标识解析　标识注册管理协议与技术要求			2023/12/29	2024/4/1
18.2-4-359	18.2		L71	YD/T 4496—2023	工业互联网标识解析　核心元数据			2023/12/29	2024/4/1
18.2-4-360	18.2	35.240.50	L78	YD/T 4497—2023	工业互联网标识解析　权威解析协议与技术要求			2023/12/29	2024/4/1
18.2-4-361	18.2	33.180.01	M33	YD/T 4498—2023	工业互联网联网用技术　无源光网络（PON）网络测试方法			2023/12/29	2024/4/1
18.2-4-362	18.2	33.060.99	M37	YD/T 4550—2023	5G 多模单卡终端设备技术要求			2023/12/29	2024/4/1
18.2-4-363	18.2	33.060.99	M36	YD/T 4551—2023	5G 多模单卡终端设备测试方法			2023/12/29	2024/4/1

续表

序号	GW 分类	ICS 分类	GB 分类	标准号	中文名称	代替标准	采用关系	发布日期	实施日期
18.2-4-364	18.2	33.060.20	M36	YD/T 4552.1—2023	5G 终端基于 NR 的语音解决方案（VoNR）测试方法　第 1 部分：功能和性能测试			2023/12/29	2024/4/1
18.2-4-365	18.2	33.060.20	M37	YD/T 4556—2023	LTE 数字蜂窝移动通信网　终端设备测试方法（第四阶段）			2023/12/29	2024/4/1
18.2-4-366	18.2	33.040	M37	YD/T 4601—2023	5G 核心网边缘计算平台技术要求			2023/12/29	2024/4/1
18.2-4-367	18.2	33.040	M37	YD/T 4602—2023	5G 核心网边缘计算平台测试方法			2023/12/29	2024/4/1
18.2-4-368	18.2	33.060	P76	YD/T 4603—2023	5G 核心网网络切片子网管理功能(CN-NSSMF）技术要求			2023/12/29	2024/4/1
18.2-4-369	18.2	33.060.99	M36	YD/T 4604—2023	5G 用户驻地设备通用管理北向接口技术要求			2023/12/29	2024/4/1
18.2-4-370	18.2	33.060	M36	YD/T 4605—2023	面向物联网的蜂窝窄带接入（NB-IoT） 基站设备技术要求和测试方法（第二阶段）			2023/12/29	2024/4/1
18.2-4-371	18.2	33.060.99	M36	YD/T 4606—2023	LTE 数字蜂窝移动通信网　增强型机器类型通信（eMTC） 终端设备技术要求（第二阶段）			2023/12/29	2024/4/1
18.2-4-372	18.2	33.060	M36	YD/T 4607—2023	5G 网络切片通信服务管理功能（CSMF）与网络切片管理功能（NSMF）接口技术要求			2023/12/29	2024/4/1
18.2-4-373	18.2	33.060	M36	YD/T 4608.1—2023	5G 网络测试数据采集统一文件接口技术要求　第 1 部分：文件基本结构要求			2023/12/29	2024/4/1
18.2-4-374	18.2	33.060.99	M36	YD/T 4644—2023	物联网云边协同技术要求			2023/12/29	2024/4/1
18.2-4-375	18.2	33.060	M36	YD/T 4740—2024	5G 边缘计算能力开放技术要求			2024/7/19	2024/10/1
18.2-4-376	18.2	35.020	L70	YD/T 4915—2024	物联网物模型总体技术要求			2024/7/19	2024/10/1
18.2-4-377	18.2		M30	YD/T 5083—2005	电信设备抗地震性能检测规范	YD 5083—1999		2006/7/25	2006/10/1
18.2-4-378	18.2	33	P76	YD/T 5196.1—2021	服务器和网关设备抗地震性能检测规范　第 1 部分：服务器设备	YD 5196.1—2014		2021/3/5	2021/4/1
18.2-4-379	18.2			YD/T 5230—2016	移动通信基站工程技术规范	YD/T 5182—2009		2016/7/11	2016/10/1
18.2-4-380	18.2	33.040.50	M42	YD/T 926.1—2023	信息通信综合布线系统　第 1 部分：总规范	YD/T 926.1—2009		2023/5/22	2023/8/1
18.2-5-381	18.2	35.240	M30/49	BS ISO/IEC 15961-2: 2019	信息技术　用于物品管理的射频识别（RFID）数据协议 RFID 数据构造的注册			2019/8/8	2019/8/8
18.2-5-382	18.2			BS ISO/IEC 18000-4: 2018	信息技术　用于物品管理的射频识别 2.45GHz 的空中接口通信参数	BS ISO IEC 18000-4: 2004		2018/8/3	2018/8/3
18.2-5-383	18.2	35.040.50	L78	BS ISO/IEC 18047-6: 2017	信息技术　射频识别设备一致性测试方法 860MHz 至 960MHz 空中接口通信的测试方法	BS ISO IEC 18047-6: 2013		2017/10/19	2017/10/19

18

续表

序号	GW 分类	ICS 分类	GB 分类	标准号	中文名称	代替标准	采用关系	发布日期	实施日期
18.2-5-384	18.2	01.040.33；33.040.40；33.200		IEC TS 61850-2：2019	用于电力公司自动化的通信网络和系统　第 2 部分：术语表	IEC TS 61850-2：2003		2019/4/1	2019/4/1
18.2-5-385	18.2			IEC TS 61850-7-7：2018	用于电力公司自动化的通信网络和系统　第 7-7 部分：用于工具的 IEC 61850 相关数据模型的机器可处理格式			2018/3/1	2018/3/1
18.2-5-386	18.2	33.200		IEC TR 62357-1：2016	电力系统管理和相关信息交换　第 1 部分：参考架构	IEC TR 62357-1：2012		2016/11/1	2016/11/1
18.2-5-387	18.2			IEC TR 62357-2：2019	电力系统管理和相关信息交换　第 2 部分：用例和榜样			2019/4/1	2019/4/1
18.2-5-388	18.2			IEC TR 62361-103：2018	电力系统管理和相关信息交换　长期互操作性　第 103 部分：标准分析			2018/4/1	2018/4/1
18.2-5-389	18.2			IEEE 2418.2—2020	区块链系统的数据格式标准			2020/12/23	2020/12/23
18.2-5-390	18.2	35.020		ISO/IEC 21823-1：2019	物联网（IoT）iot 系统的互操作性　第 1 部分：框架　第 1.0 版			2019/2/19	2019/2/19
18.2-5-391	18.2	35.240	L70	ISO/IEC 22243：2019	信息技术　用于物品管理的射频识别 RFID 标签的本地化方法　第 1 版			2019/9/1	2019/9/1
18.2-5-392	18.2			ISO/IEC 9075-3：2016	信息技术　数据库语言 SQL　第 3 部分：调用级接口（SQL/CLI）			2016/12/14	2016/12/14
18.2-5-393	18.2			ISO/IEC 9075-9：2016	信息技术　数据库语言 SQL　第 9 部分：外部数据管理（SQL/MED）			2016/12/14	2016/12/14
18.2-5-394	18.2			ISO/IEC 9075-10：2016	信息技术　数据库语言 SQL　第 10 部分：对象语言捆绑（SQL/OLB）			2016/12/14	2016/12/14
18.2-5-395	18.2			ISO/IEC 9075-13：2016	信息技术　数据库语言 SQL　第 13 部分：使用 JavaTM 程序语言（SQL/JRT）的 SQL 程序和类型			2016/12/14	2016/12/14
18.2-5-396	18.2			ISO/IEC/IEEE 8802-1AB：2017	信息技术　系统之间的电信和信息交换　局域网和城域网　具体要求　工作站和媒体访问控制连接发现			2017/12/31	2017/12/31
18.2-5-397	18.2			ISO/IEC/IEEE 8802-1CM：2019	信息技术　系统之间的电信和信息交换　局域网和城域网的要求　时间敏感的前传网络			2019/8/13	2019/8/13
18.2-5-398	18.2			ISO/IEC/IEEE 8802-3：2021	信息技术　系统间的电信和信息交换　局域网和城市区域网　第 3 部分：带检测冲突的载波监听外路存取的（CSMA/CD）访问方法及物理层规范			2021/2/23	2021/2/23

续表

序号	GW 分类	ICS 分类	GB 分类	标准号	中文名称	代替标准	采用关系	发布日期	实施日期
18.2-5-399	18.2			ITU-T H.248.65	网关控制协议：资源预留协议的支持			2009/3/16	2009/3/16
18.2-5-400	18.2			ITU-T H.248.70	网关控制协议：拨号方法信息包			2009/3/16	2009/3/16
18.2-5-401	18.2			ITU-T L 80：2008	支持使用 ID 技术的基础设施和网络元件管理的系统要求的运转			2008/5/29	2008/5/29
18.2-5-402	18.2			ITU-T M.3173.1	用于云和基于软件定义的网络的协同管理的接口　协议中立要求			2024/1/1	2024/1/1
18.2-5-403	18.2			ITU-T Y.4221	基于物联网的电力基础设施监控系统要求			2024/7/1	2024/7/1
18.2-6-404	18.2	31.020	L10/34	T/CEC 362—2020	电力资产管理超高频 RFID 标签技术规范			2020/6/1	2020/10/1
18.2-6-405	18.2			T/CEC 585.2—2022	电力系统北斗监测型接收机技术规范　第 2 部分：测试方法			2022/6/23	2022/10/1
18.2-6-406	18.2			T/CEC 624—2022	电力物联网标识编码、存储与解析要求			2022/6/23	2022/10/1
18.2-6-407	18.2			T/CEC 627—2022	北斗卫星导航系统电力常用术语			2022/6/23	2022/10/1
18.2-6-408	18.2			T/CEC 628—2022	基于北斗短报文的电力业务数据编码要求			2022/6/23	2022/10/1
18.2-6-409	18.2			T/CEC 629.1—2022	基于北斗短报文的用电信息采集终端通信单元技术规范　第 1 部分：技术要求			2022/6/23	2022/10/1
18.2-6-410	18.2			T/CEC 629.2—2022	基于北斗短报文的用电信息采集终端通信单元技术规范　第 2 部分：检测规范			2022/6/23	2022/10/1
18.2-6-411	18.2			T/CEC 633—2022	电力北斗输电线路舞动监测接收机技术规范			2022/6/23	2022/10/1
18.2-6-412	18.2			T/CEC 634—2022	电力北斗输电线路杆塔倾斜监测装置技术要求			2022/6/23	2022/10/1
18.2-6-413	18.2			T/CEC 642—2022	电力 5G 通信模组通用技术要求			2022/6/23	2022/10/1
18.2-6-414	18.2			T/CEC 644—2022	电力物联网传感应用布局导则			2022/6/23	2022/10/1
18.2-6-415	18.2			T/CEC 646—2022	电力北斗定位设备环境与电磁兼容测试方法			2022/6/23	2022/10/1
18.2-6-416	18.2			T/CEC 801.1—2023	电力用安全芯片技术规范　第 1 部分：术语			2023/12/13	2024/4/1
18.2-6-417	18.2			T/CEC 801.2—2023	电力用安全芯片技术规范　第 2 部分：物理特性及通信协议			2023/12/13	2024/4/1
18.2-6-418	18.2			T/CEC 801.3—2023	电力用安全芯片技术规范　第 3 部分：安全级数据存储			2023/12/13	2024/4/1
18.2-6-419	18.2			T/CEC 801.4—2023	电力用安全芯片技术规范　第 4 部分：可靠性测试			2023/12/13	2024/4/1

续表

序号	GW 分类	ICS 分类	GB 分类	标准号	中文名称	代替标准	采用关系	发布日期	实施日期
18.2-6-420	18.2			T/CEC 801.5—2023	电力用安全芯片技术规范　第 5 部分：功能测试			2023/12/13	2024/4/1
18.2-6-421	18.2			T/CEC 804—2023	电力北斗卫星定位车载终端			2023/12/13	2024/4/1

18.3　数字化-人工智能通用技术与服务

序号	GW 分类	ICS 分类	GB 分类	标准号	中文名称	代替标准	采用关系	发布日期	实施日期
18.3-2-1	18.3	35.020		Q/GDW 12118.1—2021	人工智能平台架构及技术要求　第 1 部分：总体架构与技术要求			2021/6/25	2021/6/25
18.3-2-2	18.3	35.020		Q/GDW 12118.2—2021	人工智能平台架构及技术要求　第 2 部分：算法模型共享应用要求			2021/6/25	2021/6/25
18.3-2-3	18.3	35.020		Q/GDW 12118.3—2021	人工智能平台架构及技术要求　第 3 部分：样本库格式要求			2021/6/25	2021/6/25
18.3-2-4	18.3			Q/GDW 12346—2023	人工智能样本基本要求和标注规范			2023/11/30	2023/11/30
18.3-2-5	18.3	35.020		Q/GDW 12400.1—2024	人工智能通用组件功能及接口规范　第 1 部分：RPA			2024/2/28	2024/2/28
18.3-2-6	18.3	35.020		Q/GDW 12400.2—2024	人工智能通用组件功能及接口规范　第 2 部分：OCR、人脸识别和语音识别			2024/2/28	2024/2/28
18.3-2-7	18.3	35.020		Q/GDW 12400.3—2024	人工智能通用组件功能及接口规范　第 3 部分：自然语言处理和知识图谱			2024/2/28	2024/2/28
18.3-2-8	18.3	35.020		Q/GDW 12401—2024	人工智能平台多级协同及软硬件适配要求			2024/2/28	2024/2/28
18.3-3-9	18.3	35.240.15	L71	GB/T 29268.5—2022	信息技术　生物特征识别性能测试和报告　第 5 部分：访问控制场景与分级机制			2022/10/12	2023/5/1
18.3-3-10	18.3	13.310	A91	GB/T 35678—2017	公共安全　人脸识别应用　图像技术要求			2017/12/29	2018/7/1
18.3-3-11	18.3	35.240	L77	GB/T 36339—2018	智能客服语义库技术要求			2018/6/7	2019/1/1
18.3-3-12	18.3	35.240.15	L70	GB/T 40694.4—2022	信息技术　用于生物特征识别系统的图示、图标和符号　第 4 部分：指纹应用			2022/10/12	2023/5/1
18.3-3-13	18.3	35.240.15	L70	GB/T 40694.5—2022	信息技术　用于生物特征识别系统的图示、图标和符号　第 5 部分：人脸应用			2022/10/12	2023/5/1
18.3-3-14	18.3	35.240.15	L67	GB/T 41772—2022	信息技术　生物特征识别　人脸识别系统技术要求			2022/10/12	2023/5/1
18.3-3-15	18.3	35.240.01	L77	GB/T 41813.1—2022	信息技术　智能语音交互测试方法　第 1 部分：语音识别			2022/10/12	2023/5/1

续表

序号	GW 分类	ICS 分类	GB 分类	标准号	中文名称	代替标准	采用关系	发布日期	实施日期
18.3-3-16	18.3	35.240.01	L77	GB/T 41813.2—2022	信息技术　智能语音交互测试方法　第 2 部分：语义理解			2022/10/12	2023/5/1
18.3-3-17	18.3	35.040	L71	GB/T 41815.2—2022	信息技术　生物特征识别呈现攻击检测　第 2 部分：数据格式			2022/10/12	2023/5/1
18.3-3-18	18.3	35.020	L70	GB/T 41867—2022	信息技术　人工智能　术语			2022/10/12	2023/5/1
18.3-3-19	18.3	35.240	L70	GB/T 42018—2022	信息技术　人工智能　平台计算资源规范			2022/10/12	2023/5/1
18.3-3-20	18.3	35.020	L70	GB/T 42131—2022	人工智能　知识图谱技术框架			2022/12/30	2023/7/1
18.3-3-21	18.3	35.240	L60	GB/T 42755—2023	人工智能　面向机器学习的数据标注规程			2023/5/23	2023/12/1
18.3-3-22	18.3	35.240.50	L67	GB/T 42980—2023	智能制造　机器视觉在线检测系统　测试方法			2023/9/7	2024/4/1
18.3-3-23	18.3	35.240.15	L67	GB/T 42981—2023	信息技术　生物特征识别　人脸识别系统测试方法			2023/9/7	2024/4/1
18.3-3-24	18.3	35.080	L77	GB/T 43045.1—2023	信息技术服务　智能客户服务　第 1 部分：通用要求			2023/9/7	2024/4/1
18.3-3-25	18.3	35.240	L70	GB/T 43782—2024	人工智能　机器学习系统技术要求			2024/3/15	2024/3/15
18.3-3-26	18.3	35.020	L60	GB/T 45079—2024	人工智能　深度学习框架多硬件平台适配技术规范			2024/11/28	2024/11/28
18.3-3-27	18.3	35.020，03.100.70	L01	GB/T 45081—2024	人工智能　管理体系			2024/11/28	2024/11/28
18.3-3-28	18.3	35.160	L61	GB/T 45087—2024	人工智能　服务器系统性能测试方法			2024/11/28	2024/11/28
18.3-3-29	18.3	35.020	L70	GB/T 5271.28—2001	信息技术　词汇　第 28 部分：人工智能基本概念与专家系统		ISO/IEC 2382-28: 1995，EQV	2001/7/16	2002/3/1
18.3-3-30	18.3	35.240.20	L60	GB/T 5271.29—2006	信息技术　词汇　第 29 部分：人工智能语音识别与合成		ISO/IEC 2382-29: 1999，IDT	2006/3/14	2006/7/1
18.3-3-31	18.3	35.240.20	L60	GB/T 5271.31—2006	信息技术　词汇　第 31 部分：人工智能机器学习		ISO/IEC 2382-31: 1997，IDT	2006/3/14	2006/7/1
18.3-3-32	18.3	35.240.20	L60	GB/T 5271.32—2006	信息技术　词汇　第 32 部分：电子邮件		ISO/IEC 2382-32: 1998，IDT	2006/3/14	2006/7/1
18.3-3-33	18.3	35.240.20	L60	GB/T 5271.34—2006	信息技术　词汇　第 34 部分：人工智能神经网络		ISO/IEC 2382-34: 1999，IDT	2006/3/14	2006/7/1
18.3-4-34	18.3	31.200	L56	YD/T 3944—2021	人工智能芯片基准测试评估方法			2021/8/21	2021/11/1

续表

序号	GW 分类	ICS 分类	GB 分类	标准号	中文名称	代替标准	采用关系	发布日期	实施日期
18.3-4-35	18.3	33.040.40	M32	YD/T 4389—2023	AI 服务器及能力平台技术要求			2023/8/16	2023/11/1
18.3-4-36	18.3	33.040.40	M32	YD/T 4390—2023	AI 服务器及能力平台测试方法			2023/8/16	2023/11/1
18.3-4-37	18.3	35.020	L07	YD/T 4391.1—2023	机器人流程自动化能力评估体系　第 1 部分：系统和工具			2023/8/16	2023/11/1
18.3-4-38	18.3	35.240	L67	YD/T 4392.1—2023	人工智能开发平台通用能力要求　第 1 部分：功能要求			2023/8/16	2023/11/1
18.3-4-39	18.3	35.240	L67	YD/T 4394.5—2023	自然语言处理技术及产品评估方法　第 5 部分：智能客服系统			2023/12/29	2024/4/1
18.3-4-40	18.3	35.020	L70	YD/T 4929—2024	面向多智能体系统的计算平台技术要求			2024/7/19	2024/10/1
18.3-4-41	18.3	35.240	L67	YD/T 4960—2024	移动智能终端可信人工智能安全指南			2024/7/19	2024/10/1
18.3-5-42	18.3			IEEE P2807.3	电力知识图谱应用指南			2022/12/20	2022/12/20
18.3-5-43	18.3	35.020		ISO/IEC 23894：2023	信息技术　人工智能　风险管理指南			2023/2/1	2023/2/1
18.3-5-44	18.3	35.020		ISO/IEC TR 24029-1：2021	人工智能（AI）评估神经网络的鲁棒性　第 1 部分：概述			2021/3/1	2021/3/1
18.3-5-45	18.3	35.020		ISO/IEC 24029-2：2023	人工智能（AI）评估神经网络的鲁棒性　第 2 部分：形式化方法的使用方法			2023/8/1	2023/8/1
18.3-5-46	18.3	35.020		ISO/IEC 5338：2023	信息技术　人工智能　AI 系统生命周期流程			2023/12/1	2023/12/1
18.3-5-47	18.3	35.020		ISO/IEC 5339：2024	信息技术　人工智能　AI 应用指南			2024/1/1	2024/1/1
18.3-5-48	18.3	35.020		ISO/IEC 5392：2024	信息技术　人工智能　知识工程的参考架构			2024/3/1	2024/3/1
18.3-5-49	18.3	35.020		ISO/IEC TS 8200：2024	信息技术　人工智能　自动化人工智能系统的可控性			2024/4/1	2024/4/1
18.3-6-50	18.3	35.240.50		T/CES 101—2022	电力人工智能平台多级协同规范			2022/6/22	2022/6/24
18.3-6-51	18.3	35.240.50		T/CES 102—2022	电力人工智能知识图谱组件功能及接口规范			2022/6/22	2022/6/24
18.3-6-52	18.3	35.240.50		T/CES 103—2022	电力人工智能边端侧模型技术规范			2022/6/22	2022/6/24
18.3-6-53	18.3	35.240.50		T/CES 129—2022	电力人工智能平台样本规范			2022/6/22	2022/6/24
18.3-6-54	18.3	19.020		T/CSEE 0413—2023	电力设备运维人工智能算法模型检测规范			2023/12/29	2024/3/29

18

18.4　数字化-数字化平台及应用

序号	GW 分类	ICS 分类	GB 分类	标准号	中文名称	代替标准	采用关系	发布日期	实施日期
18.4-2-1	18.4	29.240		Q/GDW 10517.1—2019	电网视频监控系统及接口　第 1 部分：技术要求	Q/GDW 1517.1—2014		2020/9/28	2020/9/28
18.4-2-2	18.4	29.024		Q/GDW 10935—2018	企业门户总体架构与技术要求	Q/GDW 1935—2013		2020/3/20	2020/3/20

续表

序号	GW 分类	ICS 分类	GB 分类	标准号	中文名称	代替标准	采用关系	发布日期	实施日期
18.4-2-3	18.4	03.220.20；35.240.60		Q/GDW 11352—2022	车载监控终端与统一车辆管理平台通讯协议及数据格式技术规范	Q/GDW 11352—2014		2022/11/4	2022/11/4
18.4-2-4	18.4	29.240		Q/GDW 11417—2019	统一权限平台接口规范	Q/GDW 11417—2015		2020/9/28	2020/9/28
18.4-2-5	18.4	29.240		Q/GDW 11981—2019	应用商店接入技术要求			2020/9/28	2020/9/28
18.4-2-6	18.4	29.240		Q/GDW 12103—2021	电力物联网业务中台技术要求和服务规范			2021/5/26	2021/5/26
18.4-2-7	18.4	35.240		Q/GDW 12104—2021	电力物联网数据中台技术和功能规范			2021/5/26	2021/5/26
18.4-2-8	18.4	35.240		Q/GDW 12105—2021	电力物联网数据中台服务接口规范			2021/5/26	2021/5/26
18.4-2-9	18.4	29.240		Q/GDW 12106.1—2021	物联管理平台技术和功能规范　第 1 部分：总则			2021/5/26	2021/5/26
18.4-2-10	18.4	29.240		Q/GDW 12106.2—2021	物联管理平台技术和功能规范　第 2 部分：功能要求			2021/5/26	2021/5/26
18.4-2-11	18.4	29.240		Q/GDW 12106.3—2021	物联管理平台技术和功能规范　第 3 部分：应用商店技术要求			2021/6/25	2021/6/25
18.4-2-12	18.4	29.240		Q/GDW 12106.4—2024	物联管理平台技术和功能规范　第 4 部分：边缘物联代理与物联管理平台交互协议规范	Q/GDW 12106.4—2021		2024/2/28	2024/2/28
18.4-2-13	18.4	29.240		Q/GDW 12106.5—2024	物联管理平台技术和功能规范　第 5 部分：物联管理平台对外接口与服务规范	Q/GDW 12106.5—2021		2024/2/28	2024/2/28
18.4-2-14	18.4	35.240		Q/GDW 12172.1—2021	电力区块链　第 1 部分：技术导则			2021/12/31	2021/12/31
18.4-2-15	18.4	35.240		Q/GDW 12172.2—2021	电力区块链　第 2 部分：数据格式规范			2021/12/31	2021/12/31
18.4-2-16	18.4	35.240		Q/GDW 12172.3—2021	电力区块链　第 3 部分：智能合约规范			2021/12/31	2021/12/31
18.4-2-17	18.4	35.240		Q/GDW 12172.4—2021	电力区块链　第 4 部分：跨链实施指南			2021/12/31	2021/12/31
18.4-2-18	18.4	35.240		Q/GDW 12172.5—2021	电力区块链　第 5 部分：隐私保护规范			2021/12/31	2021/12/31
18.4-2-19	18.4	35.240		Q/GDW 12172.6—2021	电力区块链　第 6 部分：密码应用规范			2021/12/31	2021/12/31
18.4-2-20	18.4	35.240		Q/GDW 12172.7—2021	电力区块链　第 7 部分：存证应用指南			2021/12/31	2021/12/31
18.4-2-21	18.4	35.240		Q/GDW 12268—2022	移动门户总体架构及应用规范			2022/12/30	2022/12/30
18.4-2-22	18.4	35.240		Q/GDW 12272—2022	电力区块链对象传输协议			2022/12/30	2022/12/30
18.4-2-23	18.4	35.080		Q/GDW 12274—2022	能源工业云网对外服务接口规范			2022/12/30	2022/12/30
18.4-2-24	18.4	29.240		Q/GDW 1517.2—2014	电网视频监控系统及接口　第 2 部分：测试方法	Q/GDW 517.2—2011		2015/5/29	2015/5/29
18.4-2-25	18.4	29.240		Q/GDW 1517.3—2014	电网视频监控系统及接口　第 3 部分：工程验收	Q/GDW 517.3—2012		2015/5/29	2015/5/29

续表

序号	GW 分类	ICS 分类	GB 分类	标准号	中文名称	代替标准	采用关系	发布日期	实施日期
18.4-2-26	18.4			Q/GDW 1795—2013	电网三维建模通用规则			2013/4/12	2013/4/12
18.4-3-27	18.4	07.040	A75	GB/T 30317—2013	地理空间框架基本规定			2013/12/31	2014/6/1
18.4-3-28	18.4	07.040	A75	GB/T 30318—2013	地理信息公共平台基本规定			2013/12/31	2014/6/1
18.4-3-29	18.4	07.040	A75	GB/T 30319—2013	基础地理信息数据库基本规定			2013/12/31	2014/6/1
18.4-3-30	18.4	07.040	A75	GB/T 30320—2013	地理空间数据库访问接口			2013/12/31	2014/6/1
18.4-3-31	18.4	35.240.70	L67	GB/T 32908—2016	非结构化数据访问接口规范			2016/8/29	2017/3/1
18.4-3-32	18.4	07.040	A75	GB/T 35628—2017	实景地图数据产品			2017/12/29	2018/7/1
18.4-3-33	18.4	35.240.01	L77	GB/T 36464.1—2020	信息技术　智能语音交互系统　第 1 部分：通用规范			2020/4/28	2020/11/1
18.4-3-34	18.4	35.240	L77	GB/T 37729—2019	信息技术　智能移动终端应用软件（App）技术要求			2019/8/30	2020/3/1
18.4-3-35	18.4	35.240.15	L71	GB/T 37742—2019	信息技术　生物特征识别　指纹识别设备通用规范			2019/8/30	2020/3/1
18.4-3-36	18.4	35.200	L62	GB/T 37743—2019	信息技术　智能设备操作系统身份识别服务接口			2019/8/30	2020/3/1
18.4-3-37	18.4	49.020	V09	GB/T 38026—2019	遥感卫星多光谱数据产品分级			2019/8/30	2020/3/1
18.4-3-38	18.4	49.020	V09	GB/T 38028—2019	遥感卫星全色数据产品分级			2019/8/30	2020/3/1
18.4-3-39	18.4	47.020.70	M53	GB/T 39578—2020	基于惯性导航的应急定位系统规范			2020/12/14	2021/7/1
18.4-3-40	18.4	07.040	A75	GB/T 39607—2020	卫星导航定位基准站数据传输和接口协议			2020/12/14	2020/12/14
18.4-3-41	18.4	07.040	A75	GB/T 39611—2020	卫星导航定位基准站术语			2020/12/14	2020/12/14
18.4-3-42	18.4	07.040	A76	GB/T 39614—2020	卫星导航定位基准站网质量评价规范			2020/12/14	2020/12/14
18.4-3-43	18.4	07.040	A76	GB/T 39615—2020	卫星导航定位基准站网测试技术规范			2020/12/14	2020/12/14
18.4-3-44	18.4	07.040	A75	GB/T 39616—2020	卫星导航定位基准站网络实时动态测量（RTK）规范			2020/12/14	2020/12/14
18.4-3-45	18.4	07.040	A76	GB/T 39618—2020	卫星导航定位基准站网运行维护技术规范			2020/12/14	2020/12/14
18.4-3-46	18.4	07.040	A75	GB/T 41447—2022	城市地下空间三维建模技术规范			2022/4/15	2022/4/15
18.4-3-47	18.4	49.140	V75	GB/T 42636—2023	空间数据与信息传输系统　无损数据压缩		ISO 15887：2013，MOD	2023/5/23	2023/9/1
18.4-3-48	18.4	49.140	V75	GB/T 42651—2023	空间数据与信息传输系统　图像数据压缩		ISO 26868：2009，NEQ	2023/5/23	2023/9/1

续表

序号	GW 分类	ICS 分类	GB 分类	标准号	中文名称	代替标准	采用关系	发布日期	实施日期
18.4-3-49	18.4	35.240	L70	GB/T 43582—2023	区块链和分布式记账技术　应用程序接口中间件技术指南			2023/12/28	2024/4/1
18.4-3-50	18.4	35.240.01	L77	GB/T 44158—2024	信息技术　云计算　面向云原生的应用支撑平台功能要求			2024/6/29	2025/1/1
18.4-3-51	18.4	35.020	L60	GB/T 44269—2024	信息技术　高性能计算系统　管理监控平台技术要求			2024/8/23	2025/3/1
18.4-4-52	18.4	07.040	A75	CH/T 9015—2012	三维地理信息模型数据产品规范			2012/10/26	2013/1/1
18.4-4-53	18.4	07.040	A75	CH/T 9017—2012	三维地理信息模型数据库规范			2012/10/26	2013/1/1
18.4-4-54	18.4	35.080	L77	DL/T 2031—2019	电力移动应用软件测试规范			2019/6/4	2019/10/1
18.4-4-55	18.4	35.240	L70/84	DL/T 2400—2021	电力地理信息系统地图数据产品与服务			2021/12/22	2022/3/22
18.4-4-56	18.4	25.040	K04	DL/T 2725—2023	电网设备知识图谱构建技术导则			2023/12/28	2024/6/28
18.4-4-57	18.4	29.020	F30	DL/T 2750—2024	电网气象信息系统技术规范			2024/5/24	2024/11/24
18.4-4-58	18.4	29.040.01	F21	DL/T 283.1—2018	电力视频监控系统及接口　第1部分：技术要求	DL/T 283.1—2012		2018/12/25	2019/5/1
18.4-4-59	18.4	29.240.01	F21	DL/T 283.2—2018	电力视频监控系统及接口　第2部分：测试方法	DL/T 283.2—2012		2018/12/25	2019/5/1
18.4-4-60	18.4	29.240.01	F21	DL/T 283.3—2018	电力视频监控系统及接口　第3部分：工程验收			2018/12/25	2019/5/1
18.4-4-61	18.4	01.080	L00/09	DL/T 397—2021	电力地理信息系统图形符号分类与代码	DL/T 397—2010		2021/12/22	2022/3/22
18.4-4-62	18.4	33.030	M30	YD/T 2912—2015	移动互联网应用编程接口的授权技术要求			2015/7/14	2015/10/1
18.4-4-63	18.4	33.030	M21	YD/T 2999—2016	移动终端设备管理网关管理对象功能技术要求			2016/1/15	2016/4/1
18.4-4-64	18.4	35.110	M11	YD/T 3150—2016	网络电子身份标识 eID 验证服务接口技术要求			2016/7/11	2016/10/1
18.4-4-65	18.4	35.110	M11	YD/T 3151—2016	网络电子身份标识 eID 桌面应用接口技术要求			2016/7/11	2016/10/1
18.4-4-66	18.4	35.110	M11	YD/T 3152—2016	网络电子身份标识 eID 移动应用接口技术要求			2016/7/11	2016/10/1
18.4-4-67	18.4	35.240	L80	YD/T 3656—2020	基于互联网的实人认证系统技术要求			2020/4/16	2020/7/1
18.4-4-68	18.4	33.160.01	M19	YD/T 3821—2021	视频业务组播能力开放技术要求　接口和协议			2021/3/5	2021/4/1
18.4-4-69	18.4	33.160.99	M73	YD/T 3886—2021	视频业务组播能力开放技术要求　系统架构			2021/5/17	2021/7/1
18.4-4-70	18.4	35.240.99	L67	YD/T 3904—2021	视频应用与视频服务平台播放状态信息上报接口技术要求			2021/5/17	2021/7/1
18.4-4-71	18.4	35.240	M21	YD/T 3905—2021	基于区块链技术的去中心化物联网业务平台框架			2021/5/17	2021/7/1

续表

序号	GW 分类	ICS 分类	GB 分类	标准号	中文名称	代替标准	采用关系	发布日期	实施日期
18.4-4-72	18.4	35.020	M10	YD/T 4324—2023	无人机管理（服务）平台安全防护要求			2023/8/16	2023/11/1
18.4-4-73	18.4	33	P76	YD/T 5254—2021	移动物联网（NB-IoT）工程技术规范			2021/3/5	2021/4/1
18.4-5-74	18.4	35.040.30		ISO/IEC TR 19566-1：2016	信息技术 JPEG 系统 第 1 部分：使用码流和文件格式打包信息			2016/3/15	2016/3/15
18.4-5-75	18.4	35.240.15		ISO/IEC 25185-1：2016	识别卡 集成电路卡认证协议 第 1 部分：身份轻量级认证协议			2016/1/15	2016/1/15
18.4-5-76	18.4	35.240.15		ISO/IEC 29794-1：2016	信息技术 生物特征样本质量 第 1 部分：框架			2016/1/7	2016/1/7
18.4-5-77	18.4	35.060		ISO/IEC TR 30114-1：2016	信息技术 Office Open XML 文件格式的扩展 第 1 部分：指南			2016/12/15	2016/12/15
18.4-6-78	18.4	35.080		T/CEC 236—2019	电力移动应用软件测试规范			2019/11/21	2020/1/1
18.4-6-79	18.4	35.240.01		T/CEC 383.2—2020	电网地理信息服务 第 2 部分：矢量地图产品规范			2020/10/28	2021/2/1
18.4-6-80	18.4			T/CEC 648—2022	电力系统超算云仿真平台软件接口要求			2022/6/23	2022/10/1
18.4-6-81	18.4			T/CEC 745—2023	电力区块链隐私计算应用指南			2023/8/21	2023/11/21

18.5 数字化-数据管理及应用

序号	GW 分类	ICS 分类	GB 分类	标准号	中文名称	代替标准	采用关系	发布日期	实施日期
18.5-2-1	18.5	29.240		Q/GDW 10701—2016	电网地理信息服务平台（GIS）电网图形共享交换规范	Q/GDW 701—2012		2017/7/12	2017/7/12
18.5-2-2	18.5	29.240		Q/GDW 10702—2016	电网地理信息服务平台（GIS）电网图元规范	Q/GDW 702—2012		2017/7/12	2017/7/12
18.5-2-3	18.5	29.240		Q/GDW 10703—2018	国家电网有限公司公共信息模型（SG-CIM）	Q/GDW 703—2012		2019/7/26	2019/7/26
18.5-2-4	18.5	35.040		Q/GDW 10934—2024	国家电网有限公司项目 WBS 架构编码规范	Q/GDW 1934—2016		2024/2/28	2024/2/28
18.5-2-5	18.5	29.240		Q/GDW 10936—2018	物料主数据分类与编码规范	Q/GDW 1936—2013		2020/3/20	2020/3/20
18.5-2-6	18.5	29.240		Q/GDW 11181.1—2014	电网三维模型 第 1 部分：模型分类与编码			2014/9/1	2014/9/1
18.5-2-7	18.5			Q/GDW 11181.2—2014	电网三维模型 第 2 部分：数据采集与处理			2014/9/1	2014/9/1
18.5-2-8	18.5			Q/GDW 11181.3—2014	电网三维模型 第 3 部分：输电线路建模			2014/9/1	2014/9/1
18.5-2-9	18.5	29.240		Q/GDW 11181.4—2015	电网三维模型 第 4 部分：变电站（换流站）建模			2016/11/9	2016/11/9
18.5-2-10	18.5	29.240		Q/GDW 11181.5—2015	电网三维模型 第 5 部分：监测装置建模			2015/8/5	2015/8/5

续表

序号	GW 分类	ICS 分类	GB 分类	标准号	中文名称	代替标准	采用关系	发布日期	实施日期
18.5-2-11	18.5	29.240		Q/GDW 11181.6—2015	电网三维模型　第 6 部分：通信设备建模			2016/11/9	2016/11/9
18.5-2-12	18.5	29.240		Q/GDW 11181.7—2015	电网三维模型　第 7 部分：电网公共设施建模			2016/11/9	2016/11/9
18.5-2-13	18.5			Q/GDW 11181.8—2014	电网三维模型　第 8 部分：输电线路模型检测			2014/9/1	2014/9/1
18.5-2-14	18.5			Q/GDW 11181.12—2014	电网三维模型　第 12 部分：模型建库			2014/9/1	2014/9/1
18.5-2-15	18.5	29.240		Q/GDW 11636—2016	电网地理信息服务平台（GIS）数据模型			2017/7/12	2017/7/12
18.5-2-16	18.5	29.240		Q/GDW 11712—2017	电网资产统一身份编码技术规范			2018/4/12	2018/4/12
18.5-2-17	18.5			Q/GDW 11778—2017	面向对象的用电信息数据交换协议			2018/9/7	2018/9/7
18.5-2-18	18.5	29.240		Q/GDW 11819—2018	电力交易平台公共信息接口规范			2019/7/26	2019/7/26
18.5-2-19	18.5	29.240		Q/GDW 11820—2018	电力交易平台核心业务数据交互规范			2019/7/26	2019/7/26
18.5-2-20	18.5	35.240.01		Q/GDW 11941—2018	电网大数据分析模型评价准则			2020/3/20	2020/3/20
18.5-2-21	18.5	29.240		Q/GDW 12107—2021	物联终端统一建模规范			2021/5/26	2021/5/26
18.5-2-22	18.5	35.020		Q/GDW 12116—2021	企业数据盘点技术规范			2021/6/25	2021/6/25
18.5-2-23	18.5	35.240.70		Q/GDW 12117—2021	国家电网有限公司数据管理能力成熟度模型			2021/6/25	2021/6/25
18.5-2-24	18.5	35.240		Q/GDW 12122.1—2021	数据应用服务规范　第 1 部分：总则			2021/6/25	2021/6/25
18.5-2-25	18.5	35.240		Q/GDW 12122.2—2021	数据应用服务规范　第 2 部分：开放目录规范			2021/6/25	2021/6/25
18.5-2-26	18.5	27.100		Q/GDW 12143—2021	水电设备状态评价系统设备信息参数编码和数据获取技术规范			2021/9/17	2021/9/17
18.5-2-27	18.5	27.100		Q/GDW 12144—2021	水电站与电力物联网平台数据接入与集成技术导则			2021/9/17	2021/9/17
18.5-2-28	18.5	27.140		Q/GDW 12145—2021	智能抽水蓄能电站数字化交付规范			2021/9/17	2021/9/17
18.5-2-29	18.5	35.240		Q/GDW 12267—2022	数据标签建设运营规范			2022/12/30	2022/12/30
18.5-2-30	18.5			Q/GDW 12342—2023	电网数据质量核查评价标准			2023/11/30	2023/11/30
18.5-2-31	18.5			Q/GDW 12347—2023	能源大数据　基础　总体架构和技术要求			2023/11/30	2023/11/30
18.5-2-32	18.5			Q/GDW 12348—2023	能源大数据　应用服务　业务架构			2023/11/30	2023/11/30
18.5-2-33	18.5			Q/GDW 12349—2023	数据合规风险评估准则			2023/11/30	2023/11/30
18.5-2-34	18.5			Q/GDW 12350—2023	能源大数据　基础　总则			2023/11/30	2023/11/30
18.5-2-35	18.5			Q/GDW 12351—2023	能源大数据　基础　术语			2023/11/30	2023/11/30

续表

序号	GW 分类	ICS 分类	GB 分类	标准号	中文名称	代替标准	采用关系	发布日期	实施日期
18.5-2-36	18.5	35.240		Q/GDW 12404—2024	电力数据定源定责技术规范			2024/2/28	2024/2/28
18.5-2-37	18.5	35.240.01		Q/GDW 12410—2024	数据共享开放规范			2024/2/28	2024/2/28
18.5-2-38	18.5			Q/GDW 134—2005	国家电网公司信息网络 IP 地址编码规范			2005/12/1	2005/12/1
18.5-2-39	18.5	29.240		Q/GDW 1933—2013	国家电网公司主数据管理系统技术规范			2014/2/10	2014/2/10
18.5-3-40	18.5	35.100.60	L79	GB/T 16263.1—2006	信息技术 ASN.1 编码规则 第 1 部分：基本编码规则（BER）、正则编码规则（CER）和非典型编码规则（DER）规范	GB/T 16263—1996	ISO/IEC 8825-1：2002，IDT	2006/3/14	2006/7/1
18.5-3-41	18.5	35.100.60	L79	GB/T 16263.2—2006	信息技术 ASN.1 编码规则 第 2 部分：紧缩编码规则（PER）规范		ISO/IEC 8825-2：2002，IDT	2006/3/14	2006/7/1
18.5-3-42	18.5	35.100.60	L79	GB/T 16263.4—2015	信息技术 ASN.1 编码规则 第 4 部分：XML 编码规则（XER）		ISO/IEC 8825-4：2008，IDT	2015/12/10	2016/8/1
18.5-3-43	18.5	35.100.60	L79	GB/T 16263.5—2015	信息技术 ASN.1 编码规则 第 5 部分：W3C XML 模式定义到 ASN.1 的映射		ISO/IEC8825-5：2008，IDT	2015/12/10	2016/8/1
18.5-3-44	18.5	35.240.20	L76	GB/T 16284.8—2016	信息技术 信报处理系统（MHS） 第 8 部分：电子数据交换信报处理服务		ISO/IEC 10021-8:1999，IDT	2016/4/25	2016/11/1
18.5-3-45	18.5	35.240.20	L76	GB/T 16284.9—2016	信息技术 信报处理系统（MHS） 第 9 部分：电子数据交换信报处理系统		ISO/IEC 10021-9:1999，MOD	2016/4/25	2016/11/1
18.5-3-46	18.5	35.240.20	L76	GB/T 16284.10—2016	信息技术 信报处理系统（MHS） 第 10 部分：MHS 路由选择		ISO/IEC 10021-10：1999，MOD	2016/4/25	2016/11/1
18.5-3-47	18.5	29.020	K04	GB/T 17564.1—2011	电气项目的标准数据元素类型和相关分类模式 第 1 部分：定义 原则和方法	GB/T 17564.1—2005	IEC 61360-1:2009，IDT	2011/7/29	2011/12/1
18.5-3-48	18.5	35.040	L71	GB/T 17710—2008	信息技术 安全技术 校验字符系统	GB/T 17710—1999	ISO/IEC 7064：2003，IDT	2008/7/16	2008/12/1
18.5-3-49	18.5	07.040	A75	GB/T 17798—2007	地理空间数据交换格式	GB/T 17798—1999		2007/10/17	2007/12/1
18.5-3-50	18.5	35.100.70	L73	GB/Z 18219—2008	信息技术 数据管理参考模型	GB/T 18219—2000	ISO/IEC TR 10032：2003，IDT	2008/6/17	2008/11/1
18.5-3-51	18.5	01.140.20	A14	GB/T 18894—2016	电子文件归档与电子档案管理规范	GB/T 18894—2002		2016/8/29	2017/3/1
18.5-3-52	18.5	01.140.20	A14	GB/T 19688—2022	信息与文献 数据交换和查询书目数据元目录	GB/T 19688.1—2005；GB/T 19688.2—2005；GB/T 19688.3—2005；GB/T 19688.4—2005；GB/T 19688.5—2009		2022/12/30	2023/7/1

续表

序号	GW 分类	ICS 分类	GB 分类	标准号	中文名称	代替标准	采用关系	发布日期	实施日期
18.5-3-53	18.5	07.040、35.240.70	A75	GB/T 19710.1—2023	地理信息　元数据　第 1 部分：基础	GB/T 19710—2005		2023/11/27	2023/11/27
18.5-3-54	18.5	07.040；35.240.70	A75	GB/T 19710.2—2016	地理信息　元数据　第 2 部分：影像和格网数据扩展		ISO 19115-2：2009，IDT	2016/10/13	2017/2/1
18.5-3-55	18.5	07.040；01.040.35	A75	GB/T 19711—2021	导航地理数据模型与交换格式	GB/T 19711—2005	ISO 14825：2011，MOD	2021/10/11	2021/10/11
18.5-3-56	18.5	35.040	L71	GB/T 20090.2—2013	信息技术　先进音视频编码　第 2 部分：视频	GB/T 20090.2—2006		2013/12/31	2014/7/15
18.5-3-57	18.5	35.040	L71	GB/T 20090.11—2015	信息技术　先进音视频编码　第 11 部分：同步文本			2015/12/10	2016/8/1
18.5-3-58	18.5	35.040	L71	GB/T 20090.12—2015	信息技术　先进音视频编码　第 12 部分：综合场景			2015/12/10	2016/8/1
18.5-3-59	18.5	35.040	L71	GB/T 20090.16—2016	信息技术　先进音视频编码　第 16 部分：广播电视视频			2016/4/25	2016/11/1
18.5-3-60	18.5	35.040	A24	GB/T 20529.1—2006	企业信息分类编码导则　第 1 部分：原则与方法			2006/10/9	2007/3/1
18.5-3-61	18.5	35.040	A24	GB/T 20529.2—2010	企业信息分类编码导则　第 2 部分：分类编码体系			2010/12/1	2011/5/1
18.5-3-62	18.5	03.080.99	A20	GB/T 22118—2008	企业信用信息采集、处理和提供规范			2008/6/30	2008/11/1
18.5-3-63	18.5	07.040	A75	GB/T 23705—2009	数字城市地理信息公共平台地名/地址编码规则			2009/5/6	2009/10/1
18.5-3-64	18.5	07.040；35.240.70	A75	GB/T 23706—2009	地理信息核心空间模式		ISO 19137：2007，IDT	2009/5/6	2009/10/1
18.5-3-65	18.5	07.040；35.240.70	A75	GB/T 23707—2009	地理信息空间模式		ISO 19107：2003，IDT	2009/5/6	2009/10/1
18.5-3-66	18.5	07.040	A75	GB/T 23708.2—2023	地理信息　地理标记语言（GML）第 2 部分：扩展模式及编码规则			2023/9/7	2023/9/7
18.5-3-67	18.5	07.040；35.240.70	A75	GB/T 23708—2009	地理信息　地理标记语言（GML）		ISO 19136：2007，IDT	2009/5/6	2009/10/1
18.5-3-68	18.5	07.040	A75	GB/T 24354—2023	公共地理信息通用地图符号	GB/T 24354—2009		2023/5/23	2023/5/23
18.5-3-69	18.5	07.040	A79	GB/T 24355—2023	地理信息　图示表达	GB/T 24355—2009	ISO 19117：2012，IDT	2023/5/23	2023/5/23
18.5-3-70	18.5	35.240.50	L67	GB/T 25109.2—2010	企业资源计划　第 2 部分：ERP 基础数据			2010/9/2	2010/12/1
18.5-3-71	18.5	35.240.50	L67	GB/T 25109.3—2010	企业资源计划　第 3 部分：ERP 功能构件规范			2010/9/2	2010/12/1
18.5-3-72	18.5	35.240.50	J07	GB/T 26335—2010	工业企业信息化集成系统规范			2011/1/14	2011/6/1

续表

序号	GW 分类	ICS 分类	GB 分类	标准号	中文名称	代替标准	采用关系	发布日期	实施日期
18.5-3-73	18.5	03.080.99	A20	GB/T 26841—2011	基于电子商务活动的交易主体企业信用档案规范			2011/7/29	2011/12/1
18.5-3-74	18.5	03.080.99	A20	GB/T 26842—2011	基于电子商务活动的交易主体企业信用评价指标与等级表示规范			2011/7/29	2011/12/1
18.5-3-75	18.5	35.080	L77	GB/T 29264—2012	信息技术服务　分类与代码			2012/12/31	2013/6/1
18.5-3-76	18.5	35.200	L65	GB/T 29265.304—2016	信息技术　信息设备资源共享协同服务　第304部分：数字媒体内容保护			2016/4/25	2016/11/1
18.5-3-77	18.5	27.010	F01	GB/T 29871—2013	能源计量仪表通用数据接口技术协议			2013/11/12	2014/4/15
18.5-3-78	18.5	27.010	F01	GB/T 29873—2013	能源计量数据公共平台数据传输协议			2013/11/12	2014/4/15
18.5-3-79	18.5	07.040；35.240.70	A76	GB/T 30168—2013	地理信息大地测量代码与参数		ISO/TS 19127：2005，IDT	2013/12/17	2014/4/1
18.5-3-80	18.5	35.060	L74	GB/T 30883—2014	信息技术　数据集成中间件			2014/9/3	2015/2/1
18.5-3-81	18.5	35.040	L70	GB/T 31101—2023	信息技术　实时定位系统性能测试方法	GB/T 31101—2014		2023/9/7	2024/4/1
18.5-3-82	18.5	35.240.60	A10	GB/T 31782—2023	电子商务可信交易要求	GB/T 31782—2015		2023/9/7	2024/4/1
18.5-3-83	18.5	35.240.01	L73	GB/T 31914—2015	电子文件管理系统建设指南			2015/9/11	2016/5/1
18.5-3-84	18.5	35.100	L78	GB/T 32396—2015	信息技术　系统间远程通信和信息交换基于单载波无线高速率超宽带（SC-UWB）物理层规范			2015/12/31	2017/1/1
18.5-3-85	18.5	35.240.60	A10	GB/T 32702—2016	电子商务交易产品信息描述图书			2016/6/14	2017/7/1
18.5-3-86	18.5	25.040.40	J07	GB/T 32854.3—2020	自动化系统与集成　制造系统先进控制与优化软件集成　第3部分：活动模型和工作流			2020/12/14	2021/7/1
18.5-3-87	18.5	25.040.40	J07	GB/T 32854.4—2020	自动化系统与集成　制造系统先进控制与优化软件集成　第4部分：信息交互和使用			2020/12/14	2021/7/1
18.5-3-88	18.5	35.240.60	Z04	GB/T 32866—2016	电子商务产品质量信息规范通则			2016/8/29	2016/12/1
18.5-3-89	18.5	35.240.60	A10	GB/T 32873—2016	电子商务主体基本信息规范			2016/8/29	2017/3/1
18.5-3-90	18.5	35.040	A24	GB/T 32875—2016	电子商务参与方分类与编码			2016/8/29	2017/3/1
18.5-3-91	18.5	35.240.70	L67	GB/T 32909—2016	非结构化数据表示规范			2016/8/29	2017/3/1
18.5-3-92	18.5	35.240.60	A10	GB/T 32928—2016	电子商务交易产品信息描述家用电器			2016/8/29	2017/3/1
18.5-3-93	18.5	35.240.60	A10	GB/T 32929—2016	电子商务交易产品信息描述　数码产品			2016/8/29	2017/3/1

续表

序号	GW 分类	ICS 分类	GB 分类	标准号	中文名称	代替标准	采用关系	发布日期	实施日期
18.5-3-94	18.5	07.040；35.240.70	A75	GB/T 33188.1—2016	地理信息　参考模型　第 1 部分：基础		ISO 19101-1：2014，IDT	2016/10/13	2017/2/1
18.5-3-95	18.5	35.240.20	L67	GB/T 33189—2016	电子文件管理装备规范			2016/10/13	2017/5/1
18.5-3-96	18.5	35.240.30	L76	GB/T 33190—2016	电子文件存储与交换格式　版式文档			2016/10/13	2017/5/1
18.5-3-97	18.5	35.240.60	A10	GB/T 33245—2016	电子商务交易产品信息描述汽车配件			2016/12/13	2017/7/1
18.5-3-98	18.5	35.080	L77	GB/T 33770.2—2019	信息技术服务　外包　第 2 部分：数据保护要求			2019/8/30	2020/3/1
18.5-3-99	18.5	03.120.30	L70	GB/T 34052.1—2017	统计数据与元数据交换（SDMX）　第 1 部分：框架			2017/7/31	2018/2/1
18.5-3-100	18.5	35.080	L77	GB/T 34145—2017	中文语音合成互联网服务接口规范			2017/7/31	2018/2/1
18.5-3-101	18.5	07.040；35.240.70	A75	GB/Z 34429—2017	地理信息　影像和格网数据		ISO/TR 19121：2000，NEQ	2017/9/29	2018/4/1
18.5-3-102	18.5	35.240.01	L70	GB/T 34680.2—2021	智慧城市评价模型及基础评价指标体系　第 2 部分：信息基础设施			2021/4/30	2021/11/1
18.5-3-103	18.5	35.240.50	J07	GB/T 35123—2017	自动识别技术和 ERP、MES、CRM 等系统的接口			2017/12/29	2018/7/1
18.5-3-104	18.5	35.240.99	L67	GB/T 35298—2017	信息技术　学习、教育和培训　教育管理基础信息			2017/12/29	2018/7/1
18.5-3-105	18.5	35.240.30	L67	GB/T 35311—2017	中文新闻图片内容描述元数据规范			2017/12/29	2018/4/1
18.5-3-106	18.5	01.140.20	A14	GB/T 35397—2017	科技人才元数据元素集			2017/12/29	2018/4/1
18.5-3-107	18.5	35.040	A24	GB/T 35403.1—2017	国家物品编码与基础信息通用规范　第 1 部分：总体框架			2017/12/29	2018/7/1
18.5-3-108	18.5	35.040	A24	GB/T 35403.3—2018	国家物品编码与基础信息通用规范　第 3 部分：生产资料			2018/3/15	2018/10/1
18.5-3-109	18.5	01.040.01	A22	GB/T 35408—2017	电子商务质量管理　术语			2017/12/29	2018/4/1
18.5-3-110	18.5	03.120.10	A10	GB/T 35409—2017	电子商务平台商家入驻审核规范			2017/12/29	2018/7/1
18.5-3-111	18.5	03.120.99	A10	GB/T 35411—2017	电子商务平台产品信息展示要求			2017/12/29	2018/7/1
18.5-3-112	18.5	07.040	A79	GB/T 35630—2017	手机地图数据规范			2017/12/29	2018/7/1
18.5-3-113	18.5	07.040	A77	GB/T 35643—2017	光学遥感测绘卫星影像产品元数据			2017/12/29	2018/7/1
18.5-3-114	18.5	29.130.20	K30	GB/T 35743—2017	低压开关设备和控制设备　用于信息交换的产品数据与特性		IEC 62683：2015，IDT	2017/12/29	2018/7/1

续表

序号	GW 分类	ICS 分类	GB 分类	标准号	中文名称	代替标准	采用关系	发布日期	实施日期
18.5-3-115	18.5	35.240.70	L67	GB/T 36073—2018	数据管理能力成熟度评估模型			2018/3/15	2018/10/1
18.5-3-116	18.5	35.220.01	L63	GB/T 36093—2018	信息技术　网际互联协议的存储区域网络（IP-SAN）应用规范			2018/3/15	2018/10/1
18.5-3-117	18.5	35.110	L79	GB/T 36478.1—2018	物联网　信息交换和共享　第1部分：总体架构			2018/6/7	2019/1/1
18.5-3-118	18.5	35.110	L79	GB/T 36478.2—2018	物联网　信息交换和共享　第2部分：通用技术要求			2018/6/7	2019/1/1
18.5-3-119	18.5	35.110	L79	GB/T 36478.3—2019	物联网　信息交换和共享　第3部分：元数据			2019/8/30	2020/3/1
18.5-3-120	18.5	35.110	L79	GB/T 36478.4—2019	物联网　信息交换和共享　第4部分：数据接口			2019/8/30	2020/3/1
18.5-3-121	18.5	35.100.05	L79	GB/T 36623—2018	信息技术　云计算　文件服务应用接口			2018/9/17	2019/4/1
18.5-3-122	18.5	35.240.01	L70	GB/T 36625.3—2021	智慧城市数据融合　第3部分：数据采集规范			2021/4/30	2021/11/1
18.5-3-123	18.5	35.240.01	L70	GB/T 36625.4—2021	智慧城市数据融合　第4部分：开放共享要求			2021/4/30	2021/11/1
18.5-3-124	18.5	35.240.15	L71	GB/T 37045—2018	信息技术　生物特征识别　指纹处理芯片技术要求			2018/12/28	2019/4/1
18.5-3-125	18.5	35.240	L67	GB/T 37721—2019	信息技术　大数据分析系统功能要求			2019/8/30	2020/3/1
18.5-3-126	18.5	35.240	L67	GB/T 37722—2019	信息技术　大数据存储与处理系统功能要求			2019/8/30	2020/3/1
18.5-3-127	18.5	35.110	L79	GB/T 37727—2019	信息技术　面向需求侧变电站应用的传感器网络系统总体技术要求			2019/8/30	2020/3/1
18.5-3-128	18.5	35.240.70	L67	GB/T 37728—2019	信息技术　数据交易服务平台　通用功能要求			2019/8/30	2020/3/1
18.5-3-129	18.5	35.240	L60	GB/T 38259—2019	信息技术　虚拟现实头戴式显示设备通用规范			2019/12/10	2020/7/1
18.5-3-130	18.5	35.110	L79	GB/T 38619—2020	工业物联网　数据采集结构化描述规范			2020/4/28	2020/11/1
18.5-3-131	18.5	35.110	L78	GB/T 38630—2020	信息技术　实时定位　多源融合定位数据接口			2020/4/28	2020/11/1
18.5-3-132	18.5	35.240	L67	GB/T 38643—2020	信息技术　大数据　分析系统功能测试要求			2020/4/28	2020/11/1
18.5-3-133	18.5	35.240.50	L67	GB/T 38666—2020	信息技术　大数据　工业应用参考架构			2020/4/28	2020/11/1
18.5-3-134	18.5	35.240.70	L70	GB/T 38667—2020	信息技术　大数据　数据分类指南			2020/4/28	2020/11/1
18.5-3-135	18.5	35.240.50	L64	GB/T 38670—2020	智能制造　射频识别系统　标签数据格式			2020/4/28	2020/11/1
18.5-3-136	18.5	35.240	L67	GB/T 38672—2020	信息技术　大数据　接口基本要求			2020/4/28	2020/11/1
18.5-3-137	18.5	35.240	L67	GB/T 38673—2020	信息技术　大数据　大数据系统基本要求			2020/4/28	2020/11/1
18.5-3-138	18.5	35.240	L67	GB/T 38675—2020	信息技术　大数据计算系统通用要求			2020/4/28	2020/11/1

续表

序号	GW 分类	ICS 分类	GB 分类	标准号	中文名称	代替标准	采用关系	发布日期	实施日期
18.5-3-139	18.5	35.240	L67	GB/T 38676—2020	信息技术　大数据　存储与处理系统功能测试要求			2020/4/28	2020/11/1
18.5-3-140	18.5	35.040	L70	GB/T 38776—2020	电子商务软件构件分类与代码			2020/4/28	2020/11/1
18.5-3-141	18.5	49.090	V37	GB/T 38997—2020	轻小型多旋翼无人机飞行控制与导航系统通用要求			2020/7/21	2021/2/1
18.5-3-142	18.5	25.040.30	J28	GB/T 39007—2020	基于可编程控制器的工业机器人运动控制规范			2020/9/29	2021/4/1
18.5-3-143	18.5	35.240.60	A10	GB/T 39065—2020	电子商务质量信息共享规范			2020/7/21	2021/2/1
18.5-3-144	18.5	13.310	A91	GB/T 39272—2020	公共安全视频监控联网技术测试规范			2020/11/19	2021/6/1
18.5-3-145	18.5	13.310	A91	GB/T 39274—2020	公共安全视频监控数字视音频编解码技术测试规范			2020/11/19	2021/6/1
18.5-3-146	18.5	35.040	A24	GB/T 39319—2020	电子商务交易主体统一标识编码规则			2020/11/19	2021/6/1
18.5-3-147	18.5	35.240.60	L79	GB/T 39320—2020	电子商务　元模型　基本模块			2020/11/19	2021/6/1
18.5-3-148	18.5	35.240.60	L67	GB/T 39322—2020	电子商务交易平台追溯数据接口技术要求			2020/11/19	2021/6/1
18.5-3-149	18.5	25.040.40		GB/T 39400—2020	工业数据质量　通用技术规范			2020/11/19	2021/6/1
18.5-3-150	18.5	49.020	V04	GB/T 39409—2020	北斗网格位置码			2020/11/19	2021/6/1
18.5-3-151	18.5	03.080.99	A20	GB/T 39440—2020	公共信用信息资源目录编制指南			2020/11/19	2020/11/19
18.5-3-152	18.5	03.080.99	A20	GB/T 39441—2020	公共信用信息分类与编码规范			2020/11/19	2020/11/19
18.5-3-153	18.5	03.080.99	A20	GB/T 39442—2020	公共信用信息资源标识规则			2020/11/19	2021/6/1
18.5-3-154	18.5	03.080.99	A20	GB/T 39443—2020	公共信用信息交换方式及接口规范			2020/11/19	2020/11/19
18.5-3-155	18.5	03.080.99	A20	GB/T 39444—2020	公共信用信息标准总体架构			2020/11/19	2020/11/19
18.5-3-156	18.5	03.080.99	A20	GB/T 39445—2020	公共信用信息数据元			2020/11/19	2021/6/1
18.5-3-157	18.5	03.080.99	A20	GB/T 39446—2020	公共信用信息代码集			2020/11/19	2021/6/1
18.5-3-158	18.5	03.080.99	A20	GB/T 39449—2020	公共信用信息数据字典维护与管理			2020/11/19	2021/6/1
18.5-3-159	18.5	35.240	L65	GB/T 39465—2020	城市智慧卡互联互通　充值数据接口			2020/11/19	2021/6/1
18.5-3-160	18.5	25.240.50	J07	GB/T 39470—2020	自动化系统与集成　对象过程方法		ISO/PAS 19450：2015，IDT	2020/11/19	2021/6/1
18.5-3-161	18.5	03.140	A00	GB/T 39550—2020	电子商务平台知识产权保护管理			2020/11/9	2021/6/1
18.5-3-162	18.5	03.120.99	A10	GB/T 39570—2020	电子商务交易产品图像展示要求			2020/12/14	2021/7/1

续表

序号	GW 分类	ICS 分类	GB 分类	标准号	中文名称	代替标准	采用关系	发布日期	实施日期
18.5-3-163	18.5	35.240.40	A19	GB/T 39594—2020	图书发行物联网应用规范			2020/12/14	2021/7/1
18.5-3-164	18.5	07.040	A77	GB/T 39608—2020	基础地理信息数字成果元数据			2020/12/14	2020/12/14
18.5-3-165	18.5	07.040	A75	GB/T 39609—2020	地名地址地理编码规则			2020/12/14	2020/12/14
18.5-3-166	18.5	07.040	A75	GB/T 39623—2020	基础地理信息数据库系统质量测试与评价			2020/12/14	2020/12/14
18.5-3-167	18.5	29.240.01	F21	GB/T 39674—2020	电力软交换系统测试规范			2020/12/14	2021/7/1
18.5-3-168	18.5	29.020	F30	GB/T 39675—2020	电网气象信息交换技术要求			2020/12/14	2021/7/1
18.5-3-169	18.5	03.120.20	A14	GB/T 39755.1—2021	电子文件管理能力体系　第 1 部分：通用要求			2021/3/9	2021/10/1
18.5-3-170	18.5	03.120.20	A14	GB/T 39755.2—2021	电子文件管理能力体系　第 2 部分：评估规范			2021/4/30	2021/11/1
18.5-3-171	18.5	03.120.30	A14	GB/T 39784—2021	电子档案管理系统通用功能要求			2021/3/9	2021/10/1
18.5-3-172	18.5	07.040	A75	GB/T 39787—2021	北斗卫星导航系统坐标系			2021/3/9	2021/10/1
18.5-3-173	18.5	35.110	L79	GB/T 40015—2021	信息技术　系统间远程通信和信息交换社区节能控制网络控制与管理		ISO/IEC/IEEE 18881：2016，IDT	2021/4/30	2021/11/1
18.5-3-174	18.5	35.110	L79	GB/T 40017—2021	信息技术　系统间远程通信和信息交换社区节能控制异构网络融合与可扩展性		ISO/IEC/IEEE 18882：2017，IDT	2021/4/30	2021/11/1
18.5-3-175	18.5	35.240.60	A10	GB/T 40037—2021	电子商务产品信息描述大宗商品			2021/4/30	2021/11/1
18.5-3-176	18.5	27.010	F01	GB/T 40063—2021	工业企业能源管控中心建设指南			2021/4/30	2021/11/1
18.5-3-177	18.5	07.040	A75	GB/T 40087—2021	地球空间网格编码规则			2021/4/30	2021/4/30
18.5-3-178	18.5	35.240.01	A10	GB/T 40094.1—2021	电子商务数据交易　第 1 部分：准则			2021/5/21	2021/12/1
18.5-3-179	18.5	35.240.01	A10	GB/T 40094.2—2021	电子商务数据交易　第 2 部分：数据描述规范			2021/5/21	2021/12/1
18.5-3-180	18.5	35.240.01	A10	GB/T 40094.3—2021	电子商务数据交易　第 3 部分：数据接口规范			2021/5/21	2021/12/1
18.5-3-181	18.5	35.240.01	A10	GB/T 40094.4—2021	电子商务数据交易　第 4 部分：隐私保护规范			2021/5/21	2021/12/1
18.5-3-182	18.5	35.240.60	A10	GB/T 40107—2021	电子商务交易产品信息描述　办公类产品			2021/5/21	2021/12/1
18.5-3-183	18.5	25.040.01	N10	GB/Z 40213—2021	自动化系统与集成　基于信息交换需求建模和软件能力建规的应用集成方法			2021/5/21	2021/12/1
18.5-3-184	18.5	25.040.01	N01	GB/T 40283.3—2021	自动化系统与集成　制造应用解决方案的能力单元互操作　第 3 部分：能力单元互操作性的验证和确认		ISO 16300-3：2017，IDT	2021/8/20	2022/3/1
18.5-3-185	18.5	35.240.60	L79	GB/Z 40436—2021	电子商务　建模方法用户指南			2021/8/20	2022/3/1

续表

序号	GW 分类	ICS 分类	GB 分类	标准号	中文名称	代替标准	采用关系	发布日期	实施日期
18.5-3-186	18.5	03.080.30	A16	GB/T 40476—2021	电子商务信用　网络零售信用基本要求　数字产品零售			2021/8/20	2022/3/1
18.5-3-187	18.5	07.040	A75	GB/T 41443—2022	地理信息应急数据规范			2022/4/15	2022/4/15
18.5-3-188	18.5	07.040	A75	GB/T 41445—2022	室内地图数据模型与表达			2022/4/15	2022/4/15
18.5-3-189	18.5	07.040	A75	GB/T 41446—2022	基础地理信息本体范例数据规范			2022/4/15	2022/11/1
18.5-3-190	18.5	07.040	A75	GB/T 41449—2022	时序卫星影像数据质量检查与评价			2022/4/15	2022/4/15
18.5-3-191	18.5	07.040	A75	GB/T 41454—2022	实景影像数据产品质量检查与验收			2022/4/15	2022/4/15
18.5-3-192	18.5	35.240.30	L77	GB/T 42133—2022	信息技术 OFD 档案应用指南			2022/12/30	2023/7/1
18.5-3-193	18.5	01.040.25；25.040.40	A22；N10	GB/T 42381.8—2023	数据质量　第 8 部分：信息和数据质量：概念和测量		ISO 8000-8：2015，IDT	2023/3/17	2023/10/1
18.5-3-194	18.5	25.040.40	N10	GB/T 42381.61—2023	数据质量　第 61 部分：数据质量管理：过程参考模型		ISO 8000-61：2016，IDT	2023/3/17	2023/10/1
18.5-3-195	18.5	25.040.40	N10	GB/T 42381.62—2023	数据质量　第 62 部分：数据质量管理：组织过程成熟度评估：过程评估相关标准的应用			2023/9/7	2024/4/1
18.5-3-196	18.5	25.040.40	N10	GB/T 42381.63—2023	数据质量　第 63 部分：数据质量管理：过程测量			2023/9/7	2024/4/1
18.5-3-197	18.5	25.040.40	N10	GB/T 42381.120—2023	数据质量　第 120 部分：主数据：特征数据交换：溯源性			2023/9/7	2024/4/1
18.5-3-198	18.5	25.040.40	N10	GB/T 42381.130—2023	数据质量　第 130 部分：主数据：特征数据交换：准确性			2023/9/7	2024/4/1
18.5-3-199	18.5	25.040.40	N10	GB/T 42381.140—2023	数据质量　第 140 部分：主数据：特征数据交换：完整性			2023/9/7	2024/4/1
18.5-3-200	18.5	35.040.30；	L71	GB/T 42443—2023	信息技术　自动识别与数据采集技术　大容量自动数据采集（ADC）媒体语法		ISO/IEC 15434：2019，MOD	2023/3/17	2023/10/1
18.5-3-201	18.5	35.020	L77	GB/T 42450—2023	信息技术　大数据　数据资源规划			2023/3/17	2023/10/1
18.5-3-202	18.5	07.040	A75	GB/T 42528—2023	时空大数据技术规范			2023/5/23	2023/5/23
18.5-3-203	18.5	35.040	L71	GB/T 42587—2023	信息技术　自动识别与数据采集技术　数据载体标识符		ISO/IEC 15424：2008，MOD	2023/5/23	2023/12/1
18.5-3-204	18.5	07.060	A47	GB/T 42877—2023	气象数据服务接口规范			2023/8/6	2023/12/1
18.5-3-205	18.5	35.240	L67	GB/T 42940—2023	财经信息技术　财政预算管理软件审计数据接口			2023/8/6	2024/3/1

续表

序号	GW 分类	ICS 分类	GB 分类	标准号	中文名称	代替标准	采用关系	发布日期	实施日期
18.5-3-206	18.5	35.240.60	A10	GB/T 42965.1—2023	电子发票业务数据规范　第 1 部分：基本要素			2023/8/6	2023/8/6
18.5-3-207	18.5	35.240.60	A10	GB/T 42965.2—2023	电子发票业务数据规范　第 2 部分：特定要素			2023/8/6	2023/8/6
18.5-3-208	18.5	07.040	A75	GB/T 42987—2023	城市地下空间数据要求			2023/9/7	2023/9/7
18.5-3-209	18.5	07.040	A75	GB/T 42988—2023	多源遥感影像网络协同解译			2023/9/7	2023/9/7
18.5-3-210	18.5	07.040	A75	GB/T 43154—2023	地理信息　影像与格网数据内容模型存储规则			2023/9/7	2023/9/7
18.5-3-211	18.5	07.040	A75	GB/T 43156—2023	地理信息　矢量数据模型与存储规范			2023/9/7	2023/9/7
18.5-3-212	18.5	35.240.01	L70	GB/T 44109—2024	信息技术　大数据　数据治理实施指南			2024/5/28	2024/12/1
18.5-3-213	18.5	35.240	L67	GB/T 44216—2024	信息技术　大数据　批流融合计算技术要求			2024/7/24	2025/2/1
18.5-3-214	18.5	35.020	A90	GB/T 44297—2024	公共安全视频图像信息数据项			2024/8/23	2024/8/23
18.5-3-215	18.5	01.120	A00	GB/T 7027—2002	信息分类和编码的基本原则与方法	GB/T 7027—1986		2002/7/18	2002/12/1
18.5-4-216	18.5	07.040	A75	CH/T 9016—2012	三维地理信息模型生产规范			2012/10/26	2013/1/1
18.5-4-217	18.5	03.120.30	F04	DL/T 1449—2015	电力行业统计编码规范			2015/4/2	2015/9/1
18.5-4-218	18.5	29.020.01	F20	DL/T 1500—2016	电网气象灾害预警系统技术规范			2016/1/7	2016/6/1
18.5-4-219	18.5	27.100	F20	DL/T 1714—2017	电力可靠性管理代码规范			2017/8/2	2017/12/1
18.5-4-220	18.5	29.240	F20	DL/T 1732—2017	电力物联网传感器信息模型规范			2017/8/2	2017/12/1
18.5-4-221	18.5	27.100	F20	DL/T 1839.1—2018	电力可靠性管理信息系统数据接口规范　第 1 部分：通用要求			2018/4/3	2018/7/1
18.5-4-222	18.5			DL/T 1839.2—2024	电力可靠性管理信息系统数据规范　第 2 部分：输变电设施	DL/T 1839.2—2018		2024/5/24	2024/11/24
18.5-4-223	18.5	27.100	F30	DL/T 1839.3—2019	电力可靠性管理信息系统数据接口规范　第 3 部分：发电设备			2019/11/4	2020/5/1
18.5-4-224	18.5	27.100	F20	DL/T 1839.4—2018	电力可靠性管理信息系统数据接口规范　第 4 部分：供电系统用户供电			2018/4/3	2018/7/1
18.5-4-225	18.5	27.100	F20	DL/T 1868—2018	电力资产全寿命周期管理体系规范			2018/6/6	2018/10/1
18.5-4-226	18.5	29.020	F21	DL/T 1872—2018	电力系统即时消息传输规范			2018/6/6	2018/10/1
18.5-4-227	18.5	29.020	F21	DL/T 1991—2019	电力行业公共信息模型			2019/6/4	2019/10/1
18.5-4-228	18.5	01.040.01	F10	DL/T 2460—2021	电力数据管理能力成熟度评估模型			2021/12/22	2022/6/22
18.5-4-229	18.5	29.240.01	F21	DL/T 2479—2022	变电站 SCD 模型映射到电网 CIM 模型技术导则			2022/5/13	2022/11/13

续表

序号	GW 分类	ICS 分类	GB 分类	标准号	中文名称	代替标准	采用关系	发布日期	实施日期
18.5-4-230	18.5	29.240	F20	DL/T 2549—2022	电力数据脱敏实施规范			2022/11/4	2023/5/4
18.5-4-231	18.5	29.240.01	F21	DL/T 283.4—2021	电力视频监控系统及接口　第4部分：前端设备			2021/12/22	2022/3/22
18.5-4-232	18.5	27.100	P60	DL/T 291—2012	营销业务信息分类与代码编制导则			2012/1/4	2012/3/1
18.5-4-233	18.5	29.020	F01	DL/T 517—2012	电力科技成果分类与代码	DL/T 517—1993		2012/1/4	2012/3/1
18.5-4-234	18.5	27.100	F21	DL/T 634.5601—2016	远动设备及系统　第5-601部分：DL/T 634.5101配套标准一致性测试用例		IEC/TS 60870-5-601：2006，IDT	2016/1/7	2016/6/1
18.5-4-235	18.5			HB 8627—2021	机载信息系统人机接口设计要求			2021/3/5	2021/7/1
18.5-4-236	18.5	35.02	L70	SJ/T 11439—2015	信息技术　面阵式二维码识读引擎通用规范			2015/10/10	2016/4/1
18.5-4-237	18.5	35.02	L70	SJ/T 11601—2016	信息技术　非接触式二维码扫描枪通用规范			2016/1/15	2016/6/1
18.5-4-238	18.5	35.02	L70	SJ/T 11602—2016	信息技术　非接触式一维码扫描枪通用规范			2016/1/15	2016/6/1
18.5-4-239	18.5	33.030	M36	YD/T 2926—2021	嵌入式通用集成电路卡（eUICC）远程管理平台技术要求（第一阶段）	YD/T 2926—2015		2021/5/17	2021/7/1
18.5-4-240	18.5	33.040.99	M40	YD/T 3005—2016	基站供电变压器系统的防雷与接地技术要求			2016/1/15	2016/4/1
18.5-4-241	18.5	35.110	M11	YD/T 3211—2016	网络虚拟资产数据存储与交换技术要求			2016/10/22	2017/1/1
18.5-4-242	18.5	35.020	L70	YD/T 3759—2020	大数据　商务智能（BI）分析工具技术要求与测试方法			2020/8/31	2020/10/1
18.5-4-243	18.5	35.110	M11	YD/T 3760—2020	大数据　数据管理平台技术要求与测试方法			2020/8/31	2020/10/1
18.5-4-244	18.5	35.110	M11	YD/T 3761—2020	大数据　数据集成工具技术要求与测试方法			2020/8/31	2020/10/1
18.5-4-245	18.5	33.020	L70	YD/T 3762—2020	大数据　数据挖掘平台技术要求与测试方法			2020/8/31	2020/10/1
18.5-4-246	18.5	07.040	R00/09	YD/T 3772—2020	大数据　时序数据库技术要求与测试方法			2020/12/9	2021/1/1
18.5-4-247	18.5	35.020	L70	YD/T 3773—2020	大数据　分布式批处理平台技术要求与测试方法			2020/12/9	2021/1/1
18.5-4-248	18.5	33.020	L70	YD/T 3774—2020	大数据　分布式分析型数据库技术要求与测试方法			2020/12/9	2021/1/1
18.5-4-249	18.5	35.020	L70	YD/T 3775—2020	大数据　分布式事务数据库技术要求与测试方法			2020/12/9	2021/1/1
18.5-4-250	18.5	35.040	M21	YD/T 3809—2020	移动伪基站监测与监管系统接口技术要求			2020/12/9	2021/1/1
18.5-4-251	18.5	33.040.40	M13	YD/T 3901—2021	用于BGP协议的YANG数据模型技术要求			2021/5/27	2021/7/1

续表

序号	GW 分类	ICS 分类	GB 分类	标准号	中文名称	代替标准	采用关系	发布日期	实施日期
18.5-4-252	18.5	33.040.40	L70	YD/T 4630—2023	边缘数据中心分类分级及技术要求			2023/12/29	2024/4/1
18.5-5-253	18.5			ASME Y14.41-2019	数字产品定义数据惯例	ASME Y 14.41—2012		2019/9/6	2019/9/6
18.5-5-254	18.5			BS ISO 19165-1：2018	地理信息　保存数字数据和元数据　基本原理			2018/5/1	2018/5/1
18.5-5-255	18.5			DIN SPEC 3104：2019	基于区块链的数据验证			2019/4/1	2019/4/1
18.5-5-256	18.5			IEC 61970-301：2020/AMD1：2022，CSV	能量管理系统应用程序接口（EMS—API）第301 部分：通用信息模型（CIM）基础			2022/2/22	2022/2/22
18.5-5-257	18.5			IEC TS 61970-555：2016	能源管理系统应用程序接口（EMS—API）第555 部分：基于 CIM 的高效模型交换格式（CIM/E）			2016/9/1	2016/9/1
18.5-5-258	18.5			IEC TS 61970-556：2016	能源管理系统应用程序接口（EMS—API）第556 部分：基于 CIM 的图形交换格式（CIM/G）			2016/9/1	2016/9/1
18.5-5-259	18.5			IEC 61970-600-1：2021	能源管理系统应用程序接口（EMS—API）第600-1 部分：公共网格模型交换规范（CGMES）结构与规则　第 1.0 版			2021/6/4	2021/6/4
18.5-5-260	18.5			IEC 61970-600-2：2021	能源管理系统应用程序接口（EMS—API）第600-2 部分：公共网格模型交换规范（CGMES）交换配置文件规范　第 1.0 版			2021/6/4	2021/6/4
18.5-5-261	18.5	35.110		IEC TS 62056-1-1：2016	电能计量数据交换 DLMS/COSEM 套件　第1-1 部分：DLMS/COSEM 通信配置文件标准模板			2016/5/1	2016/5/1
18.5-5-262	18.5	17.220.20		IEC TS 62056-6-9：2016	电力计量数据交换 DLMS/COSEM 套房　第6-9 部分：通用信息模型消息型材之间的映射（IEC 61968-9）和 DLMS/COSEM（IEC 62056）的数据模型和协议　第 1 版			2016/5/1	2016/5/1
18.5-5-263	18.5	17.220		IEC TS 62056-8-20：2016	电能计量数据交换 DLMS/COSEM 套件　第8-20 部分：邻域网络的网状通信配置文件			2016/11/1	2016/11/1
18.5-5-264	18.5			IEC TS 62312-1-1：2018	音频和视频同步指南　第 1-1 部分：音频和视频设备与系统的同步测量方法　总则	IEC TS 62312-1-1：2008		2018/11/1	2018/11/1
18.5-5-265	18.5			IEC TS 62312-2：2018	音频和视频同步指南　第 2 部分：音频和视频系统同步方法　第 2.0 版	IEC TS 62312-2：2007		2018/11/1	2018/11/1
18.5-5-266	18.5	27.010；33.200；35.240.99	F07	IEC 62325-450：2013	能源市场通信框架　第 450 部分：配置文件和语境建模规则	IEC 57/1324/FDIS：2013		2013/4/1	2013/4/1

18

续表

序号	GW 分类	ICS 分类	GB 分类	标准号	中文名称	代替标准	采用关系	发布日期	实施日期
18.5-5-267	18.5			IEC 62325-503：2018	能源市场通信框架　第 503 部分：IEC 62325-351 配置文件用市场数据交换导则			2018/7/26	2018/7/26
18.5-5-268	18.5			IEC TS 62361-102：2018	电力系统管理和相关信息交换　长期互操作性　第 102 部分：CIM-IEC 61850 协调			2018/3/1	2018/3/1
18.5-5-269	18.5			ISO 8000-62：2018	数据质量　第 62 部分：数据质量管理：组织过程成熟度评估：与过程评估有关的标准的应用			2018/9/12	2018/9/12
18.5-5-270	18.5			ISO 8000-63：2019	数据质量　第 63 部分：数据质量管理：过程测量			2019/12/18	2019/12/18
18.5-5-271	18.5			ISO 8000-100：2016	数据质量　第 100 部分：主数据：特征数据的交换：概述			2016/9/23	2016/9/23
18.5-5-272	18.5			ISO 8000-115：2018	数据质量　第 115 部分：主数据：质量标识符的交换：句法、语义和分辨率要求			2018/4/27	2018/4/27
18.5-5-273	18.5			ISO 8000-116：2019	数据质量　第 116 部分：主数据：质量标识符的交换：ISO 8000-115 在权威法人标识符上的应用　第 1 版			2019/9/2	2019/9/2
18.5-5-274	18.5			ISO 8000-120：2016	数据质量　第 120 部分：主数据：特征数据的交换：来源			2016/9/23	2016/9/23
18.5-5-275	18.5			ISO 8000-130：2016	数据质量　第 130 部分：主数据：特征数据的交换：准确性			2016/9/23	2016/9/23
18.5-5-276	18.5			ISO 8000-140：2016	数据质量　第 140 部分：主数据：特征数据的交换：完整性			2016/9/23	2016/9/23
18.5-5-277	18.5	35.100.70		ISO/IEC TR 10032：2003	信息技术　数据管理的参考模型			2003/11/1	2003/11/1
18.5-5-278	18.5			ISO/IEC 10918-7：2021	信息技术　连续色调静态图像的数字压缩和编码　第 7 部分：参考软件　第 1 版			2021/9/15	2021/9/15
18.5-5-279	18.5	35.040.50		ISO/IEC TR 11179-2：2019	信息技术　元数据登记（MDR）　第 2 部分：分类　第 1 版			2019/4/12	2019/4/12
18.5-5-280	18.5	35.040.50		ISO/IEC 11179-7：2019	信息技术　元数据注册中心（MDR）　第 7 部分：用于数据集注册的元模型　第 1 版			2019/12/19	2019/12/19
18.5-5-281	18.5			ISO/IEC 13818-1：2022	信息技术　活动图像和相关音频信息的通用编码　第 1 部分：系统　第 6 版			2022/9/30	2022/9/30
18.5-5-282	18.5			ISO/IEC 16963：2017	信息技术　用于信息交换和存储的数字记录媒体　用于长期数据存储的光盘寿命估算的测试方法	ISO IEC 16963：2015		2019/8/27	2019/8/27

18

续表

序号	GW 分类	ICS 分类	GB 分类	标准号	中文名称	代替标准	采用关系	发布日期	实施日期
18.5-5-283	18.5	35.040	L70/84	ISO/IEC 19566-5：2019	信息技术　JPEG 系统　第 5 部分：JPEG 通用元数据框格式（JUMBF）　第 1 版			2019/7/26	2019/7/26
18.5-5-284	18.5	35.040	L70/84	ISO/IEC 19566-6：2019	信息技术　JPEG 系统　第 6 部分：JPEG 360　第 1 版			2019/7/26	2019/7/26
18.5-5-285	18.5			ISO/IEC TR 19583-1：2019	信息技术　元数据的概念和用法　第 1 部分：元数据概念　第 1 版			2019/7/26	2019/7/26
18.5-5-286	18.5			ISO/IEC TR 19583-22：2018	信息技术　元数据的概念和用法　第 22 部分：使用 ISO/IEC 19763 第一版注册和绘制开发过程			2018/7/16	2018/7/16
18.5-5-287	18.5	35.040.50		ISO/IEC TS 19763-13：2016	信息技术　互操作性的元模型框架（MFI）第 13 部分：表单设计注册的元模型			2016/12/5	2016/12/5
18.5-5-288	18.5	35.020		ISO/IEC TR 20547-2：2018	信息技术　大数据　参考体系结构　第 2 部分：用例和派生要求　第 1 版			2018/1/10	2018/1/10
18.5-5-289	18.5	35.020		ISO/IEC TR 20547-5：2018	信息技术　大数据　参考体系结构　第 5 部分：标准路线图　第 1 版			2018/2/9	2018/2/9
18.5-5-290	18.5	35.030		ISO/IEC 20889：2018	隐私增强数据识别术语和技术分类　第 1 版			2018/11/6	2018/11/6
18.5-5-291	18.5			ISO/IEC 21122-1：2022	信息技术低延迟轻量级图像编码系统　第 1 部分：核心编码系统			2022/3/29	2022/3/29
18.5-5-292	18.5	35.030		ISO/IEC 21964-1：2018	信息技术　数据载体的销毁　第 1 部分：原理和定义　第 1 版			2018/7/30	2018/7/30
18.5-5-293	18.5	35.030		ISO/IEC 21964-2：2018	信息技术　数据载体的销毁　第 2 部分：销毁数据载体的设备要求　第 1 版			2018/8/1	2018/8/1
18.5-5-294	18.5	35.030		ISO/IEC 21964-3：2018	信息技术　数据载体的销毁　第 3 部分：数据载体销毁过程　第 1 版			2018/8/1	2018/8/1
18.5-5-295	18.5			ISO/IEC 23000-17: 2018	信息技术　多媒体应用格式（MPEG-A）　第 17 部分：多感官媒体应用格式　第 1 版			2018/10/19	2018/10/19
18.5-5-296	18.5	35.040.40		ISO/IEC 23000-18: 2018	信息技术　多媒体应用格式（MPEG-A）　第 18 部分：媒体链接应用格式　第 1 版			2018/5/23	2018/5/23
18.5-5-297	18.5			ISO/IEC 23000-19: 2020	信息技术　多媒体应用格式（MPEG-A）　第 19 部分：分段媒体的通用媒体应用格式（CMAF）第 1 版			2020/3/19	2020/3/19
18.5-5-298	18.5	35.040.40		ISO/IEC 23000-19：2020/AMD1：2021	信息技术　多媒体应用格式（MPEG-A）　第 19 部分：分段媒体的通用媒体应用格式（CMAF）修改件 1：附加 CMAF HEVC 媒体配置文件			2021/5/18	2021/5/18

续表

序号	GW 分类	ICS 分类	GB 分类	标准号	中文名称	代替标准	采用关系	发布日期	实施日期
18.5-5-299	18.5	35.040.40		ISO/IEC 23000-21：2019	信息技术　多媒体应用格式（MPEG-A）　第21部分：视觉识别管理应用格式　第1版			2019/7/3	2019/7/3
18.5-5-300	18.5	35.040.40		ISO/IEC 23000-22：2019	信息技术　多媒体应用格式（MPEG-A）　第22部分：多图像应用格式（MIAF）第1版			2019/6/21	2019/6/21
18.5-5-301	18.5	35.030		ISO/IEC 23001-11：2019	信息技术 MPEG 系统技术　第11部分：节能媒体消费（绿色元数据）　第2版			2019/3/1	2019/3/1
18.5-5-302	18.5	35.030		ISO/IEC 23001-12：2018	信息技术 MPEG 系统技术　第12部分：样本变体　第2版			2018/12/12	2018/12/12
18.5-5-303	18.5	35.030		ISO/IEC 23001-14：2019	信息技术 MPEG 系统技术　第14部分：部分文件格式　第1版			2019/1/10	2019/1/10
18.5-5-304	18.5	35.210		ISO/IEC TR 23186：2018	信息技术　云计算　处理多源数据的信任框架　第1版			2018/12/19	2018/12/19
18.5-5-305	18.5			ISO/IEC 29121：2021	信息技术　用于信息交换和存储的数字记录媒体　用于长期数据存储的光盘的数据迁移方法　第3版			2021/1/28	2021/1/28
18.5-5-306	18.5			ISO/IEC 30182：2017	智慧城市概念模型　建立数据互操作性模型的指南　第1版			2017/5/23	2017/5/23
18.5-5-307	18.5			ISO/IEC 38505-1：2017	信息技术　信息技术治理　数据治理　第1部分：ISO/IEC 38500 在数据治理中的应用　第1版			2017/3/31	2017/3/31
18.5-5-308	18.5	35.020		ISO/IEC TR 38505-2：2018	信息技术　信息技术治理　数据治理　第2部分：ISO/IEC 38505-1 对数据管理的影响　第1版			2018/5/16	2018/5/16
18.5-5-309	18.5			ISO/IEC 9075-1：2016	信息技术　数据库语言 SQL 第1部分：框架（SQL/Framework）			2016/12/14	2016/12/14
18.5-5-310	18.5			ISO/IEC 9075-2：2016	信息技术　数据库语言 SQL 第2部分：基础（SQL/Foundation）			2016/12/14	2016/12/14
18.5-5-311	18.5			ISO/IEC 9075-4：2016	信息技术　数据库语言 SQL 第4部分：永久性存储模块（SQL/PSM）			2016/12/14	2016/12/14
18.5-5-312	18.5			ISO/IEC 9075-11：2016	信息技术　数据库语言 SQL 第11部分：信息和定义方案			2016/12/14	2016/12/14
18.5-5-313	18.5			ISO/IEC 9075-14：2016	信息技术　数据库语言 SQL 第14部分：可扩展标记语言（XML）相关规范（SQL/XML）			2016/12/14	2016/12/14
18.5-5-314	18.5	35.060		ISO/IEC 9075-15：2019	信息技术　数据库语言 SQL 第15部分：多维数组（SQL/MDA）			2019/6/20	2019/6/20

续表

序号	GW 分类	ICS 分类	GB 分类	标准号	中文名称	代替标准	采用关系	发布日期	实施日期
18.5-5-315	18.5	35.080		ISO/IEC/IEEE 24748-7:2019	系统和软件工程　生命周期管理　第 7 部分：系统工程在国防计划中的应用　第 1 版			2019/2/1	2019/2/1
18.5-6-316	18.5			T/CEC 261—2019	电力大数据资源数据质量评价方法			2019/11/21	2020/1/1
18.5-6-317	18.5	27.100	P59	T/CEC 282—2019	基于大数据的水电厂设备状态预警技术导则			2019/11/21	2020/1/1
18.5-6-318	18.5	29.240	K51	T/CEC 382—2020	网源协调在线监测就地装置技术规范			2020/10/28	2021/2/1
18.5-6-319	18.5			T/CSEE 0309.3—2022	能源大数据　第 3 部分：分级分类			2022/12/5	2023/3/1
18.5-6-320	18.5			T/CSEE 0309.4—2022	能源大数据　第 4 部分：数据目录			2022/12/5	2023/3/1
18.5-6-321	18.5			T/CSEE 0309.5—2022	能源大数据　第 5 部分：数据应用			2022/12/5	2023/3/1

18.6　数字化-网络安全

18.6.1　数字化-网络安全-工业控制安全

序号	GW 分类	ICS 分类	GB 分类	标准号	中文名称	代替标准	采用关系	发布日期	实施日期
18.6.1-2-1	18.6.1	29.240		Q/GDW 10938—2020	电力监控系统测控终端网络安全测试技术要求	Q/GDW/Z 1938—2013		2021/3/17	2021/3/17
18.6.1-2-2	18.6.1			Q/GDW 11766—2017	电力监控系统本体安全防护技术规范			2018/9/26	2018/9/26
18.6.1-2-3	18.6.1	29.240		Q/GDW 11894—2018	电力监控系统网络安全监测装置检测规范			2020/1/2	2020/1/2
18.6.1-2-4	18.6.1	29.240		Q/GDW 11914—2018	电力监控系统网络安全监测装置技术规范			2020/4/8	2020/4/8
18.6.1-2-5	18.6.1	29.240		Q/GDW 12045—2020	电力监控系统网络安全管理平台技术规范			2021/3/17	2021/3/17
18.6.1-2-6	18.6.1	29.240		Q/GDW 12059—2020	电力监控系统网络安全管理平台检测规范			2021/3/17	2021/3/17
18.6.1-2-7	18.6.1	29.240		Q/GDW 12189—2021	调控云平台安全防护技术规范			2022/1/24	2022/1/24
18.6.1-2-8	18.6.1	29.240		Q/GDW 12195—2021	电力监控系统恶意代码监测系统技术规范			2022/1/24	2022/1/24
18.6.1-2-9	18.6.1	29.240		Q/GDW 12196—2021	电力自动化系统软件安全检测规范			2022/1/24	2022/1/24
18.6.1-2-10	18.6.1	29.240		Q/GDW 12296—2024	电力监控系统主机可信验证技术规范			2024/1/19	2024/1/19
18.6.1-2-11	18.6.1	29.240		Q/GDW 12297—2024	调度自动化系统主站运维网关技术规范			2024/1/19	2024/1/19
18.6.1-2-12	18.6.1	29.240		Q/GDW 12298—2024	电力监控系统网络安全检查工具箱技术规范			2024/1/19	2024/1/19
18.6.1-2-13	18.6.1	29.240	F20	Q/GDW 12472—2024	电力监控系统便携式运维网关技术规范			2024/8/23	2024/8/23
18.6.1-2-14	18.6.1	29.240		Q/GDW 1680.36—2014	智能电网调度控制系统　第 3-6 部分：基础平台　系统安全防护	Q/GDW 680.36—2011		2015/9/14	2015/9/14

续表

序号	GW 分类	ICS 分类	GB 分类	标准号	中文名称	代替标准	采用关系	发布日期	实施日期
18.6.1-3-15	18.6.1	29.240.30	F21	GB/Z 25320.1—2010	电力系统管理及其信息交换　数据和通信安全　第1部分：通信网络和系统安全　安全问题介绍		IEC TS 62351-1：2007，IDT	2010/11/10	2011/5/1
18.6.1-3-16	18.6.1	29.240.01	F21	GB/Z 25320.2—2013	电力系统管理及其信息交换　数据和通信安全　第2部分：术语			2013/2/7	2013/7/1
18.6.1-3-17	18.6.1	29.240.30	F21	GB/Z 25320.3—2010	电力系统管理及其信息交换　数据和通信安全　第3部分：通信网络和系统安全　包含TCP/IP的协议集			2010/11/10	2011/5/1
18.6.1-3-18	18.6.1	29.240.30	F21	GB/Z 25320.4—2010	电力系统管理及其信息交换　数据和通信安全　第4部分：包含MMS的协议集		IEC TS 62351-4：2007，IDT	2010/11/10	2011/5/1
18.6.1-3-19	18.6.1	29.240.01	F21	GB/Z 25320.5—2013	电力系统管理及其信息交换　数据和通信安全　第5部分：GB/T 18657等及其衍生标准的安全		IEC/TS 62351-5：2009，IDT	2013/2/7	2013/7/1
18.6.1-3-20	18.6.1	29.240.01	F21	GB/T 25320.6—2023	电力系统管理及其信息交换　数据和通信安全　第6部分：IEC 61850的安全	GB/Z 25320.6—2011		2023/12/28	2024/7/1
18.6.1-3-21	18.6.1	29.240.01	F21	GB/Z 25320.7—2015	电力系统管理及其信息交换　数据和通信安全　第7部分：网络和系统管理（NSM）的数据对象模型		IEC/TS 62351-7：2010，IDT	2015/5/15	2015/12/1
18.6.1-3-22	18.6.1	29.240.01	F21	GB/T 25320.11—2023	电力系统管理及其信息交换　数据和通信安全　第11部分：XML文件的安全			2023/12/28	2024/7/1
18.6.1-3-23	18.6.1	29.240.01	F21	GB/Z 25320.1001—2023	电力系统管理及其信息交换　数据和通信安全　第100-1部分：IEC 62351-5和IEC TS 60870-5-7的一致性测试用例			2023/12/28	2024/7/1
18.6.1-3-24	18.6.1	29.240.01	F21	GB/Z 25320.1003—2023	电力系统管理及其信息交换　数据和通信安全　第100-3部分：IEC 62351-3的一致性测试用例和包括TCP/IP协议集的安全通信扩展			2023/12/28	2024/7/1
18.6.1-3-25	18.6.1	29.240.01	F21	GB/T 36572—2018	电力监控系统网络安全防护导则			2018/9/17	2019/4/1
18.6.1-3-26	18.6.1	35.240.50	F07	GB/T 37138—2018	电力信息系统安全等级保护实施指南			2018/12/28	2019/7/1
18.6.1-3-27	18.6.1	29.240.01	F21	GB/T 38318—2019	电力监控系统网络安全评估指南			2019/12/10	2020/7/1
18.6.1-3-28	18.6.1	35.030	L80	GB/T 39204—2022	信息安全技术　关键信息基础设施安全保护要求			2022/10/12	2023/5/1
18.6.1-3-29	18.6.1	35.240	L80	GB/Z 41288—2022	信息安全技术　重要工业控制系统网络安全防护导则			2022/3/9	2022/10/1

续表

序号	GW 分类	ICS 分类	GB 分类	标准号	中文名称	代替标准	采用关系	发布日期	实施日期
18.6.1-4-30	18.6.1	29.240.01	F21	DL/T 1936—2018	配电自动化系统安全防护技术导则			2018/12/25	2019/5/1
18.6.1-4-31	18.6.1	29.240.01	F21	DL/T 1941—2018	可再生能源发电站电力监控系统网络安全防护技术规范			2018/12/25	2019/5/1
18.6.1-4-32	18.6.1	29.240	F20	DL/T 2192—2020	并网发电厂变电站电力监控系统安全防护验收规范			2020/10/23	2021/2/1
18.6.1-4-33	18.6.1	29.240.01	F21	DL/T 2335—2021	电力监控系统网络安全防护技术导则			2021/12/22	2022/3/22
18.6.1-4-34	18.6.1	29.240.01	F21	DL/T 2336—2021	电力监控系统设备及软件网络安全检测要求			2021/12/22	2022/3/22
18.6.1-4-35	18.6.1	29.240.01	F21	DL/T 2337—2021	电力监控系统设备及软件网络安全技术要求			2021/12/22	2022/3/22
18.6.1-4-36	18.6.1	29.240.01	F21	DL/T 2338—2021	电力监控系统网络安全并网验收要求			2021/12/22	2022/3/22
18.6.1-4-37	18.6.1	29.020	F21	DL/T 2473.2—2022	可调节负荷并网运行与控制技术规范　第2部分：网络安全防护			2022/5/13	2022/11/13
18.6.1-4-38	18.6.1	35.040	L80	DL/T 2613—2023	电力行业网络安全等级保护测评指南			2023/5/26	2023/11/26
18.6.1-4-39	18.6.1			DL/T 2614—2023	电力行业网络安全等级保护基本要求			2023/5/26	2023/11/26
18.6.1-6-40	18.6.1			T/CEC 626—2022	电力监控系统网络安全信息采集系统检测规范			2022/6/23	2022/10/1
18.6.1-6-41	18.6.1			T/CEC 910—2024	电力监控系统网络安全管理平台技术要求			2024/10/18	2025/3/1

18.6.2　数字化-网络安全-信息技术安全

序号	GW 分类	ICS 分类	GB 分类	标准号	中文名称	代替标准	采用关系	发布日期	实施日期
18.6.2-2-1	18.6.2	29.240		Q/GDW 10594—2021	管理信息系统网络安全等级保护技术要求	Q/GDW 1594—2014		2021/6/25	2021/6/25
18.6.2-2-2	18.6.2	29.240		Q/GDW 10595—2021	管理信息系统网络安全等级保护验收规范	Q/GDW 1595—2014		2021/6/25	2021/6/25
18.6.2-2-3	18.6.2	29.240		Q/GDW 10596—2022	信息安全风险评估实施细则	Q/GDW 1596—2015		2022/12/30	2022/12/30
18.6.2-2-4	18.6.2	29.249		Q/GDW 10597—2022	应用软件系统通用安全技术要求及测试规范	Q/GDW 1597—2015；Q/GDW 10942—2018		2022/12/30	2022/12/30
18.6.2-2-5	18.6.2	29.249		Q/GDW 10775—2022	互联网环境下的数据安全传输技术规范	Q/GDW 1775—2012；Q/GDW 1776—2012；Q/GDW/Z 1939—2013；Q/GDW 1927—2013 等		2022/12/30	2022/12/30
18.6.2-2-6	18.6.2	29.240		Q/GDW 10929.5—2018	信息系统应用安全　第5部分：代码安全检测	Q/GDW 1929.5—2013		2020/3/20	2020/3/20

18

续表

序号	GW 分类	ICS 分类	GB 分类	标准号	中文名称	代替标准	采用关系	发布日期	实施日期
18.6.2-2-7	18.6.2	29.240		Q/GDW 10937—2022	电子数据销毁、擦除和恢复规范	Q/GDW 1937—2013		2022/12/30	2022/12/30
18.6.2-2-8	18.6.2	35.040		Q/GDW 10940—2018	防火墙测试要求	Q/GDW 1940—2013		2019/7/26	2019/7/26
18.6.2-2-9	18.6.2	35.040		Q/GDW 10941—2018	入侵检测系统测试要求	Q/GDW 1941—2013		2019/7/26	2019/7/26
18.6.2-2-10	18.6.2	35.240.50	L80	Q/GDW 11120—2018	防火墙安全配置及监测基本技术要求	Q/GDW 11120—2013		2019/7/26	2019/7/26
18.6.2-2-11	18.6.2	29.240		Q/GDW 11347—2014	国家电网公司信息系统安全设计框架技术规范			2015/5/29	2015/5/29
18.6.2-2-12	18.6.2	29.240		Q/GDW 11416—2015	国家电网公司商业秘密安全保密技术规范			2015/9/14	2015/9/14
18.6.2-2-13	18.6.2	29.240		Q/GDW 11445—2022	管理信息系统安全基线要求	Q/GDW 11445—2015		2022/12/30	2022/12/30
18.6.2-2-14	18.6.2	01.040.35	L70/84	Q/GDW/Z 11801—2018	网络与信息安全风险监控预警平台安全监测数据规范			2019/7/26	2019/7/26
18.6.2-2-15	18.6.2	29.240		Q/GDW 11802—2018	网络与信息安全风险监控预警平台数据接入规范			2019/7/26	2019/7/26
18.6.2-2-16	18.6.2	29.240		Q/GDW 11823—2018	国家电网有限公司网络安全监督检查规范			2019/7/26	2019/7/26
18.6.2-2-17	18.6.2	29.240		Q/GDW 11940—2018	数据脱敏导则			2020/3/20	2020/3/20
18.6.2-2-18	18.6.2	29.240		Q/GDW/Z 11976—2019	电动汽车充电设备可信计算技术规范			2020/9/28	2020/9/28
18.6.2-2-19	18.6.2	29.240		Q/GDW 11977—2024	电动汽车充电设施网络安全防护技术规范	Q/GDW 11977—2019		2024/2/28	2024/2/28
18.6.2-2-20	18.6.2	35.040		Q/GDW 11982—2019	网络与信息安全风险监控预警平台告警规范			2020/9/28	2020/9/28
18.6.2-2-21	18.6.2	29.240		Q/GDW 11984—2019	管理信息大区网络边界终端准入管控系统技术规范			2020/9/28	2020/9/28
18.6.2-2-22	18.6.2	35.240		Q/GDW 12108—2021	电力物联网全场景安全技术要求			2021/5/26	2021/5/26
18.6.2-2-23	18.6.2	29.240		Q/GDW 12109—2021	电力物联网感知层设备接入安全技术规范			2021/5/26	2021/5/26
18.6.2-2-24	18.6.2	35.240		Q/GDW 12110—2021	电力物联网全场景安全监测数据采集基本要求			2021/5/26	2021/5/26
18.6.2-2-25	18.6.2	29.240		Q/GDW 12111—2021	电力物联网数据安全分级保护要求			2021/5/26	2021/5/26
18.6.2-2-26	18.6.2	35.040		Q/GDW 12112—2021	电力物联网密码应用规范			2021/5/26	2021/5/26
18.6.2-2-27	18.6.2	35.020		Q/GDW 12186—2021	输变电设备物联网通信安全规范			2021/12/6	2021/12/6
18.6.2-2-28	18.6.2	35.240		Q/GDW 12269—2022	云平台网络安全防护技术规范			2022/12/30	2022/12/30
18.6.2-2-29	18.6.2	35.040		Q/GDW 12270—2022	商用密码应用总体要求			2022/12/30	2022/12/30
18.6.2-2-30	18.6.2	35.240.30		Q/GDW 12271—2022	密码服务统一接口规范			2022/12/30	2022/12/30

续表

序号	GW 分类	ICS 分类	GB 分类	标准号	中文名称	代替标准	采用关系	发布日期	实施日期
18.6.2-2-31	18.6.2	29.020		Q/GDW 12394—2024	电工装备智慧物联平台系统安全防护规范			2024/2/29	2024/2/29
18.6.2-2-32	18.6.2	35.240		Q/GDW 12403—2024	国家电网统一密码服务密码机技术要求及检测规范			2024/2/28	2024/2/28
18.6.2-2-33	18.6.2	35.240		Q/GDW 12407—2024	网络诱捕蜜罐技术要求			2024/2/28	2024/2/28
18.6.2-2-34	18.6.2	35.240		Q/GDW 12408—2024	数据中台数据安全指南			2024/2/28	2024/2/28
18.6.2-2-35	18.6.2			Q/GDW 1929.1—2013	信息系统应用安全　第 1 部分：开发指南			2014/5/1	2014/5/1
18.6.2-2-36	18.6.2			Q/GDW 1929.2—2013	信息系统应用安全　第 2 部分：安全设计			2014/5/1	2014/5/1
18.6.2-2-37	18.6.2			Q/GDW 1929.3—2013	信息系统应用安全　第 3 部分：安全编程			2014/5/1	2014/5/1
18.6.2-2-38	18.6.2	29.240		Q/GDW 1929.4—2013	信息系统应用安全　第 4 部分：安全需求分析			2014/5/1	2014/5/1
18.6.2-3-39	18.6.2	35.040	L80	GB/T 15843.1—2017	信息技术　安全技术　实体鉴别　第 1 部分：总则	GB/T 15843.1—2008	ISO/IEC 9798-1：2010，IDT	2017/12/29	2018/7/1
18.6.2-3-40	18.6.2	35.040	L80	GB/T 15843.2—2017	信息技术　安全技术　实体鉴别　第 2 部分：采用对称加密算法的机制	GB/T 15843.2—2008	ISO/IEC 9798-2：2008，IDT	2017/12/29	2018/7/1
18.6.2-3-41	18.6.2	35.030	L80	GB/T 15843.3—2023	信息技术　安全技术　实体鉴别　第 3 部分：采用数字签名技术的机制	GB/T 15843.3—2016	ISO/IEC 9798-3：2019，IDT	2023/3/17	2023/10/1
18.6.2-3-42	18.6.2		L80	GB/T 15843.4—2024	信息技术　安全技术　实体鉴别　第 4 部分：采用密码校验函数的机制	GB/T 15843.4—2008		2024/3/15	2024/10/1
18.6.2-3-43	18.6.2	35.040	L80	GB/T 15843.5—2005	信息技术　安全技术　实体鉴别　第 5 部分：使用零知识技术的机制		ISO/IEC 9798-5：1999，IDT	2005/4/19	2005/10/1
18.6.2-3-44	18.6.2	35.040	L80	GB/T 15851.3—2018	信息技术　安全技术　带消息恢复的数字签名方案　第 3 部分：基于离散对数的机制	GB/T 15851—1995	ISO/IEC 9796-3：2006，MOD	2018/12/28	2019/7/1
18.6.2-3-45	18.6.2	35.040	L80	GB/T 15852.1—2020	信息技术　安全技术　消息鉴别码　第 1 部分：采用分组密码的机制	GB/T 15852.1—2008	ISO/IEC 9797-1：2011，MOD	2020/12/14	2021/7/1
18.6.2-3-46	18.6.2	35.040	L80	GB/T 15852.2—2012	信息技术　安全技术　消息鉴别码　第 2 部分：采用专用杂凑函数的机制		ISO/IEC 9797-2：2002，MOD	2012/12/31	2013/6/1
18.6.2-3-47	18.6.2	35.100.70	L79	GB/T 17143.7—1997	信息技术　开放系统互连　系统管理　第 7 部分：安全告警报告功能		ISO/IEC 10164-7：1992，IDT	1997/12/15	1998/8/1
18.6.2-3-48	18.6.2	35.040	L80	GB/T 17901.3—2021	信息技术　安全技术　密钥管理　第 3 部分：采用非对称技术的机制		ISO/IEC 11770-3：2015，MOD	2021/3/9	2021/10/1
18.6.2-3-49	18.6.2	35.030	L80	GB/T 17902.1—2023	信息技术　安全技术　带附录的数字签名　第 1 部分：概述	GB/T 17902.1—1999	ISO/IEC 14888-1：2008，IDT	2023/3/17	2023/10/1

续表

序号	GW 分类	ICS 分类	GB 分类	标准号	中文名称	代替标准	采用关系	发布日期	实施日期
18.6.2-3-50	18.6.2	35.040	L80	GB/T 17902.2—2005	信息技术　安全技术　带附录的数字签名　第 2 部分：基于身份的机制		ISO/IEC 14888-2: 1999, IDT	2005/4/19	2005/10/1
18.6.2-3-51	18.6.2	35.040	L80	GB/T 17902.3—2005	信息技术　安全技术　带附录的数字签名　第 3 部分：基于证书的机制		ISO/IEC 14888-3: 1998, IDT	2005/4/19	2005/10/1
18.6.2-3-52	18.6.2		L80	GB/T 17903.1—2024	信息技术　安全技术　抗抵赖　第 1 部分：概述	GB/T 17903.1—2008		2024/3/15	2024/10/1
18.6.2-3-53	18.6.2	35.030	L80	GB/T 17903.2—2021	信息技术　安全技术　抗抵赖　第 2 部分：采用对称技术的机制	GB/T 17903.2—2008	ISO/IEC 13888-2: 2010, MOD	2021/10/11	2022/5/1
18.6.2-3-54	18.6.2		L80	GB/T 17903.3—2024	信息技术　安全技术　抗抵赖　第 3 部分：采用非对称技术的机制	GB/T 17903.3—2008		2024/3/15	2024/10/1
18.6.2-3-55	18.6.2	35.030	L80	GB/T 17964—2021	信息安全技术　分组密码算法的工作模式	GB/T 17964—2008		2021/10/11	2022/5/1
18.6.2-3-56	18.6.2	35.040	L80	GB/T 18018—2019	信息安全技术　路由器安全技术要求	GB/T 18018—2007		2019/8/30	2020/3/1
18.6.2-3-57	18.6.2		L80	GB/T 18336.1—2024	网络安全技术　信息技术安全评估准则　第 1 部分：简介和一般模型	GB/T 18336.1—2015		2024/4/25	2024/11/1
18.6.2-3-58	18.6.2		L80	GB/T 18336.2—2024	网络安全技术　信息技术安全评估准则　第 2 部分：安全功能组件	部分代替：GB/T 18336.2—2015		2024/4/25	2024/11/1
18.6.2-3-59	18.6.2		L80	GB/T 18336.3—2024	网络安全技术　信息技术安全评估准则　第 3 部分：安全保障组件	部分代替：GB/T 18336.3—2015		2024/4/25	2024/11/1
18.6.2-3-60	18.6.2		L80	GB/T 18336.4—2024	网络安全技术　信息技术安全评估准则　第 4 部分：评估方法和活动的规范框架	GB/T 18336.3—2015		2024/4/25	2024/11/1
18.6.2-3-61	18.6.2	35.030	L80	GB/T 18336.5—2024	网络安全技术　信息技术安全评估准则　第 5 部分：预定义的安全要求包	GB/T 18336.3—2015；GB/T 18336.3—2015		2024/4/25	2024/11/1
18.6.2-3-62	18.6.2	35.100.70	L79	GB/T 19771—2005	信息技术　安全技术　公钥基础设施 PKI 组件最小互操作规范			2005/5/25	2005/12/1
18.6.2-3-63	18.6.2	35.020	L09	GB/T 20008—2005	信息安全技术　操作系统安全评估准则			2005/11/11	2006/5/1
18.6.2-3-64	18.6.2	35.040	L80	GB/T 20009—2019	信息安全技术　数据库管理系统安全评估准则	GB/T 20009—2005		2019/8/30	2020/3/1
18.6.2-3-65	18.6.2	35.020	L09	GB/T 20011—2005	信息安全技术　路由器安全评估准则			2005/11/11	2006/5/1
18.6.2-3-66	18.6.2	35.040	L80	GB/T 20261—2020	信息安全技术　系统安全工程　能力成熟度模型	GB/T 20261—2006	ISO/IEC 21827：2008, MOD	2020/11/19	2021/6/1
18.6.2-3-67	18.6.2	35.040	L80	GB/T 20269—2006	信息安全技术　信息系统安全管理要求			2006/5/31	2006/12/1
18.6.2-3-68	18.6.2	35.040	L80	GB/T 20270—2006	信息安全技术　网络基础安全技术要求			2006/5/31	2006/12/1

续表

序号	GW 分类	ICS 分类	GB 分类	标准号	中文名称	代替标准	采用关系	发布日期	实施日期
18.6.2-3-69	18.6.2	35.040	L80	GB/T 20271—2006	信息安全技术　信息系统通用安全技术要求			2006/5/31	2006/12/1
18.6.2-3-70	18.6.2	35.040	L80	GB/T 20272—2019	信息安全技术　操作系统安全技术要求	GB/T 20272—2006		2019/8/30	2020/3/1
18.6.2-3-71	18.6.2	35.040	L80	GB/T 20273—2019	信息安全技术　数据库管理系统安全技术要求	GB/T 20273—2006		2019/8/30	2020/3/1
18.6.2-3-72	18.6.2	35.030	L80	GB/T 20274.1—2023	信息安全技术　信息系统安全保障评估框架　第 1 部分：简介和一般模型	GB/T 20274.1—2006		2023/3/17	2023/10/1
18.6.2-3-73	18.6.2	35.040	L80	GB/T 20274.2—2008	信息安全技术　信息系统安全保障评估框架　第 2 部分：技术保障			2008/7/18	2008/12/1
18.6.2-3-74	18.6.2	35.040	L80	GB/T 20274.3—2008	信息安全技术　信息系统安全保障评估框架　第 3 部分：管理保障			2008/7/18	2008/12/1
18.6.2-3-75	18.6.2	35.040	L80	GB/T 20274.4—2008	信息安全技术　信息系统安全保障评估框架　第 4 部分：工程保障			2008/7/18	2008/12/1
18.6.2-3-76	18.6.2	35.030	L80	GB/T 20275—2021	信息安全技术　网络入侵检测系统技术要求和测试评价方法	GB/T 20275—2013		2021/10/11	2022/5/1
18.6.2-3-77	18.6.2	35.040	L80	GB/T 20276—2016	信息安全技术　具有中央处理器的 IC 卡嵌入式软件安全技术要求	GB/T 20276—2006		2016/8/29	2017/3/1
18.6.2-3-78	18.6.2	35.040	L80	GB/T 20277—2015	信息安全技术　网络和终端隔离产品测试评价方法			2015/5/15	2016/1/1
18.6.2-3-79	18.6.2	35.030	L80	GB/T 20278—2022	信息安全技术　网络脆弱性扫描产品安全技术要求和测试评价方法	GB/T 20278—2013；GB/T 20280—2006		2022/3/9	2022/10/1
18.6.2-3-80	18.6.2	35.040	L80	GB/T 20279—2015	信息安全技术　网络和终端隔离产品安全技术要求	GB/T 20279—2006		2015/5/15	2016/1/1
18.6.2-3-81	18.6.2	35.040	L80	GB/T 20281—2020	信息安全技术　防火墙安全技术要求和测试评价方法	GB/T 20010—2005；GB/T 20281—2015；GB/T 31505—2015；GB/T 32917—2016		2020/4/28	2020/11/1
18.6.2-3-82	18.6.2	35.020	L09	GB/T 20282—2006	信息安全技术　信息系统安全工程管理要求			2006/5/31	2006/12/1
18.6.2-3-83	18.6.2	35.040	L80	GB/T 20283—2020	信息安全技术　保护轮廓和安全目标的产生指南	GB/Z 20283—2006	ISO/IEC TR 15446：2017，NEQ	2020/9/29	2021/4/1
18.6.2-3-84	18.6.2	25.040	N10	GB/T 20438.1—2017	电气/电子/可编程电子安全相关系统的功能安全　第 1 部分：一般要求	GB/T 20438.1—2006	IEC 61508-1：2010，IDT	2017/12/29	2018/7/1

续表

序号	GW 分类	ICS 分类	GB 分类	标准号	中文名称	代替标准	采用关系	发布日期	实施日期
18.6.2-3-85	18.6.2	25.040	N10	GB/T 20438.2—2017	电气/电子/可编程电子安全相关系统的功能安全　第 2 部分：电气/电子/可编程电子安全相关系统的要求	GB/T 20438.2—2006	IEC 61508-2: 2010，IDT	2017/12/29	2018/7/1
18.6.2-3-86	18.6.2	25.040	N10	GB/T 20438.3—2017	电气/电子/可编程电子安全相关系统的功能安全　第 3 部分：软件要求	GB/T 20438.3—2006	IEC 61508-3: 2010，IDT	2017/12/29	2018/7/1
18.6.2-3-87	18.6.2	25.040	N10	GB/T 20438.4—2017	电气/电子/可编程电子安全相关系统的功能安全　第 4 部分：定义和缩略语	GB/T 20438.4—2006	IEC 61508-4: 2010，IDT	2017/12/29	2018/7/1
18.6.2-3-88	18.6.2	25.040	N10	GB/T 20438.5—2017	电气/电子/可编程电子安全相关系统的功能安全　第 5 部分：确定安全完整性等级的方法示例	GB/T 20438.5—2006	IEC 61508-5: 2010，IDT	2017/12/29	2018/7/1
18.6.2-3-89	18.6.2	25.040	N10	GB/T 20438.6—2017	电气/电子/可编程电子安全相关系统的功能安全　第 6 部分：GB/T 20438.2 和 GB/T 20438.3 的应用指南	GB/T 20438.6—2006	IEC 61508-6: 2010，IDT	2017/12/29	2018/7/1
18.6.2-3-90	18.6.2	25.040	N10	GB/T 20438.7—2017	电气/电子/可编程电子安全相关系统的功能安全　第 7 部分：技术和措施概述	GB/T 20438.7—2006	IEC 61508-7: 2010，IDT	2017/12/29	2018/7/1
18.6.2-3-91	18.6.2	35.040	L80	GB/T 20518—2018	信息安全技术　公钥基础设施　数字证书格式	GB/T 20518—2006		2018/6/7	2019/1/1
18.6.2-3-92	18.6.2	35.040	L80	GB/T 20520—2006	信息安全技术　公钥基础设施时间戳规范			2006/8/30	2007/2/1
18.6.2-3-93	18.6.2	35.030;	L80	GB/T 20945—2023	信息安全技术　网络安全审计产品技术规范	GB/T 20945—2013		2023/5/23	2023/12/1
18.6.2-3-94	18.6.2	35.040	L80	GB/T 20979—2019	信息安全技术　虹膜识别系统技术要求	GB/T 20979—2007		2019/8/30	2020/3/1
18.6.2-3-95	18.6.2	35.040	L80	GB/T 20985.1—2017	信息技术　安全技术　信息安全事件管理　第 1 部分：事件管理原理	GB/Z 20985—2007	ISO/IEC 27035-1: 2016，IDT	2017/12/29	2018/7/1
18.6.2-3-96	18.6.2	35.040	L80	GB/T 20985.2—2020	信息技术　安全技术　信息安全事件管理　第 2 部分：事件响应规划和准备指南		ISO/IEC 27035-2: 2016，MOD	2020/12/14	2021/7/1
18.6.2-3-97	18.6.2	35.030;	A90	GB/T 20986—2023	信息安全技术　网络安全事件分类分级指南	GB/Z 20986—2007		2023/5/23	2023/12/1
18.6.2-3-98	18.6.2	35.040	L80	GB/T 21050—2019	信息安全技术　网络交换机安全技术要求	GB/T 21050—2007		2019/8/30	2020/3/1
18.6.2-3-99	18.6.2	35.040	L80	GB/T 21052—2007	信息安全技术　信息系统物理安全技术要求			2007/8/23	2008/1/1
18.6.2-3-100	18.6.2	35.030;	L80	GB/T 21053—2023	信息安全技术　公钥基础设施　PKI 系统安全技术要求	GB/T 21053—2007		2023/3/17	2023/10/1
18.6.2-3-101	18.6.2	35.030;	L80	GB/T 21054—2023	信息安全技术　公钥基础设施　PKI 系统安全测评方法	GB/T 21054—2007		2023/3/17	2023/10/1
18.6.2-3-102	18.6.2	35.040	L80	GB/T 22080—2016	信息技术　安全技术　信息安全管理体系要求	GB/T 22080—2008	ISO/IEC 27001：2013，IDT	2016/8/29	2017/3/1

续表

序号	GW 分类	ICS 分类	GB 分类	标准号	中文名称	代替标准	采用关系	发布日期	实施日期
18.6.2-3-103	18.6.2	35.040	L80	GB/T 22081—2016	信息技术　安全技术　信息安全控制实践指南	GB/T 22081—2008	ISO/IEC 27002：2013，IDT	2016/8/29	2017/3/1
18.6.2-3-104	18.6.2	35.040	L80	GB/T 22186—2016	信息安全技术　具有中央处理器的 IC 卡芯片安全技术要求	GB/T 22186—2008		2016/8/29	2017/3/1
18.6.2-3-105	18.6.2	35.040	L80	GB/T 22239—2019	信息安全技术　网络安全等级保护基本要求	GB/T 22239—2008		2019/5/10	2019/12/1
18.6.2-3-106	18.6.2	35.040	L80	GB/Z 24294.1—2018	信息安全技术　基于互联网电子政务信息安全实施指南　第 1 部分：总则	GB/Z 24294—2009		2018/3/15	2018/10/1
18.6.2-3-107	18.6.2	35.040	L80	GB/T 24363—2009	信息安全技术　信息安全应急响应计划规范			2009/9/30	2009/12/1
18.6.2-3-108	18.6.2	35.030	L80	GB/T 24364—2023	信息安全技术　信息安全风险管理实施指南	GB/Z 24364—2009		2023/5/23	2023/12/1
18.6.2-3-109	18.6.2	35.040	L80	GB/T 25056—2018	信息安全技术　证书认证系统密码及其相关安全技术规范	GB/T 25056—2010		2018/6/7	2019/1/1
18.6.2-3-110	18.6.2	35.040	L80	GB/T 25058—2019	信息安全技术　网络安全等级保护实施指南	GB/T 25058—2010		2019/8/30	2020/3/1
18.6.2-3-111	18.6.2	35.040	L80	GB/T 25061—2020	信息安全技术 XML 数字签名语法与处理规范	GB/T 25061—2010		2020/11/19	2021/6/1
18.6.2-3-112	18.6.2	35.040	L80	GB/T 25062—2010	信息安全技术　鉴别与授权基于角色的访问控制模型与管理规范			2010/9/2	2011/2/1
18.6.2-3-113	18.6.2	35.040	L80	GB/T 25064—2010	信息安全技术　公钥基础设施电子签名格式规范			2010/9/2	2011/2/1
18.6.2-3-114	18.6.2	35.240.40	L80	GB/T 25065—2010	信息安全技术　公钥基础设施签名生成应用程序的安全要求			2010/9/2	2011/2/1
18.6.2-3-115	18.6.2	35.040	L80	GB/T 25066—2020	信息安全技术　信息安全产品类别与代码			2020/4/28	2020/11/1
18.6.2-3-116	18.6.2	35.040	L80	GB/T 25067—2020	信息技术　安全技术　信息安全管理体系审核和认证机构要求	GB/T 25067—2016	ISO/IEC 27006：2015，IDT	2020/4/28	2020/11/1
18.6.2-3-117	18.6.2	35.040	L80	GB/T 25068.1—2020	信息技术　安全技术　网络安全　第 1 部分：综述和概念	GB/T 25068.1—2012	ISO/IEC27033-1：2015，IDT	2020/11/19	2021/6/1
18.6.2-3-118	18.6.2	35.040	L80	GB/T 25068.2—2020	信息技术　安全技术　网络安全　第 2 部分：网络安全设计和实现指南	GB/T 25068.2—2012	ISO/IEC 27033-2:2012，IDT	2020/11/19	2021/6/1
18.6.2-3-119	18.6.2	35.030	L80	GB/T 25068.3—2022	信息技术　安全技术　网络安全　第 3 部分：使用安全网关的网间通信安全保护	GB/T 25068.4—2010	ISO/IEC 18028-3:2005，MOD	2022/10/12	2023/5/1
18.6.2-3-120	18.6.2	35.030	L80	GB/T 25068.4—2022	信息技术　安全技术　网络安全　第 4 部分：远程接入的安全保护	GB/T 25068.3—2010	ISO/IEC 18028-4:2005，MOD	2022/10/12	2023/5/1

续表

序号	GW 分类	ICS 分类	GB 分类	标准号	中文名称	代替标准	采用关系	发布日期	实施日期
18.6.2-3-121	18.6.2	35.040	L80	GB/T 25068.5—2021	信息技术　安全技术　网络安全　第 5 部分：使用虚拟专用网的跨网通信安全保护	GB/T 25068.5—2010	ISO/IEC27033-5：2013，MOD	2021/3/9	2021/10/1
18.6.2-3-122	18.6.2	35.030	L80	GB/T 25069—2022	信息安全技术　术语	GB/T 25069—2010		2022/3/9	2022/10/1
18.6.2-3-123	18.6.2	35.040	L80	GB/T 25070—2019	信息安全技术　网络安全等级保护安全设计技术要求	GB/T 25070—2010		2019/5/10	2019/12/1
18.6.2-3-124	18.6.2	35.040	L71	GB/T 26237.7—2013	信息技术　生物特征识别数据交换格式　第 7 部分：签名/签字时间序列数据		ISO/IEC 19794-7:2007，MOD	2013/12/31	2014/7/15
18.6.2-3-125	18.6.2	35.040	L71	GB/T 26237.10—2022	信息技术　生物特征识别数据交换格式　第 10 部分：手型轮廓数据	GB/T 26237.10—2014	ISO/IEC 19794-10：2007，MOD	2022/10/12	2023/5/1
18.6.2-3-126	18.6.2	33.040.40	M32	GB/T 26265—2010	反垃圾信息技术要求		ITU-T X.1231：2008，MOD	2011/1/14	2011/6/1
18.6.2-3-127	18.6.2	33.040.40	M32	GB/T 26267—2010	反垃圾电子邮件设备技术要求			2011/1/14	2011/6/1
18.6.2-3-128	18.6.2	33.040.40；33.200	M54	GB/T 26269—2010	网络入侵检测系统技术要求			2011/1/14	2011/6/1
18.6.2-3-129	18.6.2	25.040	N10	GB/T 26333—2010	工业控制网络安全风险评估规范			2011/1/14	2011/6/1
18.6.2-3-130	18.6.2	35.020	L80	GB/T 26855—2011	信息安全技术　公钥基础设施证书策略与认证业务声明框架			2011/7/29	2011/11/1
18.6.2-3-131	18.6.2	35.020	L80	GB/T 28447—2012	信息安全技术　电子认证服务机构运营管理规范			2012/6/29	2012/10/1
18.6.2-3-132	18.6.2	35.040	L80	GB/T 28448—2019	信息安全技术　网络安全等级保护测评要求	GB/T 28448—2012		2019/5/10	2019/12/1
18.6.2-3-133	18.6.2	35.040	L80	GB/T 28449—2018	信息安全技术　网络安全等级保护测评过程指南	GB/T 28449—2012		2018/12/28	2019/7/1
18.6.2-3-134	18.6.2	35.040	L80	GB/T 28450—2020	信息技术　安全技术　信息安全管理体系审核指南	GB/T 28450—2012		2020/12/14	2021/7/1
18.6.2-3-135	18.6.2	35.030	L80	GB/T 28451—2023	信息安全技术　网络入侵防御产品技术规范	GB/T 28451—2012		2023/5/23	2023/12/1
18.6.2-3-136	18.6.2	35.020	L80	GB/T 28452—2012	信息安全技术　应用软件系统通用安全技术要求			2012/6/29	2012/10/1
18.6.2-3-137	18.6.2	35.040	L80	GB/T 28453—2012	信息安全技术　信息系统安全管理评估要求			2012/6/29	2012/10/1
18.6.2-3-138	18.6.2	35.040	L80	GB/T 28454—2020	信息技术　安全技术　入侵检测和防御系统（IDPS）的选择、部署和操作	GB/T 28454—2012	ISO/IEC 27039：2015，MOD	2020/4/28	2020/11/1

续表

序号	GW 分类	ICS 分类	GB 分类	标准号	中文名称	代替标准	采用关系	发布日期	实施日期
18.6.2-3-139	18.6.2	35.020	L80	GB/T 28455—2012	信息安全技术　引入可信第三方的实体鉴别及接入架构规范			2012/6/29	2012/10/1
18.6.2-3-140	18.6.2	35.020	L80	GB/T 28457—2012	SSL 协议应用测试规范			2012/6/29	2012/10/1
18.6.2-3-141	18.6.2	35.040	L80	GB/T 28458—2020	信息安全技术　网络安全漏洞标识与描述规范	GB/T 28458—2012		2020/11/19	2021/6/1
18.6.2-3-142	18.6.2	33.040.40	M32	GB/T 28516—2012	反垃圾电子邮件网关技术要求			2012/6/29	2012/10/1
18.6.2-3-143	18.6.2	35.040	L80	GB/Z 28828—2012	信息安全技术　公共及商用服务信息系统个人信息保护指南			2012/11/5	2013/2/1
18.6.2-3-144	18.6.2	33.040.99	M19	GB/T 29234—2012	基于公用电信网的宽带客户网络安全技术要求			2012/12/31	2013/6/1
18.6.2-3-145	18.6.2	35.040	L80	GB/T 29240—2012	信息安全技术　终端计算机通用安全技术要求与测试评价方法			2012/12/31	2013/6/1
18.6.2-3-146	18.6.2	35.040	L80	GB/T 29241—2012	信息安全技术　公钥基础设施 PKI 互操作性评估准则			2012/12/31	2013/6/1
18.6.2-3-147	18.6.2	35.040	L80	GB/T 29242—2012	信息安全技术　鉴别与授权安全　断言置标语言			2012/12/31	2013/6/1
18.6.2-3-148	18.6.2	35.040	L80	GB/T 29243—2012	信息安全技术　数字证书代理认证路径构造和代理验证规范			2012/12/31	2013/6/1
18.6.2-3-149	18.6.2	35.040	L80	GB/T 29244—2012	信息安全技术　办公设备基本安全要求			2012/12/31	2013/6/1
18.6.2-3-150	18.6.2		L80	GB/T 29246—2023	信息安全技术　信息安全管理体系　概述和词汇	GB/T 29246—2017		2023/12/28	2024/7/1
18.6.2-3-151	18.6.2	35.040	L71	GB/T 29268.1—2012	信息技术　生物特征识别性能测试和报告　第 1 部分：原则与框架		ISO/IEC 19795-1:2006，IDT	2012/12/31	2013/6/1
18.6.2-3-152	18.6.2	35.040	L71	GB/T 29268.2—2012	信息技术　生物特征识别性能测试和报告　第 2 部分：技术与场景评价的测试方法		ISO/IEC 19795-2:2007，IDT	2012/12/31	2013/6/1
18.6.2-3-153	18.6.2	35.040	L71	GB/T 29268.3—2012	信息技术　生物特征识别性能测试和报告　第 3 部分：模态特定性测试		ISO/IEC TR 19795-3:2007，IDT	2012/12/31	2013/6/1
18.6.2-3-154	18.6.2	35.040	L71	GB/T 29268.4—2012	信息技术　生物特征识别性能测试和报告　第 4 部分：互操作性性能测试		ISO/IEC 19795-4:2008，IDT	2012/12/31	2013/6/1
18.6.2-3-155	18.6.2	35.030	L80	GB/T 29765—2021	信息安全技术　数据备份与恢复产品技术要求与测试评价方法	GB/T 29765—2013		2021/10/11	2022/5/1
18.6.2-3-156	18.6.2	35.030	L80	GB/T 29766—2021	信息安全技术　网站数据恢复产品技术要求与测试评价方法	GB/T 29766—2013		2021/10/11	2022/5/1

续表

序号	GW 分类	ICS 分类	GB 分类	标准号	中文名称	代替标准	采用关系	发布日期	实施日期
18.6.2-3-157	18.6.2	35.040	L80	GB/T 29767—2013	信息安全技术　公钥基础设施桥 CA 体系证书分级规范			2013/9/18	2014/5/1
18.6.2-3-158	18.6.2	35.080	L40	GB/T 29827—2013	信息安全技术　可信计算规范可信平台主板功能接口			2013/11/12	2014/2/1
18.6.2-3-159	18.6.2	35.040	L80	GB/T 29828—2013	信息安全技术　可信计算规范可信连接架构			2013/11/12	2014/2/1
18.6.2-3-160	18.6.2	35.030	L80	GB/T 29829—2022	信息安全技术　可信计算密码支撑平台功能与接口规范	GB/T 29829—2013		2022/4/15	2022/11/1
18.6.2-3-161	18.6.2	35.040	L80	GB/Z 29830.1—2013	信息技术　安全技术　信息技术安全保障框架　第 1 部分：综述和框架		ISO/IEC TR 15443-1：2005，IDT	2013/11/12	2014/2/1
18.6.2-3-162	18.6.2	35.040	L80	GB/Z 29830.2—2013	信息技术　安全技术　信息技术安全保障框架　第 2 部分：保障方法		ISO/IEC TR 15443-2：2005，IDT	2013/11/12	2014/2/1
18.6.2-3-163	18.6.2	35.040	L80	GB/Z 29830.3—2013	信息技术　安全技术　信息技术安全保障框架　第 3 部分：保障方法分析		ISO/IEC TR 15443-3：2007，IDT	2013/11/12	2014/2/1
18.6.2-3-164	18.6.2	35.240.15	L64	GB/T 30001.1—2013	信息技术　基于射频的移动支付　第 1 部分：射频接口			2013/10/10	2014/5/1
18.6.2-3-165	18.6.2	35.240.15	L64	GB/T 30001.2—2013	信息技术　基于射频的移动支付　第 2 部分：卡技术要求			2013/10/10	2014/5/1
18.6.2-3-166	18.6.2	35.240.15	L64	GB/T 30001.3—2013	信息技术　基于射频的移动支付　第 3 部分：设备技术要求			2013/10/10	2014/5/1
18.6.2-3-167	18.6.2	35.240.15	L64	GB/T 30001.4—2013	信息技术　基于射频的移动支付　第 4 部分：卡应用管理和安全			2013/10/10	2014/5/1
18.6.2-3-168	18.6.2	35.240.15	L64	GB/T 30001.5—2013	信息技术　基于射频的移动支付　第 5 部分：射频接口测试方法			2013/10/10	2014/5/1
18.6.2-3-169	18.6.2	35.240.15	L64	GB/T 30266—2013	信息技术　识别卡　卡内生物特征比对		ISO/IEC 24787：2010，IDT	2013/12/31	2014/7/15
18.6.2-3-170	18.6.2	35.040	L71	GB/T 30267.1—2013	信息技术　生物特征识别应用程序接口　第 1 部分：BioAPI 规范		ISO/IEC 19784-1:2006，IDT	2013/12/31	2014/7/15
18.6.2-3-171	18.6.2	35.040	L71	GB/T 30268.1—2013	信息技术　生物特征识别应用程序接口（BioAPI）的符合性测试　第 1 部分：方法和规程		ISO/IEC 24709-1:2007，IDT	2013/11/11	2014/7/15
18.6.2-3-172	18.6.2	35.040	L71	GB/T 30268.2—2013	信息技术　生物特征识别应用程序接口（BioAPI）的符合性测试　第 2 部分：生物特征识别服务供方的测试断言		ISO/IEC 24709-2:2007，IDT	2013/11/11	2014/7/15

续表

序号	GW 分类	ICS 分类	GB 分类	标准号	中文名称	代替标准	采用关系	发布日期	实施日期
18.6.2-3-173	18.6.2	35.110	L79	GB/T 30269.302—2015	信息技术　传感器网络　第 302 部分：通信与信息交换：高可靠性无线传感器网络媒体访问控制和物理层规范			2015/12/31	2017/1/1
18.6.2-3-174	18.6.2	35.110	L79	GB/T 30269.401—2015	信息技术　传感器网络　第 401 部分：协同信息处理：支撑协同信息处理的服务及接口		ISO/IEC 20005：2013，IDT	2015/12/10	2016/8/1
18.6.2-3-175	18.6.2	35.040	L80	GB/T 30269.601—2016	信息技术　传感器网络　第 601 部分：信息安全：通用技术规范			2016/4/25	2016/8/1
18.6.2-3-176	18.6.2		L80	GB/T 30270—2024	网络安全技术　信息技术安全评估方法	GB/T 30270—2013		2024/4/25	2024/11/1
18.6.2-3-177	18.6.2	35.040	L80	GB/T 30271—2013	信息安全技术　信息安全服务能力评估准则			2013/12/31	2014/7/15
18.6.2-3-178	18.6.2	35.030	L80	GB/T 30272—2021	信息安全技术　公钥基础设施　标准符合性测评	GB/T 30272—2013		2021/10/11	2022/5/1
18.6.2-3-179	18.6.2	35.040	L80	GB/T 30273—2013	信息安全技术　信息系统安全保障通用评估指南			2013/12/31	2014/7/15
18.6.2-3-180	18.6.2	35.040	L80	GB/T 30275—2013	信息安全技术　鉴别与授权认证中间件框架与接口规范			2013/12/31	2014/7/15
18.6.2-3-181	18.6.2	35.040	L80	GB/T 30276—2020	信息安全技术　网络安全漏洞管理规范	GB/T 30276—2013		2020/11/19	2021/6/1
18.6.2-3-182	18.6.2	35.040	L80	GB/T 30279—2020	信息安全技术　网络安全漏洞分类分级指南	GB/T 30279—2013；GB/T 33561—2017		2020/11/19	2021/6/1
18.6.2-3-183	18.6.2	35.040	L80	GB/T 30280—2013	信息安全技术　鉴别与授权地理空间可扩展访问控制置标语言			2013/12/31	2014/7/15
18.6.2-3-184	18.6.2	35.040	L80	GB/T 30281—2013	信息安全技术　鉴别与授权可扩展访问控制标记语言			2013/12/31	2014/7/15
18.6.2-3-185	18.6.2	35.030	L80	GB/T 30282—2023	信息安全技术　反垃圾邮件产品技术规范	GB/T 30282—2013		2023/5/23	2023/12/1
18.6.2-3-186	18.6.2	35.030	L80	GB/T 30283—2022	信息安全技术　信息安全服务　分类与代码	GB/T 30283—2013		2022/4/15	2022/11/1
18.6.2-3-187	18.6.2	35.040	L80	GB/T 30284—2020	信息安全技术　移动通信智能终端操作系统安全技术要求	GB/T 30284—2013		2020/4/28	2020/11/1
18.6.2-3-188	18.6.2	35.040	L80	GB/T 30285—2013	信息安全技术　灾难恢复中心建设与运维管理规范			2013/12/31	2014/7/15
18.6.2-3-189	18.6.2	35.040	L80	GB/Z 30286—2013	信息安全技术　信息系统保护轮廓和信息系统安全目标产生指南			2013/12/31	2014/7/15
18.6.2-3-190	18.6.2	25.040	N10	GB/T 30976.1—2014	工业控制系统信息安全　第 1 部分：评估规范			2014/7/24	2015/2/1

续表

序号	GW 分类	ICS 分类	GB 分类	标准号	中文名称	代替标准	采用关系	发布日期	实施日期
18.6.2-3-191	18.6.2	25.040	N10	GB/T 30976.2—2014	工业控制系统信息安全　第 2 部分：验收规范			2014/7/24	2015/2/1
18.6.2-3-192	18.6.2	35.080	L77	GB/T 30998—2014	信息技术　软件安全保障规范			2014/9/3	2015/2/1
18.6.2-3-193	18.6.2	35.030	L80	GB/T 31167—2023	信息安全技术　云计算服务安全指南	GB/T 31167—2014		2023/5/23	2023/12/1
18.6.2-3-194	18.6.2	35.030	L80	GB/T 31168—2023	信息安全技术　云计算服务安全能力要求	GB/T 31168—2014		2023/5/23	2023/12/1
18.6.2-3-195	18.6.2	35.040	L80	GB/T 31495.1—2015	信息安全技术　信息安全保障指标体系及评价方法　第 1 部分：概念和模型			2015/5/15	2016/1/1
18.6.2-3-196	18.6.2	35.040	L80	GB/T 31495.2—2015	信息安全技术　信息安全保障指标体系及评价方法　第 2 部分：指标体系			2015/5/15	2016/1/1
18.6.2-3-197	18.6.2	35.040	L80	GB/T 31495.3—2015	信息安全技术　信息安全保障指标体系及评价方法　第 3 部分：实施指南			2015/5/15	2016/1/1
18.6.2-3-198	18.6.2	35.030	L80	GB/T 31496—2023	信息技术　安全技术　信息安全管理体系指南	GB/T 31496—2015	ISO/IEC 27003：2017，IDT	2023/5/23	2023/12/1
18.6.2-3-199	18.6.2		L80	GB/T 31497—2024	信息技术　安全技术　信息安全管理　监视、测量、分析和评价	GB/T 31497—2015		2024/3/15	2024/10/1
18.6.2-3-200	18.6.2	35.040	L80	GB/T 31499—2015	信息安全技术　统一威胁管理产品技术要求和测试评价方法			2015/5/15	2016/1/1
18.6.2-3-201	18.6.2	35.040	L80	GB/T 31500—2015	信息安全技术　存储介质数据恢复服务要求			2015/5/15	2016/1/1
18.6.2-3-202	18.6.2	35.040	L80	GB/T 31501—2015	信息安全技术　鉴别与授权授权应用程序判定接口规范			2015/5/15	2016/1/1
18.6.2-3-203	18.6.2	35.040	L80	GB/T 31502—2015	信息安全技术　电子支付系统安全保护框架			2015/5/15	2016/1/1
18.6.2-3-204	18.6.2	35.040	L80	GB/T 31503—2015	信息安全技术　电子文档加密与签名消息语法			2015/5/15	2016/1/1
18.6.2-3-205	18.6.2	35.040	L80	GB/T 31504—2015	信息安全技术　鉴别与授权数字身份信息服务框架规范			2015/5/15	2016/1/1
18.6.2-3-206	18.6.2	305.40	L80	GB/T 31507—2015	信息安全技术　智能卡通用安全检测指南			2015/5/15	2016/1/1
18.6.2-3-207	18.6.2	35.040	L80	GB/T 31508—2015	信息安全技术　公钥基础设施数字证书策略分类分级规范			2015/5/15	2016/1/1
18.6.2-3-208	18.6.2	35.040	L80	GB/T 31509—2015	信息安全技术　信息安全风险评估实施指南			2015/5/15	2016/1/1
18.6.2-3-209	18.6.2	35.040	L80	GB/T 31722—2015	信息技术　安全技术　信息安全风险管理		ISO/IEC 27005：2008，IDT	2015/6/2	2016/2/1
18.6.2-3-210	18.6.2	35.100.05	L79	GB/T 31915—2015	信息技术　弹性计算应用接口			2015/9/11	2016/5/1

续表

序号	GW 分类	ICS 分类	GB 分类	标准号	中文名称	代替标准	采用关系	发布日期	实施日期
18.6.2-3-211	18.6.2	35.040	L80	GB/T 32213—2015	信息安全技术　公钥基础设施远程口令鉴别与密钥建立规范			2015/12/10	2016/8/1
18.6.2-3-212	18.6.2	35.100.60	L79	GB/T 32214.2—2015	信息技术 ASN.1 的一般应用　第 2 部分：快速 Web 服务		ISO/IEC 24824-2：2006，IDT	2015/12/10	2016/8/1
18.6.2-3-213	18.6.2	29.020	F25	GB/T 32351—2015	电力信息安全水平评价指标			2015/12/31	2016/7/1
18.6.2-3-214	18.6.2	35.100.05	L79	GB/T 32416—2015	信息技术　Web 服务可靠传输消息			2015/12/31	2017/1/1
18.6.2-3-215	18.6.2	35.100.05	L79	GB/T 32419.1—2015	信息技术　SOA 技术实现规范　第 1 部分：服务描述			2015/12/31	2017/1/1
18.6.2-3-216	18.6.2	35.100.05	L79	GB/T 32419.2—2016	信息技术　SOA 技术实现规范　第 2 部分：服务注册与发现			2016/8/29	2017/3/1
18.6.2-3-217	18.6.2	35.100.05	L79	GB/T 32419.3—2016	信息技术　SOA 技术实现规范　第 3 部分：服务管理			2016/8/29	2017/3/1
18.6.2-3-218	18.6.2	35.100.05	L79	GB/T 32427—2015	信息技术　SOA 成熟度模型及评估方法		ISO/IEC 16680：2012，MOD	2015/12/31	2017/1/1
18.6.2-3-219	18.6.2	35.100.05	L79	GB/T 32428—2015	信息技术　SOA 服务质量模型及测评规范			2015/12/31	2017/1/1
18.6.2-3-220	18.6.2	35.100.05	L79	GB/T 32429—2015	信息技术　SOA 应用的生存周期过程			2015/12/31	2017/1/1
18.6.2-3-221	18.6.2	35.100.05	L79	GB/T 32430—2015	信息技术　SOA 应用的服务分析与设计			2015/12/31	2017/1/1
18.6.2-3-222	18.6.2	35.100.05	L79	GB/T 32431—2015	信息技术　SOA 服务交付保障规范			2015/12/31	2017/1/1
18.6.2-3-223	18.6.2	35.040	L80	GB/T 32905—2016	信息安全技术　SM3 密码杂凑算法			2016/8/29	2017/3/1
18.6.2-3-224	18.6.2	35.040	L80	GB/T 32907—2016	信息安全技术　SM4 分组密码算法			2016/8/29	2017/3/1
18.6.2-3-225	18.6.2		L80	GB/T 32914—2023	信息安全技术　网络安全服务能力要求	GB/T 32914—2016		2023/9/7	2024/4/1
18.6.2-3-226	18.6.2	35.040	L80	GB/T 32915—2016	信息安全技术　二元序列随机性检测方法			2016/8/29	2017/3/1
18.6.2-3-227	18.6.2		L80	GB/T 32916—2023	信息安全技术　信息安全控制评估指南	GB/Z 32916—2016		2023/9/7	2024/4/1
18.6.2-3-228	18.6.2	35.040	L80	GB/T 32918.1—2016	信息安全技术　SM2 椭圆曲线公钥密码算法　第 1 部分：总则			2016/8/29	2017/3/1
18.6.2-3-229	18.6.2	35.040	L80	GB/T 32918.2—2016	信息安全技术　SM2 椭圆曲线公钥密码算法　第 2 部分：数字签名算法			2016/8/29	2017/3/1
18.6.2-3-230	18.6.2	35.040	L80	GB/T 32918.3—2016	信息安全技术　SM2 椭圆曲线公钥密码算法　第 3 部分：密钥交换协议			2016/8/29	2017/3/1

续表

序号	GW 分类	ICS 分类	GB 分类	标准号	中文名称	代替标准	采用关系	发布日期	实施日期
18.6.2-3-231	18.6.2	35.040	L80	GB/T 32918.4—2016	信息安全技术　SM2 椭圆曲线公钥密码算法　第 4 部分：公钥加密算法			2016/8/29	2017/3/1
18.6.2-3-232	18.6.2	35.040	L80	GB/T 32919—2016	信息安全技术　工业控制系统安全控制应用指南			2016/8/29	2017/3/1
18.6.2-3-233	18.6.2	35.030	L80	GB/T 32920—2023	信息安全技术　行业间和组织间通信的信息安全管理	GB/T 32920—2016	ISO/IEC 27010：2015，IDT	2023/5/23	2023/12/1
18.6.2-3-234	18.6.2	35.040	L80	GB/T 32921—2016	信息安全技术　信息技术产品供应方行为安全准则			2016/8/29	2017/3/1
18.6.2-3-235	18.6.2	35.030	L80	GB/T 32922—2023	信息安全技术　IPSec　VPN 安全接入基本要求与实施指南	GB/T 32922—2016		2023/3/17	2023/10/1
18.6.2-3-236	18.6.2	35.040	L80	GB/T 32923—2016	信息技术　安全技术　信息安全治理		ISO/IEC 27014：2013，IDT	2016/8/29	2017/3/1
18.6.2-3-237	18.6.2	35.040	L80	GB/T 32924—2016	信息安全技术　网络安全预警指南			2016/8/29	2017/3/1
18.6.2-3-238	18.6.2	35.040	L80	GB/T 32927—2016	信息安全技术　移动智能终端安全架构			2016/8/29	2017/3/1
18.6.2-3-239	18.6.2	35.040	L80	GB/T 33131—2016	信息安全技术　基于 IPSec 的 IP 存储网络安全技术要求			2016/10/13	2017/5/1
18.6.2-3-240	18.6.2	35.040	L80	GB/T 33132—2016	信息安全技术　信息安全风险处理实施指南			2016/10/13	2017/5/1
18.6.2-3-241	18.6.2	35.040	L80	GB/T 33133.1—2016	信息安全技术　祖冲之序列密码算法　第 1 部分：算法描述			2016/10/13	2017/5/1
18.6.2-3-242	18.6.2	35.030	L80	GB/T 33133.2—2021	信息安全技术　祖冲之序列密码算法　第 2 部分：保密性算法			2021/10/11	2022/5/1
18.6.2-3-243	18.6.2	35.030	L80	GB/T 33133.3—2021	信息安全技术　祖冲之序列密码算法　第 3 部分：完整性算法			2021/10/11	2022/5/1
18.6.2-3-244	18.6.2	35.030	L80	GB/T 33134—2023	信息安全技术　公共域名服务系统安全要求	GB/T 33134—2016		2023/3/17	2023/10/1
18.6.2-3-245	18.6.2	35.040	L80	GB/T 33560—2017	信息安全技术　密码应用标识规范			2017/5/12	2017/12/1
18.6.2-3-246	18.6.2	35.040	L80	GB/T 33562—2017	信息安全技术　安全域名系统实施指南			2017/5/12	2017/12/1
18.6.2-3-247	18.6.2		L80	GB/T 33563—2024	网络安全技术　无线局域网客户端安全技术要求	GB/T 33563—2017		2024/4/25	2024/11/1
18.6.2-3-248	18.6.2		L80	GB/T 33565—2024	网络安全技术　无线局域网接入系统安全技术要求	GB/T 33565—2017		2024/4/25	2024/11/1

续表

序号	GW 分类	ICS 分类	GB 分类	标准号	中文名称	代替标准	采用关系	发布日期	实施日期
18.6.2-3-249	18.6.2	35.020	L09	GB/T 34835—2017	电气安全　与信息技术和通信技术网络连接设备的接口分类		IEC/TR 62102：2005，IDT	2017/12/29	2018/4/1
18.6.2-3-250	18.6.2	35.040	L80	GB/T 34975—2017	信息安全技术　移动智能终端应用软件安全技术要求和测试评价方法			2017/11/1	2018/5/1
18.6.2-3-251	18.6.2	35.040	L80	GB/T 34976—2017	信息安全技术　移动智能终端操作系统安全技术要求和测试评价方法			2017/11/1	2018/5/1
18.6.2-3-252	18.6.2	35.040	L80	GB/T 34977—2017	信息安全技术　移动智能终端数据存储安全技术要求与测试评价方法			2017/11/1	2018/5/1
18.6.2-3-253	18.6.2	35.040	L80	GB/T 34978—2017	信息安全技术　移动智能终端个人信息保护技术要求			2017/11/1	2018/5/1
18.6.2-3-254	18.6.2	35.040	L80	GB/T 34990—2017	信息安全技术　信息系统安全管理平台技术要求和测试评价方法			2017/11/1	2018/5/1
18.6.2-3-255	18.6.2	35.040	L81	GB/T 35273—2020	信息安全技术　个人信息安全规范	GB/T 35273—2017		2020/3/6	2020/10/1
18.6.2-3-256	18.6.2	35.030	L80	GB/T 35274—2023	信息安全技术　大数据服务安全能力要求	GB/T 35274—2017		2023/8/6	2024/3/1
18.6.2-3-257	18.6.2	35.040	L80	GB/T 35275—2017	信息安全技术 SM2 密码算法加密签名消息语法规范			2017/12/29	2018/7/1
18.6.2-3-258	18.6.2	35.040	L80	GB/T 35276—2017	信息安全技术 SM2 密码算法使用规范			2017/12/29	2018/7/1
18.6.2-3-259	18.6.2	35.040	L80	GB/T 35277—2017	信息安全技术　防病毒网关安全技术要求和测试评价方法			2017/12/29	2018/7/1
18.6.2-3-260	18.6.2	35.040	L80	GB/T 35278—2017	信息安全技术　移动终端安全保护技术要求			2017/12/29	2018/7/1
18.6.2-3-261	18.6.2	35.040	L80	GB/T 35279—2017	信息安全技术　云计算安全参考架构			2017/12/29	2018/7/1
18.6.2-3-262	18.6.2	35.040	L80	GB/T 35280—2017	信息安全技术　信息技术产品安全检测机构条件和行为准则			2017/12/29	2018/7/1
18.6.2-3-263	18.6.2	35.040	L80	GB/T 35281—2017	信息安全技术　移动互联网应用服务器安全技术要求			2017/12/29	2018/7/1
18.6.2-3-264	18.6.2	35.030	L80	GB/T 35282—2023	信息安全技术　电子政务移动办公系统安全技术规范	GB/T 35282—2017		2023/5/23	2023/12/1
18.6.2-3-265	18.6.2	35.040	L80	GB/T 35283—2017	信息安全技术　计算机终端核心配置基线结构规范			2017/12/29	2018/7/1
18.6.2-3-266	18.6.2	35.040	L80	GB/T 35284—2017	信息安全技术　网站身份和系统安全要求与评估方法			2017/12/29	2018/7/1

续表

序号	GW 分类	ICS 分类	GB 分类	标准号	中文名称	代替标准	采用关系	发布日期	实施日期
18.6.2-3-267	18.6.2	35.040	L80	GB/T 35285—2017	信息安全技术　公钥基础设施　基于数字证书的可靠电子签名生成及验证技术要求			2017/12/29	2018/7/1
18.6.2-3-268	18.6.2	35.040	L80	GB/T 35286—2017	信息安全技术　低速无线个域网空口安全测试规范			2017/12/29	2018/7/1
18.6.2-3-269	18.6.2	35.040	L80	GB/T 35287—2017	信息安全技术　网站可信标识技术指南			2017/12/29	2018/7/1
18.6.2-3-270	18.6.2	35.040	L80	GB/T 35288—2017	信息安全技术　电子认证服务机构从业人员岗位技能规范			2017/12/29	2018/7/1
18.6.2-3-271	18.6.2	35.040	L80	GB/T 35289—2017	信息安全技术　电子认证服务机构服务质量规范			2017/12/29	2018/7/1
18.6.2-3-272	18.6.2		L80	GB/T 35290—2023	信息安全技术　射频识别（RFID）系统安全技术规范	GB/T 35290—2017		2023/12/28	2024/7/1
18.6.2-3-273	18.6.2	35.040	L80	GB/T 35291—2017	信息安全技术　智能密码钥匙应用接口规范			2017/12/29	2018/7/1
18.6.2-3-274	18.6.2	35.100.70	L78	GB/T 35294—2017	信息技术　科学数据引用			2017/12/29	2018/7/1
18.6.2-3-275	18.6.2	35.020；35.240.01	L70	GB/T 35295—2017	信息技术　大数据　术语			2017/12/29	2018/7/1
18.6.2-3-276	18.6.2	35.100.01	L79	GB/T 35299—2017	信息技术　开放系统互连　对象标识符解析系统		ISO/IEC 29168-1:2011，MOD	2017/12/29	2017/12/29
18.6.2-3-277	18.6.2	35.100	L66	GB/T 35300—2017	信息技术　开放系统互连　用于对象标识符解析系统运营机构的规程			2017/12/29	2017/12/29
18.6.2-3-278	18.6.2	25.040	N10	GB/T 35673—2017	工业通信网络　网络和系统安全　系统安全要求和安全等级		IEC 62443-3-3：2013，IDT	2017/12/29	2018/7/1
18.6.2-3-279	18.6.2	13.310	A91	GB/T 35735—2017	公共安全　指纹识别应用　采集设备通用技术要求			2017/12/29	2018/7/1
18.6.2-3-280	18.6.2	13.310	A91	GB/T 35736—2017	公共安全指纹识别应用　图像技术要求			2017/12/29	2018/7/1
18.6.2-3-281	18.6.2	35.240.15	L63	GB/T 35783—2017	信息技术　虹膜识别设备通用规范			2017/12/29	2018/7/1
18.6.2-3-282	18.6.2	35.040	L80	GB/T 36322—2018	信息安全技术　密码设备应用接口规范			2018/6/7	2019/1/1
18.6.2-3-283	18.6.2	35.040	L80	GB/T 36323—2018	信息安全技术　工业控制系统安全管理基本要求			2018/6/7	2019/1/1
18.6.2-3-284	18.6.2	35.040	L80	GB/T 36324—2018	信息安全技术　工业控制系统信息安全分级规范			2018/6/7	2019/10/1
18.6.2-3-285	18.6.2	35.040	L80	GB/T 36470—2018	信息安全技术　工业控制系统现场测控设备通用安全功能要求			2018/6/7	2019/1/1

续表

序号	GW 分类	ICS 分类	GB 分类	标准号	中文名称	代替标准	采用关系	发布日期	实施日期
18.6.2-3-286	18.6.2	35.040	L80	GB/T 36624—2018	信息技术　安全技术　可鉴别的加密机制		ISO/IEC 19772：2009，MOD	2018/9/17	2019/4/1
18.6.2-3-287	18.6.2	35.040	L80	GB/T 36626—2018	信息安全技术　信息系统安全运维管理指南			2018/9/17	2019/4/1
18.6.2-3-288	18.6.2	35.040	L80	GB/T 36627—2018	信息安全技术　网络安全等级保护测试评估技术指南			2018/9/17	2019/4/1
18.6.2-3-289	18.6.2	35.040	L80	GB/T 36629.1—2018	信息安全技术　公民网络电子身份标识安全技术要求　第 1 部分：读写机具安全技术要求			2018/10/10	2019/5/1
18.6.2-3-290	18.6.2	35.040	L80	GB/T 36629.2—2018	信息安全技术　公民网络电子身份标识安全技术要求　第 2 部分：载体安全技术要求			2018/10/10	2019/5/1
18.6.2-3-291	18.6.2	35.040	L80	GB/T 36629.3—2018	信息安全技术　公民网络电子身份标识安全技术要求　第 3 部分：验证服务消息及其处理规则			2018/12/28	2019/7/1
18.6.2-3-292	18.6.2	35.040	L80	GB/T 36630.1—2018	信息安全技术　信息技术产品安全可控评价指标　第 1 部分：总则			2018/9/17	2019/4/1
18.6.2-3-293	18.6.2	35.040	L80	GB/T 36630.2—2018	信息安全技术　信息技术产品安全可控评价指标　第 2 部分：中央处理器			2018/9/17	2019/4/1
18.6.2-3-294	18.6.2	35.040	L80	GB/T 36630.3—2018	信息安全技术　信息技术产品安全可控评价指标　第 3 部分：操作系统			2018/9/17	2019/4/1
18.6.2-3-295	18.6.2	35.040	L80	GB/T 36630.4—2018	信息安全技术　信息技术产品安全可控评价指标　第 4 部分：办公套件			2018/9/17	2019/4/1
18.6.2-3-296	18.6.2	35.040	L80	GB/T 36630.5—2018	信息安全技术　信息技术产品安全可控评价指标　第 5 部分：通用计算机			2018/9/17	2019/4/1
18.6.2-3-297	18.6.2	35.040	L80	GB/T 36631—2018	信息安全技术　时间戳策略和时间戳业务操作规则			2018/9/17	2019/4/1
18.6.2-3-298	18.6.2	35.040	L80	GB/T 36632—2018	信息安全技术　公民网络电子身份标识格式规范			2018/10/10	2019/5/1
18.6.2-3-299	18.6.2	35.040	L80	GB/T 36633—2018	信息安全技术　网络用户身份鉴别技术指南			2018/9/17	2019/4/1
18.6.2-3-300	18.6.2	35.040	L80	GB/T 36635—2018	信息安全技术　网络安全监测基本要求与实施指南			2018/9/17	2019/4/1
18.6.2-3-301	18.6.2	35.040	L80	GB/T 36637—2018	信息安全技术　ICT 供应链安全风险管理指南			2018/10/10	2019/5/1
18.6.2-3-302	18.6.2	35.040	L80	GB/T 36639—2018	信息安全技术　可信计算规范　服务器可信支撑平台			2018/9/17	2019/4/1

续表

序号	GW 分类	ICS 分类	GB 分类	标准号	中文名称	代替标准	采用关系	发布日期	实施日期
18.6.2-3-303	18.6.2	35.040	L80	GB/T 36643—2018	信息安全技术　网络安全威胁信息格式规范			2018/10/10	2019/5/1
18.6.2-3-304	18.6.2	35.040	L80	GB/T 36644—2018	信息安全技术　数字签名应用安全证明获取方法			2018/9/17	2019/4/1
18.6.2-3-305	18.6.2	35.040	L71	GB/T 36645—2018	信息技术　满文名义字符、变形显现字符和控制字符使用规则			2018/9/17	2019/4/1
18.6.2-3-306	18.6.2	35.040	L80	GB/T 36950—2018	信息安全技术　智能卡安全技术要求（EAL4+）			2018/12/28	2019/7/1
18.6.2-3-307	18.6.2	35.040	L80	GB/T 36951—2018	信息安全技术　物联网感知终端应用安全技术要求			2018/12/28	2019/7/1
18.6.2-3-308	18.6.2	35.040	L80	GB/T 36957—2018	信息安全技术　灾难恢复服务要求			2018/12/28	2019/7/1
18.6.2-3-309	18.6.2	35.040	L80	GB/T 36958—2018	信息安全技术　网络安全等级保护安全管理中心技术要求			2018/12/28	2019/7/1
18.6.2-3-310	18.6.2	35.040	L80	GB/T 36959—2018	信息安全技术　网络安全等级保护测评机构能力要求和评估规范			2018/12/28	2019/7/1
18.6.2-3-311	18.6.2	35.040	L80	GB/T 36960—2018	信息安全技术　鉴别与授权　访问控制中间件框架与接口			2018/12/28	2019/7/1
18.6.2-3-312	18.6.2	35.040	L80	GB/T 37002—2018	信息安全技术　电子邮件系统安全技术要求			2018/12/28	2019/7/1
18.6.2-3-313	18.6.2	35.040	L80	GB/T 37024—2018	信息安全技术　物联网感知层网关安全技术要求			2018/12/28	2019/7/1
18.6.2-3-314	18.6.2	35.040	L80	GB/T 37025—2018	信息安全技术　物联网数据传输安全技术要求			2018/12/28	2019/7/1
18.6.2-3-315	18.6.2	35.040	L80	GB/T 37027—2018	信息安全技术　网络攻击定义及描述规范			2018/12/28	2019/7/1
18.6.2-3-316	18.6.2	35.040	L80	GB/T 37033.1—2018	信息安全技术　射频识别系统密码应用技术要求　第 1 部分：密码安全保护框架及安全级别			2018/12/28	2019/7/1
18.6.2-3-317	18.6.2	35.040	L80	GB/T 37033.2—2018	信息安全技术　射频识别系统密码应用技术要求　第 2 部分：电子标签与读写器及其通信密码应用技术要求			2018/12/28	2019/7/1
18.6.2-3-318	18.6.2	35.040	L80	GB/T 37033.3—2018	信息安全技术　射频识别系统密码应用技术要求　第 3 部分：密钥管理技术要求			2018/12/28	2019/7/1
18.6.2-3-319	18.6.2	35.040	L80	GB/T 37044—2018	信息安全技术　物联网安全参考模型及通用要求			2018/12/28	2019/7/1
18.6.2-3-320	18.6.2	35.040	L80	GB/T 37046—2018	信息安全技术　灾难恢复服务能力评估准则			2018/12/28	2019/7/1
18.6.2-3-321	18.6.2	35.040	L80	GB/T 37076—2018	信息安全技术　指纹识别系统技术要求			2018/12/28	2019/7/1

续表

序号	GW 分类	ICS 分类	GB 分类	标准号	中文名称	代替标准	采用关系	发布日期	实施日期
18.6.2-3-322	18.6.2	35.040	L80	GB/T 37090—2018	信息安全技术　病毒防治产品安全技术要求和测试评价方法			2018/12/28	2019/7/1
18.6.2-3-323	18.6.2	35.040	L80	GB/T 37091—2018	信息安全技术　安全办公 U 盘安全技术要求			2018/12/28	2019/7/1
18.6.2-3-324	18.6.2	35.040	L80	GB/T 37092—2018	信息安全技术　密码模块安全要求			2018/12/28	2019/7/1
18.6.2-3-325	18.6.2	35.040	L80	GB/T 37093—2018	信息安全技术　物联网感知层接入通信网的安全要求			2018/12/28	2019/7/1
18.6.2-3-326	18.6.2	35.040	L80	GB/T 37094—2018	信息安全技术　办公信息系统安全管理要求			2018/12/28	2019/7/1
18.6.2-3-327	18.6.2	35.040	L80	GB/T 37095—2018	信息安全技术　办公信息系统安全基本技术要求			2018/12/28	2019/7/1
18.6.2-3-328	18.6.2	35.040	L80	GB/T 37096—2018	信息安全技术　办公信息系统安全测试规范			2018/12/28	2019/7/1
18.6.2-3-329	18.6.2	35.080	L77	GB/T 37691—2019	可编程逻辑器件软件安全性设计指南			2019/8/30	2020/3/1
18.6.2-3-330	18.6.2	35.040	L80	GB/T 37931—2019	信息安全技术 Web 应用安全检测系统安全技术要求和测试评价方法			2019/8/30	2020/3/1
18.6.2-3-331	18.6.2	35.040	L80	GB/T 37932—2019	信息安全技术　数据交易服务安全要求			2019/8/30	2020/3/1
18.6.2-3-332	18.6.2	35.040	L80	GB/T 37933—2019	信息安全技术　工业控制系统专用防火墙技术要求			2019/8/30	2020/3/1
18.6.2-3-333	18.6.2	35.040	L80	GB/T 37934—2019	信息安全技术　工业控制网络安全隔离与信息交换系统安全技术要求			2019/8/30	2020/3/1
18.6.2-3-334	18.6.2	35.040	L80	GB/T 37935—2019	信息安全技术　可信计算规范　可信软件基			2019/8/30	2020/3/1
18.6.2-3-335	18.6.2	35.040	L80	GB/T 37939—2019	信息安全技术　网络存储安全技术要求			2019/8/30	2020/3/1
18.6.2-3-336	18.6.2	35.040	L80	GB/T 37941—2019	信息安全技术　工业控制系统网络审计产品安全技术要求			2019/8/30	2020/3/1
18.6.2-3-337	18.6.2	35.040	L80	GB/T 37950—2019	信息安全技术　桌面云安全技术要求			2019/8/30	2020/3/1
18.6.2-3-338	18.6.2	35.040	L80	GB/T 37952—2019	信息安全技术　移动终端安全管理平台技术要求			2019/8/30	2020/3/1
18.6.2-3-339	18.6.2	35.040	L80	GB/T 37953—2019	信息安全技术　工业控制网络监测安全技术要求及测试评价方法			2019/8/30	2020/3/1
18.6.2-3-340	18.6.2	35.040	L80	GB/T 37954—2019	信息安全技术　工业控制系统漏洞检测产品技术要求及测试评价方法			2019/8/30	2020/3/1
18.6.2-3-341	18.6.2	35.040	L80	GB/T 37955—2019	信息安全技术　数控网络安全技术要求			2019/8/30	2020/3/1

续表

序号	GW 分类	ICS 分类	GB 分类	标准号	中文名称	代替标准	采用关系	发布日期	实施日期
18.6.2-3-342	18.6.2	35.040	L80	GB/T 37956—2019	信息安全技术　网站安全云防护平台技术要求			2019/8/30	2020/3/1
18.6.2-3-343	18.6.2	35.040	L80	GB/T 37962—2019	信息安全技术　工业控制系统产品信息安全通用评估准则			2019/8/30	2020/3/1
18.6.2-3-344	18.6.2	35.040	L80	GB/T 37964—2019	信息安全技术　个人信息去标识化指南			2019/8/30	2020/3/1
18.6.2-3-345	18.6.2	35.040	L80	GB/T 37972—2019	信息安全技术　云计算服务运行监管框架			2019/8/30	2020/3/1
18.6.2-3-346	18.6.2	35.040	L80	GB/T 37973—2019	信息安全技术　大数据安全管理指南			2019/8/30	2020/3/1
18.6.2-3-347	18.6.2	35.040	L80	GB/T 37980—2019	信息安全技术　工业控制系统安全检查指南			2019/8/30	2020/3/1
18.6.2-3-348	18.6.2	35.040	L80	GB/T 37988—2019	信息安全技术　数据安全能力成熟度模型			2019/8/30	2020/3/1
18.6.2-3-349	18.6.2	25.040.30	J28	GB/T 38244—2019	机器人安全总则			2019/10/18	2020/5/1
18.6.2-3-350	18.6.2	35.110	L79	GB/T 38624.1—2020	物联网　网关　第 1 部分：面向感知设备接入的网关技术要求			2020/4/28	2020/11/1
18.6.2-3-351	18.6.2	35.040	L80	GB/T 38625—2020	信息安全技术　密码模块安全检测要求			2020/4/28	2020/11/1
18.6.2-3-352	18.6.2	35.040	L80	GB/T 38626—2020	信息安全技术　智能联网设备口令保护指南			2020/4/28	2020/11/1
18.6.2-3-353	18.6.2	35.040	L80	GB/T 38629—2020	信息安全技术　签名验签服务器技术规范			2020/4/28	2020/11/1
18.6.2-3-354	18.6.2	35.040	L80	GB/T 38631—2020	信息技术　安全技术　GB/T 22080 具体行业应用　要求		ISO/IEC 27009：2016，MOD	2020/4/28	2020/11/1
18.6.2-3-355	18.6.2	35.040	L80	GB/T 38632—2020	信息安全技术　智能音视频采集设备应用安全要求			2020/4/28	2020/11/1
18.6.2-3-356	18.6.2	35.040	L80	GB/T 38635.1—2020	信息安全技术　SM9 标识密码算法　第 1 部分：总则			2020/4/28	2020/11/1
18.6.2-3-357	18.6.2	35.040	L80	GB/T 38635.2—2020	信息安全技术　SM9 标识密码算法　第 2 部分：算法			2020/4/28	2020/11/1
18.6.2-3-358	18.6.2	35.040	L80	GB/T 38636—2020	信息安全技术　传输层密码协议（TLCP）			2020/4/28	2020/11/1
18.6.2-3-359	18.6.2	35.040	L80	GB/T 38638—2020	信息安全技术　可信计算　可信计算体系结构			2020/4/28	2020/11/1
18.6.2-3-360	18.6.2	35.040	L80	GB/T 38644—2020	信息安全技术　可信计算　可信连接测试方法			2020/4/28	2020/11/1
18.6.2-3-361	18.6.2	35.040	L80	GB/T 38645—2020	信息安全技术　网络安全事件应急演练指南			2020/4/28	2020/11/1
18.6.2-3-362	18.6.2	35.040	L80	GB/T 38646—2020	信息安全技术　移动签名服务技术要求			2020/4/28	2020/11/1
18.6.2-3-363	18.6.2	35.040	L80	GB/T 38647.1—2020	信息技术　安全技术　匿名数字签名　第 1 部分：总则		ISO/IEC 20008-1：2013，MOD	2020/4/28	2020/11/1

序号	GW 分类	ICS 分类	GB 分类	标准号	中文名称	代替标准	采用关系	发布日期	实施日期
18.6.2-3-364	18.6.2	35.040	L80	GB/T 38647.2—2020	信息技术　安全技术　匿名数字签名　第 2 部分：采用群组公钥的机制		ISO/IEC 20008-2：2013，MOD	2020/4/28	2020/11/1
18.6.2-3-365	18.6.2	35.040	L80	GB/T 38671—2020	信息安全技术　远程人脸识别系统技术要求			2020/4/28	2020/11/1
18.6.2-3-366	18.6.2	35.040	L80	GB/T 38674—2020	信息安全技术　应用软件安全编程指南			2020/4/28	2020/11/1
18.6.2-3-367	18.6.2	33.030	L67	GB/T 38934—2020	公共电信网增强　支持智能环境预警应用的技术要求			2020/7/21	2021/2/1
18.6.2-3-368	18.6.2	35.040	L80	GB/T 39205—2020	信息安全技术　轻量级鉴别与访问控制机制			2020/10/11	2021/5/1
18.6.2-3-369	18.6.2	35.040	L80	GB/T 39412—2020	信息安全技术　代码安全审计规范			2020/11/19	2021/6/1
18.6.2-3-370	18.6.2	35.040	L80	GB/T 39477—2020	信息安全技术　政务信息共享　数据安全技术要求			2020/11/19	2021/6/1
18.6.2-3-371	18.6.2	35.040	L80	GB/T 39680—2020	信息安全技术　服务器安全技术要求和测评准则	GB/T 21028—2007；GB/T 25063—2010		2020/12/14	2021/7/1
18.6.2-3-372	18.6.2	35.040	L80	GB/T 39720—2020	信息安全技术　移动智能终端安全技术要求及测试评价方法			2020/12/14	2021/7/1
18.6.2-3-373	18.6.2	35.040	L80	GB/T 39786—2021	信息安全技术　信息系统密码应用基本要求			2021/3/9	2021/10/1
18.6.2-3-374	18.6.2	35.040	L80	GB/T 40018—2021	信息安全技术　基于多信道的证书申请和应用协议			2021/4/30	2021/11/1
18.6.2-3-375	18.6.2	35.030	L80	GB/T 40650—2021	信息安全技术　可信计算规范　可信平台控制模块			2021/10/11	2022/5/1
18.6.2-3-376	18.6.2	35.030	L80	GB/T 40652—2021	信息安全技术　恶意软件事件预防和处理指南			2021/10/11	2022/5/1
18.6.2-3-377	18.6.2	35.030	L80	GB/T 40653—2021	信息安全技术　安全处理器技术要求			2021/10/11	2022/5/1
18.6.2-3-378	18.6.2	35.040	L80	GB/T 41266—2022	网络关键设备安全检测方法　交换机设备			2022/3/9	2022/10/1
18.6.2-3-379	18.6.2	35.040	L80	GB/T 41267—2022	网络关键设备安全技术要求　交换机设备			2022/3/9	2022/10/1
18.6.2-3-380	18.6.2	35.040	L80	GB/T 41268—2022	网络关键设备安全检测方法　路由器设备			2022/3/9	2022/10/1
18.6.2-3-381	18.6.2	35.040	L80	GB/T 41269—2022	网络关键设备安全技术要求　路由器设备			2022/3/9	2022/10/1
18.6.2-3-382	18.6.2	35.080	L80	GB/Z 41290—2022	信息安全技术　移动互联网安全审计指南			2022/3/9	2022/10/1
18.6.2-3-383	18.6.2	35.030	L80	GB/T 41387—2022	信息安全技术　智能家居通用安全规范			2022/4/15	2022/11/1
18.6.2-3-384	18.6.2	35.030	L80	GB/T 41388—2022	信息安全技术　可信执行环境　基本安全规范			2022/4/15	2022/11/1
18.6.2-3-385	18.6.2	35.030	L80	GB/T 41389—2022	信息安全技术　SM9 密码算法使用规范			2022/4/15	2022/11/1

续表

序号	GW 分类	ICS 分类	GB 分类	标准号	中文名称	代替标准	采用关系	发布日期	实施日期
18.6.2-3-386	18.6.2	35.030	L80	GB/T 41391—2022	信息安全技术　移动互联网应用程序（App）收集个人信息基本要求			2022/4/15	2022/11/1
18.6.2-3-387	18.6.2	35.030	L80	GB/T 41400—2022	信息安全技术　工业控制系统信息安全防护能力成熟度模型			2022/4/15	2022/11/1
18.6.2-3-388	18.6.2	35.030	L80	GB/T 41807—2022	信息安全技术　声纹识别数据安全要求			2022/10/12	2023/5/1
18.6.2-3-389	18.6.2	35.030	L80	GB/T 41817—2022	信息安全技术　个人信息安全工程指南			2022/10/12	2023/5/1
18.6.2-3-390	18.6.2	35.030	L80	GB/T 42012—2022	信息安全技术　即时通信服务数据安全要求			2022/10/12	2023/5/1
18.6.2-3-391	18.6.2	35.030	L80	GB/T 42015—2022	信息安全技术　网络支付服务数据安全要求			2022/10/12	2023/5/1
18.6.2-3-392	18.6.2	35.030	L80	GB/T 42016—2022	信息安全技术　网络音视频服务数据安全要求			2022/10/12	2023/5/1
18.6.2-3-393	18.6.2	35.030	L80	GB/T 42017—2022	信息安全技术　网络预约汽车服务数据安全要求			2022/10/12	2023/5/1
18.6.2-3-394	18.6.2	35.040	L80	GB 42250—2022	信息安全技术　网络安全专用产品安全技术要求			2022/12/29	2023/7/1
18.6.2-3-395	18.6.2	35.030	L80	GB/T 42446—2023	信息安全技术　网络安全从业人员能力基本要求			2023/3/17	2023/10/1
18.6.2-3-396	18.6.2	35.030	L80	GB/T 42453—2023	信息安全技术　网络安全态势感知通用技术要求			2023/3/17	2023/10/1
18.6.2-3-397	18.6.2	25.040	N10	GB/T 42456—2023	工业自动化和控制系统信息安全　IACS 组件的安全技术要求		IEC 62443-4-2：2019，IDT	2023/3/17	2023/10/1
18.6.2-3-398	18.6.2	25.040	N10	GB/T 42457—2023	工业自动化和控制系统信息安全　产品安全开发生命周期要求		IEC 62443-4-1：2018，IDT	2023/3/17	2023/10/1
18.6.2-3-399	18.6.2	35.030	L80	GB/T 42460—2023	信息安全技术　个人信息去标识化效果评估指南			2023/3/17	2023/10/1
18.6.2-3-400	18.6.2	35.030	L80	GB/T 42461—2023	信息安全技术　网络安全服务成本度量指南			2023/3/17	2023/10/1
18.6.2-3-401	18.6.2	35.030	L80	GB/T 42564—2023	信息安全技术　边缘计算安全技术要求			2023/5/23	2023/12/1
18.6.2-3-402	18.6.2	35.030	L80	GB/T 42570—2023	信息安全技术　区块链技术安全框架			2023/5/23	2023/12/1
18.6.2-3-403	18.6.2	35.030	L80	GB/T 42571—2023	信息安全技术　区块链信息服务安全规范			2023/5/23	2023/12/1
18.6.2-3-404	18.6.2	35.030	L80	GB/T 42572—2023	信息安全技术　可信执行环境服务规范			2023/5/23	2023/12/1
18.6.2-3-405	18.6.2	35.030	L80	GB/T 42573—2023	信息安全技术　网络身份服务安全技术要求			2023/5/23	2023/12/1

续表

序号	GW 分类	ICS 分类	GB 分类	标准号	中文名称	代替标准	采用关系	发布日期	实施日期
18.6.2-3-406	18.6.2	35.030	L80	GB/T 42574—2023	信息安全技术　个人信息处理中告知和同意的实施指南			2023/5/23	2023/12/1
18.6.2-3-407	18.6.2	35.030	L80	GB/T 42582—2023	信息安全技术　移动互联网应用程序（App）个人信息安全测评规范			2023/5/23	2023/12/1
18.6.2-3-408	18.6.2	35.030	L80	GB/T 42583—2023	信息安全技术　政务网络安全监测平台技术规范			2023/5/23	2023/12/1
18.6.2-3-409	18.6.2	35.030	L80	GB/T 42589—2023	信息安全技术　电子凭据服务安全规范	GB/T 10346—2006		2023/5/23	2023/12/1
18.6.2-3-410	18.6.2			GB/T 42884—2023	信息安全技术　移动互联网应用程序（App）生命周期安全管理指南			2023/8/6	2024/3/1
18.6.2-3-411	18.6.2	35.030	L80	GB/Z 42885—2023	信息安全技术　网络安全信息共享指南			2023/8/6	2024/3/1
18.6.2-3-412	18.6.2	35.030	L80	GB/T 42888—2023	信息安全技术　机器学习算法安全评估规范			2023/8/6	2024/3/1
18.6.2-3-413	18.6.2	35.240.60	A10	GB/T 42971—2023	第三方电子合同服务平台信息安全技术要求			2023/9/7	2024/4/1
18.6.2-3-414	18.6.2	13.310	A91	GB/T 43026—2023	公共安全视频监控联网信息安全测试规范			2023/9/7	2024/10/1
18.6.2-3-415	18.6.2	35.080	L77	GB/T 43046—2023	信息技术服务　应对突发公共安全事件的信息技术应急风险管理			2023/9/7	2024/4/1
18.6.2-3-416	18.6.2	35.030	L80	GB/T 43206—2023	信息安全技术　信息系统密码应用测评要求			2023/9/7	2024/4/1
18.6.2-3-417	18.6.2	35.030	L80	GB/T 43207—2023	信息安全技术　信息系统密码应用设计指南			2023/9/7	2024/4/1
18.6.2-3-418	18.6.2	35.080	L77	GB/T 43208.1—2023	信息技术服务　智能运维　第 1 部分：通用要求			2023/9/7	2024/4/1
18.6.2-3-419	18.6.2	35.030	L80	GB/T 43269—2023	信息安全技术　网络安全应急能力评估准则			2023/11/27	2024/6/1
18.6.2-3-420	18.6.2	35.030	L80	GB/T 43435—2023	信息安全技术　移动互联网应用程序（App）软件开发工具包（SDK）安全要求			2023/11/27	2024/6/1
18.6.2-3-421	18.6.2	35.030	L80	GB/T 43557—2023	信息安全技术　网络安全信息报送指南			2023/12/28	2024/7/1
18.6.2-3-422	18.6.2	35.030	L80	GB/T 43694—2024	网络安全技术　证书应用综合服务接口规范			2024/4/25	2024/11/1
18.6.2-3-423	18.6.2	35.030	L80	GB/T 43696—2024	网络安全技术　零信任参考体系架构			2024/4/25	2024/11/1
18.6.2-3-424	18.6.2	35.030	L80	GB/T 43697—2024	数据安全技术　数据分类分级规则			2024/3/15	2024/10/1
18.6.2-3-425	18.6.2	35.030	L80	GB/T 43698—2024	网络安全技术　软件供应链安全要求			2024/4/25	2024/11/1
18.6.2-3-426	18.6.2	35.030	L80	GB/T 43739—2024	数据安全技术　应用商店的移动互联网应用程序（App）个人信息处理规范性审核与管理指南			2024/4/25	2024/11/1

续表

序号	GW 分类	ICS 分类	GB 分类	标准号	中文名称	代替标准	采用关系	发布日期	实施日期
18.6.2-3-427	18.6.2	35.030	L80	GB/T 43741—2024	网络安全技术　网络安全众测服务要求			2024/4/25	2024/11/1
18.6.2-3-428	18.6.2	35.030	L80	GB/T 43779—2024	网络安全技术　基于密码令牌的主叫用户可信身份鉴别技术规范			2024/4/25	2024/11/1
18.6.2-3-429	18.6.2	35.030	L80	GB/T 43848—2024	网络安全技术　软件产品开源代码安全评价方法			2024/4/25	2024/11/1
18.6.2-3-430	18.6.2	35.020	L09	GB 4943.1—2022	音视频、信息技术和通信技术设备　第 1 部分：安全要求	GB 4943.1—2011；GB 8898—2011	IEC 62368-1：2018，MOD	2022/7/19	2023/8/1
18.6.2-3-431	18.6.2	91.040.20	P34	GB/T 9361—2011	计算机场地安全要求	GB/T 9361—1988		2011/12/30	2012/5/1
18.6.2-4-432	18.6.2	01.040.27	F25	DL/T 1499—2016	电力应急术语			2016/1/7	2016/6/1
18.6.2-4-433	18.6.2	29.240.30	F21	DL/T 1511—2016	电力系统移动作业 PDA 终端安全防护技术规范			2016/1/7	2016/6/1
18.6.2-4-434	18.6.2	29.020	K07	DL/T 1527—2016	用电信息安全防护技术规范			2016/1/7	2016/6/1
18.6.2-4-435	18.6.2	35.040	L80	DL/T 2398—2021	电力移动应用 App 安全防护标准			2021/12/22	2022/3/22
18.6.2-4-436	18.6.2	35.040	L80	DL/T 2612—2023	电力云基础设施安全技术要求			2023/5/26	2023/11/26
18.6.2-4-437	18.6.2	35.240	A90	GA 1277.1—2020	互联网交互式服务安全管理要求　第 1 部分：基础要求	GA 1277—2015		2020/1/16	2020/3/1
18.6.2-4-438	18.6.2	35.040	A90	GA 1278—2015	信息安全技术互联网服务安全评估基本程序及要求			2015/10/26	2016/1/1
18.6.2-4-439	18.6.2	35.040	A90	GA/T 1484—2018	信息安全技术　交换机安全技术要求和测试评价方法	GA/T 684—2007；GA/T 685—2007		2018/5/7	2018/5/7
18.6.2-4-440	18.6.2	35.240	A90	GA/T 681—2018	信息安全技术　网关安全技术要求	GA/T 681—2007		2018/1/26	2018/1/26
18.6.2-4-441	18.6.2	35.240	A90	GA/T 686—2018	信息安全技术　虚拟专用网产品安全技术要求	GA/T 686—2007		2018/1/26	2018/1/26
18.6.2-4-442	18.6.2	35.240	A90	GA/T 698—2014	信息安全技术　信息过滤产品技术要求	GA/T 698—2007		2014/3/24	2014/3/24
18.6.2-4-443	18.6.2	35.240	A90	GA/T 910—2020	信息安全技术　内网主机监测产品安全技术要求			2020/3/3	2020/5/1
18.6.2-4-444	18.6.2	35.240	A90	GA/T 911—2019	信息安全技术　日志分析产品安全技术要求			2019/3/19	2019/3/19
18.6.2-4-445	18.6.2	35.240	A90	GA/T 912—2018	信息安全技术　数据泄露防护产品安全技术要求			2018/1/26	2018/1/26
18.6.2-4-446	18.6.2	35.240	A90	GA/T 913—2019	信息安全技术　数据库安全审计产品安全技术要求			2019/1/13	2019/1/13

续表

序号	GW 分类	ICS 分类	GB 分类	标准号	中文名称	代替标准	采用关系	发布日期	实施日期
18.6.2-4-447	18.6.2	25.040	N10	JB/T 11960—2014	工业过程测量和控制安全　网络和系统安全		IEC/PAS 62443-3：2008，IDT	2014/5/6	2014/10/1
18.6.2-4-448	18.6.2	35.080	L77	SJ/T 11373—2007	软件构件管理　第1部分：管理信息模型			2007/11/9	2008/1/20
18.6.2-4-449	18.6.2			YD/T 1163—2001	IP 网络安全技术要求—安全框架			2001/10/19	2001/11/1
18.6.2-4-450	18.6.2	35.110	M11	YD/T 1736—2009	互联网安全防护要求	YD/T 1736—2008		2009/12/11	2010/1/1
18.6.2-4-451	18.6.2	35.110	M11	YD/T 1737—2009	互联网安全防护检测要求	YD/T 1737—2008		2009/12/11	2010/1/1
18.6.2-4-452	18.6.2	35.110	M11	YD/T 1752—2020	支撑网安全防护要求	YD/T 1752—2008		2020/8/31	2020/10/1
18.6.2-4-453	18.6.2	35.110	M11	YD/T 1753—2020	支撑网安全防护检测要求	YD/T 1753—2008		2020/8/31	2020/10/1
18.6.2-4-454	18.6.2	01.040.33	M04	YD/T 1886—2015	移动终端芯片安全技术要求和测试方法	YD/T 1886—2009		2015/10/14	2016/1/1
18.6.2-4-455	18.6.2	35.100.70	L79	YD/T 2053—2016	域名系统安全防护检测要求	YD/T 2053—2009		2016/7/11	2016/10/1
18.6.2-4-456	18.6.2	33.040	M16	YD/T 2251—2011	国家网络安全应急处理平台安全信息获取接口要求			2011/5/18	2011/6/1
18.6.2-4-457	18.6.2	35.020	L04	YD/T 2325—2011	与信息和通信技术网络连接设备的安全接口分类		IEC TR 62102：2005，IDT	2011/5/18	2011/6/1
18.6.2-4-458	18.6.2	35.240	L67	YD/T 2384—2011	Web 应用防火墙技术要求			2011/12/20	2012/2/1
18.6.2-4-459	18.6.2		L70	YD/T 2387—2023	网络安全监测系统技术要求	YD/T 2387—2011		2023/8/16	2023/11/1
18.6.2-4-460	18.6.2	35.110	M11	YD/T 2391—2011	IP 存储网络安全技术要求			2011/12/20	2012/2/1
18.6.2-4-461	18.6.2	33.060	M36	YD/T 2408—2021	移动智能终端安全能力测试方法	YD/T 2408—2013		2021/5/27	2021/7/1
18.6.2-4-462	18.6.2	35.110	M11	YD/T 2587—2020	移动互联网应用商店安全防护要求	YD/T 2587—2013		2020/8/31	2020/10/1
18.6.2-4-463	18.6.2	35.110	M11	YD/T 2588—2020	移动互联网应用商店安全防护检测要求	YD/T 2588—2013		2020/8/31	2020/10/1
18.6.2-4-464	18.6.2	35.110	M11	YD/T 2589—2020	内容分发网（CDN）安全防护要求	YD/T 2589—2013		2020/8/31	2020/10/1
18.6.2-4-465	18.6.2	35.110	M11	YD/T 2590—2020	内容分发网（CDN）安全防护检测要求	YD/T 2590—2013		2020/8/31	2020/10/1
18.6.2-4-466	18.6.2	01.040.35	L04	YD/T 2592—2013	身份管理（IdM）术语		ITU-T X.1252：2010，MOD	2013/7/22	2013/10/1
18.6.2-4-467	18.6.2	35.220	L64	YD/T 2665—2013	通信存储介质（SSD）加密安全测试方法			2013/10/17	2014/1/1
18.6.2-4-468	18.6.2	33.040	M16	YD/T 2666—2013	双栈防火墙设备技术要求			2013/10/17	2014/1/1
18.6.2-4-469	18.6.2	01.040.35	L04	YD/T 2667—2013	基于 Web 的以太网接入身份认证技术要求			2013/10/17	2014/1/1
18.6.2-4-470	18.6.2	33.050.01	M30	YD/T 2674—2013	移动智能终端信息安全设计导则			2013/10/17	2014/1/1

续表

序号	GW 分类	ICS 分类	GB 分类	标准号	中文名称	代替标准	采用关系	发布日期	实施日期
18.6.2-4-471	18.6.2	35.22.020	M16	YD/T 2705—2014	持续数据保护（CDP）灾备技术要求			2014/10/14	2014/10/14
18.6.2-4-472	18.6.2	33.040	M21	YD/T 2707—2014	互联网主机网络安全属性描述格式			2014/10/14	2014/10/14
18.6.2-4-473	18.6.2	33.050.01	M30	YD/T 2844.6—2018	移动终端可信环境技术要求　第 6 部分：与安全模块（SE）的安全交互			2019/8/27	2019/10/1
18.6.2-4-474	18.6.2	35.100.05	L79	YD/T 2907—2015	基于域名系统（DNS）的网站可信标识服务应用技术要求			2015/7/14	2015/10/1
18.6.2-4-475	18.6.2	35.100.05	L79	YD/T 2908—2015	基于域名系统（DNS）的 IP 安全协议认证密钥存储技术要求			2015/10/14	2016/1/1
18.6.2-4-476	18.6.2			YD/T 3039—2023	移动应用软件安全技术要求	YD/T 3039—2016		2023/5/22	2023/8/1
18.6.2-4-477	18.6.2	33.050	M30	YD/T 3082—2016	移动智能终端上的个人信息保护技术要求			2016/4/5	2016/7/1
18.6.2-4-478	18.6.2	33.040	M10	YD/T 3148—2016	云计算安全框架		ITU-T X.1601，IDT	2016/7/11	2016/10/1
18.6.2-4-479	18.6.2	33.040	M10	YD/T 3157—2016	公有云服务安全防护要求			2016/7/11	2016/10/1
18.6.2-4-480	18.6.2	33.040	M10	YD/T 3158—2016	公有云服务安全防护检测要求			2016/7/11	2016/10/1
18.6.2-4-481	18.6.2	33.040	M10	YD/T 3161—2016	邮件系统安全防护要求			2016/7/11	2016/10/1
18.6.2-4-482	18.6.2	33.040	M10	YD/T 3162—2016	邮件系统安全防护检测要求			2016/7/11	2016/10/1
18.6.2-4-483	18.6.2	33.040	M10	YD/T 3163—2016	网络交易系统安全防护要求			2016/7/11	2016/10/1
18.6.2-4-484	18.6.2	33.040	M10	YD/T 3169—2020	互联网新技术新业务安全评估指南	YD/T 3169—2016		2020/8/31	2020/10/1
18.6.2-4-485	18.6.2	33.050.01	M30	YD/T 3202—2016	移动通信终端访问电信智能卡安全技术要求			2016/10/22	2017/1/1
18.6.2-4-486	18.6.2	35.110	M11	YD/T 3203—2016	网络电子身份标识 eID 术语和定义			2016/10/22	2017/1/1
18.6.2-4-487	18.6.2	35.240.50	L70	YD/T 3205—2016	网络电子身份标识 eID 的审计追溯技术框架			2016/10/22	2017/1/1
18.6.2-4-488	18.6.2	35.240.50	L70	YD/T 3206—2016	网络电子身份标识 eID 的审计追溯接口技术要求			2016/10/22	2017/1/1
18.6.2-4-489	18.6.2	35.110	M11	YD/T 3208—2016	网络虚拟身份描述方法			2016/10/22	2017/1/1
18.6.2-4-490	18.6.2	35.110	M11	YD/T 3209—2016	网络虚拟身份数据存储与交换技术要求			2016/10/22	2017/1/1
18.6.2-4-491	18.6.2	35.110	M11	YD/T 3210—2016	网络虚拟资产描述方法			2016/10/22	2017/1/1
18.6.2-4-492	18.6.2			YD/T 3228—2023	移动应用软件安全评估方法	YD/T 3228—2017		2023/5/22	2023/8/1
18.6.2-4-493	18.6.2	33.040	M21	YD/T 3437—2019	移动智能终端恶意推送信息判定技术要求			2019/8/27	2019/10/1
18.6.2-4-494	18.6.2	33.040	M21	YD/T 3438—2019	移动智能终端隐私窃取恶意行为判定技术要求			2019/8/27	2019/8/27

序号	GW 分类	ICS 分类	GB 分类	标准号	中文名称	代替标准	采用关系	发布日期	实施日期
18.6.2-4-495	18.6.2	35.040	M16	YD/T 3445—2019	互联网接入服务信息安全管理系统操作指南			2019/8/27	2019/10/1
18.6.2-4-496	18.6.2	33.040	M10	YD/T 3446—2019	信息即时交互服务信息安全技术要求			2019/8/27	2019/10/1
18.6.2-4-497	18.6.2	35.240	L67	YD/T 3447—2019	联网软件源代码安全审计规范			2019/8/27	2019/10/1
18.6.2-4-498	18.6.2	35.240	L67	YD/T 3448—2019	联网软件源代码漏洞分类及等级划分规范			2019/8/27	2019/10/1
18.6.2-4-499	18.6.2	33.040	M21	YD/T 3449—2019	木马和僵尸网络监测与处置系统企业侧平台检测要求			2019/8/27	2019/10/1
18.6.2-4-500	18.6.2	33.060	M21	YD/T 3450—2019	木马和僵尸网络监测与处置系统企业侧平台能力要求			2019/8/27	2020/1/1
18.6.2-4-501	18.6.2	35.240	L80	YD/T 3452—2019	互联网用户账户管理系统安全技术要求			2019/8/27	2019/10/1
18.6.2-4-502	18.6.2	33.040	M10	YD/T 3461—2019	Web 日志分析系统技术要求			2019/8/27	2019/10/1
18.6.2-4-503	18.6.2	33.040	M10	YD/T 3462—2019	网页防篡改系统技术要求			2019/8/27	2019/10/1
18.6.2-4-504	18.6.2	33.040	M10	YD/T 3463—2019	漏洞扫描系统通用技术要求			2019/8/27	2019/10/1
18.6.2-4-505	18.6.2	35.240	L67	YD/T 3464—2019	联网软件安全编程规范			2019/8/27	2019/10/1
18.6.2-4-506	18.6.2	33.040	M16	YD/T 3465—2019	应用防护增强型防火墙技术要求			2019/8/27	2019/10/1
18.6.2-4-507	18.6.2	35.110	M11	YD/T 3474—2019	移动互联网应用程序安全加固能力评估要求与测试方法			2019/8/27	2019/10/1
18.6.2-4-508	18.6.2	35.110	M11	YD/T 3476—2019	移动互联网应用程序开发者数字证书管理平台技术要求			2019/8/27	2019/10/1
18.6.2-4-509	18.6.2	33.0540	M21	YD/T 3477—2019	移动互联网恶意程序监测与处置系统企业侧平台检测要求			2019/8/27	2019/10/1
18.6.2-4-510	18.6.2	33.04	M21	YD/T 3478—2019	移动互联网恶意程序监测与处置系统企业侧平台能力要求			2019/8/28	2019/10/1
18.6.2-4-511	18.6.2	33.040.40	L78	YD/T 3479—2019	移动智能终端在线软件应用商店信息安全管理要求			2019/8/27	2019/10/1
18.6.2-4-512	18.6.2	33.040.40	L78	YD/T 3480—2019	移动智能终端在线软件应用商店信息安全技术要求			2019/8/27	2019/10/1
18.6.2-4-513	18.6.2	33.040.40	L78	YD/T 3481—2019	移动终端应用开发安全能力评估方法			2019/8/27	2019/10/1
18.6.2-4-514	18.6.2	33.040.40	L78	YD/T 3482—2019	基于移动网络流量的应用安全审计技术要求			2019/8/27	2019/10/1
18.6.2-4-515	18.6.2	35.220	L64	YD/T 3483—2019	移动智能终端恶意代码处理指南			2019/8/27	2019/10/1

续表

序号	GW 分类	ICS 分类	GB 分类	标准号	中文名称	代替标准	采用关系	发布日期	实施日期
18.6.2-4-516	18.6.2	35.220	L64	YD/T 3486—2019	灾难备份与恢复专业服务能力要求及评估方法			2019/8/27	2019/10/1
18.6.2-4-517	18.6.2	33.030	M21	YD/T 3640—2020	个人移动智能终端在企业应用中的安全策略			2020/4/16	2020/7/1
18.6.2-4-518	18.6.2	35.240	L67	YD/T 3644—2020	面向互联网的数据安全能力技术框架			2020/4/16	2020/7/1
18.6.2-4-519	18.6.2	33.060	M36	YD/T 3663—2020	移动通信智能终端安全风险评估要求			2020/4/16	2020/7/1
18.6.2-4-520	18.6.2	33.030	M21	YD/T 3664—2020	移动通信智能终端卡接口安全技术要求			2020/4/16	2020/7/1
18.6.2-4-521	18.6.2	33.030	M21	YD/T 3665—2020	移动通信智能终端卡接口安全测试方法			2020/4/16	2020/7/1
18.6.2-4-522	18.6.2	33.060	M36	YD/T 3666—2020	移动通信智能终端漏洞修复技术要求			2020/4/16	2020/7/1
18.6.2-4-523	18.6.2	33.060	M36	YD/T 3667—2020	移动通信智能终端漏洞标识格式要求			2020/4/16	2020/7/1
18.6.2-4-524	18.6.2	35.240	L67	YD/T 3668—2020	移动终端应用开发安全能力技术要求			2020/4/16	2020/7/1
18.6.2-4-525	18.6.2	33.040	L67	YD/T 3734—2020	基础电信企业网络安全态势感知系统技术要求			2020/8/31	2020/10/1
18.6.2-4-526	18.6.2	33.040	M10	YD/T 3735—2020	电信网数据泄露防护系统（DLP）技术要求			2020/8/31	2020/10/1
18.6.2-4-527	18.6.2	35.080	L77	YD/T 3736—2020	电信运营商大数据安全风险及需求			2020/8/31	2020/10/1
18.6.2-4-528	18.6.2	33.040	M10	YD/T 3738—2020	互联网新技术新业务安全评估实施要求			2020/8/31	2020/10/1
18.6.2-4-529	18.6.2	33.040	M10	YD/T 3739—2020	互联网新技术新业务安全评估要求　即时通信业务			2020/8/31	2020/10/1
18.6.2-4-530	18.6.2	33.040	M10	YD/T 3740—2020	互联网新技术新业务安全评估要求　互联网资源协作服务			2020/8/31	2020/10/1
18.6.2-4-531	18.6.2	33.040	M10	YD/T 3741—2020	互联网新技术新业务安全评估要求　大数据技术应用与服务			2020/8/31	2020/10/1
18.6.2-4-532	18.6.2	33.040	M10	YD/T 3742—2020	互联网新技术新业务安全评估要求　内容分发业务			2020/8/31	2020/10/1
18.6.2-4-533	18.6.2	33.040	M10	YD/T 3743—2020	互联网新技术新业务安全评估要求　信息搜索查询服务			2020/8/31	2020/10/1
18.6.2-4-534	18.6.2	35.24	L70	YD/T 3744—2020	网络安全众测平台技术要求			2020/8/31	2020/10/1
18.6.2-4-535	18.6.2	35.24	L70	YD/T 3745—2020	网络安全众测服务管理要求			2020/8/31	2020/10/1
18.6.2-4-536	18.6.2	35.020	L04	YD/T 3747—2020	区块链技术架构安全要求			2020/8/31	2020/10/1
18.6.2-4-537	18.6.2	35.020	M21	YD/T 3749.1—2020	物联网信息系统安全运维通用要求　第 1 部分：总体要求			2020/8/31	2020/10/1
18.6.2-4-538	18.6.2	33.40	M10	YD/T 3750—2020	车联网无线通信安全技术指南			2020/8/31	2020/10/1

续表

序号	GW 分类	ICS 分类	GB 分类	标准号	中文名称	代替标准	采用关系	发布日期	实施日期
18.6.2-4-539	18.6.2	33.020	L70	YD/T 3751—2020	车联网信息服务　数据安全技术要求			2020/8/31	2020/10/1
18.6.2-4-540	18.6.2	33.020	L70	YD/T 3752—2020	车联网信息服务平台安全防护技术要求			2020/8/31	2020/10/1
18.6.2-4-541	18.6.2	35.240	L67	YD/T 3764.5—2020	云计算服务客户信任体系能力要求　第 5 部分：块存储服务			2020/12/9	2021/1/1
18.6.2-4-542	18.6.2	35.210	L67	YD/T 3764.6—2020	云计算服务客户信任体系能力要求　第 6 部分：本地负载均衡服务			2020/12/9	2021/1/1
18.6.2-4-543	18.6.2	35.240	L67	YD/T 3764.7—2021	云计算服务客户信任体系能力要求　第 7 部分：物理云主机			2021/5/27	2021/7/1
18.6.2-4-544	18.6.2	35.210	L67	YD/T 3764.9—2021	云计算服务客户信任体系能力要求　第 9 部分：函数即服务			2021/3/5	2021/4/1
18.6.2-4-545	18.6.2	35.240	L67	YD/T 3764.11—2020	云计算服务客户信任体系能力要求　第 11 部分：应用托管容器服务			2020/8/31	2020/10/1
18.6.2-4-546	18.6.2	35.240	L67	YD/T 3764.12—2020	云计算服务客户信任体系能力要求　第 12 部分：云缓存服务			2020/8/31	2020/10/1
18.6.2-4-547	18.6.2	35.240	L67	YD/T 3764.13—2020	云计算服务客户信任体系能力要求　第 13 部分：云分发服务			2020/8/31	2020/10/1
18.6.2-4-548	18.6.2	35.220	L64	YD/T 3782—2020	移动通信智能终端漏洞验证方法			2020/12/9	2021/1/1
18.6.2-4-549	18.6.2	33.060	M36	YD/T 3788—2020	移动智能终端应用软件分类与可卸载实施指南			2020/12/9	2021/1/1
18.6.2-4-550	18.6.2	35.240.01	M67	YD/T 3796—2020	基于云计算的业务安全风险解决方案技术要求			2020/12/9	2021/1/1
18.6.2-4-551	18.6.2	35.240	L64	YD/T 3797.2—2020	云服务用户数据保护能力评估方法　第 2 部分：私有云			2020/12/9	2021/1/1
18.6.2-4-552	18.6.2	33.040	M10	YD/T 3799—2020	电信网和互联网网络安全防护定级备案实施指南			2020/12/9	2021/1/1
18.6.2-4-553	18.6.2	35.020	L80	YD/T 3800—2020	电信网和互联网大数据平台安全防护要求			2020/12/9	2021/1/1
18.6.2-4-554	18.6.2	35.020	L80	YD/T 3801—2020	电信网和互联网数据安全风险评估实施方法			2020/12/9	2021/1/1
18.6.2-4-555	18.6.2	33.040	M10	YD/T 3802—2020	电信网和互联网数据安全通用要求			2020/12/9	2021/1/1
18.6.2-4-556	18.6.2	33.030	M21	YD/T 3803—2020	电信网和互联网资产安全管理平台技术要求			2020/12/9	2021/1/1
18.6.2-4-557	18.6.2	35.020	L67	YD/T 3806—2020	电信大数据平台数据脱敏实施方法			2020/12/9	2021/1/1
18.6.2-4-558	18.6.2	33.060.88	M37	YD/T 3808—2020	移动智能终端多通道联网安全支付技术要求			2020/12/9	2021/1/1

续表

序号	GW 分类	ICS 分类	GB 分类	标准号	中文名称	代替标准	采用关系	发布日期	实施日期
18.6.2-4-559	18.6.2	33.180	M33	YD/T 3834.1—2021	量子密钥分发（QKD）系统技术要求　第 1 部分：基于诱骗态 BB84 协议的 QKD 系统			2021/3/5	2021/4/1
18.6.2-4-560	18.6.2	33.180.01	M33	YD/T 3835.1—2021	量子密钥分发（QKD）系统测试方法　第 1 部分：基于诱骗态 BB84 协议的 QKD 系统			2021/3/5	2021/4/1
18.6.2-4-561	18.6.2	33.180.01	M33	YD/T 3907.3—2021	基于 BB84 协议的量子密钥分发（QKD）用关键器件和模块　第 3 部分：量子随机数发生器（QRNG）			2021/5/27	2021/7/1
18.6.2-4-562	18.6.2	33.180.10	M33	YD/T 4177.5—2023	移动互联网应用程序（App）收集使用个人信息最小必要评估规范　第 5 部分：设备信息			2023/8/16	2023/11/1
18.6.2-4-563	18.6.2	35.030	L70	YD/T 4184—2023	移动互联网应用程序（App）用户权益保护测评规范			2023/8/16	2023/11/1
18.6.2-4-564	18.6.2	35.210	L67	YD/T 4207—2023	基于容器的平台安全能力要求			2023/8/16	2023/11/1
18.6.2-4-565	18.6.2	35.240	L67	YD/T 4208—2023	面向云计算的安全运营中心能力要求			2023/8/16	2023/11/1
18.6.2-4-566	18.6.2	35.100.70	L79	YD/T 4211—2023	域名服务隐私泄露风险防护指标要求			2023/5/22	2023/8/1
18.6.2-4-567	18.6.2	35.100.70	L79	YD/T 4212—2023	域名服务安全事件评价指标要求			2023/5/22	2023/8/1
18.6.2-4-568	18.6.2		M16	YD/T 4235—2023	信息安全管理系统服务机构能力要求			2023/5/22	2023/8/1
18.6.2-4-569	18.6.2		P76	YD/T 4249—2023	5G 数据安全总体技术要求			2023/5/22	2023/8/1
18.6.2-4-570	18.6.2	33.040	M10	YD/T 4323—2023	物联网管理平台安全防护要求			2023/8/16	2023/11/1
18.6.2-4-571	18.6.2	33.040	M10	YD/T 4326—2023	物联网业务安全态势感知系统技术要求			2023/8/16	2023/11/1
18.6.2-4-572	18.6.2	33.040	M10	YD/T 4327—2023	物联网终端安全态势感知系统技术要求			2023/8/16	2023/11/1
18.6.2-4-573	18.6.2	33.180	M33	YD/T 4410.1—2023	量子密钥分发（QKD）网络 Ak 接口技术要求　第 1 部分：应用程序接口（API）			2023/8/16	2023/11/1
18.6.2-4-574	18.6.2	33.040.40	M10	YD/T 4453—2023	基于 5G 移动通信网的应用层认证和密钥管理技术要求			2023/12/29	2024/4/1
18.6.2-4-575	18.6.2	33.060.99	M36	YD/T 4488—2023	5G 移动通信网　安全运维技术要求			2023/12/29	2024/4/1
18.6.2-4-576	18.6.2	35.240	L80	YD/T 4520—2023	大搜索中隐私保护技术要求			2023/12/29	2024/4/1
18.6.2-4-577	18.6.2	35.030	L70	YD/T 4558—2023	数据安全治理能力通用评估方法			2023/12/29	2024/4/1
18.6.2-4-578	18.6.2	35.020	M10	YD/T 4560—2023	5G 数据安全评估规范			2023/12/29	2024/4/1
18.6.2-4-579	18.6.2		L70	YD/T 4561—2023	5G 移动通信网　数据安全监测预警技术要求			2023/12/29	2024/4/1

续表

序号	GW 分类	ICS 分类	GB 分类	标准号	中文名称	代替标准	采用关系	发布日期	实施日期
18.6.2-4-580	18.6.2	35.240	L04	YD/T 4564—2023	区块链智能合约安全技术要求			2023/12/29	2024/4/1
18.6.2-4-581	18.6.2	35.240	L67	YD/T 4565—2023	物联网安全态势感知技术要求			2023/12/29	2024/4/1
18.6.2-4-582	18.6.2	35.040	L80	YD/T 4574—2023	零信任安全技术参考框架			2023/12/29	2024/4/1
18.6.2-4-583	18.6.2	33.040.40	A90	YD/T 4577—2023	网络安全仿真　恶意软件危害性测评方法			2023/12/29	2024/4/1
18.6.2-4-584	18.6.2	35.240	L80	YD/T 4581—2023	隐私保护场景下安全多方计算技术指南			2023/12/29	2024/4/1
18.6.2-4-585	18.6.2	35.110	L67	YD/T 4586—2023	网络安全态势感知　数据采集要求			2023/12/29	2024/4/1
18.6.2-4-586	18.6.2	35.240.01	L67	YD/T 4587—2023	网络空间安全仿真　术语			2023/12/29	2024/4/1
18.6.2-4-587	18.6.2	35.240.01	L67	YD/T 4588—2023	网络空间安全仿真　参考架构			2023/12/29	2024/4/1
18.6.2-4-588	18.6.2	35.030	L70	YD/T 4589—2023	网络空间安全仿真　网络安全知识获取系统的功能要求			2023/12/29	2024/4/1
18.6.2-4-589	18.6.2	35.240.01	L67	YD/T 4590—2023	网络空间安全仿真　攻击行为检测技术要求			2023/12/29	2024/4/1
18.6.2-4-590	18.6.2	35.110	M11	YD/T 4591—2023	网络空间安全仿真　产品安全测评管理系统技术要求			2023/12/29	2024/4/1
18.6.2-4-591	18.6.2	35.020	L70	YD/T 4592—2023	网络空间安全仿真　角色定义及功能			2023/12/29	2024/4/1
18.6.2-4-592	18.6.2	35.240.01	L67	YD/T 4593—2023	网络空间安全仿真　平台试验操作要求			2023/12/29	2024/4/1
18.6.2-4-593	18.6.2	35.030	L70	YD/T 4594—2023	网络空间安全仿真　试验环境隔离要求			2023/12/29	2024/4/1
18.6.2-4-594	18.6.2	35.030	L70	YD/T 4595—2023	网络空间安全仿真　网络安全试验知识的统一表示与接口要求			2023/12/29	2024/4/1
18.6.2-4-595	18.6.2	35.110	M11	YD/T 4596—2023	网络空间安全仿真　网络数据采集指南			2023/12/29	2024/4/1
18.6.2-4-596	18.6.2	35.240.95	L67	YD/T 4597—2023	网络空间安全仿真　无人机系统信息安全仿真平台接入技术要求			2023/12/29	2024/4/1
18.6.2-4-597	18.6.2	35.240	L67	YD/T 4598.2—2023	面向云计算的零信任体系　第 2 部分：关键能力要求			2023/12/29	2024/4/1
18.6.2-4-598	18.6.2	35.240	L67	YD/T 4598.3—2023	面向云计算的零信任体系　第 3 部分：安全访问服务边缘能力要求			2023/12/29	2024/4/1
18.6.2-4-599	18.6.2	35.210	L70	YD/T 4599—2023	基于云计算的数字化业务通用安全工程要求			2023/12/29	2024/4/1
18.6.2-5-600	18.6.2	35.020	L65	ANSI INCITS 359-2012	信息技术　角色访问控制	ANSI INCITS 359—2004		2012/1/1	2012/1/1

续表

序号	GW 分类	ICS 分类	GB 分类	标准号	中文名称	代替标准	采用关系	发布日期	实施日期
18.6.2-5-601	18.6.2	35.030		BS ISO/IEC 10116：2017	信息技术　安全技术　n 位分组密码的操作模式	BS ISO IEC 10116：2006		2017/7/11	2017/7/11
18.6.2-5-602	18.6.2	35.020	A90/94	BS ISO/IEC 10118-3：2018	IT 安全技术　哈希功能　专用哈希-函数	BS ISO IEC 10118-3：2003		2018/5/11	2018/5/11
18.6.2-5-603	18.6.2	35.030	A90	BS ISO/IEC 15946-5：2017	信息技术　安全技术　基于椭圆曲线的密码技术　椭圆曲线生成			2017/9/18	2017/9/18
18.6.2-5-604	18.6.2	35.020	L70/84	BS ISO/IEC 19592-2：2017	信息技术　安全技术　秘密分享　基本机制			2017/10/25	2017/10/25
18.6.2-5-605	18.6.2	35.030		BS ISO/IEC 20009-4：2017	信息技术　安全技术　匿名实体认证　基于薄弱机密的机制			2017/8/22	2017/8/22
18.6.2-5-606	18.6.2	35.040	L70/84	BS ISO/IEC 20085-1：2019	IT 安全技术　测试工具要求和测试工具校准方法，用于测试密码模块中的非侵入式攻击缓解技术　测试工具和技术			2019/11/7	2019/11/7
18.6.2-5-607	18.6.2	35.040	L70	BS ISO/IEC 24762：2008	信息技术　安全技术　信息和通信技术故障恢复服务指南	ISO IEC FDIS 24762：2007		2008/2/29	2008/2/29
18.6.2-5-608	18.6.2	35.030		BS ISO/IEC 27034-5：2017	信息技术　安全技术　应用程序安全性　协议和应用程序安全控制数据结构			2017/10/24	2017/10/24
18.6.2-5-609	18.6.2	33.200		BSI DD IEC/TS 62351-4：2007	电力系统管理和相关信息交换　数据和通信安全　第 4 部分：包括公里的侧面			2007/7/31	2007/7/31
18.6.2-5-610	18.6.2	33.200		BSI DD IEC/TS 62351-6：2007	电力系统管理和相关信息交换　数据和通信安全　第 6 部分：为 IEC 61850 的安全			2007/7/31	2007/7/31
18.6.2-5-611	18.6.2	33.200；35.040		BSI DD IEC/TS 62351-8：2011	电力系统管理和相关信息交换　数据和通信安全　第 8 部分：基于角色的访问控制			2011/10/31	2011/10/31
18.6.2-5-612	18.6.2	35.040	L63	IEC 60950-1：2005	信息技术设备-安全　第 1 部分：一般要求	IEC 60950-1：2001；IEC 60950-1 Cor 1：2002；IEC 60950-1 Cor 1：2002；IEC 108/135 A/FDIS：2005		2005/12/1	2005/12/1
18.6.2-5-613	18.6.2	35.020；35.040；35.260	L09	IEC 60950-1：2005/AMD1：2009/AMD2：2013，CSV	信息技术设备　安全　第 1 部分：一般要求修正案 2	IEC 60950-1：2012		2013/5/28	2013/5/28

18

续表

序号	GW 分类	ICS 分类	GB 分类	标准号	中文名称	代替标准	采用关系	发布日期	实施日期
18.6.2-5-614	18.6.2			IEC TS 61850-80-1：2016	电力公司自动化的通信网络和系统　第 80-1 部分：使用 IEC 60870-5-101 或 IEC 60870-5-104 从基于 CDC 的数据模型交换信息的指南	IEC TS 61850-80-1：2008		2016/7/1	2016/7/1
18.6.2-5-615	18.6.2			IEC TS 62351-100-1：2018	电力系统管理和相关信息交换　数据和通信安全　第 100-1 部分：IEC TS 62351-5 和 IEC TS 60870-5-7　第 1.0 版的一致性测试用例			2018/11/1	2018/11/1
18.6.2-5-616	18.6.2			IEC TR 62351-13：2016	电力系统管理和相关信息交换　数据和通信安全　第 13 部分：标准和规范中涵盖的安全主题指南			2016/8/1	2016/8/1
18.6.2-5-617	18.6.2	33.200		IEC 62351-7：2017	电源系统管理和相关信息交换　数据和通信安全　第 7 部分：网络和系统管理（NSM）数据对象模型			2017/7/18	2017/7/18
18.6.2-5-618	18.6.2			IEC TR 62351-90-1：2018	电力系统管理和相关信息交换　数据和通信安全　第 90-1 部分：电力系统中基于角色的访问控制处理指南			2018/1/1	2018/1/1
18.6.2-5-619	18.6.2			IEC TR 62351-90-2：2018	电力系统管理和相关信息交换　数据和通信安全　第 90-2 部分：加密通信的深度数据包检测			2018/9/1	2018/9/1
18.6.2-5-620	18.6.2		M11	IEC TS 62443-1-1：2009	工业通信网络　网络和系统安全　第 1 部分：术语、概念和模型	IEC 65/423/DTS：2008		2009/7/1	2009/7/1
18.6.2-5-621	18.6.2	25.040.40；35.040；35.110；35.240.50	N18	IEC 62443-3-3：2013	工业通信网络　网络和系统安全　第 3-3 部分：安全级和系统安全性要求	IEC 65/531/FDIS：2013		2013/8/1	2013/8/1
18.6.2-5-622	18.6.2	35.040		ISO 11770-1：2010	信息技术　安全技术　密匙管理　第 1 部分：框架（通信）			2010/11/22	2010/11/22
18.6.2-5-623	18.6.2	35.030		ISO/IEC 11770-2：2018	IT 安全技术　密钥管理　第 2 部分：使用对称技术的机制			2018/10/1	2018/10/1
18.6.2-5-624	18.6.2	35.030		ISO/IEC 11770-3：2021	信息技术　安全技术　关键管理　第 3 部分：使用非对称技术的机制			2021/10/22	2021/10/22
18.6.2-5-625	18.6.2	35.030		ISO/IEC 11770-4：2017/AMD1：2019	信息技术　安全技术　密钥管理　第 4 部分：基于薄弱机密的机制修订 1：不平衡的密码—与身份的认证密钥协议—基于密码的系统（UPAKAIBC）　第 2 版			2019/9/1	2019/9/1

续表

序号	GW 分类	ICS 分类	GB 分类	标准号	中文名称	代替标准	采用关系	发布日期	实施日期
18.6.2-5-626	18.6.2			ISO/IEC 11770-5：2020	信息技术　安全技术　密匙管理　第 5 部分：组密钥管理（通信）			2020/11/10	2020/11/10
18.6.2-5-627	18.6.2	35.030;		ISO/IEC 11770-6：2016	信息技术　安全技术　密钥管理　第 6 部分：密钥推导			2016/10/5	2016/10/5
18.6.2-5-628	18.6.2			ISO/IEC 11889-1：2015	信息技术　可信平台模块　第 1 部分：概述			2015/12/15	2015/12/15
18.6.2-5-629	18.6.2			ISO/IEC 11889-2：2015	信息技术　可信平台模块　第 2 部分：设计原则			2015/12/15	2015/12/15
18.6.2-5-630	18.6.2			ISO/IEC 11889-3：2015	信息技术　可信平台模块　第 3 部分：结构			2015/12/15	2015/12/15
18.6.2-5-631	18.6.2			ISO/IEC 11889-4：2015	信息技术　可信平台模块　第 4 部分：命令			2015/12/15	2015/12/15
18.6.2-5-632	18.6.2	35.110		ISO/IEC 13157-1：2014	信息技术　系统之间的电信和信息交流　NFC 安全　第 1 部分：NFC-SEC NFCIP-1 安全服务和协议			2014/8/20	2014/8/20
18.6.2-5-633	18.6.2	35.110		ISO/IEC 13157-2：2016	信息技术　系统之间的电信和信息交流　NFC 安全　第 2 部分：使用 ECDH 和 AES 的 NFC-SEC 加密标准			2016/3/29	2016/3/29
18.6.2-5-634	18.6.2			ISO/IEC 13888-1：2020	信息技术　安全技术　不可否认性　第 1 部分：总论（通信）			2020/9/4	2020/9/4
18.6.2-5-635	18.6.2	35.040		ISO/IEC 13888-2：2010	信息技术　安全技术　不可否认性　第 2 部分：对称技术使用机制			2010/12/1	2010/12/1
18.6.2-5-636	18.6.2			ISO/IEC 13888-3：2020	信息安全　不可否认　第 3 部分：使用非对称技术的机制			2020/9/4	2020/9/4
18.6.2-5-637	18.6.2			ISO/IEC 14888-3：2018	IT 安全技术　带附录的数字签名　第 3 部分：基于离散对数机制			2018/11/1	2018/11/1
18.6.2-5-638	18.6.2			ISO/IEC 15408-1：2022	信息技术　安全技术　IT 安全的评价标准　第 1 部分：介绍和一般模型（通信）			2022/8/9	2022/8/9
18.6.2-5-639	18.6.2			ISO/IEC 15408-2：2022	信息技术　安全技术　IT 安全的评价标准　第 2 部分：安全功能组件（通信）			2022/8/9	2022/8/9
18.6.2-5-640	18.6.2			ISO/IEC 15408-3：2022	信息技术　安全技术　IT 安全的评价标准　第 3 部分：安全保证元件			2022/8/9	2022/8/9
18.6.2-5-641	18.6.2			ISO/IEC TR 15443-1：2012	信息技术　安全技术　安全保障框架　第 1 部分：介绍和概念			2012/11/1	2012/11/1
18.6.2-5-642	18.6.2			ISO/IEC TR 15443-2：2012	信息技术　安全技术　安全保障框架　第 2 部分：分析			2012/11/16	2012/11/16

续表

序号	GW 分类	ICS 分类	GB 分类	标准号	中文名称	代替标准	采用关系	发布日期	实施日期
18.6.2-5-643	18.6.2			ISO/IEC 15693-3/AMD4：2017	识别卡　非接触式集成电路卡　邻近卡　第 3 部分：防冲突和传输协议修订 4：安全框架　第 2 版			2017/5/1	2017/5/1
18.6.2-5-644	18.6.2	35.030		ISO/IEC 18033-6：2019	IT 安全技术　加密算法　第 6 部分：同态加密　第 1 版			2019/5/2	2019/5/2
18.6.2-5-645	18.6.2			ISO/IEC 19772：2020	信息技术　安全技术　验证加密术			2020/11/27	2020/11/27
18.6.2-5-646	18.6.2			ISO/IEC 19896-1：2018	IT 安全技术　信息安全测试人员和评估人员的能力要求　第 1 部分：简介、概念和一般要求　第 1 版			2018/3/1	2018/3/1
18.6.2-5-647	18.6.2			ISO/IEC 19896-2：2018	IT 安全技术　信息安全测试人员和评估人员的能力要求　第 2 部分：ISO/IEC 19790 测试人员的知识、技能和有效性要求　第 1 版			2018/8/1	2018/8/1
18.6.2-5-648	18.6.2	35.030		ISO/IEC 19896-3：2018	IT 安全技术　信息安全测试人员和评估人员的能力要求　第 3 部分：ISO/IEC 15408 评估人员的知识、技能和有效性要求　第 1 版			2018/8/1	2018/8/1
18.6.2-5-649	18.6.2	35.020		ISO/IEC TS 20540:2018	信息技术　安全技术　在其运行环境中测试加密模块　第 1 版			2018/5/18	2018/5/18
18.6.2-5-650	18.6.2	35.040		ISO/IEC 21827：2008	信息技术　安全技术　系统安全工程能力成熟模型（SSE—CMM）	ISO IEC 21827—2002		2008/10/16	2008/10/16
18.6.2-5-651	18.6.2			ISO/IEC 24759：2017	信息技术　安全技术　加密模块的测试要求　第 3 版	ISO IEC 24759—2014		2017/3/1	2017/3/1
18.6.2-5-652	18.6.2	35.100.60	L79	ISO/IEC 24824-3：2008	信息技术　ASN.1 的一般应用：快速信息设备安全			2008/4/22	2008/4/22
18.6.2-5-653	18.6.2	35.030		ISO/IEC 27000：2018	信息技术　安全技术　信息安全管理系统概述和词汇　第 5 版			2018/2/1	2018/2/1
18.6.2-5-654	18.6.2			ISO/IEC 27003：2017	信息技术　安全技术　信息安全管理系统指南　第 2 版	ISO IEC 27003—2010		2017/4/12	2017/4/12
18.6.2-5-655	18.6.2			ISO/IEC 27005：2022	信息技术　安全技术　信息安全风险管理			2022/10/25	2022/10/25
18.6.2-5-656	18.6.2	35.030		ISO/IEC TS 27008:2019	信息技术　安全技术　信息安全控制评估指南　第 1 版			2019/1/14	2019/1/14
18.6.2-5-657	18.6.2			ISO/IEC 27009：2020	信息技术　安全技术　ISO/IEC 27001 的部门特定应用　要求			2020/4/21	2020/4/21

续表

序号	GW 分类	ICS 分类	GB 分类	标准号	中文名称	代替标准	采用关系	发布日期	实施日期
18.6.2-5-658	18.6.2			ISO/IEC 27011：2016	信息技术　安全技术　基于 ISO/IEC 27002 的电信组织信息安全控制实施规程	ISO/IEC 27011—2008		2016/11/23	2016/11/23
18.6.2-5-659	18.6.2	03.100.70		ISO/IEC 27019：2017(R2019)	信息技术　安全技术　能源行业的信息安全控制			2019/1/1	2019/1/1
18.6.2-5-660	18.6.2	35.030;		ISO/IEC 27033-6：2016	信息技术　安全技术　网络安全　第 6 部分：保护无线 IP 网络接入			2016/6/1	2016/6/1
18.6.2-5-661	18.6.2	35.030		ISO/IEC 27034-3：2018	信息技术　应用安全　第 3 部分：应用安全管理过程　第 1 版			2018/5/1	2018/5/1
18.6.2-5-662	18.6.2	35.030		ISO/IEC TS 27034-5-1：2018	信息技术　应用程序安全性　第 5-1 部分：协议和应用程序安全控制数据结构　XML 模式　第 1 版			2018/5/7	2018/5/7
18.6.2-5-663	18.6.2	35.030		ISO/IEC 27034-7：2018	信息技术　应用安全　第 7 部分：保证预测框架　第 1 版			2018/5/1	2018/5/1
18.6.2-5-664	18.6.2	35.030		ISO/IEC 27701：2019	安全技术　隐私信息管理的 ISO/IEC 27001 和 ISO/IEC 27002 的扩展—要求和准则　第 1 版			2019/8/1	2019/8/1
18.6.2-5-665	18.6.2	35.030		ISO/IEC TS 29003:2018	信息技术　安全技术　身份证明　第 1 版			2018/3/15	2018/3/15
18.6.2-5-666	18.6.2	35.030		ISO/IEC 29100：2011/AMD1：2018	信息技术　安全技术　隐私框架修订 1：澄清　第 1 版			2018/6/1	2018/6/1
18.6.2-5-667	18.6.2	35.030		ISO/IEC 29101：2018	信息技术　安全技术　隐私架构框架　第 2 版			2018/11/1	2018/11/1
18.6.2-5-668	18.6.2	35.040	L80	ISO/IEC 29134：2017	信息技术　安全技术　隐私影响评估指南			2017/6/28	2017/6/28
18.6.2-5-669	18.6.2	35.030		ISO/IEC 29147：2018	信息技术　安全技术　漏洞披露　第 2 版			2018/10/1	2018/10/1
18.6.2-5-670	18.6.2	35.030		ISO/IEC 29192-2：2019	信息安全　轻量级加密　第 2 部分：分组密码　第 2 版			2019/11/1	2019/11/1
18.6.2-5-671	18.6.2	35.030		ISO/IEC 29192-6：2019	信息技术　轻量级加密　第 6 部分：消息认证码 MACs　第 1 版			2019/9/18	2019/9/18
18.6.2-5-672	18.6.2	35.030		ISO/IEC 29192-7：2019	信息安全　轻量级加密　第 7 部分：广播认证　第 1 版			2019/7/16	2019/7/16
18.6.2-5-673	18.6.2	35.030		ISO/IEC 30111：2019	信息技术　安全技术漏洞处理流程　第 2 版			2019/10/1	2019/10/1
18.6.2-5-674	18.6.2	35.030		ISO/IEC 9798-2：2019	IT 安全技术　实体认证　第 2 部分：使用认证加密的机制　第 4 版			2019/6/1	2019/6/1

续表

序号	GW 分类	ICS 分类	GB 分类	标准号	中文名称	代替标准	采用关系	发布日期	实施日期
18.6.2-5-675	18.6.2	35.030		ISO/IEC 9798-3：2019	IT 安全技术 实体认证 第 3 部分：使用数字签名技术的机制 第 3 版			2019/1/1	2019/1/1
18.6.2-5-676	18.6.2	35.030；35.240.40；35.240.99		ISO/TR 23244：2020	区块链和分布式账本技术 隐私和个人身份信息保护注意事项			2020/5/7	2020/5/7
18.6.2-5-677	18.6.2	35.030；35.240.40；35.240.99		ISO/TR 23576：2020	区块链和分布式账本技术 数字资产保管人的安全管理			2020/12/10	2020/12/10
18.6.2-5-678	18.6.2			ITU-T X 1034—2011	数据通信网络中基于扩展认证协议的鉴别和密钥管理指南	ITU-T X 1034—2008		2011/2/1	2011/2/1
18.6.2-5-679	18.6.2			ITU-T X 1051—2016	基于电信组织 ISO/IEC 27002 的信息安全控制规范			2016/4/29	2016/4/29
18.6.2-5-680	18.6.2			ITU-T X 1205—2008	信息安全综述			2008/4/1	2008/4/1
18.6.2-6-681	18.6.2			T/CEC 622—2022	电力物联网感知层设备安全认证技术要求			2022/6/23	2022/10/1
18.6.2-6-682	18.6.2			T/CEC 623—2022	电力物联网嵌入式测控类终端应用安全技术要求			2022/6/23	2022/10/1
18.6.2-6-683	18.6.2			T/CEC 649—2022	电力可信计算体系结构			2022/6/23	2022/10/1

18.7 数字化-信息运行

序号	GW 分类	ICS 分类	GB 分类	标准号	中文名称	代替标准	采用关系	发布日期	实施日期
18.7-2-1	18.7	29.240		Q/GDW 10343—2018	信息机房设计及建设规范	Q/GDW 1343—2014		2020/3/20	2020/3/20
18.7-2-2	18.7	29.240	L09	Q/GDW 10345—2018	信息机房评价规范	Q/GDW 1345—2014		2020/3/20	2020/3/20
18.7-2-3	18.7	29.240		Q/GDW 10704—2018	信息运行支撑平台技术要求	Q/GDW 704—2012		2020/3/20	2020/3/20
18.7-2-4	18.7	35.240		Q/GDW 10845—2018	信息运行支撑平台功能规范	Q/GDW/Z 1845—2013		2020/3/20	2020/3/20
18.7-2-5	18.7	29.240		Q/GDW 11159—2018	信息系统基础设施改造技术规范	Q/GDW 11159—2013		2019/7/26	2019/7/26
18.7-2-6	18.7	29.240		Q/GDW 11212—2018	信息系统非功能性需求规范	Q/GDW/Z 11212—2014		2020/3/20	2020/3/20
18.7-2-7	18.7	29.240		Q/GDW 1133—2014	国家电网公司统一域名体系建设规范	Q/GDW/Z 133—2005		2015/5/29	2015/5/29
18.7-2-8	18.7	29.240		Q/GDW/Z 11799—2018	数据中心信息系统灾备存储复制设计原则			2019/7/26	2019/7/26
18.7-2-9	18.7	29.240		Q/GDW 11822.10—2021	一体化“国网云” 第 10 部分：运维技术规范			2021/6/25	2021/6/25
18.7-2-10	18.7	35.240		Q/GDW 11830—2024	电网数字化项目后评估规范	Q/GDW 11830—2018		2024/2/28	2024/2/28

续表

序号	GW 分类	ICS 分类	GB 分类	标准号	中文名称	代替标准	采用关系	发布日期	实施日期
18.7-2-11	18.7	29.240		Q/GDW 11978—2019	数据中心模块化设计规范			2020/9/28	2020/9/28
18.7-2-12	18.7	01.040.35		Q/GDW 11979—2019	信息设备腾退鉴定规范			2020/9/28	2020/9/28
18.7-2-13	18.7	29.240		Q/GDW 11983—2019	高效能数据中心能耗管理技术导则			2020/9/28	2020/9/28
18.7-2-14	18.7	35.240		Q/GDW 11985—2019	信息系统自动化运维导则			2020/9/28	2020/9/28
18.7-2-15	18.7	35.240.50		Q/GDW 12405—2024	智能一体化运维支撑平台（SG-I6000 2.0）南北向接口及微应用开发规范			2024/2/28	2024/2/28
18.7-3-16	18.7	35.160	L85	GB/T 14715—2017	信息技术设备用不间断电源通用规范	GB/T 14715—1993		2017/12/29	2018/7/1
18.7-3-17	18.7	35.080	L77	GB/T 20157—2006	信息技术　软件维护		ISO/IEC 14764：1999，IDT	2006/3/14	2006/7/1
18.7-3-18	18.7	35.080	L77	GB/T 28827.6—2019	信息技术服务　运行维护　第 6 部分：应用系统服务要求			2019/8/30	2020/3/1
18.7-3-19	18.7	35.080	L77	GB/T 28827.7—2022	信息技术服务　运行维护　第 7 部分：成本度量规范			2022/10/12	2023/5/1
18.7-3-20	18.7	35.020	L60	GB/T 32910.2—2017	数据中心　资源利用　第 2 部分：关键性指标设置要求			2017/7/31	2018/2/1
18.7-3-21	18.7	35.020	L04	GB/T 32910.3—2016	数据中心　资源利用　第 3 部分：电能能效要求和测量方法			2016/8/29	2017/3/1
18.7-3-22	18.7	35.020	L73	GB/T 32910.4—2021	数据中心　资源利用　第 4 部分：可再生能源利用率			2021/4/30	2021/11/1
18.7-3-23	18.7	35.080	L77	GB/T 33136—2016	信息技术服务　数据中心服务能力成熟度模型			2016/10/13	2017/5/1
18.7-3-24	18.7	35.220.01	L63	GB/T 36092—2018	信息技术　备份存储　备份技术应用要求			2018/3/15	2018/10/1
18.7-3-25	18.7	35.020	L60	GB/T 36448—2018	集装箱式数据中心机房通用规范			2018/6/7	2019/1/1
18.7-3-26	18.7	35.080	L77	GB/T 37726—2019	信息技术　数据中心精益六西格玛应用评价准则			2019/8/30	2020/3/1
18.7-3-27	18.7	27.010	F01	GB/T 37779—2019	数据中心能源管理体系实施指南			2019/8/30	2020/3/1
18.7-3-28	18.7	35.240	L67	GB/T 38633—2020	信息技术　大数据　系统运维和管理功能要求			2020/4/28	2020/11/1
18.7-3-29	18.7	35.240.50	L67	GB/T 39837—2021	信息技术　远程运维　技术参考模型			2021/3/9	2021/10/1
18.7-3-30	18.7	29.240.01	F10	GB/T 41235—2022	能源互联网与储能系统互动规范			2022/3/9	2022/10/1
18.7-3-31	18.7	35.020	L73	GB/T 41783—2022	模块化数据中心通用规范			2022/10/12	2023/5/1

续表

序号	GW 分类	ICS 分类	GB 分类	标准号	中文名称	代替标准	采用关系	发布日期	实施日期
18.7-3-32	18.7	35.080	L77	GB/T 42581—2023	信息技术服务　数据中心业务连续性等级评价准则			2023/5/23	2023/12/1
18.7-3-33	18.7	35.240.50	L67	GB/T 44282—2024	工业互联网平台　质量管理要求			2024/8/23	2024/12/1
18.7-3-34	18.7			GB 50174—2017	数据中心设计规范	GB 50174—2008		2017/5/4	2018/1/1
18.7-4-35	18.7	13.100	F09	DL/T 1597—2016	电力行业数据灾备系统存储监控技术规范			2016/8/16	2016/12/1
18.7-4-36	18.7	35.080	L77	DL/T 1731—2017	电力信息系统非功能性需求规范			2017/8/2	2017/12/1
18.7-4-37	18.7	35.240	L70	DL/T 2014—2019	电力信息化项目后评价			2019/6/4	2019/10/1
18.7-4-38	18.7	35.220	L64	YD/T 2916—2015	基于存储复制技术的数据灾备技术要求			2015/7/14	2015/10/1
18.7-4-39	18.7	33.030	M21	YD/T 2958—2015	虚拟桌面服务运维管理技术要求			2015/10/14	2016/1/1
18.7-4-40	18.7	35.020	L70	YD/T 3054—2016	云资源运维管理功能技术要求			2016/4/5	2016/7/1
18.7-4-41	18.7	33.040.40	M32	YD/T 3096—2016	数据中心接入以太网交换机设备技术要求			2016/7/11	2016/10/1
18.7-4-42	18.7	33.040.40	M32	YD/T 3290—2017	一体化微型模块化数据中心技术要求			2017/11/7	2018/1/1
18.7-4-43	18.7	33.040.40	M32	YD/T 3291—2017	数据中心预制模块总体技术要求			2017/11/7	2018/1/1
18.7-4-44	18.7	35.220	L64	YD/T 3485—2019	信息系统灾难恢复能力要求			2019/8/27	2019/10/1
18.7-4-45	18.7	35.110	M11	YD/T 3671—2020	公有云服务平台安全运维管理要求			2020/4/16	2020/7/1
18.7-4-46	18.7	35.110	M10	YD/T 3748—2020	公有云服务安全运行可视化管理规范			2020/8/31	2020/10/1
18.7-4-47	18.7	29.200	M41	YD/T 3767—2020	数据中心用市电加保障电源的两路供电系统技术要求			2020/8/31	2020/10/1
18.7-4-48	18.7	33.040.40	M19	YD/T 3885—2021	数据中心交换机设备 VxLAN 测试方法			2021/5/17	2021/7/1
18.7-4-49	18.7	33.040.40	M32	YD/T 3902—2021	数据中心无损网络典型场景技术要求和测试方法			2021/5/17	2021/7/1
18.7-4-50	18.7			YD/T 4126—2023	数据中心基础设施运维人员能力要求			2023/5/22	2023/8/1
18.7-4-51	18.7	03.060	A11	YD/T 4414—2023	数据中心存储阵列技术要求和测试方法			2023/8/16	2023/11/1
18.7-4-52	18.7	33.020	L70	YD/T 4458—2023	数据中心精细化运维技术要求及评估方法			2023/12/29	2024/4/1
18.7-4-53	18.7	35.020	L01	YD/T 4624—2023	微型集成化数据中心技术要求			2023/12/29	2024/4/1
18.7-4-54	18.7	33.040.40	M32	YD/T 4625—2023	数据中心能耗管理系统技术要求			2023/12/29	2024/4/1
18.7-4-55	18.7	33.040.40	M32	YD/T 4626—2023	数据中心运营管理系统技术要求和智能化分级评估方法			2023/12/29	2024/4/1

续表

序号	GW 分类	ICS 分类	GB 分类	标准号	中文名称	代替标准	采用关系	发布日期	实施日期
18.7-4-56	18.7	33.040.20	M14	YD/T 4627—2023	数据中心网络智能管控及运维系统技术要求			2023/12/29	2024/4/1
18.7-4-57	18.7	33.040.40	M32	YD/T 4628—2023	数据中心基础设施验证测试技术规范			2023/12/29	2024/4/1
18.7-4-58	18.7	35.020	L01	YD/T 4629—2023	新型数据中心数据存储服务能力成熟度评价规范			2023/12/29	2024/4/1
18.7-4-59	18.7	35.020	L00	YD/T 4631—2023	面向业务需求的数据中心设计要求			2023/12/29	2024/4/1
18.7-4-60	18.7	33.040.40	M32	YD/T 4881—2024	数据中心能耗管理系统测试方法			2024/7/19	2024/10/1
18.7-5-61	18.7	35.020		ISO/IEC TS 22237-6：2018	信息技术　数据中心设施和基础设施　第 6 部分：安全系统　第 1 版			2018/4/27	2018/4/27
18.7-5-62	18.7	35.020		ISO/IEC TS 22237-7：2018	信息技术　数据中心设施和基础设施　第 7 部分：管理和操作信息　第 1 版			2018/4/27	2018/4/27
18.7-5-63	18.7			ISO/IEC TR 23050：2019	信息技术　数据中心　对电能储存和出口数据中心资源指标的影响　第 1 版			2019/3/1	2019/3/1
18.7-5-64	18.7	35.020		ISO/IEC 24091：2019	信息技术　数据中心存储的功率效率测量规范　第 1 版			2019/11/1	2019/11/1

19 售电市场与营销

19.1 售电市场与营销-基础综合

序号	GW 分类	ICS 分类	GB 分类	标准号	中文名称	代替标准	采用关系	发布日期	实施日期
19.1-2-1	19.1			Q/GDW 11773—2017	低压台区营配数据普查移动终端技术条件			2018/9/7	2018/9/7
19.1-2-2	19.1	29.240		Q/GDW/Z 726—2012	智能园区建设导则			2012/5/4	2012/5/4

19.2 售电市场与营销-电能计量

序号	GW 分类	ICS 分类	GB 分类	标准号	中文名称	代替标准	采用关系	发布日期	实施日期
19.2-2-1	19.2	29.240		Q/GDW 10205—2021	电能计量器具条码	Q/GDW 1205—2013		2022/1/7	2022/1/7
19.2-2-2	19.2	29.240		Q/GDW 10347—2023	电能计量装置通用设计	Q/GDW 10347—2016		2023/11/30	2023/11/30
19.2-2-3	19.2	29.240		Q/GDW 10354—2020	智能电能表功能规范	Q/GDW 1354—2013		2021/1/29	2021/1/29
19.2-2-4	19.2	29.240		Q/GDW 10355—2020	单相智能电能表型式规范	Q/GDW 1355—2013		2021/1/29	2021/1/29
19.2-2-5	19.2	29.240		Q/GDW 10356—2020	三相智能电能表型式规范	Q/GDW 1356—2013		2021/1/29	2021/1/29
19.2-2-6	19.2	29.240		Q/GDW 10364—2020	单相智能电能表技术规范	Q/GDW 1364—2013		2021/1/29	2021/1/29
19.2-2-7	19.2	29.240		Q/GDW 10365—2020	智能电能表信息交换安全认证技术规范	Q/GDW 1365—2013		2021/1/29	2021/1/29
19.2-2-8	19.2	29.240		Q/GDW 10373—2019	用电信息采集系统功能规范	Q/GDW 1373—2013		2020/10/30	2020/10/30
19.2-2-9	19.2	29.240	F20	Q/GDW 10374.1—2024	用电信息采集系统技术规范　第 1 部分：专变采集终端	Q/GDW 10374.1—2019		2024/11/8	2024/11/8
19.2-2-10	19.2	29.240	F20	Q/GDW 10374.2—2024	用电信息采集系统技术规范　第 2 部分：集中器和采集器	Q/GDW 10374.2—2019		2024/11/8	2024/11/8
19.2-2-11	19.2	29.240	F20	Q/GDW 10374.3—2024	用电信息采集系统技术规范　第 3 部分：通信单元	Q/GDW 10374.3—2019		2024/11/8	2024/11/8
19.2-2-12	19.2	29.240	F20	Q/GDW 10374.4—2024	用电信息采集系统技术规范　第 4 部分：终端软件及接口			2024/11/8	2024/11/8
19.2-2-13	19.2	29.240	F20	Q/GDW 10375.1—2024	用电信息采集系统型式规范　第 1 部分：专变采集终端	Q/GDW 10375.1—2019		2024/11/8	2024/11/8
19.2-2-14	19.2	29.240	F20	Q/GDW 10375.2—2024	用电信息采集系统型式规范　第 2 部分：集中器	Q/GDW 10375.2—2019		2024/11/8	2024/11/8
19.2-2-15	19.2	29.240	F20	Q/GDW 10375.3—2024	用电信息采集系统型式规范　第 3 部分：采集器	Q/GDW 10375.3—2019		2024/11/8	2024/11/8
19.2-2-16	19.2	29.240	F20	Q/GDW 10376.1—2024	用电信息采集系统通信协议　第 1 部分：主站与采集终端	Q/GDW 10376.1—2019		2024/11/8	2024/11/8

续表

序号	GW 分类	ICS 分类	GB 分类	标准号	中文名称	代替标准	采用关系	发布日期	实施日期
19.2-2-17	19.2	29.240	F20	Q/GDW 10376.2—2024	用电信息采集系统通信协议　第 2 部分：集中器本地通信模块接口	Q/GDW 10376.2—2019		2024/11/8	2024/11/8
19.2-2-18	19.2	29.240	F20	Q/GDW 10376.3—2024	用电信息采集系统通信协议　第 3 部分：采集终端远程通信模块接口	Q/GDW 10376.3—2019		2024/11/8	2024/11/8
19.2-2-19	19.2	29.240		Q/GDW 10379.1—2019	用电信息采集系统检验规范　第 1 部分：系统	Q/GDW 1379.1—2013		2020/10/30	2020/10/30
19.2-2-20	19.2	29.240	F20	Q/GDW 10379.2—2024	用电信息采集系统检验规范　第 2 部分：专变采集终端	Q/GDW 10379.2—2019		2024/11/8	2024/11/8
19.2-2-21	19.2	29.240	F20	Q/GDW 10379.3—2024	用电信息采集系统检验规范　第 3 部分：集中器和采集器	Q/GDW 10379.3—2019		2024/11/8	2024/11/8
19.2-2-22	19.2	29.240	F20	Q/GDW 10379.4—2024	用电信息采集系统检验规范　第 4 部分：通信单元	Q/GDW 10379.4—2019		2024/11/8	2024/11/8
19.2-2-23	19.2	29.240		Q/GDW 10572.1—2020	计量用互感器技术规范　第 1 部分：低压电流互感器	Q/GDW 1572—2014		2021/3/26	2021/3/26
19.2-2-24	19.2	29.240		Q/GDW 10572.2—2023	计量用互感器技术规范　第 2 部分：10kV～35kV 电流互感器	Q/GDW 11681—2017		2023/11/30	2023/11/30
19.2-2-25	19.2	29.240	F20	Q/GDW 10572.4—2024	计量用互感器技术规范　第 4 部分：10kV～35kV 三相组合式互感器	Q/GDW 12091—2020		2024/11/8	2024/11/8
19.2-2-26	19.2	29.240	F20	Q/GDW 10573—2024	计量用低压电流互感器自动化检定系统技术规范	Q/GDW 1573—2014		2024/4/25	2024/4/25
19.2-2-27	19.2	29.240		Q/GDW 10825—2019	直流电能表技术规范	Q/GDW 1825—2013		2020/10/30	2020/10/30
19.2-2-28	19.2	29.240		Q/GDW 10827—2020	三相智能电能表技术规范	Q/GDW 1827—2013		2021/1/29	2021/1/29
19.2-2-29	19.2	29.240	F20	Q/GDW 10890—2024	计量用智能化仓储系统技术规范	Q/GDW 1890—2013		2024/11/8	2024/11/8
19.2-2-30	19.2	29.240		Q/GDW 10893—2018	计量用电子标签技术规范	Q/GDW 10893—2017		2019/10/10	2019/10/10
19.2-2-31	19.2	29.240		Q/GDW 11008—2013	低压计量箱技术规范			2014/1/16	2014/1/16
19.2-2-32	19.2	29.240	F20	Q/GDW 11009—2024	电能计量封印技术规范	Q/GDW 11009—2021		2024/11/8	2024/11/8
19.2-2-33	19.2			Q/GDW 11016—2013	电力用户用电信息采集系统通信协议　第 4 部分：基于微功率无线通信的数据传输协议			2013/11/6	2013/11/6
19.2-2-34	19.2	29.240		Q/GDW 11018.9—2018	数字化计量系统技术条件　第 9 部分：多功能测控装置			2019/10/10	2019/10/10
19.2-2-35	19.2			Q/GDW 11018.10—2017	数字化计量系统技术条件　第 10 部分：数字化电能表	Q/GDW 11018—2013		2018/9/7	2018/9/7

续表

序号	GW 分类	ICS 分类	GB 分类	标准号	中文名称	代替标准	采用关系	发布日期	实施日期
19.2-2-36	19.2	29.240		Q/GDW 11018.21—2018	数字化计量系统技术条件　第 21 部分：数字化电能表型式规范			2019/10/10	2019/10/10
19.2-2-37	19.2	29.240		Q/GDW 11111—2013	数字化电能表校准规范			2014/4/1	2014/4/1
19.2-2-38	19.2			Q/GDW 11116—2013	智能电能表检测装置软件设计技术规范			2014/4/1	2014/4/1
19.2-2-39	19.2			Q/GDW 11117—2017	计量现场作业终端技术规范	Q/GDW 11117—2013		2018/9/7	2018/9/7
19.2-2-40	19.2	29.240	F20	Q/GDW 11163—2024	电动汽车交流充电桩计量技术要求	Q/GDW 11163—2014		2024/4/25	2024/4/25
19.2-2-41	19.2	29.240	F20	Q/GDW 11165—2024	电动汽车非车载充电机直流计量技术要求	Q/GDW 11165—2014		2024/4/25	2024/4/25
19.2-2-42	19.2	29.240	F20	Q/GDW 11179.1—2023	电能计量设备用元器件技术规范　第 1 部分：电解电容器	Q/GDW 11179.1—2014		2023/11/30	2023/11/30
19.2-2-43	19.2	29.240	F20	Q/GDW 11179.2—2023	电能计量设备用元器件技术规范　第 2 部分：压敏电阻器	Q/GDW 11179.2—2014		2023/11/30	2023/11/30
19.2-2-44	19.2	29.240	F20	Q/GDW 11179.3—2023	电能计量设备用元器件技术规范　第 3 部分：电阻器	Q/GDW 11179.3—2014		2023/11/30	2023/11/30
19.2-2-45	19.2	29.240	F20	Q/GDW 11179.4—2023	电能计量设备用元器件技术规范　第 4 部分：隔离耦合器	Q/GDW 11179.4—2014		2023/11/30	2023/11/30
19.2-2-46	19.2	29.240	F20	Q/GDW 11179.5—2023	电能计量设备用元器件技术规范　第 5 部分：晶体谐振器	Q/GDW 11179.5—2014		2023/11/30	2023/11/30
19.2-2-47	19.2	29.240	F20	Q/GDW 11179.6—2023	电能计量设备用元器件技术规范　第 6 部分：瞬变二极管	Q/GDW 11179.6—2014		2023/11/30	2023/11/30
19.2-2-48	19.2	29.240	F20	Q/GDW 11179.7—2023	电能计量设备用元器件技术规范　第 7 部分：电池	Q/GDW 11179.7—2014		2023/11/30	2023/11/30
19.2-2-49	19.2	29.240	F20	Q/GDW 11179.8—2023	电能计量设备用元器件技术规范　第 8 部分：负荷开关	Q/GDW 11179.8—2015		2023/11/30	2023/11/30
19.2-2-50	19.2	29.240	F20	Q/GDW 11179.9—2023	电能计量设备用元器件技术规范　第 9 部分：片式电容器	Q/GDW11179.9—2015		2023/11/30	2023/11/30
19.2-2-51	19.2	29.240	F20	Q/GDW 11179.10—2023	电能计量设备用元器件技术规范　第 10 部分：液晶显示器	Q/GDW 11179.10—2015		2023/11/30	2023/11/30
19.2-2-52	19.2	29.240	F20	Q/GDW 11179.11—2023	电能计量设备用元器件技术规范　第 11 部分：RS—485 芯片	Q/GDW 11179.11—2015		2023/11/30	2023/11/30
19.2-2-53	19.2	29.240	F20	Q/GDW 11179.12—2023	电能计量设备用元器件技术规范　第 12 部分：时钟芯片	Q/GDW 11179.12—2015		2023/11/30	2023/11/30

续表

序号	GW 分类	ICS 分类	GB 分类	标准号	中文名称	代替标准	采用关系	发布日期	实施日期
19.2-2-54	19.2	29.240	F20	Q/GDW 11179.13—2023	电能计量设备用元器件技术规范　第 13 部分：微控制器	Q/GDW 11179.13—2015		2023/11/30	2023/11/30
19.2-2-55	19.2	29.240	F20	Q/GDW 11179.14—2023	电能计量设备用元器件技术规范　第 14 部分：计量芯片	Q/GDW 11179.14—2015		2023/11/30	2023/11/30
19.2-2-56	19.2	29.240	F20	Q/GDW 11179.15—2023	电能计量设备用元器件技术规范　第 15 部分：电流互感器	Q/GDW 11179.15—2015		2023/11/30	2023/11/30
19.2-2-57	19.2	29.240	F20	Q/GDW 11179.16—2023	电能计量设备用元器件技术规范　第 16 部分：超级电容器	Q/GDW 11845—2018		2023/11/30	2023/11/30
19.2-2-58	19.2	29.240		Q/GDW 11191—2014	省级计量中心生产调度平台功能规范			2014/10/15	2014/10/15
19.2-2-59	19.2	29.240		Q/GDW 11192—2014	省级计量中心生产调度平台验收规范			2014/10/15	2014/10/15
19.2-2-60	19.2	29.240		Q/GDW 11193—2014	省级计量中心生产调度平台运维导则			2014/10/15	2014/10/15
19.2-2-61	19.2	29.240		Q/GDW 11194—2014	省级计量中心生产调度平台与四线一库接口技术规范			2014/10/15	2014/10/15
19.2-2-62	19.2	29.240		Q/GDW 11195—2014	省级计量中心生产调度平台与营销业务应用系统接口规范			2014/10/15	2014/10/15
19.2-2-63	19.2	29.240		Q/GDW 11197—2014	用电信息采集终端检测装置技术规范			2014/10/15	2014/10/15
19.2-2-64	19.2	29.240		Q/GDW 11278—2023	计量用低压电流互感器自动化检定系统校准方法	Q/GDW 11278—2014		2023/11/30	2023/11/30
19.2-2-65	19.2	29.240	F20	Q/GDW 11279—2024	抢修计量周转箱技术规范	Q/GDW 11279—2014		2024/4/25	2024/4/25
19.2-2-66	19.2	29.240		Q/GDW 11280—2014	计量周转柜技术规范			2015/2/18	2015/2/18
19.2-2-67	19.2	29.240		Q/GDW 11362.47—2020	数字化计量系统　第 4-7 部分：互感器合并单元技术条件	Q/GDW 11362—2014		2021/3/26	2021/3/26
19.2-2-68	19.2	29.240	F20	Q/GDW 11362.417—2024	数字化计量系统　第 4-17 部分：集中计量装置技术条件			2024/4/25	2024/4/25
19.2-2-69	19.2	29.240	F20	Q/GDW 11362.418—2024	数字化计量系统　第 4-18 部分：电能计量监测分析方法			2024/4/25	2024/4/25
19.2-2-70	19.2	29.240		Q/GDW 11363—2019	计量自动化生产系统智能运维平台功能规范	Q/GDW 11363－2014		2020/10/30	2020/10/30
19.2-2-71	19.2	29.240		Q/GDW 11422—2015	电能表监造技术规范			2016/1/5	2016/1/5
19.2-2-72	19.2	19.080		Q/GDW 11525—2016	智能电能表软件备案与比对技术规范			2016/12/28	2016/12/28
19.2-2-73	19.2	29.240		Q/GDW 11611—2016	“多表合一”信息采集建设施工工艺规范			2017/6/16	2017/6/16

续表

序号	GW 分类	ICS 分类	GB 分类	标准号	中文名称	代替标准	采用关系	发布日期	实施日期
19.2-2-74	19.2	29.240		Q/GDW 11612.1—2018	低压电力线高速载波通信互联互通技术规范 第1部分：总则	Q/GDW 11612.1—2016		2019/10/10	2019/10/10
19.2-2-75	19.2	29.240		Q/GDW 11612.2—2018	低压电力线高速载波通信互联互通技术规范 第2部分：技术要求	Q/GDW 11612.2—2016		2019/10/10	2019/10/10
19.2-2-76	19.2	29.240		Q/GDW 11612.3—2018	低压电力线高速载波通信互联互通技术规范 第3部分：检验方法	Q/GDW 11612.3—2016		2019/10/10	2019/10/10
19.2-2-77	19.2	29.240		Q/GDW 11612.41—2018	低压电力线高速载波通信互联互通技术规范 第4-1部分：物理层通信协议	Q/GDW 11612.41—2016		2019/10/10	2019/10/10
19.2-2-78	19.2	29.240		Q/GDW 11612.42—2018	低压电力线高速载波通信互联互通技术规范 第4-2部分：数据链路层通信协议	Q/GDW 11612.42—2016		2019/10/10	2019/10/10
19.2-2-79	19.2	29.240		Q/GDW 11612.43—2018	低压电力线高速载波通信互联互通技术规范 第4-3部分：应用层通信协议	Q/GDW 11612.43—2016		2019/10/10	2019/10/10
19.2-2-80	19.2	29.240		Q/GDW 11680—2017	智能电能表软件可靠性技术规范			2018/1/18	2018/1/18
19.2-2-81	19.2	29.240		Q/GDW 11682—2017	10kV～35kV 计量用电压互感器技术规范			2018/1/18	2018/1/18
19.2-2-82	19.2			Q/GDW 11776—2017	拆回电能表分拣装置技术规范			2018/9/7	2018/9/7
19.2-2-83	19.2			Q/GDW 11779—2017	电能表用变压器技术规范			2018/9/7	2018/9/7
19.2-2-84	19.2			Q/GDW 11780—2017	智能周转柜统一接入接口技术规范			2018/9/7	2018/9/7
19.2-2-85	19.2			Q/GDW 11781—2017	二级智能计量表库统一接入接口技术规范			2018/9/7	2018/9/7
19.2-2-86	19.2	29.020		Q/GDW 11844—2018	电力用户用电信息采集系统通信接口转换器技术规范			2019/10/10	2019/10/10
19.2-2-87	19.2	29.240		Q/GDW 11846—2018	数字化计量系统一般技术要求			2019/10/10	2019/10/10
19.2-2-88	19.2	29.240.99		Q/GDW 11847.1—2018	数字化计量系统　设备检测规范　第1部分：互感器合并单元			2019/10/10	2019/10/10
19.2-2-89	19.2	29.240		Q/GDW 11849—2018	10kV～35kV 计量用互感器自动化检定系统技术规范			2019/10/10	2019/10/10
19.2-2-90	19.2	29.240		Q/GDW 11850—2018	直流电能表外附分流器技术规范			2019/10/10	2019/10/10
19.2-2-91	19.2	29.240		Q/GDW 11851—2018	三相谐波智能电能表技术规范			2019/10/10	2019/10/10
19.2-2-92	19.2	29.240		Q/GDW 11854—2018	电能表自动化检定系统校准规范			2019/10/10	2019/10/10
19.2-2-93	19.2	29.240		Q/GDW 12002—2019	电动汽车非车载充电机电能计量检测规范			2020/9/7	2020/9/7

序号	GW 分类	ICS 分类	GB 分类	标准号	中文名称	代替标准	采用关系	发布日期	实施日期
19.2-2-94	19.2	29.240		Q/GDW 12003—2019	数字化计量系统　安装调试验收运维规范			2020/10/30	2020/10/30
19.2-2-95	19.2	29.240		Q/GDW 12004—2019	数字化电能表现场校验仪技术规范			2020/10/30	2020/10/30
19.2-2-96	19.2	29.240		Q/GDW 12005—2019	数字化计量系统　通用技术导则			2020/10/30	2020/10/30
19.2-2-97	19.2	29.240		Q/GDW 12007—2019	计量现场作业低压防护手套技术规范			2020/10/30	2020/10/30
19.2-2-98	19.2	29.240		Q/GDW 12008—2019	数字化电能表检验装置校准规范			2020/10/30	2020/10/30
19.2-2-99	19.2	29.240		Q/GDW 12009—2019	直流电能表外附分流器检测装置技术规范			2020/10/30	2020/10/30
19.2-2-100	19.2	29.240		Q/GDW 12010—2019	智能电能表运行可靠性评价技术规范			2020/10/30	2020/10/30
19.2-2-101	19.2	29.240		Q/GDW 12084.1—2020	典型环境下计量设备现场运行评价技术规范　第 1 部分：智能电能表			2021/3/26	2021/3/26
19.2-2-102	19.2	29.240		Q/GDW 12085—2020	计量检定（检测）设备信息交互技术规范			2021/3/26	2021/3/26
19.2-2-103	19.2	29.240		Q/GDW 12087.1—2020	双模通信互联互通技术规范　第 1 部分：总则			2021/3/26	2021/3/26
19.2-2-104	19.2	29.240		Q/GDW 12087.41—2020	双模通信互联互通技术规范　第 4-1 部分：物理层通信协议			2021/3/26	2021/3/26
19.2-2-105	19.2	29.240		Q/GDW 12087.42—2020	双模通信互联互通技术规范　第 4-2 部分：数据链路层通信协议			2021/3/26	2021/3/26
19.2-2-106	19.2	29.240		Q/GDW 12087.43—2020	双模通信互联互通技术规范　第 4-3 部分：应用层通信协议			2021/3/26	2021/3/26
19.2-2-107	19.2	29.240		Q/GDW 12174—2021	智能量测开关技术规范			2022/1/7	2022/1/7
19.2-2-108	19.2	29.240		Q/GDW 12175—2021	单相智能物联电能表技术规范			2022/1/7	2022/1/7
19.2-2-109	19.2	29.240		Q/GDW 12176—2021	反窃电监测终端技术规范			2022/1/7	2022/1/7
19.2-2-110	19.2	29.240		Q/GDW 12177—2021	供电服务记录仪技术规范			2022/1/7	2022/1/7
19.2-2-111	19.2	29.240		Q/GDW 12178—2021	三相智能物联电能表技术规范			2022/1/7	2022/1/7
19.2-2-112	19.2	29.020		Q/GDW 12179—2021	智能物联电能表安全防护技术规范			2022/1/7	2022/1/7
19.2-2-113	19.2	29.240		Q/GDW 12180—2021	智能物联电能表功能及软件规范			2022/1/7	2022/1/7
19.2-2-114	19.2	29.240		Q/GDW 12181.1—2021	智能物联电能表扩展模组技术规范　第 1 部分：高速载波通信单元			2022/1/7	2022/1/7
19.2-2-115	19.2	29.240		Q/GDW 12181.2—2021	智能物联电能表扩展模组技术规范　第 2 部分：非介入式负荷辨识模组			2021/12/31	2021/12/31

19

序号	GW 分类	ICS 分类	GB 分类	标准号	中文名称	代替标准	采用关系	发布日期	实施日期
19.2-2-116	19.2	29.240		Q/GDW 12181.3—2021	智能物联电能表扩展模组技术规范 第 3 部分：电能质量模组			2022/1/7	2022/1/7
19.2-2-117	19.2	29.240		Q/GDW 12181.4—2023	智能物联电能表扩展模组技术规范 第 4 部分：光伏设备数据交互模组			2023/11/30	2023/11/30
19.2-2-118	19.2	29.240		Q/GDW 12326—2023	计量和采集设备全性能自动化检测系统			2023/11/30	2023/11/30
19.2-2-119	19.2	29.240	F20	Q/GDW 12332.1—2024	专变终端（模组化）技术规范 第 1 部分：整机技术要求			2024/4/25	2024/4/25
19.2-2-120	19.2	29.240	F20	Q/GDW 12332.2—2024	专变终端（模组化）技术规范 第 2 部分：功能模组技术要求			2024/4/25	2024/4/25
19.2-2-121	19.2	29.240	F20	Q/GDW 12332.3—2024	专变终端（模组化）技术规范 第 3 部分：软件及接口技术要求			2024/4/25	2024/4/25
19.2-2-122	19.2	29.240	F20	Q/GDW 12333.1—2024	专变终端（模组化）型式规范 第 1 部分：整机型式要求			2024/4/25	2024/4/25
19.2-2-123	19.2	29.240	F20	Q/GDW 12333.2—2024	专变终端（模组化）型式规范 第 2 部分：功能模组型式要求			2024/4/25	2024/4/25
19.2-2-124	19.2	29.240	F20	Q/GDW 12334.1—2024	专变终端（模组化）检测技术规范 第 1 部分：整机检测			2024/4/25	2024/4/25
19.2-2-125	19.2	29.240	F20	Q/GDW 12334.2—2024	专变终端（模组化）检测技术规范 第 2 部分：功能模组检测			2024/4/25	2024/4/25
19.2-2-126	19.2	29.240	F20	Q/GDW 12334.3—2024	专变终端（模组化）检测技术规范 第 3 部分：软件检测			2024/4/25	2024/4/25
19.2-2-127	19.2	29.240	F20	Q/GDW 12335.1—2024	电能计量装置现场检测设备 第 1 部分：电能表现场校验仪			2024/4/25	2024/4/25
19.2-2-128	19.2	29.240	F20	Q/GDW 12335.2—2024	电能计量装置现场检测设备 第 2 部分：互感器校验仪			2024/4/25	2024/4/25
19.2-2-129	19.2	29.240	F20	Q/GDW 12335.3—2024	电能计量装置现场检测设备 第 3 部分：互感器二次回路测试仪			2024/4/25	2024/4/25
19.2-2-130	19.2	29.240	F20	Q/GDW 12336—2024	客户侧现场作业数字化仿真实训系统			2024/4/25	2024/4/25
19.2-2-131	19.2	29.240	F20	Q/GDW 12337—2024	二三级智能化库房通用设计规范			2024/4/25	2024/4/25
19.2-2-132	19.2	29.240	F20	Q/GDW 12338.1—2024	客户侧能源量测数据交换协议 第 1 部分：总则			2024/4/25	2024/4/25

续表

序号	GW 分类	ICS 分类	GB 分类	标准号	中文名称	代替标准	采用关系	发布日期	实施日期
19.2-2-133	19.2	29.240	F20	Q/GDW 12338.2—2024	客户侧能源量测数据交换协议　第 2 部分：业务模型描述规范			2024/4/25	2024/4/25
19.2-2-134	19.2	29.240	F20	Q/GDW 12338.4—2024	客户侧能源量测数据交换协议　第 4 部分：应用数据传输规范			2024/4/25	2024/4/25
19.2-2-135	19.2	29.240	F20	Q/GDW 12338.6—2024	客户侧能源量测数据交换协议　第 6 部分：通信单元适配规范			2024/4/25	2024/4/25
19.2-2-136	19.2	29.240	F20	Q/GDW 12338.7—2024	客户侧能源量测数据交换协议　第 7 部分：对象标记与 SG-CIM 之间的映射规范			2024/4/25	2024/4/25
19.2-2-137	19.2	29.240	F20	Q/GDW 12338.31—2024	客户侧能源量测数据交换协议　第 3-1 部分：量测对象标记规范			2024/4/25	2024/4/25
19.2-2-138	19.2	29.240	F20	Q/GDW 12338.32—2024	客户侧能源量测数据交换协议　第 3-2 部分：设备管理对象标记规范			2024/4/25	2024/4/25
19.2-2-139	19.2	29.240	F20	Q/GDW 12338.51—2024	客户侧能源量测数据交换协议　第 5-1 部分：应用服务标记规范			2024/4/25	2024/4/25
19.2-2-140	19.2	29.240	F20	Q/GDW 12340—2024	直流电能表型式规范			2024/4/25	2024/4/25
19.2-2-141	19.2	29.240	F20	Q/GDW 12477—2024	导轨式电能表			2024/11/8	2024/11/8
19.2-2-142	19.2	29.240	F20	Q/GDW 12478—2024	营销计量设备业务应用测试规范			2024/11/8	2024/11/8
19.2-2-143	19.2	29.240		Q/GDW 1574—2014	电能表自动化检定系统技术规范	Q/GDW 574—2010		2015/3/12	2015/3/12
19.2-2-144	19.2	29.240		Q/GDW 1575—2014	用电信息采集终端自动化检测系统技术规范	Q/GDW 575—2010		2014/10/15	2014/10/15
19.2-2-145	19.2	29.240		Q/GDW 1891—2013	省级计量中心生产调度平台软件设计导则			2013/11/26	2013/11/26
19.2-2-146	19.2	29.020		Q/GDW 377—2009	电力用户用电信息采集系统安全防护技术规范			2009/12/7	2009/12/7
19.2-3-147	19.2	17.220.20	N22	GB/T 15284—2022	多费率电能表　特殊要求	GB/T 15284—2002		2022/4/15	2022/11/1
19.2-3-148	19.2	91.140.50	P63	GB/T 16934—2013	电能计量柜	GB/T 16934—1997		2013/10/10	2014/2/1
19.2-3-149	19.2	17.220.20	N22	GB/T 17215.211—2021	电测量设备（交流）通用要求、试验和试验条件　第 11 部分：测量设备	GB/T 17215.211—2006		2021/4/30	2021/11/1
19.2-3-150	19.2	17.220.20	N22	GB/T 17215.221—2021	电测量设备（交流）通用要求、试验和试验条件　第 21 部分：费率和负荷控制设备		IEC 62052-21：2016，MOD	2021/3/9	2021/10/1
19.2-3-151	19.2	17.220.20	N22	GB/T 17215.301—2024	电测量设备（交流）特殊要求　第 1 部分：多功能电能表	GB/T 17215.301—2007		2024/4/25	2024/11/1

续表

序号	GW 分类	ICS 分类	GB 分类	标准号	中文名称	代替标准	采用关系	发布日期	实施日期
19.2-3-152	19.2	17.220.20	N22	GB/T 17215.302—2024	电测量设备（交流） 特殊要求 第 2 部分：静止式谐波有功电能表	GB/T 17215.302—2013		2024/4/25	2024/11/1
19.2-3-153	19.2	17.220.20	N22	GB/T 17215.303—2022	交流电测量设备 特殊要求 第 3 部分：数字化电能表	GB/T 17215.303—2013		2022/4/15	2022/11/1
19.2-3-154	19.2	17.220.20	N22	GB/T 17215.311—2008	交流电测量设备 特殊要求 第 11 部分：机电式有功电能表（0.5、1 和 2 级）	GB/T 15283—1994	IEC 62053-11：2003，MOD	2008/6/30	2009/1/1
19.2-3-155	19.2	17.220.20	N22	GB/T 17215.321—2021	电测量设备（交流） 特殊要求 第 21 部分：静止式有功电能表（A 级、B 级、C 级、D 级和 E 级）	GB/T 17215.321—2008；GB/T 17215.322—2008		2021/4/30	2021/11/1
19.2-3-156	19.2	17.220.20	N22	GB/T 17215.323—2022	电测量设备（交流） 特殊要求 第 23 部分：静止式无功电能表（2 级和 3 级）	GB/T 17215.323—2008		2022/12/30	2023/7/1
19.2-3-157	19.2	17.220.20	N22	GB/T 17215.352—2009	交流电测量设备 特殊要求 第 52 部分：符号	GB/T 17441—1998	IEC 62053-52：2005，IDT	2009/11/15	2010/2/1
19.2-3-158	19.2	17.220.20	N22	GB/T 17215.610—2018	电测量数据交换 DLMS/COSEM 组件 第 10 部分：智能测量标准化框架		IEC 62056-1-0：2014，IDT	2018/12/28	2019/7/1
19.2-3-159	19.2	17.220.20	N22	GB/T 17215.631—2018	电测量数据交换 DLMS/COSEM 组件 第 31 部分：基于双绞线载波信号的局域网使用	GB/T 19897.2—2005	IEC 62056-3-1：2013，IDT	2018/12/28	2019/7/1
19.2-3-160	19.2	17.220.20	N22	GB/T 17215.646—2018	电测量数据交换 DLMS/COSEM 组件 第 46 部分：使用 HDLC 协议的数据链路层	GB/T 19897.4—2005	IEC 62056-46：2002，IDT	2018/12/28	2019/7/1
19.2-3-161	19.2	17.220.20	N22	GB/T 17215.653—2018	电测量数据交换 DLMS/COSEM 组件 第 53 部分：DLMS/COSEM 应用层	GB/T 19882.33—2007	IEC 62056-5-3：2017，IDT	2018/12/28	2019/7/1
19.2-3-162	19.2	17.220.20	N22	GB/T 17215.661—2018	电测量数据交换 DLMS/COSEM 组件 第 61 部分：对象标识系统（OBIS）	GB/T 19882.31—2007	IEC 62056-6-1：2017，IDT	2018/12/28	2019/7/1
19.2-3-163	19.2	17.220.20	N22	GB/T 17215.662—2018	电测量数据交换 DLMS/COSEM 组件 第 62 部分：COSEM 接口类	GB/T 19882.32—2007	IEC 62056-6-2：2017，IDT	2018/12/28	2019/7/1
19.2-3-164	19.2	17.220.20	N22	GB/T 17215.676—2018	电测量数据交换 DLMS/COSEM 组件 第 76 部分：基于 HDLC 的面向连接的三层通信配置		IEC 62056-7-6：2013，IDT	2018/12/28	2019/7/1
19.2-3-165	19.2	17.220.20	N22	GB/T 17215.697—2018	电测量数据交换 DLMS/COSEM 组件 第 97 部分：基于 TCP-UDP/IP 网络的通信配置		IEC 62056-9-7：2013，IDT	2018/12/28	2019/7/1
19.2-3-166	19.2	17.220.20	N22	GB/T 19882.211—2010	自动抄表系统 第 211 部分：低压电力线载波抄表系统 系统要求			2011/1/14	2011/6/1

续表

序号	GW 分类	ICS 分类	GB 分类	标准号	中文名称	代替标准	采用关系	发布日期	实施日期
19.2-3-167	19.2	17.220.20	N22	GB/T 19882.212—2012	自动抄表系统　第 212 部分：低压电力线载波抄表系统　载波集中器			2012/12/31	2013/6/1
19.2-3-168	19.2	17.220.20	N22	GB/T 19882.213—2012	自动抄表系统　第 213 部分：低压电力线载波抄表系统　载波采集器			2012/12/31	2013/6/1
19.2-3-169	19.2	17.220.20	N22	GB/T 19882.214—2012	自动抄表系统　第 214 部分：低压电力线载波抄表系统　静止式载波电能表特殊要求			2012/12/31	2013/6/1
19.2-3-170	19.2	17.220.20	N22	GB/T 26831.1—2011	社区能源计量抄收系统规范　第 1 部分：数据交换			2011/7/29	2011/12/1
19.2-3-171	19.2	17.220.20	N22	GB/T 26831.2—2012	社区能源计量抄收系统规范　第 2 部分：物理层与链路层		EN 13757-2：2004，IDT	2012/11/5	2013/2/15
19.2-3-172	19.2	17.220.20	N22	GB/T 26831.3—2012	社区能源计量抄收系统规范　第 3 部分：专用应用层		EN 13757-3：2004，IDT	2012/11/5	2013/2/15
19.2-3-173	19.2	17.220.20	N22	GB/T 26831.4—2017	社区能源计量抄收系统规范　第 4 部分：仪表的无线抄读			2017/7/12	2018/2/1
19.2-3-174	19.2	17.220.20	N22	GB/T 26831.5—2017	社区能源计量抄收系统规范　第 5 部分：无线中继			2017/7/12	2018/2/1
19.2-3-175	19.2	17.220.20	N22	GB/T 26831.6—2015	社区能源计量抄收系统规范　第 6 部分：本地总线			2015/9/11	2016/4/1
19.2-3-176	19.2	29.200	K81	GB/T 28569—2012	电动汽车交流充电桩电能计量			2012/6/29	2012/11/1
19.2-3-177	19.2	43.040.99	T35	GB/T 29318—2012	电动汽车非车载充电机电能计量			2012/12/31	2013/6/1
19.2-3-178	19.2	17.220.20	N22	GB/T 32856—2016	高压电能表通用技术要求			2016/8/29	2017/3/1
19.2-3-179	19.2	17.220.20	N22	GB/T 33708—2017	静止式直流电能表			2017/5/12	2017/12/1
19.2-3-180	19.2	35.040	A50	GB/T 36377—2018	计量器具识别编码			2018/6/7	2019/1/1
19.2-3-181	19.2	17.220.20	N29	GB/T 37968—2019	高压电能计量设备检验装置			2019/8/30	2020/3/1
19.2-3-182	19.2	17.220.20	N22	GB/T 38317.11—2019	智能电能表外形结构和安装尺寸　第 11 部分：通用要求			2019/12/10	2020/7/1
19.2-3-183	19.2	17.220.20	N22	GB/T 38317.21—2019	智能电能表外形结构和安装尺寸　第 21 部分：结构 A 型			2019/12/10	2020/7/1
19.2-3-184	19.2	17.220.20	N22	GB/T 38317.22—2019	智能电能表外形结构和安装尺寸　第 22 部分：结构 B 型			2019/12/10	2020/7/1

序号	GW 分类	ICS 分类	GB 分类	标准号	中文名称	代替标准	采用关系	发布日期	实施日期
19.2-3-185	19.2	17.220.20	N22	GB/T 38317.31—2019	智能电能表外形结构和安装尺寸　第 31 部分：电气接口			2019/12/10	2020/7/1
19.2-3-186	19.2	17.220.99	N22	GB/T 42556—2023	电能表监督管理规范			2023/5/23	2023/12/1
19.2-3-187	19.2	01.040	A22	GB/T 43737—2024	量子测量术语			2024/3/15	2024/10/1
19.2-3-188	19.2	17.220.20	N22	GB/T 43918—2024	交流标准电能表	GB/T 17215.701—2011		2024/4/25	2024/11/1
19.2-3-189	19.2	17.220.20	N29	GB/Z 43973—2024	非介入式负荷监测（NILM）系统用感知装置			2024/4/25	2024/11/1
19.2-3-190	19.2			JJF 1245.1—2019	安装式交流电能表型式评价大纲　有功电能表	部分代替 JJF 1245.1～6—2010		2019/12/31	2020/3/31
19.2-3-191	19.2			JJF 1245.2—2019	安装式交流电能表型式评价大纲　软件要求	部分代替 JJF 1245.1～6—2010		2019/12/31	2020/3/31
19.2-3-192	19.2			JJF 1245.3—2019	安装式交流电能表型式评价大纲　无功电能表	部分代替 JJF 1245.1～6—2010		2019/12/31	2020/3/31
19.2-3-193	19.2			JJF 1245.4—2019	安装式交流电能表型式评价大纲　特殊要求和安全要求	部分代替 JJF 1245.1～6—2010		2019/12/31	2020/3/31
19.2-3-194	19.2			JJF 1245.5—2019	安装式交流电能表型式评价大纲　功能要求	部分代替 JJF 1245.1～6—2010		2019/12/31	2020/3/31
19.2-3-195	19.2			JJF 1264—2010	互感器负荷箱校准规范			2010/9/6	2010/12/6
19.2-3-196	19.2			JJF 1923—2021	电测量仪表校验装置校准规范			2021/10/26	2022/4/18
19.2-3-197	19.2			JJF 2027—2023	互感器用合并单元校验仪校准规范			2023/3/15	2023/9/15
19.2-3-198	19.2			JJG 1085—2013	标准电能表			2013/6/27	2013/8/27
19.2-3-199	19.2			JJG 1186—2022	直流电能表检定装置检定规程			2022/9/27	2023/3/26
19.2-3-200	19.2			JJG 1187—2022	直流标准电能表　检定规程			2022/12/7	2023/6/7
19.2-3-201	19.2			JJG 1189.3—2022	测量用互感器　第 3 部分：电力电流互感器检定规程	JJG 1021—2007		2022/12/7	2023/6/7
19.2-3-202	19.2			JJG 1189.4—2022	测量用互感器　第 4 部分：电力电压互感器检定规程	JJG 1021—2007		2022/12/7	2023/6/7
19.2-3-203	19.2			JJG 1192—2023	电动汽车非车载充电机校验仪检定规程			2023/3/15	2023/9/15
19.2-3-204	19.2			JJG 1193—2023	电动汽车交流充电桩校验仪检定规程			2023/3/15	2023/9/15
19.2-3-205	19.2			JJG 166—2022	直流标准电阻器　检定规程	JJG 166—1993		2022/12/7	2023/6/7

续表

序号	GW 分类	ICS 分类	GB 分类	标准号	中文名称	代替标准	采用关系	发布日期	实施日期
19.2-3-206	19.2			JJG 313—2010	测量用电流互感器	JJG 313—1994		2010/11/5	2011/5/5
19.2-3-207	19.2			JJG 314—2010	测量用电压互感器	JJG 314—1994		2010/11/5	2011/5/5
19.2-3-208	19.2			JJG 596—2012	电子式交流电能表	JJG 596—1999（安装式电能表部分）		2012/10/8	2013/4/8
19.2-4-209	19.2	29.020	K93	DL/T 1369—2014	标准谐波有功电能表			2014/10/15	2015/3/1
19.2-4-210	19.2			DL/T 1484—2024	直流电能表技术规范	DL/T 1484—2015		2024/9/24	2025/3/24
19.2-4-211	19.2	27.100	F22	DL/T 1485—2015	三相智能电能表技术规范			2015/7/1	2015/10/1
19.2-4-212	19.2	27.100	F22	DL/T 1486—2015	单相静止式多费率电能表技术规范			2015/7/1	2015/10/1
19.2-4-213	19.2	27.100	F22	DL/T 1487—2015	单相智能电能表技术规范			2015/7/1	2015/10/1
19.2-4-214	19.2	27.100	F22	DL/T 1488—2015	单相智能电能表型式规范			2015/7/1	2015/10/1
19.2-4-215	19.2	27.100	F22	DL/T 1489—2015	三相智能电能表型式规范			2015/7/1	2015/10/1
19.2-4-216	19.2	27.100	F22	DL/T 1490—2015	智能电能表功能规范			2015/7/1	2015/10/1
19.2-4-217	19.2	27.100	F22	DL/T 1491—2015	智能电能表信息交换安全认证技术规范			2015/7/1	2015/10/1
19.2-4-218	19.2	27.100	P62	DL/T 1496—2016	电能计量封印技术规范			2016/1/7	2016/6/1
19.2-4-219	19.2	27.100	P62	DL/T 1497—2016	电能计量用电子标签技术规范			2016/1/7	2016/6/1
19.2-4-220	19.2	17.220.20	N20	DL/T 1507—2016	数字化电能表校准规范			2016/1/7	2016/6/1
19.2-4-221	19.2	29.240	K40	DL/T 1517—2016	二次压降及二次负荷现场测试技术规范			2016/1/7	2016/6/1
19.2-4-222	19.2	29.020	K60	DL/T 1528—2016	电能计量现场手持设备技术规范			2016/1/7	2016/6/1
19.2-4-223	19.2	17.220	N22	DL/T 1592—2016	电能信息采集终端检测装置技术规范			2016/8/16	2016/12/1
19.2-4-224	19.2	17.220	N22	DL/T 1593—2016	电能信息采集终端可靠性验证方法			2016/8/16	2016/12/1
19.2-4-225	19.2	29.240.99	F29	DL/T 1652—2016	电能计量设备用超级电容器技术规范			2016/12/5	2017/5/1
19.2-4-226	19.2	29.240	F29	DL/T 1664—2016	电能计量装置现场检验规程	SD 109—1983		2016/12/5	2017/5/1
19.2-4-227	19.2	29.240.99	F29	DL/T 1665—2016	数字化电能计量装置现场检测规范			2016/12/5	2017/5/1
19.2-4-228	19.2	29.240.99	F29	DL/T 1694.8—2021	高压测试仪器及设备校准规范　第 8 部分：电力电容电感测试仪			2021/12/22	2022/6/22
19.2-4-229	19.2	29.240.10	K41	DL/T 1694.9—2021	高压测试仪器及设备校准规范　第 9 部分：电力变压器空、负载损耗测试仪			2021/12/22	2022/6/22

续表

序号	GW 分类	ICS 分类	GB 分类	标准号	中文名称	代替标准	采用关系	发布日期	实施日期
19.2-4-230	19.2	29.240	F20	DL/T 1745—2017	低压电能计量箱技术条件			2017/11/15	2018/3/1
19.2-4-231	19.2	29.240.01	F20	DL/T 1783—2017	IEC 61850 工程电能计量应用模型			2017/12/27	2018/6/1
19.2-4-232	19.2	29.180	K41	DL/T 2032—2019	计量用低压电流互感器			2019/6/4	2019/10/1
19.2-4-233	19.2	31.202	L00	DL/T 2343.1—2021	电能计量设备用元器件技术规范　第 1 部分：总则			2021/12/22	2022/3/22
19.2-4-234	19.2	31.020	L00	DL/T 2343.2—2021	电能计量设备用元器件技术规范　第 2 部分：液晶显示器			2021/12/22	2022/3/22
19.2-4-235	19.2	29.240.99	F22	DL/T 2344—2021	费控低压塑壳断路器技术规范			2021/12/22	2022/3/22
19.2-4-236	19.2	29.200	F24	DL/T 2345—2021	直流电能表外附分流器技术规范			2021/12/22	2022/3/22
19.2-4-237	19.2	S29.220	N20	DL/T 2346—2021	测量用互感器检定装置检定方法			2021/12/22	2022/3/22
19.2-4-238	19.2	17.220.20	N20	DL/T 2365—2021	非介入式用电负荷监测装置技术规范			2021/12/22	2022/3/22
19.2-4-239	19.2	27.100	F10	DL/T 2440.1—2021	数字化电能计量系统　第 1 部分：一般技术要求			2021/12/22	2022/6/22
19.2-4-240	19.2	19.040	N20	DL/T 2596—2023	智能电能表现场运行可靠性试验规程			2023/5/26	2023/11/26
19.2-4-241	19.2	17.220	N22	DL/T 2597—2023	电能表自动化检定系统技术规范			2023/5/26	2023/11/26
19.2-4-242	19.2	29.020	K01	DL/T 448—2016	电能计量装置技术管理规程	DL/T 448—2000		2016/12/5	2017/5/1
19.2-4-243	19.2	17.020	N22	DL/T 614—2007	多功能电能表	DL/T 614—1997		2007/12/3	2008/6/1
19.2-4-244	19.2	17.020	N22	DL/T 645—2007	多功能电能表通信协议	DL/T 645—1997		2007/12/3	2008/6/1
19.2-4-245	19.2	29.100	L19	DL/T 668—2017	测量用互感器检验装置	DL/T 668—1999		2017/11/15	2018/3/1
19.2-4-246	19.2	29.240	N22	DL/T 698.1—2021	电能信息采集与管理系统　第 1 部分：总则	DL/T 698.1—2009		2021/1/7	2021/7/1
19.2-4-247	19.2	17.220	N22	DL/T 698.2—2021	电能信息采集与管理系统　第 2 部分：主站技术规范	DL/T 698.2—2010		2021/1/7	2021/7/1
19.2-4-248	19.2	17.220	N22	DL/T 698.31—2010	电能信息采集与管理系统　第 3-1 部分：电能信息采集终端技术规范—通用要求	DL/T 698—1999		2010/5/24	2010/10/1
19.2-4-249	19.2	17.220	N22	DL/T 698.32—2010	电能信息采集与管理系统　第 3-2 部分：电能信息采集终端技术规范—厂站采集终端特殊要求	DL/T 698—1999		2010/5/24	2010/10/1
19.2-4-250	19.2	17.220	N22	DL/T 698.33—2010	电能信息采集与管理系统　第 3-3 部分：电能信息采集终端技术规范—专变采集终端特殊要求	DL/T 698—1999		2010/5/24	2010/10/1
19.2-4-251	19.2	17.220	N22	DL/T 698.34—2010	电能信息采集与管理系统　第 3-4 部分：电能信息采集终端技术规范—公变采集终端特殊要求	DL/T 698—1999		2010/5/24	2010/10/1

续表

序号	GW 分类	ICS 分类	GB 分类	标准号	中文名称	代替标准	采用关系	发布日期	实施日期
19.2-4-252	19.2	17.220	N22	DL/T 698.35—2010	电能信息采集与管理系统　第 3-5 部分：电能信息采集终端技术规范—低压集中抄表终端特殊要求	DL/T 698—1999		2010/5/24	2010/10/1
19.2-4-253	19.2	17.220	N22	DL/T 698.36—2013	电能信息采集与管理系统　第 3-6 部分：电能信息采集终端技术规范—通信单元要求	DL/T 698—1999		2013/3/7	2013/8/1
19.2-4-254	19.2	17.220	N22	DL/T 698.41—2010	电能信息采集与管理系统　第 4-1 部分：通信协议—主站与电能信息采集终端通信	DL/T 698—1999		2010/5/24	2010/10/1
19.2-4-255	19.2	17.220	N22	DL/T 698.42—2013	电能信息采集与管理系统　第 4-2 部分：通信协议—集中器下行通信	DL/T 698—1999		2013/3/7	2013/8/1
19.2-4-256	19.2	17.220	H22	DL/T 698.44—2016	电能信息采集与管理系统　第 4-4 部分：通信协议—微功率无线通信协议	DL/T 698—1999		2016/8/16	2016/12/1
19.2-4-257	19.2	29.240	F20	DL/T 698.45—2017	电能信息采集与管理系统　第 4-5 部分：通信协议—面向对象的数据交换协议	DL/T 698—1999		2017/11/15	2018/3/1
19.2-4-258	19.2	17.220	N22	DL/T 698.46—2016	电能信息采集与管理系统　第 4-6 部分：通信协议—采集终端远程通信模块接口协议	DL/T 698—1999		2016/8/16	2016/12/1
19.2-4-259	19.2	17.220	N22	DL/T 698.51—2016	电能信息采集与管理系统　第 5-1 部分：测试技术规范—功能测试	DL/T 698—1999		2016/8/16	2016/12/1
19.2-4-260	19.2	29.020	K07	DL/T 698.52—2016	电能信息采集与管理系统　第 5-2 部分：测试技术规范—远程通信协议一致性测试	DL/T 698—1999		2016/1/7	2016/6/1
19.2-4-261	19.2	17.220.20	N22	DL/T 698.61—2021	电能信息采集与管理系统　第 6-1 部分：软件要求—终端软件升级技术要求			2021/1/7	2021/7/1
19.2-4-262	19.2		K51	DL/T 743—2001	电能量远方终端		ICE 60870-5-102：1996，NEQ	2001/2/12	2001/7/1
19.2-4-263	19.2	17.220.20	N22	JB/T 10923—2020	电能表用磁保持继电器	JB/T 10923—2010		2020/4/24	2021/1/1
19.2-4-264	19.2	17.220.20	N22	JB/T 5472—2022	仪用电流互感器	JB/T 5472—1991		2022/4/24	2022/10/1
19.2-4-265	19.2	17.220.20	N22	JB/T 5473—2022	仪用电压互感器	JB/T 5473—1991		2022/4/24	2022/10/1
19.2-5-266	19.2	19.080；91.140.50		IEC 62052-31：2015	电能计量设备（AC）一般要求　测试和测试条件　第 31 部分：产品安全要求和测试			2015/9/15	2015/9/15
19.2-5-267	19.2	17.220.20；35.110；91.140.50		IEC 62056-1-0：2014	电能计量数据交换　DLM/SCOSEM 套件　第 1-0 部分：智能电表标准化框架			2014/6/1	2014/6/1

续表

序号	GW 分类	ICS 分类	GB 分类	标准号	中文名称	代替标准	采用关系	发布日期	实施日期
19.2-5-268	19.2	17.220.20；35.110；91.140.50		IEC 62056-4-7：2015	电能计量数据交换　DLMS/COSEM 套件　第 4-7 部分：用于 IP 网络的 DLMS/COSEM 传输层			2015/5/20	2015/5/20
19.2-5-269	19.2	17.220.20		IEC 62057-3：2024	电能表　测试设备、技术和程序　第 3 部分：自动电表测试系统（AMTS）			2024/4/23	2024/4/23
19.2-6-270	19.2	29.020	K93	T/CEC 116—2016	数字化电能表技术规范			2016/10/21	2017/1/1
19.2-6-271	19.2	29.020	K93	T/CEC 122.1—2016	电、水、气、热能源计量管理系统　第 1 部分：总则			2016/10/21	2017/1/1
19.2-6-272	19.2	29.020	K93	T/CEC 122.2—2016	电、水、气、热能源计量管理系统　第 2 部分：系统功能规范			2016/10/21	2017/1/1
19.2-6-273	19.2	29.020	K93	T/CEC 122.31—2016	电、水、气、热能源计量管理系统　第 3-1 部分：集中器技术规范			2016/10/21	2017/1/1
19.2-6-274	19.2	29.020	K93	T/CEC 122.32—2016	电、水、气、热能源计量管理系统　第 3-2 部分：采集器技术规范			2016/10/21	2017/1/1
19.2-6-275	19.2	29.020	K93	T/CEC 122.41—2016	电、水、气、热能源计量管理系统　第 4-1 部分：主站远程通信协议			2016/10/21	2017/1/1
19.2-6-276	19.2	29.020	K93	T/CEC 122.42—2016	电、水、气、热能源计量管理系统　第 4-2 部分：低功耗微功率无线通信协议			2016/10/21	2017/1/1
19.2-6-277	19.2	29.240	F20	T/CEC 262—2019	电能表安装接插件技术条件			2019/11/21	2020/1/1
19.2-6-278	19.2			T/CEC 263—2019	抢修计量周转箱技术条件			2019/11/21	2020/1/1
19.2-6-279	19.2			T/CSEE 0218—2021	非入户型居民负荷辨识终端技术规范			2021/3/11	2021/5/1

19.3　售电市场与营销-营业管理

序号	GW 分类	ICS 分类	GB 分类	标准号	中文名称	代替标准	采用关系	发布日期	实施日期
19.3-2-1	19.3	29.240		Q/GDW 10403—2021	供电服务标准	Q/GDW 1403—2014；Q/GDW 1581—2014		2021/8/30	2021/8/30
19.3-2-2	19.3	29.020		Q/GDW 10479—2016	95598 呼叫平台省级接入技术规范	Q/GDW/Z 479—2010		2017/6/16	2017/6/16
19.3-2-3	19.3			Q/GDW 10763.1—2022	电力自助缴费终端　第 1 部分：技术规范	Q/GDW 1763.1—2012		2023/8/21	2023/8/21
19.3-2-4	19.3			Q/GDW 10763.2—2022	电力自助缴费终端　第 2 部分：型式规范	Q/GDW 1763.2—2012		2023/8/21	2023/8/21
19.3-2-5	19.3			Q/GDW 10763.3—2022	电力自助缴费终端　第 3 部分：检验技术规范	Q/GDW 1763.3—2012		2023/8/21	2023/8/21

续表

序号	GW 分类	ICS 分类	GB 分类	标准号	中文名称	代替标准	采用关系	发布日期	实施日期
19.3-2-6	19.3			Q/GDW 10763.4—2022	电力自助缴费终端　第 4 部分：建设运行管理规范	Q/GDW 1763.4—2012 和 Q/GDW 1763.5—2012		2023/8/21	2023/8/21
19.3-2-7	19.3			Q/GDW 10764—2022	电力缴费 POS 终端通用规范	Q/GDW 1764.1—2012；Q/GDW 1764.2—2012；Q/GDW 1764.3—2012；Q/GDW 1764.4—2012；Q/GDW 1764.5—2012		2023/8/21	2023/8/21
19.3-2-8	19.3	29.240		Q/GDW 11318—2014	95598 互动服务网站接口规范			2015/6/3	2015/6/3
19.3-2-9	19.3			Q/GDW 11320—2022	多渠道售电缴费安全防护技术规范	Q/GDW 11320—2014		2023/8/21	2023/8/21
19.3-2-10	19.3	29.240		Q/GDW 11321.1—2018	一体化交费管理平台　第 1 部分：功能规范	Q/GDW 11321.1—2014		2020/3/20	2020/3/20
19.3-2-11	19.3	29.240		Q/GDW 11321.2—2018	一体化交费管理平台　第 2 部分：技术规范	Q/GDW 11321.2—2014		2020/3/20	2020/3/20
19.3-2-12	19.3	29.240		Q/GDW 11321.3—2018	一体化交费管理平台　第 3 部分：建设规范	Q/GDW 11321.3—2014		2020/3/20	2020/3/20
19.3-2-13	19.3	29.240		Q/GDW 11321.4—2018	一体化交费管理平台　第 4 部分：验收规范	Q/GDW 11321.4—2014		2020/3/20	2020/3/20
19.3-2-14	19.3	29.240		Q/GDW 11321.5—2018	一体化交费管理平台　第 5 部分：运行管理规范	Q/GDW 11321.5—2014		2020/3/20	2020/3/20
19.3-2-15	19.3	29.240		Q/GDW 11322.1—2014	智能用电营销费控业务管理规范　第 1 部分：功能规范			2015/6/3	2015/6/3
19.3-2-16	19.3	29.240		Q/GDW 11322.2—2014	智能用电营销费控业务管理规范　第 2 部分：技术规范			2015/6/3	2015/6/3
19.3-2-17	19.3	29.240		Q/GDW 11322.3—2014	智能用电营销费控业务管理规范　第 3 部分：建设规范			2015/6/3	2015/6/3
19.3-2-18	19.3	29.240		Q/GDW 11322.4—2014	智能用电营销费控业务管理规范　第 4 部分：验收规范			2015/6/3	2015/6/3
19.3-2-19	19.3	29.240		Q/GDW 11322.5—2014	智能用电营销费控业务管理规范　第 5 部分：运行管理规范			2015/6/3	2015/6/3
19.3-2-20	19.3	29.240		Q/GDW/Z 11324—2014	营销业务应用系统运行管理规范			2015/6/3	2015/6/3
19.3-2-21	19.3	29.240		Q/GDW 11848.1—2018	电力客户标签库建设规范　第 1 部分：业务规范			2019/10/10	2019/10/10
19.3-2-22	19.3	29.240		Q/GDW 11848.2—2018	电力客户标签库建设规范　第 2 部分：技术规范			2019/10/10	2019/10/10
19.3-2-23	19.3	29.240		Q/GDW 11947—2018	互动化供电营业厅建设规范			2020/3/20	2020/3/20
19.3-2-24	19.3	29.240		Q/GDW 12086—2020	电力用户的实名认证标准规范			2021/3/26	2021/3/26

续表

序号	GW 分类	ICS 分类	GB 分类	标准号	中文名称	代替标准	采用关系	发布日期	实施日期
19.3-2-25	19.3	29.240		Q/GDW 12088—2020	网上国网 App 用户行为数据接入集成规范			2021/3/26	2021/3/26
19.3-2-26	19.3			Q/GDW 12265.1—2022	能源互联网营销服务系统设计规范 第 1 部分：名词术语			2023/8/21	2023/8/21
19.3-2-27	19.3			Q/GDW 12265.2—2022	能源互联网营销服务系统设计规范 第 2 部分：业务对象			2023/8/21	2023/8/21
19.3-2-28	19.3			Q/GDW 12265.3—2022	能源互联网营销服务系统设计规范 第 3 部分：集成			2023/8/21	2023/8/21
19.3-2-29	19.3	29.240		Q/GDW 1252—2014	营销业务应用信息分类与代码	Q/GDW 252—2009		2015/6/3	2015/6/3
19.3-3-30	19.3	29.020	F20	GB/T 28583—2012	供电服务规范			2012/6/29	2012/10/1
19.3-4-31	19.3	29.240	F20	DL/T 1917—2018	电力用户业扩报装技术规范			2018/12/25	2019/5/1
19.3-4-32	19.3	29.240.01	F21	DL/T 2039—2019	地方电网售电控制中心基本配置技术条件			2019/6/4	2019/10/1
19.3-4-33	19.3	03.080.20	F20	DL/T 2046—2019	供电服务热线客户服务规范			2019/6/4	2019/10/1

19.4 售电市场与营销-节能

序号	GW 分类	ICS 分类	GB 分类	标准号	中文名称	代替标准	采用关系	发布日期	实施日期
19.4-2-1	19.4	29.240		Q/GDW 11030—2013	电力能效信息集中与交互终端检验规范			2014/4/1	2014/4/1
19.4-2-2	19.4	29.240		Q/GDW 11031—2013	电力能效监测终端功能和检验规范			2014/4/1	2014/4/1
19.4-2-3	19.4	29.240		Q/GDW 11034—2013	电蓄热（冷）项目节约电力测量与验证规范			2014/4/1	2014/4/1
19.4-2-4	19.4	29.240		Q/GDW 11035—2013	变压器更换节约电力电量测量与验证规范			2014/4/1	2014/4/1
19.4-2-5	19.4	29.240		Q/GDW 11036—2013	并联无功补偿装置节约电力电量测量与验证规范			2014/4/1	2014/4/1
19.4-2-6	19.4	29.240		Q/GDW 11037—2013	蒸汽压缩循环热泵项目节约电力电量测量与验证规范			2014/4/1	2014/4/1
19.4-2-7	19.4	29.240		Q/GDW 11038—2013	电机系统节约电力电量测量与验证规范			2014/4/1	2014/4/1
19.4-2-8	19.4	29.240		Q/GDW 11039—2013	电力线路增容改造节约电力电量测量与验证规范			2014/4/1	2014/4/1
19.4-2-9	19.4	29.240		Q/GDW 11040—2013	电力需求侧管理项目节约电力电量测量与验证规范			2014/4/1	2014/4/1
19.4-2-10	19.4	29.240		Q/GDW 11042—2013	电网运行优化节约电力电量测量与验证规范			2014/4/1	2014/4/1

续表

序号	GW 分类	ICS 分类	GB 分类	标准号	中文名称	代替标准	采用关系	发布日期	实施日期
19.4-2-11	19.4	29.240		Q/GDW 11043—2013	集中式空气调节系统节约电力电量测量与验证规范			2014/4/1	2014/4/1
19.4-2-12	19.4	29.240		Q/GDW 11044—2013	线路升压改造节约电力电量测量与验证规范			2014/4/1	2014/4/1
19.4-2-13	19.4	29.240		Q/GDW 11045—2013	余热余压发电项目节约电力电量测量与验证规范			2014/4/1	2014/4/1
19.4-2-14	19.4	29.240		Q/GDW 11046—2013	照明系统节电改造项目节约电力电量测量与验证规范			2014/4/1	2014/4/1
19.4-2-15	19.4	29.020	F20	Q/GDW 11470.1—2024	电能替代评价技术规范　第 1 部分：电量统计认定	Q/GDW 11470.1—2016		2024/11/8	2024/11/8
19.4-2-16	19.4	29.020		Q/GDW 11470.2—2016	电能替代评价技术规范　第 2 部分：经济性评价导则			2016/12/8	2016/12/8
19.4-2-17	19.4			Q/GDW 11775—2017	配电网节能潜力评价技术通则			2018/8/8	2018/8/8
19.4-2-18	19.4	29.240		Q/GDW 12173—2021	电供暖项目户用配套电气线路技术规范			2022/1/7	2022/1/7
19.4-2-19	19.4	29.240		Q/GDW 12263—2022	综合能源托管服务通用要求			2023/8/21	2023/8/21
19.4-2-20	19.4	29.240	F20	Q/GDW 12264.1—2024	智慧能源服务系统　第 1 部分：总则			2024/11/8	2024/11/8
19.4-2-21	19.4	29.240	F20	Q/GDW 12264.2—2024	智慧能源服务系统　第 2 部分：平台设计规范			2024/11/8	2024/11/8
19.4-2-22	19.4	29.240	F20	Q/GDW 12264.3—2024	智慧能源服务系统　第 3 部分：智慧用能终端技术要求	Q/GDW 1802—2012		2024/11/8	2024/11/8
19.4-2-23	19.4	29.240	F20	Q/GDW 12264.5—2024	智慧能源服务系统　第 5 部分：信息采录要求			2024/11/8	2024/11/8
19.4-2-24	19.4			Q/GDW 1800—2012	电力能效监测系统子站（企业主站）设计规范			2014/1/17	2014/1/17
19.4-2-25	19.4			Q/GDW 1801.1—2012	电力能效监测系统通信协议　第 1 部分：主站与能效数据集中器通信协议			2014/1/17	2014/1/17
19.4-3-26	19.4	27.010	F04	GB/T 13234—2018	用能单位节能量计算方法	GB/T 13234—2009	ISO 50047：2016，NEQ	2018/9/17	2019/4/1
19.4-3-27	19.4	27.010	F01	GB/T 15911—2021	工业电热设备节能监测方法	GB/T 15911—1995		2021/4/30	2021/11/1
19.4-3-28	19.4	03.220.40	R06	GB/T 21339—2020	港口能源消耗统计及分析方法	GB/T 21339—2008		2020/11/19	2021/6/1
19.4-3-29	19.4	27.010	F01	GB/T 23331—2020	能源管理体系　要求及使用指南	GB/T 23331—2012		2020/11/19	2021/6/1
19.4-3-30	19.4	27.010	F01	GB/T 2589—2020	综合能耗计算通则	GB/T 2589—2008		2020/9/29	2021/4/1
19.4-3-31	19.4	27.100	F20	GB/T 28557—2012	电力企业节能降耗主要指标的监管评价			2012/6/29	2012/11/1
19.4-3-32	19.4	27.010	F01	GB/T 28750—2012	节能量测量和验证技术通则			2012/11/5	2013/1/1

续表

序号	GW 分类	ICS 分类	GB 分类	标准号	中文名称	代替标准	采用关系	发布日期	实施日期
19.4-3-33	19.4	29.160.30	K22	GB/T 29314—2023	电动机系统节能改造规范	GB/T 29314—2012		2023/8/6	2024/3/1
19.4-3-34	19.4	27.010	F01	GB/T 30716—2014	能量系统绩效评价通则			2014/6/9	2014/10/1
19.4-3-35	19.4	27.010	F20	GB/T 31960.1—2015	电力能效监测系统技术规范　第 1 部分：总则			2015/9/11	2016/4/1
19.4-3-36	19.4	27.010	F20	GB/T 31960.2—2015	电力能效监测系统技术规范　第 2 部分：主站功能规范			2015/9/11	2016/4/1
19.4-3-37	19.4	27.010	F20	GB/T 31960.3—2015	电力能效监测系统技术规范　第 3 部分：通信协议			2015/9/11	2016/4/1
19.4-3-38	19.4	27.010	F20	GB/T 31960.4—2015	电力能效监测系统技术规范　第 4 部分：子站功能设计规范			2015/9/11	2016/4/1
19.4-3-39	19.4	27.010	F20	GB/T 31960.5—2015	电力能效监测系统技术规范　第 5 部分：主站设计导则			2015/9/11	2016/4/1
19.4-3-40	19.4	27.010	F20	GB/T 31960.6—2015	电力能效监测系统技术规范　第 6 部分：电力能效信息集中与交互终端技术条件			2015/9/11	2016/4/1
19.4-3-41	19.4	29.240.01	F21	GB/T 31960.7—2015	电力能效监测系统技术规范　第 7 部分：电力能效监测终端技术条件			2015/9/11	2016/4/1
19.4-3-42	19.4	27.010	F20	GB/T 31960.8—2015	电力能效监测系统技术规范　第 8 部分：安全防护规范			2015/9/11	2016/4/1
19.4-3-43	19.4	27.010	F20	GB/T 31960.9—2016	电力能效监测系统技术规范　第 9 部分：系统检验规范			2016/4/25	2016/11/1
19.4-3-44	19.4	27.010	F20	GB/T 31960.10—2016	电力能效监测系统技术规范　第 10 部分：电力能效监测终端检验规范			2016/4/25	2016/11/1
19.4-3-45	19.4	27.010	F20	GB/T 31960.11—2016	电力能效监测系统技术规范　第 11 部分：电力能效信息集中与交互终端检验规范			2016/4/25	2016/11/1
19.4-3-46	19.4	27.010	F20L67	GB/T 31960.12—2024	电力能效监测系统技术规范　第 12 部分：建设导则			2024/3/15	2024/10/1
19.4-3-47	19.4	27.010	F20	GB/T 31960.13—2024	电力能效监测系统技术规范　第 13 部分：现场手持设备技术规范			2024/3/15	2024/10/1
19.4-3-48	19.4	29.020	K07	GB/T 31991.1—2015	电能服务管理平台技术规范　第 1 部分：总则			2015/9/11	2016/4/1
19.4-3-49	19.4	29.020	K07	GB/T 31991.2—2015	电能服务管理平台技术规范　第 2 部分：功能规范			2015/9/11	2016/4/1

续表

序号	GW 分类	ICS 分类	GB 分类	标准号	中文名称	代替标准	采用关系	发布日期	实施日期
19.4-3-50	19.4	29.020	K07	GB/T 31991.3—2015	电能服务管理平台技术规范　第 3 部分：接口规范			2015/9/11	2016/4/1
19.4-3-51	19.4	29.020	K07	GB/T 31991.4—2015	电能服务管理平台技术规范　第 4 部分：设计规范			2015/9/11	2016/4/1
19.4-3-52	19.4	29.020	K07	GB/T 31991.5—2015	电能服务管理平台技术规范　第 5 部分：安全防护规范			2015/9/11	2016/4/1
19.4-3-53	19.4	29.020	K07	GB/T 31993—2015	电能服务管理平台管理规范			2015/9/11	2016/4/1
19.4-3-54	19.4	27.010	F01	GB/T 32038—2015	照明工程节能监测方法			2015/9/11	2016/4/1
19.4-3-55	19.4	29.240	F20	GB/T 32823—2016	电网节能项目节约电力电量测量和验证技术导则			2016/8/29	2017/3/1
19.4-3-56	19.4	27.010	F01	GB/T 33857—2017	节能评估技术导则　热电联产项目			2017/5/31	2017/12/1
19.4-3-57	19.4	29.160.30	K22	GB/T 34867.1—2017	电动机系统节能量测量和验证方法　第 1 部分：电动机现场能效测试方法			2017/11/1	2018/5/1
19.4-3-58	19.4	27.010	F01	GB/T 36674—2018	公共机构能耗监控系统通用技术要求			2018/9/17	2019/4/1
19.4-3-59	19.4	27.010	F01	GB/T 36675—2018	节能评估技术导则　公共建筑项目			2018/9/17	2019/4/1
19.4-3-60	19.4	27.010	F01	GB/T 36714—2018	用能单位能效对标指南			2018/9/17	2019/4/1
19.4-3-61	19.4	27.010	F01	GB/T 37227.1—2018	制冷系统绩效评价与计算测试方法　第 1 部分：蓄能空调系统			2018/12/28	2019/7/1
19.4-3-62	19.4	29.200	K46	GB/T 37319—2019	电梯节能逆变电源装置			2019/3/25	2019/10/1
19.4-3-63	19.4	43.020	T47	GB/T 37340—2019	电动汽车能耗折算方法			2019/3/25	2019/10/1
19.4-3-64	19.4	77.010	H04	GB/T 37429—2019	电弧炉工序能效评估导则			2019/5/10	2020/4/1
19.4-3-65	19.4	27.010	F01	GB/T 39236—2020	能效融资项目分类和评估指南			2020/11/19	2021/6/1
19.4-3-66	19.4	27.010	F01	GB/T 39532—2020	能源绩效测量和验证指南			2020/11/19	2021/6/1
19.4-3-67	19.4	27.010	F01	GB/T 39773—2021	平板玻璃制造能耗测试技术规程			2021/3/9	2021/10/1
19.4-3-68	19.4	27.010	F01	GB/T 39775—2021	能源管理绩效评价导则			2021/3/9	2021/10/1
19.4-3-69	19.4	27.010	F01	GB/T 39777—2021	节能量测量和验证技术要求　工业锅炉系统			2021/3/9	2021/10/1
19.4-3-70	19.4	17.220.20	N22	GB/T 39853.1—2021	供电系统中的电能质量测量　第 1 部分：电能质量监测设备（PQI）		IEC 62586-1：2017，IDT	2021/3/9	2021/10/1
19.4-3-71	19.4	27.010	F01	GB/T 39965—2021	节能量前评估计算方法		ISO 50046：2019，NEQ	2021/3/9	2021/10/1

续表

序号	GW 分类	ICS 分类	GB 分类	标准号	中文名称	代替标准	采用关系	发布日期	实施日期
19.4-3-72	19.4	27.010	F01	GB/T 40010—2021	合同能源管理服务评价技术导则			2021/4/30	2021/11/1
19.4-3-73	19.4	27.010	F01	GB/T 40064—2021	节能技术评价导则			2021/4/30	2021/11/1
19.4-3-74	19.4	27.010	F01	GB/T 40498—2021	公共机构能耗定额标准编制通则			2021/8/20	2022/3/1
19.4-3-75	19.4			GB/T 41013—2021	电机系统能效评价			2021/12/31	2022/7/1
19.4-3-76	19.4			GB/T 41014—2021	照明系统能效评价			2021/12/31	2022/7/1
19.4-4-77	19.4			CJJ 145—2010	燃气冷热电三联供工程技术规程			2010/8/18	2011/3/1
19.4-4-78	19.4	27.010	F01	DL/T 1052—2016	电力节能技术监督导则	DL/T 1052—2007		2016/12/5	2017/5/1
19.4-4-79	19.4			DL/T 1288—2024	电力金具能耗测试与节能技术评价要求	DL/T 1288—2013		2024/9/24	2025/3/24
19.4-4-80	19.4	29.020	K017	DL/T 1585—2016	电能质量监测系统运行维护规范			2016/2/5	2016/7/1
19.4-4-81	19.4	27.100	F23	DL/T 1752—2017	热电联产机组设计能效指标计算方法			2017/11/15	2018/3/1
19.4-4-82	19.4	29.020	K01	DL/T 1756—2017	高载能负荷参与电网互动节能技术条件			2017/11/15	2018/3/1
19.4-4-83	19.4	27.010	F20	DL/T 1758—2017	移动式电力能效检测系统技术规范			2017/11/15	2018/3/1
19.4-4-84	19.4	27.010	F20	DL/T 2035—2019	集中式空调能效在线监测系统技术要求			2019/6/4	2019/10/1
19.4-4-85	19.4	29.020	K01	DL/T 2127—2020	多能互补分布式能源系统能效评估技术导则			2020/10/23	2021/2/1
19.4-4-86	19.4	27.240	F20	DL/T 2766—2024	电网技术降损节电量计算导则			2024/5/24	2024/11/24
19.4-5-87	19.4	03.100	K00/09	ISO 50001：2018	能源管理系统　要求和使用指导			2018/8/20	2018/8/20
19.4-5-88	19.4	27.015		ISO 50021：2019	能源管理和节能-选择节能评估员的一般准则			2019/2/19	2019/2/19
19.4-5-89	19.4	27.015		ISO/TS 50008：2018	能源管理和节能　建筑能源数据管理促进能源绩效　系统数据交换方法指南			2018/11/1	2018/11/1
19.4-5-90	19.4			ISO/TS 50044：2019	节能项目　经济和金融评估指南			2019/11/1	2019/11/1
19.4-6-91	19.4	29.240.01	F20	T/CEC 134—2017	电能替代项目减排量核定方法			2017/5/15	2017/8/1
19.4-6-92	19.4	29.240.01	F20	T/CEC 135—2017	余热余压发电项目节约电力电量测量与验证导则			2017/5/15	2017/8/1
19.4-6-93	19.4			T/CEC 5068—2022	能效监测信息系统工程计价规范			2022/6/23	2022/10/1
19.4-6-94	19.4			T/CEC 640—2022	电网节能改造项目计价规范			2022/6/23	2022/10/1

续表

序号	GW 分类	ICS 分类	GB 分类	标准号	中文名称	代替标准	采用关系	发布日期	实施日期
19.4-6-95	19.4			T/CEC 653—2022	电力行业职业技能标准　综合能源运维管理员			2022/6/23	2022/10/1
19.4-6-96	19.4			T/CES 094—2022	综合能源系统本地无线通信技术要求			2022/1/24	2022/1/26

19.5　售电市场与营销-售电市场

序号	GW 分类	ICS 分类	GB 分类	标准号	中文名称	代替标准	采用关系	发布日期	实施日期
19.5-2-1	19.5	29.240		Q/GDW 10233.1—2021	电动汽车非车载充电机技术规范　第 1 部分：通用要求	Q/GDW 10233—2018		2021/12/24	2021/12/24
19.5-2-2	19.5	29.240		Q/GDW 10233.2—2021	电动汽车非车载充电机技术规范　第 2 部分：80kW 一体式一机一枪充电机	Q/GDW 10233—2018		2021/12/24	2021/12/24
19.5-2-3	19.5	29.240		Q/GDW 10233.3—2021	电动汽车非车载充电机技术规范　第 3 部分：80kW 一体式一机双枪充电机	Q/GDW 10233—2018		2021/12/24	2021/12/24
19.5-2-4	19.5	29.240		Q/GDW 10233.4—2021	电动汽车非车载充电机技术规范　第 4 部分：160kW 一体式一机一枪充电机	Q/GDW 10233—2018		2021/12/24	2021/12/24
19.5-2-5	19.5	29.240		Q/GDW 10233.5—2021	电动汽车非车载充电机技术规范　第 5 部分：160kW 一体式一机双枪充电机	Q/GDW 10233—2018		2021/12/24	2021/12/24
19.5-2-6	19.5	29.240		Q/GDW 10233.6—2021	电动汽车非车载充电机技术规范　第 6 部分：160kW 分体式双充接口充电柜	Q/GDW 10233—2018		2021/12/24	2021/12/24
19.5-2-7	19.5	29.240		Q/GDW 10233.7—2021	电动汽车非车载充电机技术规范　第 7 部分：240kW 分体式四充接口充电柜	Q/GDW 10233—2018		2021/12/24	2021/12/24
19.5-2-8	19.5	29.240		Q/GDW 10233.8—2021	电动汽车非车载充电机技术规范　第 8 部分：250A 分体式一桩一枪直流充电桩	Q/GDW 10233—2018		2021/12/24	2021/12/24
19.5-2-9	19.5	29.240		Q/GDW 10233.9—2021	电动汽车非车载充电机技术规范　第 9 部分：250A 分体式一桩双枪直流充电桩	Q/GDW 10233—2018		2021/12/24	2021/12/24
19.5-2-10	19.5	29.240		Q/GDW 10233.10—2021	电动汽车非车载充电机技术规范　第 10 部分：直流充电设备专用部件	Q/GDW 10233—2018		2021/12/24	2021/12/24
19.5-2-11	19.5	29.240		Q/GDW 10233.11—2021	电动汽车非车载充电机技术规范　第 11 部分：直流充电设备外观与标识	Q/GDW 10233—2018		2021/12/24	2021/12/24
19.5-2-12	19.5	29.240		Q/GDW 10233.12—2021	电动汽车非车载充电机技术规范　第 12 部分：充电控制模块与功率控制模块通信协议	Q/GDW 10233—2018		2021/12/24	2021/12/24
19.5-2-13	19.5	29.240		Q/GDW 10233.13—2021	电动汽车非车载充电机技术规范　第 13 部分：功率控制模块与充电模块通信协议	Q/GDW 10233—2018		2021/12/24	2021/12/24

续表

序号	GW 分类	ICS 分类	GB 分类	标准号	中文名称	代替标准	采用关系	发布日期	实施日期
19.5-2-14	19.5	29.240		Q/GDW 10233.14—2021	电动汽车非车载充电机技术规范　第 14 部分：功率控制模块与开关模块通信协议	Q/GDW 10233—2018		2021/12/24	2021/12/24
19.5-2-15	19.5	29.240		Q/GDW 10233.15—2021	电动汽车非车载充电机技术规范　第 15 部分：功率控制模块与环境信息采集模块通信协议	Q/GDW 10233—2018		2021/12/24	2021/12/24
19.5-2-16	19.5	29.240		Q/GDW 10233.16—2021	电动汽车非车载充电机技术规范　第 16 部分：计费控制单元与充电控制模块通信协议	Q/GDW 10233—2018		2021/12/24	2021/12/24
19.5-2-17	19.5	29.240		Q/GDW 10233.17—2021	电动汽车非车载充电机技术规范　第 17 部分：计费控制单元与读卡器通信协议	Q/GDW 10233—2018		2021/12/24	2021/12/24
19.5-2-18	19.5	29.240		Q/GDW 10235—2019	电动汽车传导式非车载充电机与车辆通信控制器之间的通信协议	Q/GDW 1235—2014		2020/9/17	2020/9/17
19.5-2-19	19.5	29.240		Q/GDW 10236—2016	电动汽车充电站通用技术要求	Q/GDW 236—2008		2017/8/4	2017/8/4
19.5-2-20	19.5	29.240		Q/GDW 10237—2016	电动汽车充电站布置设计导则	Q/GDW 237—2009		2017/8/4	2017/8/4
19.5-2-21	19.5	29.240		Q/GDW 10238—2016	电动汽车充换电站供电系统规范	Q/GDW 238—2009		2017/8/4	2017/8/4
19.5-2-22	19.5	29.240		Q/GDW 10397—2023	电动汽车非车载充放电装置通用技术要求	Q/GDW 397—2009		2023/8/7	2023/8/7
19.5-2-23	19.5	29.240		Q/GDW 10399—2016	电动汽车交流充放电装置电气接口规范	Q/GDW 399—2009		2017/8/4	2017/8/4
19.5-2-24	19.5	29.240	F20	Q/GDW 10400—2023	电动汽车充放电计费装置技术规范	Q/GDW 400—2009		2023/11/30	2023/11/30
19.5-2-25	19.5	43.120		Q/GDW 10423.1—2016	电动汽车充换电设施典型设计　第 1 部分：分散充电桩（机）			2016/12/8	2016/12/8
19.5-2-26	19.5	43.120		Q/GDW 10423.2—2016	电动汽车充换电设施典型设计　第 2 部分：充电站			2016/12/8	2016/12/8
19.5-2-27	19.5	43.120		Q/GDW 10423.3—2016	电动汽车充换电设施典型设计　第 3 部分：高速公路快充站			2016/12/8	2016/12/8
19.5-2-28	19.5	43.120		Q/GDW 10423.4—2016	电动汽车充换电设施典型设计　第 4 部分：电动公交车换电站			2016/12/8	2016/12/8
19.5-2-29	19.5	43.120		Q/GDW 10423.5—2016	电动汽车充换电设施典型设计　第 5 部分：电动公交车预装式模块化换电站			2016/12/8	2016/12/8
19.5-2-30	19.5	43.120		Q/GDW 10423.6—2016	电动汽车充换电设施典型设计　第 6 部分：电动乘用车立体充电站			2016/12/8	2016/12/8
19.5-2-31	19.5	29.240		Q/GDW 10485—2018	电动汽车交流充电桩技术条件	Q/GDW 1485—2014		2020/3/20	2020/3/20
19.5-2-32	19.5	29.240		Q/GDW 10488—2021	电动汽车充电站及电池更换站监控系统技术规范	Q/GDW 488—2010		2021/12/24	2021/12/24

续表

序号	GW 分类	ICS 分类	GB 分类	标准号	中文名称	代替标准	采用关系	发布日期	实施日期
19.5-2-33	19.5	29.240		Q/GDW 10590—2016	电动汽车传导式充电接口检验技术规范	Q/GDW 590—2011		2017/8/4	2017/8/4
19.5-2-34	19.5	29.240		Q/GDW 10591—2021	电动汽车非车载充电机检验技术规范	Q/GDW 10591—2018		2021/12/24	2021/12/24
19.5-2-35	19.5	29.240		Q/GDW 10592—2018	电动汽车交流充电桩检验技术规范	Q/GDW 1592—2014		2020/3/20	2020/3/20
19.5-2-36	19.5	29.240		Q/GDW 11164—2014	电动汽车充换电设施工程施工和竣工验收规范			2014/8/1	2014/8/1
19.5-2-37	19.5	29.240		Q/GDW 11166—2023	电动汽车智能充换电服务网络运营服务系统技术规范	Q/GDW 11166—2014		2023/8/7	2023/8/7
19.5-2-38	19.5	29.240		Q/GDW 11168—2018	电动汽车充换电设施规划导则	Q/GDW 11168—2014		2020/3/20	2020/3/20
19.5-2-39	19.5	29.240		Q/GDW 11169—2014	电动汽车电池箱更换设备通用技术要求			2014/8/1	2014/8/1
19.5-2-40	19.5	29.240		Q/GDW 11170—2021	电动汽车充电站（电池更换站）监控系统与充换电设备通信协议	Q/GDW 11170—2014		2021/12/24	2021/12/24
19.5-2-41	19.5	29.240		Q/GDW 11171—2014	基于 CAN 总线的电动汽车车载充电机与交流充电桩之间的通信协议			2014/8/1	2014/8/1
19.5-2-42	19.5	29.240		Q/GDW 11172.1—2018	电动汽车充换电服务网络运行管理规范　第 1 部分：运营管理	Q/GDW 11172.1—2014		2020/3/20	2020/3/20
19.5-2-43	19.5	29.240		Q/GDW 11172.2—2018	电动汽车充换电服务网络运行管理规范　第 2 部分：运行维护	Q/GDW 11172.2—2014		2020/3/20	2020/3/20
19.5-2-44	19.5	29.240		Q/GDW 11173—2014	电动汽车快换电池箱检验试验规范			2014/8/1	2014/8/1
19.5-2-45	19.5	29.240		Q/GDW 11174—2014	电动汽车快换电池箱通信协议			2014/8/1	2014/8/1
19.5-2-46	19.5	29.240		Q/GDW 11175—2014	电动汽车车载终端与运营监控系统间通信协议			2014/8/1	2014/8/1
19.5-2-47	19.5	29.240		Q/GDW 11177.1—2018	电动汽车充换电服务网络运营监控系统通信规约　第 1 部分：系统与站级监控系统	Q/GDW 11177.1—2014		2020/3/20	2020/3/20
19.5-2-48	19.5	29.240		Q/GDW 11177.2—2018	电动汽车充换电服务网络运营监控系统通信规约　第 2 部分：系统与离散充电桩	Q/GDW 11177.2—2014		2020/3/20	2020/3/20
19.5-2-49	19.5	29.240		Q/GDW 11215—2014	电动汽车电池更换站用电池箱连接器技术规范			2014/10/15	2014/10/15
19.5-2-50	19.5	29.240		Q/GDW 11466—2023	港口岸电术语	Q/GDW 11466—2016		2023/8/7	2023/8/7
19.5-2-51	19.5	29.240		Q/GDW 11467.1—2023	港口岸电系统建设规范　第 1 部分：设计导则	Q/GDW 11467.1—2016		2023/8/7	2023/8/7
19.5-2-52	19.5	91.140.50		Q/GDW 11467.2—2016	港口岸电系统建设规范　第 2 部分：电能计量			2016/12/8	2016/12/8
19.5-2-53	19.5	91.140.50		Q/GDW 11467.3—2016	港口岸电系统建设规范　第 3 部分：验收			2016/12/8	2016/12/8
19.5-2-54	19.5	91.140.50		Q/GDW 11468.1—2016	港口岸电设备技术规范　第 1 部分：高压电源			2016/12/8	2016/12/8

续表

序号	GW 分类	ICS 分类	GB 分类	标准号	中文名称	代替标准	采用关系	发布日期	实施日期
19.5-2-55	19.5	91.140.50		Q/GDW 11468.2—2021	港口岸电设备技术规范　第 2 部分: 低压岸电电源系统	Q/GDW 11468.2—2016		2021/8/30	2021/8/30
19.5-2-56	19.5	91.140.50		Q/GDW 11468.3—2021	港口岸电设备技术规范　第 3 部分：低压岸电桩	Q/GDW 11468.3—2016		2021/8/30	2021/8/30
19.5-2-57	19.5	91.140.50		Q/GDW 11468.4—2021	港口岸电设备技术规范　第 4 部分: 船岸连接和接口设备	Q/GDW 11468.4—2016		2021/8/30	2021/8/30
19.5-2-58	19.5	91.140.50		Q/GDW 11469.1—2023	港口岸电系统运行与维护技术规范　第 1 部分：运行维护	Q/GDW 11469.1—2016		2023/8/7	2023/8/7
19.5-2-59	19.5	91.140.50		Q/GDW 11469.2—2021	港口岸电系统运行与维护技术规范　第 2 部分：检测	Q/GDW 11469.2—2016		2021/8/30	2021/8/30
19.5-2-60	19.5	91.140.50		Q/GDW 11469.3—2023	港口岸电系统运营与运维技术规范　第 3 部分：运营服务系统	Q/GDW 11469.3—2016		2023/8/7	2023/8/7
19.5-2-61	19.5	91.140.50		Q/GDW 11469.4—2016	港口岸电系统运行与维护技术规范　第 4 部分：监控系统			2016/12/8	2016/12/8
19.5-2-62	19.5	91.140.50		Q/GDW 11469.5—2023	港口岸电系统运营与运维技术规范　第 5 部分：运营服务系统与站级系统通信规约	Q/GDW 11469.5—2016		2023/8/7	2023/8/7
19.5-2-63	19.5	91.140.50		Q/GDW 11469.6—2023	港口岸电系统运营与运维技术规范　第 6 部分：站级系统与岸基设备通信规约	Q/GDW 11469.6—2016		2023/8/7	2023/8/7
19.5-2-64	19.5	29.240		Q/GDW 11634—2016	电动汽车交直流一体化充电设备通用要求			2017/8/4	2017/8/4
19.5-2-65	19.5	29.240		Q/GDW 11709.1—2017	电动汽车充电计费控制单元　第 1 部分：技术条件			2018/2/28	2018/2/28
19.5-2-66	19.5	29.240		Q/GDW 11709.2—2017	电动汽车充电计费控制单元　第 2 部分：与充电桩通信协议			2018/2/28	2018/2/28
19.5-2-67	19.5	29.240		Q/GDW 11709.3—2017	电动汽车充电计费控制单元　第 3 部分：与车联网平台通信协议			2018/2/28	2018/2/28
19.5-2-68	19.5	29.240		Q/GDW 11709.4—2017	电动汽车充电计费控制单元　第 4 部分：检验技术规范			2018/2/28	2018/2/28
19.5-2-69	19.5			Q/GDW 11784—2017	电动汽车充电设备现场测试规范			2018/9/7	2018/9/7
19.5-2-70	19.5	29.240		Q/GDW 11942—2018	电动汽车群控充电系统通用要求			2020/3/20	2020/3/20
19.5-2-71	19.5	29.240		Q/GDW 12000—2019	电动汽车传导式大功率直流充电连接装置技术规范			2020/9/17	2020/9/17
19.5-2-72	19.5	29.240		Q/GDW 12001—2019	电动汽车大功率非车载充电系统通用要求			2020/9/7	2020/9/7

续表

序号	GW 分类	ICS 分类	GB 分类	标准号	中文名称	代替标准	采用关系	发布日期	实施日期
19.5-2-73	19.5	35.040		Q/GDW 12082—2020	电动汽车充电支付卡技术规范			2021/3/26	2021/3/26
19.5-2-74	19.5	29.240		Q/GDW 12092—2020	电蓄热设备用熔融盐储热材料			2021/3/26	2021/3/26
19.5-2-75	19.5	29.240		Q/GDW 12095—2020	电动汽车充电设备网联模块与充电控制器通信协议			2021/3/26	2021/3/26
19.5-2-76	19.5	29.240		Q/GDW 12170—2021	电动汽车交流有序充电桩通信协议			2021/12/24	2021/12/24
19.5-2-77	19.5	29.240		Q/GDW 12171—2021	电动汽车交流有序充电桩检验技术规范			2021/12/24	2021/12/24
19.5-2-78	19.5	29.240		Q/GDW 12183—2021	电动汽车交流有序充电桩技术条件			2021/8/30	2021/8/30
19.5-2-79	19.5			Q/GDW 12259—2022	国家电网有限公司业扩供电方案编制导则			2023/8/21	2023/8/21
19.5-2-80	19.5			Q/GDW 12260—2022	重大活动场所电气配置及运行技术要求			2023/8/21	2023/8/21
19.5-2-81	19.5			Q/GDW 12261—2022	电力负荷聚合与互动技术导则			2023/8/21	2023/8/21
19.5-2-82	19.5			Q/GDW 12262—2022	电力客户安全用电在线监测系统技术条件			2023/8/21	2023/8/21
19.5-2-83	19.5	29.240		Q/GDW 12309.1—2023	电动汽车充电设备接入平台技术规范 第 1 部分：设备接入			2023/8/7	2023/8/7
19.5-2-84	19.5	29.240		Q/GDW 12309.2—2023	电动汽车充电设备接入平台技术规范 第 2 部分：设备与平台的通信			2023/8/7	2023/8/7
19.5-2-85	19.5	29.240		Q/GDW 12309.3—2023	电动汽车充电设备接入平台技术规范 第 3 部分：设备注册			2023/8/7	2023/8/7
19.5-2-86	19.5	29.240		Q/GDW 12309.4—2023	电动汽车充电设备接入平台技术规范 第 4 部分：直连充电设备与平台交互协议			2023/8/7	2023/8/7
19.5-2-87	19.5	29.240		Q/GDW 12310—2023	电动自行车智能充换电柜技术要求			2023/8/7	2023/8/7
19.5-2-88	19.5	29.240		Q/GDW 12311—2023	基于充放电过程的电动汽车动力电池系统检测和评估方法			2023/8/7	2023/8/7
19.5-2-89	19.5	29.240		Q/GDW 12312.1—2023	电动汽车充电设备标准化设计测试规范 第 1 部分：充电控制模块与功率控制模块通信协议一致性测试			2023/8/7	2023/8/7
19.5-2-90	19.5	29.240		Q/GDW 12312.2—2023	电动汽车充电设备标准化设计测试规范 第 2 部分：功率控制模块与充电模块通信协议一致性测试			2023/8/7	2023/8/7
19.5-2-91	19.5	29.240		Q/GDW 12312.3—2023	电动汽车充电设备标准化设计测试规范 第 3 部分：功率控制模块与开关模块通信协议一致性测试			2023/8/7	2023/8/7

续表

序号	GW 分类	ICS 分类	GB 分类	标准号	中文名称	代替标准	采用关系	发布日期	实施日期
19.5-2-92	19.5	29.240		Q/GDW 1234.1—2014	电动汽车充电接口规范　第 1 部分：通用要求	Q/GDW 234—2009		2014/10/15	2014/10/15
19.5-2-93	19.5	29.240		Q/GDW 1234.2—2014	电动汽车充电接口规范　第 2 部分：交流充电接口	Q/GDW 234—2009		2014/10/15	2014/10/15
19.5-2-94	19.5	29.240		Q/GDW 1234.3—2014	电动汽车充电接口规范　第 3 部分：直流充电接口	Q/GDW 234—2009		2014/10/15	2014/10/15
19.5-2-95	19.5	29.240		Q/GDW 1881—2013	电动汽车充电站及电池更换站监控系统检验技术规范			2014/1/29	2014/1/29
19.5-2-96	19.5	29.240		Q/GDW 478—2010	电动汽车充电设施建设技术导则			2010/7/8	2010/7/8
19.5-2-97	19.5	29.240		Q/GDW 486—2010	电动汽车电池更换站技术导则			2010/8/30	2010/8/30
19.5-2-98	19.5	29.240		Q/GDW 487—2010	电动汽车电池更换站设计规范			2010/8/30	2010/8/30
19.5-2-99	19.5	29.240		Q/GDW 685—2011	纯电动乘用车快换电池箱通用技术要求			2011/12/26	2011/12/26
19.5-2-100	19.5	29.240		Q/GDW 686—2011	纯电动客车快换电池箱通用技术要求			2011/12/26	2011/12/26
19.5-3-101	19.5	29.120.30	K30	GB/T 11918.5—2020	工业用插头插座和耦合器　第 5 部分：低压岸电连接系统（LVSC 系统）用插头、插座、船用连接器和船用输入插座的尺寸兼容性和互换性要求		IEC 60309-5：2017，MOD	2020/12/14	2021/7/1
19.5-3-102	19.5	43.040.99	T35	GB/T 18487.1—2023	电动汽车传导充电系统　第 1 部分：通用要求	GB/T 18487.1—2015		2023/9/7	2024/4/1
19.5-3-103	19.5	33.100	L06	GB/T 18487.2—2017	电动汽车传导充电系统　第 2 部分：非车载传导供电设备电磁兼容要求	GB/T 18487.2—2001		2017/12/29	2018/7/1
19.5-3-104	19.5	29.060.10	T36	GB/T 18487.3—2001	电动车辆传导充电系统　电动车辆交流/直流充电机（站）			2001/11/2	2002/5/1
19.5-3-105	19.5	43.120	T47	GB/T 18488—2024	电动汽车用驱动电机系统	GB/T 18488.1—2015；GB/T 18488.2—2015		2024/5/28	2024/5/28
19.5-3-106	19.5	43.040.99	T35	GB/T 20234.1—2023	电动汽车传导充电用连接装置　第 1 部分：通用要求	GB/T 20234.1—2015		2023/9/7	2023/9/7
19.5-3-107	19.5	43.040.99	T35	GB/T 20234.2—2015	电动汽车传导充电用连接装置　第 2 部分：交流充电接口	GB/T 20234.2—2011		2015/12/28	2016/1/1
19.5-3-108	19.5	43.040.99	T35	GB/T 20234.3—2023	电动汽车传导充电用连接装置　第 3 部分：直流充电接口	GB/T 20234.3—2015		2023/9/7	2023/9/7
19.5-3-109	19.5	43.040.99	T35	GB/T 20234.4—2023	电动汽车传导充电用连接装置　第 4 部分：大功率直流充电接口			2023/9/7	2024/4/1

续表

序号	GW 分类	ICS 分类	GB 分类	标准号	中文名称	代替标准	采用关系	发布日期	实施日期
19.5-3-110	19.5	29.200	K81	GB/T 25316—2010	静止式岸电装置			2010/11/10	2011/5/1
19.5-3-111	19.5	29.200	K81	GB/T 27930—2023	非车载传导式充电机与电动汽车之间的数字通信协议	GB/T 27930—2015		2023/9/7	2024/4/1
19.5-3-112	19.5	43.120	T47	GB/T 29307—2022	电动汽车用驱动电机系统可靠性试验方法	GB/T 29307—2012		2022/12/30	2023/7/1
19.5-3-113	19.5	43.040.99	T35	GB/T 29316—2012	电动汽车充换电设施电能质量技术要求			2012/12/31	2013/6/1
19.5-3-114	19.5	43.040.99	T35	GB/T 29317—2021	电动汽车充换电设施术语	GB/T 29317—2012		2021/5/21	2021/12/1
19.5-3-115	19.5	43.040.99	T35	GB/T 29772—2013	电动汽车电池更换站通用技术要求			2013/10/10	2014/2/1
19.5-3-116	19.5	43.020	T47	GB/T 29781—2013	电动汽车充电站通用要求			2013/10/10	2014/2/1
19.5-3-117	19.5	29.120.30	K30	GB/T 30845.1—2023	高压岸电连接系统（HVSC 系统）用插头、插座和船用耦合器　第 1 部分：通用要求	GB/T 30845.1—2014		2023/9/7	2024/4/1
19.5-3-118	19.5	29.120.30	K30	GB/T 30845.2—2021	高压岸电连接系统（HVSC 系统）用插头、插座和船用耦合器　第 2 部分：不同类型的船舶用附件的尺寸兼容性和互换性要求	GB/T 30845.2—2014	IEC 62613-2：2016，MOD	2021/10/11	2022/5/1
19.5-3-119	19.5	43.080	T47	GB/T 31466—2015	电动汽车高压系统电压等级			2015/5/15	2015/12/1
19.5-3-120	19.5	43.120	T47	GB/T 31467—2023	电动汽车用锂离子动力电池包和系统电性能试验方法	GB/T 31467.1—2015；GB/T 31467.2—2015		2023/11/27	2023/11/27
19.5-3-121	19.5	43.120	T47	GB/T 31484—2015	电动汽车用动力蓄电池循环寿命要求及试验方法			2015/5/15	2015/5/15
19.5-3-122	19.5	43.120	T47	GB/T 31486—2015	电动汽车用动力蓄电池电性能要求及试验方法			2015/5/15	2015/5/15
19.5-3-123	19.5	43.040.99	T35	GB/T 32879—2016	电动汽车更换用电池箱连接器通用技术要求			2016/8/29	2017/3/1
19.5-3-124	19.5	29.200	K81	GB/T 32895—2016	电动汽车快换电池箱通信协议			2016/8/29	2017/3/1
19.5-3-125	19.5	29.200	K81	GB/T 32896—2016	电动汽车动力仓总成通信协议			2016/8/29	2017/3/1
19.5-3-126	19.5	43.040.99	T35	GB/T 32960.1—2016	电动汽车远程服务与管理系统技术规范　第 1 部分：总则			2016/8/29	2016/10/1
19.5-3-127	19.5	43.040.99	T35	GB/T 32960.2—2016	电动汽车远程服务与管理系统技术规范　第 2 部分：车载终端			2016/8/29	2016/10/1
19.5-3-128	19.5	43.040.99	T35	GB/T 32960.3—2016	电动汽车远程服务与管理系统技术规范　第 3 部分：通信协议及数据格式			2016/8/29	2016/10/1
19.5-3-129	19.5	29.200	K81	GB/T 33341—2016	电动汽车快换电池箱架通用技术要求			2016/12/13	2017/7/1

续表

序号	GW 分类	ICS 分类	GB 分类	标准号	中文名称	代替标准	采用关系	发布日期	实施日期
19.5-3-130	19.5	43.080	T47	GB/T 34013—2017	电动汽车用动力蓄电池产品规格尺寸			2017/7/12	2018/2/1
19.5-3-131	19.5	43.040.99	T35	GB/T 34657.1—2017	电动汽车传导充电互操作性测试规范　第 1 部分：供电设备			2017/10/14	2018/5/1
19.5-3-132	19.5	43.040.99	T35	GB/T 34657.2—2017	电动汽车传导充电互操作性测试规范　第 2 部分：车辆			2017/10/14	2018/5/1
19.5-3-133	19.5	29.200	K81	GB/T 34658—2017	电动汽车非车载传导式充电机与电池管理系统之间的通信协议一致性测试			2017/10/14	2018/5/1
19.5-3-134	19.5	03.220.40	R45	GB/T 36028.1—2018	靠港船舶岸电系统技术条件　第 1 部分：高压供电			2018/3/15	2018/10/1
19.5-3-135	19.5	03.220.40	R45	GB/T 36028.2—2018	靠港船舶岸电系统技术条件　第 2 部分：低压供电			2018/3/15	2018/10/1
19.5-3-136	19.5	29.240.01	F20	GB/T 36278—2018	电动汽车充换电设施接入配电网技术规范			2018/6/7	2019/1/1
19.5-3-137	19.5	33.060.20	M36	GB/T 36654—2018	76GHz 车辆无线电设备射频指标技术要求及测试方法			2018/9/17	2019/1/1
19.5-3-138	19.5	29.200	K81	GB/T 37295—2019	城市公共设施　电动汽车充换电设施安全技术防范系统要求			2019/3/25	2019/10/1
19.5-3-139	19.5	43.080	T47	GB 38031—2020	电动汽车用动力蓄电池安全要求	GB/T 31485—2015；GB/T 31467.3—2015		2020/5/12	2021/1/1
19.5-3-140	19.5	47.020.60	U62	GB/T 38329.1—2019	港口船岸连接　第 1 部分：高压岸电连接（HVSC）系统　一般要求		IEC/ISO/IEEE 80005-1：2012，IDT	2019/12/10	2020/7/1
19.5-3-141	19.5	47.020.60	U60	GB/T 38329.2—2021	港口船岸连接　第 2 部分：高压和低压岸电连接系统　监测和控制的数据传输		IEC/IEEE 80005-2：2016，IDT	2021/5/21	2021/12/1
19.5-3-142	19.5	43.040	T35	GB/T 38775.1—2020	电动汽车无线充电系统　第 1 部分：通用要求			2020/4/28	2020/11/1
19.5-3-143	19.5	43.040.99	K81	GB/T 38775.2—2020	电动汽车无线充电系统　第 2 部分：车载充电机和无线充电设备之间的通信协议			2020/4/28	2020/11/1
19.5-3-144	19.5	43.040.99	K81	GB/T 38775.3—2020	电动汽车无线充电系统　第 3 部分：特殊要求			2020/4/28	2020/11/1
19.5-3-145	19.5	43.040.99	K81	GB/T 38775.4—2020	电动汽车无线充电系统　第 4 部分：电磁环境限值与测试方法			2020/4/28	2020/11/1
19.5-3-146	19.5	43.020	T09	GB/T 38775.5—2021	电动汽车无线充电系统　第 5 部分：电磁兼容性要求和试验方法			2021/10/11	2022/5/1

续表

序号	GW 分类	ICS 分类	GB 分类	标准号	中文名称	代替标准	采用关系	发布日期	实施日期
19.5-3-147	19.5	43.040.99	K81	GB/T 38775.6—2021	电动汽车无线充电系统　第 6 部分：互操作性要求及测试　地面端			2021/10/11	2022/5/1
19.5-3-148	19.5	43.040	T35	GB/T 38775.7—2021	电动汽车无线充电系统　第 7 部分：互操作性要求及测试　车辆端			2021/10/11	2022/5/1
19.5-3-149	19.5	43.040.99	T35	GB/T 38775.8—2023	电动汽车无线充电系统　第 8 部分：商用车应用特殊要求			2023/9/7	2023/9/7
19.5-3-150	19.5	43.040.99	T35	GB 39752—2024	电动汽车供电设备安全要求	GB/T 39752—2021		2024/7/24	2025/8/1
19.5-3-151	19.5	43.020	T40	GB/T 40032—2021	电动汽车换电安全要求			2021/4/30	2021/11/1
19.5-3-152	19.5	43.040.99	T35	GB/T 40425.1—2021	电动客车顶部接触式充电系统　第 1 部分：通用要求			2021/8/20	2022/3/1
19.5-3-153	19.5	43.020	T09	GB/T 40428—2021	电动汽车传导充电电磁兼容性要求和试验方法			2021/8/20	2022/3/1
19.5-3-154	19.5	43.040	T35	GB/T 40432—2021	电动汽车用传导式车载充电机			2021/8/20	2022/3/1
19.5-3-155	19.5	29.120.50	K31	GB/T 40820—2021	电动汽车模式 3 充电用直流剩余电流检测电器（RDC-DD）		IEC 62955：2018，IDT	2021/10/11	2022/5/1
19.5-3-156	19.5	29.020	K04	GB/T 41999—2022	港口岸电设施术语			2022/10/12	2023/5/1
19.5-3-157	19.5	29.020	F04	GB/T 43025—2023	用户接入电网供电方案技术导则			2023/9/7	2023/9/7
19.5-3-158	19.5	17.220.20	N29	GB/T 43191—2023	电动汽车交流充电桩现场检测仪			2023/9/7	2024/4/1
19.5-3-159	19.5	35.240.60	L73	GB/T 44130.1—2024	电动汽车充换电服务信息交换　第 1 部分：总则			2024/5/28	2024/9/1
19.5-3-160	19.5	29.020	F20	GB/T 44185.1—2024	港口岸电系统建设导则　第 1 部分：电网侧			2024/7/24	2024/7/24
19.5-3-161	19.5	43.040.99	T35	GB 44263—2024	电动汽车传导充电系统安全要求			2024/7/24	2025/8/1
19.5-3-162	19.5			GB/T 51077—2024	电动汽车电池更换站设计标准	GB/T 51077—2015		2024/12/26	2025/5/1
19.5-3-163	19.5			GB/T 51313—2018	电动汽车分散充电设施工程技术标准			2018/9/11	2019/3/1
19.5-4-164	19.5	91.140.50	A00	DL/T 2143.2—2020	港口岸电系统建设规范　第 2 部分：电能计量			2020/10/23	2021/2/1
19.5-4-165	19.5	91.140.50	K81	DL/T 2151.1—2020	岸基供电系统　第 1 部分：通用要求			2020/10/23	2021/2/1
19.5-4-166	19.5	29.200	K81	DL/T 2151.2—2024	岸基供电系统　第 2 部分：工频电源			2024/5/24	2024/11/24
19.5-4-167	19.5	29.200	K81	DL/T 2151.3—2020	岸基供电系统　第 3 部分：变频电源			2020/10/23	2021/2/1
19.5-4-168	19.5	29.020	F20	DL/T 2151.7—2023	岸基供电系统　第 7 部分：岸电电源检验技术规范			2023/2/6	2023/8/6

续表

序号	GW 分类	ICS 分类	GB 分类	标准号	中文名称	代替标准	采用关系	发布日期	实施日期
19.5-4-169	19.5	29.240.99	F20	DL/T 2175—2020	港口岸电系统技术条件　综合管理系统			2020/10/23	2021/2/1
19.5-4-170	19.5	91.140.50	R45	DL/T 2188—2020	港口岸电系统总则			2020/10/23	2021/2/1
19.5-4-171	19.5	35.020	F00/09	DL/T 2189—2020	港口综合能源管控系统功能规范			2020/10/23	2021/2/1
19.5-4-172	19.5	29.020	K04	DL/T 2475.1—2022	电气设备电压暂降及短时中断耐受能力测试技术规范　第1部分：低压变频器			2022/5/13	2022/11/13
19.5-4-173	19.5	29.200	K81	DL/T 2476.3—2022	港口岸电系统运营与运维技术规范　第3部分：运营服务平台			2022/5/13	2022/11/13
19.5-4-174	19.5	29.020	P60	DL/T 2586—2023	港口岸电系统接入电网技术规范			2023/2/6	2023/8/6
19.5-4-175	19.5			DL/T 2803—2024	低压交流岸电桩技术规范			2024/9/24	2025/3/24
19.5-4-176	19.5			DL/T 2804—2024	电动船舶直流充电系统用插头、插座和船用耦合器			2024/9/24	2025/3/24
19.5-4-177	19.5	29.120.30	K30	NB/T 10202—2019	用于电动汽车模式2充电的具有温度保护的插头			2019/6/4	2019/10/1
19.5-4-178	19.5	29.200	K81	NB/T 10434—2020	纯电动乘用车底盘式电池更换系统通用技术要求			2020/10/23	2021/2/1
19.5-4-179	19.5	21.060	J13	NB/T 10435—2020	电动汽车快速更换电池箱锁止机构通用技术要求			2020/10/23	2021/2/1
19.5-4-180	19.5	43.040.99	T33	NB/T 10436—2020	电动汽车快速更换电池箱冷却接口通用技术要求			2020/10/23	2021/2/1
19.5-4-181	19.5	29.200	K81	NB/T 10901—2021	电动汽车充电设备现场检验技术规范			2021/12/22	2022/3/22
19.5-4-182	19.5	29.200	K81	NB/T 10902—2021	20kW及以下非车载充电机技术条件及安装要求			2021/12/22	2022/3/22
19.5-4-183	19.5	43.040.989	T35	NB/T 10903—2021	电动汽车电池更换站　安全要求			2021/12/22	2022/3/22
19.5-4-184	19.5			NB/T 10904—2021	电动汽车电池更换站　结构和用例			2021/12/22	2022/3/22
19.5-4-185	19.5	29.200	K81	NB/T 10905—2021	电动汽车充电设施故障分类及代码			2021/12/22	2022/3/22
19.5-4-186	19.5	27.140	P59	NB/T 11192—2023	水力发电工程CAD制图技术规定	DL/T 5127—2001		2023/5/26	2023/11/26
19.5-4-187	19.5			NB/T 11300—2023	交流充电接口电路模拟器技术条件			2023/10/11	2024/4/11
19.5-4-188	19.5			NB/T 11301—2023	直流充电接口电路模拟器技术条件			2023/10/11	2024/4/11
19.5-4-189	19.5			NB/T 11302—2023	电动汽车充电设施及运营平台信息安全技术规范			2023/10/11	2024/4/11
19.5-4-190	19.5			NB/T 11303—2023	电动汽车顶部接触式充电设备技术规范			2023/10/11	2024/4/11

19

续表

序号	GW 分类	ICS 分类	GB 分类	标准号	中文名称	代替标准	采用关系	发布日期	实施日期
19.5-4-191	19.5			NB/T 11304—2023	电动汽车顶部接触式充电站设计规范			2023/10/11	2024/4/11
19.5-4-192	19.5	29.200	K81	NB/T 11305.1—2023	电动汽车充放电双向互动　第 1 部分：总则			2023/10/11	2024/4/11
19.5-4-193	19.5	29.200	K81	NB/T 11305.2—2023	电动汽车充放电双向互动　第 2 部分：有序充电			2023/10/11	2024/4/11
19.5-4-194	19.5	43.040.99	K81	NB/T 11650.1—2024	电动汽车无线充电系统检验试验规范　第 1 部分：地面设备			2024/9/24	2025/3/24
19.5-4-195	19.5	43.040.99	K81	NB/T 11651—2024	电动汽车动态无线充电系统通用要求			2024/9/24	2025/3/24
19.5-4-196	19.5	29.220	K81	NB/T 11652—2024	电动汽车充换电设施接入配电网设计规范			2024/9/24	2025/3/24
19.5-4-197	19.5	29.200	K81	NB/T 33001—2018	电动汽车非车载传导式充电机技术条件	NB/T 33001—2010		2018/4/3	2018/7/1
19.5-4-198	19.5	29.200	K81	NB/T 33002—2018	电动汽车交流充电桩技术条件	NB/T 33002—2010		2018/12/25	2019/5/1
19.5-4-199	19.5	29.200	K81	NB/T 33003—2010	电动汽车非车载充电机监控单元与电池管理系统通信协议			2010/5/24	2010/10/1
19.5-4-200	19.5	29.200	K81	NB/T 33004—2020	电动汽车充换电设施工程施工和竣工验收规范	NB/T 33004—2013		2020/10/23	2021/2/1
19.5-4-201	19.5	29.200	K81	NB/T 33005—2013	电动汽车充电站及电池更换站监控系统技术规范			2013/11/28	2014/4/1
19.5-4-202	19.5	29.200	K81	NB/T 33006—2024	电动汽车电池箱更换设备通用技术要求	NB/T 33006—2013		2024/9/24	2025/3/24
19.5-4-203	19.5	29.200	K81	NB/T 33007—2013	电动汽车充电站/电池更换站监控系统与充换电设备通信协议			2013/11/28	2014/4/1
19.5-4-204	19.5	29.200	K81	NB/T 33008.1—2018	电动汽车充电设备检验试验规范　第 1 部分：非车载充电机	NB/T 33008.1—2013		2018/12/25	2019/5/1
19.5-4-205	19.5	29.200	K81	NB/T 33008.2—2018	电动汽车充电设备检验试验规范　第 2 部分：交流充电桩	NB/T 33008.2—2013		2018/12/25	2019/5/1
19.5-4-206	19.5	29.200	K81	NB/T 33009—2021	电动汽车充换电设施建设技术导则	NB/T 33009—2013		2021/12/22	2022/3/22
19.5-4-207	19.5	29.200	K81	NB/T 33019—2021	电动汽车充换电设施运行管理规范	NB/T 33019—2015		2021/12/22	2022/3/22
19.5-4-208	19.5	29.200	K81	NB/T 33021—2024	电动汽车非车载充放电装置技术条件	NB/T 33021—2015		2024/9/24	2025/3/24
19.5-4-209	19.5			NB/T 33023—2024	电动汽车充换电设施规划导则	NB/T 33023—2015		2024/9/24	2025/3/24
19.5-4-210	19.5	29.220	K84	NB/T 33025—2020	电动汽车快速更换电池箱通用要求	NB/T 33025—2016		2020/10/23	2021/2/1
19.5-4-211	19.5	43.020	T40	QC/T 1201.1—2023	纯电动商用车车载换电系统互换性　第 1 部分：换电电气接口			2023/12/29	2023/12/29

续表

序号	GW 分类	ICS 分类	GB 分类	标准号	中文名称	代替标准	采用关系	发布日期	实施日期
19.5-4-212	19.5	43.020	T40	QC/T 1201.2—2023	纯电动商用车车载换电系统互换性　第 2 部分：换电冷却接口			2023/12/29	2023/12/29
19.5-4-213	19.5	43.020	T40	QC/T 1201.3—2023	纯电动商用车车载换电系统互换性　第 3 部分：换电机构			2023/12/29	2023/12/29
19.5-4-214	19.5	43.020	T40	QC/T 1201.4—2023	纯电动商用车车载换电系统互换性　第 4 部分：换电电池系统			2023/12/29	2023/12/29
19.5-4-215	19.5	43.020	T40	QC/T 1201.5—2023	纯电动商用车车载换电系统互换性　第 5 部分：车辆与电池系统的通信			2023/12/29	2023/12/29
19.5-4-216	19.5	43.040	T36	QC/T 1204.2—2024	纯电动乘用车车载换电系统互换性　第 2 部分：换电冷却接口			2024/7/19	2025/1/1
19.5-4-217	19.5	43.040	T36	QC/T 1204.3—2024	纯电动乘用车车载换电系统互换性　第 3 部分：换电机构			2024/7/19	2025/1/1
19.5-4-218	19.5	43.040	T36	QC/T 1204.5—2024	纯电动乘用车车载换电系统互换性　第 5 部分：车辆与电池包的通信			2024/7/19	2025/1/1
19.5-4-219	19.5	43.040	T36	QC/T 1205.4—2024	纯电动乘用车换电通用平台　第 4 部分：电池包与设施的通信			2024/7/19	2025/1/1
19.5-4-220	19.5	43.080	T47	QC/T 839—2010	超级电容电动城市客车供电系统			2010/11/22	2011/3/1
19.5-4-221	19.5	43.080	T47	QC/T 989—2014	电动汽车用动力蓄电池箱通用要求			2014/10/14	2015/4/1
19.5-5-222	19.5	43.120		ANSI/UL 2202-2012（R2018）	电动车辆（EV）充电系统设备的安全标准	ANSI UL 2202-2009		2018/2/9	2018/2/9
19.5-5-223	19.5			IEC 61851-1：2017	电动车辆感应放电系统　第 1 部分：一般要求			2017/2/7	2017/2/7
19.5-5-224	19.5	43.120	T35	IEC 61851-23：2014	电动车辆传导式充电系统　第 23 部分：直流电动车辆充电站			2014/3/11	2014/3/11
19.5-5-225	19.5	43.120	T90	IEC 61851-24：2014	电动车辆传导式充电系统　第 24 部分：用于控制直流充电的直流电动车辆充电站和电动车辆之间的数字通信			2014/3/7	2014/3/7
19.5-5-226	19.5			IEC 62196-1：2022	插头、电气插座、车辆连接器和车辆引入线电动车导电充电　第 1 部分：一般要求			2022/5/3	2022/5/3
19.5-5-227	19.5	29.120.30		IEC 62613-1：2019	高压岸电连接（HVSC）系统的插头、插座和船舶耦合器　第 1 部分：一般要求	IEC 62613-1：2011		2019/5/1	2019/5/1
19.5-5-228	19.5	29.120.30;		IEC 62613-2：2016	高压岸上连接系统（HVSC 系统）的插头，插座和船舶耦合器　第 2 部分：各种类型船舶使用的附件的尺寸兼容性和互换性要求	IEC 62613-2：2011		2016/11/1	2016/11/1

续表

序号	GW 分类	ICS 分类	GB 分类	标准号	中文名称	代替标准	采用关系	发布日期	实施日期
19.5-5-229	19.5	47.020.60		IEC/IEEE 80005-1：2019	港口公用设施连接　第 1 部分：高压岸电连接（HVSC）系统　一般要求			2019/3/1	2019/3/1
19.5-6-230	19.5	35.240.60	L73	T/CEC 102.1—2016	电动汽车充换电服务信息交换　第 1 部分：总则			2016/10/21	2017/1/1
19.5-6-231	19.5	35.240.60	L73	T/CEC 102.2—2016	电动汽车充换电服务信息交换　第 2 部分：公共信息交换规范			2016/10/21	2017/1/1
19.5-6-232	19.5	35.240.60	L73	T/CEC 102.3—2016	电动汽车充换电服务信息交换　第 3 部分：业务信息交换规范			2016/10/21	2017/1/1
19.5-6-233	19.5	35.240.60	L73	T/CEC 102.4—2016	电动汽车充换电服务信息交换　第 4 部分：数据传输及安全			2016/10/21	2017/1/1
19.5-6-234	19.5	91.140.50	K80/89	T/CEC 197.7—2019	岸基供电系统　第 7 部分：岸电电源检验试验规范			2019/4/24	2019/7/1
19.5-6-235	19.5	91.140.50	K80/89	T/CEC 197.8—2019	岸基供电系统　第 8 部分：船岸柔性并网技术规范			2019/4/24	2019/7/1
19.5-6-236	19.5	47.020.60	U30/39	T/CEC 198—2019	低压岸电连接系统（LVSC 系统）用插头插座和船用耦合器			2019/4/24	2019/7/1
19.5-6-237	19.5			T/CEC 199—2019	船岸连接电缆管理系统技术条件			2019/4/24	2019/7/1
19.5-6-238	19.5	29.120	F60/69	T/CEC 200—2019	低压船岸连接系统接电箱技术条件			2019/4/24	2019/7/1
19.5-6-239	19.5	29.200	K81	T/CEC 208—2019	电动汽车充电设施信息安全技术规范			2019/4/24	2019/7/1
19.5-6-240	19.5	29.200	K81	T/CEC 212—2019	电动汽车交直流充电桩低压元件技术要求			2019/4/24	2019/7/1
19.5-6-241	19.5	29.200	K81	T/CEC 213—2019	电动汽车交流充电桩　高温沿海地区特殊要求			2019/4/24	2019/7/1
19.5-6-242	19.5	29.200	K81	T/CEC 214—2019	电动汽车非车载充电机　高温沿海地区特殊要求			2019/4/24	2019/7/1
19.5-6-243	19.5	29.200	K81	T/CEC 215—2019	电动汽车非车载充电机检验试验技术规范　高温沿海地区特殊要求			2019/4/24	2019/7/1
19.5-6-244	19.5	29.200	K81	T/CEC 216—2019	电动汽车交流充电桩检验试验技术规范　高温沿海地区特殊要求			2019/4/24	2019/7/1
19.5-6-245	19.5	35.240.60	L73	T/CEC 365—2020	电动汽车柔性充电堆			2020/6/30	2020/10/1
19.5-6-246	19.5	29.200	K81	T/CEC 366—2020	电动汽车 63A 交流充电系统特殊要求			2020/6/30	2020/10/1
19.5-6-247	19.5	03.100.30	K09	T/CEC 367—2020	电动汽车充换电设施运维人员培训考核规范			2020/6/30	2020/10/1
19.5-6-248	19.5	29.200	K81	T/CEC 368—2020	电动汽车非车载传导式充电模块技术条件			2020/6/30	2020/10/1

续表

序号	GW 分类	ICS 分类	GB 分类	标准号	中文名称	代替标准	采用关系	发布日期	实施日期
19.5-6-249	19.5	71.120.99		T/CEC 851—2024	电动汽车非车载直流充电设备分级及评价			2024/10/18	2025/3/1
19.5-6-250	19.5			T/CEC 855—2024	电动汽车充换电碳减排核算指南			2024/10/18	2025/3/1

19.6 售电市场与营销-需求侧管理

序号	GW 分类	ICS 分类	GB 分类	标准号	中文名称	代替标准	采用关系	发布日期	实施日期
19.6-2-1	19.6	29.240		Q/GDW 10620—2016	智能小区功能规范	Q/GDW/Z 620—2011		2017/3/24	2017/3/24
19.6-2-2	19.6			Q/GDW 10675—2017	电力需求侧管理示范项目评价规范	Q/GDW/Z 675—2011		2018/9/7	2018/9/7
19.6-2-3	19.6	29.240		Q/GDW/Z 11565—2016	智慧园区建设导则			2017/3/24	2017/3/24
19.6-2-4	19.6	29.240		Q/GDW 11568—2016	电力需求响应系统技术导则			2017/3/24	2017/3/24
19.6-2-5	19.6	29.240		Q/GDW 11569—2016	电力需求响应终端技术条件			2017/3/24	2017/3/24
19.6-2-6	19.6			Q/GDW 11774.1—2017	电力负荷快速响应系统　第 1 部分：主站技术规范			2018/9/7	2018/9/7
19.6-2-7	19.6			Q/GDW 11774.2—2017	电力负荷快速响应系统　第 2 部分：终端技术规范			2018/9/7	2018/9/7
19.6-2-8	19.6			Q/GDW 11774.3—2017	电力负荷快速响应系统　第 3 部分：现场成套设备技术规范			2018/9/7	2018/9/7
19.6-2-9	19.6			Q/GDW 11785—2017	智能用电服务系统　居民用户负荷接入及互动规范			2018/9/7	2018/9/7
19.6-2-10	19.6	29.240		Q/GDW 11852—2018	电力需求响应负荷监测与效果评估技术要求			2019/10/10	2019/10/10
19.6-2-11	19.6	29.240.99	F20	Q/GDW 11853.2—2018	电力需求响应系统　第 2 部分：系统功能规范			2019/10/10	2019/10/10
19.6-2-12	19.6	29.240		Q/GDW 11946.1—2018	蓄热式电供暖系统（10kV 及以下）技术规范　第 1 部分：总则			2020/3/20	2020/3/20
19.6-2-13	19.6	29.240		Q/GDW 11946.2—2018	蓄热式电供暖系统（10kV 及以下）技术规范　第 2 部分：接入电网要求			2020/3/20	2020/3/20
19.6-2-14	19.6	29.240		Q/GDW 11946.3—2018	蓄热式电供暖系统（10kV 及以下）技术规范　第 3 部分：系统设计			2020/3/20	2020/3/20
19.6-2-15	19.6	29.240		Q/GDW 11946.4—2018	蓄热式电供暖系统（10kV 及以下）技术规范　第 4 部分：施工和安装			2020/3/20	2020/3/20
19.6-2-16	19.6	29.240		Q/GDW 11946.5—2018	蓄热式电供暖系统（10kV 及以下）技术规范　第 5 部分：运行维护			2020/3/20	2020/3/20

续表

序号	GW 分类	ICS 分类	GB 分类	标准号	中文名称	代替标准	采用关系	发布日期	实施日期
19.6-2-17	19.6	29.240		Q/GDW 11946.6—2018	蓄热式电供暖系统（10kV 及以下）技术规范 第6部分：监控要求			2020/3/20	2020/3/20
19.6-2-18	19.6	29.240		Q/GDW 11946.7—2018	蓄热式电供暖系统（10kV 及以下）技术规范 第7部分：运营服务要求			2020/3/20	2020/3/20
19.6-2-19	19.6	29.240		Q/GDW 11946.8—2018	蓄热式电供暖系统（10kV 及以下）技术规范 第8部分：信息交互协议			2020/3/20	2020/3/20
19.6-2-20	19.6	29.240		Q/GDW 11946.9—2018	蓄热式电供暖系统（10kV 及以下）技术规范 第9部分：接口			2020/3/20	2020/3/20
19.6-2-21	19.6	29.240		Q/GDW 11946.10—2018	蓄热式电供暖系统（10kV 及以下）技术规范 第10部分：验收			2020/3/20	2020/3/20
19.6-2-22	19.6	29.240		Q/GDW 11946.11—2018	蓄热式电供暖系统（10kV 及以下）技术规范 第11部分：检测			2020/3/20	2020/3/20
19.6-2-23	19.6	29.240		Q/GDW 12090—2020	综合能源服务专项规划编制导则			2021/3/26	2021/3/26
19.6-2-24	19.6	29.240		Q/GDW 1883—2013	智能园区工程验收规范			2014/1/29	2014/1/29
19.6-2-25	19.6	29.240		Q/GDW 1888—2013	智能楼宇建设导则			2014/1/29	2014/1/29
19.6-2-26	19.6	29.240		Q/GDW/Z 621—2011	智能小区工程验收规范			2011/8/24	2011/8/24
19.6-2-27	19.6	29.240		Q/GDW/Z 631—2011	智能楼宇工程验收规范			2011/8/1	2011/8/1
19.6-2-28	19.6	29.240		Q/GDW/Z 724—2012	大用户智能交互终端技术规范			2012/4/20	2012/4/20
19.6-2-29	19.6	29.240		Q/GDW/Z 725—2012	智能小区建设导则			2012/5/4	2012/5/4
19.6-3-30	19.6	29.240.01	F21	GB/T 15148—2024	电力负荷管理系统技术规范	GB/T 15148—2008		2024/4/25	2024/11/1
19.6-3-31	19.6	29.020	K00	GB/Z 32500—2016	智能电网用户端系统数据接口一般要求			2016/2/24	2016/9/1
19.6-3-32	19.6	29.020	K00	GB/Z 32501—2016	智能电网用户端通信系统一般要求			2016/2/24	2016/9/1
19.6-3-33	19.6	29.020	K017	GB/T 32672—2016	电力需求响应系统通用技术规范			2016/4/25	2016/11/1
19.6-3-34	19.6	17.220.20	N22	GB/T 34067.1—2017	户内智能用电显示终端 第1部分：通用技术要求			2017/7/31	2018/2/1
19.6-3-35	19.6	17.220.20	N22	GB/T 34067.2—2019	户内智能用电显示终端 第2部分：数据交换			2019/5/10	2019/12/1
19.6-3-36	19.6	35.200	F20	GB/T 34116—2017	智能电网用户自动需求响应 分散式空调系统终端技术条件			2017/7/31	2018/2/1
19.6-3-37	19.6	29.020	K00	GB/T 35031.1—2018	用户端能源管理系统 第1部分：导则			2018/5/14	2018/12/1

续表

序号	GW 分类	ICS 分类	GB 分类	标准号	中文名称	代替标准	采用关系	发布日期	实施日期
19.6-3-38	19.6	29.020	K00	GB/T 35031.2—2018	用户端能源管理系统　第 2 部分：主站功能规范			2018/5/14	2018/12/1
19.6-3-39	19.6	29.020	K00	GB/T 35031.6—2019	用户端能源管理系统　第 6 部分：管理指标体系			2019/6/4	2020/1/1
19.6-3-40	19.6	29.020	K00	GB/T 35031.7—2019	用户端能源管理系统　第 7 部分：功能分类和系统分级			2019/6/4	2020/1/1
19.6-3-41	19.6	29.20	K00	GB/T 35031.301—2018	用户端能源管理系统　第 3-1 部分：子系统接口网关一般要求			2018/5/14	2018/12/1
19.6-3-42	19.6	35.060	L72	GB/T 35134—2017	物联网智能家居　设备描述方法			2017/12/29	2018/7/1
19.6-3-43	19.6	35.040	L71	GB/T 35143—2017	物联网智能家居　数据和设备编码			2017/12/29	2018/7/1
19.6-3-44	19.6	27.010	F01	GB/T 36160.1—2018	分布式冷热电能源系统技术条件　第 1 部分：制冷和供热单元			2018/5/14	2018/12/1
19.6-3-45	19.6	27.010	F01	GB/T 36160.2—2018	分布式冷热电能源系统技术条件　第 2 部分：动力单元			2018/5/14	2018/12/1
19.6-3-46	19.6	27.010	F01	GB/T 36713—2018	能源管理体系　能源基准和能源绩效参数		ISO 50006：2014，MOD	2018/9/17	2019/4/1
19.6-3-47	19.6	29.020	F20	GB/T 37016—2018	电力用户需求响应节约电力测量与验证技术要求			2018/12/28	2019/7/1
19.6-3-48	19.6	97.030	Y60	GB/T 38052.1—2019	智能家用电器系统互操作　第 1 部分：术语			2019/10/18	2020/5/1
19.6-3-49	19.6	97.030	Y60	GB/T 38052.2—2019	智能家用电器系统互操作　第 2 部分：通用要求			2019/10/18	2020/5/1
19.6-3-50	19.6	97.030	Y60	GB/T 38052.3—2019	智能家用电器系统互操作　第 3 部分：服务平台间接口规范			2019/10/18	2020/5/1
19.6-3-51	19.6	97.030	Y60	GB/T 38052.4—2019	智能家用电器系统互操作　第 4 部分：控制终端接口规范			2019/10/18	2020/5/1
19.6-3-52	19.6	35.200	F20	GB/T 38332—2019	智能电网用户自动需求响应　集中式空调系统终端技术条件			2019/12/10	2020/7/1
19.6-3-53	19.6	29.020	F29	GB/Z 42722—2023	工业领域电力需求侧管理实施指南			2023/5/23	2023/12/1
19.6-3-54	19.6	29.020	F20	GB/T 44219—2024	电力需求响应系统安全防护技术要求			2024/7/24	2025/2/1
19.6-4-55	19.6	29.020	K02	DL/T 1330—2014	电力需求侧管理项目效果评估导则			2014/3/18	2014/8/1
19.6-4-56	19.6	27.100	F20	DL/T 1398.1—2014	智能家居系统　第 1 部分：总则			2014/10/15	2015/3/1
19.6-4-57	19.6	27.100	F20	DL/T 1398.2—2014	智能家居系统　第 2 部分：功能规范			2014/10/15	2015/3/1
19.6-4-58	19.6	27.100	F20	DL/T 1398.31—2014	智能家居系统　第 3-1 部分：家庭能源网关技术规范			2014/10/15	2015/3/1

19

续表

序号	GW 分类	ICS 分类	GB 分类	标准号	中文名称	代替标准	采用关系	发布日期	实施日期
19.6-4-59	19.6	27.100	F20	DL/T 1398.32—2014	智能家居系统　第 3-2 部分：智能交互终端技术规范			2014/10/15	2015/3/1
19.6-4-60	19.6	27.100	F20	DL/T 1398.33—2014	智能家居系统　第 3-3 部分：智能插座技术规范			2014/10/15	2015/3/1
19.6-4-61	19.6	27.100	F20	DL/T 1398.34—2014	智能家居系统　第 3-4 部分：家电监控模块技术规范			2014/10/15	2015/3/1
19.6-4-62	19.6	27.100	F20	DL/T 1398.41—2014	智能家居系统　第 4-1 部分：通信协议—服务中心主站与家庭能源网关通信			2014/10/15	2015/3/1
19.6-4-63	19.6	27.100	F20	DL/T 1398.42—2014	智能家居系统　第 4-2 部分：通信协议—家庭能源网关下行通信			2014/10/15	2015/3/1
19.6-4-64	19.6	01.140.30	F01	DL/T 1644—2016	电力企业合同能源管理技术导则			2016/12/5	2017/5/1
19.6-4-65	19.6	29.020	K01	DL/T 1759—2017	电力负荷聚合服务商需求响应系统技术规范			2017/11/15	2018/3/1
19.6-4-66	19.6	29.020	K02	DL/T 1764—2017	电力用户有序用电价值评估技术导则			2017/11/15	2018/3/1
19.6-4-67	19.6	29.020	K01	DL/T 1765—2017	非生产性空调负荷柔性调控技术导则			2017/11/15	2018/3/1
19.6-4-68	19.6	29.020	F20	DL/T 1867—2018	电力需求响应信息交换规范			2018/6/6	2018/10/1
19.6-4-69	19.6	27.010	F20	DL/T 2034.1—2019	电能替代设备接入电网技术条件　第 1 部分：通则			2019/6/4	2019/10/1
19.6-4-70	19.6	27.010	F20	DL/T 2034.2—2019	电能替代设备接入电网技术条件　第 2 部分：电锅炉			2019/6/4	2019/10/1
19.6-4-71	19.6	27.010	F20	DL/T 2034.3—2019	电能替代设备接入电网技术条件　第 3 部分：分散电采暖设备			2019/6/4	2019/10/1
19.6-4-72	19.6	29.020	F20	DL/T 2116—2020	电力需求响应系统信息交换测试规范			2020/10/23	2021/2/1
19.6-4-73	19.6	29.020	F20	DL/T 2117—2020	电力需求响应系统检验规范			2020/10/23	2021/2/1
19.6-4-74	19.6	29.020	F29	DL/T 2162—2020	用户参与需求响应基线负荷评价方法			2020/10/23	2021/2/1
19.6-4-75	19.6	29.240.30	F21	DL/T 2179—2020	电力源网荷互动终端技术规范			2020/10/23	2021/2/1
19.6-4-76	19.6	29.020	F20	DL/T 2196—2020	电力需求侧辅助服务导则			2020/10/23	2021/2/1
19.6-4-77	19.6	29.020	F20	DL/T 2402—2021	工业园区综合能源需求响应系统通用技术规范			2021/12/22	2022/3/22
19.6-4-78	19.6	29.020	F20	DL/T 2403—2021	工业园区综合能源系统互动技术导则			2021/12/22	2022/3/22
19.6-4-79	19.6	29.020	F20	DL/T 2404.1—2021	电力需求侧管理通用规范　第 1 部分：总则			2021/12/22	2022/3/22
19.6-4-80	19.6	29.020	F20	DL/T 2404.2—2021	电力需求侧管理通用规范　第 2 部分：术语			2021/12/22	2022/3/22

续表

序号	GW 分类	ICS 分类	GB 分类	标准号	中文名称	代替标准	采用关系	发布日期	实施日期
19.6-4-81	19.6	29.020	F20	DL/T 2405—2021	微电网需求响应技术导则			2021/12/22	2022/3/22
19.6-4-82	19.6	29.020	F21	DL/T 2473.1—2022	可调节负荷并网运行与控制技术规范　第 1 部分：资源接入			2022/5/13	2022/11/13
19.6-4-83	19.6	29.020	F21	DL/T 2473.3—2022	可调节负荷并网运行与控制技术规范　第 3 部分：负荷调控系统			2022/5/13	2022/11/13
19.6-4-84	19.6	29.020	F21	DL/T 2473.4—2022	可调节负荷并网运行与控制技术规范　第 4 部分：数据模型与存储			2022/5/13	2022/11/13
19.6-4-85	19.6	29.020	F21	DL/T 2473.5—2022	可调节负荷并网运行与控制技术规范　第 5 部分：负荷能力评估			2022/5/13	2022/11/13
19.6-4-86	19.6	29.020	F21	DL/T 2473.6—2022	可调节负荷并网运行与控制技术规范　第 6 部分：并网运行调试			2022/5/13	2022/11/13
19.6-4-87	19.6	29.020	F21	DL/T 2473.7—2022	可调节负荷并网运行与控制技术规范　第 7 部分：继电保护			2022/5/13	2022/11/13
19.6-4-88	19.6	29.020	F21	DL/T 2473.8—2022	可调节负荷并网运行与控制技术规范　第 8 部分：安全稳定控制			2022/5/13	2022/11/13
19.6-4-89	19.6	29.020	F21	DL/T 2473.9—2022	可调节负荷并网运行与控制技术规范　第 9 部分：调度信息通信			2022/5/13	2022/11/13
19.6-4-90	19.6	29.020	F2I	DL/T 2473.10—2022	可调节负荷并网运行与控制技术规范　第 10 部分：仿真计算模型与参数实测			2022/5/13	2022/11/13
19.6-4-91	19.6	29.020	F21	DL/T 2473.11—2022	可调节负荷并网运行与控制技术规范　第 11 部分：调控运行规程			2022/5/13	2022/11/13
19.6-4-92	19.6	29.020	F21	DL/T 2473.12—2022	可调节负荷并网运行与控制技术规范　第 12 部分：调度命名			2022/5/13	2022/11/13
19.6-4-93	19.6	29.020	F21	DL/T 2473.13—2022	可调节负荷并网运行与控制技术规范　第 13 部分：电力系统二次接口			2022/5/13	2022/11/13
19.6-4-94	19.6			DL/T 2690.1—2023	电供暖系统技术规范　第 1 部分：总则			2023/12/28	2024/6/28
19.6-4-95	19.6			DL/T 2690.2—2023	电供暖系统技术规范　第 2 部分：设备			2023/12/28	2024/6/28
19.6-4-96	19.6			DL/T 2690.3—2023	电供暖系统技术规范　第 3 部分：系统设计			2023/12/28	2024/6/28
19.6-4-97	19.6			DL/T 2690.4—2023	电供暖系统技术规范　第 4 部分：施工和安装			2023/12/28	2024/6/28
19.6-4-98	19.6	29.020	P46	DL/T 2690.5—2023	电供暖系统技术规范　第 5 部分：验收			2023/12/28	2024/6/28
19.6-4-99	19.6	29.020	P46	DL/T 2690.6—2023	电供暖系统技术规范　第 6 部分：监控系统			2023/12/28	2024/6/28

续表

序号	GW 分类	ICS 分类	GB 分类	标准号	中文名称	代替标准	采用关系	发布日期	实施日期
19.6-4-100	19.6	29.020	P46	DL/T 2690.7—2023	电供暖系统技术规范　第 7 部分：运营服务平台			2023/12/28	2024/6/28
19.6-4-101	19.6	29.020	P46	DL/T 2690.8—2023	电供暖系统技术规范　第 8 部分：通信规约			2023/12/28	2024/6/28
19.6-4-102	19.6	29.020	P46	DL/T 2690.9—2023	电供暖系统技术规范　第 9 部分：运行维护			2023/12/28	2024/6/28
19.6-4-103	19.6	29.020	P46	DL/T 2690.10—2023	电供暖系统技术规范　第 10 部分：接口			2023/12/28	2024/6/28
19.6-4-104	19.6	29.020	P46	DL/T 2690.11—2023	电供暖系统技术规范　第 11 部分：计量			2023/12/28	2024/6/28
19.6-4-105	19.6	29.020	P46	DL/T 2690.12—2023	电供暖系统技术规范　第 12 部分：检测			2023/12/28	2024/6/28
19.6-4-106	19.6	29.240.99	F22	DL/T 359—2010	电蓄冷（热）和热泵系统现场测试规范			2010/5/24	2010/10/1
19.6-4-107	19.6	29.130.01	K30	NB/T 42058—2015	智能电网用户端系统通用技术要求			2015/7/1	2015/12/1
19.6-4-108	19.6	29.020	K00	NB/T 42119.1—2017	智能电网用户端能源管理系统　第 1 部分：技术导则			2017/8/2	2017/12/1
19.6-4-109	19.6	07.060	A47	QX/T 97—2008	用电需求气象条件等级			2008/3/22	2008/8/1
19.6-5-110	19.6	33.200		IEC 62746-10-1：2018	客户能源管理系统和电源管理系统之间的系统接口　第 10-1 部分：开放式自动化需求响应	IEC 62746-10-1：2014		2018/11/1	2018/11/1
19.6-5-111	19.6	33.200		IEC 62746-10-3：2018	客户能源管理系统和电源管理系统之间的系统接口　开放式自动化需求响应。使智能电网用户界面适应 IEC 通用信息模型			2018/7/1	2018/7/1
19.6-5-112	19.6			IEC TR 62939-1：2014	智能电网用户界面　第 1 部分：界面概述和国家观点			2014/11/1	2014/11/1
19.6-5-113	19.6	13.020.30		IEC TS 62939-2：2018	智能电网用户界面　第 2 部分：架构和要求			2018/11/1	2018/11/1
19.6-6-114	19.6	29.020	F20	T/CEC 133—2017	工业园区电力需求响应系统技术规范			2017/5/15	2017/8/1
19.6-6-115	19.6			T/CEC 238—2019	电力需求响应系统与智能家电云平台接口规范			2019/11/21	2020/1/1
19.6-6-116	19.6			T/CEC 239.1—2019	电力需求响应信息模型　第 1 部分：集中式空调系统			2019/11/21	2020/1/1
19.6-6-117	19.6			T/CEC 239.2—2019	电力需求响应信息模型　第 2 部分：分散式空调系统			2019/11/21	2020/1/1
19.6-6-118	19.6			T/CEC 239.3—2019	电力需求响应信息模型　第 3 部分：电热水器			2019/11/21	2020/1/1
19.6-6-119	19.6			T/CEC 239.4—2019	电力需求响应信息模型　第 4 部分：电热锅炉			2019/11/21	2020/1/1
19.6-6-120	19.6			T/CEC 239.5—2019	电力需求响应信息模型　第 5 部分：电冰箱			2019/11/21	2020/1/1
19.6-6-121	19.6			T/CEC 239.6—2019	电力需求响应信息模型　第 6 部分：用户侧分布式电源			2019/11/21	2020/1/1

续表

序号	GW 分类	ICS 分类	GB 分类	标准号	中文名称	代替标准	采用关系	发布日期	实施日期
19.6-6-122	19.6			T/CEC 239.7—2019	电力需求响应信息模型　第 7 部分：电动汽车			2019/11/21	2020/1/1
19.6-6-123	19.6	29.020	F20	T/CEC 276—2019	电力需求侧管理项目节约电力测量技术规范			2019/11/21	2020/1/1
19.6-6-124	19.6	29.010	F10/19	T/CEC 314—2020	电能替代工程技术方案选择指南			2020/6/30	2020/10/1
19.6-6-125	19.6	29.020	F20	T/CEC 5009.1—2018	工业园区电力需求侧管理系统建设　第 1 部分：总则			2018/7/3	2018/9/1
19.6-6-126	19.6	29.020	F20	T/CEC 5009.2—2018	工业园区电力需求侧管理系统建设　第 2 部分：设计要求			2018/7/3	2018/9/1
19.6-6-127	19.6	29.020	F20	T/CEC 5009.3—2019	工业园区电力需求侧管理系统建设　第 3 部分：实施和验收规范			2019/11/21	2020/1/1
19.6-6-128	19.6	29.020	F20	T/CEC 5009.4—2019	工业园区电力需求侧管理系统建设　第 4 部分：运维规范			2019/11/21	2020/1/1
19.6-6-129	19.6	29.020	F20	T/CEC 5009.5—2019	工业园区电力需求侧管理系统建设　第 5 部分：评价规范			2019/11/21	2020/1/1
19.6-6-130	19.6			T/CEC 758.1—2023	需求侧可调节负荷潜力分析　第 1 部分：总则			2023/8/21	2023/11/21
19.6-6-131	19.6			T/CEC 758.2—2023	需求侧可调节负荷潜力分析　第 2 部分：电热锅炉			2023/12/13	2024/4/1
19.6-6-132	19.6			T/CES 125—2022	负荷侧虚拟电厂管控平台功能导则			2022/6/22	2022/6/24
19.6-6-133	19.6			T/CES 126—2022	有序用电管控平台功能要求			2022/6/22	2022/6/24
19.6-6-134	19.6			T/CES 205—2023	新型电力负荷管理系统功能要求			2023/9/8	2023/9/11

19.7　售电市场与营销-用电安全

序号	GW 分类	ICS 分类	GB 分类	标准号	中文名称	代替标准	采用关系	发布日期	实施日期
19.7-2-1	19.7	29.240	F20	Q/GDW 12339—2024	窃电行为分类及辨识方法技术规范			2024/4/25	2024/4/25
19.7-3-2	19.7	29.240.01	F20	GB/T 29328—2018	重要电力用户供电电源及自备应急电源配置技术规范	GB/Z 29328—2012		2018/12/28	2019/7/1
19.7-3-3	19.7	29.020	C65	GB/T 31989—2015	高压电力用户用电安全			2015/9/11	2016/4/1
19.7-3-4	19.7	29.020	K09	GB/T 34924—2024	低压电气设备安全风险评估和风险降低指南	GB/T 34924—2017		2024/4/25	2024/11/1
19.7-3-5	19.7	29.130.20	K30	GB/Z 40776—2021	低压开关设备和控制设备　火灾风险分析和风险降低措施		IEC TR 63054：2017，IDT	2021/10/11	2022/5/1
19.7-3-6	19.7	29.020	F25	GB/T 43055—2023	农村低压安全用电通用要求			2023/9/7	2024/1/1

续表

序号	GW 分类	ICS 分类	GB 分类	标准号	中文名称	代替标准	采用关系	发布日期	实施日期
19.7-3-7	19.7	29.240.01	F23	GB/T 43794—2024	用户供电可靠性评价指标导则			2024/3/15	2024/10/1
19.7-4-8	19.7	17.22	N22	DL/T 2047—2019	基于一次侧电流监测反窃电设备技术规范			2019/6/4	2019/10/1
19.7-4-9	19.7	29.240.01	F23	DL/T 836.1—2016	供电系统供电可靠性评价规程　第 1 部分：通用要求	DL/T 836—2012		2016/1/7	2016/6/1
19.7-6-10	19.7			T/CEC 845—2023	反窃电技术人员培训考核规范			2023/12/13	2024/4/1

19.8　售电市场与营销-其他

序号	GW 分类	ICS 分类	GB 分类	标准号	中文名称	代替标准	采用关系	发布日期	实施日期
19.8-3-1	19.8	29.140.99	K73	GB/T 34923.1—2017	路灯控制管理系统　第 1 部分：总则			2017/11/1	2018/5/1
19.8-3-2	19.8	29.140.99	K73	GB/T 34923.2—2017	路灯控制管理系统　第 2 部分：主站技术规范			2017/11/1	2018/5/1
19.8-3-3	19.8	29.140.99	K73	GB/T 34923.3—2017	路灯控制管理系统　第 3 部分：路灯控制管理终端技术规范			2017/11/1	2018/5/1
19.8-3-4	19.8	29.140.99	K73	GB/T 34923.4—2017	路灯控制管理系统　第 4 部分：路灯控制器技术规范			2017/11/1	2018/5/1
19.8-3-5	19.8	29.140.99	K73	GB/T 34923.5—2017	路灯控制管理系统　第 5 部分：安全防护技术规范			2017/11/1	2018/5/1
19.8-3-6	19.8	29.140.99	K73	GB/T 34923.6—2017	路灯控制管理系统　第 6 部分：通信协议技术规范			2017/11/1	2018/5/1
19.8-3-7	19.8	29.240.01	F20	GB/T 37136—2018	电力用户供配电设施运行维护规范			2018/12/28	2019/7/1

20　新能源与储能

20.1　新能源与储能-并网设计

序号	GW 分类	ICS 分类	GB 分类	标准号	中文名称	代替标准	采用关系	发布日期	实施日期
20.1-2-1	20.1	27.180		Q/GDW 11410—2015	海上风电场接入电网技术规定			2016/12/14	2016/12/14
20.1-2-2	20.1	29.240		Q/GDW 1166.14—2014	国家电网公司输变电工程初步设计内容深度规定　第 14 部分：海上风电场升压站	Q/GDW 166.14—2011		2015/2/6	2015/2/6
20.1-2-3	20.1	27.160		Q/GDW 1617—2015	光伏发电站接入电网技术规定	Q/GDW 617—2011		2016/12/14	2016/12/14
20.1-2-4	20.1	29.240		Q/GDW 1868—2012	风电场接入系统设计内容深度规定			2014/2/25	2014/2/25
20.1-2-5	20.1	29.240		Q/GDW 1968—2013	分布式光伏发电并网接口装置技术要求			2014/5/1	2014/5/1
20.1-2-6	20.1			Q/GDW 1999—2013	光伏发电站并网验收规范			2014/5/1	2014/5/1
20.1-3-7	20.1	27.180	F11	GB/T 18451.1—2022	风力发电机组　设计要求	GB/T 18451.1—2012	IEC 61400-1：2019，IDT	2022/10/12	2022/10/12
20.1-3-8	20.1	27.010	F01	GB/T 19939—2005	光伏系统并网技术要求			2005/11/11	2006/1/1
20.1-3-9	20.1	27.180	F11	GB/T 19963.1—2021	风电场接入电力系统技术规定　第 1 部分：陆上风电	GB/T19963—2011		2021/8/20	2022/3/1
20.1-3-10	20.1	27.160	F12	GB/T 19964—2024	光伏发电站接入电力系统技术规定	GB/T 19964—2012		2024/3/15	2024/3/15
20.1-3-11	20.1	27.160	F12	GB/T 29319—2024	光伏发电系统接入配电网技术规定	GB/T 29319—2012		2024/3/15	2024/3/15
20.1-3-12	20.1	27.160	F12	GB/T 29321—2012	光伏发电站无功补偿技术规范			2012/12/31	2013/6/1
20.1-3-13	20.1	29.020	K04	GB/T 31140—2014	高原用风力发电设备环境技术要求			2014/9/3	2015/4/1
20.1-3-14	20.1	27.160	F12	GB/T 32512—2016	光伏发电站防雷技术要求			2016/2/24	2016/9/1
20.1-3-15	20.1	07.060	A47	GB/T 34325—2017	太阳能资源数据准确性评判方法			2017/9/7	2018/4/1
20.1-3-16	20.1	27.160	F12	GB/T 36117—2018	村镇光伏发电站集群接入电网规划设计导则			2018/3/15	2018/10/1
20.1-3-17	20.1	27.180	F11	GB/T 36569—2018	海上风电场风力发电机组基础技术要求			2018/9/17	2019/4/1
20.1-3-18	20.1	27.160	F12	GB/T 37408—2019	光伏发电并网逆变器技术要求			2019/5/10	2019/12/1
20.1-3-19	20.1	07.060	A47	GB/T 37525—2019	太阳直接辐射计算导则			2019/6/4	2020/1/1
20.1-3-20	20.1	07.060	A47	GB/T 37526—2019	太阳能资源评估方法			2019/6/4	2020/1/1
20.1-3-21	20.1	27.180	F11	GB/T 38174—2019	风能发电系统　风力发电场可利用率		IEC/TS 61400-26-3：2016，IDT	2019/10/18	2020/5/1

续表

序号	GW 分类	ICS 分类	GB 分类	标准号	中文名称	代替标准	采用关系	发布日期	实施日期
20.1-3-22	20.1	27.160	F12	GB/T 40103—2021	太阳能热发电站接入电力系统技术规定			2021/5/21	2021/12/1
20.1-3-23	20.1	27.180	F19	GB/T 42715—2023	移动式储能电站通用规范			2023/5/23	2023/12/1
20.1-3-24	20.1	27.180	F19	GB/T 44113—2024	用户侧电化学储能系统并网管理规范			2024/5/28	2024/12/1
20.1-3-25	20.1			GB 50797—2012	光伏发电站设计规范			2012/6/28	2012/11/1
20.1-3-26	20.1			GB/T 50866—2013	光伏发电站接入电力系统设计规范			2013/1/28	2013/9/1
20.1-3-27	20.1			GB 51048—2014	电化学储能电站设计规范			2014/12/2	2015/8/1
20.1-3-28	20.1			GB 51096—2015	风力发电场设计规范			2015/3/8	2015/11/1
20.1-3-29	20.1			GB/T 51308—2019	海上风力发电场设计标准			2019/2/13	2019/10/1
20.1-3-30	20.1			GB/T 51338—2018	分布式电源并网工程调试与验收标准			2018/11/8	2019/5/1
20.1-4-31	20.1	29.240.01	F21	DL/T 2041—2019	分布式电源接入电网承载力评估导则			2019/6/4	2019/10/1
20.1-4-32	20.1	29.240	K45	DL/T 2248.1—2021	移动车载式储能电站并网与运行　第 1 部分：并网技术条件			2021/1/7	2021/7/1
20.1-4-33	20.1	27.180	F19	DL/T 2313—2021	参与辅助调频的电厂侧储能系统并网管理规范			2021/4/26	2021/10/26
20.1-4-34	20.1	27.180	F19	DL/T 5860—2023	电化学储能电站可行性研究报告内容深度规定			2023/2/6	2023/8/6
20.1-4-35	20.1	27.180	P61	NB/T 10103—2018	风电场工程微观选址技术规范			2018/12/25	2019/5/1
20.1-4-36	20.1	27.180	P61	NB/T 10104—2018	海上风电场工程测量规程			2018/12/25	2019/5/1
20.1-4-37	20.1	27.180	P61	NB/T 10105—2018	海上风电场工程风电机组基础设计规范			2018/12/25	2019/5/1
20.1-4-38	20.1	27.180	P61	NB/T 10106—2018	海上风电场工程钻探规程			2018/12/25	2019/5/1
20.1-4-39	20.1	27.180	P61	NB/T 10107—2018	海上风电场工程岩土试验规程			2018/12/25	2019/5/1
20.1-4-40	20.1	27.100	P60	NB/T 10115—2018	光伏支架结构设计规程			2018/12/25	2019/5/1
20.1-4-41	20.1	27.160	P61	NB/T 10230—2019	太阳能热发电工程规划报告编制规程			2019/11/4	2020/5/1
20.1-4-42	20.1	01.040.29	F11	NB/T 31003.1—2022	风电场接入电力系统设计技术规范　第 1 部分：陆上风电	NB/T 31003—2011		2022/11/4	2023/5/4
20.1-4-43	20.1		F21	NB/T 10996—2022	风力发电场并网安全条件及评价规范			2022/11/4	2023/5/4
20.1-4-44	20.1	29.240	F21	NB/T 10997—2022	光伏发电站并网安全条件及评价规范			2022/11/4	2023/5/4
20.1-4-45	20.1			NB/T 11578—2024	风电场并网性能测试规程			2024/5/24	2024/11/24
20.1-4-46	20.1	27.180	P61	NB/T 31031—2019	海上风电场工程预可行性研究报告编制规程	NB/T 31031—2012		2019/11/4	2020/5/1

续表

序号	GW 分类	ICS 分类	GB 分类	标准号	中文名称	代替标准	采用关系	发布日期	实施日期
20.1-4-47	20.1	27.180	F11	NB/T 31056—2014	风力发电机组接地技术规范			2014/10/15	2015/3/1
20.1-4-48	20.1	27.180	F11	NB/T 31078—2022	风电场并网性能评价方法	NB/T 31078—2016； NB/T 31077—2016		2022/11/4	2023/5/4
20.1-4-49	20.1	27.180	P61	NB/T 31088—2016	风电场安全标识设置设计规范			2016/1/7	2016/6/1
20.1-4-50	20.1	29.240	F11	NB/T 31099—2016	风力发电场无功配置及电压控制技术规定			2016/8/16	2016/12/1
20.1-6-51	20.1	27.180	F19	T/CEC 5025—2020	电化学储能电站可行性研究报告内容深度规定			2020/6/30	2020/10/1

20.2 新能源与储能-工程建设

序号	GW 分类	ICS 分类	GB 分类	标准号	中文名称	代替标准	采用关系	发布日期	实施日期
20.2-2-1	20.2	29.240		Q/GDW 10981—2016	风光储联合发电系统验收导则	Q/GDW 1981—2013		2016/12/28	2016/12/28
20.2-2-2	20.2			Q/GDW 11782—2017	离网光伏发电系统建设及运维技术规范			2018/9/7	2018/9/7
20.2-2-3	20.2			Q/GDW 1805—2012	通信站用太阳能供电系统技术要求			2014/5/1	2014/5/1
20.2-3-4	20.2	27.180	F11	GB/T 25382—2010	离网型风光互补发电系统运行验收规范			2010/11/10	2011/3/1
20.2-3-5	20.2	29.220	M41	GB/T 26264—2010	通信用太阳能电源系统			2011/1/14	2011/6/1
20.2-3-6	20.2	27.180	F11	GB/T 31997—2015	风力发电场项目建设工程验收规程			2015/9/11	2016/4/1
20.2-3-7	20.2	27.160	F12	GB/T 32892—2016	光伏发电系统模型及参数测试规程			2016/8/29	2017/3/1
20.2-3-8	20.2	27.160	F12	GB/T 33764—2017	独立光伏系统验收规范			2017/5/31	2017/12/1
20.2-3-9	20.2	07.060； 27.180	F14	GB/T 36999—2018	海洋波浪能电站环境条件要求			2018/12/28	2019/7/1
20.2-3-10	20.2	27.160	F12	GB/T 37655—2019	光伏与建筑一体化发电系统验收规范			2019/6/4	2020/1/1
20.2-3-11	20.2	27.180	F19	GB/T 43868—2024	电化学储能电站启动验收规程			2024/4/25	2024/11/1
20.2-3-12	20.2	27.180	F19	GB/T 44133—2024	智能电化学储能电站技术导则			2024/5/28	2024/12/1
20.2-3-13	20.2			GB/T 50571—2010	海上风力发电工程施工规范			2010/5/31	2010/12/1
20.2-3-14	20.2			GB 50794—2012	光伏发电站施工规范			2012/6/28	2012/11/1
20.2-3-15	20.2			GB/T 50795—2012	光伏发电工程施工组织设计规范			2012/6/28	2012/11/1
20.2-3-16	20.2			GB/T 50796—2012	光伏发电工程验收规范			2012/6/28	2012/11/1
20.2-3-17	20.2			GB/T 51311—2018	风光储联合发电站调试及验收标准			2018/9/11	2019/3/1
20.2-4-18	20.2	27.160	F12	DL/T 1364—2014	光伏发电站防雷技术规程			2014/10/15	2015/3/1

续表

序号	GW 分类	ICS 分类	GB 分类	标准号	中文名称	代替标准	采用关系	发布日期	实施日期
20.2-4-19	20.2	27.180	F22	DL/T 5191—2004	风力发电场项目建设工程验收规程			2004/3/9	2004/6/1
20.2-4-20	20.2	27.180	P61	NB/T 10087—2018	陆上风电场工程施工安装技术规程			2018/10/29	2019/3/1
20.2-4-21	20.2	27.160	P61	NB/T 10100—2018	光伏发电工程地质勘察规范			2018/12/25	2019/5/1
20.2-4-22	20.2	27.160	P61	NB/T 10128—2019	光伏发电工程电气设计规范			2019/6/4	2019/10/1
20.2-4-23	20.2	27.180	P61	NB/T 10207—2019	风电场工程竣工图文件编制规程			2019/6/4	2019/10/1
20.2-4-24	20.2	27.180	P61	NB/T 10208—2019	陆上风电场工程施工安全技术规范			2019/6/4	2019/10/1
20.2-4-25	20.2	27.180	P61	NB/T 11299—2023	海上风电场工程光纤复合海底电缆在线监测系统设计规范			2023/10/11	2024/4/11
20.2-4-26	20.2		F12	NB/T 11343—2023	光伏发电资源利用率　评估导则			2023/12/28	2024/6/28
20.2-4-27	20.2	27.180	F11	NB/T 31022—2012	风力发电工程达标投产验收规程			2012/4/6	2012/7/1
20.2-4-28	20.2	27.180	P61	NB/T 31033—2019	海上风电场工程施工组织设计技术规定（试行）	NB/T 31033—2012		2019/11/4	2020/5/1
20.2-4-29	20.2	27.180	F11	NB/T 31076—2016	风力发电场并网验收规范			2016/1/7	2016/6/1
20.2-4-30	20.2	27.180	F11	NB/T 31080—2016	海上风力发电机组钢制基桩及承台制作技术规范			2016/1/7	2016/6/1
20.2-4-31	20.2	27.180	P61	NB/T 31104—2016	陆上风电场工程预可行性研究报告编制规程			2016/12/5	2017/5/1
20.2-4-32	20.2	27.180	P61	NB/T 31105—2016	陆上风电场工程可行性研究报告编制规程			2016/12/5	2017/5/1
20.2-4-33	20.2	27.180	P61	NB/T 31106—2016	陆上风电场工程安全文明施工规范			2016/12/5	2017/5/1
20.2-4-34	20.2	27.180	P61	NB/T 31108—2017	海上风电场工程规划报告编制规程			2017/3/28	2017/8/1
20.2-4-35	20.2	27.180	P61	NB/T 31112—2017	风电场工程招标设计技术规定			2017/11/15	2018/3/1
20.2-4-36	20.2	27.180	P61	NB/T 31113—2017	陆上风电场工程施工组织设计规范			2017/11/15	2018/3/1
20.2-4-37	20.2	27.180	P61	NB/T 31114—2017	风电清洁供热可行性研究专篇编制规程			2017/11/15	2018/3/1
20.2-4-38	20.2	27.180	P61	NB/T 31115—2017	风电场工程 110kV～220kV 海上升压变电站设计规范			2017/11/15	2018/3/1
20.2-4-39	20.2	27.180	P61	NB/T 31116—2017	风电场工程社会稳定风险分析技术规范			2017/11/15	2018/3/1
20.2-4-40	20.2	27.180	P61	NB/T 31118—2017	风电场工程档案验收规程			2017/11/15	2018/3/1
20.2-4-41	20.2	27.160	P02	NB/T 32027—2016	光伏发电工程设计概算编制规定及费用标准			2016/1/7	2016/6/1
20.2-4-42	20.2	27.160	P61	NB/T 32028—2016	光热发电工程安全验收评价规程			2016/1/7	2016/6/1

续表

序号	GW 分类	ICS 分类	GB 分类	标准号	中文名称	代替标准	采用关系	发布日期	实施日期
20.2-4-43	20.2	27.160	P61	NB/T 32029—2016	光热发电工程安全预评价规程			2016/1/7	2016/6/1
20.2-4-44	20.2	27.160	P61	NB/T 32029—2016/XG1—2019	《光热发电工程安全预评价规程》行业标准第 1 号修改单			2019/11/4	2019/11/4
20.2-4-45	20.2	27.160	P02	NB/T 32030—2016	光伏发电工程勘察设计费计算标准			2016/1/7	2016/6/1
20.2-4-46	20.2	27.160	P02	NB/T 32035—2016	光伏发电工程概算定额			2016/8/16	2016/12/1

20.3 新能源与储能-设备材料

序号	GW 分类	ICS 分类	GB 分类	标准号	中文名称	代替标准	采用关系	发布日期	实施日期
20.3-2-1	20.3	29.240	F20	Q/GDW 10697—2024	储能系统接入配电网监控系统功能规范	Q/GDW 697—2011		2024/8/23	2024/8/23
20.3-2-2	20.3	29.240		Q/GDW 11064—2013	风电场无功补偿装置技术性能和测试规范			2014/4/1	2014/4/1
20.3-2-3	20.3	29.240		Q/GDW 11825—2018	单元式光伏虚拟同步发电机技术要求和试验方法			2019/7/15	2019/7/15
20.3-2-4	20.3	29.240		Q/GDW 11826—2018	风电机组虚拟同步发电机技术要求和试验方法			2019/7/15	2019/7/15
20.3-2-5	20.3	29.240		Q/GDW 11943—2018	客户侧储能即插即用装置技术条件			2020/3/20	2020/3/20
20.3-2-6	20.3	29.240		Q/GDW 11944—2018	客户侧储能装置运行监控及互动功能规范			2020/3/20	2020/3/20
20.3-2-7	20.3	29.240		Q/GDW 1885—2013	电池储能系统储能变流器技术条件			2014/1/29	2014/1/29
20.3-2-8	20.3	29.240		Q/GDW 1972—2013	分布式光伏并网专用低压断路器技术规范			2014/3/13	2014/3/13
20.3-2-9	20.3	29.240		Q/GDW 1974—2013	分布式光伏专用低压反孤岛装置技术规范			2014/3/13	2014/3/13
20.3-2-10	20.3			Q/GDW 1988—2013	风电场综合监控系统技术条件			2014/5/1	2014/5/1
20.3-2-11	20.3			Q/GDW 1989—2013	光伏发电站监控系统技术要求			2014/5/1	2014/5/1
20.3-2-12	20.3			Q/GDW 1995—2013	光伏发电功率预测系统功能规范			2014/5/1	2014/5/1
20.3-3-13	20.3	29.220.01	K84	GB/T 12725—2011	碱性铁镍蓄电池通用规范	GB/T 12725—1991		2011/12/30	2012/7/1
20.3-3-14	20.3	29.220.20	K84	GB/T 13337.1—2011	固定型排气式铅酸蓄电池　第 1 部分：技术条件	GB/T 13337.1—1991	IEC 60896-11：2002，NEQ	2011/7/29	2011/12/1
20.3-3-15	20.3	29.220.20	K84	GB/T 13337.2—2011	固定型排气式铅酸蓄电池　第 2 部分：规格及尺寸	GB/T 13337.2—1991		2011/7/29	2011/12/1
20.3-3-16	20.3	29.120.50	K31	GB/T 13539.6—2024	低压熔断器　第 6 部分：太阳能光伏系统保护用熔断体的补充要求	GB/T 13539.6—2013		2024/4/25	2024/11/1
20.3-3-17	20.3	29.220.01	K82	GB/T 15142—2011	含碱性或其他非酸性电解质的蓄电池和蓄电池组　方形排气式镉镍单体蓄电池	GB/T 15142—2002	IEC 60623：2001，IDT	2011/12/30	2012/7/1

序号	GW 分类	ICS 分类	GB 分类	标准号	中文名称	代替标准	采用关系	发布日期	实施日期
20.3-3-18	20.3	27.180	F11	GB/T 18451.2—2021	风力发电机组　功率特性测试	GB/T 18451.2—2012	IEC 61400-12-1：2017，IDT	2021/8/20	2022/3/1
20.3-3-19	20.3	29.240.10	K30	GB/T 18802.31—2021	低压电涌保护器　第 31 部分：用于光伏系统的电涌保护器　性能要求和试验方法	GB/T 18802.31—2016	IEC 61643-31：2018，IDT	2021/3/9	2021/10/1
20.3-3-20	20.3	29.240.10	K30	GB/T 18802.32—2021	低压电涌保护器　第 32 部分：用于光伏系统的电涌保护器　选择和使用导则		IEC 61643-32：2017，IDT	2021/3/9	2021/10/1
20.3-3-21	20.3	27.180	F11	GB/T 19115.1—2018	风光互补发电系统　第 1 部分：技术条件	GB/T 19115.1—2003		2018/12/28	2019/7/1
20.3-3-22	20.3	27.180	F11	GB/T 19568—2017	风力发电机组　装配和安装规范	GB/T 19568—2004		2017/12/29	2018/7/1
20.3-3-23	20.3	29.220.20	K84	GB/T 19638.1—2014	固定型阀控式铅酸蓄电池　第 1 部分：技术条件	GB/T 19638.2—2005	IEC 60896-22：2004，MOD	2014/6/24	2015/1/22
20.3-3-24	20.3	29.220.20	K84	GB/T 19638.2—2014	固定型阀控式铅酸蓄电池　第 2 部分：产品品种和规格			2014/6/24	2015/1/22
20.3-3-25	20.3	29.220.20	K84	GB/T 19639.1—2014	通用阀控式铅酸蓄电池　第 1 部分：技术条件	GB/T 19639.1—2005	IEC 61056-1：2012，MOD	2014/12/5	2015/7/1
20.3-3-26	20.3	29.220.20	K84	GB/T 19639.2—2014	通用阀控式铅酸蓄电池　第 2 部分：规格型号	GB/T 19639.2—2007	IEC 61056-2：2012，MOD	2014/12/5	2015/7/1
20.3-3-27	20.3	27.160	K83	GB/T 20046—2006	光伏（PV）统电网接口特性		IEC 61727：2004，MOD	2006/1/13	2006/2/1
20.3-3-28	20.3	27.180	F11	GB/T 20319—2017	风力发电机组　验收规范	GB/T 20319—2006		2017/7/12	2018/2/1
20.3-3-29	20.3	27.180	F11	GB/T 25386.1—2021	风力发电机组　控制系统　第 1 部分：技术条件	GB/T 25386.1—2010		2021/3/9	2021/10/1
20.3-3-30	20.3	27.180	F11	GB/T 25387.1—2021	风力发电机组　全功率变流器　第 1 部分：技术条件	GB/T 25387.1—2010		2021/3/9	2021/10/1
20.3-3-31	20.3	27.180	F11	GB/T 25388.1—2021	风力发电机组　双馈式变流器　第 1 部分：技术条件	GB/T 25388.1—2010		2021/3/9	2021/10/1
20.3-3-32	20.3	27.180	F11	GB/Z 25427—2010	风力发电机组　雷电防护		IEC TR 61400-24：2002，MOD	2010/11/10	2011/1/1
20.3-3-33	20.3	27.160	K83	GB/T 28866—2012	独立光伏（PV）系统的特性参数		IEC 61194：1992，IDT	2012/11/5	2013/2/15
20.3-3-34	20.3	27.160	F12	GB/T 29320—2024	光伏电站太阳跟踪系统技术要求	GB/T 29320—2012		2024/8/23	2024/8/23
20.3-3-35	20.3	27.180	F11	GB/T 29543—2013	低温型风力发电机组			2013/6/9	2014/1/1
20.3-3-36	20.3	29.220.10	K04	GB/T 30426—2013	含碱性或其他非酸性电解质的蓄电池和蓄电池组　便携式锂蓄电池和蓄电池组		IEC 61960：2003，IDT	2013/12/31	2014/8/15

续表

序号	GW 分类	ICS 分类	GB 分类	标准号	中文名称	代替标准	采用关系	发布日期	实施日期
20.3-3-37	20.3	27.160	F12	GB/T 30427—2013	并网光伏发电专用逆变器技术要求和试验方法			2013/12/31	2014/8/15
20.3-3-38	20.3	27.180	F11	GB/T 30966.2—2022	风力发电机组　风力发电场监控系统通信　第 2 部分：信息模型	GB/T 30966.2—2014	IEC 61400-25-2：2006，IDT	2022/10/12	2022/10/12
20.3-3-39	20.3	27.180	F11	GB/T 30966.4—2023	风力发电机组　风力发电场监控系统通信　第 4 部分：映射到通信规约	GB/T 30966.4—2014		2023/3/17	2023/10/1
20.3-3-40	20.3	27.160	F12	GB/T 31366—2015	光伏发电站监控系统技术要求			2015/2/4	2015/9/1
20.3-3-41	20.3	29.240	K45	GB/T 32900—2016	光伏发电站继电保护技术规范			2016/8/29	2017/3/1
20.3-3-42	20.3	27.160	F12	GB/T 33765—2017	地面光伏系统用直流连接器			2017/5/31	2017/12/1
20.3-3-43	20.3	27.160	F12	GB/T 33766—2017	独立太阳能光伏电源系统技术要求			2017/5/31	2017/12/1
20.3-3-44	20.3	27.180	F19	GB/T 34120—2023	电化学储能系统储能变流器技术要求	GB/T 34120—2017		2023/12/28	2024/7/1
20.3-3-45	20.3	27.180	F19	GB/T 34131—2023	电力储能用电池管理系统	GB/T 34131—2017		2023/3/17	2023/10/1
20.3-3-46	20.3	27.180	F11	GB/T 35204—2017	风力发电机组　安全手册			2017/12/29	2018/7/1
20.3-3-47	20.3	27.180	F11	GB/T 35207—2017	电励磁直驱风力发电机组			2017/12/29	2018/7/1
20.3-3-48	20.3	27.180	F19	GB/T 36276—2023	电力储能用锂离子电池	GB/T 36276—2018		2023/12/28	2024/7/1
20.3-3-49	20.3	27.180	F19	GB/T 36280—2023	电力储能用铅炭电池	GB/T 36280—2018		2023/12/28	2024/7/1
20.3-3-50	20.3	27.180	F19	GB/T 36545—2023	移动式电化学储能系统技术规范	GB/T 36545—2018		2023/12/28	2024/7/1
20.3-3-51	20.3	27.180	F19	GB/T 36558—2023	电力系统电化学储能系统通用技术条件	GB/T 36558—2018		2023/12/28	2024/7/1
20.3-3-52	20.3	77.150.99	H63	GB/T 37204—2018	全钒液流电池用电解液			2018/12/28	2019/11/1
20.3-3-53	20.3	27.180	F19	GB/T 43462—2023	电化学储能黑启动技术导则			2023/12/28	2024/7/1
20.3-3-54	20.3	27.180	F19	GB/T 43522—2023	电力储能用锂离子电池监造导则			2023/12/28	2024/7/1
20.3-3-55	20.3	27.180	F19	GB/T 43540—2023	电力储能用锂离子电池退役技术要求			2023/12/28	2024/7/1
20.3-3-56	20.3	27.180	F19	GB/T 43687—2024	电力储能用压缩空气储能系统技术要求			2024/3/15	2024/10/1
20.3-3-57	20.3	27.180	F19	GB/T 44026—2024	预制舱式锂离子电池储能系统技术规范			2024/5/28	2024/12/1
20.3-3-58	20.3	27.180	F19	GB/T 44265—2024	电力储能电站　钠离子电池技术规范			2024/8/23	2025/3/1
20.3-4-59	20.3	27.180	F19	DL/T 2080—2020	电力储能用超级电容器			2020/10/23	2021/2/1
20.3-4-60	20.3	27.180	F19	DL/T 2315—2021	电力储能用梯次利用锂离子电池系统技术导则			2021/4/26	2021/10/26

续表

序号	GW 分类	ICS 分类	GB 分类	标准号	中文名称	代替标准	采用关系	发布日期	实施日期
20.3-4-61	20.3	27.180	F19	DL/T 2316—2021	电力储能用锂离子梯次利用动力电池再退役技术条件			2021/4/26	2021/10/26
20.3-4-62	20.3	27.180	F11	DL/T 793.6—2019	发电设备可靠性评价规程　第 6 部分：风力发电机组			2019/11/4	2020/5/1
20.3-4-63	20.3	29.120.01	K46	NB/T 10088—2018	户外型光伏逆变成套装置技术规范			2018/12/29	2019/3/1
20.3-4-64	20.3	29.120.01	K46	NB/T 10186—2019	光储系统用功率转换设备技术规范			2019/6/4	2019/10/1
20.3-4-65	20.3	29.240	K45	NB/T 10204—2019	分布式光伏发电低压并网接口装置技术要求			2019/6/4	2019/10/1
20.3-4-66	20.3	27.180	F11	NB/T 10321—2019	风电场监控系统技术规范			2019/11/4	2020/5/1
20.3-4-67	20.3	27.180	F19	NB/T 10630—2021	风光储联合发电站监控系统技术条件			2021/4/26	2021/10/26
20.3-4-68	20.3	29.200	K46	NB/T 10646—2021	海上风电场　直流接入电力系统用换流器技术规范			2021/4/26	2021/10/26
20.3-4-69	20.3	29.120.40	K43	NB/T 10647—2021	海上风电场　直流接入电力系统用直流断路器技术规范			2021/4/26	2021/10/26
20.3-4-70	20.3	29.120.50	K45	NB/T 10648—2021	海上风电场　直流接入电力系统控制保护设备技术规范			2021/4/26	2021/10/26
20.3-4-71	20.3	29.120.01	K45	NB/T 31017—2018	风力发电机组主控制系统技术规范	NB/T 31017—2011		2018/6/6	2018/10/1
20.3-4-72	20.3	27.180	F11	NB/T 31039—2012	风力发电机组雷电防护系统技术规范			2012/10/29	2013/3/1
20.3-4-73	20.3	29.080	K15	NB/T 31049—2021	风力发电机绝缘规范	NB/T 31049—2014		2021/4/26	2021/10/26
20.3-4-74	20.3	29.160.40	K52	NB/T 31058—2014	风力发电机组电气系统匹配及能效			2014/10/15	2015/3/1
20.3-4-75	20.3	27.180	F11	NB/T 31083—2016	风电场控制系统功能规范			2016/1/7	2016/6/1
20.3-4-76	20.3	29.120.01	K46	NB/T 31092—2016	微电网用风力发电机组性能与安全技术要求			2016/1/7	2016/6/1
20.3-4-77	20.3	29.120.01	K46	NB/T 31093—2016	微电网用风力发电机组主控制器技术规范			2016/1/7	2016/6/1
20.3-4-78	20.3	27.180	P61	NB/T 31117—2017	海上风电场交流海底电缆选型敷设技术导则			2017/11/15	2018/3/1
20.3-4-79	20.3	29.120.01	K46	NB/T 32004—2018	光伏并网逆变器技术规范	NB/T 32004—2013		2018/4/3	2018/7/1
20.3-4-80	20.3	29.240.01	K45	NB/T 32016—2013	并网光伏发电监控系统技术规范			2013/11/28	2014/4/1
20.3-4-81	20.3	27.160	F12	NB/T 32031—2016	光伏发电功率预测系统功能规范			2016/1/7	2016/6/1
20.3-4-82	20.3	27.180	F19	NB/T 42091—2024	电力储能用锂离子电池状态评价导则	NB/T 42091—2016		2024/9/24	2025/3/24

续表

序号	GW 分类	ICS 分类	GB 分类	标准号	中文名称	代替标准	采用关系	发布日期	实施日期
20.3-4-83	20.3	29.120.01	K46	NB/T 42142—2018	光伏并网微型逆变器技术规范			2018/4/3	2018/7/1
20.3-5-84	20.3	27.180		ANSI UL 6142—2012	小型风力发电机系统的安全性标准			2012/1/1	2012/1/1

20.4 新能源与储能-运行控制

序号	GW 分类	ICS 分类	GB 分类	标准号	中文名称	代替标准	采用关系	发布日期	实施日期
20.4-2-1	20.4	29.240		Q/GDW 10696—2016	电化学储能系统接入配电网运行控制规范	Q/GDW 696—2011		2017/8/4	2017/8/4
20.4-2-2	20.4	29.240		Q/GDW 10996—2023	光伏发电光资源监测技术规范	Q/GDW 1996—2013		2023/4/28	2023/4/28
20.4-2-3	20.4	29.240		Q/GDW 11000—2021	光伏发电站并网调度信息交换规范	Q/GDW 11000—2013		2022/1/24	2022/1/24
20.4-2-4	20.4	29.240		Q/GDW 11273—2023	风电有功功率自动控制技术规范			2023/4/28	2023/4/28
20.4-2-5	20.4	29.240		Q/GDW 11274—2014	风电无功电压自动控制技术规范			2014/12/20	2014/12/20
20.4-2-6	20.4	27.180		Q/GDW 11629—2023	风电场风能资源监测技术规范	Q/GDW11629—2016		2023/4/28	2023/4/28
20.4-2-7	20.4	29.240		Q/GDW 12056—2020	新能源场站全景监控通用技术规范			2021/3/17	2021/3/17
20.4-2-8	20.4	29.240		Q/GDW 1887—2013	电网配置储能系统监控及通信技术规范			2014/1/29	2014/1/29
20.4-2-9	20.4	29.240		Q/GDW 1982—2013	风光储联合发电系统运行导则			2013/12/18	2013/12/18
20.4-2-10	20.4			Q/GDW 1997—2013	光伏发电调度运行管理规范			2014/5/1	2014/5/1
20.4-2-11	20.4			Q/GDW 1998—2013	光伏发电站功率预测技术要求			2014/5/1	2014/5/1
20.4-3-12	20.4	27.180	F11	GB/T 25385—2019	风力发电机组　运行及维护要求	GB/T 25385—2010		2019/10/18	2020/5/1
20.4-3-13	20.4	27.160	F12	GB/T 30153—2013	光伏发电站太阳能资源实时监测技术要求			2013/12/17	2014/8/1
20.4-3-14	20.4	27.160	F12	GB/T 31999—2015	光伏发电系统接入配电网特性评价技术规范			2015/9/11	2016/4/1
20.4-3-15	20.4	27.180	F11	GB/T 32128—2015	海上风电场运行维护规程			2015/10/9	2016/5/1
20.4-3-16	20.4	07.060	A47	GB/T 33703—2017	自动气象站观测规范			2017/5/12	2017/12/1
20.4-3-17	20.4	27.160	F12	GB/T 34932—2017	分布式光伏发电系统远程监控技术规范			2017/11/1	2018/5/1
20.4-3-18	20.4	27.180	F11	GB/Z 35482—2017	风力发电机组　时间可利用率		IEC/TS 61400-26-1：2011，IDT	2017/12/29	2018/7/1
20.4-3-19	20.4	27.180	F11	GB/Z 35483—2017	风力发电机组　发电量可利用率		IEC/TS 61400-26-2：2014，IDT	2017/12/29	2018/7/1
20.4-3-20	20.4	27.160	F12	GB/T 35694—2017	光伏发电站安全规程			2017/12/29	2018/7/1

续表

序号	GW 分类	ICS 分类	GB 分类	标准号	中文名称	代替标准	采用关系	发布日期	实施日期
20.4-3-21	20.4	27.160	F12	GB/T 36116—2018	村镇光伏发电站集群控制系统功能要求			2018/3/15	2018/10/1
20.4-3-22	20.4	27.180	F19	GB/T 36270—2018	微电网监控系统技术规范			2018/6/7	2019/1/1
20.4-3-23	20.4	27.180	F19	GB/T 36274—2018	微电网能量管理系统技术规范			2018/6/7	2019/1/1
20.4-3-24	20.4	27.180	F19	GB/T 36549—2018	电化学储能电站运行指标及评价			2018/7/13	2019/2/1
20.4-3-25	20.4	27.180	F11	GB/T 37424—2019	海上风力发电机组　运行及维护要求			2019/5/10	2019/12/1
20.4-3-26	20.4	27.160	F12	GB/T 38330—2019	光伏发电站逆变器检修维护规程			2019/12/10	2020/7/1
20.4-3-27	20.4	27.160	F12	GB/T 38335—2019	光伏发电站运行规程			2019/12/10	2020/7/1
20.4-3-28	20.4	27.160	F12	GB/T 38993—2020	光伏电站有功及无功控制系统的控制策略导则			2020/7/21	2021/2/1
20.4-3-29	20.4	27.180	F19	GB/T 40090—2021	储能电站运行维护规程			2021/4/30	2021/11/1
20.4-3-30	20.4	27.160	F12	GB/T 40289—2021	光伏发电站功率控制系统技术要求			2021/5/21	2021/12/1
20.4-3-31	20.4	27.180	F19	GB/T 42315—2023	电化学储能电站检修规程			2023/3/17	2023/10/1
20.4-3-32	20.4	27.180	F19	GB/T 42316—2023	分布式储能集中监控系统技术规范			2023/3/17	2023/10/1
20.4-3-33	20.4	27.180	F19	GB/T 42716—2023	电化学储能电站建模导则			2023/5/23	2023/12/1
20.4-3-34	20.4	27.180	F19	GB/T 42726—2023	电化学储能电站监控系统技术规范			2023/5/23	2023/12/1
20.4-3-35	20.4	27.180	F19	GB/T 42737—2023	电化学储能电站调试规程			2023/12/28	2024/7/1
20.4-3-36	20.4	27.180	F19	GB/T 43526—2023	用户侧电化学储能系统接入配电网技术规定			2023/12/28	2024/7/1
20.4-3-37	20.4	27.180	F19	GB/T 43528—2023	电化学储能电池管理通信技术要求			2023/12/28	2024/7/1
20.4-3-38	20.4	27.180	F19	GB/T 44112—2024	电化学储能电站接入电网运行控制规范			2024/5/28	2024/12/1
20.4-3-39	20.4	27.180	F19	GB/T 44114—2024	电化学储能系统接入低压配电网运行控制规范			2024/5/28	2024/12/1
20.4-4-40	20.4	27.180	F19	DL/T 1989—2019	电化学储能电站监控系统与电池管理系统通信协议			2019/6/4	2019/10/1
20.4-4-41	20.4	29.240	K45	DL/T 2246.1—2021	电化学储能电站并网运行与控制技术规范　第 1 部分：并网运行调试			2021/1/7	2021/7/1
20.4-4-42	20.4	29.240	K45	DL/T 2246.2—2021	电化学储能电站并网运行与控制技术规范　第 2 部分：并网运行			2021/1/7	2021/7/1
20.4-4-43	20.4	29.240	K45	DL/T 2246.3—2021	电化学储能电站并网运行与控制技术规范　第 3 部分：并网运行验收			2021/1/7	2021/7/1

续表

序号	GW 分类	ICS 分类	GB 分类	标准号	中文名称	代替标准	采用关系	发布日期	实施日期
20.4-4-44	20.4	29.240	K45	DL/T 2246.4—2021	电化学储能电站并网运行与控制技术规范　第 4 部分：继电保护			2021/1/7	2021/7/1
20.4-4-45	20.4	29.240	K45	DL/T 2246.5—2021	电化学储能电站并网运行与控制技术规范　第 5 部分：安全稳定控制			2021/1/7	2021/7/1
20.4-4-46	20.4	29.240	K45	DL/T 2246.6—2021	电化学储能电站并网运行与控制技术规范　第 6 部分：调度信息通信			2021/1/7	2021/7/1
20.4-4-47	20.4	29.240	K45	DL/T 2246.7—2021	电化学储能电站并网运行与控制技术规范　第 7 部分：惯量支撑与阻尼控制			2021/1/7	2021/7/1
20.4-4-48	20.4	29.240	K45	DL/T 2246.8—2021	电化学储能电站并网运行与控制技术规范　第 8 部分：仿真建模			2021/1/7	2021/7/1
20.4-4-49	20.4	29.240	K45	DL/T 2246.9—2021	电化学储能电站并网运行与控制技术规范　第 9 部分：仿真计算模型与参数实测			2021/1/7	2021/7/1
20.4-4-50	20.4	29.240	K45	DL/T 2248.2—2021	移动车载式储能电站并网与运行　第 2 部分：运行规程			2021/1/7	2021/7/1
20.4-4-51	20.4	27.180	F11	DL/T 666—2012	风力发电场运行规程	DL/T 666—1999		2012/8/23	2012/12/1
20.4-4-52	20.4	27.180	F11	DL/T 796—2012	风力发电场安全规程	DL/T 796—2001		2012/8/23	2012/12/1
20.4-4-53	20.4	27.180	F11	NB/T 10319—2019	风力发电机组安全系统设计技术规范			2019/11/4	2020/5/1
20.4-4-54	20.4	27.180	F11	NB/T 10322—2019	海上风电场升压站运行规程			2019/11/4	2020/5/1
20.4-4-55	20.4	27.180	F11	NB/T 10570—2021	风电机组发电机检修规程			2021/1/7	2021/7/1
20.4-4-56	20.4	27.180	F11	NB/T 10588—2021	风力发电场集控中心运行管理规程			2021/1/7	2021/7/1
20.4-4-57	20.4	27.180	F19	NB/T 10625—2021	风光储联合发电站运行导则			2021/4/26	2021/10/26
20.4-4-58	20.4	27.180	F11	NB/T 10640—2021	风电场运行风险管理规程			2021/4/26	2021/10/26
20.4-4-59	20.4		F11	NB/T 10986—2022	风电机组控制与保护参数运行管理规范			2022/11/4	2023/5/4
20.4-4-60	20.4		F19	NB/T 11350—2023	新能源发电集群控制系统功能规范			2023/12/28	2024/6/28
20.4-4-61	20.4		F11	NB/T 11361—2023	风电场能量管理系统技术规范			2023/12/28	2024/6/28
20.4-4-62	20.4	27.180	F11	NB/T 31004—2011	风力发电机组振动状态监测导则			2011/8/6	2011/11/1
20.4-4-63	20.4	27.180	F19	NB/T 31053—2021	风电机组电气仿真模型验证规程	NB/T 31053—2014		2021/4/26	2021/10/26
20.4-4-64	20.4	27.180	F11	NB/T 31067—2015	风力发电场监控系统通信　信息模型		IEC 61400-25-2：2006，IDT	2015/4/2	2015/9/1

续表

序号	GW 分类	ICS 分类	GB 分类	标准号	中文名称	代替标准	采用关系	发布日期	实施日期
20.4-4-65	20.4	27.180	F11	NB/T 31070—2015	风力发电场监控系统通信　一致性测试		IEC 61400-25-5：2006，IDT	2015/4/2	2015/9/1
20.4-4-66	20.4	27.180	F11	NB/T 31079—2016	风电功率预测系统测风塔数据测量技术要求			2016/1/7	2016/6/1
20.4-4-67	20.4	27.180	F11	NB/T 31110—2017	风电场有功功率调节与控制技术规定			2017/8/2	2017/12/1
20.4-4-68	20.4	27.180	F11	NB/T 31140—2018	高原风力发电机组主控制系统技术规范			2018/4/3	2018/7/1
20.4-4-69	20.4	27.160	F12	NB/T 32011—2013	光伏发电站功率预测系统技术要求			2013/11/28	2014/4/1
20.4-4-70	20.4	27.160	F12	NB/T 32012—2013	光伏发电站太阳能资源实时监测技术规范			2013/11/28	2014/4/1
20.4-4-71	20.4	27.010	F01	NB/T 33010—2014	分布式电源接入电网运行控制规范			2014/10/15	2015/3/1
20.4-4-72	20.4	27.010	F01	NB/T 33011—2014	分布式电源接入电网测试技术规范			2014/10/15	2015/3/1
20.4-4-73	20.4	27.010	F01	NB/T 33012—2014	分布式电源接入电网监控系统功能规范			2014/10/15	2015/3/1
20.4-4-74	20.4	27.100	F29	NB/T 33014—2014	电化学储能系统接入配电网运行控制规范			2014/10/15	2015/3/1
20.4-4-75	20.4	27.180	F19	NB/T 42090—2016	电化学储能电站监控系统技术规范			2016/8/16	2016/12/1
20.4-4-76	20.4	07.060	A47	QX/T 74—2007	风电场气象观测及资料审核、订正技术规范			2007/6/22	2007/10/1
20.4-6-77	20.4	29.220	F12	T/CEC 174—2018	分布式储能系统远程集中监控技术规范			2018/1/24	2018/4/1
20.4-6-78	20.4	27.180		T/CEC 252—2019	分布式电化学储能系统运行维护规程			2019/11/21	2020/1/1
20.4-6-79	20.4	27.180		T/CEC 676—2022	电化学储能电站检修规程			2022/10/26	2023/2/1

20.5　新能源与储能-试验检测

序号	GW 分类	ICS 分类	GB 分类	标准号	中文名称	代替标准	采用关系	发布日期	实施日期
20.5-2-1	20.5			Q/GDW 10618—2017	光伏发电站接入电力系统测试规程	Q/GDW 618—2011		2018/9/26	2018/9/26
20.5-2-2	20.5	29.240		Q/GDW 10925—2020	光伏发电站功率控制能力检测技术规程	Q/GDW 1925—2013		2021/3/17	2021/3/17
20.5-2-3	20.5			Q/GDW 10993—2017	光伏发电站建模及参数测试规程	Q/GDW 1993—2013； Q/GDW 1994—2013		2018/9/26	2018/9/26
20.5-2-4	20.5	29.240		Q/GDW 11220—2014	电池储能电站设备及系统交接试验规程			2014/11/20	2014/11/20
20.5-2-5	20.5	29.240		Q/GDW 12048—2020	新能源厂站监控系统测试规范			2021/3/17	2021/3/17
20.5-2-6	20.5	29.240		Q/GDW 1924—2013	光伏发电站电能质量检测技术规程			2013/12/18	2013/12/18
20.5-2-7	20.5	29.240		Q/GDW 1926—2013	光伏发电站低电压穿越检测技术规程			2013/12/18	2013/12/18
20.5-2-8	20.5	29.240		Q/GDW 1973—2013	分布式光伏并网专用低压断路器检测规程			2014/3/13	2014/3/13

续表

序号	GW 分类	ICS 分类	GB 分类	标准号	中文名称	代替标准	采用关系	发布日期	实施日期
20.5-2-9	20.5	29.240		Q/GDW 1980—2013	风光储联合发电系统调试导则			2013/12/18	2013/12/18
20.5-3-10	20.5	27.180	F11	GB/T 10760.2—2017	小型风力发电机组用发电机　第 2 部分：试验方法	GB/T 10760.2—2003		2017/10/14	2018/5/1
20.5-3-11	20.5	27.180	F11	GB/T 18709—2002	风电场风能资源测量方法			2002/4/28	2002/10/1
20.5-3-12	20.5	27.180	F11	GB/T 19068.2—2017	小型风力发电机组　第 2 部分：试验方法	GB/T 19068.2—2003		2017/11/1	2018/5/1
20.5-3-13	20.5	27.180	F11	GB/T 19070—2017	失速型风力发电机组　控制系统　试验方法	GB/T 19070—2003		2017/10/14	2018/5/1
20.5-3-14	20.5	27.180	F11	GB/T 19071.2—2018	风力发电机组　异步发电机　第 2 部分：试验方法	GB/T 19071.2—2003		2018/7/13	2019/2/1
20.5-3-15	20.5	27.180	F11	GB/T 19115.2—2018	风光互补发电系统　第 2 部分：试验方法	GB/T 19115.2—2003		2018/9/17	2019/4/1
20.5-3-16	20.5	27.180	F11	GB/T 19960—2024	风能发电系统　风力发电机组通用技术条件和试验方法	GB/T 19960.1—2005；GB/T 19960.2—2005		2024/4/25	2024/11/1
20.5-3-17	20.5	27.180	F11	GB/T 20320—2023	风能发电系统　风力发电机组电气特性测量和评估方法	GB/T 20320—2013		2023/5/23	2023/12/1
20.5-3-18	20.5	27.160	K83	GB/T 20513—2006	光伏系统性能监测测量、数据交换和分析导则		IEC 61724：1998，IDT	2006/8/25	2007/2/1
20.5-3-19	20.5	27.160	K83	GB/T 20514—2006	光伏系统功率调节器效率测量程序		IEC 61683：1999，IDT	2006/8/25	2007/2/1
20.5-3-20	20.5	27.180	F11	GB/T 23479—2023	风力发电机组　双馈异步发电机	GB/T 23479.1—2009；GB/T 23479.2—2009		2023/5/23	2023/12/1
20.5-3-21	20.5	27.180	F11	GB/T 25386.2—2021	风力发电机组　控制系统　第 2 部分：试验方法	GB/T 25386.2—2010		2021/3/9	2021/10/1
20.5-3-22	20.5	27.180	F11	GB/T 25387.2—2021	风力发电机组　全功率变流器　第 2 部分：试验方法	GB/T 25387.2—2010		2021/3/9	2021/10/1
20.5-3-23	20.5	27.180	F11	GB/T 25388.2—2021	风力发电机组　双馈式变流器　第 2 部分：试验方法	GB/T 25388.2—2010		2021/3/9	2021/10/1
20.5-3-24	20.5	27.180	F11	GB/T 25389.2—2018	风力发电机组　永磁同步发电机　第 2 部分：试验方法	GB/T 25389.2—2010		2018/5/14	2018/12/1
20.5-3-25	20.5	27.180	F11	GB/Z 25425—2010	风力发电机组　公称视在声功率级和音值		IEC TS 61400-14：2005（E），IDT	2010/11/10	2011/1/1
20.5-3-26	20.5	27.180	F11	GB/Z 25426—2010	风力发电机组　机械载荷测量		IEC TS 61400-13：2001，MOD	2010/11/10	2011/1/1
20.5-3-27	20.5	27.180	F11	GB/Z 25458—2010	风力发电机组　合格认证规则及程序		IEC WT 01：2001，NEQ	2010/11/10	2011/1/1
20.5-3-28	20.5	27.160	F12	GB/T 30152—2013	光伏发电系统接入配电网检测规程			2013/12/17	2014/8/1

续表

序号	GW 分类	ICS 分类	GB 分类	标准号	中文名称	代替标准	采用关系	发布日期	实施日期
20.5-3-29	20.5	77.040	H21	GB/T 30860—2014	太阳能电池用硅片表面粗糙度及切割线痕测试方法			2014/7/24	2015/4/1
20.5-3-30	20.5	27.160	F12	GB/T 31365—2015	光伏发电站接入电网检测规程			2015/2/4	2015/9/1
20.5-3-31	20.5	27.180	F11	GB/T 31518.2—2015	直驱永磁风力发电机组　第 2 部分：试验方法			2015/5/15	2016/2/1
20.5-3-32	20.5	29.020	K04	GB/T 32352—2015	高原用风力发电机组现场验收规范			2015/12/31	2016/7/1
20.5-3-33	20.5	27.070	K82	GB/T 33979—2017	质子交换膜燃料电池发电系统低温特性测试方法			2017/7/12	2018/2/1
20.5-3-34	20.5		F19	GB/T 34133—2023	储能变流器检测技术规程	GB/T 34133—2017		2023/12/28	2024/7/1
20.5-3-35	20.5	27.160	F12	GB/T 34160—2017	地面用光伏组件光电转换效率检测方法			2017/9/7	2018/4/1
20.5-3-36	20.5	81.040.30	Q34	GB/T 34561—2017	光伏玻璃　湿热大气环境自然暴露试验方法及性能评价			2017/10/14	2018/9/1
20.5-3-37	20.5	27.160	F12	GB/T 34931—2017	光伏发电站无功补偿装置检测技术规程			2017/11/1	2018/5/1
20.5-3-38	20.5	27.160	F12	GB/T 34933—2017	光伏发电站汇流箱检测技术规程			2017/11/1	2018/5/1
20.5-3-39	20.5	27.180	F11	GB/T 36490—2018	风力发电机组　防雷装置检测技术规范			2018/7/13	2019/2/1
20.5-3-40	20.5	27.180	F19	GB/T 36548—2024	电化学储能电站接入电网测试规程	GB/T 36548—2018		2024/6/29	2025/1/1
20.5-3-41	20.5	27.180	F11	GB/T 36994—2018	风力发电机组　电网适应性测试规程			2018/12/28	2019/7/1
20.5-3-42	20.5	27.180	F11	GB/T 36995—2018	风力发电机组　故障电压穿越能力测试规程			2018/12/28	2019/7/1
20.5-3-43	20.5	33.100	L06	GB/T 37132—2018	无线充电设备的电磁兼容性通用要求和测试方法			2018/12/28	2019/7/1
20.5-3-44	20.5	27.160	F12	GB/T 37409—2019	光伏发电并网逆变器检测技术规范			2019/5/10	2019/12/1
20.5-3-45	20.5	27.160	F12	GB/T 37658—2019	并网光伏电站启动验收技术规范			2019/6/4	2020/1/1
20.5-3-46	20.5	27.160	K04	GB/T 37663.1—2019	湿热带分布式光伏户外实证试验要求　第 1 部分：光伏组件			2019/6/4	2020/1/1
20.5-3-47	20.5	27.180	F11	GB/T 40082—2021	风力发电机组传动链地面测试技术规范			2021/4/30	2021/11/1
20.5-3-48	20.5	27.160	F12	GB/T 40102—2021	太阳能热发电站接入电力系统检测规程			2021/5/21	2021/12/1
20.5-3-49	20.5	27.180	F19	GB/T 42717—2023	电化学储能电站并网性能评价方法			2023/5/23	2023/12/1
20.5-3-50	20.5	27.070	K82	GB/T 42847.2—2023	储能系统用可逆模式燃料电池模块　第 2 部分：可逆模式质子交换膜单池与电堆性能测试方法			2023/8/6	2024/3/1

续表

序号	GW 分类	ICS 分类	GB 分类	标准号	中文名称	代替标准	采用关系	发布日期	实施日期
20.5-3-51	20.5	27.180	F19	GB/T 44111—2024	电化学储能电站检修试验规程			2024/5/28	2024/12/1
20.5-3-52	20.5	27.180	F19	GB/T 44117—2024	电化学储能电站模型参数测试规程			2024/5/28	2024/12/1
20.5-4-53	20.5	27.180	F19	DL/T 2081—2020	电力储能用超级电容器试验规程			2020/10/23	2021/2/1
20.5-4-54	20.5	27.180	F19	DL/T 2205—2021	分布式电源燃气发电运行指标评价规范			2021/1/7	2021/7/1
20.5-4-55	20.5	27.180	F19	DL/T 2206—2021	分布式电源燃气发电性能测试规程			2021/1/7	2021/7/1
20.5-4-56	20.5	29.240	K45	DL/T 2247.4—2021	电化学储能电站调度运行管理　第 4 部分：调度端与储能电站监控系统检测			2021/1/7	2021/7/1
20.5-4-57	20.5	27.180	F19	DL/T 797—2012	风力发电场检修规程	DL/T 797—2001		2012/8/23	2012/12/1
20.5-4-58	20.5	27.160	F11	JB/T 12238—2015	聚光光伏太阳能发电模组的测试方法			2015/4/30	2015/10/1
20.5-4-59	20.5	27.160	F19	NB/T 10185—2019	并网光伏电站用关键设备性能检测与质量评估技术规范			2019/6/4	2019/10/1
20.5-4-60	20.5	29.120.01	K46	NB/T 10298—2019	光伏电站适应性移动检测装置技术规范			2019/11/4	2020/5/1
20.5-4-61	20.5	27.180	F11	NB/T 10312—2019	风力发电机组主控系统测试规程			2019/11/4	2020/5/1
20.5-4-62	20.5	27.180	F19	NB/T 10314—2019	风电机组无功调压技术要求与测试规程			2019/11/4	2020/5/1
20.5-4-63	20.5	27.180	F19	NB/T 10315—2019	风电机组一次调频技术要求与测试规程			2019/11/4	2020/5/1
20.5-4-64	20.5	27.180	F19	NB/T 10316—2019	风电场动态无功补偿装置并网性能测试规范			2019/11/4	2020/5/1
20.5-4-65	20.5	27.180	F19	NB/T 10317—2019	风电场功率控制系统技术要求及测试方法			2019/11/4	2020/5/1
20.5-4-66	20.5	29.240.30	F11	NB/T 10318—2019	风力发电机组电控成套设备型式试验大纲			2019/11/4	2020/5/1
20.5-4-67	20.5	27.160	F12	NB/T 10323—2019	分布式光伏发电并网接口装置测试规程			2019/11/4	2020/5/1
20.5-4-68	20.5	27.160	F12	NB/T 10324—2019	光伏发电站高电压穿越检测技术规程			2019/11/4	2020/5/1
20.5-4-69	20.5	27.160	F12	NB/T 10325—2019	光伏组件移动测试平台技术规范			2019/11/4	2020/5/1
20.5-4-70	20.5	01.040.29	F11	NB/T 31005—2022	风电场电能质量测试方法	NB/T 31005—2011		2022/11/4	2023/5/4
20.5-4-71	20.5	27.180	F11	NB/T 10587—2021	风电场机组功率曲线验证技术规程			2021/1/7	2021/7/1
20.5-4-72	20.5	27.180	F19	NB/T 10650—2021	风电场并网性能监测评估方法			2021/4/26	2021/10/26
20.5-4-73	20.5	29.080.30	K15	NB/T 31050—2021	风力发电机绝缘系统的评定方法	NB/T 31050—2014		2021/4/26	2021/10/26
20.5-4-74	20.5	27.180	F11	NB/T 31051—2014	风电机组低电压穿越能力测试规程			2014/10/15	2015/3/1
20.5-4-75	20.5	27.180	F11	NB/T 31054—2014	风电机组电网适应性测试规程			2014/10/15	2015/3/1

续表

序号	GW 分类	ICS 分类	GB 分类	标准号	中文名称	代替标准	采用关系	发布日期	实施日期
20.5-4-76	20.5	27.180	F11	NB/T 31111—2017	风电机组高电压穿越测试规程			2017/8/2	2017/12/1
20.5-4-77	20.5	27.180	F11	NB/T 31123—2017	高原风力发电机组用全功率变流器试验方法			2017/11/15	2018/3/1
20.5-4-78	20.5	27.160	F12	NB/T 32005—2013	光伏发电站低电压穿越检测技术规程			2013/11/28	2014/4/1
20.5-4-79	20.5	27.160	F12	NB/T 32006—2013	光伏发电站电能质量检测技术规程			2013/11/28	2014/4/1
20.5-4-80	20.5	27.160	F12	NB/T 32007—2013	光伏发电站功率控制能力检测技术规程			2013/11/28	2014/4/1
20.5-4-81	20.5	27.160	F12	NB/T 32008—2013	光伏发电站逆变器电能质量检测技术规程			2013/11/28	2014/4/1
20.5-4-82	20.5	27.160	F12	NB/T 32009—2013	光伏发电站逆变器电压与频率响应检测技术规程			2013/11/28	2014/4/1
20.5-4-83	20.5	27.160	F12	NB/T 32010—2013	光伏发电站逆变器防孤岛效应检测技术规程		IEC 62116：2008，MOD	2013/11/28	2014/4/1
20.5-4-84	20.5	27.160	F12	NB/T 32013—2013	光伏发电站电压与频率响应检测规程			2013/11/28	2014/4/1
20.5-4-85	20.5	27.160	F12	NB/T 32014—2013	光伏发电站防孤岛效应检测技术规程			2013/11/28	2014/4/1
20.5-4-86	20.5	27.160	F12	NB/T 32032—2016	光伏发电站逆变器效率检测技术要求			2016/1/7	2016/6/1
20.5-4-87	20.5	27.160	F12	NB/T 32033—2016	光伏发电站逆变器电磁兼容性检测技术要求			2016/1/7	2016/6/1
20.5-4-88	20.5	27.160	F12	NB/T 32034—2016	光伏发电站现场组件检测规程			2016/1/7	2016/6/1
20.5-4-89	20.5	07.060	A47	QX/T 73—2007	风电场风测量仪器检测规范			2007/6/22	2007/10/1
20.5-6-90	20.5	27.180	F19	T/CEC 260—2019	电力储能用固定式金属氢化物储氢装置充放氢性能试验方法			2019/11/21	2020/1/1
20.5-6-91	20.5	27.180		T/CEC 371—2020	电力储能用锂离子电池烟气毒性评价方法			2020/6/30	2020/10/1
20.5-6-92	20.5	27.180		T/CEC 679—2022	电化学储能电站并网安全性评价技术导则			2022/10/26	2023/2/1
20.5-6-93	20.5			T/CEC 757—2023	光伏发电站一次调频检测规程			2023/8/21	2023/11/21

20.6 新能源与储能-其他

序号	GW 分类	ICS 分类	GB 分类	标准号	中文名称	代替标准	采用关系	发布日期	实施日期
20.6-2-1	20.6			Q/GDW 11761—2017	光伏发电站理论发电量与弃光电量评估导则			2018/9/26	2018/9/26
20.6-2-2	20.6	29.240		Q/GDW 12054—2020	风力发电资源数据审核与订正方法			2021/3/17	2021/3/17
20.6-2-3	20.6	29.240		Q/GDW 12055—2020	光伏发电资源数据审核与订正方法			2021/3/17	2021/3/17
20.6-2-4	20.6	29.240		Q/GDW 1983—2013	风光储联合发电系统状态评估导则			2013/12/18	2013/12/18

续表

序号	GW 分类	ICS 分类	GB 分类	标准号	中文名称	代替标准	采用关系	发布日期	实施日期
20.6-3-5	20.6	27.180	F11	GB/T 30966.1—2022	风力发电机组　风力发电场监控系统通信　第 1 部分：原则与模型	GB/T 30966.1—2014	IEC 61400-25-1：2017，IDT	2022/10/12	2022/10/12
20.6-3-6	20.6	27.180	F11	GB/T 30966.3—2022	风力发电机组　风力发电场监控系统通信　第 3 部分：信息交换模型	GB/T 30966.3—2014		2022/10/12	2022/10/12
20.6-3-7	20.6	27.180	F11	GB/T 30966.5—2022	风力发电机组　风力发电场监控系统通信　第 5 部分：一致性测试	GB/T 30966.5—2015	IEC 61400-25-5：2017，IDT	2022/10/12	2022/10/12
20.6-3-8	20.6	27.180	F11	GB/T 30966.6—2022	风力发电机组　风力发电场监控系统通信　第 6 部分：状态监测的逻辑节点类和数据类	GB/T 30966.6—2015		2022/10/12	2022/10/12
20.6-3-9	20.6	87.040	G51	GB/T 31817—2015	风力发电设施防护涂装技术规范			2015/7/3	2016/2/1
20.6-3-10	20.6	03.100	A00	GB/Z 35043—2018	光伏产业项目运营管理规范			2018/5/18	2018/5/18
20.6-3-11	20.6	27.160	F04	GB/T 35691—2017	光伏发电站标识系统编码导则			2017/12/29	2018/7/1
20.6-3-12	20.6	27.160	F12	GB/T 36115—2018	精准扶贫　村级光伏电站技术导则			2018/3/15	2018/10/1
20.6-3-13	20.6	27.160	F12	GB/T 36119—2018	精准扶贫　村级光伏电站管理与评价导则			2018/3/15	2018/10/1
20.6-3-14	20.6	27.180	F11	GB/T 36237—2023	风能发电系统　通用电气仿真模型	GB/T 36237—2018		2023/5/23	2023/5/23
20.6-3-15	20.6	27.160	F12	GB/T 36567—2018	光伏组件检修规程			2018/9/17	2019/4/1
20.6-3-16	20.6	27.160	F12	GB/T 36568—2018	光伏方阵检修规程			2018/9/17	2019/4/1
20.6-3-17	20.6	07.060	A47	GB/T 37523—2019	风电场气象观测资料审核、插补与订正技术规范			2019/6/4	2020/1/1
20.6-3-18	20.6	27.160	F12	GB/T 39854—2021	光伏发电站性能评估技术规范			2021/3/9	2021/10/1
20.6-3-19	20.6	27.180	F19	GB/T 43686—2024	电化学储能电站后评价导则			2024/3/15	2024/10/1
20.6-3-20	20.6	29.220.99	K82	GB 44240—2024	电能存储系统用锂蓄电池和电池组　安全要求			2024/7/24	2025/8/1
20.6-4-21	20.6	27.180	F19	DL/T 1815—2018	电化学储能电站设备可靠性评价规程			2018/4/3	2018/7/1
20.6-4-22	20.6	27.180	P61	NB/T 10086—2018	风电场工程节能报告编制标准			2018/10/29	2019/3/1
20.6-4-23	20.6	27.180	P61	NB/T 10109—2018	风电场工程后评价规程			2018/12/25	2019/5/1
20.6-4-24	20.6	27.180	F11	NB/T 10110—2018	风力发电场技术监督导则			2018/12/25	2019/5/1
20.6-4-25	20.6	27.180	F11	NB/T 10111—2018	风力发电机组润滑剂运行检测规程			2018/12/25	2019/5/1
20.6-4-26	20.6	27.180	F11	NB/T 10112—2018	风力发电机组设备监造导则			2018/12/25	2019/5/1
20.6-4-27	20.6	27.160	F12	NB/T 10113—2018	光伏发电站技术监督导则			2018/12/25	2019/5/1
20.6-4-28	20.6	27.160	F12	NB/T 10114—2018	光伏发电站绝缘技术监督规程			2018/12/25	2019/5/1

续表

序号	GW 分类	ICS 分类	GB 分类	标准号	中文名称	代替标准	采用关系	发布日期	实施日期
20.6-4-29	20.6	27.180	F11	NB/T 31002.1—2010	风力机　第 25-1 部分：风力发电场监控系统通信—原则与模式		IEC 61400-25-1：2006，IDT	2010/5/24	2010/10/1
20.6-4-30	20.6	27.180	F11	NB/T 31006—2011	海上风电场钢结构防腐蚀技术标准			2011/8/6	2011/11/1
20.6-4-31	20.6	27.180	F11	NB/T 31045—2013	风电场运行指标与评价导则			2013/11/28	2014/4/1
20.6-4-32	20.6	27.180	F11	NB/T 31075—2016	风电场电气仿真模型建模及验证规程			2016/1/7	2016/6/1
20.6-4-33	20.6	27.180	P61	NB/T 31147—2018	风电场工程风能资源测量与评估技术规范			2018/6/6	2018/10/1
20.6-6-34	20.6			T/CEC 373—2020	预制舱式磷酸铁锂电池储能电站消防技术规范			2020/6/30	2020/10/1

21 供应链

21.2 供应链-计划与采购

序号	GW 分类	ICS 分类	GB 分类	标准号	中文名称	代替标准	采用关系	发布日期	实施日期
21.1-2-1	21.1	29.240		Q/GDW 11183—2018	物资分类与物料编码（制造业）规范	Q/GDW 11183—2014		2020/3/20	2020/3/20
21.2-2-1	21.2	29.240	F20/29	Q/GDW 12449—2024	零星物资商品库建设与应用规范			2024/4/26	2024/4/26
21.2-2-2	21.2	01.040.01	A00	Q/GDW 12466—2024	全网采购需求预测工作导则			2024/4/26	2024/4/26
21.2-2-3	21.2	01.040.01	A00	Q/GDW 12467—2024	全网采购需求清册模板应用规范			2024/4/26	2024/4/26
21.2-2-4	21.2	01.040.01	A00	Q/GDW 12468—2024	采购交易数据规范			2024/4/26	2024/4/26
21.2-2-5	21.2	03.100.10	A16	Q/GDW 12470—2024	联合采购工作指南			2024/4/26	2024/4/26
21.2-4-6	21.2	03.100.01	F00/09	DL/T 2815—2024	电力企业绿色采购管理导则			2024/9/24	2025/3/24
21.2-6-7	21.2			T/CEC 894—2024	SF_6 断路器用弧触头技术要求			2024/10/18	2025/3/1
21.2-6-8	21.2			T/CEC 939—2024	电力变压器用套管采购导则			2024/10/18	2025/3/1
21.2-6-9	21.2			T/CEC 940—2024	电力变压器用片式散热器采购导则			2024/10/18	2025/3/1
21.2-6-10	21.2			T/CEC 941—2024	电力变压器用储油柜采购导则			2024/10/18	2025/3/1
21.2-6-11	21.2			T/CEC 942—2024	互感器用膨胀器采购导则			2024/10/18	2025/3/1
21.2-6-12	21.2			T/CEC 943—2024	消弧线圈用干式真空有载分接开关技术要求			2024/10/18	2025/3/1
21.2-6-13	21.2			T/CEC 944—2024	气体绝缘金属封闭开关设备用支持绝缘子技术要求			2024/10/18	2025/3/1
21.2-6-14	21.2			T/CEC 945—2024	气体绝缘金属封闭开关设备用断路器操动机构技术要求			2024/10/18	2025/3/1
21.2-6-15	21.2			T/CEC 946—2024	气体绝缘开关设备用充气接口技术要求			2024/10/18	2025/3/1
21.2-6-16	21.2			T/CEC 947—2024	特高压串联补偿装置用旁路隔离开关技术要求			2024/10/18	2025/3/1
21.2-6-17	21.2			T/CEC 948—2024	并联电容器成套装置关键组部件技术要求			2024/10/18	2025/3/1
21.2-6-18	21.2			T/CEC 949—2024	串联补偿装置用控制保护设备技术要求			2024/10/18	2025/3/1
21.2-6-19	21.2			T/CEC 950—2024	电力电缆接头保护盒技术规范			2024/10/18	2025/3/1
21.2-6-20	21.2			T/CEC 951—2024	电力设备用组部件采购工作指南			2024/10/18	2025/3/1
21.2-6-21	21.2			T/CEC 952—2024	12kV～40.5kV 交流金属封闭开关设备和控制设备用固封极柱技术要求			2024/10/18	2025/3/1

续表

序号	GW 分类	ICS 分类	GB 分类	标准号	中文名称	代替标准	采用关系	发布日期	实施日期
21.2-6-22	21.2			T/CEC 953—2024	12kV～40.5kV 交流金属封闭开关设备和控制设备用断路器机械装置技术要求			2024/10/18	2025/3/1
21.2-6-23	21.2			T/CEC 954—2024	12kV～40.5kV 交流金属封闭开关设备和控制设备用母线适配器与连接器技术要求			2024/10/18	2025/3/1
21.2-6-24	21.2			T/CEC 955—2024	12kV～40.5kV 交流金属封闭开关设备和控制设备用绝缘件技术要求			2024/10/18	2025/3/1

21.3 供应链-质量监督

序号	GW 分类	ICS 分类	GB 分类	标准号	中文名称	代替标准	采用关系	发布日期	实施日期
21.3-2-1	21.3	29.240.20	F20	Q/GDW 10292—2024	特高压及直流线路工程线路材料监造导则	Q/GDW 1292—2014		2024/12/31	2024/12/31
21.3-2-2	21.3	29.240		Q/GDW 11552—2016	统一潮流控制器一次设备监造规范			2017/2/28	2017/2/28
21.3-2-3	21.3	27.140		Q/GDW 11583—2016	抽水蓄能电站设备监造技术导则			2017/5/18	2017/5/18
21.3-2-4	21.3	29.240	F20	Q/GDW 11666—2024	高压直流工程换流站电气设备监造导则	Q/GDW 1263—2014		2024/12/31	2024/12/31
21.3-2-5	21.3	29.240		Q/GDW 12188—2021	电工装备智慧物联平台技术规范			2022/4/1	2022/4/1
21.3-2-6	21.3	29.020		Q/GDW 12277—2023	电工装备智慧物联体系通用导则			2023/4/14	2023/4/14
21.3-2-7	21.3	29.020		Q/GDW 12278.1—2023	电工装备智慧物联网关　技术要求　第 1 部分：通用			2023/4/14	2023/4/14
21.3-2-8	21.3	29.020		Q/GDW 12278.2—2023	电工装备智慧物联网关　技术要求　第 2 部分：与平台数据交换			2023/4/14	2023/4/14
21.3-2-9	21.3	29.020		Q/GDW 12278.3—2023	电工装备智慧物联网关　技术要求　第 3 部分：与制造商数据交换			2023/4/14	2023/4/14
21.3-2-10	21.3	29.020		Q/GDW 12279.1—2023	电工装备智慧物联平台数据规范　第 1 部分：数据交互			2023/4/14	2023/4/14
21.3-2-11	21.3	29.020		Q/GDW 12279.2—2024	电工装备智慧物联平台数据规范　第 2 部分：数据存储			2024/2/29	2024/2/29
21.3-2-12	21.3	35.020		Q/GDW 12280.1—2023	电力物资供应商信息分类导则　第 1 部分：总则			2023/4/14	2023/4/14
21.3-2-13	21.3	35.020		Q/GDW 12280.2—2023	电力物资供应商信息分类导则　第 2 部分：供应商通用信息			2023/4/14	2023/4/14
21.3-2-14	21.3	29.180	K41	Q/GDW 12352.1—2024	电网物资监造规范　第 1 部分：220kV～750kV 交流电力变压器			2024/2/5	2024/2/5

续表

序号	GW 分类	ICS 分类	GB 分类	标准号	中文名称	代替标准	采用关系	发布日期	实施日期
21.3-2-15	21.3	29.180	K41	Q/GDW 12352.2—2024	电网物资监造规范　第 2 部分：220kV～750kV 油浸式电抗器			2024/2/5	2024/2/5
21.3-2-16	21.3	29.130.10	K43	Q/GDW 12352.3—2024	电网物资监造规范　第 3 部分：252kV～800kV 气体绝缘金属封闭开关设备			2024/2/5	2024/2/5
21.3-2-17	21.3	29.130.10	K43	Q/GDW 12352.4—2024	电网物资监造规范　第 4 部分：252kV～800kV 高压交流断路器			2024/2/5	2024/2/5
21.3-2-18	21.3	29.240	F20	Q/GDW 12354—2024	输变电工程设备监造技术规定			2024/2/5	2024/2/5
21.3-2-19	21.3	29.020	K04	Q/GDW 12463—2024	电网物资供应商绿色评价导则			2024/4/26	2024/4/26
21.3-2-20	21.3	29.240	F20	Q/GDW 12547—2024	高压直流工程换流变压器风险点监造规范			2024/12/31	2024/12/31
21.3-2-21	21.3	29.240		Q/GDW 320—2009	1000kV 交流电气设备监造导则			2009/5/25	2009/5/25
21.3-4-22	21.3	29.240.01	F20	DL/T 1793—2017	柔性直流输电设备监造技术导则			2017/12/27	2018/6/1
21.3-4-23	21.3	27.140	P59	DL/T 2021—2019	抽水蓄能机组设备监造导则			2019/6/4	2019/10/1
21.3-4-24	21.3	29.180	K41	DL/T 363—2018	超、特高压电力变压器（电抗器）设备监造导则	DL/T 363—2010		2018/4/3	2018/7/1
21.3-4-25	21.3	29.100.01	F01	DL/T 586—2008	电力设备监造技术导则	DL/T 586—1995		2008/6/4	2008/11/1
21.3-6-26	21.3	29.160.01		T/CEC 234—2019	直流输电工程大型调相机组设备监造技术导则			2019/11/21	2020/1/1
21.3-6-27	21.3	29.020		T/CEC 543—2021	电工装备物联体系通用导则			2021/12/6	2022/3/1
21.3-6-28	21.3			T/CEC 711.1—2023	电工装备供应商数据采集及接口规范　第 1 部分：通用部分			2023/8/21	2023/11/21
21.3-6-29	21.3	29.020	K00	T/CEC 711.2—2022	电工装备供应商数据采集及接口规范　第 2 部分：变压器			2022/10/26	2023/2/1
21.3-6-30	21.3	29.020	K00	T/CEC 711.3—2022	电工装备供应商数据采集及接口规范　第 3 部分：电抗器			2022/10/26	2023/2/1
21.3-6-31	21.3	29.020	K00	T/CEC 711.4—2022	电工装备供应商数据采集及接口规范　第 4 部分：电流互感器			2022/10/26	2023/2/1
21.3-6-32	21.3	29.020	K00	T/CEC 711.5—2022	电工装备供应商数据采集及接口规范　第 5 部分：电压互感器			2022/10/26	2023/2/1
21.3-6-33	21.3	29.020	K00	T/CEC 711.6—2022	电工装备供应商数据采集及接口规范　第 6 部分：避雷器			2022/10/26	2023/2/1
21.3-6-34	21.3	29.020	K00	T/CEC 711.7—2022	电工装备供应商数据采集及接口规范　第 7 部分：组合电器			2022/10/26	2023/2/1

续表

序号	GW 分类	ICS 分类	GB 分类	标准号	中文名称	代替标准	采用关系	发布日期	实施日期
21.3-6-35	21.3	29.020	K00	T/CEC 711.8—2022	电工装备供应商数据采集及接口规范　第 8 部分：断路器			2022/10/26	2023/2/1
21.3-6-36	21.3	29.020	K00	T/CEC 711.9—2022	电工装备供应商数据采集及接口规范　第 9 部分：电容器			2022/10/26	2023/2/1
21.3-6-37	21.3			T/CEC 711.10—2023	电工装备供应商数据采集及接口规范　第 10 部分：6kV～35kV 电力电缆			2023/8/21	2023/11/21
21.3-6-38	21.3			T/CEC 711.11—2023	电工装备供应商数据采集及接口规范　第 11 部分：66kV～500kV 电力电缆			2023/8/21	2023/11/21
21.3-6-39	21.3	29.020	K00	T/CEC 711.12—2022	电工装备供应商数据采集及接口规范　第 12 部分：导、地线			2022/10/26	2023/2/1
21.3-6-40	21.3			T/CEC 711.13—2023	电工装备供应商数据采集及接口规范　第 13 部分：光纤复合架空地线光纤复合架空相线			2023/8/21	2023/11/21
21.3-6-41	21.3			T/CEC 711.14—2023	电工装备供应商数据采集及接口规范　第 14 部分：全介质自承式光缆			2023/8/21	2023/11/21
21.3-6-42	21.3			T/CEC 711.15—2023	电工装备供应商数据采集及接口规范　第 15 部分：盘形悬式瓷绝缘子			2023/8/21	2023/11/21
21.3-6-43	21.3			T/CEC 711.16—2023	电工装备供应商数据采集及接口规范　第 16 部分：盘形悬式玻璃绝缘子			2023/8/21	2023/11/21
21.3-6-44	21.3			T/CEC 711.17—2023	电工装备供应商数据采集及接口规范　第 17 部分：棒形悬式复合绝缘子			2023/8/21	2023/11/21
21.3-6-45	21.3			T/CEC 711.18—2023	电工装备供应商数据采集及接口规范　第 18 部分：继电保护和安全自动装置			2023/8/21	2023/11/21
21.3-6-46	21.3	29.020	K00	T/CEC 711.19—2022	电工装备供应商数据采集及接口规范　第 19 部分：监控设备			2022/10/26	2023/2/1
21.3-6-47	21.3			T/CEC 711.20—2023	电工装备供应商数据采集及接口规范　第 20 部分：用电信息采集设备			2023/8/21	2023/11/21
21.3-6-48	21.3			T/CEC 711.21—2023	电工装备供应商数据采集及接口规范　第 21 部分：智能电能表			2023/8/21	2023/11/21
21.3-6-49	21.3	29.020	K00	T/CEC 711.22—2022	电工装备供应商数据采集及接口规范　第 22 部分：机器人			2022/10/26	2023/2/1
21.3-6-50	21.3	29.020		T/CEC 711.23—2022	电工装备供应商数据采集及接口规范　第 23 部分：无人机			2022/10/26	2023/2/1

续表

序号	GW 分类	ICS 分类	GB 分类	标准号	中文名称	代替标准	采用关系	发布日期	实施日期
21.3-6-51	21.3	29.020	K00	T/CEC 711.24—2022	电工装备供应商数据采集及接口规范　第 24 部分：铁塔			2022/10/26	2023/2/1
21.3-6-52	21.3			T/CEC 711.25—2022	电工装备供应商数据采集及接口规范　第 25 部分：抽水蓄能机组设备			2022/10/26	2023/2/1
21.3-6-53	21.3			T/CEC 743—2023	电工装备物联平台功能规范			2023/8/21	2023/11/21
21.3-6-54	21.3			T/CEC 744—2023	电工装备物联网关技术要求			2023/8/21	2023/11/21

21.4　供应链-供应履约

序号	GW 分类	ICS 分类	GB 分类	标准号	中文名称	代替标准	采用关系	发布日期	实施日期
21.4-2-1	21.4	29.240		Q/GDW 12276.1—2023	电力物流服务平台应用规程　第 1 部分：运输监控			2023/4/14	2023/4/14
21.4-2-2	21.4	29.240		Q/GDW 12276.2—2024	电力物流服务平台应用规程　第 2 部分：配送管理			2024/2/29	2024/2/29
21.4-2-3	21.4	29.240		Q/GDW 12276.3—2024	电力物流服务平台应用规程　第 3 部分：物联终端检测			2024/2/29	2024/2/29
21.4-2-4	21.4	29.240		Q/GDW 12396—2024	电力物资采购合同技术规范及应用导则			2024/2/29	2024/2/29
21.4-2-5	21.4	25.040	J00	Q/GDW 12450—2024	堆场立体智能存储系统导则			2024/4/26	2024/4/26
21.4-2-6	21.4	35.240.99	F29	Q/GDW 12451—2024	电网物资智能检储配一体化系统设计导则			2024/4/26	2024/4/26
21.4-2-7	21.4	53.040.01	J00	Q/GDW 12452—2024	电力物资智能装卸搬运作业导则			2024/4/26	2024/4/26
21.4-2-8	21.4	03.100.10	R15	Q/GDW 12453—2024	电网物资智能检储配一体化信息系统集成技术导则			2024/4/26	2024/4/26
21.4-2-9	21.4	03.100.10	R15	Q/GDW 12454—2024	电网物资智能仓储系统设计规范			2024/4/26	2024/4/26
21.4-2-10	21.4	55.220	F29	Q/GDW 12455—2024	电力仓储标识技术规范			2024/4/26	2024/4/26
21.4-2-11	21.4	35.240.99	F29	Q/GDW 12456—2024	电力物资智能仓储全流程操作技术导则			2024/4/26	2024/4/26
21.4-2-12	21.4	03.100.10	A87	Q/GDW 12457—2024	电力物资零碳仓库设计与评价			2024/4/26	2024/4/26
21.4-2-13	21.4	55.220	F29	Q/GDW 12458—2024	电力物资仓储安全标识使用导则			2024/4/26	2024/4/26
21.4-2-14	21.4	29.120.01	K08	Q/GDW 12459—2024	电力物资仓储射频识别标签应用规范			2024/4/26	2024/4/26
21.4-2-15	21.4	27.100	F20	Q/GDW 12460—2024	电网大件运输规范			2024/4/26	2024/4/26

续表

序号	GW 分类	ICS 分类	GB 分类	标准号	中文名称	代替标准	采用关系	发布日期	实施日期
21.4-2-16	21.4	55.020	A80	Q/GDW 12461—2024	电力物资包装通用技术规范			2024/4/26	2024/4/26
21.4-2-17	21.4	35.180	F29	Q/GDW 12462—2024	电力物资智能结算终端技术规范			2024/4/26	2024/4/26
21.4-4-18	21.4	27.100	F20	DL/T 1071—2023	电力大件运输规范	DL/T 1071—2014		2023/5/26	2023/11/26
21.4-4-19	21.4	27.010	F08	DL/T 2244—2021	电力物资仓储安全标识使用导则			2021/1/7	2021/7/1
21.4-6-20	21.4			T/APD 0012—2024	电力大件物流企业等级			2024/11/29	2024/11/29
21.4-6-21	21.4			T/APD 0013—2024	电力大件物流企业服务质量评价指标			2024/11/29	2024/11/29
21.4-6-22	21.4	29.120.01		T/CEC 544—2021	电力物资仓储射频识别标签应用规范			2021/12/6	2022/3/1
21.4-6-23	21.4	35.180		T/CEC 545—2021	电力物资智能结算终端技术规范			2021/12/6	2022/3/1
21.4-6-24	21.4	55.180.99		T/CEC 546—2021	电网企业应急物资保障能力评价规范			2021/12/6	2022/3/1
21.4-6-25	21.4	55.020	K08	T/CEC 547—2021	电力物资绿色包装技术规范			2021/12/6	2022/3/1
21.4-6-26	21.4	29.240.01		T/CEC 548—2021	输变电主设备材料供货周期编制指南			2021/12/6	2022/3/1
21.4-6-27	21.4	55.180	K08	T/CEC 722—2022	配电网物资储存运输物流器具使用导则			2022/10/26	2023/2/1
21.4-6-28	21.4			T/CEC 742—2023	电力智能仓储建设导则			2023/8/21	2023/11/21

21.5　供应链-废旧处置

序号	GW 分类	ICS 分类	GB 分类	标准号	中文名称	代替标准	采用关系	发布日期	实施日期
21.5-2-1	21.5	29.180	K41	Q/GDW 12464—2024	废旧油浸式变压器拆解处置技术规范			2024/4/26	2024/4/26

21.6　供应链-合规与运营

序号	GW 分类	ICS 分类	GB 分类	标准号	中文名称	代替标准	采用关系	发布日期	实施日期
21.6-2-1	21.6	29.240		Q/GDW 12395—2024	电缆及附件生产制造过程碳排放评价技术导则			2024/2/29	2024/2/29
21.6-2-2	21.6	31.240	00/09	Q/GDW 12465—2024	评标基地智慧化建设与管理规范			2024/4/26	2024/4/26
21.6-2-3	21.6	03.100.01	F00/09	Q/GDW 12469.1—2024	电网企业绿色供应链管理导则　第 1 部分：通则			2024/4/26	2024/4/26
21.6-2-4	21.6	03.100.01	F00/09	Q/GDW 12469.2—2024	电网企业绿色供应链管理导则　第 2 部分：绿色采购			2024/4/26	2024/4/26
21.6-2-5	21.6	03.100.01	F00/09	Q/GDW 12469.3—2024	电网企业绿色供应链管理导则　第 3 部分：物流与仓储			2024/4/26	2024/4/26

续表

序号	GW 分类	ICS 分类	GB 分类	标准号	中文名称	代替标准	采用关系	发布日期	实施日期
21.6-2-6	21.6	13.030.50	W06	Q/GDW 12469.4—2024	电网企业绿色供应链管理导则　第 4 部分：回收与利用			2024/4/26	2024/4/26
21.6-2-7	21.6	03.100.01	F00/09	Q/GDW 12469.5—2024	电网企业绿色供应链管理导则　第 5 部分：评价规范			2024/4/26	2024/4/26

21.7　供应链-其他

序号	GW 分类	ICS 分类	GB 分类	标准号	中文名称	代替标准	采用关系	发布日期	实施日期
21.7-6-1	21.7			T/CEC 1012—2024	电力企业招标采购电子文件归档规范			2024/11/26	2025/5/1

扫码查看体系表

21